U0948912

中 国 国 家 标 准 汇 编

2018 年修订-8

中国标准出版社　编

中国标准出版社

北　京

图书在版编目(CIP)数据

中国国家标准汇编:2018年修订.8/中国标准出版社编.—北京:中国标准出版社,2020.6
ISBN 978-7-5066-9588-6

Ⅰ.①中… Ⅱ.①中… Ⅲ.①国家标准-汇编-中国-2018 Ⅳ.①T-652.1

中国版本图书馆CIP数据核字(2020)第069343号

中国标准出版社出版发行
北京市朝阳区和平里西街甲2号(100029)
北京市西城区三里河北街16号(100045)

网址 www.spc.net.cn
总编室:(010)68533533 发行中心:(010)51780238
读者服务部:(010)68523946

中国标准出版社秦皇岛印刷厂印刷
各地新华书店经销

*

开本 880×1230 1/16 印张 34.75 字数 1 052 千字
2020年6月第一版 2020年6月第一次印刷

*

定价 220.00 元

出 版 说 明

《中国国家标准汇编》是一部大型综合性国家标准全集。自1983年起,每年按国家标准顺序号分册汇编出版,分为“制定”卷和“修订”卷两种形式。

“制定”卷收入上一年度我国发布的、新制定的国家标准,视篇幅分成若干分册,封面和书脊上注明“20××年制定”字样及分册号,分册号一直连续。各分册中的标准是按照标准编号顺序连续排列的,如有标准顺序号缺号的,除特殊情况注明外,暂为空号。

“修订”卷收入上一年度我国发布的、被修订的国家标准,视篇幅分设若干分册,但与“制定”卷分册号无关联,仅在封面和书脊上注明“20××年修订-1,-2,-3,……”字样。“修订”卷各分册中的标准,仍按标准编号顺序排列(但不连续);如有遗漏的,均在当年最后一分册中补齐。需提请读者注意的是,个别非顺延前年度标准编号的新制定国家标准没有收入在“制定”卷中,而是收入在“修订”卷中。

读者购买每年出版的《中国国家标准汇编》“制定”卷和“修订”卷则可收齐由我社出版的上一年度制定和修订的全部国家标准。

2018年我国制修订国家标准共2 684项。本分册为《中国国家标准汇编》“2018年修订-8”,收入新制修订的国家标准7项。

中国标准出版社

2020年3月

目　　录

ICS 33.100
L 06

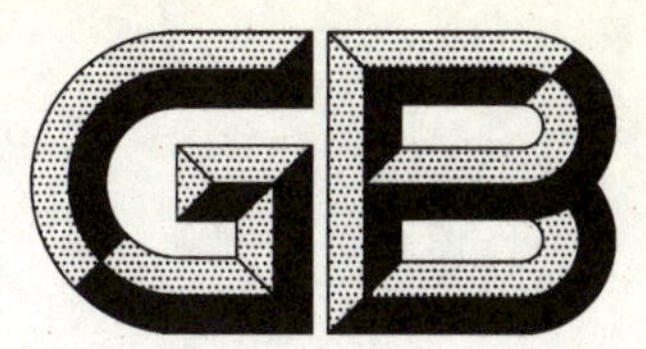

中华人民共和国国家标准

GB/T 6113.102—2018/CISPR 16-1-2:2014
代替 GB/T 6113.102—2008

无线电骚扰和抗扰度测量设备和测量方法规范 第1-2部分:无线电骚扰和抗扰度测量设备 传导骚扰测量的耦合装置

Specification for radio disturbance and immunity measuring apparatus and methods—Part 1-2: Radio disturbance and immunity measuring apparatus—Coupling devices for conducted disturbance measurements

(CISPR 16-1-2:2014,IDT)

2018-07-13 发布　　　　2019-02-01 实施

国家市场监督管理总局
中国国家标准化管理委员会　发布

前　言

GB/T 6113《无线电骚扰和抗扰度测量设备和测量方法规范》为电磁兼容基础标准，由以下四大部分组成：

第1部分：无线电骚扰和抗扰度测量设备

——第1-1部分：无线电骚扰和抗扰度测量设备　测量设备；

——第1-2部分：无线电骚扰和抗扰度测量设备　传导骚扰测量的耦合装置；

——第1-3部分：无线电骚扰和抗扰度测量设备　辅助设备　骚扰功率；

——第1-4部分：无线电骚扰和抗扰度测量设备　辐射骚扰测量用天线和试验场地；

——第1-5部分：无线电骚扰和抗扰度测量设备　30 MHz～1 000 MHz天线校准用试验场地；

——第1-6部分：无线电骚扰和抗扰度测量设备　EMC天线校准。

第2部分：无线电骚扰和抗扰度测量方法

——第2-1部分：无线电骚扰和抗扰度测量方法　传导骚扰测量；

——第2-2部分：无线电骚扰和抗扰度测量方法　骚扰功率测量；

——第2-3部分：无线电骚扰和抗扰度测量方法　辐射骚扰测量；

——第2-4部分：无线电骚扰和抗扰度测量方法　抗扰度测量；

——第2-5部分：大型设备骚扰发射现场测量。

第3部分：无线电骚扰和抗扰度测量技术报告

——第3部分：无线电骚扰和抗扰度测量技术报告。

第4部分：不确定度、统计学和限值建模

——第4-1部分：不确定度、统计学和限值建模　标准化EMC试验的不确定度；

——第4-2部分：不确定度、统计学和限值建模　测量设备和设施的不确定度；

——第4-3部分：不确定度、统计学和限值建模　批量产品的EMC符合性确定的统计考虑；

——第4-4部分：不确定度、统计学和限值建模　抱怨的统计和限值的计算模型；

——第4-5部分：不确定度、统计学和限值建模　替换试验方法的使用条件。

本部分为GB/T 6113的第1-2部分。

本部分按照GB/T 1.1—2009给出的规则起草。

本部分代替GB/T 6113.102—2008《无线电骚扰和抗扰度测量设备和测量方法规范　第1-2部分：无线电骚扰和抗扰度测量设备　辅助设备　传导骚扰》，与GB/T 6113.102—2008相比，主要技术变化如下：

——修改了标准名称；

——按等同原则在范围中增加"注"；

——增加了7个术语和定义(见第3章)；

——增加了缩略语(见3.2)；

——增加了用于六类(或更好)、五类(或更好)和三类(或更好)非屏蔽平衡对线电缆共模电压测量的AAN(或Y型网络)的纵向转换损耗要求(见7.2)；

——增加了用于30 MHz～300 MHz频率范围骚扰电压测量的CDNE(见第9章)；

——增加了CDNE示例(见附录J)。

本部分使用翻译法等同采用CISPR 16-1-2:2014《无线电骚扰和抗扰度测量设备和测量方法规范　第1-2部分：无线电骚扰和抗扰度测量设备　传导骚扰测量的耦合装置》。

与本部分中规范性引用的国际文件有一致性对应关系的我国文件如下：

——GB/T 4365—2003 电工术语 电磁兼容(IEC 60050(161):1990,IDT)；

——GB/T 6113.201—2017 无线电骚扰和抗扰度测量设备和测量方法规范 第2-1部分:无线电骚扰和抗扰度测量方法 传导骚扰测量(CISPR 16-2-1:2010,IDT)；

——GB/T 17626.6—2008 电磁兼容 试验和测量技术 射频场感应的传导骚扰抗扰度(IEC 61000-4-6:2006,IDT)。

本部分由全国无线电干扰标准化技术委员会(SAC/TC 79)提出并归口。

本部分起草单位:中国电子技术标准化研究院、工业和信息化部电子第五研究所、苏州泰思特电子科技有限公司、中国合格评定国家认可中心、中国计量科学研究院、东南大学、北京无线电计量测试研究所、中国汽车工程研究院股份有限公司、陕西海泰电子有限责任公司、南京容向测试设备有限公司、中国质量认证中心、上海电器科学研究院(集团)有限公司、北京尊冠科技有限公司、大连市产品质量检测研究院、上海电气输配电试验中心有限公司、北京大泽科技有限公司。

本部分主要起草人:崔强、朱文立、刘佳、侯新伟、叶畅、谢鸣、周忠元、姚利军、赖志达、郭恩全、章霞、靳冬、蔡华强、胡小军、叶琼瑜、王铮、陈彦、徐澹、郭丽萍、李立嘉。

本部分所代替标准的历次版本发布情况为：

——GB/T 6113.102—2008。

无线电骚扰和抗扰度测量设备和测量方法规范 第1-2部分:无线电骚扰和抗扰度测量设备 传导骚扰测量的耦合装置

1 范围

GB/T 6113 的本部分规定了 9 kHz～1 GHz 频率范围射频骚扰电压和骚扰电流测量用辅助设备的特性和性能。

注:依据 IEC 107 导则,CISPR 16-1-2 为 IEC 所属产品委员会使用的基础 EMC 标准。正如 IEC 107 导则所述,产品委员会有责任决定 EMC 标准的适用性。CISPR 及其分技术委员会(对应于国内的 SAC/TC79 技术委员会及其分技术委员会)与这些产品委员会在评估其特定产品的特定试验的价值展开合作。上述产品委员会对应于国内相关的产品技术委员会。

本部分包括以下测量辅助设备的规范:人工电源网络(AMN)、电流探头、电压探头以及电流注入耦合单元。

本部分的所有要求需在测量设备的 CISPR 指示范围内的所有测量频率以及所有无线电骚扰电压和骚扰电流电平上得到满足。

无线电骚扰和抗扰度测量方法在 CISPR 16-2(所有部分)[1]中给出,有关无线电骚扰的更详尽的信息在 CISPR/TR 16-3[2]中给出,不确定度、统计学和限值建模在 CISPR 16-4(所有部分)[3]中给出。

2 规范性引用文件

下列文件对于本文件的应用是必不可少的。凡是注日期的引用文件,仅注日期的版本适用于本文件。凡是不注日期的引用文件,其最新版本(包括所有的修改单)适用于本文件。

GB/T 6113.101—2016 无线电骚扰和抗扰度测量设备和方法规范 第1-1部分:无线电骚扰和抗扰度测量设备 测量设备(CISPR 16-1-1:2010,IDT)

GB/T 6113.402—2018 无线电骚扰和抗扰度测量设备和测量方法规范 第4-2部分:不确定度、统计学和限值建模 测量设备和设施的不确定度(CISPR 16-4-2:2014,IDT)

CISPR 16-2-1:2014 无线电骚扰和抗扰度测量设备和方法规范 第2-1部分:骚扰和抗扰度测量方法 传导骚扰测量(Specification for radio disturbance and immunity measuring apparatus and methods—Part 2-1: Methods of measurenment of disturbance and immunity-Conducted disturbance measurements)

IEC 60050-161 国际电工词汇 第161部分:电磁兼容[International Electrotechnical Vocabulary (IEV)—Part 161:Electromagnetic compatibility]

IEC 61000-4-6:2008 电磁兼容 第4-6部分:试验和测量技术 射频场感应的传导骚扰抗扰度[Electromagnetic compatibility(EMC)—Part 4-6:Testing and measurement techniques—Immunity to conducted disturbances,induced by radio-frequency fields]

3 术语、定义和缩略语

3.1 术语和定义

IEC 60050-161 界定的以及下列术语和定义适用于本文件。

3.1.1

测量辅助设备 ancillary equipment

与测量接收机或试验信号发生器相连，用于受试设备(EUT)和测量或试验设备之间骚扰信号传输的转换器。

注：转换器的例子：电流探头、电压探头和人工网络。

3.1.2

EUT 辅助设备 associated equipment; AE

不属于受试系统但被用来辅助 EUT 运行的设备。

3.1.3

不对称电压 asymmetric voltage

出现在电源端子电气中点与地之间的射频骚扰电压，有时也称为共模电压。

注：如果用 V_a 表示其中一个电源端子与地之间的电压矢量，V_b 表示另一个电源端子与地之间的电压矢量，那么不对称电压即共模电压为 V_a 与 V_b 矢量之和的一半，即 $(V_a+V_b)/2$。

3.1.4

对称电压 symmetric voltage

在两线电路中(如单相电源)，出现在两线间的射频骚扰电压，有时也称为差模电压。

注：对称电压即差模电压，为 V_a 与 V_b 矢量之差，即：V_a-V_b。

3.1.5

非对称电压 unsymmetric voltage

3.1.3 和 3.1.4 中定义的 V_a 或 V_b 矢量电压的幅值。

注 1：非对称电压用 V 型 AMN 进行测量。

注 2：V_a 与 V_b 详见 3.1.3 和 3.1.4 的注。

3.1.6

人工电源网络 artificial mains network;AMN

在射频范围内向 EUT 提供一规定阻抗，并能将试验电路与供电电源上的无用射频信号进行隔离，进而将骚扰电压耦合到测量接收机上的网络。

注 1：AMN 有两种基本类型：分别用于耦合非对称电压的 V 型(V-AMN)和用于耦合对称电压和不对称电压的 Δ 型(Δ-AMN)。

注 2：线路阻抗稳定网络(LISN)和 V 型 AMN 可替换使用。

3.1.7

不对称人工网络 asymmetric artificial network; AAN

用于测量非屏蔽对称信号(例如通信)线上的共模电压(或将共模电压注入到非屏蔽对称信号线上)同时具有抑制差模信号功能的网络。

注：术语“Y 网络”是 AAN 的同义词。

3.1.8

外围设备 auxiliary equipment;AuxEq

属于受试系统的外部设备。

3.1.9

耦合/去耦网络 coupling/decoupling network ;CDN

用于测量其中一个电路上的信号并防止另一个电路上的信号被测量到，或者用于将信号注入到其中一个电路上并防止该信号耦合到另一个电路上的人工网络。

3.1.10

测量发射的耦合/去耦网络 CDNE-*X*

用于测量 30 MHz～300 MHz 频率范围发射的耦合/去耦网络；对于非屏蔽的具有两条导线的交流

电源、直流或控制端口,后缀 X 为 M2,对于非屏蔽的具有三条导线的交流电源、直流或控制端口,后缀 X 为 M3,对于具有 x 条内部导线的屏蔽电缆,后缀 X 为 Sx。

注:有关 CDNE-X 的详细信息参见附录 J。

3.1.11

受试设备 equipment under test; EUT

接受电磁兼容(EMC)符合性试验的设备(装置、器具和系统)。

3.1.12

阻抗测量适配器 impedance measurement adaptor; IMA

搭接到参考接地平面尺寸为 0.1 m×0.1 m 的垂直金属平面,其包括与网络分析仪(NWA)及 CDNE 相连的端口。

3.1.13

纵向转换损耗 longitudinal conversion loss; LCL

在一个单端口或双端口网络中,由互连线上的纵向(不对称模式)信号在网络的端子上产生无用横向(对称模式)信号程度的量度。

注:LCL 为比值,用 dB 表示。

(定义来自 ITU-T 建议书 0.9[8])

3.1.14

参考接地平面 reference ground plane; RGP

电位用作公共参考电位且与 EUT 及周边物体之间具有确定寄生电容的平的导电表面。

注:传导发射测量需要参考接地平面,其作为非对称和不对称骚扰电压测量的参考地。

3.2 缩略语

除了 3.1 中给出的,下列缩略语适用于本文件。

AN:人工网络(Artificial network)

CVP:容性电压探头(Capacitive voltage probe)

E.m.f.:电动势(Electromotive force)

ISN:阻抗稳定网络(Impedance stabilization network)

ITE:信息技术设备(Information technology equipment)

LCL:纵向转换损耗(Longitudinal conversion loss)

NWA:网络分析仪(Network analyser)

PE:保护地(Protective earth)

RF:射频(Radio frequency)

4 人工电源网络(AMN)

4.1 概述

AMN 需能在射频范围内向 EUT 端子提供一规定阻抗,并能将试验电路与供电电源上的无用射频信号进行隔离,进而将骚扰电压耦合到测量接收机上。

AMN 有两种基本类型:用于耦合非对称电压的 V 型(V-AMN)和分别用于耦合对称电压和不对称电压的 Δ 型(Δ-AMN)。

对于每根电源线,AMN 都配有三个端:连接供电电源的电源端、连接 EUT 的设备端和连接测量设备的骚扰输出端。

注 1:附录 A 给出了一些 AMN 的电路示例。

注 2:本章规定了 AMN 的阻抗和隔离要求以及相应的测量方法。与 AMN 有关的不确定度的一些背景资料和原理在 CISPR/TR 16-4-1:2009[4] 的 6.2.3 和 GB/T 6113.402—2018 中给出。

4.2 AMN 阻抗

AMN 的阻抗规范包括当骚扰输出端端接 50 Ω 负载阻抗时在 EUT 端测得的相对于参考地的阻抗的模和相角两个部分。

AMN 的 EUT 端的阻抗定义为对 EUT 呈现的终端阻抗。因此,当骚扰输出端没有与测量接收机相连时,该输出端应端接 50 Ω 阻抗。为保证接收机端口具有准确的 50 Ω 终端阻抗,可在网络的内部或者外部使用 10 dB 的衰减器,衰减器的驻波比(从任何一端看进去的)应小于或等于 1.2。该衰减器的衰减应包括在电压分压系数的测量中(见 4.11)。

对于任意大小的外部阻抗(这也包括相应的电源端子与参考地之间的短路情况),AMN 的 EUT 端口的每个端子(PE 除外)与参考地之间的阻抗应满足 4.3、4.4、4.5、4.6 或 4.7 的相应要求。AMN 在其额定工作条件下连续电流直至规定的最大值时的所有温度上也应满足此要求。对于直至规定的最大峰值电流也应满足此要求。

当 AMN 的相角不满足规范要求时,根据 GB/T 6113.402—2018 进行不确定度评估时应考虑测得的相角。如果测得的相角超过了规定的允差,附录 I 给出了计算相角的不确定度分量的指南。

注:由于 EUT 连接器并没有对接近 30 MHz 的无线电频率进行优化,因此需要使用专用的测量适配器进行短线连接以测量网络阻抗。为了考虑适配器的插入损耗和插头的长度,使用 NWA 的 OSM(开路/短路/匹配)校准对其进行表征。

4.3 50 Ω/50 μH+5 Ω V 型 AMN(适用于 9 kHz~150 kHz)

表 1 和图 1 示出了 AMN 在 9 kHz~150 kHz 频率范围内网络阻抗(模和相角)随频率变化的特性曲线。网络阻抗的模的允差为±20%,相角的允差为±11.5°。

表 1 50 Ω/50 μH+5 Ω V 型 AMN 阻抗的模和相角(见图 1)(适用于 9 kHz~150 kHz)

频率 MHz	阻抗的模 Ω	相角 (°)
0.009	5.22	26.55
0.015	6.22	38.41
0.020	7.25	44.97
0.025	8.38	49.39
0.030	9.56	52.33
0.040	11.99	55.43
0.050	14.41	56.40
0.060	16.77	56.23
0.070	19.04	55.40
0.080	21.19	54.19
0.090	23.22	52.77
0.100	25.11	51.22
0.150	32.72	43.35

注:如果此类 AMN 满足 4.3 和 4.4 的阻抗(模和相角)要求,那么该网络也可用于 150 kHz~30 MHz 的频率范围。

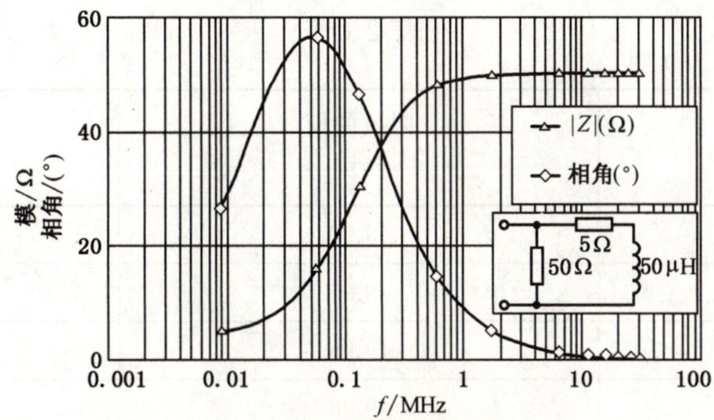

图 1　频段 A(9 kHz～150 kHz)V 型 AMN 的阻抗(模和相角)(见 4.3)

4.4　50 Ω/50 μH V 型 AMN(适用于 0.15 MHz～30 MHz)

表 2 和图 2 示出了 AMN 在 0.15 MHz～30 MHz 频率范围内网络阻抗(模和相角)随频率变化的特性曲线。网络阻抗的模的允差为±20%,相角的允差为±11.5°。

4.5　50 Ω/5 μH+1 Ω V 型 AMN(适用于 0.15 MHz～108 MHz)

表 3 和图 3 示出了 AMN 在 0.15 MHz～108 MHz 频率范围内网络阻抗(模和相角)随频率变化的特性曲线。模的允差为±20%,相角的允差为±11.5°。

表 2　50 Ω/50 μH V 型 AMN 阻抗的模和相角(见图 2)(适用于 0.15 MHz～30 MHz)

频率 MHz	阻抗的模 Ω	相角 (°)
0.15	34.29	46.70
0.17	36.50	43.11
0.20	39.12	38.51
0.25	42.18	32.48
0.30	44.17	27.95
0.35	45.52	24.45
0.40	46.46	21.70
0.50	47.65	17.66
0.60	48.33	14.86
0.70	48.76	12.81
0.80	49.04	11.25
0.90	49.24	10.03
1.00	49.38	9.04
1.20	49.57	7.56
1.50	49.72	6.06
2.00	49.84	4.55

表 2（续）

频率 MHz	阻抗的模 Ω	相角 (°)
2.50	49.90	3.64
3.00	49.93	3.04
4.00	49.96	2.28
5.00	49.98	1.82
7.00	49.99	1.30
10.00	49.99	0.91
15.00	50.00	0.61
20.00	50.00	0.46
30.00	50.00	0.30

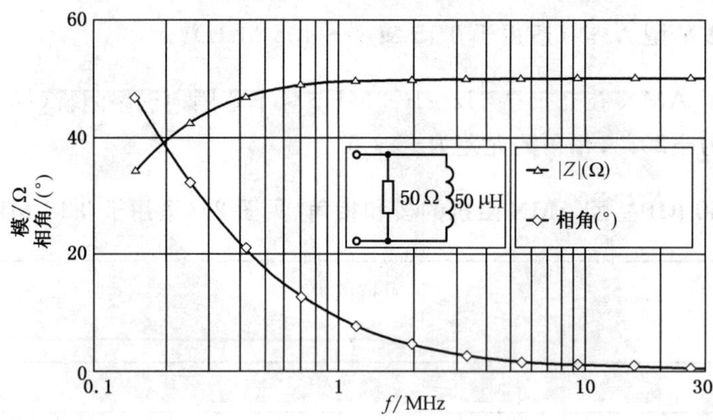

图 2　频段 B(0.15 MHz～30 MHz)V 型 AMN 的阻抗(模和相角)(见 4.4)

表 3　50 Ω/5 μH＋1 Ω V 型网络阻抗的模和相角(见图 3)(适用于 0.15 MHz～108 MHz)

频率 MHz	阻抗的模 Ω	相角 (°)
0.15	4.70	72.74
0.20	6.19	73.93
0.30	9.14	73.47
0.40	12.00	71.61
0.50	14.75	69.24
0.70	19.82	64.07
1.00	26.24	56.54
1.50	33.94	46.05
2.00	38.83	38.15

表 3（续）

频率 MHz	阻抗的模 Ω	相角 (°)
2.50	41.94	32.27
3.00	43.98	27.81
4.00	46.33	21.63
5.00	47.56	17.62
7.00	48.71	12.80
10.00	49.35	9.04
15.00	49.71	6.06
20.00	49.84	4.55
30.00	49.93	3.04
50.00	49.97	1.82
100.00	49.99	0.91
108.00	49.99	0.84

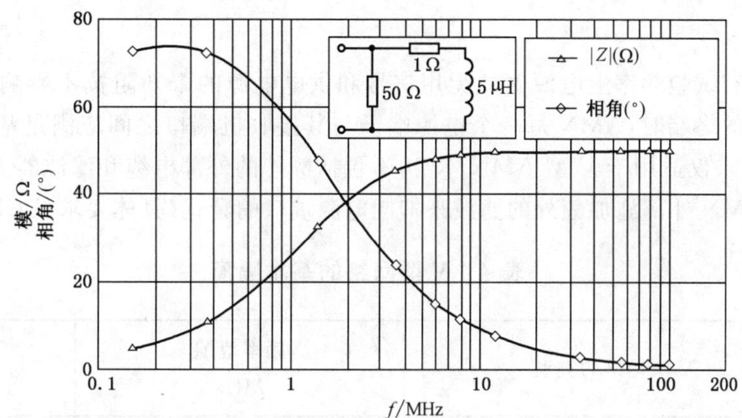

图 3　频段 B 和频段 C(0.15 MHz～108 MHz)V 型 AMN 的阻抗(模和相角)(见 4.5)

4.6　150 Ω V 型 AMN(适用于 0.15 MHz～30 MHz)

该 AMN 阻抗的模应为 150 Ω±20 Ω，相角不得超过 20°。

4.7　150 Ω Δ 型 AMN(适用于 0.15 MHz～30 MHz)

4.7.1　一般参数

该 AMN 在其端子之间和两端子相连后与参考地之间的阻抗的模应为 150 Ω±20 Ω，相角不得超过 20°。

测量对称电压时，需要使用屏蔽的和平衡的变压器。为了避免网络阻抗产生明显的变化，该变压器的输入阻抗在所关注的频率上应不小于 1 000 Ω。测量接收机测得的电压取决于该网络的元件值和变压器的匝数比。此网络应进行校准。

4.7.2 150 Ω Δ 型 AMN 的平衡

包括该网络和通过变压器连接的测量接收机在内的系统的平衡应做到:当存在不对称电压时,对称电压的测量应基本上不受影响。网络的平衡特性应按图 4 所示电路进行测量。

将内阻抗为 50 Ω 的发生器输出大小为 V_a 的电压注入到两个大小为 200 Ω±1%的电阻的公共点与参考地之间。这两个电阻的另一端连接到 AMN 的 EUT 端子。

在测量对称电压的位置上测量电压 V_s。比值 V_a/V_s 应大于 20∶1(26 dB)。

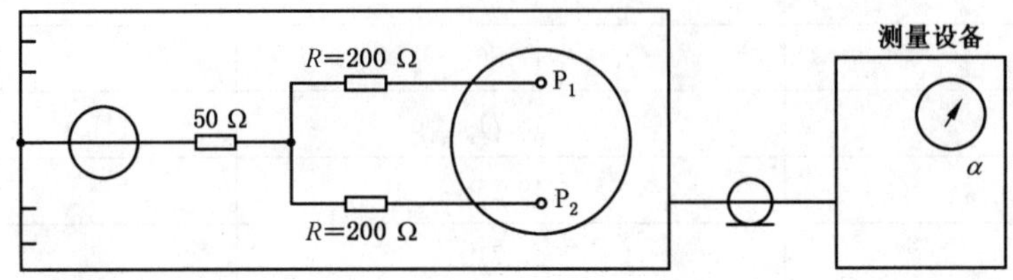

说明:

R ——200 Ω±1%;

P_1 和 P_2——连接 EUT 的网络端子。

图 4 检查对称电压测量布置平衡的方法

4.8 隔离

4.8.1 要求

为了确保在所有试验频率上电源侧的无用信号和供电电源的未知阻抗不影响测量,当 EUT 端口相关端子端接给定的终端时,AMN 每一个电源端子与其接收机端口之间应满足基本隔离(去耦因子)要求,见表 4。此要求仅适用于 V 型 AMN 本身,不包括额外的外部电缆和滤波器。

可能需要在 AMN 外部施加额外的滤波来抑制电源端口的骚扰(具体要求见 CISPR 16-2-1:2014)。

表 4 V 型网络的基本隔离

条号	V 型网络的类型	频率范围 MHz	基本隔离 dB
4.3	50 Ω/50 μH+5 Ω	0.009~0.05	0~40[a]
		0.05~30	40
4.4	50 Ω/50 μH	0.15~30	40
4.5	50 Ω/5 μH+1 Ω	0.15~3	0~40[a]
		3~108	40

[a] 这些值表明基本隔离随着频率的对数线性增加。

4.8.2 测量程序

试验布置见附录 H 中的图 H.1。进行隔离测量时,首先测量 50 Ω 负载阻抗上的电压 V_1,这时信号源阻抗为 50 Ω。然后将此信号源连接在相关电源端子和参考地之间,EUT 端口的相关端子应端接 50 Ω,此时测量接收机端口(端接 50 Ω 的阻抗)的输出电压为 V_2。4.2 中提及的 10 dB 衰减器的衰减应增加到隔离要求中。对于所有的电源端子与 EUT 端子,都应满足这一隔离要求。如果其他电源端子的终端影响隔离的测量结果，那么当这些电源端子开路和短路时也应满足隔离要求。

隔离测量结果应满足式(1)：

$$V_1 - V_2 \geqslant F_D + A \qquad (1)$$

式中：

V_1 ——电源端子的参考电压，单位为分贝微伏[dB(μV)]；

V_2 ——接收机端口的输出电压，单位为分贝微伏[dB(μV)]；

F_D ——基本的隔离(去耦因子)要求，单位为分贝(dB)；

A ——内置衰减器的衰减，单位为分贝(dB)。

注：由于EUT连接器并没有对接近30 MHz的无线电频率进行优化，因此需要使用专用的测量适配器进行短线连接以实现网络隔离的测量。测量 V_1 时需要使用与信号源相连的测量适配器。

4.9 载流能力和串联电压降

最大连续电流和最大峰值电流应予以规定。当流经EUT的连续电流达到最大时，施加到EUT上的电压不得小于AMN电源端电压的95%。

4.10 改进的参考地连接

按照有关产品标准的要求，某些类型设备的测量要求在4.3和4.4给出的AMN的参考地线中插入一定的阻抗。插入点分别为图5和图6中参考地线所标的×处。插入阻抗为1.6 mH电感或者为符合4.3和4.4相应频段要求的阻抗。

注：对于频率范围9 kHz～150 kHz，为安全起见，可省略4.3中所提及的5 Ω电阻。

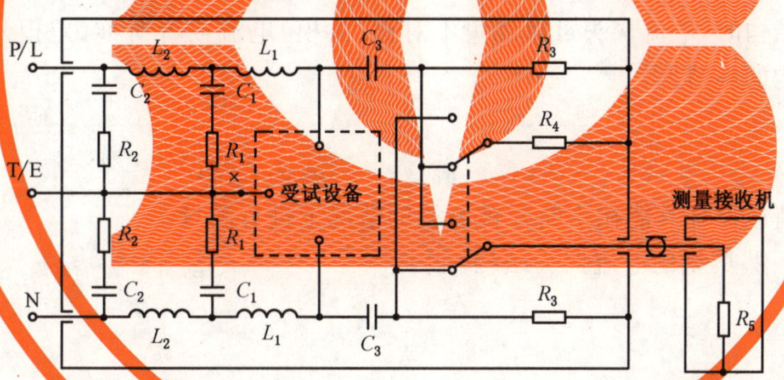

图5 50 Ω/50 μH+5 Ω V型AMN示例(见4.3和A.2)

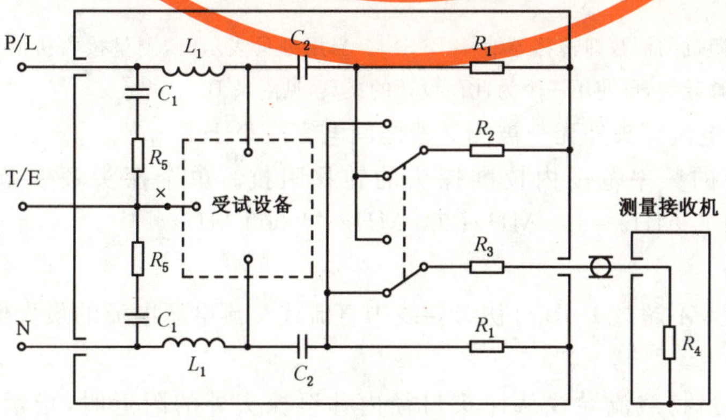

图6 50 Ω/50 μH、50 Ω/5 μH+1 Ω或150 Ω V型AMN示例(分别见4.4、4.5、4.6、A.3、A.4和A.5)

4.11 V型AMN分压系数的校准

应测量V型网络EUT端口和RF输出端口之间的分压系数，并计入骚扰电压测量中。分压系数的测量程序见A.8。

5 电流和电压探头

5.1 电流探头

5.1.1 概述

使用专门制作的卡式电流变换器就可以测量电缆上的不对称骚扰电流，且不需要与骚扰源导线直接导电接触，也不用改变其电路。这种方法的实用性是不言而喻的；对于复杂的导线系统、电子线路等，测量可以在不影响正常工作或正常配置的状态下进行。电流探头的构造使其能方便地卡住被测导线，被测导线作为一匝的初级线圈，次级线圈则包含在电流探头中。

尽管电流探头的主要测量频率范围为30 Hz～100 MHz，但可以制造用于30 Hz～1 000 MHz频率范围测量的电流探头。当测量常规电源系统100 MHz以上的驻波电流时，应将电流探头置于电流最大的位置。

电流探头的设计需使其在通带内具有平坦的频响。对于低于这种平坦通带的频率范围，电流探头仍可进行准确测量，但由于转移阻抗的减小其灵敏度会降低。对于高于平坦通带的频率范围，由于电流探头产生的谐振，测量将不再准确。

当附加了屏蔽结构时，电流探头可以测量不对称（共模）电流或者对称（差模）电流。附录B的B.5给出了一些屏蔽结构的细节。

5.1.2 构造

电流探头的构造应保证其能在不断开被测线的情况下进行测量。

附录B中包含一些典型的电流探头结构。

5.1.3 特性

插入阻抗：≤1 Ω。

转移阻抗：电流探头端接50 Ω负载时，在平坦线性范围为0.1 Ω～5 Ω；低于平坦线性范围时为0.001 Ω～0.1 Ω。

注：也可以使用转移阻抗的倒数即转移导纳[dB(S)]。当用分贝表示时，测量接收机的读数要加上导纳。为了校准转移阻抗或转移导纳，可使用一个为此而设计的夹具，见附录B。

附加的并联电容：电流探头外壳与被测导线之间电容应小于25 pF。

频率响应：在规定的频率范围内校准探头的转移阻抗。单个探头频率范围的典型值分别为：100 kHz～100 MHz；100 MHz～300 MHz；200 MHz～1 000 MHz。

脉冲响应：待定。

磁饱和：应规定误差不超过1 dB时初级导线中直流或交流电源电流的最大值。

转移阻抗允差：待定。

外部磁场的影响：当将载流导线从探头口径内移至探头外的附近时，指示器的读数应至少减小40 dB。

电场的影响：对于10 V/m以下的电场应不敏感。

位置的影响：使用探头时，任何尺寸的导线放置在口径内的任何部位，当不大于30 MHz时测量值的变化应小于 1 dB;当在 30 MHz～1 000 MHz 频率范围时测量值的变化应小于 2.5 dB。

电流探头的口径:至少 15 mm。

5.2 电压探头

5.2.1 高阻抗电压探头

图 7 给出的电路用来测量电源线与参考地之间的电压。电压探头由一个隔直电容器 C 和一个电阻组成,该电阻使得电源线与地线之间的总电阻为 1 500 Ω。此探头也可用来测量其他线上的电压,此时可能需要增加探头的输入阻抗,以避免高阻抗电路过载。为安全起见,电感可跨接在测量接收机的输入端(与地之间),其感抗 X_L 宜远大于 R。

电压探头的分压系数应在 9 kHz～30 MHz 频率范围内的 50 Ω 系统中进行校准。任何测量用保护装置对测量准确度的影响宜小于 1 dB 或者对其进行校准。在有强背景噪声时应注意确保骚扰电平得到准确测量。

连接探头的导线、被测电源线和参考地之间形成的环路宜尽可能小,以减小强磁场的影响。

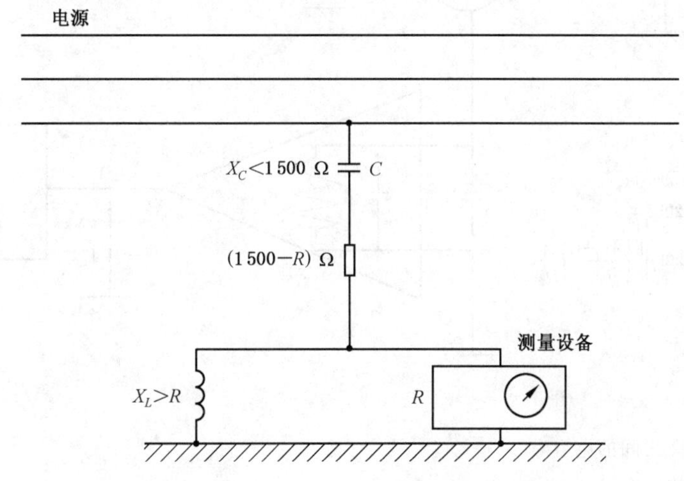

注:$V=\frac{1\ 500}{R}V_m$

式中:

V ——骚扰电压;

V_m ——测量设备的输入电压。

图 7 电源射频电压测量电路

5.2.2 容性电压探头(CVP)

5.2.2.1 概述

利用夹式的容性耦合装置可以测量电缆的不对称骚扰电压,且不需要与骚扰源导线直接导电接触,也不用改变其电路。这种方法的实用性是不言而喻的;对于复杂的导线系统、电子线路等,测量可以在不影响正常工作或正常配置的状态下或在不切断电缆(以便插入测量装置)的情况下进行。CVP 的结构允许其可以方便地卡住被测导线。

CVP 用于 150 kHz～30 MHz 频率范围的传导骚扰测量,其在测量频率范围内的频率响应几乎是平坦的。分压系数定义为电缆上的骚扰电压与测量接收机输入电压的比值,其大小与电缆的类型有关。在规定的频率范围内对每种类型的电缆,用附录 G 的方法对该参数进行校准。

可能需要对 CVP 采取额外的屏蔽,以便对来自电缆周围的不对称(共模)信号提供足够的隔离(见

5.2.2.3)。附录G给出了CVP的结构示例以及隔离的测量方法。

这种CVP可用于电信端口的骚扰测量。最小可测电平通常优于44 dB(μV)。

5.2.2.2 结构

CVP应做成在不断开被测电缆的情况下就能进行电压测量。图8中的电路可用于电缆和参考地之间的电压测量。探头包括容性耦合夹(其与跨阻放大器相连)。该放大器的输入阻抗 R_p 与电抗 X_c 相比应足够大,以得到平坦的频率响应。

附录G提供了有关CVP典型结构和验证的说明。

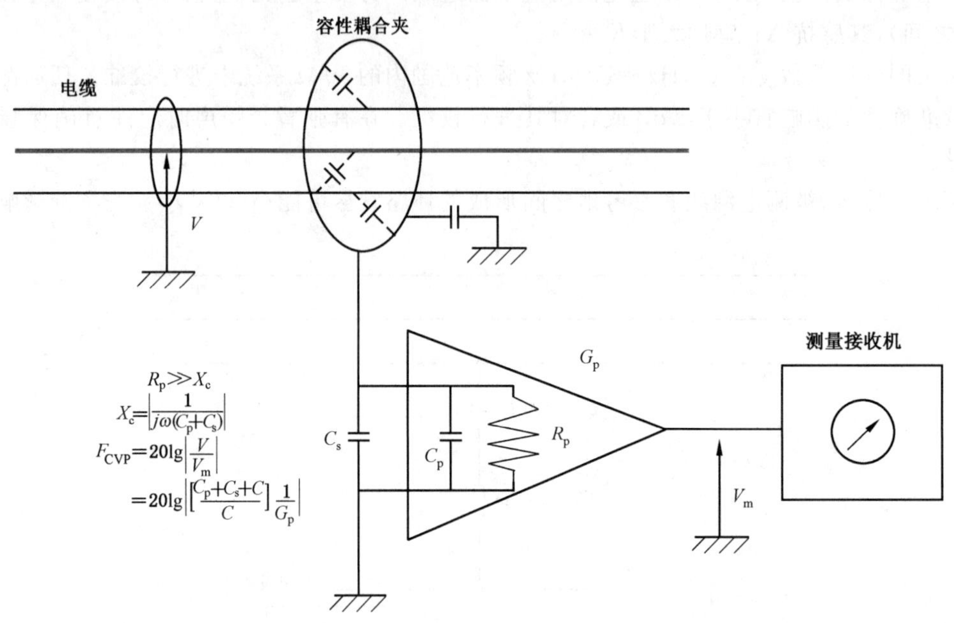

说明:

C ——电缆和耦合夹之间的电容;

C_p ——跨阻放大器的电容;

C_s ——探头和地之间的电容;

F_{CVP} ——电压分压系数;

G_p ——跨阻放大器的增益;

R_p ——跨阻放大器的电阻;

V ——骚扰电压;

V_m ——测量接收机输入端的电压。

图8 电缆与参考地之间的电压测量电路

5.2.2.3 要求

附加的并联电容:CVP的接地端和受试电缆之间的电容应小于10 pF。

频率响应:在规定的频率范围内校准电压分压系数 $F_{CVP} = 20\lg|V/V_m|$(dB),见图8。

脉冲响应:对GB/T 6113.101—2016附录B和附录C的方法所确定的B频段脉冲能保持线性。

电场的影响(由与探头附近的其他电缆发生的静电耦合引起):当电缆从CVP移开后电压指示值至少减小20 dB。测量方法见附录G。

CVP口径或开口(当两个同轴电极在接缝处打开时的口径,见图G.1):至少30 mm。

6 用于传导电流抗扰度测量的耦合单元

6.1 概述

耦合单元用于将骚扰电流注入到受试线上，并把来自与 EUT 相连的其他引线和设备的电流影响隔离开来。至少在 30 MHz 以下，采用 150 Ω 源阻抗可使下面两个量存在良好的对应关系，即作用于实际装置的射频骚扰场强与用电流注入方法产生同样影响所需要施加的电动势(E.m.f.)值。设备的抗扰度用此 E.m.f.值来表征。附录 C 和附录 D 分别给出了各种类型耦合单元的工作原理和示例及其结构。

6.2 特性

6.2.1 概述

耦合单元的性能在 0.15 MHz～30 MHz 频率范围内用阻抗来核查；在 30 MHz～150 MHz 频率范围内用插入损耗来核查。

6.2.2 阻抗

在 0.15 MHz～30 MHz 频率范围内，骚扰信号施加给 EUT 的注入点与耦合单元地之间测得的总的不对称阻抗(射频扼流圈与 150 Ω 阻性骚扰源阻抗并联)的模为 150 Ω±20 Ω，相角不得超过±20°(该阻抗与 150 Ω 的 V 型 AMN 的阻抗相同，见 4.6)。

例如，对于 A 型和 S 型耦合单元，其注入点为输出连接器的屏蔽层；对于 M 型和 L 型的耦合单元，其注入点为各个输出端子。

6.2.3 插入损耗

在 30 MHz～150 MHz 频率范围，两个相同的耦合单元串联后的插入损耗应在 9.6 dB～12.6 dB 范围内，测量布置如图 9 所示。两个单元之间的连接线应尽可能短(≤1 cm)。

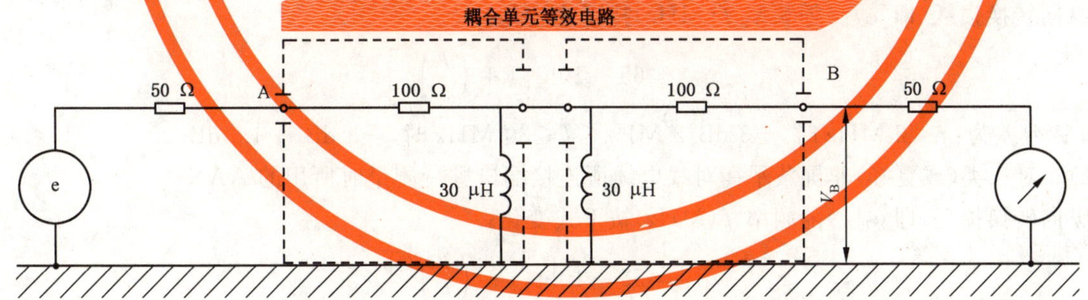

图 9 用于核查耦合单元插入损耗的测量布置(频率范围 30 MHz～150 MHz)

在 30 MHz～150 MHz 频率范围内，按照图 9 测得的一对耦合单元的插入损耗 V_G/V_B 应在 9.6 dB～12.6 dB 之间。V_G 为信号发生器与测量接收机直接相连时从测量接收机得到的读数；V_B 为插入耦合单元后从测量接收机得到的读数。

7 用于信号线测量的耦合单元

7.1 概述

信号线的干扰 E.m.f.可通过测量传导骚扰电压或骚扰电流来评估。信号线的抗扰度可通过注入传导骚扰电压或骚扰电流来评估。为此,需要相应的耦合装置在信号线上将骚扰分量从有用信号中分离出来进行测量。该装置可以同时用来进行电磁发射和抗扰度测量(包括差模和共模,电压和电流)。这种测量的典型装置有电流探头和不对称人工网络(AAN 或 Y 型网络)。

注 1:信号线传导抗扰度测量装置 AAN 的要求见 IEC 61000-4-6:2008。AAN 是一种特殊形式的“耦合/去耦装置”[也称耦合/去耦网络(CDNs)]。符合骚扰测量要求的 AAN 也可能满足抗扰度试验的要求。

注 2:信号线包括通信线以及可能与信号线连接的设备端子。

注 3:术语“不对称电压”和“共模电压”为同义词,“对称电压”和“差模电压”也是同义词,定义见第 3 章。

注 4:与 V 型网络和 Δ 型网络相比,术语“不对称人工网络(AAN)”是“Y 型网络”的同义词。T 型网络是一种特殊形式的 Y 型网络。

当使用电流探头进行测量但限值是以电压为单位时,电压限值需要除以信号线阻抗或终端阻抗(该终端阻抗在详细的测量程序中进行规定)以获得相应的电流限值。该阻抗可以是详细的测量程序所要求的共模阻抗。

7.2 规定了 AAN 的规范。对于 AAN,差模对共模的抑制比(V_{dm}/V_{cm})是 AAN 至关重要的参数。该参数与纵向转换损耗(LCL)有关。附录 E 给出了 AAN 的示例以及要求的试验和校准程序。

7.2 AAN(或 Y 型网络)的要求

AAN 用来测量非屏蔽平衡信号线(例如通信线)上的不对称(共模)电压或者给非屏蔽平衡信号线(例如通信线)注入不对称(共模)电压,同时用来抑制对称(差模)信号。

根据附录 E 给出的方法校准 AAN 时,其应具有以下性能,即 a)～c)。此外,由于 AAN 插入而引起的衰减失真或其他信号质量下降不应影响 EUT 的正常工作。

a) 对六类(或更好)非屏蔽平衡对线电缆所连接端口进行测量时所用的 AAN:

纵向转换损耗(即 α_{LCL})随频率 f(MHz)按下式变化:

$$\alpha_{LCL}=75-10\lg\left[1+\left(\frac{f}{5}\right)^2\right]$$

α_{LCL}允差为:$f<2$ MHz 时,±3 dB;2 MHz$\leqslant f \leqslant$30 MHz 时,−3 dB/+6 dB。

b) 对五类(或更好)非屏蔽平衡对线电缆所连接端口进行测量时所用的 AAN:

纵向转换损耗(即 α_{LCL})随频率 f(MHz)按下式变化:

$$\alpha_{LCL}=65-10\lg\left[1+\left(\frac{f}{5}\right)^2\right]$$

α_{LCL}允差为:$f<2$ MHz 时,±3 dB;2 MHz$\leqslant f \leqslant$30 MHz 时,−3 dB/+4.5 dB。

c) 对三类(或更好)非屏蔽平衡对线电缆所连接端口进行测量时所用的 AAN:

纵向转换损耗(即 α_{LCL})随频率 f(MHz)按下式变化:

$$\alpha_{LCL}=55-10\lg\left[1+\left(\frac{f}{5}\right)^2\right]$$

α_{LCL}允差为±3 dB。

注:上述 α_{LCL}的频率特性为典型非屏蔽平衡电缆在典型环境中的近似值。三类电缆的技术规范[7.2 中的 c)]代表了典型通信接入网的 α_{LCL}值。

图 10 为 AAN 的通用电路示意图以及 α_{LCL}要求对应的曲线。

用于不对称(共模)骚扰测量的 AAN 的规范应覆盖不对称骚扰电压的频率范围以及传输有用信号的频率范围。该规范在表 5 中给出。

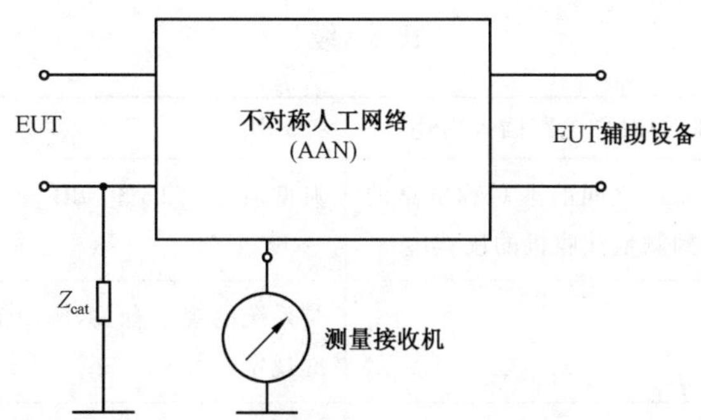

a） 由一个基本的完全对称网络和一个(可选的)非平衡网络 Z_{cat} 组成的 AAN(或 Y 型网络)及其端口的原理电路图

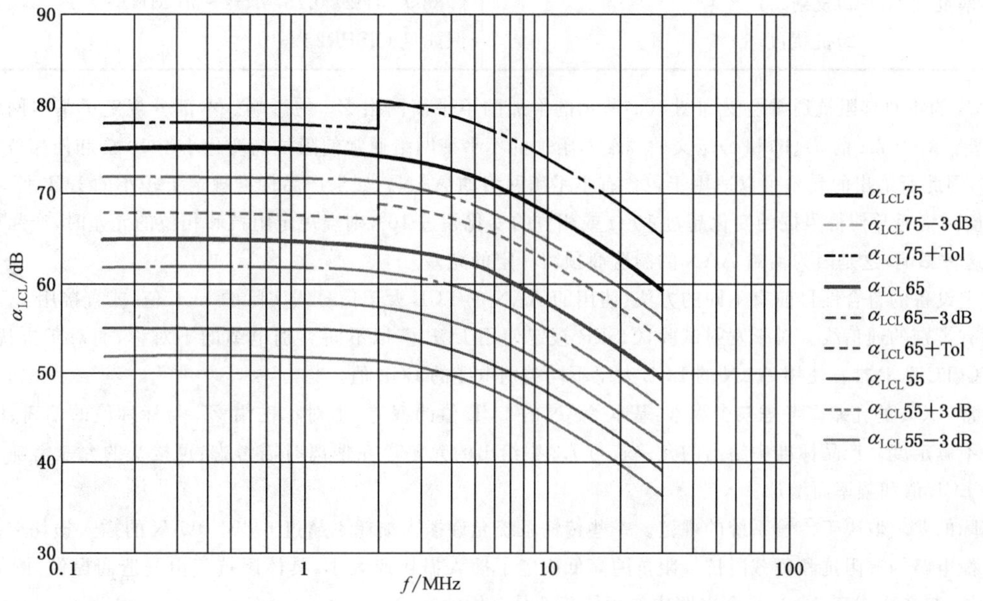

注 1：图中曲线根据 7.2 的 a)、b)和 c)给出的计算公式得到。55 dB、65 dB 和 75 dB 的理想值在图中用粗线表示，其允差用虚线表示。

注 2：Tol 为 7.2 的 a)、b)和 c)中规定的允差。

b） AAN(Y 型网络)的 a_{LCL} 要求对应的曲线

图 10 AAN 的电原理图及 LCL 要求

表 5 不对称骚扰电压测量用 AAN 的特性

1)	不对称骚扰电压测量用基本网络的终端阻抗[a] ·阻抗的模 ·相位	 150 Ω±20 Ω 0°±20°
2)	在网络 EUT 端口的纵向转换损耗(LCL)[b]	9 kHz～150 kHz：待定； 0.15 MHz～30 MHz：与电缆的类别有关，见 7.2 的规定[c]
3)	AE 端口与 EUT 端口之间不对称信号的去耦衰减	9 kHz～150 kHz：待定； 0.15 MHz～1.5 MHz：>35 dB～55 dB，随频率的对数呈线性增加； >1.5 MHz：>55 dB

表 5（续）

4）	AE 端口与 EUT 端口之间的对称电路插入损耗	<3 dB[d]
5）	EUT 端口与测量接收机端口之间的不对称电路的电压分压系数，该值需加到测量接收机的读数中	典型值：9.5 dB±1 dB [e]
6）	网络的对称负载阻抗	与系统的规范有关，例如 100 Ω 或 600 Ω；由相关产品标准规定[f]
7）	有用信号（模拟或数字）的传输带宽	与系统的对称插入损耗规范有关，例如不大于 2 MHz 或不大于 100 MHz；由相关产品标准规定
8）	频率范围[f] 1）发射 2）抗扰度	（0.009 MHz） 0.15 MHz～30 MHz 例如见 CISPR22[5]

[a] AAN 的不对称阻抗通常会受到图 10a）所示的附加的不平衡网络 Z_{cat} 的影响。本部分规定了基本网络的阻抗允差。对于 7.2 的 a）、b）和 c）定义的 AAN，附加的不平衡网络通常使阻抗的变化小于 10 Ω 和使相位变化小于 10°，因此所给出的允差可以适用于包含有不平衡网络的 AAN。如果产品标准规定了较小的 LCL 值，例如，不平衡网络通常使得阻抗的变化超过 10 Ω 或相位的变化超过 10°，则当规定阻抗和相位的允差时，产品标准应考虑这种影响，这是因为需给 AAN 的制造商预留一定的允差。

[b] 确定设备的符合性目前有不同的方法：使用的 AAN 的 LCL 大于信号线实际的 LCL 值，或直接用 LCL 去模拟现有类别的通信线。对于发射试验，CISPR 规定使用 LCL 模拟不同类别电缆的不对称，而对于抗扰度试验，IEC TC77/B 推荐使用 AAN 的 LCL 大于不同类别电缆的 LCL 值。

[c] 通常，LCL 的允差需考虑三个因素：基本 AAN 的 LCL 值的残差、不对称网络 Z_{cat} 与标称值的偏离、LCL 测量的不确定度。产品标准中给出的允差若与 7.2 中给出的允差存在偏离时需考虑；可接受的允差需随着所要求的 LCL 值和频率而增加。

[d] 实际的要求取决于传输系统的规范。一些传输系统允许插入损耗不超过 6 dB。AAN 的插入损耗取决于整个平衡电路的源阻抗和负载阻抗。阻抗的高低决定了插入损耗的大小，具体阻抗值由制造商提供，例如 100 Ω。另外，制造商规定 AAN 平衡电路中的相位特性是有用的。

[e] 应按照图 E.6 的测量布置通过测量分压系数对 AAN 进行校准。

[f] 若需覆盖全部的频率范围可能需要多个网络。

7.3 同轴和其他屏蔽电缆的人工网络的要求

同轴电缆和其他屏蔽电缆用的人工网络（AN）用于（例如：通信或射频）电缆屏蔽层不对称（共模）电压的测量（或注入），同时允许通信或射频信号通过。AN 的要求见表 6。

注：在 CISPR22[5] 中，这类网络被称为同轴电缆或屏蔽电缆阻抗稳定网络（ISN）。

表 6 同轴电缆和其他类型屏蔽电缆测量用 AN 的特性

1）	不对称骚扰电压测量用的基本网络终端阻抗[a] ● 阻抗的模 ● 相位	150 Ω±20 Ω 0°±20°
2）	AE 端口与 EUT 端口之间共模信号的去耦衰减[b]	9 kHz～150 kHz：待定 0.15 MHz～30 MHz：>40 dB
3）	EUT 端口与 AE 端口之间对有用（通信或射频）信号的插入损耗和传输带宽，包括特征阻抗	依系统要求而定[c]

表 6（续）

4)	EUT 端口与测量接收机端口之间的不对称电路的电压分压系数，该值需加到测量接收机的读数中	典型值：9.5 dB [d]
5)	频率范围　1)发射 2)抗扰度	(0.009 MHz) 0.15 MHz～30 MHz 例如见 IEC 61000-4-6:2008

[a] AN 的不对称阻抗由网络内部的扼流圈和电缆壁板连接器对地电容与 150 Ω 电阻的并联决定。

[b] 由于 AE 端口同轴电缆的屏蔽层直接与 AN 的金属壳体连接，所以 AN 自身的去耦衰减不是问题。电磁发射（或抗扰度）的试验布置应保证最小的去耦衰减。

[c] EUT 端口与 AE 端口之间对有用(通信或射频)信号的插入损耗和传输带宽以及屏蔽层和芯线导体之间的特征阻抗不属于本部分规定的内容。它们需根据系统的要求确定。

[d] 应按照附录 F 的图 F.2 所示的校准布置，通过测量 AN 的电压分压系数对其进行校准。

8　模拟手和串联 RC 元件

8.1　概述

在一些产品技术规范中，对没有地线与 EUT 金属部分连接且正常使用时为手持的 EUT，要求使用模拟手。带金属涂层的塑料机壳可能也要使用模拟手。模拟手用于 150 kHz～30 MHz 频率范围(5 MHz～30 MHz 是最关键的频率)的传导发射试验，以模拟操作人员手部对测量的影响。需要带模拟手评估的设备类型有电动工具、家用电器(例如手持式搅拌器)、电话手柄、游戏杆、键盘等。

8.2　模拟手和 RC 元件的结构

模拟手中有一个规定尺寸的金属箔(带)，正如以下所述，其按规定的方式放在或缠绕在设备上通常被使用者接触的部分。

金属箔按规定的方式借助一个 RC 元件连到骚扰测量系统的参考点，该元件含有一个 $C=220$ pF ±20％的电容串联一个 510 Ω±10％的电阻，见图 11a)。

模拟设备手柄或设备机身处使用者手的影响的金属箔带通常为 60 mm 宽。对于键盘，可以用一个金属箔，或更可行地是用一个最大尺寸为 100 mm×300 mm 的金属板放在键盘的上面。图 11 和图 12 给出了示例。

RC 元件和金属箔之间的连接线的长度应为 1 m。如果试验布置需要更长的连接线，则测量频率接近 30 MHz 时，该线的总电感应小于 1.4 μH。

当将整根互连线看作自由空间的一根线，传导发射试验的上限频率为 30 MHz 时，连接线的电感 L 应小于 1.4 μH。对于给定长度的连接线，由该要求和式(2)可算出线的最小直径(m)：

$$L=\frac{\mu l}{2\pi}\left[\ln\left(\frac{4l}{d}\right)-1\right]\quad(\mathrm{H}) \qquad \cdots\cdots(2)$$

式中：

μ ——介电常数，$4\pi\times10^{-7}$ H/m；

l ——线的长度，单位为米(m)；

d ——线的直径，单位为米(m)。

注：当电感符合 1.4 μH 的要求时，RC 网络的阻抗在 30 MHz 时将起主导作用。

8.3 模拟手的使用

RC 元件和参考地之间连接线的最大长度通常不超过 1 m。例如,RC 元件既可以靠近金属箔放置也可以靠近参考点放置。如何选择取决于金属箔放置处骚扰源的内部共模阻抗(通常未知)、由互连线及其环境组成的传输线的特性阻抗。如果将发射测量的上限频率限制到 30 MHz,则 RC 元件的位置就不重要了。RC 元件的一个实际位置(也从复现性的角度考虑)是位于 AMN 或 LISN 的内部。

当测量电源端口的传导发射时,参考点为 AMN 的参考地。当测量信号线或控制线的发射时,参考点为 AN 的参考地。使用模拟手的一般原则:RC 元件的 M 端子应连到 EUT 上任何暴露的、不旋转的金属部分,以及连到所有随设备提供的固定或可拆卸手柄上缠绕的金属箔。表面有涂层或漆的金属件被认为是暴露的金属部分,应直接与 RC 元件相连。

以下内容详细描述了模拟手的使用说明:

a) 如果设备外壳全部为金属且已接地时,则无需使用模拟手。

b) 如果设备的外壳为绝缘材料,则应将金属箔缠绕在手柄 B[图 11b)和图 11c)]和第二手柄 D(如果有)上。还应在电机定子铁芯部位用 60 mm 宽的金属箔缠绕机身 C[图 11b)和图 11c)],或缠绕在变速器上(如果这样能得到更高的骚扰电平)。应将所有的这些金属箔(适用时还包括金属环或套管 A)一起连到 RC 元件的 M 端子。

c) 如果设备外壳的一部分为金属,另一部分为绝缘材料且为绝缘手柄时,应在手柄 B 和 D[图 11b)]处用金属箔缠绕。如果电机处的机身是非金属的,则用 60 mm 宽的金属箔在电机定子铁芯位的机身 C 处缠绕;或缠绕在齿轮箱上(如果是绝缘承重材料且测出了更大的骚扰电平)。机身的金属部分 A、缠绕手柄 B 和 D 的金属箔以及机身 C 处的金属箔相连后再连到 RC 元件的端子 M。

d) 当Ⅱ类设备(即双重绝缘,没有地线)有 A 和 B 两个绝缘手柄和金属机身 C 时,例如电锯[图 11c)],应将金属箔缠绕在手柄 A 和 B。在 A 和 B 处的金属箔和金属机身 C 相连后再连到 RC 元件的 M 端子。

e) 图 12 给出了针对电话手柄和键盘的例子。对于电话手柄,60 mm 宽的金属箔缠绕在手柄上并有一些重叠。对于键盘,金属箔或印制电路板宜尽量覆盖整个按键区。当使用印制电路板时,需将金属一面放在键盘上,但尺寸不得超过 300 mm×100 mm。

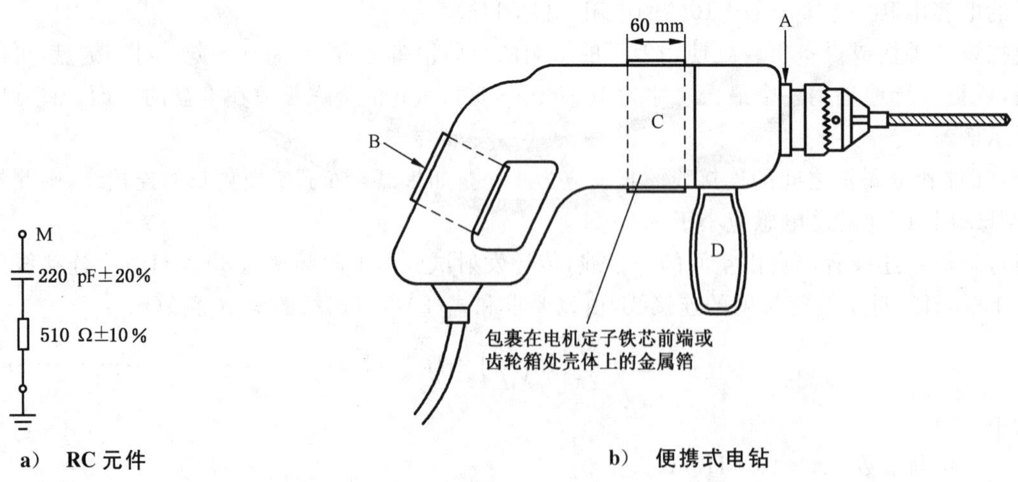

图 11 模拟手的应用

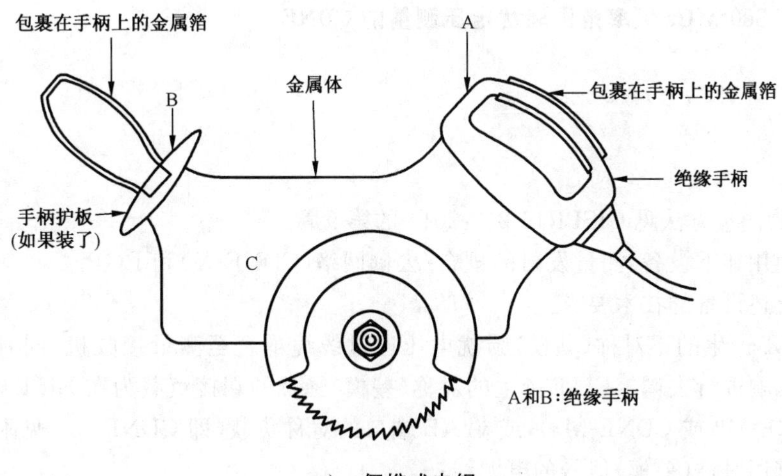

c) 便携式电锯

图 11(续)

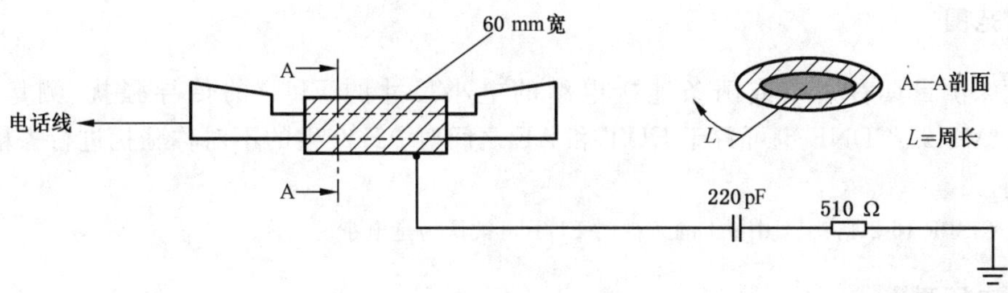

a) 模拟手应用于电话手柄

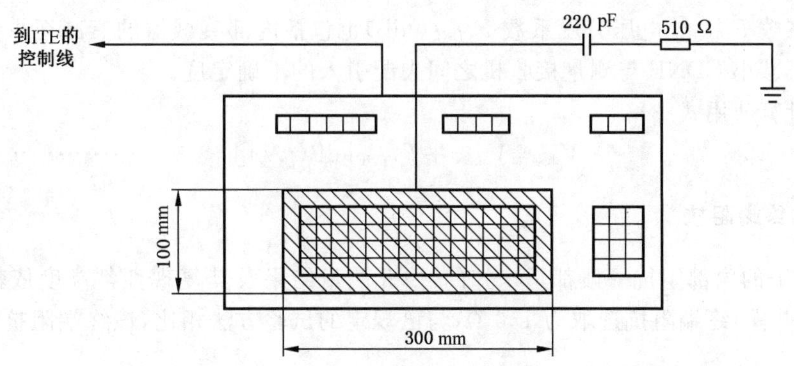

b) 模拟手应用于典型的键盘

模拟手包括一个金属箔,其尺寸如下:

a)60 mm 宽,长度大于 L	指设备工作时需手持的那部分,或最大四个面(即一周)
b)300 mm×100 mm	对于键盘,金属箔需覆盖整个按键;或当键盘尺寸大于金属箔的最大尺寸时,覆盖部分键盘

图 12 模拟手应用于 ITE 的示例

9 用于30 MHz～300 MHz频率范围骚扰电压测量的CDNE

9.1 设备

9.1.1 概述

使用CDNE的测量方法见CISPR16-2-1:2014的第9章。

该测量方法使用如下设备:测量发射的耦合/去耦网络(CDNE-X)和RGP。

本章将规定上述设备的技术要求。

CDNE将EUT产生的不对称(共模)骚扰电压通过线缆耦合至测量接收机,同时对导线上来自试验环境的发射和影响进行去耦。EUT产生的对称(差模)骚扰的端接负载为在EUT电源端口的100 Ω对称阻抗(即CDNE-M2或CDNE-M3),或在AE端口的对称负载(即CDNE-Sx,见附录J)。CDNE不能用于测量载有有用对称(差模)信号的电源线。

RGP作为被测不对称(共模)骚扰电压的基准。

9.1.2 CDNE测量的描述

9.1.2.1 适用范围

CDNE用来测量具有一条或两条连接电缆的电小尺寸的EUT的传导骚扰,测量频率范围为30 MHz～300 MHz。CDNE也可置于EUT和AE之间对AE产生的不对称骚扰进行去耦以及起到稳定阻抗的作用。

注:当满足CISPR 16-2-1:2014中9.1的条件时EUT可被认为是电小的。

9.1.2.2 骚扰电压测量

CDNE用于测量EUT在连接电缆上产生的不对称骚扰电压V_{dis},这种测量考虑测量接收机的读数V_{meas}和电压分压系数F_{CDNE}。电压分压系数F_{CDNE}(dB)也包括内部衰减器的衰减至少为6 dB的a_{meas},该内部衰减器用于减小CDNE与测量接收机之间失配引入的不确定度。

测量结果的计算使用式(3):

$$V_{dis}=V_{meas}+F_{CDNE}[dB(\mu V)] \qquad (3)$$

9.1.2.3 CDNE的终端阻抗

在连接处EUT的内部阻抗一般都是未知的,因此测量结果及其复现性都高度依赖于CDNE的终端阻抗。不对称(共模)终端阻抗选取为150 Ω,与已规定的试验方法相比,该终端阻抗引入的测量不确定度最小。

CDNE-M2和CDNE-M3为EUT的电源端口提供100 Ω的对称阻抗,其代表了大多数交流电源网络的对称阻抗。

9.1.2.4 CDNE的去耦衰减

AE的未知阻抗和AE产生的发射都会影响测量结果。在EUT端口和AE端口之间使用不对称衰减可减小这种影响。这种不对称衰减通常由共模扼流圈来实现。

9.1.3 RGP的描述

RGP作为被测不对称(共模)骚扰电压的基准。试验布置位于RGP上,为了人员及设备的安全,RGP与保护地相连接。CDNE直接放置于RGP上(实现良好的电气连接)以保证不对称阻抗符合规范要求。EUT 放置在距 RGP 规定的高度上。

9.2 CDNE-*X* 的技术要求

9.2.1 机械和电气参数

CDNE 包含在一个金属壳体中,CDNE 的 EUT 端口的中心位于 RGP 上方 30 mm^{+10}_{0} mm 处,此高度考虑了连接电缆的典型阻抗为 150 Ω。

为供参考,附录 J 给出了 CDNE 的结构示例。

表 7 给出了 CDNE-*X* 在 30 MHz～300 MHz 频率范围内的电气参数和规范要求。

表 7 CDNE-*X* 的电气参数

参　数	CDNE-M2 和 CDNE-M3 的值	CDNE-S*x* 的值
EUT 端口的不对称(共模)阻抗 Z_{CM}	150 Ω^{+10}_{-20} Ω 相角:0°±25°	150 Ω^{+10}_{-20} Ω 相角:0°±25°
EUT 端口的对称(差模)阻抗 Z_{DM}	100 Ω±20 Ω	未定义
纵向转换损耗(LCL)	≥20 dB	未定义
电压分压系数 F_{CDNE}(含 a_{meas})的允差	±1.5 dB	±1.5 dB
去耦衰减 a_{decoup}	>30 dB	>30 dB

不对称电压的电平通常大于无意的对称电压的电平。因此,最小值为 20 dB 的 LCL 已能足够地防止对称电压对测量结果的影响。相反,对于使用非屏蔽电缆以差模方式进行通信的 EUT 的测量,需要规定 CDNE 特定的 LCL 值(最小值和最大值)。

注 1:对于 CDNE-M3 的 EUT 端口,未规定相线(L)和 PE 或者中线(N)和 PE 之间的最小 LCL 值。

注 2:100 MHz 以上 LCL 的复现性测量正在考虑中。

注 3:CDNE 不能用于载有有意差模信号的电源网络,例如:当传输有用差模信号时,为考虑网络品质,需要规定特定的 LCL 值(最小值和最大值)。

接收机端口的衰减 a_{meas} 用于减小 CDNE 和测量接收机之间的失配引入的不确定度。此衰减器优先集成在 CDNE 内。如果使用外置衰减器,应直接连接在 CDNE 的接收机端口,在校准和测量时此衰减器需一直保留。衰减 a_{meas} 的最小值宜为 6 dB。

9.2.2 CDNE 的确认

9.2.2.1 一般要求

对于确认测量,CDNE 应放置在 RGP 上,其外壳应与 RGP 进行搭接。

所有不对称电压的测量均以此 RGP 作为基准。测量布置详见 IEC 61000-4-6:2008 第 10 章的图 7,图 13 示出了 EUT 端口前的 Z_{CE} 校准参考点,其与 IEC 61000-4-6:2008 的图 7 所给的不同。

9.2.2.2 网络分析仪(NWA)在参考点的校准

对于图 13 中 Z_{CE} 的参考点处不对称阻抗的测量,应使用以下校准程序:

阻抗测量适配器(IMA)与 NWA 之间测量电缆的影响,通过 NWA 使用开路、短路和匹配误差修正方法校准予以考虑。使用上述已校准的电缆将 IMA 与 NWA 相连接。IMA 的另一侧应安装包含所有适配器部件(在不对称阻抗和相角的测量过程中它们位于 IMA 与 CDNE 之间)的连接板,见图 14,该连接板不包含与 CDNE 相连的所有部件。这种布置考虑了已校准电缆与 CDNE 输入端处测量点之间的电气负载。

应通过时延修正电气长度,此时延可通过自动或手动进行调整,这取决于所用的测量设备。

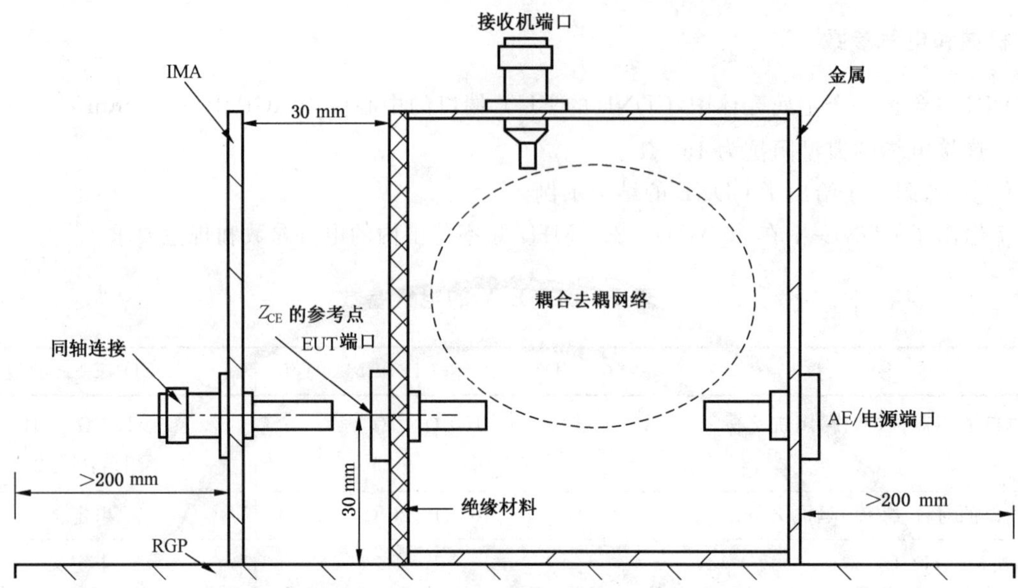

注:AE/电源端口可连接交流电源线、直流电源线或者控制/通信线。

图 13 CDNE 的确认布置

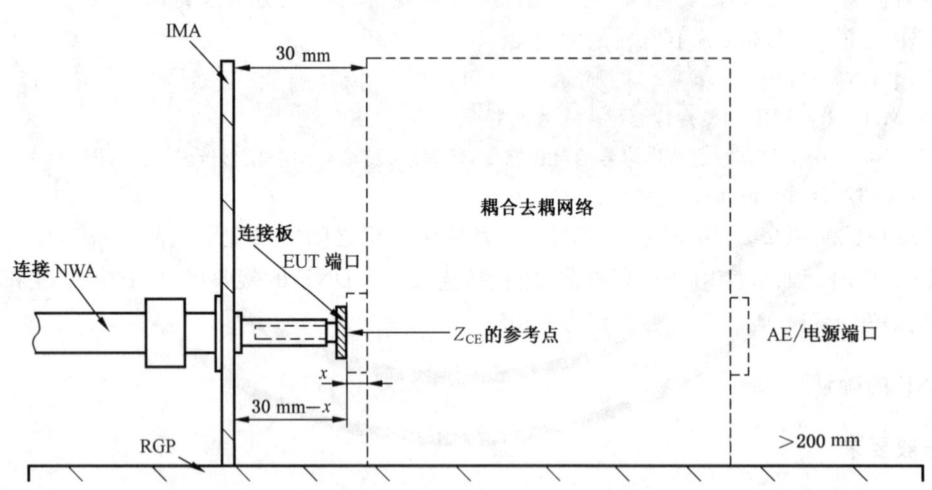

注:长度 x 与 EUT 端口连接器的设计有关,应尽可能短。对于安全的香蕉头连接器,x 的典型值为 3 mm。耦合去耦网络不是布置的组成部分,图中示出其仅是为了表明连接板的位置。

这种布置要求连接板的任何部件不能插入到 EUT 端口的连接器中。原则上,连接板将会升级作为不对称模适配器(IMA 和 EUT 端口所有线缆之间的电气连接)用于测量不对称阻抗和相位角。

图 14 修正电气长度的 IMA 布置

9.2.2.3 不对称阻抗 Z_{CM}

CDNE 的 EUT 端口的不对称阻抗 Z_{CM}应按照图 E.2 的布置进行测量。

9.2.2.4 对称阻抗 Z_{DM}

CDNE-M2 和 CDNE-M3 的 EUT 端口的对称阻抗 Z_{DM} 应按照图 15 的布置进行测量。使用低电容巴伦的试验布置，该巴伦应使用阻抗为 50 Ω 的网络分析仪在开路、短路和匹配模式(巴伦的对称端口使用 100 Ω)进行校准。然后把 CDNE 连接到巴伦的对称端口确定反射系数 ρ。

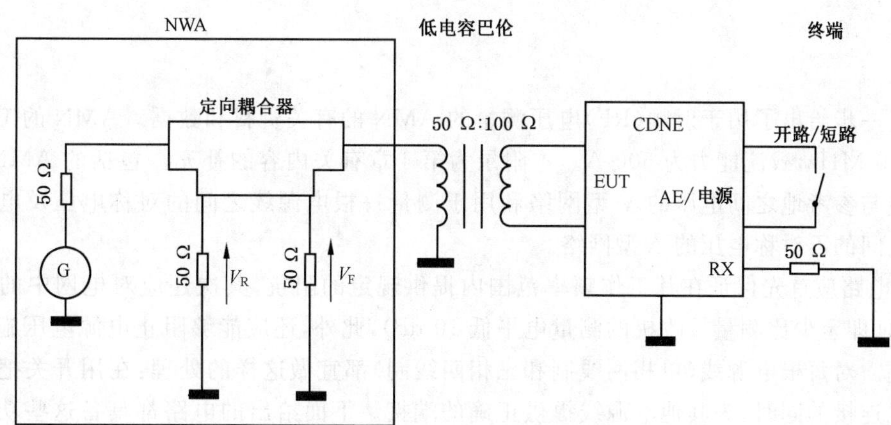

注：AE/电源端口可连接交流电源线、直流电源线或者控制/通信线。

图 15 测量对称阻抗 Z_{DM} 的试验布置

对称阻抗应使用式(4)进行计算，或由网络分析仪直接给出其值。

$$Z_{DM} = Z_0 \frac{1+\rho}{1-\rho} = Z_0 \frac{1+(V_R/V_F)}{1-(V_R/V_F)} \quad \cdots\cdots\cdots\cdots (4)$$

式中，ρ 为反射系数，Z_0 为 100 Ω。

9.2.2.5 电压分压系数

CDNE 的电压分压系数 F_{CDNE} 按照图 E.8 进行测量。

注 1：对于这种测量，F_{CDNE} 与图 E.8 中给出的 α_{vdiv} 相同。

注 2：信号源的 150 Ω 阻抗通常由信号源的自身阻抗和附加的 100 Ω 阻抗串联组成。由于频率范围的关系，这个附加的 100 Ω 阻抗由 S 参数描述，该参数用于规范 CDNE 输入端电压。

9.2.2.6 去耦衰减

使用图 E.6 所示测量布置测量 CDNE 的去耦衰减 α_{decoup}。对于具有两条或多条导线的 CDNE，EUT 端口和 AE 端口之间的所有导线端口均应进行去耦衰减 α_{decoup} 的测量。

注：对于这种测量，F_{CDNE} 与图 E.8 中给出的 α_{vdiv} 相同。

9.2.2.7 LCL

CDNE 的 LCL 按照附录 E 进行测量。

9.3 RGP 的技术指标

对于金属 RGP，仅要求其尺寸以及在试验环境中的布置。RGP 的各边尺寸应至少比 CDNE 和 EUT 组成的试验布置的区域大 0.2 m。RGP 的表面应与 CDNE 具有良好的电搭接，即其不应被喷漆或被氧化处理。

附 录 A
（规范性附录）
人工电源网络（AMN）

A.1 概述

本附录进一步给出了用于射频（RF）电压测量的AMN的有关资料和数据。AMN的工作频率范围为9 kHz～100 MHz，载流能力为500 A。本附录为第4章有关内容的补充。包括的AMN有：用于测量每根电源线与参考地之间电压的V型网络和用于测量每根电源线之间的对称电压及电源线电气中点与参考地之间的不对称电压的Δ型网络。

AMN的电路应首先保证在其工作频率范围内提供规定的阻抗，其次还应对电网中的寄生信号提供充分的隔离（即至少比测量接收机的测量电平低10 dB），此外，还应能够阻止电源电压施加到测量接收机的输入端。对每根电源线（单相两线制和三相四线制）都宜做这样的处理：在用开关把测量接收机与受试电源线连接的同时，为其他电源线提供正确的端接。下面给出的电路都具备这些功能。这些电路适用于单相两线制，也容易扩展到三相四线制。

A.2 50 Ω/50 μH＋5 Ω V型AMN示例

图5给出了一个适用电路，其元件值列于表A.1中。图中L_1、C_1、R_1、R_4和R_5规定了网络阻抗，L_2、C_2和R_2将电源寄生信号和电源阻抗的变化隔离开来，C_3用来去除测量接收机和电源电压之间的耦合。这种结构使用时最大电流容量为100 A。

表A.1 50 Ω/50 μH＋5 Ω V型AMN的元件值

元件	数值
R_1	5 Ω
R_2	10 Ω
R_3	1 000 Ω
R_4	50 Ω
R_5	50 Ω（测量接收机的输入阻抗）
C_1	8 μF
C_2	4 μF
C_3	0.25 μF
L_1	50 μH
L_2	250 μH

在9 kHz～150 kHz频率范围内的最低端，C_3的0.25 μF容量具有不可忽略的阻抗。除非另有规定，否则需要对该阻抗进行修正。

由于C_1和C_2的电容量很大，为了安全起见，网络外壳宜牢固地搭接到参考地或者使用一个电源隔离变压器。

在9 kHz～150 kHz频率范围内，电感L_2的Q值不得小于10。实际中，把相线和中线支路的两个电感线圈按相反的方向串联耦合（共用铁芯扼流圈）比较有利。

A.7 给出了电感 L_1 的实用结构。对于工作电流大于 25 A 的设备，L_2 的结构实现可能会遇到问题。这种情况下，隔离部分 L_2、C_2 和 R_2 都可省去。其影响是当频率低于 150 kHz 时，网络的阻抗特性可能会超出 4.3 中规定的允差，并且电源噪声的隔离也不够充分。

这种电路同样可以满足 4.4 中对 50 Ω/50 μH V 型 AMN 规定的要求。

A.3 50 Ω/50 μH V 型 AMN 示例

表 A.2 列出了图 6 电路图中的元件值。L_1、C_1、R_2、R_3 和 R_4 规定了网络阻抗。与上述示例不同(见 A.2)，由于此电路能够满足阻抗特性，所以没有隔离部分。然而，在电网噪声电平高的情况下，需外加滤波器以减少寄生信号电平。这样构造的网络，使用时最大的电流容量达 100 A。

表 A.2 50 Ω/50 μH V 型 AMN 的元件值

元件	数值
R_1	1 000 Ω
R_2	50 Ω
R_3	0 Ω
R_4	50 Ω(测量接收机的输入阻抗)
R_5	0 Ω
C_1	1 μF
C_2	0.1 μF
L_1	50 μH

由于 C_1 具有较大的电容量，所以，为安全起见，网络外壳应牢固地搭接到参考地或者使用一个电源隔离变压器。

A.7 给出了适用于电感 L_1 的结构。

A.4 50 Ω/5 μH+1 Ω V 型 AMN 示例

表 A.3 列出了图 6 所示电路的元件值，适用于 150 kHz～30 MHz 频率范围，电流最大容量可达 400 A。

表 A.3 50 Ω/5 μH+1 Ω V 型 AMN 的元件值

元件	数值
R_1	1 000 Ω
R_2	50 Ω
R_3	0 Ω
R_4	50 Ω(测量接收机的输入阻抗)
R_5	1 Ω
C_1	2 μF(最小值)
C_2	0.1 μF
L_1	5 μH

图 A.1 给出了另外一种 50 Ω/5 μH+1 Ω V 型 AMN 的电路图，适用于 150 kHz～100 MHz 频率范围，电流最大容量可达 500 A。

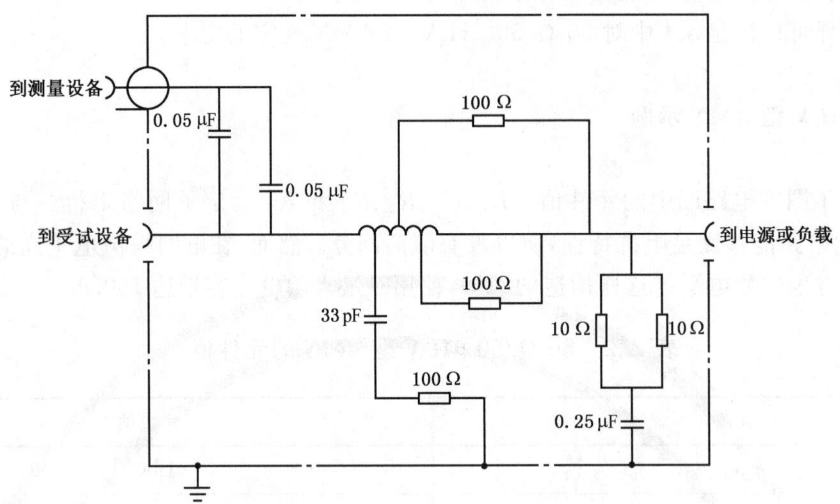

注：线圈细节：5 μH，用 φ6 mm 的导线在 φ50 mm 的骨架上绕 18 匝，抽头在 3.5 匝、9 匝和 13.5 匝处。

图 A.1 用于低阻抗电源装置的 50 Ω/5 μH+1 Ω V 型 AMN 的另外一种电路图示例

A.5 150 Ω V 型 AMN 示例

图 6 给出了该网络的电路图。表 A.4 给出了组成该电路的元件值。

表 A.4 150 Ω V 型 AMN 元件值

元件	数值
R_1	1 000 Ω
R_2	150 Ω
R_3	100 Ω
R_4	50 Ω(测量接收机的输入阻抗)
R_5	0 Ω
C_1	1 μF
C_2	0.1 μF
L_1	能够达到规定阻抗的适当的值

A.6 150 Ω Δ 型 AMN 示例

图 A.2 给出了一个适用的电路。表 A.5 给出了电路的元件值。

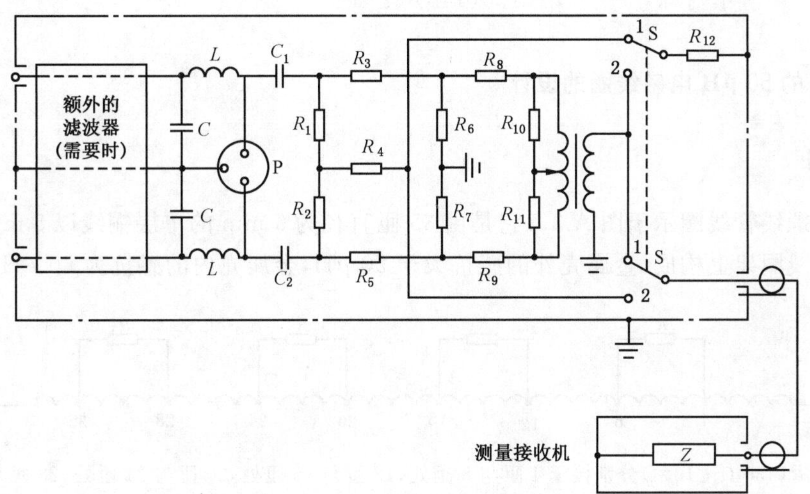

说明：

P——受试设备插座；

1——对称分量；

2——不对称分量；

S——双刀双掷开关；

Z——测量接收机的输入阻抗。

图 A.2　用于具有非平衡输入的测量设备的 Δ 型 AMN 示例

表 A.5　150 Ω Δ 型 AMN 元件值

元件	数值
R_1、R_2	118.7(120) Ω
R_3、R_5	152.9(150) Ω
R_4	390.7(390) Ω
R_6、R_7	275.7(270) Ω
R_8、R_9	22.8(22) Ω
R_{10}、R_{11}	107.8(110) Ω
R_{12}	50 Ω
C_1、C_2	0.1 μF
L、C	能够达到规定阻抗的适当的值

注 1：假定平衡-不平衡变压器的匝数比为 1∶2.5，具有中心抽头。

注 2：括号内的电阻值为允差±5%的电阻系列中最近的优选值。

按电路图中的电阻值计算出的网络性能如下(括号内的数值是使用表 A.5 中括号内的电阻值计算得到的)：

衰减：	对称	20(20) dB
	不对称	20(19.9) dB
网络阻抗：	对称	150(150) Ω

不对称　　　150(148) Ω

A.7 用于 AMN 的 50 μH 电感线圈的设计

A.7.1 电感线圈

组成电感的螺线管线圈示于图 A.3。它是由 35 匝直径为 6 mm 的单层铜线以 8 mm 的间距缠绕在一个绝缘材料的线圈架上构成,金属壳外的感抗大于 50 μH,金属壳内的感抗为 50 μH。

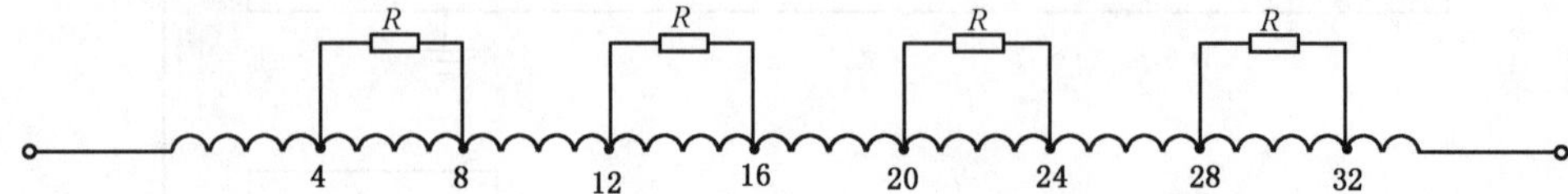

注：多个电阻 R(430 Ω±10%)分别接于 4 匝与 8 匝处,12 匝与 16 匝处,20 匝与 24 匝处,28 匝与 32 匝处。感抗为 50 μH±10%。

图 A.3　50 μH 电感电路示意图

电感线圈的直径为 130 mm,为了改善电感线圈缠绕的电气稳定性,在线圈支架上刻有 3 mm 深的螺旋槽,并将金属线置于槽中。

为了改善电感线圈的高频特性,可以采用线圈分段法缠绕。每段四匝,且每段与 430 Ω 的电阻并联。这样能够抑制线圈内部的谐振,否则谐振将会在一定的频率范围内导致输入阻抗偏离规定的数值。

A.7.2 电感线圈盒

电感线圈以及网络中其他的元件都要安装在一金属框架上,然后用金属外壳将其封装。底部和侧面的金属盖需打孔,以加强散热。盒子的几何尺寸为 360 mm×300 mm×180 mm。图 A.4 给出了结构示意图。

建议网络负载端子应尽可能靠近线圈盒的一角,以便可用短线将两个或两个以上网络的端子与用于连接 EUT 的电源插座相连接。

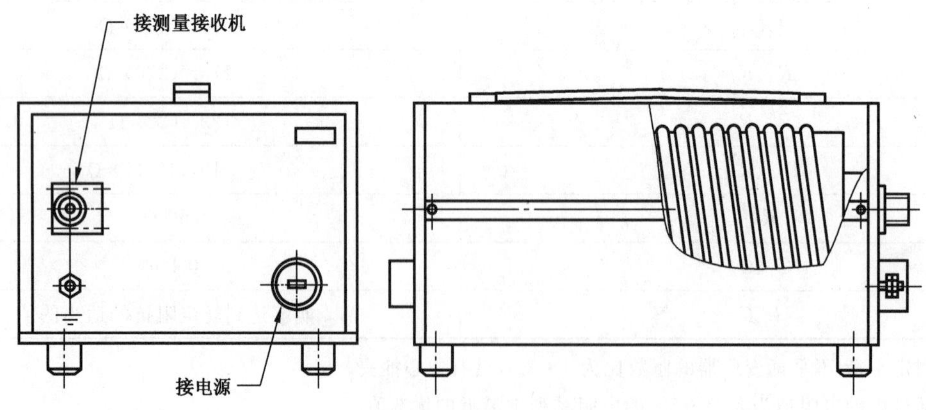

图 A.4　AMN 的全视图

A.7.3 电感线圈的隔离

当图 5 中的电路采用电感线圈,且又省去隔离部分 L_2、C_2 和 R_2 时,电网上的信号衰减如图 A.5 所示。此衰减曲线是在电源终端与测量接收机的终端之间测定的。图 A.5 中,对于曲线 1,电源端信号发生器的内阻抗为 50 Ω,对于曲线 2,信号发生器的内阻抗随 AMN 输入阻抗模的标称值而变化。

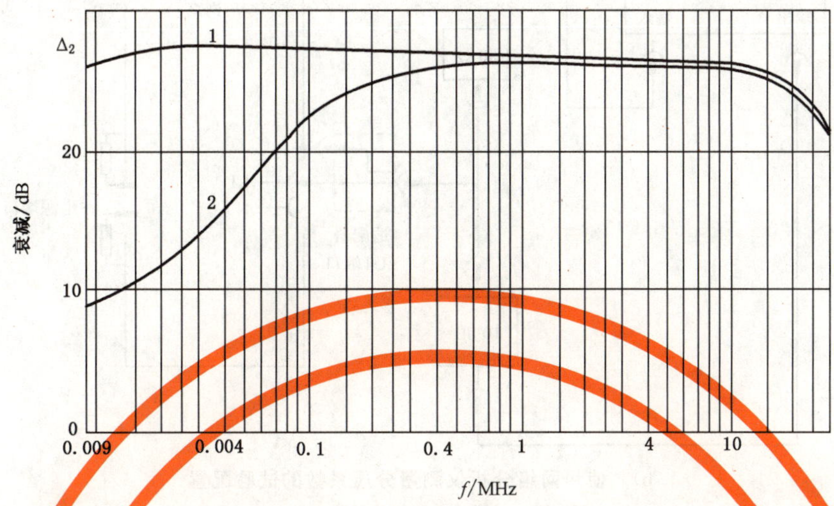

说明:

曲线 1——$Z_{gen}=R_{gen}=50\ \Omega$;

曲线 2——$Z_{gen}=|Z_{in\ AMN}|$。

图 A.5 AMN 滤波器的衰减特性

A.8 V 型 AMN 分压系数的测量

可以用图 A.6 a)和 b)给出的试验布置来确定每种 V 型网络的分压系数。用网络分析仪,或信号发生器和测量接收机或带高阻(低电容)探头的 RF 电压表,在每根线上对每种内部连接(例如通过手动切换或程控切换)进行测量。EUT 端口没有连到 RF 端口的所有线都应端接 50 Ω。

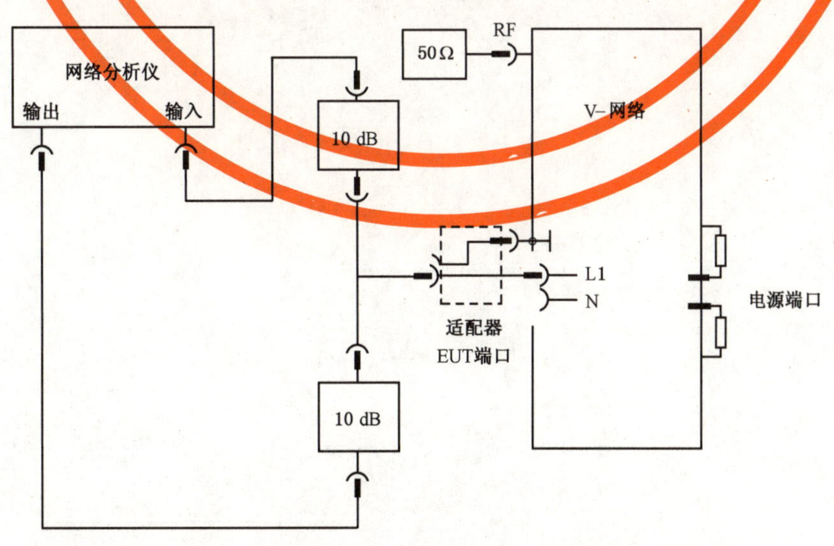

a) 网络分析仪归一化(校准)的试验配置

图 A.6 确定电压分压系数的试验布置

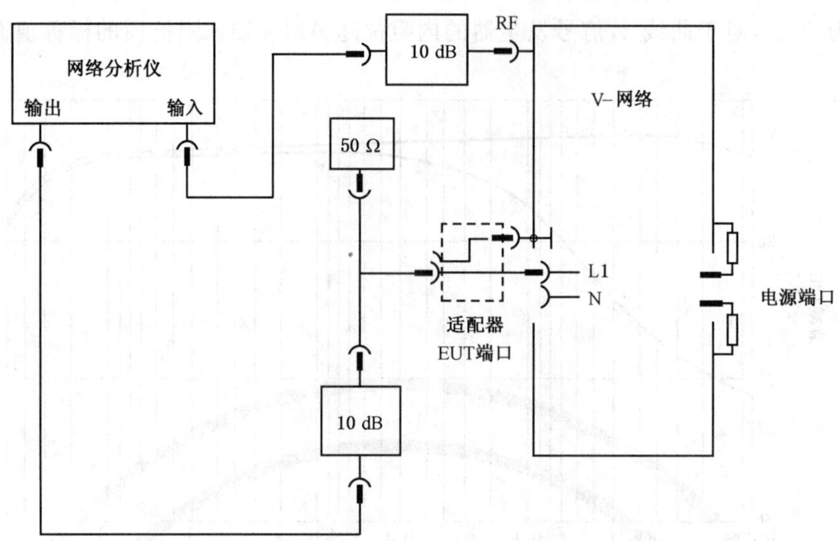

b) 使用网络分析仪测量分压系数的试验配置

图 A.6(续)

由于 EUT 端口的输入阻抗与频率相关,所以需要用在 EUT 端口处测得的电平对网络分析仪进行归一化(即校准)。

如果使用信号发生器和带高阻探头的 RF 电压表,则信号需经一个 50 Ω 衰减器向 EUT 端口馈入,RF 端口用 50 Ω 负载端接。通过在 EUT 和 RF 端口的两次测量可以确定分压系数。

EUT 端口处使用的适配器的结构对校准起着关键的作用。其连接要为低阻抗,T 型连接器需尽可能靠近 EUT 端口和接地端子。10 dB 衰减器用来提供准确的 50 Ω 源和负载阻抗以便得到准确的测量。

电源端口的每根线用相对机壳具有 50 Ω 的负载端接。

对 150 Ω 的 V 型网络,需要考虑 EUT 端口和测量接收机端口之间(即 150 Ω/50 Ω)的分压系数。

附 录 B
（资料性附录）
电流探头的结构、频率范围和校准（第5章的补充）

B.1 电流探头物理和电气方面的考虑

电流探头的物理尺寸需能容纳被测的最粗电缆，电气上需能承受流经电缆的最大电流并满足被测信号的频率范围。

电流探头通常呈环状，被测导线放置在环的中心位置。按现有的要求和制造商的规范，电流探头的环内径为2 mm～30 cm。将次级线圈放置在环体内，以实现卡式电流钳的功能。将环形铁芯和线圈屏蔽起来，以阻止静电耦合。屏蔽壳体上间隙的目的是避免变换器上形成一个短路匝。

用于骚扰测量的典型电流探头的次级匝数为7匝～8匝。此为一个最佳匝数比，能够获得最宽的平坦频率范围和1 Ω或更低的插入阻抗。在100 kHz以下的频率范围，使用硅钢片铁芯。在100 kHz～400 MHz频率范围，使用铁氧体芯；在200 MHz～1 000 MHz频率范围，使用空心，并配有平衡-不平衡的50 Ω输出变换器。图B.1示出了典型电流探头的结构。

电流探头通常作为骚扰测量的传感装置。因此，电流探头被设计成将骚扰电流转换成测量接收机可检测的电压。电流探头的灵敏度可方便地用转移阻抗表示。转移阻抗定义为次级电压（一般跨接50 Ω电阻负载）与初级电流之比，有时也用转移导纳表示。

电流探头和测量接收机的总灵敏度也是测量接收机灵敏度的函数。导线中最小可测骚扰电流为测量接收机灵敏度（V）与电流探头转移阻抗（Ω）之比。例如：如果使用灵敏度为1 μV测量接收机和转移阻抗为10 Ω的电流探头，那么最小可测电流为0.1 μA。然而，如果使用灵敏度为10 μV测量接收机和转移阻抗为1 Ω的电流探头，则最小可测电流为10 μA。为了得到最高灵敏度，转移阻抗宜尽可能的高。

转移阻抗Z_T通常用相对1 Ω的分贝（dB）表示。这是一个便于与更通用的骚扰单位分贝（相对于1 μV或1 μA）相关的单位（相对1 Ω的Z_T分贝数可表示为20 lg Z_T）。

B.2 电流探头的等效电路

根据一般变压器的理论，电流探头可以用精确的等效电路表示。由于许多标准教材都讲述此电路，在此不再重复，见参考文献［10］。经过对精确电路及其导出方程大量简化，转移阻抗可从式（B.1）～式（B.3）求出：

高频时：

$$Z_T = \frac{\omega M}{\left[\left(\frac{\omega L}{R_L}\right)^2 + (\omega^2 LC - 1)^2\right]^{\frac{1}{2}}} \qquad \text{(B.1)}$$

中频时：

$$Z_T = \frac{MR_L}{L}（当\ \omega^2 LC = 1） \qquad \text{(B.2)}$$

低频时：

$$Z_T = \frac{\omega M}{\left[\left(\frac{\omega L}{R_L}\right)^2 + 1\right]^{\frac{1}{2}}} \qquad \text{(B.3)}$$

式中：

Z_T ——转移阻抗；

M ——初级线圈和次级线圈之间的互感；

L ——次级线圈的电感；

R_L ——次级负载阻抗(通常为 50 Ω)；

C ——次级分布电容；

ω ——角频率[弧度每秒(rad/s)]。

从上述方程可得出如下结论：

a) 负载恒定，中频时最大转移阻抗直接正比于互感与次级感抗之比(R_L 为常量)；

b) 当次级分布电容的容抗与负载电阻相等时，出现高频半功率点。

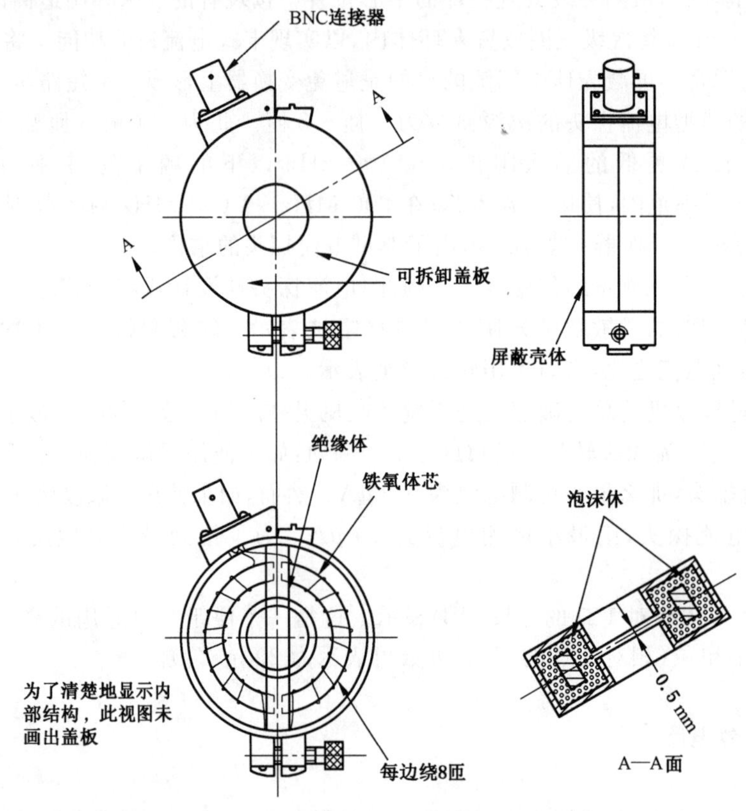

图 B.1 典型电流探头结构示意图

B.3 电流探头测量中的有害效应

因为电流探头基本上是一个环形变换器，所以次级阻抗会反射到初级。对于匝数为 8，负载为 50 Ω 的次级线圈，典型的插入阻抗约为 1 Ω。只要被测电路的源和负载阻抗之和大于 1 Ω，那么电流探头的应用不会明显改变初级电流。然而，如果电路的源阻抗和负载阻抗之和小于其插入阻抗，那么电流探头的使用就可能明显地改变初级电流。

一种用来测量初级电源线上骚扰电流的电流探头，其载流范围可达直流 300 A 或者交流 100 A。电流探头也可以在产生强磁场的装置附近使用。电流探头的转移阻抗应不受电源电流或磁通密度的影响。因此，磁路的设计应使其不出现磁饱和。由于交流电源电流的频率可能在 20 Hz～15 kHz，所以在这些频率上，电流探头的输出很可能损坏与其相连的接收机的输入电路。一种可行的解决办法是在电流探头与接收机之间插入一个电源频率的抑制滤波器。图 B.2 示出了一个截止频率为 9 kHz 高通滤波器。

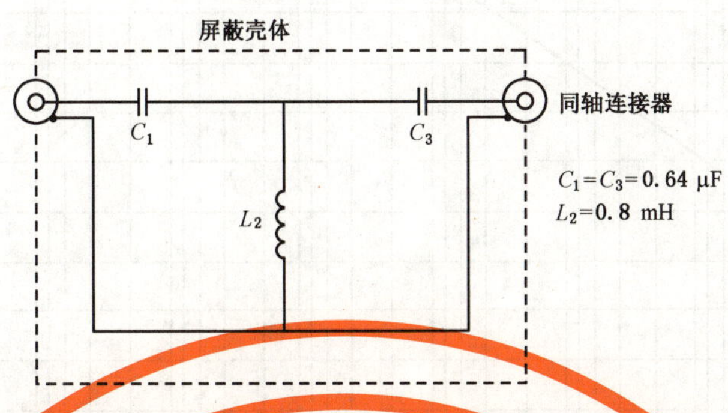

图 B.2　截止频率为 9 kHz 高通滤波器

B.4　电流探头典型的频响特性

图 B.3 示出了电流探头典型的频率特性，在通带 100 kHz～100 MHz 和 30 MHz～300 MHz 以及 200 MHz～1 000 MHz 内具有平坦的特性。

B.5　电流探头的屏蔽结构

B.5.1　概述

带有导电(例如铜、黄铜等)屏蔽结构的电流探头可用来测量两线(相线和中线)电路中的不对称(共模)或对称(差模)骚扰电流。这种方法适用于 100 kHz～20 MHz 频段，其基本特性就是一个改进了的含有高通滤波器的射频电流探头。高通滤波器的目的是为了保证在电流探头的输出端有效地抑制电源频率电流。试验布置见 CISPR 16-2-1:2014。

B.5.2　理论模型

图 B.4 a)给出了使用 AMN 测量电流的布置。骚扰电流的分量如下：

I_1 为电源线相线电流，I_2 为电源线中线电流，I_C 为不对称(共模)电流，I_D 为对称(差模)电流。

注：假设 I_1 和 I_2 之间的相角为零。这种情况对应的导线长度小于 1 m，频率低于 30 MHz。

从图 B.4 a)和 b)可以看出上述电流之间存在如下关系，见式(B.4)～(B.7)：

$$I_1 = I_C + I_D \qquad \text{(B.4)}$$

$$I_2 = I_C - I_D \qquad \text{(B.5)}$$

$$2I_C = I_1 + I_2 \qquad \text{(B.6)}$$

$$2I_D = I_1 - I_2 \qquad \text{(B.7)}$$

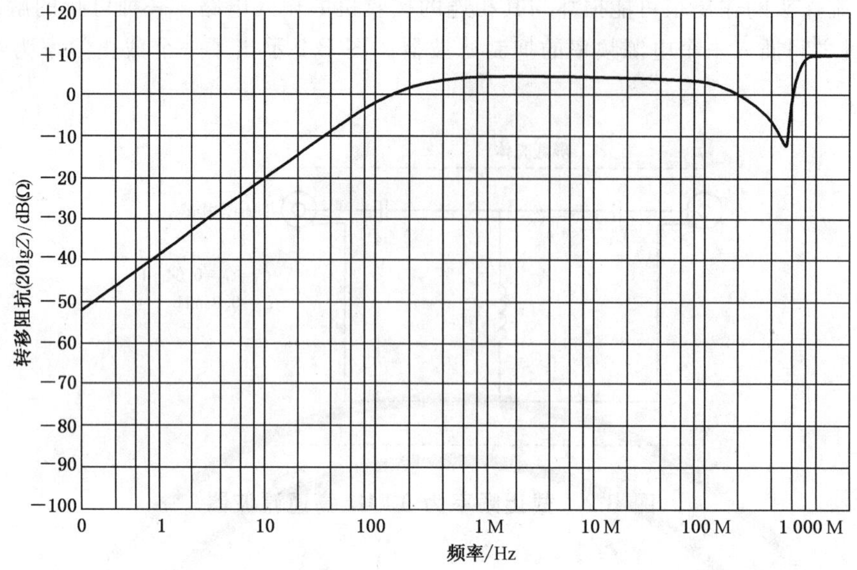

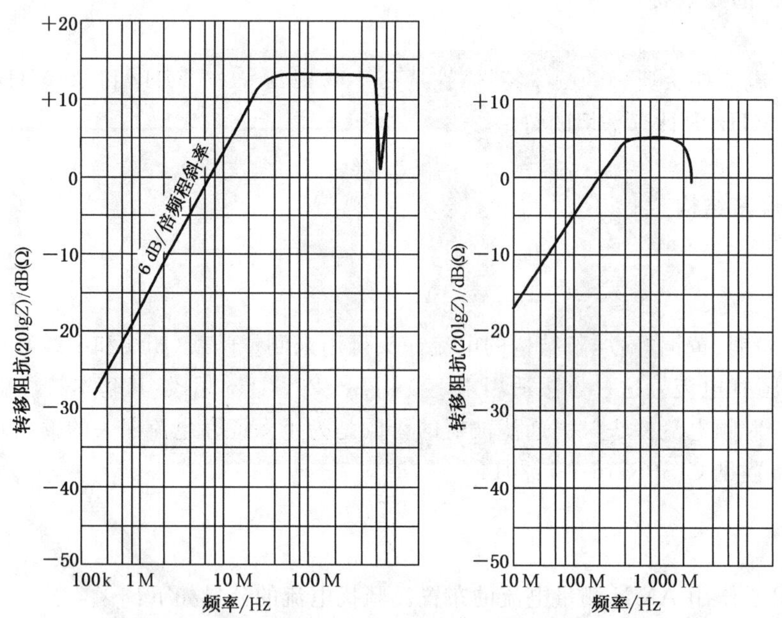

图 B.3　典型电流探头的转移阻抗(见 B.4)

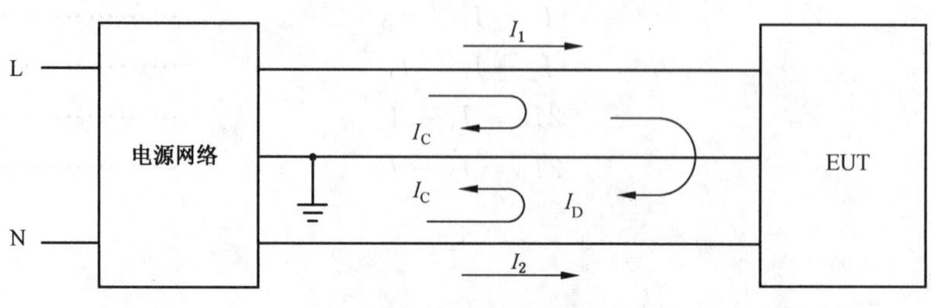

a)　骚扰电流试验电路图

图 B.4　使用 AMN 测量电流的布置

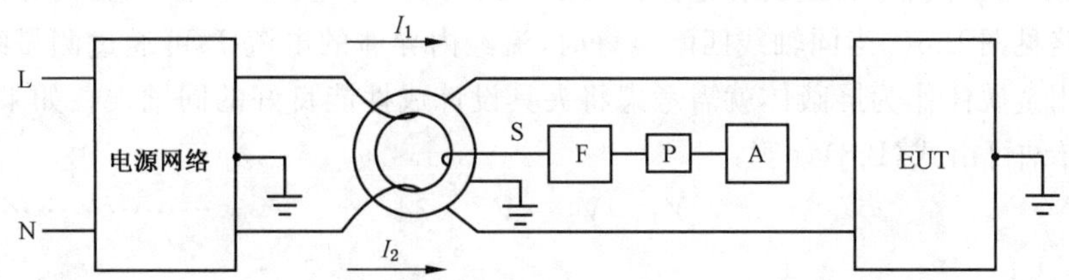

说明：

S——次级；F——高通滤波器；P——衰减器；A——分析仪或接收机。

b） 区分共模和差模噪声的试验电路图

图 B.4（续）

因此，若只想得到不对称电流，则环绕导线的卡式电流钳的输出为 I_1 和 I_2 之和，而 I_1 与 I_2 之差仅与对称电流的输出有关。对于不对称电流，式(B.6)中的系数为 2，所以仅对不对称电流的测量值需减去 6 dB 的修正值[见图 B.4b)]。

B.5.3 屏蔽结构

所需要的附加屏蔽如图 B.5。其尺寸大小是相对于具有直径为 51 mm 的中心孔径电流探头标出的。对于其他大小的电流探头，其尺寸可按比例标出。

单位为毫米

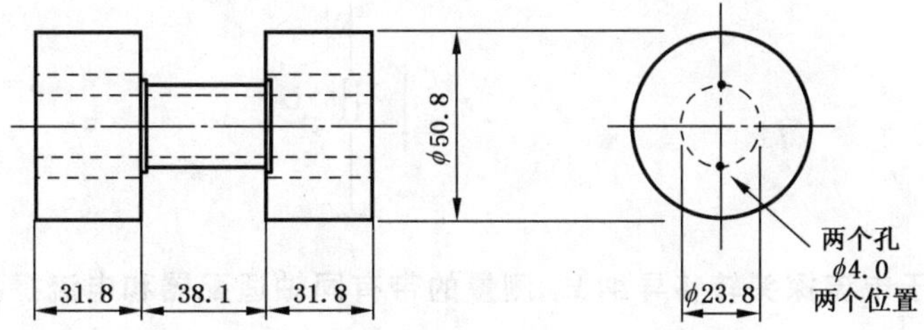

注：材料宜呈高电导性，例如铜或黄铜。

图 B.5 用于电流变换器的屏蔽结构图

这种结构用来放置电流探头内的未屏蔽导线，并且当电流探头输出单点接地时，它可以对任何外部的耦合提供附加的屏蔽。将 0.75 mm^2 的绝缘多股线穿过铜屏蔽体上的孔洞，并用接线柱固定在两端。其中一端与来自电源网络的屏蔽引线相连，另一端与来自 EUT 的屏蔽引线相连。屏蔽体的中心孔径由绝缘胶带构成，以便绝缘多股线能紧固在截槽中，于是，当电流探头被扣紧时，使得屏蔽体的这一部分能够紧密安装在电流探头内。

电流探头屏蔽体的放置使探头两铁芯半环的间隙平面与引线平面垂直。此外，保证图 B.5 所示的屏蔽结构与电流探头壳体的绝缘，以防止电流探头壳体中的间隙被短路也是很重要的。

B.5.4 高通滤波器

如果需要，在电流探头的输出与测量接收机之间插入一个高通滤波器，该滤波器可以是测量接收机的一个组成部分[见图 B.2 和图 B.4b)]。

B.6 电流探头的校准

可以使用一个夹具进行电流探头的校准。该夹具由同轴适配器的两半组成。当将电流探头装配其上时，夹具便形成了一根同轴线：包裹着电流探头的为外导体，穿过探头口径的为内导体(见图 B.9)。

校准等效电路见图 B.6。当同轴线匹配良好时，流经内导体的电流 I_P 可通过测量线上的电压 V_1 来计算。如果探头用金属体作为屏蔽体就需考虑将夹具设计成性能良好的同轴线。如果电流探头的电压输出为 V_2，转移导纳可由式(B.8)计算：

$$Y_T = V_1 - V_2 - 34 \qquad \cdots\cdots (B.8)$$

式中：

Y_T ——转移导纳，单位为分贝西门子[dB(S)]；

V_1 ——同轴线上的射频电压，单位为分贝微伏[dB(μV)]；

V_2 ——探头输出的射频电压；单位为分贝微伏[dB(μV)]；

34 ——对应于 50 Ω 负载阻抗的因子。

转移导纳 Y_T 通常用来计算被测电流 I_P 的值，式(B.9)如下：

$$I_P = V_2 + Y_T \qquad \cdots\cdots (B.9)$$

式中，V_2 的单位为分贝微伏[dB(μV)]。

图 B.7 示出了典型的校准结果。图 B.8 示出了回波损耗，图 B.9 给出了同轴适配器夹具的照片。

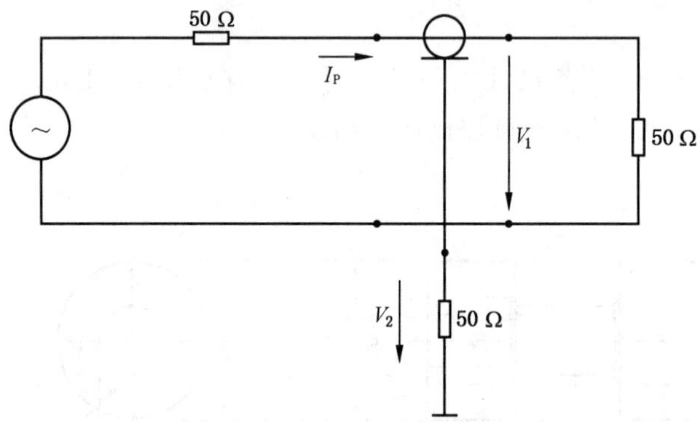

图 B.6 用于电流探头转移导纳 Y_T 测量的带有同轴适配器和电流探头的电路图

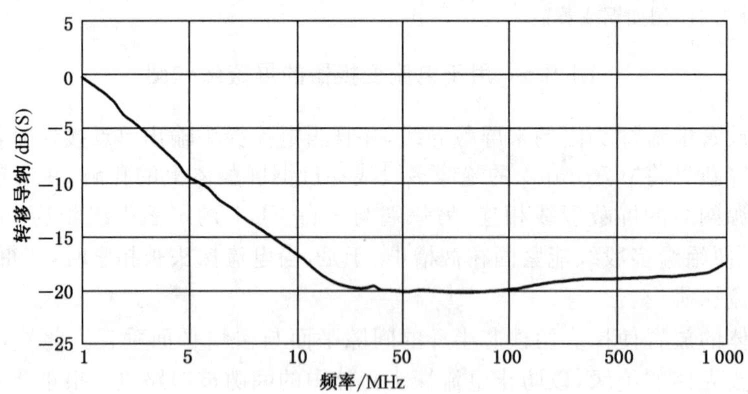

图 B.7 作为频率函数的电流探头转移导纳 Y_T

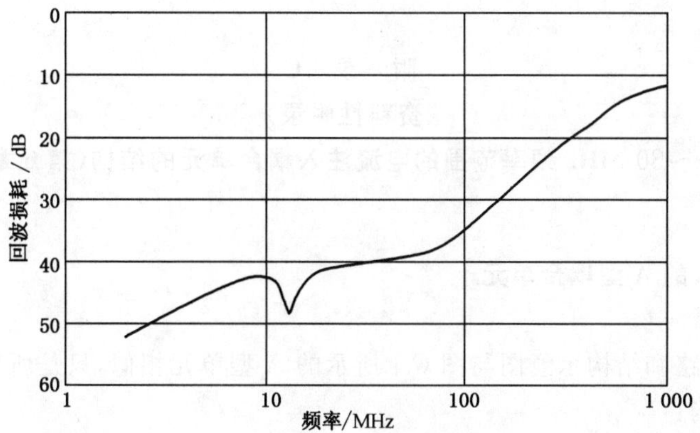

图 B.8 同轴适配器端接 50 Ω、内有电流探头(电流探头也端接 50 Ω)时的回波损耗

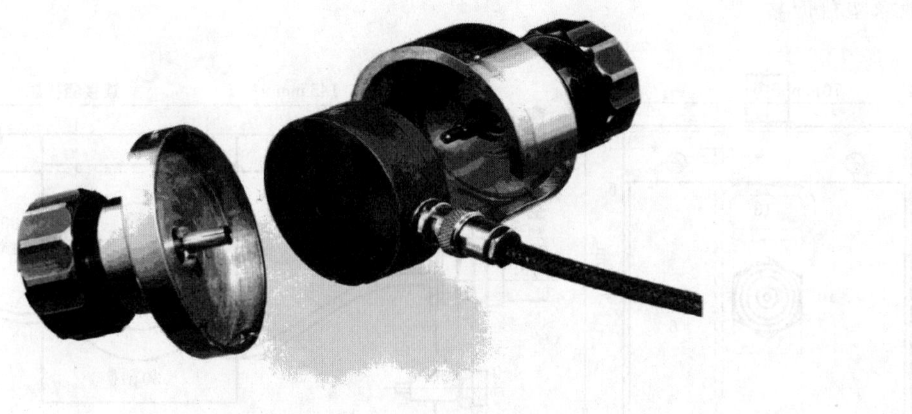

图 B.9 同轴适配器两半之间的电流探头

附 录 C
（资料性附录）
0.15 MHz～30 MHz 频率范围的电流注入耦合单元的结构（第 6 章的补充）

C.1 用于同轴天线输入的 A 型耦合单元

A 型耦合单元的电路和结构示意图与图 C.1 所示的 A 型单元相似，只是所用的电感值为 280 μH。

280 μH 电感的结构：

磁芯：将材料为 4C6 的（或等效的）2 个铁氧体环叠在一起。其外径为 36 mm，内径为 23 mm，厚度为 30 mm。

绕组：用全屏蔽的小型同轴电缆绕 28 匝，例如线径为 0.9 mm 的 UT34，其外部包有外径为 1.5 mm 的绝缘塑料护套。

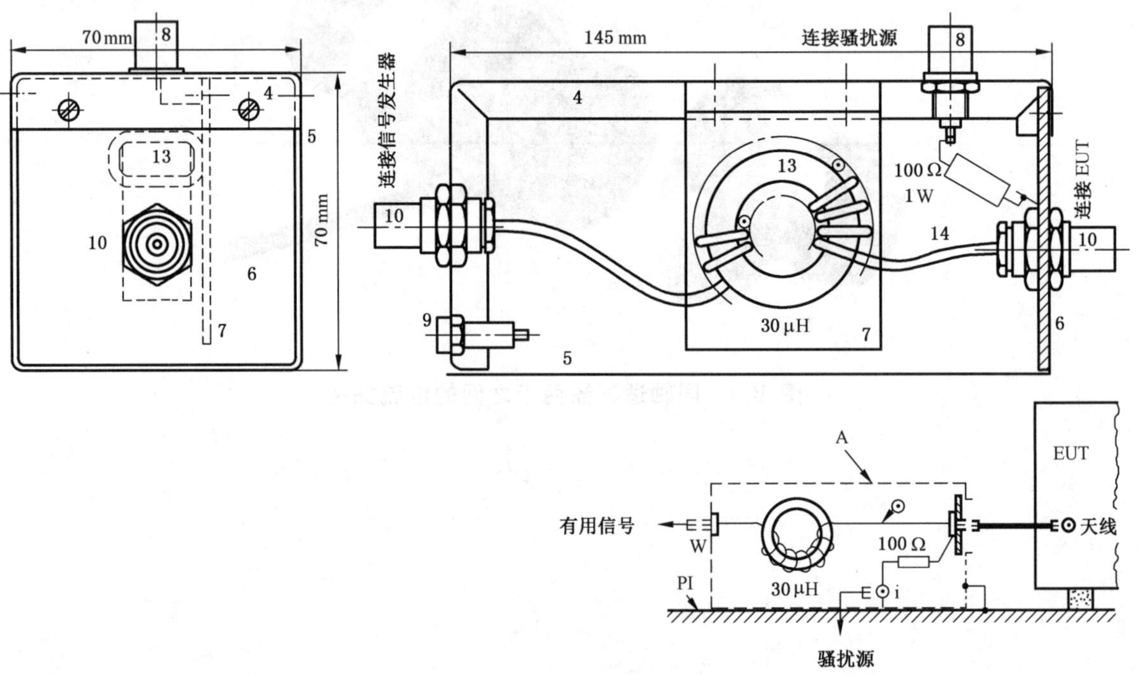

说明：

4、5——金属盒（145 mm×70 mm×70 mm）（部件 5 放置在接地平面 PI 上）；

6 ——前面板（绝缘材料）；

7 ——扼流圈的支架板（绝缘材料）；

8 ——BNC 同轴连接器，50 Ω；

9 ——接地端子；

10 ——BNC 同轴连接器；

13 ——4C6 型铁氧体环（ϕ36 mm×ϕ23 mm×15 mm），用同轴电缆缠绕 14 匝；

14 ——同轴电缆；外径 ϕ 为 2.4 mm。

图 C.1 用于同轴输入的 A 型耦合单元的电路和结构示例（见 C.1 和 D.2）

C.2 用于电源线的 M 型耦合单元

M 型耦合单元的电路和结构示意图与图 C.2 所示的 M 型耦合单元相似，只是所用的两个电感值为 560 μH，电容 C_1 为 0.1 μF，C_2 为 0.47 μF。

560 μH 电感的结构：

磁芯：2 个材料为 4C6 的(或等效的)铁氧体环叠在一起。其外径为 36 mm，内径为 23 mm，厚度为 30 mm。

绕组：用绝缘铜线绕 40 匝，外径为 1.5 mm。

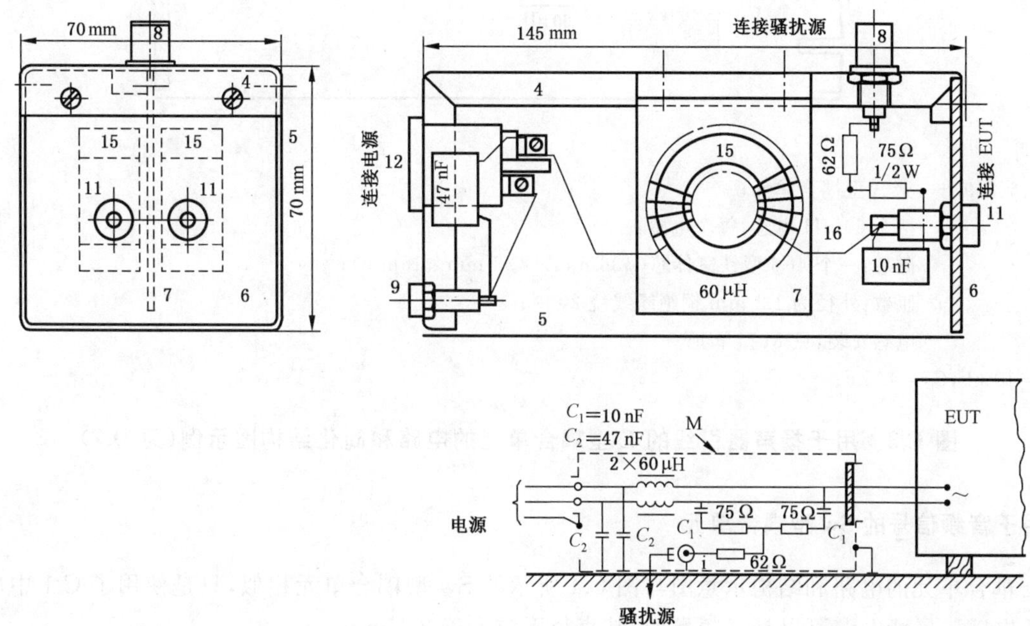

说明：

4～9——见图 C.1；

11 ——EUT 的电源插座(两个绝缘香蕉插头)；

12 ——电源插座(2P＋地)；

15 ——两个 4C6 型铁氧体环(ϕ36 mm×ϕ23 mm×15 mm)，每个 20 匝；

16 ——绝缘铜线，外径 ϕ0.8 mm。

图 C.2 用于电源线的 M 型耦合单元的电路和结构示例(见 C.2 和 D.2)

C.3 用于扬声器引线上的 L 型耦合单元

L 型耦合单元的电路和结构示意图与图 C.3 所示的 L 型耦合单元相似，只是使用了两个大小为 560 μH 电感，C_1 为 47 nF，C_2 为 0.22 μF。

560 μH 扼流圈的结构：

磁芯：一个材料为 4C6 的(或等效的)铁氧体环。其外径为 36 mm，内径为 23 mm，厚度为 15 mm。

绕组：用漆绝缘的铜线绕 56 匝，线径为 0.4 mm。

注：4C6 型磁性铁氧体的特性：

相对起始磁导率——μ_i＝120；

损耗因子——2 MHz 时 $\tan\delta/\mu_i<40$,10 MHz 时 $\tan\delta/\mu_i<100$;

电阻率——$\rho=10$ kΩ·m。

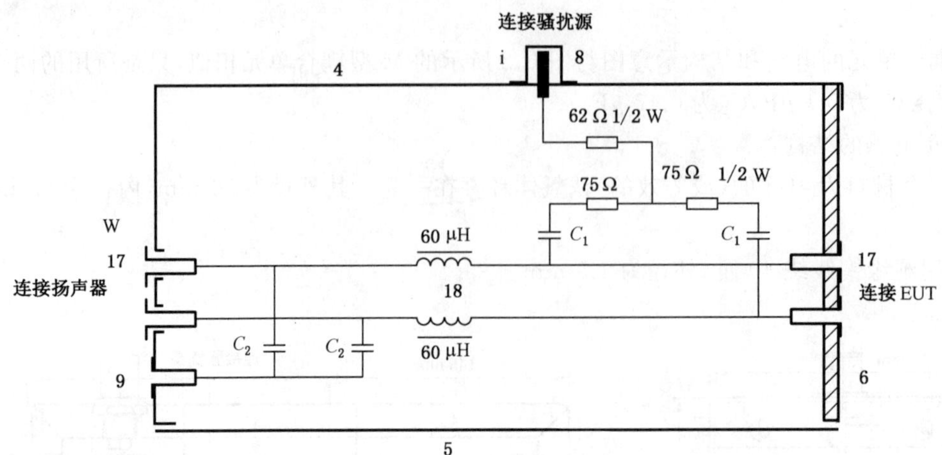

说明:

4、5、6、8、9——见 A 型耦合单元;

18 ——两个 60 μH 电感,每个电感:

磁芯:一个 4C6 型铁氧体芯(ϕ36 mm×ϕ23 mm×15mm);

匝数:外径为 1.2 mm 铜绝缘线绕 20 周;

电感安装:见 M 型单元。

$C_1=10$ nF,$C_2=47$ nF。

图 C.3 用于扬声器引线的 L 型耦合单元的电路和简化结构图示例(见 D.2)

C.4 用于音频信号的 Sw 型耦合单元

Sw 耦合单元的电路和结构示意图与图 C.4 所示的 Sw 型耦合单元相似,只是使用了 C.1 中所述的 280 μH 电感。屏蔽电缆可以是音频类型,其直径不应大于 2.1 mm。

注:如果 EUT 使用的双声道立体声信号电缆连在一起,那么 C.1 所述的 A 型耦合单元可用于此。

C.5 用于音频、视频和控制信号的 Sw 型耦合单元

Sw 型耦合单元的电路和结构示意图与图 C.5 所示的单元相似,只是使用了 C.2 中所述的 2 个 560 μH电感。三线电缆的外径不应超过 1.5 mm。这可用下述方法实现:用 2 根 UT-20 型微型同轴电缆(直径为 0.6 mm)和一根直径为 0.3 mm 的漆绝缘铜线。

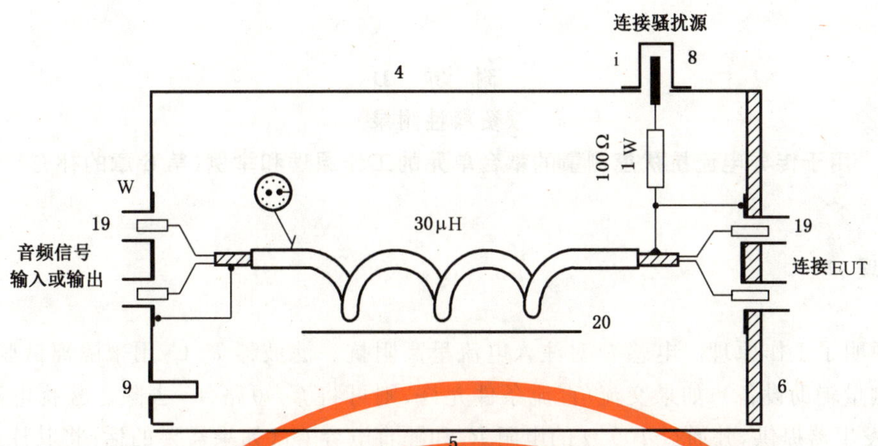

说明：

4～9——见 A 型耦合单元；

19 ——Cinch 或 DIN 插座；

20 ——30 μH 电感：

电感铁芯：一个 4C6 型铁氧体环（ϕ36 mm×ϕ23 mm×15 mm）；

线圈：屏蔽双绞线电缆绕 14 匝，绝缘外径 2.8 mm；

电感安装：见 A 型单元。

图 C.4　用于音频信号的 Sw 型耦合单元的电路图和简化结构图示例（见 D.2）

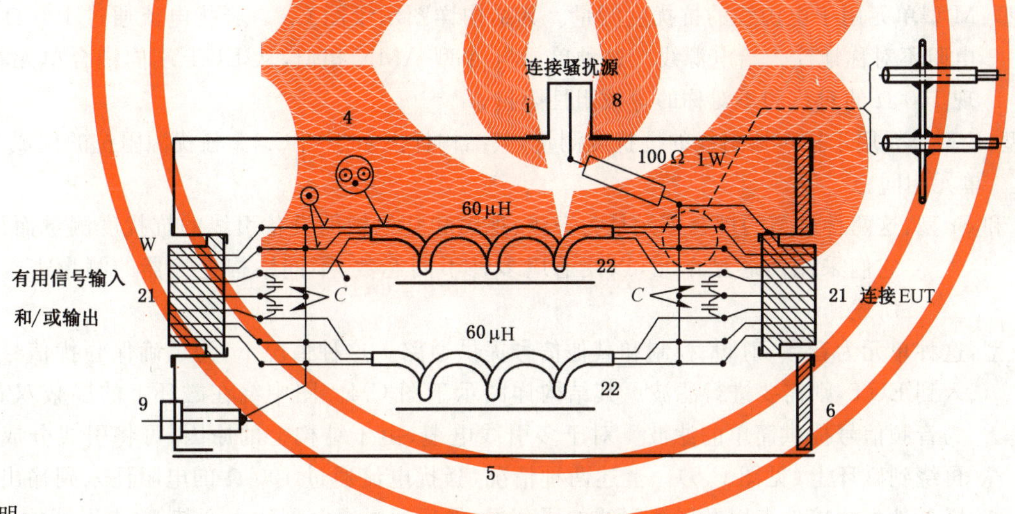

说明：

4～9——见 A 型耦合单元；

21 ——多芯连接器（如 7 针的 DIN 插座）；

22 ——两个 60 μH 电感：

电感铁芯：一个 4C6 型铁氧体环（ϕ36 mm×ϕ23 mm×15 mm）；

线圈：用三线电缆绕 20 圈；

电缆：由两个外径为 0.9 mm 的 UT-34 型微型同轴电缆和一根直径为 0.4 mm 的漆包线组成；外绝缘层：直径为 2.4 mm 的套管；

电感安装：见 M 型单元；

C=1 nF（如信号源许可还可更大些）。

图 C.5　用于音频、视频和控制信号的 Sw 型耦合单元的电路图和简化结构图示例（见 D.2）

附　录　D
（资料性附录）
用于传导电流抗扰度测量的耦合单元的工作原理和举例（第6章的补充）

D.1　工作原理

图D.1说明了工作原理。电感 L 对注入电流呈高阻抗。滤波器 L/C_2 用来隔离试验设备（有用信号发生器或测量辅助设备）；如果交流/直流条件允许，则可将 C_1 短路、C_2 去除。骚扰电流由源阻抗为50 Ω的信号发生器提供，并通过100 Ω的电阻 R_1 和隔直电容 C_1（如果需要的话）将其注入到导线或同轴电缆的屏蔽层。

D.2　耦合单元的类型及其结构

使用下面类型的耦合单元：

A型：射频同轴单元用于射频范围载有有用信号的同轴线的抗扰度测量。其结构详图示于图C.1。将100 Ω的电阻（与50 Ω骚扰信号源形成150 Ω的源阻抗）连接到耦合单元同轴输出连接器的屏蔽层上。

M型：M型单元用于电源线的抗扰度测量。其结构详图示于图C.2。骚扰电流通过100 Ω的等效电阻不对称地注入给电源线。这种单元与Δ型AMN相似，从EUT端向耦合单元看，则呈现150 Ω的对称和不对称的等效阻性阻抗。

L型：L型单元用于扬声器引线的抗扰度测量，其结构详图示于图C.3。骚扰源阻抗的构成与M型单元相同。

Sw和Sr型：这两种类型的耦合单元是为音频、视频和其他辅助设备引线的抗扰度测量而设计的。它们采用多芯型单元，以便适应多种不同芯数、不同结构连接器的测量需求。如下所述：

Sw型：这种单元为音频、射频、控制和其他信号提供通路。这种情况下，为了确保骚扰信号直接注入到EUT，则需要进行滤波。其结构详图示于图C.4。图中绕在磁环上的屏蔽双芯线，可为音频信号提供简单的滤波。对于多引线电缆，由于结构上的原因，可将引线分成单股后再绕到磁环上（见图C.5）。上述两种情况，骚扰电流通过100 Ω的电阻注入到输出连接器屏蔽外壳和接地点以及屏蔽引线的屏蔽层，然后通过电容器注入到其他（未屏蔽的）引线。

Sr型：Sr型单元设计用于无需信号通路的场合。电缆中所有的引线都需端接匹配的负载阻抗。其结构详图示于图D.2。骚扰电流通过100 Ω电阻注入到连接器的接地屏蔽壳和接地插针上，同时也注入到所有负载电阻（R_1～R_n）所连接的点上。注意图C.4和图C.5示出的单元如能正确端接负载也可用于此目的。

如果骚扰信号发生器的源阻抗不是50 Ω，就要调整串联电阻的阻值以得到要求的150 Ω。

图C.1～图C.5和图D.1、图D.2示出的射频扼流圈，在1.5 MHz～150 MHz的频率范围，其电感值为30 μH，或2个60 μH的并联；在0.15 MHz～30 MHz频率范围，其电感值为280 μH或2个560 μH的并联。附录C描述了扼流圈的结构。

为了尽可能地减小耦合单元输出端的分布电容，设计阶段就要引起重视。注意，对于耦合单元的金属壳体，要采用截面积大的铜编织带将其可靠地连接到接地平面。

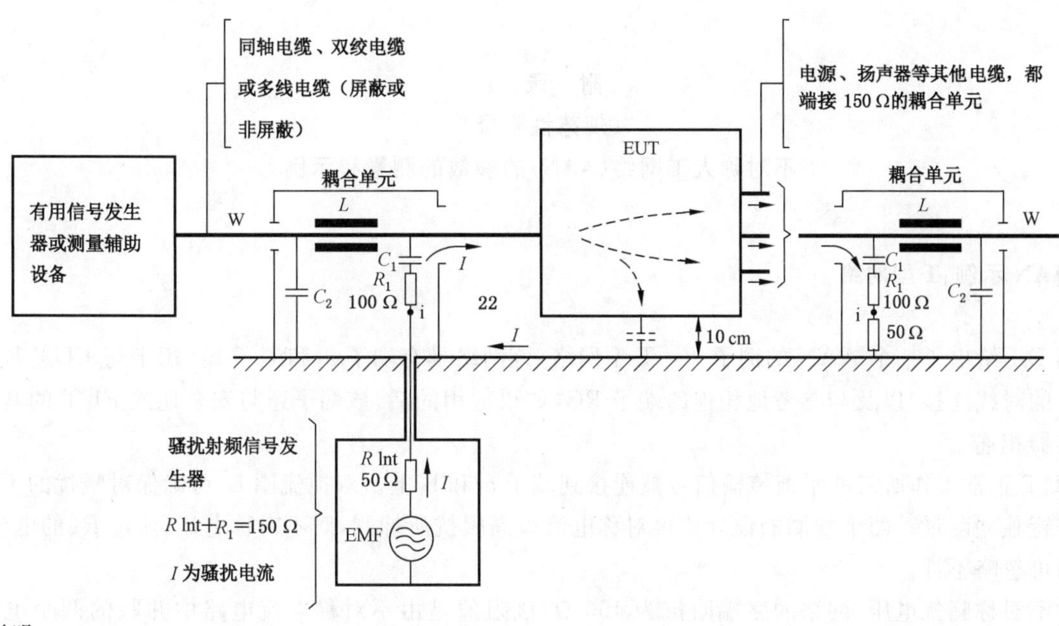

说明：

L ——隔离阻抗；

C_1、C_2 ——具有低射频阻抗的电容器(如果交流/直流条件允许,则可将 C_1 短路、C_2 去除)。

图 D.1 电流注入方法的一般原理图(见 D.1)

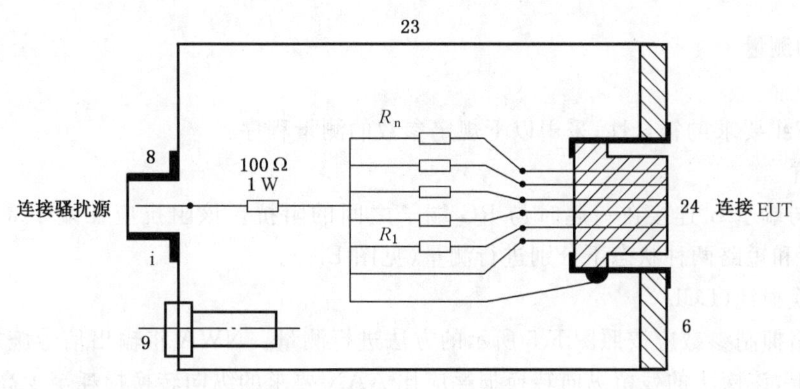

说明：

6、8、9——见 A 型耦合单元；

23 ——金属箱(100 mm×55 mm×55 mm)；

24 ——多插针导体或 DIN 插座；

R_1～R_n——匹配负载阻抗。

例如:用于音频设备的 Sr 型耦合单元的匹配负载阻抗：

电磁拾音头:2×2.2 kΩ　　晶体拾音头:2×470 kΩ

传声器:　2×600 Ω　　调谐器:　2×47 kΩ

磁带录音机:4×47 kΩ　　音频信号输入/输出端口:4×47 kΩ

图 D.2 带有负载阻抗的 Sr 型耦合单元的电路和简化结构图示例(见 D.2)

附 录 E
（规范性附录）
不对称人工网络(AAN)的参数的测量和示例

E.1 AAN 示例:T 型网络

图 E.1 给出了一个 AAN 的例子——T 型网络,该网络具有端子 a_1 和端子 b_1(用于与 EUT 某一信号端口的对线连接)以及与参考地相连的端子 RG(如果适用的话,该端子还与安全地或 EUT 的其他接地连接器相连)。

EUT 正常工作所需的平衡传输信号被连接到端子 a_2 和 b_2 上。双扼流圈 L_1 可确保对骚扰的不对称分量进行独立测量。两个线圈的设计使得对称电流被高阻抗所抑制,对不对称电流(流过 R_X 的电流)该阻抗则可忽略不计。

对不对称骚扰电压,网络的终端阻抗为 150 Ω,该阻值是由不对称电流电路中并联的两个电阻 R(200 Ω)再与 R_X(50 Ω)串连得到的。电阻 R_X 通常是接收机的输入阻抗,所以典型情况下未经修正的接收机读数会比 EUT 端的实际不对称骚扰值低 9.5 dB。电容 C 的作用是隔离直流电流,因此该网络在直流供电的情况下也不会导致电阻损坏,电感 L_1 也不会因此饱和而失效。

通常,AAN 连接在 EUT 与 EUT 辅助设备之间。

E.2 AAN 参数的测量

为了确定与 7.1 要求的符合性,采用以下规定参数的测量程序:

a) 终端阻抗

端子 a_1 与端子 b_1 连接在一起时与 RG 端子之间的阻抗。该阻抗应在端子 a_2、b_2 与接地端子 RG 开路和短路两种状态下分别进行测量(见图 E.2)。

b) 纵向转换损耗(LCL)

Y 型网络抑制参数应按照图 E.5 所示的方法进行测量。NWA 将输出信号施加到纵向转换损耗探头上,该探头的残留纵向转换损耗应比 AAN 要求的纵向转换损耗至少高 10 dB。纵向转换损耗探头的校验见图 E.3,纵向转换损耗探头的校准见图 E.4。

c) 去耦衰减

应按图 E.6 所示方法测量去耦衰减。

d) 对称电路的插入损耗

应按图 E.7 所示的方法测量对称电路的插入损耗。

Y 型网络的插入损耗测试需用两个纵向转换损耗探头作为平衡-不平衡转换器使用。两个相同的平衡-不平衡转换器相串连以确定其自身的插入损耗。平衡-不平衡转换器需做到,在 0.15 MHz～30 MHz 频率范围,两个平衡-不平衡转换器合成的插入损耗小于 1 dB。

e) 不对称电路的分压系数(Y 型网络的校准)

应按图 E.8 所示方法测量不对称电路的分压系数。

f) 对称负载阻抗及传输带宽

该参数依系统不同而不同。Y 型网络针对某一特定阻抗在考虑传输带宽影响时可达到最优化。对某一特定的对称负载阻抗,传输带宽可按图 E.7 所示试验布置进行测量。

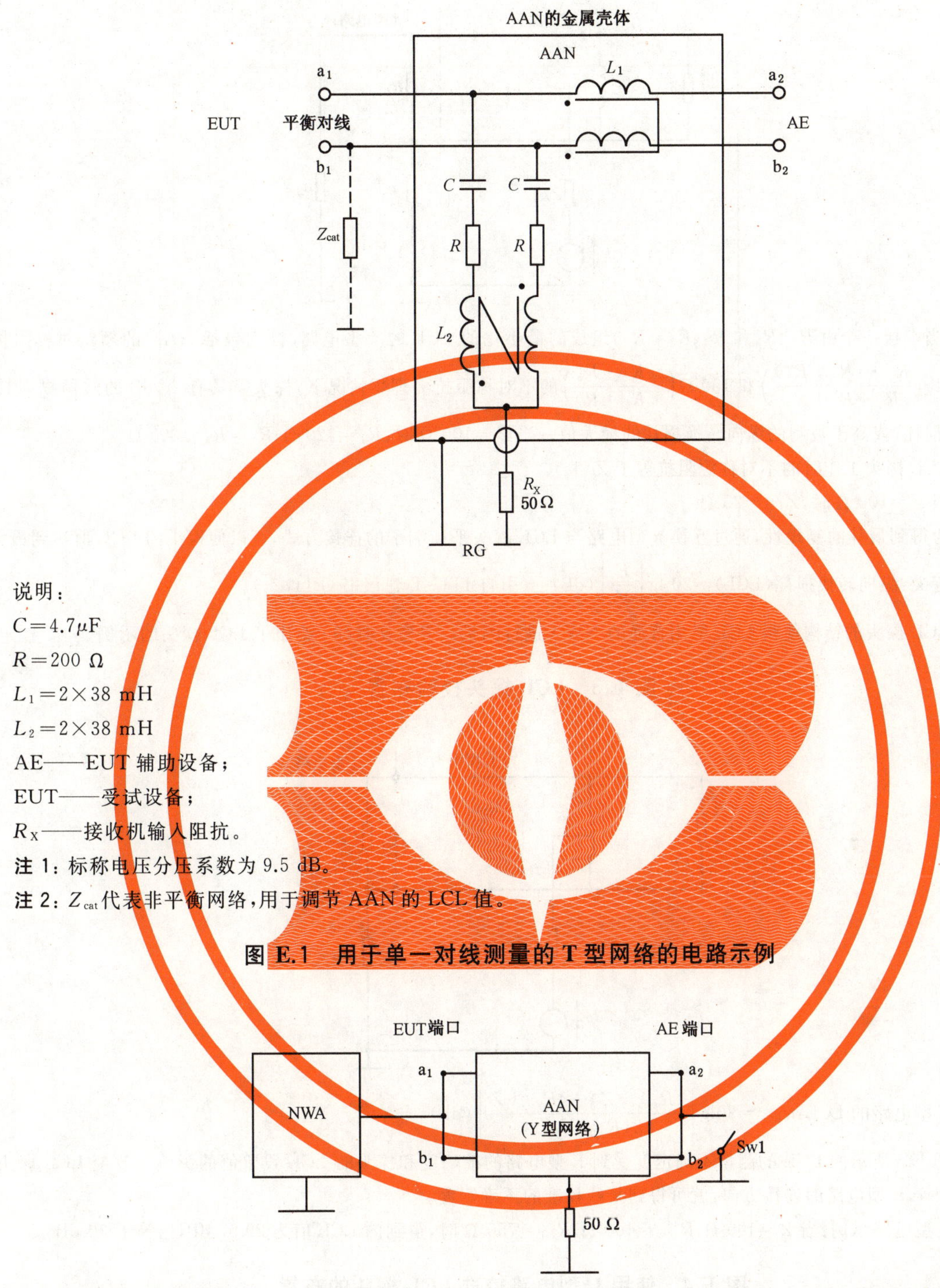

说明：

$C=4.7\mu F$

$R=200\ \Omega$

$L_1=2\times 38$ mH

$L_2=2\times 38$ mH

AE——EUT 辅助设备；

EUT——受试设备；

R_X——接收机输入阻抗。

注 1：标称电压分压系数为 9.5 dB。

注 2：Z_{cat} 代表非平衡网络，用于调节 AAN 的 LCL 值。

图 E.1　用于单一对线测量的 T 型网络的电路示例

注：对于有多组对线的 AAN(即多于一组)，测量时，所有的 EUT 端口线以及所有的 AE 端口线需分别连在一起。

图 E.2　终端阻抗测量布置

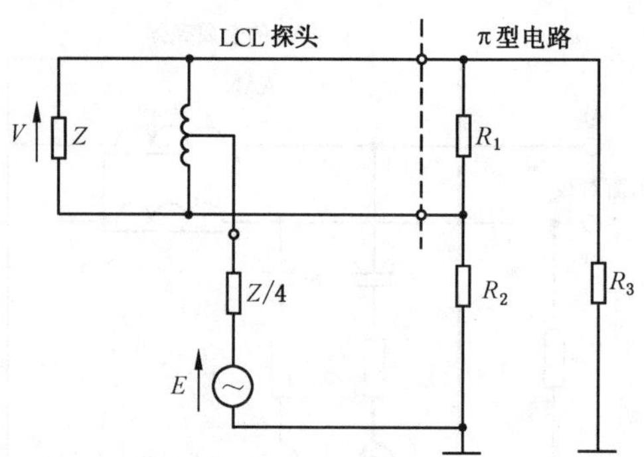

注 1：当端接一个由 R_1、R_2 和 R_3($R_2=R_3$)组成的最小化的 LCL 的 π 型电路时[它包括 AAN 的额定对称阻抗 Z $\left(=\frac{R_1 \cdot (R_2+R_3)}{R_1+R_2+R_3}\right)$ 和 150 Ω$\left(=\frac{R_2 \cdot R_3}{R_2+R_3}\right)$的不对称阻抗]，理想情况下，探头需具有 20 dB 的残留纵向转换损耗，或高于被测的纵向转换损耗的最大值。当 $Z=100\ \Omega$ 时：$R_1=120\ \Omega$，$R_2=R_3=300\ \Omega$。

注 2：LCL 探头工作时的不对称源阻抗等于 $Z/4$。

注 3：当 $Z=100\ \Omega$ 时，$Z/4=25\ \Omega$。

注 4：为得到最佳的复现性，通过互换 π 型电路与 LCL 探头平衡端子的连接方式，可以使探头的 LCL 值达到最大。

注 5：定义：纵向转换损耗(LCL)$=20\ \lg\left|\frac{E}{V}\right|$(dB) (引自 ITU-T 建议书 G.117[7])。

LCL 探头的结构使得 LCL 能用普通的 NWA 进行测量。参考文献[9] 给出了 LCL 探头的示例。

图 E.3 LCL 探头校验布置

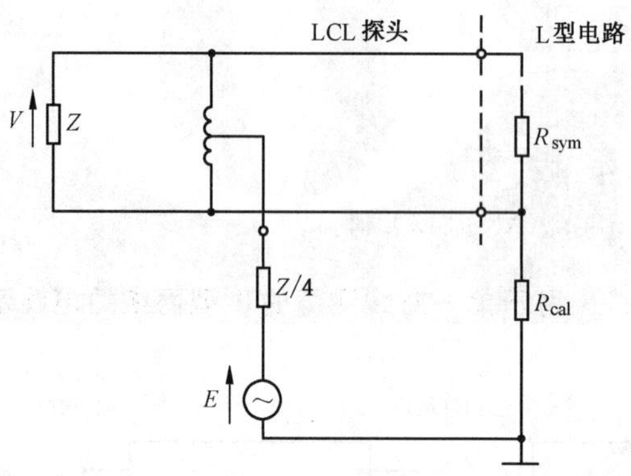

注 1：L 型电路的 LCL：$a_{LCL}=20\lg\left|\frac{(R_{sym}//Z)+4R_{cal}+Z}{2(R_{sym}//Z)}\right|$(dB)

注 2：图 E.5 所示的 LCL 的测量不确定度受到 L 型电路的准确度和探头的 LCL 残留值的影响。改变 LCL 探头相对于 L 型电路的连接方向，就可得到某些校准的不确定度。

注 3：L 型电路示例：当 $Z=100\ \Omega$，$R_{sym}=100\ \Omega$，$R_{cal}=750\ \Omega$ 时，得到的 LCL 值为 29.97 dB，约等于 30 dB。

图 E.4 使用 L 型电路校准 LCL 探头的布置

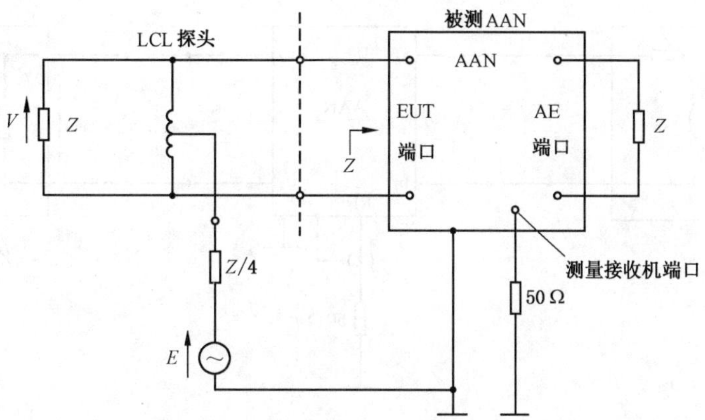

注 1：LCL 的定义见图 E.3。

注 2：基于被测 LCL 与探头 LCL 的残留值之间的密切相关性，在 EUT 端口，通过互换 LCL 探头与 EUT 的连接端子，并对两次测量结果取平均值后可以提高试验的准确度。

注 3：对于有多组对线的 AAN(即多于一组)，每一组对线的 LCL 都要进行测量，如果其他对线影响被测对线，这些对线需通过各自的共模阻抗 Z 进行端接。

图 E.5 使用 LCL 探头测量 AAN 的 LCL

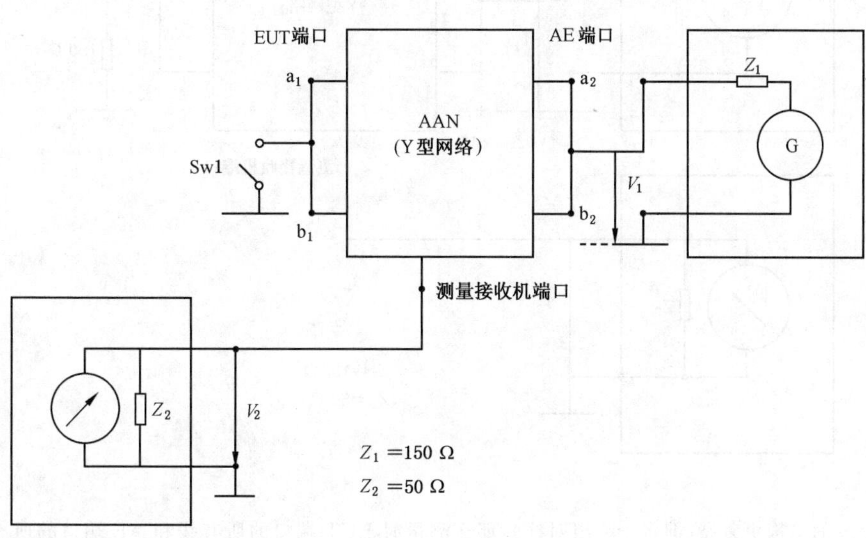

注：去耦衰减应在 Sw1 开、关两个位置上分别进行测量。对于有多组对线的 AAN(即多于一组)，测量时 EUT 端口的所有线和 AE 端口的所有线需分别各自连接在一起。

图 E.6 AAN 的 AE 端口与 EUT 端口之间不对称信号去耦衰减(隔离度)

$\left[a_{\text{decoup}} = 20\ \lg\left|\frac{V_1}{V_2}\right| - a_{\text{vdiv}}\,(\text{dB})\right]$的试验布置

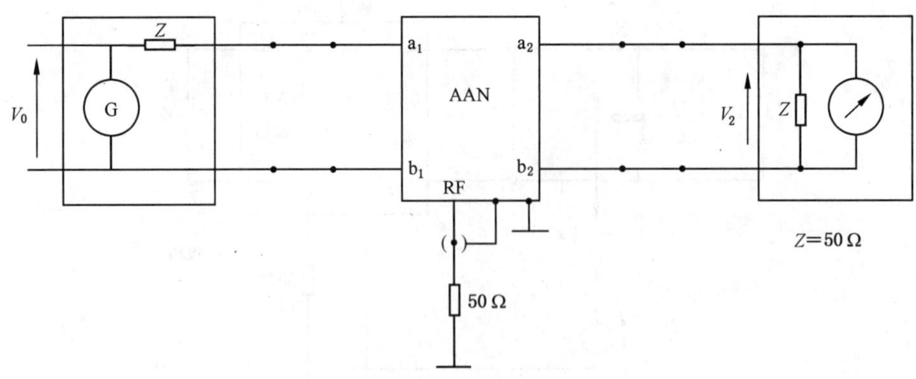

图 E.7 AAN(对称信号)插入损耗的试验布置

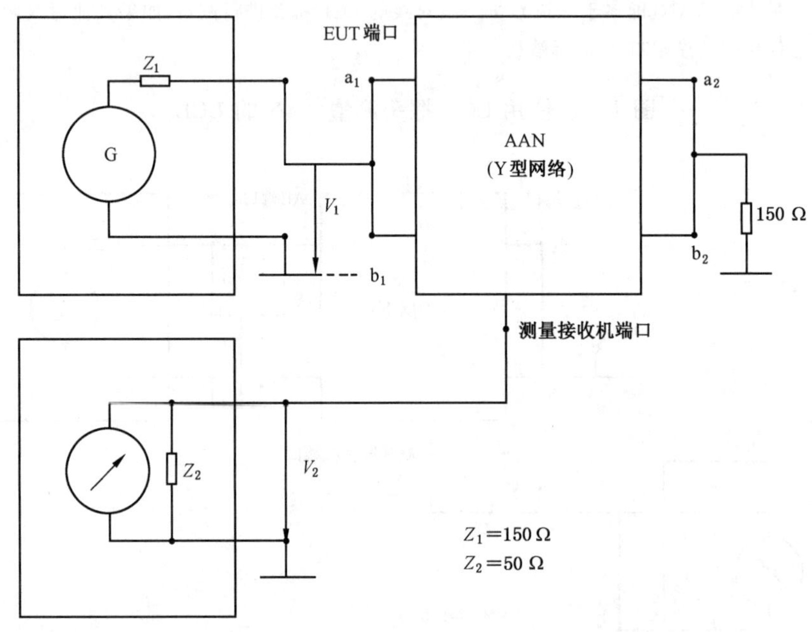

注：如果 AAN 的结构更复杂(即多于一组对线)，那么测量时 EUT 端口的所有线和 AE 端口的所有线需分别各自连接在一起。

图 E.8 AAN 不对称电路的分压系数 $\left[F_{AAN}=a_{vdiv}=20\lg\left|\frac{V_1}{V_2}\right|(dB)\right]$ 校准试验布置

附 录 F
（规范性附录）
用于同轴和其他类型屏蔽电缆的人工网络（AN）的参数测量和示例

F.1 用于同轴和其他类型屏蔽电缆的 AN 的描述

图 F.1 给出了用于同轴电缆的 AN 的示例，其由微型同轴电缆（微型的半刚性实体铜屏蔽同轴电缆或微型的双层屏蔽同轴电缆）绕制在铁氧体磁环上组成的内置共模扼流圈构成。

如果不需要高的屏蔽衰减，内置的共模扼流圈可以使用绝缘的双绞线（其中一根绝缘线与同轴电缆的内芯线相连，另一根绝缘线与同轴电缆的屏蔽层相连）绕制在一个普通的磁芯（如铁氧体磁环）上构成。

对于多芯屏蔽电缆，内置的共模扼流圈可由多根绝缘的信号线与一根绝缘的屏蔽线或者由一根多芯屏蔽电缆在磁芯上绕制而成。

F.2 用于同轴和其他屏蔽电缆的 AN 的参数测量

用于同轴和其他屏蔽电缆的 AN 的测量参数如下：

a） 终端阻抗

测量终端阻抗是指测量过壁连接器上的同轴电缆的屏蔽层（不连接 EUT 电缆）与参考地连接器之间的阻抗，此时，测量接收机端口端接 50 Ω 匹配阻抗。

b） 分压系数

AN 的分压系数应按照图 F.2 所示的布置进行测量。

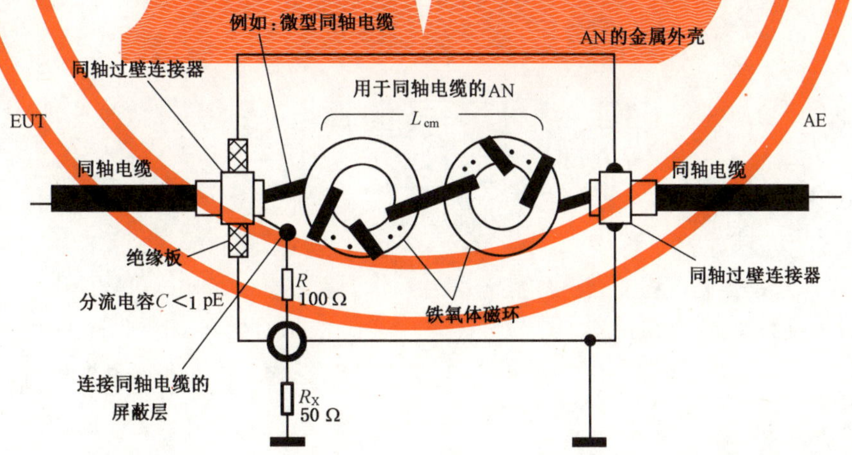

说明：

AE——EUT 辅助设备；EUT——受试设备；R_X——测量接收机。

共模扼流圈 L_{cm}＞1.4 mH，总寄生分流电容 C＜1 pF。

图 F.1 用于同轴电缆的 AN 示例

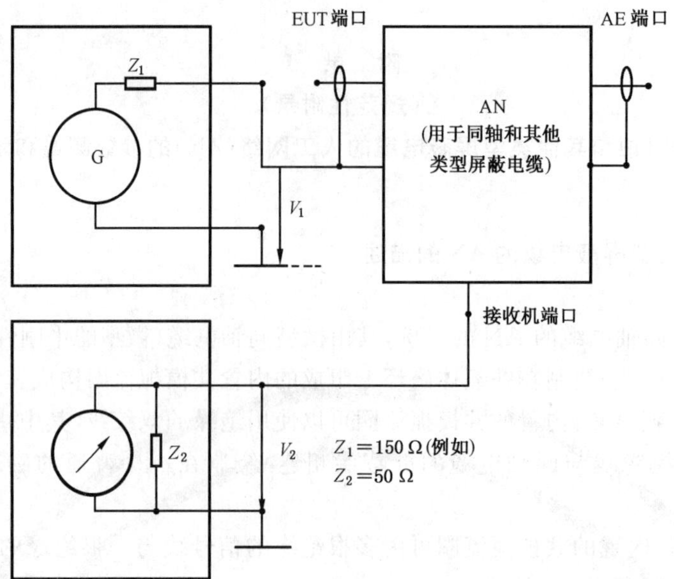

图 F.2 用于同轴和屏蔽电缆的 AN 的分压系数的试验布置电压分压系数：$F_{AN}=20\ \lg\left|\frac{V_1}{V_2}\right|$ (dB)

附 录 G
（资料性附录）
容性电压探头（CVP）的结构和评价（5.2.2 的补充）

G.1 引言

本附录提供 CVP 校准方法的示例。只要其校准方法的不确定度与本附录所提供的校准方法的不确定度相当，也可以使用其他的校准方法。

G.2 CVP 的物理和电气考虑

图 G.1 给出了 CVP 的结构。它由两个同轴电极、一个接地端、一个电缆夹具和一个跨阻放大器组成。外电极用于静电屏蔽，以减小沿着电缆外皮的静电耦合引起的测量误差。

图 G.2 为探头的等效电路。当电缆和地之间存在电压时，在内电极和外电极间将产生一个静电感应电压。该电压由一个高输入阻抗放大器检测出，然后经过跨阻放大器变换成低阻抗。其输出由测量接收机进行测量。

G.3 分压系数频率响应的确定

图 G.3 为测量 CVP 频率响应的试验布置。CVP 依照以下程序[即步骤 a)～i)]进行验证：

a) 准备一根与 EUT 实际使用相同的电缆；

注 1：如果 CVP 用来测量几种类型的电缆，则针对这些典型的电缆类型进行校准并给出校准结果。虽然从式(G.3)可估算出分压系数 F_{CVP}，但还是建议对每种类型电缆的 F_{CVP} 进行实际测量。

b) 将校准夹具放在参考接地平面上，如图 G.3 所示；

c) 将电缆两端连到校准夹具的内端口（端口-1，端口-2）（见图 G.3）；

d) 将 CVP 放在校准单元里，调整电缆使其通过探头中心；

注 2：如果校准夹具的端板离 CVP 的两端太近，分布电容将增加，这会在较高频率对校准产生负面影响。如果校准夹具的端板离 CVP 的两端太远，则校准夹具又可能会在较高频率形成驻波。这些驻波对校准也会产生负面影响。

e) 将 CVP 的接地端口与校准夹具的内部接地端口连接。将校准夹具的外部接地端与参考接地平面连接。接地条宜做到低电感且尽可能短并尽量远离 CVP 的口径；

f) 将输出阻抗为 50 Ω 的信号发生器通过一个 10 dB 的衰减器连到端口-1 的外端口；

g) 将一个输入阻抗为 50 Ω 的电平表连到端口-2 的外端口，用 50 Ω 负载端接 CVP 的输出端口。在规定的频率范围内测量电平 V；

h) 将电平表连到 CVP 的输出端口，用 50 Ω 负载端接端口-2 的外端口。在规定的频率范围内测量电平 V_m；

i) 由测量值计算分压系数 $F_{CVP}=20\lg|V/V_m|$（dB）。

G.4 确定外部电场影响的测量方法

G.4.1 外部电场的影响

外部电场的影响可通过探头与靠近探头的其他电缆的静电耦合来实现。图 G.4 为静电耦合模型

及其等效电路。2#电缆上的共模电压 V_X 和 1#电缆的电压 V 通过电容 C_X 和 C 出现在高阻电压探头的输入端子上，见图 G.4a)。应使用静电屏蔽来减小由 C_X 带来的耦合，但由于静电屏蔽的不完整，在外电极和其他电缆之间的静电耦合(即 C'_X)使得外电场的影响仍然存在，见图 G.4b)。G.4.2 提供了评估外电极和其他电缆间静电耦合影响的测量程序。此外还需注意，除非 $|Z_s| << |1/(j\omega C_c)|$，否则电压 V 会受 V_X 的影响。

G.4.2 确定外部电场影响的测量方法

由于静电屏蔽的作用有限，由静电耦合引起的外电场的影响可用图 G.5 中的试验布置进行测量。测量程序如下：

a) 用 G.3 中的方法测量分压系数，$F_{CVP}=20\lg|V/V_m|$；

b) 将 CVP 放在电缆的旁边，距离"s"为 1 cm(见图 G.5)；

c) 将探头的接地端口连到校准单元的内部接地端口，校准单元的外部端口连到参考接地平面；

d) 将输出阻抗为 50 Ω 的信号发生器通过 10 dB 衰减器连到端口-1 的外端口；

e) 将输入阻抗为 50 Ω 的测量接收机连到端口-2 的外端口，用 50 Ω 负载端接探头的输出端口。在规定的频率范围内测量电平 V_s；

f) 将测量接收机连到探头的输出端口，用 50 Ω 负载端接端口-2 的外端口。在规定的频率范围内测量电平 V_{sm}；

g) 外部电场影响的减少量 F_s 由测量值 V_s、V_{sm} 通过 $F_s=F_{CVP}/(V_s/V_{sm})$ 计算确定。

G.5 脉冲响应

CVP 是包含测量接收机在内的测量系统的一部分。它不能影响 GB/T 6113.101—2016 描述的测量接收机的性能。由于 CVP 内含有有源电路，所以应测量探头的脉冲响应。其响应可用 GB/T 6113.101—2016 附录 B 和附录 C 中描述的 B 频段脉冲发生器来测量。

用脉冲发生器来测量脉冲响应是困难的。探头的脉冲性能，是用峰值等于脉冲峰值的正弦连续波测量探头的线性特性予以验证。由于探头内没有检波器和带通滤波器，因此，这是可以实现的。由于信号发生器和试验夹具之间使用同轴电缆，所以可能需要使用衰减器来减小反射信号的大小。若无需使频率响应平坦化，则可不使用衰减器。

脉冲发生器的冲激脉冲面积在 0.15 MHz～30 MHz 为 0.316 mVs，见 GB/T 6113.101—2016 的表 B.1。脉冲信号发生器的频谱在 30 MHz 以下实际上为常数。式(G.1)近似给出了脉冲宽度：

$$\tau=\frac{1}{\pi f_m} \qquad \text{(G.1)}$$

式中，f_m 为 30 MHz，因此得到 $\tau=0.010\ 6\ \mu s$。

脉冲幅度 A 由式(G.2)给出：

$$A=0.316/\tau=29.8\ \text{V} \qquad \text{(G.2)}$$

这意味着 CVP 在 30 V 以下都需保持线性。

当信号发生器的幅度进行变化直至 30 V 时，通过测量分压系数 F_{CVP} 来验证其线性特性。

G.6 影响分压系数的因素

CVP 的分压系数取决于受试电缆的半径和该电缆在 CVP 内电极中所处的位置。虽然骚扰测量需要用到分压系数的值，但要想计算出所有类型电缆的系数可能是困难的。为评估电缆结构对分压系数的影响而进行了一项研究，具体内容如下。

使用测量与理论分析研究了影响分压系数的因素。图 G.6 表明电缆在探头电极内位置变化时导致分压系数偏离的情形。实验中用一根铜杆代替电缆。横轴表示间隔比 $g/(b-a)$;实线表示根据内电极和电缆间电容变化得到的计算结果,圆点表示测量值。结果发现,测量数据和计算数据吻合得很好。当间隔比不大于 0.8 时,CVP 的灵敏度并不取决于电缆在内电极内位置的变化。因此,为了减小测量误差,受试电缆应调整到从探头的中心通过。

图 G.7 表明分压系数对电缆半径的依赖性。纵轴表示分压系数 F_{CVP} 的偏离,实线表示根据式(G.3)计算的结果:

$$F_{\mathrm{CVP}}=\frac{\left\{1+\frac{1}{C_{\mathrm{p}}}\frac{2\pi\varepsilon}{\ln\frac{b}{a}}d\right\}}{\left\{1+\frac{1}{C_{\mathrm{p}}}\frac{2\pi\varepsilon}{\ln\frac{b}{a_{\mathrm{ref}}}}d\right\}} \qquad \text{(G.3)}$$

式中:

ε ——介电常数;

a_{ref} ——用作基准的电缆半径;

C_{p} ——跨阻放大器的增益,由测量得出;

a ——电缆半径;

b、d ——见图 G.1 中的定义。

圆点和菱形点表示了一些电缆的测量结果。以电缆中所包含的每一根导线所组成的表面积估算每根电缆的等效半径,再与对应铜棒表面积的值进行比较。电缆中含有的导线数目在 1~12 之间。图 G.7表明计算值和利用铜杆进行的测量结果十分吻合。因此,实际电缆测量的结果与计算值之间的偏离在 2 dB之内。该研究结果表明,分压系数可用式(G.3)和各电缆的表面积近似计算得出。

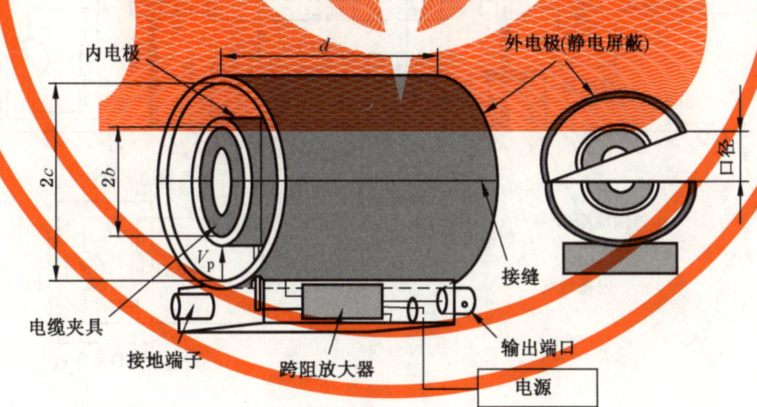

注意:

a) 电缆夹具用于将受试电缆固定在探头的中心,可将其看作电介质,它能增大受试电缆和电压探头内电极之间的电容。

b) 需要对外部电场进行隔离,目的是避免拾取的电源线上的信号耦合进电压探头的电路中。

图 G.1 CVP 的结构

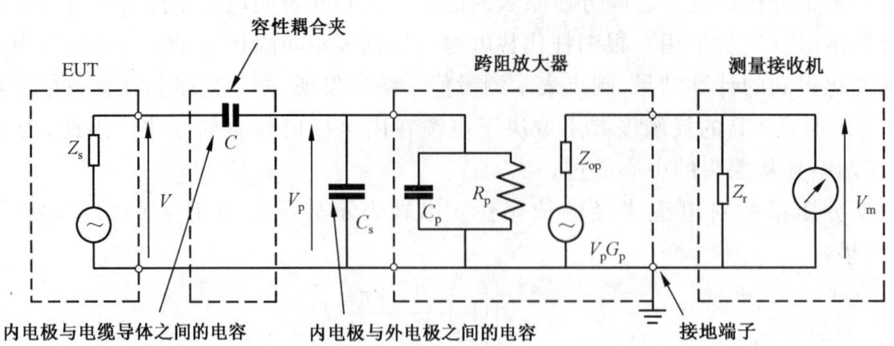

注：图 G.1 所示配置的典型值：

b——25 mm；	C_p——5 pF；
c——55 mm；	R_p——1 MΩ；
d——100 mm；	$\lvert Z_s \rvert << \lvert 1/(j\omega C) \rvert$；
C——8 pF(电缆外径为 26 mm)；	$R_p >> \lvert 1/[j\omega(C_s+C_p)] \rvert$；
C_s——7 pF；	$Z_{op}=Z_r=50\ \Omega$。

典型值并不是要求/规定值,符合 5.1.3 中特性要求的其他组合也是可接受的。

图 G.2 CVP 的等效电路

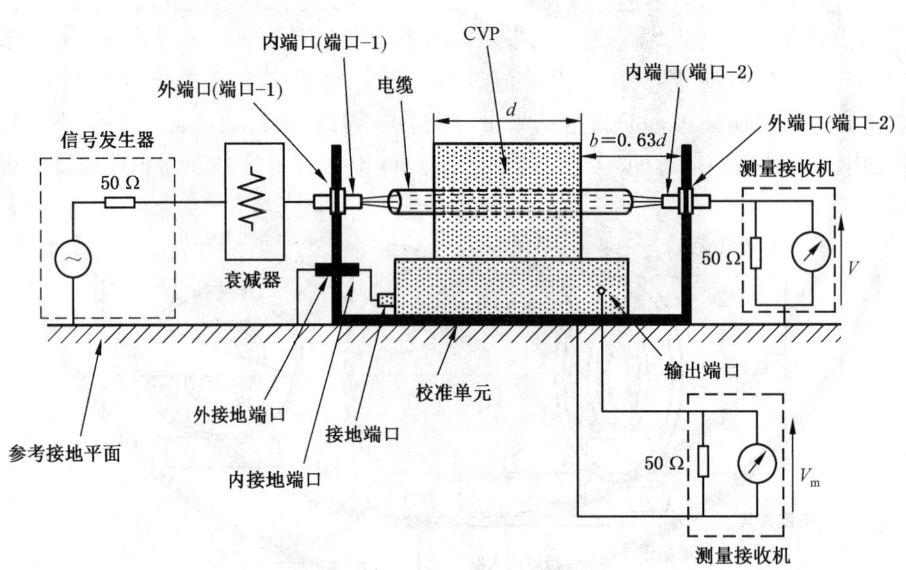

图 G.3 校准频率响应的试验布置

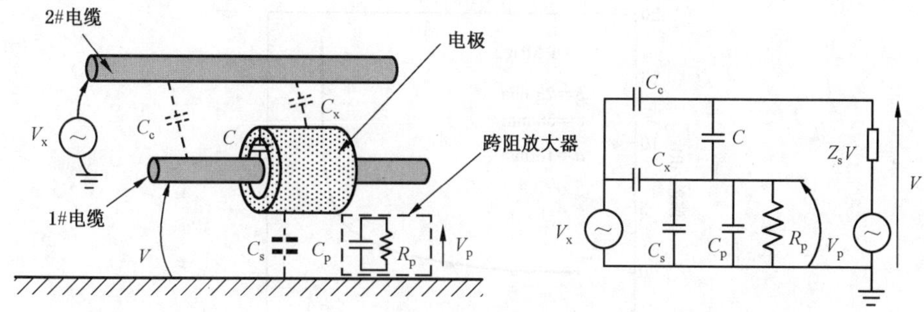

a） 无静电屏蔽的 CVP

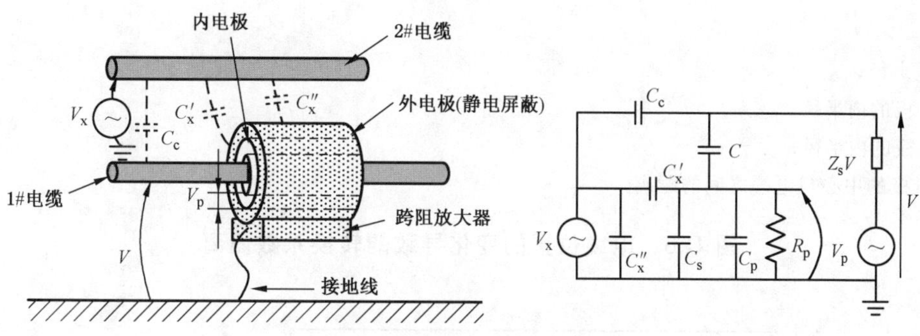

b） 具有静电屏蔽的 CVP

图 G.4 静电耦合模型及其等效电路

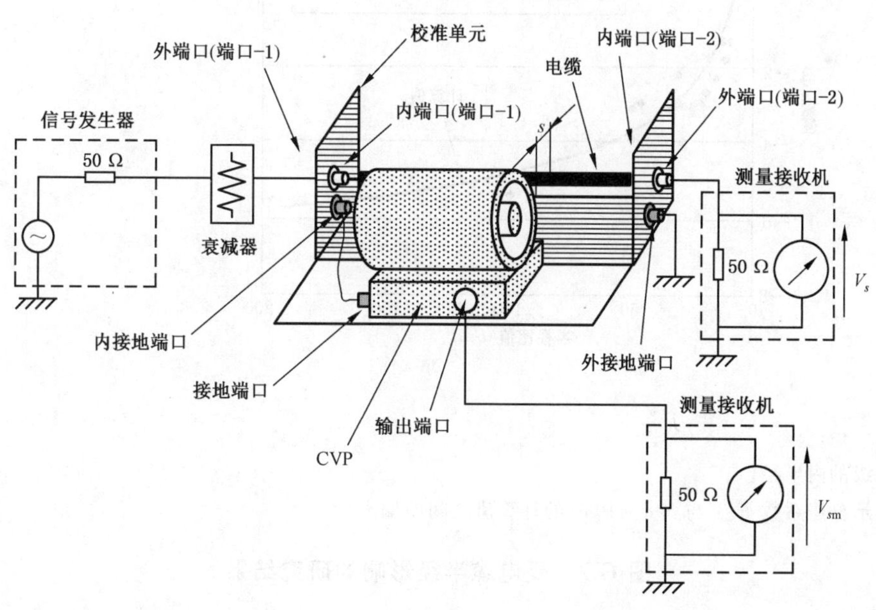

说明：

s——电缆和探头外侧之间的距离。

图 G.5 利用屏蔽减小由静电耦合引起的外部电场的影响的试验布置

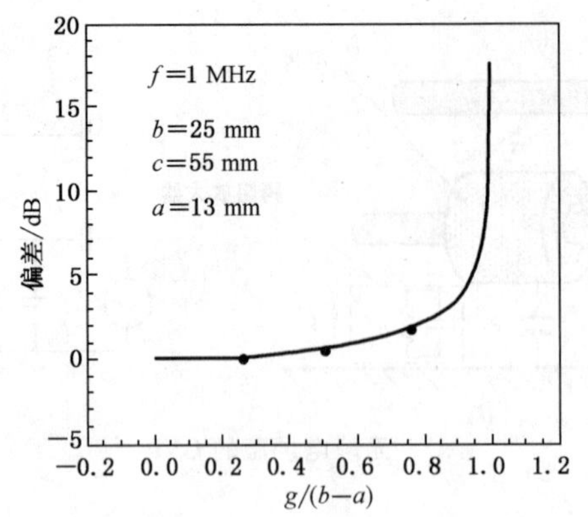

说明：

a——电缆半径；

b——内电极的内半径；

c——外电极的内半径；

g——内电极的中心与电缆之间的距离。

图 G.6 电缆位置的变化导致的转换系数偏离

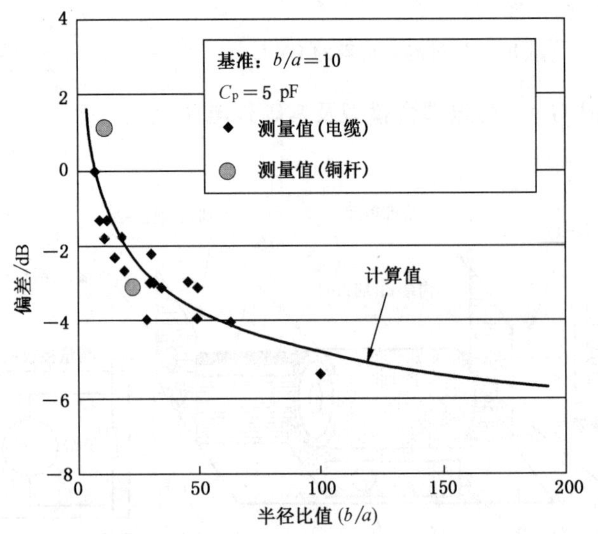

说明：

a ——电缆半径；

b ——内电级的内半径。

注：纵轴表示分压系数 F_{CVP} 与 $b/a=10$ 时的计算值之间的偏离。

图 G.7 受电缆半径影响的研究结果

附 录 H
(资料性附录)
V 型 AMN 的电源和受试设备/接收机端口之间基本去耦因子引入的原理

为了减小未知的实际电源阻抗对 V 型 AMN 阻抗的影响,对于给定的 EUT 端口的终端,要对电源端口和接收机端口之间的基本去耦因子(隔离度)作出规定,图 H.1 示出了隔离度(去耦因子)测量布置。对于不同类型的 V 型 AMN 之间的差异也需要给予考虑。

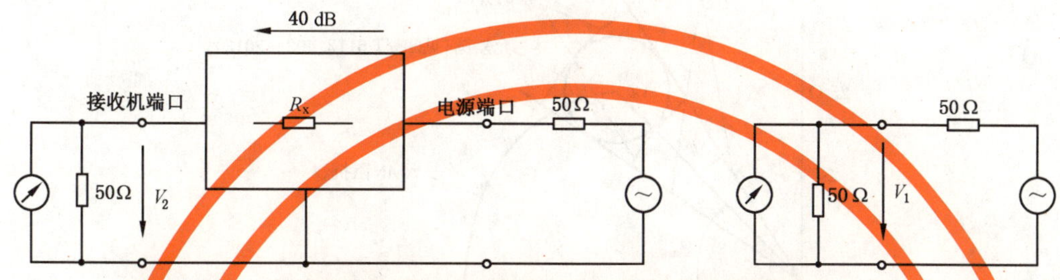

注:V_1 为用 50 Ω(即测量接收机)端接源测得的电压。V_2 为 EUT 端口或者接收机端口测得的电压;在 4.8.2 中,V_2 为接收机端口的电压。

图 H.1 隔离度(去耦因子)测量布置

例如,如果 $R_x=4\ 950\ \Omega$ 就可以满足 40 dB 的隔离度($20\lg(V_1/V_2)$)要求。如果电源端口的阻抗为短路或开路,EUT 端口的阻抗将会有 1% 的变化。因此,为了将电源阻抗对 AMN 阻抗的影响控制在 1% 以下,则 AMN 需要具有 40 dB 的隔离度(4.8 给出了详细的测量程序)。GB/T 6113.402—2018 的不确定度计算是在基于 20% 的阻抗允差和不考虑电源端口的影响的情况下得出的。要确保电源端口没有影响是不现实的。然而使用 40 dB 的隔离度,AMN 阻抗允差的 1% 认为是由电源端口产生的,即就是,例如,如果 AMN 阻抗允差引入的不确定度为 2.6 dB,那么未知的电源端口终端引入的不确定度近似为 0.13 dB(0.13 dB 已包括在上述的 2.6 dB 中,因此不必再加入)。

此外,40 dB 的隔离度有助于限制电源端口的终端对分压系数的影响,并且有助于使来自电源端口的骚扰低于临界电平。通过采用额外的滤波可实现进一步的抑制。

注:此处临界电平是指相关标准在电源端口允许的最大环境噪声电平。

从制造商反应的情况可知,40 dB 的隔离度要求可以容易地实现。如果仍不能满足 40 dB 的隔离度,那么可通过诸如在电源端口终端和地之间增加电容以满足此要求。

附 录 I
(资料性附录)
V型 AMN 输入阻抗引入相角允差的原理

在 GB/T 6113.402—2018 中,U_{CISPR}值的计算基于"不确定度圆"ΔZ_{in}(见图 I.1)的假设,ΔZ_{in}也被重新定义为阻抗允差圆。

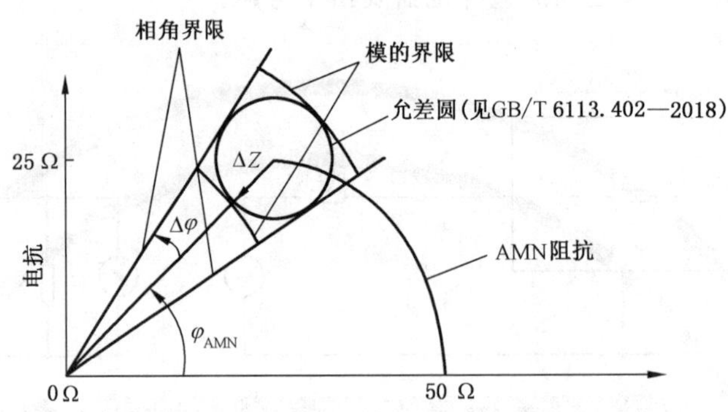

图 I.1 阻抗模和相角允差的定义

然而现有的 NWA 没有规定阻抗允差圆。为了实现这个功能需要额外的软件。合理的作法是在现有阻抗允差规范的基础上增加相角允差的规范。运用三角函数,从 $\Delta|Z|/|Z|=0.2$ 可得 $\Delta\varphi=11.54°$。

CISPR/TR16-4-1:2009[4]被认为是使用 V 型 AMN 进行的传导发射测量的不确定度和复现性的理论基础。为了说明与 V 型 AMN 规定的相角存在偏差所带来的影响,那么可以使用 CISPR/TR 16-4-1:2009[4]的式(15),即式(I.1):

$$\frac{\Delta V_m}{V_{mt}}=\frac{Z_{d0}+Z_{13}}{Z_d+Z_{in}}\left(\frac{\Delta\alpha}{\alpha_0}+\frac{\Delta V_d}{V_{d0}}\right)+\frac{Z_{d0}}{Z_d+Z_{in}}\left(\frac{\Delta Z_{in}}{Z_{13}}-\frac{\Delta Z_d}{Z_{d0}}\right) \quad \text{(I.1)}$$

式中:

V_{mt} ——理想情况下 CISPR 接收机电压读数的真值电平;

Z_{13} ——V 型 AMN 的理想阻抗;

Z_{in} ——$Z_{13}+\Delta Z_{in}$;

Z_{d0}、V_{d0} ——骚扰源(即 EUT)参数的真值;

α_0 ——V 型 AMN 分压系数的真值;

ΔV_m、$\Delta\alpha$、ΔV_d、ΔZ_{in}、ΔZ_d ——与真值或理想值的偏差。

由于我们关注的是相角允差对不确定度的影响,$\Delta\alpha$、ΔV_d 和 ΔZ_d 的贡献可设为 0,由 CISPR/TR 16-4-1:2009[4]的式(17)可得到式(I.2):

$$\frac{\Delta V_m}{V_{mt}}=\frac{Z_{d0}}{Z_d+Z_{in}}\left(\frac{\Delta Z_{in}}{Z_{13}}\right)=c_2\cdot\frac{\Delta Z_{in}}{Z_{13}} \quad \text{(I.2)}$$

CISPR/TR16-4-1:2009[4]的图 17 示出了对于$|Z_{13}/Z_{d0}|$的不同值,系数 c_2 的绝对值作为阻抗 Z_{in} 和 $Z_{d0}=Z_{EUT}$的相角差 $\varphi=\varphi_{Z_{in}}-\varphi_{d0}=\varphi_{AMN}-\varphi_{EUT}$的函数。

针对数组不同的 φ_{EUT}(0°、−45°、−90°)、φ_{AMN}(0°、30°、46°)、$|Z_{13}/Z_{d0}|$(0.1、0.2、0.4、0.8、1.0、1.4),和 $\Delta\varphi_{AMN}$(−23°、−11.5°、11.5°、23°),使用电子数据表可以计算出系数 C_2的绝对值。为了进行此研究,因子 $\Delta Z_{in}/Z_{13}$的绝对值已设为 0.2(即阻抗模允差的最大值),即式(I.3):

$$\frac{\Delta V_{\mathrm{m}}}{V_{\mathrm{mt}}}=|c_2|\times 0.2 \qquad \text{(I.3)}$$

为了比较相角偏差而带来的电压偏差，使用式(I.4)进行对数计算：

$$\text{电平偏差}=20\ \lg\left(1-\frac{\Delta V_{\mathrm{m}}}{V_{\mathrm{mt}}}\right) \qquad \text{(I.4)}$$

已经对 $\Delta\varphi_{\mathrm{AMN}}=-23°$和$-11.5°$的电平偏差结果进行了比较，对 $\Delta\varphi_{\mathrm{AMN}}=11.5°$和23°的电平偏差结果也作了比较，也就是，电平偏差$_{(23°)}$－电平偏差$_{(11.5°)}$。

由此，可得到下列结果：

对于 $\varphi_{\mathrm{EUT}}=0°$和 $\varphi_{\mathrm{AMN}}=0°$：电平偏差$_{(23°)}$－电平偏差$_{(11.5°)}$＝0.018 dB(最大值)。

对于 $\varphi_{\mathrm{EUT}}=-45°$和 $\varphi_{\mathrm{AMN}}=46°$：电平偏差$_{(23°)}$－电平偏差$_{(11.5°)}$＝0.27 dB(最大值)。

对于 $\varphi_{\mathrm{EUT}}=-45°$和 $\varphi_{\mathrm{AMN}}=30°$：电平偏差$_{(23°)}$－电平偏差$_{(11.5°)}$＝0.86 dB(最大值)。

对于 $\varphi_{\mathrm{EUT}}=-90°$和 $\varphi_{\mathrm{AMN}}=46°$：电平偏差$_{(23°)}$－电平偏差$_{(11.5°)}$＝3.07 dB(最大值)。

对 $\Delta\varphi_{\mathrm{AMN}}=11.5°$和23°引入的电平偏差的比较表明：测量的复现性不但受到 V 型 AMN 阻抗的影响，而且还受到频率(其确定 φ_{AMN})和相角 φ_{EUT}的影响。通过观察 CISPR/TR 16-4-1:2009[4] 的图 17 可容易地理解这一点。

结论：以上研究表明仅规定 V 型 AMN 输入阻抗的模是不够的。引入 V 型 AMN 输入阻抗的相角允差的限值$|\Delta\varphi_{\mathrm{AMN}}|_{\text{最大值}}=11.5°$的规定并不会引起制造方面的问题，反而可以改善相同 EUT 测量的复现性。

附 录 J
(资料性附录)
CDNE 示例

J.1 CDNE-M2 和 CDNE-M3

用于连接防护等级Ⅰ和防护等级Ⅱ的电源的CDNE示例见图J.1和图J.2。

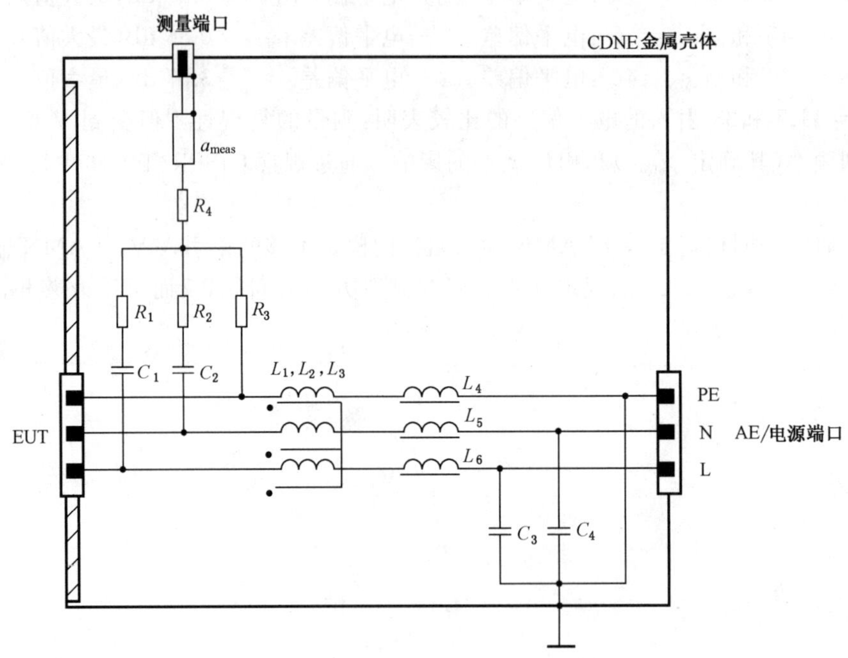

说明：

C_1、C_2、C_3、C_4=1nF；

L_1、L_2、L_3>10 μH；

L_4、L_5、L_6>5 μH；

R_1、R_2、R_3=50 Ω；

R_4=83.3 Ω；

a_{meas}≥6 dB；

PE——保护地；

N——中线；

L——相线。

注：AE/电源端口可连接交流电源线、直流电源线或者控制/通信线。

图 J.1 内部衰减 a_{meas} 最小为 6 dB 的 CDNE-M3

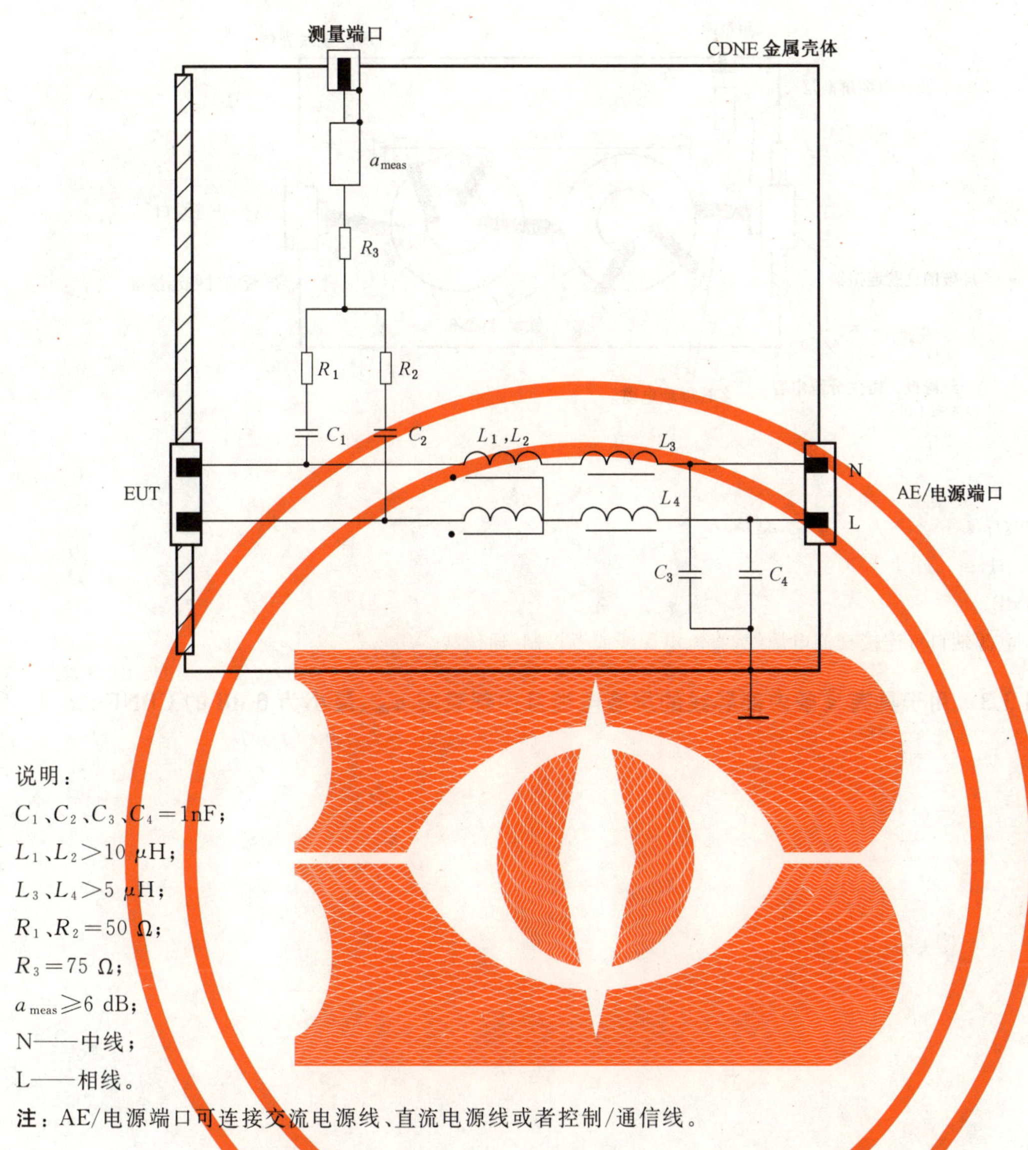

说明：

C_1、C_2、C_3、C_4＝1nF；

L_1、L_2＞10 μH；

L_3、L_4＞5 μH；

R_1、R_2＝50 Ω；

R_3＝75 Ω；

a_{meas}≥6 dB；

N——中线；

L——相线。

注：AE/电源端口可连接交流电源线、直流电源线或者控制/通信线。

图 J.2　内部衰减 a_{meas} 最小为 6 dB 的 CDNE-M2

J.2　CDNE-S*x*

图 J.3 给出了屏蔽线缆使用的 CDNE-Sx 的示例。

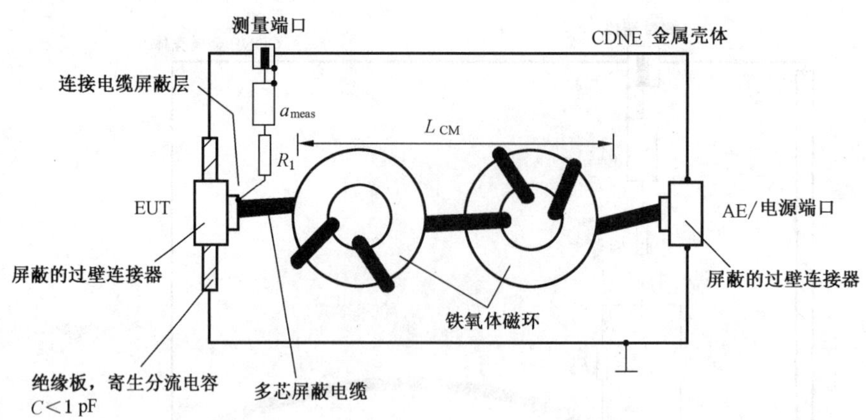

说明：

$R_1=100\ \Omega$；

$L_{CM}>10\ \mu H$；

$a_{meas}\geqslant 6$ dB。

注：AE/电源端口可连接交流电源线、直流电源线或者控制/通信线。

图 J.3 用于具有 x 条内部导线的屏蔽电缆且内部衰减 a_{meas} 最小为 6 dB 的 CDNE-S*x*

参 考 文 献

[1] CISPR 16-2 (all parts), Specification for radio disturbance and immunity measuring apparatus and methods—Part 2: Methods of measurement of disturbances and immunity

[2] CISPR/TR 16-3, Specification for radio disturbance and immunity measuring apparatus and methods—Part 3: CISPR technical reports

[3] CISPR 16-4 (all parts), Specification for radio disturbance and immunity measuring apparatus and methods—Part 4: Uncertainties, statistics and limit modelling

[4] CISPR/TR 16-4-1:2009, Specification for radio disturbance and immunity measuring apparatus and methods—Part 4-1: Uncertainties, statistics and limit modelling—Uncertainties in standardized EMC tests

[5] CISPR 22, Information technology equipment—Radio disturbance characteristics—Limits and methods of measurement

[6] ISO/IEC Guide 99, International vocabulary of metrology—Basic and general concepts and associated terms (VIM)

[7] ITU-T Recommendation G.117, Transmission aspects of unbalance about earth

[8] ITU-T Recommendation O.9, Measuring arrangements to assess the degree of unbalance about earth

[9] MACFARLANE, I.P., A Probe for the Measurement of Electrical Unbalance of Networks and Devices, IEEE Transactions on Electromagnetic Compatibility, Feb. 1999, Vol.41, No.1, p.3-14.

[10] MIT Staff, Magnetic Circuits and Transformers, John Wiley & Sons, Inc., New York, N.Y., 1947.

ICS 33.100
L 06

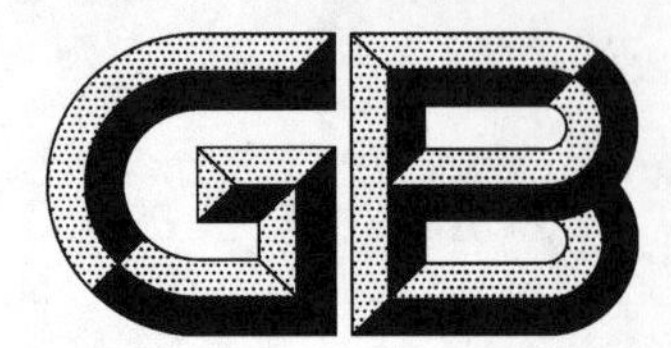

中华人民共和国国家标准

GB/T 6113.105—2018/CISPR 16-1-5:2014
代替 GB/T 6113.105—2008

无线电骚扰和抗扰度测量设备和测量方法规范 第1-5部分:无线电骚扰和抗扰度测量设备 5 MHz～18 GHz 天线校准场地和参考试验场地

Specification for radio disturbance and immunity measuring apparatus and methods—Part 1-5: Radio disturbance and immunity measuring apparatus—Antenna calibration sites and refernce test sites for 5 MHz to 18 GHz

(CISPR 16-1-5:2014, IDT)

2018-12-28 发布 2019-07-01 实施

国家市场监督管理总局
中国国家标准化管理委员会 发布

前　言

GB/T 6113《无线电骚扰和抗扰度测量设备和测量方法规范》为电磁兼容基础标准,由以下四大部分组成。

第1部分:无线电骚扰和抗扰度测量设备规范

——第1-1部分:无线电骚扰和抗扰度测量设备　测量设备;

——第1-2部分:无线电骚扰和抗扰度测量设备　传导骚扰测量的耦合装置;

——第1-3部分:无线电骚扰和抗扰度测量设备　辅助设备　骚扰功率;

——第1-4部分:无线电骚扰和抗扰度测量设备　辐射骚扰测量用天线和试验场地;

——第1-5部分:无线电骚扰和抗扰度测量设备　5 MHz～18 GHz天线校准场地和参考试验场地;

——第1-6部分:无线电骚扰和抗扰度测量设备　EMC天线校准。

第2部分:无线电骚扰和抗扰度测量方法

——第2-1部分:无线电骚扰和抗扰度测量方法　传导骚扰测量;

——第2-2部分:无线电骚扰和抗扰度测量方法　骚扰功率测量;

——第2-3部分:无线电骚扰和抗扰度测量方法　辐射骚扰测量;

——第2-4部分:无线电骚扰和抗扰度测量方法　抗扰度测量;

——第2-5部分:大型设备骚扰发射现场测量。

第3部分:无线电骚扰和抗扰度测量技术报告

——第3部分:无线电骚扰和抗扰度测量技术报告。

第4部分:不确定度、统计学和限值建模

——第4-1部分:不确定度、统计学和限值建模　标准化EMC试验的不确定度;

——第4-2部分:不确定度、统计学和限值建模　测量设备和设施的不确定度;

——第4-3部分:不确定度、统计学和限值建模　批量产品的EMC符合性确定的统计考虑;

——第4-4部分:不确定度、统计学和限值建模　抱怨的统计和限值的计算模型;

——第4-5部分:不确定度、统计学和限值建模　替换试验方法的使用条件。

本部分为GB/T 6113的第1-5部分。

本部分按照GB/T 1.1—2009给出的规则起草。

本部分代替GB/T 6113.105—2008《无线电骚扰和抗扰度测量设备和测量方法规范　第1-5部分:无线电骚扰和抗扰度测量设备　30 MHz～1 000 MHz天线校准用试验场地》,与GB/T 6113.105—2008相比,主要技术变化如下:

——修改了标准名称;

——增加了16个术语和定义(见第3章);

——增加了缩略语(见3.2);

——增加了REFTS的垂直极化确认(见4.7.3);

——增加了校准垂直极化的双锥天线和偶极子天线以及复合天线的双锥部分的场地的确认(见4.9);

——增加了使用垂直极化校准5 MHz～30 MHz单极天线的CALTS的确认(见4.10)

——增加了30 MHz～18 GHz频率范围内FAR的确认方法(见第5章);

——增加了用于校准定向天线的场地确认方法(见第6章);

——增加了通过天线系数比较进行场地确认以及应用RSM评估SAC的不确定度贡献(见第7章);

——增加了垂直极化场地确认方法的场锥销对天线系数测量结果的影响可忽略不计的证据(见附录F)。

本部分使用翻译法等同采用CISPR 16-1-5:2014《无线电骚扰和抗扰度测量设备和测量方法规范 第1-5部分:无线电骚扰和抗扰度测量设备 5 MHz~18 GHz天线校准场地和参考试验场地》。

与本部分中规范性引用的国际文件有一致性对应关系的我国文件如下:

——GB/T 4365—2003 电工术语 电磁兼容(idt IEC 60050(161):1990)

本部分由全国无线电干扰标准化技术委员会(SAC/TC 79)提出并归口。

本部分起草单位:中国电子技术标准化研究院、中国计量科学研究院、上海霍莱沃电子系统技术股份有限公司、工业和信息化部电子第五研究所、东南大学、北京无线电计量测试研究所、上海电器科学研究院、中国汽车技术研究中心、中国汽车工程研究院股份有限公司、陕西海泰电子有限责任公司、江苏省计量科学研究院、宁波检验检疫科学技术研究院、中国合格评定国家认可中心、中国质量认证中心、北京尊冠科技有限公司、苏州泰思特电子科技有限公司、上海市医疗器械检测所、广东省医疗器械质量监督检验所、大连市产品质量检测研究院、北京大泽科技有限公司、天津市无线电监测站、北京世纪汇泽科技有限公司。

本部分主要起草人:崔强、谢鸣、黄攀、朱文立、周忠元、孟东林、周建华、马蔚宇、刘潇、张峰衔、刘欣、侯新伟、谭艳清、白云、郭恩全、邓凌翔、何鹏、靳冬、蔡华强、刘佳、王铮、胡小军、王伟明、冯丹茜、徐澹、李立嘉、刘景莉、王雪平。

本部分所代替标准的历次版本发布情况为:

——GB/T 6113.105—2008。

引　言

本部分叙述了天线校准试验场地(CALTS)的确认程序，适用于5 MHz～18 GHz的天线校准。对应的天线校准程序见GB/T 6113.106—2018。

针对30 MHz～200 MHz地面反射抑制的问题，反射接地平面的主要功能是为了对偶极子天线、双锥天线和复合天线进行校准，这些天线在此频段内H面的方向图是均匀的。对于偶极子天线，其自由空间天线系数 F_a 可以在200 MHz以上的自由空间环境内通过测量得到。由于减小天线周围物体的反射十分困难，尤其是来自地面的反射，因此采用平坦的金属接地平面以确保测量结果的复现性并能将反射信号通过数学计算准确地消除。

附录A给出了构造CALTS的要求，第4章给出了CALTS和参考试验场地(REFTS)的技术规范和确认程序。确认CALTS最精确的方法是使用可计算偶极子天线，其作为本部分确认程序的基础。附录B给出了可计算天线的设计原理，附录C和附录D给出了计算场地插入损耗(SIL)的理论和方法。

第5章～第7章给出了其他天线校准场地的确认程序。对于使用了地面反射的天线校准方法，需要采用CALTS。表1汇总了与GB/T 6113.106—2018中天线校准方法有对应关系的场地确认方法。

所有的场地确认方法都会涉及到两副天线之间的SIL。至关重要的是，场地自身的有效性不应受到天线支撑物反射的过分影响，A.3给出了相关指南。

表1　场地确认方法汇总

校准场地	GB/T 6113.105—2018 场地确认方法相关章条号	GB/T 6113.106—2018 天线校准方法相关章条号	频段 MHz	天线类型	极化方向	备注
1. 适用于单极天线的CALTS	4.10	G.1	5～30	单极天线	垂直极化(VP)	允差为±1 dB
2. CALTS或半电波暗室(SAC)[a]	4、7.2	8.4	30～1 000	双锥天线、对数周期偶极子阵列(LPDA)天线、复合天线	水平极化(HP)	标准场地法(SSM)
3. CALTS或SAC	4	9.2.2	30～300	双锥天线、复合天线、偶极子天线	VP或HP	在较高的高度或地面上铺设吸波材料
4. 全电波暗室(FAR)	5.3.2	9.2.2	30～300 60～1 000	双锥天线、复合天线、偶极子天线 双锥天线、偶极子天线	HP	
5. REFTS CALTS	4.7 4.9	9.3	30～300	双锥天线、复合天线	VP	
6. 自由空间	6.1	9.4.2、9.4.3	200～18 000	LPDA天线、复合天线、喇叭天线	VP	HP时，高度更高

表 1（续）

校准场地	GB/T 6113.105—2018 场地确认方法相关章条号	GB/T 6113.106—2018 天线校准方法相关章条号	频段 MHz	天线类型	极化方向	备注
7. 自由空间	6.2	9.4.4	200～18 000	LPDA 天线、复合天线、喇叭天线	VP（或 HP）	地面上铺设吸波材料
8. FAR	5.3.3	9.5	1 000～18 000	喇叭天线、LPDA 天线	HP 或 VP	
9. FAR	5.3.2	9.2 和 9.4	140～1 000	LPDA 天线、复合天线	HP 或 VP	
10. CALTS	4.6	B.4、B.5	30～300	双锥天线、偶极子天线	HP	
11. 已确认场地的性能传递给未按照本部分其他章或/条的方法进行确认的场地	7.1(5.3 除外)	A.9.4	≥30	除了单极天线和环天线以外的任何类型天线	HP 或 VP	用于特殊的天线类型和频段，主要针对标准天线法(SAM)和 FAR 情形使用，5.3 除外

[a] 规定 CALTS 不存在反射的障碍物，并且如果天线的支撑物的反射可忽略不计，则地面自身反射对测量结果的影响与理论值相比小于 0.5 dB。对于 SAC，重要的是 1 dB 的接受准则不仅包括墙面反射引入的不确定度，还包括天线塔和电缆等反射引入的不确定度。

无线电骚扰和抗扰度测量设备和测量方法规范 第1-5部分:无线电骚扰和抗扰度测量设备 5 MHz～18 GHz 天线校准场地和参考试验场地

1 范围

GB/T 6113 的本部分规定了依据 GB/T 6113.106—2018 在 5 MHz～18 GHz 频率范围进行天线校准的校准场地要求,也规定了依据 GB/T 6113.104—2016 在 30 MHz～1 GHz 频率范围进行符合性试验场地(COMTS)确认的参考试验场地(REFTS)要求。

注:依据 IEC 导则 107,CISPR 16-1-5 为 IEC 所属产品委员会使用的基础电磁兼容(EMC)标准。正如 IEC 导则 107 所述,产品委员会有责任决定 EMC 标准的适用性。CISPR 及其分技术委员会(对应于国内的 SAC/TC79 技术委员会及其分技术委员会)与这些产品委员会在评估其特定产品的特定试验的价值展开合作。上述产品委员会对应于国内相关的产品技术委员会。

CISPR 16-1-1[1] 和 GB/T 6113.104—2016 给出了测量设备的规范,CISPR 16-4[3] 给出了有关不确定度的更详尽的信息和背景资料,这有助于对天线校准及场地确认过程中的测量不确定度进行评估。

2 规范性引用文件

下列文件对于本文件的应用是必不可少的。凡是注日期的引用文件,仅注日期的版本适用于本文件。凡是不注日期的引用文件,其最新版本(包括所有的修改单)适用于本文件。

GB/T 6113.104—2016 无线电骚扰和抗扰度测量设备和测量方法规范 第1-4部分:无线电骚扰和抗扰度测量设备 辐射骚扰测量用天线和试验场地(CISPR 16-1-4:2010+A1:2012,IDT)

GB/T 6113.106—2018 无线电骚扰和抗扰度测量设备和测量方法规范 第1-6部分:无线电骚扰和抗扰度测量设备 EMC 天线校准 (CISPR16-1-6:2014,IDT)

IEC 60050-161 国际电工词汇(IEV) 第161章:电磁兼容(International Electrotechnical Vocabulary(IEV)—Chapter 161:Electromagnetic compatibility)

3 术语、定义和缩略语

3.1 术语和定义

IEC 60050-161 界定的以及下列术语和定义适用于本文件。

注:3.2 给出了未包括在 3.1 中的所有缩略语。

3.1.1 天线术语

3.1.1.1

天线 antenna

把馈线的导行电磁能量转换成空间中辐射波的转换器,反之亦然。

注:本部分中,对于正常工作巴伦是其必备部分的天线,术语"天线"也包括巴伦。

3.1.1.2

双锥天线　biconical antenna

由具有一公共轴线的两个锥形辐射单元构成的对称天线,从紧邻的两锥体的顶点馈电。

注:用于甚高频(VHF)频段时,双锥天线通常由两个锥形导线笼构成。通常每个笼有一个交叉杆,用于连接中心导体和外围的导线之一,目的是消除窄带谐振。这种短接的交叉杆会在215 MHz以上影响天线的特性。更详细的信息见GB/T 6113.106—2018的A.4.3。

3.1.1.3

宽带天线　broadband antenna

在较宽的无线电频率范围内具有可接受特性的天线。

3.1.1.4

可计算天线　calculable antenna

偶极子类的天线,其单个天线的天线系数以及一对天线之间的场地插入损耗可通过基于尺寸、负载阻抗和几何参数的解析方法或数值方法(矩量法)进行计算,且能通过测量得到验证。

注1:可计算天线的一个示例见附录B。另一个例子是简单的环天线。

注2:巴伦的效应通常通过测量巴伦网络的S参数予以考虑,或者对巴伦的结构进行建模。

3.1.1.5

喇叭天线　horn antenna

其截面向开口端逐渐增大的波导段构成的天线,开口端称为口面。

注:在大约1 GHz以上的微波频率范围内广泛使用矩形波导的锥形喇叭天线。双脊波导喇叭天线(DRH,由于其双脊导向,有时也称为DRG喇叭天线)覆盖很宽的频率范围。一些DRH天线的主瓣在较高频段会分成几个波瓣。

3.1.1.6

复合天线　hybrid antenna

由线单元(即振子)的对数周期偶极子阵列部分和宽带偶极子部分组成的天线。

注1:LPDA(见3.1.1.7)部分的最长线单元通常在200 MHz附近谐振,在开路端(即后端)延长主轴以给相连的宽带偶极子(例如,双锥天线或蝶形天线)部分馈电。在30 MHz～200 MHz频段范围内,宽带偶极子天线具有与双锥天线相似的性能,尤其是其天线系数(AF)随着高度变化。

注2:通常要在主轴的开路端(即后端)使用共模扼流圈以尽可能地减小同轴电缆外导体上的寄生(非期望的)射频电流流入测量接收机。

3.1.1.7

对数周期偶极子阵列天线　log-periodic dipole array antenna;LPDA antenna

由线性偶极子的阵列组成的天线,其偶极子的长度和间隔从天线的顶端到末端随着频率的降低呈对数增加。

3.1.1.8

谐振偶极子天线　resonant dipole antenna

调谐偶极子天线　tuned dipole antenna

由两根相同长度的共线直导体构成的天线,两根导体端对端放置,由一小间隙分隔形成平衡馈电。每根导体的长度近似为1/4波长,从而使得当偶极子处于自由空间时,在特定的频率上,其间隙两端测得的天线的输入阻抗的电抗为零。

注:谐振偶极子天线也是可计算天线(见3.1.1.4)。在本部分中,与双锥偶极子或LPDA天线中的偶极子阵列相比,术语“线性偶极子”指“两根共线的直线导体”。

3.1.1.9

标准天线　standard antenna;STA

天线系数能通过精确计算或测量得到的天线。

注 1：标准天线的精密度可通过例如 4.3 所规定的可计算天线得到。STA 也可以是与被校天线(AUC)的类型相似的天线，只要其校准的测量不确定度小于 AUC 所要求的不确定度，例如通过三天线法(TAM)。

注 2：STA 用于使用标准天线法(SAM)的测量(见 GB/T 6113.106—2018 的 4.3.5，等等)。STA 的机械性能需稳定，使得其连续使用时 AF 的复现性优于±0.2 dB。STA 的平衡性和交叉极化判定准则见GB/T 6113.106—2018 的 6.3.2 和 6.3.3。

3.1.1.10

巴伦　balun

用于传输线之间从平衡到不平衡或者从不平衡到平衡转换的装置。

注：例如，使用巴伦把平衡的天线单元耦合到不平衡的馈线(例如同轴电缆)。巴伦可具有不同于 1∶1 的固有阻抗变换。

3.1.1.11

试验天线　test antenna

谐振偶极子天线和特定的巴伦的组合。

注：此定义仅适用于本部分(同时见 3.1.1.8 谐振偶极子天线和 3.1.1.12 线天线)。试验天线的描述详见 4.3。

3.1.1.12

线天线　wire antenna

由一根或多根金属导线或金属杆构成的用于辐射或接收电磁波的特定结构。

注 1：线天线中不包括巴伦。

注 2：在本部分中，连接有巴伦的线天线称为"试验天线"(见 3.1.1.11)。

3.1.1.13

天线系数　antenna factor

F_a

在自由空间测得的机械视轴(即天线的主轴)方向上入射的平面波的电场强度与天线所连规定负载上产生的电压的比值。

注 1：缩略语 AF 作为通用术语表示天线系数，而符号 F_a 为自由空间主轴天线系数。AF 与天线接入的负载阻抗(通常为 50 Ω)有关，且与频率有关。AF 受天线与接地平面的相互耦合影响，并与方向性有关。更详细的信息见 GB/T 6113.106—2018 中的 4.2 和天线系数的定义。

注 2：天线系数的物理单位为[dB(m^{-1})]。在辐射发射测量中，如果已知 F_a 以及与天线相连的测量接收机上的电压读数 V，则可通过下式计算得到入射场的场强 E：

$$E = V + F_a$$

式中：E 的单位为 dB(μV/m)，V 的单位为 dB(μV)，F_a 的单位为 dB(m^{-1})。

3.1.2　测量场地术语

3.1.2.1

校准场地　calibration site

用于天线校准的场地。

注：校准场地包括：有意使用地面反射的校准试验场地(CALTS)(见 3.1.2.2)、全电波暗室(FAR)(见 3.1.2.5)和天线架设在地面以上足够高度以减少地面反射的开阔校准场地(见第 6 章)。对于这些场地，用于天线校准时来自所有方向的反射需满足合适的场地接受准则。

3.1.2.2

校准试验场地　calibration test site；CALTS

具有金属接地平面并严格规定了水平极化时场地插入损耗的校准场地。

注 1：CALTS 用于测量与高度相关的天线系数，以及通过标准场地法(SSM)测量自由空间天线系数。

注 2：CALTS 用于其他用途时的附加确认：a)4.7 中给出的方法，天线为垂直极化(也可见 3.1.2.7 参考试验场地(REFTS))；b)用于 GB/T 6113.106—2018 中给出的其他特定的天线校准方法时，使用 4.9 和 4.10 中给出的方法(也可见表 1)。

3.1.2.3

符合性试验场地　co mpliance test site;COMTS

为与符合性限值相比较,保证受试设备(EUT)骚扰场强测量结果有效且可复现的环境。

注:COMTS的要求,包括场地确认要求,详见GB/T 6113.104—2016。

3.1.2.4

自由空间　free space

任何障碍物(包括地面)对两副天线间直射波信号的影响低于测量 F_a 时所规定的不确定度分量值的环境。

3.1.2.5

全电波暗室　fully-anechoic room;FAR

六个内表面装有射频吸波材料(即射频吸收器)的屏蔽室,该吸波材料能够吸收所关注频率范围内的电磁能量。

注:与GB/T 6113.104—2016中EMC辐射骚扰测量所用的FAR相比,用于天线校准的FAR具有更严格的场均匀性规范。如果周围的射频干扰影响所要求的信噪比(SNR),FAR宜建在屏蔽室内部。本部分给出了FAR确认方法的场地接受准则。

3.1.2.6

理想开阔试验场地　ideal open-area test site;ideal OATS

具有理想平坦的无限大的理想导电接地平面,且除了接地平面外无其他反射物体的开阔试验场地。

注1:理想OATS是从理论上构建的一种试验场地,用于计算具有接地平面试验场地的归一化场地插入损耗的理论值。

注2:对于理想OATS,接地平面的反射系数的绝对值 $r=1$,直射电磁波和接地平面反射电磁波之间的相位差,水平极化时为 $\phi=\pi$,垂直极化时为零。

3.1.2.7

参考试验场地　reference test site;REFTS

具有金属接地平面且严格规定了水平极化和垂直极化电场的场地插入损耗的试验场地。

3.1.3　其他术语

3.1.3.1

测量接收机　measuring receiver

选择性和线性满足相关校准方法要求的信号测量设备,例如步进接收机、频谱分析仪或网络分析仪中的接收部分。

注:术语"测量接收机"也指矢量网络分析仪的整体功能。在本部分中,所谓"信号"指的是具有恒定幅度的射频正弦信号。针对天线校准和场地确认,本部分特意对CISPR 16-1-1[1]和CISPR 16-2-3[2]中的术语"测量接收机"做了修改。

3.1.3.2

零点　null

接收天线处直射信号和地面反射信号的矢量和所得到的信号电平上的节点,该节点的电平远小于这些信号同相时的信号电平矢量和。

注1:对于某些DRH天线,视轴上信号电平的下降有时也被称为零点。本定义不适用于这样的下降。

注2:由于在传播媒质中的某些位置,产生驻波的两条波的规定场的矢量和为最小值,因此IEC 60050-726:1982,726-02-07定义了"驻波的最小值",其同义词为(驻波)节点。

3.1.3.3

场地衰减　site attenuation;SA

当一副天线在规定的高度范围内垂直移动,另一副天线架设在固定高度时,位于校准场地导电接地平面上的这两副极化匹配的天线之间测得的最小场地插入损耗。

注：术语“场地插入损耗(SIL)”(见 3.1.3.4)和“场地衰减(SA)”实际上描述的是相同的测量量，但术语 SA 在本部分是指当一副天线在接地平面上进行高度扫描时一对天线之间所测得的 SIL 的最小值。

3.1.3.4

场地插入损耗　site insertion loss；SIL

当信号发生器的输出与接收机的输入之间通过电缆和衰减器直接进行的电气连接被校准场地规定位置上的发射天线和接收天线所代替时，两副极化匹配的天线之间的传输损耗。

注 1：在本部分中，符号 $A_{i\,c}$ 指 SIL 的理论值(dB)，$A_{i\,m}$ 指 SIL 的测量值(dB)。

注 2：符号 A_i 使用 A 作为衰减的常用符号，下标 i 表示插入；A_i 中的下标 i 不能与索引符号 i(例如，$i=1,2,3$)相混淆。

注 3：插入损耗 SIL(dB)，即 A_i，为直接连接和用天线连接时测得的接收电压 V_{DIRECT}(dBμV)与 V_{SITE}(dBμV)的差值：

$$A_i = V_{\mathrm{DIRECT}} - V_{\mathrm{SITE}}$$

SIL 定义为损耗系数，因此得到最小 SIL(也可见 3.1.3.3 场地衰减)的天线几何布置意味着接收到最大信号。

3.2　缩略语

下列缩略语(3.1 中未包括的)适用于本文件：

AF　天线系数(antenna factor)

AUC　被校天线(antenna under calibration)

DRH　双脊喇叭(double-ridged horn)

EM　电磁(electro magnetic)

EMC　电磁兼容(electro magnetic compatibility)

EUT　受试设备(equipment under test)

HP　水平极化(horizontal polarization)

MoM　矩量法(method of moments)

NSA　归一化场地衰减(normalized site attenuation)

NSIL　归一化场地插入损耗(normalized site insertion loss)

OATS　开阔试验场地(open-area test site)

RF　射频(radio frequency)

RSM　参考场地法(reference site method)

RSS　方和根(root-sum-square)

SAC　半电波暗室(semi anechoic chamber)

SAM　标准天线法(standard antenna method)

SSM　标准场地法(standard site method)

TAM　三天线法(three antenna method)

VNA　矢量网络分析仪(vector network analyzer)

VP　垂直极化(vertical polarization)

VSWR　电压驻波比(voltage standing wave ratio)

4　5 MHz～1 000 MHz 频率范围 CALTS 和 REFTS 的规范和确认程序

4.1　概述

本章规定了 5 MHz～1 000 MHz 频率范围内，在导电且平坦的金属平面上用于天线校准的场地的要求和确认程序。水平极化(HP)时满足这些要求的校准场地称为CALTS。垂直极化(VP)时满足这些要求的CALTS也可作为REFTS。4.10描述了VP时用于校准单极天线的CALTS的确认。

注1：虽然CALTS和REFTS使用相同的方法进行确认，但CALTS用于天线校准，而REFTS用作确认COMTS的参考场地。因此REFTS的接受准则要比CALTS略微严格一些。

注2：4.7.3给出了VP时CALTS的确认方法。HP时的确认已证明了接地平面是足够的平坦且导电良好，该确认同样适用于HP和VP的天线校准。然而，VP时天线支撑物和电缆产生的反射会大一些，因此需要在VP进行确认以支持VP时的天线校准。

注3：对于只使用SSM校准LPDA天线(即定向天线)的场地，使用偶极子天线进行场地确认并不是必要的。使用一对LPDA天线采用参考场地法(即见GB/T 6113.104—2016)进行场地确认是适合的。然而，使用偶极子天线确认的场地将会更好的符合SSM要求的场地接受准则，SSM使用三副LPDA天线组成的天线对进行校准。

7.2给出了使用RSM(RSM见GB/T 6113.104—2016)对用于天线校准的SAC进行确认的方法。

本部分的附录包含了CALTS确认程序中使用的可计算偶极子和CALTS的参考资料，也详细地给出了使用谐振偶极子(调谐偶极子)天线计算理论SIL的解析模型、数值计算的实例和确认程序的核查清单，还描述了使用矩量法(MoM)计算一对宽带可计算偶极子天线的SIL，从中可以推导出AF。

注4：正如C.2所述，通过使用例如CAP2010软件[24]，非常有助于第4章的实施。

4.2 CALTS的规范

4.2.1 概述

CALTS由以下主要部分构成：

——导电性良好的平坦金属平面(反射平面)；

——包围反射平面的无障碍电磁空间。

此外，还需要以下辅助设备：

——两个架设天线的天线塔；

——与这些天线相连的电缆；

——电子设备，如RF信号发生器和测量接收机，或VNA。

4.2.2给出了CALTS的规范性要求(相关的接受准则见4.5.3)，而附录A包含了许多资料性的指南，例如，如何进行CALTS选址和构建，使得CALTS满足接受准则。附录A还给出了附加的、严格的CALTS确认试验方法的详细信息(即A.4)。

4.2.2 规范性要求

CALTS应满足4.5.3给出的接受准则。如果CALTS只用于在30 MHz～1 000 MHz校准天线，那么可以只使用这个子频段。

使用可计算偶极子天线在表3(见4.4.3.1)的30 MHz～1 000 MHz频率范围内的24个频率点测量其符合性，能够证明接地平面具有足够的尺寸、平坦度和导电性，并且在这24个频率点上来自障碍物的反射也足够小。在天线校准要求的所有其他频率的符合性，通过可计算偶极子天线或通过使用4.4.5中的RSM，能够确认CALTS的电气特性是否存在异常，例如来自障碍物(比如建筑物、电线、栅栏和树木)以及天线塔和电缆的反射。

如果天线校准或参考SIL测量中使用垂直极化，那么CALTS应满足4.7.3.5中的接受准则。

注1：A.4给出了一种更严格的场地确认方法，该方法通过天线高度或频率扫描寻找零点信号并记录。

注2：CALTS的确认程序中使用的设备也需满足相应的规范要求(即见4.3和4.4)

注3：CALTS的确认报告(见4.8)要包含如何保持其符合性要求的信息，以使得CALTS在实际使用过程中认为其符合要求。

4.3 试验天线规范

4.3.1 概述

为了得到在确认程序中用到的场地插入损耗的理论(数值)计算值 A_{ic},需要对天线进行准确建模。因此,试验天线应为连接了规定性能巴伦的偶极子。4.3.2 给出了试验天线的规范。附录 B 给出了一个试验天线的构造例子。

试验天线由巴伦和两根共线导线振子(导体)构成,每根导线具有直径 D_{we}和长度 L_{we}。这两根振子与巴伦的两个馈电端(见图 1 中的 A 和 B)相连。两个馈电端之间的间隙宽度为 W_g。天线顶端到顶端的长度 L_a由 $L_a = 2L_{we} + W_g$给出。试验天线的中心位于两根共线导线中心线上间隙的正中。

巴伦具有不平衡的输入/输出(发射/接收天线)端口和在两个馈入端子 A 和 B 的平衡端口。例如,在图 1 中,巴伦的用途被示意性地表示为平衡/不平衡变换器。

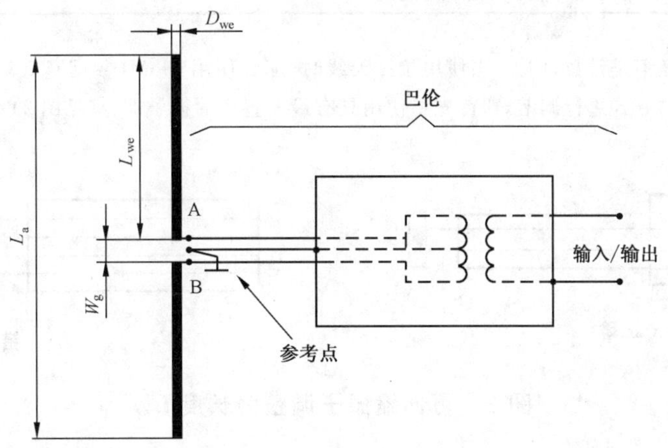

注:试验天线的中心在两根导线中心线上间隙的正中。

图 1 试验天线的示意图

4.3.2 试验天线要求的特性的详细信息

在表 2 中,量 ΔX 表示对应的参数量 X 在天线构造上的最大允差。表 2 汇总了这些允差的量化数据规范。

a) 试验天线应具有相同的长度为 L_{we}的振子,振子能从巴伦断开以对巴伦的参数进行确认,并能把 SIL 测量中使用的两副天线的巴伦连接头连接在一起。

b) λ 代表波长,近似为 $\lambda/2$ 的线天线的顶端到顶端的长度 $L_a(f, D_{we})$由以下条件确定:在规定频率 f 和自由空间中,在馈电端输入阻抗的虚部的绝对值小于 1 Ω。

注 1:如果振子具有规定的直径,并且 $D_{we} \ll L_a$,那么 $L_a(f, D_{we})$可由公式(C.3)进行计算,或使用 MoM 进行计算(参见 C.2.3)。

表 2 d=10 m 时的最大允差

参数(X)	最大允差(ΔX)	条号
L_a	$\pm 0.0025L_a$或 如果 $L_a < 0.400$(m),则为± 0.001(m)	4.3.2 d)
D_{we}	$\pm 0.0025D_{we}$	4.3.1
Z_{AB}	VSWR≤1.10	4.3.2 e) 1)

表 2（续）

参数(X)	最大允差(ΔX)	条号
A_b	±0.3 dB [a]	4.3.2 e) 2)
ϕ_b	±4° [a]	4.3.2 e) 3)
d	±0.04 m	4.4.2.3
h_t	±0.01 m	4.4.2.4
h_r	±0.01 m	4.4.2.5
f	±0.001f	4.4.3.2
[a] A_b和 ϕ_b的允差有待验证，但当实验或建模证明其对 A_i的影响小于 0.05 dB 时则可放宽要求。或者，对于较大的 A_b和 ϕ_b，可能需要评定对 A_i引入的不确定度。		

注 2：如果振子的直径不是常数，例如，当使用拉杆天线时，那么使用 MoM(参见 C.2.3)计算 $L_a(f)$。可伸缩的天线振子以这样的方式进行调谐，即首先要使用具有最大直径的振子部分(见图 2)，然后对这种方式采用 MoM 计算。

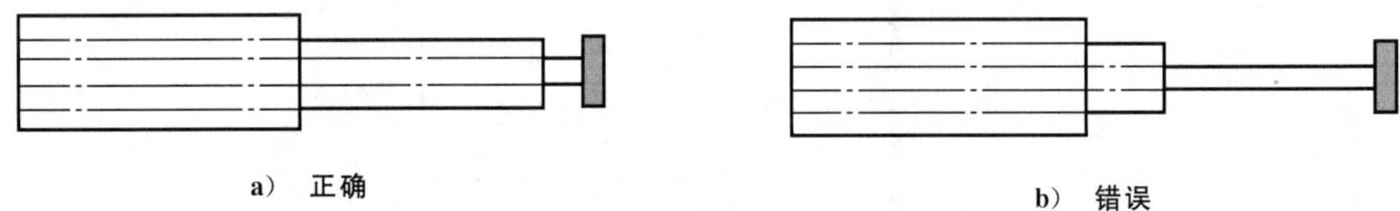

a） 正确　　b） 错误

图 2　可伸缩振子调整为长度 L_{we}

注 3：C.1 中的解析公式只能用于谐振导线振子的 SIL。C.2 中的 MoM 公式得到的值与理想接地平面上或自由空间中的谐振振子的 SIL 解析计算值的差值小于 0.1 dB，但对于细导线，两者的一致性在 0.05 dB 以内(参见 C.1.1)。MoM 公式已用于很宽带宽内的固定长度的振子[12][23]。线性振子的准确性已被证明(参见注 4)，但对于其他可能的振子设计，例如开放结构(即非笼形)的双锥振子；如果能够证明这种设计也具有相同的或更好的性能，那么也可以采用。

c） 馈电端的间隙应足够小，以满足两副相同长度的谐振偶极子之间的 SIL 的测量值和理论值之间的差值小于 0.4 dB。

注 4：在 30 MHz～599 MHz 使用间隙 W_g＝9 mm，在 600 MHz～1 GHz 使用间隙 W_g＝3 mm，已证明可满足 SIL＜0.4 dB 的条件。

d） 如果实际线天线顶端到顶端的长度 $L_a(f)$落在该天线规定长度 $L_a(f)$的 ΔL_a之内(见表 2)，那么当馈电端间隙的宽度符合 c)时，可认为该长度是有效的。

e） 巴伦的平衡端口应做到：

1） 当不平衡端口端接由外电路(天线馈电电缆)引入阻抗 Z_e(见注 6)时，阻抗 Z_{AB}对应的 VSWR 小于表 2 中规定的最大允差；

2） 当两个馈电端端接了相对于巴伦参考点的阻抗 $Z_{AB}/2$ 时，馈电点相对于巴伦参考点的幅度平衡优于 ΔA_bdB(见表 2)；

3） 当两个馈电端端接了相对于巴伦参考点的阻抗 $Z_{AB}/2$ 时，其相位平衡达到 180°±$\Delta\phi_b$°(见表 2)。

注 5：巴伦的三个端口处的连接器使其能进行射频测量。例如，可以在连接振子的馈电端口使用 SMA 快插连接器。

注 6：由外电路引入的阻抗 Z_e一般为 50 Ω，这是首选值。Z_{AB}是图 1 中巴伦上连接偶极子的两根振子的 A 和

B两个端口之间的阻抗，该阻抗的首选值是 $Z_{AB}=100\ \Omega$（实部），即是各为 50 Ω 的端口 A 和端口 B 之和。

注 7： 幅度和相位的平衡要求保证了在馈电端 A 和 B 处相对于巴伦参考点而言的信号幅度充分的相等，而相位相反。当平衡端口满足这些要求时，在不平衡端口端接阻抗 Z_e 的条件下，两个馈电端之间的隔离度大于 26 dB。

注 8： 在实际当中，可调整巴伦的元件的方向使得给线天线呈现最小的共极化反射面。

注 9： 巴伦的元件都是电屏蔽的，因此它们的（寄生）性能不会受到环境的影响。巴伦的参考点和输出/输入端口的接地端都连接到该屏蔽体上。一个巴伦的例子是具有反相输出的 3 dB 混合耦合器。

f) 4.3.2 e)中要求的巴伦的特性可由 S 参数的测量确定，部分特性也可由插入损耗的测量确定。当巴伦的所有 S 参数已知时，如果巴伦的特性包含在 A_i 的计算中，那么 4.4.4.2.1 和 4.4.4.2.3 中巴伦的头对头连接（即用于插入损耗测量；见图 3）可被电缆和电缆之间的连接所取代，该电缆连接参考点是巴伦的输入端。

注 10： 如有必要，可使用衰减器将巴伦与信号源、巴伦与接收机之间的端口阻抗失配减到足够小。

注 11： S 参数测量和插入损耗测量分别见附录 B.3.1 和 B.3.3。

g) 在 CALTS 确认程序中，如果所使用的试验天线和/或测量设备的 Z_{AB} 和/或 Z_e 分别不同于首选值 100 Ω 和 50 Ω，那么在确认报告中要注明这一点（见 4.8）。

4.4 天线校准试验场地确认程序

4.4.1 概述

在 CALTS 的确认程序中，需要将测量得到的场地插入损耗 $A_{i\,m}$ 和理论计算得到的理想 OATS（见 3.1.2.6）的场地插入损耗 $A_{i\,c}$ 进行比较。这样才能验证 CALTS 是否能够充分地满足 SIL 计算中所假设的性能。

构成一个理想 OATS 的各种特性，包括接地平面的平坦度和尺寸、反射系数幅度、以及周围环境的影响，使用固定天线高度在 SIL 测量程序中都能同时进行验证（见 4.4.4），即通过对 SIL 的测量结果和计算结果进行比较。

构成一个理想 OATS 的各种特性，包括接地平面的平坦度和尺寸、入射波和反射波的相位差、以及周围环境的影响，都可以在频率扫描或高度扫描测量程序中同时得到附加验证（参见 A.4）。

在下面的条款中，量 $\pm\Delta X$ 表示参数 X 在确认程序中的最大允差。表 2 汇总了允差的规定量值。

4.4.2 试验布置

4.4.2.1 试验天线的中心、天线塔和天线的同轴电缆需要放置在与反射平面垂直的平面上，并且位于反射平面的中心线上。

注 1： 试验天线中心的规定见 4.3.1（同时见图 1）。

4.4.2.2 共线的导线振子需要在试验中始终与反射平面平行放置（即天线为水平极化），垂直于 4.4.2.1 中提到的（垂直）平面。

在频率范围的低端，例如 30 MHz～40 MHz，所使用的振子较长，两端可能会下垂，因此会影响测量结果。可以通过物理的办法把振子支撑起来以去除这种影响，或在场地插入损耗理论计算时应考虑这种影响。

4.4.2.3 两副试验天线中心之间的水平距离为：

$$d=10.00\ \text{m}\pm\Delta d\ \text{m}(\Delta d\ \text{见表 2})$$

4.4.2.4 发射天线中心距反射平面的高度为：

$$h_t=2.00\ \text{m}\pm\Delta h_t\ \text{m}(\Delta h_t\ \text{见表 2})$$

4.4.2.5 接收天线中心距反射平面的高度应可以在 $h_r\pm\Delta h_r$ 之间进行调节，具体值见表 3（4.4.3.1）和

表 2(4.3.2)。

4.4.2.6 连接发射天线和接收天线巴伦的同轴电缆要保持与导线振子垂直且平行于反射平面，在导线振子后部至少走线 1 m 之后才可垂落到反射平面，然后(最好)继续在反射平面底下穿行，或在反射平面上面垂直于振子布置，直至到达反射平面的边沿。当电缆的一部分在反射平面下走线时，电缆的导电护套应在穿过反射平面的位置与反射平面进行 360°搭接。

如果发现或怀疑有不平衡产生，那么建议在连接巴伦的同轴电缆上安装铁氧体环负载以减小共模耦合。GB/T 6113.106—2018 的 A.2.3 给出了量化电缆反射效应的方法，该方法的效果可能使电缆水平延伸的距离小于 5 m，或者此效应在天线校准结果的不确定度中予以考虑。

注 2：使用低转移阻抗的电缆能够将通过该阻抗产生的电缆表面电流对测量结果的影响减至最小。

注 3：当使用 4.4.2 中的基本试验布置规定用于垂直极化天线的试验时，例如按照 4.7，相同的电缆布置考虑同样适用；同时见 4.7.3.3。

4.4.2.7 如果射频信号发生器和射频测量接收机的放置位置到天线的距离在 20 m 以内，则它们不应高于反射平面。

4.4.2.8 在整个 SIL 测量过程中，应保证射频信号发生器的输出频率准确、输出电平稳定；见 4.4.4.2.3.2。

为了确保设备有足够长时间的稳定性，测量程序中有可能需要包括射频信号发生器和射频测量接收机的预热时间(通常由设备制造商给出，例如一个小时)。

4.4.2.9 射频测量接收机应经过校准，以确保其在至少 50 dB 的动态范围内保持线性；见 4.4.4.2.1.3。测量接收机线性的不确定度表示为 ΔA_r(即 4.5.2.2 中所使用的)；测量接收机线性的不确定度的合理值一般为 0.2 dB。

如果线性动态范围小于 50 dB，那么可以用替代法：使用一个 4.4.4.3.2 中描述的经过校准的精密衰减器。

4.4.3 试验频率和接收天线的高度

4.4.3.1 对 4.2.2 中规范性要求的进一步规定，4.4.4 中描述的场地确认测量应按照 GB/T 6113.104—2016 在 30 MHz～1 000 MHz 频率范围内至少在 24 个频率点(即表 3 所列出的)上进行，使用的接收天线其中心距离反射地面的固定高度 h_r(m)见表 3。当使用 GB/T 6113.106—2018 给出的方法校准天线时，还应使用 4.4.5 中描述的频率扫描测量方法进行场地确认测量。

表 3 在 24 个频率点进行 SIL 测量时的规定频率和接收天线的高度

[h_t=2 m，d=10 m(在 4.4.2.3 和 4.4.2.4 中规定)]

频率 MHz	h_r m	频率 MHz	h_r m	频率 MHz	h_r m
30	4.00	90	4.00	300	1.50
35	4.00	100	4.00	400	1.20
40	4.00	120	4.00	500	2.30
45	4.00	140	2.00	600	2.00
50	4.00	160	2.00	700	1.70
60	4.00	180	2.00	800	1.50
70	4.00	200	2.00	900	1.30
80	4.00	250	1.50	1000	1.20

4.4.3.2 为发射天线提供信号的射频信号发生器的频率应调整到表 3 或 A.4 中规定的频率的 Δf(见

表2)范围内。

4.4.3.3 如果有窄带噪声，例如广播发射机产生的信号，对4.4.3.1和A.4中规定的频率处的精确测量产生了影响，那么可以选择距离规定试验频率尽量近的其他频率进行测量。

如果偏离了给定的频率，那么应在确认报告中加以说明(见4.8)。

4.4.4 SIL测量

4.4.4.1 概述

4.4.4描述了在规定频率确定SIL(即 $A_{i\,m}$，见4.5.3中的接受准则)所需要的3步测量，分别命名为测量步骤1、测量步骤2和测量步骤3。所考虑的SIL是指发射天线馈入端(图3和图4的A和B)和接收天线端(图3和图4的C和D)之间的。

如果能够得到巴伦的所有 S 参数值[如4.3.2的f)所述]，那么可将这些参数包含到SIL的理论计算中(参见C.2.4)；这种方法能获得较小的不确定度。在这种情况下，测得的SIL是使用两个电缆/巴伦接口之间的电缆连接导出的(电路图如图3所示)。

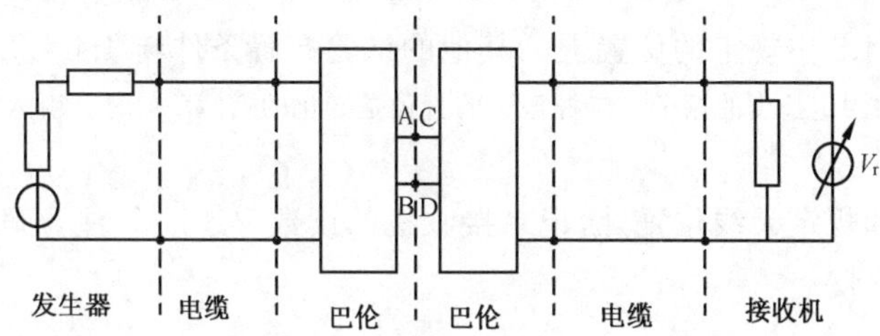

图3 $V_{r1}(f)$ 或 $V_{r2}(f)$ 的确定

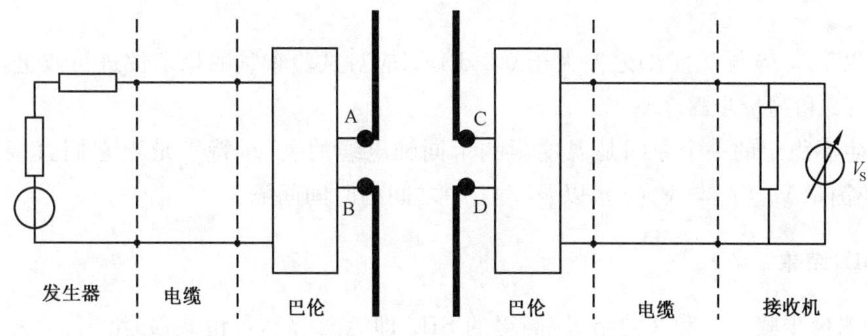

图4 在规定位置上使用线天线时 $V_S(f)$ 的确定

4.4.4.2 确定SIL的测量步骤1、2和3

4.4.4.2.1 测量步骤1

4.4.4.2.1.1 在某一规定频率 f 处，确定参考电压 $V_{r1}(f)$。

该电压可以给出射频信号发生器输出端口和发射天线馈入端之间的信号衰减，同样的，也可以给出接收天线端和接收机输入端口之间的信号衰减。

4.4.4.2.1.2 $V_{r1}(f)$ 的测量方法如下。

先将两副试验天线的振子与巴伦断开，然后将两个巴伦进行头对头的连接，连接所使用的短的连接器的插入损耗应予以考虑，见图3。

4.4.4.2.1.3 设置射频信号发生器的输出电平，使接收机的读数至少比接收机的噪声高60 dB。接收机

读数记为 $V_{r1}(f)$。所有的读数都以分贝(dB)为单位。

可以通过减小接收机的带宽来降低接收机的噪声。但是,如果射频信号发生器和射频测量接收机之间没有如跟踪源和频谱分析仪之间的频率锁定关系,那么接收机的带宽应保持足够宽,以防止射频信号发生器的信号可能发生频率偏移,从而影响测量结果。

注:测量步骤 1 中的信号至少大于接收机噪声 34 dB 时能得到可接受的不确定度;也可见 GB/T 6113.106—2018 的 6.2.3。在表 C.1 中,1 000 MHz 时的 SIL 为 42.71 dB,因此包含电缆和衰减器的总衰减可能至少为 60 dB;如果该信号大于接收机噪声不到 34 dB,那么需要将天线间隔减小到最小值 2λ,和/或将噪声产生的不确定度增大。

4.4.4.2.1.4 如果按照 4.4.4.1 中给出的 S 参数方法,那么在确定 $V_{r1}(f)$和 4.4.4.2.3 中的 $V_{r2}(f)$时,可以将整个试验天线断开,并将两根连接天线的电缆互连。

4.4.4.2.1.5 在 4.4.4.2.2 和 4.4.4.2.3 所述的整个测量过程中,4.4.4.2.1 中特定频率点上所使用的射频信号发生器的幅度设置保持不变。

4.4.4.2.2 测量步骤 2

将两个巴伦相互断开,将振子安装在各自的巴伦上(见图 4)。选择规定长度 $L_a(f)$的振子。将试验天线安装在 4.4.2 和 4.4.3 中规定的位置上。其他的试验布置条件与 4.4.4.2.1 相同。

注:优先使用直径相同的固定长度的振子。拉杆振子的直径是变化的,计算 A_i时会引入较大的不确定度[见 4.3.2 b)的注 2]。

在特定试验频率 f 和规定天线位置处,记录接收机的读数 $V_s(f)$。注意确保发射的场强不超过当地政府允许的电平。

4.4.4.2.3 测量步骤 3

4.4.4.2.3.1 对于测量步骤 3,在同一个特定频率处,按照 4.4.4.2.1 重复进行参考电压测量,结果记录为 $V_{r2}(f)$。

4.4.4.2.3.2 如果 $V_{r1}(f)$与 $V_{r2}(f)$之差大于 0.2 dB,那应对试验布置的稳定性进行改进,然后重复测量步骤 1、测量步骤 2 和测量步骤 3。

4.4.4.2.3.3 产生不稳定的一个原因是温度影响了同轴电缆的衰减,特别是当它们直接暴露在阳光下时。应尽量减小测量 $V_{r1}(f)$与 $V_s(f)$,以及 $V_{r2}(f)$之间的时间间隔。

4.4.4.3 确定 SIL 结果

4.4.4.3.1 根据测量步骤 1、2 和 3 的结果,测得的 SIL,即 $A_{i\,m}(f)$,可由式(1)给出。

$$A_{i\,m}(f)=V_{ra}(f)-V_s(f) \quad (\mathrm{dB}) \qquad (1)$$

式中:$V_{ra}(f)$为 $V_{r1}(f)$和 $V_{r2}(f)$的平均值。

4.4.4.3.2 如果射频测量接收机的动态范围不符合 4.4.2.9 的要求,那么可用以下替代方法。这种方法需要已知巴伦的所有 S 参数,而且巴伦的这些特性参数需要包含在 SIL 的理论计算中。

a) 按照 4.4.4.2.2(测量步骤 2)确定并记录接收机的读数 $V_s(f)$。

b) 用经过校准的精密衰减器替代试验天线,即分别把原本连接到天线上的电缆取下后连接到该衰减器的两端。调节衰减器使插入损耗至 $A_{i\,m1}(f)$,使得按照步骤 a)确定的 $V_s(f)$值可以在接收机上重现。记录 $A_{i\,m1}(f)$和其相关的测量不确定度 $\Delta A_{i\,m1}(f)$。

c) 为了验证试验布置的稳定性(如 4.4.2.8 中所述),考虑按照步骤 a)记录 $V_s(f)$和步骤 b)记录 $A_{i\,m1}(f)$所需的时间后,重复步骤 b)确定 $A_{i\,m2}(f)$。如果 $A_{i\,m2}(f)$与 $A_{i\,m1}(f)$的相差大于 0.2 dB,那么需要对试验布置的稳定性进行改进,然后重复步骤 a)、b)和 c)。

d) 如果试验布置足够稳定,那么测得的场地插入损耗 $A_{i\,m}(f)$由式(2)给出:

$$A_{\mathrm{im}}(f)=A_{\mathrm{im,a}}(f) \quad (\mathrm{dB}) \qquad \cdots\cdots(2)$$

式中：$A_{\mathrm{im,a}}(f)$为$A_{\mathrm{im1}}(f)$和$A_{\mathrm{im2}}(f)$的平均值。

4.4.4.3.3 如果没有采用任何措施以避免两副试验天线的振子下垂，那么应对场地插入损耗A_{im}进行修正(见4.4.2.2)。

4.4.5 SIL 的扫频测量

4.4.5.1 概述

如果需要确认的校准场地校准天线时的频率间隔小于表3所列出的(例如扫频)，那么应使用可计算偶极子天线通过扫频测量对其进行确认。表A.1给出了用于覆盖30 MHz～1 000 MHz频率范围的四副偶极子的示例。最大频率间隔应依据表4。或者可以参照GB/T 6113.104—2016的RSM进行测量，但参考场地应能保证：当使用表3按照程序进行测量时，用于式(5)的$T_{\mathrm{SIL}}(f)<0.7$ dB(见4.5.3)。扫频确认法更能发现结构(例如天线支撑物和电缆)产生的反射，以及附近的任何散射体(例如建筑物)产生的反射。

表4 RSM频率步长

频率范围 MHz	最大步长 MHz
30～100	1
100～500	5
500～1 000	10

对于SIL的扫频测量，两副可计算偶极子天线的间距为10 m。天线为水平极化，其架设高度见表5。表5中第一行的天线1和天线2为一对几乎相同的天线振子，其适用于表5中每一行的频率范围。当进行频率扫描时，天线间的直射信号和地面反射信号的相对相位会发生变化，从而产生信号零点(见3.1.3.2的定义)。场地确认结果的准确度在零点处会降低，但比靠近零点的最强信号低10 dB处的SIL还是足够的准确。图5示出了一个归一化SIL(NSIL)曲线的实例[基于GB/T 6113.106—2018的7.4.1.2.1中计算场强参数$e_0(i,j\,|\,\mathrm{H})$的公式]，在该例子中两副天线均为水平极化的赫兹偶极子，天线高度为2 m。

注：归一化场地插入损耗(NSIL)为SIL减去两副天线的AF。

表5中的频率范围划分基于表A.1列出的四副偶极子天线对应的频率范围。对于在30 MHz～1 000 MHz频率范围内子频段的划分与A.1不同的其他偶极子设计，选取其他高度可能是最佳的，即确保在频段两端的信号电平都接近最大电平值。基于该原则，表5中的600 MHz～1 000 MHz频率范围也可以分为两个频率范围，即第5行和第6行对应的频率范围，以代替第4行中的一个频率范围。避免使用最低高度1 m，目的是远离材料比较多的天线塔的基座；天线塔的基座上最好不要有电机。表5中的第1行、第2行、第3行、第5行和第6行对应的NSIL曲线见图6，从图中可看出该曲线避免了出现零点。

表5 SIL测量的天线高度(资料性)

行序号	频率范围 MHz	天线1的高度 m	天线2的高度 m
1	30～100	4	4
2	100～300	2	2.35

表 5（续）

行序号	频率范围 MHz	天线 1 的高度 m	天线 2 的高度 m
3	300～600	1.5	1.4
4	600～1 000	1.5	1.97
5	600～750 *	1.5	1.1
6	750～1 000 *	1.5	1.8
* 第 5 行和第 6 行的频率范围可代替第 4 行的频率范围(即 600 MHz～1 000 MHz)			

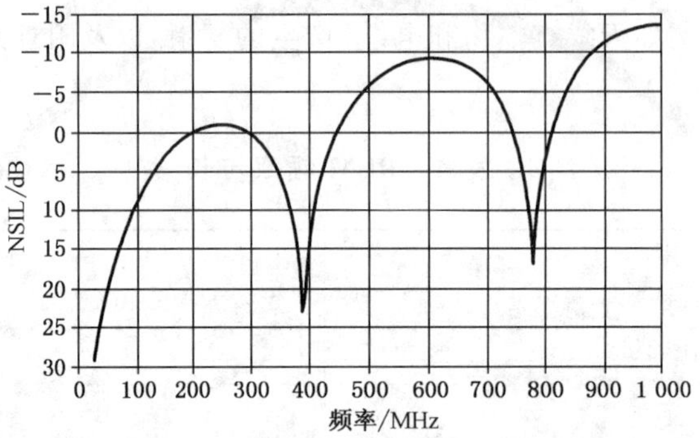

图 5 **NSIL** 实例:天线为水平极化、其高度为 2 m 且两天线的间距为 10 m

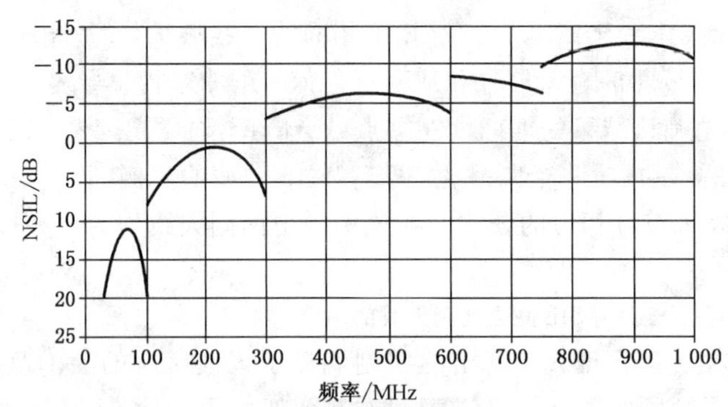

图 6 间距为 10 m 时四对可计算偶极子天线的 **NSIL**(600 MHz～1 000 MHz 频率范围使用表 5 的替换高度)

SIL 的扫频测量的主要目的是证明场地自身的性能,而不包括天线塔,由于天线塔并没有任何反射率的规范,因此需要使用由薄壁绝缘空心杆和尽量少的金属部件构成的天线塔。与此相反的是,GB/T 6113.104—2016 中 COMTS 的确认结果包括了天线支撑物和电缆的影响,以及辐射骚扰试验中要求的布置的影响。

4.4.5.2 程序

在两种不同情况下分别测量接收电压 V_R:

a) 将两根电缆与两副天线断开,然后通过一个适配器互相连接在一起,得到读数 V_R(即 V_{DIRECT})。

b) 将同轴电缆重新分别连接在它们对应的天线上时得到读数 V_R(即 V_{SITE})。在测量过程中,信号源电压保持不变。测量中最好使用 VNA。

c) SIL 由式(3)给出。所有的量都以分贝(dB)为单位。

$$A_{\mathrm{im}} = V_{\mathrm{DIRECT}} - V_{\mathrm{SITE}} \quad \cdots\cdots(3)$$

d) 测得的 SIL(即 A_{im}),与按照 C.2.4.1 中的天线高度、间距和极化在每个频率点计算的 SIL 理论值(即 A_{ic})相比较。如果在天线校准的所有频率上都满足接受准则 $T_{\mathrm{SIL}}(f)=1.0$ dB,这里 $T_{\mathrm{SIL}}(f)$受到式(5)中测量不确定度的影响(见 4.5.3),那么 CALTS 符合场地插入损耗确认准则。

e) 对于 SIL 的测量值和理论值之差超过±1.0 dB 的频点(可能为 SIL 曲线中具有谐振特性的频点),那么应选择单个频点做进一步的研究:

   1) 在每一个选定的频率点,应记录最大信号对应的 SIL 和天线高度。应使用相同的天线布置计算 SIL。

   2) 应研究差值大于±1.0 dB 的原因。最先的解决办法可以增大天线和天线塔和/或馈电电缆之间的间距。在考虑校准场地的其他可能问题之前,应先认真地研究由天线支撑物和馈电电缆引起的可能偏差(即见 4.4.6)。

对场地性能更敏感的测量方法是关注出现零点的频率并应用 A.4 的允差准则;也可见 4.2.2 中有关参考 A.4 的可选试验。

4.4.6 识别并减小天线支撑物产生的反射

正如 4.1 的注 2 所述,天线支撑物产生的反射是引起场地无法符合接受准则的原因,而非场地自身的缺陷(同时见 GB/T 6113.106—2018 的 A.2.3)。从 SIL 扫频测量结果中清晰的纹波能辨认出单个的强反射源。天线和天线后部的反射表面之间的间距由 $R=300/(2\Delta f)$(m)给出,式中 Δf 为纹波两个邻近峰值之间的频率间隔(MHz);这是根据反射表面的相位变化得到的近似值。

当使用类似的天线以同样的距离安装在类似的天线塔上时,试验布置中反射的幅度会被增强。通过研究可能会得到天线塔的反射很强,甚至当天线在天线塔立柱的前方移动大约 2 m 时也是如此。反射通常在 600 MHz 以下时不明显,但越接近 1 000 MHz,天线塔反射表面的面积相对于波长的比值越大,这样会增大反射的幅度。

一种解决方法是使用对射频透明的聚苯乙烯泡沫块支撑天线。确认报告应声明需要采用何种措施隔离出场地的反射,由天线塔产生了何种不确定度。然而,场地的供应商和客户(例如校准实验室)需要知道被隔离后的场地的符合性,客户(例如校准实验室)还需要知道包括了天线支撑物的场地的符合性,即优先选择使用实际设计中的天线塔。

对于定向天线,例如 LPDA 天线和喇叭天线,天线塔的反射可能并不是一个大问题。当使用垂直极化的偶极子类天线(即 H 面具有均匀的方向图)时,反射主要出现在这种情况中。

4.5 天线校准试验场地的接受准则

4.5.1 概述

如果满足下列条件,则认为 CALTS 是令人满意的:在天线校准所需要的所有频率点对 CALTS 所做的 SIL 测量结果(见 4.4.3.1)都在计算得到的理论值的裕量之内。4.5.3 给出了裕量。除了各种测量数据的不确定度之外,该裕量也考虑了测量布置中可接受的允差。

如 4.5.2 所述,不确定度裕量中包括了理论模型计算的不确定度和场地插入损耗测量时电压测量的不确定度。

4.5.2 测量不确定度

4.5.2.1 4.4.4.3.1 中式(1)所定义的 SIL(即 A_{im})的测量不确定度 ΔA_{im}按照式(4)计算:

$$\Delta A_{im}=\sqrt{(\Delta A_r)^2+(\Delta A_t)^2}\,(\text{dB}) \qquad\cdots\cdots(4)$$

式中：

ΔA_r由 4.4.2.9 中的 ΔA_r(dB)或 4.4.4.3.2 中的 $\Delta A_{im1}(f)$(dB)给出。这两种方法都可以使用。

ΔA_t(dB)是场地插入损耗对于参数允差(表 2 给出了最大值)的灵敏度。

ΔA_r和 ΔA_t应使用 $k=2$(置信概率为 95%)。

注 1：$\Delta A_t(k=2)$可通过附录 C 给出的模型计算得到。

4.5.2.2　如果这些参数的允差都符合表 2 中给出的允差(见 4.3.2)，那么在 30 MHz～1 000 MHz 频率范围内可以认为 $\Delta A_t(k=2)=0.2$ dB。在这种情况下，不需要计算 ΔA_t，也不需要在 CALTS 确认报告中给出计算结果。表 2 给出了允差的最大值；总允差 0.2 dB 是一个示例。用户评估的总允差(可能会更小)应被用于图 7(见 4.5.3)。

注 2：C.1.4.3 给出了 $\Delta A_t(k=2)=0.2$ dB 的原理。

4.5.3　接受准则

在本条中，计算所用的参数值是通过测量得到的实际值。假设实测参数值的测量不确定度足够小，因此推断某一参数值位于表 2 给出的最大允差范围内的结论是可信的。

示例 1：如果天线中心之间的规定距离 $d=10.00$ m(见 4.4.2.3)，在实际 SIL 测量中距离 $d_a=10.01$ m，那么用该值进行计算，然而，$(d-d_a)$总是小于 0.04 m(见表 2)。

如果在天线校准的所有频率上都满足接受准则 $T_{SIL}(f)=1.0$ dB，那么 CALTS 符合场地插入损耗确认准则；$T_{SIL}(f)$受到式(5)中的测量不确定度的影响(参考图 7)。

$$|A_{ic}(f)-A_{im}(f)|<T_{SIL}(f)-\Delta A_{im}(f) \qquad\cdots\cdots(5)$$

式中：

$A_{ic}(f)$　——规定频率处 SIL 的理论值，单位为分贝(dB)，依据 C.2.4 使用实际尺寸参数值 L_a、d、h_t和 h_r计算得到；表 C.1 给出了 $A_{ic}(f)$的实例值；

$A_{im}(f)$　——测得的 SIL，单位为分贝(dB)，按照式(1)(见 4.4.4.3.1)或式(2)[见 4.4.4.3.2 d)]计算；也可见 4.4.4.3.3 有关线天线振子的下垂；

$\Delta A_{im}(f)$——SIL 的测量不确定度($k=2$)，单位为分贝(dB)，由 4.5.2.2 得到；

$T_{SIL}(f)$　——SIL 的允差，单位为分贝(dB)。

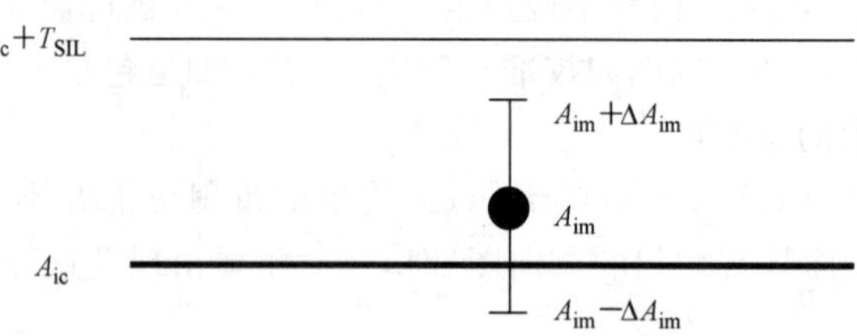

图 7　SIL 接受准则中所使用的各个量之间的关系

在 30 MHz～300 MHz 频率范围重点是需要接地平面。与 300 MHz 以上相比，在该频率范围，天线支撑物和电缆产生的反射明显地减小。同时也更容易得到如以下注中所述的 30 MHz～300 MHz 频率范围的天线性能。在此频率范围，有必要确保 $T_{SIL}(f)<0.7$dB，从而更容易地使 F_a的不确定度小于 1 dB。将准则定为较大的 1.0 dB 的原因是考虑到在接近 1 000 MHz 时天线支撑物和电缆产生的较大的反射。由于场地确认的主要目的是试验接地平面及其周围环境的性能，所以在天线支撑物和电缆的影响很小的情况下需要尽量使用更小的准则。

注：使用宽带可计算偶极子天线确认 CALTS 时，可以实现 SIL 的测量值和理论值之差≤0.3 dB[23]。这可使 F_a 的测量不确定度更小。

示例 2：若 $\Delta A_t(k=2)=0.2$ dB 和 $\Delta A_r(k=2)=0.2$ dB，那么应用式(4)得到 $\Delta A_{im}(k=2)=0.3$ dB，可以通过使用具有较小的 $\Delta A_r(k=2)$ 的接收机、减小其他各种参数的允差和考虑 $\Delta A_t(k=2)$ 的实际值的方法来减小场地插入损耗的计算值和测量值之间的最大允差。

示例 3：在 30 MHz 时，4.8 m 长的偶极子在末端会下垂 16 cm。当偶极子的高度分别为 1 m、2 m 和 4 m 时，为了正确地对 A_{im} 和 A_{ic} 进行比较，对 A_{im} 分别加 0.27 dB、0.13 dB 和 0.08 dB 进行修正。这些修正值是针对表C.1中的偶极子尺寸并使用 NEC 建模得到的(参见 C.2)。

4.6 用于校准 30 MHz～300 MHz 双锥天线和调谐偶极子天线的带有金属接地平面的校准场地

本条给出了校准 30 MHz～300 MHz 频率范围的双锥天线和调谐偶极子天线的校准场地的确认程序，正如 GB/T 6113.106—2018 的 B.4 所述，通过使用 TAM 或 SAM，在一定的高度范围内取与高度相关的天线系数 $F_a(h,p)$ 的平均值。在天线校准中，两副水平极化的天线间距为 10 m；一副天线最高可升至平坦的金属接地平面之上 6 m 处，另一副天线按照 GB/T 6113.106—2018 的 B.4 中的表 B.1 和表 B.2 所述设置，高度为 1 m 或 2 m。使用这种方法获得 F_a 的实例见 GB/T 6113.106—2018 的图 A.2 和图 A.3。

校准场地的符合性应按照以下要求进行 SIL 测量予以确定：

a) 30 MHz～200 MHz 按照表 6 的布置进行 SIL 测量，250 MHz 和 300 MHz 按照 4.4.4 进行 SIL 测量。表 6 中的 SIL 的理论值(即 A_{ic})是使用表 C.1 中无损的巴伦以相同的方式进行计算得到的实例。SIL 结果应符合 4.5.3 中规定的接受准则。优先的方法是按照 4.4.5 进行频率扫描测量。

b) 天线高度扫描测量(见 A.4.2)和频率扫描测量(见 A.4.3)均为可选；见 4.2.2 的注 1。

本确认方法包括并扩展了 4.4.4 中的方法。可从 GB/T 6113.106—2018 的表 B.3 得到有关不确定度评估的指南。

表 6 使用水平极化的谐振偶极子天线在校准场地上进行 SIL 测量时的天线布置(250 MHz 和 300 MHz 的 SIL 测量可见 4.4.4)

频率 f MHz	间距 d m	发射天线高度 h_t m	接收天线高度 h_r m	SIL 的理论值 A_{ic} dB
30	10.0	2.0	6.0	17.40
35	10.0	2.0	6.0	18.44
40	10.0	2.0	6.0	19.78
45	10.0	2.0	6.0	20.37
50	10.0	2.0	6.0	20.11
60	10.0	2.0	6.0	20.54
70	10.0	2.0	6.0	21.39
80	10.0	2.0	6.0	21.12
90	10.0	2.0	6.0	22.74
100	10.0	2.0	6.0	24.62
120	10.0	1.0	5.0	26.83
140	10.0	1.0	5.0	27.13
160	10.0	1.0	5.0	27.03
180	10.0	1.0	5.0	27.81
200	10.0	1.0	5.0	29.35

4.7 REFTS的确认

4.7.1 概述

附录A给出了有关REFTS的构造指南。REFTS应采用水平极化和垂直极化时的SIL测量进行确认。4.3规定了SIL测量所用的试验天线。对于水平极化,SIL测量应符合4.7.2的要求。对于垂直极化,SIL测量应符合4.7.3的要求。或者,REFTS也可使用GB/T 6113.104—2016的RSM进行确认。4.8给出了场地确认报告的要求。

4.7.2 水平极化的确认

4.7.2.1 概述

按照4.4和4.5的程序分别进行测量和结果的分析。

4.7.2.2 水平极化的接受准则

场地插入损耗的理论值[即 $A_{ic}(f)$]根据C.2.4计算得到。表C.1给出了 $A_{ic}(f)$ 的实例。接受准则由式(5)给出,频率范围为30 MHz～1 000 MHz时 $T_{SIL}(f)=1.0$ dB。使用式(5)时应按照4.5.2评估测量不确定度 ΔA_{im}。

4.7.3 垂直极化的确认

4.7.3.1 概述

除了天线水平极化时的要求,下面给出了适用于天线垂直极化时的要求。

4.7.3.2 天线安装和天线塔的要求

天线间距应为10 m。发射天线中心距接地平面的高度应为2 m,但对于30 MHz、35 MHz和40 MHz,高度应为2.75 m。频率和接收天线高度应按照表7进行选择。

表7 天线高度

f MHz	h_t m	h_r m	f MHz	h_t m	h_r m	f MHz	h_t m	h_r m
30	2.75	2.75	90	2.0	1.15	300	2.0	2.6
35	2.75	2.4	100	2.0	1.0	400	2.0	1.8
40	2.75	2.4	120	2.0	1.0	500	2.0	1.4
45	2.0	1.9	140	2.0	1.0	600	2.0	1.4
50	2.0	1.9	160	2.0	1.0	700	2.0	1.0
60	2.0	1.5	180	2.0	1.0	800	2.0	1.0
70	2.0	1.5	200	2.0	1.0	900	2.0	1.6
80	2.0	1.15	250	2.0	3.1	1000	2.0	1.6
h_t和h_r分别为发射天线和接收天线的高度								

天线的最低端应至少高于接地平面0.25 m。天线塔宜使用低密度的介质材料(木材或 $\varepsilon_r \leqslant 2.5$ 的介质材料、低损耗、横截面尽量小,但要保证机械强度);应证明天线塔对天线响应的影响极小。应改变

天线与天线塔立柱之间的距离，通过测量天线塔相对于天线的位置变化时两天线之间传输损耗评估天线塔和水平横杆对天线系数的影响。

应尽力采取措施将天线塔的影响减至最小，例如通过将天线安装在水平横杆上，以增大天线和天线塔立柱之间的距离。

注：将天线塔的反射减至最小的指南参见 GB/T 6113.106—2018 的 A.2.3。

4.7.3.3 电缆布置

当电缆走线与天线振子平行时，电缆将作为寄生反射体，如果电缆在垂直极化的天线振子后方 0.5 m 处垂落，那么电缆对 SIL 的影响大约为 ±1 dB。电缆影响的评估是通过改变电缆水平走线距离直到其对 SIL 的影响可以忽略；见 4.4.2.6。对于最终选择的用于测量的距离，所有电缆的影响将包含在 REFTS 的不确定度中。电缆上加装夹式铁氧体环能够减小这种影响，特别是对那些巴伦性能较差的天线。对于 RERTS，电缆需要沿水平方向在天线后部延伸（与天线振子垂直）至少 2 m，然后再垂落到地面。

4.7.3.4 接地平面尺寸

取决于天线的间距与天线到 OATS 接地平面边缘的距离之间的比值，可能会产生不能忽视的边缘散射效应。可以通过观察叠加在 SIL 扫频测量数据上的有规律的纹波证明存在散射效应。纹波会在 SIL 数据最大的区域（即信号零点）出现的更加明显。如果接地平面足够大，那么可以将天线测量路径放置在测量场地的短轴上（而不是在长轴上），这样可减小纹波。减小边缘散射的方法还可通过使用额外的金属网连接接地平面的周边，并深入到大地/地面中，但是大地/土壤应非常潮湿才会有效。

4.7.3.5 垂直极化的接受准则

SIL 的理论值［即 $A_{ic}(f)$］根据 C.2.4 计算得到。表 C.5 给出了 $A_{ic}(f)$ 值的实例。接受准则由式(5)给出，频率范围为 30 MHz～1 000 MHz 时 $T_{SIL}(f)=1.5$ dB。使用式(5)时应按照 4.5.2 评估测量不确定度 ΔA_{im}。

4.8 CALTS 和 REFTS 的确认报告

4.8.1 概述

4.8 中的术语 CALTS 也适用于 REFTS。4.8 的要求不适用于 4.9 和 4.10。

确认报告是溯源和保证 CALTS 符合本部分要求的一种手段。

4.8.2 确认报告要求

CALTS 确认报告应给出诸多条目，每一条目对应 CALTS 确认的某一方面。确认报告中的每个条目和包括的理由如下所述。附录 E 给出了要求的所有条目的摘要清单。

a) 通用信息

通用信息应包括 CALTS 所在的地点、负责的所有者等。

如果场地确认是由其他方或组织进行的，那么应给出该方或该组织的信息。

应借助绘图、照片、部件号码等方式描述 CALTS 的配置及其辅助设备。

另外还应给出进行确认的日期和确认报告的日期。确认报告的封面上还应有确认报告的编制者和授权人的姓名及其签名。

b) 有效期和限制条件的评估

在进行天线校准之前，应证明场地的有效性（见 4.2.2）。

因此给出 CALTS 确认的有效期非常重要。因为 CALTS 可能是室内的，也可能是露天的设施，所以 CALTS 确认的有效期可能会有所不同，而且确认有效期还可能受到其他因素，如环境变化、电缆老化或吸波材料老化的影响。CALTS 的所有者有责任评估并声明 CALTS 确认的有效期。

与有效期评估相关的条目或相关的方面应在 CALTS 使用的过程中确定是否发生变化：例如，对于露天设施，环境、树木、雪、地面湿度等。一般来说，电缆走线、设备、天线和天线塔性能的稳定性是非常的重要。另外环境条件、设备或吸波材料的老化和设备的校准有效期也会影响 CALTS 的有效期。

可以使用快速测量或目检程序经常评估 CALTS 性能的有效性/一致性。

应明确声明有哪些特别的环境条件、配置条件或者限制条件。

c) 试验天线描述和确认

确认报告的本条目用于说明是否符合天线要求。

试验天线(天线振子和巴伦)应符合 4.3.2 给出的规范和表 2 给出的参数值要求。

无论在检查还是在测量中，都应对每一条规范性要求的条目进行核查，以确定是否符合要求。符合性验证结果应可以在附录或独立的文件中找到(照片、测量结果、校准结果、厂商声明等)。

d) 试验布置

确认报告中的该条目是有关试验布置的。试验布置应符合 4.4.2 给出的规范和表 2 给出的参数值要求。

无论在检查还是在测量中，都应对每一条规范性要求的条目进行核查，以确定是否符合要求。符合性验证结果应可以在附录或独立的文件中找到。

e) 确认测量

按照 4.4.4 给出的程序，并按照表 3 给出的试验频率和天线高度进行的 SIL 测量结果，应在确认报告中的本条目中给出。另外，如果进行了可选的测量，那么天线高度扫描测量(见 A.4.2)或频率扫描测量(A.4.3)的测量结果也应在本条目中给出。也应描述 4.7.3 要求的垂直极化时 REFTS 的确认结果。

f) 场地衰减和允差的计算

确认报告的该条目应指明天线高度是使用附录 C 给出的程序计算得到的，还是使用其他数值方法得到的。使用表 2 给出的允差默认值或在与表 2 给出的允差有偏差的情况下得到的计算值，在本条目中应给出 SIL 的计算结果和总测量不确定度的计算结果。

g) 接受准则的计算

在确认报告的该条目中，需要将 SIL 的计算值和测量值，以及对应的允差和不确定度代入式(5)中进行计算，得到的结果与频率有关，以此来确定待确认场地是否符合要求。同样地，如果进行了可选的测量，也要确定是否符合高度扫描准则[式(A.1)]或频率扫描准则[式(A.3)]。

h) 符合性的最终声明

如果测量得到的 SIL 在所有频率都符合式(5)，并符合高度扫描或频率扫描接收准则，就可以声明 CALTS 在以下条件下符合 CALTS 的要求：考虑了确认有效期、条目 b)给出的限制条件和配置。如果同时也能符合 A.4 的高度扫描或频率扫描准则，那么该结果可用于增强 SIL 测量结果的可信度。

4.9 校准垂直极化的双锥天线和偶极子天线以及复合天线的双锥部分的场地的确认

本条给出了按照 GB/T 6113.106—2018 的 9.3 校准 30 MHz～300 MHz 频率范围的双锥天线和复合天线的双锥部分的 CALTS 的确认程序。GB/T 6113.106—2018 的 6.1.2 描述了如何确定复合天线的过渡频率;也可见本部分的5.3.2。

天线布置的描述见GB/T 6113.106—2018的9.3.2,在该布置中使用单锥天线产生的均匀场照射AUC。GB/T 6113.106—2018的A.2.4给出了单锥天线的构造指南。将单锥天线放置在距AUC 10 m以外是为了保证照射到AUC(其直径约为0.5 m)水平口面上的场非常的均匀;因此无需测量水平口面上场的变化。

为了测量照射到AUC垂直口面上的场均匀性,使用一副小双锥天线(两锥顶端之间的最大长度为0.44 m)在1 m~2.6 m高度范围内按20 cm步长进行扫描。按照GB/T 6113.104—2016中4.4.2的巴伦试验,天线的不平衡性应小于±0.5 dB。如GB/T 6113.106—2018的9.3.2所述,将小双锥天线放置在AUC的位置,要特别注意小双锥天线和天线塔立柱之间的最小距离,以及小双锥天线和其连接的电缆的垂直部分的最小距离至少为5 m。使用VNA在30 MHz~300 MHz进行扫频,记录每个高度的S_{21}。所有的S_{21}数据都归一化到中间高度1.8 m对应的S_{21}数据。在全频段,归一化结果之间的差值应位于±1.5 dB之内。通常情况下会出现场锥削,即随着小双锥天线扫描高度的增加S_{21}将变小。不确定度的考虑与6.1中的方法相似,因为这两种方法都是采用高度扫描测量场的变化。

如果S_{21}的差值超过1.5 dB,那么应研究天线塔产生的可能反射。应增加小双锥天线和天线塔之间的距离,或者用一个低反射的天线塔替换现有天线塔。对于电缆产生反射的研究,可通过将天线后部的电缆增加到5 m来确认是否有所改善。如果采用这些措施后的场锥削都不满足要求,那么可能是反射物(例如建筑和树木)距离天线太近,和/或接地平面太小。校准AUC时应采用最终能达到±1.5 dB准则的布置。

图F.1示出了照射到垂直口面的场锥削的实例,该场锥削在规定的允差内。图F.2示出了使用这种方法和使用另外一种明显不同的方法得到的AF很接近的实例,后一种方法是按照GB/T 6113.106—2018的B.4.2使用水平极化、取在各个高度测得的AF的平均值。

在30 MHz~300 MHz频率范围内也需要按照4.7.3进行场地确认,但使用的接受准则为1.2 dB。上述方法是比较差值的方法,但4.7.3是一种绝对的方法,可确信场地质量是足够的好。

4.10 使用垂直极化校准5 MHz~30 MHz单极天线的CALTS的确认

4.10.1 概述

正如GB/T 6113.106—2018的G.1所述,单极天线在5 MHz~30 MHz频率范围内使用平面波的方法进行校准。平面波的方法对于GB/T 6113.106—2018的5.1中ECSM所用虚拟天线的确认是很有用的。用于单极天线校准的CALTS可能和第4章中描述的用于校准偶极子天线的CALTS有所不同。场地的有效性取决于是否符合确认准则,即两个单极天线之间的SIL的测量值和理论计算值是否一致。

两副单极天线沿接地平面的长轴线相距15 m放置。合适的单极天线的尺寸长为1 m,半径为5 mm。单极天线的一端安装有N型阳性适配器。有关考虑适配器以调整单极天线的长度见C.2.5.2.1。单极天线连接在接地平面上的N型阴性连接器上,该连接器位于接地平面下方的另一端连接信号源或接收机。以1 MHz为步长,在5 MHz~30 MHz频率范围测量天线间的SIL。使用C.2.4.2的方法计算SIL。

SIL计算值和测量值之间的差值大于0.5 dB时则表明场地周围的物体(例如建筑物、栅栏或树木)产生了不希望的反射,或者是接地平面过小。该差值不应超过1 dB,这表明测量AF时由场地引起的误差不会超过0.5 dB。如果能够减小场地误差,那么AF的不确定度中由场地引入的部分也会相应地减小。

注1:在GB/T 6113.106—2018中,单极天线的校准频率范围为9 kHz~30 MHz。当频率低于大约5 MHz时,这种高阻抗的无源单极天线限制可用信号的输出,因此只能在5 MHz~30 MHz进行确认,该频率范围是GB/T 6113.106—2018的G.1中的平面波法所使用的频率范围。

注 2：为了使用 GB/T 6113.106—2018 的 G.1 中的方法对单极天线进行校准，规定了作为 STA 的单极天线；其 AF 可使用 C.2.5.2.1 中的方法进行计算。

4.10.2 不确定度评定

表 8 给出了两副相同的单极天线之间 SIL 的测量不确定度评估实例。距最低频率越远，可增加插入衰减器的衰减值，以减小失配。为了评估 SIL 的计算值和测量值之间差值的不确定度，假设使用 NEC 计算得到的 SIL 的不确定度为 0.2 dB。

表 8 两副单极天线之间的 SIL 的测量不确定度评估实例

不确定度源或输入量 X_i	值 dB	概率分布	包含因子	灵敏系数	u_i dB	备注
VNA 的线性	0.15	矩形分布	$\sqrt{3}$	1	0.087	
连接器的重复性	0.05	正态分布	1	1	0.050	
失配	0.20	U 形分布	$\sqrt{2}$	1	0.141	
天线间距，15 m 时误差为 2 cm	0.01	矩形分布	$\sqrt{3}$	1	0.005	
NEC 仿真	0.20	矩形分布	$\sqrt{3}$	1	0.120	
合成标准不确定度					0.211	
扩展不确定度（$k=2$）					0.42	

5 30 MHz～18 GHz 频率范围内 FAR 的确认方法

5.1 概述

本章给出一些确认 FAR 的程序：

a) 正如 GB/T 6113.106—2018 的 9.5 所述，5.2 中给出的第一种程序适用于 1 GHz～18 GHz 的天线校准；该程序描述了静区的确定方法和接受准则[4][5]。

b) 5.3 给出了另外三种替代方法，用于确认天线校准所用的 FAR：

1） 30 MHz～1 GHz 频率范围内使用 SAM 校准所选天线的 FAR 的确认；

2） 1 GHz～18 GHz LPDA 天线校准所用 FAR 确认的 S_{VSWR} 程序；

3） 500 MHz 以上使用时域测量的 FAR 的确认。

FAR 用于 1 GHz 以上的天线校准，在 FAR 中，辐射电磁波的传播如同在自由空间，理想情况下只有发射天线产生的直射波到达接收天线。通过在各个壁面、顶面、地面铺设吸波材料，应使所有的间接波和反射波减到最小（见注）。外部的电磁辐射会对接收天线的校准信号产生影响，因此 FAR 的电磁屏蔽应确保任何来自外部的进入 FAR 的电磁辐射的电平应至少低于校准信号电平 30 dB（见 GB/T 6113.106—2018 的 6.2.4）。

注：满足接受准则的要求是在大于等于 1 GHz 时，吸波材料对于垂直入射电磁波的反射率优于 −40 dB。对于定向天线，除了天线所指向的壁面外，吸波材料的反射率指标可根据天线的方向性而放宽。

1 GHz 以上场地确认所用的天线应是线极化的和定向的。一对喇叭天线可用于 2.8 m～3.2 m 的测量，但对于 0.8 m～1.2 m 的测量，应使用喇叭天线和 LPDA 天线组成的天线对，以避免喇叭天线之间产生的大的驻波。通常采用 DRH 天线，因为其可覆盖 1 GHz～18 GHz 的频率范围。

5.2 1 GHz～18 GHz 确认程序

5.2.1 两天线间的功率传输

为了校准天线，需要在电波暗室内形成自由空间环境。当发射天线辐射时，两天线之间轴线上的各点接收天线接收的信号为发射天线直接发射的信号与暗室壁面、其他反射物(包括接收天线)产生的反射信号的叠加。这些信号的电平与自由空间接收天线接收的信号电平的偏离取决于很多因素，比如频率、暗室尺寸、吸波材料的质量和覆盖范围、天线类型以及天线架产生的反射。该偏离的大小直接影响FAR中天线校准的总测量不确定度。

需要为天线校准用的特定天线对确定静区，其目的是获得近乎理想的自由空间环境。静区是指暗室内满足场均匀性规范的一部分空间(通常在中心周围)，当进行天线校准时用于放置天线对。

接收天线的接收功率记作 P_r，发射天线的发射功率记作 P_t。由于在所用的天线间距范围内，天线增益的变化很小，可以认为场强大小与两天线的间距 d 成反比。因此，仅当稳定的发射源输出的直射信号到达接收天线时，在理想的无反射暗室内，对于特定频率可认为天线间轴线上各点 $P_r d^2$ 的值为常数。$P_r d^2$ 中随着频率的任何残余变化都认为是由暗室内非期望的反射造成的。在给定的频率点，这些变化在信号幅值-间距图中表现为纹波，可用来评估暗室的非理想性。采用 VNA 进行测量时，传输比 S_{21}(dB)与 P_r/P_t(dB)等价。在[$S_{21}+20\lg d$]与间距 d 的图中，暗室的反射表现为纹波，该纹波的峰峰值用于与 5.2.4 给出的接受准则相比较。为了得到纹波中足够数量的峰值，天线应在天线校准间距的任一侧至少移动 λ 的距离，步进不大于 λ/8。

注：使用小的距离增量可使结果分析更为严谨且得以很大地简化。小的距离增量可以确保在每个频率点上都能形成纹波。如果增量太大，则需要在更多的频率点进行测量，将测量结果画图，通过观察选择其中纹波大的频率点。

5.2.2 1 GHz～18 GHz 场地确认的测量程序

为了确认 GB/T 6113.106—2018 的 9.5.1.3 描述的使用 TAM 校准天线所用的暗室，应使用同一类型的天线。一副天线放置在电波暗室的一端，其主瓣的方向沿着暗室的主轴。配对天线安装在可移动的机架上，放置在距发射天线规定距离的同一轴线上，如图 8 所示。

被测量为信号幅值与天线间距图中纹波的峰峰值，该纹波是由暗室反射和天线间的直射信号相互作用而形成的。优先选用垂直极化，因为垂直平面上的波瓣宽度较窄，并且通常地板和人可行走的吸波材料是最靠近天线的表面。这也假定随后的天线校准采用的是垂直极化。

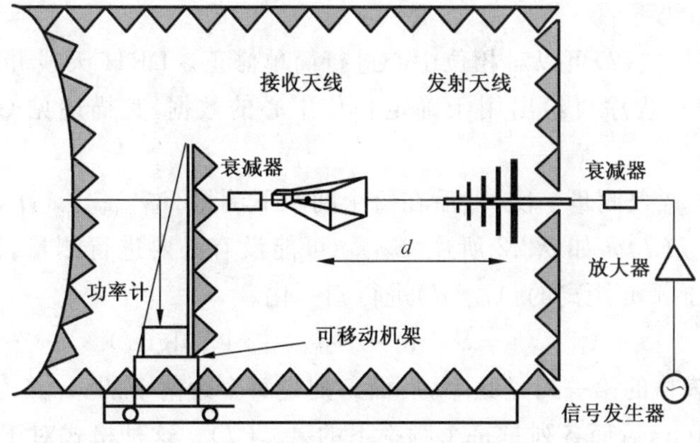

图 8 FAR 中 1 GHz 以上 EMC 天线校准的场地确认布置，同时示出了天线相位中心之间的距离

假设天线间距越小，与天线间的直射信号成比例的壁面反射信号就越小，因此仅在天线校准所需的最大间距上进行场地确认，通常最大间距为 3 m。重要的是天线支架要被吸波材料充分地覆盖，否则支架产生的反射对 1 m 间距的影响要比 3 m 间距的大。如果对此有怀疑，并且暗室用于 1 m 距离的校准，那么应在 1 m 间距下做一些探索性的确认测量。

对于 2.8 m～3.2 m 间距的确认，可采用一对喇叭天线。然而，由于在 0.8 m～1.2 m 间距时喇叭天线之间的驻波严重，这时应采用一副喇叭天线和一副 LPDA 天线的组合。另一个因素是有些 DRH 天线的相位中心大的变化产生的误差。例如，对于特定的由 DRH 天线和 LPDA 天线构成的天线对，在间距 3 m 时测得的纹波的峰峰值小于 0.2 dB，这包括了暗室的反射在内，表明了天线之间的驻波并不显著。

这种确认方法对于 1 GHz～18 GHz 的频率范围是有效的，但也可仅用于天线校准所用的部分频段。频率的增量不应超过 0.5 GHz。

注：GB/T 6113.106—2018 推荐利用 TAM，使用两副喇叭天线对 LPDA 天线进行校准。如果天线校准时使用一对 LPDA 天线，那么严格地说，暗室确认时也仅能使用一对 LPDA 天线，因为 LPDA 天线的波瓣较宽，可造成更多的暗室反射。或者，在不确定度评估中可以增加一个分量以考虑较大的暗室反射。

应进行 VNA 的双端口校准，或者应在天线端口使用匹配良好的衰减器。为避免从另外一副天线的中心处看时，能看到天线口面后面的衰减器和电缆，可使用一个弯曲的直角转接器(具有低的回波损耗)。

如果所有的测量都是在 VNA 和电缆均没有变动的一个时间段内进行，那么就没有必要将天线连接电缆相互连接测量 $S_{21\,\mathrm{cable}}$；如果在多个时间段内进行测量，应在每个时间段内测量 $S_{21\,\mathrm{cable}}$，从天线测量结果 $S_{21\,\mathrm{antennas}}$ 中减去 $S_{21\,\mathrm{cable}}$ 得到测量结果。$S_{21\,\mathrm{antennas}}$ 由接收天线沿主轴移动测得。

需要确保电缆的移动尽可能的小，并且检查所有连接器是否都拧紧，因为以上因素所造成的接收信号强度的变化与暗室反射造成的相当。假设最低频率为 1 GHz，天线顶端到顶端的间距的基本变化范围为 2.8 m～3.2 m。移动距离的增量不应超过 $\lambda/8$，在 18 GHz 时这意味着增量为 0.002 m。需要使用一个自动扫描天线架，其暴露部分覆盖合适的吸波材料。随着间距的增加，暴露的地面也需要铺上吸波材料。

5.2.3 结果分析

按照以下步骤，S_{21} 数据转换为各个频率点上的信号电平随距离的变化曲线。当天线之间的距离增加时，假设信号电平与距离成反比下降。尽管喇叭天线的增益随着距离会有一些变化，但是这种变化是小到可以忽略的，特别是对 3 m 的距离。d 表示喇叭天线的前端面与 LPDA 天线顶端之间的距离。

如以下分析步骤[即 a)～d)]所述，应将间距 d 修正到天线相位中心之间的距离。由于天线的精确相位中心是未知的，信号电平与距离的曲线可能斜率过大，使得难以量化所有纹波的峰峰值。通过试验对距离进行修正可以使曲线更平一些。

对于 LPDA 天线，使用式(7)可以对相位中心进行简单修正。DRH 天线并没有这种简单的可预测的相位中心；然而，这种确认程序可给出用于确定相位中心的数据，其描述见 GB/T 6113.106—2018 的 7.5.3.2。

a) 在每个频率，$S_{21\,\mathrm{cable}}$ 仅测量一次，然后在每个间距下测量 $S_{21\,\mathrm{antennas}}$。计算与距离相对应的 SIL，即式(6)中的 $A_{\mathrm{i\,m}}(d)$。如 5.2.2 所述，$S_{21\,\mathrm{cable}}$ 可能没有必要进行测量，因为各个距离的 $A_{\mathrm{i}}(d)$ 在 b)中将相对于 3 m 距离的 $A_{\mathrm{i\,m}}(d)$ 进行归一化。

$$A_{\mathrm{i\,m}}(d) = S_{21\,\mathrm{cable}} - S_{21\,\mathrm{antennas}} + 20\lg(d) \qquad \cdots\cdots(6)$$

b) 假定 a)的数据表格的第一列是频率，后面各列是每个距离下的 $A_{\mathrm{i\,m}}(d)$。将数据表格转置，使得第一列是间距 d，后面各列是每个频率下的 $A_{\mathrm{i\,m}}(d)$。这种格式对于进行与频率相关的相位中心修正更直观，并且是绘制各频率下 $A_{\mathrm{i\,m}}(d)$ 与距离曲线的合适格式。将各行数据相对于中心距离归一化，这里的中心距离为 3 m，即得到 $[A_{\mathrm{i\,m}}(d) - A_{\mathrm{i\,m}}(d_{3\,\mathrm{m}})]$。对于某个给定频率的一列，利用式(7)对相位中心进行距离修正，其中 $d_{1f\mathrm{radome}}$ 表示给定频率时从 LPDA 天线的前端到相位中心的距离。式(7)是用于确定相位中心的简化公式;$d_{1f\mathrm{radome}}$ 的解释见 GB/T 6113.106—2018 的 7.5.2.2。因为得到可测量的纹波并不需要天线的间距非常的精确,所以假定 LPDA 的长度就是其在测量频率范围内的工作长度 d_{LPDA},除非可以得到偶极子振子的实际位置信息。

$$d_{1f\mathrm{radome}}=\frac{f_{\max}^{-1}-f^{-1}}{f_{\max}^{-1}-f_{\min}^{-1}}d_{\mathrm{LPDA}} \qquad \cdots\cdots(7)$$

式中,$f_{\max}$ 和 $f_{\min}$ 是天线的最高和最低工作频率,f 是需要修正的频率。

c) 将所有频率点上 $A_{\mathrm{i\,m}}(d)$ 随距离 d 的变化曲线绘制在同一张图中。如果给定频率的单条曲线的中线不是水平的,这意味着:a)对距离的修正和 b)对 LPDA 天线相位中心的修正不完全。

注 1:根据试验,修正可用于该频率的所有 $A_{\mathrm{i\,m}}(d)$ 值,即在电子表格中的一个频率列。当曲线的中线呈水平时,修正可以提供天线相位中心的有用信息。特别是对于 1 m 左右距离时的确认,修正还可以提供增益随距离变化的有用信息。增加间距的修正表示相位中心位于喇叭前口面的后方。当纹波的峰峰值很小,例如,喇叭天线和 LPDA 天线组成的天线对的峰峰值为 0.2 dB,那么这个过程是不可靠的。当天线之间出现明显的驻波时,例如喇叭天线组成的天线对的情况,该过程则更为可靠。也需指出,Harima 在参考文献[26]中的计算机建模表明 DRH 天线的相位中心会随着频率发生较大的变化。

d) 根据曲线估算每个频率纹波的峰-峰值。如果曲线不是非常的水平,需要通过其中心画一条直线,以该直线为基准测量相邻的最大值和最小值。在测量距离范围内,将相邻的峰峰值之差的最大值与接受准则相比较。图 9 给出了取样频率上的 $A_{\mathrm{i\,m}}(d)$ 随距离的变化曲线示例。图 9 中对 LPDA 相位中心的修正值是变化的,从 1 GHz 的 0.27 m 变化到 18 GHz 的 0.0 m。在所有频率点,对喇叭天线的修正值统一为在喇叭前端面的后方 0.12 m;修正值在 1 GHz 和 2 GHz 时可能会更大。

注 2:图 9 的数据在 2.8 m~3.2 m 范围内的距离增量为 0.02 m,显然,对于在 6 GHz 以上的峰值和零点形成,该增量过大。然而在 1 GHz 时形成了 1.5 个周期,这表明距离范围是足够的。1 GHz 和 2 GHz 的纹波范围最大,部分原因是由于在其规定频率范围的低端 DRH 天线的波瓣较宽。

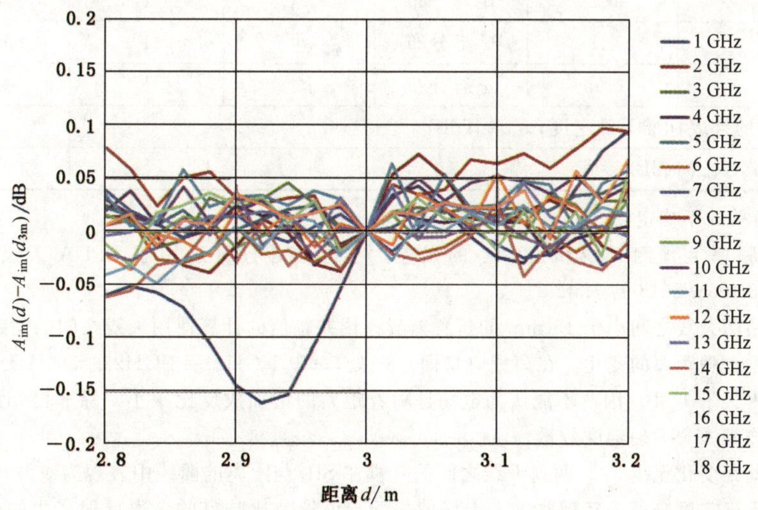

图 9 1 GHz~18 GHz、步长为 1 GHz 的[$A_{\mathrm{i\,m}}(d)-A_{\mathrm{i\,m}}(d_{3\,\mathrm{m}})$]与距离的曲线示例,对 LPDA 天线和喇叭天线的相位中心进行修正

5.2.4 接受准则

静区的"静度"取决于 FAR 的壁面、地面、顶面以及其他反射物的反射电平。由于在低频段吸波材料的反射率通常更高,应对最低频段给予更仔细的检查。

接受准则是由壁面反射导致的在1个周期内的峰峰值(即图9中相邻峰值之间)之差 $A_{\mathrm{im}}(d) \leqslant 0.5$ dB。静区应在所要求的距离条件下达到要求。将所获得的最大的峰峰值之差 $A_{\mathrm{im}}(d)$ 的一半作为场地不理想引入的不确定度分量,计入天线系数的总测量不确定度中。

5.2.5 与极化相关的暗室性能

对于理想的FAR,不管是水平极化还是垂直极化,两种极化匹配天线的测量结果原则上没有差异。但对于非理想的FAR,两者可能有差异。可选的方法是在水平极化时对暗室重新测量,对两种极化下 $A_{\mathrm{im}}(d)$ 随距离 d 的曲线进行比较。两条曲线之间的差异有助于表明改进何处可以降低暗室的反射率。

5.2.6 不确定度

表9给出了不确定度评估示例。不确定度与纹波的峰峰值有关。对于利用暗室校准的天线,将纹波峰峰值的一半作为天线系数的不确定度分量。纹波假定天线增益不变且天线间不存在互耦,因此这些是不确定度评估的基本分量。测量接收机的稳定性包含在重复性分量中。

表9 1 GHz及以上FAR确认方法的测量不确定度评估示例

不确定度源或影响量 X_i	值 dB	概率分布	包含因子	灵敏系数	u_i dB	备注[a]
测量接收机的线性	0.1	矩形分布	$\sqrt{3}$	1	0.06	1)
相位中心修正的不确定度	0.1	矩形分布	$\sqrt{3}$	1	0.06	2)
3 m天线间距时15 mm的距离误差	0.05	矩形分布	$\sqrt{3}$	1	0.03	3)
3 m天线间距时增益随距离的变化	0.1	矩形分布	$\sqrt{3}$	1	0.06	4)
天线互耦	0.2	矩形分布	$\sqrt{3}$	1	0.12	5)
失配	0.1	U形分布	$\sqrt{2}$	1	0.06	6)
重复性	0.05	正态分布	2	1	0.03	7)
1 GHz以上暗室确认的合成标准不确定度,$u_{\mathrm{Site\ Val}}$(dB)					0.16	
扩展不确定度($k=2$),$U_{\mathrm{Site\ Val}}$(dB)					0.33	

注1:与VNA有关的不确定度。

注2:在给定的频率上预测天线相位中心的误差。相位中心分量适用于LPDA天线和复合天线;详见GB/T 6113.106—2018的7.5.2.2。

注3:该误差评估两天线之间小于15 mm的位置差异。误差幅值的计算使用天线之间的间距。

注4:喇叭天线增益随距离的变化。在离喇叭口面1 m处,对于1 GHz~18 GHz的DRH天线,天线增益的变化可减小到不大于1 dB。因此不能认为电场是随着距离的增加成反比减小。除非已知所有距离的增益,否则其需要作为一个不确定度分量。

注5:对于天线间距变化至少 $\lambda/2$,两副天线之间的互耦在SIL与距离的曲线中表现为纹波。该纹波的幅值需要作为一个不确定度分量。互耦取决于天线的失配。该纹波比暗室的多次反射产生的纹波要大,但场地确认时是后者与接受准则相比较。

注6:考虑的是发射天线、接收天线和电缆之间失配引入的不确定度。对于发射侧和接收侧,不确定度计算时包括的是两者中的最大分量。

注7:重复性分量包括试验布置误差(例如天线高度、天线距离和天线定位),也包括连接器的重复性和电缆的移动。需要进行10次校准以获得可靠的数值,包括拆除后重新布置。

[a] 各项的编号对应下面的注释编号。附加不确定度分量的描述见GB/T 6113.106—2018的附录E。

5.3 天线校准用FAR确认的替代方法

5.3.1 概述

5.2.2 给出了 1 GHz 以上 FAR 的确认方法，5.3.2 给出用于 30 MHz～1 GHz 天线校准的 FAR 的确认方法。如 GB/T 6113.106—2018 的 6.1.2 所述，这也有助于确定复合天线的过渡频率。5.3.3 给出了一种替代方法(即代替 5.2.2 中给出的方法)，用于 1 GHz 以上校准 LPDA 天线的 FAR 的确认。最后，5.3.4 给出了 500 MHz 以上 FAR 确认的时域测量。

5.3.2 30 MHz～1 GHz 频率范围内 FAR 的确认

本条包括了使用 SAM 校准以下天线时所用 FAR 的确认方法：

a) 30 MHz～300 MHz 的双锥天线和复合天线，如 GB/T 6113.106—2018 的 9.2 所述。

b) 60 MHz～1 000 MHz 的偶极子天线。

b)中最低频率为 60 MHz 的原因是其对应的偶极子长度为 2.4 m，可以放入大多数的 FAR 中，这能减少需要在 CALTS 中校准的较低频率点的数量。

对于 30 MHz～1 GHz 的频率范围，FAR 中可以得到相当均匀的场，场均匀性按照 GB/T 6113.104—2016 中 FAR 的确认程序进行测量，即采用小型双锥天线，场地 NSA 能够符合±2.5 dB 的准则(见注 2 和注 3)。确认测量的空间是一个刚好包围 AUC(例如复合天线的最大振子)的圆柱体，接收天线与测量空间中心的距离为 X m，X 是 GB/T 6113.106—2018 中 9.2.2 给出的用于天线校准布置的间距。通常场均匀性的最小变化可在暗室中心天线之间的轴线上获得。

天线距 FAR 的壁面、地面和顶面的距离取决于天线 E 面和 H 面(见 GB/T 6113.106—2018 中 3.1.1.16 和 3.1.1.17 的定义)的方向性。天线末端与吸波材料前端之间的最小距离应为 1 m。

场地 NSA 符合±2.5 dB 的接受准则，能使复合天线的天线系数的测量不确定度减小至±1.2 dB。可以采用 7.1 的比较方法进行 FAR 适用性的评估，以得到较小的测量不确定度。

注 1：NSA 是 SA 减去两副天线的 AF。

注 2：±2.5 dB 的 NSA 准则是放宽值，更理想的值是±2 dB。当其他实验室的数据证明该值合理时将恢复到±2 dB。

注 3：吸波材料反射性能的准则见 GB/T 6113.106—2018 的 E.2 中的 N20)。

5.3.3 1 GHz 以上 LPDA 天线校准用 FAR 确认的替代方法

在 1 GHz 以上，利用 GB/T 6113.104—2016 中的 S_{VSWR} 方法、采用 3 m 的天线间距和 $S_{\mathrm{VSWR,dB}} \leqslant$ 2 dB的接受准则确认的 FAR，能得到足够均匀的场。因为在 1 GHz 以上 AUC 有效区域的尺寸小，只需确认单个位置。对于天线校准，假定其间距小于 3 m，例如，LPDA 天线和复合天线 LPDA 部分的中心相距 2.5 m，如图 10 所示(见 6.1.1)。

该确认场地适用于使用 TAM 或 SAM 对 LPDA 天线和复合天线进行校准，场地确认时，这些天线用作接收天线。

5.3.4 500 MHz 以上采用时域测量确认 FAR 的替代方法

对于 500 MHz 以上，可以使用 VNA 的时域选件确认 FAR。时域选件可以将两个天线之间的直接路径传播和多路径反射进行比较。能识别和确定反射源，例如天线架、铺设吸波材料的壁面或者 FAR 的不理想。可由直射波的电平相对于多路径反射的 RSS 得到测量不确定度。

因为 AUC 有效区域的尺寸小，只需确认单个位置。对于天线校准，假定其间距小于 3 m，例如，天线中心相距 2.5 m，如图 10 所示(见 6.1.1)。

所有常见类型的天线，如双锥天线、LPDA 天线、标准增益喇叭天线或 DRH 天线都可以采用这种确认方法。对于不同类型天线的组合，例如 DRH 天线和 LPDA 天线或者 LPDA 天线和双锥天线，应在 FAR 中单独确认。这是因为对于不同类型天线的组合，对反射的灵敏度因天线辐射方向图的不同而不同。

6 用于校准定向天线的场地确认方法

6.1 高度≥4 m 时将地面反射减到最小的校准场地确认

6.1.1 测量程序

本条给出了室外场地的确认程序，用于按照 GB/T 6113.106—2018 的 9.4 校准 200 MHz～18 GHz 的 EMC 测量用 LPDA 天线、复合天线和喇叭天线。该场地不要求接地平面，但应遵循适用于 CALTS 的原则，即无障碍物产生的反射；该场地也不需要像 CALTS 那么大的尺寸。

如果场地没有反射系数稳定的接地平面或表面，那么应在每次使用该场地校准天线之前执行本确认程序，当确定了最坏的反射情况，由此可得到最低的天线高度。地面的反射系数会由于地面的湿度和植被的变化而变化，所有附近树木的反射也会变化。

除了地面反射率，地面反射可忽略时所需的天线高度还取决于天线对的间距和方向性，以及天线是水平极化还是垂直极化。优先采用垂直极化，如图 10 所示，因为 E 面方向图比 H 面方向图更具有方向性，这样指向地面的信号会更少。对于一个特定的不确定度目标，所需天线高度的确定方式为：从低的高度（例如 2 m）开始，然后逐渐升高天线对，步长最大为 $\lambda/8$，同时监测 SIL。

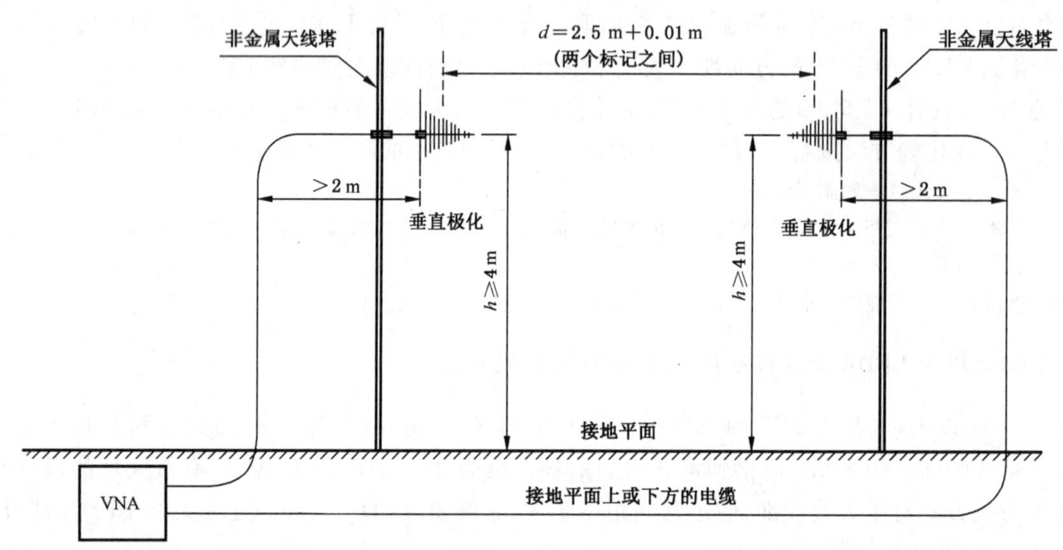

图 10 200 MHz 以上校准 LPDA 天线的天线布置示例

这样做的目的是为了在足够高度范围内，使得 SIL 能够产生清晰的正弦纹波，如图 11 给出的曲线示例，从曲线上可找到幅度的峰峰值。例如在 1875 MHz 以上，在最小高度范围 0.2 m 内，可以使用 0.02 m步长。纹波主要为地面反射信号同相或反相叠加在天线间的直射信号上而产生的；然而环境（例如建筑物和树木）产生的反射的影响也会叠加在曲线上。场地的允差是纹波的峰峰值小于 0.2 dB。位置上满足此条件的天线对的高度和间距构成了校准场地。如图 11 所示超过 5 m 高度时 SIL 的变化小于 0.2 dB。

然而，高大建筑物产生的反射在不同的天线高度都会产生固定的反射，因此使用这种方法可能无法显现出这种反射。最坏的情况是在发射天线的视轴方向上存在一个反射面。如图 12 所示一副喇叭天线向一副全向天线进行发射。为了使得这种反射对不确定度的贡献小于 0.2 dB,发射信号 A 到全向天线所经过的距离与反射信号 B 到达建筑物,再从建筑物反射回全向天线所经过的距离之差应大于 42 m。换句话说,即在图 12 的视轴方向上,理想情况下,反射建筑物距喇叭天线应大于 42 m。如果接收天线在背向有零点,那么可以允许天线到建筑物的距离更近。对于平行于视轴方向的物体,例如建筑物和金属栅栏,需要进行类似的分析,并考虑天线的辐射方向图。

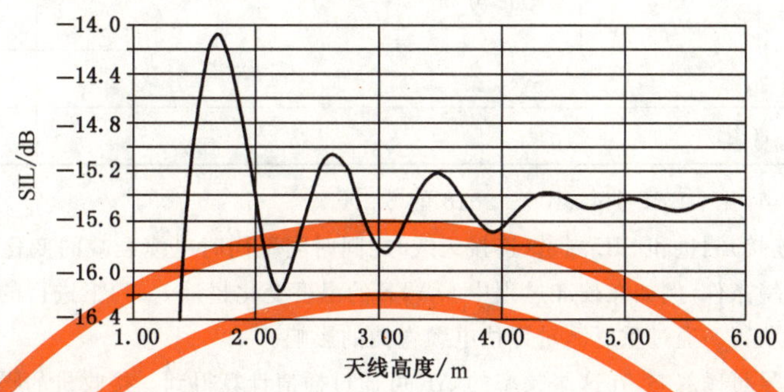

图 11 SIL 随天线高度变化的曲线示例(在 OATS 的反射接地平面上、使用两副 LPDA 天线采用垂直极化、天线中点间距 2.5 m 时在 200 MHz 测量得到)

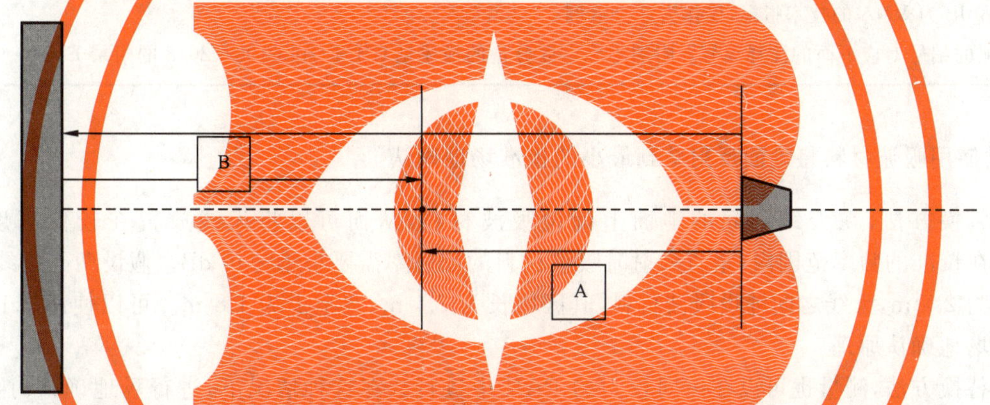

图 12 发射喇叭天线到全向接收天线和反射建筑物的距离以及发射信号路径 A 和路径 B

6.1.2 不确定度

被测量为天线高度扫描时接收信号的变化。表 10 给出了不确定度评估的示例。

表 10 6.1.1 中场地确认方法的测量不确定度评估示例

不确定度源或影响量 X_i	值 dB	概率分布	包含因子	灵敏系数	u_i[a] dB	备注[c]
测量接收机的噪声	0.02	矩形分布	$\sqrt{3}$	1	0.012	1)
满足准则要求的天线高度的复现性	0.1	正态分布	1	1	0.1	
由温度或电缆弯曲引起的电缆衰减变化	0.15	矩形分布	$\sqrt{3}$	1	0.087	2)
环境射频干扰,假设环境信号与接收机噪声的比值至少为 20 dB	0.086	矩形分布	$\sqrt{3}$	1	0.050	3)

表 10（续）

不确定度源或影响量 X_i	值 dB	概率分布	包含因子	灵敏系数	u_i[a] dB	备注[c]
低电平信号的线性误差，典型值＜−70 dB m[b]	0.08	矩形分布	$\sqrt{3}$	1	0.046	4)
合成标准不确定度，u_c					0.15	
扩展不确定度（$k=2$），$U_{\text{Site Val}}$（dB）					0.30	

注 1：对于接收机的噪声，见 GB/T 6113.106—2018 的 6.2.4。

注 2：参考衰减（直接连接）测量和 SIL 测量（连接天线）之间时间不同时电缆衰减的变化。这一项通常是假设校准不是在极端环境条件（例如在校准过程中 OATS 的温度变化超过 5 ℃）下进行的。电缆的最小弯曲半径可从电缆制造商获得。通过重复测量评估电缆弯曲的影响。

注 3：假设窄带环境信号可以忽略，在这些频率的 AF 可通过插值计算得到。接收机的噪声见 1）。

注 4：对于接收机的线性，见 GB/T 6113.106—2018 的 6.2.3。

[a] 鉴于模型的相加性，对于所有分量，灵敏系数（即 c_i）都假设为 1。假设频率准确度≤10×10^{-6}。

[b] 0.08 dB 为 VNA 的技术指标，仅作为一个示例。

[c] 各项的编号对应下面的注释编号。附加不确定度分量的描述见 GB/T 6113.106—2018 的附录 E。

6.2 通过使用吸波材料将地面反射减到最小的校准场地确认

作为替换方法，在天线之间的地面上铺设吸波材料，从而可以将天线放置在较低高度（例如 2.5 m）。在校准的频率范围内，垂直入射时吸波材料的反射率需要小于−40 dB。假设两副天线中心之间的距离为 2.5 m，天线之间铺设吸波材料，其区域长为 2.4 m、宽至少为 1.8 m。可以使用 6.1 中所述的相同的场地确认原理。

作为替换方法，测量也可以在一间较大的 FAR 中进行。在这种情况下，进行场地确认时，需要监测两个方向上的 SIL 变化：a）使用天线高度变化，直到该高度符合 SIL 变化的最小值（与 6.1.1 中的确认方法相似），和 b）使用两副天线的水平位置变化，直到符合 SIL 变化的最小值。与 5.2 类似，FAR 的壁面、地面和天花板与天线之间距离的要求也取决于天线水平极化和垂直极化时的方向性。为了确保两端壁面吸波材料的吸波效果，需要沿着天线间的轴线方向进行平移测量 SIL。

7 通过天线系数比较进行场地确认以及应用 RSM 评估 SAC 的不确定度贡献

7.1 使用 SAM 通过天线系数比较进行场地确认

本条描述了确认特定校准场地的条件，即对该校准场地上测得的 AF 与使用一种独立方法确认的场地上测得的 AF 进行比较。通过这种方式确认的场地适合用于采用 SAM 的天线校准（同时见 GB/T 6113.106—2018 的 A.9.4）。这项技术可确保以低成本的方式获得一个校准场地，因为该场地仅需提供能足够校准一种特定类型天线的电磁场环境。换句话说，该场地并不需要满足第 4 章、第 5 章和第 6 章中接受准则规定的过高要求。作为独立的确认场地的可替代方法，5.3 的方法不适用。

此项技术对试验许多同一模型天线的制造商来说尤其适用。然而，针对要校准的每种模型的天线需对该场地进行验证。可以允许天线机械尺寸的微小变化；进一步的指南详见 GB/T 6113.106—2018 的 8.3.3。由于是通过一组特定的天线对进行高度扫描确认场地，因此本部分第 6 章的原理与 GB/T 6113.106—2018 的 9.4 相类似。

作为一个示例，如果校准实验室拥有 CALTS，但另外想要在室内做一些校准，这项通过比较进行场地确认的技术是有用的。在 FAR 内实测的 F_a 可以与在 CALTS 上实测的 F_a 相比较。如果该实验室没有 CALTS，那么其可以从另一个校准实验室得到参考 F_a，前提是该校准实验室的测量结果具有较低的不确定度。

该项技术的另一个优点是校准方法可以被调整，这取决于 F_a 与参考 F_a 的一致程度有多好。例如，在 GB/T 6113.106—2018 的 9.2.2 中，双锥天线采用 SAM 校准，使用的天线间隔大于等于 4 m。通过这种比较技术使用实验的方法发现天线间距减小到不足 10 m 是可以接受的，其好处是可以使用较小的 FAR。

这项技术对已确认过的校准场地的频率范围的扩展非常有用。一个示例是对已确认的校准 1 GHz 以上喇叭天线的 FAR，需要校准频率低至 900 MHz 的喇叭天线。不用在频率低至 900 MHz 处重复该确认方法，一种替代方法是获得喇叭天线的参考 F_a，然后看 FAR 中实测的 F_a 与参考 F_a 的一致程度如何。

在足够大的空间内可以获得合适的室内自由空间环境，在该空间内天线的末端要距任何装有吸波材料的表面至少 1 m。AUC 和配对天线间距至少应为 1λ，但由于双锥天线在 50 MHz 以下是电小尺寸，因此发现其在频率低至 30 MHz 时 5 m 的间距仍能有效地使用。由于天线越是靠近，得到的 AF 对天线的位置就越是敏感，因此需要较大的间距。另外，当选择最小的房间尺寸时，房间内装的吸收体就越少，由此得到的 AF 对天线的位置以及它们与金属表面的互耦就越敏感。对于 1 GHz 以下频率，当 STA 与 AUC 是相同的天线模型，并且被放置在 AUC 的相同位置，在笛卡尔坐标的全部三个轴中位置允差优于±5 mm 时，可获得最佳的结果。

用算术方法将它们(即参考 F_a 和实测 F_a)之间的差值加到参考 F_a 的不确定度中，再与这种测量过程复现性引入的不确定度相加后得到实测 F_a 的不确定度。通过给定类型天线的重复比较测量，然后使用这些结果的标准偏差，可以减小这个增加的不确定度(即测量过程复现性引入的不确定度)。

对于给定模型的天线，这种确认场地的方法严格依赖于获得相同的天线系数(即在期望的允差内)。对于后续的使用相同模型天线的 SAM 校准，它依赖于场地不变，但如本条第二段中所述的，允许天线尺寸的微小变化。如有任何变化，包含诸如天线、天线塔和电缆等所有部分组成的布局，应重复最初的场地确认。

这种确认场地的方法不适用于性能不理想的天线，例如，巴伦平衡性不好，这将影响校准中以及校准之间的一副天线的性能。对于指定要符合常规确认方法的场地而言，这种确认过程可能更严格。这种场地确认方法对于需要校准许多相同模型天线的操作者是很适合的。

7.2 应用 RSM 评估包含 SAC 在内的校准场地的测量不确定度贡献

7.1 中考虑了采用 SAM 通过比较 AF 的场地确认方法。场地确认也可通过以下方式实现：将在 CALTS 上使用 TAM 或 SSM 实测的 AF 与需要确认的校准场地上实测的 AF 相比较；这可以在水平极化采用 RSM 实现。本条描述了通过使用 GB/T 6113.104—2016 中所述的 RSM 基本程序确认包括 SAC 在内的校准场地的条件。使用这种方法确认过的校准场地产生的测量不确定度贡献通常要大于 CALTS 的测量不确定度贡献。

使用这种方法确认过的场地适合用于采用 SSM(见 GB/T 6113.106—2018)的天线校准。这种确认技术能够确保节约相当多的成本以获得 SAC 中的校准场地，由于该场地校准一种特定的天线类型，只需要使用有限尺寸的宽带天线进行场地确认；该场地并不需要满足第 4 章、第 5 章和第 6 章中接受准则规定的过高要求。

注：10 m SAC 用作校准场地时，测得的 AF 的不确定度约 1.5 dB。

如果一个校准实验室没有 CALTS 但想要在 SAC 中做校准，通过利用传输函数(这种情况下是使用 A_{APR}，见 GB/T 6113.104—2016 的第 5 章)进行场地确认的技术是有益的。该校准实验室可以从另一家校准实验室(其能提供具有较小测量不确定度的结果,例如国家测量研究院)得到参考 A_{APR}。

本确认程序适用于水平极化,使用的常用天线为双锥天线、LPDA 天线或复合天线。当天线辐射方向图特性明显不同时,应针对典型的天线特性执行确认程序。作为一个示例,辐射方向图中较强的方向性或不同的前后比将以不同的方式影响与例如墙、天线塔或电缆的相互作用。

由于 SAC 自身的尺寸、几何结构和所贴的吸波材料,通常 SAC 具有有限的尺寸和独特的特性。因此,小的 SAC 不适合作为校准调谐偶极子天线的 CALTS。无论如何,定性和定量 SAC 的一种合理方式是使用应用传输函数(也就是将天线对作为一个传输标准)的 RSM,该传输函数已经在具有较小相关测量不确定度的 CALTS/REFTS 上进行了校准。

此程序应在 SAC 合适的测量轴线上进行,其基本上是由天线对测量组成,两副天线相距 10 m,一副天线架设在 2 m 高度,另一副天线在 1 m～4 m 范围内进行高度扫描。此处,"合适"意味着该轴线上的场地衰减与理想 OATS 的场地衰减的偏离尽可能地小。可以利用 SAC 已有的 NSA 测量值实验性地确定合适的测量轴线。通过利用在 CALTS 或 REFTS 上校准过的 A_{APR},可对 SAC 中测得的 A_S 与理论的 $A_{S\,ref}$(参见 GB/T 6113.104—2016 的 5.4)进行比较。

由于常用天线类型的不同机械尺寸,仅在单一测量轴线上固定的天线位置处进行确认并不总是很充分。如果 AUC 比最初确认测量时使用的天线大,那么应使用一个或更多的追加测量确认 AUC 的相应空间。由于寻找一条合适的测量轴线相当复杂,在进行任何天线校准之前的主要确认过程期间,需要对最常见的天线尺寸相对应的空间进行评估。超出确认空间的天线校准是无效的。

采用已经在 CALTS/REFTS 上校准过的传输函数 A_{APR},应在后续天线校准的总测量不确定度中考虑实测 A_S和 $A_{S\,ref}$之间产生的差值。如果使用多次确认测量证明一个较大的试验空间有效,那么所有确认测量的最大不确定度应包含在总测量不确定度中。

确认结果的不确定度评估与 CALTS 的评估非常相似,因为确认期间所做的测量和对正都是基于相似的试验设备和要求(见表 2 和表 11)。由于所用的是传输函数(即 A_{APR})而不是可计算偶极子,对于场地确认结果要考虑一个附加的不确定度贡献。对于由校准场地得到的 AF 结果,这个传输函数的测量不确定度应包含在 AF 结果的总测量不确定度中。

表 11 d=10 m 时场地确认布置的最大允差

参 数	最大允差	条款号
d	±0.04 m	4.4.2.3
h_t	±0.01 m	4.4.2.4
h_r	±0.01 m	4.4.2.5
f	±0.001f	4.4.2.2

附 录 A
（资料性附录）
CALTS 的特性和确认

A.1 概述

本部分中的规范性要求意味着一般情况下 CALTS 可以被认为是一种特殊类型的 OATS。然而，规范性要求并不要求 CALTS 总是 OATS。因此，CALTS 可能具有气候保护罩，也可能位于一大块的岩盐地上等等，只要满足所有的规范性要求即可。CALTS 在不使用地面反射的情况下也是有用的，因为 CALTS 的确认中包含了使周围物体的反射最小。此外，接地平面提供了一个有助于天线对准的刚性平坦表面。A.2 和 A.3 中给出的需要考虑的信息同样适用于 REFTS。其他试验场地的详细信息见 GB/T 6113.104—2016 的第 5 章，而其他附加的信息在本附录中给出。

A.2 反射平面

A.2.1 反射平面的结构

反射(接地)平面的材料可以是整张金属板，也可以是金属丝网。金属板或金属丝网最好在接缝处连续焊接，或沿接缝以相隔距离小于 $\lambda_{min}/10$ 进行焊接，其中 λ_{min} 为与所考虑的最高频率相关的波长。如果选择金属丝网，那么需要注意交叉的金属丝相互之间良好的导电性接触。网眼的宽度需要小于 $\lambda_{min}/18$，此时入射波与法线之间的夹角为 79°，水平极化和垂直极化对 SA 的不确定度贡献均小于 0.1 dB；这里 79°夹角代表了天线在 1 m 高度、距离 10 m 时的情况。对于水平极化，此误差则小很多[27]。

材料的厚度取决于机械强度和稳定性要求。导电性等于或优于铁的导电性就足够高了。反射平面的形状不重要，只要不是非涅尔区的椭圆形即可(见 A.2.2)。平坦度和粗糙度[8] ⩽±10 mm，即在 1 000 MHz时⩽±λ/30，通常就足够了。反射平面上的任何保护层都可能改变反射波的相位[9]，正如 3.1.2.6 的注 2 所述，保护层导致的相位变化 ϕ 不宜超过±3°。例如一层很薄的白色环氧树脂涂料已被证明并不影响接地平面的射频反射性能，在这里白色能够最大限度地减小接地平面的热膨胀。

反射平面的水平尺寸需要足够大，以使得有限大的反射平面对随后的天线校准有关的不确定度的影响足够小。遗憾的是还没有理论模型将最小的反射平面水平尺寸与规定的天线校准的最大不确定度相联系。一个准则是第一菲涅耳区需要包含在反射面平内(参见参考文献[6]、[7]和[8])；这就要求反射平面的最小尺寸为 20 m(长)×15 m(宽)。然而对于 20 m×15 m 的反射平面，在最低频率 30 MHz，天线间距 10 m 的情况下，天线距接地平面的边缘只有 λ/2(这里 λ 为波长)，30 MHz 的偶极子天线的末端距接地平面的边缘只有 λ/4。需保证天线中心距接地平面边缘的最小距离为 λ，这样反射平面的最小尺寸为 30 m×20 m。

如果接地平面较小，那么它在水平极化和垂直极化都要符合场地接受准则。垂直极化天线与接地平面的耦合要弱于水平极化天线，因此在垂直极化时校准天线所需接地平面较小。此外，对于没有利用接地平面反射的情况，如在大于 4 m 的高度校准 LPDA 天线，则天线下面的地面不需要符合最小接地平面尺寸的要求。建模中的部分困难来自于如何设置接地平面的边界。在接地平面四周连接金属丝网，并将其逐渐变细埋入到周围的潮湿土壤里能够改善性能，但是土壤的导电性取决于它的湿度，这种做法并不能保证对性能有改善。

A.2.2 反射平面的边缘效应和反射平面的周围环境

当限制反射平面的大小时，该反射平面的边缘自动变换（不连续）到具有不同反射特性的媒质中，因此，电磁波有可能在该边缘发生散射并导致对测量结果产生不希望的影响。垂直极化测量结果中边缘散射通常比较明显，而在水平极化测量结果中边缘散射可以忽略[12]。

在其他情况中，散射强度取决于反射平面是位于与周围土壤（湿土或干土也会引入差异[10]）相同的平面内，还是进行了抬高，如位于屋顶。研究结果可在参考文献[11]中找到，该文献还举例说明了反射平面的形状不能是第一菲涅尔区的椭圆形；因为在这种情况下，边缘散射引入的不确定度会增加。

反射平面的边缘与周围的土壤可以多点接地，如果土壤具有良好导电性，例如当土壤潮湿时，那么其对金属反射平面形成了好的扩展[12]。

如果潜在的反射障碍物位于距反射平面边界 30 m 之内，那么需要验证这些障碍物的影响是否可忽略不计。这种验证可以通过使用固定长度的可计算偶极子天线进行扫频测量来完成，例如按照表 A.1 所示的设置，其中 f_r 为偶极子的谐振频率，B_s 为推荐的带宽。

在没有异常的情况下，响应曲线是平滑的。在有异常情况存在时，窄带谐振将叠加在响应曲线上。通过这些谐振能识别出障碍物的反射更糟时所在的精确频点。通过将大的金属板放置在障碍物的前面以放大障碍物的谐振效应，放置的角度要能产生最大影响，这样就能在这些频点上确认可疑障碍物的位置。

表 A.1 固定长度的可计算偶极子天线及其在 30 MHz～1 000 MHz 中的子频率范围示例

f_r MHz	B_s MHz
60	30～100
180	100～300
400	300～600
700	600～1 000

A.3 辅助设备

如果 CALTS 也用作 COMTS，那么宜注意以下因素不会影响测量结果：天线塔的材料、适配器、绳索、天线塔和绳索湿度、电缆的走向、连接器、可能还有转台。在这种情况下，利用 A.2 提到的扫频测量方法能揭示出潜在的问题。

天线支撑物和电缆产生的反射可能会使天线校准场地无法符合接受准则。因为反射源未知，所以首先要排除天线支撑物产生的明显反射。天线支撑物的影响可以通过使用轻量化的天线塔进行减缓，例如薄壁玻璃纤维管，并尽量减小金属部件，只使用必需的短螺钉。或者，还可以使用聚苯乙烯泡沫块，尤其对于 500 MHz 以上的频率，此时天线的 H 面方向图是均匀的，例如偶极子天线。

由于天线塔的主体是垂直的，电缆也是垂直下落的，因此天线垂直极化测量时的反射很可能会更大。GB/T 6113.106—2018 的 A.2.3 给出了确定天线塔和电缆反射大小的程序。

A.4 CALTS 附加的严格确认试验

A.4.1 概述

4.4.1 介绍了通过寻找 SIL 的最小值（即信号的最大值）进行场地确认的方法，4.4.4 描述了这种场地确认方法。一种更加严格的试验是测量 SIL 的最大值(即信号的最小值或零点)(也可见 4.2.2 的注 1)。这是一种很重要的方法,用于确认测得的 SIL 和理论 SIL 之间的差值,该差值要比接受准则小很多,由此得到的校准场地性能的不确定度更小。测量程序涉及从接地平面上的两副水平极化偶极子天线之间耦合产生的信号响应中确定零点(见 3.1.3.2)。还需要注意减小天线塔和电缆产生的反射(见 A.3)。

有两种可选方法能够得到 SIL 的最大值。第一种方法在 A.4.2 中描述,包括用一副试验天线进行高度扫描以寻找最大的 SIL,然后比较 SIL 最大值对应的实测天线高度和计算的天线高度。第二种方法在 A.4.3 中描述,包括固定天线高度并扫描频率以寻找最大的 SIL,然后比较 SIL 最大值对应的实测频率和计算的频率。

测得的天线高度或频率与计算的天线高度或频率的理论值(分别见 A.4.2.3 和 A.4.3.3)之间的偏差需位于一定的范围之内。除了各种测量中引入的不确定度外,该范围也考虑了测量布置的允差。推荐的频率只是示例;该原理可用于任意频率。

A.4.2 天线高度扫描测量

A.4.2.1 概述

当选择进行接收天线高度扫描测量时,需要在三个指定的频率 f_s 使用相应的偶极子天线。本条描述了三个频点的天线高度扫描测量,用以确定测得的 SIL 曲线中呈现的最大尖峰(也称为信号零点)所对应的接收天线高度 $h_{r,max}$。

A.4.2.2 测量方法

A.4.2.2.1 使用 4.4.2 中描述的试验布置,发射天线处于水平极化并放置在 2 m 高度,距离接收天线 10 m。接收天线中心位于反射平面上方,需能够在 1.0 m$\leqslant h_r \leqslant$4.0 m 的范围内进行扫描。

A.4.2.2.2 在三个频率 f_s(即 300 MHz、600 MHz 和 900 MHz),将接收天线从高度 h_r=1.0 m 升高到 SIL 曲线出现第一个尖峰时的高度 $h_{r,max}(f_s)$。

注:并不关注接收机读数的实际最小值;该读数只是作为找到 $h_{r,max}(f_s)$ 的指示器。

A.4.2.2.3 测量高度 $h_{r,max}(f_s)$,并记录相关的测量不确定度 $\Delta h_{r,max}(f_s)$。

A.4.2.3 接受准则

应用本条时,也可参考 4.5.3 和图 7。如果在三个频率 f_s(即 300 MHz、600 MHz 和 900 MHz)都能满足式(A.1),那么 CALTS 的 SIL 最大值可以满足接收天线高度准则:

$$|h_{rc} - h_{r,max}| < T_{hr} - \Delta h_{rm} \qquad \text{(A.1)}$$

式中:

h_{rc} ——接收天线出现零点时的理论高度,单位为米(m);

$h_{r,max}$ ——接收天线高度的测量值,单位为米(m);

Δh_{rm} ——接收天线高度的测量不确定度(k=2),单位为米(m),如 A.4.2.4 中导出的;

T_{hr} ——$h_{r,max}$的允差。

对于 h_{rc},如果偶极子天线是可计算的,可按照附录 C 所述计算 SIL,计算中需要使用 4.3.2 g)中试验天线的参数,并使用实际的几何参数 L_a、d、h_t和实际频率 f_s。

如果在要求使用 CALTS 的天线校准标准中没有另外声明,那么允差 T_{hr}=0.025 m。

A.4.2.4 测量不确定度

A.4.2.3 中定义的测量的接收天线高度 $h_{r,max}$的不确定度 Δh_{rm}由式(A.2)给出:

$$\Delta h_{rm} = \sqrt{(\Delta h_{r,max})^2 + (\Delta h_{rt})^2} \qquad \text{(A.2)}$$

式中：

$\Delta h_{r,max}$——其定义见 A.4.2.2；

Δh_{rt} ——考虑 $h_{r,max}$ 对参数允差(最大值见表 2)的灵敏度。

Δh_{rt} 可以使用 C.1.4.4 中给出的模型进行计算。

如果这些参数的允差都符合表 2 中给出的参数允差，那么在这三个指定的频率可使用 $\Delta h_{rt}(k=2)=0.025$ m。在这种情况下，不需要计算 Δh_{rt}，也不需要在 CALTS 的确认报告中给出计算结果。

注：C.1.4.4 给出了 $\Delta h_{rt}(k=2)=0.025$ m 的原理。

A.4.3 频率扫描测量

A.4.3.1 概述

当选择进行频率扫描测量时，保持天线对在固定的高度并在三个不同的频率范围内进行频率扫描。本条描述了在三个扫频段进行测量，以便确定信号零点(见 3.1.3.2 中的定义)所对应的 f_{max}。

A.4.3.2 测量方法

A.4.3.2.1 使用 4.4.2 中描述的试验布置，发射天线处于水平极化、放置在 2 m 高度，距离接收天线 10 m。

A.4.3.2.2 按照表 A.2 中的中心频率 f_s 分别进行三次扫频测量，接收天线高度为 h_{rs}。

A.4.3.2.3 从 f_s 以下足够低的频率开始扫描，例如比 f_s 低 100MHz，直到 SIL 曲线中的尖峰(即接收机的读数为最小值)所对应的 $f_{max}(h_{rs})$。

注：并不关注接收机读数的实际最小值；该读数只是作为找到 $f_{max}(h_{rs})$ 的指示器。

表 A.2 接收天线高度和中心频率

h_{rs} m	f_s MHz
2.65	300
1.30	600
1.70	700

A.4.3.2.4 记录频率 $f_{max}(h_{rs})$，同时记录相关的测量不确定度 $\Delta f_{max}(h_{rs})$。

A.4.3.3 允差

应用本条时，也可参考 4.5.3 和图 7。如果在接收天线高度 h_{rs} 能满足式(A.3)，那么 CALTS 满足 SIL 最大值的频率准则：

$$|f_c - f_{max}| < T_f - \Delta f_m \qquad \text{(A.3)}$$

式中：

f_c ——理论频率，单位为兆赫兹(MHz)，在此频率出现零点；

f_{max} ——测量频率，单位为兆赫兹(MHz)；

Δf_m——频率的测量不确定度($k=2$)，单位为兆赫兹(MHz)，如 A.4.3.4 中导出的；

T_f ——f_{max} 的允差。

对于 f_c，如果偶极子天线是可计算的，一种选择是按照附录 C 所述计算 SIL，计算中需要使用 4.3.2 g)中试验天线的数据，并使用实际的几何参数 L_a、d、h_t 和 h_{rs}。

如果在要求使用 CALTS 的天线校准标准中没有另外声明，那么允差 $T_f=0.015f_c$。

A.4.3.4　测量不确定度

A.4.3.3 中定义的测量的频率 f_{max} 的测量不确定度 Δf_m 由式(A.4)给出：

$$\Delta f_m = \sqrt{(\Delta f_{max})^2 + (\Delta f_t)^2} \qquad \text{(A.4)}$$

式中：

Δf_{max}——其定义见 A.4.3.2；

Δf_t ——单位为兆赫兹(MHz)，考虑 f_{max} 对参数允差(最大值见表 2)的灵敏度。

Δf_t 可以使用 C.1.4.5 中给出的模型进行计算。

如果这些参数的允差都符合表 2 中给出的参数允差，那么在这三个指定的接收天线高度，可使用 $\Delta f_t(k=2)/f_c=0.015$(无量纲)。在这种情况下，不需要计算 Δf_t，也不需要在 CALTS 的确认报告中给出计算结果。

注：C.1.4.5 给出了 $\Delta f_t(k=2)/f_c=0.015$ 的原理。

附 录 B
（资料性附录）
试验天线的考虑

B.1 概述

B.2 给出了试验天线的示例，B.3 讨论了 4.3.2 f)所提到的通过 S 参数测量和/或从插入损耗测量确定巴伦的特性，与 B.3 内容有关的其他描述见 C.2。

B.2 试验天线的验证和示例

一个基于参考文献[12]和[14]的试验天线的示例如图 B.1 所示。天线的巴伦由以下几部分构成并具有下列特性：

a) 180°的 3 dB 混合耦合器，该耦合器的求和端口(Σ)总是端接特性负载阻抗(假设为 50 Ω)，差分端口(Δ)为试验天线的输入/输出口。

b) 半刚性同轴电缆，其通过高质量的连接器与混合耦合器的平衡端口 A 和 B 相连，如 SMA 连接器。电缆的长度约为 0.8 m 或更长，其中该长度也是让线天线远离天线塔和耦合器产生的反射。

c) 3 dB 衰减器(M)，连接于半刚性电缆输出端，用于阻抗稳定或匹配，天线振子通过 SMA 连接器与之相连。这些连接器形成了在 4.4.4 和附录 C 中提及的 A 端口和 B 端口(或 C 端口和 D 端口)。这些连接器的外导体在线天线附近相互电气接触，半刚性电缆的外导体通常通过焊接的方式在内导体外露处连接。接触点就是进行 S 参数测量时巴伦的参考点。

   半刚性电缆末端伸出的外露导体，需要尽可能的短，例如为 2.5 mm。导线振子的末端或其振子外壳中的铜延长线需要呈锥形以形成一个点，用于与同轴电缆的内导体焊接。在较高频段，振子可以是铜杆或薄板，从而减轻重量，低频段则可使用不锈钢管。

d) 一对完全相同的天线之间的 SIL 可以很精确地计算出来。这里所谓"完全相同的"意味着满足 4.3.2 的要求。需精心设计线振子的馈电区域。NEC 不能仿真一副线振子的两半之间的间隙，也不能仿真支撑振子成为一条线的绝缘材料部分。业已发现，当间隙小于 9 mm[见 4.3.2 c)]，且绝缘材料的长度及体积只是足以对给定长度的偶极子提供稳健的支撑时，间隙和绝缘材料对天线性能的影响可以忽略不计。

   例如，对下面尺寸的支撑物的评估结果在 30 MHz 时的影响小于 0.02 dB，在 700 MHz 的影响小于 0.10 dB：1)对 30 MHz 的偶极子天线(见表 C.1)，9 mm 的间隙及 22 mm 直径 130 mm 长度的酚醛树脂(Tufnol)圆柱体支撑材料；2)对 700 MHz 的偶极子天线，3.6 mm 间隙及 16 mm×13 mm×10 mm 立方体的缩醛树脂(可加工的聚四氟乙烯)，从靠近推入式连接器顶端移去 30%的体积。

e) 偶极子性能计算的精度可以通过下述 3 种方法进行确认。第 1 种和第 2 种方法依赖于质量最好的校准场地。第 3 种方法使用近场测量，对场地质量的要求没有那么严格。对于一个高质量的试验场地，使用谐振偶极子测量得到的 SIL 与计算得出的 SIL 之间的差值，在 30 MHz～500 MHz 频段不大于 0.3 dB，在 501 MHz～1 000 MHz 频段不大于 0.4 dB。除了在 60 MHz

以下需要一个较大尺寸的接地平面;在 1 000 MHz 时要求接地平面的平坦度小于±5 mm 外,试验场地还需满足附录 A 的要求。

用作天线的支撑物(如天线塔)需是无反射的,满足 GB/T 6113.106—2018 中 A.2.3 的要求。对于使用多种天线高度和天线间距的组合在多个频率上对 SIL 测量时,可通过绘制试验曲线得到测量值与计算值的差值,该差值是由场地的质量或天线的设计因素造成的。测量值和计算值的差值需包含在 SIL 的不确定度评估中。当应用于 AF 的不确定度评估时,采用该差值的一半。

1) 方法 1:在高质量的具有接地平面的场地上,用一对"完全相同"的试验天线进行 SIL 测量,然后与计算的 SIL 值相比较,计算的 SIL 值中包含了测量的巴伦的 S 参数。

2) 方法 2:在高质量的具有接地平面的场地上使用 TAM(见 GB/T 6113.106—2018 的 7.4.1.2)测量 AF,将该 AF 与计算的 AF(计算参见 C.2.5)相比较。该方法克服了方法 1 的偶然性的缺陷,即"仅仅因为 SIL 的测量值和理论值一致,并不能证明试验天线、测量方法和理论模型是正确的"。也可见 C.1.1 中有关使用解析方程对 NEC 模型的确认。

3) 方法 3:可以使用满足 5.3.2 要求的 FAR,在近场用一对完全相同的试验天线测量 SIL,然后与计算的 SIL 值相比较,计算的 SIL 值中包含了测量的巴伦的 S 参数。天线间的距离越小,则来自 FAR 墙壁和天线塔的反射的影响就越小。建议测量间距为 $\lambda/2\pi$,λ 为天线振子的谐振频率所对应的波长。

在谐振频率的两侧数十兆赫兹的频率范围进行测量;如果频率响应曲线上有纹波,则表明暗室有反射,使用 $\lambda/10$ 的间距重复进行测量。通过在两个测量间距上得到的测量结果来判断哪个测量结果最好。测量与计算结果之间的差异也同样可用来预计在远场的实际性能。如果纹波在几个周期内是一致的,则表明是由天线塔和暗室产生的反射而与天线本身的特性无关,通过对纹波进行平滑可获得更准确的结果。

f) 当某个特定试验天线的设计经过一个或多个方法验证后,场地质量也影响天线的设计验证,高质量的场地能够满足验证要求。该试验场地对试验天线按照实验室质量管理体系所要求的间隔定期进行符合性的确认是十分必要的,但对于后续的确认使用一个更小型的校准场地也是可以的。通过使用试验天线按照最初完整的测量流程在较小的试验场地上进行确认,若得到的结果满足预期的不确定度,则该场地也是可以接受的。

值得指出的是,前面提到的巴伦只是一个实用的例子;只要能满足 4.3.2 所规定的要求,任何类型的巴伦都是可以使用的。有些情况下,需要在半刚性电缆上套上磁珠(图 B.1 中的 F),以抑制在巴伦上和所连天线电缆上感应的共模电流。

导线振子的长度需做到在与巴伦相连后试验天线满足 4.3.2 b)所规定的 $L_a(f)$[见 C.1.1 有关 $L_a(f)$ 的计算]。试验天线的性能使用 C.2 中的 NEC 计算方法得到,此时振子长度并不是关键因素,因此简单输入其物理直径即可。表 C.1 假定,如果频率低于 180 MHz,则振子的直径为 10 mm,由此得到相对较长的线天线具有良好的机械强度。表 C.1 还假定,当频率大于或等于 180 MHz 时,振子的直径为 3 mm 就足够了。当频率低于 60 MHz 时,则振子可以使用拉杆天线,或使用固定长度的偶极子天线(同时见 4.3.2 b)的注 3)。

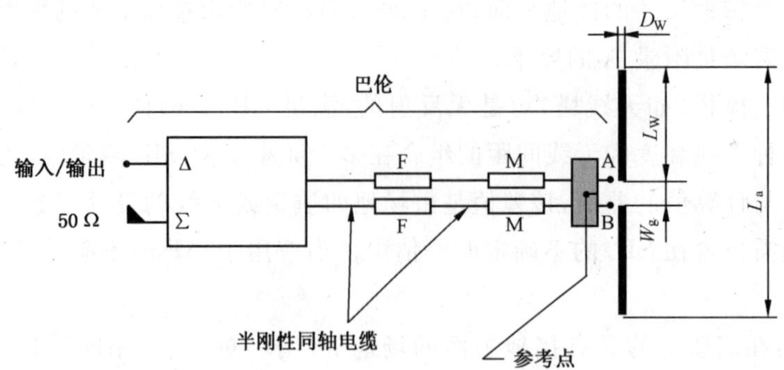

说明：

F ——磁珠；

M——匹配衰减器。

注：巴伦使用复合同轴接头。

图 B.1　试验天线的示例

B.3　巴伦性能的确定

B.3.1　理想的无损耗巴伦

理想的无损耗巴伦的特征是，假设所有 3 个端口（见图 B.2 中的①、②和③）都端接各自的特性阻抗时，A 端口与 B 端口的信号幅度完全相等，而相位正好反相，即相差 180°。在相同的条件下，如果所有的端口都对入射波没有反射，那么端口 2 的入射波也不会传输到端口 3（反之亦然）。

测量 S 参数的基本布置如图 B.2 所示。巴伦的不平衡输入/输出端口编为“1”号，平衡端口分别编为“2”和“3”。

假设这 3 个端口的特性阻抗等于 50 Ω[见 4.3.2e)]。与图 B.1 相比，图 B.2 中用标注“巴伦”的单个盒子表示完整的巴伦（耦合器、电缆、等等）。图 B.1 中混合耦合器的 Σ 端口常常端接特性阻抗。

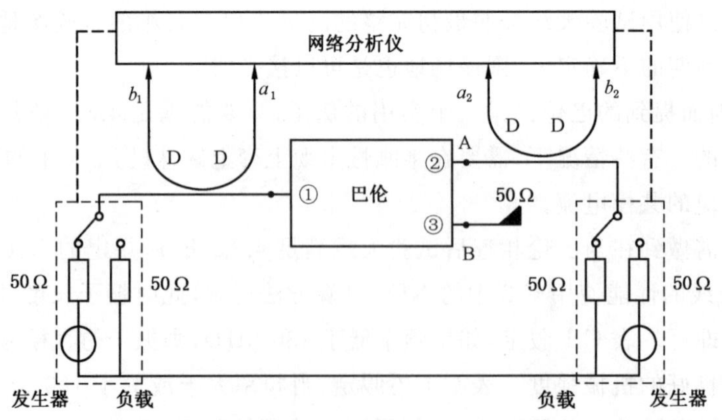

注 1：B.3.1 定义了所有的符号。

注 2：在本图中，信号发生器和负载的位置均加上了开关使得两者可以互换。

图 B.2　当信号发生器和负载互换时测量 S_{11} 和 S_{12} 及 S_{22} 和 S_{21} 的示意图

S 参数给出了图 B.2 中用 a_1 或 a_2 表示的入射信号与用 b_1 和 b_2 表示的散射信号之间的关系。入射信号和散射信号通过定向耦合器（图 B.2 中的 D）用分析仪测量。参数 $S_{11} = b_1/a_1$ 和 $S_{21} = b_2/a_1$（在

$a_2=0$ 的条件下)在端口 3 端接 50 Ω 的条件下测量。互换信号发生器和负载(通过改变图 B.2 中两个开关的位置),可测得 $S_{22}=b_2/a_2$ 和 $S_{12}=b_1/a_2$(在 $a_1=0$ 的条件下)。同样,用 50 Ω 负载端接端口 2,并在端口 1 和端口 3 之间测量就可得到 S_{11} 和 S_{13}、S_{31} 和 S_{33}。最后,用 50 Ω 负载端接端口 1,并在端口 2 和端口 3 之间测量(又)可得到 S_{22} 和 S_{33}、S_{23} 和 S_{32}。

理想的无损耗巴伦的 S 参数矩阵由式(B.1)给出:

$$\begin{bmatrix} S_{11} & S_{12} & S_{13} \\ S_{21} & S_{22} & S_{23} \\ S_{31} & S_{32} & S_{33} \end{bmatrix}=\frac{1}{\sqrt{2}}\begin{pmatrix} 0 & 1 & -1 \\ 1 & 0 & 0 \\ -1 & 0 & 0 \end{pmatrix} \qquad \cdots\cdots(\text{B.1})$$

在该矩阵中,由于端口没有反射,所以 $S_{11}=S_{22}=S_{33}=0$。由于平衡是理想的(假定巴伦是无耗的,所以绝对值相等且等于 1)且相移正好等于 180°(用负号表示),所以 $S_{12}=S_{21}=1/\sqrt{2}$ 和 $S_{13}=S_{31}=-1/\sqrt{2}$。最后,由于端口 2 和端口 3 之间的隔离是理想的,所以 $S_{23}=S_{32}=0$。

B.3.2 巴伦的性能与 *S* 参数之间的关系

S 矩阵可变换为阻抗矩阵,其将巴伦的输入/输出电流和电压联系起来。端口 1 端接特性阻抗,仅考虑端口 2 和端口 3,阻抗矩阵可表示为(见参考文献[15]):

$$\begin{bmatrix} Z_{22} & Z_{23} \\ Z_{32} & Z_{33} \end{bmatrix}=\frac{Z_0}{(1-S_{22})(1-S_{33})-S_{23}S_{32}}\times \begin{bmatrix} [(1+S_{22})(1-S_{33})+S_{23}S_{32}] & 2S_{32} \\ 2S_{32} & [(1-S_{22})(1+S_{33})+S_{23}S_{32}] \end{bmatrix} \qquad \cdots\cdots(\text{B.2})$$

式中,Z_0 的阻抗典型值为 50 Ω。

$$Z_{AB}=\frac{1-S_{22}S_{33}+S_{23}S_{32}-S_{33}+S_{22}}{(1-S_{22})(1-S_{33})-S_{23}S_{32}}100=R_{AB}+jX_{AB}(\Omega) \qquad \cdots\cdots(\text{B.3})$$

在 A_{ic} 的计算中需要 Z_{AB} 的测量值(见附录 C);在计算中需要的另一个巴伦的阻抗 Z_{CD} 可用类似的方法确定。

如果满足式(B.4),相应的 VSWR 则会满足 4.3.2 e) 1)和表 2 的要求。

$$\frac{1+|\Gamma|}{1-|\Gamma|}<1.10,\text{其中 } \Gamma=\frac{Z_{AB}-100}{Z_{AB}+100} \qquad \cdots\cdots(\text{B.4})$$

注:如果混合耦合器本身不满足式(B.4)的要求,那么使用反射损耗大于 32 dB 的匹配衰减器(图 B.1 中的 M)能得到更小的 VSWR。

实际巴伦的平衡和相移可通过式(B.5)进行验证:

$$\frac{S_{12}}{S_{13}}=\frac{S_{21}}{S_{31}}=r_b e^{j\phi_b} \qquad \cdots\cdots(\text{B.5})$$

如果满足式(B.6),那么幅度平衡 r_b 就符合4.3.2 e) 2)和表 2 的要求。

$$0.966<r_b<1.035 \qquad \cdots\cdots(\text{B.6})$$

如果满足式(B.7),那么相位平衡就符合 4.3.2 e) 3)和表 2 的要求。

$$178^\circ<\left|\frac{180\phi_b}{\pi}\right|<182^\circ \qquad \cdots\cdots(\text{B.7})$$

实际巴伦的隔离度通过 S_{23} 和 S_{32} 的实际值进行验证。如果满足式(B.8),那么该隔离度就符合 4.3.2 e)中注 4 的要求。

$$|S_{23}|=|S_{32}|<0.05 \qquad \cdots\cdots(\text{B.8})$$

在 CALTS 的确认程序中(见 4.4.4.2),测量参考电压 V_r 的过程中考虑实际巴伦可能出现的损耗。在图 B.1 给出的示例中,该巴伦的大部分损耗都来自于 3dB 的匹配衰减器。

B.3.3 插入损耗的测量

B.3.3.1 概述

通过如图 B.3 和图 B.4 所述的插入损耗的测量也能验证 4.3.2 e) 2)和 4.3.2 e) 3)中有关巴伦特性的规定。从该测量结果可确定所谓的巴伦的“不平衡抑制”。

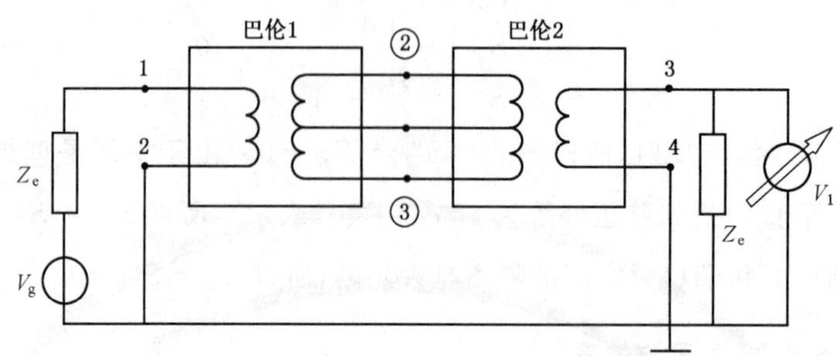

图 B.3 确定插入损耗 $A_1(f)$的原理框图

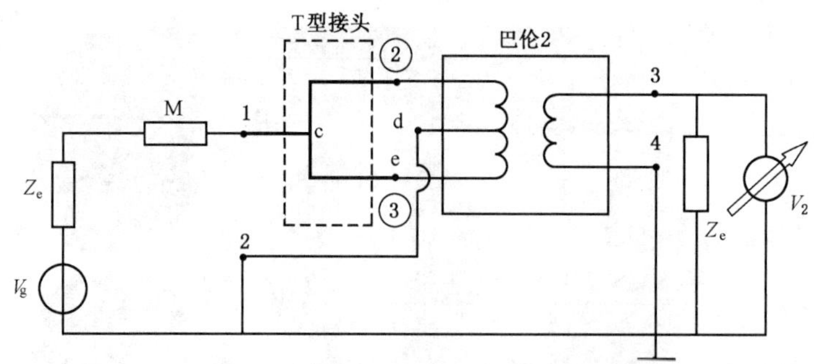

图 B.4 确定插入损耗 $A_2(f)$原理框图

该测量由两个部分组成：一个是确定 4.4.4.2.1 所述的两个同样的点对点连接的巴伦的插入损耗 $A_1(f)$，另一个是确定当平衡端口 2 与 3 并联连接(也见图 B.4)时单个巴伦的插入损耗 $A_2(f)$。假设两个巴伦对 A_1 的贡献相等，那么，巴伦的不平衡抑制(也称为共模抑制，单位为 dB)由式(B.9)给出：

$$a_{\text{unbal}}(f)=A_2(f)-\frac{A_1(f)}{2}(\text{dB}) \qquad \cdots\cdots(\text{B.9})$$

业已表明：当 a_{unbal} 大于 26 dB 时，巴伦能够满足前面条款和表 2 中有关允差的要求。

B.3.3.2 测量程序

B.3.3.2.1 在第一种插入损耗 $A_1(f)$测量中，首先确定巴伦在规定的频带内作为频率函数的参考电压 $V_{r1}(f)$。测量电路为图 B.3 去掉两个巴伦，此时点 1 与点 3、点 2 和 4 点之间处于短路连接；

B.3.3.2.2 接着，在插入点之间连接两个巴伦，再测量电压 $V_1(f)$(见图 B.3)；

B.3.3.2.3 由此，可由式(B.10)计算得到 $A_1(f)$(单位为 dB)：

$$A_1(f)=20\lg\left[\frac{V_1(f)}{V_{r1}(f)}\right](\text{dB}) \qquad \cdots\cdots(\text{B.10})$$

B.3.3.2.4 在第二种插入损耗的测量中，首先确定巴伦在规定的频带内作为频率函数的参考电压 $V_{r2}(f)$。测量电路为图 B.4 去掉 T 型接头和巴伦，此时连接点 1 与点 3、点 2 与点 4 之间处于短路连接；

B.3.3.2.5 接着，连接上 T 型接头和被测巴伦，再次测量电压 $V_{2a}(f)$(见图 B.4)。在测量时，将半刚性电缆构成的同轴对称T型接头并联在端口2与端口3(也见图B.2)之间,T型接头的c-d和c-e部分具有相同的电长度(机械上完全对称)。在测量中,d与端口2相连、e与端口3相连。在图B.4中所示的M位置上接入6 dB的匹配衰减器,以避免驻波效应。

B.3.3.2.6 为了避免由寄生效应导致的误差,再将巴伦和T型接头互换连接,即将d与端口3端相连、e与端口2端相连后,重复进行一次测量,由此得到电压$V_{2b}(f)$。

B.3.3.2.7 $A_2(f)$(dB)可由式(B.11)计算得出:

$$A_2(f)=20\lg\left[\frac{V_{r2}}{\max\{V_{2a}(f),V_{2b}(f)\}}\right] \qquad \text{(B.11)}$$

对于理想的巴伦,在所有的频率上$A_2(f)$为无穷大。

B.3.3.2.8 可用校准过的6 dB功率分配器替代T型接头和6 dB衰减器。在这种情况下,计算巴伦的不平衡抑制时需考虑功率分配器的衰减。

附 录 C
（资料性附录）
天线和 SIL 理论

C.1 解析式

C.1.1 概述

本条给出了计算线天线(C.1.2)的谐振总长度 $L_a(f)$ 和 SIL(即 A_{ic})(C.1.3)的解析方法。数学模型考虑了发射天线、接收天线和它们在反射平面上的镜像之间的互耦合。该模型也可用来求解沿接收天线的实际场强分布；也就是并不假设到达接收天线的场是平面波。在这种方法中唯一的假设是线天线上的电流分布为正弦形式。

假设在解析法中使用的足够细的线天线的长度为 L_a，那么由解析式计算得到的 A_{ic}值与使用矩量法(MoM)计算得到的 A_{ic}值的差值在±0.01 dB 之内。由本部分的上下文可知，足够细意味着线天线的半径 R_{we}满足式(C.1)的条件[16]：

$$\alpha = 2\ln\left(\frac{L_a}{R_{we}}\right), \alpha \geqslant 30 \qquad \text{(C.1)}$$

对于半波偶极子天线($L_a=\lambda_0/2$)，上述条件由式(C.2)给出：

$$R_{we} = \frac{\lambda_0}{2\sqrt{e^{\alpha}}}, \alpha \geqslant 30 \qquad \text{(C.2)}$$

在下述 SIL 的准确计算中，需要用到公式(C.1)中的细半径，例如对于 $\alpha=30$，半径与谐振长度比为 3×10^{-7}；然而，物理偶极子具有更大的半径。为了计算物理偶极子的谐振长度，借助 C.1.4 中给出的半径示例，将物理半径代入公式(C.3)中，则在 $X_a=0$ 时求得长度 L_a[也见 4.3.2b）]。

附录 D 中的计算机程序(例如，使用参考文献[24]中已有的可执行版本)给出了与输入频率和偶极子的半径对应的偶极子谐振长度。如果物理偶极子的半径与谐振长度之比小于 0.015 且导线的直径不大于分段的长度，那么与谐振频率上的物理偶极子相比，使用细偶极子计算的 SIL 的不确定度小于 0.1 dB。

C.1.4 给出了包括测量不确定度考虑在内的数值示例。在 $X_a=0$ 的情况下，可由 NEC[22]计算得到误差更小、更精确的物理偶极子的谐振长度。

另外，A_{ic}的值也可以通过 C.2 中描述的 MoM 建模计算得到。数值建模更为通用且在谐振频率外能得到比本条中的解析方程法更准确的结果。两种方法在谐振点的吻合程度优于 0.05 dB。

C.1.2 试验天线的总长度

根据定义，当求解式(C.3)时可得到试验天线(即频率为 f 的自由空间谐振偶极子)总长度 $L_a(f)$。

$$X_a(f, R_{we}) = 0 \qquad \text{(C.3)}$$

式中：

$X_a(f, R_{we})$——在无限大媒质，即自由空间中辐射的偶极子阻抗的虚部；

R_{we}——振子的半径，假设其沿振子的长度为常数(不可调节的天线振子)并远小于 L_a。

馈电点的间隙 W_g假设为无限小。阻抗的虚部 X_a由式(C.4)给出(例如参见参考文献[17])：

$$X_a = \frac{\eta}{4\pi}[2Si(kL_a) + \cos(kL_a)\{2Si(kL_a) - Si(2kL_a)\} - \sin(kL_a)\{2Ci(kL_a) - Ci(2kL_a) - Ci(2kR_{we}^2/L_a)\}] \times \sin^{-2}\left(\frac{kL_a}{2}\right) \qquad \text{(C.4)}$$

式中：

η——377 Ω；

k——$2\pi/\lambda_0$；

λ_0——自由空间中的波长。

$Si(x)$和$Ci(x)$分别由下列式(C.5)和式(C.6)给出：

$$Si(x)=\int_0^x \frac{\sin(\tau)}{\tau}\mathrm{d}\tau \qquad \cdots\cdots(\text{C.5})$$

$$Ci(x)=\int_\infty^x \frac{\cos(\tau)}{\tau}\mathrm{d}\tau \qquad \cdots\cdots(\text{C.6})$$

$Si(x)$和$Ci(x)$也可从参考文献[18]足够准确地计算出来：

$$Si(x)=\begin{cases}\dfrac{\pi}{2}-f(x)\cos x-g(x)\sin x & (x\geqslant 1)\\ \displaystyle\sum_{n=0}^{\infty}\frac{(-1)x^{2n+1}}{(2n+1)(2n+1)!} & (x<1)\end{cases} \qquad \cdots\cdots(\text{C.7})$$

$$Ci(x)=\begin{cases}f(x)\sin x-g(x)\cos x & (x\geqslant 1)\\ \gamma+\ln x+\displaystyle\sum_{n=1}^{\infty}\frac{(-1)^n x^{2n}}{2n(2n)!} & (x<1)\end{cases} \qquad \cdots\cdots(\text{C.8})$$

$$f(x)=\frac{1}{x}\left(\frac{x^4+a_1x^2+a_2}{x^4+b_1x^2+b_2}\right),g(x)=\frac{1}{x^2}\left(\frac{x^4+c_1x^2+c_2}{x^4+d_1x^2+d_2}\right) \qquad \cdots\cdots(\text{C.9})$$

其中，

$a_1=7.241\ 163$ $b_1=9.068\ 580$ $c_1=7.547\ 478$ $d_1=12.723\ 684$

$a_2=2.463\ 936$ $b_2=7.157\ 433$ $c_2=1.564\ 072$ $d_2=15.723\ 606$

上述式(C.8)中的γ为欧拉常数，近似为0.5772。表C.1中的$L_a(f)$数据是利用式(C.4)～式(C.9)，由式(C.3)计算得到。

C.1.3 理论上的SIL

C.1.3.1 两端口网络模型

SIL的理论值(即A_{ic})利用两端口网络电路模型[19](见图C.1)进行计算。RF信号发生器给发射天线巴伦的馈电端A和B提供信号。在接收机阻抗Z_r两端测量到达接收天线馈电端C和D的信号。电缆和巴伦由T型网络表示。

当测量参考电压$V_{r1}(f)$和$V_{r2}(f)$(见4.4.4.2.1和4.4.4.4.2.3)时，馈电端A和C通过阻抗可以忽略的短导体相连，类似地，馈电端B和D相连。当测量$V_s(f)$(见4.4.4.2.2)时，馈电端与线天线相连且试验天线在试验场地规定的位置，场地对信号传输的影响用具有端口AB和CD的T型网络来表示，如图C.1所示。

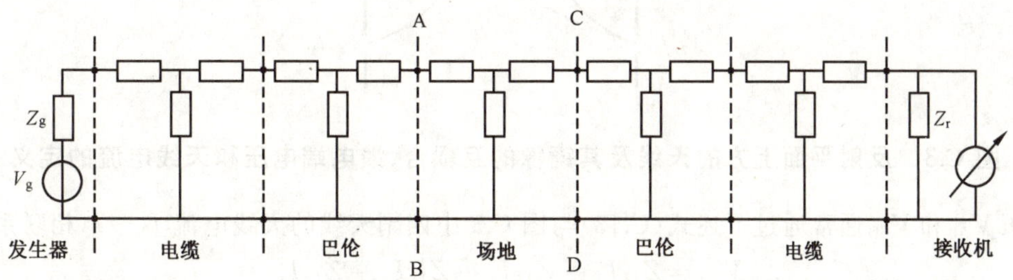

图C.1 计算A_{ic}的网络模型

图 C.1 所示电路可以简化为图 C.2 所示的电路，其中，Z_{AB}和 Z_{CD}是被测的平衡端口的阻抗(参见附录 B)。图 C.2 中的 Z_{AB}是巴伦呈现给偶极子振子的阻抗。当测量参考电压 V_r(因而 $Z_1=Z_2=0$ 且 $Z_3=\infty$)时，从图 C.2 所示的电路通过式(C.10)可得到：

$$V_{CD}=V_{CD,r}=\frac{Z_{CD}}{Z_{AB}+Z_{CD}}V_t \qquad \text{(C.10)}$$

当测量“场地”响应电压 V_s时，也可得到：

$$V_{CD}=V_{CD,s}=\frac{Z_{CD}Z_3}{(Z_{AB}+Z_1+Z_3)(Z_{CD}+Z_2+Z_3)-Z_3^2}V_t \qquad \text{(C.11)}$$

因此，计算的 SIL 的理论值(即 A_{ic})为：

$$A_{ic}=\frac{V_{CD,r}}{V_{CD,s}}=\frac{(Z_{AB}+Z_1+Z_3)(Z_{CD}+Z_2+Z_3)-Z_3^2}{Z_3(Z_{AB}+Z_{CD})} \qquad \text{(C.12)}$$

下一步是将 Z_1、Z_2和 Z_3与图 C.3 所描述的实际布置相联系，即与反射接地平面上的两副试验天线相联系。

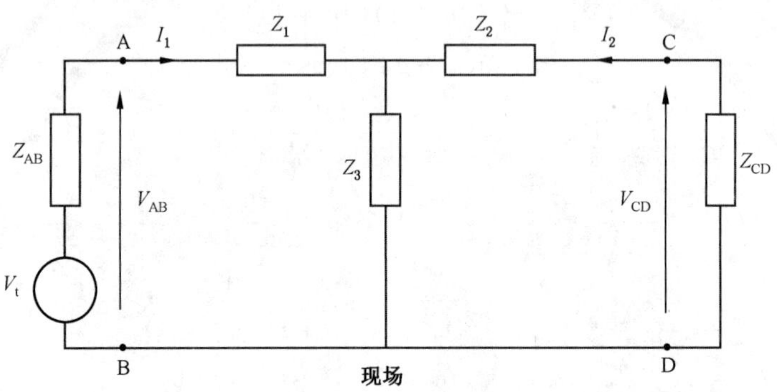

图 C.2 图 C.1 所示网络的等效电路

C.1.3.2 反射平面上的试验天线

发射端口 1(馈电端 A 和 B)和接收端口 2(馈电端 C 和 D)之间传输的信号会受到天线和它们的镜像之间各种耦合的影响。在图 C.3 中这种影响用传输阻抗 Z_{nm}来表示(n、m：1～4，$n\neq m$)。

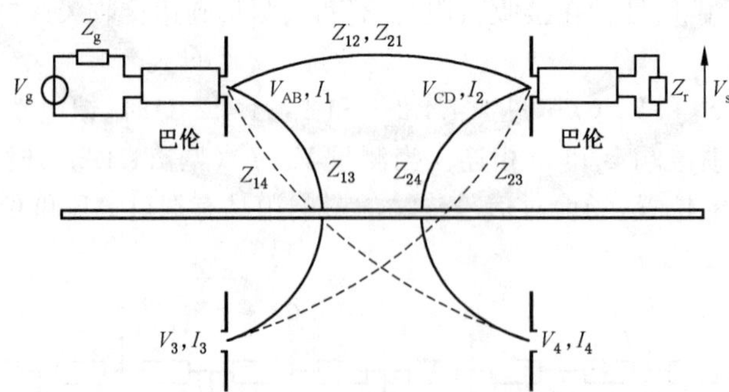

图 C.3 反射平面上方的天线及其镜像的互耦合、馈电端电压和天线电流的定义

端电压 V_{AB}和 V_{CD}通常通过下述式(C.13)与图 C.3 中四副天线的天线电流 I_1～I_4相联系：

$$\begin{aligned}V_{AB}&=Z_{11}I_1+Z_{12}I_2+Z_{13}I_3+Z_{14}I_4\\V_{CD}&=Z_{21}I_1+Z_{22}I_2+Z_{23}I_3+Z_{24}I_4\end{aligned} \qquad \text{(C.13)}$$

对于理论上的反射平面以及相互平行排列的水平极化的天线情况，$I_3=\rho I_1$，$I_4=\rho I_2$，其中，$\rho=re^{j\phi}$

是导电平面的复反射系数。在理想情况下，对于当前的配置，$\rho=-1$。此外，由于互易性，$Z_{12}=Z_{21}$和$Z_{23}=Z_{14}$，所以式(C.13)可简化为：

$$\begin{aligned}V_{AB}&=(Z_{11}+\rho Z_{13})I_1+(Z_{12}+\rho Z_{14})I_2\\V_{CD}&=(Z_{12}+\rho Z_{14})I_1+(Z_{22}+\rho Z_{24})I_2\end{aligned}\qquad\text{(C.14)}$$

由图C.2中的电路，可得到：

$$\begin{aligned}V_{AB}&=(Z_1+Z_3)I_1+Z_3I_2\\V_{CD}&=Z_3I_1+(Z_2+Z_3)I_2\end{aligned}\qquad\text{(C.15)}$$

与式(C.14)相比，可得到：

$$\begin{aligned}Z_1+Z_3&=Z_{11}+\rho Z_{13}\\Z_2+Z_3&=Z_{22}+\rho Z_{24}\\Z_3&=Z_{12}+\rho Z_{14}\end{aligned}\qquad\text{(C.16)}$$

因此，式(C.12)可重写为：

$$A_i=\frac{(Z_{AB}+Z_{11}+\rho Z_{13})(Z_{CD}+Z_{22}+\rho Z_{24})-(Z_{12}+\rho Z_{14})^2}{(Z_{12}+\rho Z_{14})(Z_{AB}+Z_{CD})}\qquad\text{(C.17)}$$

从式(C.13)可知，Z_{11}和Z_{22}是在自由空间中辐射的线天线的输入阻抗，即不存在反射平面。这些阻抗的虚部可由式(C.4)所给出的$X_{11}=X_{22}=X_a$来计算，实部$R_{11}=R_{22}=R_a$由式(C.18)来计算：

$$R_a=\frac{\eta}{2\pi}\{\gamma+\ln(kL_a)-Ci(kL_a)+\frac{1}{2}\sin(kL_a)\times[Si(2kL_a)-2Si(kL_a)]+\frac{1}{2}\cos(kL_a)\times\left[\gamma+\ln\frac{kL_a}{2}+Ci(2kL_a)-2Ci(kL_a)\right]\}\times\sin^{-2}\left(\frac{kL_a}{2}\right)\qquad\text{(C.18)}$$

在式(C.18)中，γ为欧拉常数，近似为0.5772。互阻抗Z_{12}、Z_{13}、Z_{14}和Z_{24}可以借助洛仑兹互易定理来计算(参考文献[16]和[17])。计算中考虑了沿线天线的实际场强，因此不再需要假设到达接收天线的是平面波。唯一要作的假设是线天线上的电流分布为正弦形式，如果$L_a(f)\approx\lambda_0/2$，R_{we}满足式(C.2)给出的条件，那么这是有效的。

如果$Z_{nm}=R_{nm}+jX_{nm}(n=1,\cdots,4,m=1,\cdots,4,n\neq m)$，那么实部由式(C.19)给出(参考文献[16])：

$$R_{nm}=\frac{\eta}{2\pi}\{2[2Ci(kd_{nm})-Ci(ks_3)-Ci(ks_4)]+\cos(kL_a)\times[2Ci(kd_{nm})+Ci(ks_1)+Ci(ks_2)-2Ci(ks_3)-2Ci(ks_4)]+\sin(kL_a)\times[Si(ks_1)-Si(ks_2)-2Si(ks_3)+2Si(ks_4)]\}\times\sin^{-2}\left(\frac{kL_a}{2}\right)\qquad\text{(C.19)}$$

虚部由式(C.20)给出：

$$X_{nm}=\frac{-\eta}{4\pi}\{2[2Si(kd_{nm})-Si(ks_3)-Si(ks_4)]+\cos(kL_a)\times[2Si(kd_{nm})+Si(ks_1)+Si(ks_2)-Si(ks_3)-2Si(ks_4)]-\sin(kL_a)\times[Ci(ks_1)-Ci(ks_2)-2Ci(ks_3)+2Ci(ks_4)]\}\times\sin^{-2}\left(\frac{kL_a}{2}\right)\qquad\text{(C.20)}$$

其中，d_{nm}为天线n和m中心之间的距离，且

$$\begin{aligned}s_1&=\sqrt{d_{nm}^2+L_a^2}+L_a\\s_2&=\sqrt{d_{nm}^2+L_a^2}-L_a\\s_3&=\sqrt{d_{nm}^2+\left(\frac{L_a}{2}\right)^2}+\frac{L_a}{2}\\s_4&=\sqrt{d_{nm}^2+\left(\frac{L_a}{2}\right)^2}-\frac{L_a}{2}\end{aligned}\qquad\text{(C.21)}$$

4.5.3 中所需要的 A_{ic}就可以从式(C.17)计算得到，因为该式中所有的阻抗都是已知的；即 Z_{AB}和 Z_{CD}从试验数据(见附录 B)获得，其他阻抗从式(C.4)和式(C.18)～式(C.21)计算得到。相同的公式也可用来计算给定频率的 $A_{ic}(h_r)$，以确定 A.4 中所需要的 $h_{r,max}(f_s)$，并可以计算 4.5.2.2 和 A.4 中需要的测量不确定度 ΔA_t 和 $\Delta h_{r,max}$。

C.1.4 数值计算例子

C.1.4.1 概述

一个数值计算例子的结果在表 C.1～表 C.4 中给出：表 C.1 为 L_a和 A_{ic}的计算结果，表 C.2 为 ΔA_t的计算结果，表 C.3 为 h_{rc}和 Δh_{rt}的计算结果，表 C.4 为 f_c和 Δf_t的计算结果。在所有的计算中，接收天线和发射天线的高度、天线中心之间的水平距离和频率的值都在 4.4 中做出了规定。当进行测量不确定度的计算时，使用了表 2 中给出的允差。

在 30 MHz≤f<180 MHz 的频率范围内，假设线天线的半径 R_{we}为 5.0 mm；如果在 180 MHz≤f≤1 000 MHz 的频率范围，则假设 R_{we}为 1.5 mm。

C.1.4.2 L_a和 A_{ic}的计算(表 C.1)

从式(C.3)计算天线长度 $L_a(f)$，从式(C.17)～式(C.21)计算 $A_{ic}(f)$的值，假设理想巴伦平衡端口的阻抗为优选值(100+j0)Ω，并假设为理想反射平面，即 $\rho=-1$。

表 C.1 L_a和 A_{ic}的数值(解析)计算示例(见 C.1.4.2)

f MHz	h_r m	R_{we} mm	L_a m	A_{ic} dB	f MHz	h_r m	R_{we} mm	L_a m	A_{ic} dB
30	4.00	5.00	4.803	21.03	160	2.00	5.00	0.885	26.44
35	4.00	5.00	4.112	20.95	180	2.00	1.50	0.797	27.52
40	4.00	5.00	3.594	20.60	200	2.00	1.50	0.716	29.37
45	4.00	5.00	3.192	20.70	250	1.50	1.50	0.572	30.43
50	4.00	5.00	2.870	21.12	300	1.50	1.50	0.476	32.47
60	4.00	5.00	2.388	22.13	400	1.20	1.50	0.355	34.90
70	4.00	5.00	2.043	21.76	500	2.30	1.50	0.283	37.02
80	4.00	5.00	1.785	20.93	600	2.00	1.50	0.236	38.35
90	4.00	5.00	1.585	21.49	700	1.70	1.50	0.201	39.59
100	4.00	5.00	1.425	22.97	800	1.50	1.50	0.176	40.91
120	4.00	5.00	1.185	25.16	900	1.30	1.50	0.156	41.84
140	2.00	5.00	1.013	27.20	1000	1.20	1.50	0.140	42.71

C.1.4.3 ΔA_t的计算(表 C.2)

测量不确定度 ΔA_t(4.5.2.2)($k=2$，置信水平为 95%)可由式(C.22)进行计算(参见参考文献[20])：

$$A_t=\frac{2}{\sqrt{3}}\sqrt{\sum_{i=1}^{9}\Delta A_{ic}^{2}(i)} \qquad \cdots\cdots(C.22)$$

假设变量 $\Delta A_{ic}(i)$服从矩形概率分布，不确定度考虑 $p=9$ 个变量：h_r，h_t，d，f，Z_{AB}，Z_{CD}，L_a，A_b和

ϕ_b(也见表 2)。

对于前 6 个变量,ΔA_{ic}可由式(C.23)进行计算:

$$\Delta A_{ic}(i)=\max\{|A_{ic}-A_{ic}(p_i\pm\Delta p_i)|\} \quad (i=1,2,\cdots,6) \qquad \cdots\cdots\cdots\cdots(\text{C.23})$$

式中:

A_{ic} ——C.1.4.2 中计算的 SIL 的标称值;

$A_{ic}(p_i+\Delta p_i)$、$A_{ic}(p_i-\Delta p_i)$——变量 p 加上允差 Δp 和 p 减去允差 Δp 时计算得到的 SIL。

由表 2 中规定的 Δh_r,Δh_t,Δd 和 Δf 得到的 ΔA_{ic}的结果在表 C.2 的第 3 列~第 6 列中给出。

注:当计算 Δf 的影响时,天线长度 L_a在标称频率上保持不变,等于 L_a。

对于阻抗 Z_{AB}和 Z_{CD},表 2 规定了 VSWR 的最大值为 1.10。在现在的数值计算例子中,这意味着这两个阻抗在阻抗平面上的边界均为圆(圆心在 $p=100+j0\ \Omega$ 处,半径为 $\Delta p=9.5\Omega$)。研究表明这足以用来进行当 $p=100\pm\Delta p+j0$ 和 $p=100\pm j\Delta p$ 时的计算,计算结果在第 7 栏和第 8 栏中给出。注意表 C.2 的第 7 和第 8 栏中给出的 ΔA_{ic}值仅当 $h_r=h_t$ 时才相等。

与 L_a、A_b和 ϕ_b有关的 ΔA_{ic}只能通过数值建模进行估算,例如在 C.2 中所讨论的。使用数值建模方法可知 $\Delta A_{ic}(L_a)<0.03$ dB,$\Delta A_{ic}(A_b,\phi_b)<0.03$ dB。

表 C.2 的第 9 栏给出了前面几栏中的 6 个 ΔA_{ic}值的均方根值(RSS)$\Delta A_{\Sigma}=\sqrt{\sum[\Delta A_{ic}^2(i)]}$。将第 9 栏的数据乘以 $2/\sqrt{3}$得到第 10 栏中的 $k=2$(置信水平为 95%)的值[见式(C.22)]。ΔA_t($k=2$,置信水平为 95%)由下式计算得到:

$$\Delta A_t(k=2)=\frac{2}{\sqrt{3}}\sqrt{\left\{\sum_{i=1}^{6}\Delta A_{ic}^2(i)\right\}+\Delta A_{ic}^2(L_a)+\Delta A_{ic}^2(A_b,\phi_b)} \qquad \cdots\cdots\cdots\cdots(\text{C.24})$$

假设 $\Delta A_{ic}(L_a)=0.03$ dB 和 $\Delta A_{ic}(A_b,\phi_b)=0.03$ dB,可得到第 11 栏中的 ΔA_t值。在此例子中,最大值为 $\Delta A_t=0.19$ dB(80 MHz 时),这就是为什么在 4.5.2.2 中提到了 $\Delta A_t=0.20$ dB 的原因。

表 C.2 ΔA_t的数值(解析)计算示例(见 C.1.4.3)

频率 MHz	A_{ic} dB	ΔA_{ic} (Δh_r) dB	ΔA_{ic} (Δh_t) dB	ΔA_{ic} (Δd) dB	ΔA_{ic} (Δf) dB	ΔA_{ic} (ΔZ_{AB}) dB	ΔA_{ic} (ΔZ_{CD}) dB	RSS ΔA_{Σ} dB	$k=2$ ΔA_{Σ} dB	$k=2$ ΔA_t dB
30	21.03	0.023	0.018	0.056	0.031	0.110	0.026	0.13	0.15	0.16
35	20.95	0.028	0.020	0.051	0.007	0.080	0.057	0.12	0.13	0.14
40	20.60	0.025	0.024	0.054	0.005	0.059	0.105	0.14	0.16	0.16
45	20.70	0.013	0.028	0.055	0.013	0.036	0.121	0.14	0.16	0.17
50	21.12	0.001	0.033	0.048	0.016	0.010	0.106	0.12	0.14	0.15
60	22.13	0.002	0.044	0.051	0.005	0.027	0.049	0.09	0.10	0.11
70	21.76	0.019	0.050	0.050	0.038	0.061	0.058	0.12	0.14	0.14
80	20.93	0.014	0.041	0.038	0.039	0.104	0.098	0.16	0.18	0.19
90	21.49	0.011	0.012	0.035	0.011	0.121	0.084	0.15	0.18	0.18
100	22.97	0.007	0.021	0.036	0.027	0.106	0.056	0.13	0.15	0.15
120	25.16	0.008	0.039	0.012	0.018	0.051	0.092	0.12	0.13	0.14
140	27.20	0.043	0.043	0.047	0.029	0.055	0.055	0.11	0.13	0.14
160	26.44	0.030	0.032	0.046	0.023	0.097	0.097	0.15	0.18	0.18

表 C.2(续)

频率 MHz	A_{ic} dB	ΔA_{ic} (Δh_r) dB	ΔA_{ic} (Δh_t) dB	ΔA_{ic} (Δd) dB	ΔA_{ic} (Δf) dB	ΔA_{ic} (ΔZ_{AB}) dB	ΔA_{ic} (ΔZ_{CD}) dB	RSS ΔA_{Σ} dB	$k=2$ ΔA_{Σ} dB	$k=2$ ΔA_t dB
180	27.52	0.021	0.021	0.039	0.029	0.086	0.086	0.13	0.16	0.16
200	29.37	0.015	0.015	0.029	0.017	0.057	0.057	0.09	0.10	0.11
250	30.43	0.035	0.019	0.038	0.027	0.089	0.072	0.13	0.15	0.15
300	32.47	0.010	0.008	0.016	0.020	0.075	0.076	0.11	0.13	0.13
400	34.90	0.042	0.054	0.008	0.016	0.084	0.092	0.14	0.16	0.17
500	37.02	0.005	0.006	0.047	0.009	0.068	0.069	0.11	0.12	0.13
600	38.35	0.000	0.004	0.013	0.012	0.075	0.075	0.11	0.12	0.13
700	39.59	0.002	0.046	0.017	0.008	0.080	0.072	0.12	0.14	0.14
800	40.91	0.004	0.051	0.008	0.009	0.071	0.075	0.12	0.13	0.14
900	41.84	0.005	0.018	0.025	0.009	0.075	0.068	0.11	0.12	0.13
1000	42.71	0.011	0.062	0.004	0.010	0.079	0.075	0.13	0.15	0.15
ΔA 最大值(dB)		0.043	0.062	0.056	0.039	0.121	0.121	0.16	0.18	0.19

注：本表中的最后一行给出了每列的最大值。第3列至第8列中小数点后面的第三位数字没有实际意义，给出来仅与计算值相比较。

C.1.4.4 h_{rc}和Δh_{rt}的计算(表 C.3)

本条考虑 A.4.2 中规定的 $h_{r,max}(f_s)$。通过搜索当 $h_r>1$ m 时 SIL 中第一个锐最大值的程序可以求得它的值。要仔细判断最大值，即与接收天线处的直射波和非直射波相互抵消有关的最大值。A.4.2.2中规定的 h_{rc}在频率 f_s处的结果(见 A.4)在表 C.3 给出。

表 C.3 也给出了测量不确定度的计算结果 $\Delta h_{r,max}$，类似于 C.1.4.3 给出的，使用了表 2 给出的允差。在计算 $h_{r,max}$时，仅 Δh_t、Δd 和 Δf 起主要作用。求得 Δh_{rt}的最大值为 0.02 m($k=2$)，这就是为什么在 A.4.2.3 中提到了 0.025 m 的原因。

表 C.3 h_{rc}和Δh_{rt}的数值(解析)计算示例

频率 MHz	h_{rc} m	Δh_{rc} (Δh_t) m	Δh_{rc} (Δd) m	Δh_{rc} (Δf) m	RSS $\Delta h_{rc\Sigma}$ m	$k=2$ Δh_{rt} m
300	2.630	0.014	0.010	0.004	0.017	0.020
600	1.284	0.006	0.005	0.005	0.010	0.011
900	1.723	0.008	0.009	0.002	0.013	0.015
最大值	—	0.014	0.010	0.005	0.017	0.020

C.1.4.5 f_c和 Δf_t的计算(表 C.4)

本条考虑在 A.4.3 中规定的 $f_{max}(h_r, f_s)$,通过搜索当规定组合$\{h_r, f_s\}$时 SIL 中的最大值的程序可以求得它的值。要仔细判断最大值,即与接收天线处的直射波和非直射波相互抵消有关的最大值。A.4.3 中所规定的组合条件下的 f_c的结果(见 A.4.3.2)在表 C.4 给出。

表 C.4 也给出了测量不确定度的计算结果 $\Delta f_t/f_c$,类似于 C.1.4.3 给出的,使用了表 2 给出的允差。在计算 f_{max}时,仅 Δh_r、Δh_t和 Δd 起主要作用。求得 Δf_t的最大值为 $0.012f_c(k=2)$,这就是为什么在 A.4.3.3 中提到了 $0.015f_c$原因。

表 C.4 f_c和 Δf_t的数值(解析)计算示例

频率/高度 MHz/m	f_c MHz	$\Delta f_c/f_c$ (Δh_r)	$\Delta f_c/f_c$ (Δh_t)	$\Delta f_c/f_c$ (Δd)	RSS $\Delta f_{c\Sigma}/f_c$	$k=2$ $\Delta f_t/f_c$
300/2.65	297.4	0.004	0.006	0.005	0.009	0.010
600/1.30	592.6	0.008	0.005	0.004	0.010	0.012
900/1.70	912.1	0.006	0.005	0.004	0.009	0.010
最大值	—	0.008	0.006	0.005	0.010	0.012

C.2 使用 MoM 的计算

C.2.1 概述

本条给出的方法可替换 C.1 中的方法,其使用附加的设施计算天线系数。C.2 中的部分材料在 B.3 中也有提及。本条描述的方法基于 MoM。线天线计算中用的最多的软件是 NEC2 [22],它既有免费版也有商业版。另一个建模线天线软件的例子为 CAP2010[24],可以计算自由空间和接地平面上的 SIL 与 AF。CAP2010 和其他 NEC 免费软件的区别在于它可以计算天线巴伦的复 S 参数,其对于宽带结果的准确性是至关重要的。

在 MoM 中,天线用分成几段的直导线来表示。为了获得精确的结果,所分的线段的长度是很重要的,与波长相比既不能太长也不能太短,并且线段的长度要大于线段的直径;具体的规则在软件的操作手册中都有详述。对于满足式(C.1)的条件的谐振偶极子半径和谐振长度偶极子,分成 31 段,用 C.1.3 中的解析公式和用 C.2 中 MoM 计算的 A_{ic}之差小于 0.05 dB(见 C.1.1)。

C.2.4.1 给出了计算 A_{ic}的详细信息。根据参考文献[23]所述,对于实际的偶极子半径,在较宽的带宽内[即$(f_c \pm f_c/2)$,其中 f_c为中心频率或谐振频率],SIL 的测量值与理论值之差小于 0.6 dB;对同样的天线,这一结果意味着 AF 的测量值和理论值之差小于 0.3 dB。

为了核对所选择的分段是否合适,可以研究当线段数增加时计算的阻抗和电流是否会收敛。该程序允许在模型中包含无限大的理想导电接地平面,也允许在导线上的某一点馈入电压并在导线上的某一点连接集总参数负载阻抗。

C.2.2 天线的输入阻抗

从程序的运行结果可以直接得到天线馈电点处的输入阻抗 Z_a。

C.2.3 试验天线的总长度

所选择的天线长度要使天线在自由空间中发生谐振(也就是具有零输入电抗),该长度可以反复选择。程序从天线的长度等于半波长开始运行以确定输入电抗。如果输入电抗是正的,则减小天线的长度;而如果输入电抗是负的,则增加天线的长度。程序从新的天线长度开始重新运行直到输入电抗的模小于1 Ω。在这个过程,就可得到天线正确的长度。

和解析方法中对谐振长度的要求不同,NEC软件并不要求精确的谐振长度,只需输入线天线的物理尺寸。在谐振频率附近,实测数据和预测的性能吻合的最好,而在远离谐振频率处,线元的自阻抗较大,因此吻合度会略有降低,失配不确定度也可能会增加。

C.2.4 SIL的计算

C.2.4.1 偶极子类天线的SIL

C.2.4.1.1 计算偶极子类天线SIL的步骤

为了计算一对位于理想OATS或自由空间中的水平极化或垂直极化试验天线的SIL,以下汇总了所需的步骤;每一步骤的详细信息见[ ]中所给的条号。对于单极天线,见C.2.4.2。这些步骤中,除了b)中的测量以外,使用b)中的9个S参数作为输入参数,这些步骤都可以由软件自动完成,例如软件CAP2010[24]。图C.4示出了两个巴伦和场地的两端口级联的网络模型。图C.5示出了整个步骤的流程图。

a) [C.2.4.1.2] 使用MoM代码,计算"场地两端口"的S参数,即由位于理想OATS或自由空间中的天线对组成的两端口。NEC输入文件的例子见C.2.4.1.9。

b) [C.2.4.1.3]对于两个巴伦中每一个,使用VNA测量巴伦三个端口的9个复S参数。

c) [C.2.4.1.4]对于两个巴伦中每一个,将巴伦三个端口的9个S参数简化为等效两端口网络的4个S参数(即其有一个平衡端口和一个不平衡端口)。计算假设两个巴伦的输出端口完全平衡且相位相反,然而,表2中给出的允差保证了误差在可忽略的范围之内。

d) [C.2.4.1.5] 将两个巴伦的S参数和场地两端口网络的S参数结合起来,得到发射天线巴伦、场地两端口网络、接收天线巴伦级联的S参数;

e) [C.2.4.1.6] 计算作为巴伦和场地两端口网络级联的损耗的SIL。

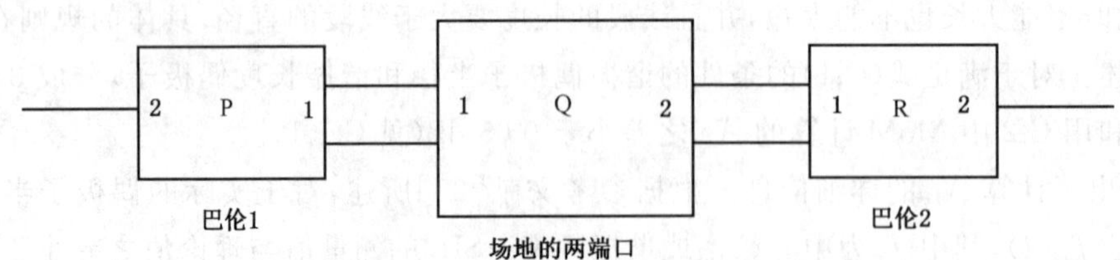

图C.4 巴伦与场地两端口网络的级联

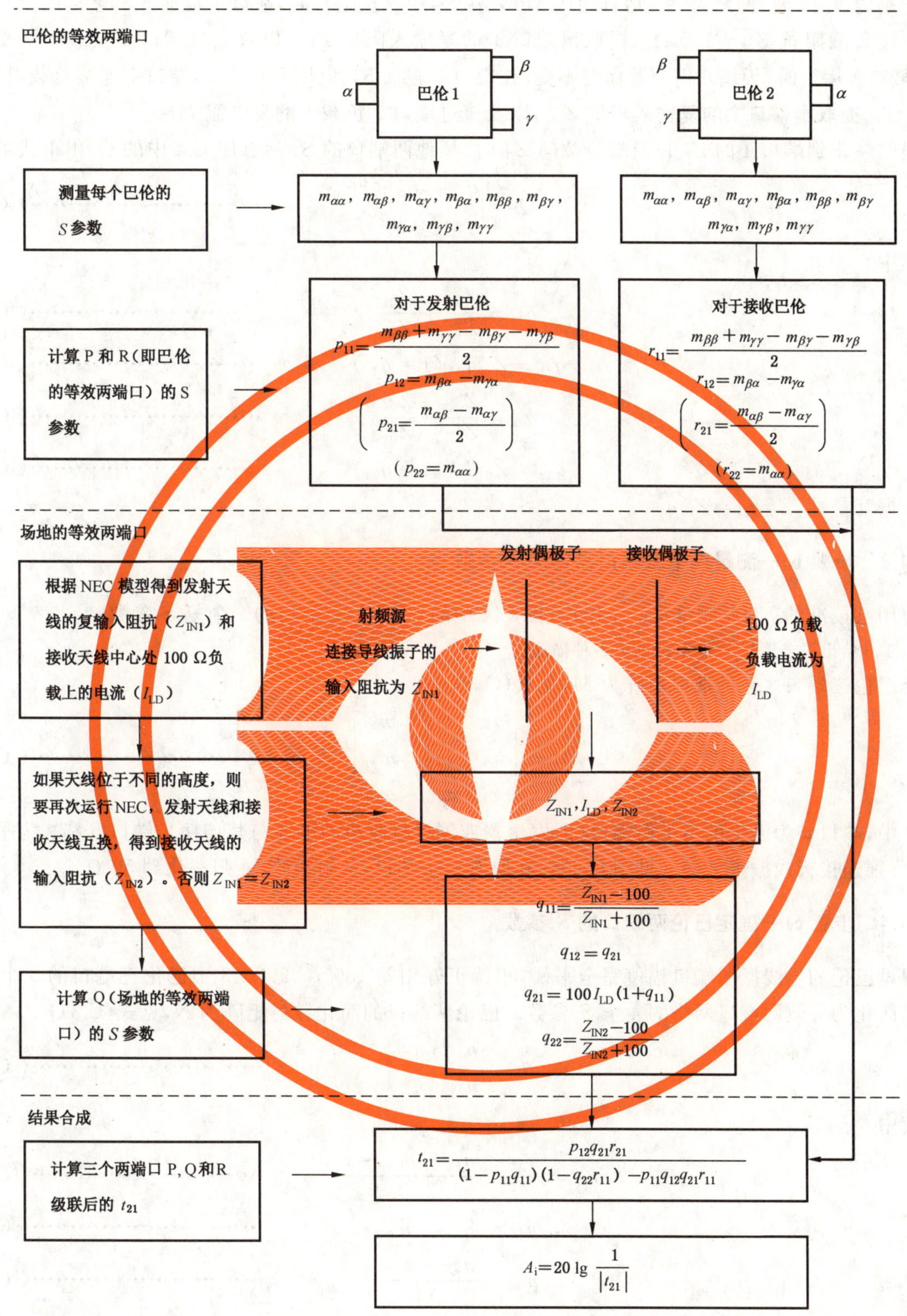

图 C.5 如何通过巴伦的实测 S 参数与使用 NEC 计算场地两端口网络的 S 参数得到 SIL 的流程图

C.2.4.1.2 步骤 a)—计算场地两端口 S 参数

在 MoM 代码中,两副试验天线放置在理想 OATS 或自由空间中,处于水平极化或垂直极化,放置

高度分别为 h_1 和 h_2，间距为 d。运行两次 MoM 代码，第一次运行时，端口 1 施加 RF 电压 $V_1=1\ \text{V}$，端口 2 连接负载阻抗 $Z_{02}=100\ \Omega$。提取出端口 1 的复输入阻抗 Z_{in1}，以及流过端口 2 负载上的复电流 I_{L2}。第二次运行时，天线几何布置保持不变，在端口 2 施加 RF 电压 $V_2=1\ \text{V}$，端口 1 连接负载阻抗 $Z_{01}=100\ \Omega$。提取出端口 2 的复输入阻抗 Z_{in2}，以及流过端口 1 负载上的复电流 I_{L1}。

当归一化到端口 1 的 Z_{01} 以及端口 2 的 Z_{02} 时，场地两端口的 S 参数(图 C.4 中的 Q)由下式给出：

$$Q=\begin{bmatrix} q_{11} & q_{12} \\ q_{21} & q_{22} \end{bmatrix} \quad\cdots\cdots(\text{C.25})$$

其中

$$q_{11}=\frac{Z_{\text{in1}}-Z_{01}}{Z_{\text{in1}}+Z_{01}} \quad\cdots\cdots(\text{C.26})$$

$$q_{21}=Z_{02}I_{\text{L2}}(1+q_{11}) \quad\cdots\cdots(\text{C.27})$$

$$q_{22}=\frac{Z_{\text{in2}}-Z_{02}}{Z_{\text{in2}}+Z_{02}} \quad\cdots\cdots(\text{C.28})$$

$$q_{12}=Z_{01}I_{\text{L1}}(1+q_{22}) \quad\cdots\cdots(\text{C.29})$$

根据互易性，$Z_{01}q_{21}=Z_{02}q_{12}$。

C.2.4.1.3 步骤 b)—测量两个三端口巴伦的 *S* 参数

使用已校准的 VNA 测量每一个巴伦(图 C.4 中的 P 和 R)三端口的 9 个复 *S* 参数。

注：B.3 给出了步骤 b)～步骤 d)的另一种描述。

令巴伦三端口之一的散射矩阵为 M，见式(C.30)

$$M=\begin{bmatrix} m_{\alpha\alpha} & m_{\alpha\beta} & m_{\alpha\gamma} \\ m_{\beta\alpha} & m_{\beta\beta} & m_{\beta\gamma} \\ m_{\gamma\alpha} & m_{\beta\gamma} & m_{\gamma\gamma} \end{bmatrix} \quad\cdots\cdots(\text{C.30})$$

其中，端口 α 为巴伦的不平衡端口(即发生器或测量接收机的电缆与其连接)，端口 β 和 γ 为平衡端口(即分别连接天线振子之一)(见图 C.5)。在所有三个端口，散射矩阵 M 归一化到 50 Ω。

C.2.4.1.4 步骤 c)—确定巴伦两端口的 *S* 参数

假设巴伦的导线振子端口幅值完全平衡，相位正好相差 180°，C.2.4.1.3 中巴伦三端口的 9 个 *S* 参数可以简化为等效两端口网络的 4 个 *S* 参数。巴伦两端口的简化散射矩阵为 N，见式(C.31)。

$$N=\begin{bmatrix} n_{11} & n_{12} \\ n_{21} & n_{22} \end{bmatrix} \quad\cdots\cdots(\text{C.31})$$

其中

$$n_{11}=\frac{m_{\beta\beta}+m_{\gamma\gamma}-m_{\beta\gamma}-m_{\gamma\beta}}{2} \quad\cdots\cdots(\text{C.32})$$

$$n_{12}=m_{\beta\alpha}-m_{\gamma\alpha} \quad\cdots\cdots(\text{C.33})$$

$$n_{21}=\frac{m_{\alpha\beta}-m_{\alpha\gamma}}{2} \quad\cdots\cdots(\text{C.34})$$

$$n_{22}=m_{\alpha\alpha} \quad\cdots\cdots(\text{C.35})$$

其中，端口 1 是巴伦的平衡端口(包括端口 β 和 γ)，端口 2 是巴伦的非平衡端口。散射矩阵 N 为归一化到端口 1 的 100 Ω，归一化到端口 2 的 50 Ω。

C.2.4.1.5 步骤 d)—计算巴伦和场地两端口级联网络的 *S* 参数

考虑图 C.4 所示的巴伦与场地两端口的级联网络。对于巴伦，平衡端口标为端口 1，非平衡端口标为端口 2。C.2.4.1.2 中确定的场地两端口网络的 S 参数为：

$$Q=\begin{bmatrix} q_{11} & q_{12} \\ q_{21} & q_{22} \end{bmatrix} \quad \cdots\cdots(C.36)$$

C.2.4.1.3 和 C.2.4.1.4 中确定的巴伦的 S 参数为：

$$P=\begin{bmatrix} p_{11} & p_{12} \\ p_{21} & p_{22} \end{bmatrix} \quad \cdots\cdots(C.37)$$

$$R=\begin{bmatrix} r_{11} & r_{12} \\ r_{21} & r_{22} \end{bmatrix} \quad \cdots\cdots(C.38)$$

最后，巴伦 1、场地两端口网络、巴伦 2 级联网络的 S 参数为：

$$T=\begin{bmatrix} t_{11} & t_{12} \\ t_{21} & t_{22} \end{bmatrix} \quad \cdots\cdots(C.39)$$

其中传输系数 t_{21} 为：

$$t_{21}=\frac{p_{12}q_{21}r_{21}}{(1-p_{11}q_{11})(1-q_{22}r_{11})-p_{11}q_{12}q_{21}r_{11}} \quad \cdots\cdots(C.40)$$

C.2.4.1.6 步骤 e)—计算 SIL

如果信号发生器和测量接收机均匹配 50 Ω，则 SIL 为：

$$A_{ic}=20\lg\left(\left|\frac{1}{t_{21}}\right|\right)=20\lg\left(\left|\frac{(1-p_{11}q_{11})(1-q_{22}r_{11})-p_{11}q_{12}q_{21}r_{11}}{p_{12}q_{21}r_{21}}\right|\right) \quad \cdots\cdots(C.41)$$

C.2.4.1.7 SIL 值示例

表 C.5 给出了 SIL 值示例。天线的长度和半径，即 L_a 和 R_{we} 都与表 C.1 相同。天线高度与表 7 中的相同。如果使用不同的偶极子半径，则需要重新计算自由空间谐振长度以及 A_{ic} 值。天线间距为 10 m，发射天线中心距地面的高度为 2 m，但在 30 MHz、35 MHz 和 40 MHz，天线高度为 2.75 m。所选择的接收天线高度是为了减少高度变化的数量，但又确保接近能得到最大接收信号的高度。表 C.2 和 C.5 中的 A_{ic} 值可使用 C.1 中所述的方法计算得到。

表 C.5 垂直极化时使用 MoM 计算 A_{ic} 的示例(h_t=2 m，30 MHz、35 MHz 和 40 MHz 时 h_t=2.75 m)

f MHz	h_r m	A_{ic} dB	f MHz	h_r m	A_{ic} dB	f MHz	h_r m	A_{ic} dB
30	2.75	16.48	90	1.15	23.30	300	2.6	33.38
35	2.4	16.97	100	1.0	24.33	400	1.8	35.68
40	2.4	17.83	120	1.0	25.81	500	1.4	37.61
45	1.9	18.66	140	1.0	27.27	600	1.4	39.14
50	1.9	18.90	160	1.0	28.97	700	1.0	40.37
60	1.5	20.14	180	1.0	30.76	800	1.0	41.24
70	1.5	21.05	200	1.0	32.46	900	1.6	43.21
80	1.15	22.28	250	3.1	32.20	1000	1.6	43.48
h_r 为接收天线高度。								

C.2.4.1.8 巴伦匹配良好时的 SIL

如果两个巴伦均匹配良好(即 $p_{11}=p_{22}=r_{11}=r_{22}=0$),SIL 的表达式简化为:

$$A_{ic}=20\lg\left(\left|\frac{1}{S_{21}}\right|\right)+20\lg\left(\left|\frac{1}{q_{21}}\right|\right) \qquad \text{(C.42)}$$

其中,$S_{21}=p_{12}r_{21}$ 为两个背对背连接的巴伦的传输系数,q_{21} 为场地两端口网络的传输系数。

C.2.4.1.9 计算偶极子的 SIL 时的 NEC 输入文件示例

两 GW(即导线几何结构)行定义了长为 0.791 m、半径为 1.5 mm 的两条导线(180 MHz 时对应的谐振长度为 L_a),每条导线分成 31 个分段。两条导线水平极化放置在接地平面之上的 XY 平面,高度为 2 m,间距为 10 m。

注:在以下代码中,小数点有意使用小圆点而不是逗号,因为 NEC 代码把逗号视为参数分隔符。此外,代码中使用一个或多个空格并无差异。

a) 第一次运行 NEC 代码的输入文件,偶极子为水平极化

```
GW 1 31 0 0 2 0.791 0 2 0.0015
GW 2 31 0 10 2 0.791 10 2 0.0015
GE 1
FR 0 231 0 0 90 1
EX 0 1 16 00 1.0 0.0
LD 0 2 16 16 100 0 0
GN 1
PT 0 2 16 16
XQ 0
EN
```

b) 第二次运行 NEC 代码的输入文件,偶极子为水平极化

```
GW 1 31 0 0 2 0.791 0 2 0.0015
GW 2 31 0 10 2 0.791 10 2 0.0015
GE 1
FR 0 231 0 0 90 1
EX 0 2 16 00 1.0 0.0
LD 0 1 16 16 100 0 0
GN 1
PT 0 1 16 16
XQ 0
EN
```

c) 第一次和第二次运行 NEC 代码的输入文件,偶极子为垂直极化

将以上两个水平极化的输入文件中的 GW 线代码改为:

```
GW 1 31 0 0 1.3545 0 0 2.1455 0.0015
GW 2 31 0 10 1.3545 0 10 2.1455 0.0015
```

d) 第一次和第二次运行 NEC 代码的输入文件,偶极子位于自由空间

在输入文件中的水平极化天线对或垂直极化天线对,将 GE 1 改为 GE 0,并忽略 GN 1 所在的行。

C.2.4.2 单极天线的 SIL

C.2.4.2.1 计算一对相同单极天线之间 SIL 的步骤

在 MoM 代码中，两副完全相同的单极天线放置在理想 OATS 中。振子长度为 1 m，半径为 5 mm，两天线间距为 15 m，参见 C.2.4.2.2 中的 NEC 输入文件示例。运行 MoM 代码，端口 1 施加 RF 电压 $V_1=1\ \text{V}$，端口 2 连接负载阻抗 $Z_{02}=50\ \Omega$。提取出端口 1 的复输入阻抗 Z_{in1}，以及流过端口 2 负载上的复电流 I_{L2}。SIL 由式(C.43)给出。

$$A_{\text{ic}}=20\lg\left|\frac{Z_{02}+Z_{\text{in1}}}{2Z_{\text{in1}}}\ \frac{1}{Z_{02}I_{\text{L2}}}\right| \qquad \cdots\cdots(\text{C.43})$$

注：发生器和接收机都与 $Z_{02}=50\ \Omega$ 相匹配。

C.2.4.2.2 计算单极子天线间 SIL 所用的 NEC 输入文件示例

计算单极子天线间 SIL 的 NEC 输入文件

```
GW 1 12 0 0 0 0 0 1 0.005
GM 1 1 0 0 0 0 15 0
GE 1
GN 1
FR 0 96 0 0 5 1 0 0
EX 0 1   1     1   1 0
LD 4 2   1 1   50 0
PT 0 2   1 1
XQ
EN
```

C.2.5 AF 计算

C.2.5.1 偶极子类天线的 AF

C.2.5.1.1 计算偶极子天线类 AF 的步骤

为了使用 MoM 代码计算位于自由空间或理想 OATS 中高度为 h，处于水平极化或垂直极化的试验天线的 AF，例如 NEC[22]，以下汇总了所需的步骤[12],[23]；每一步骤的详细信息见[ ]中所给的条号。

a) [C.2.5.1.2] 使用 MoM 代码计算天线振子的有效长度(l_{eff})和输入阻抗(Z_{A})。

b) [C.2.5.1.3] 使用 VNA 测量巴伦三个端口的 9 个复 S 参数。

c) [C.2.5.1.3] 将巴伦三个端口的 9 个 S 参数简化为等效两端口网络(其具有一个平衡端口和一个不平衡端口)的 4 个 S 参数。

d) [C.2.5.1.4] 将天线振子的有效长度和输入阻抗与巴伦的 S 参数相结合，得到试验天线的 AF。

试验天线包含一副偶极子天线振子和一个巴伦，在天线的谐振频点 f_{res} 计算精确度最高[22]，其值比带宽至少为[$f_{\text{res}}\pm(f_{\text{res}}/2)$]的频带边缘频点优±0.3 dB。

C.2.5.1.2 步骤 a)——计算有效长度和输入阻抗

使用 MoM 代码计算天线振子的有效长度和输入阻抗。在 MoM 代码中，一对相同的共极化的偶极子天线振子(导线)，位于自由空间或距地高度为 h 的理想 OATS 中，天线振子长度为 l，半径为 a，间距 d 满足远场条件。两副天线的高度相同。在发射偶极子的中心施加电压 V_{s}，接收偶极子的中心连接

负载阻抗 Z_{L}。

运行两次 MoM 代码;NEC 输入文件的示例参见 C.2.5.1.7。第一次运行时,将接收天线移除,计算接收天线位置中心处的复电场强度矢量的幅度$|E|$。第二次运行时,将接收天线还原,计算发射天线的复输入阻抗 Z_{A},以及接收天线中心处的复电流幅度$|I_{L}|$。根据公式 (C.44) 计算天线单元的复有效长度的幅度值$|l_{eff}|$。

$$|l_{eff}|=\frac{|(Z_{A}+Z_{L})||I_{L}|}{|E|} \quad \cdots\cdots(C.44)$$

C.2.5.1.3 步骤 b)和 c)——测量巴伦三个端口的 *S* 参数和确定巴伦两端口网络的 *S* 参数

参见 C.2.4.1.3 和 C.2.4.1.4 的程序。

C.2.5.1.4 步骤 d)——计算 AF

将巴伦的 S 参数和天线振子的有效长度及输入阻抗相结合,得到试验天线的 AF。

试验天线的天线系数 F_{a}(dB) 可由式(C.45) 得到,其中 Γ 和 n[见式(C.31)]为复数。

$$F_{a}=20\lg\left|\frac{2[(1-\Gamma_{A}n_{11})(1-\Gamma_{R}n_{22})-\Gamma_{A}\Gamma_{R}n_{12}n_{21}]}{n_{21}(1+\Gamma_{R})(1-\Gamma_{A})l_{eff}}\right| \quad \cdots\cdots(C.45)$$

天线振子的电压反射系数 Γ_{A}为:

$$\Gamma_{A}=\frac{Z_{A}-100}{Z_{A}+100} \quad \cdots\cdots(C.46)$$

测量接收机的电压反射系数 Γ_{R}为:

$$\Gamma_{R}=\frac{Z_{R}-50}{Z_{R}+50} \quad \cdots\cdots(C.47)$$

其中:Z_{A}和 Z_{R}分别为天线振子与测量接收机的复输入阻抗。

C.2.5.1.5 使用匹配接收机和匹配巴伦的 AF

假设使用的是匹配巴伦($n_{11}=n_{22}=0$)和匹配接收机 ($\Gamma_{R}=0$),计算 AF 的式(C.45)可简化为

$$F_{a}=20\lg\left|\frac{1}{n_{21}}\right|+F_{a\ element} \quad \cdots\cdots(C.48)$$

其中,$F_{a\ element}$为天线振子连接 100 Ω 时的 AF,可由式(C.49)计算得到:

$$F_{a\ element}=20\lg\left|\frac{2}{(1-\Gamma_{A})\,l_{eff}}\right|=20\lg\left|\frac{Z_{A}+100}{100l_{eff}}\right| \quad \cdots\cdots(C.49)$$

100 Ω 负载可以在 C.2.5.1.7 的"第二次运行 NEC,水平极化偶极子天线的输入文件"的"LD"行找到。

计算没有巴伦的理论 AF 是有用的,可用于比较 F_{a}与 $F_{a}(h,p)$以及评估天线近场中 F_{a}的变化。

C.2.5.1.6 由两个背对背连接的巴伦的 S_{21}参数计算 AF

假设使用的是匹配巴伦($n_{11}=n_{22}=0$)和匹配接收机 ($\Gamma_{R}=0$),则得到:

$$F_{a}=F_{a\ element}+3+\frac{A_{balun\ pair}}{2}(\mathrm{dB}) \quad \cdots\cdots(C.50)$$

其中

$$A_{balun\ pair}=20\lg\left|\frac{1}{S_{21}}\right| \quad \cdots\cdots(C.51)$$

为一对背对背连接的巴伦的衰减(假设两个巴伦完全相同),$S_{21}=n_{21}n_{12}$是用 VNA 测得的巴伦对两个不平衡端口间的传输系数。巴伦之间的任何差异都需要作为不确定度予以考虑,其可通过三个巴

伦技术进行评估，这与 GB/T 6113.106——2018 中 7.4.1.1 的自由空间 TAM 的原理相同。

C.2.5.1.7 计算偶极子 AF 的 NEC 输入文件示例

注：在以下代码中，小数点有意使用小圆点而不是逗号，因为 NEC 代码把逗号视为参数分隔符。此外，代码中使用一个或多个空格并无差异。

a) 计算偶极子 AF 的输入文件。第一次运行 NEC，水平极化

几何参数行 GW 表示一条导线长度为 0.791 m，半径为 1.5 mm（谐振在 180 MHz），分为 31 段。(0,0,2)和(0.791,0,2)为 XYZ 平面的坐标，表示一条位于接地平面上高度为 2 m 的水平极化导线。GN 行的标识 1 表示 $Z=0$ 处的 XY 平面中存在接地平面。

```
GW 1 31 0 0 2   0.791 0 2 0.0015
GE 1
FR 0 231 0 0 90 1
EX 0 1 16 00 1.0 0.0
GN 1
NE 0 1 1 1 0.3955 50 2 1 1 1
XQ 0
EN
```

b) 计算偶极子 AF 的输入文件。第二次运行 NEC，水平极化

```
GW 1 31 0 0 2 0.791 0 2 0.0015
GW 2 31 0 50 2 0.791 50 2 0.0015
GE 1
FR 0 231 0 0 90 1
EX 0 1 16 00 1.0 0.0
LD 0 2 16 16 100 0 0
GN 1
PT 0 2 16 16
XQ 0
EN
```

c) 计算偶极子 AF 的输入文件。第一次运行 NEC，垂直极化

在“第一次运行 NEC 的文件，水平极化”中把 GW 行替换为

```
GW 1 31 0 0 1.3545 0 0 2.1455 0.0015
```

把 NE 行替换为

```
NE 0 1 1 1 0 50 1.75 1 1 1
```

d) 计算偶极子 AF 的输入文件。第二次运行 NEC，垂直极化

在“第二次运行 NEC 的文件，水平极化”中把 GW 行替换为

```
GW 1 31 0 0 1.3545 0 0 2.1455 0.0015
GW 2 31 0 50 1.3545 0 50 2.1455 0.0015
```

e) 计算自由空间中偶极子的 AF 的输入文件，第一次和第二次运行 NEC

不用将偶极子放置在接地平面之上较高的高度，设置 NEC 忽略接地地面。只需在偶极子水平或垂直极化的文件中，将 GE 1 改为 GE 0，并忽略 GN 1 所在的行。

C.2.5.2 单极天线的 AF

C.2.5.2.1 计算单极天线的 AF

单极天线 AF 的计算如下,假设接收机匹配。运行两次 NEC MoM 程序。为了忽略近场效应,间距至少为 3.33λ。第一次运行时,一副单极天线置于理想 OATS 之上进行发射,计算距其 200 m 接地平面表面上的电场强度 E。第二次运行时,在前一次计算电场强度的位置处放置另外一副接 50 Ω 负载的单极天线,计算流过负载的电流 I_L。参见 C.2.5.2.2 中单极天线的 NEC 输入文件示例,单极天线的长度为 1 m,半径为 5 mm。

根据上面计算的 E 和 I_L 计算第二副单极天线的 AF:

$$F_a = 20\lg\left|\frac{E}{I_L \times 50}\right| \qquad \text{(C.52)}$$

由于 N 型适配器(见 4.10.1),物理单极天线与此计算模型不同。通过在能够识别谐振频率(对于 1 m 的振子,谐振点大约为 75 MHz)的足够带宽内测量 SIL,并据此调节天线模型的长度,可以更好地仿真物理天线。调节天线模型的长度直到其与测得的谐振频点相对应,可得到如 GB/T 6113.106—2018 的 G.1.1 所述的更准确的 F_a(STA)。

注:此 F_a 用于 GB/T 6113.106—2018 的 G.1 中的 STA。

$$F_{a\ \mathrm{element}} = 20\lg\left|\frac{2}{(1-\Gamma_A)\,l_{\mathrm{eff}}}\right| = 20\lg\left|\frac{Z_A + 50}{50 l_{\mathrm{eff}}}\right| \qquad \text{(C.53)}$$

其中

$$\Gamma_A = \frac{Z_A - 50}{Z_A + 50} \qquad \text{(C.54)}$$

C.2.5.2.2 计算单极天线 AF 的 NEC 输入文件示例

注:在以下代码中,小数点有意使用小圆点而不是逗号,因为 NEC 代码把逗号视为参数分隔符。此外,代码中使用一个或多个空格并无差异。

a) 计算单极天线 AF 的输入文件,第一次运行 NEC

```
GW 1 12 0 0 0 0 0 1 0.005
GE 1
GN 1
FR 0 96 0 0 5 1 0 0
EX 0 1 1 1 1 0
NE 0 1 1 1 0 200 0 0 0 0
XQ
EN
```

b) 计算单极天线 AF 的输入文件,第二次运行 NEC

```
GW 1 12 0 0 0 0 0 1 0.005
GM 1 1 0 0 0 0 200 0
GE 1
GN 1
FR 0 96 0 0 5 1 0 0
EX 0 1 1 1 1 0
LD 4 2 1 1 50 0
PT 0 2 1 1
XQ
EN
```

附 录 D
（资料性附录）
用于 C.1.4 中的 Pascal 语言程序

本附录的目的是使所需要的计算容易实现。下面给出的 Pascal 语言程序(Turbo Pascal 版本 7.0)就是 C.1.4 中获得计算结果使用的程序。并未对本程序进行过特别的优化。该 Pascal 软件已经写成 C++程序,本版本文件及其可执行文件(CALTS_DIPOLE.exe)可从参考文献[24]免费下载。

程序 CALTS_DIPOLE 运行时提示使用者输入:频率(MHz)和偶极子天线半径(mm)(这用于给出偶极子天线谐振长度,与下面的输入提示无关);发射天线和接收天线的高度及天线间的水平间距;是否是理想的接地平面反射“Y/N”?如果是“N”,这要求输入无限大接地平面的反射系数及反射相位;如果是“Y”,表示反射系数为 1,反射相位为 180°(即水平极化时为理想反射),并且跳到是否是理想的天线阻抗的选择“Y/N”。如果是“N”,要求输入发射天线的“R-AB”和“X-AB”[在公式(C.11)和图 C.2 中 Z_{AB}的实部和虚部];接收天线的“R-CD”和“X-CD”[在公式(C.11)中 Z_{CD}的实部和虚部];如果是“Y”,则表明 $Z_{AB}=Z_{CD}=100\ \Omega$(实部)(即从偶极子向巴伦看进去的阻抗)。最终输出的呈现的结果为频率、谐振长度 L_a(m)和 SIL(dB)。

由于本附录给出的这些程序与 C.1.3 中给出的公式非常接近,所以非常便于对照公式进行检查。在每个子程序 PROCEDURE 的结尾处的说明部分{comment}给出了该子程序 PROCEDURE 中所用到的公式。在{Calculations}后面是“实际的程序”,仅有两行,在这两行当中对 L_a和 A 进行了计算。在这段程序前面是输入数据{Input Data}的部分,后面是输出数据{Output Data}的部分。这两部分可以按照实际计算时的要求进行修改。

```
PROGRAM analytical_calculation_SIL_OATS;
USES crt,dos;
LABEL impedance,calculate;
VAR   f,f0,laf,la0,wr,ht,hr,d,rab,xab,rcd,xcd,saf,arc,fir: real;
yn                                               : char;

PROCEDURE cprod(r1,i1,r2,i2:real; var rz,iz:real);
begin
rz:= r1*r2-i1*i2; iz:= i1*r2+r1*i2;
end; {cprod,complex product}

PROCEDURE fsc(x:real; var fx: real);
var a1,a2,b1,b2,nom,denom:real;
begin
a1:= 7.241163; a2:= 2.463936;
b1:= 9.068580; b2:= 7.157433;
nom:= x*x*x*x+a1*x*x+a2;
denom:= x*x*x*x+b1*x*x+b2;
fx:= nom/denom/x;
end; {fsc,Equation (C.11)}
```

```
PROCEDURE gsc(x:real;
var gx: real); var c1,c2,d1,d2,nom,denom:real;
begin
c1:= 7.547478; c2:= 1.564072;
d1:=12.723684; d2:=15.723606;
nom:= x*x*x*x+c1*x*x+c2;
denom:= x*x*x*x+d1*x*x+d2;
gx:= nom/denom/x/x;
end; {gsc,Equation (C.11)}

PROCEDURE Si(x:real; var six:real);
var fx,gx:real;
begin
if x>=1 then
begin
fsc(x,fx); gsc(x,gx); six:= Pi/2-fx*cos(x)-gx*sin(x);
end;
if x<1 then
six:= x-x*x*x/18+x*x*x*x*x/600-x*x*x*x*x*x*x/35280;
end; {Si,Equation (C.7)}

PROCEDURE Ci(x:real; var cix:real);
var fx,gx,sum: real;
begin
if x>=1 then
begin
fsc(x,fx); gsc(x,gx); cix:= fx*sin(x)-gx*cos(x);
end;
if x<1 then
cix:= 0.577 + ln(x)-x*x/4 + x*x*x*x/96-x*x*x*x*x*x/4320 + x*x*x*x*x*x*x*
x/322560;
end; {Ci,Equation (C.8)}

PROCEDURE Ra(f,laf:real; var raf:real);
var kx0,g,k,x,cix,ci2x,six,si2x,ssi,sci:real;
begin
kx0:= 377/2/Pi; g:= 0.577; k:= 2*Pi*f/3E8;
Si(k*laf,six); Ci(k*laf,cix);
Si(2*k*laf,si2x); Ci(2*k*laf,ci2x);
ssi:= si2x-2*six; sci:= g+ln(k*laf/2)+ci2x-2*cix;
x:= k*laf;
raf:= kx0*(g+ln(x)-cix+sin(x)*ssi/2+cos(x)*sci/2)/sin(x/2)/sin(x/2);
end; {Ra,free space,Equation (C.18)}
```

```
PROCEDURE Xa(f,laf,wr:real; var xaf:real);
var kx0,k,x,cix,ci2x,cixa,six,si2x,ssi,sci:real;
begin
kx0:= 377/4/Pi; k:= 2*Pi*f/3E8;
Si(k*laf,six ); Ci(k*laf,cix ); Si(2*k*laf,si2x);
Ci(2*k*laf,ci2x); Ci(2*k*wr*wr/laf,cixa);
ssi:= 2*six+cos(k*laf)*(2*six-si2x);
sci:= sin(k*laf)*(2*cix-ci2x-cixa);
x:= k*laf/2;
xaf:= kx0*(ssi-sci)/sin(x)/sin(x);
end; {Xa,Equation (C.4)}

PROCEDURE la(f,wr:real; var laf:real);
label again;
var del,lat,lao,xat:real;
begin
del:= 0.1; lat:= 3E8/f/2; lao:= lat;
again:
Xa(f,lat,wr,xat);
lat:= lat-del*lat;
if xat>0 then begin lao:= lat; goto again; end;
lat:= lao+1.1*del*lao;
Xa(f,lat,wr,xat);
if abs(xat)>0.00001 then begin del:= del/10; goto again; end;
laf:= lat;
end; {la,length antenna (f),Equation (C.3)}

PROCEDURE Rm(r,f,laf,s1,s2,s3,s4:real; var rmf:real);
Var k,fac,kcr,kc1,kc2,kc3,kc4,ks1,ks2,ks3,ks4,t1,t2,t3:real;
begin
k:= 2*Pi*f/3E8; fac:= 377/4/Pi/sin(k*laf/2)/sin(k*laf/2);
Ci(k*r,kcr);
Ci(k*s1,kc1); Ci(k*s2,kc2); Ci(k*s3,kc3); Ci(k*s4,kc4);
Si(k*s1,ks1); Si(k*s2,ks2); Si(k*s3,ks3); Si(k*s4,ks4);
t1:= 2*(2*kcr-kc3-kc4);
t2:= cos(k*laf)*(2*kcr+kc1+kc2-2*kc3-2*kc4);
t3:= sin(k*laf)*(ks1-ks2-2*ks3+2*ks4);
rmf:= fac*(t1+t2+t3);
end; {R-mutual,Equation (C.19)}

PROCEDURE Xm(r,f,laf,s1,s2,s3,s4:real; var xmf:real);
var k,fac,ksr,kc1,kc2,kc3,kc4,ks1,ks2,ks3,ks4,t1,t2,t3:real;
```

```
begin
k:= 2*Pi*f/3E8; fac:= 377/4/Pi/sin(k*laf/2)/sin(k*laf/2);
Si(k*r,ksr);
Si(k*s1,ks1); Si(k*s2,ks2); Si(k*s3,ks3); Si(k*s4,ks4);
Ci(k*s1,kc1); Ci(k*s2,kc2); Ci(k*s3,kc3); Ci(k*s4,kc4);
t1:= 2*(2*ksr-ks3-ks4);
t2:= cos(k*laf)*(2*ksr+ks1+ks2-2*ks3-2*ks4);
t3:= sin(k*laf)*(kc1-kc2-2*kc3+2*kc4);
xmf:= -fac*(t1+t2-t3);
end; {X-mutual,Equation (C.20)}

PROCEDURE Dist(r,laf:real; var s1,s2,s3,s4:real);
var sqr1,sqr2:real;
begin
sqr1:= sqrt(r*r+laf*laf); sqr2:= sqrt(r*r+laf*laf/4);
s1:= sqr1+laf; s2:= sqr1-laf;
s3:= sqr2+laf/2; s4:= sqr2-laf/2;
end; {Distances,Equation (C.21)}

PROCEDURE SA(f,f0,d,ht,hr,arc,fir,rab,xab,rcd,xcd:real; var saf:real);
var r,r11,x11,r12,x12,r13,x13,r14,x14,r22,x22,r24,x24,rrc,irc,
rd,xd,rna,xna,rnb,xnb,rn,xn,s1,s2,s3,s4,wr0,la0,alpha :real;
begin
rrc:= arc*cos(fir); irc:= arc*sin(fir); alpha:= 40;
wr0:= 1.5E8/f0/sqrt(exp(alpha)); la(f0,wr0,la0);
Ra(f,la0,r11); Xa(f,la0,wr0,x11); r22:= r11; x22:= x11;
r:= sqrt(d*d+(ht-hr)*(ht-hr)); Dist(r,la0,s1,s2,s3,s4);
Rm(r,f,la0,s1,s2,s3,s4,r12); Xm(r,f,la0,s1,s2,s3,s4,x12);
r:= 2*ht; Dist(r,la0,s1,s2,s3,s4);
Rm(r,f,la0,s1,s2,s3,s4,rd); Xm(r,f,la0,s1,s2,s3,s4,xd);
cprod(rrc,irc,rd,xd,r13,x13);
r:= sqrt(d*d+(ht+hr)*(ht+hr)); Dist(r,la0,s1,s2,s3,s4);
Rm(r,f,la0,s1,s2,s3,s4,rd); Xm(r,f,la0,s1,s2,s3,s4,xd);
cprod(rrc,irc,rd,xd,r14,x14);
r:= 2*hr; Dist(r,la0,s1,s2,s3,s4);
Rm(r,f,la0,s1,s2,s3,s4,rd); Xm(r,f,la0,s1,s2,s3,s4,xd);
cprod(rrc,irc,rd,xd,r24,x24);
cprod(r12+r14,x12+x14,rab+rcd,xab+xcd,rd,xd);
cprod(rab+r11+r13,xab+x11+x13,rcd+r22+r24,xcd+x22+x24,rna,xna);
cprod(r12+r14,x12+x14,r12+r14,x12+x14,rnb,xnb);
rn:= rna-rnb; xn:= xna-xnb;
saf:= sqrt((rn*rn+xn*xn)/(rd*rd+xd*xd));
saf:= 20*ln(saf)/ln(10);
```

```
end; {SIL,Equation (C.17)}

PROCEDURE YesNo(var rk: char);
begin
repeat
rk:= readkey; rk:= upcase(rk);
until (rk= 'Y') or (rk= 'N');
writeln(rk);
end; {Yes/No}

BEGIN
{Input Data}
clrscr;
write('Frequency        (MHz)= '); read(f ); f:= f* 1E6;
write('Radius Wire Antenna   (mm)= '); read(wr ); wr:= wr* 1E-3;
write('Height Transmit Antenna (m)= '); read(ht );
write('Height Receive Antenna (m)= '); read(hr );
write('Horizontal Antenna Distance (m)= '); read(d );
write('Ideal Plane Reflection? (Y/N)= '); YesNo(yn); if yn='Y' then
begin arc:=1; fir:= Pi; goto impedance; end;
write('Modulus Reflection Coefficient = '); read(arc);
write('Phase Refl.Coef.(Degrees)= '); read(fir); fir:= fir* Pi/180;
impedance:
write('Ideal Antenna Impedance (Y/N)= '); YesNo(yn); if yn='Y' then
begin rab:= 100; xab:= 0; rcd:= 100; xcd:= 0; goto calculate; end;
write('R-AB (transmit)      (Ohm)= '); read(rab);
write('X-AB (transmit)   (Ohm)= '); read(xab);
write('R-CD (receive)       (Ohm)= '); read(rcd);
write('X-CD (receive)      (Ohm)= '); read(xcd);

{Calculations}
calculate:
f0:=f
la(f0,wr,laf);
SIL(f,f0,d,ht,hr,arc,fir,rab,xab,rcd,xcd,saf);

{Output Data}
writeln;
writeln('f(MHz)= ',f/1E6:3:0,' La(m)= ',laf:3:3,' Aic(dB)= ',saf:3:3);
writeln;
END.
```

附　录　E
（资料性附录）
确认程序实施清单

确认程序实施清单见表 E.1。

表 E.1　确认程序实施清单

对应于 4.8.2“确认报告要求”条号	项目	备注
a	**一般信息**	
a1	地址、CALTS 所在位置	
a2	CALTS 拥有者的地址、电话传真、电邮	
a3	出具 CALTS 确认报告的责任人或组织的地址、电话传真、电邮	可以与上述 a2 相同
a4	实施 CALTS 确认的责任人或组织的地址、电话传真、电邮	可以与上述 a2 和/或 a3 相同
a5	上述 a2、a3、a4 相关责任人或组织的签名	
a6	有关 CATLS 确认过程使用的配置和辅助设备的一般描述	可使用照片、绘图和部件号以便于描述
a7	CALTS 确认完成的日期和确认报告的发布日期	
b	**有效性评估**	
b1	有效性评估的结果	
b2	CALTS 确认周期的确定	
b3	限制条件和配置的识别	
c	**试验天线**	
c1	可计算天线的识别	类型、部件编号
c2	依据适用的规范性技术要求进行的符合性检查	参见 4.3.2 和表 2 中的数值
c3	所用的特性阻抗的确认	见 4.3.2g)
d	**试验布置**	
d1	试验布置的详细描述	
d2	依据适用的规范性技术要求进行的符合性检查	参见 4.4.2 和表 2 中的数值
e	**测量**	
e1	偏离指定频率的理由阐述(如果适用的话)	见 4.4.3.3
e2	按照 4.4.4 和表 3 得到的 SIL 测量结果和 SIL 不确定度的评定	见 4.4.3.1 和 4.4.4
e3	天线高度扫描测量结果或频率扫描测量结果及其不确定度	见 A.4

表 E.1(续)

对应于4.8.2"确认报告要求"条号	项目	备注
f	**场地SIL的计算和允差**	见4.5.2
f1	SIL计算方法和获取最大SIL时高度或频率的准则的描述	参见附录C的解析法或MOM程序法
f2	确定SIL的理论值和高度或频率的准则	
f3	按照表2给出的偏差的默认值或计算值来确定总的测量不确定度	式(4)和式(A.2)或式(A.4)
g	**可接受准则的计算**	见4.5.3或A.4.2.3、A.4.3.3
g1	确定SIL的计算值和测量值的绝对值,及其对应的天线高度或频率	
g2	确定允差与SIL和天线高度或频率的测量不确定度之间的差值	
g3	通过式(5)和式(A.1)或式(A.3)进行符合性核查	
h	**最终的符合性声明**	
h1	结果总结:作出在考虑了有效期、给出的限制条件和配置的情况下的符合性声明	参考b

附 录 F
(资料性附录)
垂直极化场地确认方法的场锥削对天线系数测量结果的影响可忽略不计的证据

F.1 垂直场锥削的研究

AUC 垂直口径上的场均匀性根据 4.9 的程序使用伞状小双锥天线进行测量，该天线两顶点的间距为 0.39 m。使用小双锥天线在 1 m～2.6 m 的高度范围内测量 SIL，高度步进为 0.2 m。测量结果用 1.8 m 高时的 SIL 进行归一化。单锥天线和 AUC 的间距为 15 m。与高度 1.8 m 时场强的偏离情况如图 F.1 所示。大部分偏离位于±0.5 dB 之内，有三处窄带峰值刚好超过了±1 dB。因此，很容易达到±1.5 dB 的接受准则。

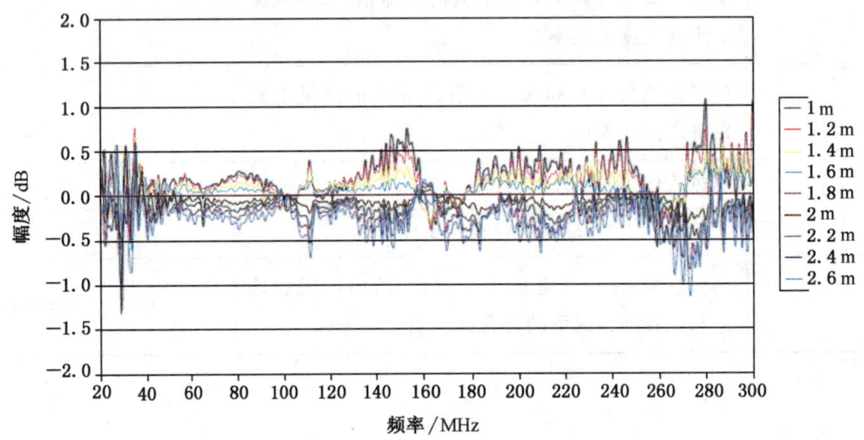

图 F.1 距单锥天线 15 m 归一化到 1.8 m 高度场强时的 1 m～2.6 m 高度范围内场的均匀性

F.2 使用垂直极化校准双锥天线

根据 GB/T 6113.106—2018 的 9.3 在 60 m×30 m 的接地平面上校准双锥天线，使用可计算偶极子天线作为 STA。垂直极化 AUC 的中心位于接地平面上方 1.75 m 处。电缆在 AUC 后部水平延伸超过 5 m 后垂直落向接地平面。在 AUC 和单锥天线的间距分别为 10 m、12.5 m 和 15 m 时进行校准。间距越短，垂直场锥削越大；然而，在这种大的接地平面上，10 m 的间距就能得到非常满意的结果。

使用 GB/T 6113.106—2018 中 9.3 的方法得到的天线系数，可通过与其完全不同的GB/T 6113.106—2018 中 B.4.2 的方法得到的天线系数进行确认，后者是使用水平极化的天线在接地平面上方多个高度上测量 AF，然后进行平均得到 F_a。在大多数频点，两者之差小于 0.2 dB，如图 F.2 所示，这里 Tx 和 Rx 分别表示发射天线和接收天线。

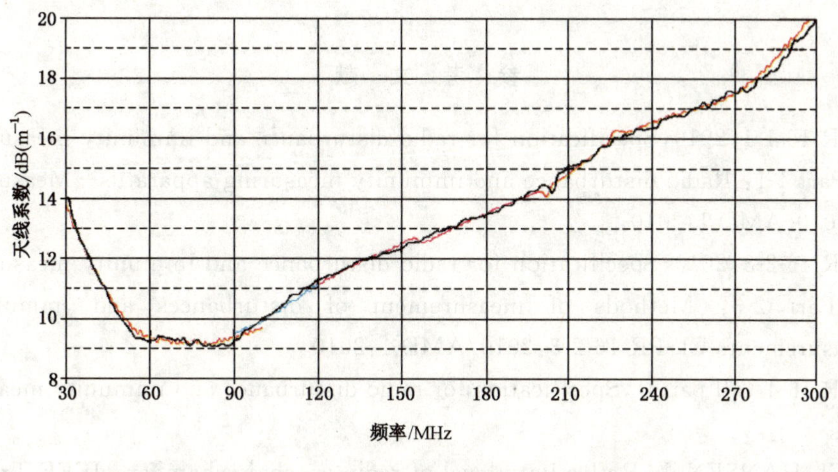

— 30 MHz ～110 MHz, T_x:2 m R_x:(6−λ/2) m～6 m,60 MHz 偶极子振子

— 90 MHz ～120 MHz, T_x:2 m R_x:(6−λ/2) m～6 m,180 MHz 偶极子振子

—120 MHz～200 MHz, T_x:1 m R_x:2.5 m～3.5 m

—200 MHz～300 MHz, T_x:1 m R_x:2.5 m～4 m

— 垂直极化校准方法，距离为 20 m

图 F.2　不同高度上 AF 的平均值(使用 SAM,见 GB/T 6113.106—2018 的 B.4.2)

参 考 文 献

［1］ CISPR 16-1-1:2010,Specification for radio disturbance and immunity measuring apparatus and methods—Part 1-1: Radio disturbance and immunity measuring apparatus—Measuring apparatus CISPR 16-1-1:2010/AMD 1:2010

［2］ CISPR 16-2-3:2010,Specification for radio disturbance and immunity measuring apparatus and methods—Part 2-3: Methods of measurement of disturbances and immunity—Radiated disturbance measurements CISPR 16-2-3:2010/AMD 1:2010

［3］ CISPR 16-4 (all parts),Specification for radio disturbance and immunity measuring apparatus and methods

［4］ APPEL-HANSEN,J.,Reflectivity level of radio anechoic chambers,IEEE Transactions on Antenna Propagation,vol.AP-21,no.4,July 1973,p.490-498

［5］ JI,Y.,ARTHUR,D.C.,and WARNER,F.M.,Measurement of above 1 GHz EMC antennas in a fully anechoic room,CPEM Digest,June 2008,p.252-253

［6］ ANSI C63.7-2005,American National Standard Guide for Construction of Open—Area Test Sites for Performing Radiated Emission Measurements

［7］ HOLLIS,J.S.,LYON,T.J.,and CLAYTON,L.(Editors),Microwave Antenna Measurements,Scientific Atlanta Inc.,Atlanta,GA,U.S.A.,1986

［8］ SANDER,K.F.,and REED,G.A.L.,Transmission and Propagation of Electromagnetic Waves,Cambridge University Press,Cambridge,UK,1987

［9］ LIVSHITS,B.,and HARPELL,K.,Note to the open field site characterization,IEEE EMC Symposium,Denver,1992,p.352-355

［10］ SUGIURA,A.,SHIMIZU,Y.,and YAMANAKA,Y.,Site attenuation for various ground conditions,IEICE Transactions,E73,9 September 1990,p.1517-1523

［11］ BERQUIST,A.P.,and BENNETT,W.S.,Ground-plane size and shape experiments for radiated electromagnetic emission measurements,IEEE EMC Symposium,Denver,U.S.A.,1992,p.211-217

［12］ SALTER,M.J.,and ALEXANDER,M.J.,EMC antenna calibration and the design of an open-field site,Measurement Science and Technology (IOP),2,1991,p.510-519

［13］ ANSI C63.5-2006,American National Standard—Electromagnetic Compatibility—Radiated Emission Measurements in Electromagnetic Interference (EMI) Control—Calibration of Antennas (9 kHz to 40 GHz)

［14］ FITZGERELL,R.G.,Standard linear antennas,30-1 000 MHz,IEEE Transactions on Antennas and Propagation,AP-34,12,December 1986,p.1425-1429

［15］ SOMLO,P.I.,and HUNTER,J.D.,Microwave Impedance Measurement,Peter Peregrinus Ltd.,London,UK,1985

［16］ BROWN,G.H.,and KING,R.,High-frequency models in antenna investigations,IRE Proceedings,vol.22,No.4,April 1934,p.457-480

［17］ BALANIS,C.A.,Antenna Theory,Analysis and Design,Harper & Row,New York,1982,Section 7.3.2 (Other text books on antenna theory may provide an expression for the antenna impedance as well)

［18］ ABRAMOWITZ,M.,and STEGUN,I.A.,Handbook of Mathematical Functions,Dover

Publications Inc, New York, 1972, Section 5.2 (Reprint of original edition published by National Bureau of Standards 1964)

[19] SUGIURA,A.,Formulation of normalized site attenuation in terms of antenna impedances,IEEE Transactions on EMC,EMC-32,4,1990,p.257-263

[20] NIST Technical Note 1297,Guidelines for Evaluating and Expressing the Uncertainty of NIST Measurement Results,1994 Edition

[21] ROCKWAY,J.W.,LOGAN,J.C.,DANIEL,W.S.T.,and LI,S.T.,The MININEC system: Microcomputer Analysis of Wire Antennas,Artech House,London,1988

[22] LOGAN,J.C., and BURKE, A.J., Numerical Electromagnetic Code, 1981, Naval Ocean Systems Center,CA,USA.NEC2 can be purchased or downloaded free from the internet

[23] ALEXANDER,M.J.,SALTER,M.J.,LOADER,B.G.,and KNIGHT,D.A.,Broadband calculable dipole reference antennas,IEEE Transactions on EMC,vol.44,no.1,February 2002,p.45-58

[24] CAP2010,Calculable antenna processor,National Physical Laboratory (NPL),software available as freeware from (www.npl.co.uk/software/calculable-antenna-processor).The executable file "CALTS_DIPOLE.exe," for use as an option for the Annex E calculations,is also available at this site

[25] MORIOKA,T.,and HIRASAWA,K.,MoM calculation of the properly defined dipole antenna factor with measured balun characteristics,IEEE Transactions on EMC,vol.EMC-53,no.1,Feb. 2011,p.233-236

[26] HARIMA,K.,Calibration of broadband double-ridged guide horn antenna by considering phase center, Proceedings of the 39th European Microwave Conference, Oct. 2009, Roma, Italy, p. 1610-1613

[27] CASEY,K.F.,Electromagnetic shielding behaviour of wire mesh screens,IEEE Transactions on EMC,vol.30,1988,p.298-306

[28] JCGM 200:2012,International vocabulary of metrology—Basic and general concepts and associated terms (VIM),3rd edition,2008 version with minor corrections.

ICS 33.100
L 06

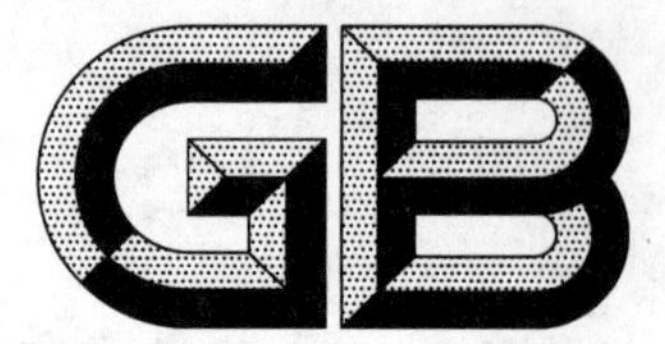

中华人民共和国国家标准

GB/T 6113.106—2018/CISPR 16-1-6:2014

无线电骚扰和抗扰度测量设备和测量方法规范 第1-6部分:无线电骚扰和抗扰度测量设备 EMC天线校准

Specification for radio disturbance and immunity measuring apparatus and methods—Part 1-6: Radio disturbance and immunity measuring apparatus—EMC antenna calibration

(CISPR 16-1-6:2014,IDT)

2018-12-28 发布

2019-07-01 实施

国家市场监督管理总局
中国国家标准化管理委员会 发布

前　　言

GB/T 6113《无线电骚扰和抗扰度测量设备和测量方法规范》为电磁兼容基础标准，由以下四大部分组成。

第1部分：无线电骚扰和抗扰度测量设备

——第1-1部分：无线电骚扰和抗扰度测量设备　测量设备；

——第1-2部分：无线电骚扰和抗扰度测量设备　传导骚扰测量的耦合装置；

——第1-3部分：无线电骚扰和抗扰度测量设备　辅助设备　骚扰功率；

——第1-4部分：无线电骚扰和抗扰度测量设备　辐射骚扰测量用天线和试验场地；

——第1-5部分：无线电骚扰和抗扰度测量设备　5 MHz～18 GHz天线校准场地和参考试验场地；

——第1-6部分：无线电骚扰和抗扰度测量设备　EMC天线校准。

第2部分：无线电骚扰和抗扰度测量方法

——第2-1部分：无线电骚扰和抗扰度测量方法　传导骚扰测量；

——第2-2部分：无线电骚扰和抗扰度测量方法　骚扰功率测量；

——第2-3部分：无线电骚扰和抗扰度测量方法　辐射骚扰测量；

——第2-4部分：无线电骚扰和抗扰度测量方法　抗扰度测量；

——第2-5部分：大型设备骚扰发射现场测量。

第3部分：无线电骚扰和抗扰度测量技术报告

——第3部分：无线电骚扰和抗扰度测量技术报告。

第4部分：不确定度、统计学和限值建模

——第4-1部分：不确定度、统计学和限值建模　标准化EMC试验的不确定度；

——第4-2部分：不确定度、统计学和限值建模　测量设备和设施的不确定度；

——第4-3部分：不确定度、统计学和限值建模　批量产品的EMC符合性确定的统计考虑；

——第4-4部分：不确定度、统计学和限值建模　抱怨的统计和限值的计算模型；

——第4-5部分：不确定度、统计学和限值建模　替换试验方法的使用条件。

本部分为GB/T 6113的第1-6部分。

本部分按照GB/T 1.1—2009给出的规则起草。

本部分使用翻译法等同采用CISPR 16-1-6:2014《无线电骚扰和抗扰度测量设备和测量方法规范　第1-6部分：无线电骚扰和抗扰度测量设备　EMC天线校准》。

与本部分中规范性引用的国际文件有一致性对应关系的我国文件如下：

——GB/T 4365—2003　电工术语 电磁兼容[idt IEC 60050(161):1990]

本部分由全国无线电干扰标准化技术委员会(SAC/TC 79)提出并归口。

本部分起草单位：中国电子技术标准化研究院、中国计量科学研究院、上海霍莱沃电子系统技术股份有限公司、工业和信息化部电子第五研究所、东南大学、北京邮电大学、北京无线电计量测试研究所、上海电器科学研究院、中国汽车工程研究院股份有限公司、陕西海泰电子有限责任公司、江苏省计量科学研究院、宁波检验检疫科学技术研究院、中国合格评定国家认可中心、中国质量认证中心、苏州泰思特电子科技有限公司、上海市医疗器械检测所、南京容测检测技术有限公司、大连市产品质量检测研究院、北京大泽科技有限公司、新华三技术有限公司、北京世纪汇泽科技有限公司。

本部分主要起草人：崔强、谢鸣、黄攀、朱文立、周忠元、孟东林、李莉、周建华、刘星汛、刘潇、袁书传、侯新伟、陈彦、黄雪梅、郭恩全、邓凌翔、何鹏、靳冬、蔡华强、胡小军、高中、易浦飞、徐澹、李立嘉、汪宁璋、王佳春。

无线电骚扰和抗扰度测量设备和测量方法规范 第1-6部分:无线电骚扰和抗扰度测量设备 EMC天线校准

1 范围

GB/T 6113 的本部分给出了确定天线系数(AF)时的天线校准程序和相关信息,适用于辐射骚扰测量天线。

注:依据 IEC 导则 107,CISPR 16-1-6 为 IEC 所属产品委员会使用的基础电磁兼容(EMC)标准。正如 IEC 导则 107 所述,产品委员会有责任决定 EMC 标准的适用性。CISPR 及其分技术委员会(对应于国内的 SAC/TC 79 技术委员会及其分技术委员会)与这些产品委员会在评估其特定产品的特定试验的价值展开合作。上述产品委员会对应于国内相关的产品技术委员会。

AF 受周围环境和其相对于发射源所在空间位置的影响。本部分所关注的天线校准旨在提供天线视轴方向上的自由空间 AF,适用于 9 kHz~18 GHz 频率范围,包括的天线类型有:单极天线、环天线、偶极子天线、双锥天线、对数周期偶极子阵列(LPDA)天线、复合天线和喇叭天线。

本部分还可作为每一种校准方法、校准布置和校准用测量设备的测量不确定度评估的指南。

2 规范性引用文件

下列文件对于本文件的应用是必不可少的。凡是注日期的引用文件,仅注日期的版本适用于本文件。凡是不注日期的引用文件,其最新版本(包括所有的修改单)适用于本文件。

GB/T 6113.104—2016 无线电骚扰和抗扰度测量设备和测量方法规范 第1-4部分:无线电骚扰和抗扰度测量设备 辐射骚扰测量用天线和试验场地(CISPR 16-1-4:2010+A1:2012,IDT)

GB/T 6113.105—2018 无线电骚扰和抗扰度测量设备和测量方法规范 第1-5部分:无线电骚扰和抗扰度测量设备 5 MHz~18 GHz 的天线校准场地和参考试验场地(CISPR 16-1-5:2014,IDT)

IEC 60050-161 国际电工词汇(IEV) 第161章:电磁兼容[International Electrotechnical Vocabulary(IEV)—Chapter 161:Electromagnetic compatibility]

ISO/IEC 导则 98-3:2008 测量不确定度 第3部分:测量不确定度的表示指南(GUM:1995)[Uncertainty of measurement—Part 3:Guide to the expression of uncertainty in measurement(GUM:1995)]

3 术语、定义和缩略语

3.1 术语和定义

IEC 60050-161 界定的以及下列术语和定义适用于本文件。

注:3.2 给出了未包括在 3.1 中的所有缩略语。

3.1.1 天线术语

3.1.1.1

天线 antenna

把馈线的导行电磁能量转换成空间中辐射波的转换器,反之亦然。

注：本部分中，对于正常工作巴伦是其必备部分的天线，术语“天线”也包括巴伦。

3.1.1.2

双锥天线 biconical antenna

由具有一公共轴线的两个锥形辐射单元构成的对称天线，从紧邻的两锥体的顶点馈电。

注1：用于甚高频(VHF)频段时，双锥天线通常由两个锥形导线笼构成。通常每个笼有一个交叉杆，用于连接中心导体和外围的导线之一，目的是消除窄带谐振。这种短接的交叉杆会在215 MHz以上影响天线的特性。详见附录A的A.4.3。

注2：本部分中，端到端之间的长度为1.3 m～1.4 m(根据MIL-STD-461[45]设计的双锥天线，其端到端之间的长度为1.37 m)的双锥天线称为传统双锥天线，以区别于其上限频率在300 MHz以上的小双锥天线。

3.1.1.3

宽带天线 broadband antenna

在较宽的无线电频率范围内具有可接受特性的天线。

3.1.1.4

可计算天线 calculable antenna

偶极子类的天线，其单个天线的天线系数以及一对天线之间的场地插入损耗可通过基于尺寸、负载阻抗和几何参数的解析方法或数值方法(矩量法)进行计算，且能通过测量得到验证。

注：可计算偶极子天线是可计算天线的特例；解析方法和数值方法之间良好的吻合确认了线性偶极子具有非常小的不确定度。可计算偶极子天线的描述参见GB/T 6113.105—2018。

3.1.1.5

喇叭天线 horn antenna

其截面向开口端逐渐增大的波导段构成的天线，开口端称为口面。

注：在大约1 GHz以上的微波频率范围内广泛使用矩形波导的锥形喇叭天线。双脊波导喇叭天线(DRH，由于其双脊导向，有时也称为DRG喇叭天线)覆盖很宽的频率范围。一些DRH天线的主瓣在较高频段会分成几个波瓣，详见9.5.1.3的注。

3.1.1.6

复合天线 hybrid antenna

由线单元(即振子)的对数周期偶极子阵列部分和宽带偶极子部分组成的天线。

注1：LPDA(见3.1.1.7)部分的最长线单元通常在200 MHz附近谐振，在开路(即后端)延长主轴以给相连的宽带偶极子(例如，双锥天线或蝶形天线)部分馈电。在30 MHz～200 MHz频段范围内，宽带偶极子天线具有与双锥天线相似的性能，尤其在$F_a(h,p)$的变化方面。

注2：通常要在主轴的开路端(即后端)使用共模扼流圈以尽可能地减小同轴电缆外导体上的寄生(非期望的)射频电流流入测量接收机。

3.1.1.7

对数周期偶极子阵列天线 log-periodic dipole array antenna；LPDA antenna

由线性偶极子的阵列组成的天线，其偶极子的长度和间隔从天线的顶端到末端随着频率的降低呈对数增加。

3.1.1.8

单极天线 monopole antenna

通常放置在大的水平导电平面上的线性垂直天线，其特性类似于垂直极化的偶极子天线。

注1：单极天线由垂直杆以及基座上的匹配单元组成。若两者的合成高度小于$\lambda/8$，则等效电容替代法(ECSM)为测量其AF的有效方法。

注2：术语“杆”是指金属杆，其可与匹配单元分离，在ECSM中用虚拟天线代替金属杆。

3.1.1.9

谐振偶极子天线　resonant dipole antenna

调谐偶极子天线　tuned dipole antenna

由两根相同长度的共线直导体构成的天线,两根导体端对端放置,由一小间隙分隔形成平衡馈电。每根导体的长度近似为 1/4 波长,从而使得当偶极子处于自由空间时,在特定的频率上,其间隙两端测得的天线的输入阻抗的电抗为零。

注:谐振偶极子天线也是可计算天线(见 3.1.1.4)。在本部分中,与双锥偶极子或 LPDA 天线中的偶极子阵列相比,术语“线性偶极子”指“两根共线的直线导体”。

3.1.1.10

标准天线　standard antenna;STA

天线系数能通过精确计算或测量得到的天线。

注 1:STA 可以是可计算天线(见 3.1.1.4),如 GB/T 6113.105—2018 中 4.3 所规定的;STA 也可以是与被校天线(AUC)的类型相似的天线,只要其校准的测量不确定度小于 AUC 所要求的不确定度。三天线法(TAM)是精确测量 STA 的 AF 的一种方法。

注 2:STA 用于使用标准天线法(SAM)的测量(见 4.3.5,等等)。STA 的机械性能需稳定,使得其连续使用时 AF 的复现性能优于±0.2 dB。STA 的平衡性和交叉极化判定准则见 6.3.2 和 6.3.3。

3.1.1.11

被校天线　antenna under calibration;AUC

被校准的天线,其与 AUC 的校准测量中使用的“配对天线”不同。

注:术语“配对天线”的定义见 3.1.1.12。

3.1.1.12

配对天线　paired antenna

天线校准中使用的天线,其覆盖 AUC 的频率范围且具有和 AUC 相似的方向性。

注 1:对于 TAM,天线对的例子包括:双锥天线-双锥天线、双锥天线-偶极子天线、双锥天线-复合天线、LPDA 天线-复合天线、LPDA 天线-LPDA 天线和 LPDA 天线-喇叭天线。

注 2:6.2.1 叙述了配对天线在 TAM 和 SAM 中所起的不同作用。

注 3:天线相似性的描述见 8.3.3。

3.1.1.13

巴伦　balun

用于传输线之间从平衡到不平衡或者从不平衡到平衡转换的装置。

注 1:例如,使用巴伦把平衡的天线单元耦合到不平衡的馈线(例如同轴电缆)。巴伦可具有不同于 1:1 的固有阻抗变换。

注 2:本部分中的巴伦也用于指双锥天线或复合天线的手柄,通常形状为金属管或者金属杆。

3.1.1.14

天线的方向性系数　antenna directivity

天线在其视轴方向上的辐射强度与平均辐射强度的比值。

注 1:视轴方向见 3.1.1.18,辐射方向图见 3.1.1.15。

注 2:天线的方向性系数的定义默认为相对于各向同性的辐射条件(在本定义中,即为平均辐射强度),其单位为 dBi。当参考为半波偶极子(其方向性系数为 1.64)时,其单位为 dBd[y(dBd)=x(dBi)−2.15 dB]。

3.1.1.15

辐射方向图　radiation pattern

距发射天线相位中心确定距离处的辐射相对强度与方向之间的变化关系。

注:天线的方向性系数见 3.1.1.14。对于 EMC 试验,关注的辐射方向图是共极化的 E 面辐射方向图(见 3.1.1.16)和 H 面辐射方向图(见 3.1.1.17)。

3.1.1.16

主 E 面　principal E-plane

线极化天线的电场矢量和最大辐射方向构成的平面。

注：使用位于 AUC 远场的共极化发射天线，在包含 AUC 的中心和发射天线的水平面内，通过围绕其中心在方位面内旋转水平极化的 AUC 并测量其输出电压可得到主 E 面方向图。

3.1.1.17

主 H 面　principal H-plane

线极化天线的磁场矢量和最大辐射方向构成的平面。

注：使用位于 AUC 远场的共极化发射天线，在包含 AUC 的中心和发射天线的水平面内，通过围绕其中心在方位面内旋转垂直极化的 AUC 并测量其输出电压可得到主 H 面方向图。

3.1.1.18

视轴方向　boresight direction

天线的辐射特性所确定的轴线，对于 EMC 天线，其为天线的最大辐射方向。

注：对于 EMC 天线，最大信号方向通常为：a)LPDA 天线的机械纵向轴线方向；b)垂直于单极天线、偶极子天线和双锥天线单元的方向；c)垂直于喇叭天线前口面的方向。在这些例子中，垂直线与天线的中心重合。

3.1.1.19

零点　null

接收天线处直射信号和地面反射信号的矢量和所得到的信号电平上的节点，该节点的电平远小于这些信号同相时的信号电平矢量和。

注 1：零点深度可由直射信号和地面反射信号的同相矢量和测得。当天线位于接地平面上方一定高度，使得直射信号和地面发射信号反相时，接收信号将出现零点，在计算 AF 时这会导致较大的误差。零点的相位差范围为 90°～180°。90°时的零点深度为 6.02 dB。此深度是与扫频信号响应(或一副天线在固定频率进行高度扫描)中的最近的最大信号相比较的。零点深度大于 6 dB 时可得到准确的 AF 结果，但校准人员需要确认他们接地平面的质量，例如，通过使用一副可计算偶极子天线。

注 2：对于某些 DRH 天线，视轴上信号电平的下降有时也被称为零点。本定义不适用于这样的下降。

注 3：由于在传播媒质中的某些位置，产生驻波的两条波的规定场的矢量和为最小值，因此 IEC 60050-726:1982，726-02-07 定义了“驻波的最小值”，其同义词为(驻波)节点。

3.1.2　天线系数术语

3.1.2.1

天线系数　antenna factor

F_a

在自由空间测得的机械视轴(即天线的主轴)方向上入射的平面波的电场强度与天线所连规定负载上产生的电压的比值。

注：更多信息详见 4.2。本部分中，符号 F_a 为自由空间天线系数。天线系数也作为通用术语，表示为 AF，这包括自由空间 AF 和与高度相关的 AF(见 3.1.2.4)。AF 的物理单位为 m^{-1}，测得的 AF 数据通常表示为 dB(m^{-1})[即 F_a，F_{ac}，$F_a(h)$，$F_a(h,p)$，或 $F_a(d)$]。平面波的入射指远场条件，详见 C.4。同时参见 C.2 和 C.3 中 AF、天线增益和插入损耗测量的整体描述。

3.1.2.2

平面波条件下校准的单极天线的天线系数 antenna factor for monopole antenna calibrated in plane wave conditions

F_a

垂直于天线杆的方向上入射的平面波的电场强度与天线所连规定负载上产生的电压的比值，测量时天线匹配单元的底面放置在开阔试验场地(OATS)的接地平面上并与其电搭接。

注 1：仅当天线系数的单位为 dB 时才使用符号 F_a。

注 2：单极天线的 AF 与增益之间的关系与其他天线不同；参见 C.2.2。

3.1.2.3

使用等效电容替代法(ECSM)校准的单极天线的天线系数　antenna factor for monopole antenna calibrated by the ECSM

F_{ac}

使用等效电容替代法测得的天线系数。

注 1：仅当天线系数的单位为 dB 时才使用符号 F_{ac}。

注 2：ECSM 见 5.1.2。5.1.2.2 给出了考虑匹配单元的影响对 F_{ac}进行修正进而得到 F_a 的方法。单极天线的 AF 与增益之间的关系与其他天线不同；参见 C.2.2。

3.1.2.4

与高度相关的天线系数　height-dependent antenna factor

$F_a(h,p)$，$F_a(h)$

位于理想 OATS 的接地平面上某一高度 h 的作为天线高度 h 和极化 p 函数的天线系数。

注：当省略符号 p 时，对于 $F_a(h)$，假设为水平极化。例如，在 B.4.2 中明确地用 $F_a(h,\mathrm{H})$表示水平极化。

3.1.2.5

磁场天线系数　magnetic field antenna factor

F_{aH}

垂直于环天线所围区域的入射磁场分量的强度与天线所连规定负载上产生的电压的比值。

注 1：仅当天线系数的单位为 dB 时才使用符号 F_{aH}。量 F_{aH}的单位为 dB($\Omega^{-1}m^{-1}$)。

注 2：GB/T 6113.104—2016 规定了用于测量 9kHz～30 MHz 磁场的环天线。

3.1.3　测量场地术语

3.1.3.1

电波暗室　anechoic chamber

装有射频吸波材料以减小内表面反射的屏蔽室。

注 1：电波暗室有两种不同的类型，即全电波暗室(见 3.1.3.5)和半电波暗室(见 3.1.3.8)。

注 2：与 EMC 辐射骚扰测量所用的暗室相比，用于天线校准的电波暗室具有更严格的射频性能规范(详见 GB/T 6113.105—2018)。

3.1.3.2

校准场地　calibration site

用于天线校准的场地。

注：校准场地包括：有意使用地面反射的校准试验场地(CALTS)(见 3.1.3.3)、全电波暗室(FAR)(见 3.1.3.5)和天线架设在地面以上足够高度以减小地面反射的开阔校准场地(见 GB/T 6113.105—2018 的第 6 章)。对于这些场地，用于天线校准时来自所有方向的反射需满足合适的场地接受准则。

3.1.3.3

校准试验场地　calibration test site；CALTS

具有金属接地平面并严格规定了水平极化时场地插入损耗的校准场地。

注 1：CALTS 用于测量与高度相关的天线系数，以及通过标准场地法测量自由空间天线系数。

注 2：CALTS 也可通过以下方式进行确认：a)对于垂直极化，使用 GB/T 6113.105—2018 的 4.7 中规定的方法；b)对于其他特定天线校准方法，使用 GB/T 6113.105—2018 的 4.9 和 4.10 中规定的方法。

3.1.3.4

自由空间　free space

任何障碍物(包括地面)对两副天线间直射波信号的影响低于测量 F_a时所规定的不确定度分量值

的环境。

3.1.3.5

全电波暗室 fully-anechoic room;FAR

六个内表面装有射频吸波材料(即射频吸收器)的屏蔽室,该吸波材料能够衰减所关注频率范围内的电磁能量。

注:与 GB/T 6113.104—2016 中 EMC 辐射骚扰测量所用的 FAR 相比,用于天线校准的 FAR 具有更严格的场均匀性规范。如果周围的射频干扰影响所要求的信噪比(SNR),FAR 宜建在屏蔽室内部。

3.1.3.6

理想开阔试验场地 ideal open-area test site;ideal OATS

具有理想平坦的无限大的理想导电接地平面,且除了接地平面外无其他反射物体的开阔试验场地。

注:理想 OATS 是从理论上构建的一种试验场地,用于计算具有接地平面试验场地的理论归一化场地插入损耗 A_i 以及天线的建模。见 3.1.3.7(开阔试验场地)。

3.1.3.7

开阔试验场地 open-area test site;OATS

用于测量和校准的设施,其利用大的平坦的导电接地平面实现地面反射的可复现性。

注1:OATS 可用于辐射骚扰测量,这种情况时也称为符合性试验场地(COMTS)。OATS 也可用于天线校准,这种情况时称为 CALTS。

注2:OATS 为无覆盖物的室外场地,其远离建筑物、电力线、篱笆、树木、地下电缆、管道和其他潜在的反射物体,以使得这些物体的影响可以忽略不计。见 3.1.3.3 对 CALTS 的定义和 3.1.3.6 对理想 OATS 的定义。OATS 的结构见 GB/T 6113.104—2016。

3.1.3.8

半电波暗室 semi-anechoic chamber;SAC

6 个内表面中的 5 面安装有能够吸收所关注频率范围内的电磁能量的吸波材料(即射频吸收器)、底部的水平面铺设有 OATS 试验布置中所使用的导电接地平面的屏蔽室。

注:与 EMC 辐射骚扰测量所用的 SAC 相比,用于天线校准的 SAC 需满足更严格的归一化场地衰减规范。如果为了避免周围的射频干扰影响所要求达到的 SNR,SAC 宜建在屏蔽室内部;见 3.1.3.5 全电波暗室。

3.1.4 其他术语

3.1.4.1

测量接收机 measuring receiver

选择性和线性满足相关校准方法要求的信号测量设备,例如步进接收机、频谱分析仪或网络分析仪中的接收部分。

注:术语"测量接收机"也指矢量网络分析仪的整体功能。在本部分中,所谓"信号"指的是具有恒定幅度的正弦信号;详见 6.2.1。针对天线校准,本部分特意对 CISPR 16-1-1[1] 和 CISPR 16-2-3 [2] 中的术语"测量接收机"做了修改。

3.1.4.2

场地衰减 site attenuation;SA

A_s

当一副天线在规定的高度范围内垂直移动,另一副天线架设在固定高度时,位于校准场地导电接地平面上的这两副极化匹配的天线之间测得的最小场地插入损耗。

注:术语"场地插入损耗"(见 3.1.4.3)和"场地衰减"实际上描述的是相同的测量量,但术语 SA 在本部分是指当一副天线在接地平面上进行高度扫描时一对天线所测得的场地插入损耗的最小值。

3.1.4.3

场地插入损耗 site insertion loss;SIL

A_i

当信号发生器的输出与接收机的输入之间通过电缆和衰减器直接进行的电气连接被校准场地规定位置上的发射天线和接收天线所代替时，两副极化匹配的天线之间的传输损耗。

注 1：场地插入损耗测量详见 7.2。

注 2：符号 A_i 使用 A 作为衰减的常用符号，下标 i 表示插入；A_i 中的下标 i 不能与索引符号 i（例如，$i=1,2,3$）相混淆。

3.2 缩略语

下列缩略语适用于本文件（3.1 中未包括的）。

AF 天线系数（antenna factor）

DANL 显示的平均噪声电平（displayed average noise level）

DVM 数字电压表（digital voltmeter）

DRH 双脊喇叭（double-ridged horn）

EM 电磁（electromagnetic）

EMC 电磁兼容（性）（electromagnetic compatibility）

ECSM 等效电容替代法（equivalent capacitance substitution method）

EUT 受试设备（equipment under test）

GTEM 吉赫兹横电磁波（gigahertz transverse electromagnetic）

HP 水平极化（horizontal polarization）

LNA 低噪声放大器（low-noise amplifier）

NEC 计算电磁学代码（线天线建模软件）［Numerical Electromagnetics Code（wire antenna modelling software）］

NSA 归一化场地衰减（normalized site attenuation）

RF 射频（radio frequency）

RSS 方和根（平方和的平方根）［root-sum-square（square root of the sum of the squares）］

SAM 标准天线法（standard antenna method）

SNR 信噪比（signal-to-noise ratio）

SSM 标准场地法（standard site method）

TAM 三天线法（three antenna method）

TEM 横电磁波（transverse electromagnetic）

VNA 矢量网络分析仪（vector network analyzer）

VP 垂直极化（vertical polarization）

VSWR 电压驻波比（voltage standing wave ratio）

4 基本概念

4.1 概述

本部分规定的校准方法适用于辐射骚扰测量天线。主要校准参数为天线系数 F_a，其可以等效的转换为实际增益（参见附录 C）。

需要认识到，当使用 CISPR 16-2-3[2] 中规定的试验方法时，测量天线可能不是处于自由空间环境中，而是位于金属接地平面上 1 m～4 m 之间的某一高度上。附录 B 中规定的天线校准方法得到的天线系数 $F_a(h,p)$ 是金属接地平面上天线高度和极化的函数。该方法能够对一副天线的 F_a 和 $F_a(h,p)$ 之间的差值进行量化，并将其作为在金属接地平面上进行的辐射骚扰测量不确定度的输入。A.1 从原理上给出了需要接地平面的理由，以及根据已有的试验场地、目前的技术水平和所要求的不确定度水平来选择校准方法的原则。

每一种天线校准方法都有相对应的校准场地确认方法，以及与天线系数所要求的不确定度相关的场地确认接受准则。GB/T 6113.105—2018 规定了相关的场地规范和场地确认方法。

4.2 天线系数原理

3.1.2.1 中定义的天线系数 F_a[dB(m^{-1})]可由公式(1)确定：

$$F_a = E - V \tag{1}$$

式中：

E——照射天线的入射平面波的电场强度，单位为分贝微伏每米[dB(μV/m)]；

V——在天线输出端得到的电压，单位为分贝微伏[dB(μV)]。

正如 C.2.1 所表明的，AF 取决于天线输出端所连的负载 Z_0 以及从辐射单元向负载看过去的阻抗 Z'_0。AF 还受周围环境互耦的影响，例如附近的其他天线、地面和建筑物。然而，由于 AF 的定义是针对自由空间环境，因此，需将环境对 F_a 的影响减至最小。量值 V 通常是在与天线相连接的接收机端测得的，因此要用电缆损耗对 V 进行修正[例如，见 7.4.3.1 中的公式(48)]。对于匹配不佳的电缆，也要进行失配损耗的修正(见 6.2.2)。

本部分假定辐射骚扰测量时使用的 AF 为 F_a(参见 A.4 中给出的原理)。在辐射发射测量中，使用公式(1)，可由与天线相连的测量接收机的读数 V 计算出入射波的场强 E。在校准环境中任何能对 F_a 产生效应的影响因素都被认为是不确定度源；其他信息参见 CISPR 16-2-3：2010[2] 的 7.3。

测量 EUT 的辐射骚扰通常在固定的距离上进行，例如 3 m。当此距离为 EUT 到对数周期天线标定的几何中心之间的距离时，在某些频率上，实际的电场强度与以对数周期天线中心为测量起点所测量得到的电场强度并不一致，因此存在误差。正如 A.6.2 和 CISPR 16-2-3[2] 所述，电场强度可由实际相位中心位置和几何中心位置的差值进行修正，或者将这种修正包含在天线系数中。

对 EUT 在金属接地平面上进行的辐射骚扰测量，当使用水平极化的偶极子天线、双锥天线或复合天线时，会引入由接地平面中的天线镜像的互耦产生的不确定度。这会改变从巴伦平衡终端所看进去的辐射振子的阻抗，致使天线系数变得与高度相关，即 $F_a(h,p)$。为了量化 F_a 与 $F_a(h,p)$ 的差值所引入的不确定度，该差值通过测量或者通过建立天线仿真模型得到都是可接受的。天线制造商可能会提供 1 m～4 m 高度范围内的 $F_a(h,p)$。

4.3 30 MHz 及其以上的校准方法

4.3.1 概述

本条给出了本部分中所规定的天线校准方法的基本考虑。可以使用 TAM 或 SAM 得到自由空间的 AF(即 F_a)以及与高度相关的 AF[即 $F_a(h,p)$]。也可以使用 SSM 得到 F_a，同时给出修正系数。

根据互易定理，不需要硬性规定哪副天线应作为发射天线或是接收天线。任何天线校准都需要使用另一副天线，这副天线被称为 AUC 的配对天线(见 3.1.1.12)，至于哪副天线连接到信号源或接收机，由校准实验室视方便情况而定；除非天线内置了预放大器，则只能将其连接到接收机。本部分所有的校准方法都是基于 7.2 所描述的 SIL 的测量程序。

4.3.2 天线间的最小间距

使用 TAM 校准时，应精确地得到天线对之间的间距，将其代入公式就可计算出 F_a。在偶极子天线和对数周期天线的校准过程中，天线对的相位中心之间应保持 2λ(λ 为所关注的最低频率对应的波长)的固定距离。对于双锥天线和复合天线的校准，由于最长的偶极子振子的特性与 60 MHz 以下的短偶极子的特性相同，因此天线的相位中心之间保持 10 m 的固定距离。其他信息参见 C.5。

注：尽管 10 m 仅是 30 MHz 所对应的一个波长(λ)，但是一副双锥天线的长度也只有 0.14λ，因此天线之间的互耦可以忽略不计。由于校准距离为 10 m 而不是 20 m，AF 由此所引入的附加不确定度在 30 MHz 时为 0.1 dB，随着频率的增加，减小到 60 MHz 时的 0.03 dB。

4.3.3 有关 TAM 的总体考虑

TAM 是一种不需要已知三副天线中任何一副 AF 就可以进行天线校准的方法。TAM 需要使用类型相似且覆盖共有频率范围的三副天线(即“配对天线”，见 3.1.1.12)。三副天线可以组成三种不同的天线对，分别对每一对天线进行 SIL 的测量。TAM 的内容详见 7.4.1.1、7.4.1.2、8.2、9.2.4、9.4.2、B.4.3和 B.5.3。

4.3.4 有关 SSM 的总体考虑

正如 7.4.2 和 8.4 所述，当在接地平面上进行天线校准时，SSM 实际上就是 TAM。对于水平极化，接地平面表面上的反射信号的相位变化了 180°；调节天线高度(和/或间隔距离)使得直射信号与反射信号的合成值最大。

由于 H 面均匀的方向图(在相关的角平面范围内)能够简化 AF 的计算，且将来自天线塔和电缆的反射减到最小，因此优先选用水平极化。为了确保测得的 AF 在数值上与使用本部分中的其他校准方法测得的 F_a 相近，将一副天线架设在 2 m 的固定高度，位于该天线的远场中的另一副配对天线进行高度扫描，以避免接收信号位于零点处(见 3.1.1.19 中的零点准则)。参考文献[13]中 SSM 使用的间距为 10m。然而，对于调谐偶极子天线，为了位于远场，30 MHz 时优先使用 20 m 的间距；详见表 B.7(参见 B.5.2)。如果使用 10 m 的间距，应考虑测量不确定度。如公式(59)所示(见 8.4.3)，通过修正系数可以改善实测 AF 与 F_a 的一致性。

4.3.5 有关 SAM 的总体考虑

对于 SAM，需要有一组天线系数准确的 STA。STA 是按 TAM 或使用可计算天线作为替代进行校准的天线。对于单副天线的校准，SAM 仅涉及两次 SIL 的测量，而 TAM 则需要三次。

注：在某些文献中 SAM 称为参考天线法，其使用一副参考天线，参考天线的几何形状、结构、AF 通过标准做了严格的规定，例如 ANSI C63.5—2006 [13] 或 GB/T 6113.105—2018。除此之外，参考天线法与 SAM 为同义词。

和 TAM 相比，SAM 更能接受场地产生的场的不均匀性，这意味着其对场地质量的要求比三天线法更宽松(其他信息详见 A.1 和 A.9.4)。这种考虑假设：STA 和 AUC 类型相同(例如传统的双锥天线设计；见 3.1.1.2)，从中可以得出它们的机械尺寸相似，从而具有相似的辐射方向图。理想情况下，所使用的 STA 应与 AUC 的模型相同，但对于校准实验室来说，要拥有很多的 STA 是不切实际的。SAM 校准中确定天线相似性的指南见 8.3.3。可计算偶极子天线作为 STA 非常适合用于校准偶极子天线。正如 GB/T 6113.105—2018 的 4.9 所述，假设入射到天线上的场是均匀的，那么可计算偶极子天线可用于双锥天线的校准；例如见 9.3 和 A.9.4。

4.4 天线校准结果的测量不确定度

应使用 ISO/ IEC 导则 98-3:2008 中的方法，评定每副天线校准结果的测量不确定度。测量不确定度是校准测量布置、测量设备性能和 AUC 一般特性的函数。关于天线校准典型的测量不确定度范围参见 A.9.2。校准实验室应评估其自身的测量不确定度。

本部分给出了每种校准方法的测量不确定度评定的示例(见第 8 章和附录 B)。在表头栏中，“值”为 X_i 的最佳估计值，“概率分布”为概率分布函数，“灵敏度”为灵敏系数 c_i，u_i 为不确定度分量 $u_i(y)$。表中给出的数值仅是示例。符号 u_i 表示评定时适用于每个不确定度分量的“标准不确定度”。这些例子可帮助实验室根据他们自身的需要、设施和设备来进行测量不确定度的评定。这些例子包括了所有天线校准场地所共有的全部影响量,但某些校准实验室和场地可能还有未包括的附加影响量(除了上述之外的)。在这种情况下,附加的影响量应增加到模型中,从而增加到测量不确定度的评定中。对不确定度分析有用的某些天线特性的信息参见附录 C。

注:当一个输入量(这里为场地的不理想)占主导地位且其分布为非线性时,“不确定度传播定律”则是近似的。在有怀疑的任何情况下,都可使用 ISO/IEC 导则 98-3:2008/SUP (GUM) [7],其使用蒙特卡罗法用于(概率)分布的传播。

在进行不确定度评定时,许多已被评定过的不确定度分量会被重复计算,通常会导致扩展不确定度的值过大。确认不确定度评定的结果是否正确的一种方法是:比较至少由两种独立的方法测得的 AF;或通过国际比对来确认。不同方法得到结果的差值越小,则结果的置信度越高。如果方法 A 和方法 B 得到的 AF 的差值不大于方法 A 或方法 B 所评定的各自的“合成标准不确定度”,则这表明在不确定度评定时某些较大分量的不确定度可能评定的过大,需要再做进一步的研究。

4.5 天线系数校准方法汇总

许多不同类型的天线可用于辐射骚扰测量。校准这些天线可以使用 TAM 或 SAM(要求 SIL 测量),或者使用 SSM(要求 SA 测量)。表 1 汇总了 30 MHz 以上的天线校准方法,有关各自校准方法的详细信息见表中对应的条号。第 8 章和附录 B 详细规定了每种校准方法特定的测量程序,同时也给出了 AF 的计算公式。

表 1 为天线类型和频率范围的查询表,同时列出了场地类型(具有接地平面或使用吸波材料)、天线高度和间隔距离以及极化方向。本部分中描述的各种校准方法的其他背景信息参见 A.1。

此外,B.4(同时见 4.2)给出了与高度相关的天线系数 $F_a(h,p)$ 的校准方法,其适用于水平极化的调谐偶极子天线和双锥天线以及复合天线的宽带偶极子(例如双锥)部分。

表 2 中用条号代替了表 1 中示出的信息,其目的是通过针对某一类天线强调一种方法,以利于选择。表 2 旨在作为一个流程图,其中所推荐的方法简单且高效;然而,如果校准实验室没有推荐方法所使用的设施,则可使用替换方法。例如,如果实验室没有 FAR,则喇叭天线的校准可等效地使用 9.4.2 描述的室外法。标题为“不需要 STA 的方法”一列中罗列的是不确定度最小的方法,这些方法不需要 STA,校准时天线为水平极化。相比较而言,这些校准方法可能更费时。

表 1 30 MHz 以上 F_a 校准方法汇总表

校准场地	AUC	校准方法	频段 MHz	天线布置[a]	极化方向[b]	对应条号
使用了接地平面的 CALTS 或 SAC	调谐偶极子天线	TAM	30～1 000	d=10 m,[c]h_1,h_2 取决于频率	HP	B.5.3
		SAM	30～1 000	d=10 m, h_1,h_2 取决于频率	HP	B.5.2
		使用平均值的 SAM	30～300	d=10 m, h_1,h_2 取决于频率	HP	B.4.2
		SSM	30～1 000	d=10 m, h_2=2 m, h_1=1 m～4 m (高度扫描)	HP	8.4

表 1（续）

校准场地	AUC	校准方法	频段 MHz	天线布置[a]	极化方向[b]	对应条号
使用了接地平面的 CALTS 或 SAC	双锥天线（也包括 9.3 中复合天线的双锥部分）	SSM	30～300	$d=10$ m， $h_1=2$ m，$h_2=1$ m～4 m （高度扫描）	HP	8.4
		SAM	30～300	$d=15$ m， $h_1=1.75$ m， $h_2=0$ m[d]	VP	9.3
		使用平均值的 SAM 或 TAM	30～300	$d=10$ m， h，h_2 取决于频率	HP	B.4.2 SAM B.4.3 TAM
	LPDA 天线	SSM	200～1 000	$d=10$ m， $h_2=2$ m，$h_1=1$ m～4 m （高度扫描）	HP	8.4
	复合天线[e]	SSM	30～1 000	$d=10$ m， $h_2=2$ m，$h_1=1$ m～4 m （高度扫描）	HP	8.4
自由空间环境 FAR 或通过增加高度或使用吸波材料将地面反射减到最小 h_1，h_2，h_3 为地面之上的高度	调谐偶极子天线	SAM	60～1 000	d_{min} 取决于频率， 使用 FAR	HP VP	9.2.2
	双锥天线（也包括复合天线的双锥部分）	SAM	30～300	$d=4$ m（最小值）	HP VP	9.2.2 B.4.2 使用平均值
	LPDA（复合天线的 LPDA 部分）喇叭天线	TAM SAM	200～18 000； 对于喇叭天线： ≥1 000	$d=2.5$ m， $h_1=h_2=h_3 \geqslant 4$ m[f]	VP	9.4.2 9.4.3
	LPDA（复合天线的 LPDA 部分）使用吸波材料	TAM SAM	200～18 000	$d=2.5$ m， $h_1=h_2 \geqslant 2.5$ m[f]	VP HP	9.4.4
	喇叭天线 LPDA	TAM	1 000～18 000	$d=1$ m 或 3 m， 使用 FAR	VP HP	9.5.1.3
		SAM	1 000～18 000	$d=1$ m 或 3 m， 使用 FAR	VP HP	9.5.2

注 1：AUC 的高度为 h_1。

注 2：有关双锥天线和对数周期天线的最佳过渡频率见 A.4.2。

注 3：如果拥有一组 STA，那么 SAM 可优先于 SSM 或 TAM。

注 4：在 FAR 中，不管天线是处于 HP 或者 VP，其结果预期都是相同的；亦可参见 A.2.5。

表 1（续）

[a] d 为发射天线与接收天线之间的间隔距离。

h_1 为 AUC 的高度。

h_2 和 h_3 为其他 AUC 或者配对天线的高度。

对于 SSM，通常 AUC 应为进行高度扫描的天线；如果校准实验室客户有要求，则 AUC 可以为固定高度的天线［参见 A.5.a)］。

[b] HP——所有天线处于水平极化。

VP——所有天线处于垂直极化。

[c] 60 MHz 以下时，$d=20$ m 可确保至少 2λ 的间距，以避免一个波长的间距时引入大约 0.25 dB 的额外不确定度；见表 B.7(见 B.5.2)。

[d] 天线高度 $h_2=0$ m 意味着，此天线为单锥天线，从接地平面上馈入。

[e] 复合天线通过双锥天线和对数周期天线校准方法的组合进行校准。

[f] 高度取决于要满足的场地接受准则，当要求 F_a 具有较小的不确定度时，天线高度可能要增加。

表 2 30 MHz 以上校准方法汇总及其对应条号

天线类型，频段/MHz	推荐方法	替换方法，频段/MHz	不需要 STA 的方法
双锥天线，30～300 复合天线的双锥部分：30～240	8.4 SSM CALTS	9.3 VP CALTS 9.1 SAM FAR B.4.2 HP 使用与高度相关的平均值的 SAM	B.4.3 HP 使用与高度相关的平均值的 TAM
LPDA：200～3 000[a] 复合天线的对数周期部分：140～3 000[a] 喇叭天线：≥1 000	9.4.2 地面上一定高度的 TAM	9.4.3 地面上一定高度的 SAM 9.4.4在 FAR 中或校准场地地面上使用吸波材料的 TAM 或 SAM 8.4 SSM CALTS，140～1 000 9.5.1.3 FAR 中的 TAM，1 000～18 000	9.4.2
喇叭天线：1 000～18 000 对数周期天线：1 000～18 000	9.5.1.3 FAR 中的 TAM	9.5.2 FAR 中的 SAM 9.4.2 地面上一定高度的 TAM	9.5.1.3
调谐偶极子	B.5.2 使用可计算偶极子在“自由空间”高度的 SAM	B.4.2 HP 使用与高度相关的平均值的 SAM 8.4 SSM CALTS，30～1 000	B.5.3“自由空间”高度的 TAM

[a] 上限频率取决于制造商的规范。

5 9 kHz～30 MHz 频率范围的校准方法

5.1 单极天线校准

5.1.1 概述

单极天线,又称为杆天线,通常在 9 kHz～30 MHz 的频率范围内使用。推荐的校准频率步长见表 3。由于频率低于 30 MHz 时的波长很长,本部分中用于校准和表征高频段天线性能的方法不适用于单极天线。采用本章和附录 G 中提及的平面波法和 ECSM,可保证标准不确定度小于 1 dB。

表 3 单极天线校准时的频率步长

频段	步长
9 kHz～10 kHz	1 kHz
10 kHz～150 kHz	10 kHz
150 kHz～200 kHz	50 kHz
200 kHz～1 MHz	100 kHz
1 MHz～30 MHz	1 MHz

使用在附录 G.1 中描述的平面波法时,整个天线应置于一个大的接地平面上并被平面波照射。在大多数情况下,匹配单元位于接地平面之上;射频电流会流过其壳体,壳体越高,对 AF 的影响就会越大。

注 1:"匹配单元"是一个通用术语,指包含单极天线的辐射振子(即金属杆)和测量接收机输入端口之间连接功能的金属壳体。金属壳体内可能含有匹配电路以及放大器。壳体的金属底座和接地平面之间的良好电连接是保证单极天线有效性和测量复现性的前提。对于装有橡胶脚的单极天线,通常还装有略高的金属脚(垫片)以确保与接地平面的电连接。对于没有金属脚的匹配单元,需要在匹配单元的一个垂直面底部与接地平面之间安装一条宽度至少 15mm 的金属编织带,实现两者之间的电连接,如果需要确保良好的射频连接,可以使用螺钉。

与平面波法相比,当采用 ECSM 时,使用一个与单极天线自电容大小相等的电容代替天线杆。附录 G 简要介绍了此方法的原理。每种模型的单极天线都要设计虚拟天线(见 5.1.2.4)。在设计阶段有必要通过比较平面波法和等效电容替代法得出的天线系数来验证虚拟天线。通过这种方法可有效地改进虚拟天线的设计,例如,可以使潜在的高达 4 dB 的不确定度得以减小[36]。平面波法获得的天线系数 F_a 能对 ECSM 获得的天线系数 F_{ac} 进行确认。

注 2:进一步验证 ECSM 的方法如下:在大的接地平面上位于调幅信号强的发射机的远场区,将使用 ECSM 校准过的单极天线测得的场强和精确校准过的环天线测得的场强进行比较。然而,这种方法只能在点频上验证天线系数。在每一频点,需要证明单极天线与环天线接收的主直射波来自于一个方向,并且其他信号比该信号至少要小 30 dB。

注 3:ECSM 适用于匹配单元底面到天线杆顶部的长度小于 $\lambda/8$ 的天线(参见附录 G.2.1)。

注 4:单极天线有时安装在三脚架上的低架地网上(例如一个 0.6 m×0.6 m 的缩减接地平板),这种情况下的 AF 会比将匹配单元安装在接地平面或者采用 ECSM(参见附录 G.2.2)得到的 AF 小几个 dB。安装在户外三脚架上的单极天线可通过平面波法得到准确校准。其他的配置包括:用于单极天线的缩减接地平板连接至导电台面,该台面与屏蔽室的壁面连接接地,或者天线直接放置在该台面上,这些配置要求更精细的校准方法。本校准方法不适用于这样的配置,但是为了提高这些配置测量结果的复现性,需要按照制造商给出的有关地网或者接地平面的要求和建议进行,包括天线匹配单元与接地平面之间的搭接(即接地)。

5.1.2 ECSM 校准

5.1.2.1 概述

采用图 1 或图 2 的试验布置测量匹配单元的输出。天线系数 F_{ac}[dB(m^{-1})](见 3.1.2.3)的计算公式见公式(2)。

$$F_{ac}=V_D-V_L-L_h \qquad (2)$$

式中：

V_D ——信号发生器的输出电压测量值,单位为分贝微伏[dB(μV)];

V_L ——匹配单元的输出电压测量值,单位为分贝微伏[dB(μV)];

L_h ——高度修正系数(对于等效高度而言),单位为分贝(米)[dB(m)]。

对于 EMC 测量中常用的天线杆长度为 1 m 的单极天线,假设天线杆半径为 3.6 mm,则其等效高度 h_e为 0.5 m,高度修正系数 L_h 为－6 dB(m),自电容 C_a为 12pF。

注：对于不同长度和半径的单极天线,等效高度、高度修正系数以及自电容的计算公式见 5.1.2.2。例如,一种直径相对较大的商用天线,其自电容 $C_a=16$pF。

对于单极天线的校准,两种配置和程序中的任何一种均可使用,即 5.1.2.3.2(使用网络分析仪)或 5.1.2.3.3(使用测量接收机和信号发生器)。两种程序使用相同的虚拟天线。5.1.2.4 给出了虚拟天线的制作指导。测量应在足够多的频点上(见表 3)进行,以便得到平滑的 AF 曲线,测量频率范围为天线工作频率范围或 9 kHz～30 MHz,两者中取较小者。

5.1.2.2 单极天线的参数计算公式

下面给出单极天线等效高度、自电容以及高度修正系数的计算公式。公式仅适用于高度小于 $\lambda/8$ 的圆柱形杆天线[56]。为了准确计算 ECSM 中的自电容,当满足 $\lambda/8$ 的条件时,公式(4)中与频率相关的项约等于 1,则可省略。

$$h_e=\frac{\lambda}{2\pi}\tan\frac{\pi h}{\lambda} \qquad (3)$$

$$C_a=\frac{55.6h}{\ln(h/a)-1}\,\frac{\tan(2\pi h/\lambda)}{2\pi h/\lambda} \qquad (4)$$

$$L_h=20\lg(h_e) \qquad (5)$$

式中：

h_e——天线杆的等效高度,单位为米(m);

h ——天线杆的实际高度(也就是长度),单位为米(m);

λ ——波长,单位为米(m);

C_a——天线杆的自电容,单位为皮法(pF);

a ——天线杆的半径,单位为米(m);

L_h——高度修正系数,单位为分贝(米)[dB(m)]。

对于不同直径的天线杆,图 G.3(见 G.2.1)给出根据公式(4)计算的曲线图,对于两种不同高度的天线,图 G.4 给出了根据公式(5)计算得到的曲线图。ECSM 不考虑匹配单元对 F_{ac}的影响;如公式(6)所示,在计算高度的修正系数时,得到的经验是将匹配单元高度的一半加到单极天线杆的等效高度上进行修正。F_{ac}通常会减小 0.8 dB。对于 CISPR 25 [4]使用的单极天线的校准,其匹配单元放置在接地平面的下面,公式(5)适用。

$$L_h=20\lg\left(h_e+\frac{h_b}{2}\right) \qquad (6)$$

式中：

h_b——匹配单元的高度,单位为米(m)。

有关公式(3)的其他详细信息见参考文献[28]、[32]和[59];有关公式(4)的其他详细信息见参考文献[29]、[39]、[58]、[59]和[68]。

注:参考文献[13]和[36]给出了一个与公式(4)不同的 C_a 表达式:在分母中用[$\ln(2h/a)-1$]代替了[$\ln(h/a)-1$]。然而,理论和实验分析[40]表明公式(4)更为准确。

5.1.2.3 校准程序

5.1.2.3.1 一般要求

校准程序分为两种:分别见 5.1.2.3.2(使用网络分析仪)和 5.1.2.3.3(使用信号发生器和接收机)。

校准时使用的 50Ω 终端负载,要求其回波损耗大于 32 dB[即电压驻波比(VSWR)<1.05∶1),因为这是可行的且可以减小不确定度。测量接收机应进行校准且要求回波损耗大于 20.9 dB(即 VSWR <1.2∶1)。信号发生器的输出频率和幅值应保持稳定。

5.1.2.4 中规定的虚拟天线需尽可能地靠近匹配单元的天线接口,T 型连接器需尽可能地靠近虚拟天线。T 型连接器的外导体应与匹配单元外壳之间进行电连接,必要时可使用短的金属编织带。匹配单元应通过与测量接收机相连接的同轴电缆的外导体接地。如果测量接收机和信号发生器的回波损耗足够大,测量接收机的输入端口和信号发生器的输出端口无需再配置衰减器。

5.1.2.3.2 使用网络分析仪的校准程序

使用网络分析仪的校准程序如下:

a) 将网络分析仪与测量电缆连接并校准。

b) 如图 1 所示配置匹配单元和测量设备。虚拟天线需尽可能地靠近匹配单元上的天线接口,T 型连接器需尽可能地靠近虚拟天线。T 型连接器端口 A 与端口 V_D 之间,以及 50 Ω 端口 R 与端口 V_L 之间需使用相同长度和型号的电缆。测量应在端口 V_D 与端口 V_L 之间进行。

c) 如公式(2)所示,信号电平 V_D[dB(μV)]减去信号电平 V_L[dB(μV)],再减去 L_h(对于 1 m 的天线杆为−6 dB)则得到 F_{ac}[dB(m^{-1})]。

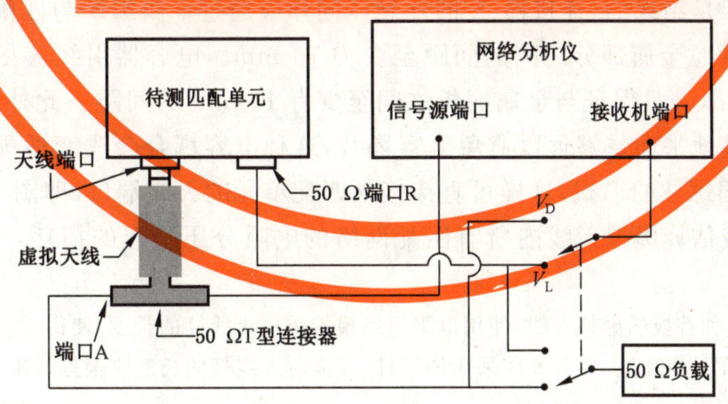

图 1 使用网络分析仪的 AF 校准布置

5.1.2.3.3 使用测量接收机和信号发生器的校准程序

使用测量接收机和信号发生器的校准程序如下:

a) 如图 2 所示配置匹配单元和测量设备。

b) 按照图 2 连接设备并在 T 型连接器上端接 50 Ω 终端,在 50 Ω 端口 R 上测量接收信号电压

V_L[dB(μV)]。

c) 保持信号发生器的射频输出不变，将 50 Ω 终端改接到 50 Ω 端口 R 上，并将测量接收机输入电缆改接到 T 型连接器上，测量输出信号电压 V_D[dB(μV)]。

d) 如公式(2)所示，V_D[dB(μV)]减去 V_L[dB(μV)]，再减去 L_h（对于 1 m 的天线杆是 −6 dB），则得到 F_{ac}[dB(m^{-1})]。

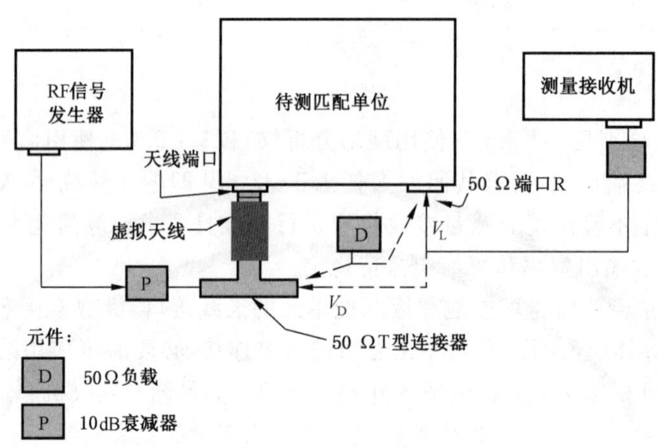

图 2 使用测量接收机和信号发生器的 AF 校准布置

5.1.2.4 虚拟天线的考虑

虚拟天线设计的关键在于尽可能减小其射频阻抗的偏差，目的是保证其计算电容值等于实际杆天线位于无限大接地平面上的电容值。虚拟天线的关键元件是电容器，电容器的安装需尽可能地减小在电容器与匹配单元之间引入额外阻抗。

如果图 3 所示的安装框架是金属的，安装连接器 B 的一侧应是绝缘的。此外，安装框架应通过宽度至少为 15 mm 的金属编织带与金属匹配单元实现电连接以确保小的电感；参见 5.1.1 的注 1。

如果整个安装框架是绝缘的，连接器 A 的外导体同样应通过金属编织与匹配单元相连接。确保连接器 B 与安装框架的任意金属部分之间的间距至少为 10 mm。电容器引线应尽可能短以减小附加电感，长度不能超过 8 mm，并且保证与金属底板之间至少有 10 mm 的间距。此外，连接导线需距适配器外壳或者单极天线的接地平面足够远以避免电容耦合，这种电容耦合会改变适配器的阻抗计算值。连接器 B 可能会做成黄铜螺柱的形式，这样可直接接入匹配单元的天线端口，即图 1 和图 2 中所示的天线杆通常安装的位置。应估算虚拟天线内所有匹配网络的电阻分压引起的损耗，并应在 F_{ac} 的计算中予以考虑。

注：G.2.6 中介绍了一种替换的虚拟天线，使用电阻电路模拟单极天线杆的长度，使得天线系数 F_{ac} 为 $V_D - V_L$，而不是使用公式(2)，详见 G.2.6。如果天线采用伸缩杆，校准时天线杆的长度应根据校准实验室客户的要求或制造商说明书中的规定。

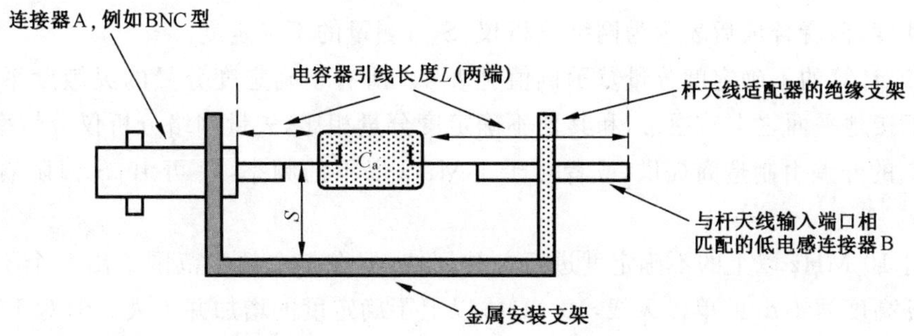

说明:

C_a——由公式(4)计算出的天线电容,5%的允差;推荐使用(镀)银云母电容;

S——引线间距,5 mm～10 mm(如果密封在金属盒中,距金属盒所有表面为 10 mm);

L——引线长度,尽可能短;总的引线长度不能超过 40 mm,包括电容引线和连接器 B 的长度。

图 3 虚拟天线中电容器安装示例

5.1.2.5 ECSM 校准的不确定度评估

本条给出的不确定度评估方法适用于 9 kHz～30 MHz 频率范围内天线杆长度小于 1.1 m 的单极天线的 ECSM 校准法。详细分析参见附录 G 和参考文献[65]。通过 ECSM 得到的 AF 仅适用于天线杆在接地平面之上、匹配单元安装在接地平面的下面且与大的接地平面电连接的天线。然而,对于匹配单元装安装在接地平面之上且与接地平面电连接的单极天线,整个天线系统的 AF 比公式(2)的计算结果要小。

注 1:AF 取决于匹配单元的尺寸,尤其是高度。AF 计算时天线杆的等效高度需要加上匹配单元高度的一半。对于匹配单元高度为 0.1 m、天线杆高度为 1 m 的单极天线,其 AF 大约会减小 0.8 dB。

注 2:对于宽带器件,在规定频率范围的两端经常会出现性能的突变,将 9 kHz～30 MHz 的频率范围向两端拓展,例如拓展到 100 Hz 到 35 MHz,这将为频率范围端点处 F_a 的不确定度评估和测量复现性提供有用的信息。

由公式(2)可知,通过 ECSM 计算出的 AF 会受到许多参数(其影响电压测量值 V_D 和 V_L)以及修正系数 L_h 与其期望值的偏差的影响。公式(2)关于相关参数期望值的一阶泰勒展开式如下:

$$F_{ac}=(V_D+\delta V_{D\,meas}+\delta V_{D\,mismatch})-(V_L+\delta V_{L\,meas}+\delta V_{L\,mismatch}+\delta V_{L\,Ca}+\delta V_{L\,amp})-(L_h+\delta L_{Lh}) \qquad (7)$$

式中:

$$\delta V_{D,L\,meas}=\delta V_{D,L\,linear}+\delta V_{D,L\,res} \qquad (8)$$

式中,$\delta V_{D\,meas}$、$\delta V_{L\,meas}$ 分别代表测量接收机特性对 V_D 和 V_L 的影响,其中,重要的特性是接收机的线性度和分辨率,它们导致的测量值变化量分别用 $\delta V_{D,L\,linear}$ 和 $\delta V_{D,L\,res}$ 表示。$\delta V_{D\,mismatch}$ 和 $\delta V_{L\,mismatch}$ 分别是因电缆连接失配而引起的 V_D 和 V_L 变化量,与失配有关的内容见 6.2.2。$\delta V_{L\,Ca}$ 和 $\delta V_{L\,amp}$ 分别是可能存在的天线电容 C_a 以及匹配单元放大器增益的微小变化量。δV_{Lh} 代表天线等效高度相对于期望值的偏差造成的高度修正系数 L_h 的影响。

如图 1 所示使用矢量网络分析仪(VNA)时,通过一次测量直接得出 ΔV(dB),即为 V_D 与 V_L 之差,则公式(7)可以简化为:

$$F_{ac}=(\Delta V+\delta V_{\Delta\,meas}+\delta V_{D\,mismatch}-\delta V_{L\,mismatch}-\delta V_{L\,Ca}-\delta V_{L\,amp})-(L_h+\delta L_{Lh}) \qquad (9)$$

$$\delta V_{\Delta\,meas}=\delta V_{\Delta\,noise}+\delta V_{\Delta\,linear}+\delta V_{\Delta\,rse} \qquad (10)$$

公式(10)中,$\delta V_{\Delta\ \text{meas}}$是矢量网络分析仪特性的影响产生的 ΔV 测量值的变化量。不确定度主要来自于噪声和线性度,两者合成后表示为网络分析仪$|S_{21}|$测量的不确定度。

根据公式(9)计算的不确定度分量及示例值见表 4。所有不确定度分量的灵敏度系数均为 1,假设只有天线杆位于接地平面之上。通常,和其他不确定度分量相比,矢量网络分析仪分辨率引入的不确定度可以忽略。C_a的允差由制造商提供,或者对于 1 MHz 以下的频率,C_a可由$|S_{11}|$随着频率的变化率测得。

尽管可以对 10 MHz 以上的不确定度进行单独评估,但在整个频率范围给出一个不确定度更为实用。对于天线杆高度为 1 m 的单极天线,10 MHz 以上不确定度的增加并不大。但对于其他天线设计,不确定度的差别可能非常大。对于这些情况,标准的使用者需选择最合适的方法评估不确定度。

表 4　ECSM 校准单极天线通过公式(9)计算得到 F_{ac}的测量不确定度评估示例

不确定度源或影响量 X_i	值 dB	概率分布	包含因子	灵敏系数	u_i dB	注[a]
矢量网络分析仪特性对$\|S_{21}\|$测量的影响	0.07	正态分布	2	1	0.04	N1)
测量 V_D时的失配	0.27	U 形分布	$\sqrt{2}$	1	0.19	N2)
测量 V_L时的失配	0.27	U 形分布	$\sqrt{2}$	1	0.19	N2)
电容 C_a的准确度:例如 11 pF±1.3 pF	1.09	矩形分布	$\sqrt{3}$	1	0.62	N3)
放大器增益的稳定度	0.05	正态分布	1	1	0.05	N4)
等效高度的准确度,4%	0.34	矩形分布	$\sqrt{3}$	1	0.20	N5)
ΔV 测量的重复性	0.02	正态分布	1	1	0.02	N6)
合成标准不确定度 u_c					0.71	N7)
扩展不确定度 $U(k=2)$[b]					1.42	

[a] 带有编号的注释参见 E.2。

[b] 若此表中的主要不确定度分量不服从正态分布函数,则扩展不确定度应采用计算机仿真进行评估,例如使用蒙特卡洛法。然而,由于一些校准实验室通常不采用蒙特卡洛方法进行仿真,因此此表给出了按照 RSS 计算得到的合成标准不确定度。

5.2　环天线校准

5.2.1　概述

用于 9 kHz～30 MHz 频率范围 EMC 辐射骚扰测量的环天线直径通常不大于 0.6 m。其通常安装在一个小盒之上,盒中装有匹配和调谐网络,有些设计还包含放大器。当使用环天线测量射频磁场强度时,需要已知其磁场天线系数。

已经研究出几种校准环天线或测量其磁场天线系数的方法。参考文献[18]给出了环天线校准方法的实用概述,参考文献[15]给出了参考文献[32]和[16]中标准场法的简化版。参考文献[35]描述的是三天线法。本条和附录 H 中给出两种容易实施的方法。TEM 小室法的优点是覆盖频率范围宽,但 AF 的最小不确定度约为±0.5 dB。亥姆霍兹线圈法[34]在 150 kHz 以下准确度能达到 0.7%(即不确定度为 0.06 dB),在 10 MHz 以下优于±0.5 dB,其是验证 TEM 小室法的一种有效方法(参见附录 H)。只要 TEM 小室的使用频率远低于第一个谐振频率,且环天线屏蔽良好,那么 30 MHz 以下使用 TEM 小室的校准法可使用亥姆霍兹线圈法在 150 kHz 以下的结果对其进行确认。

好的环天线设计在环平面上是对称的且能屏蔽电场。未屏蔽或者屏蔽不好都会影响环天线校准时AF的复现性。

5.2.2 TEM(Crawford)小室法

5.2.2.1 测量程序

TEM小室是完全屏蔽的，目的是避免发射的能量可能危害附近人员或对附近电子设备造成干扰。TEM小室实际上是工作在横电磁波(TEM)模式的一段双线传输线，故因此这样命名[34]。

在TEM小室中，中心导体(芯板)和外导体之间中心点的场强可由公式(11)和公式(12)计算：

$$E=\frac{V}{b}=\frac{\sqrt{P_{\text{net}}Z_0}}{b} \tag{11}$$

$$H=\frac{E}{377\Omega} \tag{12}$$

式中：

E ——电场强度，单位为伏每米(V/m)；

H ——磁场强度，单位为安每米(A/m)；

V ——TEM小室输入或者输出端口的电压，单位为伏(V)；

Z_0 ——TEM小室特性阻抗的实部，单位为欧姆(Ω)；

P_{net} ——TEM小室输入端的净功率，单位为瓦(W)；

b ——顶板到芯板的距离，单位为米(m)。

以上场强计算公式只适用于匹配良好的TEM小室的中心点，场强在靠近或者远离芯板处会产生显著的变化。然而环天线所处区域的平均场强约等于中心点的场强值。随着频率的增加，当超过一定频率后将会出现高次模。只能在TEM小室的第一个谐振频率以下进行校准，该频率可通过在TEM小室内使用探头检测场强的剧烈变化进行确认。当小室加载时其谐振频率会改变，建议TEM小室的使用频率要远低于其谐振频率；有时这表示要远低于制造商给出的最高频率。

注：系统的特性阻抗假定为50 Ω，但是环天线放入后，环天线所在位置TEM小室的阻抗会有大约2%的偏差。通过测量加载后TEM小室环中心位置的阻抗并用于公式(11)，可减少与特性阻抗 Z_0 有关的不确定度。可以使用时域反射计测量阻抗。

典型校准布置如图4所示。可以用聚苯乙烯泡沫块将环天线放置在芯板和底板的中间位置，这么做的目的是把环天线底座与TEM小室导电壁面相隔离。为了使无源环天线的输出信号足够大，需要功率放大器在TEM小室内产生足够高的场强。场强校准时通过开关将TEM小室的输出经衰减器连接到测量接收机；然后环天线的输出切换到测量接收机。有源环天线不需要使用功率放大器，其校准布置如图5所示。对于放大器装在三脚架上的特定型号的环天线，环天线只能通过TEM小室顶板(外导体)的开孔放入，目的是使三脚架留在TEM小室的外部。突出的金属部分不应与TEM小室的外导体接触。从顶部连接这种环天线更容易。对于其他型号的环天线，可以将整个天线放置在小室的底板上，如图4所示，或者放置在芯板上。当使用质量好的屏蔽电缆时，TEM小室顶部或者侧面电缆走线的影响可以忽略。

仅对电场屏蔽的环天线可使用TEM小室进行校准。如果环天线未进行屏蔽，那么环天线的两部分(即直径通过输入连接器的两个半圆环)将不能完全平衡，环天线将会对电磁场的电场分量产生响应。屏蔽的有效性可通过将环天线以其垂直方向的直径为基准旋转180°，此时接收的电场和磁场会出现180°的相位变化；输出信号的任何变化都需包含在测量不确定度的评估中。此为表5中的“电场抑制”分量。

作为利用了TEM小室芯板与底板之间大部分空间的例子，最大直径不大于约0.63 m的环天线可在芯板与底板间距为0.915 m(即芯板高度)的TEM小室中进行校准。

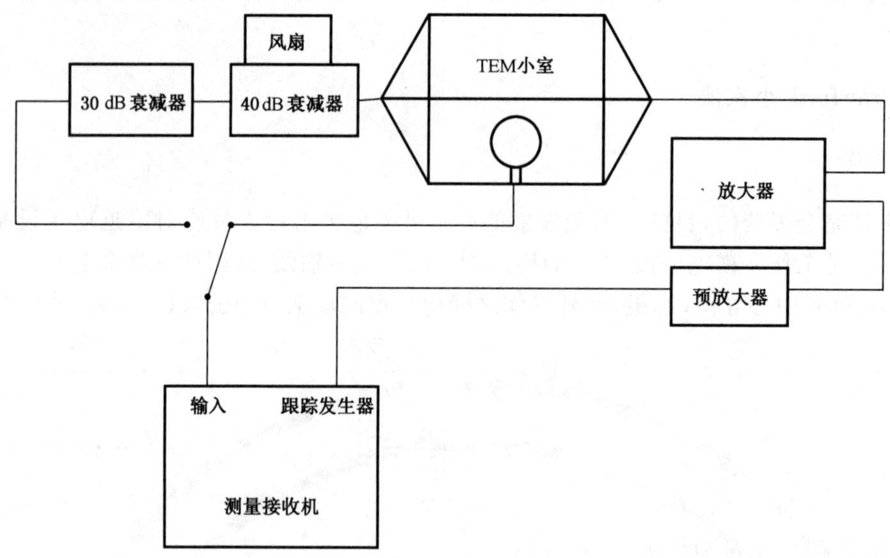

图4　无源环天线TEM小室法的校准布置框图

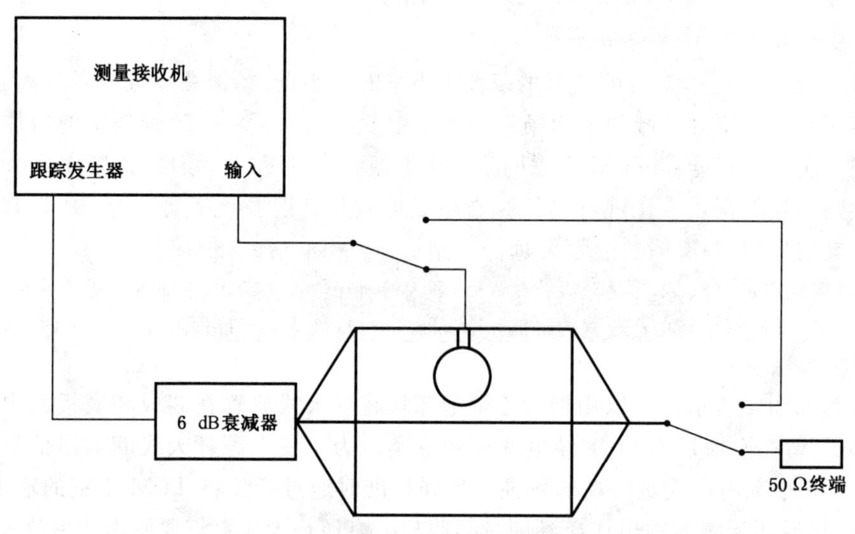

图5　有源环天线TEM小室法的校准布置框图

5.2.2.2　不确定度

表5给出了9 kHz以上测量磁场天线系数的不确定度评估示例。环天线的测量不确定度主要取决于芯板高度和环天线尺寸的比值。小的环天线在大的TEM小室中校准时，测量不确定度可小于1 dB。但如果环天线的尺寸超过芯板高度的三分之二时，则不确定度将变大。

表 5 TEM 小室法测量环天线 F_{aH} 的不确定度评估示例

不确定度源或影响量 X_i	值 dB	概率分布	包含因子	灵敏系数	u_i dB	注
小室特性阻抗	0.17	矩形分布	$\sqrt{3}$	1	0.10	—
场均匀性	0.25	矩形分布	$\sqrt{3}$	1	0.14	—
芯板高度	0.02	矩形分布	$\sqrt{3}$	1	0.01	—
接收机灵敏度[a]	0.1	矩形分布	$\sqrt{3}$	1	0.06	—
接收机线性度	0.30	矩形分布	$\sqrt{3}$	1	0.17	—
接收机分辨率 0.1 dB	0.05	矩形分布	$\sqrt{3}$	1	0.03	—
系统稳定性	0.10	矩形分布	$\sqrt{3}$	1	0.06	—
电场抑制	0.10	矩形分布	$\sqrt{3}$	1	0.06	—
电缆损耗	0.10	矩形分布	$\sqrt{3}$	1	0.06	—
负载反射	0.34	U 形分布	$\sqrt{2}$	1	0.24	—
衰减器	0.14	矩形分布	$\sqrt{3}$	1	0.08	—
失配	0.18	U 形分布	$\sqrt{2}$	1	0.13	—
环天线的放置位置	0.10	矩形分布	$\sqrt{3}$	1	0.06	—
合成标准不确定度 u_c					0.42	—
扩展不确定度 $U(k=2)$					0.84	
[a] 接收机灵敏度见 6.2.4 和 A.8.1。如果 S/N(信噪比)大于 17 dB(平均值检波),其影响小于 0.1 dB。						

6 30 MHz 及以上频率范围天线的校准频率、校准设备和功能核查

6.1 校准频率点

6.1.1 校准频率范围和步长

对于 30 MHz 及以上频率范围,宽带天线 F_a 的测量采用扫频方式或等效的频率步进法(最大频率步长见表 6)。B.3 给出了校准调谐偶极子天线的离散频点。

表 6 宽带天线校准的频率步长

频率范围	最大步长
30 MHz～1 000 MHz	2 MHz
1 GHz～3 GHz	10 MHz
3 GHz 以上	50 MHz

在户外场进行测量时,环境信号会对一些频率点上的测量造成明显干扰。对于这样的某一频点 f_1,需要找到另一个频点 f_2,在该频点环境信号比接收到的测量信号至少低 30 dB。在频率 $f_1 \pm \Delta f$ 范围选择频点 f_2 进行测量。其中 Δf 在 30 MHz～150 MHz 频段为 1 MHz,在 151 MHz～300 MHz 频段为 3 MHz,在 301 MHz～1 000 MHz 频段为 5 MHz,在校准报告中应记录频率 f_2 和偏离指定频点的原

因。对于 1 GHz 以上频段,通过在屏蔽的电波暗室中进行测量可避免环境信号的干扰。

某些天线会发生谐振,在 AF 随频率变化的曲线中出现尖峰,如图 6 所示。要表明是否有尖峰谐振,采用 2 MHz 的校准步长就足够了,但可能会捕捉不到谐振峰值。校准时可以采用更小的步长(参见附录 A 的 A.8.6),或者在校准证书中表明在 $0.985f_{res}<f<1.015f_{res}$ 频段的不确定度要更大一些,其中 f_{res} 为谐振频率。

注:对于有些模型的 LPDA 天线或者复合天线,其振子部分没有焊接或者没有做氧化保护,会使某些振子的射频接触不良,导致出现谐振。通常会使 F_a 增加 2 dB~5 dB。尤其是一些用于抗扰度试验的要发射相对较高功率的 LPDA 天线,其更容易发生这种情况。

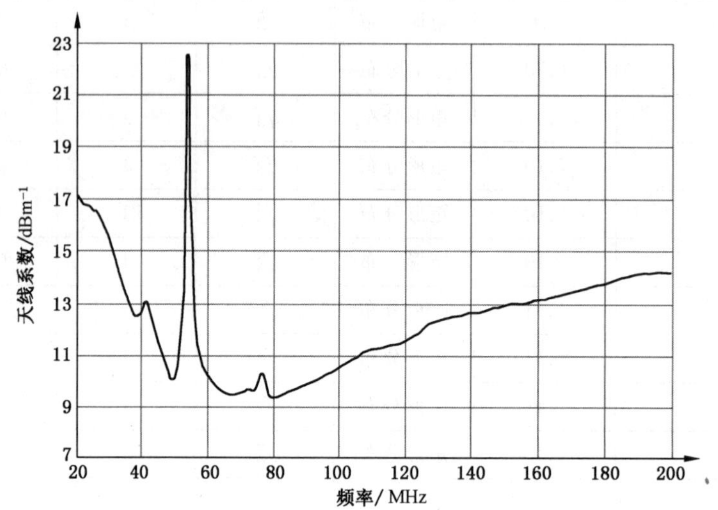

图 6　2 MHz 步长时双锥振子连接不良产生的谐振峰值示例

6.1.2　复合天线的过渡频率

复合天线的设计原理是将传统双锥天线和 LPDA 天线组合起来,以覆盖 30 MHz~1 GHz 甚至更高的频率范围。30 MHz~1 GHz 频段的复合天线可以和一对复合天线一起进行校准。然而,如果 F_a 要求较小的不确定度,复合 AUC 可采用 TAM 通过 2 步进行校准:第 1 步,和一对双锥天线一起进行校准;第 2 步,和一对 LPDA 天线一起进行校准。这种情况下,F_a 的两组数据需要在合适的过渡频点相连。另外一种方法是第 1 步时在 240 MHz 以下使用双锥 STA 采用 SAM 进行校准;由于波长大于双锥尺寸,STA 并不一定要和 AUC 相同,而对于不相同的 LPDA 天线,需要采用 TAM。如果采用 SSM,对于 1 GHz 以上频段,如果适用,应采用第 8 章或第 9 章中的其他校准程序。这种校准方法使用的 FAR 确认见 GB/T 6113.105—2018 的 5.3.2。

将两组 F_a 随频率变化的曲线放在同一张图中,从两条曲线吻合较好的频段中找到最佳过渡频率。多种类型复合天线的经验表明,过渡频率的范围为 140 MHz~240 MHz,最常见的是在 180 MHz 附近。两组数据之间出现偏差的原因:在较低频率,天线与接地平面的互耦效应,而在较高频率,天线方向性系数的效应。

6.2　天线校准的测量设备要求

6.2.1　设备类型

所有设备的标称阻抗应为 50 Ω。天线校准优先选用网络分析仪,它结合了扫频信号源和跟踪测量接收机。也可以选用带跟踪信号源的频谱分析仪或者是计算机控制的信号发生器和接收机的组合。

“测量接收机”(见 3.1.4.1)是上述测量设备接收部分的统称。

应使用下述方法确定扫描时间，尤其是针对电缆较长的情况，需保证驻留时间足够，从而确保测量接收机采集到完整的数据[1]。在 CALTS 上架设一对天线，高度为 2 m，间距为校准时采用的间距，例如 10m。按照天线校准要求配置测量接收机，包括扫描时间、射频带宽、平均次数和测量频点数；在 FAR 中，这些设置参数可进行调整以获得更快的扫描时间。逐渐增加扫描时间，直到响应不再发生变化时的扫描时间即为 T_{min}。校准中采用 T_{min} 或者更长的时间作为扫描时间。

对于出现信号零点的频率点，如 3.1.1.19 的定义，响应结果的比较可能不可靠。因此，如果采用带平均值检波器的测量接收机，推荐观察 S/N 大于 17 dB 的频点的响应的差值；如果采用 VNA，观察 S/N 大于 34 dB 的频点的响应的差值；其他考虑参见 A.8.1。

注 1：减小中频带宽意味着增加动态范围，降低环境信号的影响，但也意味着需要更长的驻留时间。

注 2：当测量 SA(即 8.4)时，假设天线升降塔电机的速度可以保证在 300 MHz 以上频段完成一次完整扫描时，升降塔的移动步进不得超过 2 cm；对于 300 MHz 以下频段，不得超过 5 cm。如果升降塔速度太快，计算的 AF 会出现误差，这是因为实际记录的最大信号对应的高度和通过公式(C.27)中$e_0(i,j)|_{max}$(见 C.3.3)计算的高度不同。在高度扫描过程中，如果存在多个最大波瓣，尤其是对于高频，计算和测量的最大值可能来自不同的波瓣，导致 AF 的误差大约为 0.5 dB，这在 AF 随频率变化的特性曲线上会显示出异常的跳变。

当使用 TAM 或者 SSM 校准天线时，需要使用另外两副覆盖同一频段的类似天线(即配对天线，见 8.2 和 8.4)，这些天线可以是另外的 AUC，也可以是校准实验室自有天线。在三幅天线性能均未知的情况下，推荐通过适当核查以判断测量无误或者天线是否稳定。在校准开始时，将其中一副天线替换成 STA，可以通过一次性的操作实现核查。如果三幅天线中至少有一副天线的 AF 有已知的历史数据，那么本次校准结果就会更可靠。

使用 TAM 或者使用 SAM 进行测量时，配对天线的作用是不同的。对于使用 TAM 的情况，配对天线要相似，如 3.1.1.12 的定义。对于使用 SAM 的情况，配对天线的作用是在 AUC 和 STA 的口面上建立均匀场。如果使用接地平面时，AUC 和 STA 的辐射方向图需是非常相似的。3.1.4.3 中 SIL 的定义给出了天线作为接收或者发射的描述；这是对 AUC 和配对天线的另一种描述。“接收天线”和“发射天线”的指定对于操作来说降低了一个自由度，因为不管哪个天线连接到接收机或信号源上，其测量结果相同。

为了保证溯源性，在适当的时间间隔，使用校准过的衰减器来检查仪器线性度。用校准过的衰减器，如 10 dB、30 dB 或者 50 dB，和失配标准进行测量。使用 E_n 准则比较测量结果和校准证书上给出的结果[8]。

使用可溯源的测距仪器(如卷尺或者激光测距仪)测量天线间距和天线高度。RF 测量结果相对于间距来说，对于距地面的高度更为敏感。对于 TAM，绝对高度和间距至关重要，而对于 SAM，最重要的是 AUC 相对于 STA 的位置测量。对于 SAM，位置允差见 8.3.2。高度允差为±10 mm，高度偏差越大，则测量不确定度就越大。允差和不确定度可通过不同高度下 SIL 幅度敏感度的测量进行量化。

天线间距的测量准确度取决于绝对距离，间距越小，允许的允差越小。例如，对于 10 m 间距，两副天线 10 mm 的位置误差对自由空间场强所引入的不确定度为 0.017 dB；若不确定度为 0.1 dB，意味着间距误差为 114 mm。在有地面反射的情况下，间距误差更为关键，对于 SSM，需要使用信号相位。由于寻找的是同相情况，高度扫描可以部分补偿距离误差。对于这种情况，优选的间距误差需小于 $\pm\lambda/30$，SSM 的最高频率为 1 GHz，此时 $\lambda/30$ 为 10 mm。

为了减小信号源和接收机偏移以及温度变化的影响，AUC 和 STA 之间 SIL 的测量时间间隔应尽量短。天线校准使用的电缆，其传输损耗会随着温度变化。对于直接暴露在阳光下的电缆，推荐使用带白色表皮的电缆，或者带白色护套，这样可以减小温度变化引入的电缆损耗变化，此温度变化是由于云层遮盖引起阳光直射变化导致的。

如果电缆从温暖的室内拿到冰冷的室外场地，或者放在室外的电缆需要预热以适应从夜间到白天的温度变化，那么需给足够的时间稳定电缆的温度。最大的时间间隔可通过在现场情况下观察接收信号的变化进行评估,在评估过程中,不改变信号源和测量布置(包括电缆和天线)。

6.2.2 失配

本部分中给出的测量不确定度包括失配的不确定度。本条中失配包括接收机和信号源与电缆、衰减器之间的失配,天线与连接电缆之间的失配。失配引入的不确定度数学模型(方程)的推导参见附录F。

注1:尽管使用开槽线已过时,通常还是采用VSWR描述衰减器和测量接收机的失配,但是更常用的是用回波损耗描述测量失配。对于天线失配大小,更倾向于使用回波损耗这个参量,而不是VSWR。

接收天线呈现给接收机的回波损耗应大于20.9 dB,这可以通过在天线和电缆之间连接6 dB衰减器来实现。需指出的是电缆本身的衰减作为串联衰减的一部分,因此需要在可接受的SNR和可接受的失配不确定度之间权衡串联衰减。

与连接在一起的数根电缆相比,最好使用单根电缆,因为每个连接处都会引入失配不确定度。为了得到更准确的测量,尤其是对1 GHz以上的频段,使用VNA测量复反射系数,以便于对呈现给发射和接收天线的阻抗不是50 Ω产生的失配进行修正。对于电缆可能移动的布置,需要谨慎使用误差修正技术,使用不当可能会导致错误的误差修正。

测量两副天线之间的SIL(见7.2.2)需要使用两段电缆,其中一段(标为T)连接信号源输出端口与发射天线的端口,另一段(标为R)连接接收天线的端口与测量接收机的输入端口。公式(13)和公式(14)推导见附录F,可用于一段电缆连接衰减器的情况,电缆的特性可由双端口全参数校准过的VNA进行测量。如果有需要,可以包含衰减器,该衰减器通常连接在电缆末端和天线之间。

与信号源和发射天线之间的功率传输相关的失配所引入的不确定度的极限值(见注2)由公式(13)计算给出。与接收机和接收天线之间的功率传输相关的失配所引入的不确定度的极限值由公式(14)计算给出。

$$M_{\mathrm{T}}^{\pm}=20\lg[1\pm(|\Gamma_{\mathrm{aT}}||S_{11}|+|\Gamma_{\mathrm{T}}||S_{22}|+|\Gamma_{\mathrm{aT}}||\Gamma_{\mathrm{T}}||S_{11}||S_{22}|+|\Gamma_{\mathrm{aT}}||\Gamma_{\mathrm{T}}||S_{21}|^{2})]\ (\mathrm{dB}) \quad \cdots\cdots(13)$$

$$M_{\mathrm{R}}^{\pm}=20\lg[1\pm(|\Gamma_{\mathrm{aR}}||S_{11}|+|\Gamma_{\mathrm{R}}||S_{22}|+|\Gamma_{\mathrm{aR}}||\Gamma_{\mathrm{R}}||S_{11}||S_{22}|+|\Gamma_{\mathrm{aR}}||\Gamma_{\mathrm{R}}||S_{21}|^{2})]\ (\mathrm{dB}) \quad \cdots\cdots(14)$$

反射系数和S参数通过测量得到,式中:

Γ_{aR}——接收天线端口的反射系数;

Γ_{aT}——发射天线端口的反射系数;

Γ_{T}——信号源输出端口的反射系数;

Γ_{R}——测量接收机输入端口的反射系数;

S_{11}——电缆R或者T的反射系数,对于公式(13)和公式(14),分别对应接收天线和发射天线端口连接电缆的反射系数;

S_{21}——电缆R或者T的传输系数(即损耗),对于公式(13)和公式(14),分别对应发射天线和接收天线端口连接电缆的传输系数;

S_{22}——电缆R或者T的反射系数,对于公式(13)和公式(14),分别对应信号源输出端口和接收机输入端口连接电缆的反射系数。

举例来说,假设天线和测量接收机的回波损耗都为20.9 dB(即$|\Gamma_{\mathrm{aR}}|=|\Gamma_{\mathrm{R}}|=0.091$),连接电缆的$|S_{11}|=|S_{22}|=0.024$,且$|S_{21}|=0.5$,那么公式(14)得到误差为$M_{\mathrm{R}}^{\pm}=0.056$ dB。

注2:为了减小误差,可对失配进行修正。如果不修正,可根据误差值得到不确定度的值,即为$M_{\mathrm{R}}/\sqrt{2}$。

当电缆的S_{11}和S_{22}足够小到可以忽略不计,例如对于200 MHz以下频段,通过把所有乘以S_{11}和S_{22}的项设为零,公式(13)和公式(14)可得到简化。

6.2.3 SIL测量的动态范围和复现性

两天线间SIL准确测量的关键是幅度线性度(有时也被称为动态准确性)。线性度要求为每十倍频程优于±0.1 dB,实际的线性度需在测量不确定度中予以考虑。天线校准通常需要 60 dB 或更大的动态范围,或者结合精密步进衰减器采用零点检查方法。零点检查方法也称为替代法,见 GB/T 6113.105—2018 的 4.4.4.3.2。

对于同轴电缆,其弯曲不能超过规定的最小弯曲半径,否则会引入失配;对于非永久固定的电缆,过度的弯曲会降低电缆性能的复现性。如果电缆出现过度弯曲,需通过重复测量电缆的直通性能来检查 SIL,其变化不得超过 0.2 dB。

间距为 10 m 的两副天线,其信号的典型衰减近似为 40 dB,此时推荐使用两个固定衰减器(例如 6 dB)以减小失配引入的不确定度,为达到较小的测量不确定度,信噪比要求至少为 34 dB。再加上电缆损耗,总计大约为 90 dB。根据电缆损耗的量值,可以减小衰减器的值(dB)。动态范围通常定义为最大读数与底噪的比。如果需要更大的动态范围,则可去掉衰减器,若要进一步改善失配不确定度,可以使用校准过的 VNA。这种情况下,有效源匹配和有效负载匹配应用来计算失配不确定度。校准后的 VNA 的有效源匹配和有效负载匹配的回波损耗可优于 30 dB。这个良好特性需在 VNA 使用短电缆并对其采用完全两端口校准(12 个误差项修正)后才能得到。

6.2.4 信噪比

信号发生器应输出足够大的功率,保证通过电缆和天线,到达接收机输入端口时的信号电平远高于噪声电平。假设使用 VNA,信号与接收机本底噪声之比至少为 34 dB,然而对于使用平均值检波器的接收机,信噪比最小可以减小到 17 dB。为使正弦环境噪声的影响减至最小,信号与干扰之比需至少为 30 dB。通过减小分辨率带宽可以降低接收机的噪声。其他考虑参见 A.8.1。

信号源输出端接功率放大器可增加信号与环境噪声和接收机噪声的比。但是要注意符合有关无线电管理的相关法规。

另外,也可以在接收机输入端口使用预放大器来提高信噪比。然而,应注意的是预放大器输入和接收机输入避免过载。检查每个预放大器的线性,尤其是对环境信号较强的情况。可以使用滤波器来阻止带外信号进入预放大器导致其饱和。应评估带外信号及饱和引起的误差,并包含在天线校准不确定度分析中。天线校准过程中遇到的环境电磁干扰问题可通过使用屏蔽的 FAR 或者 SAC 得到解决。

如果在校准过程中发现环境信号和试验信号都位于测量接收机的带宽内,引起的误差取决于环境信号的特性。如果环境信号包含正弦分量(例如模拟信号广播),那么可能需要更高的信号(即测量信号加环境噪声)与环境噪声之比。例如,若正弦环境信号比正弦试验信号低 20 dB,这会引入大约 0.9 dB 的不确定度。要减小此不确定度,需要增加试验信号的电平。与类似于噪声或者宽带信号相比,正弦环境信号对不确定度的影响更大。有关如何避免在环境噪声频点进行测量见 6.1.1 的第二段。

6.2.5 天线塔和电缆

天线支撑结构、天线电缆、控制电缆都会产生非期望的反射,对天线校准引入系统误差。为了将这些反射导致的不确定度控制在±0.5 dB 以内,参考 A.2.3 中给出的指南,需选用轻质的非金属天线塔(对于 SSM,电机驱动的天线塔可能要更为稳固)。

天线电缆应与天线的偶极子单元垂直,在天线后方水平延伸至少 1 m,然后垂向地面。对于垂直极化天线,天线电缆在天线后方需水平延伸至少 5 m,然后垂向地面。如果水平延伸距离小于 5 m,应评估其引入的测量不确定度并予以应用。A.2.3 给出了如何对这种效应进行量化。对于方向性更强的天线(例如 LPDA 天线),这种效应较小,因此上述要求主要适用于偶极子天线和双锥天线。

6.3 AUC 功能核查

6.3.1 概述

在校准之前,应检查 AUC 的完整性。除非天线是全新的,否则应检查有无机械或结构方面的损坏,在电接触面上有无氧化。在测量 AF 之前,推荐测量回波损耗,这是一种快速有效的检查方法。通过判定与制造商手册上的数据是否存在偏离,就可决定是否值得花更长时间来测量 AF。

如果校准前没有测量回波损耗,且测量得到的 AF 明显偏离之前的测量结果或者制造商手册上的数据,那么推荐测量回波损耗。因为回波损耗结果与制造商数据若有偏差,则可以确认天线存在问题,并且有助于查找问题所在。测量回波损耗的方法参见 A.8.7。推荐检查连接器的插针长度(参见 A.8.2),以及检查频响是否存在谐振(参见 A.8.6),但这些方法都是可选的。

6.3.2 天线的对称

在天线校准和辐射发射测量中,接收天线的巴伦可能会在天线连接的电缆上产生共模电流。这种共模电流产生的电磁场可能会被接收天线接收,从而对辐射骚扰测量结果和 AF 测量结果引入系统误差。GB/T 6113.104—2016 的 4.5.4 给出了天线对称的测量方法。如果巴伦的平衡性不好,会在电缆外导体上产生共模电流,可以在电缆上套上铁氧体环,在一定程度上能减小共模电流。

注:大功率的巴伦很难达到很好的平衡性,因此不推荐其用于接收天线。如果接收天线的对称出现降级,通常出现在低频段,则建议进行维修。

6.3.3 天线交叉极化性能

将天线"同极化"地放在线极化的平面波场中,若旋转 90°,交叉极化抑制比应至少为 20 dB。"与平面波电场矢量的对准(同极化)"定义为:天线的某一机械参考线与电场矢量平行。参考线是偶极子天线、双锥天线、LPDA 天线和复合天线的物理偶极子轴线,或者喇叭天线的某一物理面。例如:在垂直极化场中,将喇叭天线的侧壁或者 DRH 的中心脊垂直对齐放置(即天线处于垂直极化)。

一般来说,无需每次天线校准时都测量交叉极化性能,强烈推荐制造商在天线手册中给出交叉极化抑制比的数据。通常偶极子天线、双锥天线和喇叭天线本身就满足 20 dB 交叉极化抑制比的要求。然而,LPDA 天线的偶极子单元呈梯行排列,因此很多 LPDA 天线,或者复合天线的 LPDA 部分不能满足 20 dB 的要求,尤其是在其工作频率的上限(参见 A.7)。交叉极化抑制比不足 20 dB 导致的不确定度应通过计算得到,从而可用于 EMC 骚扰测量结果的不确定度中。

若要测量优于 20 dB 的交叉极化响应,需要一副其自身交叉极化性能优于 40 dB 的配对天线,例如标准波导喇叭天线。通常情况下 LPDA 天线的交叉极化性能会随着频率增加而降低,例如,标称上限工作频率为 2 GHz 的 LPDA 天线,可能在 1 GHz 以下满足交叉极化抑制比 20 dB 的要求,对于这种情况,有必要测量 1 GHz 以上的交叉极化响应,测量步骤见 GB/T 6113.104—2016 的 4.5.5。配对天线可以使用线性偶极子天线,但是推荐优先选择喇叭天线,因为其方向性强,可以减小反射信号。喇叭天线覆盖频段也比偶极子宽。其中一副天线需要旋转略大于 90°(其他试验细节参见参考文献[14])。

6.3.4 天线辐射方向图

辐射方向图是天线的关键参数,尤其是对于基于接地平面反射法的校准。通常,EMC 试验中使用的天线在视轴方向上的主瓣较宽,而对于一些天线,尤其是喇叭天线,当频率接近其上限工作频率时,主瓣变得很窄,或者在视轴方向上出现凹陷(表现为下陷,即浅的零点)。这种特性的方向图会影响校准过程中天线对准的精度。

一般来说,若天线安装在没有接地平面的自由空间中,方向图对 AF 测量结果的不确定度影响不显著(除了 9.5.1.3 中注提到的 DRH 天线)。正如公式(23)(见 7.3.2)和公式(C.22)(参见 C.3.2)所示,当计算天线系数的方法使用了地面反射,对于方向图很窄的天线,会引入显著的不确定度。假设发射天线在所有方向为均匀辐射,公式(C.22)可以简化为公式(23),这适用于这样的校准情况:即两天线间的直射波和经过地面的反射波在辐射方向图中的幅度相同。这是简化的 AF 计算,即公式(39)(见 7.4.1.2.1)。水平极化的双锥天线均匀的 H 面方向图就是一个例子。

通常来说,在 10 m 间距测量水平极化 LPDA 天线时,由辐射方向图引入的不确定度可以忽略,然而如果间距为 3m,或者天线的方向性更强,那么其引入的不确定度会更大。举例来说,如果反射波信号比主瓣峰值小 2 dB,对 AF 引入的不确定度为 0.46 dB。

依据辐射方向图和天线安装布置的几何关系可以评估不确定度的大小。天线间距和高度可用来计算直射波和反射波与视轴方向之间的夹角。在 AF 校准中可以使用公式(C.29)(参见 C.3.3)将辐射方向图数据考虑在内,从而可减小不确定度。

相比于定向天线(例如喇叭天线),测量全向天线(例如双锥天线)的场地确认判据更为严格。因为对于定向天线,在其方向性系数小的方向,不需要的反射被抑制。

辐射方向图可通过在自由空间环境中围绕其相位中心旋转天线进行测量。通常天线在水平面旋转,即改变其方位角,记录相对于视轴角度上的幅度响应。

7 30 MHz 以上频段天线校准方法共用的基本参数和计算公式

7.1 校准 AF 的方法总结

4.5 的表 1 汇总了天线校准布置和场地类型,并给出了对应的条号。4.3 中给出了主要天线类型的校准方法的一般考虑。7.2 中给出了基本的 SIL 测量程序和共有的测量不确定度分量,其为第 8 章和第 9 章所述测量的基础。7.3 中给出了通过 SIL 或 SA 计算 AF 的通用公式。7.3 中的公式可以应用在 7.4 所述的 TAM、SSM 和 SAM 中。7.4.1.1.2 给出了一个详细评估测量不确定度的示例,该示例遵循 ISO/IEC 导则 98-3:2008 中给出的从数学模型开始的不确定度评估程序。7.5 给出了与相位中心和天线位置相关的参数。

7.2 场地插入损耗测量

7.2.1 总则

SIL 测量适用于所有辐射场法的天线校准。SIL 测量的程序和共有的测量不确定度分量分别在 7.2.2和 7.2.3 中给出。

7.2.2 SIL 和 SA 测量程序

使用如图 7 所示的自由空间环境布置和图 8 所示的带有接地平面的校准场地布置,按照以下程序测量天线对(i,j)的 SIL,即 $A_i(i,j)$。可以通过铺设吸波材料或者通过将天线抬升到距离地面非常高的高度以形成自由空间环境。天线既可以是水平极化也可以是垂直极化,极化方向由校准方法指定。校准的频率点见6.1.1的表 6。如果在接地平面上校准,那么天线应足够高,以保证不产生信号零点(见 7.4.1.2.1)。

a) 调整与天线 i 相连的信号发生器,产生的电磁场使天线 j 接收的电平有足够的信噪比。在天线 j 上连接测量接收机,调谐接收机的频率使其与信号发生器的相同。按照 6.2.3 中的准则调整信号发生器的输出。测量天线 j 的输出电压 $V_S(i,j)$[dB(μV)]。通常情况下使用 VNA 进行测量,但仍需按照上面的原则来调整,以保证足够的信噪比(同时见 3.1.4.1 中"测量接收机"的定义)。

b) 将电缆与天线的连接断开,然后使用适配器将电缆直接连接在一起。测量输出电压记为 V_D[dB(μV)]。应保证在测量 $V_S(i,j)$和 V_D时信号发生器的频率和输出电平不变。

c) 使用公式(15)计算两天线之间的 SIL。

$$A_i(i,j)=V_D-V_S(i,j)\text{(dB)} \qquad (15)$$

当测量接收机的读数使用 dBm 作为单位时,公式(15)等同于功率读数的差,如公式(16)所示。

$$A_i(i,j)=P_D-P_S(i,j)\text{(dB)} \qquad (16)$$

d) 对于 TAM:按照步骤 a)和 b)进行。为了使天线对测量与电缆连接测量之间的时间间隔最小,应连续进行步骤 a)测完三副天线对,然后再重复步骤 b)的电缆连接测量。注意两次电缆连接测量的读数差值;如果该差值超过实验室评定 AF 的不确定度时允差的设定值,应重新进行所有的测量。推荐的最大允差为±0.25 dB。虽然 VNA 的幅度漂移很小,但电缆的温度变化可能会造成显著的漂移;此外,连接器重复性的变化也会造成漂移。

e) 对于 SSM:将天线 j 按图 8 所示布置,在 1 m~4 m 范围内进行高度扫描,测得天线 j 的最大输出电压$V_S(i,j)|_{max}$[dB(μV)]。由公式(17)计算两副天线之间的场地衰减 A_S。

$$A_S(i,j)=V_D-V_S(i,j)|_{max}(\text{dB}) \qquad (17)$$

无需区分一对 AUC 中哪副安装在固定高度,哪副进行高度扫描(见 7.4.2.2 和 A.5,但为了得到更好的复现性,可以参见表 1 的脚注 a)。

f) 对于 SAM:首先对 STA 进行 SIL 测量,然后对 AUC 进行 SIL 测量,最后对 STA 重复测量。注意,如果两次 STA 测得的读数之差超出实验室评估 AF 的不确定度时允差的设定值,则需要查找原因,重新测量。

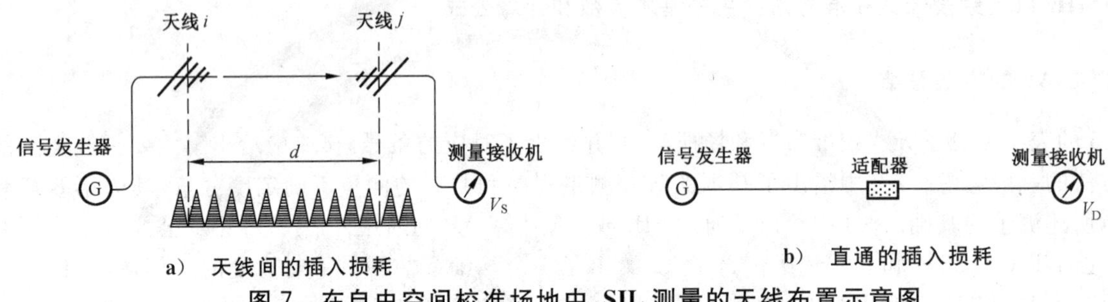

图 7 在自由空间校准场地中,SIL 测量的天线布置示意图

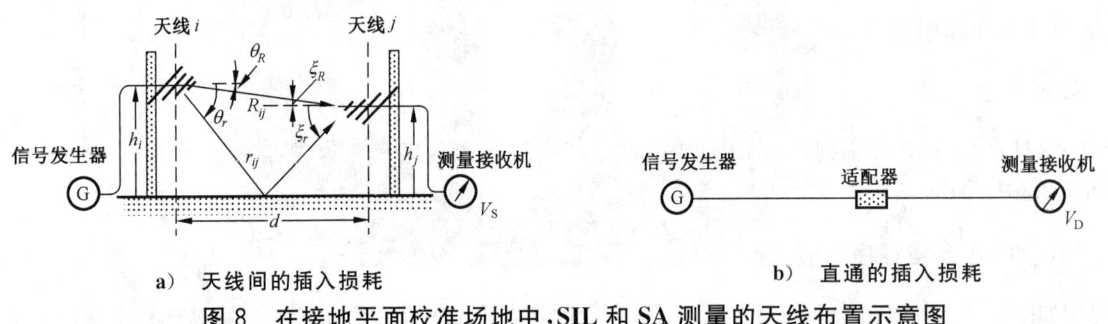

图 8 在接地平面校准场地中,SIL 和 SA 测量的天线布置示意图

7.2.3 SIL 测量中共有的不确定度分量

AUC 的校准包括测量 AUC 和另一副天线之间的 SIL,在每次 SIL 或 SA 测量中,都会测量两次电压,即图 7 或图 8 中的 V_D和 V_S,该电压会受到各种参数的影响,例如:信号源的稳定性、电压测量的准确度、电缆连接的失配和测量重复性。图 8 中的符号会在 7.3.3 中描述。公式(15)关于参数期望值的一阶泰勒展开如下:

$$\begin{aligned}A_i=&(V_D+\delta V_{D\,SG}+\delta V_{D\,noise}+\delta V_{D\,linear}+\delta V_{D\,res}+\delta V_{D\,mismatch}+\delta V_{D\,cable})\\&-(V_S+\delta V_{S\,SG}+\delta V_{S\,noise}+\delta V_{S\,linear}+\delta V_{S\,res}+\delta V_{S\,mismatch}+\delta V_{S\,cable})\end{aligned} \qquad (18)$$

式中:$\delta V_{D\,SG}$和 $\delta V_{S\,SG}$分别表示由信号发生器的稳定性引起的 V_D和 V_S的变化量。实际的测量接收机特性与理想的测量接收机特性之间的偏差会影响 V_D和 V_S。重要的特性有噪声、线性和分辨率,它们的影响分别为 $\delta V_{D,S\,noise}$、$\delta V_{D,S\,linear}$和 $\delta V_{D,S\,res}$。如果测量 V_D和 V_S时使用可调衰减器,使得测量接收机的电平变化可以忽略,那么可以不考虑公式(18)中的线性误差,而是用测量 V_D和 V_S中衰减量的差的不确定度来代替,则得到:

$$\delta V_{\Delta\,linear}=\delta V_{D\,linear}-\delta V_{S\,linear} \qquad (19)$$

6.2.4 简述了接收机噪声影响的评估。$\delta V_{\text{D mismatch}}$和$\delta V_{\text{S mismatch}}$分别是电缆连接失配引起的$V_{\text{D}}$和$V_{\text{S}}$的变化。正如 6.2.3 所述，$\delta V_{\text{S mismatch}}$包括电缆 T 和电缆 R 的失配影响。由于温度和电缆弯折引起的电缆衰减量的变化，可能会在 SIL 或 SA 测量中引入较大的不确定度，因此该影响量用$\delta V_{\text{D,S cable}}$表示。

对于 SIL 或 SA 测量，如果对 VNA 在天线末端的电缆端面上进行了双端口的完整校准，那么可以通过一次测量直接测得 $\Delta V = V_{\text{D}} - V_{\text{S}}$(dB)，此时，公式(18)和公式(19)可以简化为：

$$A_{\text{i}} = \Delta V + \delta V_{\Delta\text{ meas}} + \delta V_{\text{D mismatch}} - \delta V_{\text{S mismatch}} - \delta V_{\Delta\text{ cable}} \quad \cdots\cdots(20)$$

且

$$\delta V_{\Delta\text{ meas}} = \delta V_{\Delta\text{ noise}} + \delta V_{\Delta\text{ linear}} + \delta V_{\Delta\text{ res}} \quad \cdots\cdots(21)$$

其中：$\delta V_{\Delta\text{ meas}}$代表测量 ΔV 时 VNA 特性的影响，$\delta V_{\Delta\text{ cable}}$表示测量$V_{\text{D}}$与$V_{\text{S}}$时电缆衰减的差异。

参考公式(20)，表 7 中给出了使用 VNA 测量 SIL 的不确定度分量和示例值。表 7 中的 u_{c}值可以用做本部分中给出的各种校准方法的不确定度评估的共有不确定度分量。与失配相关的不确定度，$\delta V_{\text{D,S mismatch}}$没有包含在表内，原因是该不确定度主要取决于天线和电缆的连接，但在第 9 章和附录 B 中的具体校准方法的测量不确定度评估中已经包含了该失配引入的不确定度。由接收机分辨率引入的不确定度 $\delta V_{\Delta\text{ res}}$，也没有包含在表中，因为与其他分量相比，该量小到可以忽略不计。由公式(20)和公式(21)可知，所有的不确定度分量都有相同的灵敏系数。在计算合成标准不确定度 u_{c}时，假设表中列出的所有不确定度分量的灵敏系数都为 1。

表 7　根据公式(20)对 SIL 测量结果进行评估得到的共有分量的测量不确定度评估示例

不确定度源或影响量 X_i	值 dB	概率分布	包含因子	灵敏系数	u_i dB	备注[a]
VNA 特性影响 ΔV 测量	0.18	正态分布	2	1	0.09	N8)
由温度或弯折引起的电缆衰减变化	0.15	矩形分布	$\sqrt{3}$	1	0.09	N9)
ΔV 测量重复性	0.04	正态分布	1	1	0.04	N6)
合成标准不确定度 u_{c}					0.13	N7)
扩展不确定度 $U(k=2)$					0.26	
[a] 带有编号的注释见 E.2。						

7.3　通过 SIL 和 SA 测量计算 AF 的基本公式

7.3.1　通过 SIL 测量得到 AF

天线校准是通过场地插入损耗或场地衰减测量准确评估 AF 的一个过程。AF 和 SIL 或 SA 的关系将在本条中介绍。这些公式的基本原理在附录 C 中有简单的描述。对于每一种校准方法，在 7.3.2 和 7.3.3 中给出了基本公式，在 7.4.1.1～7.4.3 中作了简化。

通常情况下，本部分中列出的不确定度值都是在一个给定频率范围内的最大值，每个校准实验室还可以细分频段，从而能够表明在一些子频段内具有更小的不确定度。

7.3.2　自由空间校准场地的 AF 和 SIL 之间的关系

在可以忽略地面反射波和任何其他反射的自由空间校准场地上，测量两个相互准确正对的天线之间的 SIL，如图 7 所示。对于这组布置，天线对的 SIL 可以用公式(22)～公式(24)表示：

$$A_{\text{i}}(i,j) = F_{\text{a}}(i) + F_{\text{a}}(j) + K(i,j)\ \text{(dB)} \quad \cdots\cdots(22)$$

其中系数 $K(i,j)$可以表示为：

$$K(i,j) = 20\lg\left(\frac{39.8}{f_{\text{MHz}}}\right) - 20\lg[e_0(i,j)]\ [\text{dB}(\text{m}^2)] \quad \cdots\cdots(23)$$

场强参数 e_0 由下式得到：

$$e_0(i,j)=\frac{1}{d}(\mathrm{m}^{-1}) \qquad \cdots\cdots(24)$$

式中：

$F_a(i)$——天线 i 在其视轴方向上的 AF，dB(m^{-1})；

$F_a(j)$——天线 j 在其视轴方向上的 AF，dB(m^{-1})；

f_{MHz} ——频率，单位为兆赫兹(MHz)；

d ——规定的天线间距，单位为米(m)。

公式(22)～公式(24)都是从 C.3.1 的公式(C.15)～公式(C.19)理论推导得到的。$e_0(i,j)$的严格表达式见公式(C.17)。公式(23)可以表示为：

$$K(i,j)=-20\lg(f_{\mathrm{MHz}})+20\lg(d)+C \qquad \cdots\cdots(25)$$

式中：C 为 20lg(39.8)。

7.3.3 带有金属接地平面的校准场地的 AF 与 SIL 之间的关系

如图 8 所示，测量一对在金属接地平面上相互面对、极化为 p 的天线的 SIL 时，SIL 可用下式表示：

$$A_i(i,j)=F_a(i|h_i,p)+F_a(j|h_j,p)+K(i,j|p)(\mathrm{dB}) \qquad \cdots\cdots(26)$$

其中系数 $K(i,j|p)$由公式(27)给出：

$$K(i,j|p)=20\lg\left(\frac{39.8}{f_{\mathrm{MHz}}}\right)-20\lg[e_0(i,j|p)][\mathrm{dB}(\mathrm{m}^2)] \qquad \cdots\cdots(27)$$

式中：

$F_a(i|h_i,p)$——天线 i 在其视轴方向上(即 $\theta_R=0$)的与高度相关的 AF，dB(m^{-1})，天线架设高度为 h_i，极化方向为 p；

$F_a(j|h_j,p)$——天线 j 在其视轴方向上(即 $\xi_R=0$)的与高度相关的 AF，dB(m^{-1})，天线架设高度为 h_j，极化方向为 p。

对于水平极化(即 $p=\mathrm{H}$)，公式(27)中的场强参数 $e_0(i,j|p)$可以表示为：

$$e_0(i,j|\mathrm{H})=\left|\frac{\mathrm{e}^{-j\beta R_{ij}}}{R_{ij}}-\frac{\mathrm{e}^{-j\beta r_{ij}}}{r_{ij}}\right|(\mathrm{m}^{-1}) \qquad \cdots\cdots(28)$$

式中：

β ——角波数，$2\pi/\lambda$；

e ——自然对数的底，e≅2.718。

直射波和地面反射波的传播距离为 R_{ij} 和 r_{ij}，由公式(29)给出：

$$R_{ij}=\sqrt{d^2+(h_j-h_i)^2} \qquad \cdots\cdots(29)$$

$$r_{ij}=\sqrt{d^2+(h_j+h_i)^2}$$

式中：

d ——规定的天线间距，单位为米(m)；

h_i,h_j ——分别为天线 i 和天线 j 的高度，单位为米(m)。

公式(26)和公式(27)与公式(22)和公式(23)的形式基本相同，其区别在于引入了参数 $h_{i,j}$ 和 p；公式(26)和公式(27)也在 C.3.2 中以公式(C.20)和公式(C.21)给出。如 C.3.2 中所提及的，公式(28)中的 $e_0(i,j|p)$是基于如下假设：天线对中的天线都具有宽波束辐射方向图，包含直射波和地面反射波，且两幅天线的 AF 对于视轴方向上的波和镜面反射方向上的波是几乎相同的[即 6.3.4 中描述的条件，由公式(C.23)给出]。公式(28)的扩展形式为公式(41)(见 7.4.1.2.1)。当 AF 在镜面反射方向和视轴方向有显著差异时，需要使用由公式(C.22)给出的 $e_0(i,j|p)$的严格表达式(参见 C.3.2)。

7.4 使用TAM、SSM和SAM时AF和测量不确定度的计算公式

7.4.1 TAM

7.4.1.1 自由空间校准场地的TAM

7.4.1.1.1 SIL测量基础

使用TAM进行天线校准需要三副天线(编号为1、2和3)以形成三组天线对,并测量每组天线对的SIL。为了确定视轴方向上的AF,需将天线对放置在自由空间的校准场地上,并保持天线对的视轴方向相互精确对准,如图9所示。可通过采用铺设吸波材料或者将天线升高到金属接地平面上非常高的高度来建立自由空间环境。对于所有的天线对,天线间距 d 应保持固定不变。使用公式(22),通过3次测得的SIL的值即 $A_i(2,1)$、$A_i(3,1)$和 $A_i(3,2)$,得到一组3个等式:

$$\begin{aligned} A_i(2,1) &= F_a(1) + F_a(2) + K(2,1) \\ A_i(3,1) &= F_a(1) + F_a(3) + K(3,1)\text{(dB)} \\ A_i(3,2) &= F_a(2) + F_a(3) + K(3,2) \end{aligned} \qquad \cdots\cdots(30)$$

$F_a(1)$、$F_a(2)$和 $F_a(3)$分别为三副天线在其视轴方向上的AF[dB(m^{-1})]。$K(i,j)$由公式(23)给出。

在实际的SIL测量中,天线的位置和方向都可能会与规定条件存在微小的差别,因此应使用各自的 $K(i,j)$。由公式(30)可确定每副天线的AF:

$$F_a(1) = \frac{1}{2}[A_i(2,1) + A_i(3,1) - A_i(3,2) - K(2,1) - K(3,1) + K(3,2)]$$

$$F_a(2) = \frac{1}{2}[A_i(2,1) - A_i(3,1) + A_i(3,2) - K(2,1) + K(3,1) - K(3,2)][\text{dB}(\text{m}^{-1})] \cdots(31)$$

$$F_a(3) = \frac{1}{2}[-A_i(2,1) + A_i(3,1) + A_i(3,2) + K(2,1) - K(3,1) - K(3,2)]$$

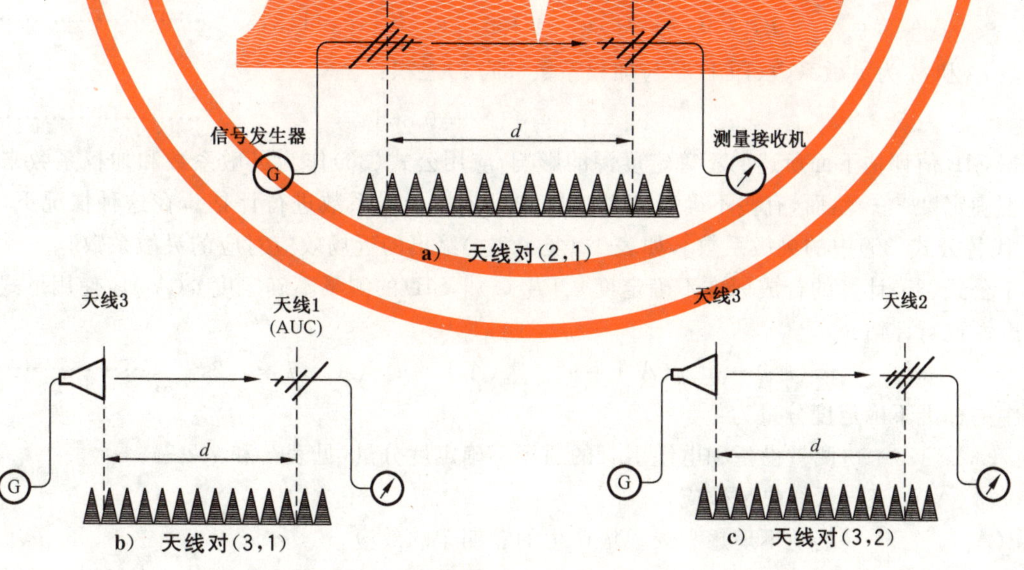

图9 自由空间校准场地上使用TAM校准天线的布置

7.4.1.1.2 不确定度评估示例

由辐射方向图的幅度和相位(尤其是定向天线)信息的不足引入的不确定度可通过以下方式得到避免:将天线架设在更高的高度或使用吸波材料以尽可能减小地面反射。其余的所有反射都可包含在不确定度里。当天线使用幅度和相位都均匀分布的波照射互对天线的口面时,AF[dB(m^{-1})]的计算公式可进行简化;见 GB/T 6113.105—2018 中的 3.1.2.4。

公式(31)包括一组 3 个等式,每一个都可表示为公式(32):

$$F_a(i)=\frac{1}{2}[A_i(j,i)+A_i(k,i)-A_i(k,j)-K(j,i)-K(k,i)+K(k,j)][\mathrm{dB}(\mathrm{m}^{-1})] \quad (32)$$

由公式(32)可推导出不确定度评估的数学模型,即公式(33):

$$F_a(i)=\frac{1}{2}[A_i(j,i)+\delta A_i(j,i)+A_i(k,i)+\delta A_i(k,i)-A_i(k,j)-\delta A_i(k,j)]-\frac{1}{2}[K(j,i)+\delta K(j,i)+K(k,i)+\delta K(k,i)-K(k,j)-\delta K(k,j)]\ [\mathrm{dB}(\mathrm{m}^{-1})] \quad (33)$$

式中:$\delta A_i(*,*)$表示测量 SIL 时测量设备和设施的实际布置与理想布置之间的差异所引起的变化,$*=i$、j 和 k。$\delta K(*,*)$表示天线的实际布置与规定布置之间的差异所引起的系数 $K(*,*)$的变化。由公式(33)可推导出合成不确定度,即公式(34):

$$u_c^2[F_a(i)]=\frac{1}{4}\{u^2[A_i(i,j)]+u^2[A_i(k,j)]+u^2[A_i(k,i)]\}+\frac{1}{4}\{u^2[K(i,j)]+u^2[K(k,j)]+u^2[K(k,i)]\} \quad (34)$$

如果 SIL 测量结果为 $A_i(i,j)$、$A_i(k,j)$和 $A_i(k,i)$,各自对应的标准不确定度 $u(A_i)$相同,且天线布置也相同,对应的 $K(i,j)$、$K(k,j)$和 $K(k,i)$具有相同的标准不确定度 $u(K)$,那么:

$$u_c^2[F_a(i)]=c_A^2u^2(A_i)+c_K^2u^2(K),i=1,2,3 \quad (35)$$

系数 c_A 和 c_K 为灵敏系数(即 1/2)与加权系数(即$\sqrt{3}$)之积:

$$c_A=c_K=\sqrt{3}/2=0.866 \quad (36)$$

依据 SIL 值评估下面所述的不确定度源的影响,应用公式(36)作为灵敏系数和加权系数来计算合成标准不确定度[25]。然而,有些不确定度源的影响可依据天线系数进行评估。在这种情况下,灵敏系数为 1[代替公式(36)中的灵敏系数],如表 12(见 9.3.3)给出的近场效应对应的灵敏系数。

对于公式(35)计算的合成标准不确定度 $u_c^2[F_a(i)]$,SIL 的测量不确定度 $u(A_i)$应使用下式包含的不确定度源进行评估:

$$u^2(A_i)=u_{\mathrm{instr}}^2(A_i)+u_{\mathrm{mismatch}}^2(A_i)+u_{\mathrm{site}}^2(A_i),i=1,2,3 \quad (37)$$

式中的标准不确定度分量为:

$u_{\mathrm{instr}}(A_i)$ ——测量设备和电缆引入的通用不确定度分量(见表 7 和 7.2.3);

$u_{\mathrm{mismatch}}(A_i)$ ——天线失配效应;

$u_{\mathrm{site}}(A_i)$ ——场地不理想和天线塔产生的非期望的效应。

公式(35)中的不确定度 $u(K)$应参考公式(C.16)和公式(C.17)(见 C.3.1)给出的 $K(i,j)$的严格表达式进行评估。$u(K)$中应至少包括下式中由天线位置所引入的不确定度分量:

$$u^2(K)=u_{\mathrm{dist}}^2(K)+u_{\mathrm{angle}}^2(K)+u_{\mathrm{pc}}^2(K)+u_{\mathrm{pol}}^2(K)+u_{\mathrm{near}}^2(A_i),i=1,2,3 \quad (38)$$

式中的标准不确定度分量分别为：

$u_{dist}(K)$ ——间距 d（下角标“dist”）的不确定度；

$u_{angle}(K)$ ——天线方向的不确定度，$\Phi(i)/\Phi(i|\theta)$和$\Phi(j)/\Phi(j|\xi)$（视轴 AF 与非视轴 AF 之比；参见 C.3.1）；

$u_{pc}(K)$ ——天线相位中心（下角标“pc”）变化引起的天线间距 d 变化所引入的不确定度，通过使用 7.5 所述修正方法可使其减小；

$u_{pol}(K)$ ——极化（下角标“pol”）失配引入的不确定度；

$u_{near}(A_i)$——近场效应和天线互耦引入的不确定度，参见附录 C。

取决于天线类型和天线布置，上面给出的某些不确定度可以忽略。与频率设置相关的不确定度通常可以忽略。

7.4.1.2 金属接地平面场地的 TAM

7.4.1.2.1 SIL 测量

使用 TAM 进行天线校准需要三副天线（编号为 1、2 和 3）以形成三组天线对，将天线对放置在金属接地平面上并测量 SIL。通常情况下，接地平面会影响天线的电气特性，即 AF 会随着天线的高度而变化。因此，正如图 10 所示，在测量 SIL 的过程中应将每副天线放置在特定的高度上。

根据公式(26)（见 7.3.3），通过测得的 SIL 值(dB)，即 $A_i(2,1)$、$A_i(3,1)$和 $A_i(3,2)$，可确定每副处于水平极化的天线与高度相关的 AF。

$$F_a(1|h_1,\mathrm{H})=\frac{1}{2}[A_i(2,1)+A_i(3,1)-A_i(3,2)-K(2,1|\mathrm{H})-K(3,1|\mathrm{H})+K(3,2|\mathrm{H})]$$

$$F_a(2|h_2,\mathrm{H})=\frac{1}{2}[A_i(2,1)-A_i(3,1)+A_i(3,2)-K(2,1|\mathrm{H})+K(3,1|\mathrm{H})-K(3,2|\mathrm{H})][\mathrm{dB(m^{-1})}]$$

$$F_a(3|h_3,\mathrm{H})=\frac{1}{2}[-A_i(2,1)+A_i(3,1)+A_i(3,2)+K(2,1|\mathrm{H})-K(3,1|\mathrm{H})-K(3,2|\mathrm{H})]$$

……………………（39）

其中

$$K(i,j|\mathrm{H})=20\lg(\frac{39.8}{f_{\mathrm{MHz}}})-20\lg[e_0(i,j|\mathrm{H})][\mathrm{dB(m^2)}] \quad \cdots\cdots(40)$$

式中：

$(i,j)=(2,1)$、$(3,1)$或$(3,2)$。场强参数 $e_0(i,j|\mathrm{H})$可通过公式(28)（见 7.3.3）的简化表达式计算得到：

$$e_0(i,j|\mathrm{H})=\left|\frac{\mathrm{e}^{-j\beta R_{ij}}}{R_{ij}}-\frac{\mathrm{e}^{-j\beta r_{ij}}}{r_{ij}}\right|=\frac{\sqrt{1+(R_{ij}/r_{ij})^2-2(R_{ij}/r_{ij})\cos[2\pi f_{\mathrm{MHz}}(r_{ij}-R_{ij})/300]}}{R_{ij}}(\mathrm{m^{-1}})$$

……………………（41）

式中：R_{ij}和 r_{ij}由公式(29)（见 7.3.3）定义。

注：三幅天线可能具有不同的相位中心，例如不同模型的 LPDA 天线一起校准。对于这种情况，每个天线对的 R_{ij}和 r_{ij}将不同，这影响公式(40)中 $K(i,j|\mathrm{H})$的值。

将 AUC 按照 $F_a(h_1)$的要求放置在高度 h_1，天线 2 和天线 3 放置在相同的高度($h_2=h_3$)，所选择的高度应避免产生零点[见表 B.1、表 B.2(B.4.2.1)和表 B.7(B.5.2)]。信号电平的变化不应比高度扫描范围内的信号最大值减小 6 dB 以上（见 3.1.1.19 零点的定义）。对于天线的几何布置和频率，可使用公式(41)预测产生的零点的场强。间距 d 应足够大，例如 $d=10\mathrm{m}$，以满足 7.3.3 中最后一段所要求的辐射方向图的条件。

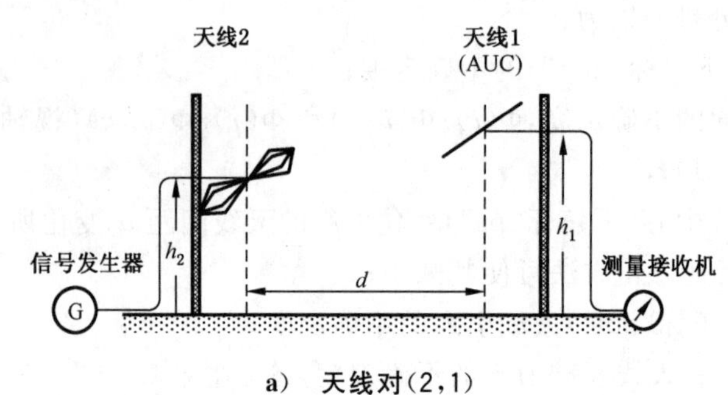

a） 天线对(2,1)

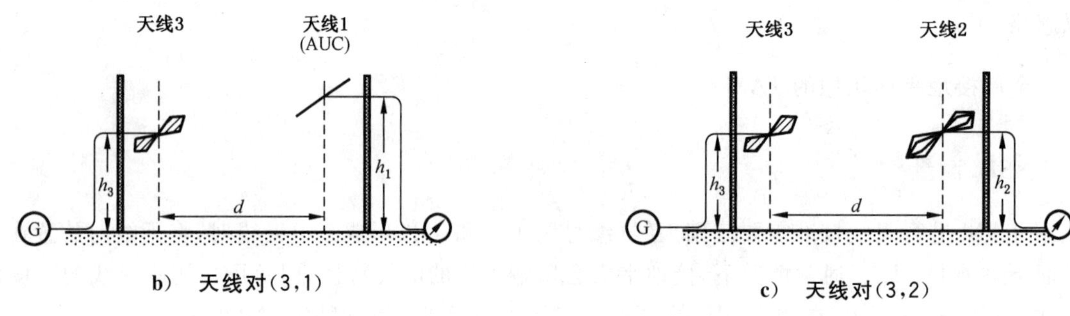

b） 天线对(3,1)

c） 天线对(3,2)

图 10 在金属接地平面校准场地上使用 TAM 的天线布置

7.4.1.2.2 不确定度评估

在金属接地平面校准场地上使用 TAM 校准天线需要分别对三组天线对的不同布置进行 3 次 SIL 测量，如图 10 所示。与 7.4.1.1.2 类似，如果 SIL 的测量结果 $A_i(2,1)$、$A_i(3,1)$和 $A_i(3,2)$，其各自对应的标准不确定度 $u(A_i)$都相同，那么测得的 AF 的合成标准不确定度可用公式(42)进行评估：

$$u_c^2[F_a(i|h_i,\mathrm{H})]=c_A^2u^2(A_i)+c_K^2u^2[K(2,1|\mathrm{H})]+c_K^2u^2[K(3,1|\mathrm{H})]+c_K^2u^2[K(3,2|\mathrm{H})] \quad\cdots\cdots(42)$$

式中：

$i=1,2$ 和 3，系数 c_A 为灵敏系数(1/2)和加权系数($\sqrt{3}$)的积，c_K 为 K 的灵敏系数。

$$c_A=\sqrt{3}/2=0.866 \text{ 和 } c_K=1/2 \quad\cdots\cdots(43)$$

依据 SIL 值评估下面所述的不确定度源的影响，应用公式(43)作为灵敏系数和加权系数来计算合成标准不确定度[25]。然而，有些不确定度源的影响可依据天线系数进行评估。在这种情况下，灵敏系数为 1[代替公式(43)中的灵敏系数]，如表 B.5(见 B.4.3.1)给出的近场效应对应的灵敏系数。

对于公式(42)中的合成标准不确定度 $u_c[F_a(i|h_i,\mathrm{H})]$，SIL 的测量不确定度 $u(A_i)$应按公式(37)给出的不确定度源进行评估。

因为 3 次 SIL 测量的天线布置可能存在差异，如图 10 所示，公式(42)中的不确定分量 $u[K(i,j|\mathrm{H})]$应使用公式(C.21)和公式(C.22)给出的 $K(i,j|\mathrm{H})$的严格表达式对每一次天线布置分别进行评估。对于 $u[K(i,j|\mathrm{H})]$，至少应考虑以下与天线位置相关的不确定度：

a） 间距 d 的不确定度；

b） 天线高度 h_i 和 h_j 的不确定度；

c） 视轴方向和直射波方向 AF 的变化，$\Phi(i|h_i,\mathrm{H})/\Phi(i|\theta_R,h_i,\mathrm{H})$ 和 $\Phi(j|h_j,\mathrm{H})/\Phi(j|\xi_R,h_j,\mathrm{H})$(视轴方向 AF 与非视轴方向 AF 的比值；参见 C.3.2)；

d） 直射波方向(距离 R)AF 与地面反射波方向(距离 r)AF 的变化，$\Phi(i|\theta_R,h_i,\mathrm{H})/\Phi(i|\theta_r,h_i,$

H)和 $\Phi(j|\xi_R,h_j,\text{H})/\Phi(j|\xi_r,h_j,\text{H})$[视轴(直射波)方向 AF 与偏离视轴(反射波)方向 AF 的比值;参见 C.3.2];

e) 由天线的相位中心变化导致的间距 d 的不确定度,可使用 7.5 中给出的修正方法减小该不确定度;

f) 极化失配引入的不确定度;

g) 近场效应和天线互耦引入的不确定度,参见附录 C 的描述;

h) 场地不理想和天线塔产生的非期望的效应。

其他符号的定义参见 C.3。对于实际的天线布置使用计算机仿真,或对公式(C.21)和公式(C.22)使用电子表格可准确评估上述所列的不确定度。

取决于天线类型和天线布置,上述的某些不确定度可以不予考虑。频率的设置通常是非常的精确,因此与频率相关的不确定度可以不予考虑;见 7.4.3.2。

7.4.2 SSM

7.4.2.1 场地衰减测量

使用 SSM 在 30 MHz~1 000 MHz 进行的天线校准,校准布置如图 11 所示,除了接收天线要进行高度扫描外,其他方面与在金属接地平面上的 TAM(即 7.4.1.2)非常相似。天线间距保证了天线处于远场条件,且天线的辐射方向图满足 7.3.3 中最后一段要求的条件。

为固定高度天线和进行高度扫描天线选择合适高度时,需考虑的相关参数包括地面镜像的互耦、辐射方向图和极化(对于特定的天线几何布置,见 8.4.2)。测得的 SA,即 $A_s(i,j)$(dB),是接收天线高度扫描过程中记录的 SIL 的最小值。基于 C.3.3 中给出的假设,由 SSM 确定的 AF 认为是自由空间环境得到的 AF 的估计值。

与 7.4.1.2.1 所述类似,由 SA 的测量结果使用下式可确定 AF:

$$F_a(1)=\frac{1}{2}[A_s(2,1)+A_s(3,1)-A_s(3,2)-K_{SSM}]$$

$$F_a(2)=\frac{1}{2}[A_s(2,1)-A_s(3,1)+A_s(3,2)-K_{SSM}][\text{dB(m}^{-1})] \quad \cdots\cdots(44)$$

$$F_a(3)=\frac{1}{2}[-A_s(2,1)+A_s(3,1)+A_s(3,2)-K_{SSM}]$$

式中:

$$K_{SSM}=20\lg\left(\frac{39.8}{f_{MHz}}\right)-20\lg[e_0(i,j|\text{H})|_{max}]\ [\text{dB(m}^2)] \quad \cdots\cdots(45)$$

符号 $e_0(i,j|\text{H})|_{max}$ 表示公式(41)给出的场强的最大值,其是接收天线进行高度扫描时在每个频率上所观察到的。

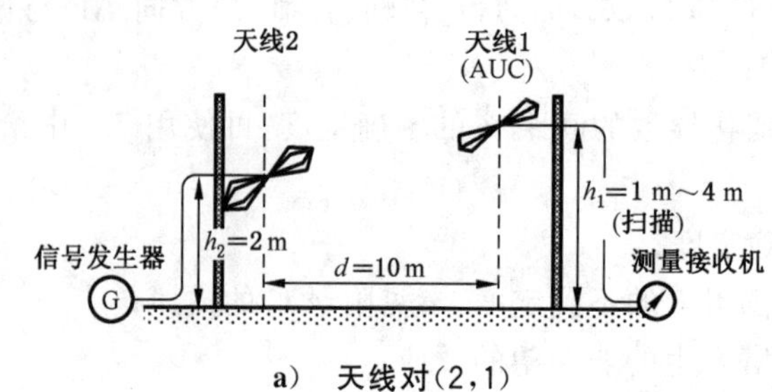

a） 天线对(2,1)

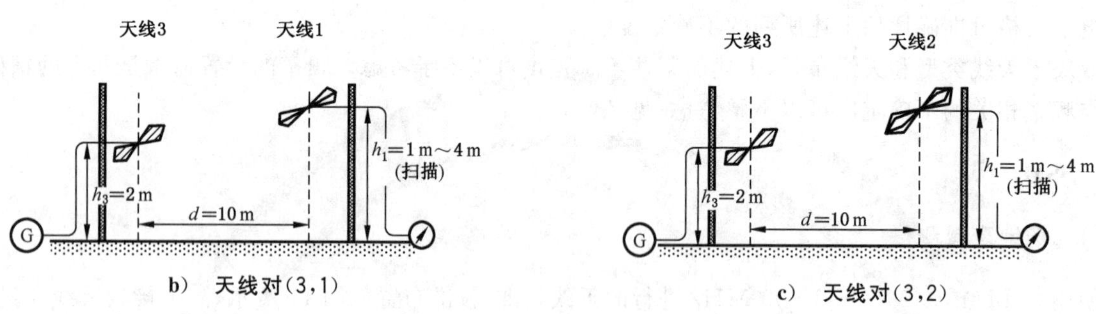

b） 天线对(3,1)　　　c） 天线对(3,2)

图 11 SSM 的天线布置

7.4.2.2 不确定度评估

SSM 假设:SA 测量中所用的天线为理想的偶极子天线[62]，其 H 面具有均匀的辐射方向图，且天线在高度扫描过程中 AF 保持不变；参见 C.3.3 中的讨论。这些假设通常并不适用于 EMC 天线，因为 EMC 天线的 AF 随着高度变化，且 H 面具有不均匀的辐射方向图。如果校准时三副双锥天线的巴伦类型不同，那么会产生附加的不确定度。因此，由 SSM 确定的 AF，如果视为是自由空间 AF，那么其比在自由空间环境中测得的 AF(同时参见 A.5)具有更大的不确定度。

与 7.4.1.1.2 所述的 TAM 类似，测得的 AF 的合成标准不确定度可用公式(46)评估：

$$u_c^2[F_a(i)]=c_s^2u^2(A_s)+c_K^2u^2(K_{SSM}) \qquad (46)$$

其中：$i=1,2$ 和 3，系数 c_s和 c_K 是灵敏系数(即 1/2)和加权系数(即$\sqrt{3}$)的积：

$$c_s=c_K=\sqrt{3}/2=0.866 \qquad (47)$$

依据 SA 值评估下面所述的不确定度源的影响，应用公式(47)作为灵敏系数和加权系数来计算合成标准不确定度[21],[25]。然而，有些不确定度源的影响可依据天线系数进行评估。在这种情况下，灵敏系数为 1[代替公式(47)中的灵敏系数]。

对于公式(46)中的合成标准不确定度 $u_c[F_a(i)]$，SA 的测量不确定度 $u(A_s)$应按公式(37)给出的不确定度源进行评估。

对于公式(46)中不确定度 $u(K_{SSM})$的评估，应评估下面列出的 a)～e)与天线位置相关的不确定度。此外，对于 $u(K_{SSM})$还应评估下面列出的与 SSM 所做假设相关的 f)～k)的不确定度：

a) 间距 d 的不确定度；

b) 天线高度 h_i 的不确定度；

c) 天线方向的不确定度；

d) 由天线的相位中心变化导致的间距 d 的不确定度，可使用 7.5 中给出的修正方法减小该不确定度；

e) 极化失配引入的不确定度；

f) 天线系数随高度变化引入的不确定度；

g) H 面辐射方向图的不均匀性；测量天线与理想偶极子天线之间与极化相关的方向性的差异；由于方向性的减小只能减小测得的 SA，计算得到的 AF 则会被评估的过大，因此此不确定度仅用于减小 AF，而不是作为一个正负因子；

h) 近场效应和天线互耦，参见附录 C；天线和天线之间的互耦，特别是低于 60 MHz 时的谐振偶极子；天线与地面的互耦，使得 AF 随高度变化；

i) 场地不理想和天线塔产生的非期望的效应；

j) 巴伦阻抗 Z_0'的效应；Z_0'参见 C.2.1 以及图 C.1 所示；

k) 修正系数的适用性以及与表 C.2 中通用修正系数的偏差(参见 C.6.2)。

取决于天线类型和天线布置，上述的某些不确定度可以不予考虑。与频率设置相关的不确定度通常也不用考虑。

上面所列的不确定度都是相互关联的，对于与 K_{SSM}估计值相关的标准不确定度的评估，计算机仿真是非常的有用。这样的仿真需要建立和使用合适的测量模型，该模型将 K_{SSM}与其不确定度分量相关联。此外，这些不确定度分量需通过概率分布进行表征，根据概率分布进行随机抽取作为仿真的基础。

例如，计算机仿真得到，对于双锥天线校准，天线系数随着高度的变化和近场影响能使 AF 与 F_a之间的差最大可达 0.49 dB [21]。该结论通过如图 A.2 和图 A.3 所示的(参见 A.5)某一模型双锥天线的测量结果得到确认。

因此，在 8.4.3 中已规定了用于双锥天线的修正系数。为了将 SSM 测得的 AF 作为自由空间 AF，需要对与使用 SSM 测得的 AF 相关的标准不确定度进行调整。该标准不确定度需将与使用 SSM 测得的 AF 近似作为自由空间 AF 相关的标准不确定度增大四分之一；推荐的调整办法参见 A.5。

7.4.3 SAM

7.4.3.1 测得的 SIL 结果之间的比较

SAM 要求一组 STA，其 AF 作为频率的函数经过准确确定。此外，对于在金属接地平面场地上实施的 SAM，STA 的天线系数在天线校准所需的高度范围内也需要进行精确地评估。TAM 的天线布置条件同样适用于 SAM；自由空间场地的布置详见 7.4.1.1，金属接地平面场地上的布置详见 7.4.1.2。选择图 12 所示发射天线的高度 h_2时应避免出现零点。

测量如图 12 a)所示布置中 AUC 的输出电压 V_{AUC}[dB(μV)]。在同样高度 h_1用 STA 代替 AUC，按照图 12 b)所示布置测量输出电压 V_{STA}[dB(μV)]。在测量 $V_{AUC}(h_1)$和 $V_{STA}(h_1)$期间，信号发生器的频率和输出电平应保持不变。根据这些测量，入射到 AUC 上的场强 $E(h_1)$[dB(μV/m)]可通过式(48)计算：

$$E(h_1)=V_{STA}(h_1)+F_a(STA|h_1,p)+a_C[dB(\mu V/m)] \quad \cdots\cdots(48)$$

式中：

$F_a(STA|h_1,p)$——STA 的天线系数，单位为分贝每米[dB(m^{-1})]；

a_C ——连接电缆的损耗，单位为分贝(dB)。

使用公式(49)可得到作为接收天线高度 h_1函数的 AUC 的 AF，即与高度相关的 AF[$F_a(AUC|h_1,p)$]：

$$F_a(AUC|h_1,p)=E(h_1)-[V_{AUC}(h_1)+a_C]=F_a(STA|h_1,p)+[V_{STA}(h_1)-V_{AUC}(h_1)][dB(m^{-1})] \quad \cdots\cdots(49)$$

正如 8.3.3 所述，STA 应与 AUC 具有非常相近的机械尺寸，从而也具有相近的辐射方向图。SAM 假设：AUC 和 STA 的 AF 与方向性的相关程度具有相似性，即：

$$F_a(AUC|\xi_R,h_1,p)-F_a(STA|\xi_R,h_1,p)=F_a(AUC|\xi_r,h_1,p)-F_a(STA|\xi_r,h_1,p) \quad \cdots\cdots(50)$$

变量 ξ_R 和 ξ_r（见图 12）分别为直射波和反射波相对于接收天线视轴方向的入射角。

正如 C.6 所述，当一副天线位于金属接地平面上处于水平极化时，其 AF 会随着天线高度的变化而变化，尤其是对于 300 MHz 以下频率范围的双锥天线、复合天线和偶极子天线。因此，为了获得自由空间 AF，即 F_a，应小心选择天线的布置，例如通过使用垂直极化或者将天线放置在接地平面上足够高的高度，以使接地平面的影响低于有用电平。使用公式（51）可得到 AUC 的 F_a，其中 h_1 为接地平面的影响可以忽略的天线高度：

$$F_a(\mathrm{AUC}) = F_a(\mathrm{STA}) + [V_{\mathrm{STA}}(h_1) - V_{\mathrm{AUC}}(h_1)][\mathrm{dB}(\mathrm{m}^{-1})] \quad \cdots\cdots (51)$$

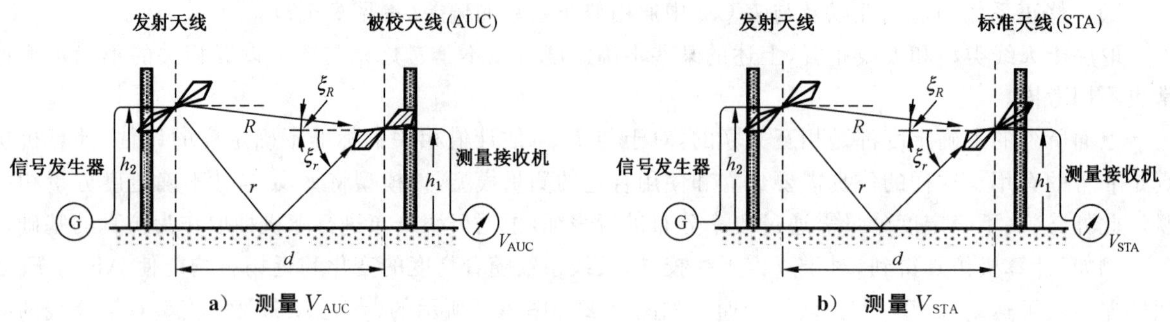

图 12 金属接地平面校准场地上 SAM 的天线布置

7.4.3.2 不确定度评估

根据公式（51），测得的 AF 的合成标准不确定度可按下式进行评估：

$$u_c^2[F_a(\mathrm{AUC})] = c_F^2 u^2[F_a(\mathrm{STA})] + c_V^2 u^2[V_{\mathrm{STA}}(h_1) - V_{\mathrm{AUC}}(h_1)] \quad \cdots\cdots (52)$$

其中灵敏系数：

$$c_F = c_V = 1 \quad \cdots\cdots (53)$$

依据 SIL 值或接收电压评估下面所述的不确定度源的影响，应用公式（53）作为灵敏系数计算合成标准不确定度[25]。然而，有些不确定度源的影响可依据天线系数进行评估。对于这种情况，灵敏系数应为 1。

在公式（52）中，使用与 STA 校准相关的不确定度评估标准不确定度 $u[F_a(\mathrm{STA})]$。此外还应评估与使用 F_a(STA) 相关的不确定度分量 a)～d)，这些不确定度是由校准 STA 时和校准 AUC 时［如图 12 b)所示］校准布置方面的差异所引入的。对于测量中使用的已校准的 VNA（见 7.2.3），通过考虑表 7（见 7.2.3）所列的不确定度分量，应评估电压差测量的标准不确定度 $u[V_{\mathrm{STA}}(h_1) - V_{\mathrm{AUC}}(h_1)]$。此外还应评估 e)～l)的不确定度分量。如果 STA 与 AUC 的机械结构和尺寸非常相近，由于 SAM 为一种替代方法，因此不确定度分量 j)和 l)将是最小的。当今设备的频率准确度已优于 10^6 分之一，与设备频率设置相关的不确定度可不予考虑。

a) STA 的方向；

b) STA 的极化失配；

c) 场地不理想和天线塔对 STA 产生的非期望的效应；

d) 近场效应和天线互耦，参见附录 C；

e) AUC 和 STA 的阻抗失配；

f) AUC 的方向；

g) AUC 的极化失配；

h) STA 和 AUC 之间距离 d 的差异；

i) STA 和 AUC 之间高度 h 的差异；

j) STA 的相位中心位置与其参考位置的距离与 AUC 的相位中心位置与其参考位置的距离之间的差异；通过确保 STA 和 AUC 具有相近的尺寸，可使这种差异减到最小(见 8.3.3)；

k) 在 STA 和 AUC 测量中场地不理想和天线塔产生的非期望效应的差异；当 AUC 和 STA 具有相似的机械尺寸和方向性能时，可使这种差异减到最小；

l) AUC 与接地平面的耦合和 STA 与接地平面的耦合之间的差异，以及 AUC 与发射天线的耦合和 STA 与发射天线的耦合之间的差异。

7.5 规定天线相位中心和位置的参数

7.5.1 概述

TAM、SAM 和 SSM 均以校准场地上的 SIL 测量为基础，基本试验布置如图 7 和图 8 所示(见 7.2.2)。对基于图 8 几何尺寸的布置，天线高度 h 定义为天线参考位置(见 7.5.2.1)距离接地平面的高度；d 定义为两副天线轴线对正时两天线参考点之间的距离。当天线位于接地平面上时，两副天线的高度可能不同，d 为天线参考点在接地平面上投影之间的距离。

正如 7.5.2 所述，为了能够更加准确地校准 LPDA 天线，计算距离 d 时需考虑相位中心的位置。如果在计算 AF 时没有考虑相位中心，那么应在评估 AF 的不确定度时增加一个适当的不确定度分量。

注 1：当天线带有天线罩且无法打开的情况下需要确定偶极子振子的长度和位置时，可以使用制造商提供的信息来确定振子的位置；见 7.5.2.2 的注 2。

注 2：在辐射骚扰测量时，AF 对应于 LPDA 天线的中心点，可以对测量得到的场强进行修正，以得到距 EUT 规定距离处的场强；参见 A.6.2。如果没有进行修正，那么对于诸如长度近似为 0.6 m 的 LPDA 天线，在距离 d 为 10 m 时，在 200 MHz 时误差的最大值不大于 +0.3 dB。在 1 000 MHz 时误差的最小值不小于 −0.3 dB。距离 d 为 3 m 时最大误差近似为 ±1 dB。

对于喇叭天线，通过测量两个天线口面最前端所在平面间的距离得到距离 d，这两个平面与天线之间的连线垂直。正如 7.5.3 所述，为了能够更加准确地校准喇叭天线，计算距离 d 时需考虑相位中心的位置。

7.5.2 LPDA 天线和复合天线的参考位置和相位中心

7.5.2.1 参考位置

对于 LPDA 天线和复合天线，d 应为制造商在天线上所标记的点之间的距离。如果没有标记，那么最短振子和最长振子之间的中心点应作为参考点。

注：对于复合天线，最长振子为双锥形(或碟形)振子。当未使用天线的整个工作频率范围时，与未修正相位中心相关的不确定度可通过取两个偶极子之间的中心点得到减小，这两个偶极子的长度最接近 $0.9\times\lambda/2$，λ 为被测频率范围两端频率对应的波长。

7.5.2.2 相位中心

对工作频率范围内的最高频率和最低频率对应的偶极子振子的谐振频率之间的频率，使用线性插值对其对应的相位中心位置进行估算。为了减小确定 F_a 时的不确定度，TAM(见 7.4.1.1 和 7.4.1.2 所述)所用公式中的天线距离 d 可用下式给出的谐振振子之间的距离 d_{phase} 代替：

$$d_{phase}=d+(d_{1f}-d_{1P})+(d_{2f}-d_{2P}) \qquad (54)$$

下面的讨论基于天线 1(见图 13 左侧)的参数；根据参数 P2、d_{2f} 和 d_{2P}，同样的分析也可用于天线 2。其他相关参数如图 13 所示。P1 为制造商的标记，或者为天线的中心，d_{1P} 是天线 1 的前端到 P1 的距离，d_{1f} 是天线 1 的前端到频率 f 对应的相位中心位置的距离。

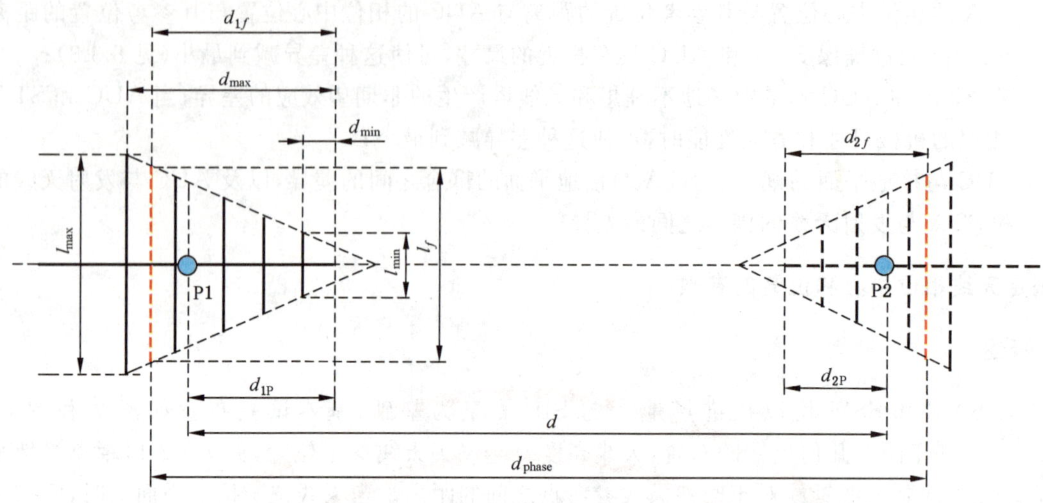

图 13　相对于 LPDA 天线相位中心的间距

LPDA 天线前端到其相位中心的距离 d_{1f} 由公式(55)近似给出:

$$d_{1f}=\frac{(l_f-l_{min})(d_{max}-d_{min})}{l_{max}-l_{min}}+d_{min} \quad \cdots\cdots(55)$$

式中:

l_f ——正常谐振在频率 f(MHz)时的偶极子振子的长度,其等于$(0.9\times150/f)$m,其中0.9为实际相位中心位置的修正系数[20];

l_{min} 和 l_{max} ——分别为最短和最长偶极子的长度(即分别近似谐振在工作频率范围的最高频率和最低频率的偶极子);

d_{min} 和 d_{max} ——分别为最短偶极子和最长偶极子与天线前端的距离。

注 1:LPDA 天线的相位中心随着频率的倒数(即 $1/f$)仅近似线性地移动。通过线性插值得到的相位中心在200 MHz时偏差范围为 50 mm,1 GHz 的偏差范围为 15 mm。相位中心更准确的值可通过以下两种方法得到:通过矩量法建模,或通过在方位角上旋转天线测量其辐射,且调整天线的旋转中心直到 VNA 测量的相角在包含天线主瓣的方位角范围内不再发生变化。

注 2:假设 LPDA 天线的物理前端和投影的三角形顶点一致,公式(55)可简化为:

$$d_{1f}=\frac{l_f}{l_{max}}d_{max}$$

事实上,前端和顶点通常会相差几个厘米,由此带来的影响(一般小于 0.15 dB)可包含在测量不确定度的评估中。

还可以使用另一个基于天线长度和频率范围的简化公式,即公式(56)。该式尤其适用于偶极子振子在天线罩里面而无法测量公式(55)中所需振子长度的 LPDA 天线。通常情况下天线罩用于 1 GHz 以上的天线,这意味着天线会比较短,且因此限制了估算振子位置所产生的不确定度。

$$d_{1f\,\mathrm{radome}}=\frac{f_{max}^{-1}-f^{-1}}{f_{max}^{-1}-f_{min}^{-1}}d_{\mathrm{LPDA}} \quad \cdots\cdots(56)$$

式中:

f_{max},f_{min} ——天线设计频率的最大值和最小值;

f ——需要进行修正的频率;

d_{LPDA} ——从 f_{min} 到 f_{max} 估算的 LPDA 天线起作用部分的长度。

对于 d(m)的范围,在 SIL 中引入的不确定度为 $20\lg[(d+\Delta d)/d]$,其中 Δd 为估计的振子位置的不确定度。

以往,EMC 试验中使用的大多数 LPDA 天线的偶极子振子长度都是按照线性向着前端方向逐渐变短,但一些复合天线为了增大天线增益,其振子长度是按照曲线变短的,如图 14a)所示。对于这种振子长度按照曲线变化的 LPDA 天线,如果使用公式(54)和公式(55)的方法计算相位中心位置则会产生很大的不确定度。为了减小不确定度,需要使用两个不同的锥段计算相位中心位置。为了使用这种方法,需要指定一个分界振子,天线长度的斜率变化从该振子处开始改变。天线前端和分界振子之间这段定为区段 A[见图 14b)],从分界振子到最长振子这段定为区段 B[见图 14c)]。

根据分界振子的长度 l_d 使用下式计算其对应的谐振频率 f_d:

$$f_d = \frac{0.9 \times 150}{l_d} (\text{MHz}) \qquad \cdots\cdots (57)$$

高于 f_d 的频率对应的相位中心位置在区段 A,低于 f_d 的频率对应的相位中心位置在区段 B。根据各自区段的最长振子和最短振子分别选择 $l_{\min}$、$l_{\max}$、$d_{\min}$ 和 $d_{\max}$ 的值,如图 14b)和图 14c)所示。使用公式(55)计算区段 A 和区段 B 的相位中心位置,式中使用的长度参数的定义见表 8。

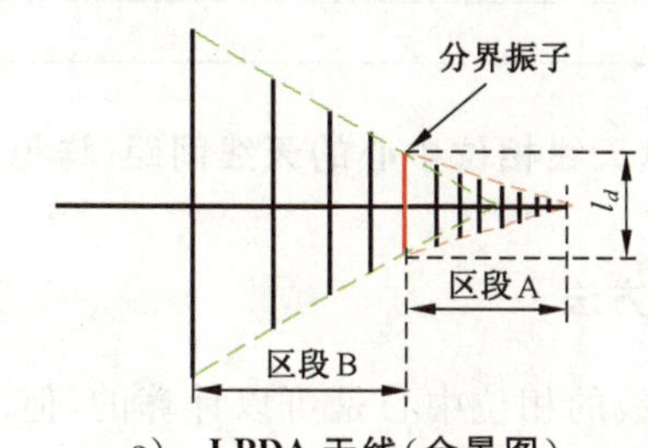

a) LPDA 天线(全景图)

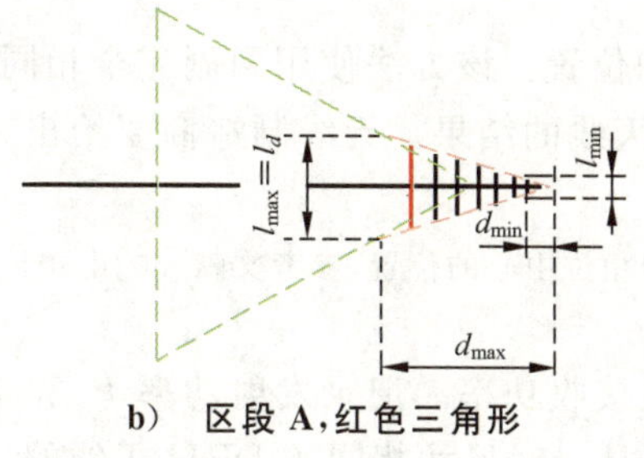

b) 区段 A,红色三角形

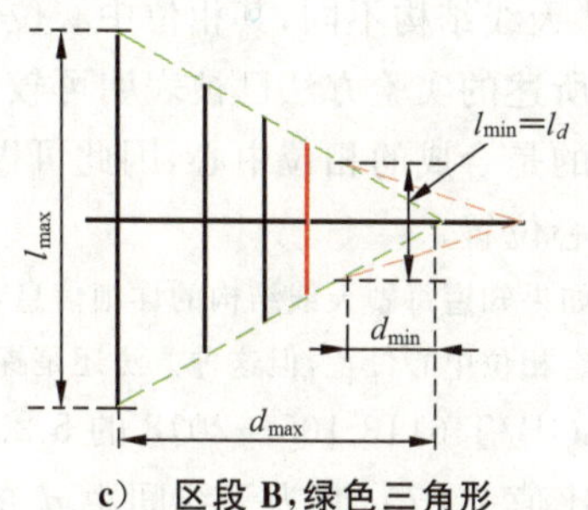

c) 区段 B,绿色三角形

图 14 几何结构为锥形曲线的 LPDA 天线

表 8 用于确定区段 A 和 B 中相位中心位置的参数

区段 A	
$l_{\min}$	最短偶极子的长度
$l_{\max}$	分界偶极子的长度
$d_{\min}$	从最短偶极子到天线前端的距离
$d_{\max}$	从分界偶极子到天线前端的距离
区段 B	
$l_{\min}$	分界偶极子的长度
$l_{\max}$	最长偶极子的长度
$d_{\min}$	从分界偶极子到天线前端的距离
$d_{\max}$	从最长偶极子到天线前端的距离

7.5.3 喇叭天线的相位中心

7.5.3.1 概述

使用一对天线的前端面(口面)之间的间距 d(可小到 1 m)测量喇叭天线的 AF。为了准确测量 F_a,需要更远的距离,以获得更好的平面波条件(见 9.5)。评估 F_a 的不确定度时要考虑天线间距和相位中心位置。参考文献[49]给出了计算矩形角锥标准增益喇叭天线相位中心的公式,计算时用到的参数和几何尺寸如图 15 所示。

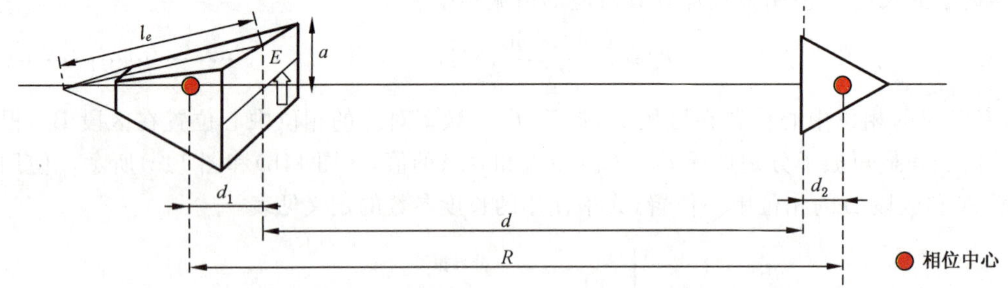

图 15 考虑喇叭天线相位中心的天线间距(详见参考文献[49])

7.5.3.2 DRH 天线相位中心的实验方法

7.5.3.1 中所述标准增益喇叭天线的相位中心是可以计算的,但对于双脊喇叭(DRH)天线,这种方法无法直接使用。DRH 天线的优点是其工作带宽为 1 GHz～18 GHz,远大于标准增益喇叭的工作带宽。DRH 天线结构不同,其相位中心位置则变化很大。

本条所述的实验方法已被表明可较好的估算相位中心的位置。该方法使用两副完全相同的天线,因为找到的是合成的相位中心,因此可以将其等分给出单个天线的结果。天线制造商要给出喇叭天线的相位中心位置。

注 1:如果知道每副天线结构的详细信息,可使用计算机仿真预测相位中心的位置,参考文献[30]由相位方向图确定相位中心位置,但这种方法还是探索性的。

使用 GB/T 6113.105—2018 的 5.2.2 中给出的方法测量接收功率。记录发射功率 P_1 和接收功率 $P_2(d)$ 的比值 $P(d)$,其为天线间距 d 的函数。天线间距 d 是一对尺寸相同的 DRH 天线的口面之间的距离。使用下述步骤 a)～c),依据图 16 给出的参数,将所得数据进行归一化。距离修正 d_1 为天线相位中心的有用量度。

a) 测量得到的功率比值乘以天线间距和距离修正项(即 d_x)之和的平方;即 $P(d)\times R^2$,其中 $R=(d+d_x)$(m),d_x 为相位中心距离的估计值。

b) 在每一距离上计算上述积的平方根。

注 2:如果估算的 d_x 等于如图 16 所示的真实相位中心距离 d_1,那么平方根值会变为常量,与天线间距 d 无关,如公式(58)表示。

c) 通过调整修正距离 d_x,使用最小二乘法,使该量相对于一条直线的变化最小。

$$\sqrt{P(d)R^2}=\sqrt{\frac{P_2(d)}{P_1}}R=\left(\frac{\lambda}{4\pi}\right)\sqrt{g_a(1)g_a(2)}=\text{常数} \qquad \cdots\cdots(58)$$

式中:

P_1 和 $P_2(d)$ ——天线间隔距离为 d 时的发射功率和接收功率;

$g_a(1)$ 和 $g_a(2)$——发射和接收天线的实际增益(参见 C.2.1);

λ ——波长,单位为米(m)。

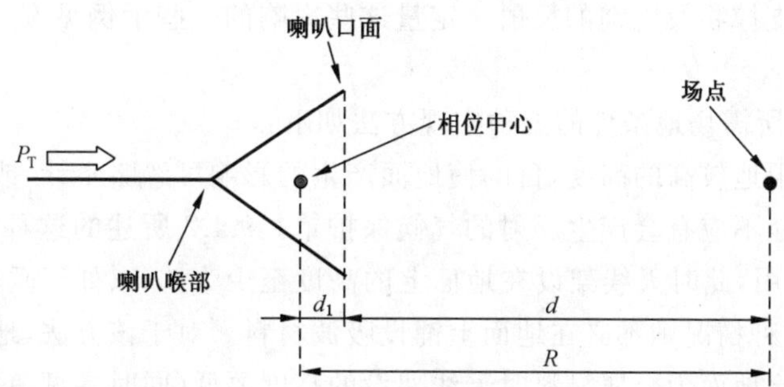

图 16　DRH 的相位中心和场强点的相对位置的示意图

8　30 MHz 及以上频段 TAM、SAM 和 SSM 校准方法详述

8.1　概述

4.3 和第 7 章给出了 TAM、SAM 和 SSM 的基本原理，主要介绍了计算 AF 的基本公式。7.2 中有关 SIL 和 SA 的测量指南是第 8 章和第 9 章测量程序的基础。有关 3 种天线校准方法的其他通用和特定细节见第 8 章，特定类型天线的校准细节见第 9 章。评估测量不确定度的数学模型方程的推导见 7.4.1.1.2，该数学模型方程也可作为第 8 章和第 9 章中其他测量不确定度评估程序的示例。

8.2　使用 TAM 校准 F_a 的考虑

8.2.1　一般考虑

校准设备应满足 6.2 的要求。校准频率间隔见 6.1.1。在校准之前，需按照 6.3 对 AUC 进行功能检查。测量 F_a 时应准备相应的不确定度评估(见 4.4)。

8.2.2　TAM 关于校准场地和天线布置的要求

TAM 涉及三对天线两两组合进行三次 SIL 测量。在 SIL 测量中，两副天线的间距应足够远，使得天线相互位于远场，以减小互耦(参见 C.5 的图 C.5)。下述校准方法规定了满足这些条件的天线间距。

注：当双锥天线规定的起始频率为 20 MHz 时，EMC 检测实验室通常会要求从 20 MHz 开始校准。如果天线厂商规定的起始频率为 20 MHz、天线校准场地性能确认的频率也低至 20 MHz，那么使用 TAM 校准时天线间距至少为 15 m。这种间距的优点是天线的自阻抗比互阻抗大，在该频段内与地面的耦合也不显著，因此天线可以使用水平极化方式进行校准。

试验场地的基本要求是不存在非期望的反射，因为 SIL 会被两副天线间的直射波以外的信号干扰，导致 F_a 的测量不确定度变大。因此，试验场地应满足校准方法所适用的校准场地确认准则。对于具有接地平面的校准场地，来自接地平面的镜面反射为有用信号，计算 AF 时需考虑在内。GB/T 6113.105—2018 提供了天线校准场地的确认方法。

采用 TAM 校准 AF 未知的天线时，为了选择合适的校准场地，有必要了解天线的频率范围及其方向性。FAR 或 SAC 能满足定向天线的校准要求，因为来自天线正对墙面以外的其余 5 个墙面的反射信号都较弱，因此这些反射信号对测量结果的影响较小。然而，在 200 MHz 以下，由于天线的方向性更接近全向，对反射信号进行所需的抑制可能是困难的。因此，在 200 MHz 以下推荐使用具有接地平面的开阔校准场地(参见 A.1)。

无论是实践中还是经济上都很难创建一个近似理想的自由空间环境用于天线校准，尤其是在 200 MHz以下。影响自由空间环境创建的两个主要有害影响为：1）导电表面上线天线与其镜像间的互耦;2)来自地表面、天线支撑物及电缆的反射。定量这些影响的一些示例见 C.6。减小天线支撑物及电缆影响的方法参见 A.2.3。

使用 TAM 校准 F_a 所需场地条件的五种实现方法如下:

a) 将天线架设在距地较高的高度,目的使地面产生的影响可忽略不计,或将其考虑在不确定度的影响量中。场地不应有会产生反射的气候保护罩。9.4.2 所述的这种方法对于得到 LPDA 天线的 F_a 非常有用,此时天线架设在地面上的高度至少为 4 m、处于垂直极化、天线间距为 3 m 或更短,对于这种情况则不必在地面上铺设吸波材料。对于该方法,地面为非金属材料时天线架设的高度要比地面为金属材料时天线架设的高度要低(同时参见 A.1)。

b) 建立无反射的上半球面(半空间),并在天线之间的地面上铺设吸波材料,其目的是将地面的反射减至最小,即如 9.4.4 所述。户外场地上使用吸波材料要比使用足够大的电波暗室的性价比高。该方法适合校准 LPDA 天线。

c) 使用 FAR,即如 9.5 所述。这是校准 1 GHz～18 GHz 频率范围定向天线的常规方法。最小的暗室尺寸取决于 AUC 的增益、辐射方向图、两副天线之间的最大间距和吸波材料的质量。

d) 双锥天线采用垂直极化以减小与接地平面之间的互耦,即如 9.3 所述。

e) 使用对接地平面上高度至少为 $\lambda/2$ 的高度范围内的 $F_a(h,p)$ 进行算术平均的方法,以替代自由空间方法。该方法用于校准双锥天线,详见 B.4,该方法尤其适用于校准 120 MHz 以下的偶极子天线,但对于 50 MHz 以下的频率,天线塔的高度需要 4 m 以上。

本部分也包含了存在地面反射时使用 TAM 确定 F_a 的方法。附录 C 提供的信息有助于确定天线放置时的最佳高度和天线间距,以确保由天线方向性系数和互耦导致的不确定度在可接受的范围内。利用接地平面场地,使用如下两种方式测量 F_a:

——使用 SSM 通过高度扫描测量 F_a,即如 8.4 所述。

——把天线架设在距接地平面的特定高度上,使得调谐偶极子天线与高度相关的 AF 近似认为是自由空间 F_a。TAM 采用这种方式,如 B.5.3 所述。这种方法对于户外场地在近似 120 MHz 以下的频率特别有用,因为对于该频段在接地平面上铺设吸波材料或建造足够大的电波暗室既不经济也不现实。使用这种方法校准 F_a 所用高度示例见表 C.1(参见 C.6.1)。

8.2.3 自由空间环境或接地平面场地的天线参数

8.2.3.1 自由空间环境的天线参数考虑

可利用天线方向图的特性来减小接地平面场地上校准天线所需高度以及所需吸波材料的质量和数量。对于某些高度和间距(使用垂直极化时天线架设的高度还可降低),接地平面上无需铺设吸波材料。GB/T 6113.105—2018 中的场地确认方法对于天线和吸波材料合适布置的确定是非常的有用。

虽然电波暗室可用于校准 LPDA 天线,但由于 LPDA 天线的方向性比喇叭天线弱,因此对电波暗室反射率的要求更高;一种替代方法为 9.4 所述的架高开阔场法。

在 500 MHz 以上,校准 LPDA 天线所需间距可以缩短,但间距测量要更准确。取决于天线设计(见 6.3.3),一些 LPDA 天线在高频段的交叉极化性能很差。

8.2.3.2 在接地平面场地上的天线布置参数的考虑

在接地平面场地上,天线布置参数(d,h_i,h_j)需要基于公式(41)(见 7.4.1.2.1)或公式(C.24)(见 C.3.2),确保接收天线和发射天线位于合适的高度,在此高度接收信号不为零点,即最小场强位于附近区域的最大场强值的 6 dB 以内(见 7.4.1.2.1 和 3.1.1.19 零点的定义)。下文所述校准方法规定的天线高度需要满足此条件。

一般而言,架设天线对时,天线的视轴要对正。在自由空间,采用 TAM 方程计算 AF 时不考虑方向图。但对于具有接地平面的场地，反射信号并不位于视轴方向，如图 8 所示(见 7.2.2)。此外，水平极化的天线在高度扫描中，在垂直面上其视轴方向不再共线。发射天线射向地面的信号比直接射向接收天线的信号要弱。

采用数值方法计算的天线方向图参见图 C.11～图 C.13(参见 C.7.2～C.7.4)，其可用于评估两个信号(直射波信号和反射波信号)与天线视轴信号的偏差对 AF 引入的不确定度。C.3.2 的 TAM 方程包含了方向图的影响，见公式(C.22)，即考虑了直射波信号和反射波信号与天线视轴信号的偏差；然而，该方法需要已知天线方向图的幅度和相位信息。

实用的解决方案是采用更远的天线间距、最小的天线高度将波束偏离视轴的影响减到最小，并且考虑把这种偏离作为 F_a的不确定度分量。此解决方案假定天线波瓣宽、地面的反射信号与直射波信号之间的夹角相对于视轴是足够的小，信号的减小可忽略不计，其数学表示见公式(C.23)。此假定对于 LPDA 天线在此条件下成立：天线间距为 10 m，一副天线高度不超过 2 m，另一副天线高度不超过 2.7 m；其他详细信息见 8.4.2。

偶极子天线和双锥天线在校准时均采用水平极化，采用 9.3 的方法除外。由于这些天线的 H 面方向图是均匀的，因此可把方向图的影响去掉，公式(C.22)(见 C.3.2)简化成公式(41)(见 7.4.1.2.1)。方向图中的纹波可以考虑作为不确定度评估的输入量。纹波是指光滑线上的微小波动。

8.2.4 校准方法的确认

假如至少有一副天线的测量结果已知，则校准时采用 TAM(而非 SAM)能提供测量结果有效性的核查。采用 TAM 和 SAM 得到的 AF 之间的差值可表明校准场地和测量步骤是否是足够的适当以达到 AF 预期的不确定度。若差值很小，例如小于 0.3 dB，鉴于不确定度值通常被过评估，因此，这种比较过程也将有助于识别和减小测量不确定度评估中的最大分量。

天线在外部校准后可能会出现受到损害但性能保持稳定的情况，因此受损前后可能有较大差异；对于这种少见的情况，也许只有通过核查出现这种差异的其他可能原因才能发现。常见情形是天线没有损坏，校准结果的较大差异可能表明校准中出现了常见错误，例如电缆连接不好，或者错误的功率电平设置导致响应压缩。校准实验室使用的两副“配对”天线的 AF 与历史数据的一致性，有助于获得 AUC 校准结果是正确的信心。

核查电波暗室中测量系统的另一种方法，是将同一副天线在电波暗室中测得的自由空间天线系数与在 CALTS 中获得的结果进行比较。若这两种场地得到的结果之间吻合较好，例如小于 0.3 dB，则能够确认这两种场地及其测量系统和方法都是令人满意的。同时见 GB/T 6113.105—2018 的 7.1。

8.3 使用 SAM 校准 F_a的考虑

8.3.1 使用 SAM 的一般考虑和校准场地

本部分描述了使用 SAM 采用自由空间环境和接地平面场地(见 4.3.5)校准 F_a的方法。SAM 的基本原理是发射天线在 STA 口径上产生均匀分布的场。该场强由 STA 测量，然后 AUC 替换 STA，AUC 的 F_a由已知场强和 AUC 的输出电压计算得到。发射天线的 F_a与校准结果不相关，但其辐射方向图要合适，以使位于发射天线远场区的 AUC 和 STA 的口径上能产生均匀的场强分布。当满足了相应的场地确认准则，就能够产生分布足够均匀的场强。在实际当中不直接测量场强，使用公式(51)(见 7.4.3.1)可计算得到 F_a。

通常在 1 GHz 以下频率，喇叭天线不适合作为 STA，可计算偶极子天线是最精确的 STA(参见参考文献[11]、[23]、[26]、[47]、[52]、[57]和 GB/T 6113.105—2018)。对于可计算偶极子天线，在自由空间条件和位于理想接地平面上方任意高度，都可以计算水平极化和垂直极化时的 F_a(参见 GB/T 6113.105—2018 的 C.2)。为了实现 F_a较小的不确定度，推荐使用 30 MHz～1 GHz 的宽带可计算偶极子天线,如 A.3.2 所述(也可见 GB/T 6113.105—2018 的表 A.1)。其他选择是使用宽带天线,如采用 TAM 校准过的双锥天线或 LPDA 天线。

校准场地应满足 GB/T 6113.105—2018 中适用于相应天线校准方法的场地确认准则。

测量设备应满足 6.2 的要求。6.1.1 中给出了 F_a 的基本校准频率。应准备评估 F_a 的测量不确定度;见 4.4 和 7.4.3.2。

8.3.2 使用 SAM 校准 F_a 的程序和天线布置

SAM 依赖 F_a 已知的 STA(见 3.1.1.10)。采用 SAM 校准涉及 AUC 和配对天线间的 SIL 测量。AUC 被替换为 STA,进行第二次 SIL 测量。AUC 的 F_a 由两次 SIL 测量结果的差加上 STA 的 F_a 得到[见 7.4.3.1 中的公式(51)]。

当用 STA 替换 AUC 时,如果这种替换是在相同的物理空间且电缆保持相同的布局,当计算差值($V_{STA}-V_{AUC}$)时,电缆和天线塔产生的反射信号大部分都将抵消了。应特别注意确保该方法有效;即评估场地、天线塔和电缆产生的反射是否能被充分地抵消;AUC 的 F_a 需要与采用独立方法(例如 TAM)校准过的 F_a 进行比较。对于一种给定的天线布置,这种程序仅需对每种天线(例如传统双锥天线)进行一次,即可确保 SAM 天线和场地布置能提供具有预期不确定度的结果。

9.3 中利用接地平面的 VP 方法,由于场是直射波信号和地面反射波信号的叠加,因此在垂直平面上将存在场锥削。因此,STA 和 AUC 在相对发射天线和相对地面上的镜面反射区域内应具有类似的 E 面方向图。

当 AUC 和 STA 被架设在接地平面上方固定高度时,可得到与高度相关的天线系数,即 $F_a(h,p)$,如 7.4.3.1 所述。配对天线的高度 h_1 应合理选择以避免出现如 7.4.1.2.1 所述的零点。通常只有水平极化的双锥天线和偶极子天线(包括 30 MHz～200 MHz 频率范围的复合天线)才需要 $F_a(h,p)$,如 B.4 所述(即天线 H 面方向图足够的均匀)。SAM 也可用于测量表 1(见 4.5)所列条件的 F_a。

使用 SAM 校准双锥天线和调谐偶极子天线的布置方式如下:

a) 接地平面场地上的双锥天线——使用垂直极化将天线与接地平面之间的耦合减至最小,从而避免需要较高的高度。该方法的描述见 9.3。

b) FAR 创建的自由空间环境中的双锥天线——该方法也适用于短偶极子天线、复合天线的宽带偶极子(例如双锥)部分及调谐偶极子。60 MHz 时调谐偶极子的长度约为 2.4 m,对于典型尺寸的 FAR 而言,这可能是其容纳的最大尺寸,因此,对于 60 MHz 以下的校准,可能需要使用 CALTS。该方法的描述见 9.2。

c) 接地平面场地上的调谐偶极子——在约 120 MHz 以下频率,使用吸收体或建造足够大的电波暗室将校准试验场地的影响减到最小的方法变得不经济或不实用,对于这种情况要使用 CALTS。校准 F_a 的方法描述见 B.4.2 和 B.5.2。

8.3.3 STA 的参数

使用 SAM 校准 F_a 所用的 STA 应具有已知的与频率相关的自由空间天线系数。校准 $F_a(h,p)$ 所用的 STA 应具有已知的与频率和天线高度相关的天线系数(见 7.4.3)。

理想情况下,STA 的天线模型需与 AUC 相同。然而,若无法获得相同模型的 STA,则 AUC 与 STA 应具有类似的机械尺寸和方向性特性。此外,需要在 AUC 的天线系数的不确定度评估中添加一个不确定度项(建议采用 0.2 dB),目的是考虑 STA 与 AUC 之间的细微差别。该不确定度值可以采用其他校准方法或数值计算方法得到。在这里,类似的天线尺寸也意味着天线类型类似,例如用一副不同模型的双锥天线替换一副经典双锥 AUC。

如果 AUC 和 STA 所占空间中的照射场强的均匀性在±0.5 dB 以内(同时见注 1),那么可以使用宽带线性偶极子天线 STA 代替双锥 AUC(同时见注 2)。由于线偶极子天线的带宽要比双锥偶极子天线的带宽窄，长度太长的线偶极子 STA，其辐射方向图可能会与 AUC 在较高频率的心形方向图有差异；因此有必要使用多副偶极子天线以覆盖 AUC 的整个频段。例如，当 AUC 为在 30 MHz～300 MHz 频段进行校准的双锥天线时，若 STA 为可计算偶极子天线，则当偶极子长度对应谐振频率为 60 MHz 时，可用于覆盖 30 MHz～100 MHz，偶极子的长度对应谐振频率为 180 MHz 时，可用于覆盖 100 MHz～300 MHz(也可见 GB/T 6113.105—2018 的表 A.1)。

用 STA 替换 AUC 时，STA 的中心应与 AUC 的中心处在相同的位置，允差为±10 mm。图 12(见 7.4.3.1)示出了 SAM 的布置。

注 1：对于大的天线间距，即 10 m 或更远，AUC 与 STA 无需在尺寸上完全相同。对于接地平面场地上的测量，超过 10 m 的距离，其误差为 0.1 m，例如在给定频点上 AUC 与 STA 之间相位中心的不同而产生的，这种距离误差产生的信号强度变化小于 0.1 dB。然而，对于缩短的天线间距以及天线距地高度与间距的比值增大来说，AUC 与 STA 的物理尺寸相同且最好具有相同的辐射振子设计，对于将不确定度减到最小是非常的重要。

注 2：偶极子类天线从暴露于照射场的区域获取能量，该区域大于天线的实际物理尺寸所表示的平面区域。半波偶极子天线的校准指南是要确保相对于偶极子的中心在 $\lambda/2\times\lambda/4$ 的区域内的场是均匀的。

利用 SAM 校准时，LPDA 天线可以用另一副基于相同的对数参数设计的 LPDA 天线替代，工作在 200 MHz 和 1 GHz 的偶极子振子之间的典型长度 L_{LPDA} 为 0.55 m(见注 3 和 7.5.2.1)。对于在自由空间环境测量的、两副天线中点之间的距离大于或等于 2.5 m 的 LPDA 天线，AUC 和 STA 的尺寸和 L_{LPDA} 相比，其差异不宜超过 0.1 m。

注 3：EMC 试验中使用的典型 LPDA 天线，其增益约为 6.5 dB，校准时选择具有类似增益的 STA，而不是选择增益约为 11 dB 或更大的 LPDA 天线，其使用的偶极子长度几乎是增益的典型值为 6.5 dB 的 LPDA 天线的两倍。

对于 SAM，类似尺寸也意味着类似的辐射方向图，这可确保直射波和地面反射波在两副天线(即 STA 和 AUC)处是以相同的比例进行合成，如公式(50)所要求的(见 7.4.3.1)。

8.4 接地平面场地上利用 SSM 校准(频率范围 30 MHz～1 GHz)

8.4.1 有关 SSM 的一般考虑和校准场地

SSM(参见参考文献[13]和[61])需要三副天线，将天线对架设在 CALTS 的接地平面上方(见 7.4.2)，进行三次 SA 测量。接收天线进行高度扫描以找到每个频点对应的最大接收电压；通常，不同频点的最大接收电压出现在不同的高度。SSM 基于参考文献[62]中的公式，该公式假设使用的是理想的校准场地和无限小的偶极子天线。SSM 预期给出的是 AUC 的自由空间天线系数(即 F_a)。正如 A.5 所解释的，与本部分中的 TAM 或 SAM 得到的天线系数结果相比，利用 SSM 得到的天线系数可能具有较大的测量不确定度。

公式(17)和公式(44)(7.2.2 和 7.4.2.1)用于推导天线系数。SSM 与 TAM 的区别在于 TAM 是针对固定天线高度的 SIL 测量，而 SSM 是在规定的天线高度扫描范围内进行一系列测量以确定最小的 SIL。

SSM 的测量应在 CALTS(见 GB/T 6113.105—2018 或下面的注)上进行。测量设备应满足第 6 章中规定的要求。

注：使用 NSA 测量确认过的校准场地，如 ANSI C63.4—2003[12] 和 ANSI C63.5—2006[13](也可见 GB/T 6113.104—2016 的 5.4)中的规定，可作为 CALTS 的一种替代。对于这种情况，接受准则是校准场地实测的 NSA 与理想场地 NSA 理论值的偏差在±2 dB 之内，试验空间内测量的标准偏差在 0.6 dB 以内(建议测量 5 个或更多个位置)。使用该方法确认的场地与采用 GB/T 6113.105—2018 确认的场地相比，天线校准时具有更大的不确定度。

8.4.2 SSM 的校准程序

应采用三副同类型的天线；例如对于双锥 AUC，应使用另外两副双锥天线，其尺寸相近(见 8.3.3)，巴伦阻抗[即均为 50 Ω 或均为 200 Ω(见 A.5)]和频率范围要相同。为了使用 SSM 得到自由空间 F_a，应使用修正系数，如8.4.3所述。

对于每一组天线对，都应使用图11(见7.4.2.1)所示的布置方式进行SA测量，两副天线处于水平极化，位于接地平面上方，其间距d为10 m或更远。一副天线架设高度h_i为2 m，配对天线在1 m～4 m(即高度h_j)范围内进行扫描，如8.4.3所述。可以采用更高的高度来减小测量F_a的不确定度，在大约100 MHz以下这可能是必需的，因为在此频段信号的最大值会出现在4 m以上的高度。此频段的F_a值较大，即天线的灵敏度降低，获取更接近最大值的信号将能确保更好的SNR。对于工作在200 MHz以上的LPDA天线，天线在1 m～2.7 m进行高度扫描能得到最大信号，这样可减少测量时间。

注：10 m以上的天线间距能够使来自地面的反射波与天线视轴之间的夹角变小，因此可以减小由定向天线的天线辐射方向图产生的不确定度，如LPDA天线；双锥天线具有均匀的H面方向图。

8.4.3 F_a的计算

应使用7.4.2.1中图11所示的布置，对三组天线对中的每一对进行场地衰减测量。根据在频率f处测量的场地衰减数据，利用公式(44)确定天线系数$F_a(1)$、$F_a(2)$和$F_a(3)$。

K的最小值(即K_{SSM})由公式(45)(见7.4.2.1)计算得到，其适用于天线间的直射波与地面反射波(见本条中的注)相位相同的情况。高度扫描的目的是避免当反射波与直射波明显反相时产生的零点(见7.4.1.2.1)所导致的误差。当h_i固定时，获得K_{SSM}的方式为：在1 m以上以小的增量增加h_j进行重复计算，直到出现第一个最小SIL时为止。h_j的最大高度通常为4 m。

注：SSM基于某些理论假设(见7.4.2.2)，因此实际上获得的F_a(即$F_{a,SSM}$)，其与本部分中采用其他方法得到的自由空间天线系数之间的差值可达到±1.2 dB[参见E.2中的N18)]。

为了获得更准确的自由空间F_a，针对每种类型的天线，都应使用7.4.2.2中列出的影响量f)～h)的修正系数进行修正。修正系数取决于天线辐射单元的结构、巴伦的输入阻抗或连接到辐射单元的其他耦合网络。在实际当中应考虑几个问题：巴伦的阻抗(特别是那些设计老旧的天线，其阻抗的规定值通常不在技术规格表中给出)、巴伦的阻抗随频率的变化(此情况通常在额定大功率巴伦中出现)、天线几何特性的变化(每个天线的变化都需要采用不同的数值仿真模型)。

采用SSM得到的双锥天线的天线系数，在修正了与地面镜像的互耦以后，获得的结果接近自由空间天线系数，两种之差通常在±0.3 dB以内。C.6.2给出了基于传统的具有一根交叉杆(与巴伦杆即手柄平行)的笼形辐射单元的几何尺寸，可用于创建NEC的输入文件，见参考文献[52]给出的示例。表C.2(参见C.6.2)给出了得到的修正系数$\Delta F_{a,SSM}$。此修正系数用于公式(59)：

$$F_a = F_{a,SSM} - \Delta F_{a,SSM} \quad \cdots\cdots (59)$$

8.4.4 采用SSM测量F_a的不确定度

应按照7.4.2.2评估利用SSM校准天线时的测量不确定度。表9给出了测量不确定度评估的示例，其中灵敏系数和加权系数c_i均由公式(47)确定。若按照表C.2(参见C.6.2)或参考文献[13]中列出的修正系数进行修正，则表9中的“与自由空间F_a的偏差”项应替换为与修正系数相关的所有不确定度项。例如，若采用了双锥天线与地面耦合的通用修正值，则不确定度评定时应把不同双锥天线的专用模型与通用模型间的差异导致的不确定度项包含在内。

表9 采用SSM测量水平极化双锥天线F_a的测量不确定度评估示例

不确定度源或影响量X_i	值 dB	概率密度分布	包含因子	灵敏系数	u_i dB	注释[a]
SA测量中共有的不确定度分量	0.26	正态分布	2	$\sqrt{3}/2$	0.11	见表7 (7.2.3)
SA值的重复性	0.10	正态分布	2	$\sqrt{3}/2$	0.04	N6)

表 9（续）

不确定度源或影响量 X_i	值 dB	概率密度分布	包含因子	灵敏系数	u_i dB	注释[a]
发射天线阻抗失配	0.16	U 形分布	$\sqrt{2}$	$\sqrt{3}/2$	0.10	N10)
接收天线阻抗失配	0.16	U 形分布	$\sqrt{2}$	$\sqrt{3}/2$	0.10	N10)
SA 测量中使用的适配器的插入损耗	0.06	矩形分布	$\sqrt{3}$	$\sqrt{3}/2$	0.03	N11)
场地和天线塔的影响	1.0	矩形分布	$\sqrt{3}$	$\sqrt{3}/2$	0.5	N12)
天线间距误差	0.05	矩形分布	$\sqrt{3}$	$\sqrt{3}/2$	0.03	N13)
天线高度误差	0.03	矩形分布	$\sqrt{3}$	$\sqrt{3}/2$	0.02	N14)
天线方位误差	—	矩形分布	$\sqrt{3}$	$\sqrt{3}/2$	—	N15)
极化失配	—	矩形分布	$\sqrt{3}$	$\sqrt{3}/2$	—	N16)
相位中心位置的影响	—	矩形分布	$\sqrt{3}$	$\sqrt{3}/2$	—	N17)
与自由空间 F_a 的偏差	0.5	矩形分布	$\sqrt{3}$	$\sqrt{3}/2$	0.25	N17)
将 $F_{a,SSM}$ 作为 F_a 时，合成标准不确定度 u_c					0.59	
扩展不确定度 $U^b(k=2)$					1.18	
在 CALTS 采用 SSM：见图 11(7.4.2.1)，$d=10$ m，$h_i=2$ m，$h_j=1$ m～4 m(高度扫描)。						

[a] 带有编号的注释参见 E.2。

[b] 若此表中的主要不确定度分量不服从正态分布函数，则扩展不确定度应采用计算机仿真进行评估，例如使用蒙特卡洛法。然而，由于一些校准实验室通常不采用蒙特卡洛方法进行仿真，因此此表给出了按照 RSS 计算得到的合成标准不确定度。

9 30 MHz 及以上特定天线类型的校准程序

9.1 概述

当按照第 9 章的测量步骤进行校准时，也需要使用 7.2 和第 8 章中的相关指导。同时见 4.3 中关于 TAM、SSM 和 SAM 的一般考虑。

9.2 30 MHz～300 MHz 自由空间环境中双锥天线和复合天线以及 60 MHz～1 000 MHz 调谐偶极子天线的校准

9.2.1 一般考虑和校准场地要求

推荐的校准场地为 FAR；也可使用 SAC 或 CALTS，前提条件是采用射频吸收体将接地平面和周围反射物体的影响减到最小。GB/T 6113.105—2018 中对 CALTS 或 SAC 的场地接受准则的相关规定见第 4 章，对于 FAR 见 5.3.2。天线布置需要考虑天线间的耦合，如 C.5 所述。由于 30 MHz 到大约 150 MHz 使用的有效吸收体可能会很昂贵，作为一种替换方法，也可选择将天线安装在接地平面上方足够高的高度以获得自由空间环境。对于后者，场地接收准则可采用 9.4.2 中的规定。对于 SAM，场地接收准则无需像 TAM 那样严格，合适的 FAR 为内部装有铁氧体瓦和复合吸收体且满足 GB/T 6113.105—2018 中 5.3.2 的确认准则。

注：仅用作自由空间环境的校准场地无需金属接地平面；与无覆盖物的土地(例如开阔场地)相比，金属接地平面会产生更差的反射条件。

6.2 中的通用要求适用于测量设备。

9.2.2 采用 SAM 的校准程序和天线布置

应按图 7(见 7.2.2)所示的天线布置测量 SIL。使用 7.4.3.1 中的公式(51)计算 F_a，因为所有的测量都是在自由空间条件中进行的，所以可忽略函数自变量“(h)”。采用 SAM 的校准也可见 9.3、9.4.3、B.4.2和 B.5.2。

当 AUC 为双锥天线时，STA 应是一副校准过的尺寸相近的双锥天线；见 8.3.3。配对天线应为双锥天线，其中心与 AUC 中心的间距 $d \geqslant 4$ m。

注：相对于波长，采用减小的天线间距的原理见 GB/T 6113.105—2018 中的 7.1。

d 的绝对值选取并不关键；然而，更关键的是用于替换的 STA 需与 AUC 精确地位于相同的位置。采用小的 d 值时，与校准场地的边缘反射相比，天线间的耦合增加了。而采用大的 d 值可减小由于 AUC 与 STA 在位置和尺寸方面的差异所产生的不确定度，但需要更大的 FAR 或更好的吸收体。在校准过程中，配对天线和电缆的位置不应发生改变。

复合天线是双锥天线与 LPDA 天线的复合，其双锥部分的外观与传统双锥天线可能具有显著的差别。由于双锥天线的“双锥”振子比波长短，因此在过渡频率以下允许采用传统的双锥 STA 来校准复合 AUC(见 6.1.2)。

采用 SAM 校准复合天线有两种不同的程序。最简单且不确定度最小的程序是采用与 AUC 模型相同的 STA；该方法特别适用于天线制造厂商。若 STA 的模型与 AUC 不同但类型相似，则不确定度可能会较大，但可以通过增加 STA/AUC 与配对复合天线的间距来减小不确定度，如以上段落所述。当用 AUC 替换 STA 时，如果天线布置包括电缆布局没有发生变化，则场地、天线塔及电缆产生的反射将在很大程度上相抵消，因此可使用公式(51)(见 7.4.3.1)计算天线系数。STA 与 AUC 的设计越接近，天线的定位则越接近，反射就更容易相抵消。

另一种校准程序是用两次不同的测量校准复合天线。其优点是使用传统双锥天线作为 STA(而不是使用复合天线的双锥部分作为 STA)进行校准更容易得到小的不确定度。使用双锥 STA 替换复合 AUC 的“双锥”部分，对于过渡频率以下的频率范围(见 6.1.2)，可采用 9.3 中的方法。对于过渡频率以上的频率范围，即复合 AUC 的 LPDA 部分，可采用 9.4 中的方法；尤其是 9.4.3 和 9.4.4 的方法可能更适用于这些大尺寸天线的精确定位。

对于 60 MHz～1 000 MHz 调谐偶极子天线的校准，当 STA 是可计算偶极子天线或参考调谐偶极子天线时，可以获得最小的不确定度。STA 与 AUC 占用空间中相同的位置，从而被相同的场照射，因此 STA 的天线系数被简单地传递给 AUC。若 FAR 足够大，吸收体低至 30 MHz 时仍然有效，则在 FAR 中从 30 MHz 开始校准天线是可能的。然而若 FAR 不足够大，推荐在 CALTS 上采用 B.5 中的方法。可计算宽带天线可以作为 STA。例如，谐振在 60 MHz 的偶极子天线能覆盖 30 MHz～100 MHz，谐振在 180 MHz 的偶极子天线能覆盖 100 MHz～300 MHz；由于偶极子天线的长度与 AUC 的长度不同，不确定度很可能会有小的增加(小于 0.2 dB)。

AUC 和 STA 应位于水平极化，天线后部的振子离介电材料天线塔的垂直部分至少 1 m，电缆在下垂到地面之前应在天线后部至少水平延伸 1 m，或者水平走线通过暗室墙壁上的小孔或穿墙连接器。双锥天线的参考点为其中心，复合天线的参考点为最长振子(对应双锥或蝶形部分)所在的位置。

9.2.3 采用 SAM 测量 F_a 的不确定度

7.4.3.2 给出了不确定度分量，表 10(双锥天线)及表 11(偶极子天线)给出了不确定度大小的示例。第七项为测量 SIL 的不确定度，对于所有的天线测量其是共有的。表中列出的灵敏系数和加权系数 c_i

基于公式(43)。

表 10　30 MHz～300 MHz 双锥天线采用 SAM 在 FAR 中校准 F_a 的测量不确定度评估示例

不确定度源或影响量 X_i	值 dB	概率密度分布	包含因子	灵敏系数	u_i dB	注释[a]
STA 的确认	0.35	正态分布	2	1	0.18	N19)
STA 阻抗失配	0.06	U 形分布	$\sqrt{2}$	1	0.04	N10)
STA 定向误差	—	矩形分布	$\sqrt{3}$	1	—	N15)
STA 极化失配	—	矩形分布	$\sqrt{3}$	1	—	N16)
在 AUC 校准中场地和天线塔对 STA 的影响	0.3	矩形分布	$\sqrt{3}$	1	0.17	N20)
近场效应和天线互耦	0.2	矩形分布	$\sqrt{3}$	1	0.12	N21)
$V_{STA}-V_{AUC}$ 测量中的共有不确定度分量	0.26	正态分布	2	1	0.13	见表 7 (7.2.3)
$V_{STA}-V_{AUC}$ 的重复性	0.10	正态分布	2	1	0.05	N6)
AUC 阻抗失配	0.16	U 形分布	$\sqrt{2}$	1	0.10	N10)
AUC 定向误差	—	矩形分布	$\sqrt{3}$	1	—	N15)
AUC 极化失配	—	矩形分布	$\sqrt{3}$	1	—	N16)
STA 与 AUC 测量之间的距离差异	0.03	矩形分布	$\sqrt{3}$	1	0.02	N22)
STA 与 AUC 测量之间的高度差异	—	矩形分布	$\sqrt{3}$	1	—	N23)
相位中心位置的差异	—	矩形分布	$\sqrt{3}$	1	—	N17)
场地不理想产生的有害影响的差异	0.2	矩形分布	$\sqrt{3}$	1	0.12	N24)
天线与接地平面耦合的差异，以及发射天线和接收天线耦合的差异	—	矩形分布	$\sqrt{3}$	1	—	N21)、N30)
合成标准不确定度 u_c					0.35	
扩展不确定度 U^b($k=2$)					0.70	
FAR 中的 SAM：见图 12(7.4.3.1)，$d=5$ m，在吸收体上方 $h_1=h_2=3$ m。						

[a] 带有编号的注释参见 E.2。

[b] 若此表中的主要不确定度分量不服从正态分布函数，则扩展不确定度需采用计算机仿真进行评估，例如使用蒙特卡洛法。然而，由于一些校准实验室通常不采用蒙特卡洛方法进行仿真，因此此表给出了按照 RSS 计算得到的合成标准不确定度。

表 11　采用 SAM 在 FAR 中自由空间校准场地使用 60 MHz 以上的可计算调谐偶极子天线作为 STA 获得调谐偶极子天线 F_a 的测量不确定度评估示例

不确定度源或影响量 X_i	值 dB	概率密度分布	包含因子	灵敏系数	u_i dB	注释[a]
STA 的确认	0.15	正态分布	2	1	0.08	N25)
STA 阻抗失配	0.06	U 形分布	$\sqrt{2}$	1	0.04	N10)
STA 定向误差	—	矩形分布	$\sqrt{3}$	1	—	N15)
STA 极化失配	—	矩形分布	$\sqrt{3}$	1	—	N16)
在 AUC 校准中场地和天线塔对 STA 的影响	0.7	矩形分布	$\sqrt{3}$	1	0.40	N20)
近场效应和天线互耦	0.3	矩形分布	$\sqrt{3}$	1	0.17	N21)
$V_{STA}-V_{AUC}$ 测量中的共有不确定度分量	0.26	正态分布	2	1	0.13	见表 7 (7.2.3)
$V_{STA}-V_{AUC}$的重复性	0.10	正态分布	2	1	0.05	N6)
AUC 阻抗失配	0.10	U 形分布	$\sqrt{2}$	1	0.07	N10)
AUC 定向误差	—	矩形分布	$\sqrt{3}$	1	—	N15)
AUC 极化失配	—	矩形分布	$\sqrt{3}$	1	—	N16)
STA 与 AUC 测量之间的距离差异	0.03	矩形分布	$\sqrt{3}$	1	0.02	N22)
STA 与 AUC 测量之间的高度差异	—	矩形分布	$\sqrt{3}$	1	—	N23)
相位中心位置的差异	—	矩形分布	$\sqrt{3}$	1	—	N17)
场地不理想产生的有害影响的差异	0.2	矩形分布	$\sqrt{3}$	1	0.12	N24)
天线与接地平面耦合的差异，以及发射天线和接收天线耦合的差异	—	矩形分布	$\sqrt{3}$	1	—	N21)、N30)
合成标准不确定度 u_c					0.49	
扩展不确定度 U^b $(k=2)$					0.97	
FAR 中的 SAM：见图 12(7.4.3.1)，$d=5$ m，在吸收体上方 $h_1=h_2=3$ m。						

[a] 带有编号的注释参见 E.2。

[b] 若此表中的主要不确定度分量不服从正态分布函数，则扩展不确定度需采用计算机仿真进行评估，例如使用蒙特卡洛法。然而，由于一些校准实验室通常不采用蒙特卡洛方法进行仿真，因此此表给出了按照 RSS 计算得到的合成标准不确定度。

9.2.4　采用 TAM 方式的天线布置(替代方法)

通常，双锥天线的间距应为 10 m。双锥天线的 TAM 校准需要三组独立天线对的插入损耗测量，如 7.2.2 和 7.4.1.1.1 所述。利用这些测量结果，应使用公式(30)(见 7.4.1.1.1)计算每一副天线的 F_a。

9.3 在接地平面场地上使用SAM和垂直极化方式校准双锥天线(30 MHz～300 MHz)和复合天线

9.3.1 通用考虑及校准场地要求

该方法适用于30 MHz～300 MHz的传统双锥天线以及从30 MHz到过渡频率(见6.1.2)的复合天线。当垂直极化的双锥天线和复合天线的中心在大的接地平面上方的高度≥1.75 m时,天线与其镜像之间的互耦可忽略不计,如图C.6 c)(参见C.6.1)所示。因此,可以用校准人员容易达到的天线固定高度获得 F_a。该方法使用地面反射原理[31],并使用单锥天线将AUC垂直口面上的场锥削减到最小。

理想情况下,AUC(和替换的STA)口面上的电磁场分布,其幅度和相位需是均匀的;即照射到天线上的为平面波。通过把垂直极化的单锥天线放置在距AUC大于等于10 m处,可以在AUC的垂直口面上获得足够均匀的场;推荐采用间距15 m和高度2 m可获得更小的不确定度(参见A.2.4)。校准场地应为CALTS,并使用GB/T 6113.105—2018的4.7.3中的方法用垂直极化方式进行确认。此外,场分布的均匀性应按照GB/T 6113.105—2018中4.9所述方式进行测量。应满足GB/T 6113.105—2018中4.9的场锥削准则。

测量仪器需满足6.2中的通用条件。

9.3.2 校准程序和天线布置

采用如图17所示的垂直极化方式获得SIL。应用7.4.3中的公式。若STA为可计算偶极子天线,则计算和使用垂直极化的 $F_a(STA|h, V)$;若STA为参考双锥天线,则使用参考双锥天线的 F_a。

AUC垂直极化架设,其中心位于CALTS接地平面上方1.75 m处,校准时使用一副宽带可计算标准偶极子天线或 F_a 精确已知的双锥天线替换AUC。这种双锥天线被认为是STA,应与AUC类似(见8.3.3)。

注:可以用宽带可计算偶极子天线采用SAM精确校准STA。图E.1和图E.2[参见E.2的N19)]给出了宽带可计算偶极子天线的SIL结果示例,分别使用谐振在60 MHz和180 MHz的偶极子天线。

垂直极化的单锥天线放置在至少10 m远处(单锥的尺寸以及该方法的原理参见A.2.4)。如图17所示,应将两副天线布置在接地平面区域的中心(参见A.2.4),目的是把边缘散射效应减到最小。

AUC与STA共同使用的电缆在下垂到接地平面之前,应在天线后部水平延伸至少5 m。应采取预防措施将垂直的天线支撑物及电缆产生的反射减到最小;参照A.2.3的指南。为减小反射,AUC与STA应被安装在材料为电介质的天线塔垂直部分的前方至少2 m处。

单锥天线的布置条件不那么严格,前提条件是在校准过程中天线、天线支撑物及电缆固定保持不变。单锥天线的作用是给AUC和STA提供相同的电磁场条件。单锥天线与接地平面边缘的距离应大于2 m,AUC和STA与接地平面边缘的距离应大于5 m。

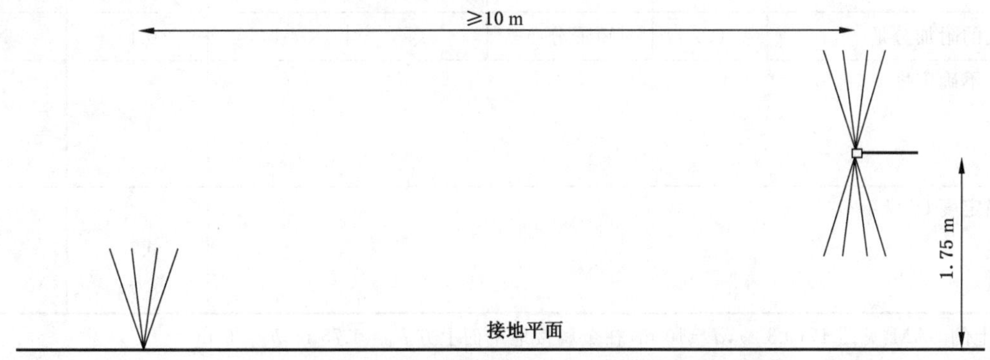

图17 双锥天线垂直极化时采用SAM的布置方式,图中给出了配对的单锥天线和振子可收缩的双锥AUC的示例

9.3.3 采用 SAM 确定 F_a 的不确定度

7.4.3.2 给出了不确定度分量，表 12 给出了不确定度大小的示例。第七项为测量 SIL 的不确定度，对于所有的天线测量其是共有的。表中列出的灵敏系数 c_i 基于公式(53)。

表 12 垂直极化时采用 SAM 测量 30 MHz～300 MHz 频段的双锥天线 F_a 的测量不确定度评估示例

不确定度源或影响量 X_i	值 dB	概率密度分布	包含因子	灵敏系数	u_i dB	注释[a]
STA 的确认	0.35	正态分布	2	1	0.18	N19)
STA 阻抗失配	0.06	U 形分布	$\sqrt{2}$	1	0.04	N10)
STA 定向误差	—	矩形分布	$\sqrt{3}$	1	—	N15)
STA 极化失配	—	矩形分布	$\sqrt{3}$	1	—	N16)
AUC 垂直极化校准时场地和天线塔对 STA 的影响	0.2	矩形分布	$\sqrt{3}$	1	0.12	N26)
近场效应和天线互耦	0.2	矩形分布	$\sqrt{3}$	1	0.12	N27)
$V_{STA}-V_{AUC}$ 测量中的共有不确定度分量	0.26	正态分布	2	1	0.13	见表 7 (7.2.3)
$V_{STA}-V_{AUC}$ 的重复性	0.10	正态分布	2	1	0.05	N6)
AUC 阻抗失配	0.16	U 形分布	$\sqrt{2}$	1	0.11	N10)
AUC 定向误差	—	矩形分布	$\sqrt{3}$	1	—	N15)
AUC 极化失配	—	矩形分布	$\sqrt{3}$	1	—	N16)
STA 与 AUC 测量之间的距离差异	0.04	矩形分布	$\sqrt{3}$	1	0.02	N28)
STA 与 AUC 测量之间的高度差异	—	矩形分布	$\sqrt{3}$	1	—	N29)
相位中心位置的差异	—	矩形分布	$\sqrt{3}$	1	—	N17)
场地不理想产生的有害影响的差异	0.3	矩形分布	$\sqrt{3}$	1	0.17	N24)
天线与接地平面耦合的差异，以及发射天线和接收天线耦合的差异	—	矩形分布	$\sqrt{3}$	1	—	N21)、N30)
复合天线的附加分量	0.3	矩形分布	$\sqrt{3}$	1	0.17	N30)
合成标准不确定度 u_c 双锥天线 复合天线					 0.35 0.49	
扩展不确定度 U^b $(k=2)$ 双锥天线 复合天线					 0.70 0.78	
CALTS 上的 SAM：见图 17(9.3.2)，$d=10$ m，在金属接地平面上方 $h_1=1.75$ m，$h_2=0$ m。						

[a] 带有编号的注释参见 E.2。

[b] 若此表中的主要不确定度分量不服从正态分布函数，则扩展不确定度需采用计算机仿真进行评估，例如使用蒙特卡洛法。然而，由于一些校准实验室通常不采用蒙特卡洛方法进行仿真，因此此表给出了按照 RSS 计算得到的合成标准不确定度。

9.4 200 MHz～18 GHz 自由空间环境 LPDA 天线、复合天线和喇叭天线的校准

9.4.1 自由空间环境的通用考虑和校准场地

LPDA 天线和复合天线的 LPDA 部分可以在地面上方的固定高度处进行校准，开阔校准场地上的天线布置方式如图 18(也可见 3.1.3.2 的注)所示。该方法适用的频率范围为 200 MHz～18 GHz。在较高频率时可以使用更短的天线间距；推荐两副天线的谐振振子间的最小距离为 2λ。对于方向性更强的 AUC 可以使用更低的高度，且天线布置可采用更短的间距。对于 EMC 试验使用的大多数天线来说，E 面方向性比 H 面方向性要强，这进一步支持了天线垂直极化时可使用更低的高度。喇叭天线可使用这种开阔校准场地布置进行校准，需要注意的是要使用 9.5 所述技术来对准天线。

有一类 LPDA 天线，其设计可实现约 11 dB 的增益，而 EMC 试验使用的多数 LPDA 天线，其典型的最小增益为 6.5 dB。采用更长的振子间距可实现更高的增益，对于一个给定的频率范围，LPDA 天线阵列长度通常会加倍。对于这些方向性更强的 LPDA 天线的校准，所需天线间距要比 9.4.2.1 建议的间距更大。

因为 LPDA 天线具有显著的交叉极化辐射，尤其是在它们频段的高端，建议校准采用两个喇叭天线作为配对天线以获得不确定度更小的 F_a(参见 A.7)。在过渡频率以下(见 6.1.2)，复合天线可以采用与双锥天线相同的方法进行校准。

LPDA 天线与它们的地面镜像间的互耦和对地面的反射没有谐振偶极子天线那么敏感，例如，如 C.5 和 C.6 中的数据所示。因此，这种天线可以采用典型的天线塔架设在易于控制的高度(也可参见 A.6.1)。所需高度通过高度扫描来确定，如 GB/T 6113.105—2018 第 6 章所述。用于天线校准的绝对高度并不重要，可以使用场地确认中得到的高度进行设定，允差为±50 mm；每一对天线的高度应是相等的，在±10 mm 的允差以内。如果能接受更大的不确定度，则可以使用更低的高度。此外，若地表面是非金属的(例如土壤)，则有可能使用更低的高度；这取决于土壤的湿度。由地面反射产生的不确定度的大小通过场地确认测量来评估。

无需接地平面，但场地应没有反射物，遵循适用于 CALTS 的相同原理，但无需覆盖像 CALTS 那么大的区域。GB/T 6113.105—2018 的第 6 章给出了场地规范和确认程序。

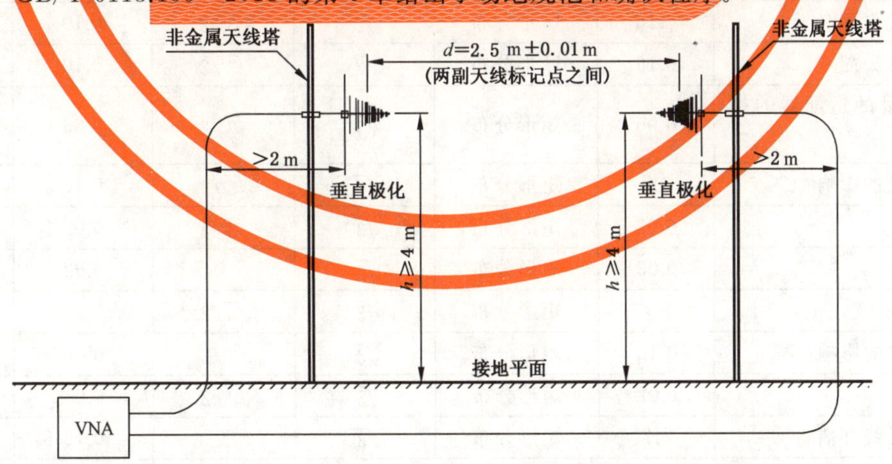

图 18 架设在较高高度时校准 LPDA 天线和复合天线的试验布置

9.4.2 使用 TAM 校准

9.4.2.1 使用 TAM 的校准程序和天线布置

应按照下面的天线布置测量 SIL。利用 7.4.1.1.1 中所述的公式(30)计算 F_a，其中公式(54)(见

7.5.2.2)中的 d 为每一个频点对应的相位中心之间的距离。

如 A.6.1 所述,对于一对天线,对应的谐振振子之间的最小间距应为 2λ。假设垂直极化和 LPDA 天线的 E 面方向性系数大于 6.5 dBi,并假设最低频点为 200 MHz,中点间距为 2.5 m 的天线对应架设在地面上 4 m 处或更高的高度,目的是确保地面反射信号对 SIL 的影响小于±0.2 dB。对于具有较小方向性的天线,可能需要更高的高度。此处 2.5 m 的天线中点间距假设从 200 MHz 振子到最高工作频率对应的振子之间的长度约为 0.6 m;但如 9.4.1 所述,对于方向性更强的 LPDA 天线,则不使用该间距。天线间距的允差应位于±10 mm 以内。校准人员应在校准报告中定义和注明天线的中点,并注明用于设定间距时天线上的参考点的位置,例如顶点或中点(见 7.5.2.1)。

两个天线卡具间的距离可以通过如下方式进行准确测量:在一副天线塔的卡具上安装遥控激光测距仪,在另一副天线塔的卡具上安装反射器,让激光测距仪发出的激光照射到反射器上完成测量。

把相位中心作为各个频率对应的谐振偶极子的位置,中间的频率对应的位置用内插得到。采用 7.4.1.1中的公式计算 AF,相位中心修正的描述见 7.5.2.2。

9.4.2.2 使用 TAM 确定 F_a的不确定度

7.4.1.1.2 给出了不确定度分量,表 13 给出了不确定度大小的示例。灵敏系数和加权系数 c_i 基于公式(36)。有一项不确定度分量与极化失配有关,尤其是对于在其频率范围高端的 LPDA 天线 [20]。当场地不理想的值在汇总表中占主导地位时,E.1 给出了扩展不确定度的另一种评估方法。

表 13 采用 TAM 在 4 m 高度校准 200 MHz～3 GHz 频段的 LPDA 天线和复合天线得到的 F_a的测量不确定度评估示例

不确定度源或影响量 X_i	值 dB	概率密度分布	包含因子	灵敏系数	u_i dB	注释[a]
SIL 测量中共有的不确定度分量	0.26	正态分布	2	$\sqrt{3}/2$	0.11	见表 7 (7.2.3)
SIL 值的重复性	0.10	正态分布	2	$\sqrt{3}/2$	0.04	N6)
发射天线阻抗失配	0.16	U 形分布	$\sqrt{2}$	$\sqrt{3}/2$	0.10	N10)
接收天线阻抗失配	0.16	U 形分布	$\sqrt{2}$	$\sqrt{3}/2$	0.10	N10)
用于 SIL 测量的适配器的插入损耗	0.06	矩形分布	$\sqrt{3}$	$\sqrt{3}/2$	0.03	N11)
场地和天线塔的影响	0.2	矩形分布	$\sqrt{3}$	$\sqrt{3}/2$	0.10	N31)
天线间距误差	0.03	矩形分布	$\sqrt{3}$	$\sqrt{3}/2$	0.02	N13)
天线高度误差	0.03	矩形分布	$\sqrt{3}$	1	0.02	N32)
天线定向误差	—	矩形分布	$\sqrt{3}$	$\sqrt{3}/2$	—	N15)
相位中心位置的影响	0.18	矩形分布	$\sqrt{3}$	$\sqrt{3}/2$	0.09	N33)
极化失配	0.02	矩形分布	$\sqrt{3}$	$\sqrt{3}/2$	0.01	N16)
近场效应和天线互耦	0.2	矩形分布	$\sqrt{3}$	1	0.12	N34)
合成标准不确定度 u_c					0.26[b]	
扩展不确定度 $U(k=2)$					0.52[b]	
CALTS 中的 TAM:见图 18(9.4.1),$d=2.5$ m,金属接地平面上方 $h_i=h_j=4$ m。						

[a] 带有编号的注释参见 E.2。

[b] 得到的不确定度值基于的假设为:通过吸收体或把天线架设到足够高的位置使得地面反射的影响减小到小于本表所示的 0.2 dB;否则如 E.2 的 N31)所述,地面反射在 SIL 测量中引入的误差可能为 0.27 dB。

9.4.3 使用 SAM 的天线布置

9.4.2.1 所述的使用 TAM 的天线布置方式通过如下改动可用于 SAM。

如 8.3.3 所述，当计算差值 $V_{STA}-V_{AUC}$ 时，地面反射波的影响大部分可以被抵消。例如，如图 18（见 9.4.1）所示不使用吸收体的天线布置得到的扩展不确定度能小于 0.8 dB。

SAM 的关键条件是 STA 与 AUC 具有相近的机械尺寸，且 STA 放置在与 AUC 完全相同的位置，尤其是在 1 000 MHz 以上的频段。

9.4.4 地面铺设吸收体的场地上的替换天线布置

作为一种选择，当在天线间的镜面反射区域内的地面上铺设吸波材料时，天线对可以安装在较低的高度。图 19 和 A.6.1 给出了吸波材料的类型和面积。如果可选择，天线优先以水平极化（HP）方式安装，对于一些安装适配器的天线，这能更容易使天线对沿一个共同轴线保持对准。2.5 m 的较低高度意味着天线位于校准人员可以到达的高度，并能更容易地把天线固定在某一位置、对准天线和与电缆相连；此外，天线间距能就地测量，而无需采用更复杂的校准人员不易操作的架高天线的方法。

使用水平极化减小了由垂直天线塔和电缆产生的反射引入的所有误差，尤其是在最低工作频率。使用 GB/T 6113.105—2018 第 6 章所述的方法确认该场地。分别按照 9.4.2 或 9.4.3 的原理，可用 TAM 或 SAM 校准天线。作为一种选择，可以在根据 GB/T 6113.105—2018 中 5.3.2 的方法确认过的电波暗室中校准天线。

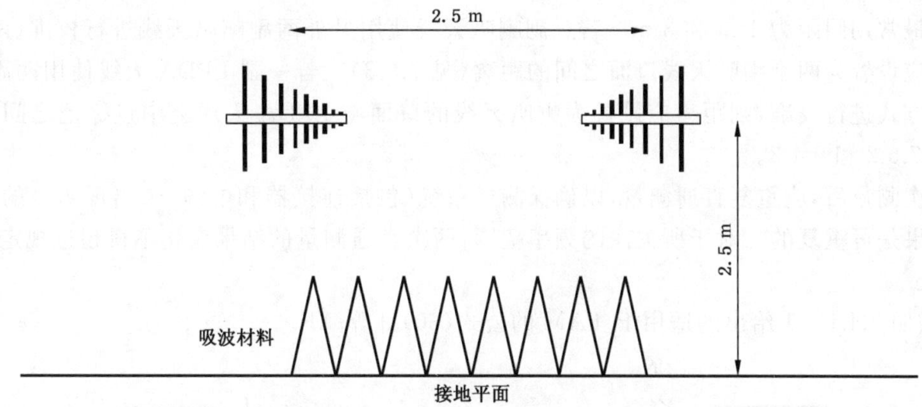

图 19 位于吸波材料上方 LPDA 天线的布置示意图

9.5 喇叭天线和 LPDA 天线在 FAR 中的校准（频率范围 1 GHz～18 GHz）

9.5.1 使用 TAM 校准

9.5.1.1 一般考虑

1 GHz 及其以上频率的定向天线应在自由空间环境中使用 TAM 校准（参考文献[14]、[37]）。由于 LPDA 天线具有显著的交叉极化辐射（参见 A.7），尤其在其工作频段的高端，为了减小校准 F_a 时的不确定度，推荐使用两个喇叭天线作为配对天线进行校准。由于 LPDA 天线的方向性较弱，采用喇叭天线-LPDA 天线的组合确认 FAR，见 GB/T 6113.105—2018 的 5.2。

第 7 章描述了天线校准的基本要求，本条和附录 D 给出了适用于 1 GHz 以上天线校准的信息。

9.5.1.2 校准场地

就测量场地质量而言，最好使用 FAR。对于喇叭天线 1 GHz 以上的天线系数，为了获得 1 dB 或更小的不确定度，例如，使用 7 m×4.5 m×4.5 m 小尺寸的 FAR 是足够了(见 GB/T 6113.105—2018 第 5 章所述的场地确认方法)。

作为一种选择，可以使用 9.4 中的方法，或者使用天线间的地面上铺设吸收体的 CALTS，前提条件是需满足与 FAR 相同的场地接受准则。CALTS 上出现的环境信号以及相对长的电缆产生的损耗可能需要发射高电平信号；需要遵守由当地监管机构规定的允许发射信号电平的要求。

9.5.1.3 使用 TAM 的校准程序和天线布置

如 7.2.2 所述，首先，通过连接适配器测量电缆的插入损耗。特别要强调的是，直通测量与随后进行的连接天线的测量，测量系统不能有任何的改变。若电缆已磨损或连接不良导致测量系统不稳定，则随后的测量会不准确。

需要仔细对准喇叭天线对，以使它们的主轴共线。其次重要的是，还要确保天线极化匹配。接收天线和发射天线应相对于彼此的机械主轴对准，误差在 5°以内(见下面的注)；DRH 天线的机械轴是指内部波导脊的侧边或中心线；对于 LPDA 天线，机械轴是指偶极子振子中心构成的轴线。天线对之间传输测量的布置原理图如图 20 所示，图中天线间距为 d。由于垂直面的波瓣宽度要窄一些，优先使用垂直极化；因此测量会较少地受到地面反射的影响，地面通常是最靠近天线的表面。

注：一些 DRH 天线的设计(例如参考文献[38])在 15 GHz 以上的主瓣中有一个浅的零点(接收信号小的减小；也可见 6.3.4)。H 面上 1°的对准误差会导致±0.3 dB 或更大的不确定度。确定 H 面和 E 面上对准的敏感性是为了量化可能产生的不确定度贡献。

完成电缆直通测量后，将电缆连接到天线上，调整天线间距到所需的距离。EMC 检测实验室校准时所要求的最常用间距为 1 m 和 3 m。若一副喇叭天线使用另外两副喇叭天线进行校准(两两配对测量)，则间距应设置为两副喇叭天线口面之间的距离(见 7.5.3)。若一副 LPDA 天线使用两副喇叭天线配对测量的方式进行校准，则距离应设置为喇叭天线的口面与 LPDA 天线上中点标记之间的距离；其他信息详见 7.5.2 和 9.4.2。

完成 3 次测量后，应重复直通测量，以确保测量系统(包括连接器和电缆)未出现明显的漂移，且证明该测量结果是可重复的。对于所关注的频率范围，两次直通测量的结果变化不得超过规定的允差(例如 0.15 dB)。

最后，按照 7.4.1.1.1 给出的适用于 TAM 的公式(30)计算 AF。

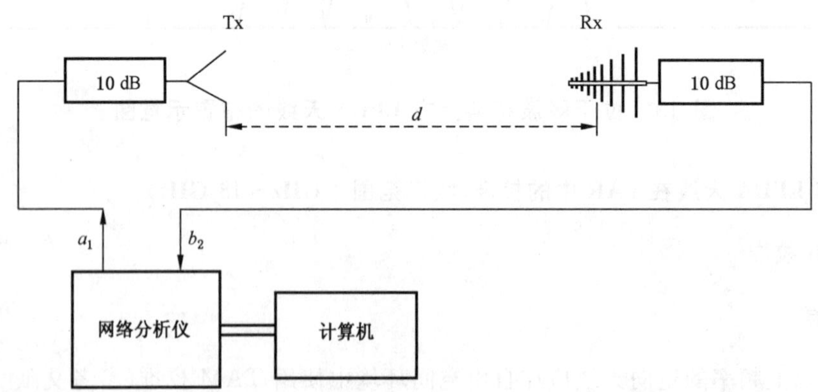

注：传输系数 S_{21} 由 b_2/a_1 给出，其中 a_1 为分析仪端口 1 给发射天线(Tx)的输出信号，b_2 为接收天线(Rx)到分析仪端口 2 的输入信号。

图 20 使用网络分析仪进行传输测量的布置示意图

9.5.1.4 采用 TAM 测量 F_a 的不确定度

使用 9.5.1.3 所述的方法，可以在 1 GHz 以上得到不确定度小于±1 dB($k=2$)的 AF。如 7.4.1.1.2

和 7.5 所述，主要的不确定度分量包括：各个频点对应的天线相位中心的确定、天线间的反射、电波暗室中的多径干扰、测量仪器和 AUC 的总体性能。畸变的辐射方向图[尤其是 15 GHz 以上一些 DRH 天线的喇叭形波导设计；例如 C.7.5 中的图 C.14c)]也会引入测量不确定度；这对于 AUC 及配对天线都很重要。

通过以下方法可以改善与测量仪器相关的不确定度：选用高回波损耗的信号源和测量接收机[例如回波损耗＞20 dB(即 VSWR＜1.22∶1)]、在天线输入端插入固有回波损耗高(例如 32 dB，即 VSWR＜1.05∶1)的衰减器。需仔细地估算阻抗失配引入的不确定度。

7.4.1.1.2 和表 14 给出了不确定度分量以及不确定度评估的示例。第一项是所有天线测量方法共有的 SIL 测量引入的不确定度。参照公式(36)列出了灵敏系数和加权系数 c_i。

表 14 给出了在电波暗室中 1 GHz 以上、3 m 间距条件下天线校准的不确定度评估的示例。通常，EMC DRH 天线比传统的角锥形标准增益喇叭天线的测量不确定度要大，原因是 DRH 天线的相位中心位置很难确定。造成此情形的部分原因是 1 m 间距时收发天线间很强的互耦产生了驻波；D.4 中给出了 DRH 天线增益的实例。在 3 m 间距时，互耦有所减小，但仍然很强。

表 14 中，如 7.5.3.1 所述，把喇叭天线的前口面选作参考平面，其相位中心在 AF 中加以考虑。这种方法假设用于校准 AUC 的配对天线的相位中心是已知的。若配对天线的相位中心未知，那么校准实验室可以给出由于配对天线的未知相位中心对 AUC 的 F_a 引入的不确定度的估计值。若配对天线为性能良好的传统标准增益喇叭天线，则其相位中心随频率的变化很小。

喇叭天线的相位中心位置可依照 7.5.3 所述方法进行确定。LPDA 天线的相位中心由公式(55)(见 7.5.2.2)进行确定。有一项不确定度分量与极化失配有关，尤其是对于在其频率范围高端的 LPDA 天线 [20]。

如附录 F 所示，在直通测量中由适配器引入的失配不确定度可用下式估算：

$$M_{\mathrm{dB}}^{\pm}=20\lg[1\pm(2|\Gamma_{\mathrm{p}}||S_{11}|+|\Gamma_{\mathrm{p}}|^2|S_{21}|^2)] \qquad (60)$$

式中：

S_{11} 和 S_{21} 在表 A.2 中给出(即典型的 N 型适配器特性，参见 A.8.3)，Γ_{p} 为发射(Tx)端口和接收(Rx)端口的反射系数。

对于 EMC 辐射骚扰测量，不推荐使用视轴上的辐射方向图有凹陷(即浅的零点)的双脊喇叭天线，例如在 15 GHz 以上。若在这些频点使用了这种天线，推荐在校准报告中包含警示声明：当使用这种喇叭天线例如依照 IEC 61000-4-22 [5] 和 GB/T 6113.104—2016 第 8 章的方法进行场地确认时，这种天线辐射方向图上的凹陷会导致大的不确定度(例如 6 dB)。

表 14　1 GHz 以上在自由空间和 3 m 间距时使用 TAM 校准喇叭天线获得的 F_a 的测量不确定度评估示例

不确定度源或影响量 X_i	值 dB	概率分布	包含因子	灵敏系数	u_i dB	注释[a]
SIL 测量中共有的不确定度分量	0.26	正态分布	2	$\sqrt{3}/2$	0.11	见表 7 (7.2.3)
SIL 值的重复性	0.10	正态分布	2	$\sqrt{3}/2$	0.04	N6)
发射天线阻抗失配	0.16	U 形分布	$\sqrt{2}$	$\sqrt{3}/2$	0.10	N10)
接收天线阻抗失配	0.16	U 形分布	$\sqrt{2}$	$\sqrt{3}/2$	0.10	N10)
SIL 测量中使用的适配器的插入损耗	0.06	矩形分布	$\sqrt{3}$	$\sqrt{3}/2$	0.03	N11)

表 14（续）

不确定度源或影响量 X_i	值 dB	概率分布	包含因子	灵敏系数	u_i dB	注释[a]
场地的影响	0.2	矩形分布	$\sqrt{3}$	$\sqrt{3}/2$	0.10	N35)
天线间距误差	0.03	矩形分布	$\sqrt{3}$	$\sqrt{3}/2$	0.02	N13)
天线高度误差	—	矩形分布	$\sqrt{3}$	$\sqrt{3}/2$	—	N23)
天线定向误差	0.05	矩形分布	$\sqrt{3}$	$\sqrt{3}/2$	0.03	N36)
相位中心位置的影响	0.28	矩形分布	$\sqrt{3}$	$\sqrt{3}/2$	0.14	N37)
极化失配	0.02	矩形分布	$\sqrt{3}$	$\sqrt{3}/2$	0.01	N16)
近场效应和天线互耦	0.2	矩形分布	$\sqrt{3}$	$\sqrt{3}/2$	0.10	N38)
合成标准不确定度 u_c					0.27	
扩展不确定度 U^b（$k=2$）					0.55	
自由空间校准场地中的 TAM：见图 20（见 9.5.1.3），$d=3$ m，在 FAR 中吸收体上方 $h_i=h_j=1.5$ m。						

[a] 带有编号的注释参见 E.2。

[b] 若此表中的主要不确定度分量不服从正态分布函数，则扩展不确定度需采用计算机仿真进行评估，例如使用蒙特卡洛法。然而，由于一些校准实验室通常不采用蒙特卡洛方法进行仿真，因此此表给出了按照 RSS 计算得到的合成标准不确定度。

9.5.2 使用 SAM 的天线校准和布置

9.5.1.3 所述的使用 TAM 的天线校准方法通过如下改动可用于 SAM。

SAM 对场地确认准则的要求没有 TAM 那样严格。与 GB/T 6113.105—2018 中 5.2.3 规定的场地可接受准则为±0.3 dB 相比，SAM 的准则可放松到±0.5 dB。

对于 SAM 的关键是要将 STA 放置在与 AUC 完全相同的位置；其他详细信息见 8.3.3。

附 录 A
(资料性附录)
天线校准方法的基本原理和背景资料

A.1 需要几种校准方法和使用接地平面的基本原理

就内容而言,本部分的附加材料特别适用于4.1和8.2。

本部分给出了几种测量F_a的方法。测量不确定度最小的天线校准方法为TAM和使用可计算偶极子天线的替代法。半波偶极子天线可以通过解析建模,参见参考文献[39]和GB/T 6113.105—2018,也可以在宽频带内进行高精度的数值建模[11]。一副可计算偶极子天线或使用任一方法(TAM或SAM)校准过的天线,均可视为标准天线(STA),可以用该天线按SAM校准其他天线。参考文献[54]描述了标准场地法,其不具备SAM可以消除场地误差的优势。参考文献[13]给出了通过修正提供F_a的SSM。

SAM对场地质量的要求不像TAM那样严格(同时见4.3.5)。这意味着能用于SAM的暗室不一定适用于TAM。相对于高质量的场地,如CALTS,用于SAM的校准场地可容许更多的反射;同时,接地平面不需要像用于TAM的那样大或平,因此成本更低。SAM得到F_a的计算方法比TAM要简单,且计算公式在自由空间或接地平面之上都适用。对于SAM,场分布的轻微不均匀对类似的天线有类似的影响,而且这些影响大部分都被公式(51)(见7.4.3.1)中的差值($V_{STA}-V_{AUC}$)消除了。

尽管与VP有关的场地误差比与HP有关的场地误差大,与TAM相比,SAM的一个优势是VP校准的不确定度更小。另外,进行VP校准的一个优点是大大地减小了与接地平面互耦的影响。

使用SAM的另一个原因是,与拥有高性能设施并且开发了有关校准的专业技术相比,采用可计算偶极子天线或者TAM得到被校准的STA的成本较低。能降低TAM成本的一个特例是三副天线都是AUC,此时使用TAM可以获得更高的效率。依靠SAM的一个潜在问题是STA可能被破坏,比如在运输过程中,而TAM会对每副天线重新校准。

对于LPDA天线,如果天线对之间的距离为10 m或更远,那么与LPDA STA(覆盖给定频率范围)相比,LPDA AUC的长度允许略有不同;这种差异引入的不确定度要小,具体数值取决于AUC和STA尺寸上的差异以及天线之间的距离,有关指南见8.3.3。

对于研究成本更低的校准方法而言,高质量的试验场地和专用的校准方法是必要的前提条件,而且还需要证明方法之间的等效性。本部分给出了省时且便于应用的低成本方法的示例。

高质量校准场地的例子是一个连续焊接的金属接地平面,其面积至少为30 m×20 m,平坦度优于±10 mm,并且由树木、建筑物和接地平面边缘的反射所引起的通过两个距离10 m的天线测得的SIL的偏差小于±0.4 dB。一般而言,当采用TAM测量时,0.4 dB的SIL测量不确定度对每副天线的AF的测量不确定度贡献为0.2 dB。由于减小了与接地平面的耦合,可以使用更小的接地平面进行垂直极化天线的测量(例如见9.3)。对于在较高的高度进行的天线校准(例如见9.4),使用一个反射较小的平面更好,比如干燥的地面。

理想情况下,F_a是在自由空间环境中进行测量。对于200 MHz以上的定向天线,通过增加高度可以实现自由空间的条件[14],此时天线离地面足够的高,地面反射信号对测量的影响不大。通过将高度的选择和地面反射信号的抑制相结合也可以实现相同的条件,即自由空间环境。

使用一个平坦的水平面,比如混凝土,有助于天线在高度和间距上的定位。地面反射方法,比如SSM,需要使用一个金属接地平面。即使不需要地面反射,也可以方便地使用该平面作为天线布置的水平平台。粗钢筋加固的混凝土比金属板(或金属丝网)的反射更小,因此混凝土场地上实现自由空间条件所需的高度要低于金属板场地。

为确保地面反射可复现,可以使用一个大的平坦的金属接地平面,此时接地平面的反射是可以计算的,并且可以通过数学计算消除,从而只保留一对天线间的直射信号,通过公式(C.22)(参见 C.3.2)计算得到 F_a。由于可以假设 H 面是均匀的,而不得不对 E 面进行测量(参见 C.7),因此使用水平极化是有优势的。通过测量接地平面的性能可以解决对反射进行定量的问题,这可通过使用 GB/T 6113.105—2018 所述的可计算偶极子天线得到最佳实现。

由于天线与接地平面的互耦,因此天线系数是变化的。在最坏的情况下,对于谐振频率为 30 MHz 的水平极化偶极子天线,在 1 m~4 m 高度范围内 AF 的变化高达 6 dB(参见 A.9.3)。与此类似,对于双锥天线,由于天线与接地平面的互耦导致的 AF 的变化可达 2 dB(参见 C.6.1 的图 C.8)。对于 LPDA 天线,与接地平面镜像互耦的影响在 200 MHz 以上小于±0.4 dB,其可以作为不确定度分量予以考虑。

在进行辐射骚扰测量时,通常不记录对应于骚扰信号最大值的天线高度,因此,在特定高度的 AF 与 F_a的偏差是作为不确定度进行考虑的。为了量化该不确定度,需要测量 $F_a(h,p)$。在垂直极化的情况下,与接地平面互耦的影响很弱,因此大多数情况下可以忽略不计,这就是为什么只需测量水平极化时的 $F_a(h,p)$的原因。$F_a(h,p)$的测量只适用于偶极子天线、双锥天线以及过渡频率以下的复合天线(见 6.1.2)。对于传统的双锥天线,垂直极化时在谐振频率附近与接地平面的镜像耦合在 1 m 高度时很明显,但在 2 m 及其以上的高度可以忽略不计(见 9.3.1)。

A.2 全向天线校准的专用措施

A.2.1 概述

本部分的附加材料特别适用于 4.2 和 8.2,并且在参考文献[53]中给出了更多的信息。

A.2.2 全向天线校准的难点

校准偶极子类全向天线(调谐偶极子、双锥偶极子、蝶型偶极子等)的难点是它们非常弱的方向性。简单偶极子在 H 面上具有均匀的响应,当偶极子水平极化放置在接地平面之上时,这意味着来自地面的反射很强。这种均匀的响应有两个影响:较重要的影响是在两副天线之间进行 SIL 测量时反射信号可能会增强或抵消直射信号,具体是增强还是抵消,这取决于两个信号的相对相位(或路径长度);较小的影响是 AF 的变化,通常为±1 dB(对于双锥天线,例子参见 C.6.1 的图 C.8),这是由 1 m~4 m 高度范围内天线与接地平面之间的镜像耦合导致的。

在辐射骚扰测量时,天线在 1 m~4 m 的高度范围内寻找信号的最大值,当不大于 120 MHz 时,双锥天线接收到信号的最大值出现在 4 m 的高度(参见 A.9.3)。因此,AF 与 F_a的偏差在±0.5 dB 以内。在 30 MHz~300 MHz 的频率范围内,将天线架设在接地平面之上足够的高度使反射不显著,或者使用足够好的吸收材料覆盖接地平面减小镜像耦合和反射波,但存在实际操作方面的困难和/或高成本的问题。

A.2.3 减小天线支撑物产生的反射和电缆辐射

以下考虑与 6.2.5 有关。

天线支撑物产生的反射大小取决于支撑物结构的电尺寸。如果天线极化方向上的支撑物尺寸越大,则影响更大,并且会随着结构实体部分体积的增加而增大。支撑物结构的金属部分尽可能小。例如,一个将水平杆安装到垂直杆的托架,如果其尺寸小于 $\lambda/8$,反射可以忽略不计。然而在 1 GHz 时,托架尺寸可能达到一个波长,因此带来的不确定度为±1 dB,通过将天线安装在水平杆上距离托架 1 m 或更远的位置并且减小结构实体部分的体积可以减小该不确定度。

天线后方物体产生的反射对全向天线来说是一个主要问题。对于定向天线,反射的影响可以大大减小,这取决于天线的前后比。

±1 dB 的不确定度对应的是垂直极化的偶极子天线或双锥天线后面连接的垂直向下的电缆、天线振子与电缆之间的距离约为 0.5 m 的情形。套在电缆上的铁氧体环对减小其反射的作用有限。要几乎消除电缆的反射,可以使电缆走线与偶极子天线正交,这对水平极化是可行的。

垂直极化时的不确定度可能会更大,这是因为:a)天线塔的主支架是垂直的,以及 b)连接天线的电缆是金属的,并且它通常在天线后面垂直向下走线。为了减小这种不利的影响,天线要尽可能远的放置在天线塔的垂直杆和电缆的前面。天线后面的电缆水平延伸长度至少为 5 m,可借助于轻质的微型塑料支架或者聚苯乙烯泡沫块来实现。进行敏感度研究时,首先将电缆水平延伸 6 m 并记录 SIL,然后电缆的水平延伸部分每次减少 0.5 m,并记录对应的 SIL 以及与 6 m 时 SIL 的差值,直到水平延伸部分的最小长度刚好能提供期望的不确定度。

为了量化天线塔产生的反射,需要将天线相对天线塔在水平方向上至少移动 4 次,每次的步进为 $\lambda/8$,测量 SIL 时的其他设置保持不变。这可以通过保持发射天线和接收天线的固定位置不变来实现,并且每次只移动一个天线塔。将扫频的幅值结果相比较,不确定度的估计值为 $\pm(A_{i,pp}/2)$。其中,$A_{i,pp}$ 是纹波的峰峰值,单位为 dB。

如果没有足够的空间将天线后面的电缆水平延伸 5 m,例如在 FAR 中的测量布置,一种解决方案是通过后墙上的穿墙连接器或小孔水平延伸电缆。另一种解决方案是将电缆的垂直部分按压至角锥吸波材料之间的凹陷处,当使用高功率进行抗扰度试验时,需要将电缆从吸波材料之间移走。

对于 LPDA 天线和喇叭天线,这些天线是定向的,由天线塔和电缆反射引起的不确定度可忽略不计。当方向性不够时(例如,前后比小于 10 dB),需考虑由天线塔和电缆造成的反射,例如,在 LPDA 天线的最低工作频率附近。

当天线馈电电缆与天线振子方向一致时,偶极子天线、双锥天线或复合天线上的不平衡的巴伦带来的不确定度能超过±5 dB。这是由电缆上共模电流的辐射引起的。如果天线翻转 180°,电缆辐射与天线辐射信号反相,读数变化可能会超过±10 dB。在电缆上安装铁氧体环能够减小电缆辐射(参见 A.2.4)。

通过使用与天线端口的小型电光转换模块连接的光纤,可以避免电缆反射和不平衡巴伦的影响。

A.2.4 双锥天线垂直极化校准时的场锥削和单锥天线的试验布置

本条附加的内容特别适用于 9.3 的校准方法。

使用单锥天线(例如而不是双锥天线)建立地面反射区域照射 AUC,可减小 AUC 垂直口面上的场锥削[31]。GB/T 6113.105—2018 的 4.9 描述了场锥削的测量。AUC 的高度在可实现的最低高度且与单锥的间距最大时的场锥削最小。对于传统双锥天线的中心,其最低高度为 1.5 m 时可确保与接地平面耦合的影响小于±0.3 dB(当远离 80 MHz 附近的谐振频率时会更小)。当天线间距为 15 m 时,天线的最高高度为 2 m,超过这一高度场锥削在垂直平面引起的不确定度将变得更大。对于 1.5 m 的高度,天线间距至少为 10 m。推荐的天线间距是 15 m,高度是 1.75 m。

对于较小的接地平面,可能存在接地平面周边产生的反射,有时也称为“边缘衍射”,这在 F_a 与频率的曲线中表现为纹波。即使经过公式(51)的相减,即 $(V_{STA}-V_{AUC})$ (见 7.4.3.1),表示场锥削和边缘衍射的剩余不确定度还是要给予考虑。然而,如果这种影响很小,剩余不确定度则可以忽略。

为了形成一个单锥,需要将单个双锥振子通过合适的适配器(已有商用的)与同轴电缆的端部连接,并且将同轴电缆的外导体与接地平面相连接。与图 G.1(参见 G.1.1)类似,双锥振子可以通过适配器直接连接到接地平面上的穿墙连接器,该连接器已经与接地平面下方的电缆相连接。这样就自动确保了合适的接地,并且能够消除接地平面上方电缆的辐射。对于单锥,推荐使用可折叠的双锥振子,即由六根金属杆构成的锥形,因为高于 200 MHz 时,相对于传统的带有交叉杆的刚性笼形双锥振子(参见 A.4.3),这种类型天线振子的性能降低的更小。杆长通常为 0.62 m,但为了得到更大的信号可以加长。如果有必要,可以使用一个塑料框架支撑单锥振子使其保持垂直。

或者，单锥天线可以采用商用的 4∶1(即 200 Ω 到 50 Ω)的双锥天线巴伦，去掉双锥振子其中的一个，并且将其插座放置在接地平面上。该天线将是不平衡的，会在馈电电缆上产生共模电流；如果电缆位于接地平面之上，将会产生辐射并干扰预期的天线校准。巴伦的外导体需与接地平面连接。

在上述两种试验布置中，为了解决非理想地的问题，进一步的措施是在电缆上安装铁氧体环。与单锥的连接处需安装一个铁氧体环，其他的铁氧体环在电缆的第一个 4 m 的长度上以 0.2 m 左右的间隔安装。电缆的走线需远离两副天线之间的连线。

A.2.5 FAR 中 HP 或者 VP 的选用

FAR 中的天线校准与极化无关。通常优先选择 HP，这是因为天线与天线塔的垂直立柱和连接电缆正交，这将减小它们产生的反射信号的幅值。如果天线在一个接近地面的便于操作的高度上，可能会优先选择 VP，尤其是对于定向天线；这利用了 VP 时较好的方向性，因此直接照射到地面的信号较少。

无论选择哪种极化方式，在该极化方式下都需进行场地确认。在理想的 FAR 中，且没有天线塔和电缆产生的辐射，使用 HP 和 VP 的场地确认结果是相同的。但是，对于非理想的 FAR，一种极化方式下的场地确认结果可能比另一种极化方式下得到的结果要好，这可能是天线校准选用哪种极化方式的决定因素。

A.2.6 STA 和 AUC 同模型时的替代

对于 SAM 而言，如果 STA 和 AUC 是同模型的，在一个确认准则不太严格的自由空间环境中，确定 AUC 的 F_a是有可能的(同时参见 A.9.4)。该方法可以在接地平面上实施，即使 AUC 会受到与接地平面中的镜像互耦的影响。由于 STA 也受到同样的影响，如公式(51)(见 7.4.3.1)所表明的，STA 的 F_a可传递给 AUC。

这个方法对于需要校准几副同模型天线的制造商尤其有用。AUC(STA 同样)最好不要距离接地平面太近，因为耦合越强，STA 就需更准确地放置在与 AUC 相同的位置。建议将天线放置在距离接地平面 2 m 及其以上或 $\lambda/2$ 及其以上的高度，取两者中的较大者。

该方法可以扩展到与 STA 足够相似的其他模型的 AUC(见 8.3.3)，前提是这种相似度已通过使用自由空间方法校准 AUC 进行了确认(作为一次性的试验证明：相同类型的其他 AUC 可以用这种方式进行校准)。

A.3 使用可计算宽带偶极子天线的校准

A.3.1 调谐偶极子天线的缺点

本条内容与 3.1.1.9 相关。调谐偶极子是将长度调谐到略小于需要谐振的频率对应的半波长的偶极子天线。目的是使其在自由空间中可以产生谐振，即此时偶极子天线与周边互耦的影响可以忽略，并且输入阻抗的电抗为零。

最初选择调谐偶极子天线作为 CISPR 辐射骚扰测量的参考天线的原因是，其 AF 可以使用简单的公式进行计算，且包括巴伦损耗在内的 AF 的不确定度可低至±0.5 dB。此外，调谐偶极子天线也很容易制作。但问题随之出现，调谐偶极子天线在接地平面上使用时会与其接地平面中的镜像产生强的相互作用，尤其是在 VHF 范围较低的频率部分(参见 A.9.3)，计算自由空间天线系数的简单公式并未考虑该因素。

调谐偶极子天线的另一个缺点是，在测量多个频率时，它的长度需要被机械地调整(调谐)到每个使用频率。当能够被合适的校准方法校准过的宽带天线替代时，这个费时耗力的过程就可以不需要了。

A.3.2 可计算宽带偶极子天线的优点

本部分内容与 3.1.1.4 和 8.3 有关。一种更直接、更精确方法是在 SAM 中使用可计算宽带偶极子天线或可计算双锥天线作为 STA,可测量不同高度上天线的 F_a,可计算偶极子天线的详细信息在 GB/T 6113.105—2018 和参考文献[26]、[46]、[47]、[52]和[57]中给出。特别设计的可计算偶极子天线的宽带性能见参考文献[11]。

可计算偶极子天线可以在 FAR 中进行确认[10]。当两个几乎相同的偶极子天线的间距短至 $\lambda/10$ 时,相对于偶极子之间的强耦合,场地反射可以忽略不计。如果两个偶极子天线通过替代法测量得到的结果相同,那么 AF 的不确定度是 SIL 理论计算值与测量值之差的一半。

A.3.3 可计算偶极子天线的缺点

对于可计算偶极子,主要关注的是其准确度的评估。尽管解析法和数值计算法(即完全不同的方法)得到的谐振偶极子的 AF 的一致性优于 0.03 dB,但需要确认计算结果和测量结果之间的偏差。就其性质而言,测量自身具有不确定度,因此很难区分偶极子确认测量的缺陷和偶极子的缺陷。

相对于常规的偶极子,可计算偶极子天线更容易损坏,这是因为这种天线设计的出发点是获得最佳的准确度而不是耐用性。

A.4 有关 F_a 和双锥天线/LPDA 天线的重叠频率的原理

A.4.1 有关 F_a 的原理

本条附加的内容特别适用于 4.2。对于 FAR 中的辐射骚扰测量,因为近似于自由空间环境,AF 采用 F_a 是合适的。然而,对于在接地平面上进行的辐射骚扰测量,大多数天线的 AF 会变化,这取决于天线相对于接地平面的高度和方位。随着天线在高度上的扫描,AF 相对 F_a 会出现准周期性的变化;例如见图 C.6~图 C.9(C.6.1)。为了避免实际问题,即采用与天线高度、极化和与 EUT 间距等因素有关的多个 AF,选择 F_a 是最好的折中办法,这倾向于可以限制测量不确定度。上面所提到的因素所产生的影响包含在辐射骚扰测量的测量不确定度评估中。

虽然对在 EMC 辐射发射测量的高度扫描过程中出现最大信号的每个高度的 $F_a(h,p)$ 进行测量是可行的,但在实际当中这样做就足够了,即得到一个样本高度上的 AF,将 AF 随着高度而变化的特性作为计算相关测量不确定度的基础。与此形成对比的是 SSM(见 8.4),其采用高度扫描但得不到 AF 随高度变化的信息。在 CISPR 16-4-2[3] 中,接地平面之上 AF 随高度的变化被认为是不确定度分量。天线制造商需为各种模型天线提供量化这些变量的通用数据。

当天线高度通常低于所关注频率的 2.5λ 时,水平极化的偶极子天线和其在接地平面的镜像之间的互耦十分显著。在金属接地平面上使用垂直极化双锥天线和复合天线,若高度大于等于 2 m,不需要将其作为不确定度的来源,因为垂直极化天线和金属接地平面镜像的互耦很弱,所以 AF 相对于 F_a 的变化小到可忽略不计。同样的考虑也适用于频率高于 200 MHz 的 LPDA 天线和复合天线,且 HP 和 VP 均适用。谐振偶极子天线对互耦更加敏感,对于 VP,天线中心距离接地平面的高度需大于 0.75λ。

7.4.2.2 中的 g)表明不确定度与天线的方向性系数有关。而了解天线方向性系数需要测量天线的辐射方向图,这样代价很高。如果从天线制造商处无法得到辐射方向图,一种替换方法是建立天线模型然后计算天线的辐射方向图。如果在规定的频率范围内,通过模型仿真计算的 AF 和测量的 AF 之差在±1 dB 之内,且修正了天线的欧姆损耗,那么该模型就能很好地用于预测 EMC 试验中的天线辐射方向图。

该模型同样可以很好地预测接地平面之上 AF 随高度的变化。当高度超过 3λ 时,水平极化天线与其镜像耦合的影响可以忽略不计，可得到自由空间的天线特性。辐射方向图的计算结果和 F_a 随高度的变化可用来计算由这些因素导致的测量不确定度。

A.4.2 双锥天线与 LPDA 天线的重叠频率

本条附加的内容特别适用于表 2(见 4.5)。对大部分用于 EMC 测量的双锥天线，制造商规定的工作频段为 30 MHz～300 MHz，对于 LPDA(非复合)天线，工作频段为 200 MHz～1 000 MHz。用户希望其天线在此频率范围内进行校准。为获得最佳的性能并减小测量不确定度，推荐分别使用 30 MHz～250 MHz 和 250 MHz～1 000 MHz 的频率范围。

频率高于 260 MHz 时双锥天线的误差会略大，这是因为天线需要一个交叉杆抑制一个大的谐振点；参见 A.4.3。图 C.8(参见 C.6.1)表明了 $F_a(h)$ 相对 F_a 的偏差会随着高度的增加而减小，但当频率高于 260 MHz 时，这种趋势将不再继续，因此强烈建议 250 MHz 作为笼形双锥振子最高的使用频率。同样，LPDA 天线在频率低于 250 MHz 时尺寸较长，如果不进行修正会存在较大的相位中心误差。

注：根据以上讨论，双锥天线和 LPDA 天线校准的重叠频率通常认为不同于复合天线的过渡频率(一般在 140 MHz～240 MHz 的频率范围内，见 6.1.2)。

A.4.3 双锥振子的设计

本条附加的内容特别适用于 9.3；同时见 3.1.1.2。使用金属圆锥体或者开放式的振子形成的圆锥体(有时也称为可折叠振子[9])可获得最佳的电性能。开放式振子结构同样优先适用于 9.3 中校准方法使用的单锥天线。

使用最广泛且更耐用的双锥振子的设计是将六根振子在顶端连接在一起并增加第七根中心支撑杆，从而形成刚性的笼形结构。然而，该设计在 287 MHz 附近有一个幅值大于 5 dB 的窄带谐振点，这是由于笼形结构起到了谐振腔的作用。通过引入一根交叉杆解决了这一问题，使得谐振频率提高到刚好高于 300 MHz。然而，有些设计的谐振频率提高的不够，导致 290 MHz 以上的 AF 发生急剧变化，这就使 AF 对由于制造允差或者处理不当而造成的尺寸变化更加敏感。同时，急剧变化的测量响应会导致测量复现性更差且测量不确定度更大。

一根交叉杆使得笼形结构不对称，会导致频率高于 260 MHz 时 H 面的方向图不均匀，在 220 MHz 附近，AF 会出现小的毛刺。为了提高 AF 的复现性，建议通过将交叉杆与巴伦电极轴线共面使其方向标准化。如果振子是螺纹结构，建议在一根振子和巴伦的一个侧面上做上标记，然后在天线组装过程中将标记的振子旋转到做过标记的巴伦侧面。

A.5 使用 SSM 获得 F_a 时需增加的不确定度源

本条附加的内容特别适用于 8.4.1。在 SSM 中，每对天线中的一副天线要进行高度扫描以防止直射信号和地面反射信号的相消干扰。考虑到 SSM 使用的不是自由空间环境，对于 F_a，不确定度评定时要包括由此影响量所引入的不确定度[同时见 E.2 的 N18)]。根据将天线系数作为被测量的定义，对系统误差进行修正以减小其不确定度[13]。然而，通过这些手段并不能完全的补偿系统误差，剩余误差还是存在的。

对于所使用的三副天线中的每一副，并不能严格地计算出 F_a，因此不必特意指定哪副天线进行高度扫描，哪副天线高度固定不变(同时见 7.4.2.2)。这种可选择性同时意味着 F_a 的测量不确定度的增加。如果三副天线具有不同的设计，尤其是出现双锥天线 50 Ω 和 200 Ω 巴伦的组合情况，由于与接地平面上镜像耦合的显著差异，因此，这也会引入较大的不确定度(参见 C.6.1 的图 C.7 和图 C.9)。

EMC 辐射骚扰测量中最初引入接地平面(即对于 OATS)的目的是为了实现测量的复现性。根据 C63.5[13]，确认 OATS 时使用已校准的天线。然而，由于要求在已确认过的 OATS 上进行天线的校准，因此,这将会产生问题。

SSM 的优点之一是,它与 CISPR 16-2-3[2] 中在 OATS 上进行的辐射骚扰测量方法相似。这意味着 AF 适用于最终使用的条件,但根据参考文献[13]仅用于测量距离为 10 m 的水平极化。正如在 NSA 计算公式中所假设的,潜在的优点是这种方法得到的 AF 包括了与接地平面上的镜像耦合的效应,以及 AUC 和理想偶极子之间辐射波瓣图差异的效应。然而,更进一步的研究表明,仅当校准方法与辐射骚扰测量方法非常相似时,其测量准确度才更高。

例如,放置在接地平面上 1 m 高度的小 EUT 可以代表校准中放置在 1 m 固定高度的天线。SSM 复现辐射骚扰测量条件的原理存在如下问题:

a) 对于水平极化的双锥天线,固定高度的天线成为三组天线对中之一的高度扫描天线,由于其与镜像耦合的变化,使用每一对进行 SA 试验时它的天线系数是不同的。图 11(见 7.4.2.1)表明,天线对的组合为(2,1)、(3,1)和(3,2)。由于 SSM 天线组合的不固定性,其他组合也是允许的,例如(1,2)、(2,3)和(3,1),这就允许每一副天线分别处于固定的高度和可变的高度。然而,可以理解的是组合的选择对最终的结果有着较小的影响。使用公式(59)(见 8.4.3)进行修正可减小 F_a 的测量不确定度;亦可见 A.5 的最后一段。

b) 第 2 个误差源是出现最大信号时的天线高度可能不同于公式(41)(见 7.4.1.2.1)中用于计算参数 $e_0(i,j|H)$ 时的理论高度,公式(41)用于计算 AF。参数 $e_0(i,j|H)$ 基于一对赫兹偶极子天线之间的 SIL,赫兹偶极子天线(电偶极子)在所有频率有着固定的相位中心以及心形辐射波瓣图。这种模型对于双锥天线是相似的,对于 LPDA 天线则显著的不同。预测高度上的误差会导致总的接收信号减去地面反射信号时的误差。

c) 第 3 个误差源是当 LPDA 天线放置在固定高度位置时相位中心随着频率的变化,这与发射试验时 EUT 的特性不同。当频率范围为 200 MHz~1 000 MHz,测量距离为 10 m 时,这种相位中心影响的不确定度近似为±0.2 dB;测量距离为 3 m 时,近似为±0.8 dB;对于较长的天线,例如复合天线,这种不确定度会成比例的增加。

d) 当在 10 m 距离采用 SSM 校准得到的天线系数被用于 3 m 距离的辐射骚扰测量时,会产生不大于±2 dB 的误差。这些误差的主要来源是由于 LPDA 天线和复合天线的相位中心导致的与 3 m 参考距离的偏差,以及与图 A.1 所示的视轴的偏差。由于 SSM 没有考虑相位中心,但测量是相对于 LPDA 天线中点的,因此不能直接对相位中心进行修正(同时见 7.5.1 和参见 A.6)。即使用于测量距离为 10 m 的辐射骚扰测量时,由于校准中使用的是 LPDA 天线对的相位中心,因此仍会产生误差。相反,对于使用在自由空间环境中校准得到的 F_a 测得的电场强度,A.6.2 中的方法能对不同测量距离时的结果进行准确的修正。

图 A.2 示出了在高质量的 CALTS 上使用 9.3 中的自由空间法和 8.4 中的 SSM 测得的 200 Ω 双锥天线的 F_a 曲线。曲线间的最大差值为 0.8 dB;在 224 MHz 时的下凹是与交叉杆有关的谐振。图 A.3 示出了相同的结果,但使用公式(59)对 F_a 进行了修正(见 8.4.3)。通过这种修正,200 MHz 及其以下时,两者的吻合程度在 0.3 dB 以内,298 MHz 及以下时,两者的吻合程度在 0.4 dB 以内。这些结果仅针对一个模型的双锥天线,修正系数来自对这个模型的计算机仿真;一般情况下,如果通用的仿真模型用于不同物理模型的天线,则这种差异会更大些。

因此,对于 SSM 测得的 F_a 被视为自由空间条件测得的 F_a 的情形,如表 9 所示,需在通过 SSM 测得的 F_a(见 8.4.4)上加上 0.5 dB 的不确定度。对于 LPDA 天线和复合天线,这种附加的不确定度分别为 0.5 dB 和 1.2 dB(见 7.4.2.2)。

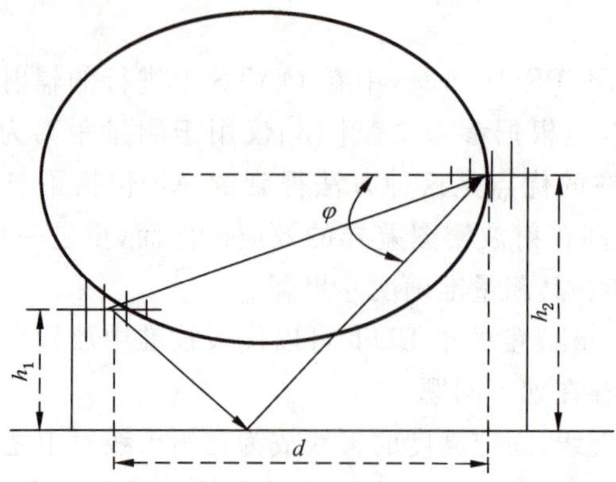

图 A.1 高度扫描的 LPDA 天线相对于固定高度的 LPDA 天线以及接地平面的电磁射线的角度示例

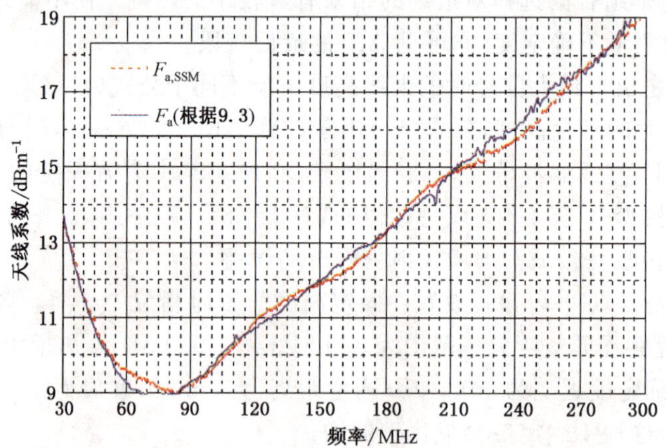

图 A.2 通过 9.3 的 VP 方法和 8.4 的 SSM(无修正)测得的使用 200 Ω 巴伦的双锥天线的 F_a

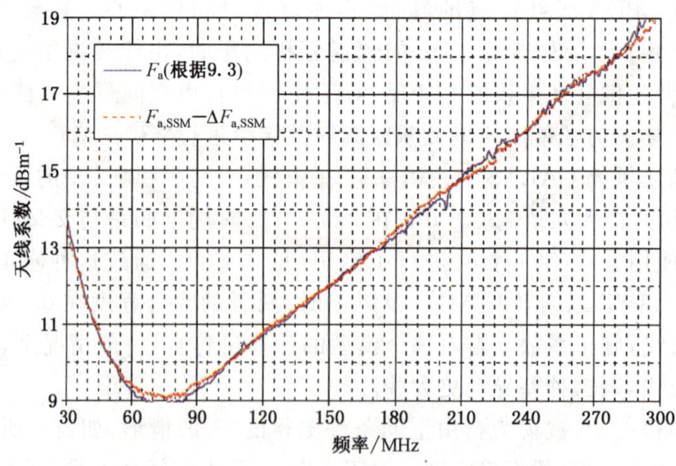

图 A.3 通过 9.3 的 VP 方法和 8.4 的 SSM(有修正)测得的使用 200 Ω 巴伦的双锥天线的 F_a

A.6 使用较小的间距校准 LPDA 天线

A.6.1 使用较小的间距校准 LPDA 天线

本条附加的内容特别适用于 9.4。用于 EMC 试验的大多数 LPDA 天线的最低设计频率为 200 MHz,常用的设计是 200 MHz 的谐振振子和 1 000 MHz 的谐振振子之间的长度为 0.55 m 左右(见 7.5.2.1)。一对天线在相同谐振频率的振子之间的间隔距离至少为两个波长,这样可确保互耦引起的误差小于 0.2 dB 左右。

200 MHz 时的波长为 1.5 m,因此对于一对天线,制造商的参考位置或机械中心点之间的距离为 2.5 m是足够的。此距离可通过以下方式能比较容易地实现自由空间条件:天线放置在接地平面上至少 4 m 的高度或天线放置在 2.5 m 的高度且天线之间的地面上铺设面积为 2.4 m×2.4 m 的 1 m 高的锥形吸波材料(用于衰减镜面的反射波)。A.5 c)讨论了由于未对相位中心进行修正而在 F_a 中所引入的误差。

天线位于较低的高度 2.5 m 时,比较容易测量天线之间的距离,以及建立天线对的横向对齐和水平对齐。这种方法有效性的关键在于,所有频率上天线的相位中心都要已知(见 7.5.2)。当计算 F_a 时,使用的是其相位中心之间的间距,而不是一个固定不变的间距(即在 SSM 中使用天线主轴长度的中点)。

A.6.2 考虑 LPDA 天线相位中心对电场强度的修正

在 EMC 骚扰测量中,要求测量给定距离的电场强度,该距离从 EUT 的前表面进行测量。若电场强度在不同距离测量时,可对其在所要求的距离进行修正。例如,对于典型的 LPDA 天线,在 200 MHz 和 1 000 MHz 对场产生响应的偶极子振子之间的距离近似为 0.6 m。对于 $d=3$ m 时 EUT 的发射测量,根据公式(A.2)中的 d_{phase},如图 A.4 所示的 P2(P2 为 EUT 的前表面),200 MHz 时测量电场强度的距离近似为 3.3 m。

对于给定频率,公式(A.1)中的 ΔE(dB)应加到测得的场强上:

$$\Delta E = 20\lg\left(\frac{d_{\text{phase}}}{d}\right) \qquad \text{(A.1)}$$

根据图 A.4,公式(A.2)给出了从 P2 到给定频率的谐振振子之间的距离 d_{phase}。P1 为天线制造商给出的标记点或中心,$d_{1\text{P}}$ 为天线的顶端到 P1 的距离,d_{1f} 为天线的顶端到频率 f 对应的相位中心之间的距离。

$$d_{\text{phase}} = d + (d_{1f} - d_{1\text{P}}) \qquad \text{(A.2)}$$

假设在公式(A.1)中场点处于天线的远场。如果需要近场修正(通常对于 $d_{\text{phase}} < \lambda/2$),可以使用 GB/T 6113.104—2016 中的近场修正公式(8)。更详细的信息见 7.5.2.2,其中也包括了复合天线的锥形 LPDA 部分的修正。对于工作频率范围,其两端的振子对应的谐振频率之间的频率,可使用线性内插估算相位中心的位置。

注:由于天线校准实验室在 LPDA 天线校准时要使用相位中心公式,当为规定距离(例如 3 m 和 10 m)的辐射骚扰测量提供场强修正并作为校准测量报告的一部分时,这需要一点额外的工作。这种修正可包括在 AF 中,然后规定要在特定的距离使用。如果检测实验室有要求,需提供这种修正。

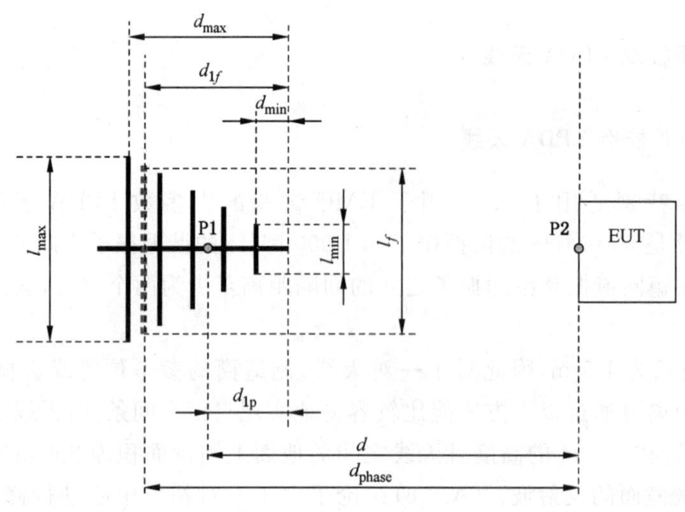

图 A.4 相对于 LPDA 天线相位中心的间距示意图

A.7 LPDA 天线交叉极化的鉴别

本条特别适用于 6.3.3 和 9.4。大多数的 LPDA 天线由以梯形放置的偶极子的两个半振子构成。这将会导致交叉极化抑制性能的降低,在较高的频率时会更差,其中两个振子的直线偏移很大程度上与振子的长度成比例。GB/T 6113.104—2016 给出了交叉极化鉴别至少为 20 dB 的判定准则。如果不符合这个判定准则,则在测量不确定度评定中需考虑这种误差。

某些商用的 LPDA 天线,其振子是共面的,这可通过弯曲天线臂附近的偶极子的每一个半振子得到实现。这种设计具有非常好的交叉极化性能,即不大于 1 GHz 时优于 20 dB。某些类型的 LPDA 天线设计使用锥形尺寸的天线臂管,目的使在较高的频率末端两个天线臂之间的间隔越来越小,从而可以连续地减小两个偶极子振子平面之间的间隔。

获得好的交叉极化性能的另外一种方式是使用 V 形的 LPDA 结构,在这种结构中,天线由两个顶端相连的且在较低频率振子相隔开的 LPDA 组成,以形成整体 V 形。一个 LPDA 的交叉极化响应基本上抵消了另外一个 LPDA 的交叉极化响应。这种设计的另外一个性能是 E 面和 H 面方向图的波瓣宽度非常相似。

覆盖频率范围 30 MHz～6 000 MHz 的复合天线的交叉极化性能在 3 000 MHz 以上很可能变得很差。在极端情况下,天线对源的交叉极化响应信号要比共极化时还要大。这将会影响辐射骚扰测量,其要求天线分别处于水平极化和垂直极化进行测量以得到最大信号。此外,通常的作法是使用含有 LPDA 的相似的天线进行校准。当配对天线交叉极化抑制差时,则想要知道 AUC 的交叉极化性能是不可能的(见 6.3.3)。

A.8 测量设备的建议

A.8.1 信噪比

本条是对 6.2.4 的补充。有两个常用的定义用于规定噪声电平。第一个是显示的平均噪声电平

(DANL),其是通过对一些噪声迹线进行平均得到。DANL 通常使用在频谱分析仪的数据表中。第二个是一些噪声迹线的最大保持结果,其电平比 DANL 高 11 dB。为了使接收机噪声产生的误差在 0.1 dB之内,被测的信号电平应至少比 DANL 高 45 dB,或比最大保持噪声信号电平高 34 dB。

为了解释 DANL,接收机噪声的不确定度分量取决于被测的衰减。为了测量 VNA 的动态范围,首先测量两个端口直通时的 S_{21};然后两个端口端接负载,再对 S_{21}进行多次测量,取这些测量值的对数平均值。S_{21}的这两个值之间的差值定义为动态范围。相似的程序用于定义频谱分析仪的 DANL。连接到 VNA 的步进衰减器可用于测量噪声的特性。对于每一个衰减步进,需对 S_{21}进行多次测量[41]。图 A.5 示出了这些扫描的统计性能(最小值、最大值和平均值)——所测的衰减值越大,迹线的离散性也越大。

S_{21}的标准差认为是噪声影响的量度;见图 A.6。在动态范围内,标准差服从 20 dB/十倍频程的规则。归一化后(参见图 A.7),该结果可用于估计噪声的影响。在天线校准过程中,需要确定所要求的衰减和动态范围,它们用于 SNR 的计算。根据图 A.7,在测量不确定度的评定中,标准偏差($k=1$)作为噪声影响引入的不确定度。

如果使用低噪声放大器(LNA)时,则 SNR 可通过 VNA 的噪声系数和系统噪声系数之间的差值得到改善。VNA 的噪声系数通常较大,要求使用高增益的 LNA[42]。这种估算仅对热噪声有效。为了研究干扰噪声的影响,可使用其他程序。

对于宽带噪声,需考虑脉冲带宽以及干扰的脉冲参数,这个问题有点复杂。然而,测量时通过使用较窄的分辨率带宽设置,可将宽带信号干扰的影响简化为窄带干扰(上述段落有描述)。需要考虑的另外一个因素是,使用 VNA 进行 S_{21}测量时信号是相位锁定的,其优点是减小了对环境中通信和广播射频信号的敏感。

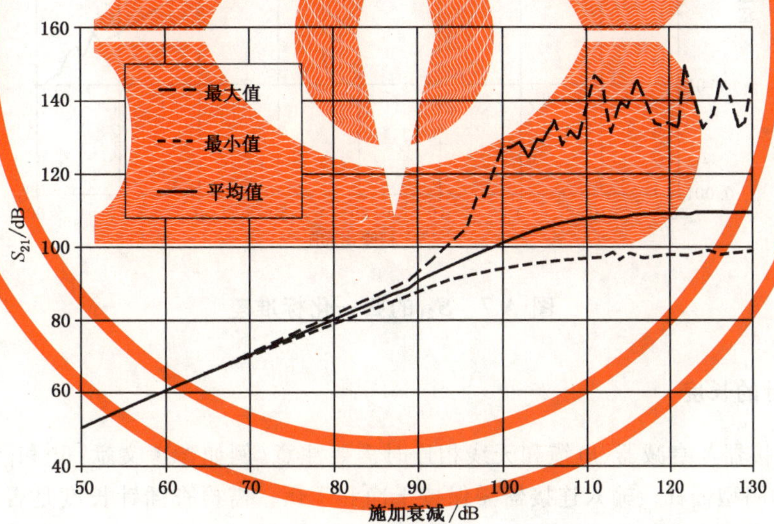

图 A.5 S_{21}多次扫描的统计性能(最小值、最大值和平均值)

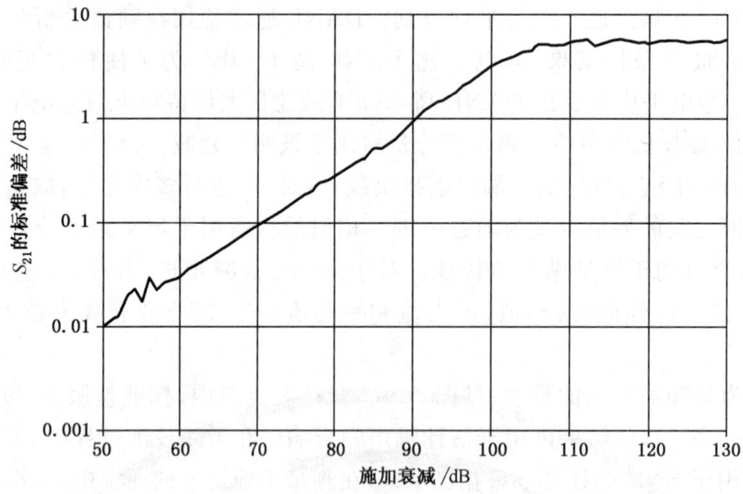

图 A.6 S_{21}的标准差

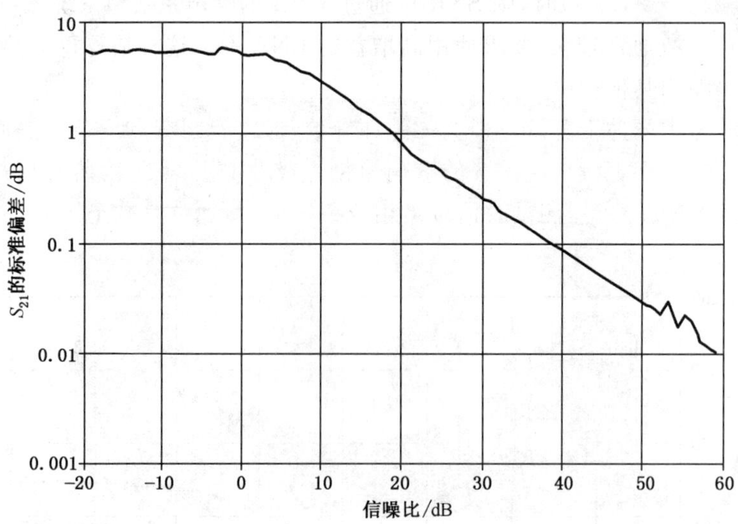

图 A.7 S_{21}的归一化标准差

A.8.2 连接器插针的长度

将 RF 同轴连接器与衰减器、电缆和天线相连时需要注意(例如参考文献[6]和[22]):突出的阳型插针会损坏天线的阴型插针。输入连接器需保持干净和干燥。需检查插针长度是否合规,当超过制造商规定的允差时要进行修理。表 A.1 给出了 N 型连接器插针的长度。

表 A.1 N 型插针长度规格的阴、阳连接器插针长度及允差示例

N 型连接器的示例	插针长度 mm
阳型	−0.05～+0.5
阴型	−0.05～+0.25
注:N 型连接器的不同规格参见 IEC 61169-16[6]。	

A.8.3 "电缆直通"测量时所加适配器的影响

本条内容主要适用于 1 GHz 以上的频段。由于 EMC 测量所使用的大多数天线使用的是配对的(阳型的和阴型的)连接器，当进行"电缆直通"测量时，通常要使用适配器把发射天线电缆和接收天线电缆与它们的匹配衰减器相连；天线校准时不用适配器，但对于好的适配器，其损耗小于 0.1 dB，可对其进行修正或在评定测量不确定度时予以考虑。

通常，质量好的 N 型连接器为精密连接器，其在频率范围 1 GHz～18 GHz 满足表 A.2 的特性要求。由于和其他不确定度相比，这种适配器的影响所引入的不确定度较小，容易当成是一项不确定度。然而，经常使用会磨损适配器，它们的特性会有显著的变化；需要对适配器的 S 参数进行周期测量以确定其不确定度的大小[同时参见 E.2 中的 N11)]。

表 A.2 典型 N 型适配器的特性

参数	损耗 dB
$\|S_{11}\|^2$或$\|S_{22}\|^2$	回波损耗＞26.0
$\|S_{12}\|^2$或$\|S_{21}\|^2$	插入损耗＜0.1

A.8.4 压缩电平

当使用网络分析仪时，在直接连接测量过程中，接收信号 b_1需低于压缩电平，但参考信号 a_1需足够的大以保持相位锁定。在大约 10 GHz 以上，电缆衰减会很大，这种情况下尤其需要考虑。

A.8.5 6 GHz 以上的源功率斜坡函数

一些源和接收机系统或网络分析仪的优势在于能够将斜坡函数应用于源功率。当频率增加时，例如在 6 GHz 以上，这种特点会有良好的效果，有助于补偿随频率增加的电缆损耗。

A.8.6 查找谐振时的频率步进

使用 AUC 和宽带配对天线进行扫频的 SIL 测量，目的是核查由 AUC 引起的窄带谐振。宽带配对天线需无谐振频点；在这种试验中推荐使用小双锥天线或宽带偶极子天线。测量时需要使用窄于 1 MHz的分辨率辨别谐振。如果通过机械调整不能消除谐振，需在足够小的频率区间内测量 AF 以查找谐振峰值。需将此作为不确定度予以考虑，或者剔除在峰值带宽内的频点，并在校准报告中给出峰值频率可能不稳定的警示说明。

注：对于首次校准后发现谐振现象的 LPDA 天线和复合天线，断开偶极子振子和输入传输线之间的连接器、清洁后可改善 RF 导电性，从而减小谐振。设计差的天线具有固有的窄带谐振，即使清洁也无法移去。

对于 AF 随频率急剧变化的天线，需要使用比 6.1.1 所要求的更小的频率步长，以减小测得的 AF 对应的频率之间的频率的 F_a内插的不确定度。若 AF 具有非常急剧的谐振，在谐振频率附近要求使用大约 0.1 MHz 的频率分辨率以获得幅值。天线使用过程中谐振频率可能是漂移的，因此，对于 F_a的谐振峰值则要特别的注意。

A.8.7 回波损耗或 VSWR

当 AUC 的回波损耗曲线或 VSWR 曲线与新天线的和/或制造商的使用手册中所提供的曲线明显不同时，这时天线不适合再进行校准。当回波损耗曲线在窄的带宽内出现谐振时，这说明天线发生了变化。如果发现了异常的谐振，需使用小的频率步进进行 SIL 测量，以评估对 AF 的影响(见 6.1.1)。

回波损耗的测量不像 AF 测量那样费时。若回波损耗的值明显偏离制造商提供的值,并且得到天线所有者确认,则校准人员可决定停止进行校准。对天线进行维修后再重新校准。

当 AUC 符合以下条件之一时,按 6.2.5 给出的天线塔和电缆的指南,通过扫频来测量整个工作频带内 AUC 的天线端口的反射系数 S_{11}:

——处于自由空间环境,或

——在接地平面上 2 m 高且为水平极化。

AUC 的 VSWR,称为 s_{wr},使用公式(A.3)进行计算,同时也给出了等效的回波损耗的计算公式。

$$\text{回波损耗} = -20\lg|S_{11}| \text{ 和 } s_{wr} = \frac{1+|S_{11}|}{1-|S_{11}|} \qquad \cdots\cdots\cdots\cdots(\text{A.3})$$

天线安装在天线塔上,安装方式与校准天线的 AF 时的相同,如图 7 或图 8 所示(见 7.2.2),但不使用配对天线及其天线塔。对与天线相连的电缆的末端进行 VNA 的单端口反射校准。然后将电缆与天线相连,记录 S_{11}。使用公式(A.3)可转换为回波损耗或 VSWR。

A.9 不确定度的考虑

A.9.1 概述

本条与 4.4 紧密相关。

A.9.2 F_a可实现的测量不确定度

对 AUC 可以进行某些假设,只要这些假设被记录且进行了评定,那么它们就可包括在校准不确定度的评定中。其中最关注的是总的测量不确定度中场地不理想的评估及其结果。

在 GB/T 6113.105—2018 的 4.5.3 中所给出的 CALTS 确认准则为±1 dB,这包含了除场地不理想以外的一些其他的不确定度分量。满足此要求的校准场地对天线系数校准所引入的不确定度远小于±0.5 dB。选择 0.5 dB 的原因是:场地确认基于所涉及的两副天线的 SIL,如果其他分量,尤其是天线塔的反射,在总的 SIL 不确定度中占主导地位时,那么给每副天线分配的不确定度为 1 dB 的一半或更小。

使用本部分中规定的方法确定 F_a时,得到±1 dB($k=2$)的测量不确定度通常是切实可行的,如果仔细地处理,还可以做到小于±0.5 dB。该数值是为了在不过度增加资源的情况下,测量不确定度所能达到的水平。根据本部分中推荐的准则进行操作,可以使每一项不确定度的贡献最小。

A.9.3 接地平面上偶极子天线的不确定度

当水平极化的调谐偶极子天线在 1 m~4 m 的高度扫描时,其 AF 的变化可高达 6 dB;参见图 C.6a)(参见 C.6.1)。然而,在接地平面上 EMC 骚扰测量过程中,要求在 1 m~4 m 的高度范围内寻找最大信号,在约 120 MHz 以下的频段,接收天线在最大高度 4 m 接收到最大信号,假设测量距离不小于 3 m。因此,在 EMC 骚扰测量中,调谐偶极子天线的 AF 随高度变化的范围不会超过±2 dB。从而,当使用 F_a时,天线与高度相关的不确定度不宜大于±2 dB,该不确定度值可通过使用 $F_a(h)$得到减小。

A.9.4 通过方法比对进行的不确定度的验证

本条讨论的内容也在 GB/T 6113.105—2018 的 7.1 中进行了有关考虑。理想的校准场地不会对天线系数的测量引入校准场地的不确定度,然而,由于经济方面的原因,几乎不能实现理想化的场地。对实际的校准场地,包括接地平面和天线支撑物,很难进行建模,因此,也很难对其引入的不确定度作出评定。

使用场地确认方法,如 GB/T 6113.104—2016 和 GB/T 6113.105—2018 中所述,目的是使场地对 AF 所引入的不确定度低于规定不确定度的大小,尽管如此,但仍有某些折中。尽管场地接受准则可以设定为,例如±1 dB,但是在 AF 测量不确定度评定中,“场地不理想”分量可能远小于±1 dB。场地接受准则和“场地不理想”的不确定度之间的不同很大程度上是由于场地确认方法和天线校准方法的不同,然而,仍有许多起作用的可变因素,例如,不同 AUC 的辐射波瓣图不同。

评定场地对 AF 引入不确定度的一种方法是校准一副天线系数精确已知的天线。同时,如果竭尽全力地减小测量不确定度评定中的所有其他分量,场地引入的不确定度分量将占主导地位。由于“场地不理想”分量通常在 AF 测量不确定度评定中最大,因此测得的 AF 与精确已知的 AF 之间的差值就能够表明“场地不理想”的值是否过大,进而可能得到一个更接近实际的值。

如 A.3.2 所述,F_a 具有高置信度已知的一种特殊情况是可计算偶极子天线。谐振偶极子的 F_a 和 $F_a(h,p)$ 已知,其不确定度小至±0.15 dB[26][57]。正如 GB/T 6113.105—2018 的表 A.1 同样表明的,考虑到四副偶极子天线覆盖 30 MHz~1 000 MHz,对于宽带校准,可计算偶极子在大于 100%的带宽内已表明,其天线系数的不确定度为±0.3 dB[11]。一个更可靠的商用可计算偶极子在谐振频点天线系数的不确定度为±0.2 dB,在 600 MHz~1 000 MHz 的频带边缘其天线系数的不确定度估计值为±0.5 dB,在较低的频率时其天线系数的不确定度更小。公式(A.4)给出了本条所述带宽计算的经验法则。

$$f_c-\frac{f_c}{2}\leqslant f\leqslant f_c+\frac{f_c}{2} \qquad \text{(A.4)}$$

式中:

f_c——中心频率。

GB/T 6113.105—2018 的 7.1 给出了一种校准场地确认的替换方法,即通过比较特定天线模型的天线系数的确认方法。

特定的校准场地上所用的校准方法的置信度可通过以下方式实现:通过使用其他校准方法在满足 GB/T 6113.105—2018 确认准则的其他校准场地上校准同一副天线。其结果的离散性能够表明校准天线得到 AF 的测量不确定度有多大。

附　录　B
（规范性附录）
在接地平面上使用 TAM 和 SAM 校准双锥天线和调谐偶极子天线

B.1　概述

B.4 给出了 30 MHz～300 MHz 频段内在接地平面上校准双锥天线和调谐偶极子天线的 $F_a(h,p)$ 和 F_a的方法。B.5 描述了在 30 MHz～1 000 MHz 频段内将地面反射影响减到最小的情况下校准调谐偶极子的 F_a的方法。9.2 描述了自由空间环境下使用 SAM 在 60 MHz～1 000 MHz 频段内校准调谐偶极子的 F_a的方法。

这些方法都是对第 8 章和第 9 章的补充。例如，如果实验室对双锥天线既无法使用 9.3 中给出的 VP 方法，又无法在 FAR 中校准，那么就可以使用 B.4 中的高度平均方法得到 F_a。一般情况下，用补充方法的另一个原因是为了确认第一种方法的结果。B.4 中的方法也可以用于 30 MHz 至过渡频率范围内的复合天线的校准（见 6.1.2）。

对于调谐在 80 MHz 附近并打算使用在 80 MHz 以下的短偶极子天线，应按照双锥天线的方法进行校准。其他宽带偶极子天线（不包括使用 9.3 中的方法校准长度超过 2.4 m 的偶极子）的校准方法应和 250 MHz以下频率范围的双锥天线、250 MHz～1 000 MHz 的调谐偶极子天线的校准方法一样；假设辐射方向图与半波偶极子相比没有明显的偏离，该条件将会决定使用这些方法校准宽带偶极子的上限频率。

B.2　双锥天线和偶极子天线的特性

通常，双锥天线、复合天线的宽带偶极子（例如双锥）部分和可调谐偶极子天线都在水平极化进行校准，以减小天线塔和连接电缆产生的不期望的反射。假设最低高度为 1 m 时，在 30 MHz～300 MHz 频段的调谐偶极子天线的 $F_a(h,p)$与 F_a显著的不同，在 50 MHz～300 MHz 频段的双锥天线的 $F_a(h,p)$与 F_a显著的不同，见 C.6 的解释。为了确定这些频段内的 F_a，需要采取一些预防措施以减小地面的反射。例如，AUC 至少要提高到表 C.1 中列出的高度（参见 C.6.1）。

在本附录中，每种校准方法推荐的发射天线的高度都选择了在接收天线的区域内肯定不会出现零点的高度，零点的预测可使用公式(41)（见 7.4.1.2.1 和 3.1.1.19 中有关零点的定义）。另外，正如 C.5 所述，间距的选择是为了减小天线互耦的影响。

B.3　校准频率

校准调谐偶极子天线的 F_a时，应至少在适合天线的工作频段内的如下频率 f(MHz)上进行：

30,35,40,45,50,60,70,80,90,100,120,140,160,180,200,250,300,400,500,600,700,800,900,1 000

注：这是 GB/T 6113.104—2016 的 5.4.3 中为 NSA 测量指定的 24 个频率点。一些校准实验室的客户还会要求在 125 MHz、150 MHz 和 175 MHz 进行谐振偶极子的校准。

B.4　30 MHz～300 MHz 频段校准双锥天线和调谐偶极子天线的 $F_a(h,p)$并使用高度平均法导出 F_a

B.4.1　概述

本条描述了在 30 MHz～300 MHz 频段使用 SAM 或 TAM 测量 $F_a(h,p)$，并从覆盖一定高度范围内的一组数量足够多的 $F_a(h,p)$ 结果中导出 F_a。关于使用这种方法的更详尽的背景信息见参考文献[24]。该校准场地应符合 GB/T 6113.105—2018 的 4.6 中对 CALTS 的要求。

双锥天线的校准应至少在 B.3 中所要求的频率上进行，但最好还是按照 6.1.1 在 30 MHz～300 MHz频段使用扫频方法进行。校准调谐偶极子天线应按照 B.3 所规定的频率进行。测量300 MHz 以上的调谐偶极子的 F_a 见 B.5。

B.4.2 使用 SAM 测量 $F_a(h,H)$ 并导出 F_a

B.4.2.1 使用 SAM 测量 $F_a(h,H)$

需要一组标准天线(STA)，其天线系数 $F_a(STA|h,H)$ 用天线水平极化下高度和频率的函数来准确描述。推荐使用可计算的宽带或调谐偶极子天线作为 STA，以获得最小的不确定度。

SAM 中天线的布置在图 12 中给出(见 7.4.3.1)。为了获得在 3.1.2.4 中定义的与高度相关的天线系数 $F_a(AUC|h_1,H)$，应在 CALTS 的金属接地平面上将 AUC 布置为水平极化，并抬高到高度 h_1。双锥天线对中的一副放置在距 AUC 为 d 的位置，高度为 h_2，高度的选择是避免 AUC 接收到的信号不处于零点的深位(见 3.1.1.19 中零点的定义)。公式(41)(见 7.4.1.2.1)对确定零点附近区域的频率范围非常有用。表 B.1 和表 B.2 给出了适合 h_1 的 d 和 h_2 的示例。接收的电压 V_{AUC} 和 V_{STA} 应分别是使用 AUC 和用 STA 代替 AUC 测量得到的。$F_a(AUC|h_1,H)$ 可以通过公式(49)得到(见 7.4.3.1)。

SAM 校准 $F_a(AUC|h,H)$ 相关的不确定度分量在 7.4.3.2 中描述，表 B.3 中给出了测量不确定度评估的示例。

表 B.1 使用 SAM 并平均 $F_a(h,H)$ 方法校准调谐偶极子天线的天线布置

频率 MHz	d m	h_1 m	h_2[a] m	Δh_1 m
30～120	10	$(6-\lambda/2)$～6	2	0.1
120～200	10	2.5～5	1	
200～300	10	2.5～3.5	1	
[a] 对于每个高度 h_1，设置高度 h_2 是为了避免出现信号零点(见 3.1.1.19 中零点的定义)。				

表 B.2 使用 SAM 并平均 $F_a(h,H)$ 方法校准双锥天线的天线设置

频率 MHz	d m	h_1 m	h_2[a] m	Δh_1 m
30～120	10	1～4	2	0.1
120～200	10	2.5～4	1	
200～300	10	2.5～3.5	1	
[a] 对于每个高度 h_1，设置高度 h_2 是为了避免出现信号零点(见 3.1.1.19 中零点的定义)。				

表 B.3 30 MHz～300 MHz 频率范围使用 SAM 测量双锥天线的 $F_a(h,H)$ 的测量不确定度评估示例

不确定度源或影响量 X_i	值 dB	概率密度分布	包含因子	灵敏系数	u_i dB	注释[a]
$F_a(STA|h_1,H)$ 的不确定度	0.35	正态分布	2	1	0.18	N19)
STA 的失配	0.06	U 形分布	$\sqrt{2}$	1	0.04	N10)

表 B.3（续）

不确定度源或影响量 X_i	值 dB	概率密度分布	包含因子	灵敏系数	u_i dB	注释[a]
STA 的方向误差	—	矩形分布	$\sqrt{3}$	1	—	N15)
STA 的极化失配	—	矩形分布	$\sqrt{3}$	1	—	N16)
AUC 校准中场地和天线塔对 STA 的影响	0.3	矩形分布	$\sqrt{3}$	1	0.17	N20)
近场影响和天线的互耦合	0.1	矩形分布	$\sqrt{3}$	1	0.06	N21)
$V_{STA}-V_{AUC}$ 测量中的共有不确定分量	0.26	正态分布	2	1	0.13	见表 7(7.2.3)
$V_{STA}-V_{AUC}$ 的重复性	0.10	正态分布	2	1	0.05	N6)
AUC 的失配	0.16	U 形分布	$\sqrt{2}$	1	0.11	N10)
AUC 的方向	—	矩形分布	$\sqrt{3}$	1	—	N15)
AUC 的极化失配	—	矩形分布	$\sqrt{3}$	1	—	N16)
校准 STA 和校准 AUC 时的距离差异	0.04	矩形分布	$\sqrt{3}$	1	0.03	N22)
校准 STA 和校准 AUC 时的高度差异	0.01	矩形分布	$\sqrt{3}$	1	0.01	N23)
相位中心位置的差异	—	矩形分布	$\sqrt{3}$	1	—	N17)
场地不理想带来的不利影响的差异	0.2	矩形分布	$\sqrt{3}$	1	0.12	N24)
天线和接地平面耦合的差异以及发射天线和接收天线耦合的差异	—	矩形分布	$\sqrt{3}$	1	—	
合成标准不确定度 u_c					0.34	
扩展不确定度 $U^b(k=2)$					0.67	
在 CALTS 上使用 SAM：见图 12(7.4.3.1)，$d=10$ m，h_1 等于金属接地平面上 AUC 的高度，h_2 等于按照表 B.2 选择的 AUC 不处于零点的天线高度。						

[a] 带有编号的注释参见 E.2。

[b] 若此表中的主要不确定度分量不服从正态分布函数，则扩展不确定度需采用计算机仿真进行评估，例如使用蒙特卡洛法。然而，由于一些校准实验室通常不采用蒙特卡洛方法进行仿真，因此此表给出了按照 RSS 计算得到的合成标准不确定度。

B.4.2.2 通过对 $F_a(h,H)$ 进行平均导出 F_a

为了导出 F_a，按照表 B.1 和表 B.2，在 h_1 足够的高度范围内以高度增量 Δh_1 校准 AUC 的 $F_a(h,H)$。然后由公式(B.1)估算自由空间 AF，即 F_a：

$$F_a \cong F_{av} = \frac{1}{N}\sum_{i=1}^{N} F_a[h_1(i),H][\mathrm{dB(m^{-1})}] \quad \cdots\cdots(B.1)$$

式中，N 是测量 AF 时天线高度 h_1 的数量。

虽然表 B.1 和表 B.2 建议的高度增量 $\Delta h_1=0.1$ m,但对于 30 MHz～300 MHz 频率范围,Δh_1可以增大,参考图 C.6(参见 C.6.1),也能获得足够平滑的曲线。每 0.1 m 测量一次可能会耗费大量时间;更大的高度增量也可以为有效的天线系数的平均值提供足够的数据。测量得到的 $F_a(h,H)$围绕 F_a呈准对称,或者高度范围需至少为 $\lambda/2$,以得到自由空间 AF。

与公式(B.1)导出的天线系数相关的不确定度由公式(B.2)给出:

$$u_c^2(F_a)\approx c_{hAF}^2u^2[F_a(h,H)]+c_{av}^2u^2(F_{av}) \qquad \text{(B.2)}$$

式中:

$u[F_a(h,H)]$是 B.4.2.1 中描述的与高度有关的 AF 的校准引入的不确定度分量,$u(F_{av})$是由公式(B.1)得到的 AF 与真正自由空间 AF(即 F_a)之间的理论偏差。

如果不管天线高度 h 为多少,$F_a(h,H)$的测量值服从相同的正态分布,那么公式(B.2)中的灵敏系数 c_{hAF}和通常一样认为是 $1/\sqrt{N}$(即 N 是测量的次数)。然而 $F_a(h,H)$的理论值(即期望值)是和天线高度相关的,而且其方差还会随天线高度而变化。因此,本部分采用 $c_{hAF}=1$ 作为扩大的估值。这样公式(B.2)中的灵敏系数由公式(B.3)给出:

$$c_{hAF}=c_{av}=1 \qquad \text{(B.3)}$$

表 B.4 给出了与使用这种方法获得的 F_a相关的不确定度示例。虽然这种将与高度相关的 AF 进行平均从而得到 F_a的方法与 9.3 中给出的使用 VP 的 SAM 相比更加的耗时费力,但这种方法是必要的,至少可以用来与 9.3 的方法的结果比较,以确信场锥削、天线塔和电缆的反射对 9.3 中的方法的影响在一个可以接受的不确定度范围内。这两种方法获得的 F_a的曲线在 GB/T 6113.105—2018 的图 F.2 中给出,可以看到其一致性优于 0.2 dB。

表 B.4　300 MHz 以下频段使用 SAM 并对 $F_a(h,H)$进行平均获得双锥天线的 F_a的测量不确定度评估示例

不确定度源或影响量 X_i	值 dB	概率密度分布	包含因子	灵敏系数	u_i dB	注释[a]
得到 $F_a(h,H)$而进行的天线校准的扩展不确定度	0.74	正态分布	2	1	0.37	N39)
与自由空间 F_a的理论偏差	0.15	矩形分布	$\sqrt{3}$	1	0.09	N40)
合成标准不确定度 u_c					0.38	
扩展不确定度 $U(k=2)$					0.76	
[a] 带有编号的注释参见 E.2。						

B.4.2.3　使用 SAM 在固定高度 6 m 校准双锥天线

本方法是 B.4.2.1 的一个特例,使用单个天线塔将 AUC 和 STA 放置在接地平面之上 6 m 的固定高度[44]。配对双锥天线直接放在 AUC 或 STA 的下方,其中心距接地平面 0.32 m。该方法的主要优点是可以使用面积较小的接地平面,例如 15 m×15 m。

STA 为宽带可计算偶极子天线[11]。需要保证通过 AUC 和 STA 的两次信号测量过程中,配对天线和其电缆没有任何移动。配对天线可以使用聚苯乙烯泡沫材料进行支撑。天线塔中使用的金属材料应尽量最少,例如一颗必不可少的短螺钉;天线支撑物的指南见 6.2.5。如果使用电动天线塔,那么建议将电机放在接地平面的下面。

B.4.3 使用TAM测量 $F_a(h,H)$并导出 F_a

B.4.3.1 使用TAM测量 $F_a(h,H)$

在无法获得精确的STA的情况下，可以使用TAM替代B.4.2中的方法。除了使用TAM(7.4.1.2中描述)测量 $F_a(h,H)$，而不是使用SAM(7.4.3中描述)，其余都按B.4.2中的程序进行。推荐使用双锥天线作为两副配对天线，因为双锥天线为宽带天线。天线高度 h_3应设置为B.4.2中 h_2的高度。

$F_a(h,H)$的不确定度分析应使用7.4.1.2.2中的内容。表B.5给出了相关的不确定度的示例。

表 B.5 按照表B.2规定的天线布置使用TAM获得双锥天线的 $F_a(h,H)$的测量不确定度评估示例

不确定度源或影响量 X_i	值 dB	概率密度分布	包含因子	灵敏系数	u_i dB	注释[a]
SIL测量中共有的不确定度分量	0.26	正态分布	2	$\sqrt{3}/2$	0.11	见表7(7.2.3)
SIL值的重复性	0.10	正态分布	2	$\sqrt{3}/2$	0.04	N6)
发射天线的失配	0.16	U形分布	$\sqrt{2}$	$\sqrt{3}/2$	0.10	N10)
接收天线的失配	0.16	U形分布	$\sqrt{2}$	$\sqrt{3}/2$	0.10	N10)
SIL测量中使用的适配器的插入损耗	0.06	矩形分布	$\sqrt{3}$	$\sqrt{3}/2$	0.03	N11)
场地和天线塔的影响	1.0	矩形分布	$\sqrt{3}$	$\sqrt{3}/2$	0.50	N20)
天线间距误差	0.04	矩形分布	$\sqrt{3}$	$\sqrt{3}/2$	0.02	N22)
天线高度误差	0.01	矩形分布	$\sqrt{3}$	$\sqrt{3}/2$	0.01	N23)
天线方向误差	—	矩形分布	$\sqrt{3}$	$\sqrt{3}/2$	—	N15)
相位中心位置的影响	—	矩形分布	$\sqrt{3}$	$\sqrt{3}/2$	—	N17)
极化失配	—	矩形分布	$\sqrt{3}$	$\sqrt{3}/2$	—	N16)
近场效应和天线的互耦	0.1	矩形分布	$\sqrt{3}$	1	0.06	N21)
合成标准不确定度 u_c					0.54	
扩展不确定度 $U^b(k=2)$					1.07	
在CALTS上使用TAM：见图10(7.4.1.2.1)，$d=10$ m，h_1等于金属接地平面上AUC的高度，$h_2=h_3$，等于按照表B.2选择的AUC不处于零点的天线高度。						

[a] 带有编号的注释参见E.2。

[b] 若此表中的主要不确定度分量不服从正态分布函数，则扩展不确定度需采用计算机仿真进行评估，例如使用蒙特卡洛法。然而，由于一些校准实验室通常不采用蒙特卡洛方法进行仿真，因此此表给出了按照RSS计算得到的合成标准不确定度。

B.4.3.2 通过对 $F_a(h,H)$进行平均导出 F_a

按照与B.4.2.2中类似的方法，使用TAM测量得到的 $F_a(h,H)$进行平均以得到 F_a，可通过公式(B.1)进行计算。与公式(B.1)导出的天线系数相关的不确定度由公式(B.2)和公式(B.3)计算得到。与这种方法给出的 F_a相关的不确定度示例在表B.6中列出。

表 B.6　300 MHz 以下频段使用 TAM 并对 $F_a(h,H)$ 进行平均获得双锥天线的 F_a 的测量不确定度评估示例

不确定度源或影响量 X_i	值 dB	概率密度分布	包含因子	灵敏系数	u_i dB	注释[a]
得到 $F_a(h,H)$ 而进行的天线校准的扩展不确定度	1.07	正态分布	2	1	0.54	N39)
与自由空间 F_a 的理论偏差	0.15	矩形分布	$\sqrt{3}$	1	0.09	N40)
合成标准不确定度 u_c					0.54	
扩展不确定度 $U(k=2)$					1.09	
[a] 带有编号的注释参见 E.2。						

B.5　30 MHz～1 000 MHz 频段在接地平面上架高的调谐偶极子的 F_a 的测量

B.5.1　概述

通常情况下，调谐偶极子天线 F_a 的校准可以在金属接地平面上进行，校准高度使天线与其在接地平面上的镜像互耦很小，耦合效应可被考虑作为一个不确定度分量。当频率低于 80 MHz 时，架设高度会超过 6 m，因此使用近似为 $\lambda/4$ 的整倍数的高度，此时 AF 近似等于 F_a；这种方法依靠一个在大的平坦的接地平面上形成的理想镜像。

应根据表 C.1(见 C.6.1)和公式(41)来确定天线校准时的天线布置，表 C.1 考虑的是与天线镜像之间的互耦最小(见 7.4.1.2.1)，公式(41)考虑的是避免在接收天线位置出现场强零点(见 3.1.1.19 中零点的定义)。B.5.2 和 B.5.3 推荐了最实用的天线布置；如果对不确定度进行了正确的评估，那么也可以使用其他布置。

进行天线校准的场地应符合 GB/T 6113.105—2018 中对 CALTS 的要求。

B.5.2　使用 SAM 测量 F_a

本条规定了在接地平面上利用水平极化的 SAM。推荐使用表 B.7 中规定的天线布置。该布置符合表 C.1(参见 C.6.1)的原理，即在某些高度 AF 等于 F_a。在接地平面上高度 h_1 处，应交替放置 AUC 和 STA，同时发射天线应固定在高度 h_2。发射天线为双锥天线。AUC 的 F_a 可以通过测量接收电压并使用公式(49)(见 7.4.3.1)来确定。应使用 STA 的 $F_a(h,H)$。表 B.8 给出了偶极子天线校准的相关不确定度示例。

在 500 MHz 以上频率，可以通过减小天线间距来获得更好的 SNR；可以更准确的测量减小后的间距，同样在接地平面上选择一块平坦的区域更容易。例如，在 600 MHz～1 000 MHz 频率范围，可以使用 $d=1.2$ m、$h_1=h_2=1.9$ m 进行校准(以 100 MHz 频率间隔，能够给出接近最大值的信号)。

表 B.7 在 30 MHz～1 000 MHz 频率范围内的指定频率上使用 SAM 确定调谐偶极子天线的 F_a 所使用的天线布置

频率 MHz	AUC 的高度 h_1 允差±0.01λ[a] m	配对天线的高度 h_2 m	天线间距[b] m
30	4.92±0.10	4	20
35	4.21±0.09	4	20
40	3.69±0.08	4	20
45	3.28±0.07	4	20
50	2.95±0.06	4	20
60	2.46±0.05	4	20
60	2.46±0.05	4	10
70	2.11±0.04	4	10
80	5.25	2	10
90	5	2	10
100	5	1.5 或 2	10
120	4	1.5	10
125	4	1.5	10
140	4	1.5	10
150	3	1.5	10
160	3	1.5	10
175	3	1.5	10
180	3	1.5	10
200	3	1.5	10
250	2	1.5	10
300	2	1.5	10
400	2	1	10
500	2	1	10
600	1.9	1.9	1.2
700	1.9	1.9	1.2
800	1.9	1.9	1.2
900	1.9	1.9	1.2
1 000	1.9	1.9	1.2

[a] 从 30 MHz～70 MHz，高度为 λ/2。在 80 MHz，为了避免高度超过 6 m，高度为 1.4λ，此时由互耦产生的误差为±0.4 dB。在 80 MHz 以上，这种误差会随着距接地平面的高度为多个波长而减小；然而，如果 STA 为调谐偶极子天线，该误差会很大程度上相抵消。

[b] 表 1(见 4.5)的脚注 c 明确要求间距至少为 2λ；然而，为了避免太频繁的移动天线塔，建议在一定频率范围内使用一个固定的间距。可以使用 10 m 间距代替 20 m，但是由于天线间的互耦，AF 误差会增大，如在 30 MHz 时为 0.25 dB，见图 C.5 a)(参见 C.5)。

表 B.8 按照表 B.7 中给出的天线布置使用 SAM 获得调谐偶极子天线的 F_a 的测量不确定度评估示例

不确定度源或影响量 X_i	值 dB	概率密度分布	包含因子	灵敏系数	u_i dB	注释[a]
F_a(STA)中的不确定度	0.15	正态分布	2	1	0.08	N25)
STA 的失配	0.06	U 型分布	$\sqrt{2}$	1	0.04	N10)
STA 的方向误差	—	矩形分布	$\sqrt{3}$	1	—	N15)
STA 的极化失配	—	矩形分布	$\sqrt{3}$	1	—	N16)
在 AUC 校准中场地和天线塔对 STA 的影响	0.3	矩形分布	$\sqrt{3}$	1	0.17	N20)
近场效应和天线互耦	0.1	矩形分布	$\sqrt{3}$	1	0.06	N21)
$V_{STA}-V_{AUC}$ 测量中共有的不确定分量	0.26	正态分布	2	1	0.13	见表 7(7.2.3)
$V_{STA}-V_{AUC}$ 的重复性	0.10	正态分布	2	1	0.05	N6)
AUC 的失配	0.10	U 型分布	$\sqrt{2}$	1	0.07	N10)
AUC 的方向	—	矩形分布	$\sqrt{3}$	1	—	N15)
AUC 的极化失配	—	矩形分布	$\sqrt{3}$	1	—	N16)
校准 STA 和校准 AUC 时距离的差异	0.04	矩形分布	$\sqrt{3}$	1	0.02	N22)
校准 STA 和校准 AUC 时高度的差异	0.01	矩形分布	$\sqrt{3}$	1	0.01	N23)
相位中心位置的差异	—	矩形分布	$\sqrt{3}$	1	—	N17)
场地不理想带来的不利影响的差异	0.2	矩形分布	$\sqrt{3}$	1	0.12	N24)
天线和接地平面耦合的差异以及发射天线和接收天线耦合的差异	—	矩形分布	$\sqrt{3}$	1	—	
合成标准不确定度 u_c					0.28	
扩展不确定度 $U^b(k=2)$					0.56	
在 CALTS 上使用 SAM:见图 12(7.4.3.1),$d=10$ m 或 20 m,h_1 和 h_2 按照表 B.7 进行选择。						

[a] 带有编号的注释参见 E.2。

[b] 若此表中的主要不确定度分量不服从正态分布函数,则扩展不确定度需采用计算机仿真进行评估,例如使用蒙特卡洛法。然而,由于一些校准实验室通常不采用蒙特卡洛方法进行仿真,因此此表给出了按照 RSS 计算得到的合成标准不确定度。

B.5.3 使用 TAM 测量 F_a

天线如图 10(见 7.4.1.2.1)所示以水平极化对正。最好将两副双锥天线和调谐偶极子 AUC 配合使用。应按照图 10 放置三幅天线,按照表 B.7 的要求布置天线的高度,其中配对天线应放置在 h_2 和 h_3 $(=h_2)$上。每副天线的 F_a 可以通过测得的插入损耗使用公式(39)计算(见 7.4.1.2.1)得到。也可以使用表 C.1 的参数(参见 C.6.1)。

表 B.9 给出了调谐偶极子校准的相关不确定度示例。

表 B.9 按照表 B.7 中给出的天线布置使用 TAM 获得调谐偶极子天线的 F_a 的测量不确定度评估示例

不确定度源或影响量 X_i	值 dB	概率密度分布	包含因子	灵敏系数	u_i dB	注释[a]
SIL 测量中的通用不确定度分量	0.26	正态分布	2	$\sqrt{3}/2$	0.11	见表 7(7.2.3)
SIL 值的重复性	0.10	正态分布	2	$\sqrt{3}/2$	0.04	N6)
发射天线失配	0.10	U 型分布	$\sqrt{2}$	$\sqrt{3}/2$	0.06	N10)
接收天线失配	0.10	U 型分布	$\sqrt{2}$	$\sqrt{3}/2$	0.06	N10)
SIL 测量中使用的适配器的插入损耗	0.06	矩形分布	$\sqrt{3}$	$\sqrt{3}/2$	0.03	N11)
场地和天线塔的影响	1.0	矩形分布	$\sqrt{3}$	$\sqrt{3}/2$	0.50	N20)
天线间距误差	0.04	矩形分布	$\sqrt{3}$	$\sqrt{3}/2$	0.02	N22)
天线高度误差	0.01	矩形分布	$\sqrt{3}$	$\sqrt{3}/2$	0.01	N23)
天线方向误差	—	矩形分布	$\sqrt{3}$	$\sqrt{3}/2$	—	N15)
相位中心位置的影响	—	矩形分布	$\sqrt{3}$	$\sqrt{3}/2$	—	N17)
极化失配	—	矩形分布	$\sqrt{3}$	$\sqrt{3}/2$	—	N16)
近场效应和天线互耦	0.1	矩形分布	$\sqrt{3}$	1	0.06	N21)
合成标准不确定度 u_c					0.52	
扩展不确定度 $U^b(k=2)$					1.05	
在 CALTS 上使用 TAM：见图 10(7.4.1.2.1)，$d=10$ m 或 20 m，h_1、h_2 和 h_3 按照表 B.7 进行选择。						

[a] 带有编号的注释参见 E.2。

[b] 若此表中的主要不确定度分量不服从正态分布函数，则扩展不确定度需采用计算机仿真进行评估，例如使用蒙特卡洛法。然而，由于一些校准实验室通常不采用蒙特卡洛方法进行仿真，因此此表给出了按照 RSS 计算得到的合成标准不确定度。

附 录 C
（资料性附录）
30 MHz～1 GHz 频段天线校准公式原理及不确定度分析中的相关天线特性

C.1 概述

本附录对本部分给出的各种天线校准方法中的公式原理进行简要解释。这些信息有助于理解每种校准方法的使用以及评估相关的不确定度。

本附录同时给出 30 MHz～18 GHz 频段 EMC 辐射骚扰测量用天线的典型特性，这些信息与如何进行天线布置并评估天线校准结果的测量不确定度有关。

C.2 天线系数与天线增益

C.2.1 自由空间环境中天线的 AF 和增益之间的关系

天线包含辐射单元，有些情况下，还包含连接电路如巴伦和衰减器。当电场强度为 e(μV/m)的电磁波照射在天线上，与视轴方向夹角为 ξ，如图 C.1 a)所示，在连接负载 Z_0会产生电压 $v(\xi)$(μV)，比例常数 Φ(m^{-1})定义为

$$\Phi(\xi)=\left|\frac{e}{v(\xi)}\right| \qquad \text{(C.1)}$$

式中：

电磁波的入射方向和极化假定位于天线的 E 平面，公式(C.1)中的常数 Φ 通常称为天线系数(AF)，并且有如下对数形式：

$$F_{\mathrm{a}}(\xi)\equiv 20\lg[\Phi(\xi)]=E-V(\xi) \quad [\mathrm{dB(m^{-1})}] \qquad \text{(C.2)}$$

式中：

$$E=20\lg(|e|)[\mathrm{dB}(\mu\mathrm{V/m})] \text{ 且 } V(\xi)=20\lg(|\nu(\xi)|)[\mathrm{dB}(\mu\mathrm{V})] \qquad \text{(C.3)}$$

天线校准就是通过测量确定天线系数的过程，对于视轴方向，即 $F_{\mathrm{a}}(\xi=0)=20\lg[\Phi(\xi=0)]$。本部分中 $F_{\mathrm{a}}(\xi=0)$简写为 F_{a}。

当连接电路的特性用传输($ABCD$)矩阵来描述，如图 C.1 b)，AF 通过公式(C.4)给出：

$$\Phi(\xi)=(CZ_0+D)\frac{Z'_0+Z_{\mathrm{a}}}{h_{\mathrm{e}}(\xi)Z_0} \qquad \text{(C.4)}$$

式中：

$h_{\mathrm{e}}(\xi)$和 Z_{a}——分别是辐射单元的有效长度和源阻抗，具体阐述参见图 C.1 b)；

Z'_0 ——是从辐射单元面向连接电路看过去的阻抗，其由公式(C.5)表示：

$$Z'_0=\frac{AZ_0+B}{CZ_0+D} \qquad \text{(C.5)}$$

公式(C.4)表明，即便辐射单元没有变化，AF 也会随着连接电路的变化而变化[即 Z'_0和 CZ_0+D][64]。

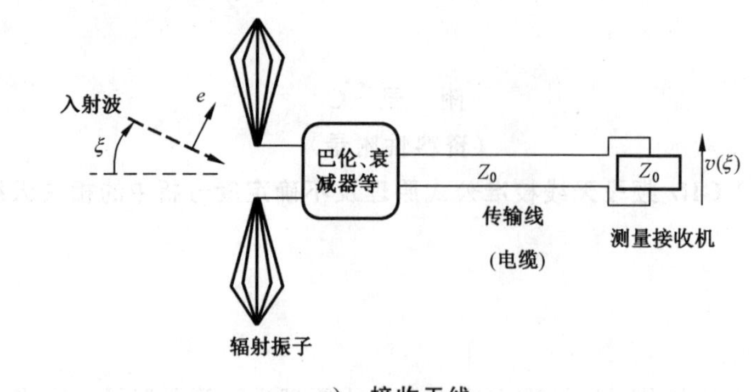

a） 接收天线

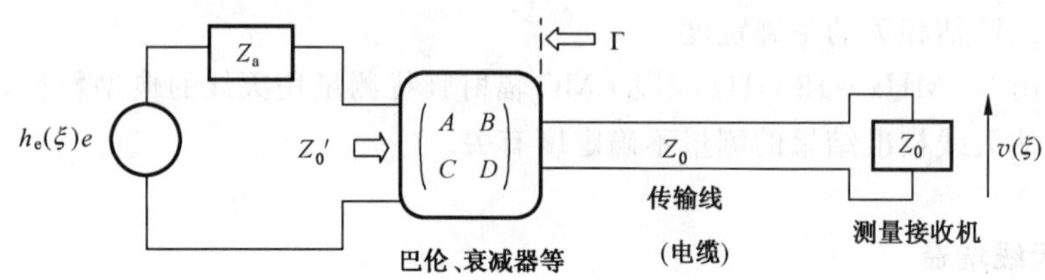

b） 等效电压源模型

图 C.1 接收天线的简化模型

通常，天线用绝对增益进行表征[14]，但当被测量为 EMC 测量中的电场强度时，使用 AF 则更为合适。AF 与*实际增益*有关，其考虑了与系统特性阻抗(通常为 50 Ω)的失配损耗。对于有些校准实验室，很容易通过 TAM 得到实际增益，然后通过公式(C.6)将增益转换成 AF(即 Φ，单位为 m^{-1})：

$$\Phi^2 = \frac{4\pi\eta}{\lambda^2 Z_0 g_a} \qquad \cdots\cdots (C.6)$$

式中：

g_a——自由空间中实际增益的绝对值；

η——自由空间波阻抗，单位为欧姆(Ω)，即近似为 377 Ω；

Z_0——天线输入传输线特性阻抗的实部，单位为欧姆(Ω)，通常为 50 Ω；

λ——自由空间的波长，单位为米(m)。

当 $Z_0=50\ \Omega$，自由空间 AF[dB(m^{-1})]由公式(C.7)给出

$$F_a \equiv 20\lg(\Phi) = -29.77 + 20\lg(f_{MHz}) - G_a \qquad \cdots\cdots (C.7)$$

式中：$G_a=10\lg(g_a)$(dB)。

可计算天线，如 GB/T 6113.105—2018 中提到的可计算偶极子天线，其天线系数可以通过矩量法数值仿真得到。一种仿真方式是采用平面波照射被测天线，使用公式(C.1)推导出天线系数[48]。另一种方式是使用在自由空间中相隔足够远的天线仿真两副相同天线的方法。

C.2.2 放置在很大接地平面上的单极天线的 AF 与增益之间的关系

单极天线的设计需要其底部与“无限大的”(理想导电的)接地平面电接触才能工作。在这种环境下，使用 F_a 由天线输出电压可以准确计算接收到的电场强度。很多天线设计只用作接收天线，因此不用考虑发射增益。当单极天线用作发射天线，“无限大的”(理想导电的)接地平面上的实际增益[66]通过公式(C.8)给出。

$$G_{realized} = 20\lg(f_{MHz}) - 29.77 - F_a + 6 \quad (dBi) \qquad \cdots\cdots (C.8)$$

当接地平面是电小尺寸，或者导电性能较差，最大增益的方向会沿仰角方向往上移，这时公式(C.8)不再适用。这种情况下，仰角方向远场增益方向图取决于发射位置高度以及发射阻抗和地面电势之间

的关系。当单极天线放置在三脚架上(通常带有一个缩减接地平面,如 0.6 m×0.6 m),同轴电缆可以看成天线振子的一部分,影响馈电点的电压值,该馈电点位于接地平面以上。

C.3 计算天线之间插入损耗的公式

C.3.1 自由空间校准场地上测量的场地插入损耗

天线校准一般都需要测量一对天线(i,j)的插入损耗,如图 C.2 所示。当信号源输入发射天线的功率为 P 时,接收天线处的辐射场强 e(V/m)和接收机读数 ν_s(V)分别为:

$$e(i,j)=\frac{1}{d_{ij}}\sqrt{\frac{\eta}{4\pi}g_a(i\mid\theta)P} \qquad \text{(C.9)}$$

和

$$\nu_S(i,j)=\frac{e(i,j)}{\Phi(j\mid\xi)}=\frac{1}{d_{ij}\Phi(j\mid\xi)}\sqrt{\frac{\eta}{4\pi}g_a(i\mid\theta)P} \qquad \text{(C.10)}$$

式中:

P ——馈入给发射天线 i 的功率,单位为瓦(W);

d_{ij} ——天线对(i,j)之间的实际间距,单位为米(m);

$g_a(i|\theta)$ ——天线 i 朝向天线 j 的实际增益,与视轴之间夹角为 θ,实际增益表达式为:

$$g_a(i\mid\theta)=g(i\mid\theta)\{1-|\Gamma(i)|^2\}$$

式中 g 为增益,天线 i 的输入端的反射系数为 Γ;

$\Phi(j|\xi)$ ——天线 j 的 AF(m^{-1}),电磁波从天线 i 方向入射,与天线 j 视轴的夹角为 ξ。

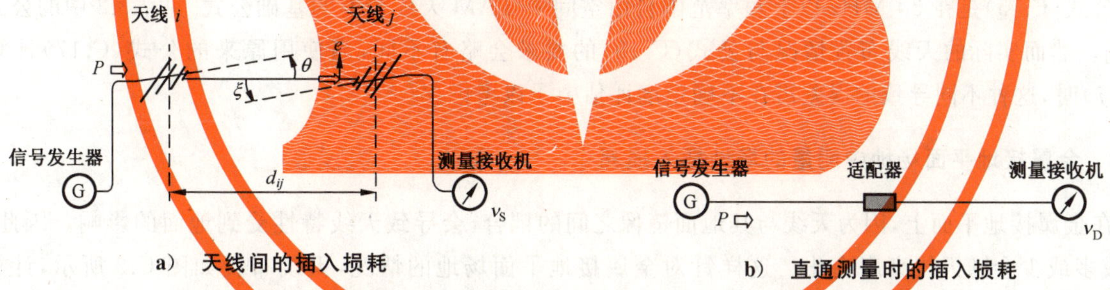

图 C.2 自由空间校准场地上进行天线校准的插入损耗测量

根据公式(C.6),可以将公式(C.10)中发射天线的实际增益 $g_a(i|\theta)$和 AF(即 $\Phi(i|\theta)$)通过公式(C.11)联系起来:

$$g_a(i\mid\theta)=\frac{4\pi\eta}{\lambda^2 Z_0[\Phi(i\mid\theta)]^2} \qquad \text{(C.11)}$$

式中:

$\Phi(i|\theta)$——天线 i 朝向天线 j 的 AF(m^{-1}),与天线 i 视轴夹角为 θ。

当天线电缆连接在一起,也就是如图 C.2 b)直通时,测量接收机的显示电压(V):

$$\nu_D=\sqrt{Z_0P} \qquad \text{(C.12)}$$

根据公式(C.10)~公式(C.12)可以得到天线对(i,j)之间的插入损耗 L(无量纲):

$$L(i,j)\equiv\frac{\nu_D}{\nu_s(i,j)}=\frac{Z_0\lambda}{\eta}d_{ij}\Phi(i|\theta)\Phi(j|\xi)=k_a(i,j)\Phi(i)\Phi(j) \qquad \text{(C.13)}$$

式中：

$$k_{a}(i,j)=\frac{Z_{0}\lambda}{\eta}d_{ij}\ \frac{\Phi(i\mid\theta)\Phi(j\mid\xi)}{\Phi(i)\Phi(j)}\quad(\mathrm{m}^{2})\qquad\cdots\cdots(\mathrm{C}.14)$$

式中 $\Phi(i)$ 和 $\Phi(j)$ 分别是天线 i 和 j 视轴方向的自由空间 $\mathrm{AF}(\mathrm{m}^{-1})$。

式(C.13)给出的插入损耗(dB)可以用对数形式表示为：

$$A_{\mathrm{i}}(i,j)\equiv 20\lg[L(i,j)]=F_{\mathrm{a}}(i)+F_{\mathrm{a}}(j)+K(i,j)\qquad\cdots\cdots(\mathrm{C}.15)$$

式中：

$F_{\mathrm{a}}(i)$ 和 $F_{\mathrm{a}}(j)$ ——天线 i,j 沿视轴方向的自由空间 AF[dB(m^{-1})]，即 $F_{\mathrm{a}}(i)=20\lg[\Phi(i)]$ 和 $F_{\mathrm{a}}(j)=20\lg[\Phi(j)]$。

并且

$$K(i,j)\equiv 20\lg(k_{a})=20\lg\left(\frac{Z_{0}\lambda}{\eta}\right)-20\lg[e_{0}(i,j)]\ [\mathrm{dB}(\mathrm{m}^{2})]\qquad\cdots\cdots(\mathrm{C}.16)$$

场强参数 $e_{0}(i,j)$ 为：

$$e_{0}(i,j)=\frac{1}{d}\ \frac{d}{d_{ij}}\ \frac{\Phi(i)}{\Phi(i\mid\theta)}\ \frac{\Phi(j)}{\Phi(j\mid\xi)}\qquad\cdots\cdots(\mathrm{C}.17)$$

式中 d 是规定的天线间距。如果天线按照指定间距准确放置，并且视轴准确指向另一副天线(即 $\theta=0,\xi=0$)，那么

$$d_{ij}=d,\Phi(i\mid\theta)=\Phi(i),\Phi(j\mid\xi)=\Phi(j)\qquad\cdots\cdots(\mathrm{C}.18)$$

公式(C.16)简化为：

$$K(i,j)=20\lg\left(\frac{Z_{0}\lambda}{\eta}\right)-20\lg\left(\frac{1}{d}\right)=20\lg\left(\frac{39.8}{f_{\mathrm{MHz}}}\right)-20\lg\left(\frac{1}{d}\right)\ [\mathrm{dB}(\mathrm{m}^{2})]\qquad\cdots\cdots(\mathrm{C}.19)$$

公式(C.15)是在 30 MHz 以上频率范围自由空间中 TAM 天线校准的基础公式[见 7.3.2 中的公式(22)]。然而实际的天线布置情况与公式(C.18)的要求会略有不同，当使用原来的公式(C.17)计算 $e_{0}(i,j)$ 时，这种不同导致的误差需在不确定度评估中予以考虑。

C.3.2 金属接地平面场地中测量的场地插入损耗

在金属接地平面上，因为天线与其地面镜像之间的耦合，会导致天线特性受到地面的影响。因此，AF 或多或少会随天线高度变化。这样针对金属接地平面场地的情况，天线布置如图 C.3 所示，计算 SIL 的公式(C.15)可以改为如下形式：

$$A_{\mathrm{i}}(i,j)=F_{\mathrm{a}}(i\mid h_{i},p)+F_{\mathrm{a}}(j\mid h_{j},p)+K(i,j\mid p)(\mathrm{dB})\qquad\cdots\cdots(\mathrm{C}.20)$$

式中：

$F_{\mathrm{a}}(i\mid h_{i},p)$——天线 i 沿视轴方向随高度变化的 AF[dB(m^{-1})]，天线高度为 h_{i}，极化方式为 p；

$F_{\mathrm{a}}(j\mid h_{j},p)$——天线 j 沿视轴方向随高度变化的 AF[dB(m^{-1})]，天线高度为 h_{j}，极化方式为 p。

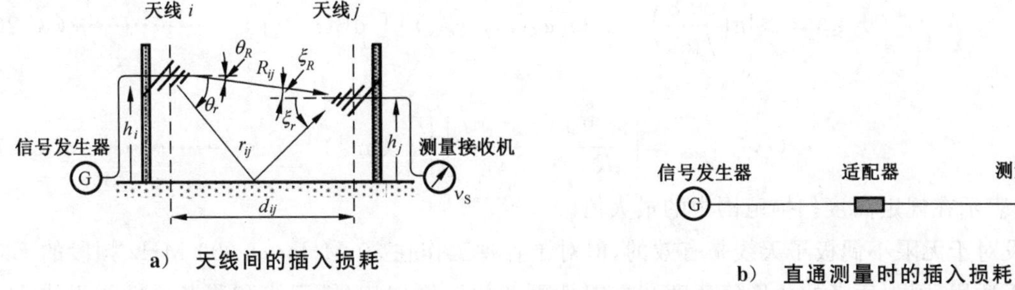

图 C.3 金属接地平面校准场地中进行天线校准的插入损耗测量

与公式(C.18)相比，考虑地面反射时参数 $K(i,j|p)$ 为如下形式：

$$K(i,j \mid p)=20\lg\left(\frac{39.8}{f_{\mathrm{MHz}}}\right)-20\lg[e_0(i,j \mid p)][\mathrm{dB}(\mathrm{m}^2)] \quad \cdots\cdots\cdots\cdots(\mathrm{C.21})$$

式中场强参数为：

$$e_0(i,j \mid p)=$$

$$\left|\frac{\Phi(i \mid h_i,p)\Phi(j \mid h_j,p)}{\Phi(i \mid \theta_R,h_i,p)\Phi(j \mid \xi_R,h_j,p)}\right| \times \left|\frac{e^{-j\beta R_{ij}}}{R_{ij}}+\rho_p\frac{e^{-j\beta r_{ij}}}{r_{ij}}\frac{\Phi(i \mid \theta_R,h_i,p)\Phi(j \mid \xi_R,h_j,p)}{\Phi(i \mid \theta_r,h_i,p)\Phi(j \mid \xi_r,h_j,p)}\right|(\mathrm{m}^{-1}) \quad \cdots\cdots\cdots\cdots(\mathrm{C.22})$$

式中：

$\Phi(i|\theta,h_i,p)$——天线 i 与高度相关的 AF(m^{-1})，与视轴夹角为 θ，天线高度 h_i，极化方式为 p；

$\Phi(j|\xi,h_j,p)$——天线 j 与高度相关的 AF(m^{-1})，与视轴夹角为 ξ，天线高度 h_j，极化方式为 p；

θ_R,θ_r ——分别表示从天线 i 辐射的直射波和地面反射波相对于视轴的方向；

ξ_R,ξ_r ——分别表示入射到天线 j 的直射波和地面反射波相对于视轴的方向；

R_{ij},r_{ij} ——在实际的天线布置中直射波和反射波的传播距离，即

$R_{ij}=\sqrt{d_{ij}^2+(h_j-h_i)^2}$，$r_{ij}=\sqrt{d_{ij}^2+(h_j+h_i)^2}$；

β ——角波数，$2\pi/\lambda$；

ρ_p ——对于极化 p，金属接地平面的反射系数(水平极化为-1，垂直极化为$+1$)。

如果配对天线具有波瓣宽的方向图，视轴天线系数对应的波瓣可以覆盖直射波和地面反射波，则：

$$\Phi(i \mid \theta_R,h_i,p)\cong\Phi(i \mid \theta_r,h_i,p)\cong\Phi(i \mid h_i,p),$$
$$\Phi(j \mid \xi_R,h_j,p)\cong\Phi(j \mid \xi_r,h_j,p)\cong\Phi(j \mid h_j,p) \quad \cdots\cdots\cdots\cdots(\mathrm{C.23})$$

公式(C.21)中的场强参数 $e_0(i,j|p)$ 可以表示为：

$$e_0(i,j \mid p)=\left|\frac{e^{-j\beta R_{ij}}}{R_{ij}}+\rho_p\frac{e^{-j\beta r_{ij}}}{r_{ij}}\right|(\mathrm{m}^{-1}) \quad \cdots\cdots\cdots\cdots(\mathrm{C.24})$$

公式(C.20)是在 30 MHz 以上频率范围在金属接地平面校准场地使用 TAM 和 SSM 的基础公式。然而实际的天线布置情况会与要求略有不同，当使用原来的公式(C.22)计算 $e_0(i,j|p)$ 时，这种不同导致的误差需在不确定度评估中予以考虑。

C.3.3 金属接地平面场地上测量场地衰减

与 TAM 类似，SSM 需要测量三对天线的场地衰减。其中，一副天线位于金属接地平面之上的高度为 2 m，另一副天线从 1 m～4 m 扫描[13]。天线处于水平极化，间距为 10 m。SSM 假定天线对(i,j)的场地衰减可以表示为如下形式[61]：

$$A_s(i,j)=F_a(i)+F_a(j)+K_{\mathrm{SSM}}(\mathrm{dB}) \quad \cdots\cdots\cdots\cdots(\mathrm{C.25})$$

式中 $F_a(i)$ 和 $F_a(j)$ 分别是天线 i 和天线 j 在视轴方向上的天线系数，且

$$K_{\mathrm{SSM}}=20\lg\left(\frac{39.8}{f_{\mathrm{MHz}}}\right)-20\lg\left[e_0(i,j\mid_{\max})\right]\ [\mathrm{dB(m^2)}] \tag{C.26}$$

其中

$$e_0(i,j)\mid_{\max}=\left|\left|\frac{e^{-j\beta R_{ij}}}{R_{ij}}-\frac{e^{-j\beta r_{ij}}}{r_{ij}}\right|\right|_{\max}\ (\mathrm{m^{-1}}) \tag{C.27}$$

式中$|_{\max}$表示在规定高度扫描范围中的最大值。

这些假设对于无限小偶极子天线是有效的,但对于各种工作在 30 MHz～1 000 MHz 频段的 EMC 天线来说并不适用,因为后者的 AF 随高度和方向性而变化。例如,双锥天线和调谐偶极子天线 H 面(即水平极化天线的垂直平面)方向图相同,但是 300 MHz 以下频段,它们的 AF 大小随天线高度变化。对于这些天线,通过将公式(C.22)代入公式(C.20)得到 SA 的严格表达式:

$$A_{\mathrm{s}}(i,j)=A_{\mathrm{i}}(i,j)\mid_{\min}=$$
$$20\lg\left(\frac{39.8}{f_{\mathrm{MHz}}}\right)+F_{\mathrm{a}}(i\mid h_i,\mathrm{H})+F_{\mathrm{a}}(j\mid h_j,\mathrm{H})-20\lg\left\{\left|\left|\frac{e^{-j\beta R_{ij}}}{R_{ij}}-\frac{e^{-j\beta r_{ij}}}{r_{ij}}\right|\right|_{\max}\right\} \tag{C.28}$$

将此准确公式与公式(C.25)比较后可表明,使用 SSM 测量双锥天线和偶极子天线的 AF 不确定度较大,尤其是在 AF 随高度变化较大的频段。

相比而言,假定 300 MHz 以上 LPDA 天线的 AF 在 1m 以上与天线高度无关,但其大小会随入射波方向变化。对于这类天线,将公式(C.22)代入公式(C.20)得到 SA 的严格表达式:

$$A_{\mathrm{s}}(i,j)=A_{\mathrm{i}}(i,j)\mid_{\min}=$$
$$F_{\mathrm{a}}(i)+F_{\mathrm{a}}(j)+20\lg\left(\frac{39.8}{f_{\mathrm{MHz}}}\right)-$$
$$20\lg\left\{\left|\frac{\Phi(i\mid h_i,p)\Phi(j\mid h_j,p)}{\Phi(i\mid\theta_R,h_i,p)\Phi(j\mid\xi_R,h_j,p)}\right|\times\left|\frac{e^{-j\beta R_{ij}}}{R_{ij}}+\rho_p\frac{e^{-j\beta r_{ij}}}{r_{ij}}\frac{\Phi(i\mid\theta_R,h_i,p)\Phi(j\mid\xi_R,h_j,p)}{\Phi(i\mid\theta_r,h_i,p)\Phi(j\mid\xi_r,h_j,p)}\right|_{\max}\right\} \tag{C.29}$$

通过比较这个详细公式和公式(C.25)～公式(C.28)可表明,使用 SSM 测量 LPDA 天线的 AF 的不确定度较大,因为天线系数会随角度变化。

与 SSM 有关的不确定度的详细解释参见 A.5。

注: 除了公式(C.27)的 e_0 外,参考文献[13]还给出了 $\lambda/2$ 偶极子天线($g_{\mathrm{a}}=1.64$)在输入功率 $P_{\mathrm{t}}=1$ pW 时的辐射电场强度 $E_{\mathrm{d}}(\mu\mathrm{V/m})$的定义。相应地,在金属接地平面场地上 $E_{\mathrm{D}}(i,j\mid\mathrm{H})=\sqrt{49.2}\,e_0(i,j\mid\mathrm{H})$,这种情况下,公式(C.26)变为:

$$K_{\mathrm{SSM}}=20\lg\left(\frac{39.8\sqrt{49.2}}{f_{\mathrm{MHz}}}\right)-20\lg[E_{\mathrm{D}}(i,j\mid\mathrm{H})]=48.9-20\lg(f_{\mathrm{MHz}})-20\lg[E_{\mathrm{D}}(i,j\mid\mathrm{H})] \tag{C.30}$$

C.4 近场效应的不确定度贡献

发射天线近场区域的实际电场强度远比公式(C.17)表达的复杂(参见 C.3.1)。例如,一副短偶极子天线在视轴方向[27]辐射电磁波,电场强度的表达式为:

$$e_0(i,j)=\frac{1}{d_{ij}}\left|1-\frac{j}{\beta d_{ij}}-\frac{1}{\beta^2 d_{ij}^2}\right|(\mathrm{m^{-1}}) \tag{C.31}$$

图 C.4 给出了近场区公式(C.17)和严格表达公式(C.31)之比随距离变化的曲线。由图 C.4 可知,在一个波长 λ 以内的距离 d_{ij},公式(C.17)估计的场强比实际场强大 0.1 dB 以上。相应地,如果接收天线处于近场区,公式(C.15)和(C.20)可能会导致得到错误的天线系数。为了减小与 e_0 有关的不确定度,

天线校准的间距 d_{ij} 需大于一个波长。

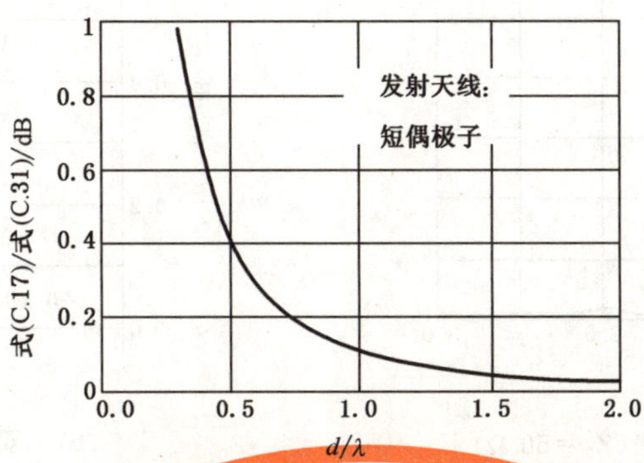

图 C.4　公式(C.17)得到的和近场区中的公式(C.31)得到的场强比较

在校准口面天线,如喇叭天线时,为满足远场条件,通常使用另一个准则:

$$d_{ij} > \frac{2D^2}{\lambda}(\mathrm{m}) \qquad \cdots\cdots(C.32)$$

式中 D 是 AUC 辐射口面的最大尺寸(m)。但对于宽带喇叭天线,在高频段由于天线辐射口面很小,D 也会减小。公式(C.32)的右边被称为远场距离,或者瑞利距离,即可以将 AUC 测量增益的不确定度限制在约 0.25 dB 的距离,其中发射天线和接收天线结构相同。若要将误差减小到 0.1 dB 以下,间距要增加到 $\geqslant 4D^2/\lambda$。

上面提到的近场效应是天线校准不确定度的基本来源。然而,这项分量需和其他分量,如后面章条将会讨论的天线互耦、AF 随高度变化以及入射场的非均匀性一起考虑,因为这些效应在近场区也很明显。

C.5　天线互耦的不确定度贡献

本条讨论由以下两个因素引起的近场效应:1)近场区的场强变化和 2)天线邻近(互相)耦合对每副天线阻抗的影响。发射天线和接收天线间的邻近耦合会轻微改变两副天线的阻抗 Z_a。当天线之间的距离不够远时,每副天线的 AF 都会受到另一副天线的影响[63]。

图 C.5 示出了天线互耦对自由空间中两天线法(当发射天线和接收天线相同时,能得到与三天线法相同的结果)测量 AF 影响的理论计算结果。图 C.5 中的天线,其有效负载阻抗(C.2 中定义)都是 $Z'_0=$ 50 Ω。从图 C.5 中可见,随着间距 d 减小,AF 与其自由空间值 F_a 明显偏离。图 C.5 中 AF 偏离的原因有两个:一是天线互耦影响天线阻抗,另外一个是近场的场强变化,如 C.4 中描述。其中主要影响是近场,然而在计算 $F_a(d)$ 的公式中假定场强与距离成反比。

天线间距所要满足的准则取决于天线校准的目标不确定度,尽管图 C.5 的计算是针对自由空间中的两天线法,但是也能看出使用 TAM 和 SAM 测量 F_a,若要互耦误差小于 ±0.2 dB 时天线最小间距的大致要求。

图 C.5d)与互耦无关,而是与 LPDA 天线相位中心位置根据公式(55)(见 7.5.2.2)进行修正的 AF 误差有关。对覆盖 250 MHz~1 GHz 频段的 LPDA 天线进行仿真,仿真假定间距的测量从两天线的机械中心算起,即顶端后部 0.21 m 的位置。天线中心间距为 3 m 时相位中心引入的误差小于 0.07 dB。由于公式(55)仅给出了每个频率对应的相位中心的近似,因此会产生一个小的误差。

最初提出 SSM 时忽略了天线之间的互耦。地面反射的效应能通过计算机仿真进行量化[19]。

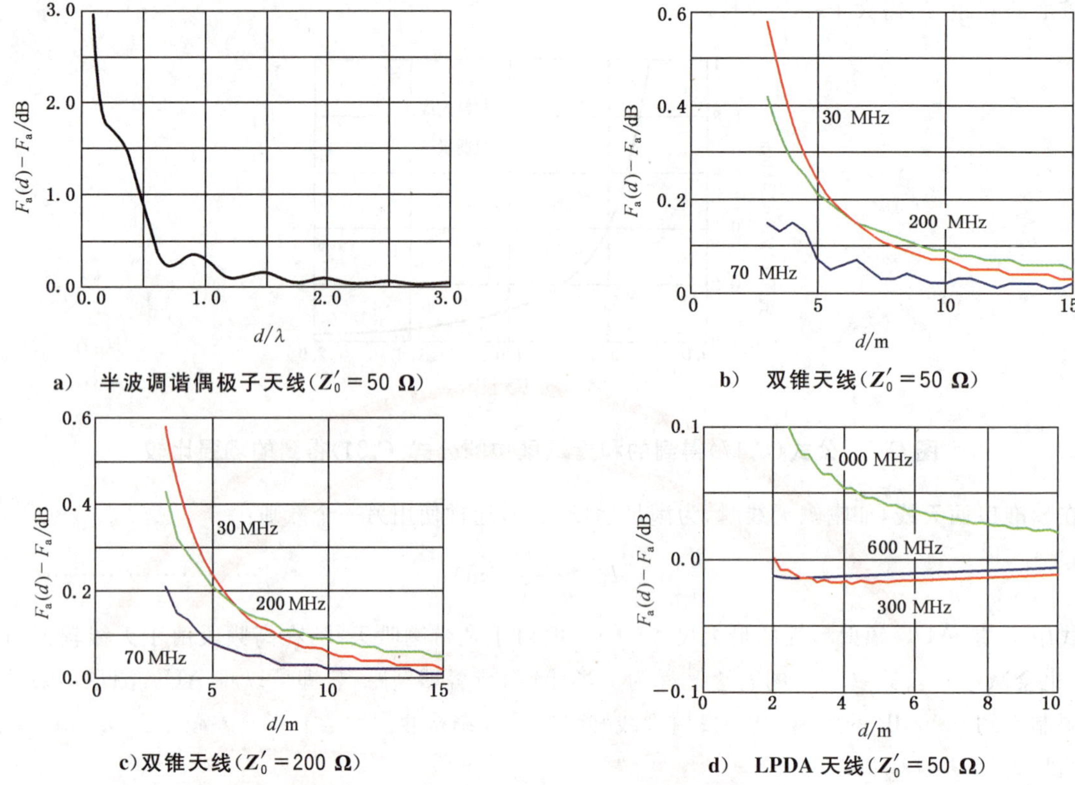

a) 半波调谐偶极子天线($Z'_0=50\ \Omega$)

b) 双锥天线($Z'_0=50\ \Omega$)

c) 双锥天线($Z'_0=200\ \Omega$)

d) LPDA 天线($Z'_0=50\ \Omega$)

图 a)、图 b)和图 c)示出由于互耦效应 AF 与自由空间值 F_a 的理论偏差,d)示出使用公式(55)(见 7.5.2.2)计算相位中心的误差导致的偏差;d 是天线中点(即顶端后部 21 cm 的位置)之间的距离;$l_{min}=0.067$ m,$l_{max}=0.532$ m;$d_{min}=0.022$ m,$d_{max}=0.398$ m。

图 C.5 互耦对使用 TAM(自由空间条件)测量的 AF 的影响的理论计算

C.6 接地平面反射的不确定度贡献

C.6.1 与接地平面镜像的耦合

除了天线互耦,天线特性也受到周围物体反射的影响,尤其是金属接地平面。这种影响是天线与其地面镜像之间的互耦造成的,从而导致天线系数与高度有关。

AF 随高度变化的理论分析参见图 C.6。从图中可见,在接地平面附近,AF 与自由空间值 F_a 的偏差很大[48],[50],[63]。

图 C.7 示出了巴伦为 50 Ω 的双锥天线 AF 随高度的变化曲线。图 C.9 中是巴伦为 200 Ω 的情况。双锥振子交叉杆指向两水平极化天线的轴线方向,这造成 AF 曲线在 224 MHz 有毛刺。如果交叉杆垂直放置,那么此毛刺会减小,但这又会使得 AF 对辐射方向图的畸变非常敏感(参见 A.4.3)。计算这些曲线,采用的是包括双锥天线模型的 NEC 包[52],也可以使用其他线天线模型来代替双锥天线模型。如图 C.8 所示,$F_a(h)$ 与 F_a 的偏差超过 1 dB,这个偏差会随着天线高度增加而逐渐较小。

如图 C.6 所示,调谐偶极子天线和双锥天线的 AF 在多个天线高度时接近自由空间值;类似地,表 C.1 给出了误差不超过 0.3 dB 的多个高度范围。天线系数以近乎 $\lambda/2$ 的周期接近自由空间值。可以在这些范围中选择一个作为天线校准的高度。表 B.7(参见 B.5.2)给出了 6 m 以下的实际高度(使用的是高度范围内的中间值),也给出了为了避免信号零点而选择的天线间距和配对天线的高度。

基于图 C.6,对于 300 MHz 以下频段,两天线在金属接地平面上方水平极化时对准,使用 TAM 或 SAM 天线校准的不确定度分析中需包含 AF 随高度变化的效应。需要指出,最初形成 SSM 就是忽略了 AF 随高度变化的效应[62]。

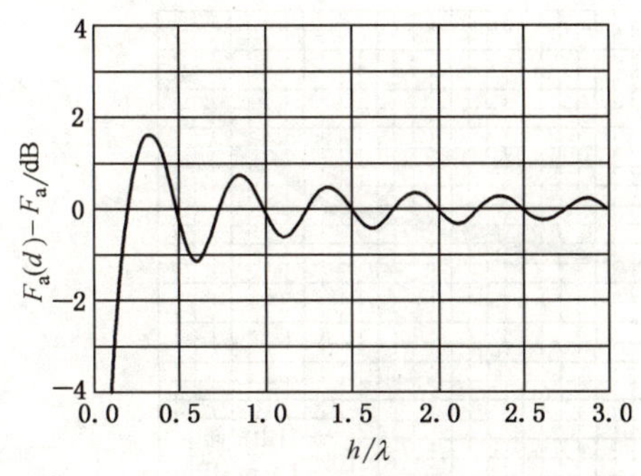

a） 半波调谐偶极子天线

（Z_0'=50 Ω；水平极化）

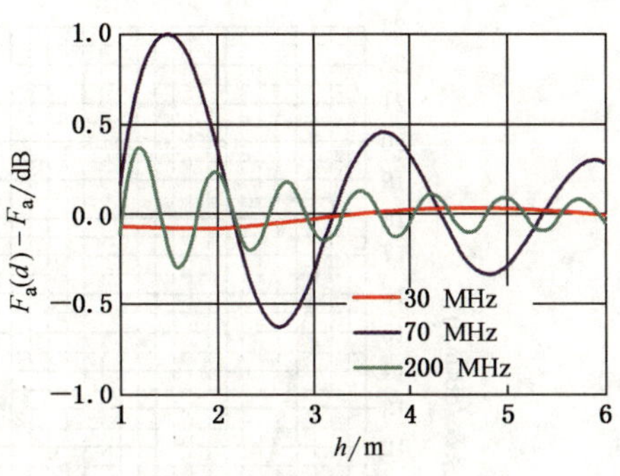

b） 双锥天线

（Z_0'=50 Ω；水平极化）

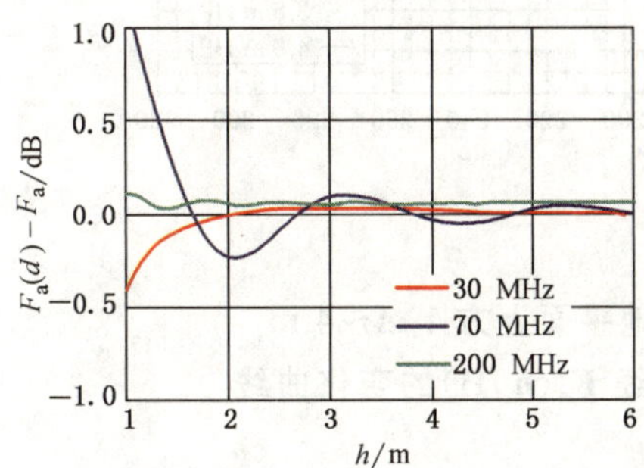

c） 双锥天线

（Z_0'=50 Ω；垂直极化）

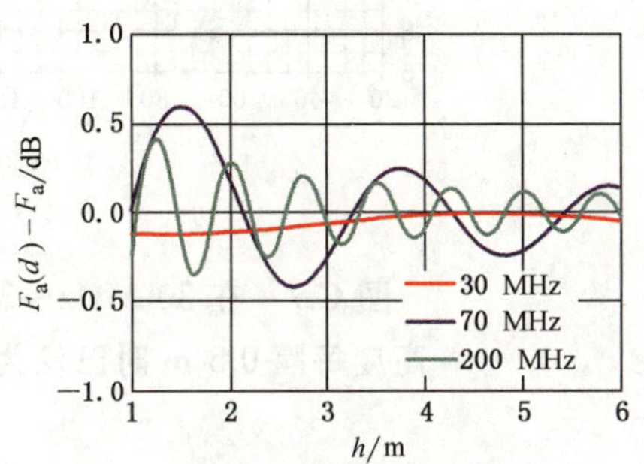

d） 双锥天线

（Z_0'=100 Ω；水平极化）

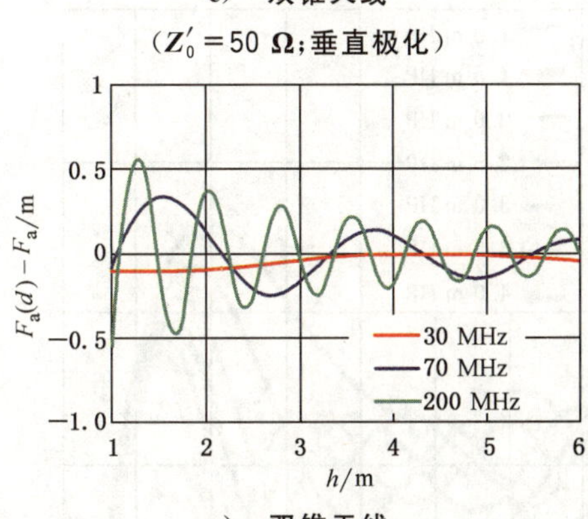

e） 双锥天线

（Z_0'=200 Ω；水平极化）

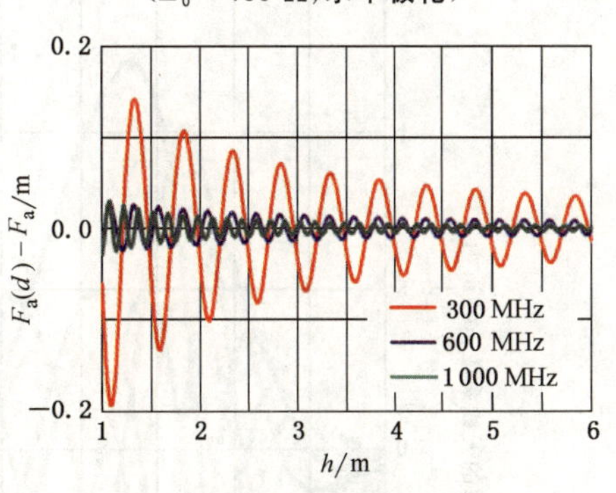

f） LPDA 天线

（Z_0'=50 Ω；水平极化）

图 C.6 由金属接地平面镜像的互耦造成的 AF 与自由空间值 F_a 的偏差（理论结果）

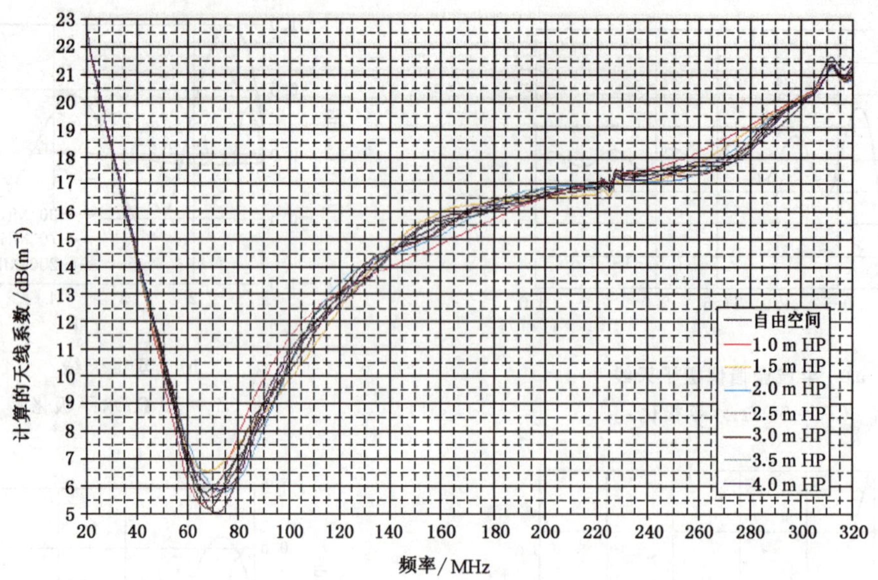

图 C.7 在 30 MHz～320 MHz 频段接地平面上方 1 m～4 m 高度每隔 0.5 m 时巴伦为 50 Ω 的双锥天线 $F_a(h,H)$ 的变化曲线

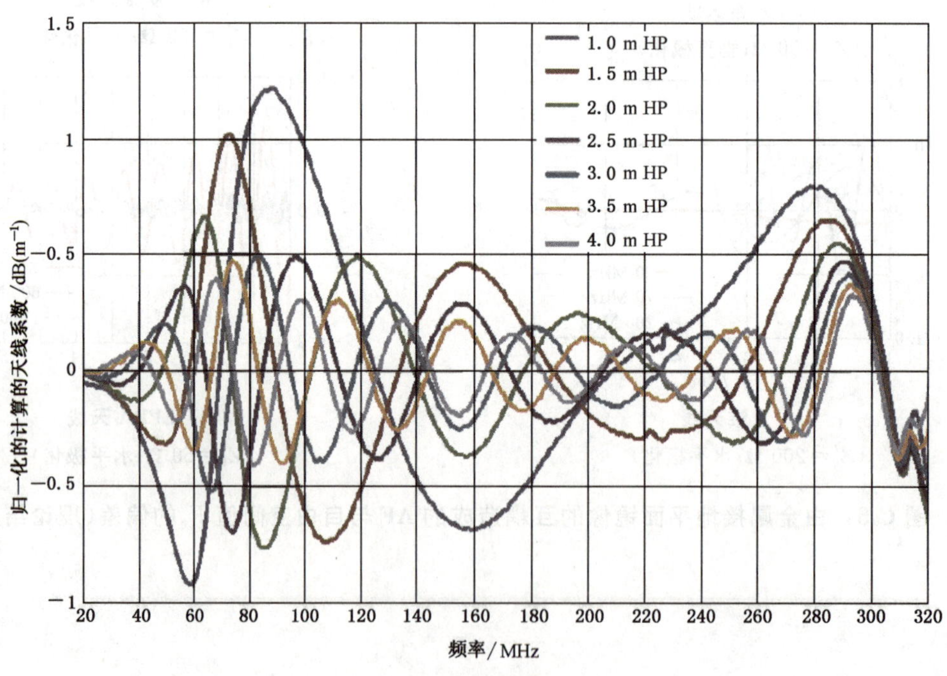

图 C.8 图 C.7 中 AF 相对于自由空间 AF 的归一化结果

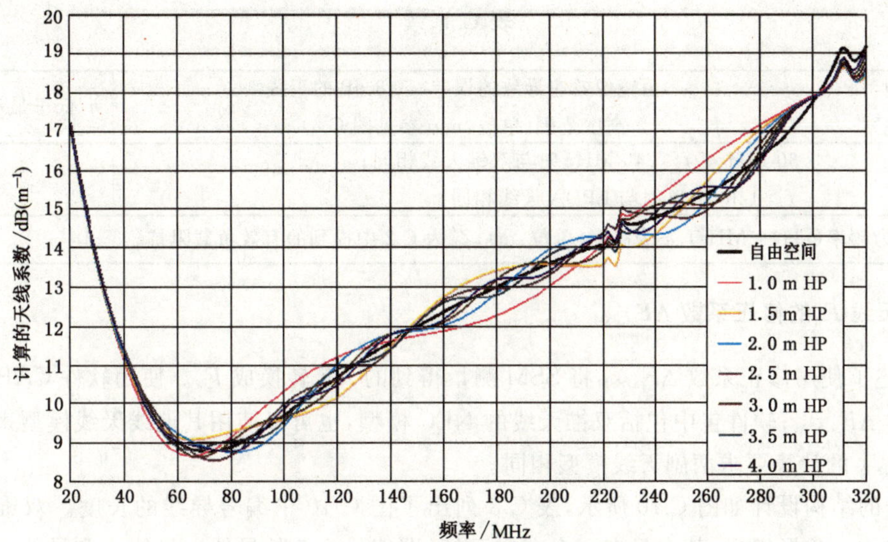

图 C.9　在 30 MHz～320 MHz 频段接地平面上方 1 m～4 m 高度每隔 0.5 m 时巴伦为 200 Ω 的双锥天线 $F_a(h,H)$ 的变化曲线

表 C.1　水平极化时误差≤0.3 dB 的天线高度范围 h 示例

<table>
<tr><th>天线类型
(水平极化)</th><th>由镜像效应导致的误差≤0.3 dB 的天线
高度范围(单位:m)(参见图 C.6)</th><th>h_i 低于最小高度的情况</th></tr>
<tr><td>半波调谐偶极子天线</td><td>对于(50 Ω≤Z'_0<100 Ω):
$(143/f_{MHz})\leqslant h\leqslant(152/f_{MHz})$;
$(213/f_{MHz})\leqslant h\leqslant(226/f_{MHz})$;
$(286/f_{MHz})\leqslant h\leqslant(309/f_{MHz})$;
$(358/f_{MHz})\leqslant h\leqslant(388/f_{MHz})$;
$(432/f_{MHz})\leqslant h\leqslant(468/f_{MHz})$;
$(508/f_{MHz})\leqslant h\leqslant(550/f_{MHz})$;
$h\geqslant(550/f_{MHz})$;
对于(100 Ω≤Z'_0<200 Ω):
使用(50 Ω≤Z'_0<100 Ω)时给出的高度范围和 $h\geqslant(372/f_{MHz})$ 的高度范围;
对于(Z'_0≥200 Ω):
使用(50 Ω≤Z'_0<100 Ω)时给出的高度范围和 $h\geqslant(219/f_{MHz})$ 的高度范围</td><td rowspan="3">通过参考图 C.6～图 C.9,评估实际天线布置的不确定度。
为改进不确定度,镜像效应可通过以下方式得到减小:天线放置在较高的高度,或者使用吸波材料(见 9.3.3),或者使用垂直极化(见 9.3)</td></tr>
<tr><td>双锥天线</td><td>对于(Z'_0<100Ω):
30 MHz≤f<60 MHz 时,$h\geqslant2.6$;
60 MHz≤f<75 MHz 时,
$\{(230/f_{MHz})-0.1\}\leqslant h\leqslant\{(230/f_{MHz})+0.1\}$;
75 MHz≤f<95 MHz 时,
$\{(290/f_{MHz})-0.1\}\leqslant h\leqslant\{(290/f_{MHz})+0.1\}$;
f≥95 MHz 时,$h\geqslant(370/f_{MHz})$;
对于(Z'_0≥100Ω):
30 MHz≤f≤250 MHz 时,$h\geqslant2.8$</td></tr>
<tr><td>LPDA 天线</td><td>f≥200 MHz 时,$h\geqslant1.0$</td></tr>
</table>

表 C.1(续)

天线类型 (水平极化)	由镜像效应导致的误差≤0.3 dB 的天线 高度范围(单位:m)(参见图 C.6)	h_i 低于最小高度的情况
复合天线	30 MHz≤f≤240 MHz 时与双锥天线相同; f>140 MHz 时与 LPDA 天线相同。	
注:f_{MHz} 为频率(单位:MHz),h 为高度(单位:m),Z_0' 为 C.2 中提到的有效负载阻抗。		

C.6.2 双锥天线 F_a 的修正系数 $\Delta F_{a,SSM}$

8.4.3 描述了使用修正系数 $\Delta F_{a,SSM}$ 将 SSM 测量得到的 AF 转换成 F_a。使用软件 CAP2010[52] 计算表 C.2 列出的 $\Delta F_{a,SSM}$;软件包中包括双锥天线的 NEC 模型,也可以使用其他线天线模型来代替双锥天线模型。$\Delta F_{a,SSM}$ 的计算要求两副天线模型相同。

双锥天线的结构设计如图 C.10 所示,表 C.3 列出了图 C.10 中编号导线的长度。双锥天线的每个锥由六个这样的三角形组成,其中只有一个有交叉杆,即编号为 5 的导线。导线 1 和导线 3 之间的夹角为 30°,导线 1 和导线 2 之间的夹角为 90°;因此整个结构可以用一个尺寸为 l 的单锥来确定,对于表 C.2 的 NEC 模型,l=0.6 m,并且在导线"笼"的每端都有附加的代表封装插座的导线;对于实际天线,NEC 预测的 AF 与测量的 AF 之间的偏差在 0.3 dB 以内。

表 C.2 将 SSM 测量得到的 AF 转换成 F_a 的修正系数 $\Delta F_{a,SSM}$

频率 MHz	50 Ω 巴伦 dB	200 Ω 巴伦 dB	频率 MHz	50 Ω 巴伦 dB	200 Ω 巴伦 dB
30	0.12	0.14	170	−0.09	−0.28
35	0.09	0.10	175	−0.04	−0.23
40	0.05	0.07	180	0.04	−0.18
45	0.02	0.05	185	0.08	−0.09
50	0.00	0.05	190	0.12	−0.04
55	0.10	0.10	195	0.14	0.05
60	0.32	0.17	200	0.14	0.07
65	0.53	0.21	205	0.14	0.09
70	0.34	0.16	210	0.11	0.09
75	−0.09	0.05	215	0.09	0.04
80	−0.50	−0.11	220	0.08	0.00
85	−0.52	−0.21	225	0.02	−0.10
90	−0.43	−0.23	230	−0.03	−0.21
95	−0.29	−0.22	235	−0.08	−0.29
100	−0.12	−0.19	240	−0.10	−0.37
105	0.02	−0.12	245	−0.17	−0.44
110	0.12	−0.05	250	−0.22	−0.44
115	0.19	0.03	255	−0.20	−0.34
120	0.20	0.10	260	−0.16	−0.29
125	0.16	0.13	265	−0.15	−0.21
130	0.12	0.13	270	−0.06	−0.03
135	0.04	0.11	275	0.06	0.09
140	−0.04	0.05	280	0.13	0.08
145	−0.11	−0.03	285	0.14	0.10
150	−0.16	−0.10	290	0.14	0.10
155	−0.20	−0.19	295	0.10	0.10
160	−0.18	−0.24	300	0.08	−0.04
165	−0.16	−0.27			

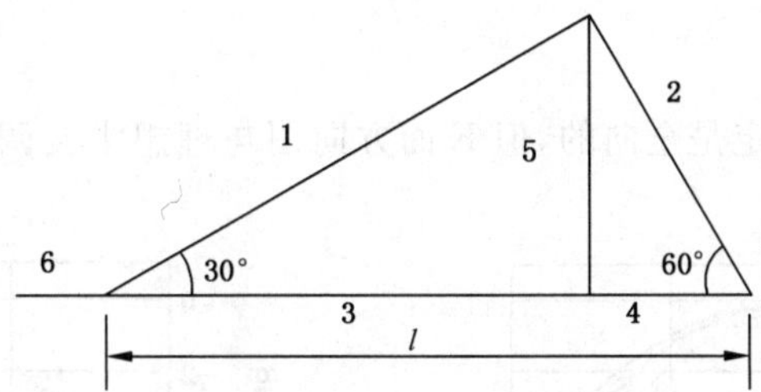

图 C.10　双锥天线振子一个三角形部分的示意图

表 C.3　双锥天线结构尺寸[52]

导线编号	仿真时的分段数量	总长度 m
1	10	0.52($l\sqrt{3}/2$)
2	5	0.30($l/2$)
3	8	0.44($3l/4$)
4	3	0.15($l/4$)
5	5	0.25($l\sqrt{3}/4$)
6	3	0.0975

C.7　天线辐射方向图的不确定度贡献

C.7.1　概述

公式(C.17)和公式(C.22)(C.3.1,C.3.2)通过引入 $\Phi(i|\theta)$ 和 $\Phi(j|\xi)$ 项以及其他参数考虑了天线辐射方向图变化的影响。对于用于 30 MHz～1 000 MHz 频段的每种类型的天线，测量的方向图示例见图 C.11、图 C.12 和图 C.13。在校准过程中，若天线没有对准，不确定度会随着辐射方向图的变化而增加。对于每种类型的天线都需要评估这种方向图的变化，其中图 C.11，图 C.12 和图 C.13 可以作为方向图的示例。

对于金属接地平面场地上进行的校准的不确定度分析，需要基于公式(C.22)考虑辐射方向图对地面反射波的影响。由于天线具有宽的波瓣宽度，并不一定要准确知道 $\Phi(i|\theta,h_i,p)$ 和 $\Phi(j|\xi,h_j,p)$ 的值，但是可以通过校准天线的布置来满足如下两个条件中的一个：

a)　$\Phi(i|\theta_R,h_i,p)\cong\Phi(i|\theta_r,h_i,p)\cong\Phi(j|\xi_R,h_j,p)\cong\Phi(j|\xi_r,h_j,p)\cong1$，直射波和地面反射波都在另一副天线的主瓣内，或者

b)　$\Phi(i|\theta_R,h_i,p)>>\Phi(i|\theta_r,h_i,p)$，$\Phi(j|\xi_R,h_j,p)>>\Phi(j|\xi_r,h_j,p)$，且 $1/R>>1/r$，与直射波的影响相比，地面反射波的影响可以忽略，RF 吸波材料可以有效地减小地面反射波。

SSM 基于短偶极子天线的辐射方向图，因此对于 LPDA 天线等定向天线来说，用其测量 AF 会引入显著的误差，这种误差需要在不确定度评估中予以考虑。

例如，全向天线如双锥天线，通常水平放置，上述的条件 a)适用。方向性更强的 LPDA 天线或者复合天线，AUC 和配对天线需要足够的间距以减小非视轴方向入射的地面反射波的影响，这时条件 a)适用。另外，在校准 LPDA 天线时，如果间距相对较小，而天线高度较高，则条件 b)适用。

在下面的条款中，辐射方向图以相对实际增益 g_a 形式给出，与天线系数 Φ 的平方成反比，见公式(C.6)(参见 C.2.1)。

C.7.2 双锥天线

双锥天线的 H 面方向图假定是全向的，但 E 面方向图与理想半波调谐偶极子天线的不同，其与频率有关，如图 C.11 所示。

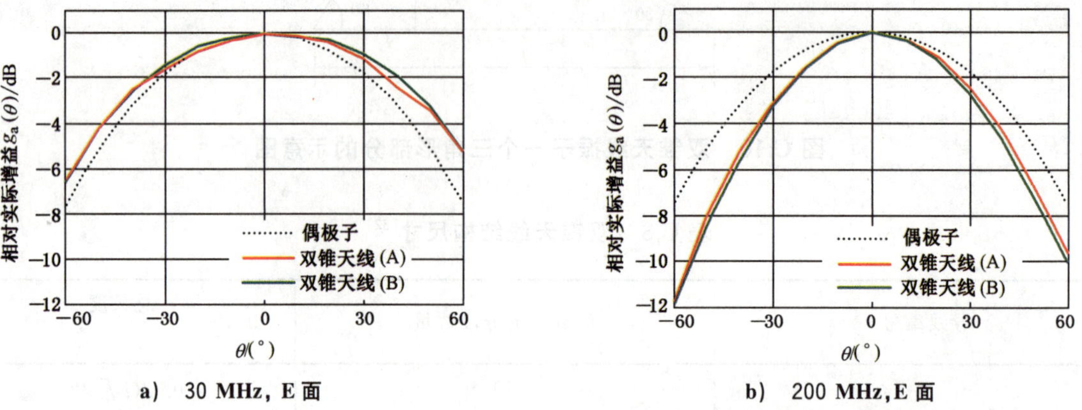

图 C.11 两副双锥天线和理想半波调谐偶极子天线的辐射方向图(相对实际增益)比较示例

C.7.3 LPDA 天线

取决于天线设计和频率，LPDA 天线的 E 面和 H 面辐射方向图都与理想半波调谐偶极子天线的不同，如图 C.12 所示。

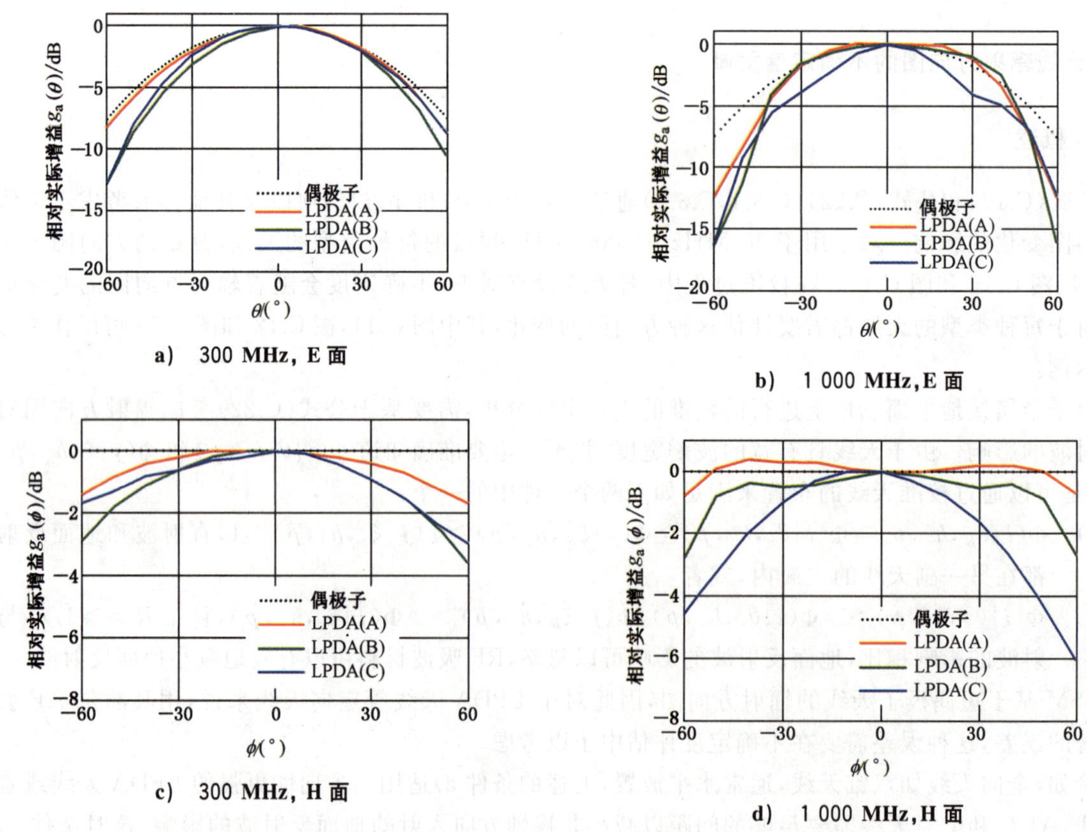

图 C.12 三副 LPDA 天线和理想半波调谐偶极子天线的辐射方向图(相对实际增益)比较示例

C.7.4 复合天线

取决于天线设计和频率，复合天线的 E 面和 H 面辐射方向图都与理想半波调谐偶极子天线的不同，如图 C.13 所示。

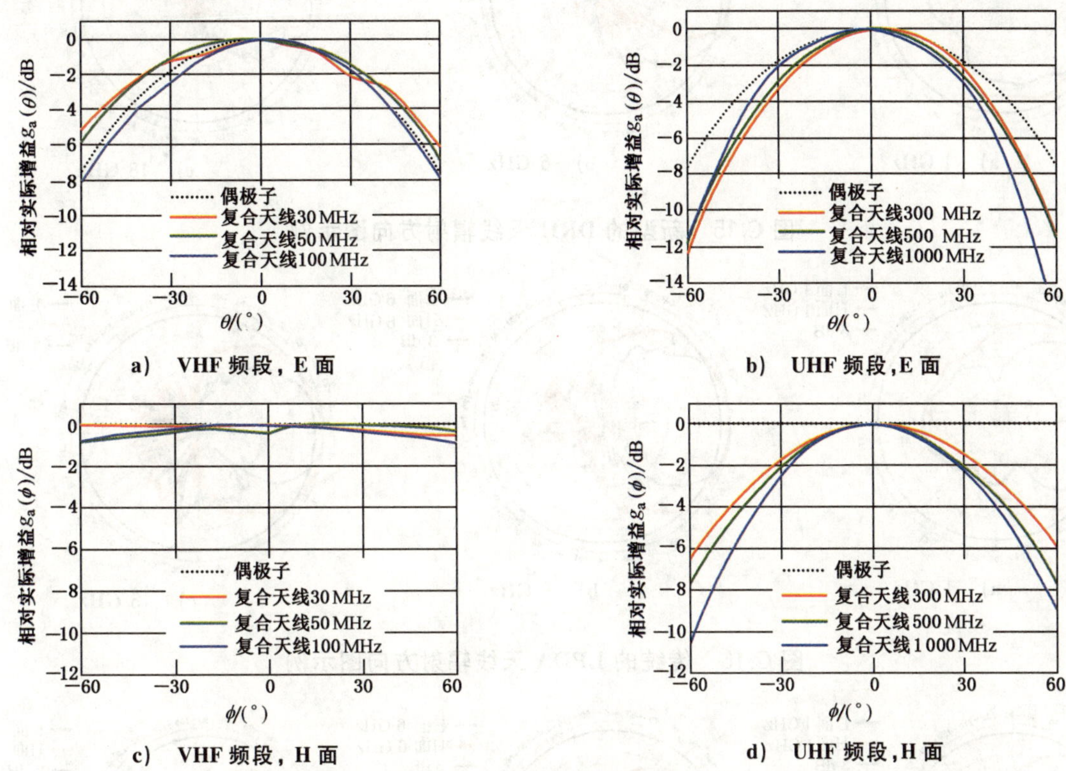

图 C.13 复合天线和理想半波调谐偶极子天线的辐射方向图(相对实际增益)比较示例

C.7.5 1 GHz～18 GHz 喇叭天线和 LPDA 天线

参考文献[55]对工作在 1 GHz～18 GHz 频段的几种天线进行了研究。在 1 GHz、6 GHz 和 18 GHz测量了 360°方向图。图 C.14、图 C.15、图 C.16 和图 C.17 给出了 4 种类型的 EMC 喇叭天线和 LPDA 天线在 1 GHz、6 GHz 和 18 GHz 的 E 面和 H 面辐射方向图的示例。图 C.14 针对传统的 DRH 天线，图 C.15 针对新型的 DRH 天线，图 C.16 针对传统的 LPDA 天线，图 C.17 针对 V 型的 LPDA 天线。

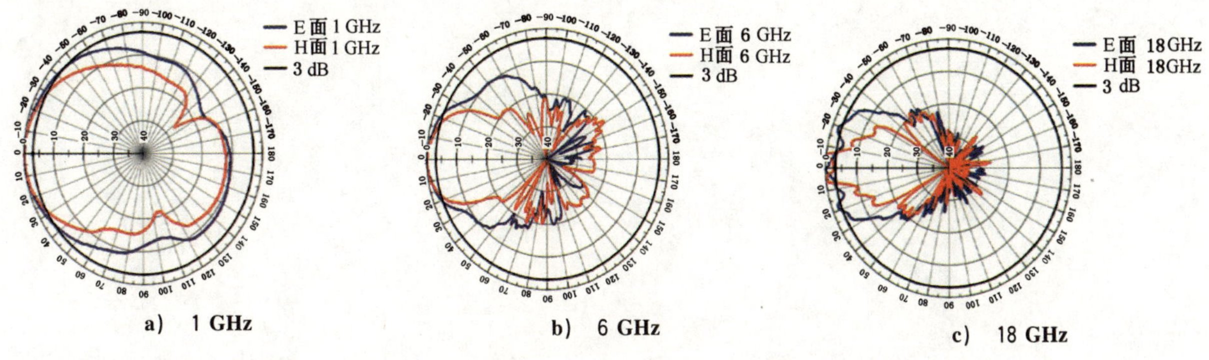

图 C.14 传统的 DRH 天线辐射方向图示例

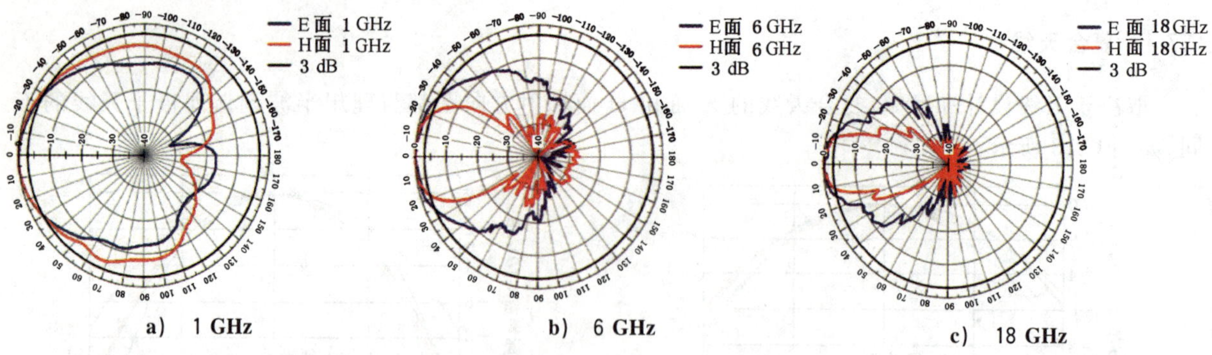

a) 1 GHz　　b) 6 GHz　　c) 18 GHz

图 C.15 新型的 DRH 天线辐射方向图示例

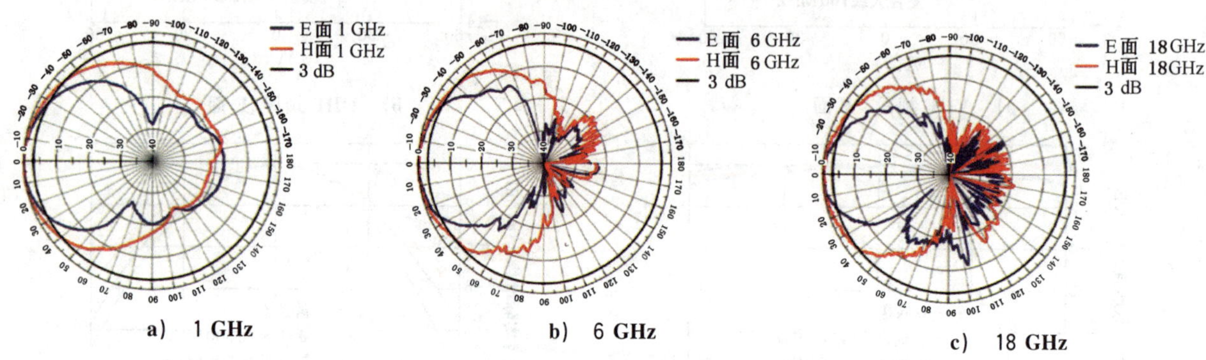

a) 1 GHz　　b) 6 GHz　　c) 18 GHz

图 C.16 传统的 LPDA 天线辐射方向图示例

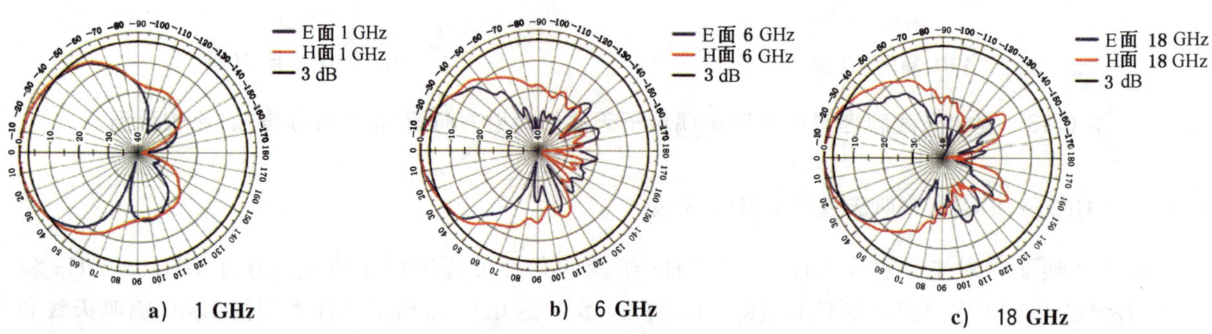

a) 1 GHz　　b) 6 GHz　　c) 18 GHz

图 C.17 V 型 LPDA 天线辐射方向图示例

附 录 D
(资料性附录)
1 GHz 以上天线校准的背景信息和基本原理

D.1 由失配引入的测量不确定度

典型的宽带 EMC 天线在工作频段内反射系数和与此相关的阻抗匹配会显著地变化,有时其反射系数的峰值可以达到$|\Gamma|=0.5$(即回波损耗为 6 dB)或者甚至更大。对于匹配非常差的天线,即使在测量中使用了匹配衰减器,由于衰减器并非理想的,因此也会使失配的不确定度变的显著。

例如,一个好的 N 型 6 dB 匹配衰减器的反射系数可能为$|\Gamma|\leqslant 0.07$(即回波损耗>23 dB)。如果此衰减器和一副$|\Gamma|=0.5$的天线连接,假设接收机的$|\Gamma|=0.05$,最终的 Z_0失配引入的不确定度可能高达 0.32 dB。由于经常使用,衰减器重复的连接和断开会产生磨损,衰减器的匹配往往变差,因此需要进行定期的验证。

经常使用 1 GHz 以下的天线、电缆和连接器的人员都需要意识到:当频率高于 1 GHz 时,损耗和失配会随着频率明显增加,对于尺寸较小的连接器和传输线,这种现象尤其明显,例如尺寸为 2.92 mm 和 2.4 mm 的同轴连接器。

D.2 天线间的互耦和暗室反射

如果天线对由喇叭天线组成,在两副喇叭天线(也包括和喇叭天线的安装装置)之间多重反射的影响会表现为以 $\lambda/2$ 为周期的振荡,并随着间距 d 的增加而缓慢衰减。当多重反射和暗室反射的影响叠加时,使用单一距离 d 来确定 F_a时,误差可能会很显著。

为了消除暗室反射的影响,可以在保持天线对的间距固定不变的情况下将天线对移动(例如步长增量为$\lambda/8$)到暗室的中心区域的其他位置上(即同步移动天线对),然后将测量结果进行平均。测量点的位置和测量次数取决于特定电波暗室性能的质量。

减小由互耦引起的 AF 变化的一种可行方法是:在一个固定距离 R 上进行频率扫描测量,然后使用滑动窗口(等效于平滑)对 AF 进行平均。这种方法可能存在的问题是它不仅能消除互耦和暗室反射引起的纹波,而且还消除了喇叭天线增益自有的波动(这是由喇叭喉部和其口面间反射引起的)。如果耦合和反射引起的纹波的周期小于喇叭天线增益的纹波周期,那么可以将该问题带来的影响减到最小。

使用平均方法时,不仅需要仔细的考虑,还要依靠以往的经验。平均会使得校准的时间增加。然而,对总的不确定度要求不高时,增加一项与纹波大小有关的不确定度分量可以避免该过程。

D.3 天线间距和相位中心

间距 d_{12}可以用公式(D.1)表示:

$$d_{12}=r_{12}+\Delta_1+d_2 \quad \cdots\cdots\cdots\cdots (\text{D.1})$$

式中:

r_{12} ——LPDA 天线顶端与顶端之间的距离(对于 DRH 天线,其口面作为顶端);

Δ_1和 d_2——天线顶端或口面到天线相位中心的距离,如图 D.1 所示。

LPDA 天线的相位中心可以通过公式(55)计算得到(见 7.5.2.2)。因此,对于 DRH 天线、LPDA 天线、双锥天线和偶极子天线的不同组合,都可以使用公式(D.1)来计算其相位中心之间的距离。通常情况下，偶极子天线的相位中心是其辐射振子的中心点，但对于定向天线，例如DRH天线和LPDA天线，情况会比较复杂。按7.5.3来考虑相位中心，这样可以减小F_a的不确定度；然而在参考文献[30]中给出的例子说明了不同喇叭天线的设计之间存在巨大的差异。图D.2给出了由一副DRH天线和一副LPDA天线组成的传输系统的示例。图D.3示出了使用TAM和两副配对的LPDA天线，在1.5 m～2.5 m间距情况下，测量4.5 GHz时DRH天线F_a的实例。图D.3示出了由天线相位中心引起的误差，在1.5 m间距时为0.8 dB，在2.5 m间距时为0.4 dB。对于EMC辐射骚扰测量，以喇叭天线的前端面作为参考位置已经足够了，相位中心的变化可以作为不确定度分量进行处理。

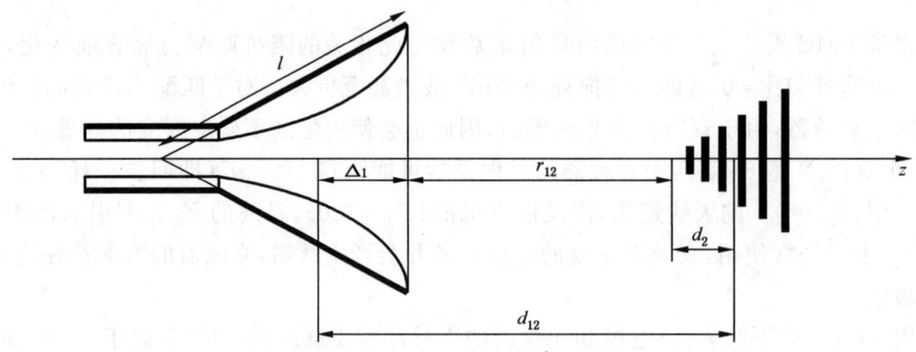

图D.1 DRH天线和LPDA天线的相对相位中心示意图

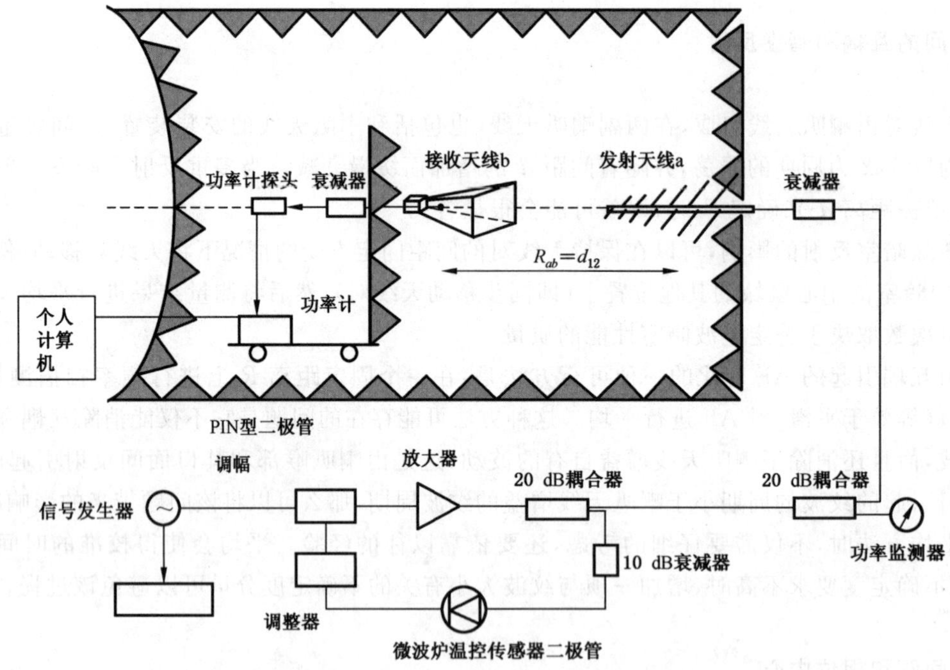

图D.2 DRH天线和LPDA天线之间的传输系统示意图

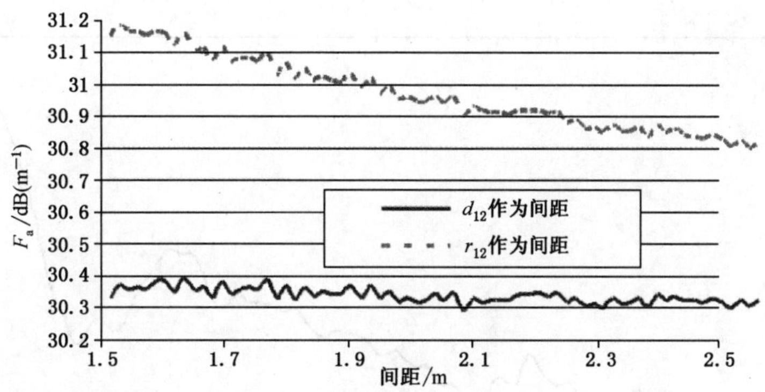

注：d_{12}和 r_{12}的定义见公式(D.1)。

图 D.3　4.5 GHz 测得的 DRH 天线的 AF

D.4　1 m 距离时 DRH 天线的增益示例

图 D.4 示出了口面间距为 1 m 时测量的 DRH 天线的“实际增益”与频率的函数曲线，使用了 9.5.1 中描述的方法和三组 DRH 天线对，并假设相位中心位于每副 DRH 天线的前端面。为了得到远场增益，可能需要进行外推法测量[51]，然而在 EMC 试验中最常用的是 1 m 和 3 m 的有限距离。在 1 m 距离的情况下，存在天线间的互耦所产生的影响。

为了保证测量的复现性，确保天线精确对正是非常重要的，特别是在 12 GHz 以上，因为对正时很小的偏差都可能带来不同大小的互耦(同时见 9.5.1.3 中的注)。频率响应曲线上的波动是由喇叭天线口面和喉部的相互影响以及天线间的互耦引起的。

用于该测量的 FAR 的尺寸为 8 m×5 m×5 m，铺设有 0.6 m 长的角锥吸波材料。在该 FAR 中，对于 1 GHz～18 GHz 的 DRH 天线，使用 3 m 距离并仔细布置后，其 AF 的不确定度可以低至±0.5 dB。不确定度的最大值出现在 1 GHz，此时天线的辐射主瓣是最宽的，而且吸波材料的效率也是最低的。

FAR 的性能会随着频率的升高而改善，然而对某个特定模型的 DRH 天线，其不确定度在 14 GHz 以上时仍会很大，这是因为其主瓣发生了畸变，因此需要小心地对正以保证在 1°之内，另外天线间的多重反射也会产生影响(同时见 9.5.1.3 的注)。有些 DRH 天线的制造水平差，加之输入连接器的质量也低，从而导致其重复性差。

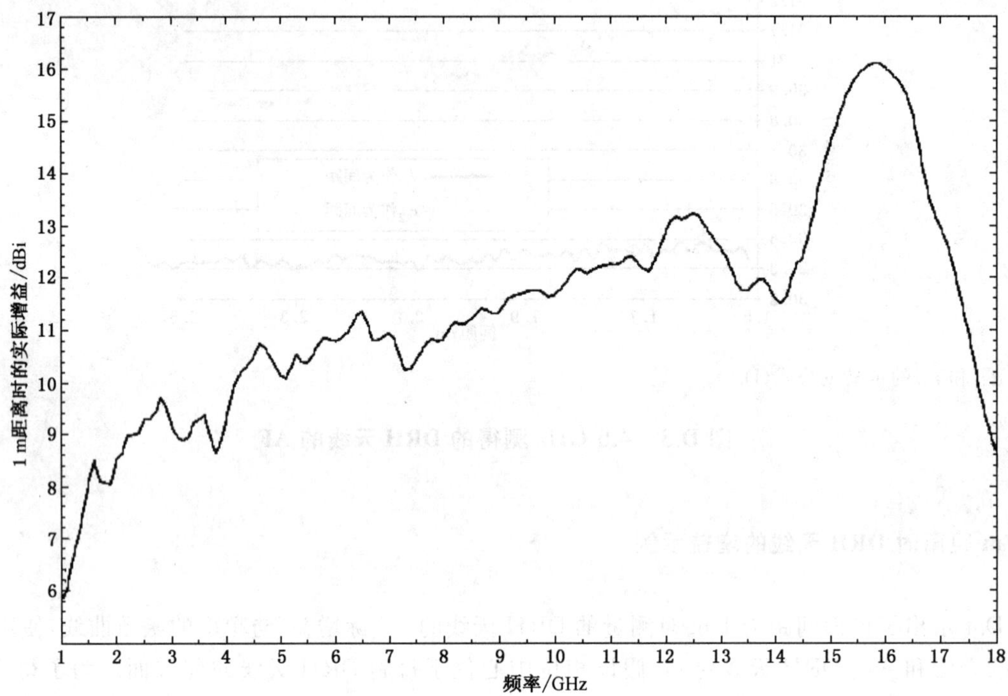

图 D.4　DRH 天线在 1 m 距离时的实际增益曲线

附 录 E
(资料性附录)
测量不确定度评估的说明

E.1 概述

本附录对按本部分所规定的天线校准方法得到的测量结果的测量不确定度评估中的不确定度分量做了进一步说明。每个说明的编号与本部分其他条款给出的不确定度评估示例表中的最后一列给出的编号一致。

在测量不确定度评估中,其中具有矩形分布的校准场地不理想引入的不确定度分量占主导地位,由于不满足ISO/IEC导则98-3[7]的方法的适用条件,该扩展标准不确定度可能不够准确。当输入量的分布不是正态分布时,如前所述的情况;或者模型为非线性时,"不确定度传播定律"则变成近似的。ISO/IEC导则98-3[7]的增补件1适用于所有有疑义的情形,其运用蒙特卡洛法作为一种(概率密度)分布传播的实现。

对于在较短距离(如3 m)进行的辐射骚扰测量,考虑到天线相位中心和辐射方向图较大的影响,需要增大其在AF的不确定度中的占比;然而,通过对每个频率对应的相位中心位置的间距进行修正,可以比较容易地减小由相位中心引入的误差;参见CISPR 16-4-2[3]。辐射方向图的测量非常耗时,但使用制造商提供的通用数据可以减小这项误差,通用的和实际的天线方向图之间的差异可通过测量不确定度的裕量来考虑。

E.2 测量不确定度评估的有关说明

N1) 由VNA的噪声和线性导致的不确定度分量通常合二为一,在VNA的数据表中用$|S_{21}|$的不确定度来表示。例如,在30 MHz以下的频段内,不确定度值0.07 dB适用于$|S_{21}|$为−20 dB的测量。有关噪声的影响见6.2.4。

N2) 对于公式(G.8)和公式(G.9),列出的误差限示例中假定:$\Gamma_M=\Gamma_A=\Gamma_T=0.06$(回波损耗为24 dB),$S_{11}=0.18$(回波损耗为15 dB),以及$S_{22}=0.32$(回波损耗为10 dB),$S_{21}=1.0$;则得到的结果为$M_D^-=M_L^-=0.266$ dB(参见G.2.5.4)。

N3) 假定天线电容C_a为11 pF,误差为±1.3 pF。基于此,按公式(G.7)计算得到的天线系数的误差为1.09 dB(参见G.2.5.2)。

N4) 在校准过程中,如果预放的增益出现显著的变化,则要考虑其稳定性。参照预放的技术指标,在表4中(见5.1.2.5)预放增益的稳定性的估计值为0.05 dB。

N5) 如果估算的单极天线等效高度的误差为4%,则对应于等效高度的电容C_a包含0.341 dB的误差(参见G.2.5.5)。

N6) 与测量重复性相关的不确定度由A类不确定度评估所确定,它包括布置误差(例如连接器的重复性和天线布置)。要想得到可靠的值,需要执行一组10次的测量,包括一次完整的拆卸和布置。

N7) 通过表中列出的每个不确定度贡献的方和根(RSS)可以计算得到合成标准不确定度。

N8) 例如,对于45 MHz~18 GHz的频率范围、源输出功率为−12 dBm、$\Delta V(=|S_{21}|)=$ −40 dB的测量,VNA的数据表表明其不确定度的值为0.18 dB。有关接收机噪声的影响见N1)、6.2.4和参见A.8.1。

N9) 在(直通时)参考衰减测量与(发射天线和接收天线相连时)SIL 测量之间的一段时间内,由于电缆衰减的变化所产生的贡献。针对所使用的每种类型的电缆,需要对其频率、温度以及弯曲度进行评估。表中所列的值 0.15 dB 只是一个示例,该示例假定:校准不是在极端环境条件下(例如在校准过程中,CALTS 的温度变化超过 5℃)进行的。电缆弯曲最小半径可由电缆制造商提供。通过重复测量来评估电缆弯曲的影响。

N10) 表 9(8.4.4)~表 14(9.5.1.4)所列的误差限 0.16 dB 由公式(13)或公式(14)(见 6.2.2)得到,例如其假定 $|\Gamma_{aT}|=|\Gamma_{aR}|=0.33$(VSWR=2.0∶1),$|\Gamma_T|=|\Gamma_R|=0.091$(VSWR=1.2∶1),$|S_{11}|=|S_{22}|=0.024$ 和 $|S_{21}|=0.5$(电缆损耗为 6 dB)。然而,就调谐偶极子天线而言,假如天线失配与 $|\Gamma_{aT}|=|\Gamma_{aR}|=0.19$(VSWR=1.46∶1)一样大,则误差限可以减少为 0.10 dB,如表 11 和表 B.8(9.2.3 和 B.5.2)所示。假定用于 SAM 的 STA,其 $|\Gamma_{aR}|=0.091$(VSWR=1.2∶1)且与一个 6 dB 衰减器相连,由此得到的失配不确定度为 0.06 dB。

N11) 要考虑图 8 b)(见 7.2.2)所示的实际直通连接的插入损耗(也就是说使用一个背靠背的适配器),因为在使用接收天线和发射天线测量期间该适配器并不存在。用于电缆直连的背靠背适配器的最大的失配不确定度使用公式(F.4)计算,该公式可简化为:

$$\delta(V_{\text{mismatch adaptor}})=20\lg[1\pm(\Gamma_T S_{11A}+\Gamma_R S_{22A}+\Gamma_T\Gamma_R S_{21A}^2)] \quad \cdots\cdots\cdots\cdots\cdots(\text{E.1})$$

式中:

Γ_T 和 Γ_R ——分别是发射端口或接收端口的反射系数;

S_{21A} 和 S_{11A}(S_{22A})——适配器的传输系数和反射系数。

其中假定 S_{11A} 和 S_{22A} 远小于 S_{21A}。对于典型的适配器和天线端口,回波损耗、Γ_T、Γ_R、S_{11A} 和 S_{22A} 优于 26 dB(<0.05),且 $|S_{21A}|$ 小于 0.1 dB(>0.99)。对于这些参数,公式(E.1)得到的 SIL 测量结果(参见 A.8.3)的误差限为±0.06 dB。

N12) 这包括了地面反射以及来自天线支撑物和电缆反射的影响,包括来自环境的反射,比如树木、建筑物、围栏和输电线路的反射。考虑的是天线校准场地与理论的 SIL 或 NSA 的最大偏差。可以使用±1 dB 的 CALTS 要求。

N13) 表 9(见 8.4.4)中,需要通过实际测量或使用计算机仿真(比如用 CAP2010 [52])的方法评估天线间距误差对 SA 的影响。对于天线间距 d 为 10 m、间距误差为 0.05m 的情况,计算机仿真给出的误差为 0.05 dB。使用公式(41)(见 7.4.1.2.1)计算可以获得几乎相同的值。对于表 13 和表 14(9.4.2.2 和 9.5.1.4),公式(41)表明,间距 d 为 2.5 m 和 3 m 时,间距 0.01 m 的误差会引起 SIL 约 0.03 dB 的变化。

N14) 需要通过实际测量或使用计算机仿真的方法评估天线高度误差的影响。对于接收天线高度设 定中 0.01 m 的误差,计算机仿真估算 SA 误差为 0.02 dB。由于发射天线和接收天线的高度误差都包括在 RSS 的计算当中,因此总误差为 0.03 dB。如果 AUC 的天线系数随天线高度变化,由公式(41)和公式(45)(7.4.1.2.1 和 7.4.2.1)不能得到精确的估值。

N15) 表 9、表 10 和表 11 中(8.4.4、9.2.3),假定发射天线和接收天线的定向误差为±2.5°。表 12 和表 13 中(9.3.3 和 9.4.2.2),假定天线处于垂直极化,其高度角(或倾角)的误差为 2.5°。图 C.11、图 C.12 和图 C.13(C.7.2、C.7.3 和 C.7.4)表明:发射天线和接收天线的定向误差在 10 m 距离时的 SIL 或 SA 测量中引入的误差小到(<0.01 dB)可以忽略不计。

N16) 在 SIL 值或 SA 值中的极化失配不确定度可以使用 $\cos(\phi)$ 获得,其中 ϕ 是发射天线与接收天线之间的极化角度差。例如,如果在各自的视轴方向上,发射天线和接收天线在彼此相反的方向上倾斜 2°,极化失配的不确定度为 0.02 dB [=20lgcos(2°×2)的绝对值],如表 13 和表 14 所示(9.4.2.2 和 9.5.1.4)。但是,当极化角度差减小到 0.6°时,误差小于 0.001 dB,可忽略不计,如表 9~表 12(8.4.4、9.2.3、9.3.3)以及表 B.1 和表 B.5(B.4.2.1 和 B.4.3.1)所示。

N17) 对于双锥天线和偶极子天线，由于 AUC 和 STA 的相位中心处于相同的位置，相位中心位置所引入的不确定度可忽略不计；见表 9～表 12(8.4.4、9.2.3、9.3.3)以及表 B.1 和表 B.5(B.4.2.1和 B.4.3.1)。

N18) SSM 利用接地平面的反射和 10 m 的天线间距。对于 LPDA 天线和复合天线，间距是从天线标识的中心进行测量，因此，配对天线的相位中心会在 AUC 的 AF 中引入误差。由于测量这些天线不只是在其视轴方向，因此会有 AUC 和配对天线辐射方向图的影响。天线与其在接地平面的镜像之间的耦合会给 F_a 引入误差。例如，相位中心、辐射方向图和互耦的影响已包含在不确定度分量 $e_0(i,j)|_{max}$ 中；见 A.5。针对每种类型的天线，需要通过计算机仿真评估 7.4.2.2 和 A.5 中导出的天线系数的误差，该误差包括在测量不确定度评估表中，其灵敏系数为 1。

——偶极子天线和双锥天线：对于这些类型天线的校准，可忽略与 H 面方向图有关的不确定度。然而，天线系数随高度的变化、近场效应和巴伦阻抗会以相互结合的形式对用 SSM 得到的天线系数产生显著的影响。因此，对于每种类型的天线，需要通过计算机仿真的方式评估这些影响。至于双锥天线，已经研究了通过 SSM 得到的天线系数与自由空间天线系数的偏差，如表 C.2 所示(参见 C.6.2)，其列出了作为修正系数的偏差值。进一步的理论和实验研究表明：如果没有进行恰当地修正，SSM 得到的双锥天线的天线系数中引入的误差可能高达 0.8 dB。

——LPDA 天线和复合天线：计算机仿真可以评估天线系数随高度的变化、近场效应和巴伦阻抗的影响，但不包括 H 面方向图的均匀性。理论和实验研究表明：这些影响在 LPDA 天线的天线系数中引入的误差约为 0.5 dB，在复合天线的天线系数中引入的误差约为 1.2 dB。

根据 ISO/IEC 导则 98-3 的 F.2.4.5，利用($U_{max}+b_{max}$)可以得到未经修正的扩展不确定度，b_{max} 是修正系数 b 的最大值，U_{max} 为 $b=0$ 时评估得到的扩展不确定度。然而，ISO/IEC 导则 98-3 推荐了一种更合理的方法，除了在 RSS 计算中的标准测量不确定度之外，还要使用修正系数的标准偏差和其他的不确定度分量，如 ISO/IEC 导则 98-3 的公式(F.7e)所示。表 9(见 8.4.4)遵循了这种方法。

N19) 这是使用 SAM 对 STA 校准的不确定度。STA 的校准实际上针对的是宽带可计算偶极子天线。图 E.1 和图 E.2 示出了实测的和预估的可计算偶极子天线水平极化时 SIL 的比较，使用的两个偶极子长度分别谐振在 60 MHz 和 180 MHz。两者之间的差值在±0.3 dB 以内，AF 中的差值是该差值的一半，这表明对于双锥 STA 的 AF，±0.35 dB 的不确定度是切实可行的。

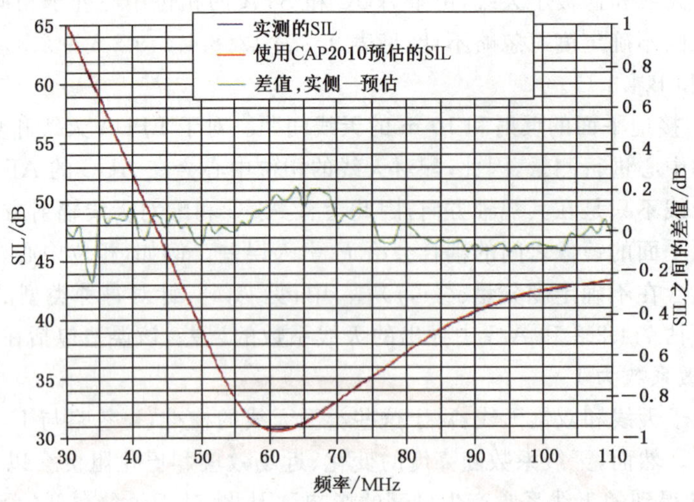

图 E.1 实测的和预估的可计算偶极子天线的 SIL 比较结果－60 MHz 振子

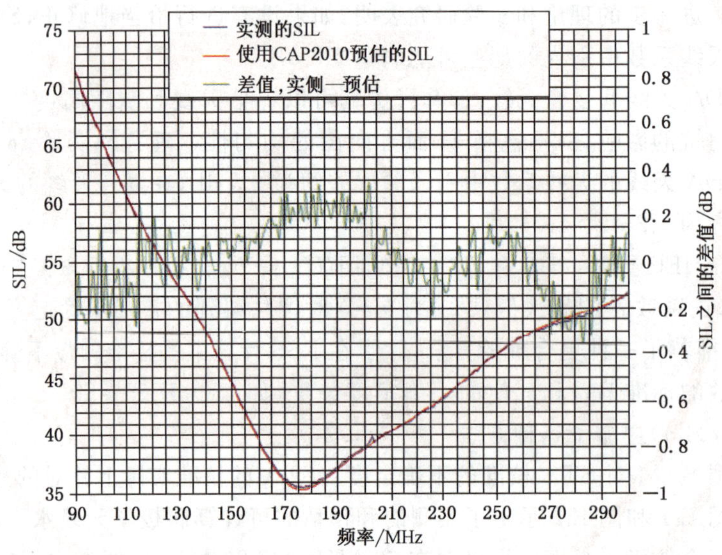

图 E.2 实测的和预估的可计算偶极子天线的 SIL 比较结果—180 MHz 振子

N20) 取决于场地质量，地面/地板、墙、天花板和其他靠近 STA 的反射物体会以不同的方式影响天线特性，如天线阻抗，因此，在实际校准场地中 STA 的 AF 可能与使用 STA 校准给出的 F_a略有不同。

如表 10(见 9.2.3)所示，参照图 C.6.b)(参见 C.6.1)，对于一副经过校准的双锥天线(STA)的 AF，这个差值可能估计为 0.3 dB。该估计假定：间距至少为 4 m 的发射天线和接收天线要远离 FAR 中吸波材料尖端至少 1 m；同时假定该吸收材料的最大反射系数为 0.16(即回波损耗为 16 dB)，以满足 2.0 dB 的 NSA 准则(见 GB/T 6113.105—2018 的 5.3.2 的注 2)。在表 11(见 9.2.3)中，在吸波材料的反射系数为 0.16(即回波损耗 16 dB)的 FAR 中，两副调谐偶极子天线的间距 d 为 5 m。假定这两副天线放置在距 FAR 中吸波材料的尖端至少 3 m远处。这些最近的典型的吸波材料可能会改变可计算调谐偶极子天线(STA)的天线阻抗，导致 STA 的 AF 在 60 MHz 以上的频段最大变化可达 0.2 dB。考虑到其他未知的影响，表 11 中使用了 0.4 dB 的误差。

表 B.3(参见 B.4.2.1)中,在满足要求的 CALTS 上使用 SAM 实施校准,要求 CALTS 的 SIL 值与其理论值之差在 1.0 dB 以内。这意味着场地的不理想、天线塔和电缆布线对接收到的电压的影响为 1.0 dB 或更小。然而,实际评估出的这些不理想对天线阻抗或 STA 的 AF 的影响要远小于 1.0 dB。不确定度中占主导地位的分量是金属接地平面对随高度变化的 AF 的直接影响。考虑到其他未知的影响,由场地和天线塔对 STA 的 AF 所引入的不确定度的估计值为 0.3 dB。

表 B.5(参见 B.4.3.1)中,在 CALTS 上使用 TAM 进行校准,其中场地不理想、天线塔和电缆走线对 SIL 值的影响为 1.0 dB 或更小。因此,该值作为一项不确定度,是由场地和天线塔对天线的影响产生的。

表 B.8(参见 B.5.2)中,选择天线高度使调谐偶极子天线的 AF 近似等于 F_a。图 C.6 a)(参见 C.6.1)表明,在 30 MHz 时,对于 $h=0.5\lambda$,0.1λ 的高度误差可能会使 STA 的 AF 与 F_a 之间的变化约为 1 dB。然而在实际中高度 1 cm 的绝对误差会使 STA 的 AF 的变化约为 0.01 dB。考虑到其他未知的影响,假定场地、天线塔和电缆走线会改变 STA 的天线阻抗,引起 STA 的 AF 产生约为 0.3 dB 的变化,如表 B.8 所示。

与表 B.8 类似,选择表 B.9 的 TAM 的天线高度使调谐偶极子天线的 AF 近似等于 F_a。然而在 CALTS 上,场地缺陷、天线塔和电缆走线,这些非期望的影响可能影响 SIL 测量结果多达 1.0 dB。因此将该值作为 SIL 的一项不确定度,如表 B.9 所示。

N21) 采用 SAM 校准可以使用较短的天线间距,因为发射天线的功能是用足够均匀的场照射 STA 和 AUC。如果间距太短,发射天线与 STA、AUC 之间的耦合可能会改变天线的 AF。然而,如果 STA 和 AUC 的天线类型极为相似,正如所推荐的那样,这将在很大程度上消除互耦和小的场非均匀性的影响。因此对于下面的 SAM,通过考虑两个或者更多的因素可以减小 AF 的变化。

如果经过校准的双锥天线(STA)用于 FAR 中 AUC 的校准,间距 d 为 5 m。图 C.5 b)(参见 C.5)表明:近场和天线互耦会改变 STA 的 AF,相对于其自由空间值,AF 的变化量可达 0.2 dB,如表 10(见 9.2.3)所示。

对于表 11(见 9.2.3),图 C.5 a) 表明间距 d 为 5 m 时近场和天线互耦会改变 STA 的 AF,在 60 MHz 以上的频率范围,相对于其自由空间值,AF 的变化量可达 0.3 dB。

对于表 B.1 和表 B.5(B.4.2.1 和 B.4.3.1),图 C.5 b) 表明间距 d 为 10 m 时近场和天线互耦会改变 STA 的 AF,在 30 MHz 以上的频率范围,相对于其自由空间值,AF 的变化量可达 0.1 dB。在这种情况下,灵敏系数为 1。

对于表 B.8 和表 B.9(B.5.2 和 B.5.3),图 C.5 a) 表明间距 d 为 20 m 时近场和两副半波调谐偶极子天线间的互耦会改变 STA 的 AF。在 60 MHz 以下的频段,相对于其自由空间值,AF 的变化量可达 0.1 dB。对于 60 MHz 以上的频段,d 为 10 m 时,相对于其自由空间值,STA 的 AF 变化量可达 0.1 dB。

N22) 表中的误差 0.03 dB 是由公式(24)(见 7.3.2)计算得到的,当天线间距 d 调整为 5 m 时,其误差为 0.02 m。

对于表 B.3、表 B.5、表 B.8 和表 B.9(B.4.2.1、B.4.3.1、B.5.2 和 B.5.3),公式(41)(见 7.4.1.2.1)表明 0.04 dB 的误差与金属接地平面上的 SIL 或接收到的电压测量相关,测量时的间距为 10 m,其误差为 0.05 m。

N23) 对于表 10 和表 11(见 9.2.3)所示的位于模拟自由空间环境中的双锥天线和偶极子天线,在校准 STA 和 AUC 时,0.01 m 的高度差对 V_{STA} 和 V_{AUC} 的影响是可忽略不计的,因为这两种天线在 H 面都具有均匀的方向图,并且场强随高度的变化可忽略不计。这项观察所得也适用于表 14(见 9.5.1.4)。

对于表 B.3、表 B.5、表 B.8 和表 B.9(B.4.2.1、B.4.3.1、B.5.2 和 B.5.3)所涉及的天线校准,公式(41)(见 7.4.1.2.1)表明:金属接地平面上的 SIL 或接收电压测量的误差 0.01 dB 是间距 d 为 10 m 时 0.01 m 的天线高度误差引起的。

N24) 如 8.3.3 所述,AUC 和 STA 具有相似的机械尺寸和方向性能。此外,用 AUC 替代 STA 也是在相同的物理空间且电缆保持同样布置的状态。因此,当计算两者之差($V_{STA}-V_{AUC}$)时,其附近物体产生的反射信号的影响在很大程度上会被抵消,附近物体包括接地平面(或地面)、电缆、天线塔和附近的其他反射物体等。根据经验,对于表 10、表 11、表 B.3 和表B.8(9.2.3、B.4.2.1 和 B.5.2)中的水平极化,假定校准场地和设施对($V_{STA}-V_{AUC}$)的影响为 0.2 dB;而对于表 12(见 9.3.3)中的垂直极化,该影响为 0.3 dB。

N25) 如 A.9.4 所述,可以确定可计算调谐偶极子天线(STA)的天线系数误差小于 0.15 dB。该值先要通过计算机仿真确定,再使用 TAM 的实测结果加以验证。

N26) 与 STA 靠近的接地平面、天线塔和电缆会影响天线特性。因此,垂直极化的 STA 的 AF 与通过 STA 校准给出的 AF 略有不同。另外,在 STA 的垂直口面处有场锥削,而这种方法所依赖的是场锥削要小。考虑到其他未知的影响,对于满足 CALTS 要求、SIL 在 1.0 dB 以内的校准场地,场地和天线塔的影响引入的不确定度的估计值总共为 0.2 dB。

N27) 在使用 SAM 的垂直极化测量中,AUC 校准时天线间距至少设定为 10m,这与 STA 校准的条件几乎相同。因此,在 V_{STA} 测量中可以忽略近场效应。另一方面,参照图 C.6 c)(参见 C.6.1),对于 1.75 m 的天线高度,由天线与其地面镜像间的互耦产生的误差的估计值约为 0.2 dB。

N28) 对于 $h_i=0$ m 和 $h_j=1.75$ m,将 STA 和 AUC 轮流放置在距离 $d=10$ m,其误差为 0.05 m,通过把公式(28)(见 7.3.3)的减号改为加号后可计算得到表 12(见 9.3.3)中 0.04 dB 的误差值。

N29) 采用 SAM 对垂直极化的双锥天线校准时,STA 与 AUC 高度相差 0.01 m 就使得($V_{STA}-V_{AUC}$)产生 0.002 dB 的变化,该值是通过把公式(28)(见 7.3.3)中的减号改为加号后估算得到的,其中 $h_i=0$ m、$h_j=1.75\pm0.01$ m。

N30) 对于复合天线的校准,由于天线相位中心位置和天线与地面镜像间互耦所引入的不确定度,需要考虑额外的不确定度。表 12(见 9.3.3)假定该不确定度分量对应的误差为 0.3 dB。

N31) 表 13(见 9.4.2.2)中,天线在金属接地平面上处于垂直极化布置,$d=2.5$ m、$h_i=h_j=4$ m,地面反射波以 73°的俯角照射接收天线。图 C.12 a)、图 C.12 b)、图 C.13 a)和图 C.13 b)(参见 C.7.3 和 C.7.4)表明,LPDA 天线和复合天线在该角度所具有的天线系数要大于视轴方向的天线系数约 10 dB(=3.2 倍)。因此,地面反射波会将仅由直射波(也就是 $1/R_{ij}$)得到的 SIL 值改变 0.27 dB[即$(1/r_{ij})\times0.32^2$]或更小。为了将地面反射的不期望影响减少到 0.2 dB 以下(如表 13 所列),需要在金属接地平面上的镜面反射区域内放置回波损耗大于 3 dB(反射系数=0.71)的吸波材料,如图 19(见 9.4.4)所示,或者是将天线架设在金属接地平面 4 m 以上足够高的位置。

N32) 计算机仿真结果表明:0.01 m 的天线高度误差可以为垂直极化的 LPDA 天线的 F_a 中引入 0.03 dB 或更小的不确定度。在这种情况下,灵敏系数为 1。

N33) 这是在给定频率处通过预测天线相位中心所产生的误差。相位中心引入的不确定度适用于 LPDA 天线和复合天线。详细信息见 7.5.2 和 N17)。假定间距 $d=2.5$m,使用 2.5 cm 的误差可得到相位中心的估计值,则 0.18 dB 的残余不确定度贡献包含在表 13(见 9.4.2.2)中。

然而,对于 LPDA 天线和复合天线,需要评估这项不确定度。作为一个例子,考虑 LPDA 天线的校准,其在 300 MHz 和 1 000 MHz 谐振时的两个振子的间距为 0.5 m。在这种情况下，对于10m的参考天线间距，300 MHz时实际间距为10.5 m，1 000 MHz时为9.5 m。在SA或SIL测量中，使用1/R衰减法则，粗略地估计其引入的误差不会超过0.45 dB。通过计算机仿真可以做出更准确的估计。因此，如7.5.2所述，需要通过相位中心的修正来减小该项不确定度，尤其是对图18(见9.4.1)所示的SIL测量更是如此。

N34) 图C.6 f)(参见C.6.1)表明，4 m以上的天线高度被认为足以将金属地面对水平极化的LPDA天线的影响减少到0.05 dB以下。与此相对应，金属地面对垂直极化的LPDA天线的影响预计也小于0.05 dB。至于天线邻近的耦合效应，图C.5 d)(参见C.5)表明：在2.5 m的天线间距时，在AF中引入0.08 dB的误差。由于LPDA天线窄小的后瓣，因此可以忽略来自天线塔和其他的不期望的反射。根据经验，表14(见9.5.1.4)包含由近场和天线互耦的不期望的效应产生的误差共计为0.2 dB。假定灵敏系数为1。

N35) 暗室吸波材料的反射率可能与频率相关。图E.3示出了用于电波暗室的三种类型材料的反射衰减(回波损耗)。在1 GHz～6 GHz，材料的回波损耗随频率增加，但在6 GHz及其以上，回波损耗仍保持高性能。1 GHz时最差的反射率作为1 GHz～6 GHz不确定度评估的依据。

表14(见9.5.1.4)假定一种天线布置：在回波损耗为25 dB(即反射系数=0.056)的吸收材料上方$h_i=h_j=1.5$m且$d=3$m，地面反射波以大约45°的俯角入射到接收天线。图C.14 a)、图C.15 b)、图C.16 a)和图C.17 b) (参见C.7.5)中绘制的1 GHz和6 GHz的辐射方向图表明，喇叭天线和LPDA天线在此角度的天线系数要比视轴方向上的值约大5 dB(即1.8倍)。因此，对仅由直射波(也就是1/R_{ij})得到的SIL值，地面反射波将改变该SIL值0.11 dB[即$(1/r_{ij})\times0.56^2\times(0.056)$]或更小。考虑到其他未知的影响，对于场地对SIL测量的影响，表14采用了0.2 dB的误差值。同样的考虑适用于6 GHz～18 GHz。

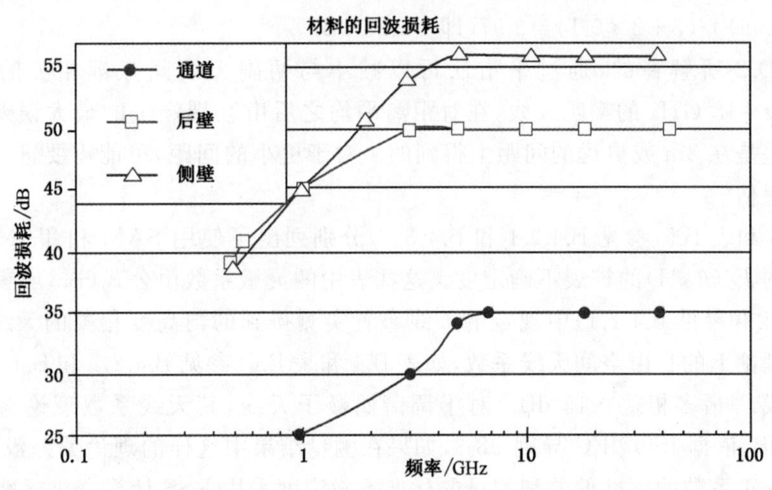

图E.3 暗室用吸波材料的反射率

N36) 如图C.14 c)和图C.15 c)(参见C.7.5)所示，假定DRH天线在18 GHz时的半功率波束宽度为10°。在这种情况下，对于方位角ϕ，辐射方向图的幅度可以近似表示为$\cos(45°\times\phi/10°)$。在发射天线和接收天线的对正中，激光对正系统若达到优于1°的精准度，则SIL测量误差约为0.05 dB[$=20\lg\cos^2(45°\times1/10°)$]。

图E.4所示的激光对正系统包括：1) 安装在可调底座上的激光器和标靶；2) 框内2个直角棱镜(通过调整入射波束位置，该波束可以从框内穿出指向发射天线或接收天线)；3) 2个安装在喇叭口面上的反射镜。由于天线方向图并不总是对称的，因此180°旋转后的重复测量是检查天线对正和降低未对正误差的一种实用方法。

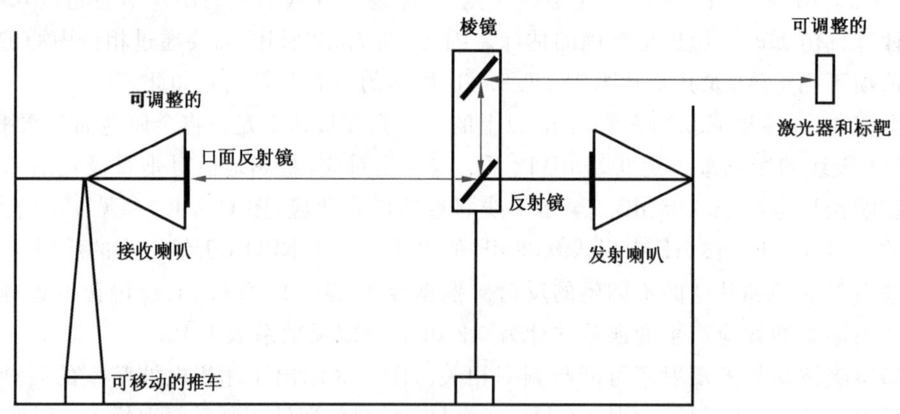

图 E.4　激光对正系统

N37)　当在 2 个口面之间设定天线间距时，参照图 15(见 7.5.3.1)，与相位中心相关的误差可由公式(E.2)计算：

$$\delta_{相位中心} = 20\lg\left(\frac{d + d_1 + d_2}{d}\right) \quad \cdots\cdots(E.2)$$

相位中心距天线口面的距离 d_1 和 d_2 可以通过 7.5.3 中所述的测量或数值计算来确定。表 14(见 9.5.1.4)中估计的误差贡献假定，基于 DRH 天线的经验数据，可以确定相位中心 $d_1 = d_2 = 0.1$ m，当天线间距 d 为 3 m 时相位中心误差为 0.05 m，即就是[(3＋2×0.1)－(2×0.05)]/(3＋2×0.1)＝0.97(即－0.28 dB)。

N38)　正如 D.2 所解释的，通过平滑法可以减小与两副天线间互耦相关的不确定度。对于 1 GHz～18 GHz 的喇叭天线，在对距离平均之后由互耦产生的最大误差为 0.2 dB。估计的误差是在 3m 或更远的间距上得到的。对于更小的间距，可能需要进行单独的测量不确定度评估。

N39)　表 B.3 和表 B.5(参见 B.4.2.1 和 B.4.3.1)分别列出了使用 SAM 和 TAM 进行天线校准时得到的 $F_a(h,\mathrm{H})$ 的扩展不确定度。这些表中的灵敏系数由公式(B.3)(参见 B.4.2.2)给出。

N40)　用表 B.2(参见 B.4.2.1)中规定的天线布置实测得到的与高度相关的天线系数的平均值不同于理论上的自由空间天线系数，如表 B.4 和表 B.6(参见 B.4.2.2 和 B.4.3.2)所示的对于双锥天线[24]最多相差 0.15 dB。对于调谐偶极子天线，其天线系数理论偏差的估计值也为 0.30 dB。依据 ISO/IEC 导则 98-3，如果在测量结果中这样的理论偏差没有得到修正，可以根据修正系数的标准偏差和测量的标准不确定度采用 RSS 计算合成标准不确定度。

附 录 F
(资料性附录)
连接于发射端口和接收端口之间的双端口装置的失配不确定度

图 F.1 示出了连接于发射端口和接收端口之间的一个双端口装置的信号流向图。用 4 个散射参数表示双端口装置,它可以是一根电缆、一个适配器或一个衰减器。Γ_T 和 Γ_R 分别代表发射端口和接收端口的反射系数。

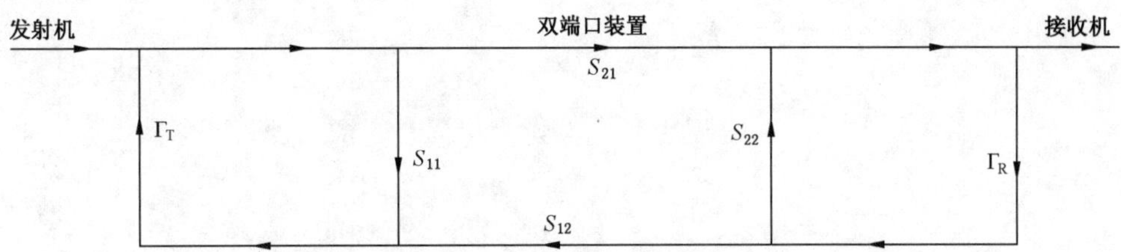

图 F.1 发射端口和接收端口之间双端口装置的信号流向图示

依据参考文献[43]给出的 4 个简化规则,该信号流向图能减化为连接于两个节点之间的单一路径,如图 F.2 所示。为简化推导,图 F.2 中 V_T 和 V_R 分别表示发射机端和接收机端的电压。

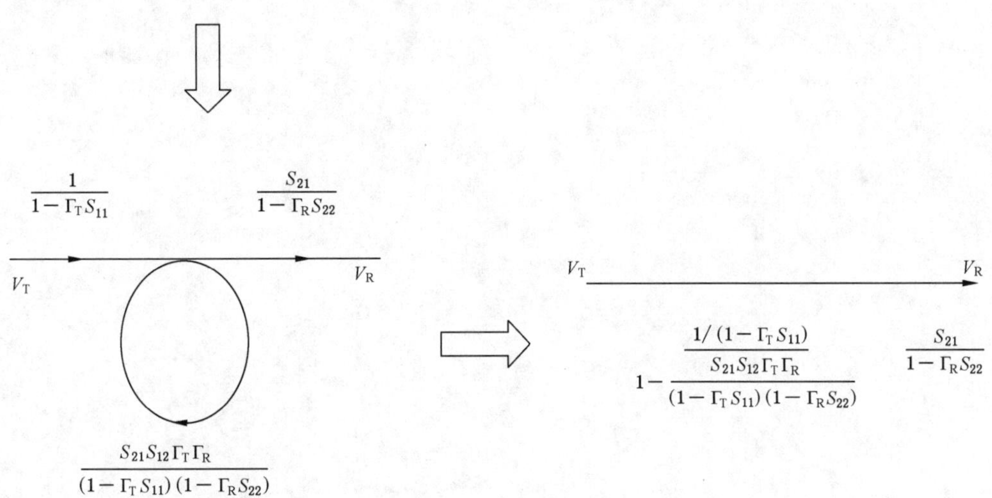

图 F.2 信号流的简化

因此,当系统存在失配时,V_T 和 V_R 之比可以表示为:

$$\left.\frac{V_R}{V_T}\right|_{失配}=\frac{S_{21}}{1-\Gamma_T S_{11}-\Gamma_R S_{22}-S_{12}S_{21}\Gamma_T\Gamma_R-S_{11}S_{22}\Gamma_T\Gamma_R} \qquad \text{(F.1)}$$

对于完全匹配的传输线 $\Gamma_T=\Gamma_R=0$,公式(F.1)简化为:

$$\left.\frac{V_R}{V_T}\right|_{匹配}=S_{21} \qquad \text{(F.2)}$$

对比上述两种情况,双端口装置的失配不确定度(dB)可以通过公式(F.3)进行估算:

$$M_{dB}=20\lg\left\{\left(\left.\frac{V_R}{V_T}\right|_{失配}\right)/\left(\left.\frac{V_R}{V_T}\right|_{匹配}\right)\right\}=$$

$$20\lg\left\{\left|\left(\frac{S_{21}}{1-\Gamma_T S_{11}-\Gamma_R S_{22}-S_{12}S_{21}\Gamma_T\Gamma_R-S_{11}S_{22}\Gamma_T\Gamma_R}\right)/S_{21}\right|\right\}=$$

$$20\lg\left(\left|\frac{1}{1-\Gamma_T S_{11}-\Gamma_R S_{22}-S_{12}S_{21}\Gamma_T\Gamma_R-S_{11}S_{22}\Gamma_T\Gamma_R}\right|\right) \quad \text{(F.3)}$$

考虑到反射系数 Γ_T 和 Γ_R 远小于 1，使用公式(F.4)通过 S 参数可以估算失配不确定度的范围：

$$M_{dB}^{\pm}=20\lg[1\pm(|\Gamma_T||S_{11}|+|\Gamma_R||S_{22}|+|\Gamma_T||\Gamma_R||S_{11}||S_{22}|+|\Gamma_T||\Gamma_R||S_{21}|^2)] \quad \text{(F.4)}$$

对于一个高品质的双端口装置，假定发射端口与接收端口具有相同的反射系数 Γ_p，则公式(F.4)可进一步简化为：

$$M_{dB}^{\pm}=20\lg[1\pm(2|\Gamma_p||S_{11}|+|\Gamma_p|^2|S_{21}|^2)] \quad \text{(F.5)}$$

附 录 G
(资料性附录)
单极天线校准的验证方法和 ECSM 的不确定度分析

G.1 5 MHz～30 MHz 单极天线平面波法校准的验证方法

G.1.1 校准程序

一副大的单锥天线发射垂直极化的平面波,照射位于大的平坦的导电接地平面上的单极天线(即AUC),AUC 与单锥天线之间的距离≥15 m。单锥天线的描述参见 A.2.4。强烈推荐接地平面的尺寸至少为 30 m×20 m;然而,由于 5 MHz 时对应的波长为 60 m,因此在解释 10 MHz 以下频段的结果时需要加以注意。

对于 CISPR 25[4] 使用的单极天线的校准,匹配单元的上表面位于理想 OATS 的接地平面的下方且与其电相连。AUC 用可计算单极天线(即 STA)代替,STA 的 F_a(STA)可以用于计算 AUC 的 F_a(AUC)。5 MHz 以下,由于单极天线的自阻抗很高,因此信号很弱。一种解决方法是采用更长的单极天线作为 STA,但在实际当中,5 MHz～30 MHz 频段 ECSM 的验证能充分地信任 5 MHz 以下频段使用 ECSM 的校准,因此在 5 MHz 以下频段,并不需要使用平面波方法。

注 1:也可以使用尺寸小于 30 m×20 m 的接地平面,但是需要经过和 30 m×20 m 的接地平面进行比较来验证可行性。另一种由发射天线产生平面波的方式是使用 TEM 模式的带状线,其上导体面和接地平面之间的高度约为单极 AUC 高度的两倍。校准程序不变,但用 STA 代替 AUC,放置的位置是在带状线的中心区域。

注 2:代替 CALTS 的另一个选择是使用大型 GTEM 小室,其可以覆盖 9 kHz～30 MHz 的整个频段;如参考文献[40]所述,当采用这种技术、使用单极天线时需要进行附加验证。

STA 可以是一个长为 1.0 m、直径为 10 mm 的铜杆,通过一个安装在接地平面上的过壁 N 型连接器进行馈电,接地平面下方的另一端连接信号源。使用铜杆很方便,因为其可以焊接在阳性插针上,该插针与 N 型阴性过壁连接器连接。图 G.1 示出了杆和 N 型阳性连接器的装配图;由于电介质在其外部,外导体的内侧有螺纹,因此,插针的深度可以调节。测量两个相同单极天线之间的 SIL,SIL 中第一个谐振频率对应的 $\lambda/4$ 即为所需的杆长度,该杆长度用于 NEC 中计算杆天线的 F_a(STA)。

使用 GB/T 6113.105—2018 中的 C.2.5.2 计算 F_a(STA)的值。该计算值可以通过下述方法进行验证:测量两个相同铜杆单极天线间的 SIL 即 $A_{i,m}$,然后与 SIL 理论值 $A_{i,t}$ 进行比较。F_a(STA)不确定度约为 $A_{i,m}$ 和 $A_{i,t}$ 之差的一半。如 GB/T 6113.105—2018 中 7.1 所述,这也可以作为场地确认的一种方法。如果单极天线的基座放置在足够大的接地平面上方并与其电连接,使用 F_a(AUC)可以保证电场强度的准确测量。

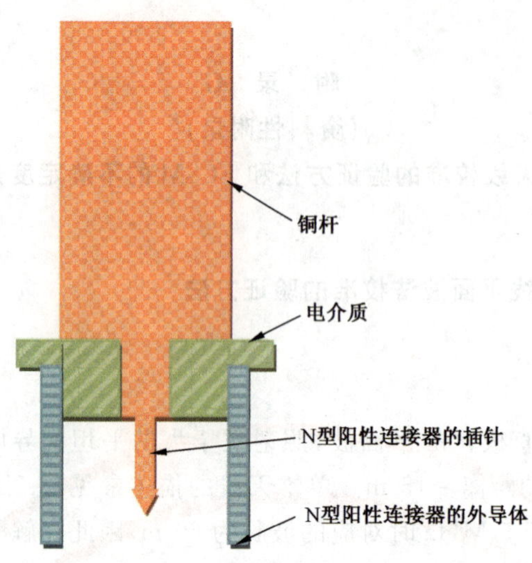

图 G.1 铜杆和过壁 N 型阳性连接器进行连接的示意图

G.1.2 单极天线平面波法校准的不确定度评估

表 G.1 给出了一个测量不确定度评估的示例。

表 G.1 SAM 法测量单极天线 F_a 的不确定度评估示例

不确定度源或影响量 X_i	值 dB	概率密度分布	包含因子	灵敏系数	u_i dB	备注
VNA 的线性	0.15	矩形分布	$\sqrt{3}$	1	0.09	—
BNC 连接器的重复性	0.05	正态分布	1	1	0.05	—
失配	0.36	U 型分布	$\sqrt{2}$	1	0.25	—
不同高度引起的 SAM 的不确定度	0.1	矩形分布	$\sqrt{3}$	1	0.06	—
STA 的 AF	0.3	正态分布	1	1	0.30	—
合成标准不确定度 u_c					0.41	—
扩展不确定度 $U(k=2)$					0.82	

G.2 ECSM 的不确定度分析

G.2.1 杆长度超过 $\lambda/8$ 的效应

图 G.2 示出了杆长度对天线电容的影响。当 $\lambda/h<8$ 时，电容迅速增加，计算 F_{ac} 的误差也增加。图 G.3 给出了 1 m 长的杆随频率和直径变化时，使用公式(4)(见 5.1.2.2)计算得到自电容 C_a 的变化情况。另外，图 G.4 示出了使用公式(3)和公式(5)(见 5.1.2.2)计算的不同长度的杆的等效高度。这些图表明，1 m 单极天线的等效高度和自电容在 10 MHz 以上随频率急剧增加。

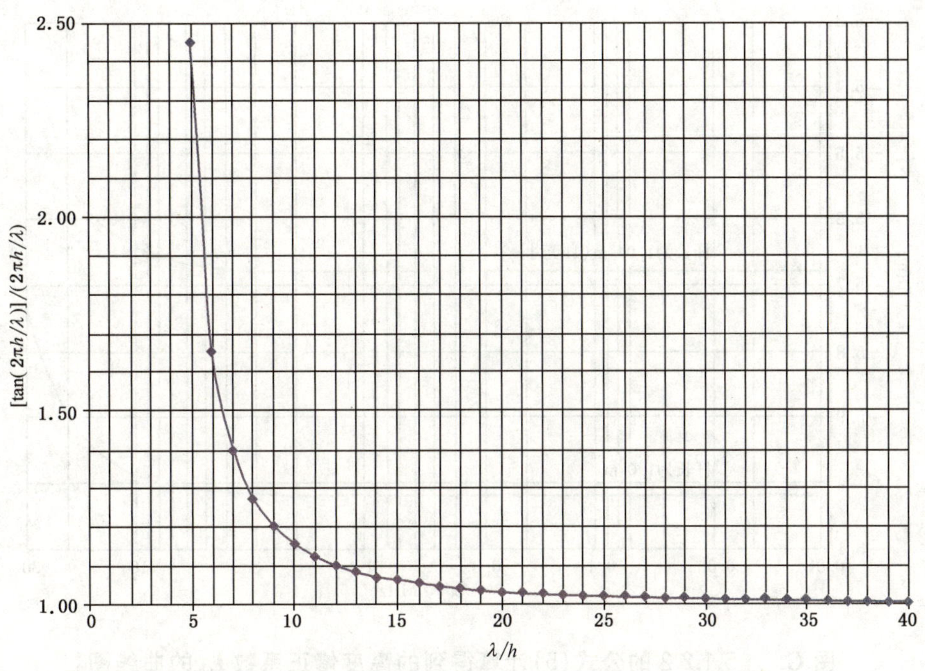

图 G.2　5.1.2.2 的公式(4)中 tan(...)项的幅度曲线图

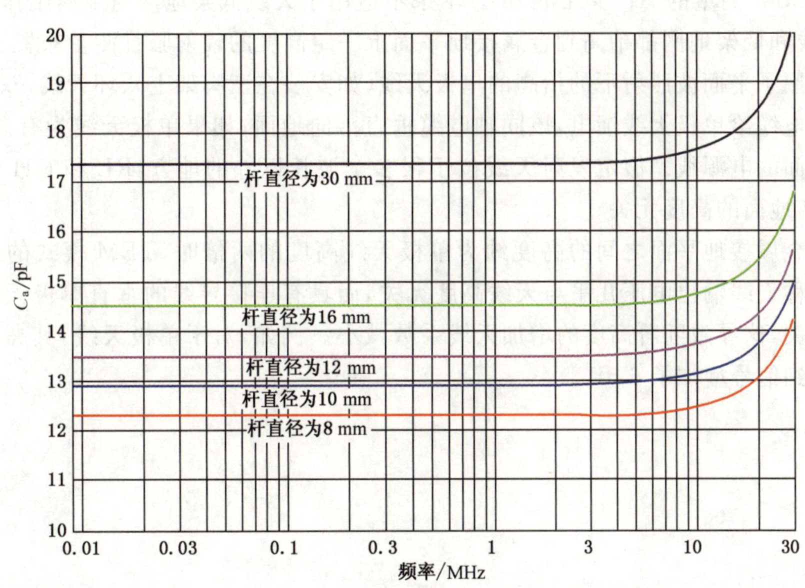

图 G.3　5.1.2.2 的公式(4)计算得到的 1 m 单极天线自电容 C_a 的曲线图

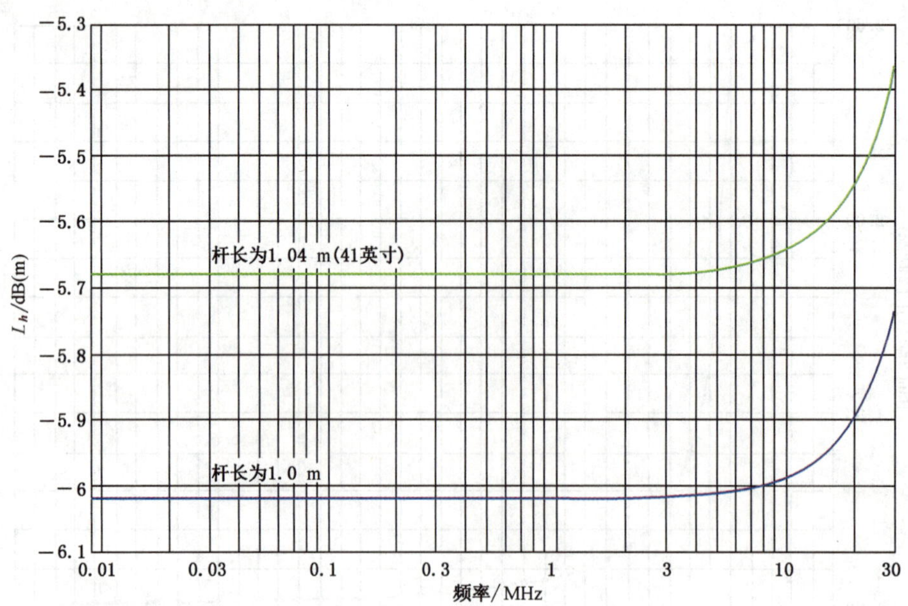

图 G.4 5.1.2.2 的公式(5)计算得到的高度修正系数 L_h 的曲线图

G.2.2 安装在三脚架上对单极天线 AF 的影响

单极天线有时安装在三脚架上的低架地网上(见 5.1),这会导致测量的 AF 比匹配单元位于接地平面上或者通过 ECSM 测量的 AF 少几个 dB。本条不适用于天线低架地网与金属工作台相连时的场强测量,适用于天线和低架地网都抬高到金属接地平面上一定高度的辐射骚扰测量布置。

图 G.5[60] 示出了平面波照射下的抬高的单极天线(如安装在三脚架上)、环天线、双锥(或者偶极子)天线。通过同轴电缆给单极天线馈电,该同轴电缆垂直落向地面;如果单极天线为有源天线,那么可能还有一根落向地面的电源线。假定发射天线位于很多个波长以外的地方,RL 和 GH 区域上的场强几乎为常量,与距离地面的高度无关。

当导电板和金属接地平面之间的高度约为单极天线高度的两倍时,TEM 模式的带状线也会产生类似的条件。对称天线输出电压几乎与天线高度无关,而具有连接导线的垂直单极天线的输出电压与地面上的高度有关,这导致随着高度的增加天线系数减小。例如,对于单极天线,其高度从地面增加到 1.2 m,则可观察到信号增加了 6 dB[60]。

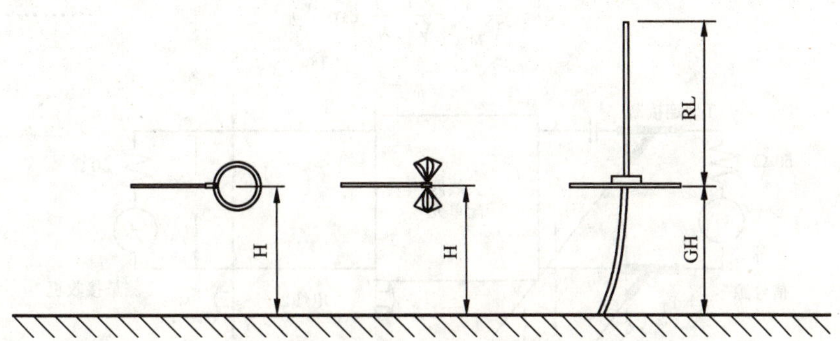

说明：

H——天线距地面的高度；

RL——杆长度；

GH——单极天线基座距地面的高度。

图 G.5 双锥天线、环天线、带垂直馈线的抬高的单极天线校准布置

G.2.3 单极天线接收电场

当单极天线接收平面波的场强 $E(\mu V/m)$，会感应出 RF 源电压 $h_e E(\mu V)$，并在测量接收机的输入端口产生 RF 电压 $V_M(\mu V)$。图 G.6 示出了等效电路。符号 h_e 表示天线等效高度(m)。图 G.6 中插入的电容 C_a(pF)用于模拟天线辐射单元(即杆天线)的电抗。天线匹配单元用矩阵($ABCD$)表示。

在此布置中，单极天线的天线系数 Φ 由公式(G.1)定义：

$$\Phi = \frac{E}{V_M} \ (m^{-1}) \qquad \text{(G.1)}$$

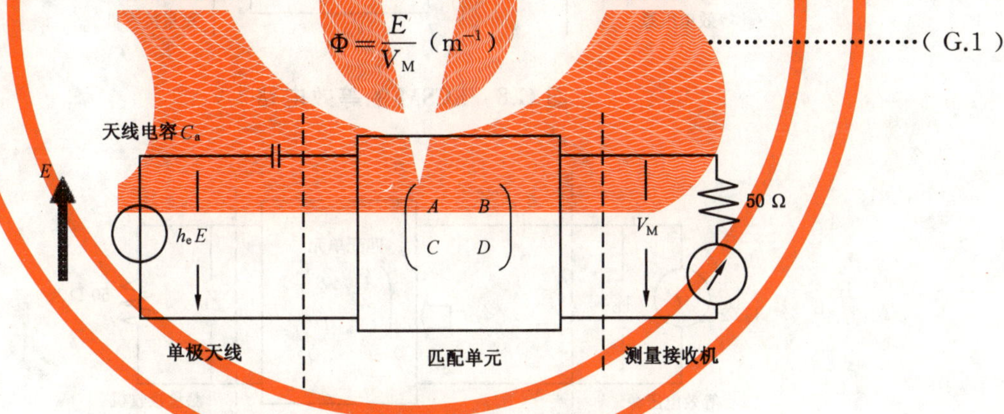

图 G.6 单极天线系统的等效电路图

G.2.4 等效电容替代法(ECSM)

5.1.2 中规定的 ECSM 的校准布置见图 G.7。这种校准布置可以用图 G.8 所示的等效电路表示[65]。

在图 G.8 中，ECSM 假定 C_a 的阻抗远大于 25 Ω 的源阻抗，这是因为通常情况下 C_a 的值在 10 pF 左右，在 30 MHz 时的阻抗约为 530 Ω。因此，图 G.8 的电路可以用图 G.9 的电路近似表示。

比较图 G.9 和图 G.6 得到如下关系，即公式(G.2)：

$$\frac{V_D}{V_L} = \frac{h_e E}{V_M} \qquad \text{(G.2)}$$

因此，单极天线的天线系数可由公式(G.3)计算：

$$\Phi=\frac{E}{V_{\mathrm{M}}}=\frac{V_{\mathrm{D}}}{V_{\mathrm{L}}}\frac{1}{h_{\mathrm{e}}}(\mathrm{m}^{-1}) \qquad \cdots\cdots\cdots\cdots(G.3)$$

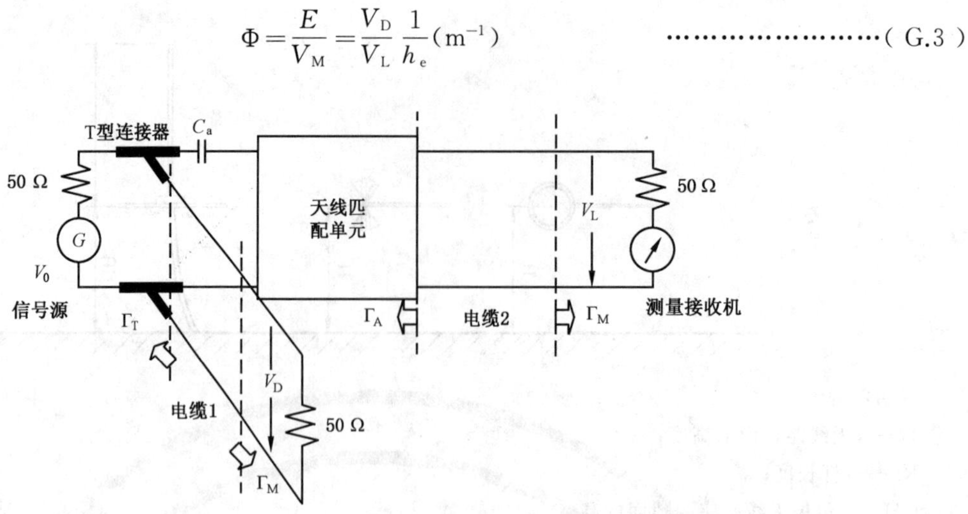

图 G.7 使用 ECSM 的单极天线校准

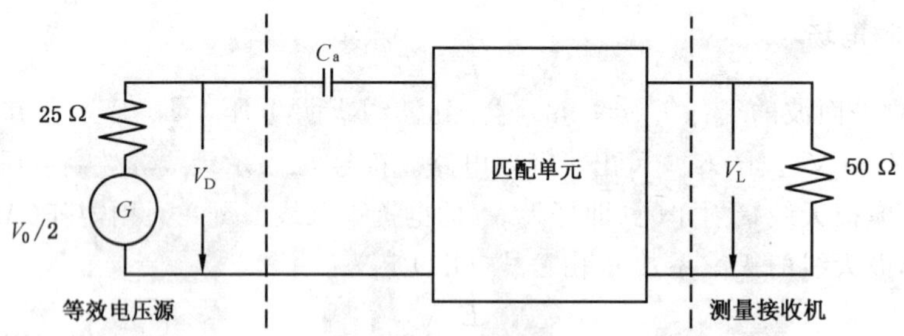

图 G.8 ECSM 的等效电路

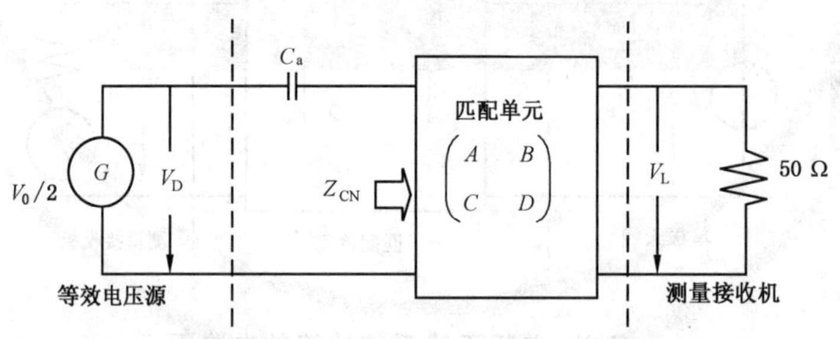

图 G.9 图 G.8 的简化电路形式

G.2.5 ECSM 的相关不确定度

G.2.5.1 一般考虑

ECSM 需要使用等效高度 h_e和杆电容 C_a，这些参数可以通过公式(3)和公式(4)(见 5.1.2.2)计算得到。然而，这些公式的前提是假设单极天线位于足够大的接地平面上，例如 30 m×20 m 或者更大；即杆基座通过接地平面上的过壁同轴连接器进行馈电。因此，本条中的不确定度分析也基于这样的假设。

实际上，在杆和接地平面(低架地网)之间以及虚拟天线中(如图 3 所示；见 5.1.2.4)可能会存在杂散电抗，导致天线电容和等效高度与公式(3)和公式(4)(见 5.1.2.2)得到的结果不同。因此，需要对这种杂散电抗进行研究以减小不确定度[36],[40]。

G.2.5.2 天线电容引入的不确定度

图 G.7 给出了图 1(见 5.1.2.3.2)所示的 ECSM 布置的等效电路,该布置中使用网络分析仪。然而,图 G.7 也适用于图 2(见 5.1.2.3.3)所示的布置,该布置中使用了信号发生器和测量接收机。在图 G.9 中,端接 50 Ω 负载的匹配单元的输入阻抗 Z_{CN} 可使用公式(G.4)得到:

$$Z_{CN}=\frac{50A+B}{50C+D} \qquad \cdots\cdots(G.4)$$

使用这个阻抗,天线系数可以使用公式(G.5)表示为:

$$\Phi=\frac{1}{h_e}\frac{V_D}{V_L}=\frac{1}{h_e}\frac{50C+D}{50}\left(\frac{1}{j\omega C_a}+Z_{CN}\right)\ (m^{-1}) \qquad \cdots\cdots(G.5)$$

在实际的 ECSM 测量中,如果天线电容发生很小的变化,从 C_a 变为 C'_a,那么推导出的天线系数也从原来的 Φ 变为 Φ',见公式(G.6)。

$$\frac{\Phi'}{\Phi}=\frac{(1/j\omega C'_a)+Z_{CN}}{(1+/j\omega C_a)+Z_{CN}}\approx\frac{j\omega C_a}{j\omega C'_a}[1+j\omega(C'_a-C_a)Z_{CN}]\approx\frac{C_a}{C'_a} \qquad \cdots\cdots(G.6)$$

当天线电容的阻抗远大于匹配单元的阻抗 Z_{CN} 时,公式(G.6)近似成立。因此,天线电容误差 ε_C(pF)会导致推导出的天线系数存在如公式(G.7)得到的误差:

$$\varepsilon_{C_a}(F_a)=F'_a-F_a=20\lg\left(\frac{\phi'}{\phi}\right)\approx 20\lg\left(\frac{C_a}{C'_a}\right)=20\lg\left(\frac{C_a}{C'_a+\varepsilon_C}\right)\ (dB) \qquad \cdots\cdots(G.7)$$

公式(4)(见 5.1.2.2)含有一个系数,该系数建模电容在谐振频点附近的高频趋势。这表明对于 1 m 杆,实际电容比固定值最大要大 4pF。在计算 C_a 值的模型中,要考虑额外的不确定度,即需要测量半径,也需要考虑伸缩杆的问题。考虑到选取的 C_a 值比公式(4)计算得到的值大 0.5 pF~1 pF,选取 3 pF 作为电容值的不确定度比较合理。

举例来说,如果使用 12.6 pF 电容值代替 10 pF,公式(G.7)表明使用 ECSM 校准可能会导致天线系数的误差约为 2.0 dB [40];也可以见 E.2 中的 N3)。公式(G.6)表明天线电容导致的天线系数误差取决于匹配单元的阻抗 Z_{CN}。

G.2.5.3 电压测量引入的不确定度

如图 G.7 所示,ECSM 需要测量两个电压,即 V_D 和 V_L。因此需要评定电压测量接收机引入的不确定度分量。

G.2.5.4 失配引入的不确定度

图 G.7 中,Γ_M 和 Γ_A 分别代表在测量接收机输入端口和匹配单元输出端口测量的反射系数。Γ_T 指从电缆 1 连接的 T 型连接器端口看进去的反射系数。由于与 T 型连接器相连的天线电容通常阻抗较大,Γ_T 主要取决于信号源的输入阻抗。根据公式(F.4),失配不确定度范围可以通过连接电缆的 S 参数 S_{11}、S_{22} 和 S_{21} 利用公式(G.8)和(G.9)计算得到:

$$M_D^{\pm}=20\lg[1\pm(|\Gamma_T||S_{11}|+|\Gamma_M||S_{22}|+|\Gamma_T||\Gamma_M||S_{11}||S_{22}|+|\Gamma_T||\Gamma_M||S_{21}|^2)]\ (dB) \qquad \cdots\cdots(G.8)$$

$$M_L^{\pm}=20\lg[1\pm(|\Gamma_A||S_{11}|+|\Gamma_M||S_{22}|+|\Gamma_A||\Gamma_M||S_{11}||S_{22}|+|\Gamma_A||\Gamma_M||S_{21}|^2)](dB) \qquad \cdots\cdots(G.9)$$

若 $\Gamma_M=\Gamma_A=\Gamma_T=0.06$(回波损耗为 24 dB),$S_{11}=0.18$(回波损耗为 15 dB),$S_{22}=0.32$(回波损耗为 10 dB),$S_{21}=1.0$,则 $M_D^-=M_L^-=0.266$ dB。

G.2.5.5 等效高度引入的不确定度

ECSM 测量步骤 5.1.2.2 中使用的等效高度的表达式包括了一项 $\tan(x)$ 的系数。在低频段，单极天线等效高度可以简单假定为其物理高度的一半。如果高度大于 $\lambda/8$，那么这项 $\tan(x)$ 系数可以部分修正等效高度，但是在接近谐振频率的地方，误差变大。假定使用这项修正，等效高度不大于 1.1 m 的杆，其在 35 MHz 以下的计算不确定度为 4%；这其中包括了连接部位引入的额外高度的不确定度。

有些单极天线可以工作到最高 100 MHz，高度超过 $\lambda/8$，这种情况下，ESCM 不再适用，天线校准需采用平面波法。如果等效高度有微小变化，在公式(5)（见 5.1.2.2）中 h_e 变为 h'_e，L_h 变为 L'_h，则会导致电容的改变，见公式(G.10)。

$$L'_h - L_h = 20\lg\left(\frac{h'_e}{h_e}\right) = 20\lg(1 + x_{h_e})\ (\mathrm{dB}) \qquad \cdots\cdots\cdots\cdots (\mathrm{G.10})$$

式中 x_{he} 表示 h_e 的变化百分比。因此，4% 的等效高度误差会对 L_h 产生 0.34 dB 的误差。

G.2.6 计算 $F_{ac}=V_D-V_L$ 时虚拟天线的替代

图 G.10 给出了替代的虚拟天线的电路图，该虚拟天线可以模拟天线等效高度 h_e 的影响，通过引入电压分压器(R_1，R_2)，使得 V_D-V_L 得到 F_{ac}。虚拟天线为包含在校准适配器中的 C_a。电阻需要满足条件(R_1+R_2)=50 Ω，并且 $h_e=(R_2/50)$m。举例来说，如果 $h_e=0.5$ m，$R_1=R_2=25$ Ω。R_1 和 R_2 的比通常为 1∶1，使得驱动电压 V_D 除以 2(−6 dB)，这对应 1 m 单极天线的高度修正系数。电阻需要与源阻抗良好匹配。

通过调节电阻 R_1 和 R_2，可以实现其他的杆长度。电容 C_a 代表了杆的自电容，对于 1 m 长度的杆，根据半径不同，C_a 的值通常在 10 pF～20 pF 之间。使用这种“源匹配校准适配器”，可以将公式(2)（见 5.1.2.1）简化为公式(G.11)：

$$F_{ac} = V_D - V_L\,[\mathrm{dB(m^{-1})}] \qquad \cdots\cdots\cdots\cdots (\mathrm{G.11})$$

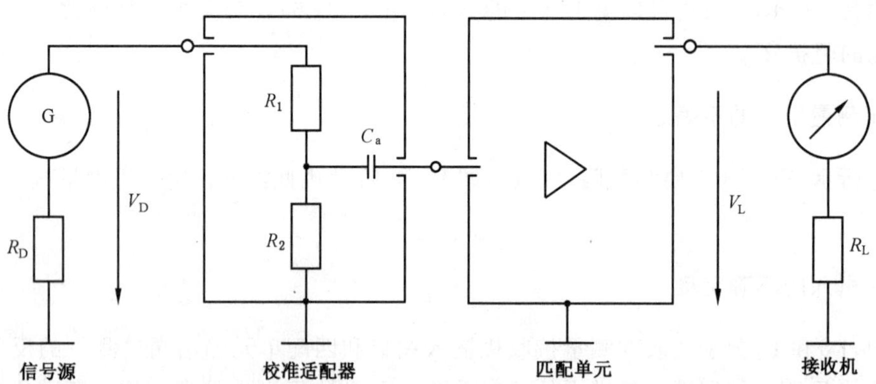

图 G.10 虚拟天线模拟天线等效高度 h_e 的影响的电路

附　录　H
（资料性附录）
校准 150 kHz 以下环天线的亥姆赫兹线圈法

H.1　测量程序

若使用亥姆霍兹线圈法在实验室中校准时，实验室中不能存在大量的导电材料，因为其会与线圈的场耦合，并改变线圈常数。亥姆霍兹线圈所在的位置离金属结构的距离需至少为线圈直径的3倍。校准中用作天线定位的支撑材料也需要是非导电的。用已校的设备检查环境的磁场电平，确认背景读数是足够的低，以满足要求的总不确定度。

亥姆霍兹线圈可以产生均匀的磁场区域，因此作为一种环天线校准可选择的方法[67]。如图H.1所示，两个相同的线圈，若间距 s 等于线圈半径 r 时，满足亥姆霍兹条件。两个线圈之间的场在以直径为 $a=r/2$ 的球型区域内是均匀的，球的中心为两个线圈的中间面与通过线圈中心轴线的交点。图H.1中的符号为：s 为线圈1和线圈2之间的距离；r 为线圈半径；a 为每个线圈距中间面的距离，$a=s/2$。

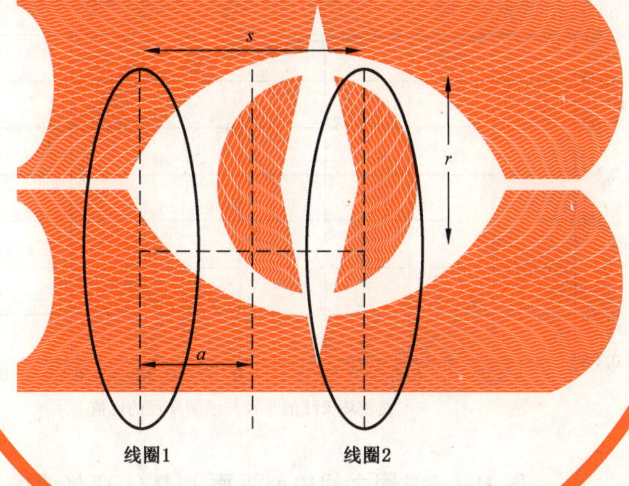

图 H.1　亥姆霍兹线圈法布置示意图

对于一对亥姆霍兹线圈，产生的磁场的准确度主要取决于尺寸构造的准确度和驱动电流的准确度。亥姆霍兹线圈的线圈常数定义为磁场强度与线圈中的电流之比，如公式(H.1)：

$$\frac{H}{I}=\frac{8}{5\sqrt{5}}\frac{N}{r} \qquad \text{(H.1)}$$

式中：

H ——轴线上的磁场强度，单位为安每米(A/m)；

I ——线圈中的电流，单位为安培(A)；

N ——每个线圈的匝数；

r ——每个线圈的半径，单位为米(m)。

影响最高工作频率的因素包括：

- 每个线圈的绕线类型和绝缘类型；
- 单个线圈的匝数。

这些因素会引起绕组内和绕组间电容，通过自谐振降低了最高工作频率。当工作频率接近谐振频率时，绕线中的电流会小于测量值。为了将这项误差减至最小，使用质子磁共振仪并结合单匝搜索线圈的频率响应在直流时确定线圈常数。

设计出来的亥姆霍兹线圈使用质子磁共振仪进行校准。通过计算电流来建立所需的场强，该电流由校准过的分流器（电阻）和数字电压表（DVM）测得。DVM 需能够测量最高频率至 150 kHz 的交流电压。对于测量电流所用的分流电阻，对该分流电阻上交流和直流的辨别能力限制了其最高工作频率只能到 150kHz 左右。

将半径为 R 的被校的环天线（即 AUC）放置在两个线圈的中间，并与线圈同轴。稍微旋转线圈平面，使得环天线输出电压最大。在要求的磁场强度电平，用校准过的 DVM 测量环天线的输出电压。记录分流电压值，并计算得到线圈电流和施加的磁场强度。

半径 R 最好是小于 $r/2$，这样可以将 AUC 区域的磁场非均匀性减到最小。图 H.2 中示出了非均匀性导致的误差百分比，这示出了 H/I 的实际值与由公式（H.1）计算得到的理论值的比。误差百分比为：

$$[(\text{实际 } H/I \text{ 中的误差})-1]\times 100$$

图 H.2 所示的性能曲线会导致线圈中的平均磁场比公式（H.1）计算得到的值要小，因此计算得到的天线系数要大。对于 $R/r=0.4$ 的情况，误差百分比为 1.27%（即 0.11 dB），这作为场均匀性的误差示例包括在表 H.1 中。这项误差可通过对 AUC 环路面积内的场强进行平均加以修正从而得以减小。

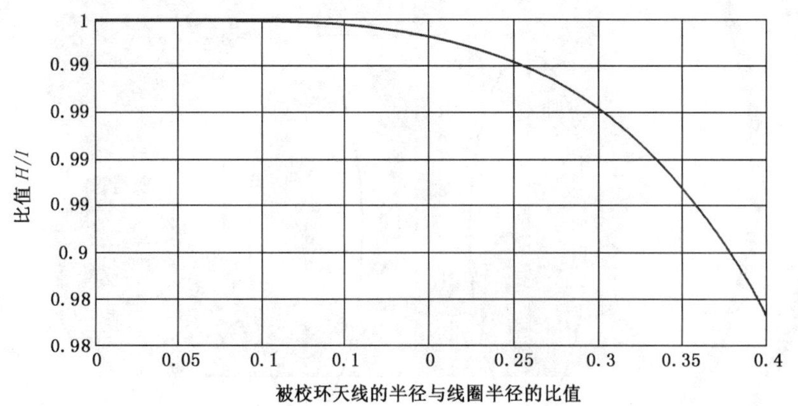

图 H.2　线圈之间中心平面上 H/I 变化曲线

DVM 输入阻抗的加载可能会影响环天线的输出电压。为进行判定，将另一个相似的 DVM 与第一个并联起来，一个 DVM 的读数为 V_{c1}，两个 DVM 并联的读数为 V_{c2}。通过这两个读数，可以使用公式（H.2）计算考虑输入阻抗加载得到修正的电压值：

$$V_c=\frac{V_{c1}V_{c2}}{2V_{c2}-V_{c1}} \quad \cdots\cdots\cdots\cdots\cdots\cdots\text{(H.2)}$$

式中：

V_c　——修正的环天线输出电压，单位伏特（V）；

V_{c1}　——使用一个 DVM 测量的输出电压，单位伏特（V）；

V_{c2}　——使用两个并联 DVM 测量得到的输出电压，单位伏特（V）。

通常情况下，在要求的场强电平，使用校准过的 DVM 在 50 Ω 负载上测量无源环天线的输出电压。大部分 AUC 都是有源的，其源阻抗为 50 Ω。在关注的频率范围内，需要确定该负载的频率响应，若有必要，在不确定度评估中要考虑这项因素的影响。

对于已知场强 H[dB(μA/m)]和天线输出电压 V_c[dB(μV)]，3.1.2.5 所定义的天线系数 F_{aH}[dB($\Omega^{-1}m^{-1}$)]可通过 $F_{aH}=H-V_c$ 计算得到。

H.2 不确定度

50 kHz～150 kHz 频段测量不确定度评估示例见表 H.1,不大于 10 MHz 时该测量不确定度可达 0.5 dB。

表 H.1 50 kHz～150 kHz 亥姆霍兹法测量环天线 F_{aH} 的不确定度评估示例

不确定度源或影响量 X_i	值 dB	概率密度分布	包含因子	灵敏系数	u_i dB	备注
亥姆霍兹线圈的校准	0.003	正态分布	2	1	0.002	—
亥姆霍兹线圈的频率响应	0.043	矩形分布	$\sqrt{3}$	1	0.025	—
DVM 的校准	0.086	正态分布	2	1	0.043	—
分流电阻的校准	0.002	正态分布	2	1	0.001	—
分流电阻的频率响应	0.003	正态分布	2	1	0.001	—
电流测量的分辨率	0.013	矩形分布	$\sqrt{3}$	1	0.008	—
环天线的输出分辨率	0.013	矩形分布	$\sqrt{3}$	1	0.008	—
环天线未对正	0.009	矩形分布	$\sqrt{3}$	1	0.005	—
场的均匀性	0.010	矩形分布	$\sqrt{3}$	1	0.006	—
频率测量	0.000	正态分布	2	1	0.000	—
测量重复性	0.004	正态分布	1	1	0.004	—
合成标准不确定度 u_c					0.052	—
扩展不确定度 $U(k=2)$					0.103	

参 考 文 献

[1] CISPR 16-1-1:2010, Specification for radio disturbance and i mmunity measuring apparatus and methods—Part 1-1: Radio disturbance and i mmunity measuring apparatus—Measuring apparatus

[2] CISPR 16-2-3:2010, Specification for radio disturbance and i mmunity measuring apparatus and methods—Part 2-3: Methods of measurement of disturbances and i mmunity—Radiated disturbance measurements

[3] CISPR 16-4-2:2011, Specification for radio disturbance and i mmunity measuring apparatus and methods—Part 4-2: Uncertainties, statistics and limiting modelling—Measurement instrumentation uncertainty

[4] CISPR 25:2008, Vehicles, boats and internal combustion engines—Radio disturbance characteristics—Limits and methods of measurement for the protection of on-board receivers

[5] IEC 61 000-4-22:2010, Electromagnetic compatibility (EMC)—Part 4-22: Testing and measurement techniques—Radiated emissions and i mmunity measurements in fully anechoic rooms (FARs)

[6] IEC 61169-16:2006, Radio-frequency connectors—Part 16: Sectional specification—RF coaxial connectors with inner diameter of outer conductor 7 mm (0.276 in) with screw coupling—Characteristics impedance 50 Ω (75 Ω) (type N)

[7] ISO/IEC Guide 98-3/Suppl.1:2008, Uncertainty of measurement—Part 3: Guide to the expression of uncertainty in measurement (GUM:1995)—Supplement 1:Propagation of distributions using a Monte Carlo method

[8] ISO/IEC 17043:2010, Conformity assessment—General requirements for proficiency testing

[9] ALEXANDER, M.J., Lopez, M.H.and Salter, M.J., Getting the best out of biconical antennas for emission measurements and test site calibration, Record on IEEE International Symposium on Electromagnetic Compatibility (Austin, Texas), 1997,p.84-89

[10] ALEXANDER M.J., Salter, M.J.and Cheadle, D.S., Near-field validation of calculable dipole antennas in a fully anechoic room from 20 to 1 000 MHz, EMC Europe 2013, Brugge, September 2013

[11] ALEXANDER, M.J., Salter, M.J., Loader, B.G.and Knight, D.A., Broadband calculable dipole reference antennas, IEEE Transactions on Electromagnetic Compatibility,February 2002, vol. 44, no.1, p.45-58

[12] ANSI C63.4-2003, American National Standard for Methods of Measurement of Radio-Noise Emissions from Low-Voltage Electrical and Electronic Equipment in the Range of 9 kHz to 40 GHz

[13] ANSI C63.5-2006, American National Standard for Electromagnetic Compatibility - Radiated Emission Measurements in Electromagnetic Interference, (EMI) Control - Calibration of Antennas (9 kHz to 40 GHz)

[14] ANSI/IEEE Std 149-1979, IEEE Standard Test Procedures for Antennas

[15] ARTHUR, D.C., Ji, Y.and Daly, M.P.J., A Simplified method for the measurement of magnetic loop antenna factor, Proceedings of Conference on Precision Electromagnetic Measurement 2008, Broomfield, Colorado, 3-13 June 2008, p.640-641

[16] AYKAN, A., Calibration of circular loop antennas, IEEE Transactions on Instrumentation and Measurement, vol.47, Issue 2, April 1998, p.446-452

[17] BRUNS, C., Leuchtmann, P., and Vahldieck, R., Analysis and simulation of a 1-18 GHz broadband double-ridged horn antenna, IEEE Transactions on Electromagnetic Compatibility, vol.45, 2003, p.55-60

[18] ÇAKIR, S., Hamid, R. and Sevgi, L., Loop-antenna calibration, IEEE Antennas and Propagation Magazine, vol.53, no.5, October 2011, p.243-254

[19] CHEN, Z.and Foegelle, M.D., A numerical investigation of ground plane effects on biconical antenna factor, IEEE International Symposium on Electromagnetic Compatibility, vol.2, 24-28 Aug.1998, p.802-806

[20] CHEN, Z., Foegelle, M.D.and Harrington, T., Analysis of log periodic dipole array antennas for site validation and radiated emissions testing, IEEE EMC Symposium, Seattle, 1999, p. 618-623

[21] CHEN, Z., Measurement uncertainties for biconical antenna calibrations using standard site method, 2013 Asia-Pacific International Symposium and Exhibition on Electromagnetic Compatiblity, May 20-23, 2013

[22] COLLIER, R.and Skinner, D., eds., Microwave Measurements, IET Electrical Measurement Series 12, 3rd edition, Chapter 4 (on coaxial connectors), 2007

[23] FITZGERRELL, R.G., Standard linear antennas, 30 to 1 000 MHz, IEEE Transactions on Antennas and Propagation, 1986, vol.AP-34, no.12, p.1425-1429

[24] FUJII, K. and Sugiura, A., Averaging of the height-dependent antenna factor, IEICE Transactions on Co mmunications, vol.E88-B, no.8, August 2005, p.3108-3114

[25] FUJII, K., Alexander, M.J. and Sugiura, A., Uncertainty analysis for three antenna method and standard antenna method, 2012 IEEE Symposium on EMC, August 2012, p.702-707

[26] GARN, H.F., Buchmayr, M., Müllner, W.and Rasinger, J., Primary standards for AF calibration in the frequency range 30—1 000 MHz, IEEE Transactions on Instrumentation and Measurement, April 1997, vol.46, no.2, p.544-548

[27] GAVENDA, J.D., Near-field corrections to site attenuation, IEEE Transactions on Electromagnetic Compatibility, vol.EMC-36, no.3, 1994, p.213-220

[28] GREENE, F.M., NBS Field-strength standards and measurements (30 Hz to 1 000 MHz).Proc.IEEE, June 1967, vol.55, no.6, p.974-981

[29] HALLÉN, E., Theoretical investigation into the transmitting and receiving qualities of antennas, Nova Acta Regiae Soc.Sci.Upsala, Ser.IV, 11, No.4, Nov.1938, p.1-44

[30] HARIMA, K., Calibration of broadband double-ridged guide horn antenna by considering phase center, Proceedings of the 39th European Microwave Conference, Oct.2009, Roma, Italy, p. 1610-1613

[31] HOLLIS, J. S., Lyon, T. J. and Clayton, L., Microwave Antenna Measurements, Scientific-Atlanta, Inc., 1969, Revised 1985

[32] IEEE Std 291-1991, IEEE Standard Methods for Measuring Electromagnetic Field Strength of Sinusoidal Continuous Waves, 30 Hz to 30 GHz.IEEE, Inc., 445 Hoes Lane, PO Box 1331, Piscataway, NJ 08855-1331 USA, p.28-29

[33] IEEE Std 1128-1998, IEEE Reco mmended Practice for Radio-Frequency (RF) Absorber Evaluation in the Range of 30 MHz to 5 GHz, Institute of Electrical and Electronics Engineers, Inc

[34] IEEE Std 1309-2005, IEEE Standard for Calibration of Electromagnetic Field Sensors and Probes, Excluding Antenna, from 9 kHz to 40 GHz, Institute of Electrical and Electronics Engineers, Inc

[35] ISHII, M., Hirose, M.and Komiyama, K., A measurement method for magnetic antenna factor of small circular loop antenna by 3-antenna method, URSI North American Radio Science Meeting (Columbus, Ohio), July 2003, p.458

[36] ISHII, M., Kurokawa, S.and Shimada, Y., Comparison between three-antenna method and equivalent capacitance substitution method for calibrating electrically short monopole antenna, Proceedings of 2011 IEEE International Symposium on Electromagnetic Compatibility (Long Beach), Aug.2011, p.101-106

[37] JI, Y., Arthur, D.C.and Warner, F.M., Measurement of above 1 GHz EMC antennas in a fully anechoic room, Proceedings of Conference on Precision Electromagnetic Measurement 2008, 3-13 June 2008, Broomfield, Colorado, p.252-253

[38] KERR, J.L., Short axial length broad-band horns, IEEE Transactions on Antennas and Propagation, 1973, vol.AP-21, no.9, p.710-714

[39] KING, R.W.P., Theory of Linear Antennas, Harvard University Press, Cambridge, MA,1956, p.16-17, 71, 184 and 487

[40] KNIGHT, D.A., Nothofer, A.and Alexander, M.J., Comparison of calibration methods for monopole antennas, with some analysis of the capacitance substitution method, NPL Report DEM-EM 005, October 2004.Available from (www.npl.co.uk/publications)

[41] KRIZ, A., Antenna applications and chamber impact, IEEE EMC Symposium, Honolulu,Hawaii USA, 2007

[42] KRIZ, A., Site validation above 1 GHz, IEEE EMC Symposium, Detroit, Michigan USA,2008

[43] KUHN, N., Simplified signal flow graph analysis, Microwave Journal, 1963, vol.VI,no. 11, p.59-66

[44] MENG, D., Alexander, M.J.and Zhang, X., Calibration of biconical antennas on a small ground plane, International Symposium on Antennas, Propagation & EM Theory (ISAPE), October 2012

[45] MIL-STD-461, Electromagnetic Interference Characteristics Requirements for Equipment, U.S.Department of Defense, July 1967

[46] MOLINA-LOPEZ, V., Botello-Perez, M.and Garcia-Ruiz, I., Validation of the open-area antenna calibration site at CENAM, IEEE Transactions on Instrumentation and Measurement, April 2009, vol.58, no.4, p.1126-1134

[47] MORIOKA, T. and Komiyama, K., Measurement of antenna characteristics above different conducting planes, IEEE Transactions on Instrumentation and Measurement,April 2001, vol.50, no.2, p.393-396

[48] MORIOKA, T.and Hirasawa, K., MoM calculation of the properly defined dipole antenna factor with measured balun characteristics, IEEE Transactions on Electromagnetic Compatibility, EMC-53, No.1, p.233-236, 2011

[49] MUEHLDORF, E. I., The phase center of horn antennas, IEEE Transactions on Antennas and Propagation, vol.AP-18, no.6, 1970, p.753-760

[50] MÜLLNER, W.and Buchmayr, M., Introducing height correction factors for accurate

measurements with biconical antennas above groundplane, 13th International Zurich Symposium and Technical Exhibition on Electromagnetic Compatibility, February 16-18,1999

[51] NEWELL, A.C., Baird, R.C.and Wacker, P.F., Accurate measurement of antenna gain and polarization at reduced distance by an extrapolation technique, IEEE Transactions on Antennas and Propagation, July 1973, vol.AP-21, p.418-431

[52] NPL Calculable Antenna Processor CAP2010, National Physical Laboratory, [software available as freeware from (www.npl.co.uk/software/calculable-antenna-processor)]

[53] NPL GPG 73, The Antenna Calibration Good Practice Guide, December 2004, available from (http://www.npl.co.uk/publications/good_practice/)

[54] PARK, J., Mun, G., Yu, D., Lee, B.and Kim, W., Proposal of simple reference antenna method for EMI antenna calibration, IEEE EMC Symposium 2011, p.90-95

[55] RIEDELSHEIMER, J. and Trautnitz, F. W., Influence of antenna pattern on site validation above 1 GHz for site VSWR measurements, 2010 IEEE Symposium on EMC, Fort Lauderdale, FL, USA

[56] ROCKWAY, J.W., Logan, J.C., Daniel, W.S.T.and Shing, T.L., The Mininec system: Microcomputer analysis of wire antennas, Artech House Inc., MA, USA, 1988

[57] SALTER, M.J.and Alexander, M.J., EMC antenna calibration and the design of an open-field site, Measurement Science and Technology, Institute of Physics (UK), 1991,vol.2, no.6, p. 510-519

[58] SCHELKUNOFF, S.A., Theory of antennas of arbitrary size and shape, Proceedings of the Institute of Radio Engineers, Sep.1941, vol.29, p.493-592

[59] SCHELKUNOFF, S.A.and FRIIS, H.T., Antennas: Theory and Practice, New York: John Wiley and Sons, Inc., 1952, p.302-331

[60] SCHWARZBECK, D., Calibration of Vertical Monopole Antennas (9 kHz—30 MHz), (http://www.schwarzbeck.de/appnotes/AF_of_monopole_on_tripod.pdf)

[61] SMITH, A.A., Standard-site method for determining antenna factors, IEEE Transactions on Electromagnetic Compatibility, vol.24, 1982, p.316-322

[62] SMITH, A.A., German, R.F.and Pate, J.B., Calculation of site attenuation from antenna factors, IEEE Transactions on Electromagnetic Compatibility, vol.EMC-24, No.3, 1982,p.301-316

[63] SUGIURA, A., Formulation of normalized site attenuation in terms of antenna impedances, IEEE Transactions on Electromagnetic Compatibility, Vol.EMC-32, No.4,p.257-263, 1990

[64] SUGIURA, A., Shinozuka, T.and Nishikata, A., Correction factors for normalized site attenuation, IEEE Transactions on Electromagnetic Compatibility, vol.EMC-34, No.4,p.461-470, Nov.1992

[65] SUGIURA, A., Alexander, M.J., Knight, D.A.and Fujii, K., Equivalent capacitance substitution method for monopole antenna calibration, 2012 IEEE Symposium on EMC,August 2012, p.708-713

[66] TRAINOTTI, V.and Figueroa, G., Vertically polarized dipoles and monopoles, directivity, effective height and antenna factor, IEEE Transactions on Broadcasting, vol.56, p. 379-409

[67] P VIGOUREUX, Formulae for the calculation of the magnetic field strength in a Helmholtz system with circular coils, NPL Report DES 130, December 1993; available from: (www.npl.co.uk/publications)

[68] WOLFF, E.A., Antenna Analysis, New York: John Wiley and Sons, Inc., 1966, p.61

[69] IEC 60050-726: 1982, International Electrotechnical Vocabulary. Transmission lines and waveguides

---

ICS 33.100
L 06

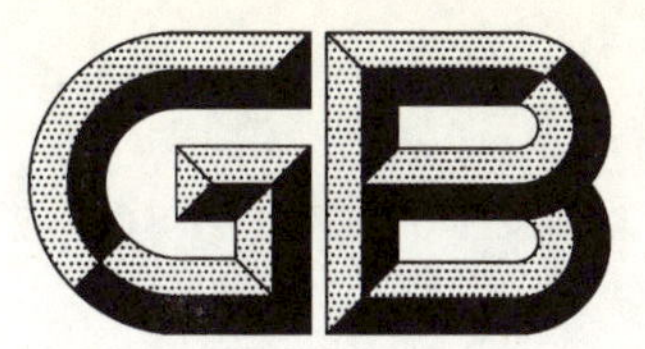

中华人民共和国国家标准

GB/T 6113.201—2018/CISPR 16-2-1:2014
代替 GB/T 6113.201—2017

无线电骚扰和抗扰度测量设备和测量方法规范 第2-1部分:无线电骚扰和抗扰度测量方法 传导骚扰测量

Specification for radio disturbance and immunity measuring apparatus and methods—Part 2-1: Methods of measurement of disturbances and immunity—Conducted disturbance measurements

(CISPR 16-2-1:2014,IDT)

2018-12-28 发布　　2019-07-01 实施

国家市场监督管理总局
中国国家标准化管理委员会　发布

前 言

GB/T 6113《无线电骚扰和抗扰度测量设备和测量方法规范》为电磁兼容基础标准,由以下四大部分组成。

第 1 部分:无线电骚扰和抗扰度测量设备规范

——第 1-1 部分:无线电骚扰和抗扰度测量设备　测量设备;

——第 1-2 部分:无线电骚扰和抗扰度测量设备　传导骚扰测量的耦合装置;

——第 1-3 部分:无线电骚扰和抗扰度测量设备　辅助设备　骚扰功率;

——第 1-4 部分:无线电骚扰和抗扰度测量设备　辐射骚扰测量用天线和试验场地;

——第 1-5 部分:无线电骚扰和抗扰度测量设备　30 MHz～1 000 MHz 天线校准用试验场地;

——第 1-6 部分:天线校准方法。

第 2 部分:无线电骚扰和抗扰度测量方法

——第 2-1 部分:无线电骚扰和抗扰度测量方法　传导骚扰测量;

——第 2-2 部分:无线电骚扰和抗扰度测量方法　骚扰功率测量;

——第 2-3 部分:无线电骚扰和抗扰度测量方法　辐射骚扰测量;

——第 2-4 部分:无线电骚扰和抗扰度测量方法　抗扰度测量;

——第 2-5 部分:大型设备骚扰发射现场测量。

第 3 部分:无线电骚扰和抗扰度测量技术报告

——第 3 部分:无线电骚扰和抗扰度测量技术报告。

第 4 部分:不确定度、统计学和限值建模

——第 4-1 部分:不确定度、统计学和限值建模　标准化 EMC 试验的不确定度;

——第 4-2 部分:不确定度、统计学和限值建模　测量设备和设施的不确定度;

——第 4-3 部分:不确定度、统计学和限值建模　批量产品的 EMC 符合性确定的统计考虑;

——第 4-4 部分:不确定度、统计学和限值建模　抱怨的统计和限值的计算模型;

——第 4-5 部分:不确定度、统计学和限值建模　替换试验方法的使用条件。

本部分为 GB/T 6113 的第 2-1 部分。

本部分按照 GB/T 1.1—2009 给出的规则起草。

本部分代替 GB/T 6113.201—2017《无线电骚扰和抗扰度测量设备和测量方法规范　第 2-1 部分:无线电骚扰和抗扰度测量方法　传导骚扰测量》,与 GB/T 6113.201—2017 相比,主要技术变化如下:

——按等同原则在范围中增加"注",以体现该 EMC 基础标准的地位和相关横向技术委员会的产品(类)标准与基础标准之间的关系及考虑在 EMC 标准制定方面开展必要的合作;

——增加了 4 个术语和定义(见第 3 章);

——增加了缩略语(见 3.2);

——增加了 EUT 布置(见 6.4.1);

——增加了多功能设备的工作状态(见 6.4.7);

——增加了最大发射布置的确定(见 6.4.8);

——增加了测量结果的记录(见 6.4.9);

——增加了 30 MHz～300 MHz 频率范围使用 CDNE 的测试设置和程序(见第 9 章);

——增加了电信端口测量基本要求(见附录 G);

——增加了电信端口传导测量说明(见附录 H);

——增加了使用于屏蔽电缆的 AAN 和 AN 举例(见附录 I)。

本部分使用翻译法等同采用 CISPR 16-2-1:2014《无线电骚扰和抗扰度测量设备和测量方法规范 第 2-1 部分:无线电骚扰和抗扰度测量方法 传导骚扰测量》。

与本部分中规范性引用的国际文件有一致性对应关系的我国文件如下:

——GB 4343.1—2018 家用电器、电动工具和类似器具的电磁兼容要求 第 1 部分:发射(CISRP 14-1:2011,IDT);

——GB/T 4365—2003 电工术语 电磁兼容(IEC 60050(161):1990,IDT);

——GB/T 6113.102—2008 无线电骚扰和抗扰度测量设备和测量方法规范 第 1-2 部分:无线电骚扰和抗扰度测量设备 辅助设备 传导骚扰(CISPR 16-1-2:2006,IDT);

——GB/T 6113.402—2018 无线电骚扰和抗扰度测量设备和测量方法规范 第 4-2 部分:不确定度、统计学和限值建模 测量设备和设施的不确定度(CISPR 16-4-2:2014,IDT)。

本部分由全国无线电干扰标准化技术委员会(SAC/TC 79)提出并归口。

本部分起草单位:上海电器科学研究院、中国电子技术标准化研究院、上海三基电子工业有限公司、国网电力科学研究院有限公司、南京容测检测技术有限公司、中国船舶工业电磁兼容性检测中心、厦门市产品质量监督检验院、陕西海泰电子有限责任公司、江苏省电子信息产品质量监督检验研究院。

本部分主要起草人:邢琳、崔强、史贝娜、姜宁浩、章霞、程江河、任平、郭恩全、赵东杰、王鹏。

本部分所代替标准的历次版本发布情况为:

——GB/T 6113.201—2008、GB/T 6113.201—2017。

无线电骚扰和抗扰度测量设备和
测量方法规范
第2-1部分:无线电骚扰和抗扰度测量方法
传导骚扰测量

1 范围

GB/T 6113规定了9 kHz～18 GHz频率范围骚扰的测量方法,本部分则规定了9 kHz～30 MHz频段的传导骚扰测量方法。使用CDNE测量时,频率范围为9 kHz～300 MHz。

注:依据IEC107导则,CISPR16-2-2为IEC所属产品委员会使用的基础EMC标准。正如IEC107导则所述,产品委员会有责任决定该EMC标准的适用性。CISPR及其分技术委员会(对应于国内的SAC/TC79技术委员会及其分技术委员会)与这些产品委员会在评估其特定产品的特定试验的价值展开合作。上述产品委员会对应于国内相关的产品技术委员会。

2 规范性引用文件

下列文件对于本文件的应用是必不可少的。凡是注日期的引用文件,仅注日期的版本适用于本文件。凡是不注日期的引用文件,其最新版本(包括所有的修改单)适用于本文件。

GB/T 6113.101—2016 无线电骚扰和抗扰度测量设备和测量方法规范 第1-1部分:无线电骚扰和抗扰度测量设备 测量设备(CISPR 16-1-1:2010,IDT)

IEC 60050(161) 电工术语 电磁兼容(International Electrotechnical Vocabulary—Electromagnetic compatibility)

CISRP 14-1 家用电器、电动工具和类似器具的电磁兼容要求 第1部分:发射(Electromagnetic compatibility—Requirements for household appliances, electric tools and similar apparatus—Part 1: Emission)

CISPR 16-1-2:2014 无线电骚扰和抗扰度测量设备和测量方法规范 第1-2部分:无线电骚扰和抗扰度测量设备 辅助设备 传导骚扰(Specification for radio disturbance and immunity measuring apparatus and methods—Part 1-2: Radio disturbance and immunity measuring apparatus—Ancillary equipment—Conducted disturbances)

CISPR 16-4-2 无线电干扰和抗干扰测量设备和方法 第4-2部分:不确定度、统计学和限值建模 测量仪器的不确定性(Specification for radio disturbance and immunity measuring apparatus and methods—Part 4-2:Uncertainties, statistics and limit modelling—Uncertainty in EMC measurements)

3 术语和定义、缩略语

3.1 术语和定义

IEC 60050(161)界定的以及下列术语和定义适用于本文件。

3.1.1

测量辅助设备 ancillary equipment

与测量接收机或试验信号发生器相连,用于受试设备(EUT)和测量或试验设备之间传送骚扰信号的传感器(例如,电流探头、电压探头和人工网络)。

3.1.2

人工网络　artificial network;AN

模拟实际网络(例如,延伸的电源线路或通信线路)对EUT呈现的阻抗而规定的参考负载,跨接其上可测量射频骚扰电压。

3.1.3

人工电源网络　artificial mains network;AMN

在射频范围内向EUT提供一规定阻抗,并能将试验电路与供电电源上的无用射频信号进行隔离,同时将试验电路上的骚扰电压耦合到测量接收机上的网络。

注1:AMN有两种基本类型:分别用于耦合非对称电压的V型(V-AMN)和用于耦合对称电压和不对称电压的Δ型(Δ-AMN)。

注2:线路阻抗稳定网络(LISN)和V型AMN可替换使用。

3.1.4

辅助设备　associated equipment;AE

不属于受试系统但被用来辅助EUT运行的设备。

3.1.5

不对称人工网络　asymmetric artificial network;AAN

用于测量非屏蔽对称信号(例如通信)线上的共模电压(或将共模电压注入到非屏蔽对称信号线上)同时具有抑制差模信号功能的网络。

注1:AAN是一种提供模拟电信网络产品非对称负载的人工网络。

注2:术语"Y型网络"是AAN的同义词。

注3:当接收机测量端口当作骚扰注入端口时,AAN也可以用于抗扰度测试。

3.1.6

不对称电压　asymmetric voltage

电源端子的电气中点和地之间的射频骚扰电压,有时也称为共模电压。

注:如果电源端子的一根线和地之间的矢量电压为V_a,电源端子另一根线和地之间的矢量电压为V_b则不对称电压为V_a和V_b矢量和的一半,即$(V_a+V_b)/2$。

3.1.7

对称电压　symmetric voltage

双线电路中两线间的射频骚扰电压,例如单相电源。有时也称为差模电压。

注:对称电压为V_a和V_b的矢量差(V_a-V_b)。

3.1.8

非对称电压模值　unsymmetric mode voltage

矢量电压V_a或V_b的幅值(见3.1.6和3.1.7的定义)。

注1:非对称电压是使用V型人工电源网络测得的电压。

注2:V_a和V_b的详细信息见3.1.6和3.1.7的注。

3.1.9

外围设备　auxiliary equipment;AuxEq

属于受试系统的外部设备。

3.1.10

发射测量的耦合/去耦网络　CDNE-X

用于30 MHz～300 MHz频率范围内发射测量的耦合去耦网络。对于非屏蔽的具有两条导线的交流电源、直流电源或控制端口,后缀X为M2,对于非屏蔽的具有三条导线的交流电源、直流电源或控制端口,后缀X为M3,对具有x根屏蔽线缆时X为Sx。

注:CISPR 16-1-2:2014 的附录 J 中有 CDNE-X 的布置图举例。

3.1.11

同轴电缆　coaxial cable

含有一根或多根同轴线的电缆,一般用于测量辅助设备与测量设备或(试验)信号发生器的匹配连接,以提供规定的特性阻抗和允许的最大电缆转移阻抗。

3.1.12

共模电流　common mode current

指定"几何"横截面穿过的两根或多根导线上的电流矢量和。

3.1.13

连续骚扰　continuous disturbance

在测量接收机中频输出端呈现的持续时间大于 200 ms 的射频骚扰,它使工作在准峰值检波方式的测量接收机表头产生的偏转不会立即减小。

3.1.14

差模电流　differential mode current

指定"几何"横截面穿过的任意两根导线上的电流矢量差的一半。

3.1.15

断续骚扰　discontinuous disturbance

对于可计数喀呖声而言,在测量接收机中频输出端出现的持续时间小于 200 ms 的骚扰,它使工作在准峰值检波方式的测量接收机表头产生短暂的偏转。

注:脉冲骚扰见 GB/T 4365—2003,定义 161-02-09。

3.1.16

(电磁)发射 (electromagnetic) emission

从源向外发出电磁能的现象。

[GB/T 4365—2003,定义 161-01-08]

3.1.17

(骚扰源的)发射限值　emission limit(from a disturbing source)

规定的电磁骚扰源的最大发射电平。

[GB/T 4365—2003,定义 161-03-12]

3.1.18

受试设备　equipment under test;EUT

接受电磁兼容(EMC)发射符合性试验的设备(装置、器具和系统)。

3.1.19

测量、扫频和扫描时间　measurement, scan and sweep times

3.1.19.1

测量　measurement

通过试验获得并可合理赋予某量一个或多个量值的过程。

3.1.19.2

测量时间　measurement time

T_m

使单个频点的测量结果有效的连续时间(某些领域也称为驻留时间):

——对于峰值检波器,检测到信号包络最大值的有效时间;

——对于准峰值检波器,测得加权包络最大值的有效时间;

——对于平均值检波器,确定信号包络平均值的有效时间;

——对于均方根值检波器,确定信号包络有效值的有效时间。

3.1.19.3

扫频　scan

在给定频率跨度内的频率连续或步进变化。

3.1.19.4

跨度　span

Δf

扫描或扫频起始和终止频率之差。

3.1.19.5

扫描　sweep

在给定频率跨度内的频率连续变化。

3.1.19.6

sweep time　扫描时间

scan time　扫频时间

T_s

一次扫描或者扫频的起始和终止频率之间的时间跨度。

3.1.19.7

扫描速率　sweep rate

扫频速率　scan rate

频率跨度除以扫描时间或扫频时间。

3.1.19.8

观察时间　observation time

T_o

在多次扫描的情况下,某一频点测量时间 T_m 的总和。

注:若 n 为扫描或扫频次数,则 $T_o = n \times T_m$。

3.1.19.9

总观察时间　total observation time

T_{tot}

频谱观察的有效时间(单次或多次扫描)。

注:若 c 为扫描或扫频的频段数,则 $T_{tot} = c \times n \times T_m$。

3.1.20

测量接收机　measuring receiver

符合 CISPR 16-1-1 的规定的,带或不带预选器的诸如可调谐电压表、EMI 接收机、频谱分析仪或基于 FFT 的测量仪一类的仪器。

注:见 GB/T 6113.101—2016 中附录 I。

3.1.21

单位时间内扫描次数　number of sweeps per time unit

n_s

1 /(扫描时间+返回时间)。

注:例如,扫描次数/s。

3.1.22

产品标准　product standard

为产品或产品类的 EMC 特定要求而制定的标准。

3.1.23

保护接地　protective earthing

为了电气安全,将系统、装置或设备的一点或多点接地。

[IEC 60050-195:1998,定义 195-01-11]

3.1.24

参考地　reference ground

参考电位连接点。

注:传导骚扰测量系统只能有一个参考地。

3.1.25

参考接地平面　reference ground plane;RGP

平的导电表面,其电位用作公共参考电位,且其与 EUT 及周边物体之间具有确定的寄生电容。

注:传导发射测量需要参考接地平面,其作为非对称和不对称骚扰电压测量的参考地。

3.1.26

试验　test

依据规定的程序测定产品、过程或服务的一个或多个特性的技术操作。

注:试验是使产品在一系列环境条件和/或要求下,对产品的特性或性能进行测定和分类。

[IEC60050-151:2001,定义 151-16-13]

3.1.27

试验配置　test configuration

为测量发射电平而规定的 EUT 测量布置组合。

3.1.28

总共模阻抗　total common mode impedance

TCM 阻抗

和 EUT 受试端口相连的电缆与参考接地平板之间的阻抗。

注:完整的电缆可被看作是电路的一根线,而接地平板看作是电路的另一根线,TCM 波是电能的传输形式,能使暴露在实际使用环境中电缆的电能产生辐射。反之当电缆暴露在外界电磁场中时,也是它在起主要作用。

3.1.29

加权　weighting

将峰值检波的脉冲电压电平转换成与脉冲重复率相关的一种指示(多数情况下减小),以对应于干扰对无线电接收的影响。

注 1:对于模拟接收机,其测量结果反映的是人心理上对干扰厌恶(不适)程度的一种主观评价(听觉或视觉的,通常不是指对所表达内容误解的确定量)。

注 2:对于数字接收机,其所呈现的干扰的影响为一个客观量,可将该测量量规定为临界的比特误码率(BER)或比特误码概率(BEP)(即使具备完美的纠错能力也会出现误码)或选用一个具有复现性的、能反映客观评价的物理量。

3.1.29.1

加权骚扰测量　weighted disturbance measurement

使用加权检波器进行的骚扰测量。

3.1.29.2

加权特性　weighting characteristic

对特定无线电通信系统具有恒定影响的作为脉冲重复率函数的峰值电压电平。即骚扰通过无线电通信系统本身得到加权。

3.1.29.3

加权检波器　weighting detector

具有约定加权函数的检波器。

3.1.29.4

加权因子　weighting factor

相对于参考脉冲重复率或相对于峰值的加权函数的值。

注：加权因子用分贝(dB)表示。

3.1.29.5

加权函数　weighting function

加权曲线　weighting curve

当具有加权检波器的测量接收机指示(输出)电平恒定时，其输入峰值电压电平和脉冲重复率之间的关系，即测量接收机对重复脉冲的响应曲线。

3.2　缩略语

下列缩略语适用于本文件。

CCM 共模转换(converted common mode)

CM 共模(common mode)

CMAD 共模吸收装置(common mode absorption device)

CVP 容性电压探头(capacitive voltage probe)

CW 连续波(continuous wave)

EMC 电磁兼容(electromagnetic compatibility)

EMI 电磁干扰(electromagnetic interference)

FFT 快速傅里叶变换(fast Fourier transform)

IF 中频(intermediate frequency)

ISM 工业，科学和医疗(industrial, scientific and medical)

LCL 纵向转换损耗(longitudinal conversion loss)

OATS 开阔试验场地(open area test site)

PE 保护接地(protective earth)

PRF 脉冲重复频率(pulse-repetition frequency)

RC 电阻-电容(resistor-capacitor)

RF 射频(radio frequency)

SLOT 短路、开路、负载、直通(校准方法)(short-open-load-through (calibration method))

VDF 电压分压系数(voltage division factor)

VDU 视频显示单元(video display unit)

4　骚扰的类型

4.1　概述

本章给出各种骚扰的分类和适合测量它们的各种检波器。

4.2　骚扰类型

由于物理和生理心理上的原因，在测量和评定无线电骚扰时，依据骚扰频谱的分布情况、测量接收机带宽、骚扰持续时间、发生率以及骚扰影响的程度，骚扰可分为以下三类：

a)　窄带连续骚扰：一种离散频率的骚扰，例如：应用射频能量的工、科、医(ISM)设备所产生的基波及其谐波，构成其频谱的只是一些单根谱线，这些谱线的间隔大于测量接收机的带宽。以致在测量中与下述 b)款相反，只有一根谱线落在带宽内。

b) 宽带连续骚扰:通常由诸如带换向器的电机的重复脉冲产生的骚扰。它们的重复频率低于测量接收机的带宽,以致在测量中不止一根谱线落在带宽内。

c) 宽带断续骚扰:由机械的或电子的开关过程产生的骚扰,例如由重复率低于 1 Hz(咯呖声率小于 30/min)的温度自动调节器或程序控制器产生的骚扰。

对于一些孤立(单个)脉冲,b)和 c)的频谱具有连续频谱的特点,对于重复脉冲,它具有不连续频谱的特点。两种频谱的特点在于其频率范围宽于 GB/T 6113.101—2016 中规定的测量接收机的带宽。

4.3 检波器的功能

根据骚扰的类型,测量时可使用带有如下检波器的测量接收机:

a) 平均值检波器:通常用于窄带骚扰和窄带信号的测量,特别适用于窄带骚扰和宽带骚扰的鉴别。

b) 准峰值检波器:用于宽带骚扰的加权测量,以评价骚扰对无线电听众的影响,但也能用于窄带骚扰的测量。

c) 均方根-平均值检波器:用于宽带骚扰的加权测量,以评价脉冲骚扰对数字无线通讯服务的影响,也用于窄带骚扰的测量。

d) 峰值检波器:可用于宽带骚扰和窄带骚扰的测量。

GB/T 6113.101—2016 中规定了带有这些类型的检波器的测量接收机。

5 测量设备的连接

5.1 概述

本章叙述测量设备、测量接收机与测量辅助设备(如人工网络、电压探头和电流探头等)的连接方法。

5.2 辅助设备的连接

测量接收机与辅助设备之间应用屏蔽电缆连接,且辅助设备的特性阻抗应与测量接收机的输入阻抗相匹配。试验结果应考虑连接电缆的损耗。

辅助设备的输出端应端接规定的阻抗。人工网络(AN)输出端和接收机输入端之间至少要有 10 dB衰减,以满足 AN 的 EUT 端阻抗规定允差的要求。该衰减可以包含在 AN 内。推荐使用一个瞬态限幅器保护接收机输入电路。它应设计成在接收机输入最大信号时不产生非线性效应。

5.3 射频参考地的连接

AN 应通过低射频阻抗连接到参考地。例如,将 AN 的外壳与屏蔽室的参考地直接搭接,或者用一个尽可能短而宽的(最大长宽比为 3:1,且电感小于 50 nH,在 30 MHz 时等效阻抗小于 10 Ω)低阻抗导体来连接。参见附录 E 中给出的用于现场测试的分压系数,这有助于发现 AN 的接地带谐振。

注 1:一个具有矩形横截面的导体(见下图):长 $l=30$ cm,宽 $b=3$ cm,厚 $c=0.02$ cm ,其电感 L 大约 210 nH(在 30 MHz时 $X_L=40\ \Omega$),是过大的。利用以下公式计算 L 值:

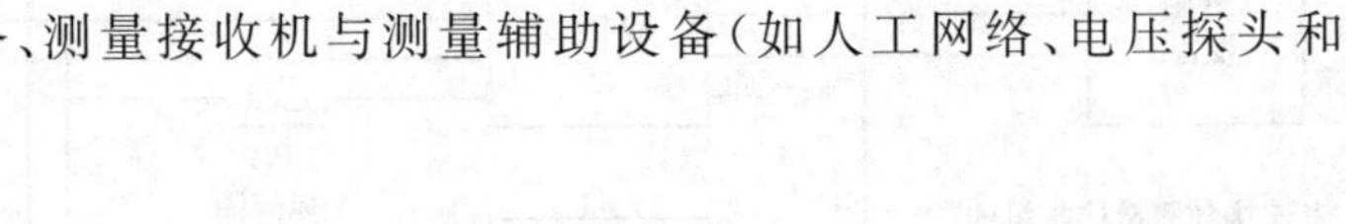

l　　b　　c

$$L=2l\left(\ln\frac{2l}{b+c}+0.5+0.22\frac{b+c}{l}\right)$$

式中,

L ——导体电感,单位为纳亨(nH);

l,b,c ——导体尺寸,单位为厘米(cm)。

如果导体无法减小长度,那么其宽度需尽可能宽。

端口电压测量应仅以参考地为基准。应避免地环路(公共阻抗耦合),因为地环路会影响测量的重复性。例如,当试验布置的接地元件是接触敏感元件时,其影响可检测到。对于装有安全Ⅰ类设备保护接地(PE)的测量设备(如测量接收机和与其相连接的诸如示波器、分析仪、记录仪等测量辅助设备)也应遵守这一要求。测量设备应有射频隔离,以便 AN 有唯一的射频接地。可采用射频扼流圈和隔离变压器,或者用电池为测量设备供电。图 1 示例中的试验布置带有 3 个 AMN 和多个 PE 扼流圈,以避免地环路。

在图 1 中,如果接收机是接地的,那么接收机到 AMN 之间的射频连接电缆也可起到接地连接的作用。所以,在接收机的电源输入端任何一个 PE 扼流圈都是需要的;如果接收机在屏蔽室之外,那么表面电流吸收器应连接在接收机的射频连接电缆上。由此保证每个 AMN 有唯一的射频接地。

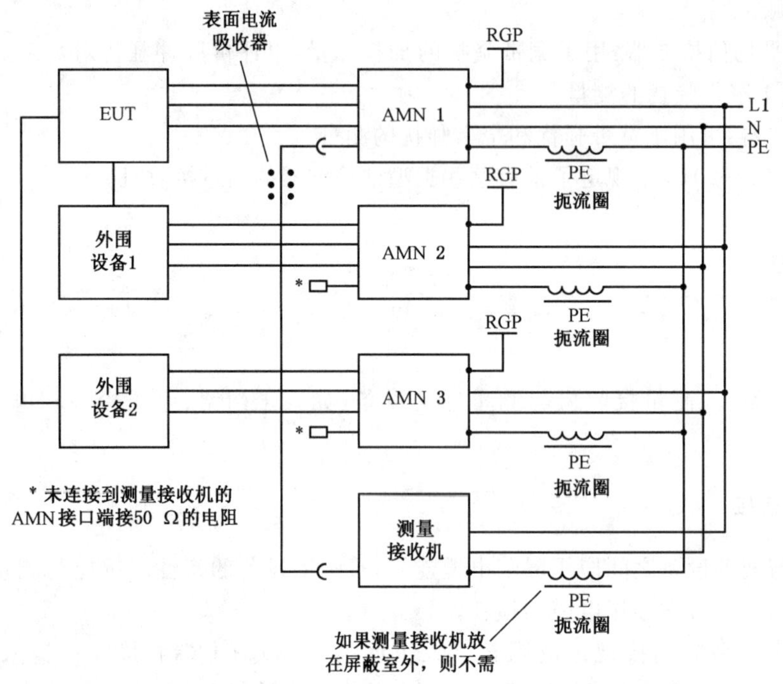

图 1 射频电缆上带有表面电流吸收器和三个 AMN 带有 PE 扼流圈的试验布置推荐示例

出于安全原因,在出现任何故障的情况下,PE 扼流圈在供电电源的频率下应呈现为低阻抗。PE 扼流圈上的短路电压应低于 4 V。PE 扼流圈可以包含在 AMN 内。

PE 扼流圈和表面电流吸收器在测量频率范围内的射频阻抗应比 AMN 连接到参考地平面的阻抗高。例如,商用 PE 扼流圈在达到标称电流 36 A 时电感为 1.6 mH,但它不在 CISPR 16-1-2 标准规定之内。扼流圈的衰减量可依照附录 E 的方法来确定。有些 AMN 可内置 PE 扼流圈。应尽可能地减小 PE 和 GRP 之间的潜在电位差,以避免由于直流电流或低频电流流过扼流圈而导致 PE 扼流圈出现饱和。如果电流是未知的,可能需要测量。

注 2:屏蔽层电流是在电缆(例如,同轴电缆)屏蔽层上流动的射频电流,也是一种测量不确定度的来源。表面电流吸收器有助于减小这种电流。

关于 EUT 参考地与保护地的连接处理,参见附录 A 中 A.4。

如果参考地已直接连接且满足保护接地导体(PE 连接端)的安全要求,则对 AMN 的固定试验布置中连接保护接地体不作要求。

5.4 EUT 和 AMN 之间的连接

EUT 与 AMN 之间接地连接与非接地连接的一般性指引在附录 A 中进行了讨论。

6 测量的一般要求和条件

6.1 概述

无线电骚扰的测量应在 CISPR 16-4-2 允许的不确定度范围内满足如下条件：

a) 具有可重复性，例如与测量地点、环境条件，尤其是与环境噪声无关。

b) 无相互作用，例如 EUT 与测量设备之间的连接应既不影响 EUT 的功能，也不影响测量设备的准确度。

如按以下条件，可能会满足上述要求：

a) 在所需测量的电平上要有足够的信噪比，例如在有关骚扰限值的电平点上。

b) 对测量装置、EUT 的运行条件和终端接法都做出明确规定。

c) 采用电压探头对电源线进行测量时，该探头应符合 CISPR 16-1-2 规定的阻抗为 1.5 kΩ；对其他电路测量时，探头的阻抗或可以增加(如有源电压探头)来避免高阻抗电路的过载。

d) 采用电流探头测量时，该探头应符合 CISPR 16-1-2 规定，在测量电路中引入的最大阻抗小于 1 Ω。

6.2 非 EUT 骚扰

6.2.1 概述

涉及环境噪声的测量，信噪比应满足下列要求，若环境噪声超过所要求的电平，则应把它记录在试验报告中。

6.2.2 符合性试验

试验场地应能够将 EUT 的各种发射从环境噪声中区分出来，环境电平应比规定的限值至少低 20 dB。在现场试验时，环境噪声电平应比规定的限值至少低 6 dB。进行现场试验时，EUT 产生的骚扰电平加环境电平不得超过限值。如果 EUT 产生的骚扰电平加上环境电平超过了限值，应采用其他的方法进行试验，比如减少带宽，环境消噪，改变频率等。可以将 EUT 放在适当的位置且不通电的情况下测量环境电平，以确定存在环境电平时场地的适用性。

注：GB/T 6113.203—2016 的附录 A 中有存在环境发射时的骚扰测量建议。

6.3 连续骚扰的测量

6.3.1 窄带连续骚扰

测量接收器应保持调谐到被考察的离散频率上，如果频率发生波动则要重新调谐。

6.3.2 宽带连续骚扰

为了评价电平波动的宽带连续骚扰，应找出最大的可重复产生的测量值，详见 6.5.1。

6.3.3 频谱分析仪和扫频接收机的应用

频谱分析仪和扫频接收机也可用于骚扰测量，尤其是为了缩短测量时间。然而，对于这些仪器的某些特性应给予特殊的考虑，包括过载、线性度、选择性、脉冲响应、扫频速率、信号捕捉、灵敏度、幅度准确度以及峰值检波、平均值检波和准峰值检波。这些特性的要求参见附录B。

6.4 EUT布置和测量条件

6.4.1 EUT布置

6.4.1.1 概述

除非产品标准另有规定，否则EUT应按照如下所述进行配置。

EUT的安装、布置和运行应与典型应用情况相一致。测试布置尽可能的按照制造商规定或推荐的安装条件下执行。测试布置应是典型的安装条件。应将连接电缆、负载或装置与EUT中的每一种类型的端口中至少一个端口相接，应尽可能按设备实际应用中的典型情况端接每一根电缆。

如果存在同一类型的多个接口，依据预测试的结果，可能有必要对EUT添加互连电缆、负载或装置。只要EUT仍然满足要求，则增加相同类型的线缆的数量应受到以下条件限制：再增加线缆不明显影响骚扰电平的大小，即变化小于2 dB。有关端口的配置和负载的选择理由应在试验报告中注明。

互连电缆应符合具体设备要求中所规定的型号和长度。如果所规定的长度是可变的，则应选用会产生最大发射的长度。

如果在测试期间使用了屏蔽的或特殊的电缆以满足限值的要求，则应在使用说明书中注明使用这种电缆的建议。

电缆的超长部分应在电缆的中心附近折叠后捆扎起来，折叠长度为0.3 m～0.4 m，如由于电缆体积过大或不易弯曲而无法这样做，则应在测试报告中准确地注明对电缆超长部分所作的处理。

如果设备有多个同类型的接口端口，如果能证明添加电缆不会明显地影响测试结果，那么仅将一根电缆接到该类端口的某一端口上即可。

任何一组测试结果都应附有关于电缆和设备方位的完整说明，以便使测试结果可以重现。如果为了满足限值要求有特定的使用条件，这些条件应有详细记录，例如电缆长度、电缆类型、屏蔽和接地。并且这些条件应在提供给用户的使用说明中注明。

对于通常带有多个模块(例如抽屉单元和插卡)的设备应按典型应用中的模块数量和组合情况进行试验。只要EUT仍然满足要求，则相同类型的电路板或插卡的数量应按以下条件限制，再增加电路板或插卡不明显影响骚扰电平的大小，即变化小于2 dB。选择模块的数量和类型的理由应在试验报告中注明。

由数个独立单元组成的系统应按最小的、有代表性的配置来组合。试验配置中所包含单元的数量和组合通常应能代表典型系统所使用的那种配置。选择单元的理由应在试验报告中注明。

在EUT里的每一个被评定的设备中，应确保每种类型的模块有一个处于工作状态，而对于由系统组成的EUT而言，EUT应包括系统配置中可能包含的每种类型的设备各一个。

对每种类型的模块只有一个的EUT所作的评定结果，也适用于这些类型的模块多于一个的配置情况。

注：已经发现在实际当中相同模块产生的骚扰通常不会叠加。

EUT相对于参考接地平板的位置应与实际使用相符合。因此，落地式设备应放在参考接地平板上，并与参考接地平板绝缘；台式设备应放在非导电的桌子上。

被设计为墙壁上使用的设备(壁挂式)应按台式设备进行试验。设备的朝向应与正常使用情况相一致。

上述落地式和台式设备组合在一起的设备也应采用与正常使用情况相一致的布置。被设计成台式和落地式两用的设备应按台式设备进行试验，除非其典型的安装形式为地面放置，则应采用落地式布置。

对于一端与EUT连接而另一端没有与其他单元或辅助设备连接的信号电缆应端接正确的阻抗，

该阻抗由产品标准中定义。如果产品标准中没有详细配置说明,终端阻抗应由EUT制造商定义,并标注在测试报告中。

与试验区域以外的辅助设备相连的线缆或其他连接应垂落到地,然后再沿它们离开试验场地的位置来走线。

外围设备应按正常的安装方法进行布置,这意味着外围设备放置在测试区域,外围设备的布置应与EUT的布置一致(例如,到接地平板的距离;如果是落地式设备,则是绝缘垫的厚度;电缆的布置等)。

6.4.1.2 台式设备布置

作为台式设备使用的设备应放置在非导电的桌子上。桌面的大小通常为1.5 m×1.0 m;但实际尺寸取决于EUT的水平尺寸。

单元内部的电缆应从试验桌的后边沿垂落。如果下垂的电缆与水平接地平板的距离小于0.4 m,则应将超长部分在其中心折叠捆扎成不超过0.4 m的线束,以便其与水平参考接地平板最近的部分至少在水平参考接地平板上0.4 m。

线缆应按正常使用情况来摆放。

如果电源输入线缆长度小于0.8 m(包括插头一体的电源线),需要使用延长的线缆确保外部供电设备能摆放在桌面上。延长线缆应与供电线缆有类似的参数(包括相同的导线数和接地连接特性)。延长线缆应被当做电源电缆的一部分。

在以上布置中,EUT与电源附件之间的线缆应与EUT其他互联电缆的连接方式相同,也放在桌面上。

6.4.1.3 落地式设备的布置

EUT应放置在水平参考接地平板上,其朝向与正常使用情况相一致,其金属部分距离参考接地平板的绝缘距离不得超过15 cm。

EUT的电缆应与水平参考接地平板绝缘(绝缘距离不超过15 cm)。如果设备需要专用的接地连接,应提供专用的连接点,并将该点搭接到水平参考接地平板上。

单元间(EUT各单元之间或EUT与外围设备之间的)电缆应垂落至水平参考接地平板,并与其保持绝缘。电缆的超长部分应在其中心被捆扎成不超过0.4 m的线束,也可以按蛇形布线。如果单元间的电缆长度不足以垂落至水平参考接地平板,但离该平板的距离又不足0.4 m,那么超长部分应在电缆中心捆扎成不超过0.4 m的线束。该捆扎线束位于水平参考接地平板之上0.4 m,如果电缆入口或电缆连接点距离水平参考接地平板的距离小于0.4m,则位于电缆入口的高度或电缆连接点的高度。

对于带有垂直走线槽的设备,其电缆槽数量应与典型的实际应用相符。对于非导电材料的电缆槽,设备与垂直电缆之间的最近距离至少0.2 m。对于导电结构的电缆槽,电缆槽与设备最近部分的距离至少为0.2 m。

6.4.1.4 台式和落地式组合设备的布置

台式和落地组合设备之间的电缆的超长部分应折叠成不超过0.4 m的线束。该捆扎线束位于水平参考接地平板之上0.4 m,则位于电缆入口的高度或电缆连接点的高度,如果电缆入口或电缆连接点距离水平参考接地平板的距离小于0.4 m。

6.4.2 正常负载条件

正常负载条件在有关的EUT产品标准中规定;而对于产品标准中未作规定的EUT,则按制造商产品说明书的规定来设置。

6.4.3 运行时间

如果对 EUT 已规定了额定运行时间，那么其运行时间(在此期间可测量到骚扰电平)按规定进行；否则对运行时间不作限制。

6.4.4 预运行/预热时间

如果没有给定预运行时间，在试验之前，EUT 应运行足够的时间，以保证其工作方式和工作状态为寿命期限内的典型状态(例如：达到工作温度、软件加载完毕、EUT 各项准备工作完成达到了它的正常工作状态)。“预运行时间”一词涉及包括电动机的 EUT。某些 EUT 的特定试验条件的规定可能包含在有关的设备说明书中。

6.4.5 电源

EUT 应在额定的电源电压下工作。如果 EUT 的额定电压不止一种，应在产生最大骚扰的额定电压下进行试验。如果骚扰电平随着电源的电压不同而有较大变化，产品标准可能会要求增加额外的试验。

6.4.6 运行状态

EUT 应在测量频率上产生最大的骚扰的制造商规定的运行状态下工作。

6.4.7 多功能设备的运行状态

对于同时适用于产品标准和/或其他标准不同条款的多功能设备，应按照其每一个功能单独进行试验，条件是无需对设备内部进行改变即可实现其功能运行。只要 EUT 的每一个功能都符合相应的条款/标准的要求，就应认为该设备符合相应所有的条款/标准要求。

对于各功能不能独立运行的设备，或对于一个特殊功能独立运行后将导致设备不能满足其主要功能的设备，或对于几项功能同时运行时能节约测量时间的设备，如果该设备在运行必要的功能时可满足有关的条款/标准的规定，则认为它符合要求。

6.4.8 最大发射布置的确定

应在预测中寻找相对于限值是最高骚扰电平的频率。在进行频率确认时，EUT 应处于典型工作状态并且依据典型工作状态安装布置电缆。

通过考察一些有针对性的频率上的骚扰，可以发现相对于限值产生最大骚扰的频率，并确认此时相关的电缆、EUT 的布置及其工作状态。

预测试中，EUT 应按照相应的产品标准进行布置。

6.4.9 测量结果的记录

在骚扰电平超过 ($L-20$ dB)的那些骚扰电平中，L 为限值电平(dB(μV)或 dB(μA))，应至少记录其中 6 个与限值之间裕量最小的骚扰电平及其对应的频率。

除此之外，测试报告中还应包含所使用测试布置中的测量仪器的测量不确定度，其计算依据见 CISPR 16-4-2。

6.5 测量结果的说明

6.5.1 连续骚扰

当对连续骚扰测量结果作解释时参考以下步骤：

a) 如果骚扰电平不稳定,那么每次测量时,对测量接收机的读数观察时间需不少于 15 s,应记录下最高读数。一些产品标准可允许去除孤立的喀呖声,此喀呖声可忽略不计(见 CISPR 14-1)。

b) 如果骚扰电平总体上是不稳定的,在 15 s 内显示的电平连续上升或下降的幅度超过 2 dB,则应在更长的时间内观察该骚扰电平,并且应按 EUT 正常使用条件来得到这些电平。具体说明如下:

1) 如果 EUT 是一个可以频繁开关的设备或者它的旋转方向可以反转,则对每一测量频率点在测量前立即接通或反转 EUT,并在每次测量后立即将它关断。在每一个测量频率点上,应记录第一分钟内所获得的最大电平。

2) 如果 EUT 在正常使用时要运转较长的时间,则在它整个试验期间都应接通,在每一个测量频率上,只在获得稳定的读数[按照 a)的规定]后才记录该骚扰电平。

c) 在试验中,如果 EUT 的骚扰特性从稳定变化到有一些随机特征,那么 EUT 应按照 b)来试验。

d) 测量要在整个频谱上进行,至少在具有最大读数的频点上或者按照有关的标准要求的频点进行记录。

6.5.2 断续骚扰

断续骚扰测量可以在有限个频率点上进行,见 CISPR 14-1。

6.5.3 骚扰持续时间的测量

为了正确测量和确定其是否为断续骚扰,应知道骚扰的持续时间。骚扰的持续时间可以按照以下方法之一进行测量:

a) 将示波器连接到测量接收机的中频输出端口,在时域内持续观测骚扰电平;

b) 将 EMI 接收机或频谱仪调到骚扰频率点,不使用扫频模式(如,零跨度模式),在时域内持续观测骚扰;

c) 使用基于 FFT 的测量接收机的时域输出端口。

确定合适测量时间的导则见 8.3。

6.6 连续骚扰的测量时间和扫频速率

6.6.1 概述

无论手动测量,还是自动测量或半自动测量,测量和扫频接收机的测量时间和扫频速率应设置在可以测得最大发射值的状态。特别是当用峰值检波器作预扫时,测量时间和扫频速率应根据 EUT 的发射情况作适当调整。第 8 章提供了如何进行自动测量的导则。

6.6.2 最短测量时间

最短测量(驻留)时间见表 2。表 2 中的扫频收机和基于 FFT 的测量仪器的最短测量(驻留)时间和表 1 中频谱分析仪的扫频时间适用于连续波信号。表 1 中的最短扫频时间按整个 CISPR 的频段给出。

表 1 使用峰值和准峰值检波器时的 3 段 CISPR 限值的最短扫频时间 T_s

频段		峰值检波器最短扫频时间 T_s	准峰值检波器最短扫频时间 T_s
A	9 kHz～150 kHz	14.1 s	2 820 s=47 min
B	0.15 MHz～30 MHz	2.985 s	5 970 s=99.5 min=1 h 39 min
C/D	30 MHz～1 000 MHz	0.97 s	19 400 s=323.3 min=5 h 23 min

表 2 4 段 CISPR 频段的最短测量时间 T_m

频段		最短测量时间 T_m
A	9 kHz～150 kHz	10.00 ms
B	0.15 MHz～30 MHz	0.50 ms
C/D	30 MHz～1 000 MHz	0.06 ms
E	1 GHz～18 GHz	0.01 ms

根据骚扰的类型，可能需要增加扫频时间，尤其对准峰值测量。在特殊情况下，例如观测到的发射电平不稳定时(见 6.5.1)，则在某一频点的测量时间 T_m 可能增加至 15 s。

附录 D 中给出了平均值检波器使用的扫频速率和测量时间。

大多数产品标准采用准峰值检波进行符合性测量，若没有省时的程序(见第 8 章)，测量十分耗时。在采用省时的程序之前，应进行预扫。为了确保在自动扫频过程中不遗漏如间歇信号等的发射，应考虑 6.6.3～6.6.5 的相关要求。

6.6.3 扫频接收机和频谱分析仪的扫频速率

在整个频率跨度内采用自动扫频时，应满足以下两条之一，以避免遗漏骚扰信号：

a) 单次扫描：每一频点的测量时间应大于间歇信号的脉冲间隔；

b) 采用最大值保持进行重复扫描：每一频点的观察时间应足够长，以捕捉间歇信号。

扫频速率受仪器分辨率带宽和视频带宽的限制。如果对给定的仪器状态选择的扫频速率太快，将会得到错误的测量结果。因此，对确定的频段应选取足够长的扫描时间。间歇信号可以由在每一频点有足够长观察时间的单次扫描或最大值保持的重复扫描来捕捉。对未知的发射信号，通常采用最大值保持的重复扫描更有效。只要频谱仪的显示有较大变化，就有可能发现间歇信号。观察时间应根据干扰信号发生的周期设定。在某些情况下，为避免同步影响，扫描时间有必要改变。

当使用频谱分析仪或 EMI 扫频接收机测量时，基于给定的仪器设置和峰值检波确定最小扫描时间，应区分下面的两种情况。若所选视频带宽大于分辨率带宽，用式(1)计算最短扫描时间：

$$T_{s\,min}=(k\times\Delta f)/(B_{res})^2 \qquad (1)$$

式中：

$T_{s\,min}$—— 最短扫描时间；

Δf ——频率跨度；

B_{res} ——分辨率带宽；

k ——比例常数，与分辨率滤波器的形状有关。对于同步调谐、近似高斯型滤波器，该常数假定为 2～3，对于近似矩形、参差调谐滤波器，k 值为 10～15。

注：比例常数 k 可以从制造商处获得。该比例常数通常在接收机或者频谱分析仪固件的耦合模式中得以运用。

若所选视频带宽等于或小于分辨率带宽，使用式(2)计算最短扫描时间：

$$T_{s\,min}=(k\times\Delta f)/(B_{res}\times B_{video}) \qquad (2)$$

式中：

B_{video}——视频带宽。

大多数频谱分析仪和 EMI 扫频接收机，根据选定的频段和带宽自动设定扫描时间。扫描时间会被调节以维持校准状态下的显示。若需要较长的观察时间，例如为了捕捉变化缓慢的信号，可重设自动扫描时间。

此外，对于重复扫描，每秒钟扫描次数由扫描时间 $T_{s\,min}$ 和返回时间决定(即返回本机振荡器和储存测量结果的时间等)。

6.6.4 步进接收机的扫频时间

通常步进式 EMI 接收机用预定的步长连续调谐在各个频点上。当整个频段范围使用离散步进时，为了保证仪器准确测量输入信号，需确定每个频点的最小驻留时间。

实际测量时，频率步长大约小于或等于使用的分辨率带宽的 50%(取决于解析滤波器的形状)，以减少因步长带来的对窄带信号测量不确定度。在这些假设下，步进式接收机的扫频时间可用式(3)计算：

$$T_{\mathrm{s\,min}} = T_{\mathrm{m\,min}} \times \Delta f / (B_{\mathrm{res}} \times 0.5) \qquad \cdots\cdots(3)$$

式中：

$T_{\mathrm{m\,min}}$——每一频点的最小测量(驻留)时间。

此外，除了测量时间，有时还应考虑合成器开关转换频率的时间和系统储存测量结果的时间(这在大多数接收机中都能自动完成)，以保证选择的测量时间对测量结果有效。另外，所选择的检波器，例如峰值或准峰值检波器，也会对确定时间周期有影响。

对于单纯的宽带发射，只要能找到发射频谱的最大值，频率步长可增大。

6.6.5 用峰值检波器获得整体频谱的方法

对于每次预扫测量，应尽可能 100% 的捕捉 EUT 所有频谱中关键的频谱分量。

基于测量接收机的类型和骚扰的特性(包括窄带和宽带分量)，通常采用以下两种方法：

——步进扫频：每一频率点的测量(驻留)时间应足够长，以测得信号峰值，例如脉冲信号测量(驻留)的时间应长于信号重复频率的倒数；

——连续扫频：测量时间应大于间歇信号间隔(单次扫描)，观察时间内扫频的次数应尽可能多，以提高捕捉到信号的概率。

图 2、图 3、图 4 和图 5 所示是各种时域发射频谱和对应的测量接收机显示的关系图。图 2、图 4 和图 5 中，每个图的上半部分显示的是采用频谱扫描或步进扫描的方式时，接收机带宽的状态。

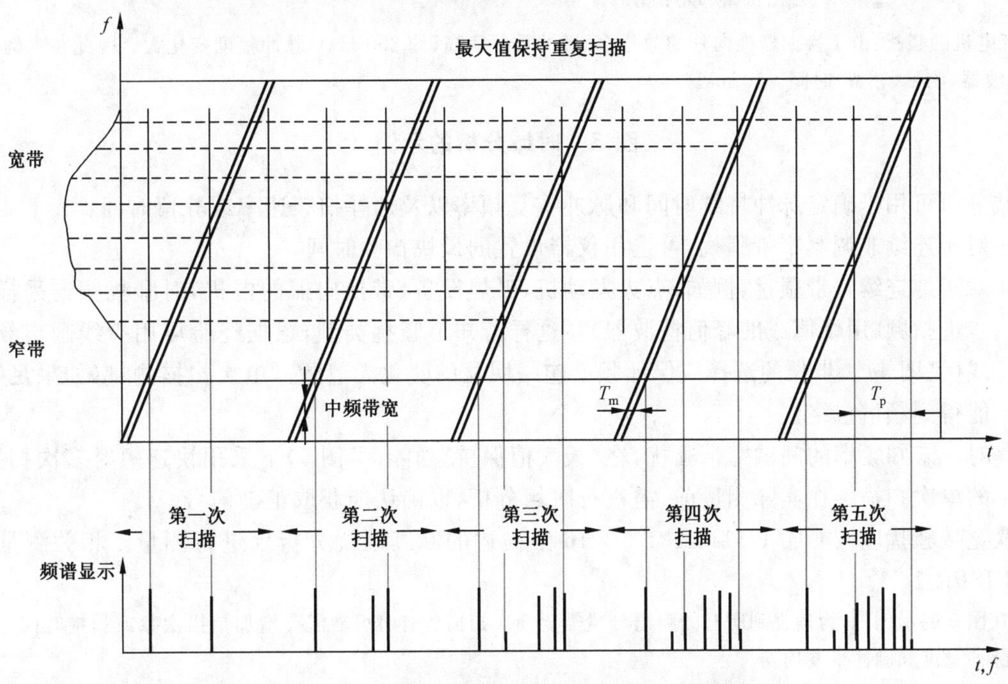

T_P 为脉冲信号的重复间隔。脉冲出现在频谱-时间图的每条垂直线上(图的上部)。

图 2　对包含有连续信号(窄带)组合和脉冲信号(宽带)采用最大值保持方式重复扫描测量示意图

如果发射的类型未知,可用尽可能短的扫描时间和峰值检波进行重复扫描,以测定频谱的包络。短时的单次扫描足以测量 EUT 频谱中连续的窄带信号。对于连续的宽带信号和间歇窄带信号,在“最大值保持”功能下,用不同扫频速率进行重复扫描确定频谱包络。对于低重复的脉冲信号,应进行重复扫描以充填宽带分量的频谱包络。

为减少测量时间,需对被测信号进行时域分析。这可以用具有图象信号显示的测量接收机在零跨度模式下或用示波器接到接收机中频或视频输出端获得,如图 3 所示。

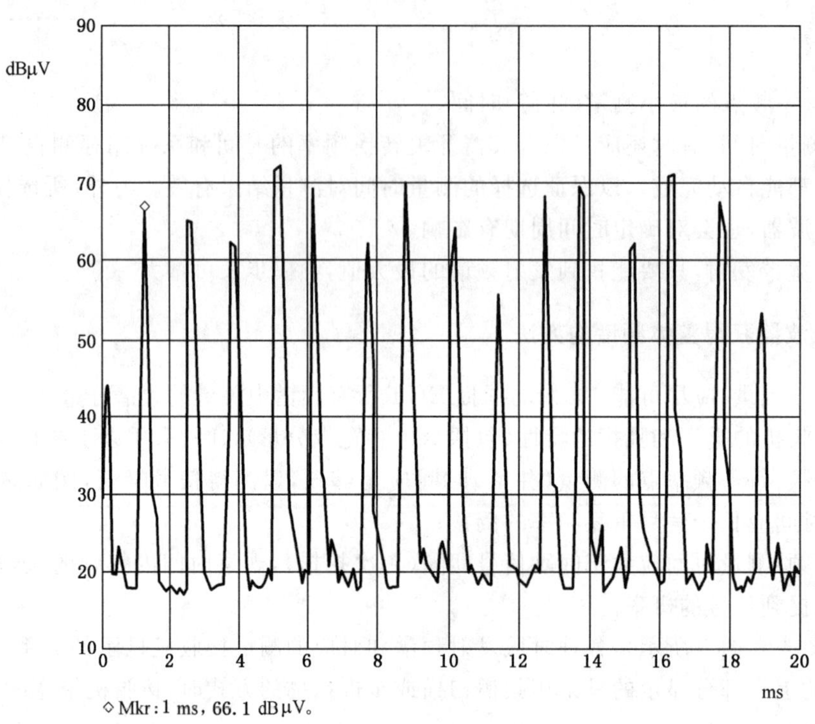

直流电机的骚扰:由于换向器换向片的数量多,脉冲重复率高(约 800 Hz),脉冲幅度变化大。因此在本例中推荐使用峰值检波器,测量(驻留)时间>10 ms。

图 3 时域分析的示例

时域分析可用于确定脉冲持续时间和脉冲重复频率以及选择扫频速率或驻留时间:

——对于连续非调制窄带骚扰,可选用仪器设置的最快扫频时间。

——对于纯连续宽带骚扰,例如,点火发动机、弧焊设备、带换向器的电机,对骚扰频谱采样可采用步进扫频(用峰值或准峰值检波器)。这样若知道骚扰类型,根据经验可用折线画出频谱包络线(见图 4)。步长的选择应保证频谱包络明显的变化无遗漏。单次扫描测量(如果足够慢)也能得到频谱包络。

——对于未知频率的间歇窄带骚扰,在“最大值保持”功能(见图 5)下采用快速短时多次扫描,或慢的单次扫描。在实际测量前,需进行时域分析,以确认能获取正确信号。

间歇宽带骚扰应按 GB/T 6113.101—2016 中描述的断续骚扰分析仪进行测量。相关测量程序的说明见 CISPR 14-1。

注:在图 5 的示例中,为捕捉到所有的频谱分量需要 5 次扫描。有时可能需要增加扫描次数或扫描时间,这取决于脉冲宽度和脉冲重复周期。

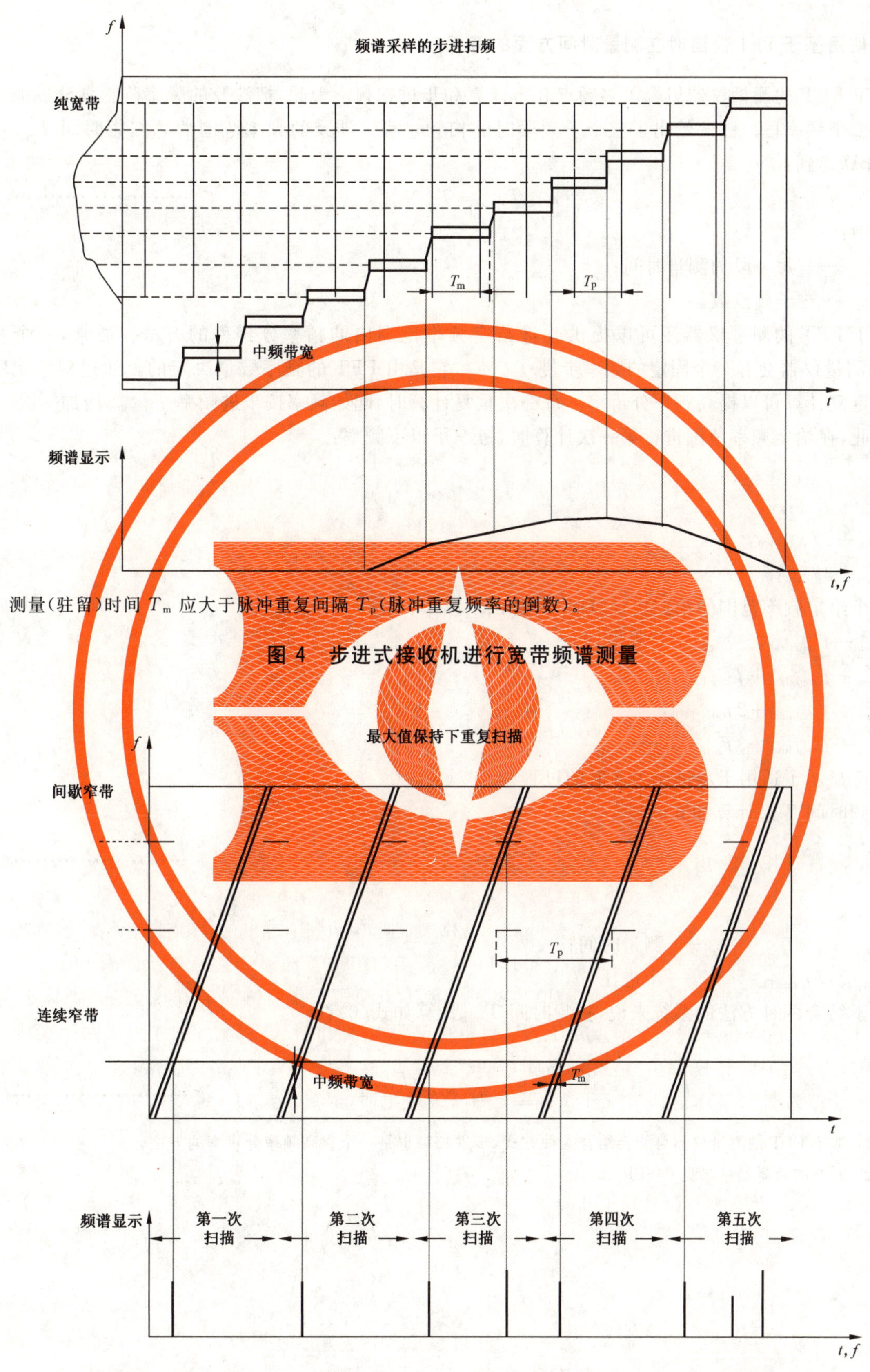

测量(驻留)时间 T_m 应大于脉冲重复间隔 T_p(脉冲重复频率的倒数)。

图 4　步进式接收机进行宽带频谱测量

图 5　在最大值保持功能下使用短时/快速重复扫描测得的间歇窄带骚扰

6.6.6 使用基于 FFT 仪器时在测量时间方面的考虑

基于 FFT 的测量仪器组合了多频点并行计算和步进扫频。为此，把涉及的频率范围划分成循序扫频的 N_{seg} 个频率段。图 6 给出了三个子频段时的扫频过程。涉及的频率范围的总扫频时间 T_{scan} 可用式(4)计算得到：

$$T_{scan} = T_m N_{seg} \qquad (4)$$

式中：

T_m ——每一段的测量时间；

N_{seg} ——子频段数。

基于 FFT 的测量仪器还可以提供改进给定频率范围内的频率分辨率的方法。通常，一个基于 FFT 的测量仪器会有一个固定的频率步进 $f_{step\ FFT}$，它是由 FFT 的频率数量决定的。通过对给定频率范围的重复计算可以提高频率分辨率。每一次重复计算时，起始频率按步进频率 $f_{step\ final}$ 增加一次。

因此，在给定频率范围进行第一次计算时，考虑了以下频率：

f_{min}，

$f_{min}+f_{step\ FFT}$，

$f_{min}+2f_{step\ FFT}$，

$f_{min}+3f_{step\ FFT}$，……

整个给定频率范围的第二次计算时，考虑以下频率：

$f_{min}+f_{step\ final}$，

$f_{min}+f_{step\ final}+f_{step\ FFT}$，

$f_{min}+f_{step\ final}+2f_{step\ FFT}$，

$f_{min}+f_{step\ final}+3f_{step\ FFT}$，……

图 7 显示了适用于步进比为 3 时的过程。

扫频时间 T_{scan} 计算如式(5)：

$$T_{scan} = T_m \frac{f_{step\ FFT}}{f_{step\ final}} \qquad (5)$$

式中：

T_m ——测量时间；

$f_{step\ FFT}/f_{step\ final}$ ——步进比。

对于结合两种方法的系统来说，扫频时间 T_{scan} 计算如式(6)：

$$T_{scan} = T_m N_{seg} \frac{f_{step\ FFT}}{f_{step\ final}} \qquad (6)$$

注 1：基于 FFT 的测量仪器可能会结合两种方式，步进扫频也是一个提高频率分辨率的方法。

注 2：另外的背景信息参见 CISPR 16-3。

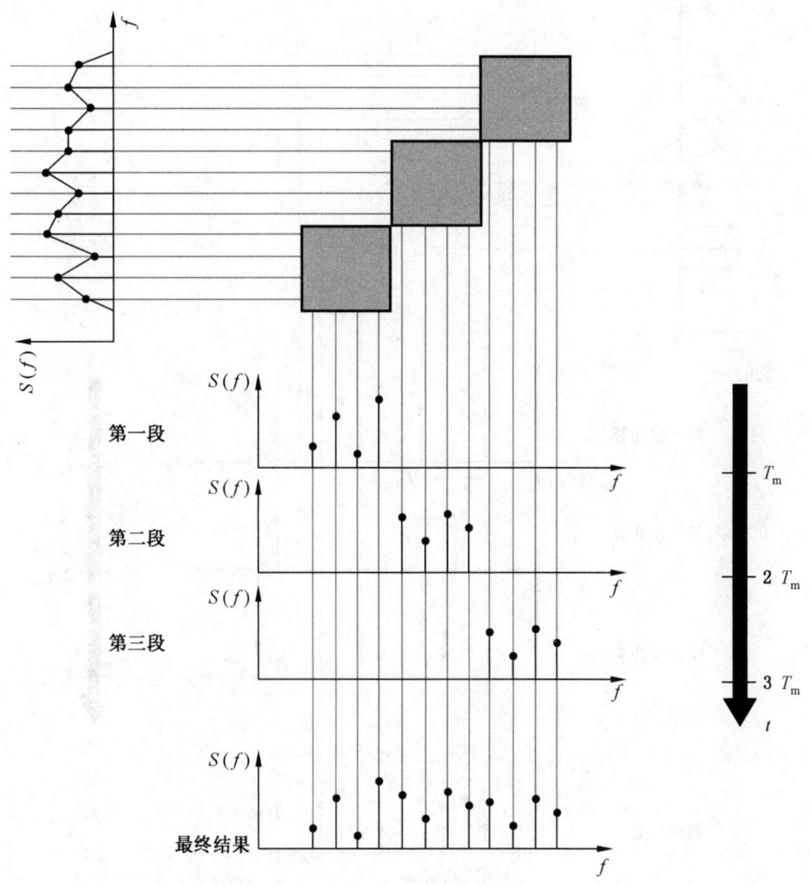

图 6 FFT 分段扫频

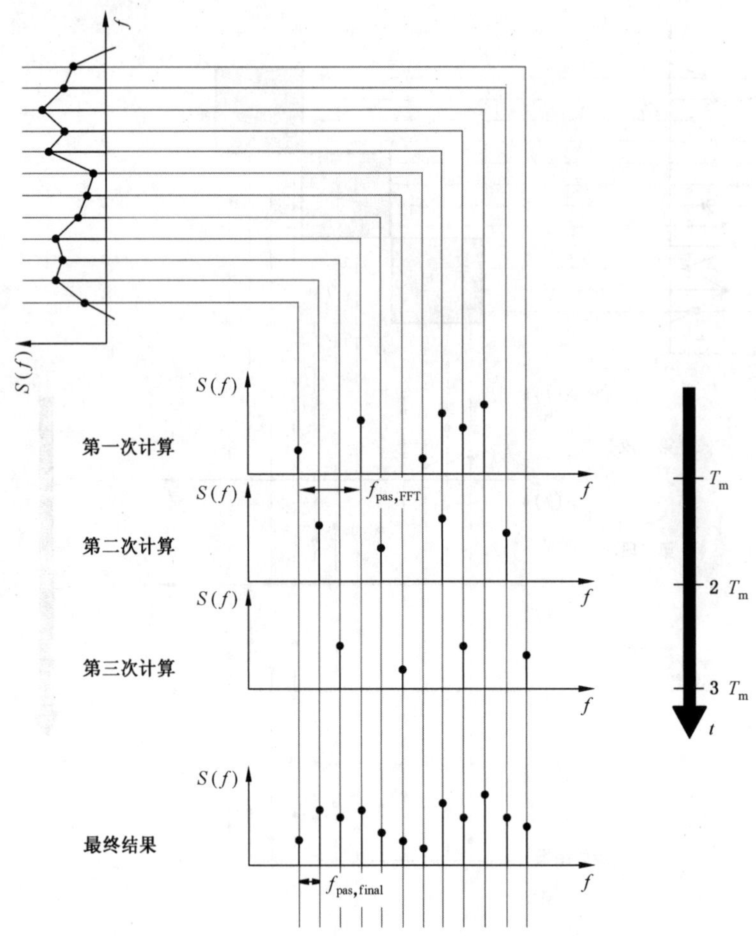

图 7　基于 FFT 的测量仪器提高频率分辨率的过程

7　传导骚扰测量方法（9 kHz～30 MHz）

7.1　概述

当依据发射限值对沿导线传播的电磁骚扰进行符合性试验时，无论是在标准的场地（型式试验）还是在安装场地（现场试验），至少应考虑以下方面：

a）　骚扰类型：测量传导骚扰有两种方法，测量电压（CISPR 普遍采用的方法）或测量电流。两种方法都可用来测量以下 3 种类型的传导骚扰，即：

——共模型（也称为不对称型，即一组或一束导线电压/电流的矢量和）；

——差模型（也称为对称型）；

——非对称型（端子与参考地之间的电压）。

注：非对称电压主要在电源端口上测量，共模电压（或电流）主要在电信、信号和控制端口进行测量。

b）　测量设备：选用测量设备的类型与被测骚扰特性有关（见 7.2）。

c）　测量辅助设备：根据 7.1.a），选用辅助设备即人工网络（AN）、电流探头或电压探头与被测骚扰类型有关。每种类型的测量辅助设备都会对测量的信号和端口附加射频负载（见 7.3）。

d）　骚扰源的射频负载条件：测量装置对 EUT 内的骚扰源会呈现出一定的射频负载阻抗。在型式试验中，这些射频负载阻抗是标准的，但在现场试验的情况下，则可能取决于安装场地的各种状况（见 7.3 和 7.4）。

e) EUT 的试验布置：一个标准化的试验布置应规定出参考地、EUT 和测量辅助设备相对于参考地的位置、连接到参考地的方法以及 EUT 和 EUT 辅助设备相互连接的方法(见 7.4 和 7.5)。

7.2 测量设备(接收机等)

7.2.1 概述

通常，需要区分连续骚扰和断续骚扰，连续骚扰主要按频域参数进行测量，断续骚扰除按频域参数进行测量外，也可能需要附加时域测量。

应使用 GB/T 6113.101—2016 规定的各种测量接收机和其他测量设备，对于时域测量可使用示波器等设备。

7.2.2 传导骚扰测量时检波器的用法

GB/T 6113.101—2016 规定了按产品标准测量所要求的检波器特性。有些产品标准要求传导骚扰测量使用准峰值检波器和平均值检波器。这两种检波器的时间常数很大，自动测量很耗时。

峰值检波器时间常数较小，可用于初始测量，确定是否符合限值。若测得的骚扰电平超过限值，则应改用准峰值检波器和平均值检波器继续进行测量。

如何有效地进行测量的指导参见附录 C。

7.3 辅助测量设备

7.3.1 概述

用于测量传导骚扰的辅助测量设备可分为两类：

a) 电压测量传感器，如人工网络(AN)和电压探头；

注：有些标准把用于电信端口骚扰测试的 AN(即 AAN 或 Y 型网络)称为阻抗稳定网络(ISN)。

b) 电流测量传感器，如电流探头。

7.3.2 人工网络(AN)

7.3.2.1 概述

实际网络(如电网和电信网)的共模阻抗、差模阻抗和非对称阻抗与场地有关，而且通常是随时间而变化的。因此，骚扰的型式试验需要标准的阻抗稳定网络，称为人工网络(AN)。AN 为 EUT 提供标准的射频负载。为此，把 AN 串联在 EUT 和实际网络或信号模拟器之间。这样，AN 就以规定的阻抗来模拟延伸的网络(长线缆)。

7.3.2.2 人工网络 (AN) 的类型

除非一些特殊的理由要求另外的结构，否则应使用 CISPR 16-1-2 中规定的 AN。通常，AN 可分为三种类型：

a) V 型 AN(典型应用如 V-AMN 或 LISN)：在规定的频率范围内，EUT 的每一个被测端子与参考地之间的射频阻抗都具有一个规定的值。然而，并没有阻抗元件被直接连接在这些端子之间。这种结构用于(间接地)差模和共模电压矢量和的测量。采用 V 型 AN 对 EUT 的端子数量(即被测的线路数量)原则上是没有限制的；

b) △型 AN(实际中不用于产品标准，但可作为△型 AMN 用于电源线的测量或可作为△网络用于信号线的测量)：在规定的频率范围内，在 EUT 的一对被测端子之间以及在这些端子与参考地之间的射频阻抗都具有一个规定的值，这种结构直接确定了差模和共模射频负载阻抗。

加上一个平衡/不平衡变换器,就可用△型 AN 来测量对称和不对称骚扰电压;

c) Y 型 AN(也称为不对称 AN,如 AAN,或 ISN):在规定的频率范围内,在 EUT 的一对被测端子与参考地之间的共模射频阻抗有规定的值。通常,在这样的 Y 型 AN 中没有包含规定的差模负载阻抗,这个规定的差模(负载)阻抗应由连接到 Y 型 AN 的电源(线)端子的外部电路来提供。这种类型的 AN 仅用来测量共模骚扰电压。

7.3.3 电压探头

符合标准规定的电压探头,见 CISPR 16-1-2。

有一些端子(如与天线、控制线、信号线和负载线相连接的端子)的骚扰电压测量不能用 AN,则可用电压探头。通常用电压探头来测量非对称骚扰电压。电压探头在被测端子与参考地之间呈现射频高阻抗。

容性电压探头(CVP)用于测量多个导体的不对称(共模)电压且无需导电连接。其结构设计为可套住被测导体。套在单个导体上的 CVP,可测量非对称骚扰电压。

7.3.4 电流探头

电流探头或电流互感器可测量电源线、信号线、负载线等导线上的三类骚扰电流(见 7.1 和 CISPR 16-1-2),卡式结构的探头便于使用。

不管导线的数量多少,只需将电流探头环绕导线卡住,即可测量导线上的共模电流。在这种情况下,导线上的差模电流会感应出幅度相等,但方向相反的信号,其结果使得这些信号在很大程度上相互抵消。这样就允许在导线中存在幅度很大的差模(工作)电流情况下,测量幅度很小的共模电流。

电流探头不能用来测量不对称人工网络(AAN)与 EUT 之间形成的转换共模(CCM)电流。CCM 只能通过 AAN 输出端的电压来进行测量[见 7.3.2.2 c)]。

注:AAN 的目的是模拟与 EUT 电信端口相连网络线缆产生的骚扰电势。因此,作为投射到 EUT 电信端口网络端的差模电压的响应,AAN 产生一个内部的共模电压,用于代表由其相连网络线缆产生的 CCM 电压。这一内部产生的共模电压有一关联共模电流(图 8 中的 I_{CCM})。该电流在 AAN 中得到分流(见图 8 中的 I_{CCM1} 和 I_{CCM2})。电流分量的大小取决于 AAN 的共模输出阻抗(图 8 中的 Z_T)和连接于 AAN 上的 EUT 的端口呈现的共模阻抗(图 8 中的 Z_E)。由于 AAN 的共模输出阻抗是可控的,因此,AAN 输出端的共模电压(图 8 中的 V_{CCM})可以作为连接网络骚扰电位的量度。而连接于 AAN 上的 EUT 端口呈现的共模阻抗是不可控的,而是随着频率变化,并取决于 EUT 的尺寸和 EUT 配置。因此,这个转换共模电流(图 8 中的 ICCM2)不能用电流探头来测量,因为对典型的信息技术设备来说,在 150 kHz～30 MHz 的频率范围,ZE 值的大小大约会从约 2 kΩ 变化到约 200 Ω。

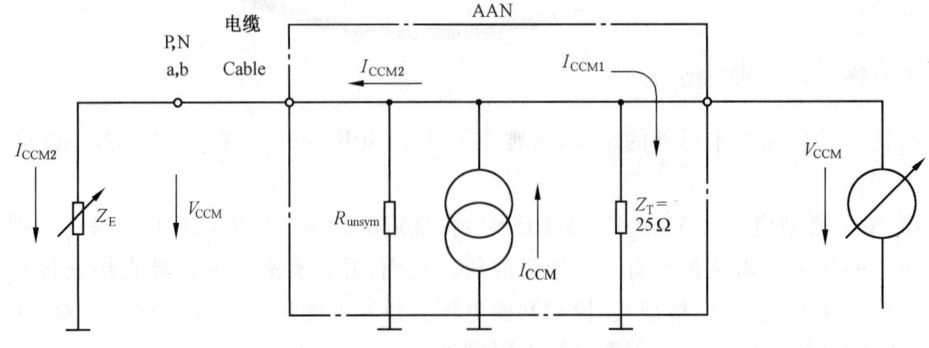

图 8 电流 I_{CCM} 图示

已规定的(标准的)电流探头,见 CISPR 16-1-2。

7.4 EUT的布置

7.4.1 EUT的布置及其与AN的连接

为了测量骚扰电压，EUT要按下列要求通过一个或多个AN连接到供电电源和任何其他延伸网络(通常，V型网络用于电源端口，见图9)。其他EMC产品标准提供了针对特定的EUT类别的试验细节。

不论接地与否，台式EUT都应按下述规定放置：

——EUT的底部或背面应放置在离参考接地平面40 cm的可操纵的距离上。该接地平面通常是屏蔽室的某个墙面或地板，它也可以是一个至少为2 m×2 m的接地金属平板。

实际布置按下述方法来实现：

EUT放在一个至少80 cm高的绝缘材料试验台上，它离屏蔽室的任一墙面为40 cm；或

EUT放在一个40 cm高的绝缘材料试验台上，使得EUT的底部高出接地平面40 cm。

——EUT所有其他的导电平面与参考接地平板之间的距离要大于40 cm。

——如图9所示，那些人工网络是通过这样的方式放在地板上，即人工网络外壳的一个侧面距离垂直参考接地平面及其他的金属部件为40 cm。V型网络(AMNs)和Y型网络(AANs)如图9和图10所示。

——EUT的电缆连接如图9所示。

——对于仅有一根电源线的台式EUT可选择如图11所示的试验布置。

注：图11所示的配置可能会产生一定的不确定性，因为对于某些EUT金属骚扰源不在非金属外壳的中心(见CISPR 16-4-1)。

落地式EUT应放置在地面上，与地面接触的各点除了与正常使用相一致外，还要遵从上述有关布置的规定。应使用一块接地的金属板，其不应与EUT的地面支撑物有金属性接触，但是EUT本身用于接地的导体可以与这块金属板连接。该金属板可作为参考接地平面，其边界至少应超出EUT的边界50cm，面积至少为2m×2m，试验布置的例子见图12和图13。

人工网络要用一个低射频阻抗搭接到参考接地平面上(见5.3)。所谓的"低"射频阻抗是指在30 MHz时最好小于10Ω。例如，若将人工网络的壳体直接固定在参考接地平面上，或者用长宽比不大于3:1的金属条连接，就可达到这一要求。AN接地的谐振可以通过电压分压系数的现场试验来确定(参见附录E)。

EUT的布置如图9～图13所示，EUT的边界和AN最近的一个表面之间的距离为80cm。图9～图13中放置台式EUT的一个好方法是将AN安装在接地平面上——前面板与接地平面齐平。

至AN的电源线和从AN到测量接收机的连接电缆宜布置得使它们的位置不会影响测量结果。对于不配备固定连接导线的EUT，要按照有关设备文件中的规定，用1 m长的导线连接到AN上。之所以选择1 m长的导线是因为其具有较低的标准符合性不确定度。

除非EUT对接地阻抗有特殊要求，否则应使用下述条款。如果要把EUT连接到参考地，则应用一根与电源线平行且长度相同，与其距离不超过10 cm的导线来连接，除非该电源线本身已包含了接地导线。如果EUT带有固定的电源线，该导线应为1 m长。若超过1 m，则该导线的一部分应来回折叠长度为30 cm～40 cm的线束，并布置成非感性的S型形状，从而使电源线的总长度不超过1 m(也可见图14)。但是，当折叠捆扎后的电源线有可能影响测量结果时，宜将电源线长度缩短到1 m。

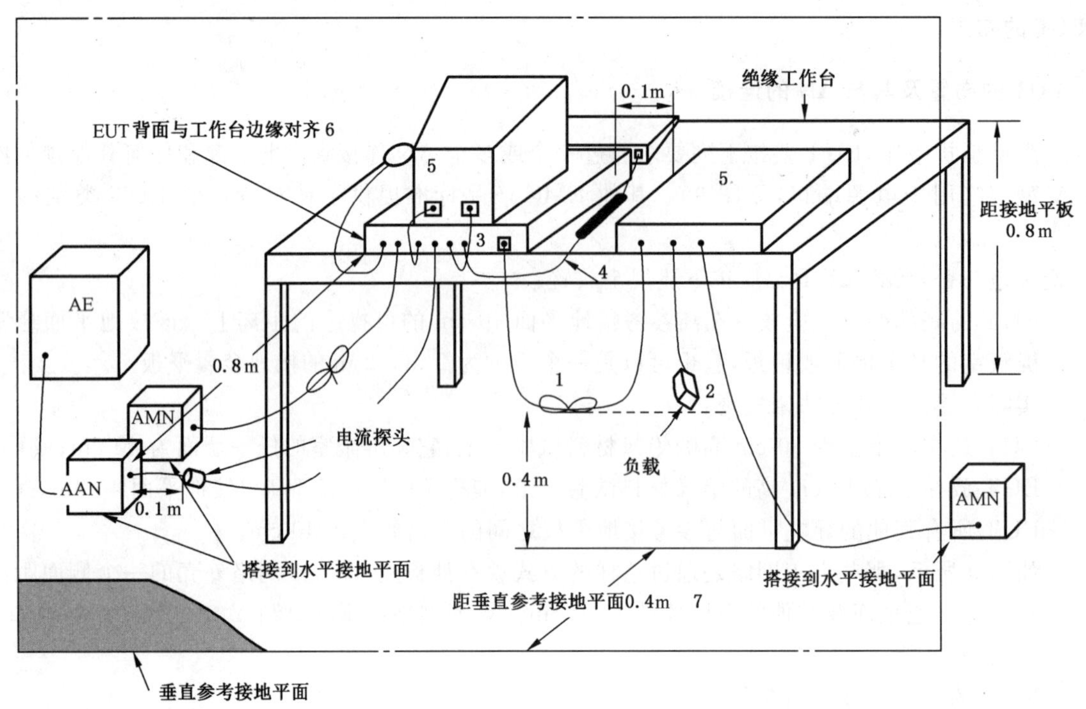

说明：

1——离接地平面距离小于 40 cm 的那些下垂的互连电缆应来回捆扎成不超过 40 cm 长的线束，大约悬在接地平面与工作台的中间。电缆的弯曲不能超过电缆最小的弯曲半径。如果弯曲半径导致捆扎线束的长度超过 40 cm，则应由弯曲半径来确定捆扎线束的长度。

2——连接到外部设备的 I/O 电缆应在其中心处捆扎起来。如要求使用规定的端接阻抗，电缆的末端应端接相应阻抗。如可能，其总长度应不超过 1 m。

3——EUT 与一个 AMN 连接。如果不连接测量接收机，AMN 和 AAN 测量端应连接 50 Ω 负载。如果垂直接地平面是参考接地平面，AMN 直接放置在水平接地平面上，距离 EUT 80 cm，距离垂直接地平面 40 cm（见图 10a）。另外一种选择是，如果水平接地平面是参考接地平面，其位于 EUT 下方 40 cm 处，则 AMN 放置于垂直接地平面，距离 EUT 80 cm（见图 10b）。为了满足 80 cm 的距离，AMN 可能需要移至边缘。如果第二个 AMN 可以供电，所有 EUT 辅助设备连接至第二个 AMN。如果单个的 AMN 不能供电，可用几个 AMN 为辅助设备供电。AAN 用于 1 对、2 对、3 对或 4 对非屏蔽双绞线电缆测量，电流探头用于其他线缆（非屏蔽或屏蔽）的测量。

4——用手操作的装置，如键盘、鼠标等，其电缆应尽可能地接近主机放置。

5——非 EUT 受试组件。

6——EUTUT 及外部设备的后部都应排成一排，并与工作台面的后部齐平。

7——工作台面的后部应与接到地平面上的垂直导电平面相距 40 cm。

电缆长度和距离允差尽可能接近实际应用。

图 9　台式设备电源线传导骚扰测量的试验布置

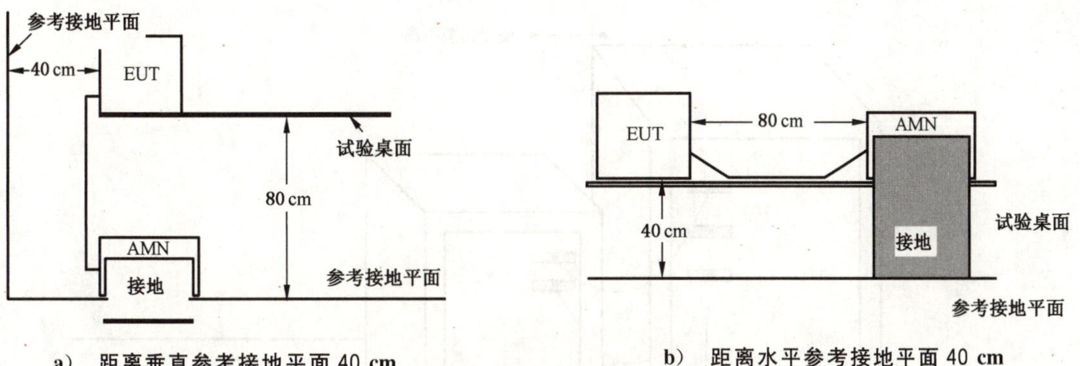

a） 距离垂直参考接地平面 40 cm　　b） 距离水平参考接地平面 40 cm

图 10　EUT 和 AMN 的布置

说明：

1 ——金属壁 2 m×2 m；

2 ——EUT；

3 ——往返折叠成(2 cm×30 cm)的超长电源线；

4 ——AMN；

5 ——同轴电缆；

6 ——测量接收机；

B ——参考接地连接点；

M——接测量接收机输入端；

P ——至 EUT 的电源。

电缆长度和距离的允差尽可能接近实际应用。

图 11　仅带有一根电源线的 EUT 可选的试验布置

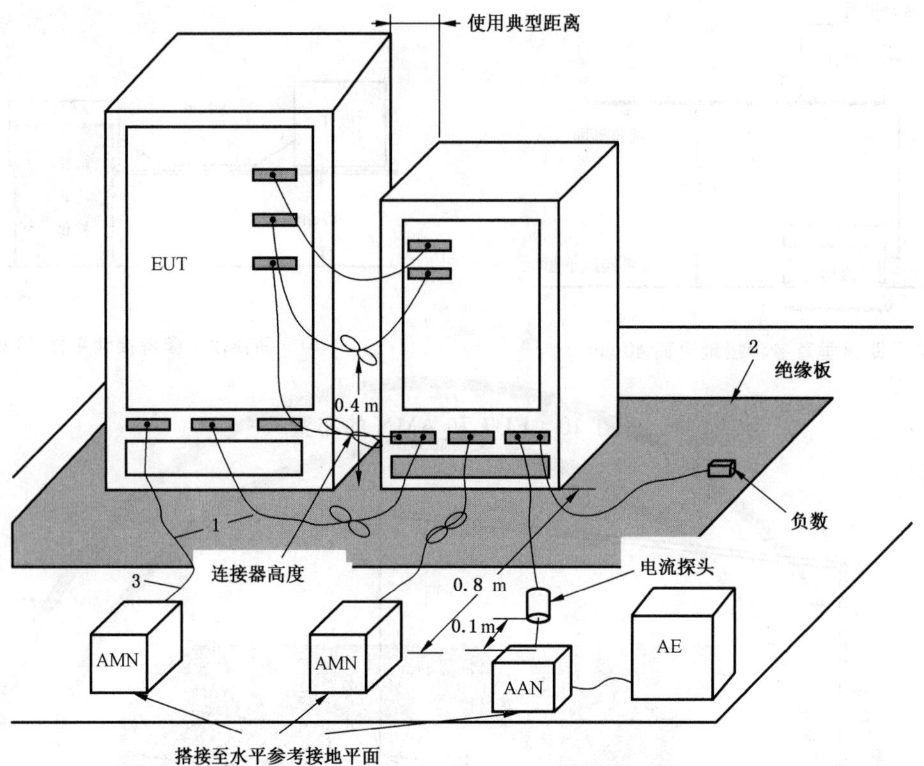

说明：

1——超长电缆应在其中心处捆扎或缩短到适当的长度；

2——EUT 和电缆应与接地平面绝缘(最厚 15 mm)；

3——EUT 连到一个 AMN 上，该 AMN 可以放在接地平面上或紧贴接地平面的下方，所有其他的设备由第二个 AMN 来供电。参见图 9 的说明 3。

电缆长度和距离允差尽可能接近实际应用。

图 12　落地式设备的试验布置(见 7.4.1 和 7.5.2.3)

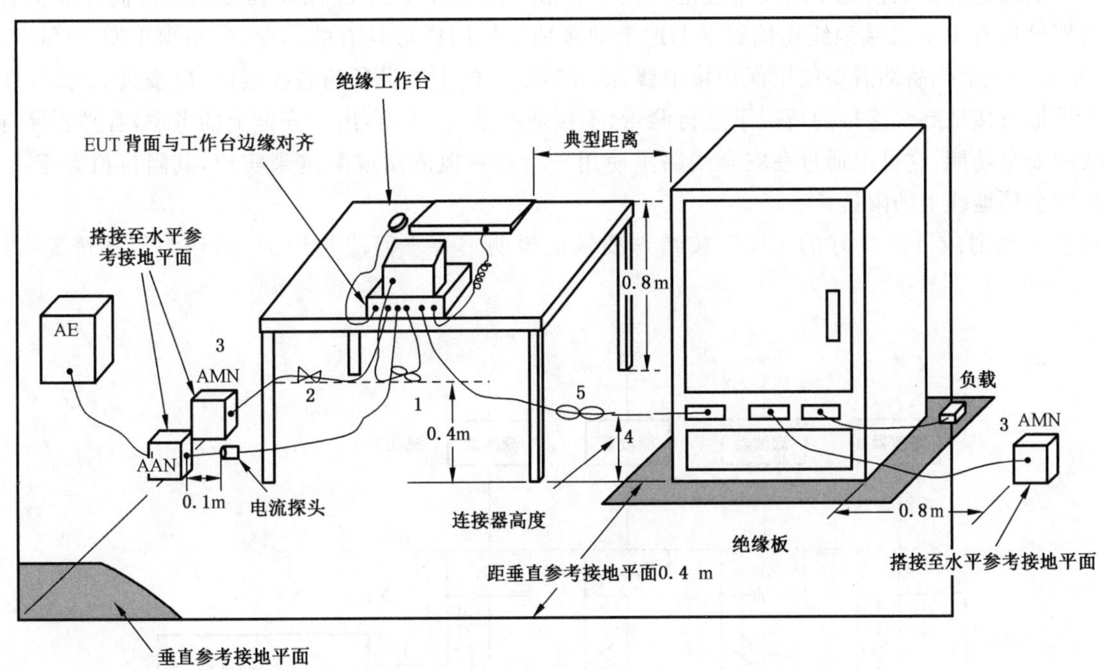

说明：

1——距接地平板不足 40 cm 的互连电缆，应来回折叠成长度 30 cm～40 cm 的线束，捆扎起来垂落至接地平面与桌面的中间。

2——超长的电源线应在其中捆扎或缩短至适当的长度。

3——EUT 连到一个 AMN 上。该 AMN 也可以连接到垂直参考平面上。所有其他的设备由第二个 AMN 来供电。为了与 EUT 达到 0.8m 的距离，AMN 可能会需要移至边缘。参见图 9 的注释 3。

4——EUT 和电缆应与接地平面绝缘(厚度不超过 15 mm)。

5——连接落地式设备的 I/O 电缆垂落至接地平面，超长部分捆扎起来。未达到接地平面长度的电缆要垂落至连接器的高度，或离地面 40 cm，两者取低者。

电缆长度和距离允差尽可能接近实际应用。

图 13　落地式和台式设备的试验布置示例（见 7.4.1 和 7.5.2.3）

7.4.2　用 V 型网络(AMN)测量非对称骚扰电压的方法

7.4.2.1　概述

用 AN 来测量骚扰电压是 CISPR 推荐的测量方法，如果 AMN 导致 EUT 无法工作，那么将使用电流或者电压探头来进行测量。

7.4.2.2　有接地连接的设备布置

对于那些在运行中要求接地或者其导电外壳能接地的 EUT，每根电源线的非对称骚扰电压是相对于参考金属壁(测量设备的地)测量得到的。EUT 的壳体通过它的保护接地线连接到 AMN 的接地点再连接到参考金属壁上(见图 15 的等效电路)。

确定接地 EUT 干扰电势的一些参数参见附录 A 的 A.3。

对于具有两个或更多的电源线和安全导线或有专门接地连接线的 EUT，测量结果将更多地取决于电源端子的终端状况和接地情况(也可参考 7.5 关于系统的测量方法)。

因为实际电源供电设施中的安全接地导线可能相当长，这样就不能保证其接地阻抗同标准试验装置中的那种仅有 1 m 长接地线连接到参考地上的接地阻抗同样低且有效。况且，根据 IEC 60364-4 的规定，并非每一个产品都需要使用保护接地线，因此带插头的 I 类设备的骚扰电压，应按照 7.4.2.3 在没有安全接地或接地导线连接的情况下进行测量(不接地测量)。然而，出于安全上的考虑，有必要保持接地导线的安全功能，这可以通过在安全线路里使用一个射频扼流圈或阻抗来实现，其阻抗值等于 V 型网络在安全接地线上的阻抗。

对于无辐射或屏蔽良好的 EUT，按特殊要求或说明书要求而应接地的，则作为例外情况(参见 A.2.1和 A.4.1)。

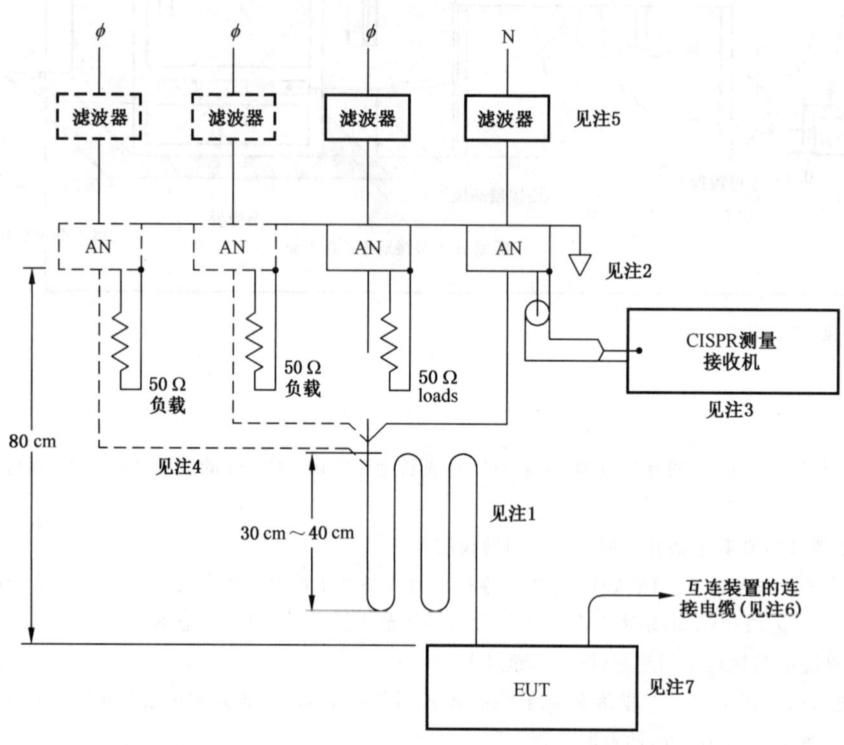

说明：

1——EUT 的电源线长度超过 80 cm 时，应折叠成 S 形线束，不要绕成环形。

2——在高频情况下，AN 至接地平面的连接应提供低阻抗路径，这可通过使用整体的扁平导体来实现，其长宽比不大于 3∶1。

3——CISPR 测量接收机通过同轴电缆上的表面电流吸收器实现与 AMN 隔离(参见 E.2 中举例)。

4——虚线表示三相电源的试验布置。

5——备用滤波器试验线路，如果不用，可以短路。

6——互接的设备可以通过电源连接条或连接盒连接到单个 AN 上。

7——台式或便携式 EUT 应与至少为 2 m×2 m 的任何接地导电平面相距 40 cm，且距离任何其他的导电物体(包括系统或仪器的一部分)至少为 80 cm。

图 14　传导骚扰电压测量布置的示意图(见 7.5.2.3)

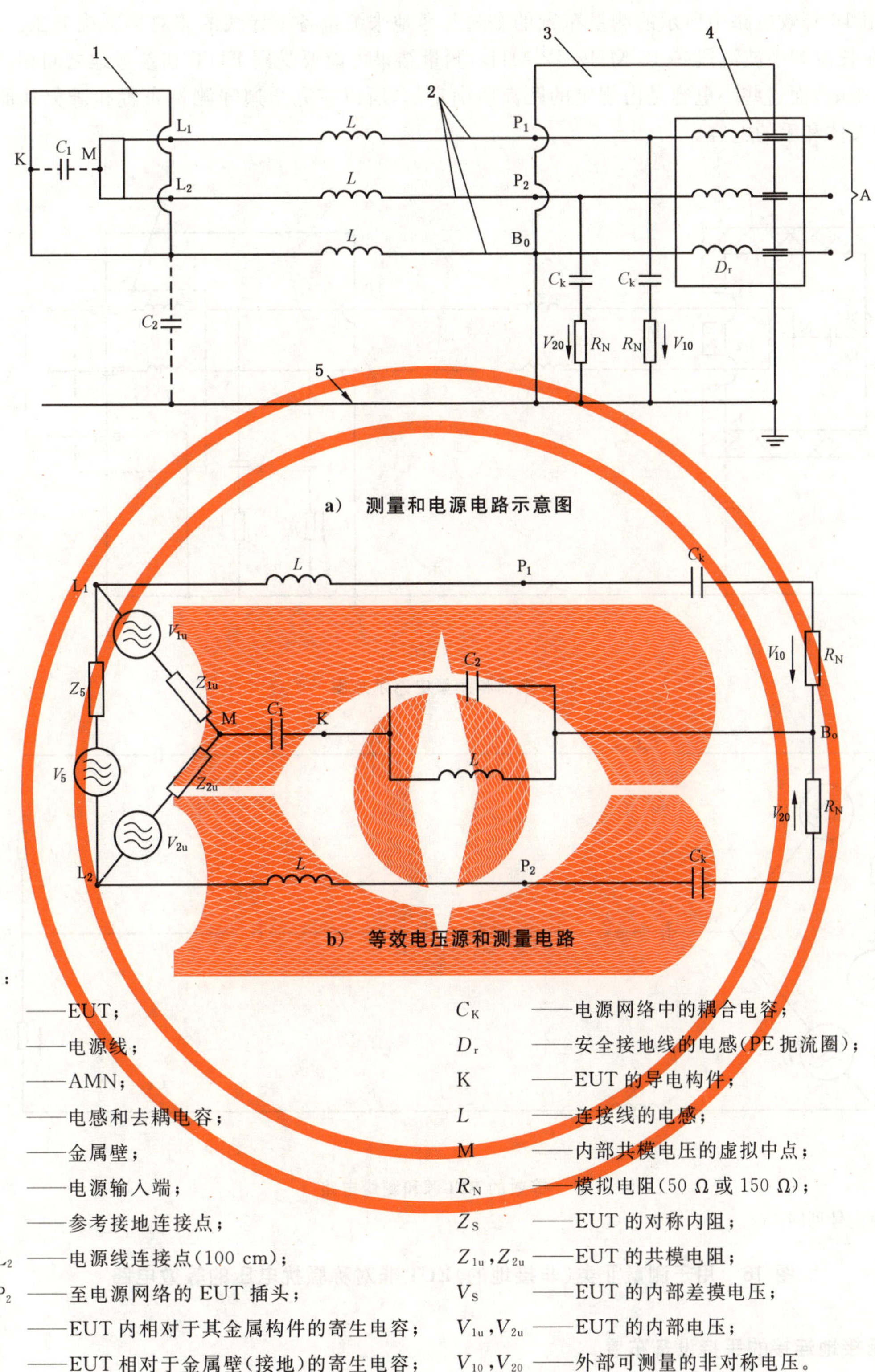

a） 测量和电源电路示意图

b） 等效电压源和测量电路

说明：

1	——EUT；	C_K	——电源网络中的耦合电容；
2	——电源线；	D_r	——安全接地线的电感(PE扼流圈)；
3	——AMN；	K	——EUT的导电构件；
4	——电感和去耦电容；	L	——连接线的电感；
5	——金属壁；	M	——内部共模电压的虚拟中点；
A	——电源输入端；	R_N	——模拟电阻(50 Ω或150 Ω)；
B_O	——参考接地连接点；	Z_S	——EUT的对称内阻；
L_1,L_2	——电源线连接点(100 cm)；	Z_{1u},Z_{2u}	——EUT的共模电阻；
P_1,P_2	——至电源网络的EUT插头；	V_S	——EUT的内部差摸电压；
C_1	——EUT内相对于其金属构件的寄生电容；	V_{1u},V_{2u}	——EUT的内部电压；
C_2	——EUT相对于金属壁(接地)的寄生电容；	V_{10},V_{20}	——外部可测量的非对称电压。

图15 用于测量Ⅰ类(接地的)EUT非对称骚扰电压的等效电路

7.4.2.3 无接地连接的设备布置

无接地连接的设备包括带附加绝缘(Ⅱ类保护)的电气设备和在没有接地导线或安全导线的情况下可运行的设备(Ⅲ类保护设备)，也包括通过一个隔离变压器连接的带插头的Ⅰ类设备。对于这类设备，应相对于图 16 等效电路中所示的测量布置的金属参考地来测量各个导线的非对称骚扰电压。

由于在长波和中波波段(0.15 MHz～2 MHz)测量结果可能要受到 EUT 和参考地之间相串联的小电容 C_2 的影响，而这些小电容是由规定的距离所确定的，所以应完全遵守测量布置和避免其他的外界影响，诸如人体和手的电容。

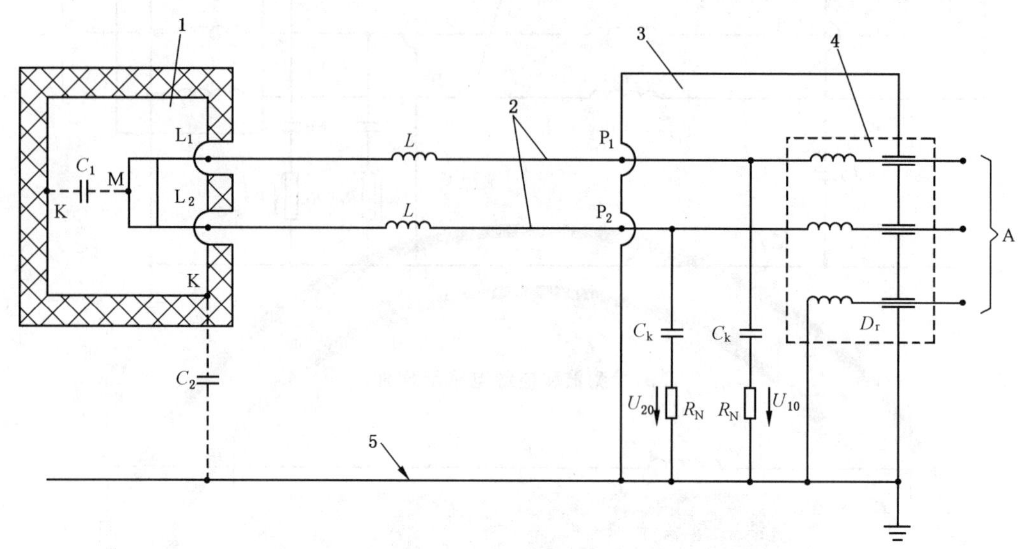

a) 电源和测量电路示意图

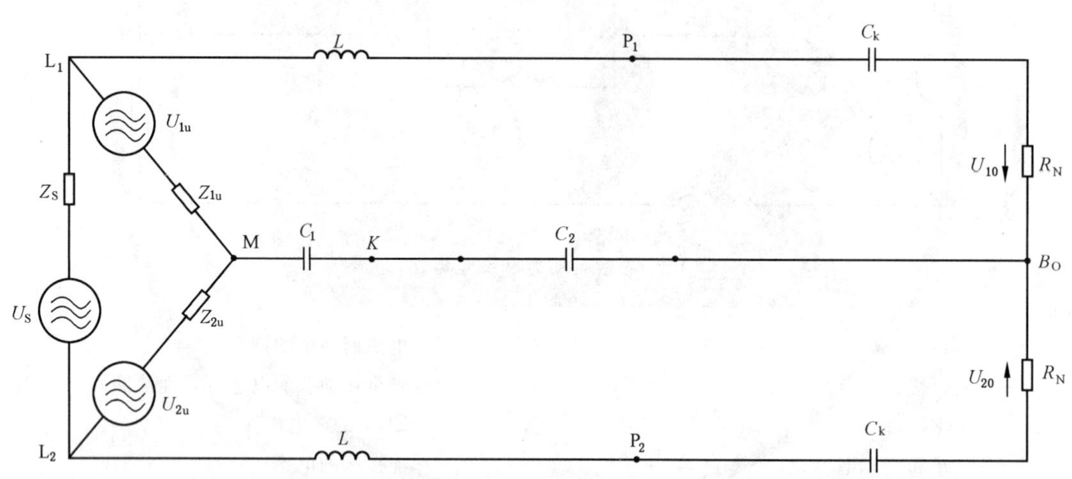

b) 等效的 RFI 源和测量电路

注：各种代号见图 15。

图 16 用于测量Ⅱ类(非接地的)EUT 非对称骚扰电压的等效电路

7.4.2.4 无接地连接的手持设备布置

首先按照 7.4.2.3 进行测量，然后使用 CISPR 16-1-2 中叙述的模拟手进行附加的测量。

图 18 表示了应用模拟手所要遵循的基本原则。RC 元件的 M 端(见图 17)应连接到任何暴露的非旋转的金属部件和连接到随 EUT 提供的固定的和可拆卸的所有手柄的四周包围的金属箔上。表面覆盖涂料或油漆的金属件被认为是暴露金属件，应直接与 RC 元件连接。

模拟手应由包裹外壳或部件的金属箔构成。由此可规定如下：该金属箔应连接到由 220×(1±20%)pF 电容器串联 510×(1±10%)Ω 电阻器所组成的 RC 元件的一端(M 端)。RC 元件的另一端应连接到测量系统的参考地。

模拟手应用于下列情况：

a) 如果EUT的外壳全部是金属的，就不需要金属箔，但RC元件的M端应直接接到EUT的壳体上。

b) 如果EUT的外壳是绝缘材料制成的，则手柄B四周(见图18)应包上金属箔，如有第二个手柄D，则其四周也应包上。位于电动机定子铁芯部位的壳体C或齿轮箱部位四周亦应包上60 mm宽的金属箔，要是这样能够测出较高发射电平的话。所有这些金属箔和金属环或衬套A(如果有的话)都应连接在一起，并连接到RC元件的M端。

c) 如果EUT的外壳部分是金属，部分是绝缘材料，且有绝缘手柄时，手柄B和D(见图18)的四周要包上金属箔。如果电动机部位的外壳是非金属的，则在电动机定子铁芯所在部位的壳体C的四周，或者在齿轮箱的四周要包上60 mm宽的金属箔，如果这部位是绝缘材料并可获得较高的发射电平的话。机身的金属部分，即部位A，包住手柄B和D的金属箔以及在外壳C上的金属箔都应连在一起，并接到RC元件的M端。

d) 如果EUT有两个绝缘材料手柄A和B以及一个金属外壳C，例如一个电锯(见图19)，则手柄A和B的四周要包上金属箔。而A和B上的金属箔要和金属外壳C连接起来，并接到RC元件的M端。

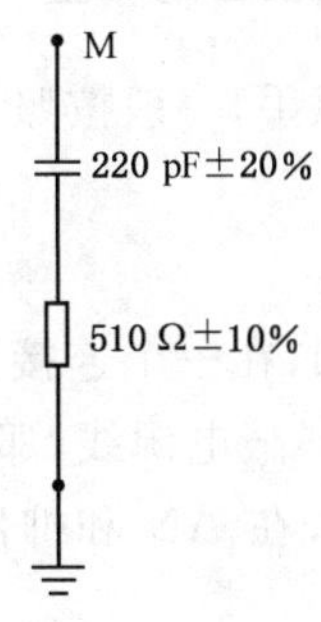

图17 用于模拟手的RC元件

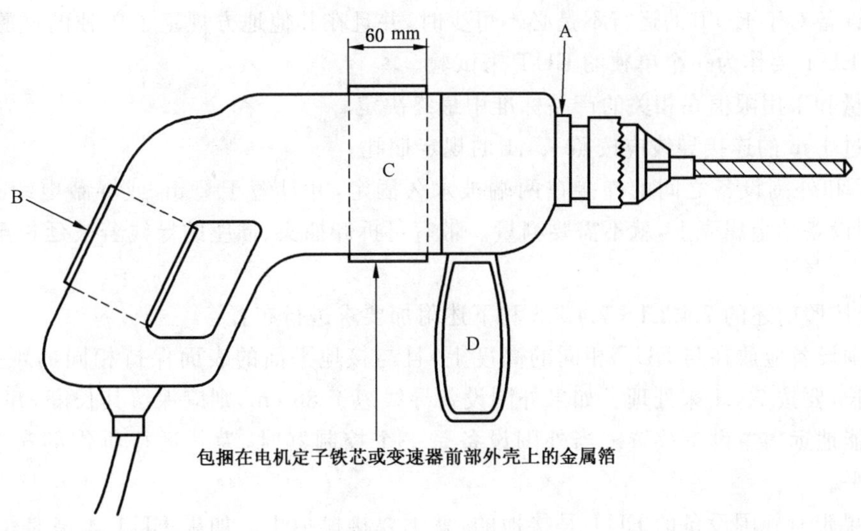

图18 带有模拟手的手持式电钻

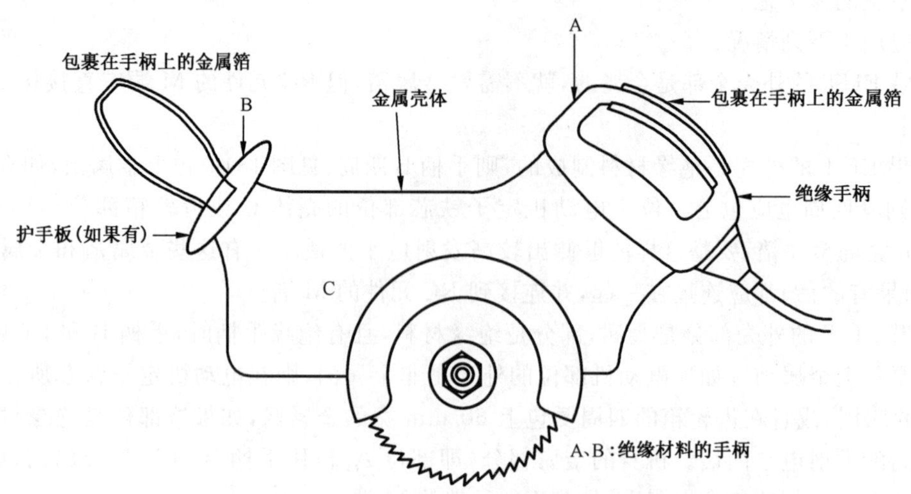

图 19 带有模拟手的手持式电锯

7.4.2.5 键盘、电极和对人体接触敏感的其他设备的布置

对于这类设备,要按照产品标准应用模拟手,一般按照 7.4.2.4 的规定。

7.4.2.6 带有外部抑制元件的设备布置

如果干扰抑制装置附在设备的外部(例如,在一个连接到电源的插座内)或者作为一个元件插到连接电缆中(抑制电源线发射装置),或使用了屏蔽电源线,那么为了测量骚扰电压,应在抑制发射元件和 AN 之间连接另外一根 1m 长的未屏蔽电缆,在 AN 和抑制发射元件之间的这根电缆应紧靠着 EUT 放置。

7.4.2.7 外围设备连接在非电源线的导线末端的 EUT 布置

含有半导体器件的调节控制器不包括在本条内,而采用 7.4.4.1。

当辅助设备对于 EUT 的运行不是必不可少时,并且在其他地方规定了单独的试验方法,则本条不适用。主体 EUT 要作为一个单独的 EUT 来试验。

是否测量和采用限值在相关的产品标准中最终决定。

长度超过 1 m 的连接导线应按照 7.4.1 的规定捆扎。

当 EUT 和外围设备之间的连接在两端被永久固定,并且短于 2 m,或屏蔽电缆在两端被连接到 EUT 和外围设备的金属壳上,就不需要测量。带有可拆卸插头、插座的导线若被延长至超过 2 m,则需要测量。

EUT 应按照前述的 7.4.2.1~7.4.2.6 和下述附加要求进行布置:

a) 外围设备应放在与 EUT 相同的高度上,且与接地平面的表面保持相同的距离。如果导线足够长,要按 7.4.1 来处理。如果外围设备导线短于 80 cm,则应保留其长度,并且外围设备应尽可能地远离主设备放置。当外围设备是一个控制器时,为其运行所作的布置不得影响骚扰电平。

b) 如果带有外围设备的 EUT 是接地的,就不要接模拟手。如果 EUT 本身是手持式的,则模拟手应连接到 EUT 上而不连接到任何外围设备上。

c) 如果 EUT 不是手持式的,而外围设备是不接地手持式的,那么应与模拟手连接。如果外围设备也不是手持式的,它的放置与接地导电表面关系则如 7.4.1 中所述。

除了对与电源连接的端子进行测量外,还要用一个连接到测量接收机输入端的电压探头对所有其他导线(例如控制线和负载线)的进出端子进行测量。

外围设备、控制器或负载连接成能在所有的运行条件和EUT与外围设备相互作用的情况下进行测量。

EUT和外围设备的各个电源输入端都要进行测量。

7.4.3 差模信号端子共模电压的测量

7.4.3.1 概述

通常,用AN来测量骚扰电压是CISPR推荐的测量方法。如果AN导致EUT无法工作,那么将使用电流或者容性电压探头来进行测量。

7.4.3.2 用△型网络测量

在150 kHz~30 MHz频率范围内,电信、数据处理和其他设备的差模信号线各个端子上的共模骚扰电压用符合CISPR 16-1-2中规定的△型网络来测量。只要满足CISPR 16-1-2对差模阻抗和共模阻抗的要求,则CISPR 16-1-2中规定的△型网络可以作些修改,以便使EUT获得在正常功能时所需要的信号通路和直流通路。

当用△型网络对信号端子进行测量时,差模抑制应足够大,使得在与差模工作信号相同的频率上测量共模骚扰电压时不产生错误的测量结果。

当在EUT的电源端子上用AMN进行测量时,所有的电压测量应同时连接两个网络,并要符合7.4.1和7.4.2规定的要求。

注:如果△型网络还相应地设计了连接信号线的去耦电路和连接到测量接收机的耦合电路,那么用相同的网络阻抗,△型网络的频率范围就能扩展到9 kHz。

7.4.3.3 用Y型网络测量

不对称(共模)人工网络(AAN),即按照CISPR 16-1-2定义的Y型网络也可以用来测量9 kHz~30 MHz频率范围内的共模骚扰电压。

注:Y型网络通常被称作阻抗稳定网络(ISN)(例如在CISPR 22中)。

与△型网络的差模和共模端都有150Ω相等的模拟阻抗相比较,Y型网络只提供一个150 Ω的共模端,而且端接通信线本身的特性阻抗,对EUT将要连接的电信网络的差模到共模转换的抑制特性。

在Y型网络供电的一侧,信号模拟器、直流负载电路、EUT的工作信号频率负载电路或EUT工作时所需要的其他电路都可以连接在一起。根据特定EUT的需求,这些电路自身应提供一个100 Ω~150 Ω的差模射频阻抗,或者与终端一起提供这个阻抗。当EUT工作时没有规定需要外部电路时,150 Ω电阻应作为差模射频终端连接到Y型网络上去。如果没有合适的Y型网络,电信端将连接外围设备。

当用AMN测量带有电信端口的EUT的电源端子时,骚扰电压测量应按照如下布置,AMN连接至电源端口,同时Y型网络连接至电信端口或者将EUT辅助设备直接连接到EUT。图9所示为用AMN和Y型网络(ISN)测量的布置。见7.4.1和7.4.2中的规定。

7.4.4 使用电压探头进行测量

7.4.4.1 使用AMN的情况

为了对具有多根连接导线或可连接多根导线的装置和系统进行测量,在那些不能用人工电源网络进行测量的导线连接端(例如,不连电源的部分部件之间的连接线)与天线、控制线以及负载线的连接接口上的骚扰电压，应使用高输入阻抗（1 500 Ω 或者更大）的电压探头来测量（见 7.3.3），以便保证探头不对被测线加载。

然而，对于上述情况，初级电源输入线应被隔离并用 AMN 作射频端接。不使用电压探头来测量的那些导线，在布置和长度方面则应遵守 7.4.1 的相应规定和各自的产品标准（例如 CISPR 11 和 CISPR 14-1）中为各个设备规定的运行条件。电压探头应通过同轴电缆连接到测量接收机上，它的屏蔽层被连接到参考地和电压探头外壳。从这个外壳到 EUT 的带电部件不得有直接的连接。

如果测量接收机连接至电压探头，AMN 需要端接一个 50 Ω 负载。

图 20 和图 21（摘自 CISPR 14-1）所示为一个测量半导体调节控制器骚扰电压试验装置的实例。

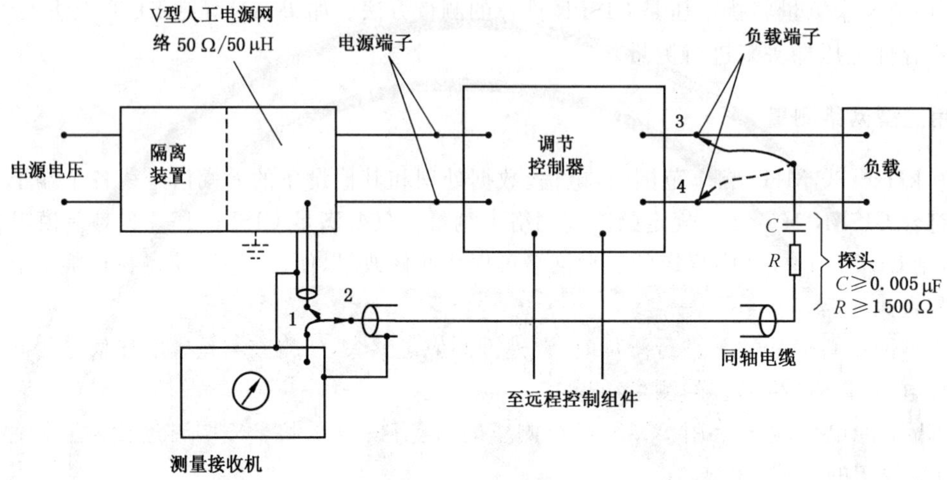

开关位置：

1 ——用于电源测量；

2 ——用于负载测量；

3，4——负载测量中依次的连接点。

注 1：测量接收机的接地端连接到 AMN。

注 2：从探头算起同轴电缆的长度不超过 2 m。

注 3：当开关在位置 2 时，在终端 1 的 AMN 的输出端应端接一个与 CISPR 测量接收机阻抗等值的阻抗。

注 4：在只有一根电源导线上插入两端调节控制器的情况下，如图 21 中所示的那样连接上第二根电源线来进行测量。

图 20 用电压探头测量的示例

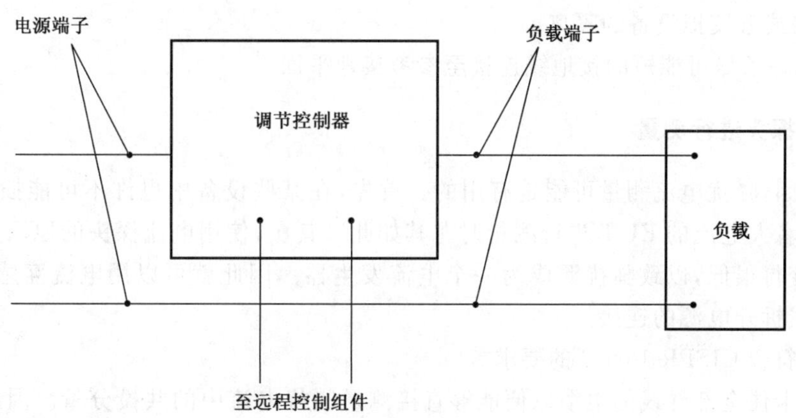

图 21 适用两端口调节控制器的测量布置

7.4.4.2 不使用 AMN 的情况

在不使用 AMN 来测量的 EUT 试验中，应用一个高阻抗电压探头跨接在一个规定的模拟电阻两端上来测量(例如，在 CISPR 14-1 中的电栅栏模拟装置，或者考虑到 7.4.1 的规定，在有完全确定的布置和导线布局且开路状态下测量)。

这种测量方法对由自身单独的电源供电的电力电子装置或由不带负载的单独配置的导线所连接的电池供电装置也是有效的。

当对电流超过 25 A 的单个独立电源(例如，电池、发电机、变换器等)进行骚扰电压测量时，应测量其阻抗，以确认模拟电阻的允差没有超过 CISPR 16-1-2 的确定。

凡输入阻抗 R_x 大于 1 500 Ω 的电压探头，其软性接地线长度不应超过最大测量频率所对应波长的十分之一，并应以最短路径连接到作为参考地的金属面上。为了避免由探头的屏蔽层引入到测量点的附加容性负载，探头的探针长度应不超过 3 cm。凡连接到测量接收机的屏蔽连接线布置应使得 EUT 相对于参考地的电容不会变化。

7.4.4.3 AMN 用作电压探头的情况

当 EUT 的额定电流超过 AMN 的额定电流时，AMN 可作为电压探头使用。AMN 的 EUT 端口与 EUT(单相或三相)的每一根电源线连接。

在 AMN 接到电源之前，应将其与试验现场的大地(PE)进行安全连接。

警告：在断开 PE 前，AMN 应先断开电源，其电源端口保持断开状态。当 AMN 作为电压探头连接时，AMN 的电源输入端口/引脚应与供电电源连接，AMN 的电源输入引脚应使用绝缘保护盖或其他方法以确保安全。

在 150 kHz～30 MHz 频段，EUT 的电源线应经过一个 30 μH～50 μH 的电感(参见图 A.8 布置 2)接到电源。电感可由扼流圈、50m 长的线或变压器实现。在 9 kHz～150 kHz 频段，通常需要一个更大的电感用于电源的去耦，此措施也能减少电源网络的噪声(参见 A.5)。

在标准配置中，优先使用 AMN 进行测量。AMN 作为电压探头来使用仅适用于那种实际电流超过 AMN 容量的现场试验。产品标准一般不使用此方法，除非在产品标准中将其列为替代的方法。

7.4.5 使用容性电压探头(CVP)进行测量

可以使用容性电压探头(CVP)来测量超过四对对称电缆组成的非屏蔽信号和电信电缆的骚扰电

压。测量时可以与电流探头组合使用来同时测量骚扰电压和骚扰电流。这种测量方法的缺点是缺少EUT与实际网络或者模拟设备的隔离。

CVP应使用一条尽可能短的接地线连接至参考接地平面。

7.4.6 使用电流探头进行测量

由于某些原因,骚扰电流测量可能是有用的。首先,在某些设备中也许不可能插入AMN,当对固定安装的系统或者大电流的EUT进行测量时尤其如此。其次,使用电流探头的原因是:在频率范围的低端,电源阻抗变得很低,以致骚扰源成为一个电流发生器。因此就可以用电流互感器来测量这个电流,而无需中断或拆开电源的连接。

电流探头应符合CISPR 16-1-2的要求。

用电流探头卡住全部导线的电缆以便能够直接测量骚扰电流中的共模分量。因此,可以很容易地把共模骚扰电流从差模工作电流中分离出来。

如果在负载和源阻抗已知的情况下进行测量,则可以计算出骚扰电压。

如果只有一根导线被包围住,那么测量的是差模和共模骚扰电流分量的叠加值,此时如果存在任何大的工作电流(200 A以上),那么可能由于电流探头的磁芯饱和而造成数据的不真实。

7.5 传导发射测量的系统试验布置

7.5.1 系统测量的一般方法

为传导发射测量而规定系统试验布置目的如下:

——避免共模骚扰地环路;

——规定容易再现的试验布置;

——从被测量的导线中消除不被测量导线的耦合;

——得到去耦的布线方法;

——发射测量时,导线布置使得磁场影响最小化;

——尽可能最大限度地将7.1～7.4中的要求用于系统试验。

只要有可能,应使用AN来测量系统导线上的骚扰电压,对于50 A以下的电流,可以很容易地使用AMN。在实际操作中,AN应放置在受试系统设备的80 cm以内。多线电源电路的每根导线都应经过AMN,每一个AN都应在测量端端接一个50 Ω负载。

EUT应按照制造商的说明书进行布置并端接电缆。

对于某些测量,有关的产品标准可能规定一个特定的负载与负载电压探头一起使用来代替AMN。当电源电流大于50 A且没有一个适当的AMN的时候,电压探头也可用于传导测量。但在此情况下用AMN得到的测量结果将优先。

而对某些测量,在有关的产品标准中则可能规定使用电流探头。

7.5.2 系统配置

7.5.2.1 概述

系统应仔细地配置、安装、布置,并按最能代表系统典型的使用情况(即按使用说明书)或者本部分的规定运行,通常在由多个互连的装置组成的系统中运行的设备应作为这一典型运行系统的一部分来进行测量。

通常,要求受试系统应和供给最终用户的系统型号相同,如果当时不能得到销售资料或者不可能去组装大量的设备去模拟一套完整的产品系统,那么就应采用试验工程师和设计工程人员协商后的认为最好办法来进行测量,这些讨论和决策过程都应在试验报告中注明。

应依据 EUT 的类型来选择和布置其电缆、交流电源线、主机和辅助设备，并且应能够代表预期的设备配置。不同单元之间的距离应为 10 cm，除非由于其结构限制不可能达到。这时，不同的单元应尽可能的互相靠近（大于 10 cm）并且该布置应在试验报告中注明。要区分三种类型的系统：第一类是常规使用时全部放置在台面上的台式系统，例如图 9 所示的举例。第二类是常规使用时构成系统的设备都是地面放置的落地式系统，包括在架高地板之下进行系统内部连接的、安装在专门设计的架高地板上的系统。构成落地式系统的设备可以用地面上的电缆、设备在架高后地板下的电缆或者按常规安装时的架空电缆相互连接起来。第三类是落地式系统和台式系统组合而成的系统。本条的以下部分提出了每一类系统的的试验规程。此外也应遵守 7.1 至 7.4 的特定要求。

系统中通常作为落地式的设备应按照 7.4.1 的规定放置在地面上。设计成既可放在台面上又可放在地面上工作的设备应按台式布置进行试验。

7.5.2.2 运行条件

系统应运行在额定（常规）工作电压和典型负载条件下——为系统而设计的机械负载或电气负载，或是这两种负载。负载可以是实际负载，或是如个别设备的要求中所描述的那种模拟负载。对于某些系统，也许有必要制定出一套明确的要求来规定试验条件、运行条件等，用于试验专门的系统。

如果系统包括视频显示装置或监视器，则要采用下述运行条件，除非产品标准另有规定别的运行条件：

a) 对比度调到最大状态；
b) 亮度调到最大，若光栅消失在尚未达到最大亮度时就发生，则调节在光栅消失处；
c) 对于彩色监视器，在黑色背景上用白色字母来代表全彩色；
d) 如果两者都可得到的话，选择正负视频中最差的一种情况；
e) 选择每行的字母数和字母大小，以便显示出每屏最多的字母数；
f) 对于无图形功能的监视器，无论使用何种视频卡，都应显示由随机文本组成的图案；
g) 对有图形功能的监视器，即使需要使用其他的视频卡才能完成图形显示，也应显示滚动的满屏 H 图案；
h) 如果监视器没有文本功能，则使用典型的显示功能。

7.5.2.3 接口设备、模拟器和电缆

进行符合性试验应按实际应用情况配置外部设备和布置电缆，并认为它们在最终安装中是很可能得到的。图 9、图 12 和图 13 描述了标准的试验布置，这些布置为在各检验实验室中的可重复性提供了基础，且符合实际系统和电缆方位的要求。因此，应优先使用实际的接口单元进行测量。由于要求一个系统与其他的装置（设备）在功能上相互作用，所以应使用实际的接口单元。可以用一些模拟器来提供有代表性的运行条件，只要代替这些实际接口单元所用的模拟器的效应能恰当地代表那些接口单元的电气特性，在有些情况下，还应能代表接口单元的机械特性，尤其是有关的射频信号、阻抗和屏蔽终端等。由于使用模拟器增加了试验的不确定度，如有可能的话要避免这种用法。在有争议的情况下，应优先采用实际接口单元进行测量。如果一个装置只是设计用来与专门的主机或辅助设备一起使用，那么该装置应与那个主机或辅助设备一起试验。

接口电缆应是常规系统所提供的常规典型电缆，长度至少为 2 m，除非制造商的用户手册中规定使用较短的电缆。在整个试验过程中都应使用用户手册中规定的相同类型的电缆（即非屏蔽的，网状屏蔽的，金属箔屏蔽的等等）。超长的电缆应在电缆的接近中点处以 40 cm 或更短的线束来回折叠成 S 形，使 EUT 与 AE 之间的有效长度尽可能不超过 1 m。

如果为了达到符合标准的目的而在试验中使用了屏蔽的或特殊的电缆，则在试验报告和使用说明书中都应包括需要使用的那些电缆的类型的推荐声明。

如果系统(如 VDUs)的元件产生磁场,在接地与测量线之间的环路可能捕捉到这些磁场,并由于这些环路中的耦合电压而使测量结果产生差错。为了避免这一情况的发生,连接线(接地和测量线)应尽可能短并双绞。

凡接口端口(连接器),该系统的每种功能类型的接口端口中的一个都应有一根电缆连接,而且每根电缆都应端接在一个实际使用的典型装置上。在有多个类型都相同的接口端口情况下,应给系统增加另外的电缆,以便确定这些电缆对该系统的发射所产生的影响。在使用 V 型网络进行电源端口测量时,应在电信端口同时端接 Y 型网络(见 7.4.3.3)。

通常类似端口的负载受到下列限制:

a) 多负载的利用率(对于大系统);

b) 多个负载代表一个典型装置的合理性。

在试验报告中应包括选择试验布置和端口负载的依据,也即连接可能有的电缆的 25%,而再加上一根或多根电缆的时候,发射增加不多于 2 dB。在试验中,除了与该系统或系统最低要求相关的端口以外,不需要连接或使用支持单元、接口单元或模拟器上的那些额外端口。

7.5.2.4 电源连接

如果系统是由多个具有其自身电源线的设备组成,则 AMN 的连接点按下述规则确定:

a) 应分别试验接在标准设计(例如 IEC/TR 60083)的电源插头上的每一根电源线;

b) 应分别试验那些不是由制造商规定的需经由宿主单元相连的电源线或端子;

c) 制造商规定连接到宿主单元或其他供电设备的那些电源线或现场接线端子应连接到宿主单元或其他供电设备上,宿主单元或其他电源供电设备的端子或电源线被连接到 AMN 上作试验;

d) 在规定特殊电源连接线的情况下,为了进行试验,连接到 AMN 的必要连接件应由制造商提供。

独立于电源线的安全接地线要用一个频率范围为 0.15 MHz~30 MHz 的 50 μH 的 AN 将其(安全接地线)与 EUT 隔离开来,在这种用法中 AMN 作为一个滤波器,其常规的 AMN 电源输入端被连接到参考地。

7.5.3 互连导线的测量

除了对连接电源的端子进行测量之外,可能还需要使用电压探头对进出导线(例如控制线和负载线)的端子进行测量。如果 EUT 的功能受到该探头的 1 500 Ω 阻抗的影响,那么该阻抗在 50/60 Hz 和射频段可能要增加(例如 15 kΩ 串联 500 pF)。若产品标准要求的话(或提供作为一种选择),也可以使用电流探头来测量电流,以替换电压测量。

在测量期间,电源线接上 AN,以便提供所规定的电源隔离和射频终端。要接上辅助设备(控制器,负载),以便能够在那些设备相互作用的期间和在所提供的运行条件下,对那些端子进行测量。

如果设备之间的连接导线在两端被永久固定并短于 2 m,或屏蔽电缆的两端连接到参考地,即那些设备的金属外壳,就没有必要测量。带有插头或插座的非屏蔽连接导线若能延长到 2 m 以上,至少延长到 2 m,并应做试验。(带插头或插座的)屏蔽电缆至少延长到 2m(进行测量),除非用户手册规定用较短的电缆。

7.5.4 系统部件去耦

系统中导致传导测量不准确的原因之一是地环流。在 EUT 的安全接地导体中安装一个频率范围为 0.15 MHz~30 MHz 的 50 μH 的 AN(PE 扼流圈)可能会阻断地电流。

各单元之间的互联电缆的屏蔽层也可能产生地环流。因此,这些设备的安全接地导体也应使用 50 μH的 AN 来隔离。

为了防止地环路,测量接收机应仅在测量点引至参考接地(警告:如果没有给测量接收机提供隔离变压器,就可能有电击的危险)。

7.6 现场测量

7.6.1 概述

由于技术原因导致发射测量无法在标准试验场地上进行时,如果相关的产品标准允许,就可以对产品的符合性进行现场测量。上述技术原因包括被测设备(EUT)的尺寸过大或重量过重,或者在标准试验场地上测量时与基础设施互联对 EUT 来说过于昂贵。对同一类型 EUT,现场测量结果可能因测量场地不同而有所偏差或与在标准试验场地得到的测量结果相比有所偏差,因此,现场测量应不用于型式试验。型式试验应优先使用相应的产品标准。

应在现有的传导条件下使用无电抗采集装置(高阻抗电压探头)来测量骚扰电压。传导条件和测量结果受以下各种因素影响:

——在测量中使用的现有参考地面。在用户现场试验中都不设置导电接地平面或 AN,除非其中之一或两者都是该设备的固定部分;

——电源线传导的射频特性和负载条件;

——周围的射频环境;

——采集装置的输入阻抗;

——周围环境或 EUT 产生的磁场。

7.6.2 参考地

设备现场的现有接地应用来作参考地。这种选择要考虑到射频(RF)特性。通常,可以通过一个长宽比不超过 3 的宽金属片将 EUT 连接到通大地的建筑物导电结构上,这些导电结构包括金属水管、中央取暖管道、避雷器接地线、钢筋混凝土结构和钢梁。

通常,电源的安全地线和中线不适宜用作参考地,因为它们可能会引入额外的骚扰电压和不确定的射频阻抗。

如果 EUT 或测量场地周围没有适当的参考地可以利用,那么可以将附近足够大的导电结构,如金属箔、金属板或金属网等作为测量的参考地。

还宜遵守 7.4.2.2 和附录 A 中的一般要求。

7.6.3 使用电压探头进行测量

使用电压探头也可检测传导骚扰电压。为了设置测量的参考地,要采取专门的措施。

可以通过改变电压探头输入阻抗来定性地确定由待测电路的负载引起的任何电压降低。如果与测量点或受试网络的内阻抗相比较,电压探头的输入阻抗较高,那么当电压探头输入阻抗增大时,在测量骚扰电压时只会发生很小的差别。探头的输入阻抗可以用串连一个 1 500 Ω 电阻来增加 1 倍,如果骚扰电压减小 5 dB 或 6 dB(预计),则 1 500 Ω 探头可以用来测量骚扰电压。

7.6.4 测量点的选择

7.6.4.1 概述

可以在用户工作场所及工业区的边界或接收系统受影响区域内的指定点进行设备现场的无线电骚扰电压测量。

7.6.4.2 对电源及其他供电线的测量

对于供电网络,只需用电压探头在建筑物的电源入口处附近可以接近的电源插座处测量非对称骚扰电压就足够了。

7.6.4.3 对非屏蔽和屏蔽电缆的测量

对于离开试验边界的非屏蔽和屏蔽层不接地的屏蔽信号线、控制线,也应使用高阻抗的电压探头来测量这些单独导线或相对于参考地的屏蔽层的非对称骚扰电压。可用容性电压探头来测量共模骚扰电压。

对于屏蔽层接地的屏蔽电缆,可以用电流探头在离连接和接地点大于十分之一波长处测量共模骚扰电流。

8 发射的自动测量

8.1 自动测量说明

多数情况下,可用自动测量替代 EMI 重复测量以降低操作人员在读数和记录中的差错。由计算机采集数据产生的错误,可由操作人员检查发现。在某些情况下,自动测量可能产生比熟练的操作者手动测量更大的不确定度。不过,无论是手动测量还是用软件控制,测得的发射值的准确度是没有差异的。两种情况下,测量不确定度都是基于所用仪器在测量设置时的准确度。当实际的测量情况与软件设定的条件不同时,可能会增加测量难度。

例如:若在自动测量期间存在环境信号,EUT 的发射频率临近高电平环境信号时,可能无法准确测量。一个有经验的测量人员可以轻松的辨别实际骚扰与环境信号,根据情况调整测量 EUT 发射的方法。可以通过关闭 EUT 进行环境测量,记录当时 OATS 的环境信号,减少测量时间。在这种情况下,软件能通过适当的信号识别算法提示测量人员在某些频率点潜在环境信号。

如果 EUT 发射在缓慢变化或存在一个低速的开关周期或当出现瞬态的环境骚扰信号(例如电弧焊瞬变)时,测量人员宜介入测量。

8.2 一般测量程序

在使 EUT 处于最大发射并进行最终测量之前,EMI 接收机先捕捉信号。用准峰值检波器测量频段内的所有频率的发射最大值,会耗费过多的时间(见 6.6.2),因此不需要对每个发射频率进行像天线高度扫描那样耗时的过程,只要对发射幅值接近或超过发射限值的频率点进行测量,即仅对发射幅值接近或超过限值的关键的频率点测量其最大值。

下列通用程序能减少测量时间(见图 22):

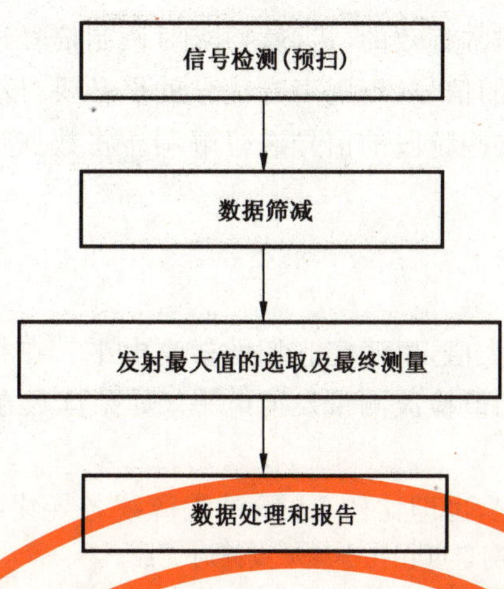

图 22 缩短测量时间的通用程序

8.3 预扫测量

预扫作为整个测量程序的第一步有多个作用。预扫的目的是获得进一步试验或扫频的参数所需求最少量的信息,因此它对测量系统设置提出基本的要求和限制。这种测量模式适用于对那些发射频谱不了解的新产品的测量。通常,预扫是数据采集过程,用于确定所关注的频率范围和关键信号所处的频段。提高捕获频率准确度和通过幅值比较来减少数据量是必要的。这些因素确定了预扫的测量程序。在任何情况下,结果应保存在数据列表中,作进一步处理。

当对未知骚扰频谱的 EUT 进行预扫以快速获取信息时,按 6.6 要求进行频率扫频。

确定测量时间:

如果 EUT 的发射频谱,尤其是最大的脉冲重复间隔 T_p 未知,应调查以确保测量时间 T_m 不短于 T_p。EUT 发射的间歇特性与发射频谱的临界峰值十分相关。首先应确定发射幅值不稳定的发射频率,这可以通过比较 15 s 观察期间内最大值保持与最小值保持或与测量设备或软件的清除/写入功能获得。观察期间不能改变导线布置 。例如可以把最大值保持结果与最小值保持结果之差大于 2 dB 的信号作为间歇信号(注意不要把噪声当作间歇信号)。进行复测以减小由于间歇信号低于噪声电平而被遗漏的风险。可以用零跨度扫频或将示波器接到测量接收机的中频输出端测量每个间歇信号的脉冲重复周期 T_p。增加测量时间直到最大值保持和清除/写入的结果之差小于 2 dB,此时的测量时间为适宜的测量时间。进一步测量(最大值测量和终测)时,应确保频率范围内的每个部分的测量时间 T_m 不小于脉冲重复周期 T_p。

对传导发射,预扫可以在典型的导线上进行测量,例如电源线的"L"线,也可以用峰值检波器和尽可能快的扫频时间对每一根线进行测量,如果对多根导线进行测量,应采用最大值保持功能,以确保测得发射最大值。

8.4 数据筛减

作为整个测量程序的第二步,通过减少预扫收集的信号数量,以进一步减少整个测量时间。此过程可以完成不同的任务,例如确定频谱中的关键信号,辨别环境或测量辅助设备信号和 EUT 的发射信号,比较信号与限值线,或根据用户的要求进行数据筛减。附录 C 中的判定树给出了数据筛减的另一种方法,依次用不同的检波器把数据与限值进行比较。数据筛减可以用全自动或交互的方式,包括软件工具或操作人员的介入来实现,它不需要独立于自动测量,例如可作为预扫的一部分。

在某些频段,辨识声音信号是非常有效的。这就要求对调制信号进行解调,以便能听到其调制的内容。如果预扫的结果中包含有大量的信号,辩别声音信号就很必要,该测量过程很长。如果调谐和收听的频率范围是确定的,那么只需对这些频段的信号进行解调。将数据筛减的结果单独列表保存,以便进一步处理。

8.5 发射最大值的选取及最终测量

最终测量是通过测量发射的最大值,以确定它们的最高电平。在找到发射信号的最大值后,以适当的测量时间用准峰值检波和/或平均值检波测量发射电平(如果读数在限值附近波动,则至少需要 15 s 时间)。

传导骚扰测量:发射最大化过程,也即比较 EUT 的电源线各导线的发射电平,取其中的最大电平。

注:使用基于 FFT 的测量仪器,最终测量可在几个频率点同时完成。

8.6 数据处理和报告

作为整个测量程序的最后一步是提出文件要求。其功能是规定用自动或手动交互的方式进行分类和比较的规程,用来列出数据表,作为用户编辑所需的报告和文件依据。依据分类或选取规则,获得修正的峰值、准峰值或平均值。这些处理的结果以分列的数据表或组合成一个数据表形式保存,用于文件或进一步处理。

测量结果应采用列表或图示,或两者综合格式表示,用于测试报告。此外,有关测量系统的信息也应作为测试报告的一部分,如所用的传感器、测量仪器以及产品标准所要求的 EUT 布置的有关描述。

8.7 基于 FFT 测量仪器的骚扰测量方法

基于 FFT 的测量接收机的实现方式,其加权测量可以明显地比可调谐选频电压表更快。在所测的频率范围内的加权测量要快于用超外差接收机执行的预扫描和终测(如 8.2 所述)。

9 30 MHz～300 MHz 频率范围使用 CDNE 的试验布置和测量程序

9.1 概述

本章规定了频率范围 30 MHz～300 MHz 使用 CDNE(详见 CISPR 16-1-2)测量不对称骚扰电压 V_{dis}的试验布置和测量程序的要求。

当辐射主要通过连接电缆产生时,可使用 CDNE 法进行骚扰测量。

该测量法不适用于以下条件的 EUT:

a) EUT 外壳的最大尺寸大于测量最高频率对应波长的 1/4,除非产品技术委员会有特别的规定;

b) 额定电压超过 600V;

c) 多于 2 根线缆的。

只有一根电源线没有其他外部线缆的 EUT 的干扰电势可以用该电源线上的不对称电压进行评估。这种不对称电压基本等同于连接到合适的 CDNE 的 EUT 所产生的电压。本标准不考虑从 EUT 外壳直接产生的辐射。

除电源线外具有一根外部线缆的设备,此屏蔽或非屏蔽外部线缆与电源线缆以同样的方式产生辐射能量,CDNE 法也同样适用于此线缆。精确的测量程序及其适用性应在产品标准中按照产品类别进行规定。

一般来说,不对称电压电平高于无意的对称电压电平。因此,采用最小值为 20 dB 的纵向转换损耗防止对称电压对测量结果的影响是足够的。纵向转换损耗最小值为 20 dB 的 CDNE 不适用于在供电网络上有有意差模信号的 EUT。

9.2 试验布置

试验布置位于 RGP 上，为了人员和设备的安全，RGP 应与保护地相连。EUT 到任意其他金属体的距离应不小于 0.8 m。当较短距离时，也不应少于 0.4 m，此时，不确定度应增加 0.2 dB。

注 1：屏蔽室的导电地板可作为 RGP。

CDNE 通过金属外壳连接到 RGP。可通过在 CDNE 壳体上施加额外压力改善 RF 接地。出于安全考虑，需要用螺钉或类似方式与保护地可靠连接。CDNE 应放置在距离接地平板边缘至少 200 mm处。

EUT 位于 RGP 上 100 mm±2 mm 处，由相对介电常数 ε_r 尽可能的小(如 $\varepsilon_r<1.05$)(如，泡沫聚苯乙烯)的非导电物体支撑。RGP 的边缘至少应超过 EUT 的边界 200 mm。

CDNE 和 EUT 之间的距离应为 200 mm±20 mm。CDNE 应置于 EUT 被测线缆的一侧，以使电缆的长度最短，电缆不应折叠或捆绑。

EUT 的连接电缆应垂直向下，距离 RGP 约 30 mm，水平连接到 CDNE 的 EUT 端口(见图 23)。

CDNE 的 AE/电源端口连接到辅助设备，即 CDNE-M2、CDNE-M3 连接到电源，CDNE-SX 连接到控制单元。CDNE 的接收机端口连接到测量接收机的输入端口。

带有两根连接电缆的 EUT 试验布置见图 24。实际的布置取决于电缆与 EUT 的哪个面相连，图 24 举例说明了一个电缆连接到 EUT 相邻两侧的布置。

当两根电缆连接到 EUT 的同一侧时，两个 CDNE 应置于紧邻 EUT 的一侧(如图 25)。两个 CDNE 的间距为 20 mm±10 mm。对于连接非受试线缆，CDNE 接收机端口端接 50 Ω 负载。

注 2：图 24 和 25 所示的试验布置不适用于使用差模信号的电源网络。差模串扰分量将会引起显著的测量误差。

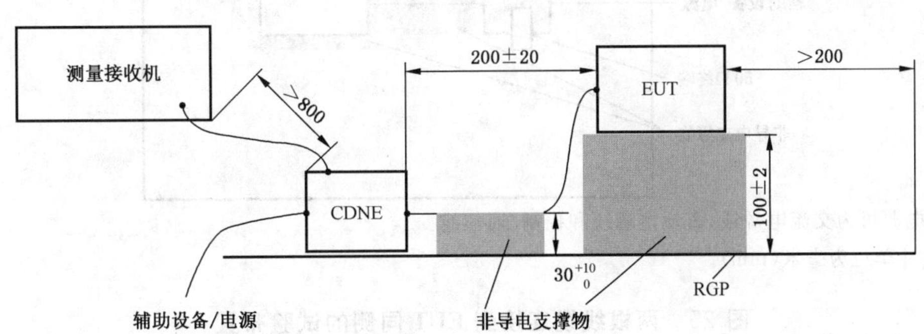

辅助设备/电源可为交流电源线、直流电源线和控制/通信线。

注：所有尺寸单位为毫米(mm)。

图 23 单根线缆的 EUT 的试验布置

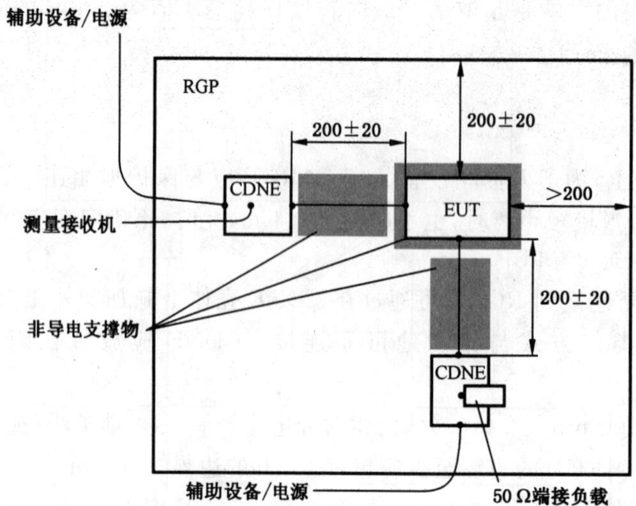

辅助设备/电源可为交流电源线,直流电源线和控制/通信线。

注:所有尺寸单位为毫米(mm)。

图 24　两根线缆连接到 EUT 相邻侧的试验布置

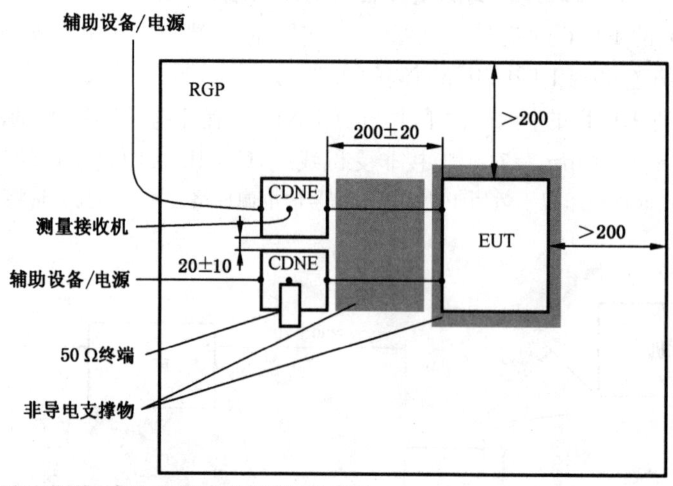

辅助设备/电源可为交流电源线、直流电源线和控制/通信线。

注:所有尺寸单位为毫米(mm)。

图 25　两根线缆连接到 EUT 同侧的试验布置

9.3　测量程序

使用 CDNE 时应考虑第 6 章以及 6.2,以下条款也适用:

a)　应选择制造商描述的 EUT 的运行条件;

b)　应选择必要的预热时间并监控;

c)　为了确认测试结果的正确性,应检查环境骚扰,确保骚扰电平与环境骚扰的比值大于 20 dB;

d)　测量接收机的检波器(如 7.2.2 规定)和测量时间由预测试和最终测试确定。预测试,至少应使用峰值检波器。最终测量时,使用产品标准规定的检波器测量不对称骚扰电压 V_{dis};

e)　对于骚扰电压 V_{dis} 的测量,CDNE 电压分压系数 F_{CDNE},应与测量接收读值 V_{meas}(dBμV)相加,即:$V_{dis}=V_{meas}+F_{CDNE}$(dB μV);

f)　对于有两根连接线缆的 EUT,应对每根线缆单独测量,两根电缆中的最大读值计为测量结果 V_{dis}。

附 录 A
（资料性附录）
电气设备与人工电源网络的连接指南

注：附录 A 补充第 5 章内容。

A.1 概述

本附录旨在给出一种评价 9 kHz～30 MHz 频率范围内某些电气设备产生的骚扰的技术性通用导则。它提供了这些设备与测量端子电压用的 AMN 连接方法的资料。本附录还提供一个表格，对实际应用中可能遇到的各种情况做出了一般描述，并针对这些情况，选择一种适用的技术。

在以下 A.2 所叙述的各种情况，可以鉴别 EUT 的骚扰传播是：

a） 沿着连接的电源线所进行的传导（在等效电路图中用 E_1 和 I_1 来表示）；或

b） 辐射并耦合到所连接的电源线（在等效电路中用 E_2 和 I_2 来表示）。

传导骚扰和辐射骚扰哪种情况占优势，部分取决于 EUT 相对于参考地的布置（包括连接参考地的形式）；部分取决于 EUT 到 AMN 的连接形式（屏蔽电缆或非屏蔽电缆）。

A.2 可能遇到的各种情况分类

A.2.1 屏蔽良好但滤波不良的 EUT（见图 A.1 和图 A.2）

在这种情况下，传导骚扰分量用主导电流 I_1 表示。骚扰电流 I_1 从 EUT 馈入到 AMN（其阻抗为 Z）。所以，当 EUT 的屏蔽层和参考地之间的电容 C_1 增加时（见图 A.1），电压 U_1 也增加。当把 C_1 直接短路或者用屏蔽电缆给 EUT 供电，使电流回路的阻抗最小（见图 A.2）（同时参见 A.3 中的讨论）。则电压 U_1 为最大（$U_1=ZI_1=E_1$）。

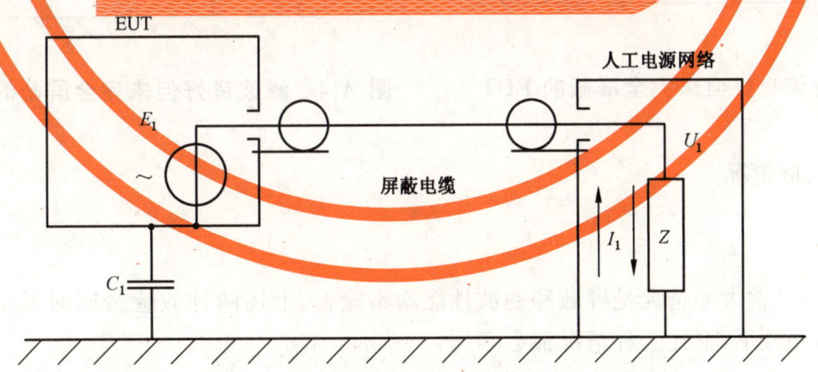

图 A.1 屏蔽良好但滤波不良的 EUT 的基本原理图

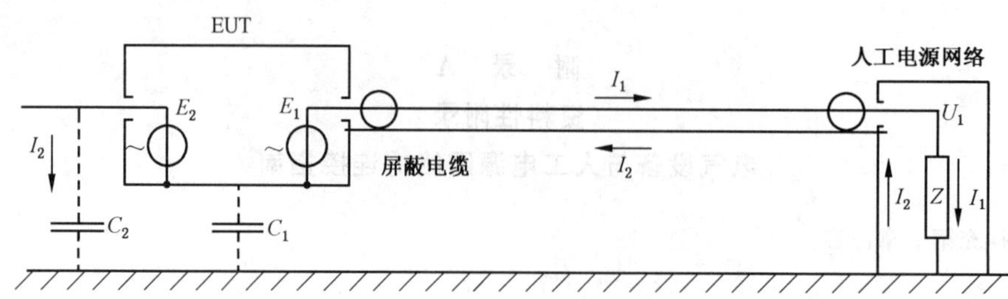

图 A.2　屏蔽良好但滤波不良的 EUT 的基本原理详图

A.2.2　滤波良好但未完全屏蔽的 EUT(见图 A.3 和 A.4)

在这种情况下,馈入到电源的骚扰电流几乎减小到零,而 AMN 两端的电压可能由来自未完全屏蔽的缝隙或来自一个作用像天线的凸出导体的不希望有的辐射占主导。这种泄漏可以用图中连接在电动势为 E_2的内部骚扰源与参考地之间的外部电容 C_2来表征。电容 C_2上通过的电流为 I_2,流过 C_2至参考地的电流 I_2通过 C_1返回;而 I_2的另一部分流过 AMN 返回。如果电源线是未屏蔽的(见图 A.3),而与 AMN 的阻抗 Z 相比较,C_1的阻抗大($ZC_1\omega<<1$),则 I'_2近似等于 I_2,且电压 U_2 近似等于 ZI_2 ($U_2=ZI_2$)。

如果 C_1增加,那么 Z 就被分流,U_2将减小,在极限情况下,如果 C_1被短路,例如通过屏蔽电缆给 EUT 供电(见图 A.4)。这样,没有 I_2流过 Z。则 U_2将为零。

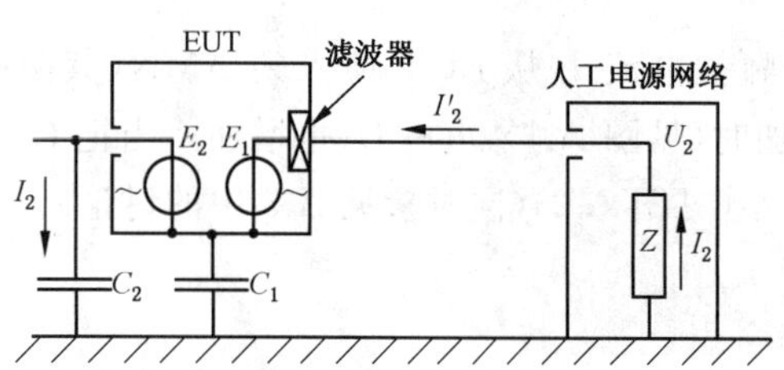

图 A.3　滤波良好但未完全屏蔽的 EUT

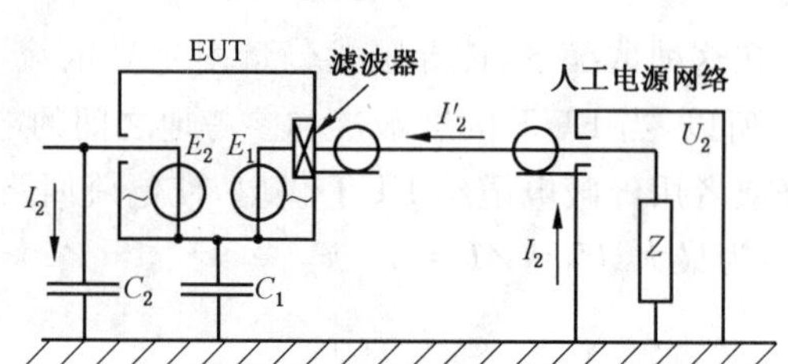

图 A.4　滤波良好但未完全屏蔽的 EUT,U_2减至零

A.2.3　通常的实际情况

A.2.3.1　概述

实际应用中,通常大多情况是屏蔽和滤波性能均不完善,上述两种效应会同时发生,且它们是相叠加的。在这样的条件下,下述三种情况都会遇到。

A.2.3.2　通过屏蔽导线供电的情况(见图 A.5)

因泄漏辐射而引起的电流 I_1在由地、AMN 和电源线的屏蔽层外表面所构成的闭合电路中流动,它对 Z 不产生任何影响。

可以在 Z 的两端测得的电压 U_1完全是由注入电源线并经由 AMN 屏蔽层的内表面和这些导线返回的电流 I_1所产生的。此时,电压 U_1最大为:

$$U_1=ZI_1\approx E_1$$

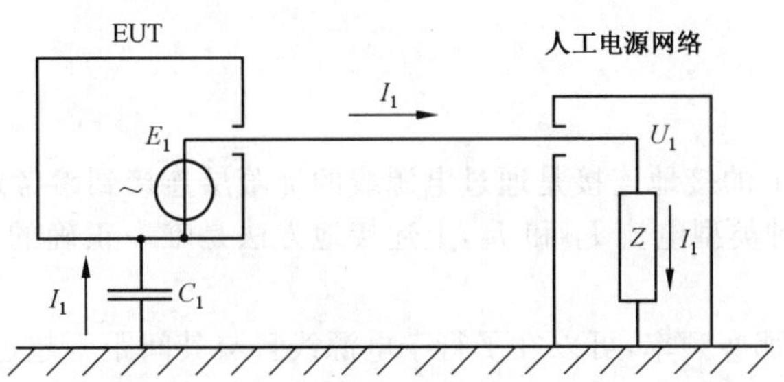

图 A.5 骚扰通过屏蔽导线供电的情况

A.2.3.3 经过滤波但未屏蔽的导线供电的情况(见图 A.6)

如果将一个高效率低通滤波器连接到 EUT 的输入端,并将滤波器的屏蔽层直接与 EUT 的屏蔽层相连接,这时由骚扰源 E_1 馈给电源线的电流 I_1 将被滤波器所阻断。

如同图 A.6 所示的情况一样,因辐射而引起的电流 I_2 经 Z 和电源线返回(如果 $ZC_{1\omega} << 1$);所以,在 Z 两端测得的电压 U_2 仅由辐射产生。

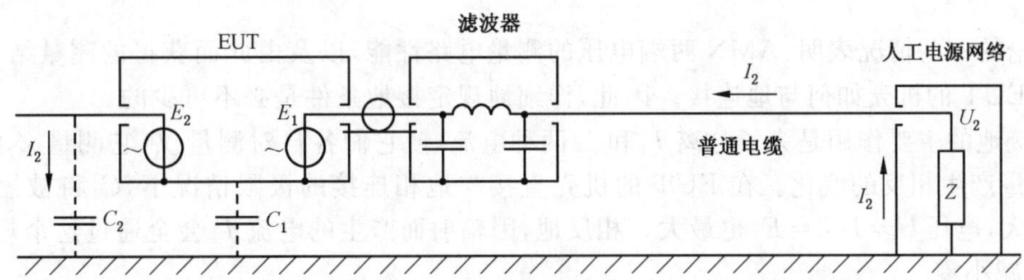

图 A.6 骚扰通过滤波但未屏蔽的导线供电的情况

A.2.3.4 通过普通导线供电的情况(见图 A.7)

一旦将图 A.6 中的滤波器去掉,骚扰源 E_1 引起的电流 I_1 将会重新出现在导线上(见图 A.7)。与图 A.5 相比较(对于通过屏蔽导线供电的未滤波的 EUT 的电流 I_1 可能有最大值),如果 $ZC_1\omega << 1$,图 A.7 (通过普通电缆即未屏蔽电缆供电的未滤波的 EUT 的电源)中的 I_1 值将以比例 I_1(未屏蔽的 EUT)/I_1(屏蔽的 EUT)$= ZC_1\omega$ 减小到最小值 (见图 A.2)。电流 I_2 与前述情况相同,但如果导线是未屏蔽的,那么它同样会流过 Z 和电源线。

因此,AMN 两端的电压是电流 I_1 和 I_2 叠加作用的结果。当电动势 E_1 和 E_2 由一个公共内部源产生时,这两个电流是同时产生的,则电压 U 的大小不仅与电流值的大小有关。而且也与它们的相位有关,对于某些频率,可能出现电流 I_1 和 I_2 反相,如果它们大约也有相同的幅度,即使 I_1 和 I_2 各自非常大,电压 U 也会变得非常小。此外,如果骚扰源的频率发生变化,相反相位的关系可能不会保持不变,且电压 U 可能会呈现出快速而显著地变化。

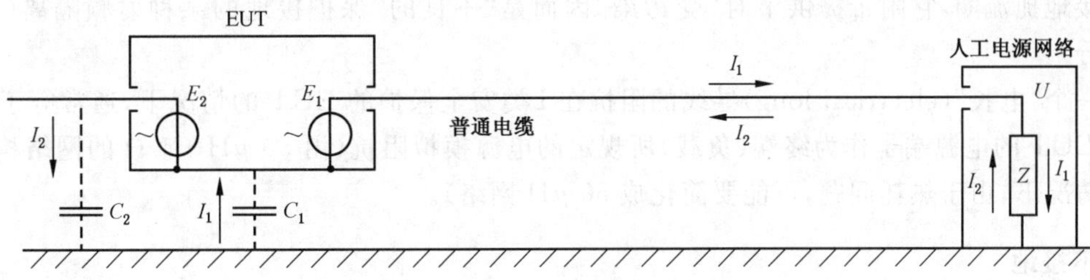

图 A.7 骚扰通过普通导线供电的情况

A.3 接地方法

在上文中,曾假设 EUT 的接地连接是通过电源线的屏蔽层连接到参考地来实现的。

为了能够明显区别两种类型电流 I_1 和 I_2,上述接地方法是唯一正确的办法。对于所有频率,无一例外都是适用的。

对于低于 1.6 MHz 的那些频率,可以在平行于电源线且与其间距不超过 10 cm 处敷设一根长度较短(最长为 1 m)的直导线作接地线,实际上能得到同样满意的结果。

对于数兆赫以上的频率,尤其是在频率较高时,这种简单的方法须谨慎使用。因此,无论在何种情况下都极力推荐使用屏蔽导线。在频率较高时,也许还要考虑导线的特性阻抗。

A.4 接地条件

A.4.1 概述

A.4.1.1 一般规则

上述讨论的一些情况表明:AMN 两端电压的测量电路性能,以及由此而获得的测量结果在很大程度上取决于 EUT 的机壳如何与地连接。因此,详细地规定接地条件是必不可少的。

实质上接地的主要作用是为了分离 I_1和 I_2两种电流,使它们各自对测量仪(它测量 Z 两端的电压 U)的作用尽量产生相反的变化。在 EUT 的机壳直接与地相连接的极限情况下,C_1将被短路,因而电流 I_1的值最大,电压 $U=I_1Z=E_1$也最大。相反地,因辐射而产生的电流 I_2会全通过这个短路,而相应的电压 U_2会减小零。

综合上述,可以得到下述一般规则。

试验时应始终采用直接接地:

a) 非辐射的 EUT(例如电动机),在这种情况下,测量会产生实际可能遇到的最大骚扰电压值。

b) 滤波不良而有辐射的 EUT,不必费时再进行测量辐射,此时仅希望测量直接注入电源线的骚扰电压:

   1) 为了评价滤波器的有效性(例如,电视接收机的时基电路);或者

   2) 在实验室评价某一设备产生的实际骚扰;在正常运行时,该设备的辐射将用屏蔽方法来抑制(例如,用于燃油锅炉点火系统的变换器)。

A.4.1.2 直接接地

当对 A.4.1.1 的 b)1)项进行试验时,对于产生相当大辐射但滤波性能良好的 EUT 不应采用直接接地(例如臭氧发生器、采用阻尼振荡的医用设备和弧焊机等)。在所有这些情况中,AMN 两端的电压因采用直接接地而变得很小,而不这样接地,这个电压则可能非常大或不稳定。此时,测量便可能失去意义;为了模拟安全接地(保护接地)线的实际阻抗,可能有必要使用一个规定阻抗来实现接地,例如,使用一个保护接地扼流圈,它附带提供了对"受污染"因而是"不良的"保护接地的某种射频隔离(见表 A.2 的下半部分)。

这样一个"电长"(electrical long)导线的阻抗在 I 类安全保护的 EUT 的情况下,通常等于由 AMN 所提供给 EUT 的电源端子作为终端(负载)所规定的电源模拟阻抗(由 50 μH+1 Ω 的网络构成,在大电流负载情况下,由于热耗问题,可能要简化成 50 μH 网络)。

A.4.1.3 不接地

在没有任何接地的情况下,AMN 两端的电压是由电流 I_1和 I_2的叠加而产生的。只有当这两个电

流中的一个电流减小为零时,才能够测量,即或者是屏蔽良好,但滤波不好的EUT(例如,电动机),或者是滤波良好的,但具有辐射的EUT(例如,电视接收机、臭氧发生器等)。

若在Ⅰ类安全保护的EUT情况下,为了分析I_2,要减小I_1,按照A.4.1.2第二段,这个阻抗不是足够大,可能要在接地导线回路上插入一个高阻抗射频扼流圈(1.6 mH)。

在不能作出任何区分的情况下,这种测量通常只能给出总的骚扰值。该测量结果仅仅在试验所采用的条件下才有效。因此,这些条件应予以非常明确的规定,也就是说,应对EUT的各部分与接地平板之间的电容值(例如,电视接收天线传输线的电容值)予以规定。对某一任选频率,如果此频率上电流I_1和I_2的相位是相反的,那么对此单一频率的测量也是没有意义的。因此,原则上,有必要在若干个频率上进行测量。

A.4.2 典型测量条件的分类

表A.1和表A.2概括总结了各种不同的测量条件,以及适用于这些条件EUT类型。此外,表中还给出了测量的物理意义,即与在AMN两端测得的电压U相对应的物理量,以及进行测量时所采取的措施。

A.5 人工电源网络作为电压探头的连接(见图A.8)

对大电流工作的EUT在传导发射测量时可能会遇到困难。频率范围为9 kHz～150 kHz(30 MHz)的人工电源网络额定电流大约为25 A,频率范围为150 kHz～30 MHz(50 Ω并联50 μH)的人工电源网络额定电流大约为200 A。

对更高电流等级的EUT可将AMN作为电压探头使用来进行试验。如果在产品标准中引用此方法,这样的替换方法也可用于现场测量。

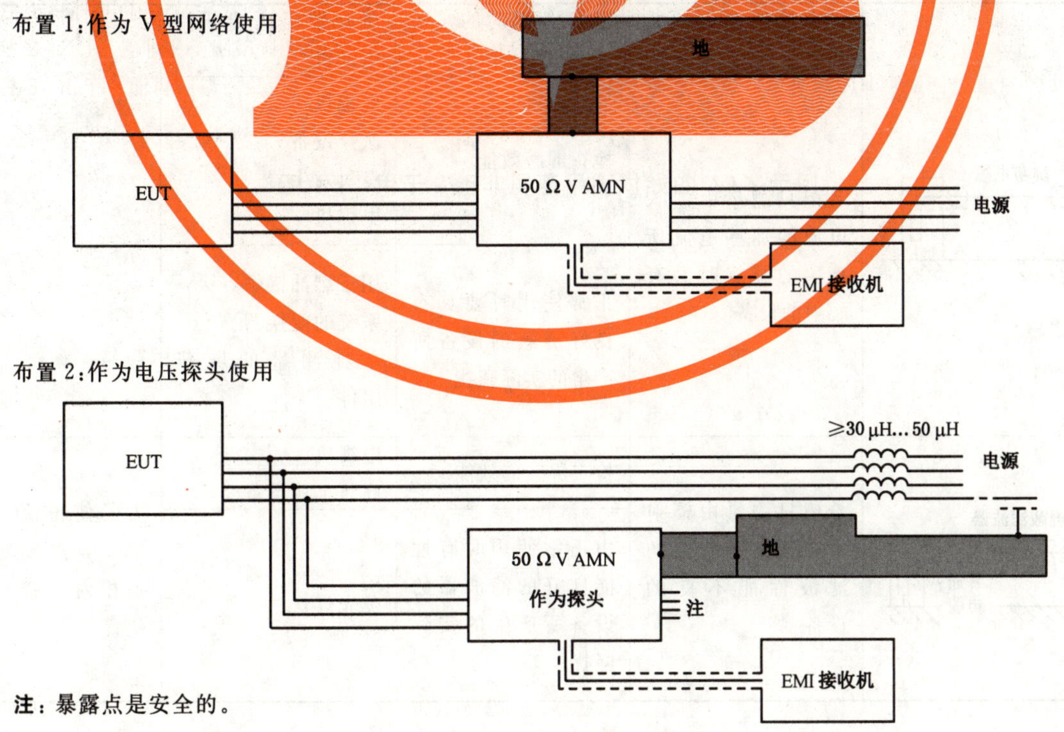

注:暴露点是安全的。

图A.8 人工电源网络的布置

表 A.1 EUT 类型的测试条件——普通电缆

<table>
<tr><th rowspan="3">连接方法</th><th colspan="4">设备类型</th><th rowspan="3">测得的物理量</th><th rowspan="3">测量细节</th></tr>
<tr><th rowspan="2">举例</th><th colspan="3">主要特性</th></tr>
<tr><th>接地</th><th>辐射</th><th>滤波</th></tr>
<tr><td rowspan="5">普通电缆
C_1
Z

普通电缆
R=Z
Z</td><td>电动机
家用电器</td><td rowspan="4">无</td><td>弱</td><td>适中</td><td>完全由注入电流 I_1 引起的实际骚扰(降低了的)</td><td>骚扰取决于 C_1 值</td></tr>
<tr><td rowspan="4">臭氧发生器
医用设备
电焊机
电视机
(时基)</td><td rowspan="4">强</td><td>很好</td><td>完全由辐射电流 I_2 引起的实际骚扰</td><td rowspan="2">有必要准确说明设备相对于地的位置或引用的 C_1 值</td></tr>
<tr><td rowspan="2">适中</td><td>由上述两种效应(I_1+I_2)的叠加引起的总的骚扰</td></tr>
<tr><td>在某些频率上这两种效应(I_1 和 I_2)是反相位的</td><td>当频率变化时应重复进行测量</td></tr>
<tr><td>有</td><td>很好</td><td>采用常规长度的接地连接时所产生的实际骚扰</td><td>为了使 $ZC_1\omega<<1$,设备相对于接地的位置应予以规定</td></tr>
</table>

表 A.2 EUT 类型的测试条件——屏蔽电缆

<table>
<tr><th>连接方法</th><th>设备类型</th><th>测得的物理量</th><th>举例</th><th>测量细节</th></tr>
<tr><td rowspan="3">屏蔽电缆
Z</td><td>带有接地端子的非辐射设备</td><td>当 C_1 短路时的实际最大骚扰</td><td>所有带接地端子的电动机</td><td rowspan="3"></td></tr>
<tr><td rowspan="2">希望只测量由馈入电源的那些电流所产生的骚扰时的有辐射的设备</td><td>检查屏蔽效能</td><td>电视机
医疗设备
臭氧发生器
电焊机</td></tr>
<tr><td>正常使用时要具有良好屏蔽的设备所产生的实际骚扰</td><td>用于燃油锅炉点火系统的变换器
单独测量的屏蔽组件</td></tr>
<tr><td rowspan="2">屏蔽滤波器
普通电缆
Z</td><td rowspan="2">希望只测量由辐射所产生的骚扰时的滤波性能不良的设备</td><td>检查屏蔽的效能</td><td>电视机
高频工业设备</td><td rowspan="2">为了使得 $ZC_1\omega<<1$,宜规定设备相对于接地的位置</td></tr>
<tr><td>由正常使用时有性能良好的滤波器的设备所产生的实际骚扰</td><td>荧光灯</td></tr>
</table>

附 录 B
（资料性附录）
频谱分析仪和扫频接收机的使用

注：附录 B 补充第 6 章内容。

B.1 概述

当使用频谱分析仪和扫频测量接收机时，宜考虑下述特性。

B.2 过载

在 2 000 MHz 以下的频率范围内，大多数频谱分析仪都不具有射频预选功能；即输入信号被直接馈到宽带混频器中。为了避免过载，防止仪器损坏和使频谱分析仪工作在线性状态下，混频器端的信号幅度一般小于 150 mV 峰值。为了把输入信号降至此电平，也许需要设置射频衰减或附加的射频预选。

B.3 线性度试验

评估频谱分析仪的线性度，可以首先对研究的某一特定的信号电平进行测量，然后在接收机的输入端（如果使用了预选放大器，则在预选的输入端）插入大小为 X dB($X \geqslant 6$ dB)的衰减器，再重复进行测量。当测量系统为线性时，加入衰减后接收机显示的新读数与第一次（未加衰减器时）的读数之差宜在 X dB±0.5 dB 之内。

B.4 选择性

频谱分析仪和扫频接收机宜具有符合 GB/T 6113.101—2016 规定的带宽，以便在标准带宽内来正确测量宽带信号和脉冲信号，以及有几个频谱分量的窄带骚扰。

B.5 对脉冲的正常响应

具有准峰值检波功能的频谱分析仪和扫频接收机的脉冲响能够用符合 GB/T 6113.101—2016 中规定的校准试验脉冲信号来检验。对于校准试验脉冲所具有的很高峰值电压，一般需要插入一个40 dB（或更大）的射频衰减器，以满足线性度要求。这样就降低了灵敏度，从而在 B、C、D 频段不能进行低重复率和孤立校准试验脉冲的测量。如果在接收机前使用了预选滤波器，那么射频衰减量就可以减少。对混频器而言，该滤波器限制了校准试验脉冲的频谱宽度。

B.6 峰值检波

原则上频谱分析仪的常规（峰值）检波方式可以提供永不小于准峰值指示的显示值。用峰值检波进行发射测量是很方便的，因为较之准峰值检波它允许使用更快的扫频速率。因此，那些接近发射限值的信号需要用准峰值检波重新测量，以便记录准峰值。

B.7 扫频速率

频谱分析仪或扫频接收机的扫频速率宜相对于 CISPR 频段和所用的检波方式来进行调整。最小扫描时间/频率或最快扫频速率见表 B.1。

表 B.1 最快扫频速率

频 段	峰值检波	准峰值检波
A	100 ms/kHz	20 s/kHz
B	100 ms/MHz	200 s/MHz
C/D	1 ms/MHz	20 s/MHz

对用于固定调谐非扫频方式下的频谱分析仪或扫频接收机,调整显示扫描时间与检波方式无关,可以按照观测发射性能的要求来进行。如果骚扰电平不稳定,测量接收机的读数宜至少观察 15 s,以确定骚扰最大值(见 6.5.1)。

B.8 信号截获

间歇发射的频谱可用峰值检波和数字显示存储(如果有)来截取。与单一、慢速的扫频相比,多重、快速的扫频能减少截获发射的时间。宜变化扫频的起始时间,以避免与任何发射同步而导致隐匿了的发射。对一个给定的频率范围,总的观察时间宜比发射的间隔时间长。根据所测骚扰的类型,峰值检波测量能够替代所有或部分用准峰值检波所需的测量。然而在发现最大辐射的那些频率点上,宜用准峰值检波器再进行重复测量。

B.9 平均值检波

频谱分析仪的平均值检波是利用减小视频带宽直到观察到的显示信号不能更平滑为止来获得的。扫频时间宜随视频带宽的减少而增加,以保持幅度校准。对于这种测量,接收机应使用在检波器的线性模式下。在线性检波之后,为了显示,信号可能要进行对数处理,在那种情况下,即使显示的值是线性检波信号的对数也要校正。

可能要使用对数幅度显示方式,例如,为了更容易地区分窄带和宽带信号。所显示的值是对数不失真中频信号包络的平均值。在不影响窄带信号显示的情况下,它比线性检波方式对宽带信号有更大的衰减。因此,对于频谱中包含有上述两种信号的情况下进行窄带分量评估,对数视频滤波尤为适合。

B.10 灵敏度

在频谱分析仪前使用低噪声射频前置放大器可以增加灵敏度。输入到放大器的信号电平宜用衰减器来调整,以测量整个系统对受试信号的线性度。

对于极宽的宽带发射来说,需要有很大的射频衰减来保证系统的线性,此时可以在频谱分析仪前用射频预选滤波器来增加它的选择性,达到提高灵敏度的目的。该滤波器降低了宽带发射的峰值幅度,因此可以使用较小的射频衰减。也许有必要使用这样的滤波器来抑制或衰减带外强信号和由它们所引起的互调干扰分量。如果使用这样的滤波器,则宜用宽带信号来校正。

B.11　幅度精确度

频谱分析仪或扫频接收机的幅度精确度可以用信号发生器、功率表和精密衰减器来检验。要对这些仪器、电缆和失配损耗的特性加以分析，以估算出检定试验中的测量误差。

附　录　C
（资料性附录）
传导测量时检波器使用流程图

注：附录C补充第7章内容。

当产品标准要求用准峰值和平均值两种检波器进行测量时，下列流程图和说明提供了传导骚扰测量时所用的检波器和符合/不符合判据的导则。为了提高测量的效率，推荐用图C.1中含峰值检波器的路径1。

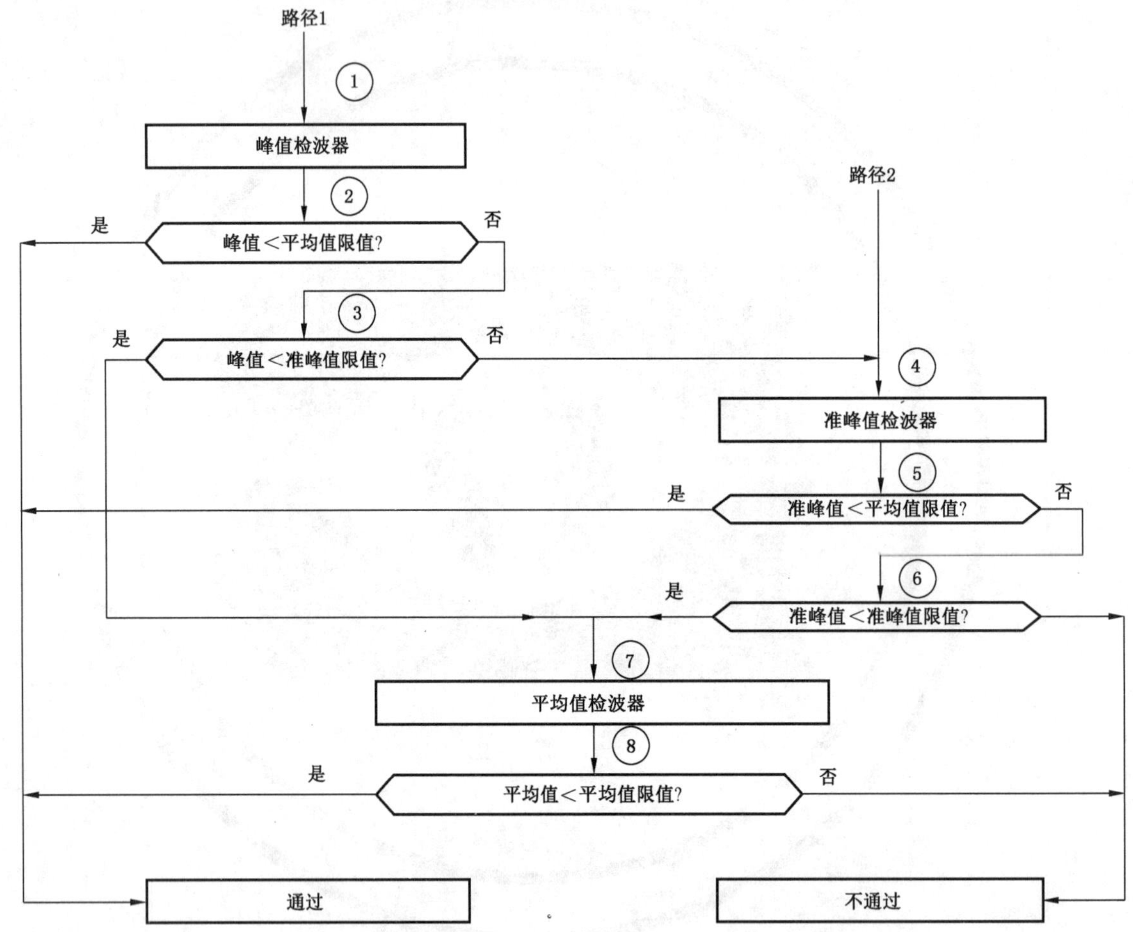

图 C.6　用峰值、准峰值、平均值检波器进行传导骚扰测量的速度优化判定树

EUT要符合要求，其传导发射测量宜同时满足准峰值和平均值限值。可以选用路径1或路径2进行测量。为提高传导骚扰测量速度，优先推荐用路径1。用准峰值测量开始的路径2比较慢，此时从峰值测量中符合准峰值限值部分已经确定：

1）　用峰值检波器开始测量速度快。

2）　用峰值发射电平与平均值限值进行比较，如果发射值高于限值：进行第3)步。如果发射值低于限值：EUT通过。

3）　用峰值发射电平与准峰值限值进行比较，如果发射值高于限值：进行第4)步。如果发射值低于限值：进行第7步。

4) 用准峰值检波器进行测量。

5) 用准峰值发射电平与平均值限值进行比较,如果发射值高于限值:进行第6)步。如果发射值低于限值:EUT通过。

6) 用准峰值发射电平与准峰值限值进行比较,如果发射值高于限值:EUT不通过。如果发射值低于限值:进行第7)步。

7) 用平均值检波器进行测量。

8) 用平均值发射电平与平均值限值进行比较,如果发射值高于限值:EUT不通过。如果发射值低于限值:EUT通过。

当用频率扫频进行峰值测量时,频谱分析仪或扫频接收机的扫频速率不宜超过附录B中表B.1最快扫频速率的规定。

附 录 D
（资料性附录）
使用平均值检波器时的扫频速率和测量时间

D.1 目的

本附录旨在给出使用平均值检波器测量脉冲骚扰时，扫频速率和测量时间的选择指南。

平均值检波器用于：

a) 抑制脉冲噪声，突显被测骚扰信号中的连续波分量；

b) 抑制幅度调制（AM）以测量调幅信号中的载波信号电平；

c) 对间歇的、不稳定或飘移的窄带骚扰，用标准的仪表时间常数给出加权峰值读数。

GB/T 6113.101—2016 对频率范围 9 kHz～1 GHz 的平均值测量接收机有定义。

为了选择适当的视频带宽和对应的扫频速率或测量时间，以下条款适用。

D.2 脉冲骚扰抑制

D.2.1 概述

脉冲骚扰的脉冲持续时间 T_P通常取决于中频带宽 B_{res}：$T_p=1/B_{res}$。要抑制此类噪声，抑制因子 a 取决于视频带宽 B_{video}和中频带宽的比值：$a=20\lg(B_{res}/B_{video})$。而视频带宽则取决于包络检波器前的低通滤波器的带宽。脉冲周期越长，抑制因子 a 越小。最小的扫频时间 $T_{s\,min}$和最大扫频速率 $R_{s\,max}$可通过式（D.1）和式（D.2）得到：

$$T_{s\,min}=(k\times\Delta f)/(B_{res}\times B_{video}) \qquad\cdots\cdots\cdots\cdots(D.1)$$

$$R_{s\,max}=\Delta f/T_{s\,min}=(B_{res}\times B_{video})/k \qquad\cdots\cdots\cdots\cdots(D.2)$$

式中：

Δf ——频率跨度；

k ——比例系数，取决于测量接收机的速度。

扫频时间越长，k 越接近于 1。如选择 100 Hz 的视频带宽，最大扫频速率和脉冲抑制因子可在表 D.1中得到。

如果骚扰信号存在短时脉冲，产品标准会引用抑制因子，用于制定频段 B 和 C 的准峰值和平均值限值。EUT 应同时满足两种限值要求。骚扰信号的脉冲重复频率如果大于 100 Hz 并且满足准峰值限值要求，那么使用 100 Hz 视频带宽的平均值检波足以抑制这些短时脉冲。

表 D.1 扫频速率和脉冲抑制因子（视频带宽＝100 Hz）

	A 频段	B 频段	C,D 频段
频率范围	9 kHz～150 kHz	150 kHz～30 MHz	30 MHz～1 000 MHz
IF 带宽 B_{res}	200 Hz	9 kHz	120 kHz
视频带宽 B_{video}	100 Hz	100 Hz	100 Hz
最大扫频速率	17.4 kHz/s	0.9 MHz/s	12 MHz/s
最大抑制因子	6 dB	39 dB	61.5 dB

D.2.2 用数字平均抑制脉冲骚扰

平均值检波可以通过对信号幅度的数字平均来实现。如果平均时间取视频滤波器带宽的倒数，可获得相同的抑制效果。此时，抑制因子 $a=20\lg(T_{av}\times B_{res})$，其中 T_{av} 表示在某一频率的平均(或测量)时间。因此 10 ms 的测量时间产生的抑制效果等同于 100 Hz 视频带宽产生的效果。当频率切换时，数字平均具有零延时的优势。此外，对于一个特定的脉冲重复频率 f_p，数字平均的结果可能会变化，该变化取决于对 n 或者 $n+1$ 个脉冲进行平均。当$(T_{av}\times f_p)>10$ 时，引起的差异不足 1 dB。

D.3 对幅度调制的抑制

为了测量调制信号的载波，调制要用足够长时间的信号平均，或使用在最低调制频率时有足够衰减的视频滤波器来抑制。如果 f_m 是最低调制频率且如果我们假设由于 100% 调制的最大测量误差限制到 1dB，则测量时间应为：$T_m=10/f_m$。

D.4 间歇时间长、不稳定或漂移的窄带骚扰测量

GB/T 6113.101—2016 规定，使用 160 ms(频段 A 和频段 B)和 100 ms(频段 C 和频段 D)仪表时间常数的峰值检波器的读数来定义间歇、不稳定或者漂移的窄带骚扰的响应。这些时间常数分别对应于 0.64 Hz 或 1 Hz 带宽的二阶视频滤波器。如果要取得准确的测量结果，则需要非常长的测量时间(见表 D.2)。

表 D.2 只是针对脉冲重复频率不超过 5 Hz 的情形。对于更宽脉冲和更高的调制频率，需要采用更宽的视频带宽进行测量(见 D.2.1)。图 D.1 和 D.2 给出了持续时间为 10 ms 的脉冲信号在不同的重复频率 f_p 下分别采用仪表时间常数为 160 ms(图 D.1)和 100 ms (图 D.2)的 CISPR AV 检波和 AV 检波测量值的加权曲线。

图 D.1 和 D.2 表明，随着脉冲重复频率的减小，CISPR AV 和 AV 两种检波器的结果差异逐渐增大，图 D.3 和 D.4 给出了当重复频率为 1 Hz 时不同脉宽下的测量结果差异。

表 D.2 仪表时间常数及其对应的视频带宽和最大扫频速率

	A 频段	B 频段	C、D 频段
频率范围	9 kHz～150 kHz	150 kHz～30 MHz	30 MHz～1 000 MHz
IF 带宽 B_{res}	200 Hz	9 kHz	120 kHz
仪表时间常数	160 ms	160 ms	100 ms
视频带宽 B_{video}	0.64 Hz	0.64 Hz	1 Hz
最大扫频速率	8.9 s/kHz	172 s/MHz	8.3 s/MHz

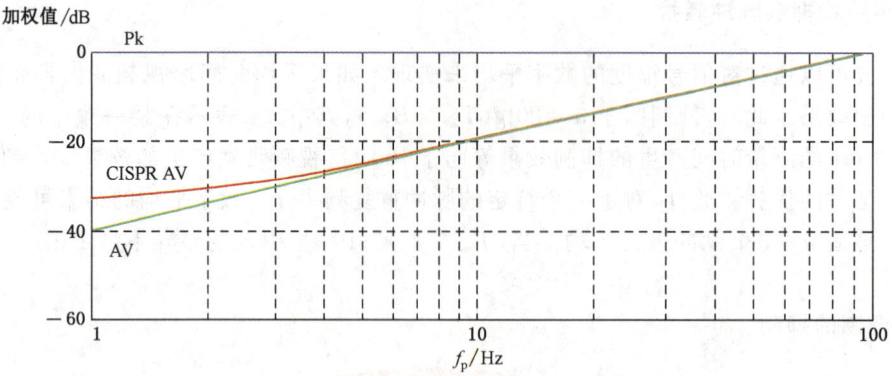

图 D.1 持续时间为 10 ms 的脉冲信号在不同的重复频率下采用仪表时间常数为 160 ms 的 CISPR AV 检波器和 AV 检波器测量值的加权曲线

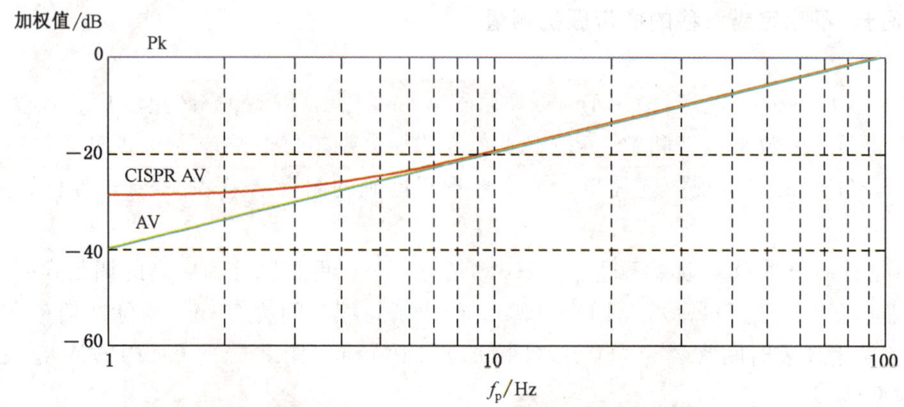

图 D.2 持续时间为 10 ms 的脉冲信号在不同的重复频率下采用仪表时间常数为 100 ms 的 CISPR AV 检波器和 AV 检波器测量值的加权曲线

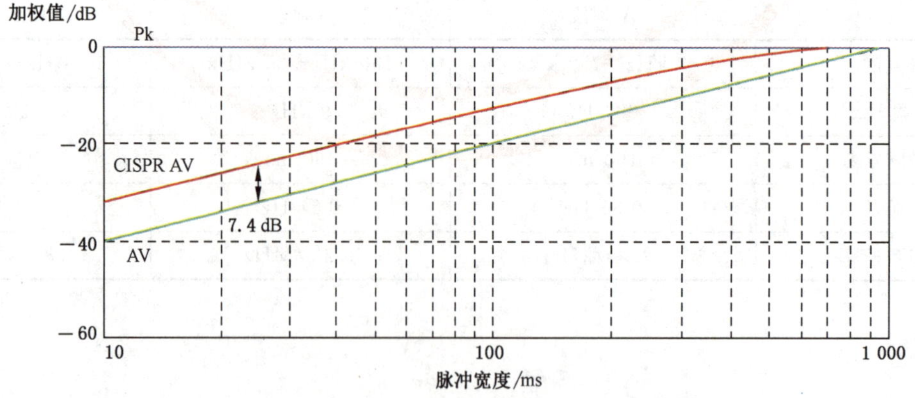

图 D.3 重复频率为 1 Hz 时不同脉宽下的时间常数为 160 ms 的 CISPR AV 和 AV 检波器的测量结果差异

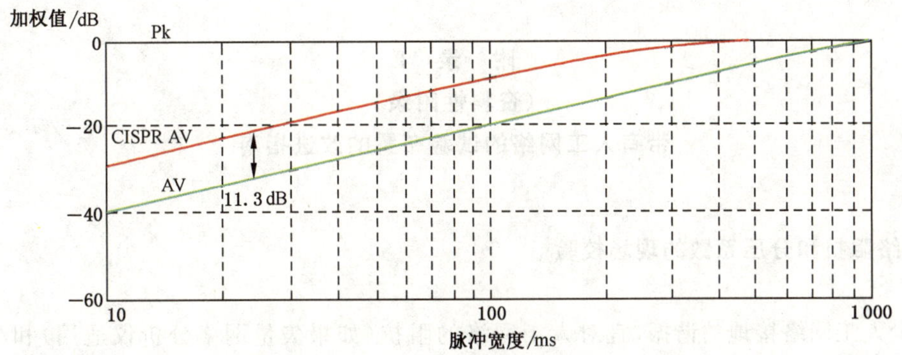

图 D.4 重复频率为 1 Hz 时不同脉宽下的时间常数为 100 ms 的 CISPR AV 和 AV 检波器的测量结果差异

D.5 自动或半自动测量推荐程序

如果 EUT 不会产生时间间歇长、不稳定或者漂移的窄带骚扰，在预扫时推荐采用视频带宽诸如 100 Hz 的平均值检波以缩短测量时间。对于骚扰接近平均值限值的频点，最终测量时可以通过降低视频滤波器带宽，即增加平均时间来对其进行检测(对于预扫频和终测程序见第 8 章)。

对于间歇时间长、不稳定或者漂移的窄带骚扰，优先考虑手动测量方法。

附　录　E
（资料性附录）
带有人工网络的试验布置的改进指南

E.1　人工网络阻抗和分压系数的现场校验

为了减少人工网络接地的谐振，宜对人工网络的阻抗（如果矢量网络分析仪适用）和/或分压系数（VDF）进行现场校验。这些参数可以相对参考接地平面（RGP）进行测量而不是相对人工网络本身的接地进行的测量。有关分压系数的测量要求见 CISPR 16-1-2。

如果人工网络通过一个很大的电感接地带搭接到参考接地平面上，此电感和人工网络外壳相对于接地平面的分布电容并联，在 30 MHz 频率以下可能形成并联谐振（见图 E.1）。

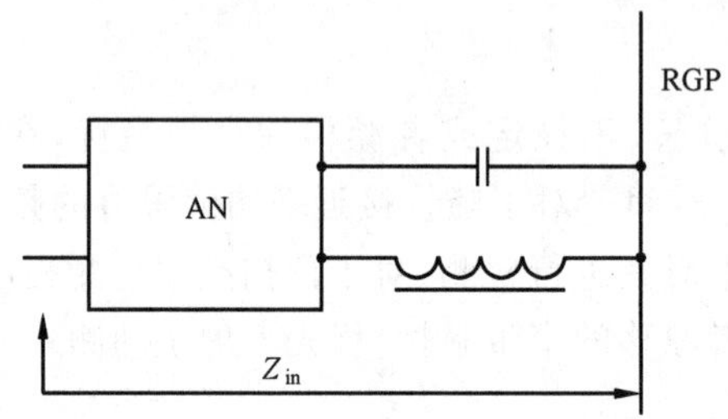

图 E.1　外壳分布电容和接地带电感产生的并联谐振

图 E.2 给出了现场测量人工网络阻抗和分压系数的操作实例，图中的人工电源网络作为人工网络的一个示例。人工电源网络的阻抗和分压系数分别见图 E.3 和图 E.4。在此例中，人工电源网络连接到一个垂直固定的参考接地面上；根据图 11 所示的特别要求，其电源输出口中心距离参考接地平面 40 cm，这一要求也常见于其他的试验布置中。对 AMN 的阻抗的测量应以：

a)　AMN 的前面板的测量地为参考（见图 E.2）。

b)　接地带上的测量地为参考（见图 E.2）。

c)　垂直参考接地平面的测量地为参考（见图 E.5），此时用低阻抗测量接地带是重要的。

在 a)和 b)两种情形下测得的阻抗没有差别，只有在 c)情形下，在 30 MHz 频点上的相角有一个明显的增加，从而引起大约 0.7 dB 的分压系数差。c)情形下的阻抗测量结果见图 E.6。

连接板和测量接地板的长度导致测得的相角在 30 MHz 增加。理想的阻抗为 50 Ω（位于史密斯图的中心），阻抗和分压系数都不表现出谐振。

采用图 E.1 的布置并伴有接地谐振的分压系数如图 E.7 所示。

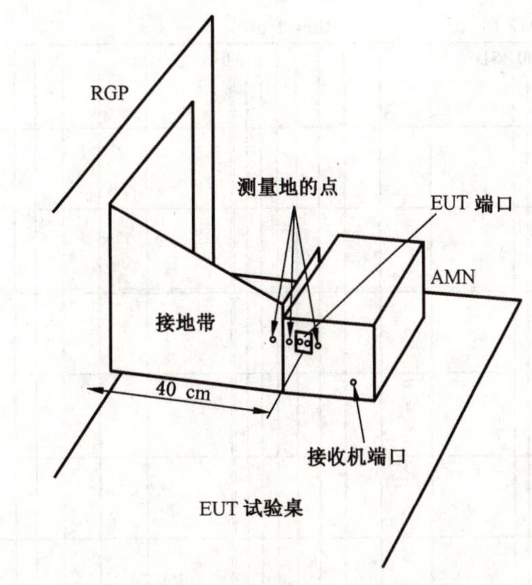

图 E.2 使用宽接地带连接人工电源网络和参考接地平面以满足低电感接地要求

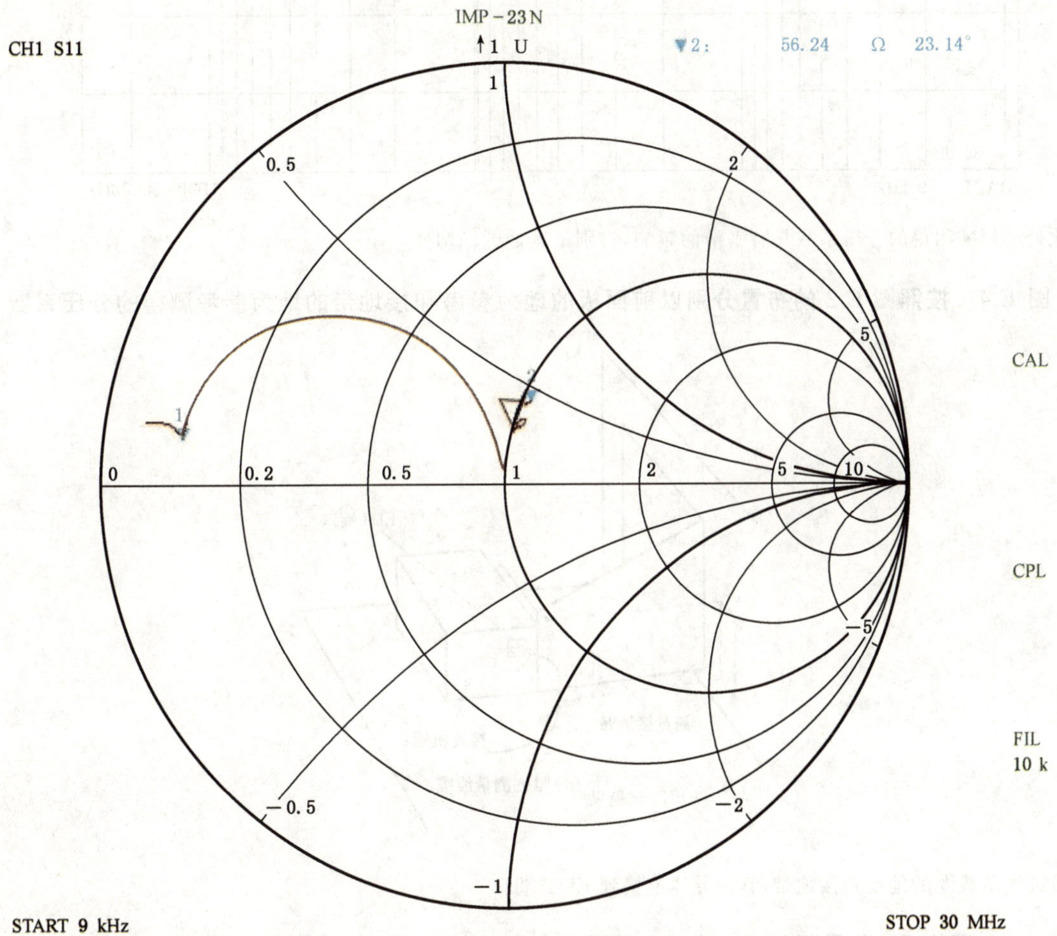

图 E.3 按照图 E.2 的布置对于前面板地和接地带测得的阻抗

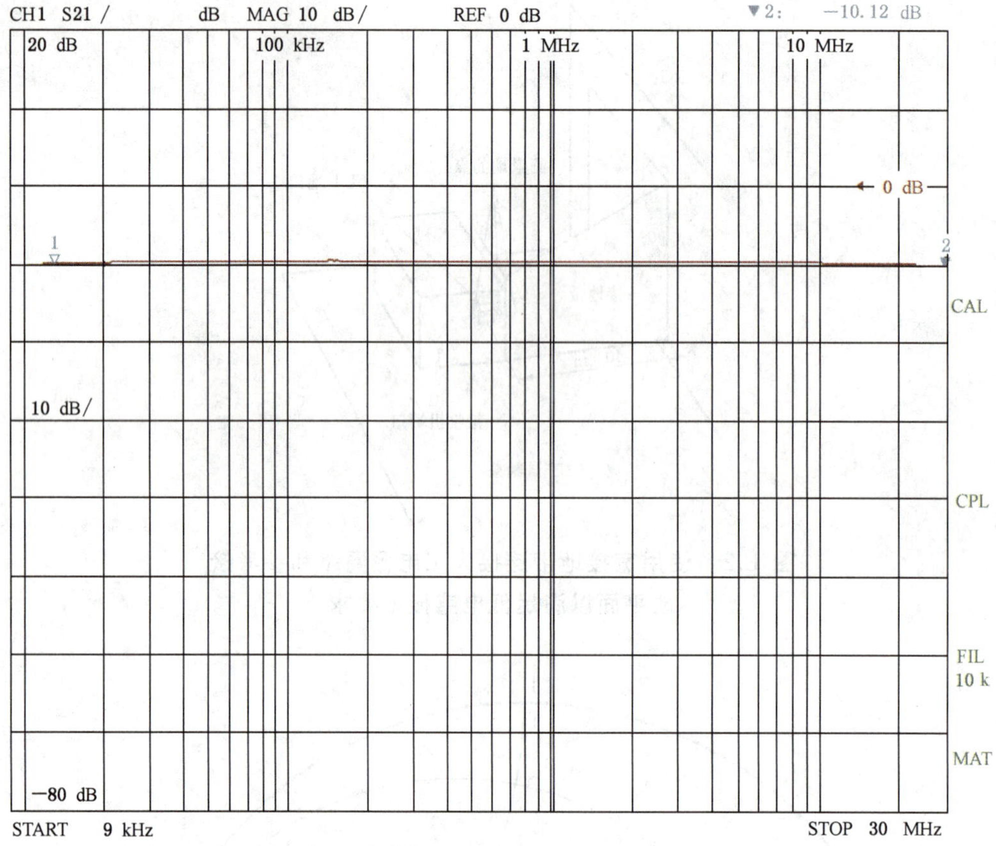

此处 AMN 测得的分压系数具有平滑的频响，有别于其他的 AMN。

图 E.4　按照图 E.2 的布置分别以前面板的地为参考和接地带的地为参考测得的分压系数

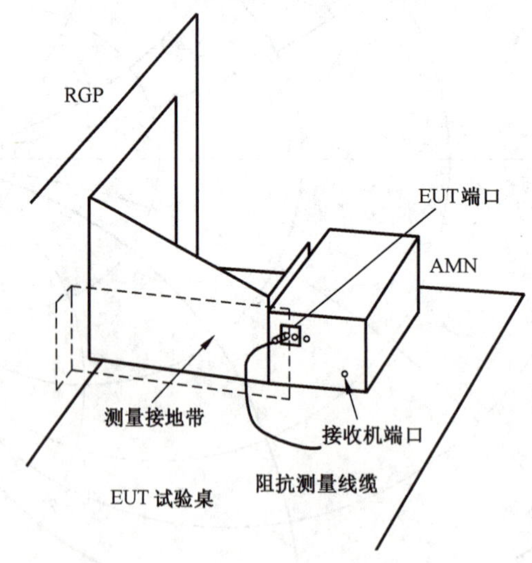

阻抗测量线缆的地接到接地带，其内导体连接到 EUT 端口

图 E.5　测量相对于参考接地平面的阻抗时测量接地带(用虚线框出)的布置

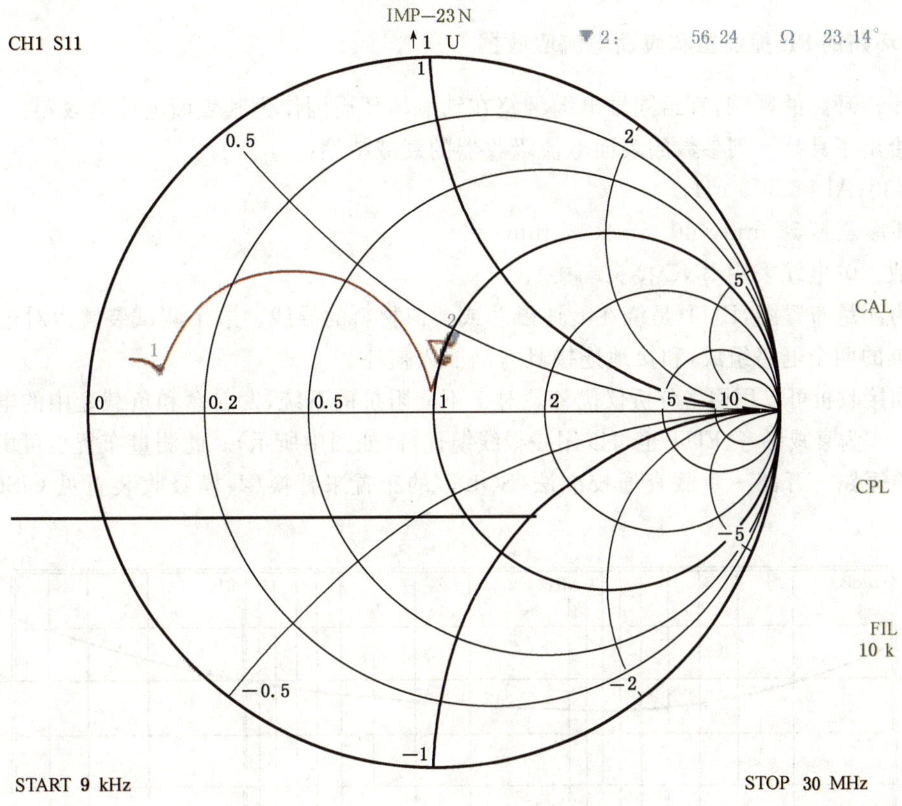

图 E.6 采用图 E.5 的布置测得的阻抗

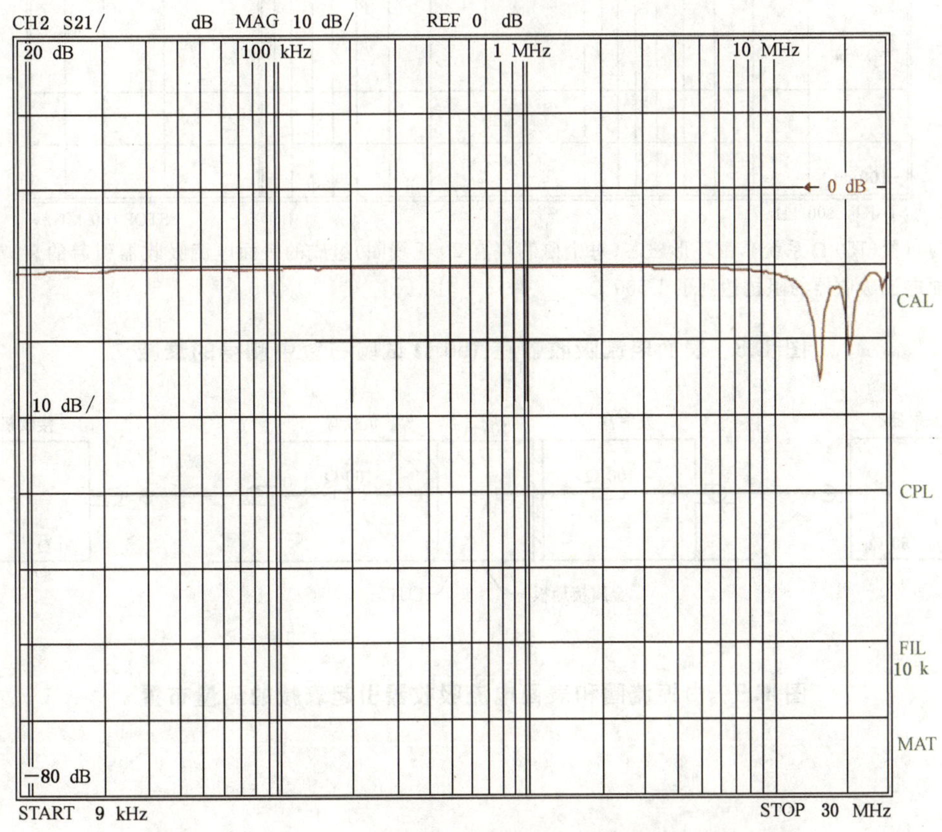

图 E.7 在 AMN 接地并联谐振情况下测得的分压系数

E.2 抑制地环路的 PE 扼流圈和表面电流吸收器

为了防止地环路的影响,宜给同轴电缆缠绕在铁氧体环周围作为其表面电流吸收器。

图 E.8 给出了具有下列参数的表面电流吸收器的衰减特性:

材料:N30;Al=5 400 nH;

尺寸:环形磁芯 58 mm×40 mm×17 mm;

绕线圈数:20(电缆采用 BNC 接头端接)。

图 E.9 为测量布置图,EUT 是绕在上述磁芯或类似材料的导线。这个测试装置由对电缆屏蔽层电流呈现高阻抗的两个电路组成,和接地连接具有高插入损耗。

发射器和接收机可以用网络分析仪代替。对于不同阻抗的系统,发射盒和负载盒中的电阻也可以采用其他阻值。作为衰减参考,EUT 也可以用一根线缆代替(如图中所示)。此测量布置也可由用于校验共模吸收设备的短路－开路－负载直通校准法(SOLT)的布置来替换(共模吸收装置见 CISPR 16-1-4 和 CISPR 16-3)。

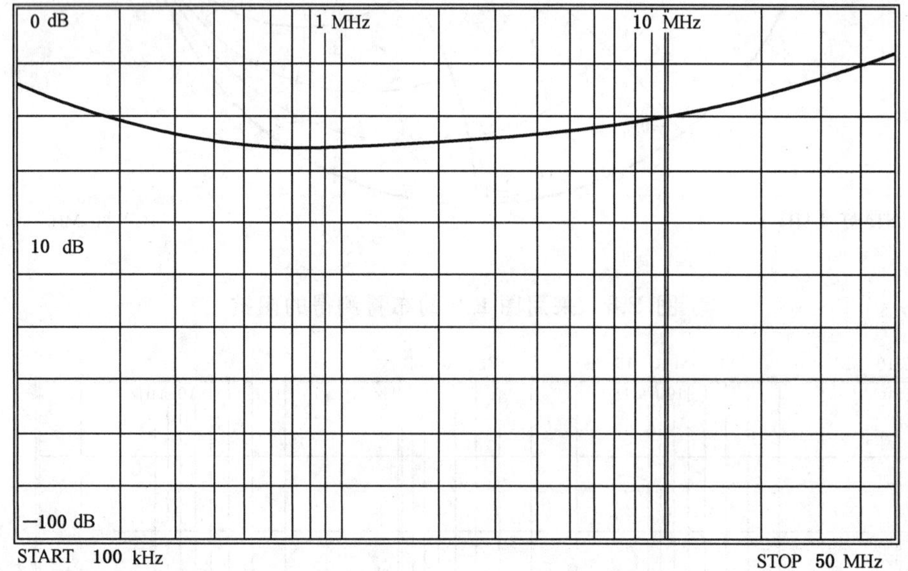

按照图 E.9 的布置(150 Ω 系统),由环形磁芯(每个磁芯绕有 20 匝线圈)组成的表面电流吸收器引起的衰减,20 dB 的衰减意味着表面电流吸收器的阻抗达到了 1 500 Ω。

图 E.8 表面电流吸收器在 150 Ω 试验布置中测得的衰减

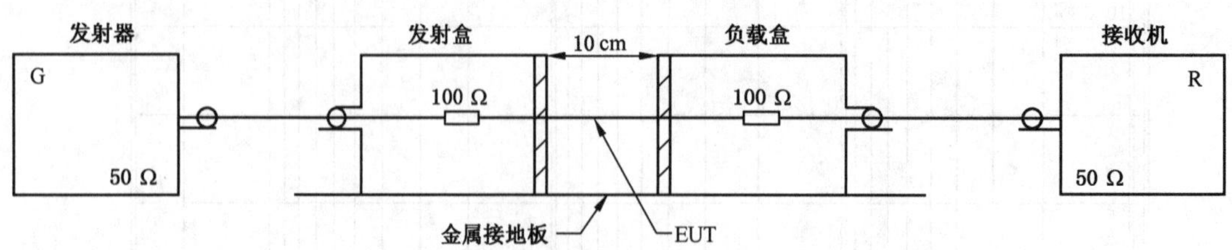

图 E.9 由扼流圈和表面电流吸收器引起衰减的测量布置

附 录 F
（规范性附录）
频谱分析仪用于符合性试验的适用性测定

频谱分析仪的用户应能通过设备制造商的技术规范或者测量表明，频谱分析仪能够在其使用的频率范围内满足脉冲重复频率大于 20 Hz 时的准峰值检波要求。对于平均值检波器，满足 GB/T 6113.101—2016 中 6.5 规定的脉冲响应要求。

由于使用频谱分析仪时，不是总能测到发射的脉冲重复频率，应采取一种简便的方法来验证准峰值测量的有效性。这个方法是基于峰值检波器和准峰值检波器测量结果的比较。由于准峰值检波器的加权特性，表 F.1 列出了脉冲重复频率是 20 Hz 的信号通过峰值和准峰值检波的幅度差。

当信号在某些频点的准峰值电平接近限值时，要采取这种比较法。如果峰值检波和准峰值检波的幅差小于表 F.1 中的值，则准峰值检波有效，频谱分析仪可以用作符合性测量。反之，应采用带有满足应采用带有满足 GB/T 6113.101—2016 中第 4 章中低脉冲重复频率准峰值检波要求的接收机来进行符合性测量。采用比较法测量要求有足够的信噪比以确保测量结果的正确。

表 F.1 峰值和准峰值检波的最大幅差

频段 A	频段 B	频段 C/D
7 dB	13 dB	21 dB

附 录 G
（资料性附录）
电信端口测量基本要求

G.1 限值

骚扰电压(或电流)限值是在150 Ω的TCM负载阻抗(测量时从EUT向AE看)基础上规定的。为了获得可重现的测试结果,采取统一标准的共模阻抗十分必要,测试结果将不受EUT和AE的TCM阻抗影响。

注1:源于有用信号的共模骚扰,通过考虑如CISPR/TR 16-3描述的因素,在端口技术的设计阶段来控制。

一般来说,如果不使用AAN/CDN,那么从EUT向AE端看去的TCM阻抗是不确定的。如果AE放在屏蔽室外,从EUT向AE端看去的TCM阻抗则由测量布置与外界之间的馈通滤波器的TCM阻抗确定的。π型滤波器具有低TCM阻抗,T型滤波器具有高共模阻抗。

注2:CDN详见IEC 61000-4-6[9]。

但是对EUT而言,并不是所有类型的线缆都能有合适的AAN/CDN供使用。因此需要规定在没有合适AAN/CDN时的替代测试方法(如"非侵入式"测试方法)。

附录H中的图只表示了连接到受试端口的线缆。实际上,对于EUT来说,通常会带有其他电缆(或端口)。至少电源线在大多情况下是必要的。其他电缆(包含可能的接地线)的TCM阻抗,测试中这些电缆接上与否,对测试结果会有很大影响,对小尺寸EUT的影响尤其明显。所以,对于小尺寸的EUT,在测试中应规定非测试线缆的TCM阻抗。测试中,除了被测试端口外,至少需要对其他两个端口各连接一个150 Ω阻抗(通常用射频测量端口端接50 Ω终端的AAN或CDN来实现),这足够将这种影响降低到可以忽略的程度。

用于非屏蔽平衡线的耦合设备,需要模拟出与被测电信端口连接的、且电缆类别最低(LCL值最差)的典型LCL值。这样做的目的是考虑到EUT在最终使用中对称信号会转化为CM(共模)信号,导致对外辐射。AAN制作的不平衡的目的就是为了得到规定的LCL。这种不平衡可能会增强或者消除EUT的不平衡性。为了确定最大的发射,提高测试结果的重复性,当使用合适的AAN时,应考虑将LCL非平衡网络分别接到平衡对线的每根线上重复测试。

由于平衡转不平衡可能会对总的传导共模骚扰产生影响,所以宜考虑所有平衡对线上的所有不平衡的组合。对于1组平衡对线,对测试工作量影响相对较少,即2条线颠倒了。但是对于2组平衡对线,这种LCL加载组合(测试配置)就增大为4种。对于4组平衡对线,则增大为16种。这样多的测试组合测试起来费时费力,记录也繁琐。所以对这个测试需要认真仔细地进行,并做好测试记录。

没有连接测试接收机的AAN/CDN射频测量端口需要端接50 Ω负载。表G.1总结了测量方法的优缺点,见附录H。

表G.1 附录H中各种测试方法的优缺点比较一览表

	H.5.2(AAN)	H.5.3(150 Ω负载和屏蔽线缆)	H.5.4(电流探头和CVP)
优点	——测量不确定度最小。 ——(AAN/CDN有合适的传输特性才适用)。 ——LCL值可知且考虑在内	——非侵入式(剥去绝缘层的屏蔽电缆除外)。 ——适用于所有屏蔽线缆。 ——对较高频率点有较小的测量不确定度	——非侵入式

表 G.1(续)

	H.5.2(AAN)	H.5.3(150 Ω负载和屏蔽线缆)	H.5.4(电流探头和 CVP)
缺点	——并非所有情况都可以使用该方法(需要合适的 AAN/CDN)。 ——侵入式(需要剪断线缆,配置合适的电缆转接)。 ——不同的线缆需要不同的 AAN/CDN(需要大量不同种类的 AAN/CDN)。 ——AAN 对来自 AE 的差模信号没有隔离作用	——在非常低的频率(<1MHz)有较高的测量不确定度。 ——需要破坏电缆绝缘层。 ——对来自 AE 的骚扰隔离下降(与 H.5.2 比较)。 ——不能评估出由连接到 EUT 端口电缆的 LCL 引起的差模转共模所导致的干扰电势	——无法隔离来自 AE 端的干扰(与 H.5.2 比较)。 ——不能评估出由连接到 EUT 端口电缆的 LCL 引起的差模转共模所导致的干扰电势

G.2 同时使用电流探头和容性电压探头的测试方法

方法 H.5.4 的优点是适用于各种类型电缆,不需要对电缆进行破坏。但是,除非从 EUT 向 AE 端看去的 TCM 阻抗是 150 Ω,否则方法 H.5.4 测试的结果通常偏大,而且不会偏小(按发射的最恶劣情况估计)。

G.3 容性电压探头基本原理

图 H.3 中的布置使用了一个容性电压探头去测量 CM 电压。容性电压探头的结构有两种。无论是哪种,如果 TCM 阻抗是 150 Ω,则容性电压探头与 EUT 端口相连电缆间的电容将作为一个负载与这个 150 Ω 的 TCM 阻抗并联。

注 1:CVP 无法在电信网络中模拟差模到共模的转换(但是 AAN 可以),因此,CVP 不能用来测量所转换的共模电压。同样的原因,CVP 和电流探头的组合也不能替代 AAN。

在 0.15 MHz 到 30 MHz 频段内,TCM 阻抗的容差是±20 Ω。如果在电缆上使用容性电压探头,会导致 150 Ω 电缆共模阻抗下降,所以为了满足阻抗最多只能减低至 130 Ω 的要求,在 30 MHz 频点上(在最坏情况下的频点),容性电压探头和被测电缆之间的电容就需要小于 5 pF。在 30 MHz,5 pF 大约是-j1061Ω,当和 150 Ω 电阻并联,得到的 TCM 阻抗大概是 148 Ω。更详细的背景信息见 CISRP 16-1-2:2014 的图 G.2。

容性电压探头的第一种构造方式是,把探头看作单个装置,依靠调整探头和受试端口线缆之间距离获得<5 pF 的负载。详细内容见 CISPR 16-1-2:2014 的 5.2.2。

第二种结构的容性电压探头采用了一个容性耦合装置,测试时候让它靠近被测电缆(和电缆的绝缘外皮物理接触)。容性耦合装置串联一个标准的示波器电压探头,电压探头的参数是阻抗>10 MΩ,电容<5 pF。这一做法的原理是:电压探头的电容和容性耦合装置的电容相串连以后,对受试端口线缆所呈现出来的总电容只有电压探头的电容。实际上,考虑到容性耦合装置的物理尺寸,它可能有很大的分布电容和电压探头的电容并联。如果是这样,那总的电容加载就会大于电压探头自身的电容,将不能满足<5 pF 的加载要求。所以对采用这种技术的容性电压探头需要通过测试来测量出实际加载的电容,而不能靠理论计算。

任何频段覆盖 150 kHz～30 MHz 的电容计都可用来测量该电容值。被测量的电容是与被测端口连接电缆(所有芯线拧在一起接到电容计的接线端子上)和参考接地平板之间的电容。电缆类型宜同进行传导发射测量中用到的类型相一致。

注 2:如果 EUT 与 AE 间的线缆长度小于 1.25 m,这种测试方法具有最低的测量不确定度。较长的电缆受驻波影响,会对电压和电流测试产生影响。

G.4 电流限值和电压限值的组合

如果 TCM 阻抗不是 150 Ω,由于 TCM 阻抗不确定,测量不确定度非常高,所以仅进行电压或电流测量是不够的。当然,如果电压和电流测试结果同时满足各自的限值,那么测试结果属于骚扰最严格的评估。解释如下:

制定限值所依据的基本电路如图 G.1 所示。该电路是制定电流和电压限值的参考电路。任何其他的测量应和这个基本电路相比较。如图 G.1 所示,Z_1是和 EUT 有关的未知参数;Z_2是基准测量中的 150 Ω。

如果测量是在从 EUT 看过去 TCM 阻抗 Z_2没有指定的情况下进行的,则使用图 G.2 所示的简化电路,其中从 EUT 看过去的 TCM 阻抗 Z_2由 AE 决定,并且可以是任意值。因此,Z_1和 Z_2都是未知测量参数。

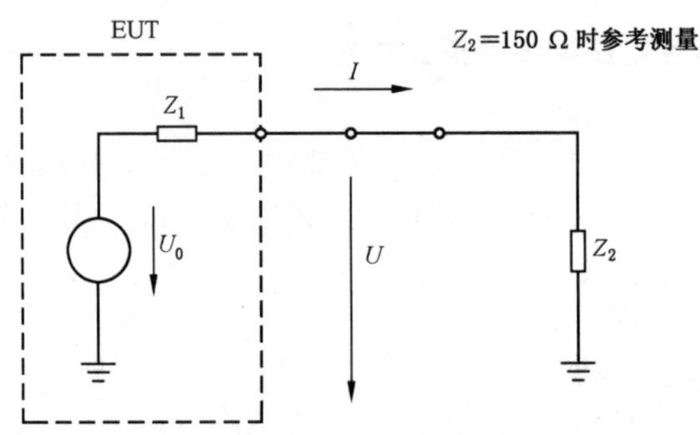

图 G.1 考虑 TCM 阻抗是固定值 150 Ω 的基本电路

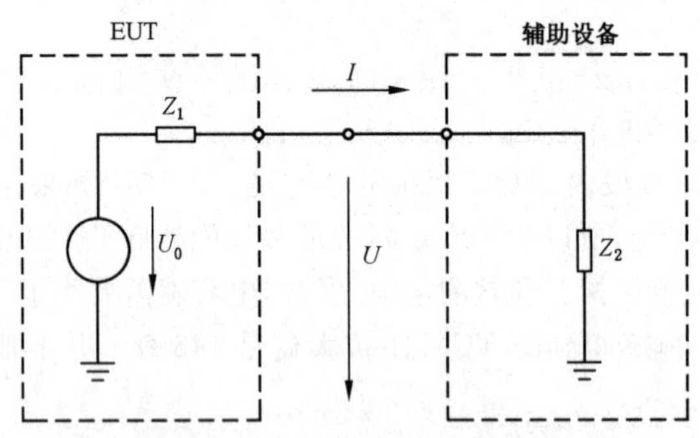

图 G.2 未知 TCM 阻抗值的基本电路

采用基于图 G.1 所示的测试方法,电流限值和电压限值是等效的。电流和电压间的关系总是 150 Ω,因此两种结果都可以用来判断是否满足限值。但如果 Z_2不是 150 Ω(如图 G.2),情况就不同了。

值得注意的是决定是否低于限值的量不是源电压 U_0。待测的骚扰电压宜在标准的 150 Ω 电阻 Z_2上测量,它和 Z_1,Z_2和 U_0都有关系。例如,对于图 G.1 的布置,当 EUT 的阻抗 Z_1和源电压 U_0较高时,或者阻抗 Z_1和源电压 U_0较低时,骚扰电压都可能超过限值。

对于图 G.2 中更一般的情况,如果没有规定 Z_2的大小,就不能测量骚扰电压的准确值。由于 Z_1和 U_0是未知的,即使已经知道 Z_2(可以测量得到或通过 I 和 U 计算得到),也不可能计算出准确的骚扰电压。譬如,对一个超过限值的 EUT,如果测试布置中 AE 侧的 Z_2<150 Ω,只测量电压时,EUT 可能仍

然满足限值要求。反之,对于同一样品,如果测试布置中在 AE 侧的 $Z_2>150\ \Omega$(譬如通过增加铁氧体来实现),只测量电流时,EUT 仍然满足限值要求。

可以看出,如果同时用电流限值和电压限值,一个原本骚扰超过限值的 EUT 总是可以被发现,要么是电流超标(如果 $Z_2<150\ \Omega$),要么电压超标(如果 $Z_2>150\ \Omega$)。

可能出现以下情况:在 Z_2 为 150 Ω 的条件下测试合格,但如果 AE 端的 TCM 阻抗(Z_2)与 150 Ω 差异显著时又不合格,但绝不会出现将不合格的测成合格的。因此,H.5.4 的测试骚扰方法是最严格的。如果 EUT 用这种方法测试时超过限值,可能在 Z_2 为 150 Ω 的条件下又满足限值。

G.5 用铁氧体调整 TCM 阻抗

在某些情况下(如在 AE 侧 TCM 阻值远小于 150Ω),需要通过在电缆上加铁氧体的方法调整共模阻抗。H.5.5 中要求进行共模阻抗测试并且调整铁氧体使得在各个被测频点上 TCM 阻抗为 150 Ω±20 Ω。如果在整个频段上运用这种方法,测试将变得非常复杂和费时。如果在 AE 侧的 TCM 阻值最初高于 150Ω,那么在 30MHz 以下就没有办法通过增加铁氧体或调整铁氧体位置来调节获得 150 Ω TCM 阻值(可以使用一些其他方法在具体的频点上可调整 TCM 阻值)。

G.6 附录 H 中的方法使用的铁氧体规范

H.5.3 给出了同轴电缆屏蔽层上共模传导骚扰的测试布置。150 Ω 负载需要接到同轴屏蔽层与参考接地平板之间,如图 H.2 所示。铁氧体需要放在 150 Ω 电阻与 AE 之间的同轴屏蔽层上。以下条款描述了铁氧体性能的验证方法,以满足 H.5.3 的要求。

图 G.3 标明了图 H.2 中涉及的所有基本阻抗。H.5.3 中规定的铁氧体提供较高的阻抗(图 G.3 中用 Z 表示)使得 150 Ω 电阻右侧的共模阻抗足够大,从而对测试结果不产生影响。

上段表明,$Z_{ferrite}$ 和 Z_{aecm} 的串联阻抗不能降低 150 Ω 的负载大小。在 0.15 MHz~30 MHz,GB 6113 系列标准对 150Ω 共模阻抗的总体容差要求是±20 Ω。考虑这两点,$Z_{ferrite}$ 和 Z_{aecm} 串连后再同 150 Ω(图 G.3 中的 Z)并联得到的阻抗不应小于 130 Ω。不管 Z_{aecm} 的阻抗如何,都宜保持这个关系。

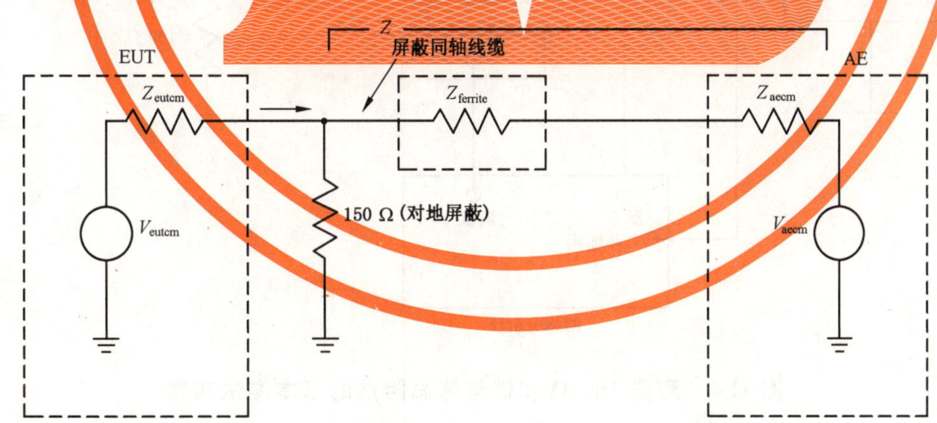

说明:

V_{eutcm}——EUT 产生的共模电压;

Z_{eutcm}——EUT 产生的共模阻抗;

V_{aecm}——AE 产生的共模电压;

Z_{aecm}——AE 产生的共模阻抗;

$Z_{ferrite}$——铁氧体阻抗;

Z——150 Ω 负载,$Z_{ferrite}$ 和 Z_{aecm} 产生的组合阻抗。

图 G.3 图 H.2 中使用的元器件阻抗分布

为了确定铁氧体的阻抗特性，需要考虑 Z_{aecm} 在开路和短路时的两种情况。如果铁氧体在两种情况下都满足要求，则 Z_{aecm} 可以取任何值。

情况一：Z_{aecm} 为∞(开路)

$Z_{ferrite}$ 和 Z_{aecm} 串联阻抗还是∞，即开路。一个开路电路和 150 Ω 阻抗并联得到的阻抗仍为 150 Ω。铁氧体阻抗 $Z_{ferrite}$ 可以是任意值。

情况二：$Z_{aecm}=0$(短路)

$Z_{ferrite}$ 和 Z_{aecm} 串联阻抗等于 $Z_{ferrite}$。铁氧体阻抗和 150Ω 阻抗并联后得到的阻抗不小于 130 Ω，用公式表示为：

$$150\times Z_{ferrite}/(150+Z_{ferrite})\geqslant 130\ \Omega$$

解上面方程得到 $Z_{ferrite}$ 数值应为 975 Ω。这意味着，在 0.15 MHz～30 MHz 的频段上要求铁氧体的阻抗至少为 975 Ω。对于给定的铁氧体，在 0.15 MHz 频点时的阻抗($j\omega L$)最小。

总结上面两种情况，把在情况二条件下 150 kHz 时的阻抗规定为对铁氧体的最低要求。只要铁氧体的阻抗大于这个值，铁氧体就是可接受的。

为了评估所用铁氧体是否满足预期要求，宜使用图 G.4 的测试布置。可以用一个传统的阻抗测试仪或者阻抗分析仪来测量 Z 点(图 G.4 中 I 和 V)和参考地之间的阻抗。另一种方法是分别测试 Z 点的电压和电流来计算阻抗。至少要在 0.15 MHz 测量铁氧体的阻抗。对 0.15 MHz～30 MHz 全频段都进行阻抗测量是有效的，因为在铁氧体和同轴电缆之间存在的分布电容会降低铁氧体阻抗。这样做是有意义的，因为实验室的数据表明，仅有同轴电缆一次穿过铁氧体不能获得所需的阻抗，需要同轴电缆多次穿过铁氧体才行，但是这样做会增大分布电容，影响铁氧体的阻抗。在实验室已证实，可以获得所需的铁氧体阻抗频率特性。

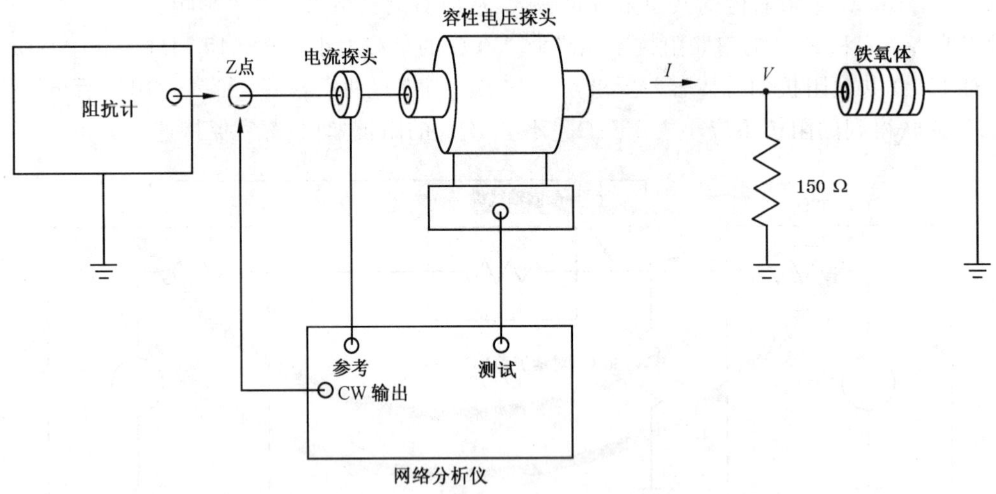

图 G.4　测量 150 Ω 和铁氧体总阻抗的基本测试布置

附 录 H
(规范性附录)
电信端口传导骚扰测量的具体指导

H.1 概述

本附录的目的是规定 EUT 电信端口无用共模骚扰的测量方法。测量程序的选择见表 H.1。

EUT 若有多个类似的端口,应通过预扫或者某些其他技术表明这些端口具有类似的发射性能,所选端口的传导骚扰可代表其他类似端口的传导骚扰。

表 H.1 电信端口骚扰测量程序选择

	电缆类型	对线数量	AN 示例	测量类型	测量程序
1	平衡, 非屏蔽	1(2 线) 2(4 线) 3(6 线) 4(8 线)	图 I.1 图 I.2 图 I.3 图 I.3	电压	H.5.2
2	平衡, 非屏蔽	1(2 线) 2(4 线) 3(6 线) 4(8 线) >4(>8 线)	不适用	电压和电流	H.5.4 可能需要调节匹配网络(CMAD 吸收装置)以达到规定的阻抗。
3	屏蔽或同轴	不适用	图 I.10 图 I.8	电压	H.5.2
4	屏蔽或同轴	不适用	不适用	电流或者电压	H.5.3
5	非平衡电缆	不适用	不适用	电压和电流	H.5.4 可能需要调节匹配网络(CMAD 吸收装置)以达到规定的阻抗。
6	非平衡电源线	不适用	相关的 AMN	电压	AMN 被当做电压探头使用。

详细说明:

a) 若使用 AAN,其应满足 H.2 中规定的所有要求。

b) 若使用电流探头和电压探头,电流探头应满足 H.3 中规定的要求,电压探头应满足 H.4 中规定的要求。

c) 当测量电源端口骚扰电压时,EUT 应通过 AMN 供电。

d) H.5.2 给出了最低测量不确定度的测试程序。

e) 不管其他对线是何种类型的线缆只要至少有一对线是平衡电信线缆,则每一个 EUT 非屏蔽对称电信端口应根据 EUT 端口平衡对线的数量选择合适的 AAN 示例进行测试(例如,EUT 端口具有一组四对平衡对线的采用图 I.6 或图 I.7 的 AAN 示例)。

f) 图 I.2 和图 I.3 所示 AAN 可用于不超过其最大线对数的任何数量线对的测试,附录 I 中的其他 AAN 仅适用于相应线对数的电缆。

H.2 AAN的特性

对于与非屏蔽平衡对线连接的有线网络端口,应用电缆将有线网络端口和AAN连接起来进行试验,以测量该有线网络端口的共模(不对称模)电流或骚扰电压发射。因此在骚扰测量过程中,应对AAN从有线网络端口看过去的共模端接阻抗做出规定。

AAN(校准时需包含与EUT和AE连接的所有适用的适配器)应满足下列特性:

a) 在0.15 MHz～30 MHz频率范围内,共模终端阻抗为150 Ω±20 Ω,相角为0°±20°;

b) AAN应能提供足够的隔离,以隔离那些来自与受试有线网络端口相连的AE或负载的骚扰。AAN对源于AE的共模电流或电压骚扰的衰减足够大,使得在测量接收机的输入端测得的骚扰电平比相应的限值至少低10 dB。

推荐的隔离度为:

——在150 kHz～1.5 MHz频率范围,大于(35 dB～55 dB),隔离度随频率的对数线性增加;

——在1.5 MHz～30 MHz频率范围,大于55 dB。

注:隔离指对来自AE并出现在AAN的EUT端口的共模骚扰的去耦。测试系统的某些参数需根据骚扰电平来确定。

c) AAN在150 kHz～30 MHz频率范围内应满足表H.2中的LCL(即a_{LCL})要求。模拟不同电缆类别的实际LCL值见表H.2。

表H.2 a_{LCL}值

电缆类型	a_{LCL} dB	允差 dB
三类(或更好)	$a_{LCL}=55-10\lg\left[1+\left(\frac{f}{5}\right)^2\right]$	±3
五类(或更好)	$a_{LCL}=65-10\lg\left[1+\left(\frac{f}{5}\right)^2\right]$	f<2 MHz时±3, 2 MHz≤f≤30 MHz时−3/+4.5
六类(或更好)	$a_{LCL}=75-10\lg\left[1+\left(\frac{f}{5}\right)^2\right]$	f<2 MHz时±3 2 MHz≤f≤30 MHz时−3/+6
注1:LCL(dB)按上述公式随频率f(单位为MHz)变化。 注2:上述LCL的频率特性为典型非屏蔽电缆在典型环境中的近似值。三类电缆的技术规范代表了典型电信接入网的LCL值。		

d) 在有用信号频带内,AAN的插入损耗或其他信号质量下降不应影响EUT的正常工作。

e) 在150 kHz～30 MHz频率范围内电压分压系数F_{AAN}为±1 dB。AAN的电压分压系数按照下式计算:

$$F_{AAN}=20\lg\left|\frac{V_{cm}}{V_{mp}}\right|\text{dB}$$

式中V_{cm}为AAN的EUT端口的共模阻抗上的共模电压,V_{mp}为接收机在电压测量端口直接测得的结果。将电压分压系数与在电压测量端口直接测量的接收机电压相加,然后将相加的结果与适用的电压限值比较。电压分压系数为具有不确定度且无允差的校准量。

H.3 电流探头参数

电流探头在关注的频率范围内应具有平坦的频率响应且无谐振,应能够在不饱和状态下工作,该饱和效应由初级线圈的工作电流产生。

测量电流时，若 AAN 用于电缆端接，由于电流探头不能充分地确定所转换的共模电流，因此不应使用。

电流探头的插入阻抗应不大于 1 Ω(见 GB/T 6113.102—2008 的 5.1)。

H.4 容性电压探头的特性

应使用 GB/T 6113.102—2008 中 5.2.2 规定的容性电压探头。

H.5 共模测量程序

H.5.1 概述

H.5 给出了测量有线网络端口 CM 传导骚扰的测量程序。根据电缆类型，选用不同的测量程序，这些测量程序各有其优缺点(参见附录 G)。

H.5.2 使用 AAN 的测量程序

使用具有表 H.2 定义的 LCL 的 AAN 测量有线网络端口。当根据提供给用户的设备文件规定的电缆类型使用适用 AN 测量时，EUT 不应超过所适用的限值。

测量骚扰电压时，AAN 应为测量接收机提供合适的电压测量端口，同时应满足有线网络端口共模终端阻抗的要求。

对于包含平衡对线的非屏蔽电缆，应根据表 H.2 选用 AAN。对于与 EUT 连接的电缆类型相适用的 AAN，其 LCL 值应位于表 H.2 规定的允差内。

a) 按照图 H.1 布置 EUT。

b) 在 AAN 的测量端口测量电压，通过加上 H.2 的 e)定义的电压分压系数(F_{AAN})进行修正，然后与限值进行比较。

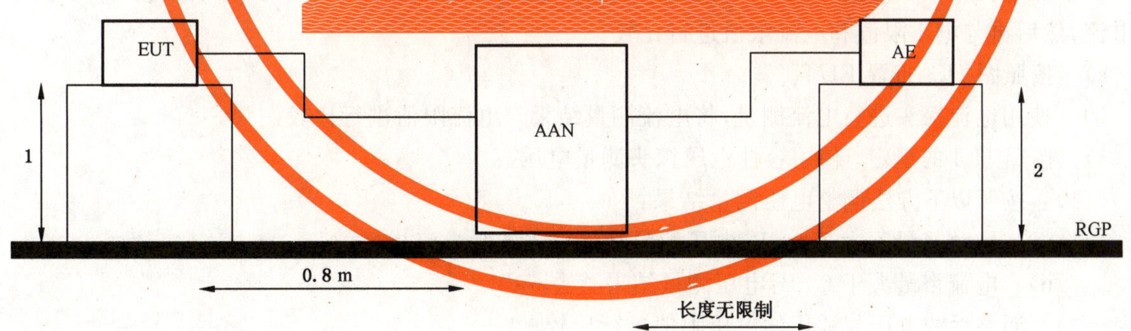

说明：

1——到水平参考接地平板的距离：台式设备为 40 cm；落地式设备为不大于 15 cm。或者台式设备距离垂直参考接地平板为 40 cm；

2——如果 AAN 能为 AE 的发射提供足够的隔离，则到 RGP 的距离不做硬性规定。

图 H.1 使用 AAN 的测量布置

H.5.3 使用 150 Ω 负载连接到线缆屏蔽层表面的测量程序

该程序适用于所有类型的同轴电缆、金属屏蔽线或加强构件光纤或屏蔽的多对线电缆：

a) 按照图 H.2 布置 EUT。

b) 剥开外部保护绝缘层(露出屏蔽层),将 150 Ω 电阻连接到屏蔽层与 RGP 之间。从屏蔽层的表面到 RGP 的连接线长度应不大于 0.3 m。

c) 在 150Ω 连接电阻与 AE 之间放置铁氧体套管或铁氧体钳。

d) 用电流探头进行电流测量,并与电流限值比较。向 150 Ω 电阻右侧方向的共模阻抗应足够大,以使测量结果不会受到影响。按 H.5.5 的方法测量该共模阻抗,其量值应远大于 150 Ω,以便不影响测量 EUT 的发射频率。

电压测量应采用高阻抗探头并联一个 150 Ω 电阻,或者通过一个 50 Ω 转 150 Ω 阻抗转换器(参考 IEC 61000-4-6[9] 的 150 Ω 负载),并应用合适的修正因子(50 Ω 转 150 Ω 阻抗的修正因子为 9.5 dB)。

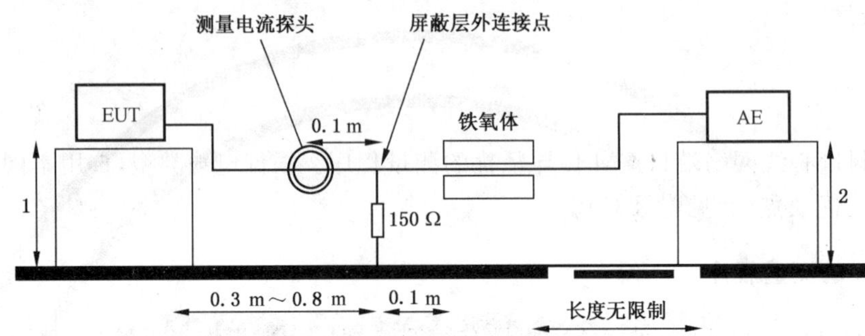

说明:

1——到水平参考接地平板的距离:台式设备为 40 cm;落地式设备为不大于 15cm。或者台式设备距离垂直参考接地平板为 40 cm;

2——如果铁氧体的阻抗大于 G.6 中所要求的,则到 RGP 的距离不做硬性规定。

图 H.2 使用 150 Ω 负载连接到线缆屏蔽层表面的测量布置

H.5.4 同时使用电流探头和容性电压探头的测量程序

由于在本程序中不使用 AAN,不能稳定共模阻抗;因此需要按照以下步骤分别测量 EUT 的电压和电流,然后再与电压限值和电流限值进行比较:

a) 按照图 H.3 布置 EUT。

b) 使用电流探头进行电流测量,将电流测量结果与电流限值进行比较。

c) 按照 H.4 的规定,使用容性电压探头测量电压。

  1) 按照以下方法调整电压测量结果:

    i) 电流裕量不大于 6 dB:电压测量结果减去实际电流裕量;

    ii) 电流裕量大于 6 dB:电压测量结果减去 6 dB。

  2) 调整后的电压与适用的电压限值进行比较;

  3) 测得电流值和调整的电压值都应低于适用的电流限值和电压限值。

d) 如果 EUT 在所有频率都满足两种限值要求,则该 EUT 符合标准要求。

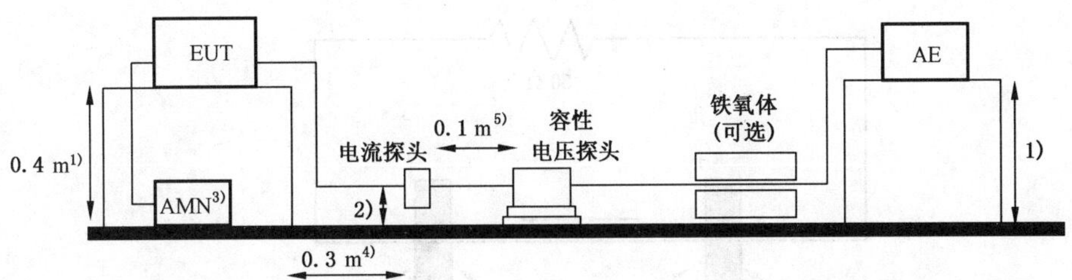

除非电流和电压测量同时进行，否则不要求电流探头和容性电压探头同时位于试验布置中：

1) 到水平参考接地平板的距离：台式设备为 40 cm；落地式设备为不大于 15cm。或者台式设备距离垂直参考接地平板为 40 cm。

2) 受试电缆应从 EUT 直接下垂至 RGP 上 4 cm±1 cm 处，然后平行于 RGP 在 EUT 试验桌和放置 AE 的试验桌之间走线，高度也位于 RGP 上 4 cm±1 cm 处。该限制不适用于电缆穿过容性电压探头的部分。

3) 除非电池供电，否则 EUT 应通过放置在 RGP 上的 AMN 供电，AMN 距离 RGP 的最近边缘应大于 10 cm。EUT 电源线的布置应远离受试电缆，以使耦合或串扰的影响最小。

4) EUT 与测量装置之间的水平投影距离应为 30 cm±1 cm。

5) 电流探头和电压探头之间的间隔距离应为 10 cm±1 cm。电流探头(如图所示)或容性电压探头可都放置在近 EUT 的一侧。

图 H.3 使用电流探头和容性电压探头的测量布置

H.5.5 电缆、铁氧体和 AE 共模阻抗的测量

下面三种程序之一都可用于测量电缆、铁氧体和 AE 的总共模(TCM)阻抗：

a) 使用两个电流探头的程序：

1) 在 50 Ω 系统(见图 H.4)中校准“激励”探头和测量探头，将大小为 V_1 的激励电压加到激励探头，并记录测量探头中电流值 I_1；

2) 将电缆与 EUT 断开，在连接 EUT 的一端将电缆短路到地；

3) 用同一个“激励”探头将同样大小的激励电压 V_1 加到电缆上；

4) 使用相同的测量探头测量电流，计算线缆、铁氧体和 AE 组合的共模阻抗值，将电流读值(I_2)与测试步骤 1 所测试的电流相比(共模阻抗$=50\times I_1/I_2$).例如如果 I_2 是 I_1 的一半，那么共模阻抗就是 100 Ω；

5) TCM 阻抗测量技术应在满足下列条件下使用：

图 H.4 所示的 50 Ω 校准装置环路长度(周长)应是图 H.2 整个环路长度的(0.9～1.1)倍，并且两者的环路长度都应小于 1.25 m。这些条件能使环路的谐振影响减到最小。环路谐振能影响阻抗的测量，增加测量不确定度。

b) 使用阻抗分析仪的程序：

将一台阻抗分析仪连接到待测 EUT 端口电缆和参考接地平板之间。测试中 EUT 被断开，而所有连接到被测 EUT 端口的线缆，包括屏蔽层(如有)，全部连接在一起并连接到阻抗分析仪。上文中提到的电缆的长度条件适用于本测量。测试布置图类似于图 G.4。

c) 使用网络分析仪的程序：

使用网络分析仪、电流探头和容性电压探头测量共模电压和电流。使用网络分析仪测得的 EUT 端口连接电缆上的电压和电流的比值定义为 TCM 阻抗。测试中所有线缆包括屏蔽层(如有)在 EUT 末端连接到一起，类似于 b)所描述的程序。

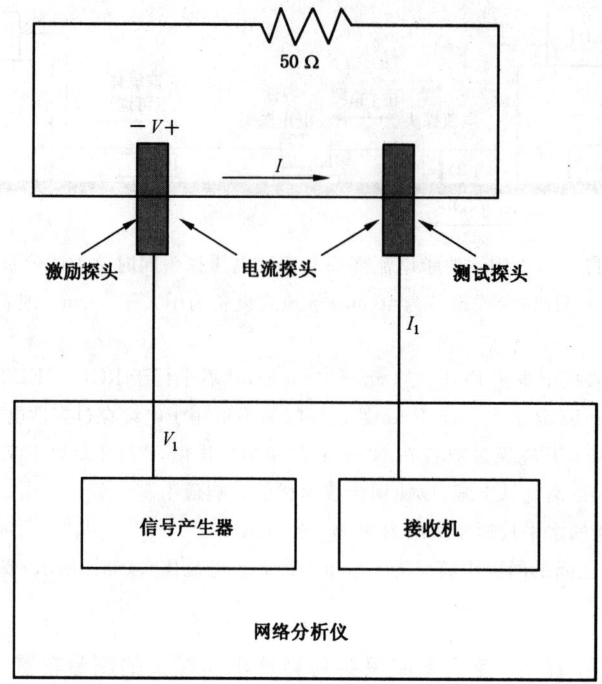

图 H.4 校准装置示意图

附　录　I
（资料性附录）
AAN 和用于屏蔽电缆的 AN 示例

图 I.1～图 I.7 给出了 AAN 电路原理图示例。图 I.8～图 I.11 给出了用于屏蔽电缆的 AN 电路原理图示例。

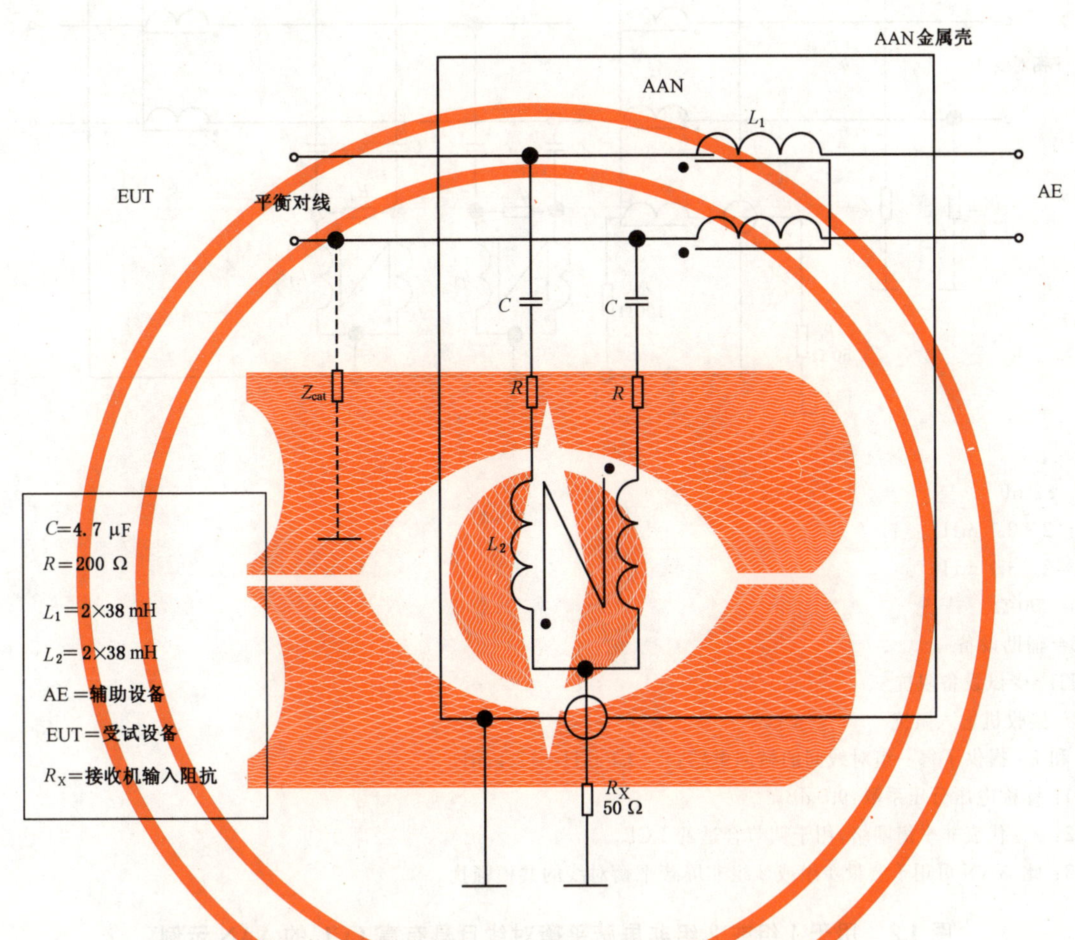

注 1：标称分压系数：9.5 dB。

注 2：Z_{cat}代表非平衡网络，用于调节 LCL。

图 I.1　用于非屏蔽单一平衡对线的 AAN 示例

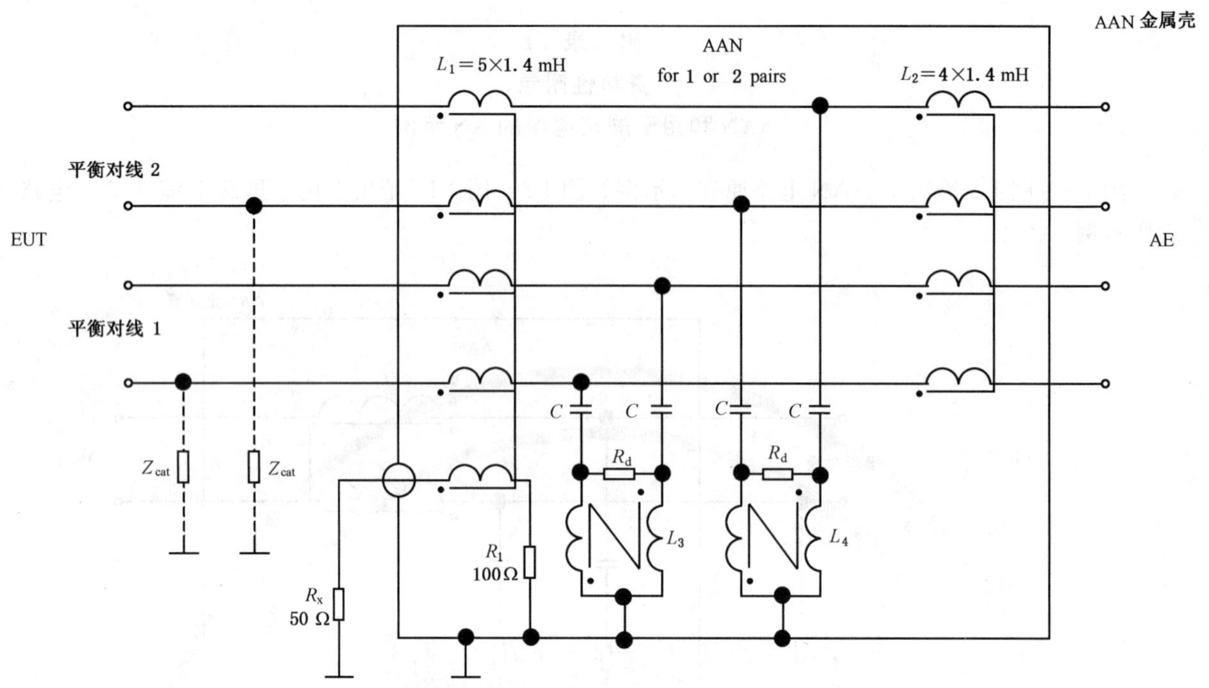

$C=82$ nF

$L_3=2\times3.1$ mH

$L_4=2\times3.1$ mH

$R_d=390\ \Omega$

AE=辅助设备

EUT=受试设备阻抗

R_X=接收机输入阻抗

L_3 和 L_4 提供了每一组对线间的横向电感:4×3.1 mH=12.4 mH

注 1:标称电压分压系数:9.5 dB。

注 2:Z_{cat}代表非平衡网络,用于调节合适的 LCL。

注 3:此 AAN 可用于测量 1 组或 2 组非屏蔽平衡对线的共模骚扰。

图 I.2 用于 1 组或 2 组非屏蔽平衡对线且具有高 LCL 的 AAN 示例

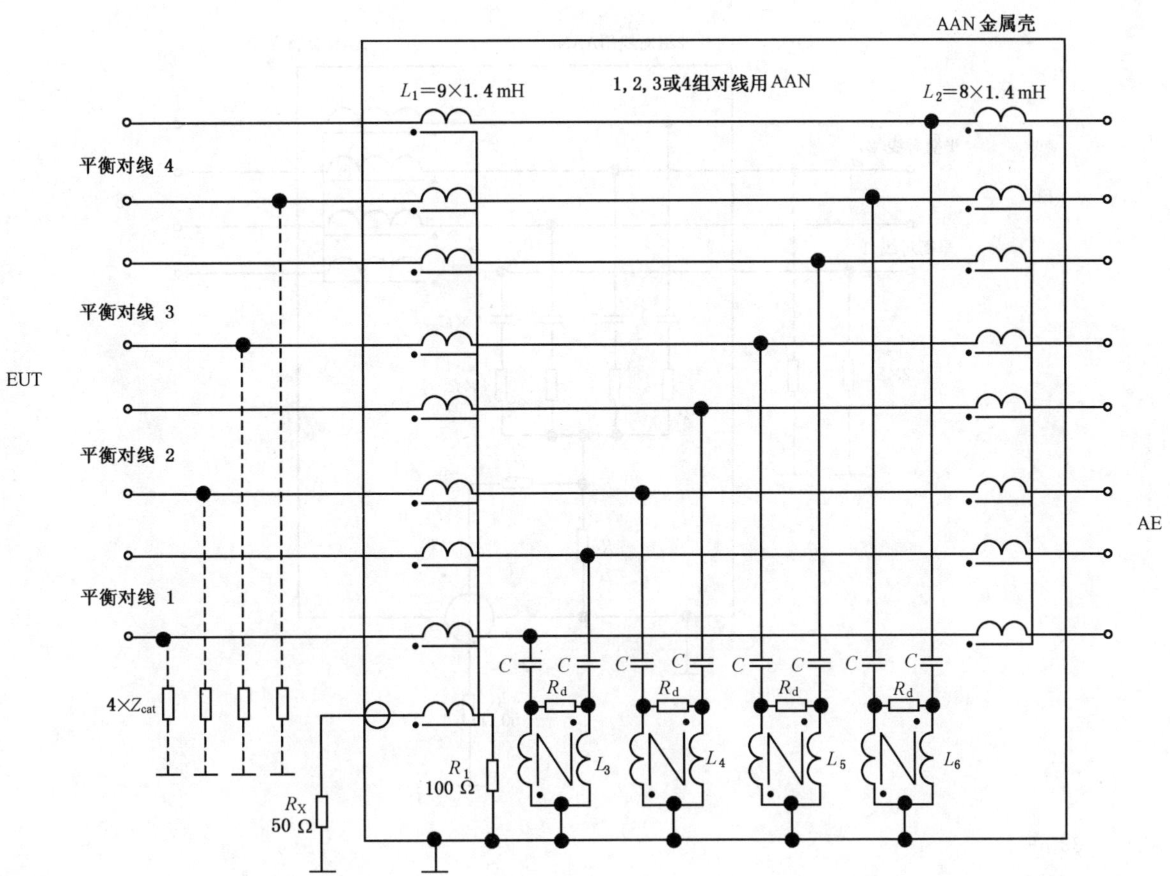

C=82 nF

R_d=390 Ω

AE=辅助设备

EUT=受试设备

R_X=接收机输入阻抗

L_3,L_4,L_5和 L_6=2×3.1 mH

L_3,L_4,L_5和 L_6提供了每一组对线间的横向电感:4×3.1 mH=12.4 mH

注 1:标称电压分压系数=9.5 dB。

注 2:Z_{cat}代表非平衡网络,用于调节合适的 LCL。

注 3:此 AAN 可用于测量 1 组、2 组、3 组或 4 组非屏蔽平衡对线的共模骚扰。

图 I.3 用于 1 组、2 组、3 组或 4 组非屏蔽平衡对线且具有高 LCL 的 AAN 示例

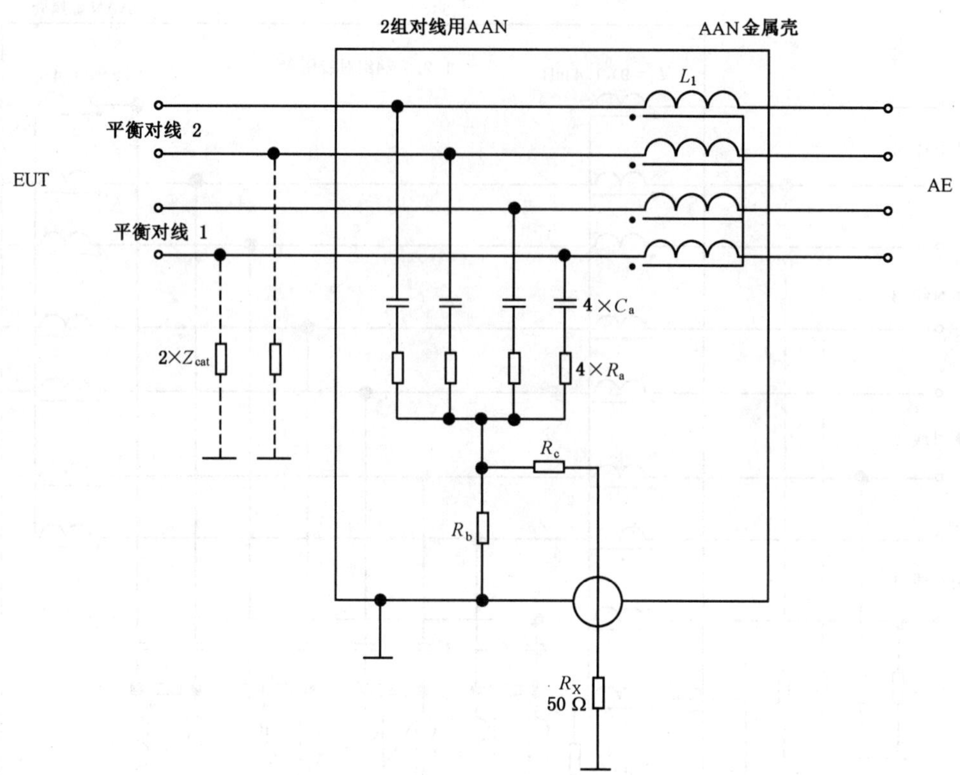

$C_a=33$ nF

$R_a=576$ Ω

$R_b=6$ Ω

$R_c=44$ Ω

$L_1=4\times7$ mH

AE=辅助设备

EUT=受试设备

R_X=接收机输入阻抗

警告：由于可能得到错误的测量结果，此 AAN 不能用于仅 1 组非屏蔽平衡对线在用的非屏蔽对线电缆的共模发射测量。

注 1：标称电压分压系数：34 dB。

注 2：Z_{cat}代表非平衡网络，用于调节合适的 LCL。

图 I.4　用于 2 组非屏蔽平衡对线在电压测量端口具有 50 Ω 源匹配网络的 AAN 示例

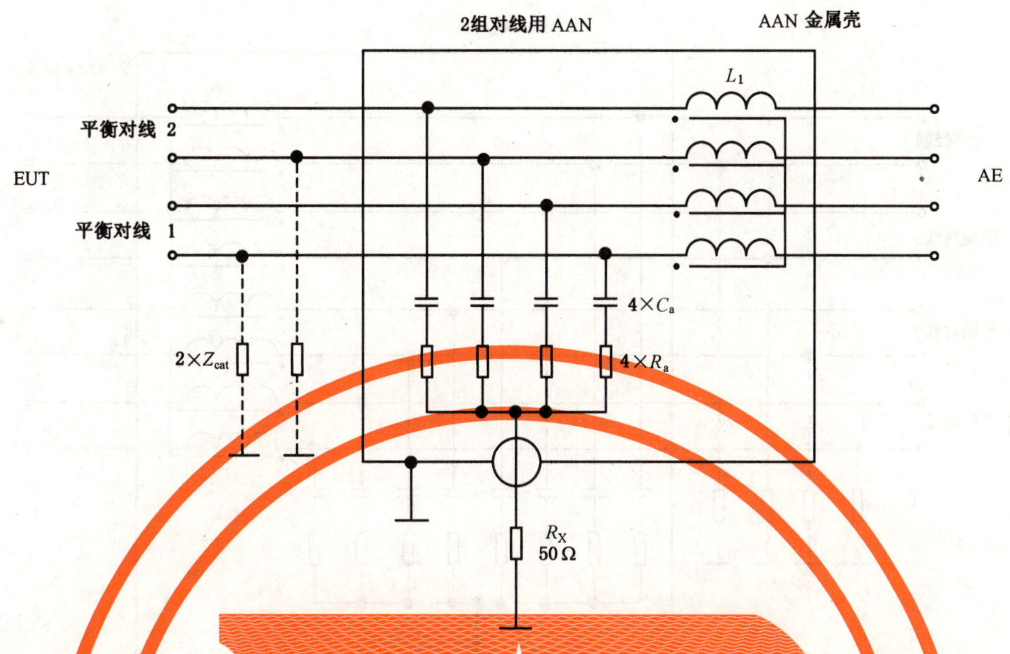

C_a＝33 nF

R_a＝400 Ω

L_1＝4×7 mH

AE＝辅助设备

EUT＝受试设备

R_X＝接收机输入阻抗

注 1：标称电压分压系数：9.5 dB。

注 2：Z_{cat}代表非平衡网络，用于调节合适的 LCL。

注 3：由于可能得到错误的测量结果，此 AAN 不能用于仅 1 组非屏蔽平衡对线在用的非屏蔽对线电缆的共模发射测量。

图 I.5 用于 2 组非屏蔽平衡对线的 AAN 示例

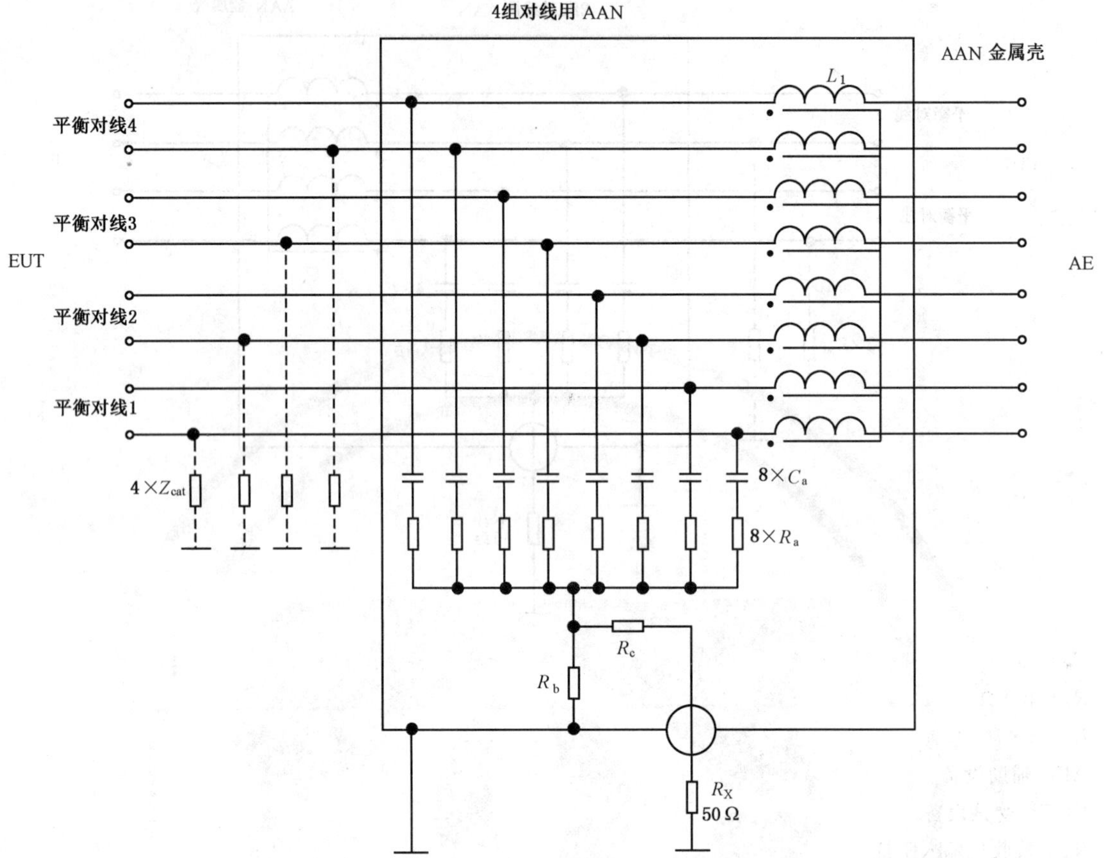

C_a—33 nF

R_a=1 152 Ω

R_b=6 Ω

R_c=44 Ω

L_1=8×7 mH

AE=辅助设备

EUT=受试设备

R_X=接收机输入阻抗

注 1：标称电压分压系数:34 dB。

注 2：Z_{cat}代表非平衡网络,用于调节合适的 LCL。

注 3：由于可能得到错误的测量结果,此 AAN 不能用于少于 4 组非屏蔽平衡对线在用的非屏蔽对线电缆的共模发射测量。

图 I.6　用于 4 组非屏蔽平衡对线在电压测量端口具有 50 Ω 源匹配网络的 AAN 示例

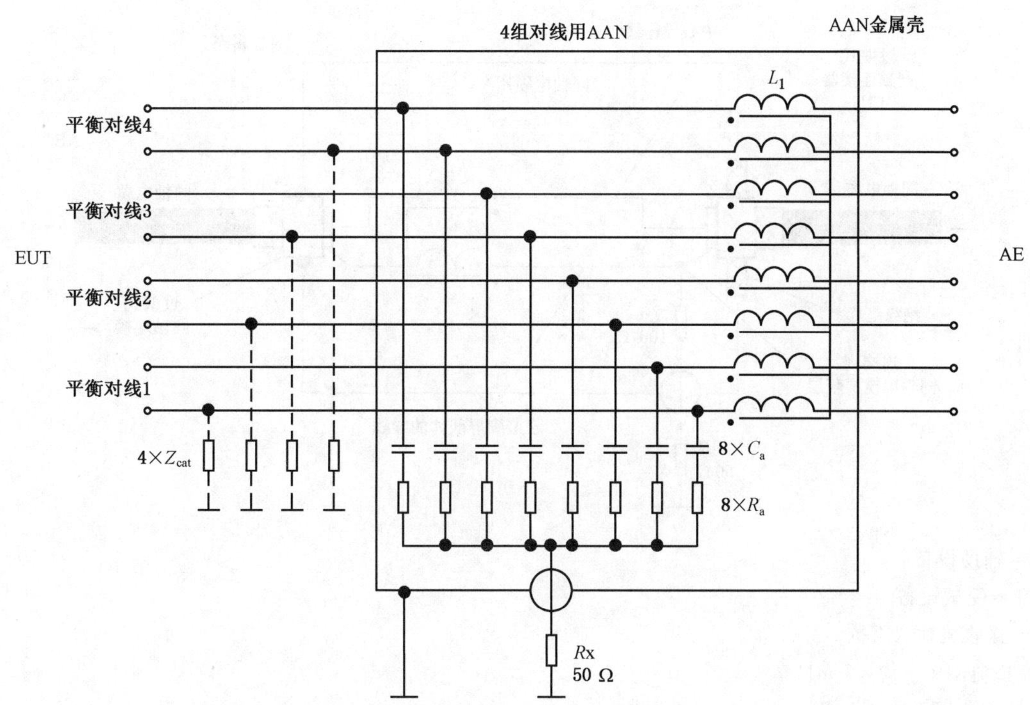

C_a=33 nF

R_a=800 Ω

L_1=8×7 mH

AE=辅助设备

EUT=受试设备

R_X=接收机输入阻抗

注 1：标称电压分压系数:9.5 dB。

注 2：Z_{cat}代表非平衡网络,用于调节合适的 LCL。

注 3：由于可能得到错误的测量结果,此 AAN 不能用于少于 4 组非屏蔽平衡对线在用的非屏蔽对线电缆的共模发射测量。

图 I.7 用于 4 组非屏蔽平衡对线的 AAN 示例

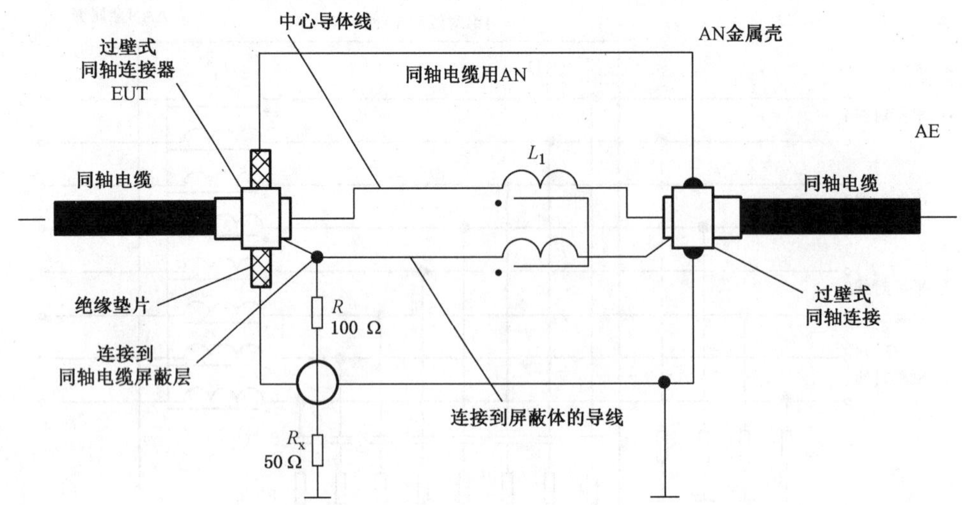

AE=辅助设备

EUT=受试设备

R_X=接收机输入阻抗

共模扼流圈 $L_1=2\times7$ mH

注:标称分压系数:9.5 dB。

图 I.8 用于同轴电缆的 AN,内部共模扼流圈由绝缘的中心导线和绝缘的屏蔽导线构成的双股线在同一个磁环(比如:铁氧体环)上同方向绕成

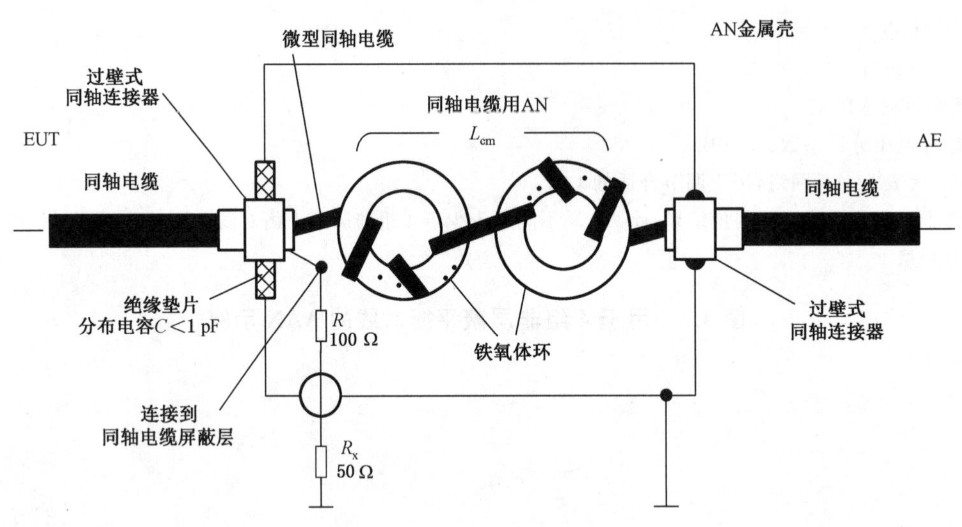

AE=辅助设备

EUT=受试设备

R_X=接收机输入阻抗

共模扼流圈 $L_{cm}>9$ mH,总分布电容 $C<1$ pF

注 1:标称分压系数:9.5 dB。

注 2:可能需要更多的铁氧体环以完全满足 AN 的要求。

图 I.9 用于同轴电缆的 AN,内部共模扼流圈由微型同轴电缆(微型半刚性铜屏蔽层或微型双层编织屏蔽层同轴电缆在铁氧体环上绕成)

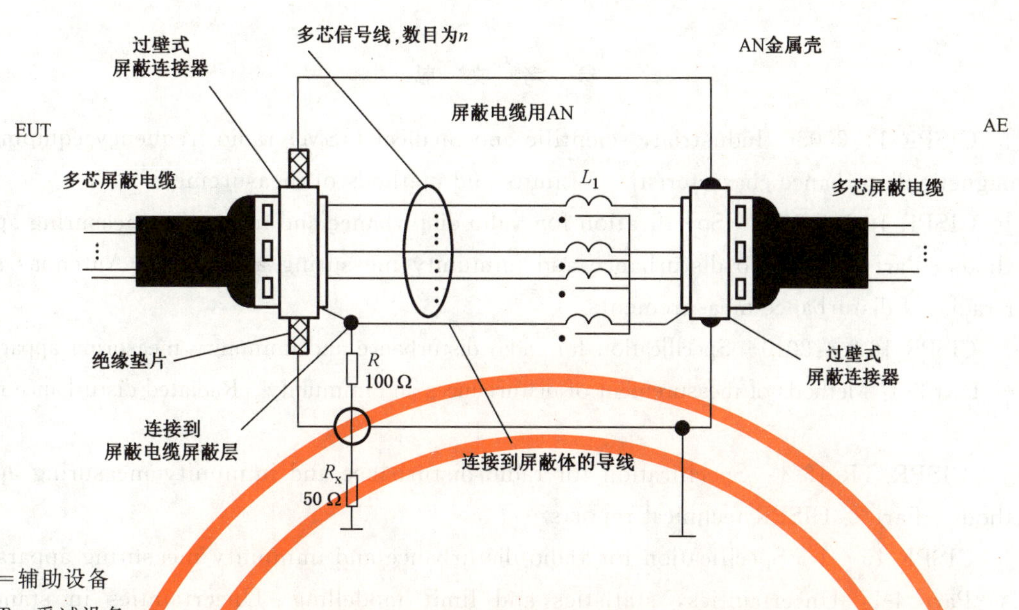

AE=辅助设备

EUT=受试设备

R_X=接收机输入阻抗

共模扼流圈 $L_1=(n+1)\times 7$ mH,n 为信号线的数目

注:标称分压系数:9.5 dB。

图 I.10　用于多芯屏蔽电缆的 AN,内部共模扼流圈由多芯绝缘信号线和绝缘的屏蔽体导线在同一磁芯(比如:铁氧体环)上同方向绕成

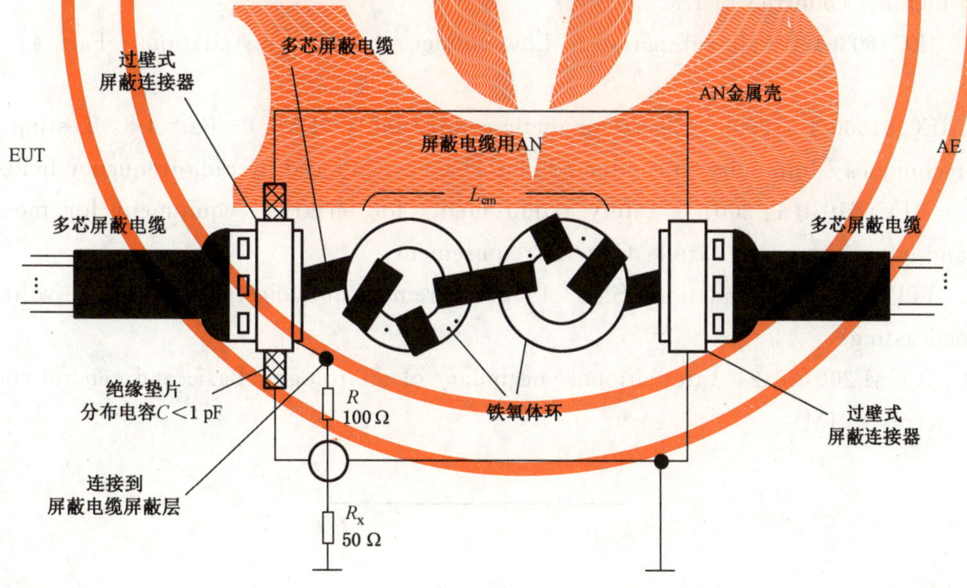

AE=辅助设备

EUT=受试设备

R_X=接收机输入阻抗

共模扼流圈 $L_{cm}>9$ mH,总分布电容 $C<1$ pF

注 1:标称分压系数:9.5 dB。

注 1:可能需要更多的磁环才能满足 AN 的要求。

图 I.11　用于多芯屏蔽电缆的 AN,内部的共模扼流圈由多芯屏蔽电缆在铁氧体环上绕成

参 考 文 献

［1］ CISPR 11:2003 Industrial, scientific and medical (ISM) radio-frequency equipment—Electro-magnetic disturbance characteristics—Limits and methods of measurement

［2］ CISPR 16-1-4:2010 Specification for radio disturbance and immunity measuring apparatus and methods—Part 1-4: Radio disturbance and immunity measuring apparatus—Antennas and test sites for radiated disturbance measurements

［3］ CISPR 16-2-3:2010 Specification for radio disturbance and immunity measuring apparatus and methods—Part 2-3: Methods of measurement of disturbances and immunity—Radiated disturbance measurements

［4］ CISPR/TR 16-3 Specification for radio disturbance and immunity measuring apparatus and methods—Part 3: CISPR technical reports

［5］ CISPR 16-4-1 Specification for radio disturbance and immunity measuring apparatus and methods—Part 4-1: Uncertainties, statistics and limit modelling—Uncertainties in standardized EMC tests

［6］ CISPR/TR 16-4-3:2004 Specification for radio disturbance and immunity measuring apparatus and methods—Part 4-3: Uncertainties, statistics and limit modelling-Statistical considerations in the determination of EMC compliance of mass-produced products

［7］ IEC/TR 60083:2006 Plugs and socket-outlets for domestic and similar general use standardized in member countries of IEC

［8］ IEC 60364-4 (all sub-parts) Low-voltage electrical installations—Part 4: Protection for safety

［9］ IEC 61000-4-6:2008 Electromagnetic compatibility (EMC)—Part 4-6: Testing and measurement techniques—Immunity to conducted disturbances, induced by radiofrequency fields

［10］ IEC 61010-1: 2001 Safety requirements for electrical equipment for measurement, control, and laboratory use—Part 1: General requirements

［11］ ITU-R Recommendation BS.468-4 Measurement of audio-frequency noise voltage level in sound broadcasting

［12］ JCGM 200:2012 International vocabulary of metrology—Basic and general concepts and associated terms (VIM)

ICS 33.100
L 06

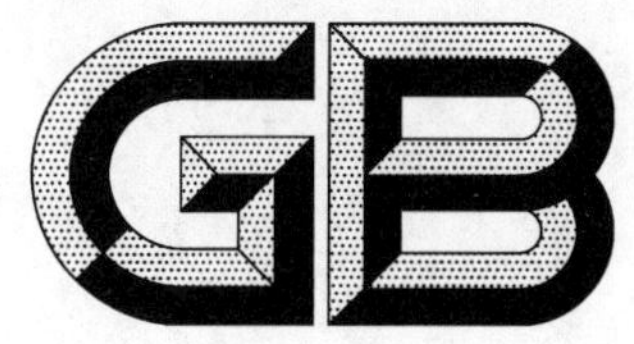

中华人民共和国国家标准

GB/T 6113.202—2018/CISPR 16-2-2:2010
代替 GB/T 6113.202—2008

无线电骚扰和抗扰度测量设备和测量方法规范 第2-2部分:无线电骚扰和抗扰度测量方法 骚扰功率测量

Specification for radio disturbance and immunity measuring apparatus and methods—Part 2-2: Methods of measurement of disturbances and immunity—Measurement of disturbance power

(CISPR 16-2-2:2010,IDT)

2018-07-13 发布

2019-02-01 实施

国家市场监督管理总局
中国国家标准化管理委员会 发布

前　言

GB/T 6113《无线电骚扰和抗扰度测量设备和测量方法规范》为电磁兼容基础标准，由以下四大部分组成：

第 1 部分：无线电骚扰和抗扰度测量设备规范

——第 1-1 部分：无线电骚扰和抗扰度测量设备　测量设备；

——第 1-2 部分：无线电骚扰和抗扰度测量设备　传导骚扰测量的耦合装置；

——第 1-3 部分：无线电骚扰和抗扰度测量设备　辅助设备　骚扰功率；

——第 1-4 部分：无线电骚扰和抗扰度测量设备　辐射骚扰测量用天线和试验场地；

——第 1-5 部分：无线电骚扰和抗扰度测量设备　30 MHz～1 000 MHz 天线校准用试验场地；

——第 1-6 部分：EMC 天线校准。

第 2 部分：无线电骚扰和抗扰度测量方法

——第 2-1 部分：无线电骚扰和抗扰度测量方法　传导骚扰测量；

——第 2-2 部分：无线电骚扰和抗扰度测量方法　骚扰功率测量；

——第 2-3 部分：无线电骚扰和抗扰度测量方法　辐射骚扰测量；

——第 2-4 部分：无线电骚扰和抗扰度测量方法　抗扰度测量；

——第 2-5 部分：大型设备骚扰发射现场测量。

第 3 部分：无线电骚扰和抗扰度测量技术报告

——第 3 部分：无线电骚扰和抗扰度测量技术报告。

第 4 部分：不确定度、统计学和限值建模

——第 4-1 部分：不确定度、统计学和限值建模　标准化 EMC 试验的不确定度；

——第 4-2 部分：不确定度、统计学和限值建模　测量设备和设施的不确定度；

——第 4-3 部分：不确定度、统计学和限值建模　批量产品的 EMC 符合性确定的统计考虑；

——第 4-4 部分：不确定度、统计学和限值建模　抱怨的统计和限值的计算模型；

——第 4-5 部分：不确定度、统计学和限值建模　替换试验方法的使用条件。

本部分为 GB/T 6113 的第 2-2 部分。

本部分按照 GB/T 1.1—2009 给出的规则起草。

本部分代替 GB/T 6113.202—2008《无线电骚扰和抗扰度测量设备和测量方法规范　第 2-2 部分：无线电骚扰和抗扰度测量方法　骚扰功率测量》，与 GB/T 6113.202—2008 相比，主要技术变化如下：

——规范性引用文件部分发生变化；

——增加了 8 个术语（3.3 测量辅助设备、3.15 测量、3.21 试验、3.23.1 加权骚扰测量、3.23.2 加权特性、3.23.3 加权检波器、3.23.4 加权因子和 3.25 加权函数），删除了一个术语（原 3.5 接地参考），部分术语有修订，与上一版本相比术语编号有更新；

——第 6 章、第 8 章增加基于 FFT 的测量仪器的发射测量方法的说明；

——增加了附录 C“使用平均值检波器的扫描速率和测量时间”；

——增加了附录 D“用于符合性试验的频谱分析仪适用性确认”。

本部分使用翻译法等同采用 CISPR 16-2-2:2010《无线电骚扰和抗扰度测量设备和测量方法规范　第 2-2 部分：无线电骚扰和抗扰度测量方法　骚扰功率测量》。

与本部分中规范性引用的国际文件有一致性对应关系的我国文件如下：

——GB/T 6113.104—2016　无线电骚扰和抗扰度测量设备和测量方法规范　第 1-4 部分：无线电

骚扰和抗扰度测量设备　辐射骚扰测量用天线和试验场地(CISPR 16-1-4:2012,IDT);

——GB/T 6113.402—2018　无线电骚扰和抗扰度测量设备和测量方法规范　第4-2部分:不确定度、统计学和限值建模　测量设备和设施的不确定度(CISPR 16-4-2:2014,IDT)。

本部分由全国无线电干扰标准化技术委员会(SAC/TC 79)提出并归口。

本部分起草单位:上海电器科学研究院、中国电子技术标准化研究院、中认尚动(上海)检测技术有限公司、上海三基电子工业有限公司、陕西海泰电子有限责任公司。

本部分主要起草人:邢琳、崔强、陈灏、尹海霞、史贝娜、郭恩全。

本部分所代替标准的历次版本发布情况为:

——GB/T 6113.202—2008。

无线电骚扰和抗扰度测量设备和测量方法规范 第2-2部分:无线电骚扰和抗扰度测量方法 骚扰功率测量

1 范围

GB/T 6113 的本部分规定了 30 MHz～1 000 MHz 频段范围内使用吸收钳测量骚扰功率的方法。

注:依据 IEC 107 导则,CISPR16-2-2 为 IEC 所属产品委员会使用的基础 EMC 标准。正如 IEC 107 导则所述,产品委员会有责任决定该 EMC 标准的适用性。CISPR 及其分技术委员会(对应于国内的 SAC/TC 79 技术委员会及其分技术委员会)与这些产品委员会在评估其特定产品的特定试验的价值展开合作。上述产品委员会对应于国内相关的产品技术委员会。

2 规范性引用文件

下列文件对于本文件的应用是必不可少的。凡是注日期的引用文件,仅注日期的版本适用于本文件。凡是不注日期的引用文件,其最新版本(包括所有的修改单)适用于本文件。

GB/T 4365—2003 电工术语 电磁兼容[IEC 60050(161):1990,IDT]

GB/T 6113.101—2016 无线电骚扰和抗扰度测量设备和测量方法规范 第1-1部分:无线电骚扰和抗扰度测量设备 测量设备(CISPR 16-1-1:2010,IDT)

GB/T 6113.103—2008 无线电骚扰和抗扰度测量设备和测量方法规范 第1-3部分:无线电骚扰和抗扰度测量设备 辅助设备 骚扰功率(CISPR 16-1-3:2004,IDT)

CISPR 16-1-4 无线电骚扰和抗扰度测量设备和测量方法规范 第1-4部分:无线电骚扰和抗扰度测量设备 辐射骚扰测量用天线和试验场地(Specification for radio disturbance and immunity measuring apparatus and methods—Part 1-4:Radio disturbance and immunity measuring apparatus—Antennas and test sites for radiated disturbance measurements)

CISPR 16-4-2 无线电骚扰和抗扰度测量设备和测量方法规范 第4-2部分:不确定度、统计学和限值建模 测量设备和设施的不确定度(Specification for radio disturbance and immunity measuring apparatus and methods—Part 4-2:Uncertainties,statistics and limit modelling—Measurement instrumentation uncertainty)

3 术语和定义

GB/T 4365—2003 界定的以及下列术语和定义适用于本文件。为了便于使用,以下重复列出了 GB/T 4365—2003 中的某些术语和定义。

3.1

吸收钳测量方法 absorbing clamp measurement method;ACMM

用吸收钳装置测量受试设备(EUT)骚扰功率的测量方法,测量时将 EUT 的引线嵌入吸收钳。

3.2

吸收钳试验场地 absorbing clamp test site;ACTS

使用吸收钳测量方法(ACMM)能够有效实施骚扰功率测量的试验场地。

3.3

测量辅助设备 ancillary equipment

与测量接收机或信号发生器相连,用于EUT和测量或测试设备之间骚扰信号传输的转换装置(例如:电流探头、电压探头和人工网络)。

3.4

吸收钳因子 clamp factor;CF

F_c

EUT的骚扰功率与吸收钳输出端接收电压的比值。

注:吸收钳因子是吸收钳的转换系数。

3.5

吸收钳参考点 clamp reference point;CRP

与吸收钳内的电流互感器的前端纵向位置相关的吸收钳外部标记,用于测试过程中标定吸收钳的水平位置。

3.6

同轴电缆 coaxial cable

含有一根或多根同轴线的电缆,一般用于辅助设备与测量设备或(试验)信号发生器的匹配连接,以提供一个规定的特性阻抗和允许的最大电缆转移阻抗。

3.7

共模(不对称)骚扰电压 common mode (asymmetrical) disturbance voltage

线缆是双导线时,是对地平衡中间点与参考地之间的射频电压;线缆是成束导线时,是在规定的终端阻抗条件下,用电流钳(电流互感器)测量到的整束导线相对于参考地的有效射频骚扰电压(非对称电压的矢量和)。

[GB/T 4365—2003,定义161-04-09,修改]。

3.8

共模电流 common mode current

指定"几何"横截面穿过的两根或多根导线上的电流矢量和。

3.9

连续骚扰 continuous disturbance

在测量接收机中频输出端呈现的持续时间大于200 ms的射频骚扰,它使工作在准峰值检波方式的测量接收机表头产生的偏转不会立即减小。

[GB/T 4365—2003,定义161-02-11,修改]

3.10

断续骚扰 discontinuous disturbance

对于可计数喀呖声而言,在测量接收机中频输出端呈现的持续时间小于200 ms的骚扰,它使工作在准峰值检波方式的测量接收机表头产生短暂的偏转。

注:对于冲激脉冲骚扰,见GB/T 4365—2003,161-02-08。

3.11

(电磁)发射 (electromagnetic) emission

从源向外发出电磁能的现象。

[GB/T 4365—2003,定义161-01-08]

3.12

(骚扰源的)发射限值　emission limit(from a disturbing source)

规定的电磁骚扰源的最大发射电平。

[GB/T 4365—2003,定义 161-03-12]

3.13

受试设备　equipment under test;EUT

承受电磁兼容性 (EMC)符合性测试的设备(装置、器具和系统)。

3.14

受试线　lead under test;LUT

连接到 EUT ,承受发射或抗扰度试验的引线。

注:通常,EUT 由一个或多个引线连接到电源或其他网络或连接到辅助设备。这些引线通常为电缆,如电源电缆、同轴电缆、数据总线电缆等。

3.15

测量　measurement

通过实验获得一个或多个量值并合理赋值的过程。

[ISO/IEC 导则 99:2007,定义 2.1]

3.16

测量、扫频和扫描时间

3.16.1

测量时间　measurement time

T_m

使单个频点的测量结果有效的连续时间(某些领域也称为驻留时间):

——对于峰值检波器,检测到信号包络最大值的有效时间;

——对于准峰值检波器,测得加权包络最大值的有效时间;

——对于平均值检波器,确定信号包络平均值的有效时间;

——对于均方根值检波器,确定信号包络有效值的有效时间。

3.16.2

观察时间　observation time

T_o

在多次扫描的情况下,某一频点测量时间 T_m 的总和。若 n 为扫描或扫频的次数,则 $T_o=n\times T_m$。

3.16.3

扫频　scan

在给定频率跨度内的频率连续或步进变化。

3.16.4

跨度　span

Δf

扫描或扫频起始和终止频率之差。

3.16.5

扫描　sweep

在给定频率跨度内连续的频率变化。

3.16.6

扫描的速率　sweep rate

扫频的速率　scan rate

扫描或扫频跨度除以扫描或扫频的时间。

3.16.7

扫描时间　sweep time

扫频时间　scan time

T_s

一次扫描或者扫频从开始到结束的时间。

3.16.8

总观察时间　total observation time

T_{tot}

频谱观察的有效时间(单次或多次扫描)。若 c 为扫频或扫描的频段数,则 $T_{tot}=c \times n \times T_m$。

3.17

测量接收机　measuring receiver

满足 GB/T 6113.101—2016 相关要求的带/不带预选器的测量仪器,例如,调谐电压表、EMI 接收机、频谱分析仪或基于快速傅里叶变换(FFT)的测量设备。

注:更详尽的信息见 GB/T 6113.101—2016 的附录 I。

3.18

单位时间(例如:每秒)**内的扫描次数　number of sweeps per time unit**(e.g. per second)

n_s

单次扫描时间和返回时间之和的倒数,即 1 /(扫描时间+返回时间)。

3.19

产品(类)EMC 标准　product publication

为产品或产品类的 EMC 专门要求特性而制定的标准。

3.20

滑轨参考点　slide reference point;SRP

吸收钳滑轨的一端点,即 EUT 的位置,该端点在测量程序中用于确定 EUT 到吸收钳参考点(CRP)之间的水平距离。

3.21

试验　test

依据规定的程序测定产品、过程或服务的一个或多个特性的技术操作。

注:试验是使产品在一系列环境与运行条件和/或要求下,对产品的特性或性能进行测定或分类。

[IEC 60050-151:2001,151-16-13][5]

3.22

试验布置　test configuration

为测量发射电平而规定的 EUT 测量布置。

3.23

加权(例如对冲激脉冲骚扰的)　**weighting** (of e.g. impulsive disturbance)

将峰值检波的冲激脉冲电压电平转换成与脉冲重复率(PRF)相关的一种指示(多数情况下减小),以对应于干扰对无线电接收的影响。

注 1：对于模拟接收机，其测量结果反映的是人心理上对干扰厌恶（不适）程度的一种主观评价（听觉或视觉的，对所表达的内容的误解程度通常不能用确定的数值来衡量）。

注 2：对于数字接收机，其所呈现的干扰的影响为一个客观量，可将该测量量规定为临界的比特误码率（BER）或比特误码概率（BEP）（即使具备完美的纠错能力也会出现误码）或选用一个具有复现性的、能反映客观评价的物理量。

3.23.1

加权骚扰测量　weighted disturbance measurement

使用加权检波器进行的骚扰测量。

3.23.2

加权特性　weighting characteristic

对特定无线电通信系统具有恒定影响的作为脉冲重复率函数的峰值电压电平，即骚扰通过无线电通信系统自身得到加权。

3.23.3

加权检波器　weighting detector

具有约定加权函数的检波器。

3.23.4

加权因子　weighting factor

相对于参考脉冲重复率或相对于峰值的加权函数的值。

注：加权因子用分贝（dB）表示。

3.23.5

加权函数　weighting function

加权曲线　weighting curve

当具有加权检波器的测量接收机指示（输出）电平恒定时，其输入峰值电压电平和脉冲重复率之间的关系，即测量接收机对重复脉冲的响应曲线。

4　被测骚扰的类型

4.1　概述

本章给出各种骚扰的分类和适合测量它们的各种检波器。

4.2　骚扰的类型

由于物理和生理心理上的原因，在测量和评定无线电骚扰时，依据骚扰频谱的分布情况、测量接收机带宽、骚扰持续时间、发生率以及骚扰影响的程度，骚扰可分为以下三类：

a）　窄带连续骚扰：一种离散频率的骚扰，例如：应用射频能量的工、科、医（ISM）设备所产生的基波及其谐波，构成其频谱的只是一些单根谱线，这些谱线的间隔大于测量接收机的带宽。以致在测量中与下述 b）相反，只有一根谱线落在带宽内。

b）　宽带连续骚扰：通常由诸如带换向器的电机的重复脉冲产生的骚扰。它们的重复频率低于测量接收机的带宽，以致在测量中不止一根谱线落在带宽内。

c）　宽带断续骚扰：由机械的或电子的开关过程产生的骚扰，例如由重复率低于 1 Hz（喀呖声率小于 30/min）的温度自动调节器或程序控制器产生的骚扰。

对于一些孤立（单个）脉冲，b）和 c）的频谱具有连续频谱的特点，对于重复脉冲，它具有不连续频谱的特点。b）和 c）的两种频谱的特点在于其频率范围宽于 GB/T 6113.101—2016 中规定的测量接收机的带宽。

4.3 检波器的功能

根据骚扰的类型,测量时可使用带有如下检波器的测量接收机:

a) 平均值检波器:通常用于窄带骚扰和窄带信号的测量,特别适用于窄带骚扰和宽带骚扰的鉴别;

b) 准峰值检波器:用于宽带骚扰的加权测量,以评价听觉骚扰对无线电听众的影响,但也能用于窄带骚扰的测量;

c) 均方根值-平均值检测器:用于宽带骚扰的加权测量,以评价冲激脉冲骚扰对数字无线电通信业务的影响,但也能用于窄带骚扰测量;

d) 峰值检波器:可用于宽带骚扰和窄带骚扰的测量。

GB/T 6113.101—2016 规定了带有这些检波器的测量接收机的要求。

5 测量设备的连接

5.1 概述

本章描述了测量设备、测量接收机与测量辅助设备的连接方法。

5.2 测量辅助设备的连接

测量接收机与测量辅助设备(吸收钳)之间应用屏蔽电缆连接,且其特性阻抗应与测量接收机的输入阻抗相匹配。

6 测量的一般要求和条件

6.1 概述

无线电骚扰测量应:

a) 具有可复现性,例如,与测量地点、环境条件、尤其是环境噪声无关;

b) 无相互作用,例如 EUT 与测量设备之间的连接应既不影响 EUT 的功能,也不影响测量设备的准确度。

满足上述要求,可参考下列条件:

——在所需测量的电平上要有足够的信噪比,例如与骚扰限值相关的电平上;

——对测量装置、EUT 的运行条件和终端接法都做出了明确的规定。

6.2 非 EUT 骚扰

6.2.1 概述

关于环境噪声的信噪比,测量应满足下列要求,若环境噪声电平超过所要求的环境电平,则应把它记录在试验报告中。

6.2.2 符合性试验

试验场地应能够将 EUT 的各种发射从环境噪声中区分出来,环境电平最好比所要测量的电平低 20 dB,但至少要低 6 dB。对于 6 dB 的情况,测得的 EUT 骚扰电平比实际的高(可能高达 3.5 dB)。可以将 EUT 放在适当的位置且不通电,测量环境电平来确定所要求环境的场地适用性。

在依据限值作符合性测量时,只要环境电平和骚扰源发射电平合成的结果不超过规定的限值,环境电平就允许不满足上述 6 dB 的要求。在此情况下,EUT 被认为满足限值要求。也可采取其他的做法,例如,对于窄带信号可减小带宽。

6.3 连续骚扰的测量

6.3.1 窄带连续骚扰

测量设备应保持调谐在要考察的离散频率点上,如果频率发生波动则要重新调谐。

6.3.2 宽带连续骚扰

为了评价电平不稳定的宽带连续骚扰,应找出最大的可重复产生的测量值,进一步细节见 6.5.1。

6.3.3 频谱分析仪和扫频接收机的应用

频谱分析仪和扫频接收机也可用于骚扰测量,尤其是为了缩短测量时间。然而,对于这些仪器的某些特性应给予特殊的考虑,包括过载、线性、选择性、对脉冲的正常响应、扫频速率、信号捕捉、灵敏度、幅度准确度以及峰值检波、平均值检波和准峰值检波,这些特性的考虑在附录 B 中给出。

6.4 EUT 的运行条件

6.4.1 概述

EUT 应在下列条件下运行。

6.4.2 正常负载条件

正常负载条件在有关的产品(类)EMC 标准中给出,而对于产品(类)EMC 标准中未包括的那些 EUT,则会在制造商的产品说明书中规定。

6.4.3 运行时间

对于已规定了额定运行时间的 EUT,那么其运行时间应按标称规定;否则,对运行时间不作限制。

6.4.4 试运行时间

如果没有给定预运行时间,在试验之前,EUT 应运行足够的时间,以便保证其运行的状态和方式是寿命期限内的典型状态。对于某些 EUT 的特定试验条件可能在产品(类)标准中有相应规定。

6.4.5 电源

EUT 应在额定的电源电压下工作。如果骚扰电平随电源电压显著地变化,则应在 0.9 倍～1.1 倍额定电压下重复测量。如果 EUT 有多个的额定电压,应在产生最大骚扰的额定电压下进行试验。

6.4.6 运行状态

EUT 应运行在该测量频率上能产生最大骚扰的实际工作状态。

6.5 测量结果的说明

6.5.1 连续骚扰

连续骚扰测量时,需满足以下要求:

a) 如果骚扰电平不稳定,那么每次测量时,对测量接收机的读数观察时间应不少于 15 s,应记录下最高读数。对任何孤立的喀呖声,可忽略不计(参见 CISPR14-1:2005[2] 中 4.2)。

b) 如果骚扰电平总体上是不稳定的,在 15 s 内显示的电平连续上升或下降的幅度超过 2 dB,那么应在更长的时间内观察该骚扰电平,并且应按 EUT 正常使用的条件来对该电平作如下说明:
   1) 如果 EUT 是一个可以频繁开关的设备或者它的旋转方向可以相反,那么在每一个测量频率上刚好接通 EUT 或将它反转,并且在每次测量之后立即将它关断。在每一个测量频率上,记录在最初 1 min 内所获得的最大电平;
   2) 如果 EUT 在正常使用时要运转较长的时间,那么它在整个试验期间都接通;在每一个测量频率上,只在获得稳定的读数[按照 a)的规定]后才记录该骚扰电平。
c) 在试验中,如果 EUT 的骚扰特性从稳定变化到有一些随机特征,那么 EUT 应当按照 b)来试验。
d) 测量要在整个频谱上进行,至少记录具有最大读数的频率和有关的产品(类)EMC 标准所要求的频率。

6.5.2 断续骚扰

对断续骚扰的骚扰功率测量目前没有要求。

6.5.3 骚扰持续时间的测量

需要知道骚扰的持续时间以正确测量和确定是否是断续骚扰。骚扰持续时间的测量可采用以下几种方法之一:

——通过连接示波器到测量接收机的中频输出端来监测时域骚扰;

——通过调节 EMI 接收机或者频谱分析仪至骚扰频率来监测时域骚扰,无需进行频率扫描(即“零跨度”模式);

——通过使用基于 FFT 的测量接收机的时域输出。

8.3 提供了确定适当的测量时间的指南。

6.6 连续骚扰的测量时间和扫频速率

6.6.1 概述

无论手动测量还是自动测量或半自动测量,测量/扫频接收机的测量时间和扫频速率应设置在可以测得最大发射值的状态。特别是当用峰值检波器作预扫时,测量时间和扫频速率应根据 EUT 的发射情况作适当调整。第 8 章提供了进行自动测量的更详细指导。

6.6.2 最短测量时间

表 1 中给出了最短测量(驻留)时间。扫频接收机和基于 FFT 的测量接收机的最短测量(驻留)时间见表 1,频谱分析仪的最短扫描时间(适用于连续波信号)见表 2。表 2 中的最短扫频时间适用于 CISPR 整个频段。

表 1 CISPR 各频段的最短测量时间

频段		最短测量时间 T_m
A	9 kHz～150 kHz	10.00 ms
B	0.15 MHz～30 MHz	0.50 ms
C/D	30 MHz～1 000 MHz	0.06 ms
E	1 GHz～18 GHz	0.01 ms

表 2 使用峰值和准峰值检波器时的 CISPR 各频段的最短扫频时间

CISPR 频段		峰值检波器最短扫频时间 T_s	准峰值检波器最短扫频时间 T_s
A	9 kHz～150 kHz	14.1 s	2 820 s=47 min
B	0.15 MHz～30 MHz	2.985 s	5 970 s=99.5 min=1 h 39 min
C/D	30 MHz～1 000 MHz	0.97 s	19 400 s=323.3 min=5 h 23 min

根据骚扰的类型，可能需要增加扫频时间，尤其对准峰值测量。在极端情况下，例如观测到的发射电平不稳定时(见 6.5.1)，则在某一频点的测量时间 T_m 可能需要增加至 15 s。但孤立的喀呖声除外。

附录 C 中给出了平均值检波器使用的扫频速率和测量时间。

大多数产品标准采用准峰值检波进行符合性测量，若没有省时的程序(见第 8 章)，测量十分耗时。在采用省时的程序之前，应进行预扫。为了确保在自动扫频过程中不遗漏如间歇信号等的发射，应考虑 6.6.3～6.6.5 的相关要求。

6.6.3 扫频接收机和频谱分析仪的扫频速率

在整个频率跨度内采用自动扫频时，应满足以下两个条件之一，以避免遗漏骚扰信号：

a) 单次扫描：每一频点的测量时间应大于间歇信号的脉冲间隔；

b) 采用最大值保持进行多次扫描：每一频点的观察时间应足够长以捕捉间歇信号。

扫频速率受仪器分辨率带宽和视频带宽的限制。如果对给定的仪器状态选择的扫频速率太快，将会得到错误的测量结果。因此，对选定的频段应选取足够长的扫描时间。间歇信号可以由在每一频率有足够长观察时间的单次扫描或最大值保持的多次扫描来捕捉。对未知的发射信号，通常采用最大值保持的多次扫描更有效。只要频谱仪的显示变化，就有可能发现间歇信号。观察时间应根据干扰信号发生的周期来设定。在某些情况下，为避免同步影响，扫频时间有必要改变。

当使用频谱分析仪或 EMI 扫频接收机测量时，基于给定的仪器设置和峰值检波确定最短扫描时间，应区分下面的两种情况。

若所选视频带宽大于分辨率带宽，按式(1)计算最短扫描时间：

$$T_{s\,min}=\frac{k\Delta f}{B_{res}^2} \qquad \cdots\cdots(1)$$

式中：

$T_{s\,min}$——最短扫描时间；

Δf ——频率跨度；

B_{res} ——分辨率带宽；

k ——比例常数，与分辨率滤波器的形状有关。对于同步调谐、近似高斯型滤波器，此常数假设为 2～3，对于近似矩形、参差调谐滤波器，k 值为 10～15。

若所选视频带宽等于或小于分辨率带宽，按式(2)计算最短扫描时间：

$$T_{s\,min}=\frac{k\Delta f}{B_{res}B_{video}} \qquad \cdots\cdots(2)$$

式中：

B_{video}——视频带宽。

大多数频谱分析仪和 EMI 扫频接收机根据选定的频率跨度和带宽自动设定扫频时间。为维持校准状态下的显示，扫描时间会被调整。若需要较长的观察时间，例如为了捕捉变化缓慢的信号，可重设自动设置的扫描时间。

此外，对于重复扫频，每秒钟扫频次数由最短扫描时间 T_{smin} 和返回时间决定(即重新调谐本机振荡器和储存测量结果的时间，等等）。

6.6.4 步进接收机的扫频时间

步进式 EMI 接收机用预定的步长连续在各个频率上调谐。当用离散的步进覆盖所关注的扫描频段范围时，为了保证仪器准确测量输入信号，应确定每个频率的最短驻留时间。

实际测量时，频率步长宜小于或等于使用的分辨率带宽的 50%（取决于分辨率滤波器的形状），以减少因步长带来的对窄带信号测量不确定度。在这些假设下，步进式接收机的扫频时间 $T_{\mathrm{s\,min}}$ 可按式(3)计算：

$$T_{\mathrm{s\,min}} = T_{\mathrm{m\,min}} \frac{\Delta f}{B_{\mathrm{res}} \times 0.5} \qquad \cdots\cdots(3)$$

式中：

$T_{\mathrm{m\,min}}$——每一频点的最短测量（驻留）时间。

此外，对于测量时间，有时还应考虑频率合成器切换到下一个频率的时间和系统储存测量结果的时间（这在大多数接收机中都能自动完成），以保证选择的测量时间对测量结果有效。另外，所选择的检波器，例如峰值或准峰值检波器，也会对确定时间周期有影响。

对于单纯的宽带发射，只要能找到发射频谱的最大值，频率步长可增大。

6.6.5 用峰值检波器获得整体频谱的方法

对于每次预扫频测量，应尽可能 100% 的捕捉 EUT 频谱中所有关键的频谱分量。基于测量接收机的类型和骚扰的特性（包括窄带和宽带分量），通常采用以下两种方法：

——步进扫频：每一频率的测量（驻留）时间应足够长，以测得信号峰值，例如，脉冲信号测量（驻留）的时间应长于信号重复频率的倒数；

——连续扫频：测量时间应大于间歇信号间隔（单次扫频），观察时间内的频率扫频的次数应尽可能多，以提高捕捉到信号的概率。

图 1、图 2 和图 3 给出了各种时域发射频谱与对应的测量接收机显示的关系图，每个图的上半部分显示的是采用频谱扫描或步进扫描的方式时，接收机带宽的状态。

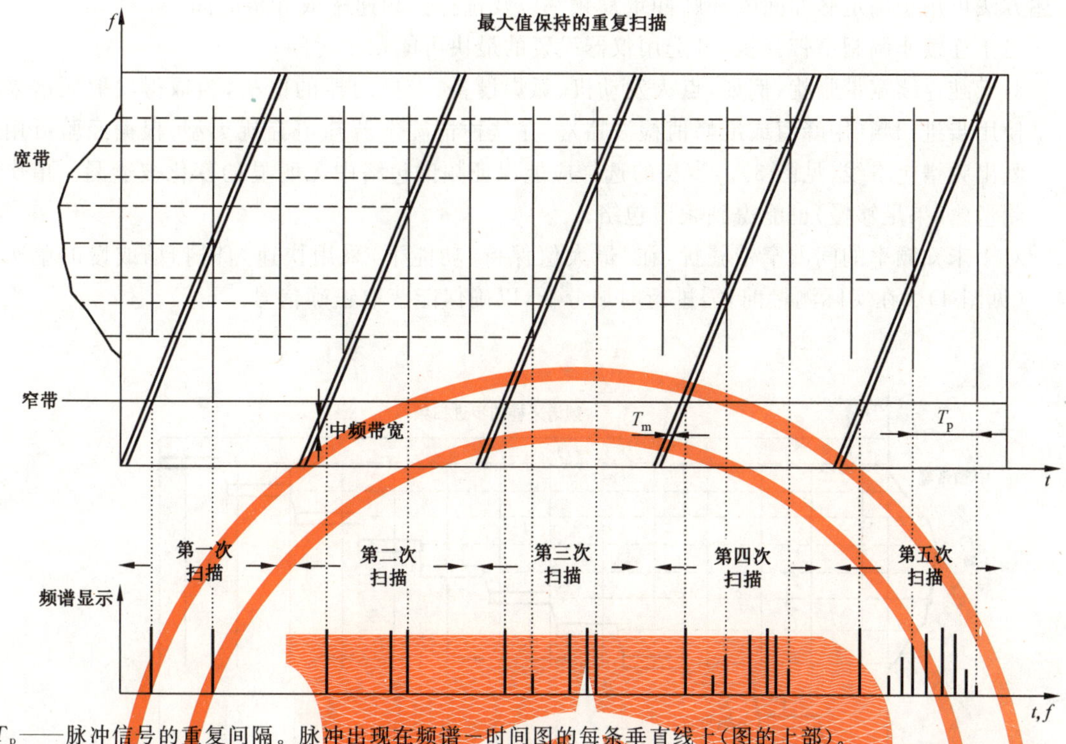

T_p——脉冲信号的重复间隔。脉冲出现在频谱—时间图的每条垂直线上(图的上部)。

图 1 对包含有连续波信号(窄带)和脉冲信号(宽带)采用最大值保持的多次扫频测量示意图

如果发射的类型未知,可用尽可能短的扫描时间和峰值检波进行多次扫描,以测定频谱的包络。短时的单次扫描足以测量 EUT 频谱中连续的窄带信号。对于连续的宽带信号和间歇窄带信号,在“最大值保持”功能下,需用不同扫频速率进行多次扫描以确定频谱包络。对于低重复的脉冲信号,应进行多次扫描以形成宽带分量的频谱包络。

为减少测量时间,需对被测信号进行时基分析。这可以用具有图像信号显示的测量接收机在零跨度模式下或用示波器接到接收机中频或视频输出端获得,如图 2 所示。

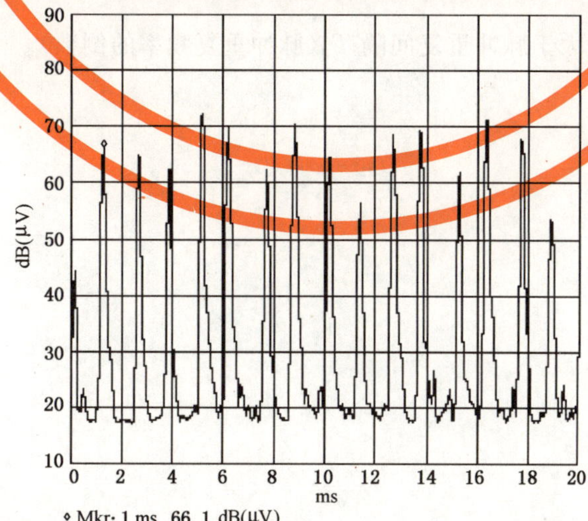

直流电机的骚扰:由于换向器换向片的数量多,脉冲重复率高(约 800 Hz),脉冲幅度变化大。因此在本例中推荐使用峰值检波器,测量(驻留)时间大于 10 ms。

图 2 时基分析的示例

下述方法可用于确定脉冲间隔和脉冲重复频率以及选择扫频速率或驻留时间：

——对于连续非调制窄带骚扰，可选用仪器设置的最快可能扫频时间；

——对于纯连续宽带骚扰，例如，点火发动机、弧焊设备、带换向器的电机，为取得发射频谱采样可使用步进扫频（用峰值或准峰值检波器）。在这种情况下若知道骚扰类型，根据经验可用折线画出频谱包络线（见图3）。步长的选择应能保证频谱包络中无明显的变化被遗漏。单次扫描测量（如果足够慢）也能得到频谱包络；

——对于未知频率的间歇窄带骚扰，在“最大值保持”功能下，采用快速短时扫描或慢的单次扫描（见图4）。在实际测量前，需进行时域分析，以确保能获取正确信号。

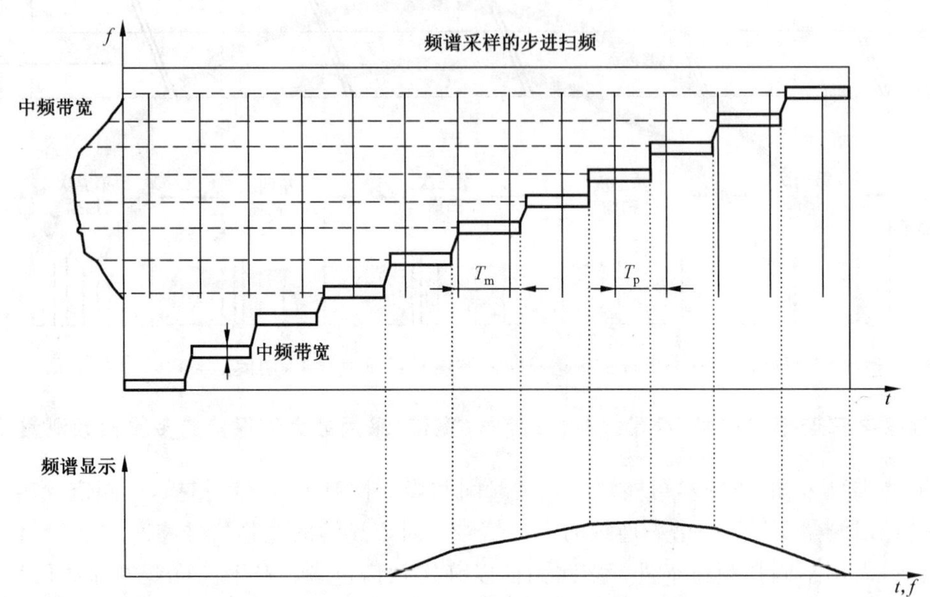

图3　步进式接收机进行宽带频谱测量

测量（驻留）时间 T_m 应大于脉冲重复间隔 T_p（脉冲重复频率的倒数）。

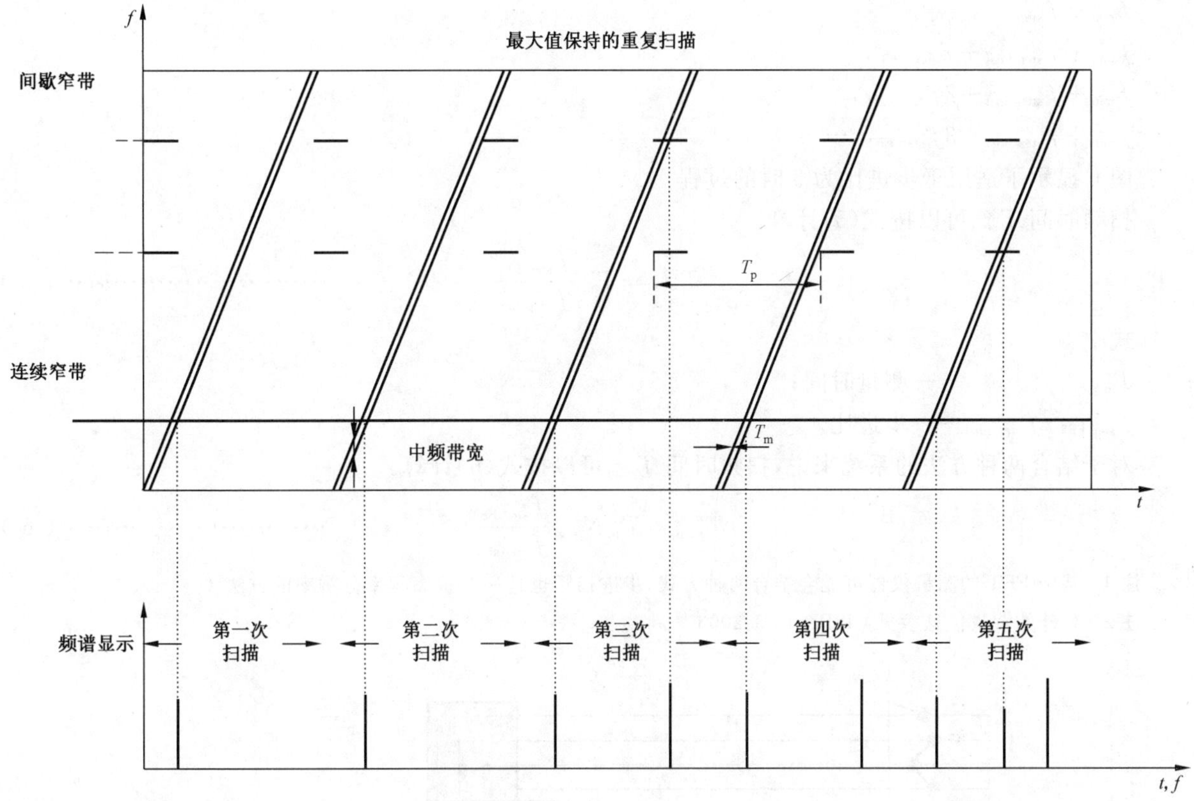

注：在上例中需要进行5次扫描，直到所有频谱分量被捕捉。扫描次数或扫描时间可能还要增加，这取决于脉冲持续时间和脉冲重复周期。

图4 在最大值保持功能下用快速短时重复扫描获得发射频谱测得的间歇窄带骚扰

对于间歇宽带骚扰，按照GB/T 6113.101—2016中所述的断续骚扰分析程序来测量。

6.6.6 使用基于FFT仪器的时基分析

基于FFT的测量仪器组合了多频点并行计算和步进扫频。鉴于此，把涉及的频率范围划分成循序扫频的N_{seg}个频率段。图5给出了三个子频段时的扫频过程。涉及的频率范围总共的扫频时间T_{scan}可以按式(4)计算：

$$T_{scan}=T_m \times N_{seg} \qquad \cdots\cdots(4)$$

式中：

T_m ——每一段的测量时间；

N_{seg}——子频段数。

基于FFT的测量仪器也可以为给定的频率范围内提高频率分辨率提供一种方法。通常，一个基于FFT的测量仪器会有一个固定的频率步进$f_{step\ FFT}$，它是由FFT的频率数量决定的。通过对给定频率范围的重复计算可以提高频率分辨率。每一次重复计算时，起始频率按步进频率$f_{step\ final}$增加一次。

因此，在给定频率范围进行第一次计算时，考虑了以下频率：

f_{min}，

$f_{min}+f_{step\ FFT}$，

$f_{min}+2f_{step\ FFT}$，

$f_{min}+3f_{step\ FFT}$，……

整个给定频率范围的第二次计算时，考虑以下频率：

$f_{\text{min}}+f_{\text{step final}}$，

$f_{\text{min}}+f_{\text{step final}}+f_{\text{step FFT}}$，

$f_{\text{min}}+f_{\text{step final}}+2f_{\text{step FFT}}$，

$f_{\text{min}}+f_{\text{step final}}+3f_{\text{step FFT}}$，……

图 6 显示了适用于步进比为 3 时的过程。

扫频时间 T_{scan} 可以按式(5)计算：

$$T_{\text{scan}}=T_{\text{m}}\frac{f_{\text{step FFT}}}{f_{\text{step final}}} \quad\cdots\cdots(5)$$

式中：

T_{m} ——测量时间；

$f_{\text{step FFT}}/f_{\text{step final}}$——步进比。

对于结合两种方法的系统来说，扫频时间 T_{scan} 可以按式(6)计算：

$$T_{\text{scan}}=T_{\text{m}}N_{\text{seg}}\frac{f_{\text{step FFT}}}{f_{\text{step final}}} \quad\cdots\cdots(6)$$

注 1：基于 FFT 的测量仪器可能会结合两种方式，步进扫频也是一个提高频率分辨率的方法。

注 2：另外的背景信息参见 CISPR 16-3:2003[4]。

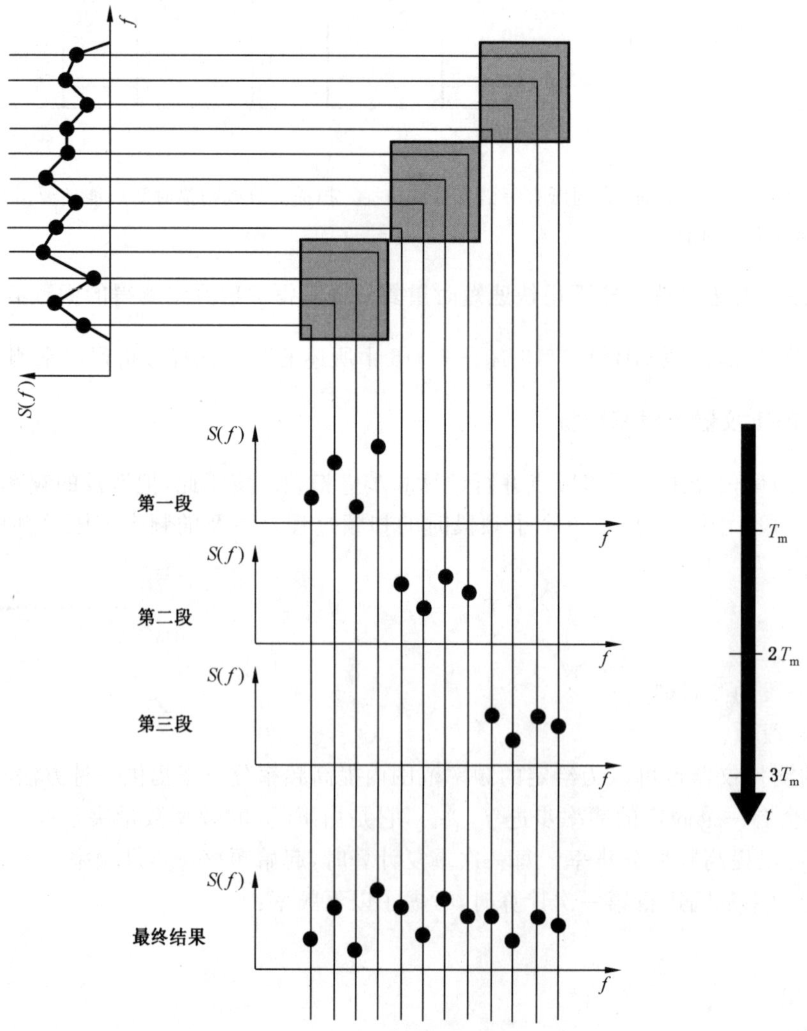

图 5　FFT 分段扫频

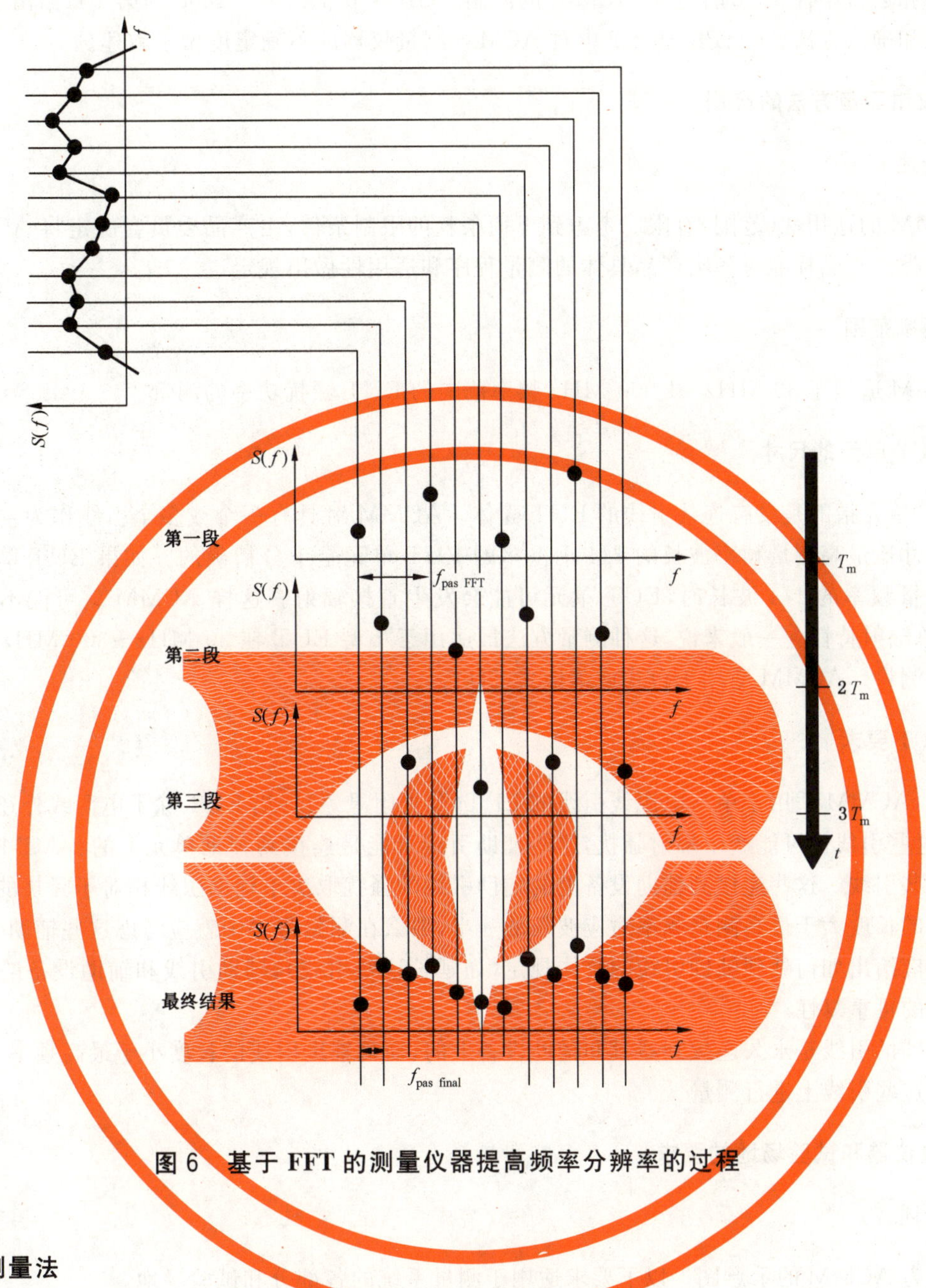

图 6　基于 FFT 的测量仪器提高频率分辨率的过程

7　吸收钳测量法

7.1　ACMM 介绍

对于仅连接一根电源引线(或其他类型引线)的小型受试设备,吸收钳测量法(ACMM)是辐射发射测量方法的替代法。ACMM 用吸收钳确定骚扰功率。ACMM 进行辐射发射试验的优点主要是缩短测试时间和节省场地花费。

ACMM 的原理是认为小型电子设备(见 7.2.3)的辐射发射主要由共模电流流动引起,例如,通过连接到设备的电源引线。有一根外部引线的 EUT 潜在骚扰电势可以作为功率源供给引线,使其成为辐射天线。认为该功率近似等于 EUT 供给环绕受试引线(LUT)放置的吸收钳的功率,当吸收钳处于共模电流最大值位置时,ACMM 的准确模型无法获得,这就使得 ACMM 不确定度考虑和比较其与辐射发射测量方法的差异变得很困难。附录 A 详细描述了吸收钳的历史背景。

本章给出了在 EUT 引线上产生的骚扰功率测量的一般要求。对于特定的产品,可能需要特定的测量程序和运行条件。7.2 描述了 ACMM 的限制。GB/T 6113.103—2008 的第 4 章给出了 ACMM 有关的校准和确认方法。CISPR 16-4-2 中对 ACMM 测量仪器的不确定度做了叙述。

7.2 吸收钳测量方法的应用

7.2.1 概述

ACMM 的适用性(范围)有限。考虑到下面条款的限制条件,由产品委员会决定将 ACMM 应用于哪些产品类。产品标准对各类产品具体的测量程序和适用性做出规定。

7.2.2 频率范围

ACMM 适用于 30 MHz～1 000 MHz 频率范围的 EUT 骚扰功率的测量。

7.2.3 EUT 单元的尺寸

EUT 单元指的是没有连接引线的 EUT 壳体。ACMM 对具有一个或多个引线作为主要辐射骚扰源且其尺寸比最高测量频率波长的 1/4 小得多的 EUT 单元是十分精确的。如果 EUT 单元的尺寸接近最高测量频率的 1/4 波长时,EUT 单元可能会发生直接辐射。这样 ACMM 就可能不适用于评定 EUT 的总辐射特性。一般来说,这种测量方法最适用于小型 EUT 在 30 MHz～300 MHz 频率范围骚扰功率的测量。ACMM 适用于台式或落地式 EUT。

7.2.4 LUT 要求

最初,ACMM 适用于单一电源线引线的 EUT(参见附录 A)。当 EUT 除了电源线外还有其他外部引线时,这些引线也可能产生辐射骚扰,这些辅助引线可能是连接到辅助单元上的。ACMM 也可以用于测量这些引线。这些连接到辅助设备上的辅助引线的骚扰取决于辅助引线相对于骚扰的波长。如果辅助引线的长度大于最高测量频率对应波长的一半,那么在测量程序中就应考虑这些辅助引线的骚扰。产品标准应给出如何处理辅助引线的具体规定(如延长这些引线),辅助引线和辅助设备的布置应保证骚扰测量的可重复性。

如果辅助引线是永久连接到器具和辅助设备上的,而且辅助引线的长度小于最高频率波长的一半,则无需在这些引线上进行测量。

7.3 测量仪器和试验场地的要求

7.3.1 概述

图 7 为 ACMM 的示意图。以下要求适用于测量系统的各部分和试验场地。

7.3.2 测量接收机

测量接收机应符合 GB/T 6113.101—2016 的要求。当使用频谱分析仪或扫描接收机时,宜考虑附录 B 提供的使用建议。

7.3.3 吸收钳组件

吸收钳组件由以下部分构成:

a) 吸收钳(包括内部的电流互感器和沿 LUT 以及测量电缆的吸收体,见图 7);

b) 6 dB 衰减器;

c) 测量电缆。

吸收钳组件应符合 GB/T 6113.103—2008 第 4 章的要求。吸收钳组件的吸收钳因子(CF)由

GB/T 6113.103—2008 第 4 章中给出的测量程序确定。吸收钳组件的去耦因子也应根据 GB/T 6113.103—2008 第 4 章的测量程序进行确认。

吸收钳参考点(CRP)标识出钳中电流互感器的前边缘的纵向位置。该参考点用于测试过程确定钳的位置。CRP 应标识在吸收钳外壳上。

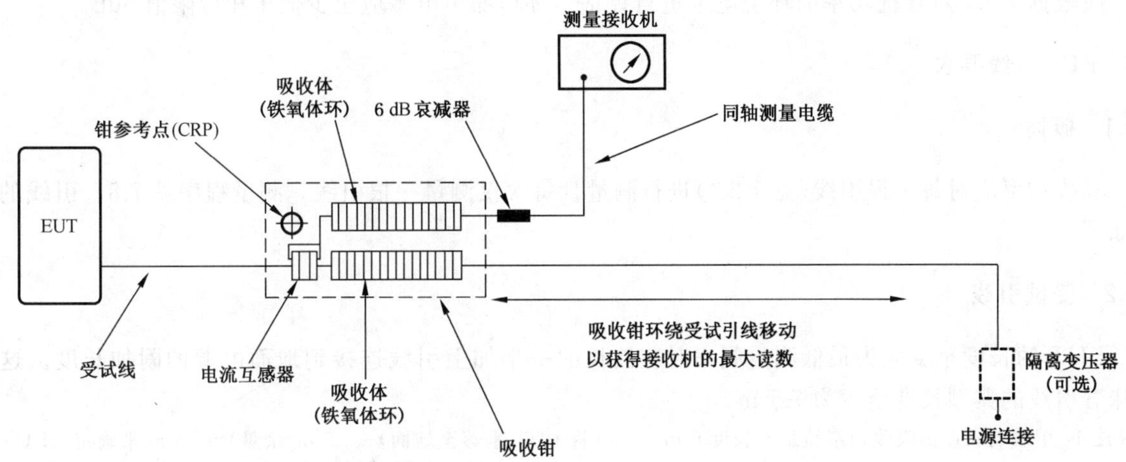

注 1：6 dB 衰减器和测量电缆作为吸收钳的组成部分,需一起校准。

注 2：6 dB 衰减器可能位于吸收钳单元内部。

图 7　吸收钳测量方法示意图

7.3.4　吸收钳试验场地要求

实施 ACMM 的场地即为吸收钳试验场地(ACTS)。GB/T 6113.103—2008 第 4 章对 ACTS 进行了详细的规定,应根据 GB/T 6113.103—2008 规定的程序进行场地确认。ACTS 可为户内或户外设施,包括以下装置(图 8)：

——放置 EUT 的非金属试验台；

——用以支撑 LUT 和吸收钳的滑轨；

——吸收钳测试电缆的可移动支撑或挂钩系统；

——辅助件,例如用于移动吸收钳的绳子。

在 ACTS 的确认程序中应包括上述 ACTS 组件。

靠近吸收钳滑轨末端(EUT 侧)为滑轨的参考点(SRP,见图 8)。SRP 用来定义到 CRP 的水平距离。上面提到的 ACTS 组成装置的一些要求在 GB/T 6113.103—2008 第 4 章中有详细规定,为了方便起见,在此重复这些要求：

a)　吸收钳滑轨的长度应确保在最低频率 30 MHz 时,吸收钳的移动距离能测得最大的骚扰功率。吸收钳滑轨的长度应为(6±0.05)m。

注：理论上,吸收钳滑轨的长度由以下部分确定：吸收钳最大移动长度（30 MHz 时超过半波长 5 m),SRP 与 CRP 之间的距离(0.1 m),吸收钳的长度(0.7 m)和末端引线固定的余量(0.1 m)之和来确定。这就需要吸收钳滑轨的总长度为 5.9 m。考虑到复现性,吸收钳滑轨的长度定为 6 m(不是最小 6 m)。

b)　吸收钳的移动距离应为 5m。因此,CRP 相对于 SRP 在 0.1 m～5.1 m 范围内移动。

c)　对于台式或落地式 EUT,吸收钳滑轨的高度均应为 0.8 m±0.05 m。因此,LUT 距离测量场地地面的高度约为 0.8 m。应注意的是,在吸收钳内部的 LUT 与地面的距离要多出数厘米。

d)　放置 EUT 的试验台、吸收钳滑轨和辅助件(绳子)应为无反射且介电特性接近空气的非导体。这样,这些配套物体(放置 EUT 的试验台、吸收钳滑轨和其他靠近 EUT 和 LUT 的辅助件)都是电磁透明体(中性)。此外材料的物理性质(厚度和结构)也十分重要。例如,干燥的木质适宜作为 30 MHz～300 MHz 频率范围测量用的放置 EUT 的试验台和吸收钳滑轨的材料。

7.4 环境要求

ACTS 的环境噪声电平应符合 6.2 的要求。

应根据 7.8.1 对骚扰功率的环境电平进行评估。环境噪声电平应至少低于相应限值 6dB。

7.5 EUT 引线要求

7.5.1 概述

骚扰功率应对每一根引线(见 7.2.4)进行测量且每次仅测量一根引线。测量程序见 7.8。引线的要求如下。

7.5.2 受试引线

LUT 的长度至少应为最低测量频率对应波长的一半加上引线连接到地面电源的附加长度。这就意味着引线的典型长度至少为 7.5 m。

注 1：引线的长度由吸收钳滑轨最小长度 6 m+1 m(将 LUT 垂落至地面)+0.5 m(余量)=7.5 m 来确定。LUT 附加部分的长度可依据 EUT 与钳参考点的间距确定。

注 2：通常，与 EUT 连接的原配引线远短于 7.5 m，引线需被延长或由相同类型和结构的符合要求长度的引线替代。通常延长引线是不实际的，因为延伸的连接插头不能通过吸收钳。

注 3：不同国家的低压配电类型不同，实验室可能采用不同网络布局和连接原则。对于某些 EUT，骚扰特性可能很大程度上取决于电源连接的类型。电源连接可能是不对称的(相-地)或对称的(使用一个隔离变压器)。这可能是产生测量复现性差的原因。需注意的是"电源连接"导致的重复性的问题是普遍的，不仅对于 ACMM。可以通过隔离变压器供电的方式来评估测量重复性的问题。

7.5.3 非受试线

如果 EUT 不止一根引线(见 7.2.4)，如有可能，在测量某一引线时，应将不需测量的其他引线(包括连接的辅助设备)去除。如果引线不能被去除，应用共模吸收装置(CMAD)隔离。由大量铁氧体环或其他吸收装置构成的 CMAD 环绕引线且紧靠 EUT 外壳放置。隔离的引线应靠近 EUT 放置在 EUT 试验台上。铁氧体钳类型的共模吸收装置(CMAD)的性能要求见 CISPR16-1-4。

7.6 试验布置要求

7.6.1 概述

下面给出了测量布置的一般要求：

a) ACTS 中的 EUT 和 LUT 的测量布置见图 8 和图 9；
b) 吸收钳测量布置(EUT、LUT、吸收钳)与任何物体(包括人、墙和天花板，但地面除外)间的距离至少 0.8 m；
c) ACTS 的测量布置应与 ACTS 确认时一致。

7.6.2 EUT 的布置

EUT 的布置需满足以下要求：

a) EUT 应放置在试验台上。对于台式 EUT，试验台高度应为 0.8 m±0.05 m；落地式设备的支撑物高度为 0.1 m±0.01 m。
b) EUT 尽可能地按照通常的工作位置放置在 EUT 试验台上。LUT 应正对着吸收钳滑轨的 SRP 布置。如无常规运行位置规定，EUT 应放置在 LUT 正对吸收钳滑轨的位置。EUT 单元到 SRP 的距离应尽可能短。

注：对于某些产品，如洗衣机或咖啡机，常规的工作位置是确定的。但是，对于如吹风机、电钻这些产品，常规的工作位置是不确定的，EUT 只需平放在台上。本条款的目的是提高试验的复现性，产品委员会可给出具体规定，以确保 EUT 位置可复现。

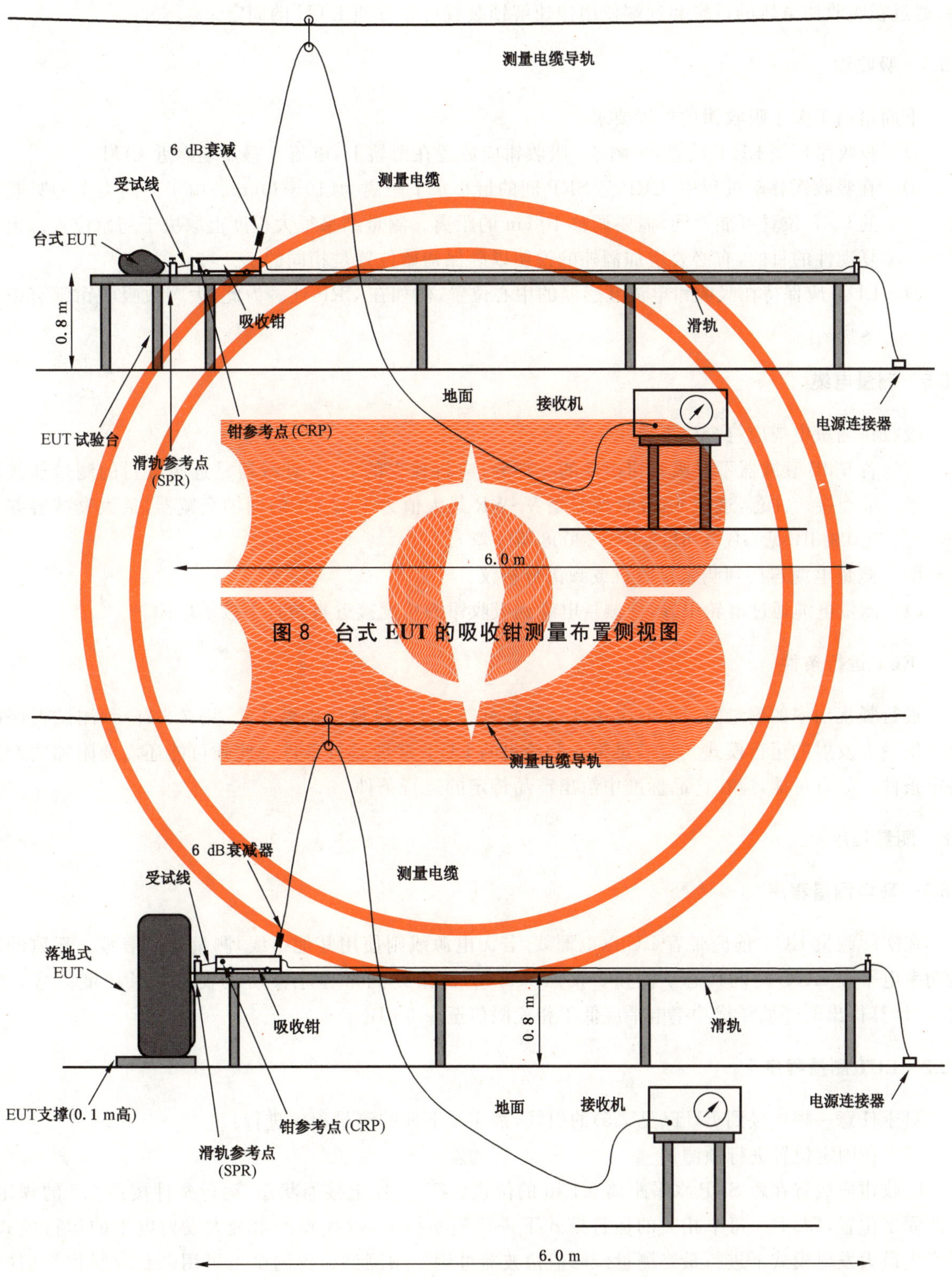

图 8　台式 EUT 的吸收钳测量布置侧视图

图 9　落地式 EUT 的吸收钳测量布置侧视图

7.6.3 LUT 的布置

将 LUT 拉直并水平放置在吸收钳滑轨上方，以便吸收钳沿引线滑动变化位置寻找最大读数。吸收钳外的 LUT 距地面的高度应尽可能接近 0.8 m。为了使钳在滑动的过程中保持与 LUT 的较好接触，通过在吸收钳滑轨的近端和远端使用快速解锁装置可以方便 LTU 的固定。

7.6.4 吸收钳

下面给出了关于吸收钳的位置要求：

a) 吸收钳环绕 LUT 放置，见图 8。吸收钳应放置在滑轨上，电流互感器端靠近 EUT。

b) 在吸收钳移动过程中，CRP 与 SRP 间的最小水平距离为(10±1)cm。由于不同类型的吸收钳的 CRP 位置可能不同，需要调整 10 cm 的距离。测量结果很大程度上取决于初始位置。出于复现性的目的，有必要增加额外的说明以确保初始位置是相同的。

c) LUT 应保持在吸收钳电流互感器的中心位置，例如在 CRP 处。为此，大多数吸收钳都有中心支撑。

7.6.5 测量电缆

吸收钳测量电缆应符合以下要求：

a) 若 6 dB 衰减器不是吸收钳组件的一部分，应将独立的 6 dB 衰减器靠近吸收钳的测量连接器端连接。注意，这个 6 dB 衰减器是 VSWR 最大值为 1.12∶1 的同轴衰减器，最大衰减容差为 ±0.3 dB(见 GB/T 6113.103—2008 第 4 章)。

b) 测量电缆连接到测量接收机或频谱分析仪。

c) 测量电缆通过滑轮引导，使测量电缆到吸收钳的角度接近直角且不接触地面。

7.7 EUT 运行条件

进行骚扰功率的测量时，EUT 应在其常规模式下运行(包括待机模式)。用 7.8.2a)预测试程序确定产生最大发射的运行模式。应满足第 6 章给出的 EUT 常规运行条件。此外可能还需要附加的产品特定条件。如有可能，应在产品标准中给出产品特定的运行条件。

7.8 测量程序

7.8.1 环境测量程序

在实际测量 EUT 前应带着 LUT(电源线，若无电源线则使用其他引线)测量环境信号。环境的骚扰功率电平在 EUT 关机状态下测量。按照 7.8.2b)的最终测量程序移动吸收钳测量环境信号。按式(7)计算得出的环境骚扰功率电平应低于相应限值至少 6 dB。

7.8.2 EUT 测量程序

对于任意一根连接到 EUT(见 7.5)的引线，都应按下面的测量程序进行：

a) 在固定位置进行预测试

吸收钳应放置在距 SRP 水平距离 0.1 m 的位置。EUT 处于接通状态，运行条件按照 7.7 的规定。在此固定位置，EUT 在每个相关的运行模式下进行频率扫描，以找到产生最大发射电平的运行模式。在产生最大发射模式下进行最终测量。峰值检波器可用于预测试。预测试也可用来获取骚扰类型(窄带、宽带)的信息。

b) 最终测试

基于预测试中判定的骚扰类型来进行最终测试。对于窄带骚扰、宽带骚扰、连续骚扰和断续骚扰的测量见 6.3、6.5 和 CISPR 14-1:2005[2]。根据预测试判定的骚扰类型，下面提供了两种不同的最终测试程序，可任选其一：

1） 固定频率吸收钳连续移动测量

吸收钳 CRP 的位置沿引线连续移动，距离至少为测量频率的波长的一半（自由空间）。在任一频点，确定与吸收钳连接的测量接收机获得最大示值。吸收钳的移动速度以在某频率点测量时间内吸收钳移动步长小于 1/15 波长来确定。

2） 固定吸收钳位置接收机在频段内扫描测量

用此测量程序吸收钳的定位更方便，即沿吸收钳滑轨根据提供的上限频率确定足够数量的不连续的位置，比如，对于最大频率 1 000 MHz，0.02 m 的步长就满足了（步长为 1/15 波长）。测量接收机应在吸收钳的每个位置进行频率扫描，并保持所有位置的最大读数。以固定步长对整个 LUT 测量，会明显增加扫描时间。随着 EUT 与吸收钳之间距离的加大，可使用逐步增大的步长，步数大幅度减少。表 3和表 4 根据上限频率给出了采样的例子。可按吸收钳位置的函数限制频率扫描范围，进一步减少测量时间。接收机上限频率可由吸收钳位置对应的半波长度计算得到。

表 3 频率上限为 300 MHz 的吸收钳测量采样表

吸收钳位置范围 （CRP 相对于 SRP） m	步长 m	采样点数
0.1 ～0.40	0.06	5
0.40～ 0.90	0.10	5
0.90～ 1.8	0.15	6
1.8 ～3.0	0.20	6
3.0 ～5.1	0.30	8(包括终点)
沿受试导线采样总数		30

表 4 频率上限 1 000 MHz 的吸收钳测量采样表

吸收钳位置范围 （CRP 相对于 SRP） m	步长 m	采样点数
0.1～ 0.2	0.02	5
0.2～ 0.4	0.04	5
0.4～ 0.8	0.05	8
0.8～ 1.4	0.10	6
1.4～ 3.0	0.20	8
3.0～ 5.1	0.30	8(包括终点)
沿受试引线采样总数		40

7.9 骚扰功率的确定

根据每个 LUT 的测量数据，按式(7)计算骚扰功率。对应每个测量频率的最大测量电压 V 的骚扰功率 P，由 GB/T 6113.103—2008 第 4 章吸收钳校准程序得到的吸收钳因子(F_c)确定。

$$P = V + F_c \quad \cdots\cdots (7)$$

式中：

P ——骚扰功率，单位为分贝皮瓦[dB(pW)]；

V ——测得的电压，单位为分贝微伏[dB(μV)]；

F_c——功率钳吸收钳因子，单位为分贝皮瓦每微伏[dB(pW/μV)]。

注：吸收钳因子在包含 6 dB 衰减器的条件下获得(见 7.3.2)。

7.10 测量不确定度的确定

对于任意吸收钳测量装置，可根据 CISPR 16-4-2 确定实际测量仪器的不确定度 U_{lab}。

测量仪器的不确定度到达一定量值时，应在 7.11 符合性判定准则中予以考虑。实际不确定度超过了 U_{cispr} 的约定值，则意味着在符合性判定中应加以考虑。吸收钳测量方法的 U_{cispr} 值见 CISPR 16-4-2。

7.11 符合性判定准则

在每一个频率上，都应检查每个 LUT 获得的骚扰功率 P 是否符合对应的限值 P_L。当不确定度超过 U_{cispr} 时，则符合性判定准则应综合考虑测量仪器的不确定度。符合性判定准则的应用导则在 CISPR 16-4-2 中给出。

8 发射的自动测量

8.1 自动测量的概述

多数情况下，可用自动测量替代 EMI 重复测量以降低操作人员在读数和记录中的差错。然而，由计算机采集数据，也会引入新形式的误差，这已被操作人员发现。在某些情况下，自动测量可能产生比熟练的操作者手动测量更大的不确定度。不过，无论是手动测量还是用软件控制，测得的发射值的准确度是没有差异的。两种情况下，测量不确定度都是基于所用仪器在测量设置时的准确度。当实际的测量情况与软件设定的条件不同时，两者之间的差异可能会增加。

例如：若在自动测量期间存在环境信号，EUT 的发射频率临近高电平环境信号时，可能无法准确测量。一个有经验的测量人员可以轻松的辨别实际骚扰与环境信号，根据情况调整测量 EUT 发射的方法。可以通过关闭 EUT 进行环境测量，记录当时试验场的环境信号，减少测量时间。在这种情况下，软件能通过适当的信号识别方法提示测量人员在某些频率上存在潜在环境信号。

若 EUT 的发射在缓慢变化，EUT 发射存在一个低的开关周期或出现瞬态的环境信号(例如电弧焊瞬变)，测量人员应介入测量。

8.2 一般测量程序

在使 EUT 处于最大发射并进行最终测量之前，EMI 接收机先捕捉信号。用准峰值检波器测量频段内的所有频率的发射最大值，会耗费过多的时间(见 6.6.2)，因此不需要对每个发射频率进行像吸收钳位置扫频那样耗时的过程，只要对发射峰值幅值接近或超过发射限值的频率点进行测量，即仅对发射幅值接近或超过限值的关键的频率点测量其最大值。

图 10 表示的通用程序能减少测量时间。

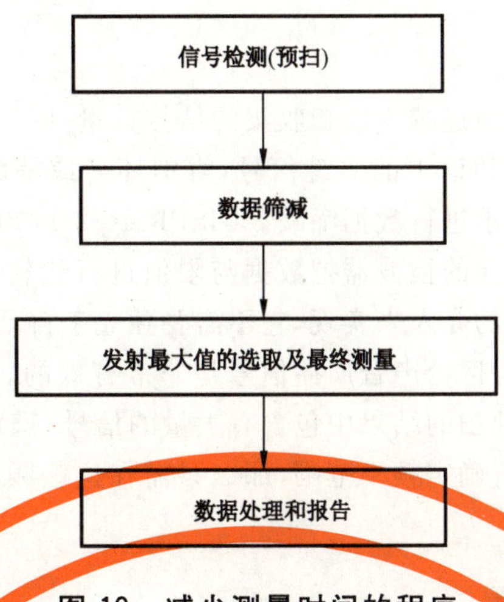

图 10 减少测量时间的程序

8.3 预扫

8.3.1 目的

预扫作为整个测量程序的第一步有多种作用。预扫的目的是获得将要进行的附加测试或扫频所需求的最低限度的信息，因此它对测量系统设置提出要求和限制是最小的。这种测量模式适用于对那些发射频谱不了解的新产品的测量。通常，预扫是数据采集过程，用于确定测量频段内显著信号的频率范围。为了达到该测量目的，可能需要通过比较幅值以提高频率精度和减少测量数据。这些因素确定了预扫的测量程序。在任何情况下，结果应保存在数据列表中，以作进一步处理。

当对未知发射频谱的 EUT 进行预扫以快速获取信息时，按 6.6 要求进行频率扫频。

8.3.2 确定所需测量时间

如果 EUT 的发射频谱，尤其是最大的脉冲重复间隔 T_p 未知，应调查以确保测量时间 T_m 不短于 T_p。EUT 发射的间歇特性与发射频谱的临界峰值尤其相关。

首先应确定发射幅值不稳定的发射频率，这可以通过比较 15 s 观察期间内发射最大值保持与最小值保持(测量设备或软件的清除或写入功能)获得。观察期间不能改变测量布置(不移动吸收钳)。例如可以把最大值保持结果与最小值保持结果之差大于 2 dB 的信号作为间歇信号(注意不要把噪声当作间歇信号)。

可以用零跨度扫描或将示波器接到测量接收机的中频输出端测量每个间歇信号的脉冲重复周期 T_p。增加测量时间直到最大值保持和清除或写入的结果之差小于 2 dB，此时的测量时间为适宜的测量时间。进一步测量(最大值测量和终测)时，应确保每一个子频段的测量时间 T_m 不小于脉冲重复周期 T_p。

8.3.3 确定预扫测量

应用以下方法时，测量的类型决定预测试的精确度。

用吸收钳法测量，预测试时，吸收钳应靠近 EUT。

测量传导发射或用吸收钳法测量辐射发射，应符合对应准峰值检波器和平均值检波器的两个限值。此时，如预测试峰值数据超过平均值限值，在数据筛选前，可用平均值检波器进行测试，否则超过平均值限值的窄带发射可能隐藏在低于准峰值限值的宽带发射中，因此，可能检测不到不符合。应注意的是窄带与宽带发射峰值没有必然联系。

8.4 数据筛减

作为整个测量程序的第二步，通过减少预扫收集的信号数量，以进一步减少整个的测量时间。此过程可以完成不同的任务，例如确定频谱中的关键信号，辨别环境或辅助设备信号和 EUT 的发射信号，比较信号与限值，或根据用户的要求进行数据筛减。CISPR 16-2-1：2008[3] 的附录 C 中的判定树给出了数据筛减的另一种方法，依次用不同的检波器把数据与限值进行比较。数据筛减可以用全自动或交互的方式，包括软件工具或操作人员的介入来实现，它不需要独立于自动测量，例如可作为预扫的一部分。

在某些频段，尤其是调频频段，区分声音广播信号是非常有效的。这就要求对调频信号进行解调，以便能听到其调制的内容。如果预扫的结果中包含有大量的信号，辨别声音广播信号就很必要，该测量过程很长。如果能通过调谐和收听确定频率范围，那么只需在这些频段进行解调。将数据筛减的结果单独列表保存，以便进一步处理。

8.5 发射最大值的选取及最终测量

最终测量是通过测量发射的最大值，以确定它们的最高电平。在找到发射信号的最大值后，以适当的测量时间用准峰值检波和（或）平均值检波测量发射电平（如果读数在限值附近波动，则至少需要 15 s 时间）。

测量的类型决定了获得最大信号幅值的测量过程：

对吸收钳测量法：沿导线改变吸收钳位置寻找最大幅值。

注：使用基于 FFT 的测量仪器，最终测量可以在几个频率同时进行。

8.6 数据处理和报告出具

作为整个测量程序的最后一步是对文件的要求。用自动或手动交互的方式进行分类和比较路径，列出数据表，作为用户编制所需的报告和文件依据。而作为分类或选取的依据，应获得修正的峰值、准峰值或平均值的幅值。这些处理的结果以分列的数据表或组合的数据表形式保存，用于报告出具或进一步处理。

检测报告应用列表和图形的形式表示测量结果。此外，有关测量系统的信息也应作为测量报告的一部分，如所用的传感器、测量仪器以及产品标准所要求的 EUT 布置的有关描述。

8.7 基于 FFT 的测量接收机的发射测量方法

基于 FFT 的测量接收机的实现方式，其加权测量可以明显地比可调谐选频电压表更快。正如 8.3 所述，在所测的频率范围内的加权测量要快于用超外差接收机执行的预扫描和终测。

附 录 A
（资料性附录）
在甚高频段（VHF）由家用电器和类似器具所产生的干扰功率测量方法的背景

A.1 历史资料

在理论上，场强测量最适用于确定所有类型设备在 30 MHz 以上的干扰能力，但在应用中证明采用该方法连同所要采取的措施有一定的困难。因此，工程师们在长期使用端子电压法的同时，一直期待着更加令人满意的测量方法。已经设想出几种取代方法，包括用实验室内的辐射测量来代替开阔空间场强测量。其中最有意义的方法是阻塞滤波器法和地电流法。这些方法属于替代法，即用几乎无损耗的开槽同轴滤波器来调整干扰源电源线的辐射长度以获得最大辐射。在这些方法中，设备的干扰能力被定义为标准信号发生器注入到一个特性已知的简单天线上的功率，该功率使与测量天线相连接的测量设备上得到的效应和干扰源产生的效应相同。从上述几种方法中，已经发展出更方便的方法。

用 Y 型网络代替 V 型人工电源网络已经使得端子电压的测量获得明显的改善，从而能获得由干扰源所产生的真实共模骚扰电压。也制定出了采用电抗性开槽同轴滤波器的类似方法。一种测量干扰源可能注入到电源线上功率的方法也已被提出。这种方法是以测量吸收式同轴装置输入端的电流为基础的。

后一种方法比端子电压法的优越之处在于不必断开电源线：这种方法所指示的干扰功率值近似符合在谐振条件下测量电源线辐射的方法所获得的结果。

由于操作简单，因而端子电压法和吸收式同轴装置法比止路滤波器法和地电流法更可取。但尚需表明它们给出的测量结果与实际所得的结果相符。

对骚扰源的统计测量已经表明：对于放置在同一建筑物中的接收机，就其输入端上所测得的同一个干扰源的影响而言，用止路滤波器法所测得的干扰比用端子电压法所测得的干扰更符合干扰源的实际影响，用吸收式装置法得出的测量结果，介于上述两种测量方法得到的结果之间。与其他方法也已进行了比较。

A.2 测量方法的制定

对止路滤波器而言，所测量的是一个直接与半波谐振天线中心处的电流大小有关的值。最重要的不是辐射系统而是干扰源能传输给辐射系统的功率。这一原理也同样适用于地电流法。如果测量这个功率而不测场强是可能的，那么周围物体对辐射振子和接收天线之间电波传输的影响所产生的所有弊端将被去除。用铁氧体管取代同轴止路滤波器的尝试表明了由干扰源产生的大部分能量都被消耗在此铁氧体管上。于是认为测量铁氧体管输入端的电流，可以取代或至少可部分地取代用止路滤波器法测量的场强。这种测量方法产生了 GB/T 6113.103—2008 附录 B 中所述的装置。

接着要对下述问题进行研究：在一个干扰源有用功率已给定，其内阻抗为纯阻并被屏蔽的特定情况下，如果其全部干扰能量都以共模方式被传输到电源线上，那么当这个干扰源的尺寸大小不同时，如何对这些不同的测量方法进行比较呢？实验研究表明了一个值得注意的事实：新装置给出的测量结果实际上与干扰源尺寸（3.5 dm^3～ 1 700 dm^3）无关，并且比用其他方法所获得的结果有更好的一致性。

事实上，可以把吸收装置测量系统简化为下述电路：内阻抗为 Z_s的干扰源通过特性阻抗为 Z_1的低损耗导线接上一个负载 Z_c。如果导线的长度从零开始变化，那么负载 Z_c所吸收功率（如果 Z_c与 Z_1不同）的最大值和最小值对应于系统产生谐振和反谐振的情况。

若忽略导线的辐射和其他损耗，讨论负载位于对应第一个最大值的距离上的情况，我们认为在导线的该点干扰源和负载均呈现为纯阻 R_s和 R_c。由此，可用公式来描述这一情况。如果 P_d表示干扰源的有用功率，P_c表示负载的吸收功率，同时假设

$$m=\frac{R_s}{R_c}$$

那么

$$\frac{P_c}{P_d}=\frac{4m}{(m+1)^2}$$

若 m 取值如下：

$$m=0.1,0.2,0.5,1,2,5,10,20,30$$

则 $M=10\lg\frac{P_c}{P_d}=-4.8,-2.5,-0.5,0,-0.5,2.5,-4.8,-7.4,-9\ \text{dB}$

由此可见：干扰源与导线的匹配并不是很重要，若用一个吸收钳来作为负载，例如其大小约为 200 Ω，那么，由此得出的结果，与在干扰源输出端施加一负载并借助于一个同轴止路滤波器在线路上形成谐振时得到的结果没有很大的差别。

有关吸收钳的形成以及工作原理详见参考文献[9]。

A.3 吸收钳测量方法的改进原因

吸收钳测量方法已被证明是一种用于符合性试验的简便方法，被广泛地用于几类商用电子设备(CISPR 13[1]和 CISPR 14-1:2005[2])的测量。然而，此方法也受到质疑。例如参考文献[8]就描述了此方法的一些缺点以及给出了改进的建议。该文献也质疑了在较高频率时吸收钳测量方法的“传输线模型”的有效性。

吸收钳测量方法也用于预测试。然而，吸收钳测量方法和辐射发射测量方法测量结果之间的关系很难确定，这是由于两种方法相对较大的不确定度和不确定度源类型的不同而导致的。

在过去的十年中，EMC 测量方法的不确定度和重复性总的说来已成为非常关注的问题。这是由于以下两个方面的原因：EMC 测量本身具有相对较大的固有不确定度以及认可机构要求在符合性判定中考虑不确定度。对于吸收钳校准和吸收钳测量方法，上述两个方面也是其改进的原因，即减小与吸收钳测量方法和吸收钳校准方法相关的不确定度。

参考文献[10]深入地研究了吸收钳使用及其校准的不确定度。通过实验研究了各种影响量，提出的改进建议如下：

——应用辅助吸收装置 (SAD)；

——确保受试线在吸收钳的中心位置；

——测量布置 1 m 范围内没有物体和人员；

——吸收钳输出端加 6 dB 衰减器。

后三种建议为吸收钳测量方法和吸收钳校准方法的通用要求。辅助吸收装置用于吸收钳校准和吸收钳试验场地的确认。

最后，需注意的是由于缺少吸收钳测量方法的有效模型以及无法得到与每个影响量相关的真实灵敏系数，这使基于模型的不确定度评估很难进行。

附 录 B
（资料性附录）
频谱分析仪和扫描接收机的使用

B.1 概述

当使用频谱分析仪和扫描接收机进行测量时，需考虑下述特性。

B.2 过载

在直到 2 000 MHz 的频率范围内，大多数频谱分析仪都不具有射频预选功能，即输入信号被直接馈到宽带混频器中，为了避免过载，防止仪器损坏和使频谱分析仪工作在线性状态下，混频器端的信号峰值幅度一般需小于 150 mV，为了把输入信号降至此电平，也许需要设置射频衰减或附加的射频预选。

B.3 线性度的测量

频谱分析仪的线性度，可以首先对研究的某一特定的信号电平进行测量，然后在测量装置的输入端，如果使用了预选放大器，则在预选的输入端，插入大小为 X dB($X \geqslant 6$ dB)的衰减器，再重复进行测量，当测量系统为线性时，加入衰减后接收机显示的新读数与第一次(未加衰减器时)的读数之差需在 X dB±0.5 dB 内。

B.4 选择性

频谱分析仪和扫描接收机需具有 GB/T 6113.101—2016 中规定的带宽，以便在标准带宽内来正确测量宽带信号和脉冲信号，以及有几个频谱分量的窄带骚扰。

B.5 对脉冲的正常响应

具有准峰值检波功能的频谱分析仪和扫描接收机的脉冲响应能够用 GB/T 6113.101—2016 中规定的校准试验脉冲信号来检验。对于校准试验脉冲所具有的很高峰值电压，一般需要插入一个 40 dB(或更大)的射频衰减器，以满足线性度要求，这样就降低了灵敏度，从而在 B、C、D 频段不能进行低重复率和孤立校准试验脉冲的测量。如果在接收机前使用了预选滤波器，那么射频衰减量就可以减少。正如用混频器所看到的，滤波器限制了校准试验脉冲的频谱宽度。

B.6 峰值检波

原则上频谱分析仪的常规(峰值)检波方式可以提供永不小于准峰值指示的显示值，用峰值检波进行发射测量是很方便的，因为较之准峰值检波它允许使用更快的扫频速率。因此，那些接近发射限值的信号需要用准峰值检波重新测量，以便记录准峰值。

B.7 扫描速率

频谱分析仪或扫描接收机的扫描速率需相对于 CISPR 频段和所用的检波方式来进行调整。最小扫描时间/频率即最快扫频速率参见表 B.1。

表 B.1 最小扫描时间/最快扫频速率

频　　段	峰值检波	准峰值检波
A	100 ms/kHz	20 s/kHz
B	100 ms/MHz	200 s/MHz
C/D	1 ms/MHz	20 s/MHz

对用于固定调谐非扫描方式下的频谱分析仪或扫描接收机，调整显示扫描时间与检波方式无关，可以按照观测发射性能的要求来进行。如果骚扰电平不稳定，测量接收机的读数需至少观察 15 s，以确定骚扰最大值(见 6.5.1)。

B.8 信号截获

间歇发射的频谱可用峰值检波和数字显示存储(如果有)来捕获。与单一、慢速的频率扫描相比，多重、快速的频率扫描能减少截获发射的时间。需变化扫描的起始时间，以避免与任何发射同步而导致发射的隐匿。对一个给定的频率范围，总观察时间需比发射的间隔时间长。根据所测骚扰的类型，峰值检波测量能够替代所有或部分用准峰值检波所需的测量，然而在发现最大辐射的那些频率点上，需用准峰值检波器再进行重复测量。

B.9 平均值检波

用频谱分析仪作平均值检波是利用减小视频带宽直到观察到的显示信号不能更平滑为止来获得的。扫描时间需随视频带宽的减少而增加，以保持幅度校准。对于这种测量，接收机需使用在检波器的线性状态下。在线性检波之后，为了显示，信号可能要进行对数处理，在那种情况下，即使显示的值是线性检波信号的对数也要校正。

可能要使用对数幅度显示方式，例如，为了更容易地区分窄带和宽带信号。所显示的值是对数不失真中频信号包络的平均值。在不影响窄带信号显示的情况下，它比线性检波方式对宽带信号有更大的衰减。因此，对于频谱中包含有上述两种信号的情况下进行窄带分量评估，对数视频滤波尤为适合。

B.10 灵敏度

在频谱分析仪前使用低噪声射频前置放大器可以增加灵敏度。输入到放大器的信号电平需用衰减器来调整，以测量整个系统对受试信号的线性度。

对于很强的宽带发射来说，为了保证系统的线性，需要有很大的射频衰减，此时可以在频谱分析仪前用射频预选滤波器来增加它的灵敏度。该滤波器降低了宽带发射的峰值幅度，因此可以使用较小的射频衰减。这样的滤波器对于抑制或衰减强带外信号和由它们所引起的互调干扰分量也许是必要的。如果使用这样的滤波器，则需用宽带信号来校正。

B.11 幅度精确度

频谱分析仪或扫描接收机的幅度精确度可以用信号发生器、功率表和精密衰减器来检定,需对这些仪器、电缆和失配损耗的特性加以分析,以估算出检定试验中的测量误差。

附 录 C
(资料性附录)
使用平均值检波器的扫描速率和测量时间

C.1 概述

C.1.1 背景

本附录给出当使用平均值检波器测量脉冲骚扰时扫频速率和测量时间的选择指南。

平均值检波器用于:

a) 抑制脉冲噪声以改善被测骚扰信号中连续波分量的测量;

b) 抑制幅度调制(AM)以测量调幅信号中载波信号电平;

c) 使用标准时间常数给出间歇、不稳定或者漂移的窄带骚扰的加权峰值读数。

GB/T 6113.101—2016 的第 6 章给出了 9 kHz~1 GHz 范围内平均值测量接收机的详细规定。

为了选择适当的视频带宽和对应的扫频速率或测量时间,以下条款适用。

C.1.2 脉冲骚扰抑制

脉冲骚扰的脉冲持续时间 T_P 通常取决于中频带宽 B_{res}:$T_p=1/B_{res}$。为了抑制此类噪声,通过视频带宽 B_{video}和中频带宽之比定义了抑制因子 a,$a=20\ \lg(B_{res}/B_{video})$。视频带宽 B_{video}则取决于包络检波器后的低通滤波器的带宽。脉冲周期越长,抑制因子 a 越小。最小的扫频时间 $T_{s\ min}$和最大扫频速率 $R_{s\ max}$可由式(C.1)和式(C.2)确定:

$$T_{s\ min}=\frac{k\Delta f}{B_{res}B_{video}} \qquad \cdots\cdots(C.1)$$

$$R_{s\ max}=\frac{\Delta f}{T_{s\ min}}=\frac{B_{res}B_{video}}{k} \qquad \cdots\cdots(C.2)$$

式中:

Δf ——频率跨度;

k ——比例系数,取决于测量接收机或频谱分析仪的速度。

扫频时间越长,k 就越接近于 1。当视频带宽为 100 Hz 时,表 C.1 给出了相应的最大扫频速率和脉冲抑制因子。

表 C.1 视频带宽为 100 Hz 的扫频速率和脉冲抑制因子

参数	频段 A	频段 B	频段 C 和 D
频率范围	9 kHz~150 kHz	150 kHz~30 MHz	30 MHz~1 000 MHz
中频带宽 B_{res}	200 Hz	9 kHz	120 kHz
视频带宽 B_{video}	100 Hz	100 Hz	100 Hz
最大扫频速率	17.4 kHz/s	0.9 MHz/s	12 MHz/s
最大抑制因子	6 dB	39 dB	61.5 dB

如果骚扰信号存在短时脉冲,产品标准委员会可引用上表,用于制定频段 B 和 C 的准峰值和平均

值限值。EUT 需同时满足两种限值要求。骚扰信号的脉冲重复频率如果大于 100 Hz 并且满足准峰值限值要求，那么使用 100 Hz 视频带宽的平均值检波足以抑制这些短时脉冲。

C.1.3 用数字平均抑制脉冲骚扰

平均值检波可以通过对信号幅度的数字平均来实现。如果平均时间取视频滤波器带宽的倒数，可获得相同的抑制效果。此时，抑制因子 $a=20\ \lg(T_{av}B_{res})$，其中 T_{av} 表示在某一频率的平均(或测量)时间。因此 10 ms 的测量时间产生的抑制效果等同于 100 Hz 视频带宽产生的效果。当频率切换时，数字平均具有零延时的优势。此外，对于一个特定的脉冲重复频率 f_p，数字平均的结果可能会变化，该变化取决于对 n 或者 $n+1$ 个脉冲进行平均。当($T_{av}f_p$)>10 时，会引起不足 1 dB 的差异。

C.2 幅度调制的抑制

为了测量调制信号的载波，调制需用足够长的时间内的信号平均，或使用在最低调制频率时有足够衰减的视频滤波器来抑制。如果 f_m 是最低调制频率且如果假设由于 100% 调制的最大测量误差限制到 1 dB，则测量时间为 $T_m=10/f_m$。

C.3 缓慢间歇的、不稳定的或者漂移的窄带骚扰测量

GB/T 6113.101—2016 的 6.5.4 中规定，使用仪表时间常数为 160 ms(频段 A 和频段 B)和 100 ms(频段 C 和频段 D)峰值检波器的读数来定义间歇、不稳定或者漂移的窄带骚扰的响应。这些时间常数分别对应于 0.64 Hz 或 1 Hz 带宽的二阶视频滤波器。如果要取得准确的测量结果，则需要非常长的测量时间(见表 C.2)。

表 C.2 仪表时间常数及其对应的视频带宽和最大扫频速率

参数	频段 A	频段 B	频段 C 和 D
频率范围	9 kHz~150 kHz	150 kHz~30 MHz	30 MHz~1 000 MHz
中频带宽 B_{res}	200 Hz	9 kHz	120 kHz
时间常数	160 ms	160 ms	100 ms
视频带宽 B_{video}	0.64 Hz	0.64 Hz	1 Hz
最大扫频速率	8.9 s/kHz	172 s/MHz	8.3 s/MHz

表 C.2 只是针对脉冲重复频率不超过 5Hz 的情形。对于更宽脉冲和更高的调制频率，需要采用更宽的视频带宽进行测量(见 C.1.1)。图 C.1 和图 C.2 给出了持续时间为 10 ms 的脉冲信号在不同的重复频率 f_p 下分别采用仪表时间常数为 160 ms (图 C.1)和 100 ms (图 C.2)的峰值读数(CISPR AV)和真实平均值(AV)的加权曲线。

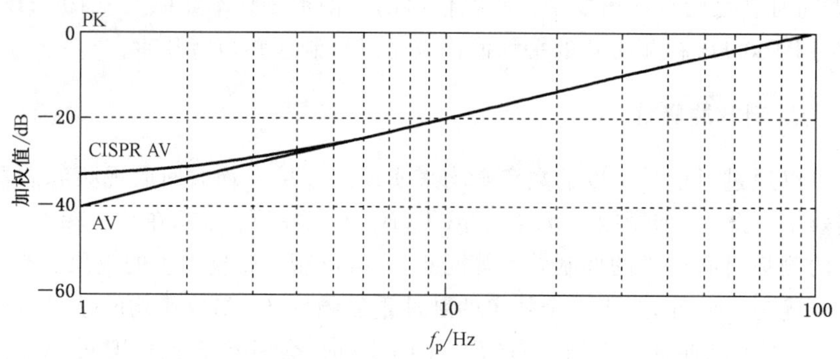

图 C.1 对持续时间 10 ms 的脉冲信号使用峰值(PK)、带有峰值读数的平均值(CISPR AV)和平均值(AV)检波的加权曲线(仪器时间常数 160 ms)

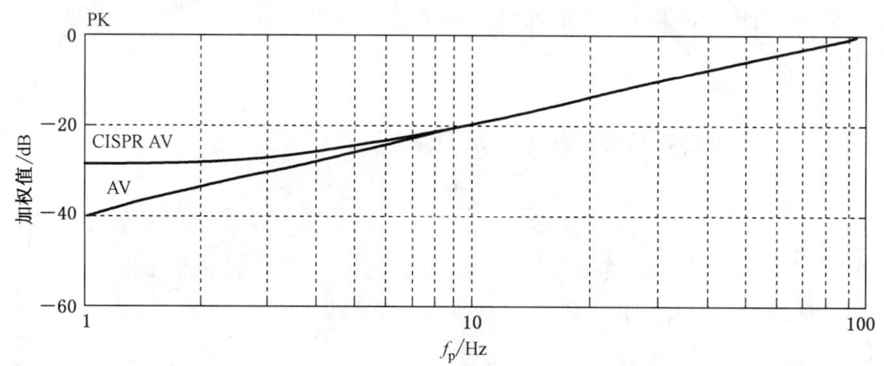

图 C.2 对持续时间 10 ms 的脉冲信号使用峰值(PK)、带有峰值读数的平均值(CISPR AV)和平均值(AV)检波的加权曲线(仪器时间常数 100 ms)

图 C.1 和图 C.2 表示，随着脉冲重复频率 f_p 减小，"CISPRAV"和"AV"两种检波器的结果差异逐步增大。图 C.3 和图 C.4 给出当重复频率 f_p=1 Hz 时不同脉冲宽度下的测量结果差异。

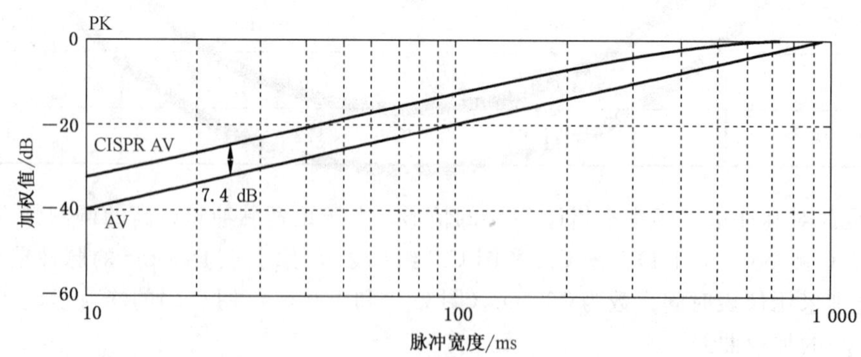

图 C.3 对重复频率为 1 Hz 时不同带宽使用峰值(PK)、带有峰值读数的平均值(CISPR AV)和平均值(AV)检波的加权曲线(仪器时间常数 160 ms)

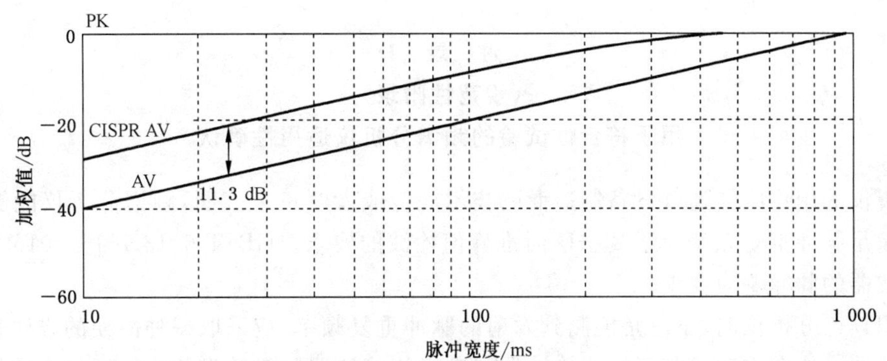

图 C.4　对重复频率为 1 Hz 时不同带宽使用峰值(PK)、带有峰值读数的平均值(CISPR AV)和平均值(AV)检波的加权曲线(仪器时间常数 100 ms)

C.4　自动或半自动测量的推荐程序

当测量 EUT 不产生缓慢间歇的、不稳定的或漂移的窄带骚扰时，预扫时推荐采用视频带宽诸如 100 Hz 的平均值检波以缩短测量时间。对于接近平均值限制的频点，可通过降低视频滤波器带宽，即增加平均时间来对其进行最终测量。对于预扫频和终测程序见第 8 章。

对于缓慢间歇的、不稳定的或者漂移的窄带骚扰，优先考虑手动测量方法。

附 录 D
(规范性附录)
用于符合性试验的频谱分析仪适用性确认

频谱分析仪的用户应能通过设备制造商的技术规范或者测量来表明,频谱分析仪能够在其使用的频率范围内满足脉冲重复频率大于 20 Hz 时准峰值检波的要求。GB/T 6113.101—2016 的 6.5 中规定了平均值检波器的脉冲响应要求。

由于使用频谱分析仪时,不总是能测到发射的脉冲重复频率,应采取一种简便的方法来验证其准峰值测量的有效性。这个方法是基于峰值检波器和准峰值检波器测量结果的比较。由于准峰值检波器的加权特性,表 D.1 列出了脉冲重复频率为 20 Hz 信号的峰值和准峰值的幅度测量结果之差。

表 D.1　峰值和准峰值幅度测量结果之间的最大差值

频带 A	频带 B	频带 C 和 D
7 dB	13 dB	21 dB

当信号在某些频点的准峰值电平接近限值时,要采取以下比较测量方法:如果峰值检波和准峰值检波的幅度测量结果之差小于表 D.1 中的值,则准峰值测量结果有效,频谱分析仪可用于符合性试验,反之,应采用满足 GB/T 6113.101—2016 第 4 章的低脉冲重复频率的准峰值检波接收机来代替频谱分析仪进行符合性试验。这种比较测量需要足够的信噪比以确保正确的结果。

参 考 文 献

[1] CISPR 13,Sound and television broadcast receivers and associated equipment—Radiodisturbance characteristics—Limits and methods of measurement

[2] CISPR 14-1:2005,Electromagnetic compatibility—Requirements for household Appliances, electric tools and similar apparatus—Part 1:Emission

[3] CISPR 16-2-1:2008, Specification for radio disturbance and immunity measuring apparatus and methods—Part 2-1:Methods of measurement of disturbances and immunity—Conducted disturbance measurements

[4] CISPR 16-3:2003,Specification for radio disturbance and immunity measuring apparatus and methods—Part 3:CISPR technical reports3

[5] IEC 60050-151:2001, International Electrotechnical Vocabulary (IEV)—Part 151:Electrical and magnetic devices

[6] ISO/IEC Guide 99:2007, International vocabulary of metrology—Basic and general concepts and associated terms (VIM)

[7] ITU-R Recommendation BS.468-4,Measurement of audio-frequency noise voltage level in sound broadcasting

[8] KWAN, H.K., A theory of operation of the CISPR absorbing clamp, Proceedings of the IEEE International Electromagnetic Compatibility Symposium, 1988, p. 141-143.

[9] MEYER DE STADELHOFEN, J., A new device for radio interference measurements at VHF: the absorbing clamp, Proceedings of the IEEE International Electromagnetic Compatibility Symposium, 1969, p.189-193.

[10] WILLIAMS, T., Calibration and use of the CISPR absorbing clamp, EMC Europe Symposium, Bruges, 2000, p. 527-532.

ICS 33.100.20
L 06

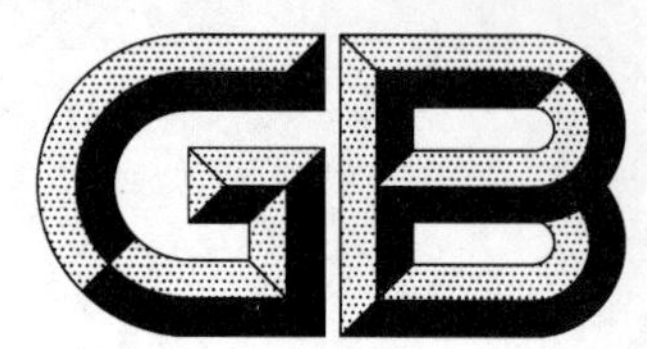

中华人民共和国国家标准化指导性技术文件

GB/Z 6113.401—2018/CISPR/TR 16-4-1:2009
代替 GB/Z 6113.401—2007

无线电骚扰和抗扰度测量设备和测量方法规范 第4-1部分:不确定度、统计学和限值建模 标准化EMC试验的不确定度

Specification for radio disturbance and immunity measuring apparatus and methods—Part 4-1:Uncertainties,statistics and limit modelling—Uncertainties in standardized EMC tests

(CISPR/TR 16-4-1:2009,IDT)

2018-03-15 发布　　　　2018-10-01 实施

中华人民共和国国家质量监督检验检疫总局
中国国家标准化管理委员会　发布

前　言

GB/T(Z) 6113《无线电骚扰和抗扰度测量设备和测量方法规范》为电磁兼容基础标准，由以下四大部分组成：

第 1 部分：无线电骚扰和抗扰度测量设备规范

——第 1-1 部分：无线电骚扰和抗扰度测量设备　测量设备；

——第 1-2 部分：无线电骚扰和抗扰度测量设备　辅助设备　传导骚扰；

——第 1-3 部分：无线电骚扰和抗扰度测量设备　辅助设备　骚扰功率；

——第 1-4 部分：无线电骚扰和抗扰度测量设备　辐射骚扰测量用天线和试验场地；

——第 1-5 部分：无线电骚扰和抗扰度测量设备　30 MHz～1 000 MHz 天线校准用试验场地；

——第 1-6 部分：无线电骚扰和抗扰度测量设备　EMC 天线校准。

第 2 部分：无线电骚扰和抗扰度测量方法

——第 2-1 部分：无线电骚扰和抗扰度测量方法　传导骚扰测量；

——第 2-2 部分：无线电骚扰和抗扰度测量方法　骚扰功率测量；

——第 2-3 部分：无线电骚扰和抗扰度测量方法　辐射骚扰测量；

——第 2-4 部分：无线电骚扰和抗扰度测量方法　抗扰度测量；

——第 2-5 部分：大型设备骚扰发射现场测量。

第 3 部分：无线电骚扰和抗扰度测量技术报告

——第 3 部分：无线电骚扰和抗扰度测量技术报告。

第 4 部分：不确定度、统计学和限值建模

——第 4-1 部分：不确定度、统计学和限值建模　标准化的 EMC 试验不确定度；

——第 4-2 部分：不确定度、统计学和限值建模　测量设备和设施的不确定度；

——第 4-3 部分：不确定度、统计学和限值建模　批量产品的 EMC 符合性确定的统计考虑；

——第 4-4 部分：不确定度、统计学和限值建模　抱怨的统计和限值的计算模型；

——第 4-5 部分：不确定度、统计学和限值建模　替换试验方法的使用条件。

本部分为 GB/T(Z) 6113 的第 4-1 部分。

本部分按照 GB/T 1.1—2009 给出的规则起草。

本部分代替 GB/Z 6113.401—2007《无线电骚扰和抗扰度测量设备和测量方法规范　第 4-1 部分：不确定度、统计学和限值建模　标准化的 EMC 试验不确定度》，与 GB/Z 6113.401—2007 相比，主要技术变化如下：

——规范性引用文件部分发生了变化；

——增加了缩略语(见 3.2)；

——增加了 4.7.1.1.3“制定限值时考虑了不确定度的符合性判定”；

——增加了 4.7.1.2“不确定度类别的考虑”；

——增加了 4.7.5“复测时不确定度的应用”；

——增加了第 8 章“30 MHz～1 000 MHz 频率范围使用 SAC 或 OATS 进行的辐射发射测量”；

——增加了附录 G“辐射发射测量方法的不确定度评估”；

——增加了附录 H“基于 SAC/OATS 的辐射发射测量的不同循环试验的结果”；

——增加了附录 I“测量不确定度和标准符合性不确定度两术语之间差异的附加信息”。

本部分使用翻译法等同采用 CISPR/TR 16-4-1:2009《无线电骚扰和抗扰度测量设备和测量方法规

范 第4-1部分:不确定度、统计学和限值建模 标准化EMC试验的不确定度》。

与本部分中规范性引用的国际文件有一致性对应关系的我国文件如下:

——GB/T 6113.102—2008 无线电骚扰和抗扰度测量设备和测量方法规范 第1-2部分:无线电骚扰和抗扰度测量设备 辅助设备 传导骚扰(CISPR 16-1-2:2006,IDT)

——GB/T 6113.104—2016 无线电骚扰和抗扰度测量设备和测量方法规范 第1-4部分:无线电骚扰和抗扰度测量设备 辐射骚扰测量用天线和试验场地(CISPR 16-1-4:2012,IDT)

——GB/T 6113.202—2008 无线电骚扰和抗扰度测量设备和测量方法规范 第2-2部分:无线电骚扰和抗扰度测量方法 骚扰功率测量(CISPR 16-2-2:2004,IDT)

——GB/T 6113.203—2016 无线电骚扰和抗扰度测量设备和测量方法规范 第2-3部分:无线电骚扰和抗扰度测量方法 辐射骚扰测量(CISPR 16-2-3:2010,IDT)

——GB/T 6113.402—2018 无线电骚扰和抗扰度测量设备和测量方法规范 第4-2部分:不确定度、统计学和限值建模 测量设备和设施的不确定度(CISPR 16-4-2:2014,IDT)

——GB/T 9254—2008 信息技术设备的无线电骚扰限值和测量方法(CISPR 22:2006,IDT)

——GB/T 27025—2008 检测和校准实验室能力的通用要求(ISO/IEC 17025:2005,IDT)

本部分由全国无线电干扰标准化技术委员会(SAC/TC 79)提出并归口。

本部分起草单位:中国电子技术标准化研究院、中国计量科学研究院、苏州泰思特电子科技有限公司、工业和信息化部电子第五研究所、东南大学、中国合格评定国家认可中心、陕西海泰电子有限责任公司、上海电器科学研究院(集团)有限公司、中国质量认证中心、中国汽车工程研究院股份有限公司、中国汽车技术研究中心、江苏省计量科学研究院、北京新世纪检验认证股份有限公司。

本部分主要起草人:崔强、谢鸣、朱文立、侯新伟、周忠元、靳冬、胡小军、郭恩全、郑军奇、蔡华强、黄雪梅、刘欣、许秀香、邓凌翔、张玲、王铮。

本部分所代替标准的历次版本发布情况为:

——GB/Z 6113.401—2007。

无线电骚扰和抗扰度测量设备和
测量方法规范
第 4-1 部分:不确定度、统计学和限值建模
标准化 EMC 试验的不确定度

1 范围

GB/T(Z) 6113 的本部分旨在给那些 CISPR 电磁兼容(EMC)标准的制定者和修订者提供关于处理不确定度的指南。此外,还为那些实际应用本部分有关不确定度内容的人员提供有用的背景信息。

本部分仅限于与 EMC 标准的符合性试验有关的所有不确定度的考虑。

本部分的目的:

a) 识别与"给定的产品符合 CISPR 标准规定的要求"的声明有关的影响不确定度(标准符合性不确定度)(缩写为 SCU,见 3.1.16)的参数或源;

b) 给出关于标准符合性不确定度大小的评估指南;

c) 给出将标准符合性不确定度应用到 CISPR 标准化符合性试验的符合性判据的指南。

因此,本部分可作为手册使用,可以帮助标准的编写者考虑如何对那些涉及不确定度的现行或将要制定的"CISPR 标准"作必要的补充、引用或协调。本部分也为管理机构、认可机构和试验工程师评判从事 CISPR 标准化符合性试验的 EMC 检测实验室的工作质量提供指导。当对使用不同的替换试验方法获得的试验结果(和其不确定度)进行比较时,本部分给出的不确定度方面的考虑也可作为指导。

符合性试验的不确定度也与在实践中电磁干扰(EMI)问题发生的概率有关。本部分承认这种观点并作了简要介绍。然而,本部分未予考虑。

2 规范性引用文件

下列文件对于本文件的应用是必不可少的。凡是注日期的引用文件,仅注日期的版本适用于本文件。凡是不注日期的引用文件,其最新版本(包括所有的修改单)适用于本文件。

GB/T 2900.77—2008 电工术语 电工电子测量和仪器仪表 第 1 部分:测量的通用术语[IEC 60050 (300-311):2001,IDT]

GB/T 2900.79—2008 电工术语 电工电子测量和仪器仪表 第 3 部分:电测量仪器仪表的类型[IEC 60050(300-313):2001,IDT]

GB/T 2900.89—2012 电工术语 电工电子测量和仪器仪表 第 2 部分:电测量的通用术语[IEC 60050 (300-312):2001,IDT]

GB/T 2900.90—2012 电工术语 电工电子测量和仪器仪表 第 4 部分:各类仪表的特殊术语[IEC 60050(300-314):2001,IDT]

GB/T 4365—2003 电工术语 电磁兼容[IEC 60050(161):1990+A1:1997+A2:1998,IDT]

GB/T 6113.103—2008 无线电骚扰和抗扰度测量设备和测量方法规范 第 1-3 部分:无线电骚扰和抗扰度测量设备 辅助设备 骚扰功率(CISPR 16-1-3:2004,IDT)

GB/T 6113.105—2008 无线电骚扰和抗扰度测量设备和测量方法规范 第 1-5 部分:无线电骚扰

和抗扰度测量设备　30 MHz～1 000 MHz天线校准用试验场地(CISPR 16-1-5:2003,IDT)

GB/T 6113.204—2008　无线电骚扰和抗扰度测量设备和测量方法规范　第2-4部分:无线电骚扰和抗扰度测量方法　抗扰度测量(CISPR 16-2-4:2003,IDT)

GB/Z 6113.403—2007　无线电骚扰和抗扰度测量设备和测量方法规范　第4-3部分:不确定度、统计学和限值建模　批量产品的EMC符合性确定的统计考虑(CISPR/TR 16-4-3:2004,IDT)

GB/T 6592—2010　电工和电子测量设备性能表示(IEC 60359:2001,IDT)

CISPR 16-4-2:2003　无线电骚扰和抗扰度测量设备和测量方法规范　第4-2部分:不确定度、统计学和限值建模　测量设备和设施的不确定度(Specification for radio disturbance and immunity measuring apparatus and methods—Part 4-2: Uncertainties, statistics and limit modelling—Uncertainty in EMC measurements)

CISPR 16-1-2:2003　无线电骚扰和抗扰度测量设备和测量方法规范　第1-2部分:无线电骚扰和抗扰度测量设备　辅助设备　传导骚扰(Specification for radio disturbance and immunity measuring apparatus and methods—Part 1-2: Radio disturbance and immunity measuring apparatus—Ancillary equipment—Conducted disturbances)

CISPR 16-1-4:2007　无线电骚扰和抗扰度测量设备和测量方法规范　第1-4部分:无线电骚扰和抗扰度测量设备　辅助设备　辐射骚扰(Specification for radio disturbance and immunity measuring apparatus and methods—Part 1-4: Radio disturbance and immunity measuring apparatus—Ancillary equipment—Radiated disturbances)

CISPR 16-2-2:2003+A1:2004+A2:2005　无线电骚扰和抗扰度测量设备和测量方法规范　第2-2部分:无线电骚扰和抗扰度测量方法　骚扰功率测量(Specification for radio disturbance and immunity measuring apparatus and methods—Part 2-2: Methods of measurenment of disturbance and immunity—Measurement of disturbance power)

CISPR 16-2-3:2006　无线电骚扰和抗扰度测量设备和测量方法规范　第2-3部分:无线电骚扰和抗扰度测量方法　辐射骚扰测量(Specification for radio disturbance and immunity measuring apparatus and methods—Part 2-3: Methods of measurenment of disturbance and immunity—Radiated disturbance measurements)

CISPR 22:2008　信息技术设备　无线电骚扰特性　限值和测量方法(Information technology equipment—Radio disturbance characteristics—Limits and methods of measurement)

ISO/IEC 17025　检测和校准实验室能力的通用要求(General requirements for the competence of testing and calibration laboratories)

ISO/IEC 导则 98-3:2008　测量不确定度　第3部分:测量不确定度的表示指南(GUM:1995)[Uncertainty of measurement—Part 3:Guide to the expression of uncertainty in measurement(GUM:1995)]

ISO/IEC 导则 99:2007　国际计量术语　基本和通用概念以及相关术语[International vocabulary of metrology—Basic and general concepts and associated terms(VIM)]

3　术语、定义和缩略语

下列术语、定义和缩略语适用于本文件。

注1:只要可能,第2章规范性引用文件中所列标准中的术语也会被使用。未包括在这些标准中的术语和定义如下。

注2:以黑体表示在本章中定义的术语。

3.1 术语和定义

3.1.1

电磁骚扰 electromagnetic(EM) disturbance

任何可能引起装置、设备或系统性能降低或者对生物或非生物产生不良影响的电磁现象。

[GB/T 4365—2003,161-01-05]

3.1.2

发射电平 emission level

用规定方式测量到的,由某装置、设备或系统发射所产生的电磁骚扰电平。

[GB/T 4365—2003,161-03-11,改写]

3.1.3

发射限值 emission limit

规定的电磁骚扰源的最大发射电平。

注:在 IEC 标准中,此发射限值已被定义为"可允许的最大发射电平"。

[GB/T 4365—2003,161-03-12,改写]

3.1.4

影响量 influence quantity

不是**被测量**、但对测量结果有影响的量。

注 1:在标准化符合性试验中,影响量分为确定的和未确定的影响量。确定的影响量更适于包括**允差**数据。

注 2:"确定的影响量"的一个例子是人工电源网络的测量阻抗。"未确定的影响量"的一个例子是电磁骚扰源的内部阻抗。

[ISO/IEC 导则 98-3,B.2.10]

3.1.5

干扰概率 interference probability

符合电磁兼容要求的产品在其正常使用的电磁环境中(从电磁兼容角度)能满意地运行的概率。

3.1.6

被测量的固有不确定度 intrinsic uncertainty of the measurand

在被测量的量的描述中能被赋值的最小不确定度。理论上,如果测量被测量时所使用的测量系统中的**测量设备和设施的不确定度**可以被忽略,那么就可以得到该被测量的固有不确定度。

注 1:没有量能在持续较低的不确定度条件下被测量,也就是要在给定的不确定度水平上定义或识别给定的量。如果要想在低于其固有不确定度的条件下测量某个给定的量,那么需要更详细地重新定义该量,这样实际上就是在测量另一个量。参见 ISO/IEC 导则 98-3 的 D.1.1。

注 2:以被测量的固有不确定度测量得到的结果称为被测量的最佳测量。

[GB/T 6592—2010,3.1.11,改写]

3.1.7

测量设备和设施的固有不确定度 intrinsic uncertainty of the measurement instrumentation

处于**参考条件**下所使用的测量设备的不确定度。理论上,如果**被测量的固有不确定度**可忽略,那么就可得到测量设备和设施的固有不确定度。

注:应用参考 EUT 是建立参考条件的一种方法,目的是获得测量设备和设施的固有不确定度(见 4.5.5)。

[GB/T 6592—2010,3.2.10,改写]

3.1.8

电平 level

用规定方式在规定时间间隔内测得的和/或计算得到的量值,如场强和功率等。

注:某个量的电平可用其相对于某一参考值的对数来表示,例如单位为分贝。

[GB/T 4365—2003,161-03-01,改写]

3.1.9

被测量 measurand

作为测量对象的特定量。

例如,距离给定的样品 3 m 处测得的电场。

注:被测量的规范可能要求对有关影响量作出陈述(见 ISO/IEC 导则 98-3,B.2.9)。

[GB/T 2900.77—2008,311-01-03]

3.1.10

测量设备和设施的不确定度 measurement instrumentation uncertainty;MIU

与测量结果有关的参数,用来表征合理地赋予**被测量**的值的分散性,它是由所有与测量设备相联系的有关的影响量引起的。

[ISO/IEC 导则 99,4.24;GB/T 6592—2010,3.1.4,改写]

3.1.11

测量链 measuring chain

构成测量信号从输入到输出路径的一系列的测量设备或测量系统。

[GB/T 2900.77—2008,311-03-07,改写]

3.1.12

测量的兼容性 measurement compatibility

同一**被测量**的所有测量结果所满足的特性,由这些测量结果间隔的适当的重叠部分来表示。

[GB/T 2900.77—2008, 311-01-04]

3.1.13

参考条件 reference conditions

在测量系统可允许的不确定度或误差限最小的情况下,影响量的规定值的集合和/或值的范围。

[GB/T 2900.77—2008,311-06-02,改写]

3.1.14

测量结果的复现性 reproducibility of results of measurements

在测量条件(由一个或多个确定的影响量决定)变化的情况下,对同一**被测量**进行连续测量时,其测量结果表现出的一致性的接近程度。

注:一般来说,这种复现性同时由未确定的影响量决定,因此这里所谓的“一致性的接近程度”只能用“概率”来表达。

[ISO/IEC 导则 98-3, B.2.16,改写]

3.1.15

灵敏系数 sensitivity coefficient

用于表述由确定的或未确定的**影响量**的变化而引起的物理量的变化系数。

注1:在数学表达上,灵敏系数通常是相关物理量对变化的影响量的偏导数。

注2:该术语和定义基于 ISO/IEC 导则 98-3 里对灵敏系数的定义和参考文献[33][1)]中给出的描述。

3.1.16

标准符合性不确定度 standards compliance uncertainty;SCU

与标准中所描述的符合性测量的结果有关的参数,用来表征合理地赋予**被测量**的值的分散性。

[ISO/IEC 导则 98-3,B.2.18;GB/T 2900.77—2008 的 311-01-02,改写]

---

1) 括号中的数字指的是参考文献。

3.1.17

允差 tolerance

针对某一给定的确定的影响量，由技术规范、规程等所允许的值的最大变化量。

3.1.18

[量的]真值 true value(of a quantity)

与给定的特定量的定义一致的值。

[ISO/IEC 导则 98-3，B.2.3 和 GB/T 2900.77—2008，311-01-04，改写]

3.1.19

不确定度源 uncertainty source

对被测量的值的不确定度有贡献且能被分解成一个或多个相关的影响量的(描述性的，非定量的)源。

注：不确定度源也能被定义为不确定度源的定性描述。实践中，测量结果的不确定度产生于源的许多可能类别，包括的例子有试验人员、抽样、环境条件、测量仪器、测量标准和包含在测量方法和测量程序中的近似和假设。有关的不确定度源被“转化”成一个或多个的影响量[见 4.2.3 和参考文献[39]的 K.3]

3.1.20

测量结果的可变性 variability of results of measurements

在改变由一个或多个非确定的影响量所决定的测量条件的情况下，对同一被测量进行连续测量所得到的测量结果的一致性的接近程度。

注 1：此术语和定义基于 GB/T 2900.77—2008 的 311-06-07(同时见 GB/T 2900.77—2008 的 311-07-03)。

注 2：这里所谓的“一致性的接近程度”只能用“概率”来表达。

3.2 缩略语

ACTM：吸收钳试验方法(absorbing clamp test method)

AMN：人工电源网络(artificial mains network)

CDN：耦合/去耦网络(coupling/decoupling network)

CISPR：国际无线电干扰特别委员会(International special committee on radio interference)

CMAD：共模吸收装置(common-mode absorbing device)

CRP：吸收钳参考点(clamp reference point)

EMC：电磁兼容(electromagnetic compatibility)

EUT：受试设备(equipment under test)

ILC：实验室间比对(interlaboratory compatibility)

LISN：线路阻抗稳定网络(line impedance stabilization network)

LPDA：对数周期偶极子阵列(log-periodic dipole array)

LUT：受试线(lead under test)

MIU：测量设备和设施的不确定度(measurement instrumentation uncertainty)

NSA：归一化场地衰减(normalised site attenuation)

OATS：开阔试验场地(open-area test site)

RRT：循环试验(round-robin test)

SAC：半电波暗室(semi-anechoic chamber)

SAD：辅助吸收装置(secondary absorbing device)

SCU：标准符合性不确定度(standards compliance uncertainty)

SRP：滑轨参考点(slide reference point)

V-AMN：V 型人工电源网络(V-terminal artificial network)

4 发射测量中不确定度的基本考虑

4.1 介绍

在标准化的发射符合性测量中，当对电气或电子产品的发射电平进行测量后，才可对其进行限值符合性的判定。由于“影响量”(3.1.4)引起的不确定度，测得的电平仅近似于被测的真实电平。在传统的计量中，所有有关的影响量是已知的，且因为“被测量的固有不确定度”(3.1.6)一般来说是非常小的，所以不确定度主要来源于传统的“测量设备和设施的不确定度(MIU)”(3.1.10)。

然而，在发射符合性试验中，与受试设备(EUT)相关的主要影响量正好是未确定的[31]，并且也得不到关于其值的定量信息。因此，对于发射测量而言，与由测量设备和设施引起的不确定度相比，与被测量有关的固有不确定度也是很重要的。所以，引入术语“标准符合性不确定度(SCU)”(3.1.16)来区分在实际的发射符合性试验中遇到的所有不确定度和 MIU，MIU 是标准符合性不确定度的子部分。第 3 章给出了 SCU 的定义和其他有关 EMC 和不确定度的专用术语。

图 1a)给出了在典型的发射测量中被测量的固有不确定度和 MIU 如何进行合成以得到 SCU。图 1b) 表示了传统的计量测量，对于这种测量，被测量的固有不确定度和 MIU 相比，其值更小。图 1c) 示出了很少见到的 MIU 可忽略的情况。应指出的是，图 1 中的求和符号“Σ”是一象征性符号。这种不确定度求和的方法依赖于所涉及的两种不确定度源的概率分布和相关性。

注： 将来有可能把传统的计量和 EMC 学科作一定程度的合并，那样也就不再需要不同的术语和方法。例如，在条件许可的情况下，CISPR 对 MIU[29] 和 SCU 的研究结果会把两者进行直接合并。

4.2 更详细地陈述了在发射符合性试验中可能遇到的不确定度的不同分类和 SCU、被测量的固有不确定度以及 MIU 三者之间的差别。4.3 简要地讨论了在实践中符合性试验的不确定度和干扰风险之间的关系。4.4 描述了对标准化的发射测量进行不确定度分析所采取的步骤。4.5 给出了验证不确定度报告的有效性的方法。4.6 给出了关于如何报告不确定度的评估和如何表示测量结果及其不确定度的信息。4.7 提供了在符合性判据中应用不确定度的一般性指南。目前，有关不确定度在合格/不合格的判据中更多的、特定的应用指南正在考虑之中。

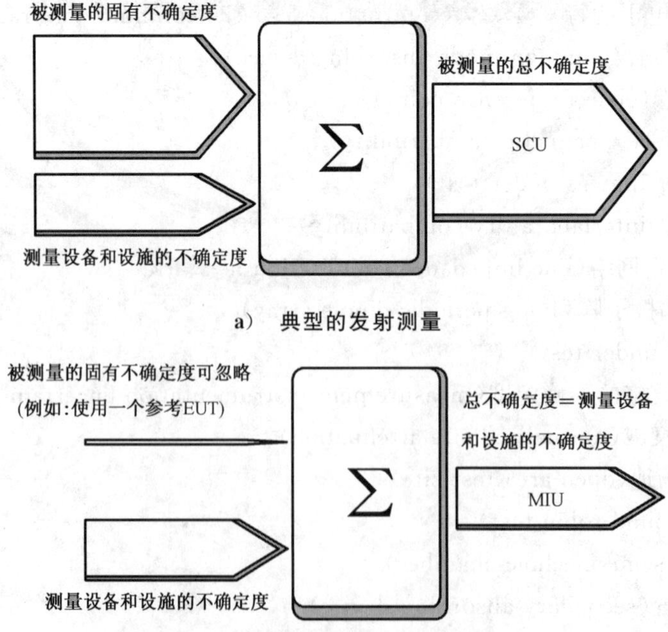

a） 典型的发射测量

b） 在被测量的固有不确定度可忽略条件下的发射测量

图 1 被测量的总不确定度与被测量的固有不确定度和 MIU 之间的关系的示意图

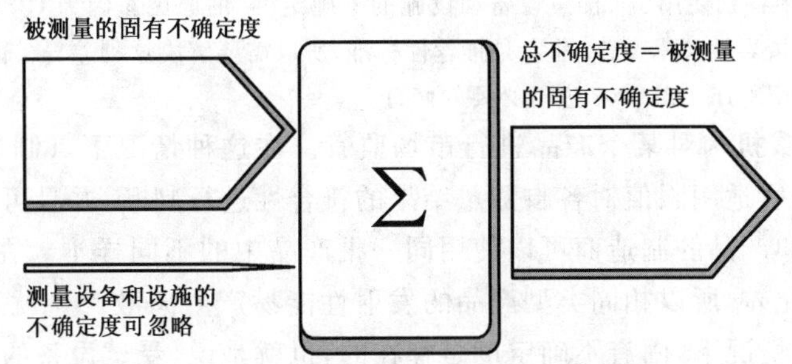

c) 在 MIU 可忽略条件下的发射测量

图 1(续)

4.2 发射测量中不确定度的类型

4.2.1 概述

本条首先要讨论的是在发射测量中考虑不确定度因素时的不同目的。目的不同对不同类型的不确定度分析的要求也不同。根据要达到的目的,可以以不同的方式包含符合性判据。此外,本条还介绍了与发射测量有关的不确定度的源和相应的影响量。最后,给出关于发射测量中不同类别的不确定度的定义和与此有关的更详尽的讨论。

4.2.2 不确定度考虑的目的

发射测量的结果受到不确定度的影响,因此需要以不同的理由定量地考虑不确定度。可以针对以下 5 种情况来考虑:

a) 检测实验室(技术)测量能力的资质;

b) 测量结果相对于限值的符合性判断;

c) 不同检测实验室测量结果的比对;

d) 不同发射测量方法的比对;

e) 批量产品的发射性能的抽样试验。

在下面的讨论中针对上述每一种情况所考虑的不确定度类型是不同的。

情况 a)中,只需对测量链(3.1.11)的不确定度和实施测量程序过程中引入的不确定度进行考虑可能就足够了。例如,可以考虑测量设备和设施的技术性能,如试验场地、测量接收机和接收天线;由人员和/或软件来实施的测量程序也可以被评定。采用一个“可计算的受试设备”或“参考受试设备”可用来评定由测量设备和设施所引入的不确定度[见图 1b)]。

在情况 b)中,可以依据给定的限值对发射符合性试验结果进行判定。试验结果的不确定度包括由测量链和测量程序所引入的不确定度,还包括由受试设备的布置或受试设备的运行所引入的固有不确定度。与传统的计量测量相比,EMC 发射测量的固有不确定度具有相对较大的值。如何把这种总的不确定度融入合格/不合格判据中是 EMI 风险评估要考虑的问题。固有不确定度的一种属性是这种不确定度的贡献不但取决于被测量的规范和产品的级别,而且还取决于受试设备布置的规范(包括电缆的布置和端接)。作为一阶近似,固有不确定度与 MIU 相互独立。标准的编写者有责任把固有不确定度减小到一个可接受的低水平。因为固有不确定度的大小不仅超出了检测实验室的控制能力,而且也超出了产品制造商的控制能力。因此,制造商要求在合格/不合格判据中对固有不确定度的值给予考虑,亦即从限值中减掉该值,而不应该为此受到处罚。

注 1:对于符合性的判定,CISPR 16-4-2:2003 仅规定了 MIU。然而,需要指出的是在 CISPR 16-4-2:2003 的制定过程中,除了 MIU 外,其他不确定度类别在某种程度上也影响符合性判定。这也是为什么会在 CISPR 16-4-2:

2003 的标准名称中特别使用了“测量设备和设施的不确定度”的原因。因为 CISPR 16-4-2 通过引用包含了本部分,而后者是指导性技术文件,前者是推荐性标准,所以需要解决这种差异。因此,出于一致性的考虑,或许考虑将来对 CISPR 16-4-2:2003 进行必要的修订。

情况 c)的例子是权威机构对某个产品进行市场监管。在这种情况下,(制造商和权威机构所选择的)两个检测实验室依据所适用限值对各自测量结果的符合性进行判断,并且可以将这两个结果直接进行比较。认可权威机构和产品的制造商可以使用同一批产品中的不同样本。在这种情况下,由于生产过程和部件的性能存在允差,所以相同类型产品的发射性能易产生离散。这就意味着产品本身也是不确定度源。再者,在这种情况下,固有不确定度是存在的,也就是说,受试设备的布置和受试设备电缆的摆放以及端接的不同都会在测量结果中产生显著的差异。受试设备的运行状态和内部的测量程序对于上述两个检测实验室来说可能都是不同的。不同的程序(例如:手动控制与软件控制的测量程序)也会导致不同的结果。

注 2:CISPR 发射测量要求对发射电平进行测量,发射电平为来自于特定的器件、设备或系统所发射的给定的电磁骚扰的电平,并以特定的方式对其测量。因此,被测量的值受到这种“特定的测量方式”的影响,也就是说,受到实际测量中测量布置的影响。出于符合性测量的目的,不确定度的考虑应当反映这一点。例如在 CISPR 16-4-2:2003 和 LAB34[46]中,不确定度的考虑仅限于 MIU,而未包含由受试设备的差异所引起的不确定度。

情况 d)的一个例子,即把在 10 m 法的开阔试验场地(OATS)或 3 m 法的半电波暗室(SAC)用传统的辐射发射测量方法得到的测量结果进行比对。由于测量方法不同,在比较 3 m 法和 10 m 法的测量结果时需要考虑一些额外的不确定度。一般来说,把 10 m 法的测量结果转换成 3 m 法的结果并不容易。这种转换依赖于受试设备的类型(尺寸的大小、台式或落地式)及有关的不确定度。

情况 e)中,制造过程产生的允差也是符合性判据中需要给予考虑的一种不确定度源,这已经包括在 GB/Z 6113.403—2007 中的第 4 章,也就是所谓的 80%/80%准则。由于存在制造允差,批量生产的产品,其发射性能的结果具有离散性。对于此类批量产品的型式试验,从不确定度的观点来看,这种离散性可以通过下面两种 CISPR 方法来检验(见 GB/Z 6113.403—2007):

1) 对产品中的具有代表性的单个样品进行试验,然后对其进行周期性的质量保证试验,或者
2) 对具有代表性的有限数量的样品进行试验,然后根据 80%/80%准则,利用测量结果进行统计评估。

上述两种情况中的符合性判据是不同的。在第一种方法中(单个样品的周期性试验),只要不超过限值,此产品就是合格的。在第二种方法中,补偿的余量已包含在依赖于样品数量(t 分布)的符合性判据中,或者,可将测量结果与限值直接进行比较,依赖于样品总数(二项式分布),允许有一定数量的样品不符合。

注 3:产品的符合性判定只能根据 GB/Z 6113.403—2007 中第 4 章描述的 80%/80%准则进行。根据 CISPR 16-4-2:2003 中第 4 章的要求,也应应用 MIU 的符合性判据。如果两种判据都适用,仍需要决定怎样合并 80%/80%准则的符合性判据(GB/Z 6113.403—2007 中给出的)和 CISPR 16-4-2:2003 的 MIU 符合性判据(按一定的优先顺序)。如何合成这两种符合性判据需要 CISPR/A 进一步研究。

注 4:需要指出的是,抽样和生产过程中的不确定度对单个受试设备的测量不确定度没有贡献。然而,在型式批准方案中(GB/Z 6113.403—2007 中第 4 章所描述的),整个系列产品的符合性判据基于一个或多个样品的测量,这些因素确实对符合性不确定度有贡献。产生这种额外的不确定度的原因是由于在生产过程中的变化和抽样的数量有限的事实。在 ISO/IEC 导则 98-3:2008(E.4.3)中,也承认由于整个产品中的抽样个数有限,将产生额外的不确定度。ISO/IEC 导则 98-3:2008 中的 E.4.3 表明:由于抽样个数有限,出于纯粹的统计原因,这种“不确定度的不确定度”可能非常大。ISO/IEC 导则 98-3:2008 中的表 E.1 给出了例子。

示例:对于一组样品,相对于从早期的产品中选择的样品,在更成熟的生产过程中抽取的样品具有更小的允差,所关心的产品性能也会有更小的标准差,因此两者的符合性判定是不同的。

从以上讨论的情况 a)到情况 e)的解释中清楚地表明,对所需要考虑的不确定度类别显然更取决于其特定的应用目的。不确定度及其在符合性判据中的体现通常对这些目的的依赖性更强。在下述内容中,将以更加系统的方式对不同种类和类型的不确定度进行区分。

4.2.3 不确定度源的种类

图2给出了发射符合性测量一般过程的流程。首先，从一个特定的产品总体中抽取一个或多个EUT作为样本。在前面章节的讨论中，由于生产的离散性和抽样，会在测量结果中引入不确定度(生产和抽样过程引起的不确定度)。接下来，标准规定了被测量和测量被测量的方法、手段和条件。由于不同的不确定度源，在这种标准化测量的过程中，将会产生额外的不确定度。总之，不确定度源(见3.1.19)是对测量结果的不确定度有贡献的因素。不确定度源也可以定义为对不确定度的源的定性描述。表1列举了图2中给出的在发射符合性测量一般过程中能加以区分的不确定度源的可能种类。

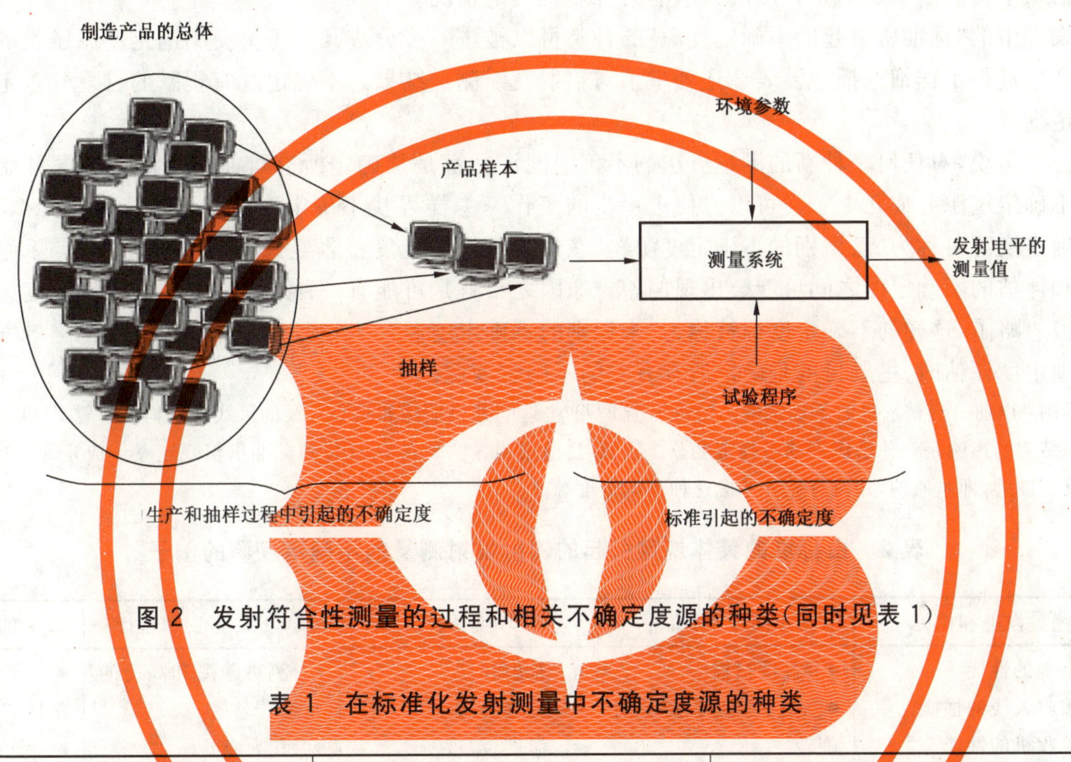

图2 发射符合性测量的过程和相关不确定度源的种类(同时见表1)

表1 在标准化发射测量中不确定度源的种类

由检测实验室引起的	由标准引起的	由生产和抽样过程引起的
● 试验人员的技能 ● 分析和计算 ● 测量结果的报告 ● 按测量程序和测试软件来实施标准 ● 质量管理体系	● 被测量的规范 ● 经过校准和检定的测量设备和设施 ● 测量程序的描述 ● 环境条件 ● EUT的布置 ● EUT的运行 ● EUT的类型	● 生产过程的允差 ● 抽样 ● 非代表性的抽样

正如前面所解释的，可能有不同的原因需要考虑测量结果的不确定度。依据不确定度评估的目的，应对不同种类的不确定度源进行考虑。对于任意EUT依据标准进行的符合性测量，表1中所给的不确定度源的所有种类是非常重要的。与这种情况有关的因素导致的不确定度称为“SCU”。在实际当中，由检测实验室引起的不确定度是次要的，而且它可由检测实验室的质量保证体系来控制和维持。需要指出的是，检测实验室应使用现行有效的标准，以某种方式解释该标准并在测量过程中确保它的实施。质量体系仅确保建立的过程以某种方式被评估并得到持续运行。然而，由于标准存在不完善或规定不明确的地方，所以质量体系并不能减少这种误差。在本章的其余部分将假设:(额外的)由检测实验

室引起的不确定度可忽略不计,不必包含在符合性判据中。由生产过程和抽样引起的不确定度源将会在GB/Z 6113.403—2007中第4章所描述的CISPR 80%/80%准则中进行考虑。因此,本条将不再提及这种类别的不确定度。然而,列举在表1中的这种不确定度源是为了对在CISPR骚扰符合性测量中可能涉及的所有“拟考虑的”不确定度源作一个完整的描述。

当不同的检测实验室测量同一个EUT时,标准引起的不确定度源是非常重要的。如果在不同的试验场地,使用不同的测量设备,但使用相同的试验人员、相同的程序和几乎完全相同的布置对该EUT进行测量,那么这时的不确定度主要受到包括试验场地在内的测量设备和设施的影响。这种情况表明,孤立地考虑“MIU”(如CISPR 16-4-2:2003或者LAB34[46]所述)仅对特定的情况有效,因此,它仅适用于评估某个特定的发射测量设施的技术能力(测量链)的情况。

表1中的“标准所引起的不确定度源”的种类可以被进一步分成几个子类。不确定度源子类的例子在表2中进行了详细地描述。表2还列举了对辐射发射测量结果总不确定度有贡献的、典型的、定性的不确定度源。

一般来说,对任何一种新的测量方法的不确定度评估都是从确定所有可能的不确定度源开始。把这些不确定度源分成几个子类可以方便进一步的工作。怎样寻找不确定度源的详细指南见4.4.3。这些不确定度源可称为“已识别的不确定度源”。在最终的不确定度报告经过实验验证之后,实际的不确定度和评估的不确定度之间可能会出现偏差。原因之一就是可能有一种或多种有关的不确定度源在最初就被忽略了,这样的不确定度源被称为“未识别的不确定度源”。当然,对一种新的标准化测量方法进行不确定度评估时,主要目的是确定所有有关的不确定度源。

示例:以前一直被忽视的不确定度源的例子是EUT电缆的共模端接和接收天线的天线塔结构。放置EUT桌子的材料和结构的影响是一种已识别的不确定度源。然而,目前很明显的是在CISPR的标准里仅规定桌子应是非导电性的和非反射性的,即木质的,并没有充分考虑这种不确定度源。

表2 由标准的具体规定引起的辐射发射测量的不确定度源的例子

测量设备和设施	测量步骤	环境条件	EUT的布置和运行	EUT的类型
• 场地的性能 • 接收天线的性能 • 接收机的性能 • 电缆的性能	• 高度扫描 • 放置EUT桌子的旋转 • 接收机设置(正确信号的截获)	• 辐射环境 • 传导环境 • 温度、湿度	• 测量距离和高度的允差 • 单元布置 • 电缆布置 • 端接的电缆 • 运行的模式	• 台式或落地式 • 尺寸

4.2.4 不确定度类型的总结

不同类型的不确定度已经事先在CISPR里被定义和使用。表3中总结了这些不同类型的不确定度。

表3 目前在CISPR里使用的不确定度的不同类型

不确定度的类型	不确定度源的有关类别	应用
MIU	测量设备和设施	测量设备和设施的质量评估(例如CISPR 16-4-2:2003给出的U_{CISPR})
SCU	• 标准引入的(包括测量设备和设施,见表1) • 由生产和抽样引起的	符合性测量

表 3（续）

不确定度的类型	不确定度源的有关类别	应用
与测量方法相关的不确定度（参考4.2.2 的情形 d)）	● 由标准引入的（包括测量设备和设施，见表 1）	可替换测量方法的比对
批量生产的产品的发射性能的不确定度	由生产过程和抽样引入的	批量产品的符合性测量（质量保证，GB/Z 6113.403—2007 中的 80%/80%准则）

4.2.5 影响量

在实际当中，标准化测量的结果中的不确定度来自于许多可能的“不确定度源”。在一个测量标准中，每一种不确定度源需要采用一个或多个影响量以定量的方式规定。一个“影响量”能以不同的方式来规定。例如，“电磁环境”是一种可以量化的不确定度源。例如，可以用测量系统测得的作为频率函数的电场强度来限定环境信号的绝对值以量化该不确定度源。另一个更间接的“影响量”是试验场地的屏蔽性能指标。

把一个定性的不确定度源转化为一个或多个定量的影响量并不总是很容易。在实际当中，完全量化一个不确定度源是不可能的。不确定度源中能由影响量来确定的这部分被称为“确定的影响量”。很难量化但可被识别为与不确定度源相关的那些影响量被称为“未确定的影响量”。

示例 1：“接收天线的高度扫描”是一种不确定度源（表 2 中“测量程序”类别中的一部分）。这种不确定度源可以通过两个影响量加以量化，即“扫描窗”和“最大的扫描步进”。在 CISPR 16-2-3:2006 中，仅给出扫描窗（作为测量距离的函数的上限和下限）。“扫描窗”是一个“确定的影响量”。然而，在 CISPR 16-2-3:2006 中，尽管清楚地表明最大步进（与天线塔的扫描速度有关）影响场的最大化，但是高度扫描的步进却并未明确地给出。在这种情况下，影响量“高度扫描最大步进”就是一个“未确定的影响量”。只有当以一定的步进进行高度扫描时，这种不确定度源才适用。连续的扫描将消除这种不确定度源。

示例 2：在 CISPR 16-2 系列标准中，不确定度源“环境条件”是一种可识别的不确定度源（见 CISPR 16-2-3:2006 中的 7.3.6.2 和 GB/T 6113.204—2008 中 4.3.1 的‘测量环境’）。这种不确定度源能很容易地转化成影响量，如“温度范围”“湿度范围”和“大气压力的范围”。在 CISPR 16-2 系列标准所提到的条款中，“温度”和“湿度”都认为是与受试产品有关的影响量，而不认为“大气压力”是一个有关的不确定度源。然而，上面所提到的环境条件并未被规定，甚至在有关测量设备，如测量接收机的操作说明中也未被提及。因此，“温度范围”和“湿度范围”属于未确定的影响量。一般来说，期望这些环境的影响量对骚扰测量结果只有较小的影响，这种影响已包含在由重复测量（重复性的贡献）所带来的不确定度的贡献中。

示例 3：“电缆的布线”是一众所周知的、可识别的“不确定度源”（为表 2 中关于“EUT 的布置和运行”类别中的一部分）。在 CISPR 16-2-3:2006 中的 7.3.6.3，给出了关于电缆布线的一些要求。确定的影响量包括“电缆的位置”和“电缆的长度”。然而，对于当前这些电缆布置影响量的描述是否足够充分，以使由测量结果的“复现性”引入的不确定度减小到一定值还是存有疑问的。

表 4 中列举了更多的在辐射发射测量中把“不确定度源”转化成“影响量”的例子。这些例子表明判定一个影响量是否已恰当地包含了某些不确定度源时，有时是十分困难的。同时我们还看到，某些影响量没有被确定或没有被充分地确定。例如，归一化场地衰减（NSA）是用来表征辐射发射测量场地特性的品质值。经常使用宽带发射天线和典型的接收天线（通常与用于发射的宽带天线的类型相同）来评估归一化场地衰减特性。这个典型的接收天线可能不同于在实际发射测量中使用的接收天线，因此，NSA 的评估结果是一个有代表性的品质值，可能并不适用于所有类型（尺寸、台式或落地式）的 EUT 和用于实际发射试验中的所有类型的接收天线。

对每一个可识别的不确定度源，可以确定一个或多个适当的影响量。从表 4 和以上的示例能观察到列举的不确定度源并不总是能够被适当的“影响量”所覆盖，而且影响量经常不能通过含有允差的量来规定。这将导致实际的不确定度与基于确定的影响量列表中的不确定度的贡献所评估出来的扩展不确定度之间存在差异。

表 4　根据 CISPR 22 在开阔场试验场地所进行的发射测量中“不确定度源”转化为“影响量”的一些示例

不确定度源	影响量	CISPR 22 规定否？	给出允差否？
场地性能	归一化场地衰减	是	是
辐射环境	环境噪声电平	否	否
传导环境	LISN 的滤波器性能	是	否
接收天线的性能	天线系数 不平衡 交叉极化	间接，通过 CISPR 16-1-4:2007 的 4.4.1 是 是	是 是 是
EUT 单元布置和电缆的布置	单元的位置和方向以及电缆的几何位置	是，部分规定	否
EUT 电缆的端接	共模阻抗	否	否
EUT 的运行模式	EUT 的运行模式	部分规定(定性地)	否

4.2.6　被测量和固有不确定度

以上已经讨论了被测量的不确定度是由各式各样的不确定度源决定的，这些不确定度源可以用影响量来定量描述。在测量标准的制定过程中，通常目标是在该标准中规定一些技术要求以使得“测量结果的不确定度报告”与实际的不确定度相符合。对于一项新提出来的标准，实际的不确定度经常还是未知的。在符合性测量中，实际的不确定度可通过诸如循环试验(RRT)或实验室间的比对(ILC)来验证。在 EUT 引起的不确定度源已被排除的情况下，如果实际得到的不确定度和预估的不确定度之间出现差异，这就表明一个或更多的有关的不确定度源没有被识别或影响量未能对不确定度源给予充分的描述。然而，还受到一个基本的限制，即如果没有充分的信息，被测量就不可能被完全描述(见 ISO/IEC 导则 98-3:2008 中 D.1.1)。换句话说，如果测量系统的不确定度可忽略，测量量仍然受到不完全描述的被测量的最小不确定度的影响。这个最小的不确定度被定义为被测量的‘固有不确定度’(见 3.1.6)。

如上所述，固有不确定度在发射测量中是相当显著的。这是由于这样的事实，即对一个任意的 EUT，其单元的布置、电缆的布线以及运行模式的精确描述都受到实际的限制。相反地，如果被测量的固有不确定度可被忽略，那么对于标准化测量得到的不确定度可以完全归结为是由确定的影响量产生的，如测量系统的规范、环境规范和测量程序规范。CISPR 16-4-2:2003 中考虑了不确定度中的这一子部分，并简称为“MIU”。应指出的是在发射测量的标准中，缺少与 EUT 有关的影响量的规定是被测量的固有不确定度之所以这么显著的重要原因。

示例 1：下面两种不同规定被测量的方法将引起测量结果的显著差异：

1)　天线在 1 m～4 m 的高度扫描，对位于导电接地平板以上 0.8 m，距离接收天线 3 m 的 EUT 发射的最大电场强度进行测量；

2)　对位于导电接地平板以上 0.8 m，距离接收天线 3 m 的 EUT 在以下条件下对其发射的最大电场强度进行测量：

　a)　天线以 0.1 m 的最大步长在 1 m～4 m 范围内进行高度扫描；

b) 天线分别处于水平极化和垂直极化；

c) EUT 放置在不影响测量结果的桌子上；

d) EUT 以不大于 15°的步进进行水平旋转；

e) 接收天线在每一频率均为调谐偶极子。

尽管需对被测量进行足够详细的定义，以期由其不充分的定义所引起的不确定度与测量要求的精确度相比可以忽略不计，但应承认这经常是不切实际的。该定义已经不合理地假设有可忽略的影响，或者暗示其条件不能完全得到满足，且其不完善之处很难被考虑进去。被测量不充分的规范可导致在不同检测实验室对同一个量测得的测量结果之间存在差异(见 ISO/IEC 导则 98-3:2008 中附录 D)。

示例 2：一般来说，很难在标准里规定 EUT 所具有的运行状态。在寻找作为频率函数的最高发射时，要求 EUT 的所有运行状态和电缆所有可能的布线，这不但会引起不切实际的长的测量时间，而且会产生一个显著的固有不确定度。

图 3 表明了不确定度源、相应的影响量和由此导致的不确定度之间的关系。由于某些影响量不能被识别以及由于对影响量的特性了解的局限性，该图只强调了发射测量的固有不确定度是被测量具有的所能确定的绝对最小的不确定度。

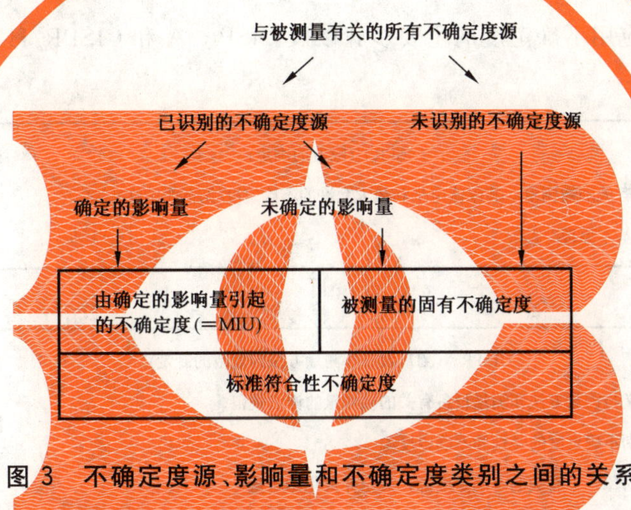

图 3 不确定度源、影响量和不确定度类别之间的关系

4.3 标准符合性不确定度和干扰概率之间的关系

4.3.1 概述

制定 CISPR 发射测量方法是为了确保由特定的产品或产品类所引起的特定的干扰问题的发生概率合理地低。从概率的意义上讲，测得的电平仅代表干扰电势的品质值。因此，引入术语"干扰概率"并定义为"符合 EMC 要求的产品在其正常使用的电磁环境中(从电磁兼容的角度)能够满意地运行的概率"。一般来说，干扰概率的确定十分复杂。本条描述了干扰概率如何受到被测发射量的选择、其限值电平以及这种被测量的标准符合性不确定度的影响。

4.3.2 被测量和相关限值

与传统的计量问题相比，在 EMC 领域，通常强调的是要使用规定的和标准化的方法进行测量，而不是确保溯源到定义的标准或 SI 单位。由此导致使用标准化的测量方法，如 CISPR 标准，其目的是满足法规和贸易的要求。因此，EMC 试验的结果更依赖于所使用的方法。这些方法经常被认为是经验方法(参见参考文献[27])。此外，被测量由所使用的测量方法进行定义。

示例：CISPR 16-2-2:2003 中第 7 章描述了骚扰功率的测量方法。这种测量的结果(实际为电压测量)依赖于 EUT 的布置、吸收钳的扫描方法和测量接收机的设置。测量结果并不能溯源到定义的骚扰功率参考标准。

在 EMC 符合性试验中，测量诸如电压、电流、场强等直接感兴趣的物理量不是目的。相反，被测量是一个导出量或间接量,即是为预期场所使用的产品的 EMC 等级提供一个品质值的量。

被测量,其不确定度和相关限值的电平均与干扰概率有关。附录 A 更详细地阐述了 SCU 和"干扰概率"之间的关系。由于实际的定量数据是可得到的,附录 A 在本质上是描述性的和定性的。除了在附录 A 中的描述,由于 CISPR/H 分会负责该课题,与 SCU 和干扰概率有关的课题不再在此作进一步的描述。CISPR/H 分会的任务是负责寻找合适的被测量、限值电平和以及限值电平的不确定度值。

从实际的 EMC 观点出发,所选择的被测量应是一个相应的品质值。对于允许的发射电平(限值电平)同样也可以这样理解。低的发射限值将导致低的干扰概率,反之亦然。同时被测量的不确定度也影响干扰概率。因此,对于一个特定的被测量,它的不确定度和相关限值的"干扰概率"的评估应由 CISPR/H 来完成。

为了表明所选的被测量和干扰概率的相关性,CISPR 符合性试验宜包括(参见附录 A 中的示例)定义的被测量和相关限值的基本原理,或者宜参考国际报告和可使用的出版物。附录 A 提供了一个关于被测量、其不确定度和相应的限值电平如何影响"干扰概率"的例子。

4.3.3 不确定度的确定和应用过程

图 4 总结了确定和应用不确定度的主要步骤以及 CISPR/A 和 CISPR/H 在此过程中各自承担的工作。

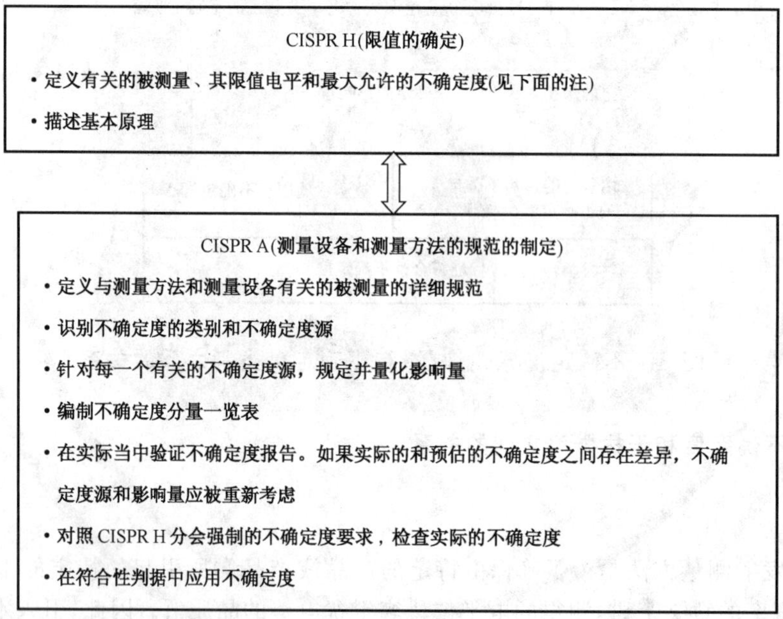

CISPR H(限值的确定)

• 定义有关的被测量、其限值电平和最大允许的不确定度(见下面的注)

• 描述基本原理

⇕

CISPR A(测量设备和测量方法的规范的制定)

• 定义与测量方法和测量设备有关的被测量的详细规范

• 识别不确定度的类别和不确定度源

• 针对每一个有关的不确定度源,规定并量化影响量

• 编制不确定度分量一览表

• 在实际当中验证不确定度报告。如果实际的和预估的不确定度之间存在差异,不确定度源和影响量应被重新考虑

• 对照 CISPR H 分会强制的不确定度要求,检查实际的不确定度

• 在符合性判据中应用不确定度

注:理想情况下,在确定限值时,宜同时规定可允许的最大不确定度。目前,这可能还只是处于研究阶段,但在将来,CISPR/H 应负责确定限值和有关的最大允许不确定度。

图 4 在确定被测量和应用不确定度的过程中,CISPR/H 和 CISPR/A 各自涉及的部分

总之,认识到以下方面是重要的:

a) 被测量的不确定度影响干扰概率;

b) 当进行"干扰概率评估"时,应考虑对 SCU 有贡献的所有不确定度类别;

c) CISPR/H 的任务是为 CISPR/A 提供关于被测量、限值电平和最大不确定度的要求;

d) CISPR/A 的任务是对某个被测量制定适当的测量方法和测量设备的规范,目的是使限值电平能以可复现的方式确定且实际的不确定度值符合由 CISPR/H 提出的不确定度的允差。

4.4 标准化发射测量中的不确定度的评定

4.4.1 不确定度评估的过程

从原理上来说,不确定度的评估是简单的。以下条款总结了为得到与测量结果有关的不确定度的评估所需完成的工作。步骤如下(见图5)。

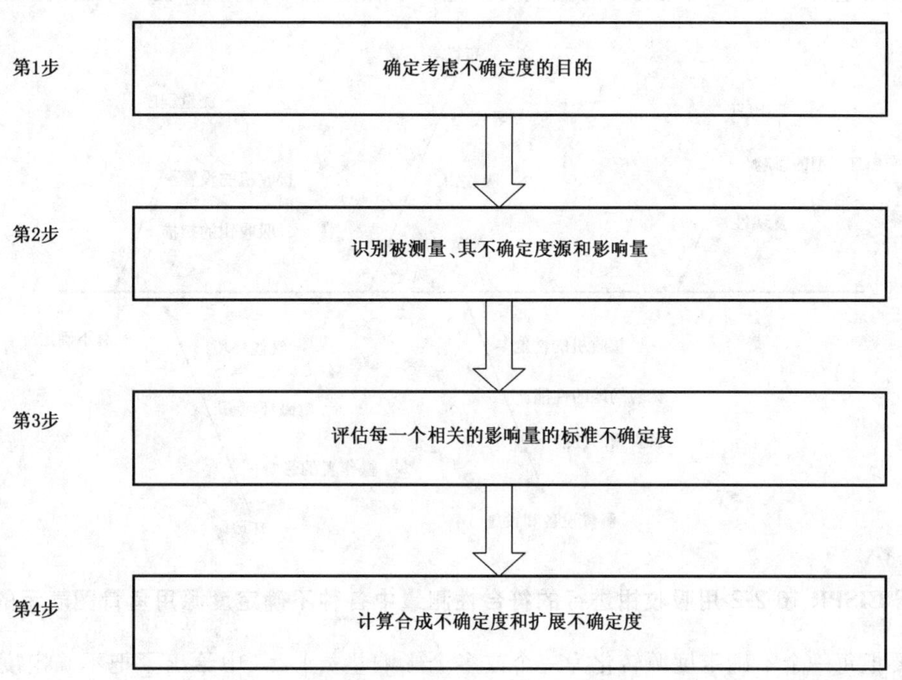

图5 不确定度的评估步骤

4.4.2 第1步:确定考虑不确定度的目的

正如4.2.2所述,可能有不同的理由要对不确定度进行分析。在表3中给出了不同类型的不确定度的一些示例。在本条的其余部分,假设进行不确定度分析是为了确定"SCU"。然而,从原理上来说,如果要确定"MIU",图5的第1步到第4步也是适用的。在这种情况下,所考虑的"不确定度源"和"影响量"是适用于"SCU"的"不确定度源"和"影响量"的子集。

4.4.3 第2步:识别被测量、其不确定度源和影响量

被测量的定义要求对被测的量的表述要清晰、明确,并且被测量的值和其依赖的参数(影响量)之间的关系要能够量化。这些参数可能是其他被测量、间接测量的量或者是常量。

示例1:假设辐射发射测量的被测量按照如下方式进行描述:

"对位于导电接地平板以上0.8 m、距离接收天线3 m处的EUT用测量天线在1 m~4 m进行的高度扫描来测量其发射的最大电场强度"。

这里对被测量的描述仍然是模糊不清的,因为数个有关的参数,例如接收天线的扫描步长、接收天线的极化、EUT和电缆的布置、接收天线的类型、环境条件以及试验场地等的要求并没有一一给出。

应清楚地表明在这个过程里是否包括抽样。如果包括,那么就需考虑评估与抽样程序相关的不确定度(80%/80%准则的应用见GB/Z 6113.403—2007)。

宜对有关不确定度源汇总列表。在这个阶段,不必关心量化单个分量。

为了识别不确定度源和影响量,把标准或技术文件中的每一个技术要求和表述作为一种可能的不

确定度源或影响量是很有帮助的。同时,原则上,测量步骤中的每一步代表一种可能的不确定度源。

因果图(有时称为“鱼骨”图[27])用来列举不确定度源,表明它们之间的相互关系和对测量结果的不确定度的影响。这种图示方式同时有助于避免不确定源的重复计算。尽管不确定度源的列表可以以其他的形式进行编制,但首选因果图。图 6 给出了鱼骨图的一个例子。图中示出了与吸收钳测量方法有关的不同的不确定度源。这些不确定度源可分成几种类别,类似于表 2 中给出的类别。

对于发射测量,典型的不确定度源的类别的其他例子在 4.2.3 的表 1 和表 2 中给出。

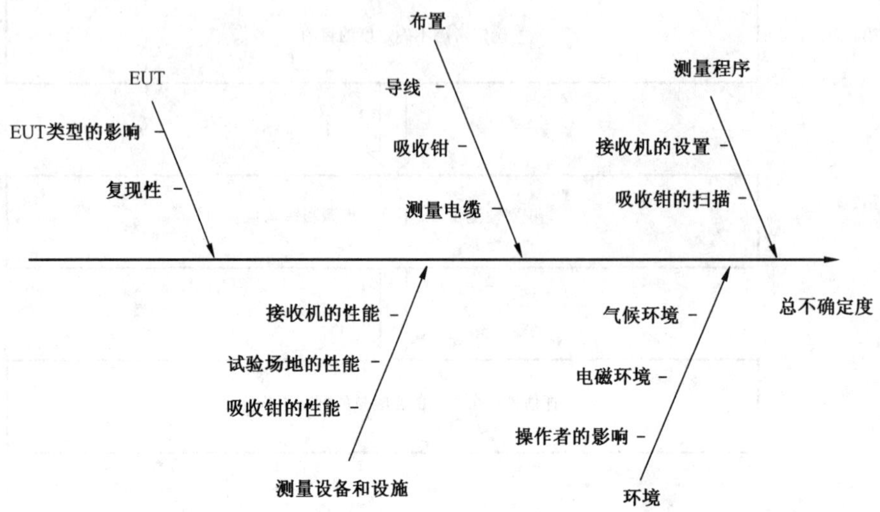

图 6　根据 CISPR 16-2-2 用吸收钳进行的符合性测量中各种不确定度源用鱼骨图表示的一个示例

下一步要把每一个不确定度源转化为一个或多个影响量。4.2.5 中给出了把不确定度源和影响量联系起来的方法。4.2.5 和表 4 中给出了一些示例,更详细的示例如下。

示例 2:对于辐射发射的测量结果来说,支撑和放置 EUT 的桌子是一个“不确定度源”。这个不确定度源以不同的方式与一个或多个影响量相关联:

1) 材料的类型和结构的详细规范,如桌子的材料应是干燥的橡木板,桌子的最大厚度应为 10 mm 并无金属结构部分;
2) 桌子材料的电气性能的详细规范,如规定相对介电常数以及损耗因数的最大值;
3) 对用于辐射发射测量的设施和设备,要求试验桌是试验场地确认过程中不可分割的一部分,即在场地衰减测量的过程中,桌子应放置在它的正常位置。

要满足上面的第一个规定是受条件限制的。在世界各地,要找到相同的干燥的橡木板是不可能的,且什么程度才能被认为是“干燥的”也需要做出规定。对于这种不确定度源,水分的含量就可算是一个“影响量”。对于上述第二个规定,由于仍然需要给出结构限制的条件,并且很难直接地给出电气性能对辐射发射测量结果的特定影响,因此,其转化为影响量也有其局限性。第三个规定对于试验桌有多种可能的实现方法。该影响量可以借助于对试验场地的 NSA 降级的贡献来予以规定。与前两个规定相比,第三个的规定比较完整,NSA 的数值与实际测量的不确定度更紧密相关。

尽管困难,还是应将很难或几乎不能确定的影响量(未确定的影响量)同时包括在不确定度报告当中。对这些影响量引起的不确定度,可以通过假定所考虑的影响量的值的范围或者通过考虑不确定度源的可能范围来加以评估。例如,要详细规定“电缆布置”的不确定度(表 2 中的第 4 列)可能是困难的。为了得到与这种不确定度源有关的不确定度,可以通过对不同级别的 EUT 进行试验性的统计变化研究来实现。

识别确定的和未确定的影响量和相关的允差后,测量结果的不确定度便可随之确定。这可通过标准化测量方法的建模或通过实验来实现。

4.4.4　第 3 步:评估每一个相关影响量的标准不确定度

ISO/IEC 导则 98-3 和参考文献[39]或[46]中详细地给出了得到与影响量有关的不确定度的方法。

为了方便起见,这些方法的主要方面重复如下。

不确定度源和影响量对被测量的影响,原则上可通过一个正规的测量模型进行表示。这种模型把每一个影响作为参数或者变量都包括了进来。根据影响测量结果的每个因素,这样的等式表示了一种测量过程的理想模型。对于 EMC 测量,这个函数可能是非常复杂的,且几乎不能被明确地描述。但如果可能,还是宜建立这种模型,因为表达式的形式通常能够确定合成单个不确定度的贡献的方法。

一般来说,测得的发射电平 L_m(输出量)取决于多个确定的影响量 $x_{s,i}(i=1,2,\cdots,n)$和多个未确定的影响量 $x_{u,j}(j=1,2,\cdots,k)$,见式(1):

$$L_m = f(x_{s,i}, x_{u,j}) \qquad \cdots\cdots(1)$$

对于每一个影响量 x,应当确定其标准不确定度 $u(x)$。然后,所有的标准不确定度可以被合成为"合成不确定度"(见 4.4.5 的第 4 步)。

因此,测得的电平 L_m 的总不确定度 $u(L_m)$是一个合成不确定度,可以将它正式地写为全微分的形式,见式(2):

$$u(L_m) = \sum_{i=1}^{n} \frac{\partial L_m}{\partial x_{s,i}} u(x_{s,i}) + \sum_{j=1}^{k} \frac{\partial L_m}{\partial x_{u,j}} u(x_{u,j}) = \sum_{i=1}^{n} c_{s,i} u(x_{s,i}) + \sum_{j=1}^{k} c_{u,j} u(x_{u,j}) \qquad \cdots\cdots(2)$$

式(2)中,$c_{s,i}$ 和 $c_{u,j}$ 是灵敏系数,由电平 L_m 对影响量 x 的偏导数给出,这里 $u(x)$表示与该影响量有关的不确定度。

灵敏系数经常是未知的,因为它既依赖于确定的影响量,也依赖于未确定(未知)的影响量。因此需要建立一个描述被测量和所有影响量之间关系的模型,用来评估灵敏系数的大小(同时参见 ISO/IEC 导则 98-3)。

影响量可分为 A 类和 B 类。广泛使用 A 类和 B 类的区分仅是为了讨论的方便。两种类型的影响量的标准不确定度的评估基于与影响量有关的概率分布知识。

A 类标准不确定度可通过一系列的重复测量使用统计方法计算得到。A 类标准不确定度适用于重复测量的平均值的标准偏差。B 类影响量的标准不确定度通过可利用的知识进行评估。例如,来自校准证书的数据、以前的测量数据、制造商提供的规范或其他有关的数据。

在符合性发射测量中,测量结果的不确定度以被测量的实际测量值为中心的区间来表示。不确定度的评估要在描述被测量和所有有关确定的和未确定的影响量之间关系的模型的基础上才能进行确定。只有当模型建立后,才能知道与第 i 个影响量 x_i 有关的不确定度 $u(x_i)$与被测量 L_m 的总不确定度贡献 $u_i(L_m)$之间是如何进行传递的。从数学分析上来说,$u_i(L_m)=c_i \cdot u(x_i)$一定是已知的。$c_i$ 称为"灵敏系数"。在其他参数中,c_i 可能与频率相关。同时参见 4.4.5。所需的模型可能是解析模型或数值模型。然而,需要指出的是,对于 EMC 测量,一般来说精确的模型是得不到的。因此,更便捷的方法是用重复测量和统计方法来评估与 A 类影响量有关的标准不确定度的大小。目前已有的一些不确定度指南,例如 LAB 34[46],M3003[39] 和 ISO/IEC 导则 98-3 ,均在此方面给出了详细的指导。需要指出的是,使用特定的 EUT,如"参考"EUT,或者可建立数值模型的 EUT,如"可计算的"的 EUT(见4.5.4),对于统计性的实验的不确定度的研究也是不错的实践方法。

4.4.5 第 4 步:合成和扩展不确定度的计算

ISO/IEC 导则 98-3 和参考文献[39]或[46] 详细地描述了获得被测量的合成和扩展不确定度所采取的步骤。为了方便介绍,这些步骤重复如下。

如同式(2)所假设的,如果 $u(L_m)$可写为不确定度贡献$\pm c_p u(x_p)$的线性和,每一个贡献(量)的符号一般来说是未知的(仅已知围绕 x_p 的区间),那么,"合成标准不确定度"$u_c(L_m)$可见式(3):

$$u_c(L_m(f)) = \sqrt{\sum_{p=1}^{m} \{c_p(f) \cdot u(x_p(f))\}^2} \qquad \cdots\cdots(3)$$

式中，$m=n+k$。需要强调的是，$u_c(L_m)$实际上是频率 f 的函数，与频率的依存关系已在式(3)中有明确表示。

注：在 CISPR 16-4-2:2003 中，已经假设 $u_c(L_m)$与频率无关，但并没有阐述这种假设的理由，并且假设式(3)总是适用的。一般来说，这与在 6.4.4 中表明的情况并不相同。

扩展不确定度 $U(L_m)$应通过式(3)得到的合成不确定度以及式(4)来确定：

$$U(L_m)=k\cdot u_c(L_m) \quad \cdots\cdots(4)$$

式中，k 为包含因子。对于 EMC 测量，通常的惯例是，当自由度大时，使用包含因子 $k=2$，对应的置信概率为 95%。这个置信概率为 95%的扩展不确定度将用于所有不确定度的更进一步的讨论。例如，如果使用了术语“MIU”，这意味着“扩展不确定度”是由测量设备和设施的不确定度源产生的。

正如 4.3 所讨论的，考虑了干扰概率后，就可以得到合成不确定度 $u(L_m)$的最大允许值。这种考虑将产生用于符合性判定的限值电平 L_{lim}的规范，反映了干扰概率可接受的电平。$u(L_m)$应以对干扰概率的影响较低的方式来定义。如果做不到，L_{lim}不得不被调整到能提供相同干扰概率的电平上。

4.5 不确定度报告的验证

4.5.1 介绍

当制定新的标准或提出修正案/修改单时，应对按照 4.4 所给出的步骤得到的不确定度评估结果进行有效性验证。“测量的兼容性”(见 3.1.12)的验证可通过以下实验方法进行：

a) 对两个不同的检测实验室得到的测量结果和不确定度报告进行比对；或者通过

b) 进行多个检测实验室之间的测量结果的比对和统计评估。

同时，应用“可计算的 EUT”或“参考 EUT”对于评价不确定度报告的某些方面是有用的。以下条款更详细地描述这些验证方法、其目的以及它们的应用。有关结果比对的其他信息见参考文献[51]。

4.5.2 检测实验室的比对和测量兼容性的要求

4.5.2.1 两个检测实验室的结果

测量结果的不确定度可通过包含发射电平 L_t 的真值的一个区间 ΔL_m 来表示。在计量领域里，这个区间通常与其置信概率一起表述。如果 L_u 为区间的上界，L_l 为区间的下界，$\Delta L_m=L_u-L_l$，那么只有以一定的置信概率满足式(5)时，区间 ΔL_m 才有相应的含义。

$$L_l \leqslant L_t \leqslant L_u \quad \cdots\cdots(5)$$

同样地，如果 L_m 是测量的发射电平，则不得不以一定的置信概率满足关系式 $L_l \leqslant L_m \leqslant L_u$。该区间 ΔL_m 包括有关确定的和未确定的影响量的不确定度的(加权的)贡献，可用扩展不确定度来表示，见式(6)：

$$\Delta L_m=2\times U(L_m) \quad \cdots\cdots(6)$$

通过检查测量兼容性，可以用被测量 L_m 的电平和相关的不确定度的区间 ΔL_m 来验证不确定度评估的有效性：当完全按照同一个标准对相同的产品进行两次独立的测量时，被测量的电平分别落在 $L_{l1} \leqslant L_{m1} \leqslant L_{u1}$ 和 $L_{l2} \leqslant L_{m2} \leqslant L_{u2}$ 范围内，扩展不确定度分别为 $\Delta L_{m1}=L_{u1}-L_{l1}$ 和 $\Delta L_{m2}=L_{u2}-L_{l2}$，当 ΔL_{m1} 和 ΔL_{m2} 有着相同的置信概率时，式(7)一定满足：

$$L_{l1} \leqslant L_{u2} \text{ 和 } L_{l2} \leqslant L_{u1} \quad \cdots\cdots(7)$$

作为例证，图 7 表明了当使用(L_{l1}，L_{u1})和(L_{l2}，L_{u2})时同时满足这两个关系式的情形。既然区间 ΔL_{m1} 和 ΔL_{m2} 有所重叠，且具有相应的置信概率，那么与假设的测量有关的区间就有实际的意义，发射电平的真值就有可能同时落在这两个区间内。此外，图 7 还表明，区间 ΔL_{MIU1} 和 ΔL_{MIU2}(也参见注 2)由测量设备和设施的不确定度 U_{MIU}来确定，这两个区间仅包含了 MIU，与在参考文献[29]中得到的相同。既然 U_{MIU}为符合性试验中有关不确定度的总集合的子集，那么可以预期区间 ΔL_{MIU}小于与 SCU 有关的

区间 ΔL_{m}。从图 7 的例子可看出，不存在由 ΔL_{MIU} 确定的区间重叠。因此，发射电平的真值不可能同时落在两个区间 ΔL_{MIU} 内。也就是说，这些区间 ΔL_{MIU} 不能满足将其作为实际不确定度区间的最基本要求。

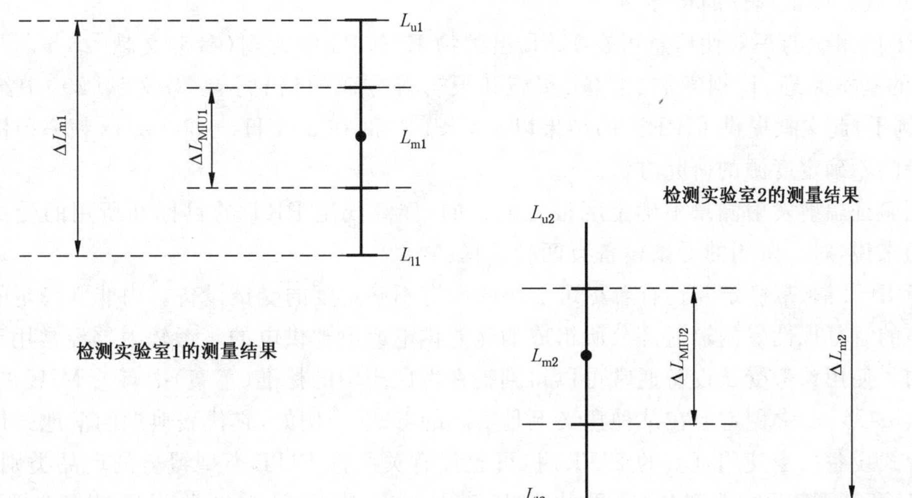

注：当使用标准符合性不确定度区间 ΔL_{m1} 和 ΔL_{m2} 时满足式(7)。但当使用由 ΔL_{MIU1} 和 ΔL_{MIU2} 确定的测量设备和设施的区间时则不满足式(7)。

图 7 标准符合性不确定度的最基本要求(区间兼容性的要求)的示例

对于未确定的影响量，标准要求包括不确定度的考虑时，标准制定者的任务是提供定量确定 ΔL_{m} 的具体步骤。

注 1：如果标准为不确定度区间规定了一个固定的值，该值可以让检测实验室用来验证其是否符合 CISPR 为确定影响量规定的允差，例如 GB/T 6113.105—2008 中 4.5.2.3，那么此时这种步骤就没必要包含在标准中。

注 2：ΔL_{MIU1} 与参考文献[29]中给出的测量设备和设施的不确定度 U_{CISPR} 之间的关系由式(6)确定，即 $\Delta L_{\mathrm{MIU}} = 2U_{\mathrm{CISPR}}$。

4.5.2.2 结果的相关性

一个有效测量结果的不确定度应当能够确保与被测量和 EUT 都相同时的所有其他有效测量相兼容。兼容性通过区间的重叠来表明。对于造成两个测量结果差异的不确定度来说，其兼容性判据可以通过应用不确定度合成的判据来得到。当两个测量结果可用区间表示，即满足式(8)时，则认为它们是彼此兼容的。

$$U_{12} = \sqrt{(U_{\mathrm{m1}}^2 + U_{\mathrm{m2}}^2 - 2rU_{\mathrm{m1}}U_{\mathrm{m2}})} \qquad \cdots\cdots(8)$$

这里 U_{12} 是造成两个测量结果差异的不确定度，r 是两次测量的相关系数。如果两次测量完全不相关，那么 $r=0$，且两区间对于兼容性一定是部分重叠。如果它们之间是完全的正相关，那么，$r=1$ 且 $U_{12}=U_1-U_2$，兼容性要求它们完全重叠。如果它们是负相关的关系，且 $r=-1$，$U_{12}=U_1+U_2$，且两区间的重叠对于兼容性可能减小为一个公共的部分。因此，兼容性的评估与几次测量之间相关性的判定有关。这种相关性的确定可能是困难的，需要更加关注数据的统计分析。

从两个不同的检测实验室得到的且应用于这些检测实验室的测量结果的不确定度区间的最基本要求是重叠。假如不存在重叠，则可推断并不是所有的不确定度源和影响量都作了考虑，这意味着相关的影响量的规范还不够完善。在这种情况下，一定要修订标准以避免这些复现性的问题。

4.5.3 检测实验室之间的比对和统计评估

从统计学的观点来说，在几个试验场地进行验证测量，并且使用统计方法对结果进行分析而不是只对两个实验室的结果进行比较(如4.5.2所描述的),这样做是很有好处的。这种一系列的测量通常称为检测实验室的比对、场地的复现性计划或循环试验(RRT)。本条中的其余部分将用“循环试验”这种表示方式。RRT是一种用来验证标准化发射测量的不确定度报告的统计性和实验性的方法。本条可为RRT的组织提供验证程序的指导。

关于RRT的组织的一般性信息可在EAL出版物EAL-P7中找到(参考文献[26])。此文献提供了关于RRT的基本原理、计划编制、准备、实施和报告等方面的信息。参考文献[29]中给出了一个RRT的特定例子:此文献提供了RRT的结果以及CISPR 22在30MHz～300MHz频率范围内规定的辐射发射测量的不确定度源的研究方法。

为了达到验证辐射发射测量不确定度报告的目的,详细规定RRT的目标和所用的受试设备是很重要的。总的来说,对于所用的受试设备有两种选择:

1) 参考EUT:非常稳定并且有着尽可能小的固有不确定度的受试设备。由非常稳定的信号源和刚性的且复现性好的辐射部分所组成的光能供电或电池供电的参考辐射器经常用于实现这个目的。使用参考受试设备通常可以得到正在考虑当中的标准(草案)中有关MIU的信息。

2) 真实EUT:非常稳定但在某种意义上是实际的EUT。例如,它代表典型的落地式设备或典型的台式设备。当使用真实的EUT时,可收集有关所选EUT类型覆盖的产品类别的SCU的信息,所选EUT的类型包括:尺寸大小、落地式还是台式、单个单元还是多个单元、电池供电等。

循环传递EUT的试验计划应与需要验证的标准(草案或修正案)相同。

为了保证试验结果的正确分析,为试验参加者编制标准的数据格式进行结果的报告是重要的。此外,还要求提供附加的(例如:关于设备和自动软件的)信息,以验证提交结果的有效性。

除了测量数据,要求参加者提交其不确定度报告也是重要的。附录D给出的例子表明了怎样分析RRT数据和比较不确定度评估的结果(评估是参照4.4中给出的步骤进行的)。

4.5.4 使用“可计算的受试设备”

为了验证不确定度评估,本条提供了可计算的EUT使用方面的一些指导。应当规定“可计算的受试设备”的所有相关的影响量并且可以遵循ISO/IEC导则98-3给出的传统计量学方法来确定相关的不确定度。正因为如此,可计算的EUT可用于验证不确定度报告。

使用可计算装置的方法已成功地用于天线校准场地的确认(见GB/T 6113.105—2008中第4章)。在这种情况下,所谓的可计算的偶极子天线被用于对校准试验场地(CALTS)进行确认。

同样地,可计算的EUT也可用来对从事CISPR标准化符合性测量的检测实验室的能力进行定量的评估。这种方法也被用在参考文献[29]给出的CISPR/A辐射发射RRT试验中。

使用可计算的EUT的一个重要条件是能得到所进行的测量的有效仿真模型。

有效模型的缺少给一些实际当中的EMC发射测量带来了问题。如果可以得到有效的仿真模型,那么使用这种模型通过进行参数研究可分析影响量的一些方面。测量布置的建模和可计算的EUT的使用可以提供与标准化测量的物理方面相关的固有不确定度的信息。需要指出的是,一般来说,这样的建模通常不能提供测量链中某些部分的不确定度的信息,如测量接收机。

4.5.5 使用“参考EUT”

“参考EUT”是具有规定和稳定发射性能的发射源。参考EUT经常被用作检测实验室比对中的EUT(见4.5.3)。它也可被用于对试验设施的特性进行快速、整体的确认。整体的确认意味着将测量链(电缆、天线、试验场地等)中单个部分的特性合在一起进行评估。例如,在辐射发射测量的设施中,测量链由场地、接收天线、天线电缆和测量接收机/频谱分析仪组成。不同的CISPR规范均涉及测量链的这些部分,对这些规范进行周期性的确认则需要投入更多的精力。因此,参考EUT可作为一个传递标准来验证测量链的所有部分。该测量结果可为特定的测量建立内部参考。这种方法的有效性取决于参考EUT内源的稳定性和测量设施中参考布置和配置的复现性。

经过严格筛选的参考EUT测量得到的“参考”结果应予以记录。使用参考EUT进行的测量可重复进行。周期性获得的数据可与上述的参考结果进行比较;由于与这些测量有关的固有不确定度小,所以它可以提供关于MIU的信息[见图1b)]。因此,应使用合格/不合格的判据,这个判据与被测量的MIU的大小有关(见4.7.4)。

4.6 不确定度的报告

4.6.1 概述

本条为以下两种情况的不确定度报告提供指导:

1) 不确定度评估结果的报告作为标准制定过程的一部分或者为了满足诸如ISO/IEC 17025的认可要求,检测实验室需要确定自己的不确定度报告;
2) 由检测实验室进行的、与常规的发射符合性测量有关的不确定度的报告。

4.6.2 不确定度评定结果的报告

需要报告的关于不确定度分析的结果的信息取决于其预期的用途。指导原则是,当获取了新的信息或数据时,要提供足够的信息对不确定度的结果进行重新评估。

如果不确定度分析的细节,包括确定的方法与出版的文献有关时,则必须清晰地注明所参考的文献。

不确定度评定的完整报告宜包括4.4和4.5中有关的信息,具体如下:

1) 不确定度分析的目的的陈述和说明;
2) 识别被测量及其不确定度源和影响量;
3) 通过建立数学模型或实验的方式确定每一个相关影响量的不确定度大小,例如不确定度的大小作为某些参数(例如:频率、EUT类型等)的函数;
4) 计算合成不确定度和扩展不确定度;
5) 验证不确定度报告;
6) 参考文献的列表(如果适用)。

不确定度大小的评估[上述3)]应包括:

- 描述由实验观察和输入数据计算测量结果及其不确定度的方法;
- 计算及不确定度分析中所用的所有修正和常量的值和源;
- 所有不确定度分量的列表以及对其进行评估的详细描述。

数据和分析宜以这样的方式给出,即不确定度评估过程中的主要步骤很容易被识别,而且,如果需要时这种计算过程可以重复进行。

4.6.3 常规符合性测量结果中不确定度的表述

当检测实验室报告发射测量的结果时,仅表明扩展不确定度的值和 k 值,再附上一份所用的内部不确定度的评定报告就足够了。

4.6.4 扩展不确定度的报告

除非另有要求,否则发射测量的结果 L_{m} 宜与用包含因子 $k=2$[如在4.4.5的式(4)中所描述的]计算的扩展不确定度 $U(L_{\mathrm{m}})$ 一起给出。推荐使用下面的报告格式:

＜测量结果＞：＜$L_{m}\pm U(L_{m})$＞＜单位＞
根据 ISO/IEC 导则 98-3 的规定，这里报告的不确定度为扩展不确定度，包含因子 $k=2$，对应的置信概率近似为 95％

当然，包含因子的取值应当可以进行调整以表示实际所用的值。然而，对于 EMC 试验，通常的做法是取包含因子 $k=2$，其对应的置信概率近似为 95％。

示例：最大骚扰功率：[(39.5±4.3)dB(pW)]。[a]

[a] 报告的不确定度为扩展不确定度，包含因子 $k=2$，其对应的置信概率近似为 95％。

测量结果的数值及其不确定度应当使用合适的有效数字进行表示；宜避免使用太多位的数字。对于发射测量的扩展不确定度，以 dB 表示的不确定度，其有效数字不必多于两位。测量结果应当四舍五入，与所给的不确定度保持一致。

4.7 不确定度在符合性判据中的应用

4.7.1 介绍

4.7.1.1 符合性确定的问题

4.7.1.1.1 概述

EUT 符合发射要求，即 EUT 的骚扰电平低于特定的限值。发射测量结果的不确定度会影响对合格/不合格的判定。以下两种情况应给予考虑：

1) 制定的限值未考虑适用于测量方法的不确定度；或者

2) 制定的限值已考虑适用于测量方法的不确定度。

4.7.1.1.2 判定符合性时考虑不确定度

假设制定骚扰限值时没有考虑测量方法的不确定度[即上面的情况 1)]，当判定测量结果与发射限值的符合性时，会出现以下四种情况(见图 8)：

a) 测量结果超过了限值，裕量大于适用于测量的扩展不确定度；

b) 测量结果超过了限值，裕量小于适用于测量的扩展不确定度；

c) 测量结果小于限值，裕量小于适用于测量的扩展不确定度；

d) 测量结果小于限值，裕量大于适用于测量的扩展不确定度。

情况 a)通常以 95％的置信概率被认为是“不符合”，这是因为考虑扩展不确定度后测量结果的下限位于限值电平之上的置信概率为 95％。

情况 b)通常以小于 95％的置信概率被认为是“不符合”，这是因为考虑扩展不确定度后测量结果的下限位于限值电平之下的置信概率为 95％。

情况 c)通常以小于 95％的置信概率被认为是“符合”，这是因为考虑扩展不确定度后测量结果的上限位于限值电平之上的置信概率为 95％。

情况 d)通常以 95％的置信概率被认为是“符合”，这是因为考虑扩展不确定度后测量结果的上限位于限值电平之下的置信概率为 95％。

情况 b)和 c)则要单独考虑，例如，这种考虑基于测量数据的用户、EUT 的制造商或复测机构之间所签定的协议。双方可以依据评估的目标和涉及的风险，采用不同的符合性判据。对于发射测量，LAB34[46]中给出了类似的符合性考虑。

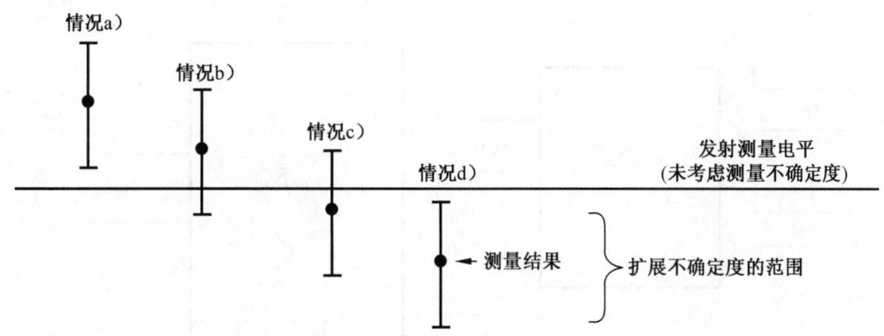

图 8　制定限值没有考虑测量不确定度时符合性判定过程中四种情况的示意图

4.7.1.1.3　制定限值时考虑了不确定度的符合性判定

考虑 4.7.1.1.1 中的情况 2),符合性的判定取决于:

a)　检测实验室确定的适用于测量的不确定度大小;

b)　制定限值电平时所考虑的不确定度大小。

正如 4.3 所讨论的,CISPR/H 应当确定和记录制定限值电平时所考虑的不确定度大小。

如果情况 a)的不确定度值大于情况 b),那么情况 a)的不确定度值减去情况 b)的不确定度值应作为不确定度,产品符合性的判定应按照 4.7.1.1.1 中的情况 1)处理。

如果情况 a)的不确定度值小于或等于情况 b),那么产品符合性的判定不用考虑测量不确定度,这可得到图 9 所示的四种情况,即情况 a)～情况 d)。这种情形包含在 CISPR 16-4-2:2003 中,其清楚地给出了考虑 MIU 时判定产品合格/不合格的方法。

对于这种情形,情况 a)和情况 b)为不符合,而情况 c)和情况 d)则为符合。

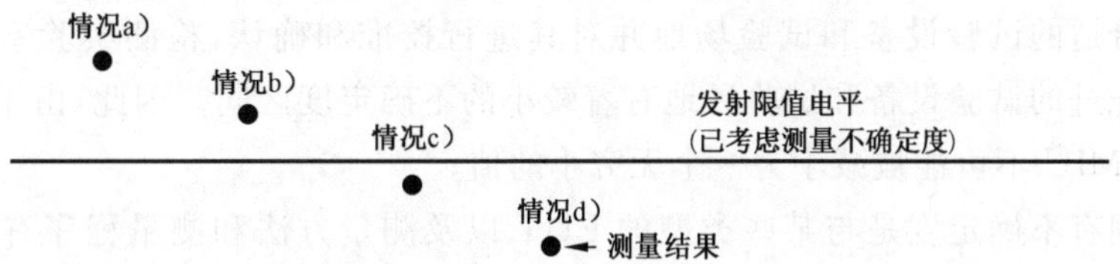

图 9　制定限值考虑了测量不确定度时符合性判定过程中四种情况的示意图

4.7.1.2　不确定度类别的考虑

以上条款描述了符合性评估过程中两种不同的问题。下面将考虑不同类别的不确定度的影响。这些不同类别的不确定度使用在不同的试验情况中(同时见 4.2.2、4.2.3 和表 3)。假设不同类别的不确定度合成后得到图 10 所示的总不确定度 $u(L_{\mathrm{m}})$。

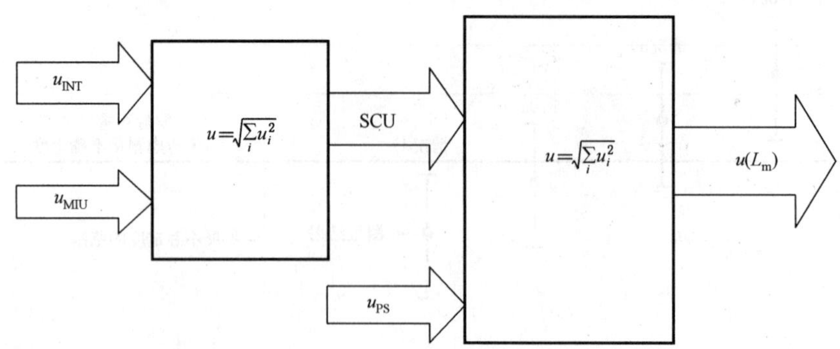

图 10 被测量的总不确定度与一些主要类别不确定度之间的通用关系

总的来说,图 10 表明了某些独立的不确定度对发射测量的总不确定度是有贡献的;这种概念也描述在式(1)中。通过假设总不确定度等于这些不相关的不确定度分量的方和根可对此概念进行解释,这些不确定度分量被表示为标准不确定度,见式(9):

$$u(L_m)=\sqrt{u_{MIU}^2+u_{INT}^2+u_{PS}^2} \qquad \cdots\cdots(9)$$

式中:

$u(L_m)$——对于特定的应用测得的电平 L_m 的总不确定度;

u_{MIU} ——根据 CISPR 16-4-2:2003 为特定试验布置所确定的 MIU;

u_{INT} ——被测量的固有不确定度;

u_{PS} ——总体产品发射性能的离散产生的不确定度。

图 10 有助于识别不同应用时的相关不确定度分量。此外,不同机构仅能影响或限制某些不确定度类别,但并不是全部,即:

- 通过使用合适的试验设备和试验场地并对其进行校准和确认,检测实验室仅直接影响 MIU。典型的最先进的试验设备和试验场地有着较小的不确定度区间。因此,由于实际情况和经济成本的考虑,MIU 不可能被减小为一个无穷小的值;
- 被测量的固有不确定度是与某些类型的 EUT 以及测量方法和测量程序有关的固有性能。这种固有不确定度不受检测实验室的控制。它为某些类型的 EUT 和标准化测量方法的固有性能。标准制定机构负责尽可能地减小被测量的固有不确定度;
- 产品的无意发射性能取决于其功能上电性能的允差。制造允差和元件、布线以及模块的寄生(非功能性的)电磁性能也决定产品的发射性能。因此,总体产品的发射性能为服从某一概率分布的变量。如果符合性试验使用的样品数量有限,那么总体产品发射性能的离散被认为是一种不确定度。发射性能的离散由产品的设计和生产决定。这种不确定度由所涉及的产品的统计性能(发射性能的离散)和样品数量决定。因此,制造商负责在合格/不合格判据中考虑这种不确定度(即 80%/80%准则,同时见 4.7.3)。

当制定符合性判据时宜考虑尽可能的控制或减少某些不确定度类别。取决于所涉及的机构,例如制造商、检测实验室、标准制定机构或政府机构,限制某些不确定度类别的原理和选择理由是随之变化的。不同不确定度类别是否要进行考虑的任务宜"分配"给符合性评定过程中所涉及的机构,它们能够控制所考虑的特定的不确定度类别。如果不能进行这种任务分配或者涉及多家机构,那么宜使用"共担风险"的概念。在"共担风险"的概念中,所有涉及的机构若不考虑测量不确定度,则需接受检测实验室的测量结果。每一方对测量结果的接受都存在着 EUT 过试验或欠试验的风险。

由于不同类别的不确定度具有不同的应用,因此,不同的不确定度报告和不同的接受判据也具有不同的应用。表 3 给出了一些不同应用的示例以及相关的不确定度类别。下面将详细地考虑不同符合性（合格/不合格）判据的应用，即：

a） 符合性测量中制造商的符合性判据（4.7.2）；

b） 批量产品的符合性判据（4.7.3）；

c） 质量保证试验的符合性判据（4.7.4）；

d） 复测时不确定度的应用（4.7.5）。

4.7.2 符合性测量中制造商的符合性判据

在 CISPR 16-4-2:2003 中，使用如下的符合性判据：

如果满足式(10)

$$L_m \leqslant L_{lim} \text{ 且 } L_m + U(L_m) \leqslant L_{lim} + U_{CISPR} = L_{eff} \qquad \cdots\cdots(10)$$

那么，测得的电平符合限值的要求。

图 11 中以图解的形式说明了这个判据，图中的 U_{CISPR} 是一个约定量（默认值）。对于不同类型的骚扰测量，CISPR 16-4-2:2003 中的表 1 做出了规定。

这种符合性判据意味着如果检测实验室的不确定度超过了 U_{CISPR}，当与限值 L_{lim} 比较，进行合格/不合格判定时，就应把超额量 $U(L_m)-U_{CISPR}$ 也考虑进去。

U_{CISPR} 的大小应反映使用最先进的设备、设施和程序的检测实验室，通常情况下可以直接进行“合格/不合格”判定，而不用考虑“补偿因子” $U(L_m)-U_{CISPR}$。需要指出的是 U_{CISPR} 的值仅考虑了测量设备和设施的影响量。

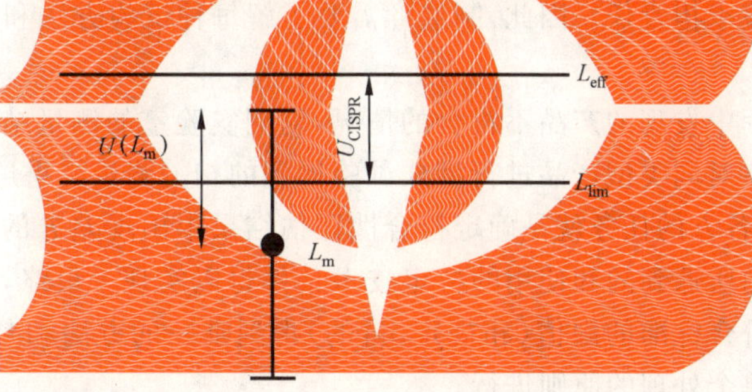

图 11 根据 CISPR 16-4-2:2003 符合性测量中 MIU 符合性判据的图示

4.7.3 批量产品的符合性判据（80%/80%准则）

对于批量产品的型式试验，从不确定度的观点出发，发射测量结果的离散性通过以下两种方法表述（见 GB/Z 6113.403—2007）：

1） 单个有代表性的样品进行测试和后续的周期性质量保证试验；或者

2） 对有代表性的、有限的样品进行试验，并根据 80%/80%准则对测量结果进行统计评估。

上述两种情况的符合性判据是不同的。在第一种方法中（即周期性地检测单个样品），产品只要不超过限值，试验就算通过。在第二种方法中，补偿的余量已包含在依赖于样品的数量（t 分布）的符合性判据中，或者，可将测量结果与限值直接进行比较，依赖于样品的总数（二项式分布），允许有一定数量的样品不符合。

80%/80%符合性判据基于被测量的测量值与限值的直接比较，MIU 并没有被考虑在内。

注： 目前仍然没有解决的问题是如果在 GB/Z 6113.403—2007 提出的 80%/80%准则的符合性判据和 CISPR 16-4-2:2003 的 MIU 符合性判据两者都适用的情况下如何协调，这是 CISPR/A 分会将进一步研究的课题。

4.7.4 参考 EUT 用于质量保证试验时的符合性判据

周期性的质量保证试验或者通过专门检查得到的数据可与“参考结果”(见 4.5.5)直接进行比较。这时,与被测量的测量设备和设施的不确定度有关的合格/不合格判据应当适用,因为当使用参考 EUT 时,固有不确定度一般来说是较小的,因此并没有包含在质量保证试验当中。对于 MIU,20%的最大偏差被认为是可接受的合格/不合格判据。

4.7.5 复测时不确定度的应用

如果一家检测实验室检测产品的样品符合相关标准,而另外一家检测实验室再次对该产品的样品进行检测的这种现象称为复测。

产品的样品可能为:

a) 单个制造商的特定产品(即特定型号)的几个样品;

b) 单个制造商提供的产品生产线上的单一样品;

c) 不同制造商的可比较型号的单一样品(即被认为是一个产品类别)。

本条为两家实验室的结果出现不一致的情况提供指导(即对于产品样品的符合性,两家实验室的结果得到不同的结论)。

复测实验室(或相关的政府机构检测实验室)进行符合性测量的过程中,SCU 起着间接作用。检测实验室将测得的结果与产品标准的限值进行比较,然后根据 CISPR 16-4-2:2003 给出的规则(即使用 MIU)判定产品是否符合相关标准的规定。考虑到特定试验的 SCU 可能远大于 MIU,制造商为评估复测中出现不符合的风险承担责任。因此,制造商需要了解每种试验方法和某些 EUT 类别的 SCU 的数量级。

d) 对于复测过程中发现的产品不符合的情况,复测实验室的测量结果需与另外一家代表制造商的检测实验室对同类型产品进行型式试验得到的相关测量结果进行比较。

随后,存在分歧的各方的任务就是确定符合性评估结果中出现差异的原因。这个过程可通过比较各自符合性测量过程中所遇到的和使用的特定技术条件得以实现。最终,存在分歧的各方就可以对所考虑的产品类型是否符合标准的限值(和规定/目的)得到唯一的方法和判定。在这种情况下,SCU 的确定将按照单个情况单个处理的原则进行。

如果制造商的检测实验室和复测实验室之间的 SCU 评估表明,相关标准的技术内容可以以不同的方式进行解释,那么需将这样的情况报告给负责制定标准的组织,同时要求为该标准增加修正案或勘误表以解决标准内容规定不清之处。

复测实验室需特别注意将特定测量中所涉及的 SCU 减至最小。根据所用标准的规定,仔细地测得 EUT 发射的最大值。总之,需考虑 EUT 的所有可能运行模式和试验布置以确保测得最大骚扰电平。换句话说,EUT 需按照如下要求:

1) 试验布置需反映产品的典型和预期使用且产生最大骚扰电平;以及

2) 运行模式能产生最大骚扰电平。

在对产品的符合性作出最终判定之前,检测实验室应确定 EUT 最坏情况下的布置和运行模式以能够得到最大骚扰电平。本部分并不对 EUT 产生的最大发射电平的识别和确定给出更多的要求。

产品标准中的通用表述并不能确保检测实验室将识别和记录 EUT 产生的最大发射电平。这就增加了不能捕获最坏情况下(即最大)发射电平的风险,因此也增大了 SCU。

对于复测,由于某些试验方法的 SCU 值可能相当大或者更值得一提的是某些试验方法的 SCU 值未知,因此复测实验室和制造商的实验室都充分地考虑 SCU 是不可能的。下面的程序可被认为是一种实际的解决方法:

- 复测实验室依据特定的产品标准对产品进行测量和评估。如果产品被判定为不合格,对于这种不合格的情况，制造商必须对之前得出合格声明所使用的程序和测量结果给出解释。这就要求对符合性试验的最终试验报告进行复核。

- 如果制造商的实验室使用的运行模式或试验布置与复测实验室的不同但符合所适用的标准，那么复测实验室将根据制造商试验报告的描述对该产品进行重复试验。

——如果重复测量表明制造商的检测实验室和复测实验室的测量结果的差异主要是由试验布置和/或运行模式(由于相关标准中内容规定不清之处)的不同产生，那么复测实验室将认可制造商的试验报告并修改自己的判定结论。此外，复测实验室有义务让负责的标准委员会注意到标准中内容规定不清的地方。

——如果重复测量表明依据所适用标准的规定，制造商的检测实验室在符合性测量的过程中未能识别和记录 EUT 产生的最大发射，那么应接受复测的官方机构的判定结论。

对于产品的不符合性，复测实验室的判定过程宜考虑复现性的不确定度(即 SCU)。因此，每种试验方法和某些 EUT 类别的 SCU 值的数量级[2]宜作为判定机构、制造商、官方机构或其他有需要的机构所考虑的通用指导。

本部分并不能为复测实验室符合性判据的应用提供更多特定的指导。

本条中给出的方法适用于由官方机构实施的市场监督，也适用于制造商为产品的符合性试验分包给不同实验室时的复测或复现性争议。

5 抗扰度试验中不确定度的基本考虑

抗扰度试验中不确定度的基本考虑目前正在考虑中。

就特定参数而言，抗扰度试验中 SCU 的考虑不同于发射试验中 SCU 的考虑，例如，被测量经常是 EUT 的功能属性而不是一个量。

6 电压测量

6.1 介绍

本章涉及的是 CISPR 标准化的电压测量的建模，旨在识别对 SCU 的所有可能贡献，但不包括：

a) 由 CISPR 80%/80%抽样程序所覆盖的产品变化；和

b) 由检测实验室引入的不确定度(见第 4 章)。

6.2.2 中讨论了电压测量的基本原理之后，6.3 中讨论了使用电压探头的电压测量方法。6.4 中讨论使用 V 型人工电源网络对仅带有电源电缆的Ⅱ类设备进行的电压测量。其他的电压测量，例如，对于装有保护接地的设备、多于一根连接电缆的设备和连接辅助装置的设备，正在考虑当中。

6.2 电压测量(概述)

6.2.1 介绍

6.2.2 首先给出了电压测量原理的基本考虑，其次对使用电压探头进行的电压测量进行了讨论(见 6.3)。最后讨论了最经常使用的传导发射测量，即使用 V 型人工电源网络进行的发射测量(见 6.4)。在整个讨论中，均假设 EUT 是两端子的装置：仅有一根两线的电源电缆连接到 EUT。有或者没有辅助设备相连的 N 端子($N>2$)设备的电压测量正在考虑中。

---

2) “数量级”意味着 SCU 能选择的值，例如 1 dB、3 dB、6 dB、10 dB 或 20 dB。

6.2.2 电压测量原理

6.2.2.1 测量回路的规定

电压总是在两个特定的端子之间进行测量。图 12 举例说明了这样的测量。U_{12}是所关注的电压。测量导线传输信号到由电压表的输入阻抗所构成的负载阻抗 Z_L 的两端 3 和 4,U_{34}就是实际的被测电压。由 EUT、测量导线和电压表的负载阻抗形成的回路,其周长用 C 表示,环路面积用 S 表示。

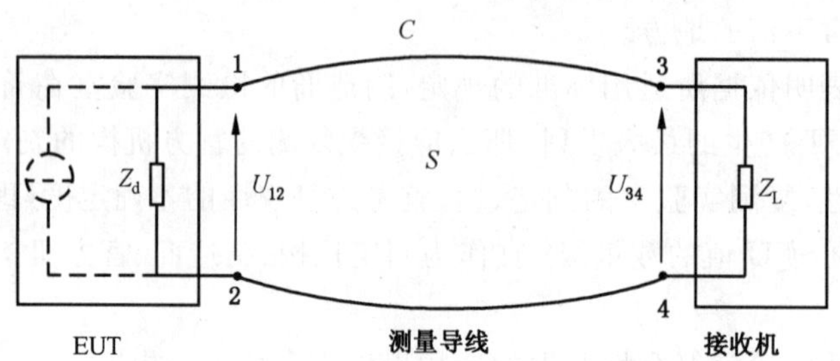

图 12 电压测量的基本电路

特别是当骚扰源的内阻抗(Z_d)未知时(符合性试验当中经常遇到这种情况),应注意使 $Z_L >> Z_d$,否则被测电压将会以不确定的方式取决于 Z_L,进而对 SCU 产生大的影响。因此,对于这类 EUT,必须从估计的或者测得的 Z_d 值来规定 Z_L。

注 1:仅规定一个"高电位"端子,同时假定其他端子可以是"接地" 的任意点,这仅在静电学中[即在直流(零频率)时]是允许的(见 6.3)。

注 2:寄生电容可能会限制 Z_L 的最大值(见 6.3)。

6.2.2.2 测量回路的限制

如果测量回路的周长 C 是电小的,即测量回路的周长与信号或者被测的信号分量的波长相比很小时,那么电压测量的结果才有意义。

如果这个条件得不到满足,那么将产生谐振效应,从而产生大的、未确定的不确定度贡献。当负载阻抗靠近电压被测量的端子放置,并通过传输线(如:同轴电缆)把测量信号传输到接收机时,这些不确定度将减小到可接受的水平。传输线的特性阻抗需与接收机的输入阻抗相匹配。可能的失配通常用电压驻波比(VSWR)来表示。同时见 6.4.6.2。

如果满足"C 是电小的"的这个条件,就允许使用集中参数元件的等效电路来描述电压测量。除非另有说明,否则,就认为这个条件已得到满足。

6.2.2.3 被测电压

法拉第定律对于电压回路测量总是适用的。对于图 12 中的回路可表示为[见式(11)]:

$$\oint_C \vec{E} \times \mathrm{d}\vec{l} = -\frac{\partial}{\partial t}\oint\!\!\oint_S \vec{B} \times \mathrm{d}\vec{s} \qquad (11)$$

式中,电场 $\vec{E}$ 和磁感应强度 $\vec{B}$ 由 EUT 内部的骚扰源或由某些环境骚扰源产生。除非另有说明,环境骚扰源的影响可忽略不计;例如,测量布置受到足够好的屏蔽。

由式(11),电压 U_{34}可由式(12)给出:

$$U_{34} = \int_3^4 \vec{E} \times \mathrm{d}\vec{l} = U_{12} - \int_1^3 \vec{E} \times \mathrm{d}\vec{l} - \int_4^2 \vec{E} \times \mathrm{d}\vec{l} - \frac{\partial}{\partial t}\oint\!\!\oint_S \vec{B} \times \mathrm{d}\vec{s} \qquad (12)$$

式中,U_{12}是被测电压。在式(12)中,磁场项对 U_{34}的贡献经常占主要地位。因此,电压测量方法应包括对测量导线的布置足够确切的描述。在附录 B 中给出的示例表明由法拉第定律描述的物理影响对被测量的重要性。

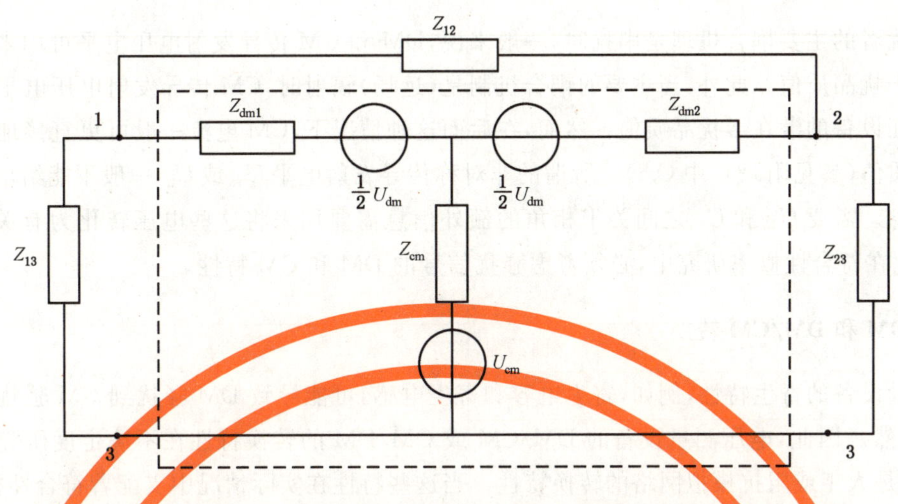

图 13　带负载的骚扰源的基本电路($N=2$)

6.2.3　骚扰源和电压类型

6.2.3.1　概述

当满足测量回路的限制条件时,可在分界面上测量骚扰电压。产生此电压的源可用集总参数端口网络来描述。既然差模(DM)和共模(CM)现象是重要的,那么 N 端口网络的端子数就等于 $N+1$,这里 N 是实际的端子数。额外的端子代表源周围可能通过电场或磁场进行耦合,和带有电连接的骚扰源。标准制定者需这样来定义环境,使该额外端子在电压的测量中是一个相关的参考点。

这里假设 $N=2$,因此是三端网络,可用图 13 所示的等效电路来表示。$N=2$ 的骚扰源的 EUT 例子是:

a)　双线电源线设备;

b)　在电源连接器端子上进行电压测量。

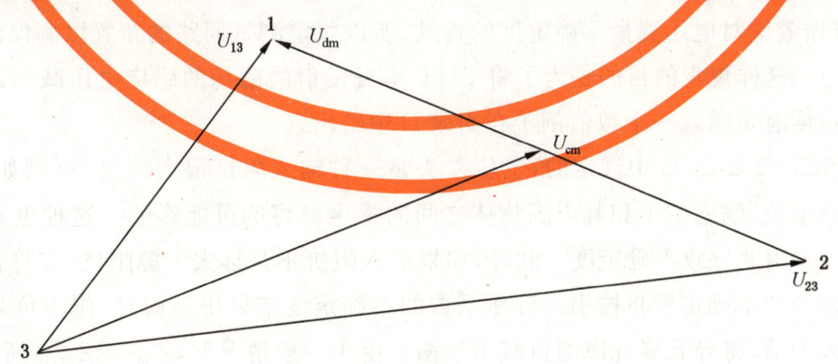

图 14　电压之间的关系

在图 13 中,原则上,所有的元件都是依赖于频率的。Z_{dm1} 和 Z_{dm2} 表示具有开路电压 U_{dm} 的等效 DM 源的内部阻抗。一般来说,由于在关注的频率上电路很少是对称的,所以 $Z_{dm1}\neq Z_{dm2}$。Z_{cm} 表示具有开路电压 U_{cm} 的等效 CM 源的内部阻抗。用实际端子 1、端子 2 和参考点 3 之间的阻抗 Z_{13} 和 Z_{23} 及实际端子之间的阻抗 Z_{12} 表示负载。Z_{13} 和 Z_{23} 两端的电压由 U_{13} 和 U_{23} 表示,这些电压和 U_{dm} 及 U_{cm} 之间的关系在图 14 中给出。

6.2.3.2 干扰概率

当对受扰者的主要耦合机理是串扰时，一般来说，DM 和 CM 传导发射电压电平可用来很好地表征设备的潜在干扰品质值。此外，当主要的耦合机制是(远场)辐射时，CM 传导发射电压电平一般也可用来很好地表征设备的潜在干扰品质值。然而，在后面这种情况下，CM 电流一般可更直接地表征设备的潜在干扰品质值(参见附录 C 中 C.5)。所谓的非对称传导发射电平 U_{13} 或 U_{23} 一般不能给出有关设备潜在干扰的信息。需要 U_{13} 和 U_{23} 之间关于相角的额外信息需要用来将这些电压转化为有关的电压 U_{dm} 和 U_{cm}。因此在符合性概率研究中，必须考虑骚扰信号的 DM 和 CM 特性。

6.2.3 CM/DM 和 DM/CM 转换

电压测量设备的寄生特性，例如，寄生电容和寄生电感，可能导致 DM 骚扰到 CM 骚扰的非期望的转换，反之亦然。因此，电压测量设备的 DM/CM 或 CM/DM 的转换特性在不确定度研究中起着重要的作用，尤其是人工或阻抗模拟网络的转换特性。当这些特性在实际情况中支配着符合性概率时，转换特性也是有要求的。给出如下例子：

a） 如果设备用于模拟用户的电话线，那么转换性能应当与这些线的实际转换性能相联系。

b） 如果设备用于研究用户电话线的转换性能，设备的转换性能不应影响研究结果。

c） 如果设备用于表征给定的 EUT 通过用户电话线端口发射的 CM 骚扰信号，设备的 DM/CM 转换性能不应影响测量结果。此外，发射试验中连接到该端口的辅助设备的 DM/CM 转换性能也不应影响测量结果。

6.3 使用电压探头的电压测量

当使用电压探头时，规定被测电压的两个端子是非常重要的。正如在 6.2.2.1 的注 1 中已提到的，仅规定一个端子为“高电位”端子，同时假设另一端子是仅在静电学[即直流(零频率)]中允许的任意的“接地”点。在两端子骚扰源的情形下，应用图 13 所示的电路，其中 Z_{13}、Z_{12} 和 Z_{23} 代表一般的源的未知的和不相等的负载阻抗，例如由电源网络形成的骚扰源。举例来说，如果测量端子 1 和端子 3 之间的电压，那么电压探头的输入阻抗就与 Z_{13} 并联，同时也与 $Z_{12}+Z_{23}$ 并联。

此外，由于谐振效应对电压测量不确定度的贡献，所以规定测量回路的布置以确保满足测量回路的限制条件(6.2.2.2)。这样规定的目的是为了将 EUT 本身发射的磁场的感应电压减到最小。该电压对被测电压的不确定度有贡献。一个数值例子在附录 B 中给出。

正如在 CISPR 16-1-2:2003 中规定的，电压探头是一种输入阻抗很大的设备(例如:1 500 Ω)。因此，要注意探头“高电位”输入端子和其周围物体之间的寄生电容的可能影响。这种电容会降低探头的有效输入阻抗(Z_{13})，因此导致不确定度。此外，如果输入阻抗不是远大于源阻抗(在符合性试验中预先是未知的)，那么额外的不确定度将被引入分压系数的不确定度结果中。而且，作为负载的电压探头的输入阻抗不足够大的话，将导致骚扰源的负载不平衡。由于一般情况下，$Z_{dm1} \neq Z_{dm2}$，所以当测量端子 2 和端子 3 之间的电压时，与测量端子 1 和端子 3 之间的电压相比，这种不平衡是不同的。

最后，由探头测量的不对称电压不能直接表征 EUT 的潜在干扰品质值。因此，它不能给出关于干扰概率的信息，所以标准中应尽量少用电压探头。

总之，在已制定的标准里，在电压探头测量中，应详细规定 EUT 的两个端子，同时也应详细规定 EUT 这两个端子和探头的两个端子之间的测量导线的布置。而且，还应注意与 EUT 骚扰源的实际负载阻抗有关的探头的输入阻抗的大小。在附录 C 中，注意到了 CISPR 标准的可能改进。

6.4 使用 V 型人工电源网络的电压测量

6.4.1 介绍

V 型人工网络(V-AMN)实质上形成了骚扰源的 T 型网络或 π 型网络负载。在整个 6.4 中,假设 EUT 是一两端子设备:仅由一根双线电源电缆与 EUT 相连。假设一个 π 型网络负载应用在测量阻抗的界面上,其具有阻抗 Z_{13}、Z_{23} 和 Z_{12} 的基本电路如图 13 所示。CISPR 16-1-2:2003 中第 4 章规定了两个非对称的阻抗 Z_{13} 和 Z_{23},包括这些阻抗绝对值的允差。CISPR 16-1-2:2003 中第 4 章,并联阻抗 Z_{12} 是一未确定的影响量,就像 CISPR 假定 Z_{12} 始终为"无限"大一样。

注:在原有的 6.4 之后,CISPR 16-1-2:2003 中第 4 章已进行了修订,包括了 AMN 阻抗的幅值和相角规范以及两者的允差要求。

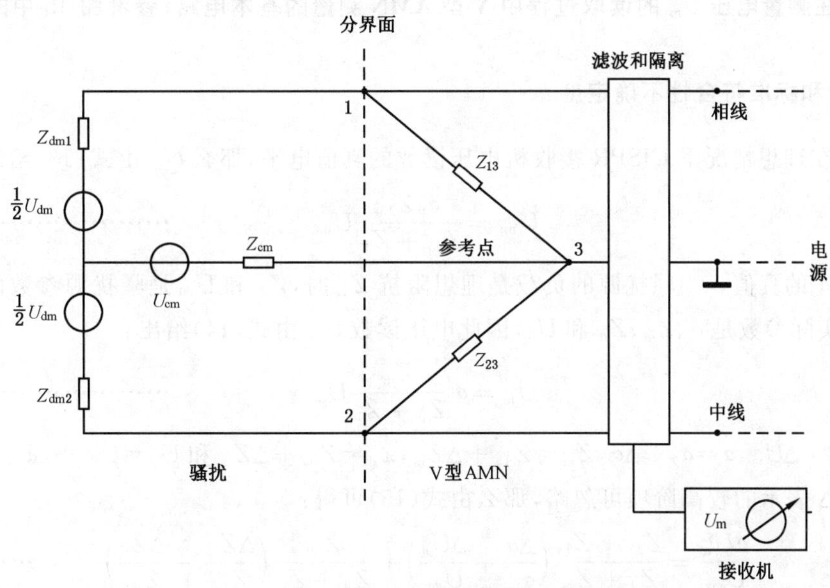

图 15 V 型 AMN 电压测量的基本电路($N=2$)

基本电路在图 15 中描述。测量电路和电源端子之间的滤波和隔离某种程度上也在 CISPR 16-1-2:2003 中第 4 章进行了规定。Z_{13} 和 Z_{23} 两端的非对称电压有必要测量(对于干扰概率参见附录 C)。

与这种类型的测量有关的也可能影响 V-AMN 的校准的不确定度的有用信息参见参考文献[49]和[44]。

6.4.2 电压测量的基本电路图

当在 CISPR 接收机上读电平 U_m 时,图 15 中的电路可简化为图 16 中的电路。在图 16 中,未确定的影响量 U_d 和 Z_d 代表由 V-AMN 的主要非对称输入端和电压测量配置的参考面所形成的界面上的有效骚扰源。后者经常是 V-AMN 的金属外壳。Z_{in} 是由骚扰源形成的测量配置中的输入阻抗,它是一确定的影响量,可能受到未确定的或没有完全确定的影响量的影响(见 6.4.6)。系数 $\alpha=U_m/U_{in}$,其中 U_{in} 是 Z_{in} 两端的电压。这个系数在很大程度上被确定了。在没有不确定度时,即在理想情况下,例如 $Z_{in}=Z_{13}=Z_{23}$,等于 50Ω 并联 50μH 且 $\alpha=1$。

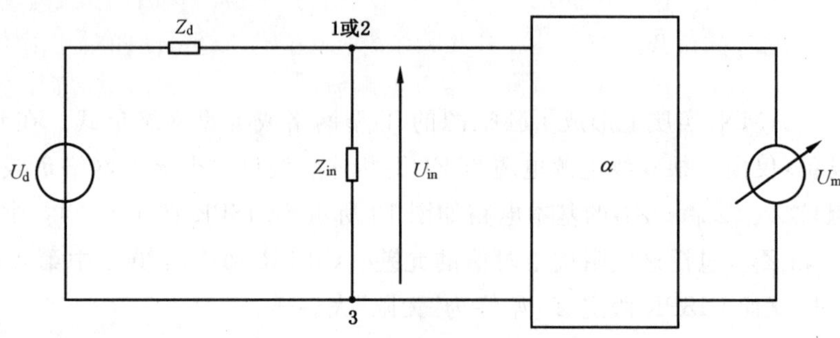

图 16　在测量电压 U_m 的读取过程中 V 型 AMN 测量的基本电路(参考图 15 中的序号)

6.4.3　电压测量和标准符合性不确定度

如果 U_{mt} 是在理想情况下 CISPR 接收机电压读数的真值电平，那么 U_{mt} 由式(13)给出：

$$U_{mt}=\frac{\alpha_0 Z_{13}}{Z_{d0}+Z_{13}}U_{d0} \qquad (13)$$

其中，α_0 是 α 的真值。当骚扰源的负载是理想阻抗 Z_{13} 时，Z_{d0} 和 U_{d0} 是骚扰源参数的真值。然而，在实际配置中，实际参数是 α、Z_{in}、Z_d 和 U_d，因此电压读数 U_m 由式(14)给出：

$$U_m=\alpha\frac{Z_{in}}{Z_d+Z_{in}}U_d \qquad (14)$$

将 $U_m=U_{mt}+\Delta U_m$，$\alpha=\alpha_0+\Delta\alpha$，$Z_{in}=Z_{13}+\Delta Z_{in}$，$Z_d=Z_{d0}+\Delta Z_d$ 和 $U_d=U_{d0}+\Delta U_d$ 代入式(13)和式(14)，如果以 Δ 表示的较高阶项可忽略，那么由式(15)可得：

$$\frac{\Delta U_m}{U_{mt}}=\frac{Z_{d0}+Z_{13}}{Z_d+Z_{in}}\left(\frac{\Delta\alpha}{\alpha_0}+\frac{\Delta U_d}{U_{d0}}\right)+\frac{Z_{d0}}{Z_d+Z_{in}}\left(\frac{\Delta Z_{in}}{Z_{13}}-\frac{\Delta Z_d}{Z_{d0}}\right) \qquad (15)$$

如果实际值和偏差已知，那么就有可能使用修正[1]。例如，若从独立测量可得出结论，Z_{13} 的实际值显示了与其理想值的系统差，这个差值在 Z_{13} 允许的允差范围内，实际值可以代入式(15)。

在式(15)中，ΔU_m 被认为是符合性不确定度的裕量，其依赖于未确定的影响量 Z_d 和 U_d 以及确定的影响量 α 和 Z_{in}(也就是从独立测量中确定的不依赖于 EUT 性能的影响量)。此外，由式(16)和式(17)可得到两个灵敏系数：

$$c_1=\frac{Z_{d0}+Z_{13}}{Z_d+Z_{in}}\approx\frac{Z_{d0}+Z_{13}}{Z_{d0}+Z_{13}}=1 \qquad (16)$$

$$c_2=\frac{Z_{d0}}{Z_d+Z_{in}}\approx\frac{Z_{d0}}{Z_{d0}+Z_{13}}=\frac{1}{1+\rho e^{j\varphi}} \qquad (17)$$

显然，系数 c_2 依赖于未确定的影响量 Z_d。

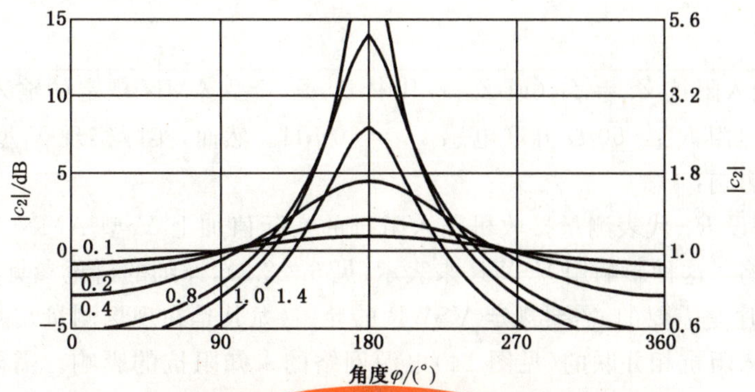

图 17　对于$|Z_{13}/Z_{d0}|$的不同值，作为阻抗Z_{13}和Z_{d0}的相角差φ的函数的灵敏系数c_2的绝对值

在式(17)中，$\rho=\rho_{13}/\rho_{d0}$和$\varphi=\varphi_{13}-\varphi_{d0}$，其来自于$Z_{13}=\rho_{13}\exp(j\varphi_{13})$和$Z_{d0}=\rho_{d0}\exp(j\varphi_{d0})$。图 17 表示对于$\rho$的不同值作为$\varphi$函数的$c_2$的绝对值。很明显，评估$c_2$需要关于$Z_{d0}$的额外信息。然而，在标准化符合性试验中这些信息一般很难得到。因此，当标准制定者起草某些类别设备的标准时，需要作出评估，例如，在标准的编写过程中进行统计分析研究。

6.4.4　合成不确定度

需要指出的是在式(15)中所有的量都用线性单位。因此，合成不确定度可写为部分不确定度平方和的平方根(RSS)。在标准化 EMC 符合性试验中，这些量和它们的不确定度裕量一般用对数单位。转换为对数单位，由式(13)和式(14)可得：

$$\frac{U_m}{U_{mt}}(\text{dB})=\frac{\alpha}{\alpha_0}(\text{dB})+\frac{Z_{in}}{Z_{13}}(\text{dB})+\frac{U_d}{U_{d0}}(\text{dB})-\frac{Z_d+Z_{in}}{Z_{d0}+Z_{13}}(\text{dB}) \qquad (18)$$

因此：

$$\Delta U_m(\text{dB})=\Delta\alpha(\text{dB})+\Delta Z_{in}(\text{dB})+\Delta U_d(\text{dB})-\Delta(Z_d+Z_{in})(\text{dB}) \qquad (19)$$

问题是式(18)和式(19)右边的最后一项因为不可能分成Z_d和Z_{in}，所以在这种情况下，不同的Δ项之间不存在线性关系，像式(15)一样使用 RSS 就不正确了。需要用与Z_{13}有关的Z_{d0}的额外信息来避开这个问题。然而，在标准化符合性试验中一般得不到这种信息。因此，对于某些类别的设备，标准制定者必须给出一个解决此问题的程序。

6.4.5　符合性判据

符合性判据一般不能用U_m来表达，而是用Z_{in}两端的电压U_{in}来表达。真值U_{int}由$U_{int}=U_{mt}/\alpha_0$给出。如果符合性不确定度裕量用ΔU_{in}表示，则$\Delta U_{in}/U_{int}$可由$U_{int}+\Delta U_{in}=(U_{mt}+\Delta U_m)/(\alpha_0+\Delta\alpha)$计算得到。

6.4.6　影响量

6.4.6.1　介绍

本条中将更详细地考虑在 6.4.3～6.4.5 中所讨论的在 CISPR V 型端子电压测量中起重要作用的影响量，尤其是从讨论这种类型测量的 CISPR 标准的可能改进的角度来考虑。注意这些影响量可能不是独立的[例如：见 6.4.6.4d)和 e)]，因此并未讨论与每个影响量有关的所有现象。

对使用 V 型人工电源网络测量两端子 EUT 电压的标准符合性不确定度的研究应当从图 19 所描述的最终模型(电路描述)开始。

6.4.6.2 输入阻抗 Z_{in}

在理想情况下，输入阻抗 $Z_{in}=Z_{13}$（或 Z_{23}），其中 Z_{13} 是 V 型 AMN 规定的输入阻抗（见 CISPR 16-1-2:2003 中第 4 章），电阻 $R_{13}=50\ \Omega$ 并联电感 $L_{13}=50\ \mu H$。然而，实际实现 V 型 AMN 时，实际的输入阻抗可能受到以下影响：

a) 在实际中，假设 R_{13} 代表测量接收机输入阻抗的实际值加上 V 型 AMN 和接收机之间的传输线长度的影响。这种影响用 VSWR 来表示（见 6.2.2.2），详细的讨论参见参考文献[15]。表征 VSWR 的程序是需要的，需要规定 VSWR 的允差（尤其是在现场测量）。

b) 与规定的输入阻抗相并联的（见图 14）电源网络的未知阻抗的影响。需要对隔离作出规定以避免这种影响。

c) 由与未规定的阻抗 Z_{12} 相串联的 Z_{23} 所形成的与 Z_{13} 相并联的电路的影响（见图 13）。阻抗 Z_{12} 应当是“无限”大的，但实际上为一有限的值，因此需要作出规定。

从这些列举的例子中，很明显 Z_{in} 不是一个完全确定的影响量[见 6.4.6.4 d)]。

CISPR 16-1-2:2003 中第 4 章表明对于阻抗 Z_{13} 和 Z_{23}，其绝对值 20% 的允差是允许的。从对不确定度贡献的评估角度出发，更详细地规定这种允差是有必要的，例如，作为阻抗绝对值的允差和阻抗相角的允差（或它的实部和虚部的容差）。

注：CISPR 16-1-2:2003 已增加了 V 型 AMN 的相角允差。

6.4.6.3 衰减因子 α

衰减因子 α 是一未确定的影响量。然而，一般来说，它是一个可能从独立测量导出的可确定的量。因此，对于一个已知的和固定的 V 型端子电压测量配置，其中 α 已经被确定，可认为是确定的影响量。

$\Delta\alpha$ 的贡献可从 V 型 AMN 的损耗（也可由在 6.4.6.2 中提到的某些方面来确定）及 V 型 AMN 和接收机之间的信号电缆损耗导出。因此，必须规定确定 α 的程序（尤其是在现场）。

6.4.6.4 有效的骚扰源阻抗 Z_d

计量测量和 EMC 符合性测量之间的显著差异是在后者的测量中源阻抗 Z_d 为一个未确定的影响量。

从图 15 和图 16 所示的电路之间的比较可知，如果测量 U_{13}，用戴维南定理容易得到 Z_d，见式(20)：

$$Z_d=Z_{dm1}+\frac{Z_{cm}(Z_{23}+Z_{dm2})}{Z_{cm}+Z_{23}+Z_{dm2}} \quad\cdots\cdots(20)$$

式(20)中，Z_{dm1}，Z_{dm2} 和 Z_{cm} 是未确定的影响量。从式(20)易于发现 Z_d 也依赖于共模阻抗 Z_{cm}。因此，EUT 对环境的耦合在测量结果中起着很重要的作用。在图 18 中，这种耦合用与 EUT 有关的（电子）部分（例如：不是指 EUT 的塑料外壳）和规定的参考平面之间的寄生电容 C_{p1} 来表示。在图 19 中也包括磁场耦合，其中互感 M 也起作用。依据 EUT 的特性（例如：EUT 导电部分的尺寸），可能有必要包含其他的寄生效应。这里给出的两个示例（由 C_{p1} 表征的电场耦合和由 M 表征的磁场耦合）假定在所有情况下都是相关的。

将考虑五种可能的不确定度贡献：

a) 寄生电容的变化：

发射标准规定了 EUT 的外壳和参考平面之间的距离，例如 40cm。然而，标准没有规定 EUT 的哪一面必须面向这个平面。在图 18 中的虚线代表另一个距离 EUT 外壳适当距离上的参考平面的允许位置。但在这种情况下寄生电容 $C_{p2}\neq C_{p1}$。因此，寄生电容的（可允许的）变化对标准符合性不确定度是有贡献的。

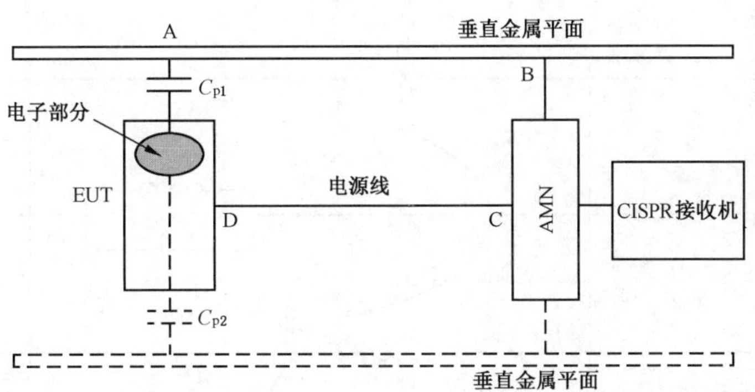

图 18 由参考平面位置的变化(非导电的 EUT 外壳)
引起的寄生电容的变化和由此引起共模阻抗的变化

通过用放置在测试布置下面的、在规定距离上的水平参考平面来代替垂直参考平面,并且始终保持 EUT 在通常的高度上就有可能减小 C_p 的变化。

b) 测量回路的限制:

图 15 应用在规定的测量阻抗界面上。为了弄清楚有关的不确定度贡献,必须考虑完整的测量配置,其中包括电源电缆,规定 EUT 和 AMN 之间的距离,例如 80 cm。因此在实际中存在共模回路,如图 18 中的回路 ABCDA。对于足够高的频率和充分延伸的 EUT,例如照明设备中的荧光灯管,可能突破了测量回路的限制(6.2.2.2),因此产生类似于谐振的现象和有关的不确定度贡献。

c) LC 串联电路:

在图 18 中,环路 ABCDA 也可看成是 LC 串联电路。电感的主要贡献来源于电源电缆和 V-AMN 及参考平面之间规定的接地搭接带。在图 18 中,电容用 C_{p1} 表示,更一般地,如图 19 中用 C_p 表示。这个电路在共模阻抗中起着重要作用[见式(20)]。因此,Z_d 也对总的回路电感敏感,所以它对 EUT 和 V 型 AMN 之间的电源电缆的实际布置很敏感。尤其当电源电缆需要捆扎时,电路回路性能的变化可能是巨大的。当捆扎的方法变化时,实验结果[48]显示有几个 dB 的变化。因此,捆扎是另一个不确定度源,对捆扎方法作出详细规定是必要的。见 6.4.6.5b)和 c)。

d) LC 并联电路:

实际中,是 V 型 AMN 和参考平面之间的寄生电容(见图 19 中的 C_{AMN})在起作用。接地搭接带的电感和这种寄生电容在测量频率范围内可能会发生并联谐振,以未知的方式影响着 CM 阻抗。换句话说,这种影响可能会使测量结果的变化达到几个 dB[49]。此外,电压测量的参考点和接地搭接带与参考平面的连接点之间的电压差,如在 CISPR 标准里已经默认的那样,不再是零。因此之前提到的变化也可解释为 Z_{in} 的变化(6.4.6.2)。后者是 6.4.6.1 所描述的影响量并不总是独立的一个例子。通过规定一种现场的测量方法可以避免对标准符合性不确定度的变化的贡献,例如,基于参考资料[49]的方法改进测试布置,可能的谐振会落在符合性试验中考虑的频带以外。

e) 并联电流环的磁场耦合:

6.4.6.1 所描述的影响量并不总是独立的,另一个例子是环路 1 和环路 2 的磁场耦合(见图 19)。同时影响有效共模阻抗的这种耦合在 6.4.6.5 中与 U_d 相结合来讨论。

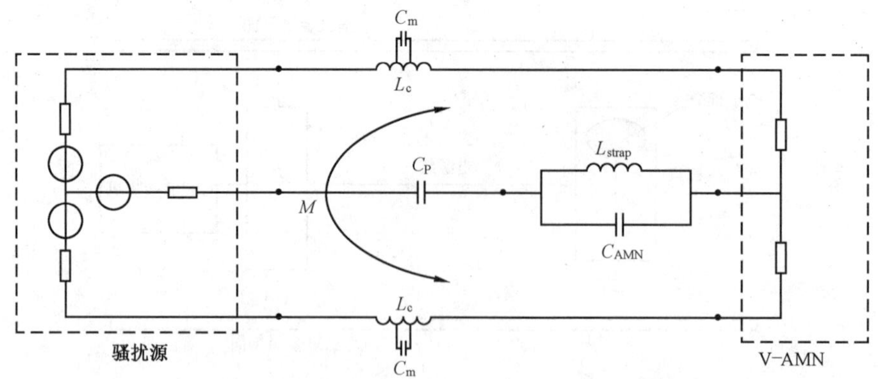

图 19 在 EUT(骚扰源)和 V 型 AMN 之间的影响量

6.4.6.5 有效的开路电压源 U_d

计量测量和 EMC 符合性测量之间的显著差异是在后者的测量中,源的开路电压是一个未确定的影响量。

开路电压 U_d 取决于:

1) 未确定的开路电压 U_{dm} 和 U_{cm}(见图 15);

2) 由受试产品的发射场感应的可由法拉第定律描述的 U_{ind}(见 6.2.2.3 和附录 B);

3) 由受试产品和 V 型 AMN 之间的电缆的转移阻抗以及 V 型 AMN 内部电路的转移阻抗 Z_t 引起的 U_{Zt},即,与 CM/DM 和 DM/CM 转换有关的影响量。

这些参数的附加考虑如下:

a) U_{dm} 和 U_{cm}:

由于开路电压 U_{dm} 和 U_{cm} 是未确定的影响量,因此它们的长期稳定性是非常差的。这里的"长期"必须是相对于发射测量的测量时间而言。一方面像预热时间和起动周期会以未知的方式影响这种稳定性,因而会产生不确定度。另一方面,这种长期稳定性也可能是足够的,但与 EUT 不同的操作模式所导致的与模式有关的 U_{dm} 和 U_{cm} 的值的可能变化相比,测量时间又很短。进而,会再次导致不确定度。

当源连接负载时,反馈机制会引起源的性能的变化。例如,这种现象在晶体管电路中是众所周知的,在晶体管的 h 参数描述中由反参数 h_r 来定量。在谐振电路中这种影响一般被称为"牵引"。这种影响可能会引起骚扰信号的幅度和/或频率特性的变化。没有实际理由可以假定这种反馈机制对于骚扰源的 DM 和 CM 分量是不存在的。因此,反馈效应产生了不确定度 ΔU_{dm} 和 ΔU_{cm}。这种效应仅能用专门的测量进行量化。在计量学中,开路电压、源阻抗和负载阻抗都是确定的影响量,只要源的负载在规定的值内,这种影响一般可以忽略不计。

b) U_{ind}:

由于图 18 中由 ABCDA 表示的 CM 回路在电压测量中起着特别重要作用,因此当回路有着相对较大面积时,考虑非期望的感应电压(6.2.2.3)的影响是很重要的。该面积和感应电压 U_{ind} 依赖于测试配置的布局、电源电缆的布置以及可能的捆扎方法。也可参见附录 B。

c) U_{Zt}:

U_{Zt} 则来源于 DM 骚扰到 CM 骚扰的转换,取决于产品和 V 型 AMN 之间的电源电缆的性能和 V 型 AMN 内部的电路。CISPR 16-1-2:2003 中通过对 V 型 AMN 规定适当的 DM/CM 和 CM/DM 转换限值,使后者的贡献可小到忽略不计。

可以用电缆的转移阻抗来表示电源电缆的影响，在双线电源电缆的情况下可写为式(21)[30]：

$$Z_t = R_c + j\omega(L_c - M) = R_c + j\omega(1-k)L_c \qquad \cdots\cdots(21)$$

式中，R_c 是 Z_t 的电阻部分(大约为 10 mΩ/m)，L_c 是 Z_t 的电感部分(大约为 1 μH/m)。常数 $k = M/L_c$，其中，M 是两导线之一、部分骚扰源、接地平面和部分 V 型 AMN(见图 19)所形成的两回路之间的互电感。这个常数的范围从 0.6(相对较宽的间隔)～0.8(相对较小的间隔)。由于受试产品和 V 型 AMN 之间的电缆的转移阻抗一般是未确定的影响量，对 ΔU_{Zt} 的贡献一般也是未知的，因此会导致不确定度。对图 19 中的电路运用基尔霍夫公式，两个回路之间的磁耦合也会影响有效的 CM 阻抗是显而易见的。

注：由于有用信号在周围环境中的泄露一般很小以致于难以测量，所以电缆转移阻抗的影响几乎在通常的计量测量中不起作用。另一方面，非常小的泄露也可能很容易地大到足以引起产品不符合发射限值。

当 EUT 和 V 型 AMN 之间的电缆折叠时，折叠的方式会影响 L_c 和 M。此外，在较高的频率，电源电缆捆扎部分的容性串扰(图 19 中由 C_m 表示)也会起作用。正如已经提到的，非规定的捆扎方式会引起有关的不确定度[48]。

7 吸收钳测量

7.1 概述

7.1.1 目的

本章的主要目的是提供确定与吸收钳的测量和校准方法有关的不确定度的信息和指导。本条给出了在 CISPR 16 的几个部分中描述的与吸收钳有关的几个不同的不确定度方面的原理，即：

- 吸收钳的校准方法(见 GB/T 6113.103—2008 中第 4 章)；
- 吸收钳的测量方法(见 CISPR 16-2-2:2003 中第 7 章)。

本条给出的原理是与吸收钳有关的 CISPR 16 中所提到的几个部分的背景信息，这在将来修改 CISPR 16 这些部分时是有用的。此外，本条还为那些使用吸收钳测量和校准方法并不得不自己进行不确定度评估的人员提供了有用信息。

7.1.2 介绍

本章提供了与 CISPR 16-2-2 中描述的吸收钳测量方法(ACTM)和 GB/T 6113.103—2008 中描述的吸收钳校准方法有关的不确定度的信息。在 CISPR 16-4-2:2003 或在 LAB34[46] 中所描述的关于 ACTM 的不确定度报告并不适合于依据 CISPR 16-2-2:2003 给出的 CISPR 规范进行的实际的符合性试验。其原因是这种不确定度报告仅局限于测量设备和设施的不确定度(MIU)，并没有考虑包括受试线(LUT)在内的受试设备(EUT)的布置和测量程序引起的不确定度。然而，本章中对于吸收钳测量法的不确定度考虑，则考虑了所有与依据标准[标准符合性不确定度(SCU)]所进行的符合性试验有关的不确定度源。对于这些不确定度的计算假定 EUT 是相同的。换句话说，我们考虑的 ACTM 的不确定度是在不同的检测实验室中使用不同的测量仪器、不同的试验场地、不同的测量程序和不同的操作者对相同的 EUT 进行测量。因此，这种“相同的”EUT 的重复性是一重要的不确定度源。如果检测实验室不得不用“相同”类型的电缆延长测量线，那么 LUT 的长度和电缆的类型也可能会稍有不同。

在本章描述的不确定度的评定是依据第 4 章给出的发射测量中的不确定度的基本考虑进行的。7.2 给出了与吸收钳校准有关的不确定度考虑，而 7.3 给出了与吸收钳测量方法有关的不确定度考虑。

7.2 与吸收钳校准有关的不确定度

7.2.1 概述

GB/T 6113.103—2008 规定了吸收钳三种不同的校准方法，即原始校准法、夹具校准法和参考装置法。

本部分描述了原始吸收钳校准方法的不确定度的评定。对于夹具校准法和参考装置法的不确定度报告将在今后讨论。

为方便起见,图 20 给出了原始吸收钳校准方法的示意图。

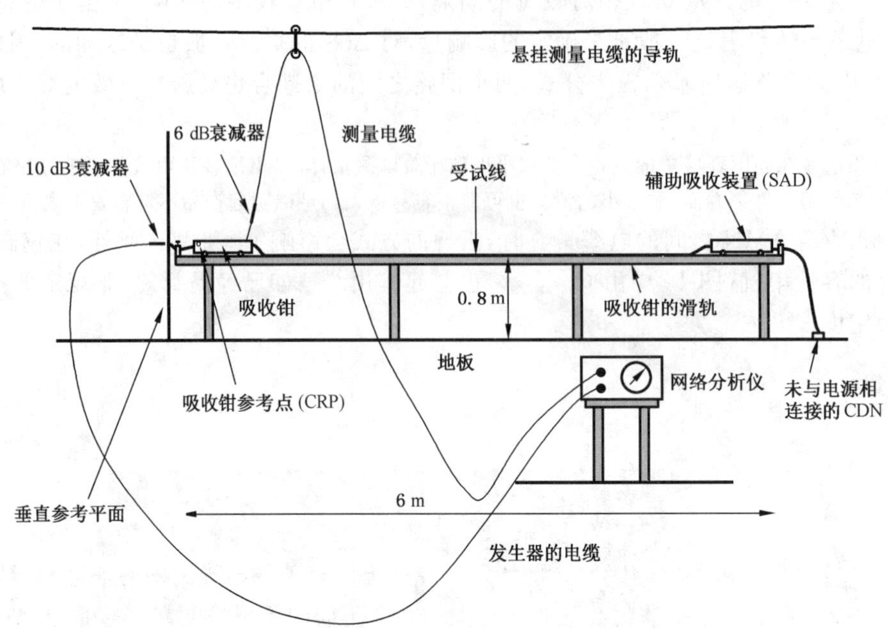

图 20　原始吸收钳校准法的示意图

7.2.2　被测量

使用原始吸收钳校准方法来校准吸收钳,被测量是吸收钳的修正因子 $F_{\mathrm{c\,org}}$,单位为 dB(pW/μV)。

原始吸收钳校准方法实际上是测量插入损耗(见 GB/T 6113.103—2008 中第 4 章):

$$F_{\mathrm{c\,org}} = A_{\mathrm{org}} - 17\mathrm{dB(pW/\mu V)} \qquad \cdots\cdots (22)$$

式中,A_{org} 为测得的插入损耗,单位为分贝(dB)。

7.2.3　不确定度源

本条给出了与吸收钳的修正因子测量有关的不确定度源。

吸收钳的修正因子的不确定度和测得的插入损耗的不确定度相等[见式(22)]。

对于插入损耗的不确定度源由测量链的不确定度源给出。与测量链有关的不确定度源是 EUT(在这种情况下为受试吸收钳)、测量设备和设施、测量布置、测量程序和环境条件。图 21 给出了使用鱼骨图表示的所有有关不确定度源的示意图。鱼骨图给出了对吸收钳的修正因子的总不确定度有贡献的不确定度源的类别。

7.2.4　影响量

7.2.4.1　概述

对于图 21 给出的大多数定性不确定度源,可用一个或多个影响量来说明不确定度源。表 5 给出了不确定度源和影响量之间的关系。如果没有给出影响量,在不确定度报告中,就使用原始的不确定度源。

下面分别对每一个不确定度源/影响量作出说明。

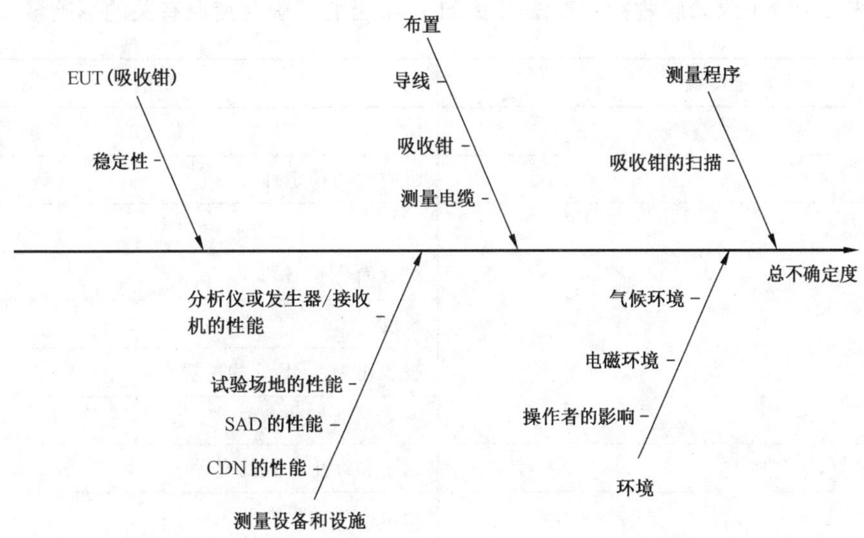

图 21 与原始吸收钳校准法有关的不确定度源的鱼骨图

7.2.4.2 与 EUT 有关的影响量

钳的稳定性:吸收钳是一种机械上很坚硬且随时间通常十分稳定的装置。然而,老化的影响会导致铁氧体芯之间的不良接触,从而降低电流探头的功能和去耦作用。这将导致吸收钳的修正因子的"降低"和去耦系数的降低。如果出于质量保证原因,那么检测实验室对该吸收钳进行定期校准是特别重要的。如果制造商校准的是新的吸收钳,则不存在老化问题。如果制造商进行型式试验,那么制造商将使用同类型吸收钳的不同样品重复校准。依赖于使用的样品数量,A 类不确定度一定要计入不确定度报告。如果制造商进行特定单元的校准,校准结果仅对这个特定单元有效,因此由型式试验带来的不确定度不应计入。

7.2.4.3 与布置有关的影响量

与布置有关的影响量如下:

a) 受试线的横截面:

对于吸收钳的校准,应使用直径为 4 mm 的导线。导线直径的允差没有规定。然而,由其导致的不确定度可忽略不计。

b) 受试线的长度:

受试线的长度应为 7 m,其中 6 m 通过吸收钳的滑轨,1 m 垂落并连接到参考面上的 CDN 上。由于使用辅助吸收装置,所以由受试线的长度和受试线布线的变化引起的不确定度可认为是小的。

c) 参考面上受试线的高度:

受试线布置在距参考平面 0.8 m 高的吸收钳滑轨表面上,高度允差是 5 cm。在滑轨的末端,受试线与 CDN 相连。由剩余走线的变化所引起的不确定度可认为是小的。

d) 吸收钳中受试线的位置允差:

对于校准程序,中心定位导向装置用于控制受试线的位置使其在吸收钳参考点(CRP)处的中心位置的±1 mm 之内。此时可使用在参考文献[49]中报告的不确定度。

表5 对于原始吸收钳校准法与图21中给出的不确定度源有关的影响量

不确定度源	影响量
与EUT有关的	
吸收钳的稳定性	吸收钳的稳定性
与布置有关的	
受试导线(LUT)的布置	横截面
	长度
	吸收钳中CRP处的位置允差
	参考平面上的高度
吸收钳的布置	起始和终止位置的允差
测量电缆的布置	测量电缆的导轨和走线
与测量程序有关的	
吸收钳扫描	吸收钳的扫描步长
与环境有关的	
气候环境	温度和湿度的允差
电磁环境	信号和环境电平之比
操作者的影响	操作者和布置之间的距离
与测量设备和设施有关的	
分析仪或发生器/接收机的性能	发生器的稳定性
	接收机/分析仪的线性特性
	输入端的失配
	输出端的失配
	测量系统的读数
	信噪比
试验场地的性能	吸收钳试验场地的偏差
	吸收钳滑轨的材料
SAD的性能	SAD的去耦因子
CDN的性能	CDN阻抗的允差

e) 起始和终止位置的允差:

CRP的起始位置距离垂直参考面(即SRP)100 mm,CRP的终止位置距离垂直参考面(SRP)5.1 m。起始位置的允差决定了不确定度。其假设允差为±5 mm,则导致的不确定度可认为是小的。

f) 测量电缆的导轨和走线:

应对测量电缆到接收机的导轨和走线作出规定。仍然保留一定的自由度对其不确定度有贡献。

7.2.4.4 与测量程序有关的影响量

吸收钳扫描的步长、扫描速度和频率步长都作了规定。由于有限的扫描步长，仍然会有剩余的不确定度。

7.2.4.5 与环境有关的影响量

与环境有关的影响量如下：

a) 温度和湿度允差：

如果校准是在室内的试验场地进行，那么这些环境的影响量对测量结果的影响被认为是忽略不计的。对于室外的试验场地，应当包含湿度和温度对不确定度的影响。

b) 信号和环境电平之比：

对于校准，测量信号电平应高于环境电平 40 dB。在这种情况下，最终的不确定度可以忽略不计。对于较低的信噪比，应考虑额外的不确定度。

c) 操作者和布置之间的距离：

假设吸收钳的扫描可以通过某种方式自动进行(例如通过绳子和滑轮装置)，操作者不在试验布置的附近。然而，如果操作者需要用手移动吸收钳，那么由此引入的不确定度则是显著的，尤其是当频率低于 100 MHz 时[49]。当操作者从不同的侧面(如从吸收钳滑轨的左面和右面)接近和接触吸收钳时，可通过在吸收钳的某些固定位置测量吸收钳的输出信号来实验性地研究由操作者引起的不确定度。可以在吸收钳的几个位置进行重复测量，由于操作者的存在和接触吸收钳所引起的最大变化可通过使用频谱分析仪的最大值保持和最小值保持功能来确定。最大变化量可作为不确定度报告的 B 类输入。

7.2.4.6 与测量设备和设施有关的影响量

与测量设备和实施有关的影响量如下：

a) 信号源的稳定性：

对于被测场地衰减的不确定度，频谱或网络分析仪系统信号源的稳定性是重要的。

b) 接收机/分析仪的线性特性：

该不确定度可从测量系统的校准信息中得到。不确定度依赖于分析仪的扫描模式或步进模式。

c) 输入端的失配：

连接在输入电缆上的衰减器应至少为 10 dB。所引入的失配不确定度可从参考文献[49]得到。

d) 输出端的失配：

在测量电缆上的衰减器应至少为 6 dB。引入的失配不确定度可从参考文献[49]中得到。

e) 衰减器(可选的)：

如果用单独的信号源来测量吸收钳的修正因子，那么直接测量信号源的输出时，可使用额外的衰减以免接收机过载和产生非线性的效应。在这种情况下，应分别在式(22)和不确定度报告中将衰减器的绝对值和它的不确定度考虑进去。

f) 测量系统的读数：

接收机读数的不确定度依赖于接收机的噪声和表刻度的内插误差。后者对具有电子显示(最低有效位的波动)的测量系统的不确定度的贡献不是那么显著。对于传统的模拟显示仪表，这种不确定度的因素则需要考虑。

g) 信噪比：

对于吸收钳的校准,本底噪声通常相对于校准的被测信号电平足够低。噪声的影响取决于所使用的测量系统类型(网络分析仪与频谱分析仪相比)。

h) 吸收钳试验场地的偏差:

吸收钳的校准结果对周围环境十分敏感。试验场地的性能依赖于地面材料和附近的障碍物。用作校准的试验场地应依据规定的确认程序进行确认。因此,在不确定度报告中可以使用试验场地衰减和 GB/T 6113.103—2008 中给出的参考场地衰减之间的偏差的合格/不合格判据。

i) 吸收钳滑轨的材料:

一般来说,在吸收钳场地的有效性验证和吸收钳校准程序中应使用同样的吸收钳滑轨。如果吸收钳滑轨材料是非射频透明的,那么应当考虑该吸收钳滑轨材料可能产生的干扰效应。

j) 辅助吸收装置的去耦因子:

辅助吸收装置的去耦性能规定了 LUT 的远端相对于近端的去耦。需要给出辅助吸收装置的最基本的去耦因子的要求。

k) CDN 阻抗的允差:

对于吸收钳校准,规定 CDN 在靠近参考平面处端接 LUT。在较低的频率范围(30 MHz～230 MHz)内给定的共模终端阻抗约为 150Ω。230 MHz 以上则没有规定。CDN 的共模阻抗的允差会影响 LUT 中的共模电流。然而,这种影响也依赖于来自于 EUT、LUT 和 SAD(辅助吸收装置)的共模阻抗。无法得到有关引入不确定度的定量信息。估计由 CDN 共模阻抗的允差带来的影响很小。

7.2.4.7 测量的重复性

"测量系统的重复性"是一个影响量,该影响量通常是不确定度报告的基本部分。

校准的重复性由在使用相同的测试配置和测量设备进行的一系列重复校准测量中得到的标准偏差决定。用这种方法可获得关于多个影响量的统计信息,即吸收钳的稳定性、分析仪信号源的稳定性、测量系统的读数、起始/终止位置的允差和吸收钳的扫描。因此,如果"测量的重复性"作为不确定度报告的基本项被包含在内,那么重要的是保证上述某些影响量不会被两次重复计及。

7.2.5 不确定度报告的应用

一般来说,吸收钳的修正因子的扩展不确定度可被测试实验室用作导出吸收钳测量法的扩展不确定度的输入量。注意为了这个目的,标准不确定度必须从扩展不确定度导出。如果假设吸收钳的修正因子的不确定度具有正态分布,那么吸收钳修正因子的扩展不确定度必须除以系数 $k=2$。因此,吸收钳的制造商也可直接提供标准不确定度,而不给出扩展不确定度。

正如上述所讨论的,吸收钳的修正因子的不确定度可能是特定单元的值,也可能是适用于某种类型的吸收钳的值。与某类吸收钳校准有关的不确定度一般来说大于特定单元的不确定度。原因是对于某种类型吸收钳的测试使用了这一类型吸收钳有限数量的样品,并把单个吸收钳源的平均值作为这种特定类型吸收钳的修正因子。因此由平均吸收钳的修正因子的离散性引起的不确定度会导致不确定度的增加。

7.2.6 不确定度报告的典型例子

附录 E 中的表 E.1 和表 E.2 分别给出了 30 MHz～300 MHz 和 300 MHz～1 000 MHz 两个频带内原始吸收钳校准法的典型不确定度报告。对于夹具校准法和参考装置校准法的不确定度报告目前仍在考虑当中。

根据第 4 章给出的程序对不确定度进行评定。每项不确定度的值由 A 类和 B 类方法进行评定。A 类不确定度评定使用重复测量的统计分析,B 类不确定度评定为非统计分析法。

实际中,EMC 的符合性测量一般只对某一类 EUT 进行一次。使用相同的 EUT 进行重复性测量并不常见。因此,不确定度报告大多使用 B 类评定来确定。

这也是附录 F 描述的不确定度报告情形,即大多数的不确定度报告采用 B 类评定并使用来自于校准证书、仪器手册、制造商提供的技术指标、以前的测量数据和测量方法的模型或者对测量方法的一般性理解。在附录 E 中给出的不同不确定度源/影响量的概率分布和不确定度值可从不同的信息源得到[49][22][41]。

遗憾的是被测量和不同的影响量之间的关系没有模型。所能确定的只是被测量是表 5 中给出的影响量的函数。每个影响量的大多数的标准不确定度值不得不从规范或试验数据中获得。更进一步地假设所有的灵敏系数等于 1。然而,由于缺少现实模型,灵敏系数的真值是未知的。

从附录 E 给出的吸收钳校准的不确定度报告可得到结论:30 MHz～1 000 MHz 频段内的扩展不确定度近似为 3dB。该值也使用在附录 F 的表格中。注意该值也用在 CISPR 16-4-2:2003 中表 A.3 给出的骚扰功率不确定度报告中。

7.2.7 不确定度报告的验证

两次循环测试(RRT)已经作为修订吸收钳校准法时 CISPR 工作的一部分。最终 RRT 的结果参见参考文献[21]。6 个检测实验室对这次 RRT 作出了贡献。30 MHz～1 000 MHz 频段内的标准偏差大约小于 1 dB,产生的扩展不确定度近似为 2 dB。

7.3 与吸收钳测量法有关的不确定度

7.3.1 概述

本条描述了 CISPR 16-2-2:2003 中第 7 章所描述的吸收钳测量法(ACTM)的不确定度报告。

为了方便起见,图 22 给出了吸收钳测量法的示意图。

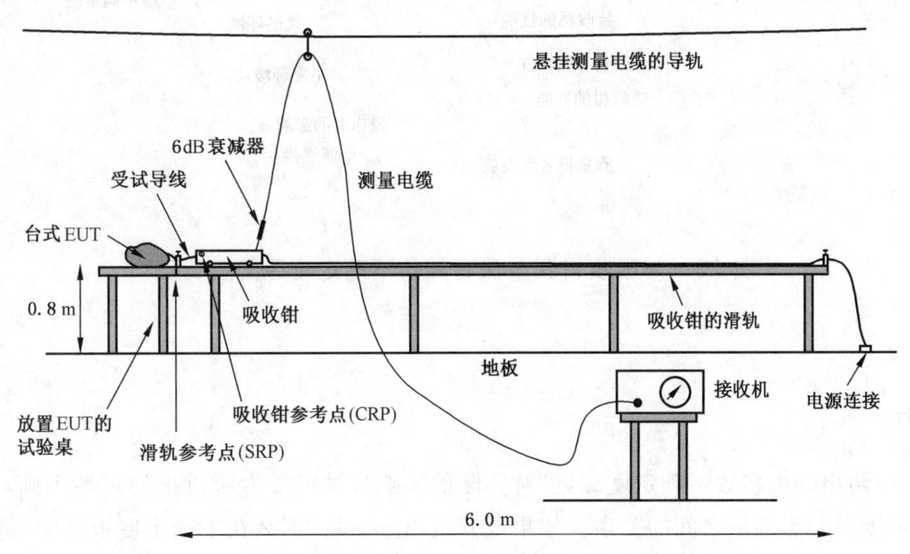

图 22 吸收钳测量法的示意图

7.3.2 被测量

对于吸收钳测量法,被测量是骚扰功率。在每一个测量频点对应于被测电压 V 的骚扰功率 P 通过使用在 GB/T 6113.103—2008 中描述的吸收钳校准程序中得到的吸收钳的修正因子 F_c 由式(23)计算：

$$P = V + F_c \qquad (23)$$

式中：

P ——骚扰功率，单位为分贝(皮瓦)[dB(pW)]；

V ——被测电压，单位为分贝(微伏)[dB(μV)]；

F_c ——吸收钳的修正因子，单位为分贝(皮瓦每微伏)[dB(pW/μV)]。

7.3.3 不确定度源

本条给出了与吸收钳测量法有关的不确定度源。从式(23)可知不确定度由电压测量的不确定度和吸收钳的修正因子的不确定度决定。

电压测量的不确定度由 EUT、测试配置、测量程序、测量设备和设施以及环境引起的不确定度来决定。

图 23 给出了所有有关不确定度源的示意图。这张鱼骨图给出了影响骚扰功率总不确定度的不确定度源的类别。从该图可知大多数与试验布置有关的不确定度源和应用于吸收钳校准的不确定度源是相同的，只是增加了一个重要的“试验布置”引入的不确定度源，即 EUT 布置的复现性。对于测量设备和设施的不确定度，现在接收机的绝对不确定度和吸收钳的修正因子的不确定度是一个重要的不确定度源，而与吸收钳的校准无关。

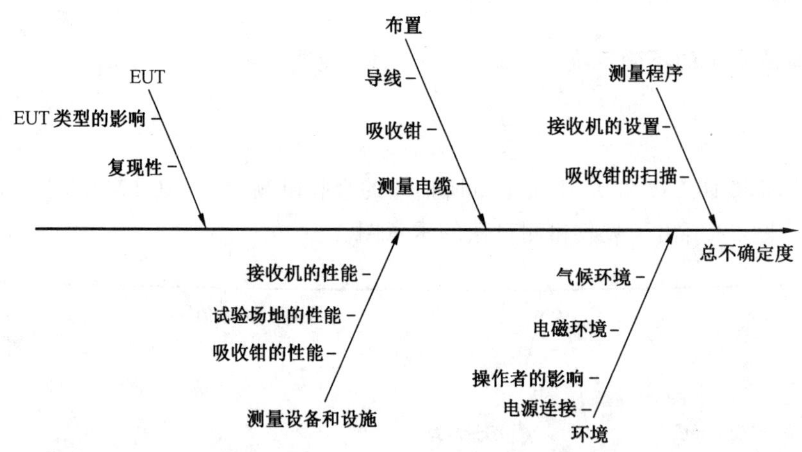

图 23 与吸收钳测量法有关的不确定度源的鱼骨图

7.3.4 影响量

7.3.4.1 概述

在图 23 中给出的大多数不确定度源，没有实际的影响量被定义为所讨论的定性不确定度源。表 6 给出了不确定度源和影响量之间的关系。如果没有给出影响量，那么在不确定度报告中，将使用原始的不确定度源。

对于每个新的或偏离校准情况下(见 7.2.4)的不确定度源或影响量，给出如下的一些解释。

表 6 对于吸收钳测量法与图 23 中给出的不确定源有关的影响量

不确定度源	影响量
与 EUT 有关的	
影响其他不确定度源的 EUT 的类型	EUT 的尺寸
	骚扰的特征
EUT 的复现性	EUT 单元和电缆的布置
	运行模式
与布置有关的	
受试导线(LUT)的布置	横截面
	长度
	吸收钳中 CRP 处的位置允差
	参考平面上的高度
吸收钳的布置	起始和终止位置的允差
测量电缆的布置	测量电缆的导轨和走线
与测量程序有关的	
接收机的设置	接收机的设置
吸收钳的扫描	吸收钳的扫描步长
与环境有关的	
气候环境	温度和湿度的允差
电磁环境	信号与环境电平之比
操作者的影响	操作者和布置之间的距离
电源连接	电源电压的变化
	电源去耦装置的应用
与测量设备和设施有关的	
接收机的性能	准确度
	输入端的失配
	测量系统的读数
	信噪比
试验场地的性能	吸收钳试验场地的偏差
	吸收钳滑轨的材料
吸收钳的性能	吸收钳的修正因子的不确定度
	吸收钳的去耦因子
	接收机的去耦

7.3.4.2 与 EUT 有关的影响量

与 EUT 有关的影响量如下：

a) EUT 的尺寸：

多种影响量依赖于 EUT 类型(即大的或小的 EUT、具有一根或多根电缆的 EUT)。这些不同类型 EUT 的电磁性能将引起不确定度大小的变化。

b) 骚扰的特征：

骚扰的特征(宽带,窄带)将影响由接收机引起的不确定度的大小。

c) 产品抽样(可选的)：

如果因为质量保证的原因,制造商进行重复测量或应用 80%/80%准则,那么产品抽样则显得尤其重要。如果制造商进行型式试验,那么制造商有可能使用同类型 EUT 的不同样品进行重复测量。在政府机构进行市场监控使用同一类型的 EUT 不同样品的情况下,可采用 80%/80%准则。

d) EUT 单元和电缆的布置：

尽管在产品标准里给出了 EUT 布置的规范,但是如果同样的 EUT 由不同的操作者和检测实验室准备和布置的话,该影响量会导致显著的不确定度。尤其是当 EUT 由不同的单元和一些连接电缆组成,那么由 EUT 布置的许多自由度引起的不确定度将更为显著。此外,EUT 的电缆还必须通过使用具有代表性的电缆来延长以使吸收钳的测量成为可能。不同类型(直径尺寸/屏蔽性能等)的延长电缆也可能导致结果的不同。

e) EUT 的运行模式：

在测量过程中应选择有实际意义的运行模式。如果没有规定测试的运行模式,那么不同的操作者/检测实验室可能选择不同的模式和不同的接收机设置以及扫描速度。

7.3.4.3 与测量程序有关的影响量

本条讨论接收机的设置。接收机的设置(人工或软件控制)仍留下了一些自由度。这将导致依赖于 EUT 的骚扰类型(宽带/窄带)的不确定度。

7.3.4.4 与环境有关的影响量

与环境有关的影响量如下：

a) 信号与环境电平之比：

由于 EUT 与电源相连,因此额外由环境引入的传导骚扰信号应被认为是一影响量。

b) 电源电压的变化：

电源电压偏离额定电压会导致不确定度,因为骚扰功率依赖于电源电压。

c) 电源去耦装置的应用

不同的检测实验室使用不同的电源去耦装置如 CDN、去耦变压器、自耦变压器、LISN 或它们的组合。这些不同的去耦装置导致不同的骚扰电平,同时也依赖于 EUT 的类别(有或没有保护地的电源连接)。

7.3.4.5 与测量设备和设施有关的影响量

与测量设备和实施有关的影响量如下：

a) 接收机的准确度：

准确度来自于接收机的规范和校准证书。如果有必要,要考虑不同种类的信号/响应的不确定度,即连续波的准确度、脉冲幅度响应准确度、脉冲重复率响应准确度。

b) 吸收钳的修正因子的不确定度：

吸收钳的修正因子的不确定度应来自于由吸收钳的供应商所提供的或检测实验室自己获得的吸收钳校准的不确定度报告(见 7.2.5 和附录 C)。

c) 吸收钳的去耦因子：

(标准)规定了对吸收钳的去耦因子的基本要求。去耦因子决定了 EUT 受试线的远端相对于 EUT 受试线近端的去耦大小。尽管不同的吸收钳都能满足该基本要求,但因其去耦性能可能不同,所以也可能会导致测量结果的不同。

d) 接收机的去耦:

(标准)同样给出了 LUT 和测量系统的共模去耦的基本要求。可以预期的是剩余不确定度很小。

7.3.5 不确定度报告的应用

7.3.5.1 概述

一般来说,获得吸收钳测量法的扩展不确定度有两个目的,即为了确定测量设备和设施的不确定度和/或标准符合性不确定度。

7.3.5.2 测量设备和设施的不确定度(MIU)的考虑

首先,出于检测实验室认可目的需计算 MIU。为了这个目标考虑仅由检测实验室引起的不确定度就足够了,即与测量设备和设施,环境和测量程序有关的不确定度。由此引入的不确定度可用来与在 CISPR 16-4-2:2003 中给出的最小 MIU 值比较。

7.3.5.3 标准符合性不确定度(SCU)的考虑

测量方法结合产品的典型类型可以计算 SCU。SCU 这个值可用来与某一确定的限值相比作出不符合的风险评估。对于使用“相同的”EUT 进行“相同的”测量的两个检测实验室之间测量一致性的讨论、由 EUT 引入的不确定度也必须包含在报告中。对于市场监督,还应考虑所涉及的两个检测实验室的 SCU。

7.3.6 不确定度报告的典型例子

附录 F 的表 F.1 和表 F.2 给出了吸收钳测量法的典型不确定度报告。两个表的频率范围分别为 30 MHz～300 MHz 和 300 MHz～1 000 MHz。

根据第 4 章给出的程序进行不确定度评定。

对于附录 F 给出的不确定度报告,大多数不确定度分量为 B 类评定,使用的数据来自于校准证书、仪器手册、制造商给出的技术要求,以前的测量和测量方法的模型或者对测量方法的一般性理解。附录 F 给出的不同的不确定度源/影响量的概率分布和不确定度值是从不同的信息源导出,即参考文献[49]、[22]和[41]。

遗憾的是被测量(骚扰功率)和不同的影响量之间的关系没有模型可用。所有可说的只是被测量是表 6 中给出的影响量的函数。每个影响量的大多数标准不确定度值使用 B 类评定得到。此外,假设所有的灵敏系数等于 1。然而,由于缺少现实模型,灵敏系数的真值是未知的。

表 F.1 和表 F.2 都提供了 MIU 和 SCU 的计算结果。来自于这些表中的 MIU 和 SCU 的典型值汇总在表 8 中。MIU 的典型值为 5 dB～6 dB,而 SCU 近似为 8 dB。

7.3.7 不确定度报告的验证

已进行的四次 RRT 已经作为 CISPR 修订吸收钳校准和吸收钳测量法工作的一部分。

参考文献[21]介绍了第二次 RRT 的结果。在这次 RRT 中,有四个检测实验室参加,参考辐射体(基于梳状信号源)作为 EUT。同时每个检测实验室也使用相同的吸收钳。因此,来自于此 RRT 的不确定度结果仅代表 MIU 的一部分。小于 300 MHz 时,此 RRT 的测量结果的标准差近似为 1 dB,小于 1 GHz 时标准差近似为 2 dB。这分别对应于近似为 2 dB 和 4 dB 的扩展不确定度。

参考文献[23]介绍了第三次 RRT 的结果。6 个认可的检测实验室对这次 RRT 做出了贡献，使用两种不同类型的真实 EUT，即电钻和吹风机。对于在这次 RRT 中使用的两种 EUT，扩展的 SCU 分别是 16 dB 和 8.1 dB。电钻的测量结果作为例子在图 24 中给出。对于电钻的 SCU 的较大值是由于电钻的可重复性的问题引起的。但是，其中 1 个检测实验室的测量结果是这个较大的不确定度的主要贡献者(见图 24 中的曲线 6a)。当该检测实试验室的结果从数据库中剔除时，扩展的 SCU 值分别减小到 6.3 dB 和 5.3 dB。

1998 年，在德国进行了一次骚扰功率的 RRT。6 个检测实验室参加了这次 RRT，真空吸尘器的通用电机作为 EUT。结果在表 7 中给出。4dB 的扩展不确定度(见表 7)是从标准差的最大值估计得到的。

从不同的 RRT 结果可以得出结论，SCU 极大地依赖于 EUT 的类型和其固有不确定度。

为了比较，CISPR 16-4-2:2003 中表 A.3 给出的典型 MIU(4.45dB)值也包含在表 8 中。

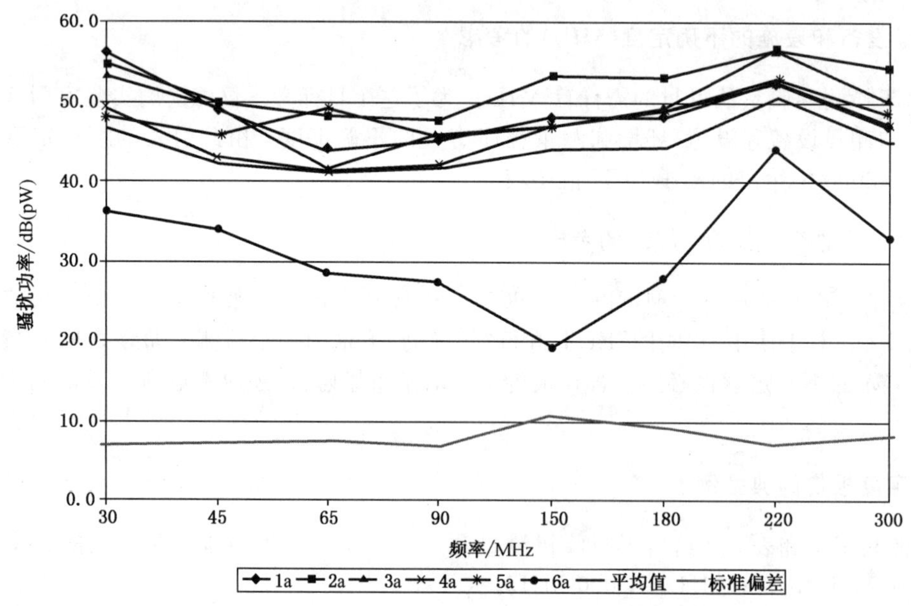

图 24　在荷兰使用电钻作为 EUT 在 6 个检测实验室进行的吸收钳 RRT 的测量结果

表 7　在德国使用真空吸尘器电机作为 EUT，6 个检测实验室进行的吸收钳 RRT 的测量结果

实验室	频率范围							
	30 MHz～50 MHz		50 MHz～100 MHz		100 MHz～200 MHz		200 MHz～300 MHz	
	最大值 dB(pW)	频率 MHz	最大值 dB(pW)	频率 MHz	最大值 dB(pW)	频率 MHz	最大值 dB(pW)	频率 MHz
1(户外)	34	35.3	29	52.3	31	189.3	30	243.9
2(屏蔽室)	37.9	31.6	30.1	70.5	30.4	187	27.9	264.5
3(屏蔽室)	38.4	31.8	29.9	54.2	29.8	189.5	26.4	237.5
4(屏蔽室)	34.1	32.1	27.1	73.0	30.5	123.1	26.2	260.5
5(户外)	35	31.7	28	70.5	32	191.3	29	257.7
6(屏蔽室)	34	30.5	30	70.1	30	150	28	250
平均值	35.6		29.0		30.6		27.9	

表 7（续）

实验室	频率范围							
	30 MHz～50 MHz		50 MHz～100 MHz		100 MHz～200 MHz		200 MHz～300 MHz	
	最大值	频率	最大值	频率	最大值	频率	最大值	频率
	dB(pW)	MHz	dB(pW)	MHz	dB(pW)	MHz	dB(pW)	MHz
标准偏差	2.0		1.2		0.8		1.5	
与平均值的最大偏差	+2.8		−1.9		+1.4		+2.1	
最大值和最小值之间的最大差值	4.4		3.0		2.2		3.8	

表 8　从不同信息源导出的吸收钳测量法的不同 MIU 和 SCU 值(扩展不确定度)汇总表

参考文献	不确定度种类	扩展不确定度值 dB	
		30 MHz～300 MHz	300 MHz～1 000 MHz
附录 F 的表 F.1 和表 F.2	MIU	6.2	5.1
CISPR 16-4-2:2003	MIU	4.45	不适用
附录 F 的表 F.1 和表 F.2	SCU	7.9	8.4
RRT 结果:电钻[23]和图 24(包含所有实验室)	SCU	16.0	不适用
RRT 结果:吹风机[23](包含所有实验室)	SCU	8.1	不适用
RRT 结果:电钻[23](把一个实验室除外)	SCU	6.3	不适用
RRT 结果:吹风机[23](把一个实验室除外)	SCU	5.3	不适用
RRT 结果:真空吸尘器电机[21]	SCU	4.0	不适用

8　30 MHz～1 000 MHz 频率范围使用 SAC 或 OATS 进行的辐射发射测量

8.1　概述

8.1.1　目的

本章给出了与在 SAC 或 OATS 中进行的 30 MHz～1 000 MHz 频率范围内辐射发射测量所用的测量设备和测量方法有关的不确定度确定的信息和指导。此外,本章还给出了在 CISPR 16 的几个部分中描述的与辐射发射测量方法(见 CISPR 16-2-3:2006 中第 7 章)有关的不同的不确定度方面的原理。

在 CISPR 16-4-2:2003 中,在 SAC 或 OATS 中进行的辐射发射测量所考虑的不确定度仅为 MIU。本部分给出了与符合性试验有关的所有不确定度,即 SCU,其中也包括 MIU。

本章中给出的不确定度评估方法的原理,其目的是为基于 SAC/OATS 的辐射测量方法有关的 CISPR 16 的几个部分提供背景信息。CISPR 的各分委会可以使用这些背景信息对现有标准中的不确定度内容进行完善。此外,本条还为那些使用辐射发射测量方法且不得不评估其不确定度的人员提供有用的信息。

8.1.2 介绍

本章给出了与 CISPR 16-2-3:2006 中描述的基于 SAC 或 OATS 中的辐射发射测量方法有关的不确定度的信息。CISPR 16-4-2:2003 中描述的基于 SAC 或 OATS 的辐射发射测量方法的不确定度评估或 LAB 34 [46] 中的示例,仅给出了根据 CISPR 16-2-3:2006 进行的实际符合性试验中存在的一些不确定度分量。上述两个文件中的不确定度评估仅考虑了 MIU,而包括电缆在内的 EUT 的布置以及测量程序自身引入的不确定度并没有予以考虑。本章考虑与符合性试验的测量不确定度(术语称为 SCU)相关的所有不确定度源。评估这些 SCU 的一种基本假设是 EUT 保持不变。换句话说,考虑基于 SAC 或 OATS 的辐射发射测量方法的不确定度时,其前提是不同的检测实验室对同一 EUT 进行测量。这些检测实验室将使用不同的测量设备、测量场地、测量程序和试验人员,经常也会使用不同的测量布置或不同的 EUT 运行模式。后者是与 EUT 有关的不确定度源,它们可能会很显著,从而导致测量结果的复现性差。

本章中描述的不确定度评估根据第 4 章中给出的发射测量不确定度的基本考虑进行。

8.2 与基于 SAC/OATS 的辐射发射测量方法有关的不确定度

8.2.1 概述

本条描述了对 CISPR 16-2-3:2006 中第 7 章中给出的基于 SAC/OATS 的辐射发射测量方法的不确定度评估所要做的准备工作。作为参考,图 25 给出了辐射发射测量方法的示意图。该图为台式设备在 SAC 中的试验布置。接收天线测量的是 EUT 发射的直射波和反射波之和。

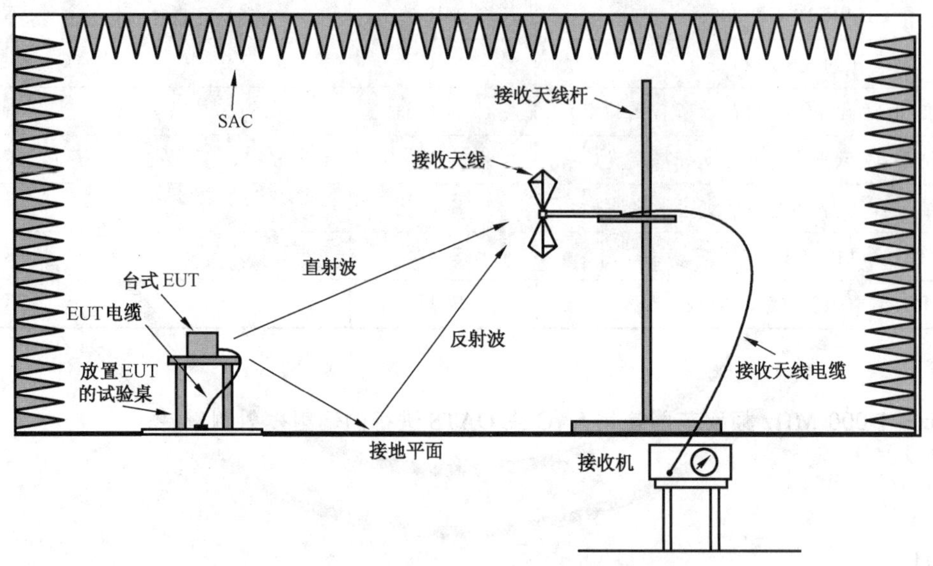

图 25 SAC 中辐射发射测量布置的示意图

8.2.2 被测量

之前仅不完整地定义了 CISPR 16-2-3:2006 中给出的基于 SAC/OATS 的辐射发射测量方法的被测量。CISPR 16-1-4:2007 中第 4 章规定的频率范围为 9kHz～18GHz,在 30 MHz～300 MHz 的频率范围内规定了一种参考天线(平衡偶极子)。为了方便起见,将被测量称为参考电场强度(电场 E),即使用 CISPR 的参考天线测量的电场 E。在 300 MHz～1 000 MHz 频率范围内没有规定参考天线,被测量仍为电场强度。正如 CISPR 16-1-4:2007 中发布的,CISPR/A 近期已完成把电场 E 作为 30 MHz～1 000 MHz频率范围内的被测的量的工作。

本章中假设被测量为电场(E)。然而,这并不是被测量的完整描述,因为按照 ISO/IEC 导则 98-3:

2008 的规定,被测量的定义也要求有关影响量的表述。

从计量学的角度,与在 SAC/OATS 中进行的辐射发射测量有关的被测量更恰当的描述如下:

被测的量为 EUT 发射的最大场强,作为如下因素的函数,即 EUT 放置在距测量天线 10 m 处、并在水平面内 0°～360°旋转,天线分别处于水平极化和垂直极化、并在参考平面上 1 m～4 m 的高度范围内进行扫描。

该量应用如下规定确定:

a) 关注的频率范围为 30 MHz～1 000 MHz;

b) 应使用场强单位表示该量,与其限值电平单位一致;

c) 应使用符合所适用的 CISPR 确认要求的 SAC/OATS 测量场地和试验桌;

d) 应使用符合 CISPR 要求的 EMI 接收机;

e) 使用替换测量距离,例如 3 m 或 30 m 而不是标称距离 10 m[见 8.2.4.4a)],被认为是一种替换测量方法;应使用相关因子将其换算为 10 m 距离上的结果[不确定度的影响[见 8.2.4.4a)];

f) 测量距离为 EUT 的边界和天线参考点之间在接地平面上的水平投影距离;

g) 根据 CISPR 规范配置和运行 EUT;

h) 应使用自由空间天线系数。

通过使用自由空间天线系数 F_A,由最大电压读数 V_r 通过式(24)推导出被测量 E:

$$E = V_r + L_c + F_A + \sum_i C_i^{IQ} \qquad \cdots\cdots(24)$$

式中:

E ——被测量的描述中所规定的场强,单位为分贝(微伏每米)[dB(μV/m)];

V_r ——使用被测量的描述中所规定的程序得到的最大电压读数,单位为分贝(微伏)[dB(μV)];

L_c ——天线和接收机之间测量电缆的损耗,单位为分贝(dB);

F_A ——接收天线的自由空间天线系数[3],单位为分贝(每米)[dB(m^{-1})];

$\sum_i C_i^{IQ}$ ——修正因子 C_i^{IQ} 的和,C_i^{IQ} 适用于 8.2.4 所描述的各种影响量。

8.2.3 不确定度源

本条总结了与在 SAC/OATS 中进行的辐射发射测量有关的不确定度源。从式(24)可看出,该不确定度是由测得电压的不确定度、电缆损耗的不确定度和天线系数的不确定度决定。

测得的电压的不确定度是由 EUT、测量布置、测量程序、测量设备和设施以及环境引入的不确定度决定。图 26 给出了所有相关不确定度源的示意图。这张鱼骨图表明了对被测量总不确定度有贡献的不确定度源的类别。一个重要的布置的不确定度源是 EUT 布置的复现性。

8.2.4 影响量

8.2.4.1 概述

对于图 26 中给出的大多数定性的不确定度源,可用一个或多个影响量来描述。表 9 给出了不确定度源和影响量之间的关系。如果没有识别出影响量,那么在不确定度的评估中将使用原始的不确定度源。下面分别对每一个不确定度源/影响量作出说明。

注:本条以及第 8 章其余部分中使用的不确定度源和影响量术语可能与 CISPR 16-4-2:2003 中使用的相同术语有所不同。这样做的理由如下:

a) 一些影响量仅是 SCU 特有的,而对 CISPR 16-4-2:2003 中 MIU 的评估并不适用。

3) 自由空间天线系数作为天线的品质值。应指出的是场强不是在自由空间环境中进行测量而是在具有接地平面的环境中进行测量的。更详细的信息见 8.2.4.6 h)。

b) CISPR 16-4-2:2003 中的一些影响量术语没有被量化或者清楚地识别。例如,CISPR 16-4-2:2003 中使用的术语“场地不理想”为定性术语。表 9 中使用的术语“NSA 的偏差”更为恰当,因为它反映的是一个特定的且众所周知的量。此外,术语“本底噪声”没有被清楚地规定,而术语“信噪比”是一个众所周知的且可量化的术语。

因此,将来对 CISPR 16-4-2:2003 进行修订时,会将其使用的术语与本标准中使用的术语保持一致。

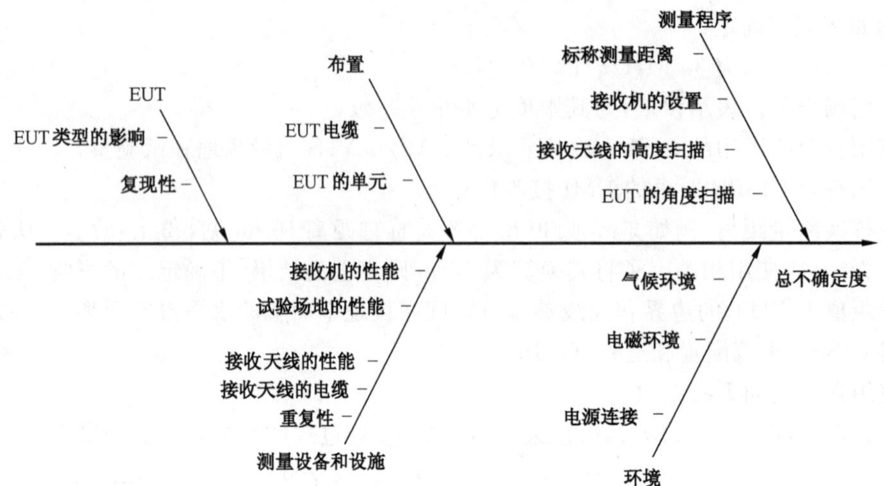

图 26 与 SAC/OATS 辐射发射测量方法有关的不确定度源

表 9 对于 SAC/OATS 辐射发射测量方法与图 26 中给出的不确定度源有关的影响量

子条款	不确定度源	影响量
8.2.4.2	**与 EUT 有关的**	
a)	EUT 类型对其他不确定度源的影响	EUT 的尺寸
b)		骚扰类型
c)	EUT 的复现性	产品抽样
d)		运行模式
8.2.4.3	**与布置有关的**	
a)	EUT 布置	EUT 单元和电缆的布局
b)		电缆的端接
c)		测量距离的允差
d)		接地平面上 EUT 高度的允差
8.2.4.4	**与测量程序有关的**	
a)	标称测量距离	标称测量距离
b)	接收机的设置	接收机的设置
c)	接收天线的高度扫描	高度扫描的步进
d)		起始和终止位置的允差
e)	EUT 的角度扫描	角度扫描的步进
8.2.4.5	**与环境有关的**	
a)	气候环境	温度和湿度的允差

表 9（续）

子条款	不确定度源	影响量
b)	电磁环境信号	信号与环境电平之比
c)	电源连接	电源电压的变化
d)		电源去耦装置的应用
8.2.4.6	**与测量设备和设施有关的**	
a)	接收机的性能	接收机的准确度
b)		接收机输入端的失配
c)		测量系统的读数
d)		信噪比
e)	试验场地的性能	NSA 的偏差
f)		放置 EUT 的试验桌
g)		接收天线塔的影响
h)	接收天线的性能	自由空间天线系数的不确定度
i)		接收天线的类型(方向性)
j)		与高度相关的天线系数
k)		天线系数的频率内插
l)		天线相位中心的变化
m)		天线的不平衡
n)		交叉极化性能
o)	接收天线的电缆	电缆损耗的不确定度
p)		失配[a]
q)	测量系统的重复性	测量系统的重复性

[a] 当使用单根电缆时，天线和接收机之间具有两个失配源：

——天线和电缆之间；

——电缆和接收机之间(=接收机输入端的失配)。

如果检测实验室使用几根电缆对天线和接收机进行互连，可能存在额外的失配。在评估 MIU 时，通常仅包括单个失配影响量。

8.2.4.2 与 EUT 有关的影响量

与 EUT 有关的影响量如下：

a) EUT 的尺寸：

多种影响量依赖于 EUT 类型(即 EUT 的尺寸、EUT 连接电缆的数量)。这些不同类型 EUT 的电磁性能可对不确定度产生不同的贡献。在 8.2.4.3 中，受 EUT 尺寸影响的那些影响量作为与 EUT 布置相关的影响量的一部分。对于与 EUT 相关的不确定度源，为了避免不确定度的双重计算，并没有把特定的不确定度值赋给 EUT 的尺寸。作为替代，EUT 的尺寸应被认为是在 8.2.4.3 中讨论的与布置相关的不确定度源的不确定度的一个影响量。

b) 骚扰类型：

EUT 辐射的骚扰类型(宽带、窄带或断续的)可能会影响由接收机和所用测量方法(例如:宽带信号截获的概率)引起的不确定度的大小。

c) 产品抽样(如果适用):

如果因为质量保证的原因,制造商进行重复测量或应用 80%/80%准则,那么这种影响量则显得尤其重要。如果制造商进行型式试验,那么有可能使用同类型 EUT 的不同样品进行重复测量。如果是市场监督,另一家检测实验室会对不同的样品进行测量,也需要采用 80%/80%准则。

d) EUT 的运行模式:

测量过程中应选择有意义的运行模式,目的是能够获得有代表性的和最坏情况下的辐射发射。如果没有规定运行模式,那么不同的操作者和/或检测实验室可能选择不同的模式以及不同的接收机设置和扫描速度。这会引起显著的复现性的不确定度,从而影响 SCU。

8.2.4.3 与布置有关的影响量

与布置有关的影响量如下:

a) 多个 EUT 单元和多根电缆的布局:

尽管在产品标准里给出了 EUT 布置的规范,但是如果给定的 EUT 由不同的操作者和不同的检测实验室进行配置,该影响量会导致显著的不确定度。尤其是当 EUT 由多个壳体和和多根互连电缆组成,那么由 EUT 布置的许多自由度引起的不确定度可能更为显著。这个影响量将对 SCU 产生贡献。30 MHz~300 MHz 频率范围内 CISPR/A 组织的 RRT 的结果[32]表明,对于特定的 EUT,布置引起的不确定度大约为 7 dB。与 EUT 布置有关的不确定度很大程度上取决于 EUT 的类型。表 10 给出了作为 EUT 类型函数的试验布置不确定度的定性指导。当频率为 200 MHz 以上时,不同的电缆布置的影响将减小。

表 10 EUT 的类型和与布置有关的不确定度之间的关系

EUT 的类型	布置的不确定度
台式设备:电池供电	非常小
台式设备:单个单元、单根电缆与电源相连	小
台式设备:多个单元、多根电缆与电源和辅助设备相连	大
落地式设备:单根电缆与电源相连	小
落地式设备:多根电缆与电源和辅助设备相连	大

b) 电缆的端接:

不同的检测实验室可能使用不同的电缆去耦装置,例如 CDN、去耦变压器、吸收钳、LISN 或它们中的一些组合或者都不使用。这些不同的去耦装置影响从 EUT 端看进去的共模阻抗,从而可能产生不同的骚扰电平。骚扰电平也取决于 EUT 的类别(有/无保护地的电源连接)和 EUT 的类型(尺寸)(参考文献[34]和[24]有更详细的介绍)。附录 H 的图 H.1 给出了参考文献[24]中的 EUT 的扩展不确定度结果的汇总。对于 30 MHz~200 MHz,使用不同的端接装置,例如共模吸收装置(CMAD)、CDN 或 LISN 等,可引起结果的显著变化,即 100 MHz 以下的扩展不确定度为 10dB~20dB。当评估 SCU 时,尤其是在 200 MHz 以下,此影响量可能是显著的。

c) 测量距离的允差:

测量距离的不确定度是由 EUT 边界的确定、距离的测量和天线杆的刚度引起的不确定度。对 EUT 边界和接收天线参考点之间测量距离的误差不做修正。通常情况下期望测量距离的允差为±10 cm，对于小的测量距离，这种允差的影响最大。最大不确定度作为标称测量距离的函数和作为 EUT 高度的函数进行变化[12]，对于测量距离为 3 m 的台式 EUT，所产生的不确定度近似为±0.4 dB(矩形分布)。在实际当中，这个最大不确定度经常是由位于自由空间中的在某个标称距离上的源产生的场的变化进行评估。需要指出的是，通常对于较大的测量距离，在自由空间进行的不确定度评估并不能给出一个恒定值[12]。不确定度值作为测量距离的函数参见附录 G 中表 G.3 和表 G.4。

d) 接地平面上 EUT 高度的允差：

接地平面上标准 EUT 离地高度(即台式 EUT 为 0.8 m)的不确定度通常为±1 cm。这种允差所产生的影响是在测量位置处骚扰(辐射)波瓣图的变化。取决于接收天线高度扫描的步进，这种影响将会对测得的最大电场强度产生不确定度，对于小的测量距离，这种允差的影响最大。如果高度扫描步进足够的小，那么这种不确定度主要是在这些频率上产生影响，即对应这些频率，最大场强是在天线扫描高度的下限或者上限测得的(通常是在下限，1 m 附近)。不确定度作为测量距离、极化和频率范围以及作为 EUT 标称高度的函数进行变化[12]。参考文献[12]表明，对于 0.4 m 的标称 EUT 离地高度，1 cm 高度允差的影响是相当的显著(±0.5 dB)。对于台式 EUT(0.8 m 的标称 EUT 离地高度)和 3 m 测量距离，±1cm 的高度允差产生的不确定度近似为±0.3 dB(矩形分布)。不确定度值作为测量距离的函数参附录 G 中表 G.3 和表 G.4。

8.2.4.4 与测量程序有关的影响量

与测量程序有关的影响量如下：

a) 标称测量距离：

基于 SAC/OATS 的辐射发射测量，标称测量距离为 10 m(见 8.2.2 中被测量的定义)。如果使用替换测量距离，例如 3 m，那么应将 3 m 的测量结果换算到预期的 10 m 标称测量距离上的发射结果。

注 1：使用替换测量距离，例如 3 m 或 30 m 而不是 10 m，被认为是包含了一种可替换的测量方法。CISPR/TR 16-4-5：2006 中规定了替换测量方法的使用条件，包括不确定度的考虑。

在实际当中，这样的换算通常假设通过使用自由空间中的场强衰减公式，即 20 dB/10 倍程或 $1/r$ 规则，可把某一测量距离上 EUT 产生的发射换算为另一个距离上的发射。

注 2：CISPR 22：2008 中 10.3.1 的注表明，对于符合性评估，需要使用 20 dB/10 倍程的反比系数把测得的数据归一化到规定的距离上。

然而，这种换算的准确性很大程度上取决于 EUT 的类型、实际的测量距离和频率。不同的 RRT 结果(见 8.2.7)表明，对于特定 EUT，这种相关性并不简单遵循 20 dB/10 倍程的自由空间换算规则。作为示例，附录 H 的图 H.5 基于参考文献[13]和[25]中的 RRT 结果，示出了对一个小的台式 EUT 从3 m 换算为 10 m 时的实际转换因子和自由空间转换因子的比较。

对于由 SAC/OATS 得到的测量结果，从 3 m 测量距离换算到 10 m 测量距离的相关性是通过把每个频率上的结果减去 10.5 dB。对于图 H.5 中的示例，实际的相关因子随着频率在 5 dB～9 dB 之间变化，平均相关因子为 7.6 dB。这个相关因子应用作结果[式(24)]的修正。适用于任何 EUT 的通用相关因子通常是得不到的。在整个频率范围内使用单一的相关因子值会导致不确定度，当对相同 EUT 的 3 m 和 10 m 发射测量结果进行比较时，该不确定度将是与之相关的。例如，这样的比较会出现在市场监督的情况中。因此这种不确定度对 SCU 有贡献。同时要注意的是该影响量对 MIU 没有贡献，这是因为即使测量设备和设施以及场地影响产生的不确定度可忽略，该不确定度还是存在的。图 H.5 的结果表明测量距离 3 m 的结果换算为测量距离 10 m 的结果，若使用 10.5 dB 的相关因子则会产生过补偿。从符合性确定的观点,使用较小的相关因子可能更为适合。对于不同测量距离得到的结果之间的差值来说,选择的相关因子就决定了所产生的不确定度。从市场监督的方面来看,不同测量距离(3 m 和 10 m)结果的差值可能影响较小,这是因为在这两种情况下测量数据低于所适用的限值更为重要。在这种情况下使用保守的相关因子(例如:5 dB)可能是谨慎的。

b) 接收机的设置:
当人工使用或软件控制接收机时,测量方法标准为接收机的设置留下了一些灵活性。这将导致依赖于 EUT 发射的骚扰类型(宽带/窄带或断续)的不确定度(见 CISPR 16-2-3:2006)。例如扫频时间的设置、输入衰减器的设置和参考电平的设置。

c) 高度扫描的步进:
接收天线高度的变化范围为 1 m～4 m。操作者或自动测量控制软件规定了高度变化的步进。这种高度步进影响在测量位置处不能得到最大电场强度的概率。与其相关的不确定度也取决于 EUT 类型(接地平面上的高度、骚扰的极化)、测量距离和频率。在最高频率和最短的测量距离 3 m,对于台式 EUT,其骚扰辐射波瓣图的波瓣高度最小。在这些条件下,由步进引入的不确定度将变得最大。在 200 MHz 以下,若步进小于 25 cm,则可以忽略相关的不确定度。在较高的频率(>200 MHz),不确定度可能是显著的[12]。例如:对于 3 m 测量距离,步进为 25 cm 时测得的场可能要比使用接近连续扫描(高度步长为 0.01 m)测得的值小 1 dB。步进减小为 10 cm 时,此偏差将减少到 0.2 dB。附录 G 的不确定度评估示例中列出的数值为后者(0 dB～－0.2 dB,矩形分布和＋0.1 dB 的修正因子)。对于 10 m 和 30 m 的测量距离,为维持步进产生的＋0 dB～－0.2 dB 的相同不确定度,步进可能要显著地减小。对于接地平面上方 0.4 m 高度的 EUT,步进引起的不确定度可以忽略。一般来说,连续的高度扫描能将这种误差的贡献减到最小。然而,使用较小的高度扫描步进,测量时间可能会显著地增加,这是因为对于每一次的高度增加,要用足够的驻留时间来考虑 EUT 的运行。

d) 起始和终止位置的允差(高度扫描):
起始和终止位置高度的允差通常为几个厘米。取决于接收天线的高度扫描步长、测量距离和频率,这将影响测量最大电场强度的概率。这种不确定度实际上与 EUT 高度允差的不确定度有关且相似。这种不确定度在这些频率上是显著的,即在这些频率,在天线高度扫描的最低位置或最高位置(通常是在最低位置,接近 1 m)测得最大场强。如果高度扫描步长太大就存在附加的不确定度。在测量距离为 3 m 并且骚扰源主要是垂直极化的情况下[12],这种不确定度最大。当测量距离为 3 m,对于台式 EUT,接收天线起始位置±3cm 的允差所产生的不确定度为±0.6 dB(矩形分布)。对位于接地平面上 0.4 m 处的 EUT,所产生的不确定度为±0.2 dB。不确定度值作为测量距离的函数见附录 G 的表 G.3 和表 G.4。

e) 角度扫描的步进值:
在较高的频率,自由空间中 EUT 辐射的方位面的波瓣图的方向性将变得更强。然而,地面反射趋向于使方位面波瓣图的总方位角又变成了全向,而在俯仰面波瓣图中出现栅瓣。EUT 必须进行角度旋转以捕获最大发射,因此,角度扫描的步进值以及扫描时角的起始位置,它们在一定的允差内时决定了截获最大电场强度的概率。相关的不确定度与测量距离无关。连续的旋转会将这种影响减到最小。

8.2.4.5 与环境相关的影响量

与环境相关影响量如下:

a) 温度和湿度的允差:
对于在 SAC 内进行的测量,这类环境的影响量对测量结果的影响被认为可以忽略。如果使用 OATS,取决于导电接地平面的尺寸和形状,那么接地平面上水的影响、接地平面之外大地的性能、附近植被的潮湿或干燥都会影响场地的性能。因此,这个影响量宜在试验场地性能中予以考虑[参见 8.2.4.6 e)]。此外,测量设备(天线、接收机)对环境参数的敏感性通常可以忽略。天线和接收机之间电缆的插入损耗随着温度变化。这会对 OATS 测量的重复性产生问题。电缆损耗测量时的温度需要与进行发射测量时的温度相接近。使用白色护套的电缆可以减小由直接日照和多云天气期间引起的短期变化。

相似地,对于在 OATS 上所进行的测量,阳光下的直接暴露会引起 EUT 内部的温度变化,从而引起辐射发射电平的变化。这种影响量将对 SCU 有贡献。使用对电磁波透明的保护罩(雷达天线罩)可减小阳光照射和湿度对 EUT 的影响。

b) 信号与环境电平之比:

当使用 OATS 时,无线电发射机的辐射发射形成的环境电平可能对特定频率的辐射发射测量产生不利影响,甚至使发射测量不能进行。当测得的骚扰,其频率与环境的无线电频率相同时,与之相关的不确定度可能因此变得显著。一般来说,这些环境信号并不与测得的骚扰相关,因此可被认为是噪声信号。由此所产生的误差取决于骚扰信号与环境信号以及接收机内部噪声之比[42],[50]。对于在 SAC 中进行的测量,可以忽略由环境辐射信号所引起的不确定度。

c) 电源电压的变化:

EUT 运行时使用的供电电压应为 EUT 的额定电压(见 CISPR 16-2-3:2006 中 6.3.4)。如果骚扰电平随着电源电压的变化发生相当大的变化,那么测量应在额定电压的 0.9～1.1 倍范围内重复进行。对于具有多个额定电压的 EUT,测量时应使用能产生最大骚扰的额定电压。如果骚扰电平取决于电源电压的电平,那么电源电压与标称电源电压的偏离就会产生不确定度。这种电源电压变化产生的不确定度大小很大程度上取决于 EUT 的类型,需要对每个 EUT 单独进行评定。因此这种影响量将对 SCU 有贡献。然而,对于该影响量,不能评估出具体的不确定度数值。

d) 电源去耦装置的应用:

由于不同的检测实验室使用不同的电源滤波器和电源去耦装置,例如 CDN、去耦变压器、自耦变压器、LISN 或者它们的组合,同时也取决于于 EUT 的类别(有或没有保护地的电源连接),这会导致不同的骚扰电平。有关电源连接见 8.2.4.3 b)。

8.2.4.6 与测量设备和设施有关的影响量

与测量设备和设施有关的影响量如下:

a) 接收机的准确度:

准确度来自于接收机的规范或校准证书。如果得不到校准数据,或者如果仅对接收机进行了验证,即验证结果为参数符合规范,那么需使用规范中给出的值,并认为该值服从矩形分布以计算不确定度。如果能得到校准数据(即对每个参数有具体的数值和相关的不确定度、概率分布以及置信水平),那么就可以使用这种信息计算此不确定度分量。如果有必要,要考虑不同类型的信号/响应的不确定度,即连续波(CW)的准确度、脉冲幅度响应准确度、脉冲重复率响应准确度。有关接收机准确度的详细考虑也可参见 CISPR 16-4-2:2003 中附录 A。

b) 接收机输入端的失配:

测量电缆与接收机相连时的失配将产生失配的不确定度。这种失配的不确定度取决于接收机的输入阻抗、接收机的输入衰减设置、天线阻抗以及测量电缆的阻抗和衰减性能,它们都是频率的函数。也可参见 CISPR 16-4-2:2003 中附录 A 和参考文献[34]。一般来说,双锥天线和复合天线的回波损耗在低频时变得更差,以致于通常要求在天线和电缆之间接入一个衰减器,目的是把 VSWR 减小到小于 2.0[见 CISPR 16-1-4:2007 中 4.5.3 d)]。接收机输入端口 VSWR 的最大值为 2.0(对应于输入衰减为 0 dB——然而,这应当予以避免),双锥天线和对数周期偶极子阵列(LPDA)天线的 VSWR 分别为 4.6(最大值为 10 或更大)和 2.0,失配的不确定度服从 U 形分布[16]。对于 200 MHz 以下,失配的不确定度的典型值为+0.9/−1.0 dB,对于 200 MHz～1 000 MHz,该值为±0.3 dB(数据源自参考文献[34]和[1])。

c) 测量系统的读数:

接收机读数的不确定度取决于接收机的噪声、显示的精确度和表的刻度内插误差。对于具有电子显示的测量系统(最低有效位的波动)来说,后者对不确定度的贡献是非常小的。然而,对于模拟仪表的显示,则应考虑后者产生的不确定度贡献。

d) 信噪比:

对于辐射发射测量,接收机的本底噪声会影响测量结果,尤其是在 10 m 和 30 m 这种较大的测量距离。通常情况下,噪声的影响也取决于噪声的类型。波尔兹曼(随机)噪声对信号的影响远小于相关噪声信号。接收机的内部噪声为随机噪声,当测量骚扰时所产生的误差将取决于骚扰与噪声电平之比[42],[50]。例如,电平低于连续波信号 10 dB 的随机噪声对连续波信号的测量产生的误差为+0.7 dB,但低于连续波信号电平 3 dB 的无用随机噪声对连续波信号的测量产生的误差为+1.4 dB。总之,较大的测量距离会减小骚扰电平与内部噪声之比[42]。同时,与天线相连的预放大器也会影响本底噪声电平。因此,很难给出由接收机的内部本底噪声电平引起的作为测量距离函数的不确定度的估值。附录 G 的表 G.3 和表 G.4 给出了一些作为测量距离函数的典型的不确定度估计值。实际内部本底噪声与适用的发射限值的接近程度用于评估所产生的误差。

e) NSA 的偏差:

SAC 或 OATS 试验场地的不理想,例如不理想的吸收墙壁或尺寸有限且不规则的接地平面,会直接影响辐射发射测量的结果。试验场地的不理想取决于 EUT 的类型(尺寸的大小)和频率。试验场地的性能由归一化场地衰减(NSA)进行量化,在 NSA 测量中,EUT 由与接收天线类型相似的发射天线代替,发射天线在试验空间中几个规定位置上对 NSA 进行评估。试验场地 NSA 偏差的合格/不合格判据为±4.0 dB。应注意的是,NSA 测量包括不确定度分量,例如接收机的线性、信号发生器的稳定性和两个天线系数的不确定度。同时见 CISPR 16-1-4:2007 中 5.4.3 和附录 E。为了本条的目的,宜使用固有的 NSA 性能,即从 NSA 的测量结果中减去 NSA 测量的不确定度。表 11 给出了与 NSA 测量方法有关的不确定度评估的示例,包括测量设备和设施产生的不确定度分量。所产生的扩展不确定度为±2.0 dB。表 12 示出了这种不确定度是如何影响场地的 NSA 测量,该场地的固有(实际)场地性能偏差为±3.0 dB(矩形分布)。

表 11 与 NSA 测量方法(30 MHz～1 000 MHz)相关的不确定度评估示例

不确定度源 (影响量)	不确定度值 (+/−dB)	概率分布	包含因子	标准不确定度
与天线相关的				
发射天线系数的不确定度	1.0	矩形	1.73	0.58
接收天线系数的不确定度	1.0	矩形	1.73	0.58
与布置相关的				
测量距离的允差	0.1	矩形	1.73	0.06
发射天线高度的允差	0.1	矩形	1.73	0.06
接收天线始末位置的允差	0.1	矩形	1.73	0.06
与试验程序相关的				

表 11(续)

不确定度源 (影响量)	不确定度值 (+/-dB)	概率分布	包含因子	标准不确定度
重复性	0.5	矩形	1.73	0.29
与测量设备和设施相关的				
发生器的稳定性	0.1	正态	2.00	0.05
接收机/分析仪的线性	0.5	矩形	1.73	0.29
输入端的失配	0.4	U形	1.41	0.28
输出端的失配	0.4	U形	1.41	0.28
测量系统的读数	0.1	矩形	1.73	0.06
信噪比	0.1	矩形	1.73	0.06
合成标准不确定度				1.01
扩展不确定度		正态	2.00	2.01

表 12　固有的与视在的 NSA 之间的关系

	值 (+/-dB)	概率分布	包含因子	标准不确定度
NSA 测量的不确定度	2.0	正态	2.00	1.00
试验场地偏差(=固有的 NSA 规范)	3.0	矩形	1.73	1.73
合成标准不确定度				2.00
扩展不确定度(=视在的 NSA 规范)		正态	2.00	4.00

由于 NSA 也是一个统计量,其不随 NSA 的不确定度发生变化,因此总的或视在的 NSA(NSA 包括测量不确定度)的计算服从不确定度计算的规则。总之,符合±4.0 dB NSA 规范的场地具有±3.0 dB 的固有试验场地偏差(矩形分布)。天气对 OATS 性能的影响见 8.2.4.5 a)。如果测得的 NSA 小于±4.0 dB 的规范值,那么实际测得的(固有的)值可用在不确定度的评估中,从而可减少总的 MIU。

f) 放置 EUT 的试验桌:

放置 EUT 的试验桌为木质的或其他类型的非导电材料。这些材料的介电性能或吸收水分会影响发射的测量结果,尤其是对于台式设备在 200 MHz 以上进行发射测量时(见 CISPR 16-1-4:2007 中 5.9)。使用 CISPR 16-1-4:2007 中 5.9 描述的测量方法可获得这种偏差的估计值(矩形分布)。对于落地式设备使用的低高度的试验桌,如果试验桌的边界小于或等于 EUT 的底部边界(即底座的覆盖区域),那么其影响可以忽略。

g) 接收天线塔的影响:

用于放置接收天线的天线塔组件也会影响测量结果。如果测量 EUT 发射时使用的天线塔与在场地确认试验过程中使用的处于原位置的天线塔相同时,那么接收天线塔引起的不确定度不需要单独考虑。然而,如果与在 NSA 测量过程中使用的天线塔不同时,则用于发射测量的天线塔的影响应单独进行评估。由此产生的偏差应包括在不确定度的评估中(同时见 CISPR 16-1-4:2007 中 5.9)。

h) 自由空间天线系数的不确定度:

天线系数的不确定度直接影响测量结果的不确定度[见式(24)]。原则上,所用的天线系数取决于被测的 EUT 和试验场地的配置。这是因为从单方向入射的入射场并不是均匀的平面波,此外,测量过程中接地平面上的天线高度也在发生变化。然而,业已证明,平均来说,使用自由空间天线系数代替特定几何布置的天线系数得出的结果具有最小的不确定度(参见参考文献[11])。基于此,CISPR/A 推荐采用自由空间天线系数作为实际当中单一的与频率相关的品质值(CISPR/A 正在进行的工作)。校准报告会给出自由空间天线系数的不确定度。自由空间天线系数校准的扩展不确定度的典型值为±1.5 dB(正态分布,包含因子 $k=2$)。

除了校准不确定度,也应考虑与应用自由空间天线系数的实际简化相关的不确定度。与这种天线系数简化相关的影响量为接收天线的类型(方向性)和与高度相关的天线系数。下面将对这两个影响量进行讨论。

i) 接收天线的类型(方向性):

要把测得的电压准确地转换为天线相位中心位置处的电场强度,仅自由空间天线系数作为简化的单个品质值是不足够的。在实际当中,可能使用不同类型的天线,范围从调谐偶极子天线到宽带天线。不同类型的天线将对入射场强进行不同的平均。我们从"辐射波瓣图"的角度(平面波谱法)来表示不同类型天线的影响,而不是从这种"空间的"角度(入射场强的平均)。例如,电小天线通常具有宽的波瓣宽度,而大的天线则更具有方向性和窄的波瓣宽度。这将影响 EUT 产生的直射波和反射波的加权。通过考虑天线的辐射波瓣图(方向性),可以表示与不同类型天线有关的不确定度。如果辐射波瓣图分裂,这意味着在 EUT 产生的直射波方向上的增益远小于反射波方向上的增益,那么对于这种情况将出现大的不确定度。参考文献[47]中给出了这种"方向性"影响量的定量分析,其中使用 CISPR 调谐偶极子(见 CISPR 16-1-4:2007 中第 4 章)作为参考用以判断使用不同类型接收天线所引起的差异。接收天线类型的影响取决于以下参数:

——EUT 的类型(垂直极化,由于接收天线的方向性);

——频率(频率越高,接收天线波瓣图的方向性越强);

——测量距离(测量距离越大时反射场的入射角越小)。

不确定度值作为测量距离的函数见附录 G 的表 G.3 和表 G.4。

j) 与高度相关的天线系数:

由于天线与其镜像的耦合,实际的天线系数作为接地平面上方高度的函数发生变化。通常,自由空间天线系数是代替与高度相关的天线系数的最佳选择。天线系数随高度的变化取决于:

——极化(对于水平极化存在实质的影响,而对垂直极化的影响大部分可以忽略);

——天线类型(LPDA 天线、双锥天线等);

——频率(频率越高时,距离相对波长显得更远,因此天线与其镜像的耦合越小)。

参考文献[28]中给出了不同类型的天线和作为频率的函数的天线系数的变化(相对于自由空间天线系数)的背景信息和定量分析信息。

k) 天线系数的频率内插:

天线校准报告通常会给出若干离散频率处的天线系数的数据。两个频率中间处的频率对应的天线系数通常通过线性内插得到。与天线系数内插有关的不确定度取决于校准报告中给出的最初频点的数量。一般来说,商用接收天线的天线系数随着频率平滑地变化。因此,天线系数内插产生的不确定度小。天线系数的两个相邻值之间差值的一半的最大值用来评估天线系数内插的不确定度且服从矩形分布。许多天线,尤其是复合天线,其天线系数随着频率急剧地变化,对于这种情况,其不确定度较大;在天线校准中使用较小的频率步进可将这种不确定度减小。

l) 天线相位中心的变化：

使用接收天线的相位中心作为参考点有利于确定 EUT 和接收天线之间的测量距离，因为相位中心是天线上应用自由空间天线系数的点。

注：在发射模式，相位中心被认为是向外产生辐射的视在点源。一般来说，天线的相位中心作为入射角的函数发生变化，但对于 EMC 测量，这种影响不大。

对于偶极子类型的天线，天线的相位中心位于两个振子之间的馈入点（或巴仑）位置。LPDA 天线的相位中心位置随着频率发生变化，它的位置靠近在某个频率被激励的偶极子振子。因此，相位中心的位置是相对于 LPDA 天线的固定参考点发生变化的，这个固定参考点通常被认为是在工作频率范围两端谐振的振子之间的中点。由于天线参考点与 EUT 之间为固定的测量距离，而实际的测量距离是作为频率的函数发生变化的。在工作频率范围的两端，这种距离变化的影响（不确定度）最大，测量距离越短，其影响越大。对于相位中心与参考点一致的天线，例如调谐偶极子和双锥天线，这种不确定度可以忽略。

附录 G 的表 G.3 和表 G.4 给出了作为测量距离函数的相位中心变化的不确定度值，有关考虑 LPDA 天线相位中心的其他信息参见参考文献[17]、[11]。

m) 天线的不平衡：

当测量电缆与天线振子平行，在低频范围（<200 MHz）时不平衡天线的影响（即巴仑具有差的差模共模转换性能）最明显。天线不平衡的合格/不合格判据（即响应<1 dB，见 CISPR 16-1-4:2007 中 4.4.3）给出了由此而产生的不确定度的估计值（服从矩形分布）。

n) 交叉极化性能：

天线的交叉极化性能表明了相对于同极化的入射平面波，天线是如何对交叉极化的入射平面波产生响应的。当天线位于平面极化的电磁场中，天线和场是交叉极化时的端子电压应比它们是同极化时的端子电压至少低 20 dB（见 CISPR 16-1-4:2007 中 4.4.4）。偶极子类天线（包括双锥天线）的交叉极化性能通常可以忽略。LPDA 天线的交叉极化响应通常不能忽略。如果 LPDA 的交叉极化抑制为 20 dB，那么通过水平极化和垂直极化相等的场强（即就是 45°时的场）对其进行照射时，测量的同极化的场强的误差为 0.9 dB[11]。0.9 dB 可作为 LPDA 使用频率范围（200 MHz～1 000 MHz）内的不确定度的估计值（服从矩形分布）。交叉极化引起的不确定度与测量距离无关。此外，在 OATS 上或 SAC 内，接收天线会对 EUT 发射的纵向极化场产生响应（参见参考文献[45]、[37]和[35]）；这个纵向分量产生的不确定度贡献也取决于测量距离和场地性能。对于给定的接收天线和试验场地的组合，如果纵向交叉极化抑制性能差（会接收到纵向场分量），那么在不确定度评估中应对这种影响予以考虑。参考文献[45]、[37]和[35]并没给出与纵向极化的场分量的响应有关的不确定度的定量信息。未来 SAC/OATS 测量方法的完善会考虑此影响量。

o) 电缆损耗的不确定度：

电缆损耗的不确定度直接影响测量结果的不确定度[见式(24)]。天线和接收机之间的测量电缆损耗的不确定度估计值可从电缆的校准报告（扩展不确定度和正态分布）或制造商提供的数据（规定的允差和矩形分布）中得到。除了在 OATS 上使用的长电缆且具有大的温度变化（同时见 8.2.4.5 中温度影响的讨论）情况之外，电缆损耗的不确定度的值通常较小。

p) 失配：

这个影响量的讨论见 8.2.4.6 b)；同时参见参考文献[16]。

q) 测量系统的重复性：

通过使用一个稳定的参考辐射体进行一系列的重复测量，得到的标准偏差可用于评估测量系统的重复性。需要仔细考虑确定测量系统重复性的测量条件以避免不确定度评估中不确定度的双重计算。宜包括在正常试验中出现的由测量系统引起的典型变化。测量系统重复性的目的是考虑未识别的影响量的不可预测(随机)的变化。因此,重复测量不宜包括EUT(这种情况为参考辐射体)的旋转,接收天线宜被架设在一个固定高度,原因是已经分别考虑了这些影响量。通过进行测量系统重复性的核查,也可以识别那些与环境相关的不确定度。然而,这些不确定度已包括在不确定度的评估中(见8.2.4.5)。应注意的是参考辐射体产生的不确定度贡献应非常的小。这可通过参考辐射体的规范或其射频输出的直接测量予以验证。

8.2.5 不确定度评估的应用

8.2.5.1 概述

一般来说,了解基于SAC/OATS的辐射发射测量方法的扩展不确定度具有两个目的:MIU和/或SCU的评估。

8.2.5.2 MIU的考虑

出于检测实验室认可目的需计算MIU。为了这个目的,考虑仅由检测实验室引起的不确定度就足够了,即与测量设备和设施、环境以及测量程序有关的不确定度。由此引入的不确定度可用来与在CISPR 16-4-2:2003中给出的MIU的规定值(即$U_{CISPR}=5.2$ dB)相比较。如果检测实验室的MIU大于U_{CISPR}值,那么应按照CISPR 16-4-2:2003中4.1的描述,在合格/不合格判定时考虑这个超出量。

8.2.5.3 SCU的考虑

测量方法结合产品的典型类型可以评估SCU。这个SCU值可用来与某一辐射发射限值相比作出不符合的风险评估。对于使用“相同的”EUT进行“相同的”测量的两个检测实验室之间测量相关性的讨论,由EUT引入的不确定度也一定包含在不确定度评估中。对于市场监督,原则上所有的相关方(制造商和官方机构)都需考虑SCU,因为SCU是和测量方法的复现性相关的一个品质值。然而,在实际当中要评估适合于任何类型EUT的SCU可能是困难的。因此,一些其他的方法应用于市场监督(见4.7.5)。

8.2.6 不确定度评估的典型示例

附录G的表G.1和表G.2给出了台式EUT在SAC中进行的测量距离为3 m的辐射发射测量的典型不确定度评估。两个表的频率范围分别为30 MHz～200 MHz和200 MHz～1 000 MHz。两个附加的表(即表G.3和表G.4)给出了测量距离为3 m、10 m或30 m的辐射发射测量方法的一些影响量的不确定度数据。根据第4章给出的程序进行不确定度的评估。

对于附录G给出的评估,大多数的评估为B类评估,使用数据来自于校准证书、仪器手册、制造商给出的技术要求、以前的测量、测量方法的模型或者对测量方法的一般性理解。正如8.2.4所讨论的,附录G给出的不同的不确定度源/影响量的概率分布和不确定度值可从不同的信息源导出。

遗憾的是被测量和不同的影响量之间的关系并不总是有模型可用。在这种情况下仅假设被测量是表9中给出的影响量的函数。每个影响量的大多数标准不确定度值使用B类评估得到。此外,假设所有的灵敏系数等于1。然而,由于缺少实际模型,灵敏系数的实际值经常是未知的。

例如,对于测量距离不是10 m的测量,用于测量距离对场强电平影响的假设是不正确的。由于接地平面的存在以及场强达到最大的过程,因此在替换测量距离处的最大场强并不随距离进行线性变化。在近的测量距离和低频时,近场区域会出现附加的“非线性”效应。

表G.1和表G.2都提供了MIU和SCU的计算结果。对于3 m测量距离,MIU接近5.5 dB,而SCU可能大到近似为15.5 dB。

8.2.7 不确定度评估的验证

对于基于 SAC/OATS 的辐射发射测量，之前已进行了不同的 RRT，有时也称为 ILC 测量或场地复现性计划，其结果在很多论文中进行了报告。由于这些 RRT 的结果给出了与基于 SAC/OATS 的辐射发射测量相关的实际不确定度的研究，因此它们是很有用的。相应地，RRT 的结果也可用来支持附录 G 给出的不确定度评估的有效性。

附录 H 的表 H.1 总结了由若干 RRT 得到的相关参数和结果。图 H.1～图 H.4 也给出了一些 RRT 得到的样品结果。从这些结果可得出以下结论：

a) 使用参考辐射体的 RRT 结果表明不确定度(扩展的或 2σ)的范围为 3 dB～6 dB。参考辐射体通常是稳定的并是可复现的。使用这些简单 EUT 类型的 RRT 主要是提供有关 MIU 的信息。对于这种 RRT，采用一个非常简单的 EUT 和一个非常详细的测量程序。这种 RRT 得到的不确定度范围与附录 G 中给出的 MIU 的评估结果一致。

b) 使用一个更复杂的且实际的 EUT 的 RRT 结果呈现出较大的不确定度，即达到了 11 dB。通过数值建模已经确认了这个不确定度的估计值。这种较大的不确定度是由 EUT 的固有不确定度(即试验布置复现性差)以及电缆的不同端接方法产生的。使用这种实际 EUT 的 RRT 主要是提供有关 SCU 的信息。这种 RRT 得到的不确定度范围与附录 G 中给出的 SCU 值一致。

9 传导抗扰度测量

正在考虑中。

10 辐射抗扰度测量

正在考虑中。

附　录　A
（资料性附录）
符合性不确定度和干扰概率

A.1　介绍

本部分的第 4 章讨论了在标准化试验中与符合性判据相联系的“标准符合性不确定度”的使用和通过这个试验与要避免的干扰问题发生的概率相联系的“干扰概率”。此外，4.3 解释了试验中测量的电平是被测产品潜在干扰的品质值。因此，为了判断不确定度的可能影响，需要考虑全部的电磁干扰问题，测量数据需要转化为干扰概率数据。

确定干扰概率需要的基础研究的例子在参考文献[1]中给出。应为与此试验有关的可允许的 SCU 设置干扰概率的最大值。如果超过这个最大值，应改进试验。另一个研究的例子在 A.2 中给出。最后，A.3 讨论了减小符合性不确定度不一定会导致干扰概率的减小。

因为没有得到实际的定量数据，A.2 和 A.3 是描述性的和定性的。本附录的目的是举例说明符合性试验的不确定度以某种方式影响“干扰概率”。除了本附录的描述，因为 CISPR/ H 分会负责此课题，所以与 SCU 和“干扰概率”有关的课题将不在本部分中作进一步讨论。

A.2　应用于辐射发射的示例

在图 A.1 中，假设分布 X1 代表对满足限值 30 dB(μV/m) 要求的大量的不同设备所进行的辐射发射测量得到的结果，该试验是依据如 CISPR 11[1]（ISM 设备）或 CISPR 22（IT 设备）按 10 m 法进行的。所要避免的问题是由那些设备的发射场所造成的对 TV 接收的干扰。当大小为 6 dB(μV/m) 的骚扰场以适当的频率和极化方式到达 TV 的天线时，TV 的接收将出现降级。注意，在这种情况下保护电平低于发射限值 24 dB。假定对于给定的 TV 接收频率，场强分布 X1 是从测量结果得到的。分布 X1 具有较大的宽度可通过如下几个因素来解释：

a)　并不是所有设备需要在选定的 TV 接收频率上发射；

b)　未确定的影响量受到与设备相连的电缆布局的影响；

c)　与接收天线性能有关的不确定度，例如天线系数、平衡和交叉极化；

d)　CISPR 16-1-1 和 CISPR 16-1-4 规定的 CISPR 接收机和试验场地的允差。

注意，分布 X1 超过了限值，这是由于不确定度包括固有不确定度和在批量产品的情形下应用 CISPR 80％/80％准则得到的结果。

相应的干扰概率分布用 X2 表示。由于受到诸如下面的许多影响量的影响，该分布比 X1 要宽：

a)　场强的最大值（在辐射发射测量中要求的）不必在受扰天线的方向上；

b)　在受扰天线上场极化的失配，一般地，在该天线处没有直接的和非直接的场的叠加；

c)　场的散射和建筑物的衰减；

d)　与 10 m 的固定测量距离相比，源和受扰者之间的实际距离的概率分布。

结论是骚扰源和受扰天线之间的实际耦合因子显著地不同于在辐射发射测量中源和接收天线之间的耦合因子。实际耦合因子的扩展导致分布 X2 的较大宽度。从过去几十年的实践知道干扰抱怨的数量是可接受的低，因此在分布 X2 中超过保护电平的只能是很小一部分。由上述内容需清楚的是，从干扰概率的角度出发，标准符合性不确定度宜足够的小，以确保其对从分布 X1 向分布 X2 的过渡的影响可忽略不计。

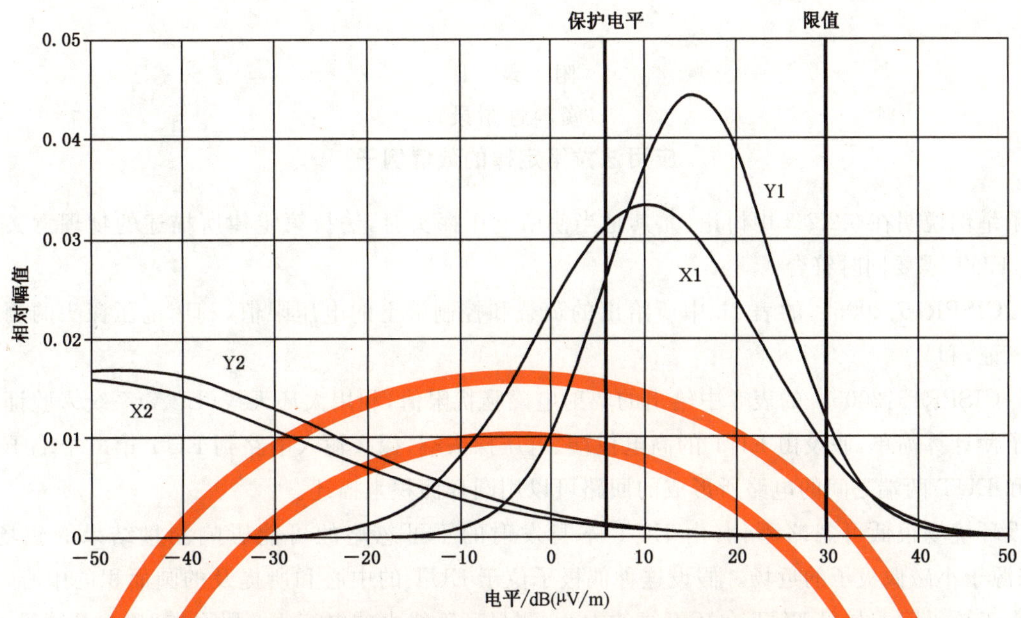

图 A.1 测得的场强分布 X1 和 Y1,发射限值和由分布 X2 和 Y2 决定的相应干扰概率所确定的有关保护电平

A.3 减小符合性不确定度

如果合成不确定度的裕量减小了,那么有可能把设备设计成使图 A.1 中的分布 X1 沿限值电平的方向移动而产生分布 Y1。在 X1⇒X2 的条件下使用相同的转换数据产生分布 Y2。从图 A.1 显而易见在这种情况下可能导致更多抱怨的产生。因此不确定度的减小不能自动引起干扰概率的改进。换句话说,当减小不确定度时,可能需要选择更严格的限值来达到相同的干扰概率。目前,已经选择的限值使在与 CISPR 辐射发射测量有关的不确定度条件下干扰概率相当大。

附 录 B
（资料性附录）
应用法拉第定律的数值例子

为了举例说明在6.2.2.3中讨论，尤其是当使用电压探头时，法拉第定律所描述的物理意义的重要性，假定EUT需要同时符合：

a) CISPR15:2005[3]的表2b中所给出的负载和控制端上的电压限值，利用电压探头的测量来验证，和

b) CISPR15:2005[3]的表3中给出的辐射电磁骚扰限值，利用大环天线(LLA)系统来验证。

为了使计算简单，假设由EUT的高电位端、电压探头端、探头输入电路到EUT第二个端子的探头接地线和EUT两端之间的电路所形成的回路可以用圆环面积来描述。

假设环境场很低可忽略不计，由EUT本身发射的不可忽略的可能影响测量结果的磁场[见式(12)]来源于小磁偶极子的近场。假设这种偶极子位于EUT的中心和所提及的圆面积的中心，偶极矩矢量垂直于该平面。如果EUT在环天线的中心，测量环天线中的电流 I_m，那么在LLA系统里，这个偶极矩 m_H 则是非直接测量的量。m_H 和 I_m 之间的关系通过式(B.1)可以很好地近似为：

$$I_m = \frac{\mu_0 m_H}{D_a L_a} \quad \text{或} \quad m_H = \frac{D_a L_a I_m}{\mu_0} \qquad \cdots\cdots\cdots(B.1)$$

式中，D_a 是大环天线的直径，L_a 是该环天线的电感[14]。

圆环中感应电压的大小为 $U_i = \omega\Phi$，其中 Φ 是通过圆环的磁通量。如果圆环由 $\{\Phi_0, R_1, R_2\}$ 定义，其中 Φ_0 是弧度角，R_1 是圆环的内半径，R_2 是外半径，则磁场近场分量由式(B.2)给出：

$$H_\theta = \frac{m_H}{4\pi r^3} e^{j\omega t} \qquad \cdots\cdots\cdots(B.2)$$

U_i 可写为式(B.3)：

$$U_i = \frac{\mu_0 \omega m_H}{4\pi} \int_0^{\phi_0} \int_{R_1}^{R_2} \frac{r}{r^3} \mathrm{d}\phi \, \mathrm{d}r = \frac{\omega D_a L_a I_m \phi_0}{4\pi} \left(\frac{1}{R_1} - \frac{1}{R_2} \right) \qquad \cdots\cdots\cdots(B.3)$$

注意由于假设偶极矩的方向与圆环面积有关，所以仅 H_θ 对 U_i 有贡献。

假设 I_m 具有在参考文献[3]的表3中所给出的限值 I_L（见图B.1），而 U_i 正好等于在参考文献[3]的表2b中所给出的限值 U_L（见图B.1），那么 $U_i = U_L$ 时相应于圆环参数 $\{\Phi_0, R_1, R_2\}$ 的因子 K_s，由式(B.4)给出：

$$K_s = \phi_0 \left(\frac{1}{R_1} - \frac{1}{R_2} \right) = \frac{2}{D_a L_a f} \frac{U_L}{I_L} \approx \frac{1.06 \times 10^5}{f} \frac{U_L}{I_L} \qquad \cdots\cdots\cdots(B.4)$$

式中，$f = \omega / 2\pi$。当取 $D_a = 2\text{m}$、L_a 的近似值取 $L_a = 1.5\pi D_a$ 时求数值 K_s。图B.2给出了作为频率函数的 K_s 的结果。

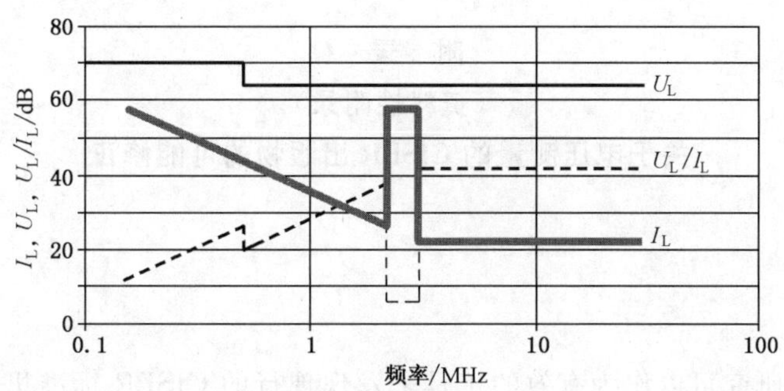

图 B.1　CISPR15:2005 的表 2b 和表 3 中所给出的电压和电流限值以及 U_L/I_L 的比值

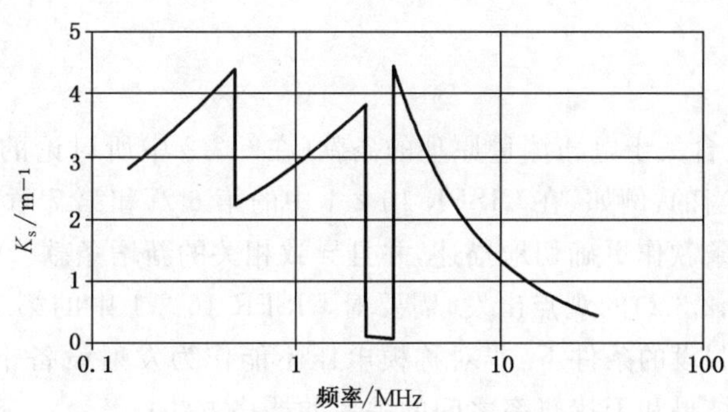

图 B.2　由图 B.1 和式(B.4)中的数据所得到的因子 K_s

从式(B.2)或图 B.2 可得到 K_s,例如,频率为 10 MHz 时,K_s 为 1.34。假设 $\phi_0 = 30° \equiv \pi/6$(弧度)和 $R_1 = 10$ cm,则得到 $R_2 = 13$ cm。产生非期望的感应电压等于电压限值时的圆环面积仅为 21 cm^2。这清楚地表明有必要详细规定测量回路。

附 录 C
（资料性附录）
关于电压测量的CISPR出版物的可能修正

C.1 介绍

符合性不确定度的研究可以作为有效的工具来发现现行的CISPR标准里模棱两可和错误的技术要求。此外，这些研究对制定新标准是非常有帮助的。尽管没给出细节，但作为减小不确定度的第一步，本附录还是给出一些示例用以表明对2001年已存在的某些标准可能进行修订，但这些标准的应用并没有受到限制。但在某些情况下，理应选择更严格的修正案。

C.2 电压测量原理

在CISPR 16-2-1中包含关于电压测量原理的条款（在6.2.2中所讨论的）是恰当的，在讨论基本原理时参考这个条款也是恰当的，例如，在CISPR 16-2-1中的第6章和第7章。包含在CISPR 16-2-1中的这些内容允许对已有的条款作更确切地描述，并且导致相关的新增条款。例如：

a) 从干扰概率（见6.2.3.2）的观点出发，需要对CISPR 16-2-1中的第7章进行完善，这说明在没有附加的信息或假设的条件下，非对称模电压不能作为发射设备干扰电势的品质值。C.5中给出了改进测量结果和干扰概率之间的关系的严格方法；
b) 在CISPR 16-2-1中加入关于测量回路限制的条款（见6.2.2.2和在6.4.6.4b）中提到的照明灯具中的荧光管的例子）；
c) 在CISPR 16-2-1和CISPR 16-1-2:2003中加入涉及磁场感应电压（见6.2.2.3）重要性的条款，尤其是在使用电压探头进行测量的情况下（见6.3和附录B）。

C.3 使用电压探头的电压测量

一般来说，目前对电压探头测量没有给出很好的定义，尤其是电压测量中对“接地端”的规定。关于干扰概率，至少在CISPR 16-2-1中需指出最好不使用电压探头测量。

6.3中的讨论使得6.2.2的描述得以改进，同时也使图12得以改进。特别是，该图宜表明该面积可能使磁场在其中感应过大的电压。同时也宜解决布置布局的有关方面。

在CISPR 16-1-2:2003中的5.2.1也宜重新考虑这样的陈述“……使得电源线与地之间的总的阻抗为1 500 Ω。”像在交流到直流转换器这类装置的情况下，这个值就不足够大，因此至少要给出警告，单纯要求阻抗大于1 500 Ω可能会导致寄生电容的有害效应（6.3）。此外，源的不对称负载也宜提及。

除了CISPR 16标准，还有类似的标准需要修改完善，例如下列标准中的相应条款：

a) CISPR 11:2003[1]，6.2.3和图4；
b) CISPR 14-1:2005[2]，5.2.4、图5a和图5b；
c) CISPR 15:2005[3]，8.1.2和图5。

C.4 使用V型人工电源网络的电压测量

尤其是有关影响量的6.4.6可能会导致CISPR 16-1-2:2003和CISPR 16-2-1中的描述加以改进。

下面给出一些示例：

a) 由接收机加上其信号电缆[6.4.6.2 a)]的可能失配所导致的 Z_{in} 的不确定度，可通过在 V 型 AMN 的输出端加上 10 dB 的衰减器来减小[15]；

b) 由与 V 型 AMN 相连的电网的未知阻抗[6.4.6.4 b)]所引入的 Z_{in} 的不确定度可通过定量规定测量阻抗和未知的电网阻抗之间的隔离来减小。隔离的验证应加入到 CISPR 16-1-2：2003 中；

c) 正如 6.4.6.2 的末尾所提到的，需要对测量阻抗 Z_{13}（Z_{23}）作出适当的规定，即不仅需要规定阻抗绝对值的允差，也需要规定相角的允差；

d) 对衰减因子 α（6.4.6.3 中提出的）的验证程序，CISPR 16-1-2：2003 要注意 α 值在现场（即在实际测量布置中）的确定，因此 V 型 AMN、信号电缆和接收机不必分开测量。该程序也需表明在什么条件下 α 是一个确定的影响量。此外，需给出确定 $\Delta\alpha$ 的程序；

e) 正如在 6.4.6.4a）中所提到的，由于 EUT 和参考平面之间的寄生电容所导致的 Z_d 的不确定度的问题可通过 CISPR 16-2-1 中的规定来解决，即参考平面总是水平的，EUT 始终保持位于其通常高度上。这样，可以消除 C_{p1} 和 C_{p2} 的影响；

f) 如前所述，由测量回路的限制[6.4.6.4b）]所导致的 Z_d 的不确定度已经讨论过了。当不是仅考虑单个 EUT，而是考虑带有辅助设备的 EUT 时，在 CISPR 16-2-1 的 7.4.2.6 中所讨论的测量回路限制变得日益重要；

g) 由 LC 并联电路所导致的 Z_d 的不确定度。正如在 6.4.6.4d 中所提到的，这些不确定度可以通过制定一程序来避免。例如，在 CISPR 16-1-2：2003 中，对在现场所有 V 型 AMN 性能的验证。这个程序可以和在上面例子 d）中提到的相结合。出于这个目的，有必要规定一个特殊的骚扰源（例如：具有特殊性能的梳状发生器[49]）；

h) 由 DM/CM 和 CM/DM 转换带来的不确定度（见 6.4.6.5）。通过规定转换系数的最大值可将来源于 V 型 AMN 的不确定度减小到忽略不计。也可见本章的最后一段；

i) 由电源电缆的折叠部分导致的不确定度（见 6.4.6.5）。现有的研究[48]为折叠的布置的改善奠定了良好的基础。

C.5 电流测量代替电压测量

在使用电压探头进行电压测量的情况下，CISPR 16-2-1 宜表明从干扰概率的角度出发，V 型端子电压（非对称模电压）对于没有附加信息或假设条件的发射设备的干扰电势并不是一个很好的品质值。

改进的品质值可以用相当容易的方式得到。现在不是测量两个非对称电压，而是测量两个电流，但对测量阻抗的规定并没有改变。在如图 C.1 所示的示意图中，在开关的其中一个位置，接收机测量两倍的 DM 电流，在另一位置测量 CM 电流。也可见 6.2.3 和 6.2.3.2。

当传导发射测量到较高频率时，例如，80 MHz 而不是在传导电压发射测量中的 30 MHz，如图 C.1 所示的方法也是有意义的。测量阻抗的不确定度比测量电压的不确定度更小，这时接收机加上它的电缆的 VSWR 起着更主要的支配作用。传导发射测量直到 80 MHz 和从 80 MHz 开始的辐射发射测量也在辐射发射和吸收钳测量中解决了一些不确定度问题。此外，选择 80 MHz 在发射和抗扰度试验（IEC/SC77B）中会使传导/辐射测量的“转换频率”相同。

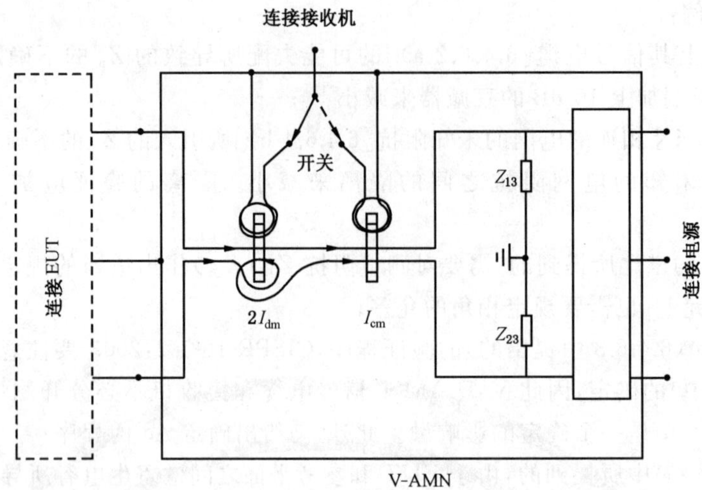

图 C.1 使用两电流探头后实际符合性概率的品质值得到改善的 V 型 AMN 的原理图

附 录 D
（资料性附录）
检测实验室之间的试验结果的分析方法

本附录给出了检测实验室之间的比对试验或 RRT 结果统计评估的指导。这里假设 RRT 使用同一个 EUT，同时假设某一被测量的值由 n 个参与的检测实验室进行测量。

假设每一个参与的检测实验室的测量结果 $E_i(f)$是频率 f 的函数。测量结果的平均值 $\overline{E}(f)$和对来自于这个平均值的每一单个结果的偏差 $\delta E_i(f)$的估计由式(D.1)决定：

$$\overline{E}(f)=\frac{1}{n}\sum_{i=1}^{n}E_i(f) \qquad \cdots\cdots(\text{D.1})$$

$$\delta E_i(f)=E_i(f)-\overline{E}(f)$$

对于方差 $s_i^2(f)$的估计由式(D.2)给出：

$$s_i^2(f)=\frac{1}{n-1}\sum_{i=1}^{n}\delta E_i^2(f) \qquad \cdots\cdots(\text{D.2})$$

对于具有 95%的置信概率的扩展不确定度的估计可写为式(D.3)：

$$U_i^{RRT}=\sqrt{t_{95}^2(n)\cdot s_i^2(f)} \qquad \cdots\cdots(\text{D.3})$$

这里 $t_{95}(n)$从自由度为 n、置信概率为 95%的 t 分布得到。对于大的 n，$t_{95}(n)$的值接近 2。作为 n 的函数的准确值可在 ISO/IEC 导则 98-3 中表 G.2 找到。注意以上给出的等式假设数据服从均匀分布。从这些依赖于频率的扩展不确定度的估计，也可以导出总的扩展不确定度，例如可取感兴趣的频段上的扩展不确定度的最大值。然后，将从 RRT 得到的这个值与从不确定度报告得到的值进行比较。

附 录 E
（资料性附录）
吸收钳校准法的不确定度报告

本附录给出了原始吸收钳校准法典型的不确定度报告的例子。表 E.1 适用于 30 MHz～300 MHz 的频率范围，表 E.2 适用于 300 MHz～1 000 MHz 的频率范围。

对于夹具校准法和参考设备校准法的不确定度报告仍在考虑中。

表 E.1　30 MHz～300 MHz 频率范围内原始吸收钳校准法的不确定度报告

不确定度源 （不确定度因素/影响量）	不确定度值 （+/－dB）	概率分布	包含因子	标准不确定度
与 EUT 有关的				
稳定性	0.1	正态	2.00	0.05
与布置有关的				
导线的横截面	0.1	矩形	1.73	0.06
导线的长度	0.2	矩形	1.73	0.12
吸收钳中 CRP 处导线的位置	0.2	矩形	1.73	0.12
参考平面上导线的高度	0.1	矩形	1.73	0.06
起始和终止位置的允差	0.5	矩形	1.73	0.29
测量电缆的导轨和走线	1.0	矩形	1.73	0.58
与试验程序有关的				
吸收钳扫描的重复性	0.1	矩形	1.73	0.06
与环境有关的				
温度和湿度	0.1	矩形	1.73	0.06
信号与环境电平之比	0.1	正态	2.00	0.05
操作者的影响	1.0	矩形	1.73	0.58
与测量设备和设施有关的				
信号源的稳定性	0.1	正态	2.00	0.05
接收机/分析仪的线性特性	0.5	矩形	1.73	0.29
输入端的失配	0.4	U 形	1.41	0.28
输出端的失配	0.4	U 形	1.41	0.28
测量系统的读数	0.1	矩形	1.73	0.06
信噪比	0.1	矩形	1.73	0.06
吸收钳试验场地的偏差	2.5	正态	2.00	1.25
吸收钳滑轨的材料	0.2	矩形	1.73	0.12
辅助吸收装置的去耦因子	0.1	矩形	1.73	0.06
耦合去耦网络的性能	0.1	矩形	1.73	0.06
合成的标准不确定度				1.62
扩展不确定度		正态	2.00	3.24

表 E.2 300 MHz～1 000 MHz 频率范围内原始吸收钳校准法的不确定度报告

不确定度源 (不确定度因素/影响量)	不确定度值 (+/−dB)	概率分布	包含因子	标准不确定度
与 EUT 有关的				
稳定性	0.2	正态	2.00	0.10
与布置有关的				
导线的横截面	0.1	矩形	1.73	0.06
导线的长度	0.2	矩形	1.73	0.12
吸收钳中 CRP 处导线的位置	1.0	矩形	1.73	0.58
参考平面上导线的高度	0.2	矩形	1.73	0.12
起始和终止位置的允差	1.0	矩形	1.73	0.58
测量电缆的导轨和走线	0.5	矩形	1.73	0.29
与试验程序有关的				
吸收钳扫描的重复性	0.5	矩形	1.73	0.29
与环境有关的				
温度和湿度	0.1	矩形	1.73	0.06
信号与环境电平之比	0.1	正态	2.00	0.05
操作者的影响	0.3	矩形	1.73	0.17
与测量设备和设施有关的				
信号源的稳定性	0.1	正态	2.00	0.05
接收机/分析仪的线性特性	0.5	矩形	1.73	0.29
输入端的失配	0.4	U形	1.41	0.28
输出端的失配	0.4	U形	1.41	0.28
测量系统的读数	0.1	矩形	1.73	0.06
信噪比	0.3	矩形	1.73	0.17
吸收钳试验场地的偏差	2.0	正态	2.00	1.00
吸收钳滑轨的材料	0.5	矩形	1.73	0.29
辅助吸收装置的去耦因子	0.1	矩形	1.73	0.06
耦合去耦网络的性能	0.1	矩形	1.73	0.06
合成的标准不确定度				1.51
扩展不确定度		正态	2.00	3.02

附 录 F
（资料性附录）
吸收钳测量法的不确定度报告

本附录给出了吸收钳测量法典型的不确定度报告。表 F.1 适用于 30 MHz～300 MHz 的频率范围，表 F.2 适用于 300 MHz～1 000 MHz 的频率范围。

表 F.1　30 MHz～300 MHz 频率范围内吸收钳测量法的不确定度报告

不确定度源 （不确定度因素/影响量）	不确定度值 （+/−dB）	概率分布	包含因子	标准不确定度	参考
与 EUT 有关的					
EUT 的尺寸	0.0	矩形	1.73	0.0	注 1
骚扰的特征	0.0	矩形	1.73	0.0	注 1
EUT 单元和电缆的布置	3.0	矩形	1.73	1.7	
运行模式	3.0	矩形	1.73	1.7	注 2
与布置有关的					
导线的横截面	0.1	矩形	1.73	0.1	
导线的长度	0.2	矩形	1.73	0.1	
吸收钳中 CRP 处导线的位置	0.2	矩形	1.73	0.1	
参考平面上导线的高度	0.1	矩形	1.73	0.1	
起始和终止位置的允差	0.5	矩形	1.73	0.3	
测量电缆的导轨和走线	1.0	矩形	1.73	0.6	
与测量程序相关的					
接收机的设置	1.0	矩形	1.73	0.6	
吸收钳的扫描步长	0.1	矩形	1.73	0.1	
与环境相关的					
温度和湿度	0.1	矩形	1.73	0.1	
信号与环境电平之比	0.1	正态	2.00	0.1	
操作者的影响	1.0	矩形	1.73	0.6	
电源电压的变化	0.2	矩形	1.73	0.1	
电压去耦装置的应用	3.0	矩形	1.73	1.7	
与测量设备和设施相关的					
准确度	2.0	矩形	1.73	1.2	
输出端的失配	0.6	U 形	1.41	0.4	
测量系统的读数	0.1	矩形	1.73	0.1	
信噪比	0.1	矩形	1.73	0.1	
吸收钳试验场地的偏差	2.5	正态	2.00	1.3	

表 F.1（续）

不确定度源 （不确定度因素/影响量）	不确定度值 （+/−dB）	概率分布	包含因子	标准不确定度	参考
吸收钳滑轨的材料	0.2	矩形	1.73	0.1	
吸收钳的修正因子的不确定度	3.0	正态	2.00	1.5	
吸收钳的去耦因子	0.1	矩形	1.73	0.1	
接收机的去耦	0.1	矩形	1.73	0.1	
合成的标准不确定度(SCU)				3.9	注 3
扩展不确定度(SCU)		正态	2.00	7.9	
合成的标准不确定度(MIU)				3.1	注 4
扩展不确定度(MIU)		正态	2.00	6.2	
注 1：这些影响量间接影响由于 EUT 布置引起的不确定度。 **注 2**：对于复杂的 EUT，不同的运行模式可能引起显著的不确定度。 **注 3**：SCU 包含所有的影响量。 **注 4**：这种测量设备和设施的不确定度(MIU)包含除了与 EUT 有关的所有影响量。					

表 F.2　300 MHz～1 000 MHz 频率范围内吸收钳测量法的不确定度报告

不确定度源 （不确定度因素/影响量）	不确定度值 （+/−dB）	概率分布	包含因子	标准不确定度	参考
与 EUT 相关的					
EUT 的尺寸	0.0	矩形	1.73	0.0	注 1
骚扰的特征	0.0	矩形	1.73	0.0	注 1
EUT 单元和电缆的布置	5.0	矩形	1.73	2.9	
运行模式	3.0	矩形	1.73	1.7	注 2
与布置相关的					
导线的横截面	0.1	矩形	1.73	0.1	
导线的长度	0.2	矩形	1.73	0.1	
吸收钳中 CRP 处导线的位置	1.0	矩形	1.73	0.6	
参考平面上导线的高度	0.2	矩形	1.73	0.1	
起始和终止位置的允差	1.0	矩形	1.73	0.6	
测量电缆的导轨和走线	0.5	矩形	1.73	0.3	
与测量程序相关的					
接收机的设置	1.0	矩形	1.73	0.6	
吸收钳的扫描步长	0.1	矩形	1.73	0.1	
与环境相关的					
温度和湿度	0.1	矩形	1.73	0.1	

表 F.2（续）

不确定度源 （不确定度因素/影响量）	不确定度值 （+/−dB）	概率分布	包含因子	标准不确定度	参考
信号与环境电平之比	0.1	正态	2.00	0.1	
操作者的影响	0.3	矩形	1.73	0.2	
电源电压的变化	0.2	矩形	1.73	0.1	
电压去耦装置的应用	0.5	矩形	1.73	0.3	
与测量设备和设施相关的					
准确度	2.0	矩形	1.73	1.2	
输出端的失配	0.6	U 形	1.41	0.4	
测量系统的读数	0.1	矩形	1.73	0.1	
信噪比	0.3	矩形	1.73	0.2	
吸收钳试验场地的偏差	2.0	矩形	1.73	1.2	
吸收钳滑轨的材料	0.5	正态	2.00	0.3	
吸收钳的修正因子的不确定度	3.0	正态	2.00	1.5	
吸收钳的去耦因子	0.1	矩形	1.73	0.1	
接收机的去耦	0.1	矩形	1.73	0.1	
合成的标准不确定度（SCU）				4.2	注 3
扩展不确定度（SCU）		正态	2.00	8.4	
合成的标准不确定度（MIU）				2.5	注 4
扩展不确定度（MIU）		正态	2.00	5.1	

注 1：这些影响量间接影响由于 EUT 布置引起的不确定度。

注 2：对于复杂的 EUT，不同的运行模式可能导致显著的不确定度。

注 3：SCU 包含所有的影响量。

注 4：这种测量设备和设施的不确定度（MIU）包含除了与 EUT 有关的所有影响量。

附 录 G
（资料性附录）
辐射发射测量方法的不确定度评估

本附录给出了假设EUT为台式设备、测量距离为3 m、使用SAC的辐射发射测量方法的典型不确定度评估示例。表G.1和表G.3适用于30 MHz～200 MHz的频率范围，表G.2和表G.4适用于200 MHz～1 000 MHz的频率范围。请注意的是对于水平极化和垂直极化并没给出独立的不确定度评估，因为实际的辐射发射测量结果报告在每个频率处取水平极化和垂直极化两者中的最大值。水平极化和垂直极化独立的不确定度数值可用于进一步研究特定不确定度分量的影响，但对于符合性试验结果是不需要的。

表G.1 30 MHz～200 MHz频率范围测量距离为3 m的辐射发射测量方法的不确定度评估

不确定度源 （不确定度因素/影响量）	修正因子 dB	不确定度值 （+/− dB）	概率分布	包含因子	标准不 确定度	参考
与EUT相关的						
EUT的尺寸		0.0	矩形	1.73	0.00	注1:仅SCU
骚扰类型		0.0	矩形	1.73	0.00	
运行模式		3.0	矩形	1.73	1.73	仅SCU
与布置相关的						
单元和电缆的布局		6.0	矩形	1.73	3.46	仅SCU
电缆的端接		10.0	矩形	1.73	5.77	仅SCU
测量距离的允差		0.4	矩形	1.73	0.23	
接地平面上EUT高度的允差		0.2	矩形	1.73	0.12	
与测量程序相关的						
标称测量距离	−10.5	4.0	矩形	1.73	2.31	仅SCU
接收机的设置		1.0	矩形	1.73	0.58	
高度扫描的步进		0.0	矩形	1.73	0.00	
起始和终止位置的允差		0.0	矩形	1.73	0.00	
角度的步进		0.1	矩形	1.73	0.06	
与环境相关的						
温度和湿度		0.1	矩形	1.73	0.06	
信号与环境电平之比		0.0	正态	2.00	0.00	
电源电压的变化		0.2	矩形	1.73	0.12	仅SCU
与测量设备和设施相关的						
接收机的准确度		2.0	矩形	1.73	1.16	
接收机输入端的失配		+0.9/−1.0	U形	1.41	0.64	
测量系统的读数		0.1	矩形	1.73	0.06	
信噪比		0.5	正态	2.00	0.25	

表 G.1（续）

不确定度源 （不确定度因素/影响量）	修正因子 dB	不确定度值 （+/− dB）	概率分布	包含因子	标准不确定度	参考
NSA 的偏差		3.0	矩形	1.73	1.73	
放置 EUT 的试验桌		0.0	矩形	1.73	0.00	
自由空间天线系数的不确定度		1.5	正态	2.00	0.75	
接收天线的类型(方向性)		0.0	矩形	1.73	0.00	
与高度相关的天线系数		1.0	矩形	1.73	0.58	
天线系数的频率内插		0.2	矩形	1.73	0.12	
天线相位中心的变化		0.0	矩形	1.73	0.00	
天线的不平衡		0.9	矩形	1.73	0.52	
交叉极化性能		0.0	矩形	1.73	0.00	
电缆损耗的不确定度		0.1	矩形	1.73	0.06	
测量系统的重复性		0.5	矩形	1.73	0.29	
合成标准不确定度(SCU)					7.8	注 2
扩展不确定度(SCU)			正态	2.00	15.5	
合成标准不确定度(MIU)					2.5	注 3
扩展不确定度(MIU)			正态	2.00	5.1	

注 1：这些影响量间接影响由于 EUT 布置引起的不确定度。

注 2：SCU 包含所有的影响量。

注 3：MIU 包含除了右边一栏标出的“仅 SCU”影响量之外的所有影响量。

表 G.2　200 MHz～1 000 MHz 频率范围测量距离为 3 m 的辐射发射测量方法的不确定度评估

不确定度源 （不确定度因素/影响量）	修正因子 dB	不确定度值 （+/− dB）	概率分布	包含因子	标准不确定度	参考
与 EUT 相关的						
EUT 的尺寸		0.0	矩形	1.73	0.00	注 1：仅 SCU
骚扰类型		0.0	矩形	1.73	0.00	注 1：仅 SCU
运行模式		3.0	矩形	1.73	1.73	仅 SCU
与布置相关的						
单元和电缆的布局		3.0	矩形	1.73	1.73	仅 SCU
电缆的端接		3.0	矩形	1.73	1.73	仅 SCU
测量距离的允差		0.4	矩形	1.73	0.23	
接地平面上 EUT 高度的允差		0.3	矩形	1.73	0.17	
与测量程序相关的						
标称测量距离	−10.5	3.0	矩形	1.73	1.73	仅 SCU
接收机的设置		1.0	矩形	1.73	0.58	

表 G.2（续）

不确定度源 （不确定度因素/影响量）	修正因子 dB	不确定度值 （+/− dB）	概率分布	包含因子	标准不 确定度	参考
高度扫描的步进	0.1	0.0/−0.2	矩形	1.73	0.06	
起始和终止位置的允差		0.5	矩形	1.73	0.29	
角度的步进		0.3	矩形	1.73	0.17	
与环境相关的						
温度和湿度		0.1	矩形	1.73	0.06	
信号与环境电平之比		0.0	正态	2.00	0.00	
电源电压的变化		0.2	矩形	1.73	0.12	仅 SCU
与测量设备和设施相关的						
接收机的准确度		2.0	矩形	1.73	1.16	
接收机输入端的失配		0.3	U 形	1.41	0.17	
测量系统的读数		0.1	矩形	1.73	0.06	
信噪比		0.5	正态	2.00	0.25	
NSA 的偏差		3.0	矩形	1.73	1.73	
放置 EUT 的试验桌		0.5	矩形	1.73	0.29	
自由空间天线系数的不确定度		1.5	正态	2.00	0.75	
接收天线的类型(方向性)		1.5	矩形	1.73	0.87	
与高度相关的天线系数		0.5	矩形	1.73	0.29	
天线系数的频率内插		0.2	矩形	1.73	0.12	
天线相位中心的变化		1.0	矩形	1.73	0.58	
天线的不平衡		0.3	矩形	1.73	0.17	
交叉极化性能		0.9	矩形	1.73	0.52	
电缆损耗的不确定度		0.1	矩形	1.73	0.06	
测量系统的重复性		0.5	矩形	1.73	0.29	
合成标准不确定度(SCU)					4.4	注 2
扩展不确定度(SCU)			正态	2.00	8.9	
合成标准不确定度(MIU)					2.8	注 3
扩展不确定度(MIU)			正态	2.00	5.5	

注 1：这些影响量间接影响由于 EUT 布置引起的不确定度。

注 2：SCU 包含所有的影响量。

注 3：MIU 包含除了右边一栏标出的“仅 SCU”影响量之外的所有影响量。

表 G.3　30 MHz～200 MHz 频率范围测量距离为 3 m、10 m 或 30 m 的辐射发射测量方法的一些影响量的不确定度数据

不确定度源 （影响量）	测量距离 m	修正因子 dB	不确定度值 （+/−dB）	概率分布	包含因子	标准不确定度
测量距离的允差	3		0.4	矩形	1.73	0.23
	10		0.2	矩形	1.73	0.12
	30		0.1	矩形	1.73	0.06
接地平板上 EUT 高度的允差	3		0.2	矩形	1.73	0.12
	10		0.1	矩形	1.73	0.06
	30		0.1	矩形	1.73	0.06
标称测量距离	3	−10.5	4.0	矩形	1.73	2.31
	10	0	不适用			0.00
	30	10.5	4.0	矩形	1.73	2.31
高度扫描的步长	3		0.0	矩形	1.73	0.00
	10		0.0	矩形	1.73	0.00
	30		0.0	矩形	1.73	0.00
起始和终止位置的允差	3		0.4	矩形	1.73	0.23
	10		0.1	矩形	1.73	0.06
	30		0.1	矩形	1.73	0.06
信号与周围环境电平之比	3		0.0	正态	2.00	0.00
	10		1.0	正态	2.00	0.50
	30		2.0	正态	2.00	1.00
信噪比	3		0.5	正态	2.00	0.25
	10		1.0	正态	2.00	0.50
	30		2.0	正态	2.00	1.00
接收天线的类型（方向性）	3		0.0	矩形	1.73	0.00
	10		0.0	矩形	1.73	0.00
	30		0.0	矩形	1.73	0.00
天线相位中心的变化	3		0.0	矩形	1.73	0.00
	10		0.0	矩形	1.73	0.00
	30		0.0	矩形	1.73	0.00
交叉极化性能	3		0.0	矩形	1.73	0.00
	10		0.0	矩形	1.73	0.00
	30		0.0	矩形	1.73	0.00

表 G.4　200 MHz～1 000 MHz 频率范围测量距离为 3 m、10 m 或 30 m 的辐射发射测量方法的一些影响量的不确定度数据

不确定度源 (影响量)	测量距离 m	修正因子 dB	不确定度值 (+/−dB)	概率分布	包含因子	标准不 确定度
测量距离的允差	3		0.4	矩形	1.73	0.23
	10		0.2	矩形	1.73	0.12
	30		0.1	矩形	1.73	0.06
接地平板上 EUT 高度的允差	3		0.3	矩形	1.73	0.17
	10		0.1	矩形	1.73	0.06
	30		0.1	矩形	1.73	0.06
标称测量距离	3	−10.5	3.0	矩形	1.73	1.73
	10	0	不适用			0.00
	30	10.5	3.0	矩形	1.73	1.73
高度扫描的步长	3	0.1	0.0/−0.2	矩形	1.73	0.06
	10		0.0	矩形	1.73	0.00
	30		0.0	矩形	1.73	0.00
起始和终止位置的允差	3		0.6	矩形	1.73	0.35
	10		0.2	矩形	1.73	0.09
	30		0.1	矩形	1.73	0.06
信号与周围环境电平之比	3		0.0	正态	2.00	0.00
	10		1.0	正态	2.00	0.50
	30		2.0	正态	2.00	1.00
信噪比	3		0.5	正态	2.00	0.25
	10		1.0	正态	2.00	0.50
	30		2.0	正态	2.00	1.00
接收天线的类型(方向性)	3		1.5	矩形	1.73	0.87
	10		1.0	矩形	1.73	0.58
	30		0.5	矩形	1.73	0.29
天线相位中心的变化	3		1.0	矩形	1.73	0.58
	10		0.3	矩形	1.73	0.17
	30		0.1	矩形	1.73	0.06
交叉极化性能	3		0.9	矩形	1.73	0.52
	10		0.9	矩形	1.73	0.52
	30		0.9	矩形	1.73	0.52

附 录 H
（资料性附录）
基于 SAC/OATS 的辐射发射测量的不同循环试验的结果

对于基于 SAC/OATS 的辐射发射测量，之前已进行了不同的 RRT(有时也称为 ILC 测量或场地复现性计划)，不同的文件中也已经报告了这些 RRT 的结果。RRT 是一种用来验证不确定度评估的有用手段(见 4.5)。表 H.1 总结了由若干 RRT 得到的相关参数和结果。图 H.1～图 H.5 给出了这些 RRT 中得到的一些样品结果。图 H.1 示出了 5 个不同的且每一个都连接 5 种不同电缆负载条件的模拟 EUT 的发射测量结果的扩展不确定度[24]。结果表明，频率范围为 30 MHz～200 MHz 时，使用不同的端接装置，例如 CMAD、CDN 或 LISN，结果会产生显著的变化，即 100 MHz 以下时扩展不确定度达到 10 dB～20 dB。图 H.2 示出了使用 12 个 10 m SAC 得到的 ILC 的测量结果。图 H.3 示出了测量距离 3 m 时在 11 个 SAC/OATS 中使用模拟计算机得到的辐射发射的 ILC 的测量结果[32]。此 EUT 由三个单元以及单元与电源连接之间的接口组成。可以观察到主要由于布置上的差异扩展不确定度达到了 11 dB。图 H.4 示出了测量距离 3 m 时在 14 个不同的 SAC/OATS 中使用参考辐射体得到的辐射发射的 ILC 的测量结果[13],[25]。在这种情况下，由于 EUT 好的复现性，可看出总的扩展不确定度为 3.3 dB。图 H.5 示出了对于电池供电的台式 EUT 3 m 和 10 m 的 SAC/OATS 发射测量结果之间作为与频率有关的转换因子。在该图中，此转换因子也与自由空间的经验法则值 10.5 dB 进行了比较[13],[25]。结果的详细讨论见 8.2.7。

表 H.1 由不同文献得到的基于 SAC/OATS 辐射发射测量方法的不同 MIU 和 SCU 值的汇总

组织名称 (年份) [参考文献]	EUT 的类型	频率范围 MHz	测量距离 m	场地数量	不确定度 的类型	不确定度 值[a]
HP (1994) [36]	参考标准源 (ET23374)	30～1 000	10	13 个	MIU	3.8 dB，垂直极化，2σ
METAS (1996) [24]	电源电缆使用不同耦合装置的 5 个不同的 EUT(2 个小尺寸和 3 个中等尺寸)	30～200	3	5 个，每个 EUT 使用不同的电缆终端	SCU(电缆终端的影响)	扩展不确定度 5 dB～20 dB[c]
HP (2000)	场地参考源 (圆盒上的单极子)	30～1 000[b]	10	12 个 SAC	MIU	4.8 dB，垂直极化，2σ
			10	16 个 OATS	MIU	5.7 dB，垂直极化，2σ
			3	9 个 SAC	MIU	4.4 dB，垂直极化，2σ

表 H.1（续）

组织名称（年份）［参考文献］	EUT 的类型	频率范围 MHz	测量距离 m	场地数量	不确定度的类型	不确定度值[a]
CISPR/A RRT（2000～2001）［32］	参考辐射体（方形接地平面上 2m 长的单极子）	30～300	3	11 个 SAC/OATS	MIU	扩展不确定度 3.1 dB，垂直极化
			10	8 个 SAC/OATS	MIU	扩展不确定度 2.8 dB，垂直极化
	模拟的计算机（3 个单元＋电缆）		3	11 个 SAC/OATS	SCU	扩展不确定度 11.1 dB(垂直和水平极化）
			10	8 个 SAC/OATS	SCU	扩展不确定度 10.4 dB(垂直和水平极化）
KRISS［34］	参考辐射体（球形偶极子）	30～1 000	10	12 个 OATS	MIU	5.1 dB(垂直极化)，6.0 dB(水平极化)，2σ
DATech-PTB［43］	模拟的计算机（单个单元，电池和电源供电）	30～1 000(电池供电的 EUT) 30～200(电源供电的 EUT)	3 和 10	最好的 42 个 SAC/OATS	MIU	4.2 dB(电池供电的 EUT)，2σ
					SCU	7.6 dB(电源供电的 EUT)，2σ
Matsushita（2000）［40］	带有一条电源线的个人计算机	30～200	3	2 个 OATS 和 12 个 SAC	SCU	11 dB(垂直极化)，2σ
Philips ILC（2003～2005）［13］，［25］	参考辐射体(通过参考发生器输入给 45°旋转的双锥天线）	30～1 000	3	14 个	MIU	扩展不确定度 3.3 dB(垂直和水平极化）
			10	9 个	MIU	2.8 dB(垂直和水平极化）

[a] 2σ 为作为频率函数的标准偏差的 2 倍。

[b] 这种场地复现性计划的试验频率到了 4 000 MHz；然而，所示的不确定度结果仅适用于 30 MHz～1 000 MHz。

[c] 不确定度取决于 EUT 的尺寸，电缆的数量和频率范围。对于带有一条电缆的中等尺寸的 EUT 以及具有多条电缆的小尺寸 EUT，扩展不确定度近似为 10 dB。

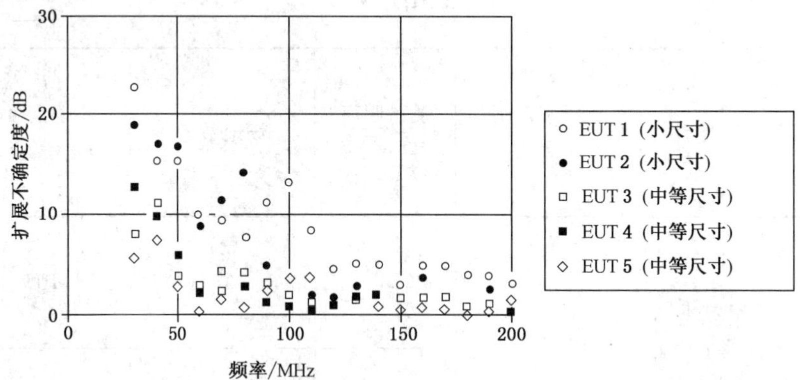

图 H.1　5 个不同的且每一个具有五种不同电缆终端条件的模拟的 EUT 的发射测量结果的扩展不确定度[24]

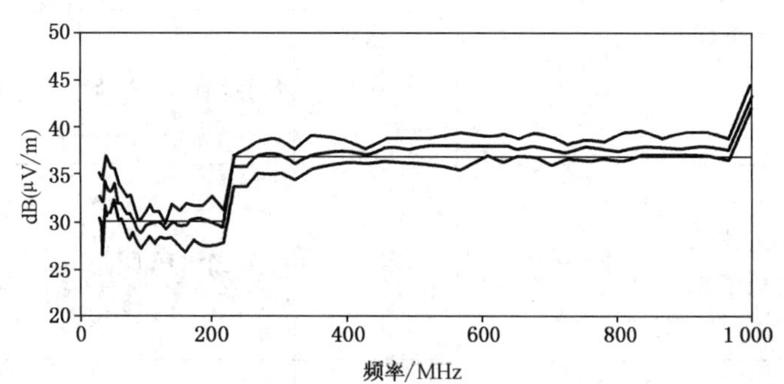

a)　结果的最大值、最小值、平均值和限值线

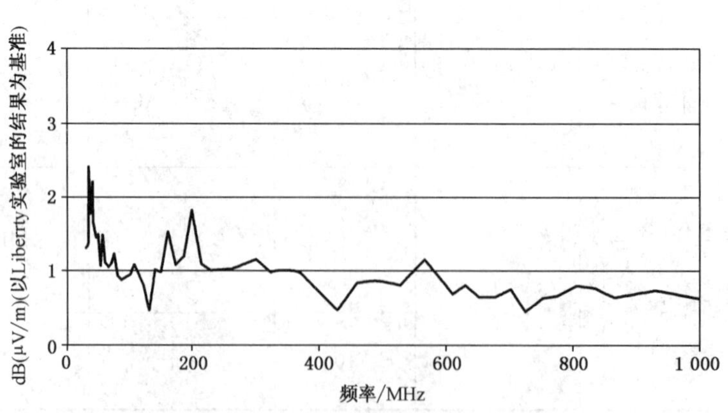

b)　作为频率函数的标准偏差

图 H.2　12 个 10 m SAC 得到的 ILC 的测量结果[参见表 H.1 中的“HP(2000)”]

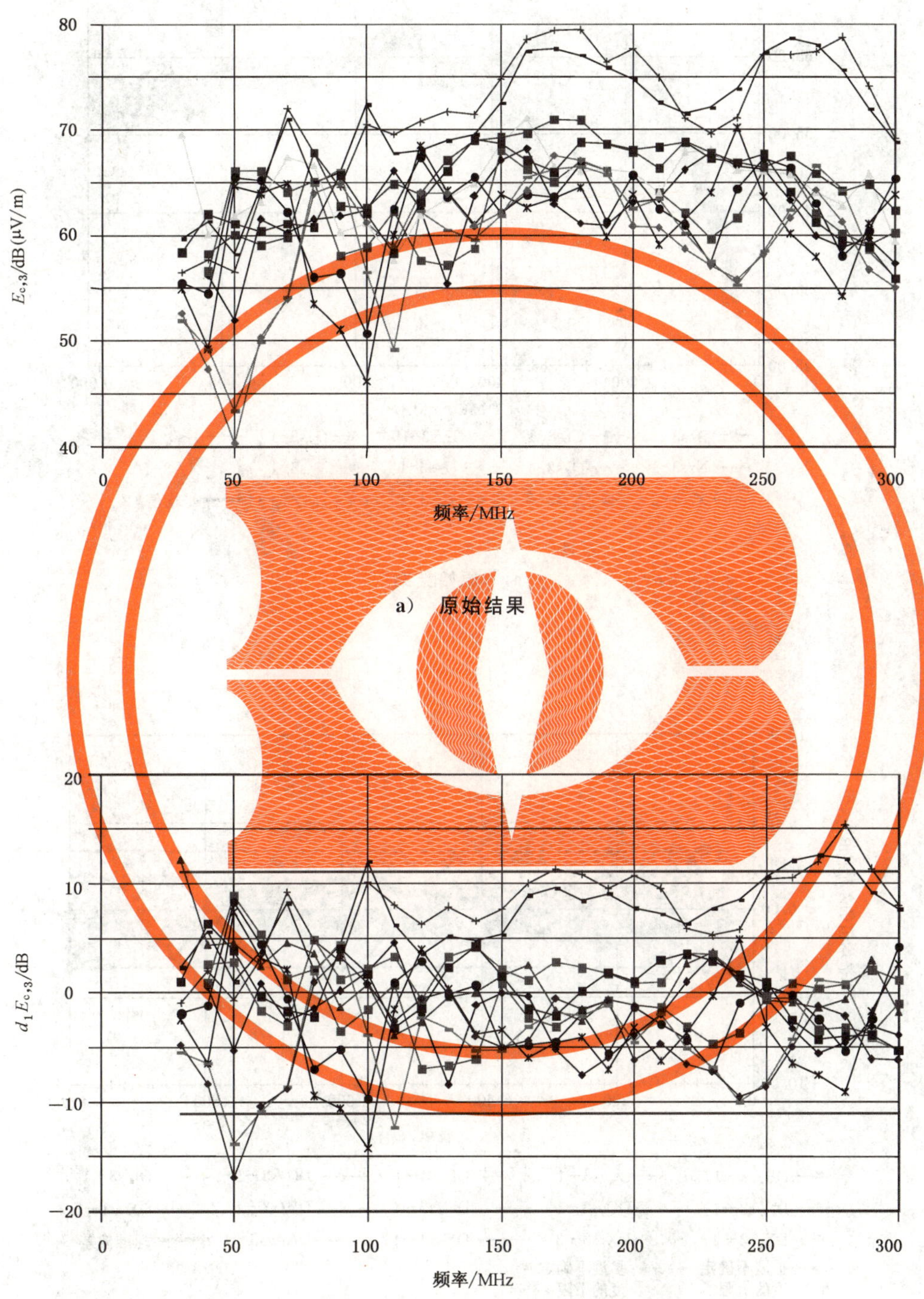

a） 原始结果

b） 与平均值的差值以及扩展不确定度的上下限(黑色水平线)

图 H.3 测量距离 3 m 时在 11 个 SAC/OATS 得到的辐射发射的 ILC 的测量结果[32]

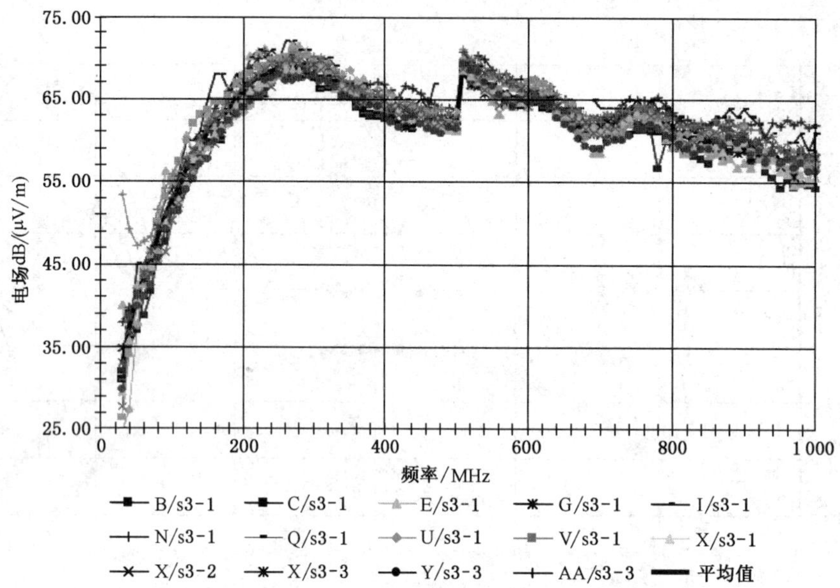

a) 原始结果

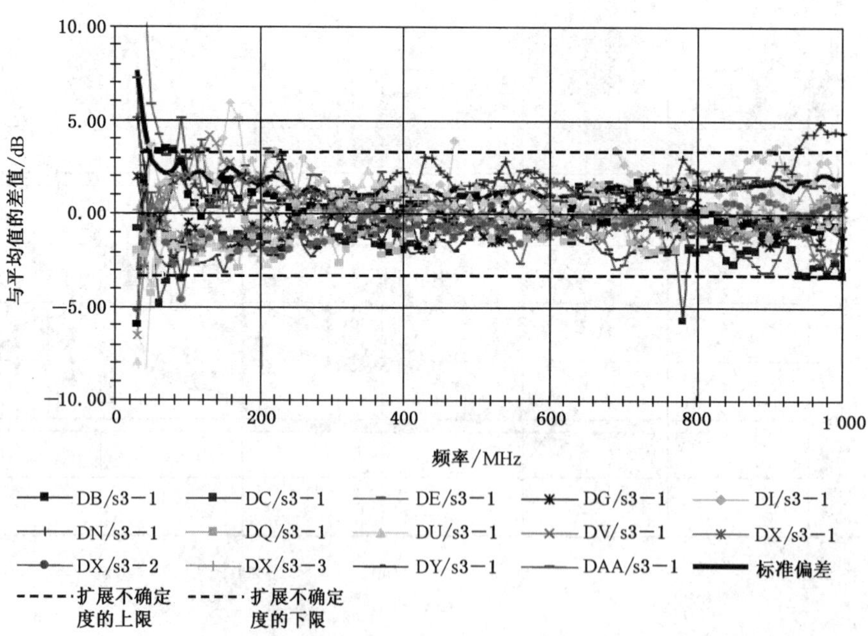

b) 与平均值的差值以及扩展不确定度的上下限(黑色水平虚线)

图 H.4 测量距离 3 m 时在 14 个 SAC/OATS 得到的辐射发射的 ILC 的测量结果[13],[25]

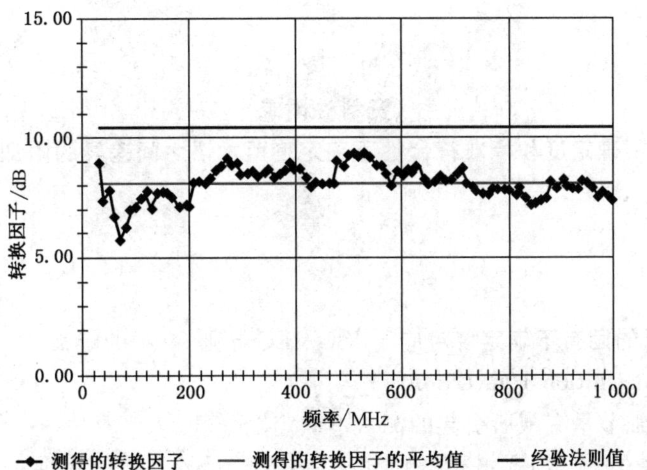

图 H.5 对于电池供电的台式 EUT 3 m 和 10 m 的 SAC/OATS 发射测量结果之间作为频率的转换因子以及与自由空间经验法则值的比较[13],[25]

附 录 I
（资料性附录）
测量不确定度和标准符合性不确定度两术语之间差异的附加信息

I.1 固有不确定度

3.1.6 定义的**被测量的固有不确定度**对应于 ISO/IEC 导则 99 中的定义 2.27，即：

定义的不确定度　definitional uncertainty

由于被测量定义中细节量有限所引起的测量不确定度分量。

注 1：定义的不确定度是在任何给定被测量的测量中实际可达到的最小测量不确定度。

注 2：所描述细节中的任何改变导致另一个定义的不确定度。

注 3：在 ISO/IEC 导则 98-3：2008 的 D.3.4 和 GB/T 6592—2010 中，概念“定义的不确定度”被称为“固有不确定度”。

I.2 测量设备和设施的不确定度

3.1.10 定义的**测量设备和设施的不确定度**对应于 ISO/IEC 导则 99 中的定义 4.24，即：

仪器的测量不确定度　instrumental measurement uncertainty

由所用测量仪器或测量系统引起的测量不确定度的分量。

注 1：除原级测量标准采用其他方法外，仪器的不确定度通过对测量仪器或测量系统校准得到。

注 2：仪器的不确定度通常按 B 类测量不确定度评定。

注 3：对仪器的测量不确定度的有关信息可在仪器说明书中给出。

I.3 测量不确定度

ISO/IEC 导则 99 中的定义 2.26 为：

测量不确定度　measurement uncertainty，uncertainty of measurement

不确定度　uncertainty

根据所用到的信息，表征赋予被测量值分散性的非负参数。

注 1：测量不确定度包括由系统影响引起的分量，如与修正量和测量标准所赋量值有关的分量及定义的不确定度。有时对估计的系统影响未作修正，而是当作不确定度分量处理。

注 2：此参数可以是诸如称为标准测量不确定度的标准偏差（或其特定倍数），或是说明了包含概率的区间半宽度。

注 3：测量不确定度一般由若干分量组成。其中一些分量可根据一系列测量值的统计分布，按测量不确定度的 A 类评定进行评定，并可用标准偏差表征。而另一些分量则可根据基于经验或其他信息获得的概率密度函数，按测量不确定度的 B 类评定进行评定，也用标准偏差表征。

注 4：通常，对于一组给定的信息，测量不确定度是相应于所赋予被测量的值的。该值的改变将导致相应的不确定度的改变。

基于上述考虑，总的来说，“测量不确定度”通常由 MIU 分量和定义的（固有的）不确定度分量组成。

I.4 标准符合性不确定度

对于不考虑抽样问题的情况，3.1.16 定义的标准符合性不确定度对应于 ISO/IEC 导则 99 中定义的测量不确定度。

参 考 文 献

[1] CISPR 11:2003,Industrial, scientific and medical (ISM) radio-frequency equipment-Electromagnetic disturbance characteristics—Limits and methods of measurement

[2] CISPR 14-1:2005,Electromagnetic compatibility—Requirements for household appliances, electric tools and similar apparatus—Part 1: Emission

[3] CISPR 15:2005,Limits and methods of measurement of radio disturbance characteristics of electrical lighting and similar equipment

[4] CISPR 16-1-1, Specification for radio disturbance and immunity measuring apparatus and methods—Part 1-1: Radio disturbance and immunity measuring apparatus—Measuring apparatus

[5] CISPR 16-2-1:2008, Specification for radio disturbance and immunity measuring apparatus and methods—Part 2-1: Methods of measurement of disturbances and immunity—Conducted disturbance measurements

[6] CISPR/TR 16-3: 2003, Specification for radio disturbance and immunity measuring apparatus and methods—Part 3: CISPR technical reports

[7] CISPR/TR16-4-4:2007, Specification for radio disturbance and immunity measuring apparatus and methods—Part 4-4: Uncertainties, statistics and limit modelling—Statistics of complaints and a model for the calculation of limits for the protection of radio services

[8] CISPR/TR16-4-5:2006, Specification for radio disturbance and immunity measuring apparatus and methods—Part 4-5: Uncertainties, statistics and limit modelling—Conditions for the use of alternative test methods

[9] IEC 60359:2001,Electrical and electronic measurement equipment—Expression of performance

[10] Alexander, M., "Using antennas to measure the strength of electric fields near equipment,"Compliance Engineering, Annual Reference Guide, 2000.

[11] Alexander, M.J., Salter, M.J., Gentle, D.G., Knight, D.A., Loader, B.G., Holland, K.P., "Calibration and use of antennas, focusing on EMC applications,"Measurement Good Practice Guide No. 73, National Physical Laboratory, Teddington, UK, Dec. 2004.

[12] Beeckman, P.A.,"Effect of EUT and receive antenna positioning tolerances on the uncertainty of radiated emission measurements below 1 GHz,"IEEE Transactions on Electromagnetic Compatibility, 2006.

[13] Beeckman, P.A., van Dijk, N., Janssen. L. P., "Set up and preliminary results of an interlaboratory comparison of three standardized emission measurement methods," EMC Europe Symposium., Eindhoven, Netherlands, September 2004, p. 138-142.

[14] Bergervoet, J. R., van Veen, H., "A large loop antenna for magnetic field measurements," Intl. Zurich Symp. EMC, Zurich, Switzerland, March 1989, p. 29-34.

[15] Bronaugh, E.L., "Mains simulation network (LISN or AMN) uncertainty. How good are your conducted emission measurements?," International Zurich Symposium EMC, Zurich, Switzerland, February 1999, p. 521-526.

[16] Carpenter, D., "A further demystification of the U-shaped probability distribution,"IEEE International Symposium on Electromagnetic Compatibility, Boston, MA, 2005, p. 519-524.

[17] Chen, Z., Foegelle, M., Harrington, T., "Analysis of log periodic dipole array antennas

for site validation and radiated emissions testing," IEEE International Symposium on Electromagnetic Compatibility, Seattle, WA, 1999, p. 618-623.

[18] CISPR/A(Secr)128, "Characterization and classification of the asymmetrical disturbance source induced in telephone-subscriber lines by AM broadcasting transmitters in the LW,MW and SW bands," CISPR/A report, to be published in CISPR 16-3, 1992.

[19] CISPR/A, "Results of RRT disturbance power measurements according to CISPR 14-1, carried out in Germany in 1998," (formal report not available), unpublished.

[20] CISPR/A/256/CD, "Accounting for measurement uncertainty when determining compliance with a limit," Dec. 1999.

[21] CISPR/A/WG1(ad hoc AB-CL/Dunker) 01-03, "Report of the 2nd RRT for calibration of the absorbing clamp, verification of the test sites and further activities of the ad hoc group," May 2001.

[22] CISPR/A/WG1 (ad hoc absorbing clamp/Ryser) 00-1, "Systematic compilation of influence factors in calibration and measurement with the absorbing clamp," May 2000.

[23] CISPR/A/WG2(Beeckman)03-01, "Results of the absorbing clamp Round Robin Test carried out in The Netherlands," Feb. 2003 .

[24] CISPR/A/WG2(Ryser)03-6, "Estimation of the uncertainty contribution due to undefined common mode impedance at the point where the cables leave the turntable (small table top equipment)," Oct. 2003.

[25] CISPR/AWG2(Beeckman)05-01, "Intermediate results of an interlaboratory comparison of different emission measurement facilities," March 2005.

[26] EAL-P7, "EAL Interlaboratory comparisons," Ed. 1, March 1996 (renumbered to EA-02/03; withdrawn Feb. 2005).

[27] EURACHEM/CITAC Guide CG 4, QUAM:2000.1,Quantifying Uncertainty in Analytical Measurement, 2nd ed., 2000.

[28] Fujii, K., Harada, S., Sugiura, A., Matsumoto, Y., Yamanaka, Y., "An estimation method for the free-space antenna factor of VHF EMI antennas," IEEE Transactions on Electromagnetic Compatibility, Aug. 2005, vol. 47, no. 3, p. 627-634.

[29] Goedbloed, J.J., "Analysis of the results of the CISPR/A radiated emission round robin test,"Philips Research Unclassified Report 2002/811, May 2002.

[30] Goedbloed, J. J., Electromagnetic compatibility, (translation of Elektromagnetische kompatibilität; translated by Tom Holmes), New York, Prentice Hall, 1992.

[31] Goedbloed, J.J., "Uncertainties in standardized EMC compliance testing,"International Zurich Symposium EMC, Zurich, Switzerland, supplement, February 1999, p. 161-178.

[32] Goedbloed, J.J., Beeckman, P. A., "Uncertainty analysis of the CISPR/A radiated emission round-robin test results," IEEE Transactions on Electromagnetic Compatibility,May 2004, vol. 46, no. 2, p. 246-262.

[33] IEEE Standard Dictionary of Electrical and Electronics Terms, IEEE, New York, 1984.

[34] Kang, T., Kim, H., "Reproducibility and uncertainty in radiated emission measurements at open area test sites and in semianechoic chambers using a spherical dipole radiator,"IEEE Transactions on Electromagnetic Compatibility, November 2001, vol. 43, no. 4, pp.677-685.

[35] Kang, T.-W., Kim, H.-T., "Electric field strength and extrapolation in radiated emission measurements at an open area test site,"IEE Procedures-Science, Measurement and Technology, No-

vember 2001, vol. 148, no. 6, pp. 246-252.

[36] Kolb, L.E. "Statistical comparison of site-to-site measurement reproducibility,"IEEE International Symposium on Electromagnetic Compatibility., Santa Clara, CA, USA, 1996,p. 241-244.

[37] Marvin, A.C., Ahmadi, J., "Comparison of open-field test sites used for radiated emission measurements," IEE Procedures, Science, Measurement and Technology, March 1993,vol. 140, no. 2, pp. 161-165.

[38] NIS 81,The Treatment of Uncertainty in EMC Measurements, Edition 1, NAMAS Executive, May 1994.

[39] NAMAS M3003:1997,The Expression of Uncertainty and Confidence in Measurement.

[40] Osabe, K., Komatsuzaki, T., Tamura, K., "A correlation test among measurement sites for radiated EMI using an actual machine and a stabilized power line impedance,"International Zurich Symposium on Electromagnetic Compatibility, Zurich, Switzerland,2001.

[41] Ryser, H., "Experience with new calibration and test site validation methods for the absorbing clamp," International Zurich Symposium on Electromagnetic Compatibility,Zurich, Switzerland, 2003, p. 689-694.

[42] Salter, M., "Measuring signals close to the noise floor,"ANAMET Report 036, NPL, September 2002.

[43] Spitzer, M.,Münter,K., Pape,R.,Glimm, J. EMV-Ringvergleich der DATech/ RegTP/ PTB—Ergebnisse, Erkenntnisse und Schlussfolgerungen ("EMC-Intercomparison by DATech/ RegTP/PTB—Results, Findings and Conclusions"), Technisches Messen,2003, vol. 70, no. 3, p. 151-162.

[44] Tomasin, P., Zuccato, A., Florean, D., "Undesired uncertainty in conducted fullcompliance measurements: a proposal for verification of conformity of LISN parameters according to the requirements of CISPR 16-1,"International Symposium on Electromagnetic Compatibility, Montreal, Canada, August 2001, p. 7-12.

[45] Turnbull, L., Marvin, A.C., "Effect of cross-polar coupling on open area test site measurement correlation and repeatability," IEE Procedures—Science, Measurement and Technology, July 1996, vol. 143, no. 4, pp. 202-208.

[46] UKAS Publication LAB 34,The Expression of Uncertainty in EMC Testing, Edition 1, August 2002.

[47] van Dijk, N., "Uncertainties in 3-m radiated emission measurements due to the use of different types of receive antennas," IEEE Transactions on Electromagnetic Compatibility, February 2005, vol. 47, no. 1, pp. 77-85.

[48] van Wershoven, L., "The effect of cable geometry on the reproducibility of EMC measurements," IEEE International Symposium on Electromagnetic Compatibility, Seattle, WA, August 1999, p. 780-785.

[49] Williams, T., Orford, G., "Calibration and use of artificial mains networks and absorbing clamps," Report DTI-NMSPU Project FF2.6, Schaffner-Chase EMC-Ltd and NPL, UK,1999.

[50] Witte, R.A.,Spectrum and Network Measurements, Noble Publishing, 2001.

[51] Wood, B.M., Douglas, R.J., "Quantifying demonstrated equivalence,"IEEE Transactionson Instruments and Measurements, April 1999, vol. 48, no. 2, p.162-165.

ICS 33.100
L 06

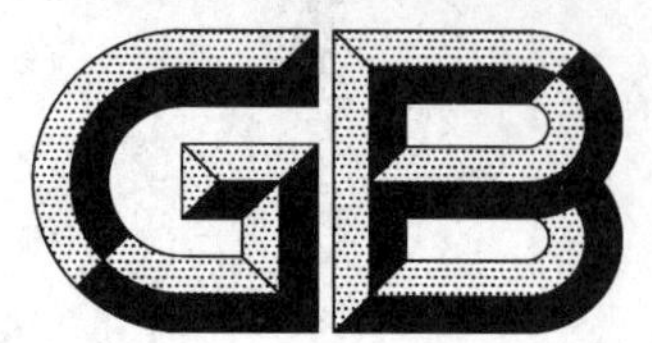

中华人民共和国国家标准

GB/T 6113.402—2018/CISPR 16-4-2:2014
代替 GB/T 6113.402—2006

无线电骚扰和抗扰度测量设备和测量方法规范 第4-2部分:不确定度、统计学和限值建模 测量设备和设施的不确定度

Specification for radio disturbance and immunity measuring apparatus and methods—Part 4-2:Uncertainties,statistics and limit modelling—Measurement instrumentation uncertainty

(CISPR 16-4-2:2014,IDT)

2018-03-15 发布　　　　2018-10-01 实施

中华人民共和国国家质量监督检验检疫总局
中国国家标准化管理委员会　发布

前　言

GB/T (Z) 6113《无线电骚扰和抗扰度测量设备和测量方法规范》为电磁兼容基础标准，由以下四大部分组成：

第1部分：无线电骚扰和抗扰度测量设备规范

——第1-1部分：无线电骚扰和抗扰度测量设备　测量设备；

——第1-2部分：无线电骚扰和抗扰度测量设备　辅助设备　传导骚扰；

——第1-3部分：无线电骚扰和抗扰度测量设备　辅助设备　骚扰功率；

——第1-4部分：无线电骚扰和抗扰度测量设备　辐射骚扰测量用天线和试验场地；

——第1-5部分：无线电骚扰和抗扰度测量设备　30 MHz～1 000 MHz天线校准用试验场地；

——第1-6部分：EMC天线校准。

第2部分：无线电骚扰和抗扰度测量方法

——第2-1部分：无线电骚扰和抗扰度测量方法　传导骚扰测量；

——第2-2部分：无线电骚扰和抗扰度测量方法　骚扰功率测量；

——第2-3部分：无线电骚扰和抗扰度测量方法　辐射骚扰测量；

——第2-4部分：无线电骚扰和抗扰度测量方法　抗扰度测量；

——第2-5部分：大型设备骚扰发射现场测量。

第3部分：无线电骚扰和抗扰度测量技术报告

——第3部分：无线电骚扰和抗扰度测量　技术报告。

第4部分：不确定度、统计学和限值建模

——第4-1部分：不确定度、统计学和限值建模　标准化EMC试验的不确定度；

——第4-2部分：不确定度、统计学和限值建模　测量设备和设施的不确定度；

——第4-3部分：不确定度、统计学和限值建模　批量产品的EMC符合性确定的统计考虑；

——第4-4部分：不确定度、统计学和限值建模　抱怨的统计和限值的计算模型；

——第4-5部分：不确定度、统计学和限值建模　替换试验方法的使用条件。

本部分为GB/T (Z) 6113的第4-2部分。

本部分按照GB/T 1.1—2009给出的规则起草。

本部分代替GB/T 6113.402—2006《无线电骚扰和抗扰度测量设备和测量方法规范　第4-2部分：不确定度、统计学和限值建模　测量设备和设施的不确定度》，与GB/T 6113.402—2006相比，主要技术变化如下：

——增加了术语3.1.1“测量设备和设施的不确定度”；

——增加了缩略语3.3；

——增加了5.2“使用VP进行电源端口传导骚扰测量”的被测量、输入量符号和输入量；

——增加了5.3“使用AAN(Y型网络)进行电信端口传导骚扰测量”的被测量、输入量符号和输入量；

——增加了5.4“使用CVP进行电信端口传导骚扰测量”的被测量、输入量符号和输入量；

——增加了5.5“使用CP进行电信端口传导骚扰测量”的被测量、输入量符号和输入量；

——增加了5.6“使用CDNE进行电源端口传导骚扰测量”的被测量、输入量符号和输入量；

——增加了7.2“FAR中进行辐射骚扰测量”的被测量、输入量符号和输入量；

——增加了第8章“1 GHz～18 GHz的辐射骚扰测量”的被测量、输入量符号和输入量；

——修改了附录 A,给出了评估 U_{CISPR}时骚扰测量项目共有输入量的来源、假设和相关说明;

——增加了附录 B、附录 C、附录 D 和附录 E,分别描述了传导骚扰测量、骚扰功率测量、1 GHz 以下和 1 GHz 以上辐射骚扰测量评估 U_{CISPR}时的特定输入量。

本部分使用翻译法等同采用 CISPR 16-4-2:2014《无线电骚扰和抗扰度测量设备和测量方法规范 第 4-2 部分:不确定度、统计学和限值建模 测量设备和设施的不确定度》。

与本部分中规范性引用的国际文件有一致性对应关系的我国文件如下:

——GB 4824—2013 工业、科学和医疗(ISM)射频设备 骚扰特性 限值和测量方法(CISPR 11:2010,IDT)

——GB/T 6113.101—2016 无线电骚扰和抗扰度测量设备和测量方法规范 第 1-1 部分:无线电骚扰和抗扰度测量设备 测量设备(CISPR 16-1-1:2010,IDT)

——GB/T 6113.102—2008 无线电骚扰和抗扰度测量设备和测量方法规范 第 1-2 部分:无线电骚扰和抗扰度测量设备 辅助设备 传导骚扰(CISPR 16-1-2:2006,IDT)

——GB/T 6113.103—2008 无线电骚扰和抗扰度测量设备和测量方法规范 第 1-3 部分:无线电骚扰和抗扰度测量设备 辅助设备 骚扰功率(CISPR 16-1-3:2004,IDT)

——GB/T 6113.104—2016 无线电骚扰和抗扰度测量设备和测量方法规范 第 1-4 部分:无线电骚扰和抗扰度测量设备 辐射骚扰测量用天线和试验场地(CISPR 16-1-4:2012,IDT)

——GB/T 6113.201—2017 无线电骚扰和抗扰度测量设备和测量方法规范 第 2-1 部分:无线电骚扰和抗扰度测量方法 传导骚扰测量(CISPR 16-2-1:2010,IDT)

——GB/T 6113.202—2008 无线电骚扰和抗扰度测量设备和测量方法规范 第 2-2 部分:无线电骚扰和抗扰度测量方法 骚扰功率测量(CISPR 16-2-2:2004,IDT)

——GB/Z 6113.3—2006 无线电骚扰和抗扰度测量设备和测量方法规范 第 3 部分:无线电骚扰和抗扰度测量技术报告(CISPR 16-3:2003,IDT)

——GB/Z 6113.401—2018 无线电骚扰和抗扰度测量设备和测量方法规范 第 4-1 部分:不确定度、统计学和限值建模 标准化 EMC 试验的不确定度(CISPR 16-4-1:2009,IDT)

——GB/Z 6113.403—2007 无线电骚扰和抗扰度测量设备和测量方法规范 第 4-3 部分:不确定度、统计学和限值建模 批量产品的 EMC 符合性确定的统计考虑(CISPR 16-4-3:2004,IDT)

——GB 9254—2008 信息技术设备的无线电骚扰限值和测量方法(CISPR 22:2006,IDT)

——GB 13837—2012 声音和电视广播接收机及有关设备 无线电骚扰特性 限值和测量方法(IEC/CISPR 13:2009,MOD)

——GB 14023—2011 车辆、船和内燃机 无线电骚扰特性 用于保护车外接收机的限值和测量方法(IEC/CISPR 12:2009,IDT)

本部分由全国无线电干扰标准化技术委员会(SAC/TC79)提出并归口。

本部分起草单位:工业和信息化部电子工业标准化研究院、中国计量科学研究院、工业和信息化部电子第五研究所、威凯检测技术有限公司、中国航天科工集团二院 203 所、上海电器科学研究所(集团)有限公司、中国电力科学研究院、国家无线电监测中心。

本部分主要起草人:陈俐、崔强、谢鸣、朱文立、杨春荣、马蔚宇、郑军奇、李妮、王文俭。

本部分所代替标准的历次版本发布情况为:

——GB/T 6113.402—2006。

无线电骚扰和抗扰度测量设备和测量方法规范 第4-2部分:不确定度、统计学和限值建模 测量设备和设施的不确定度

1 范围

GB/T (Z) 6113 的本部分规定了依据 CISPR 骚扰限值对受试设备(EUT)进行符合性判定时如何应用测量设备和设施的不确定度(MIU)的方法。当测量结果和结论受到测试用测量设备和设施的不确定度的影响时,本部分的内容也与电磁兼容试验有关。

注:依据 IEC 107 导则,CISPR 16-4-2 为 IEC 所属产品委员会使用的基础 EMC 标准。正如 IEC 导则 107 所述,产品委员会有责任决定该 EMC 标准的适用性。针对某一特定类别的产品,CISPR 及其分技术委员会(对应于国内的 SAC/TC79 技术委员会及其分技术委员会)与这些技术委员会和产品委员会就该标准的适用性展开合作。上述技术委员会和产品委员会对应于国内相关的产品技术委员会。

本部分的附录给出了得到第 4 章～第 8 章中 U_{CISPR} 值时要考虑的 MIU 的量值的背景资料,提供了关于 MIU 所需的初始的和进一步的信息,以及在测量链中如何考虑单个不确定度的有价值的背景资料。然而,附录的目的不是让标准的使用者将其作为进行不确定度计算时的用户手册或者原封不动地照抄。因此,为了在实际中对不确定度作出正确的评估,可以使用参考文献中的资料或其他已被广泛认可的文件。

测量设备规范在 CISPR 16-1 系列标准中给出,测量方法包含在 CISPR 16-2 系列标准中,有关 CISPR 和无线电骚扰更详尽的信息和背景材料在 CISPR 16-3 中给出,有关不确定度的一般性知识、统计学和限值建模包含在 CISPR 16-4 系列标准中。

2 规范性引用文件

下列文件对于本文件的应用是必不可少的。凡是注日期的引用文件,仅注日期的版本适用于本文件。凡是不注日期的引用文件,其最新版本(包括所有的修改单)适用于本文件。

GB/T 6113.203—2016 无线电骚扰和抗扰度测量设备和测量方法规范 第 2-3 部分:无线电骚扰和抗扰度测量方法 辐射骚扰测量(CISPR 16-2-3:2010,IDT)

CISPR 11 工业、科学和医疗(ISM)射频设备 骚扰特性 限值和测量方法(Industrial, scientific and medical equipment—Radio-frequency disturbance characteristics—Limits and methods of measurement)

CISPR 12 车辆、船和内燃机 无线电骚扰特性 用于保护车外接收机的限值和测量方法(Vehicles, boats and internal combustion engines—Radio disturbance characteristics—Limits and methods of measurement for the protection of off-board receivers)

CISPR 13 声音和电视广播接收机及有关设备 无线电骚扰特性 限值和测量方法(Sound and television broadcast receivers and associated equipment—Radio disturbance characteristics—Limits and methods of measurement)

CISPR 16-1-1 无线电骚扰和抗扰度测量设备和测量方法规范 第1-1部分:无线电骚扰和抗扰度测量设备 测量设备(Specification for radio disturbance and immunity measuring apparatus and Methods—Part 1-1:Radio disturbance and immunity measuring apparatus—Measuring apparatus)

CISPR 16-1-2 无线电骚扰和抗扰度测量设备和测量方法规范 第1-2部分:无线电骚扰和抗扰度测量设备 辅助设备 传导骚扰(Specification for radio disturbance and immunity measuring apparatus and methods—Part 1-2:Radio disturbance and immunity measuring apparatus—Ancillary equipment—Conducted disturbances)

CISPR 16-1-3 无线电骚扰和抗扰度测量设备和测量方法规范 第1-3部分:无线电骚扰和抗扰度测量设备 辅助设备 骚扰功率(Specification for radio disturbance and immunity measuring apparatus and methods—Part 1-3:Radio disturbance and immunity measuring apparatus—Ancillary equipment—Disturbance power)

CISPR 16-1-4 无线电骚扰和抗扰度测量设备和测量方法规范 第1-4部分:无线电骚扰和抗扰度测量设备 辐射骚扰测量用天线和试验场地(Specification for radio disturbance and immunity measuring apparatus and methods—Part 1-4:Radio disturbance and immunity measuring apparatus—Antennas and test sites for radiated disturbance measurements)

CISPR 16-2-1 无线电骚扰和抗扰度测量设备和测量方法规范 第2-1部分:无线电骚扰和抗扰度测量方法 传导骚扰测量(Specification for radio disturbance and immunity measuring apparatus and Methods—Part 2-1:Methods of measurement of disturbances and immunity—Conducted disturbance measurements)

CISPR 16-2-2 无线电骚扰和抗扰度测量设备和测量方法规范 第2-2部分:无线电骚扰和抗扰度测量方法 骚扰功率测量(Specification for radio disturbance and immunity measuring apparatus and Methods—Part 2-2:Methods of measurement of disturbances and immunity—Measurement of disturbance power)

CISPR 16-3 无线电骚扰和抗扰度测量设备和测量方法规范 第3部分:CISPR技术报告(Specification for radio disturbance and immunity measuring apparatus and methods—Part 3: CISPR technical reports)

CISPR 16-4-1 无线电骚扰和抗扰度测量设备和测量方法规范 第4-1部分:不确定度、统计学和限值建模 标准化EMC试验的不确定度(Specification for radio disturbance and immunity measuring apparatus and methods—Part 4-1: Uncertainties, statistics and limit modelling—Uncertainties in standardized EMC tests)

CISPR 16-4-3 无线电骚扰和抗扰度测量设备和测量方法规范 第4-3部分:不确定度、统计学和限值建模 批量产品的EMC符合性确定的统计考虑(Specification for radio disturbance and immunity measuring apparatus and methods—Part 4-3:Uncertainties, statistics and limit modelling—Statistical considerations in the determination of EMC compliance of mass-produced products)

CISPR 22:2008 信息技术设备 无线电骚扰特性 限值和测量方法(Information technology equipment—Radio disturbance characteristics—Limits and methods of measurement)

ISO/IEC 导则 98-3 测量不确定度 第3部分:测量不确定度的表示指南(GUM:1995)[Uncertainty of measurement—Part 3:Guide to the expression of uncertainty in measurement(GUM:1995)]

ISO/IEC 导则 99 国际计量术语 基本和通用概念以及相关术语[International vocabulary of metrology—Basic and general concepts and associated terms(VIM)]

3 术语、定义、符号和缩略语

3.1 术语和定义

ISO/IEC 导则 98-3 和 ISO/IEC 导则 99 界定的以及下列术语和定义适用于本文件。

注：不确定度评估中使用的通用不确定度术语和定义包含在 ISO/IEC 导则 98-3 中，通用的计量(学)定义包含在 ISO/IEC 导则 99 中，因此，有关的基础定义不再重复。

3.1.1

测量设备和设施的不确定度　measurement instrumentation uncertainty；MIU

与测量结果有关的参数，用来表征合理地赋予被测量的值的分散性，它是由所有与测量设备和设施相联系的有关的影响量引起的。

3.2 符号

第 5 章、第 6 章、第 7 章和第 8 章给出的以及下列符号适用于本文件。

3.2.1 通用符号

X_i：输入量；

x_i：X_i 的估计值；

δX_i：输入量的修正值；

$u(x_i)$：x_i 的标准不确定度；

c_i：灵敏系数；

y：对所有能识别的和显著的系统影响修正后的测量结果(被测量的估计值)，用对数单位表示，例如：dB(μV/m)；

$u_c(y)$：y 的合成标准不确定度，dB；

$U(y)$：y 的扩展不确定度，dB；

U_{CISPR}：每一种特定的测量方法所评估的扩展 MIU 的 CISPR 准则，dB；

U_{lab}：由检测实验室确定的扩展 MIU，dB；

k：包含因子；

a^+：概率分布的上界；

a^-：概率分布的下界。

3.2.2 被测量的符号

E：骚扰电场强度，dB(μV/m)；

I：骚扰电流，dB(μA)；

P：骚扰功率，dB(pW)；

V：骚扰电压，dB(μV)。

3.2.3 所有骚扰测量共有的输入量的符号

a_c：接收机与测量辅助设备[例如人工电源网络(AMN)、天线等]之间连接的衰减，dB；

δM：对失配误差的修正，dB；

V_r：接收机的电压读数，dBμV；

δV_{sw}：对接收机正弦波电压不准确的修正，dB；

δV_{pa}：对接收机脉冲幅度响应不理想的修正，dB；

δV_{pr}:对接收机脉冲重复频率响应不理想的修正,dB;

δV_{nf}:对接收机本底噪声影响的修正,dB。

3.3 缩略语

下列缩略语适用于本文件。

注:本条未包括的缩略语会在文中第一次出现时予以定义。

AAN:不对称人工网络(asymmetric artificial network)

AE:EUT 辅助设备(associated equipment)(连接到测量辅助设备的“AE 端口”的设备;这里的测量辅助设备为传感器,例如 AAN。术语 AE 的定义见 CISPR 16-2-1)

AF:天线系数(antenna factor)

AMN:人工电源网络(artificial mains network)

CDNE:用于发射测量的耦合/去耦网络(coupling decoupling network for emission measurement)

CP:电流探头(current probe)

CVP:容性电压探头(capacitive voltage probe)

EUT:受试设备(equipment under test)

FAR:全电波暗室(fully anechoic room)

FSOATS:自由空间的开阔试验场地(free-space OATS)(详见 CISPR 16-1-4)

LCL:纵向转换损耗(longitudinal conversion loss)

LPDA:对数周期偶极子阵列[logarithmic periodic(log-periodic)dipole array]

MIU:测量设备和设施的不确定度(measurement instrumentation uncertainty)

OATS:开阔试验场地(open area test site)

PRF:脉冲重复频率(pulse repetition frequency)

RF:射频(radio frequency)

SAC:半电波暗室(semi-anechoic chamber)

S/N:信噪比(signal to noise ratio)

VDF:电压分压系数(voltage division factor)

VP:电压探头(voltage probe)

VSWR:电压驻波比(voltage standing wave ratio)

4 MIU 的符合性判定准则

4.1 概述

当依据骚扰限值对 EUT 进行符合性判定时,应考虑本章给出的测量设备和设施所引入的不确定度。

对检测实验室而言,应考虑第 5 章~第 8 章各测量不确定度分量以评定每个测量项目的 MIU。对所列的每个输入量的估计值 x_i 应评定其标准不确定度 $u(x_i)$(以 dB 表示)和灵敏系数 c_i。被测量的估计值 y 的合成标准不确定度 $u_c(y)$ 应按式(1)计算:

$$u_c(y)=\sqrt{\sum_i c_i^2 u^2(x_i)} \qquad (1)$$

对于检测实验室,测量设备和设施的扩展不确定度 U_{lab} 应按式(2)计算:

$$U_{lab}=U(y)=2u_c(y) \qquad (2)$$

若 U_{lab} 小于或等于表 1 中的 U_{CISPR},则在试验报告中给出 U_{lab} 或者说明 U_{lab} 小于 U_{CISPR}。

若 U_{lab} 大于表 1 中的 U_{CISPR},则在试验报告中应给出测量中实际使用的测量设备和设施的 U_{lab}。

注:式(2)表明:对大多数测量结果呈近似正态分布的典型情况,包含因子 k 取 2,其置信概率近似为 95%。

表 1 U_{CISPR}值

测量项目	测量频段	U_{CISPR}	对应的表
电源端口传导骚扰(使用 AMN 测量)	9 kHz～150 kHz	3.8 dB	表 B.1
	150 kHz～30 MHz	3.4 dB	表 B.2
电源端口传导骚扰(使用 VP 测量)	9 kHz～30 MHz	2.9 dB	表 B.3
电信端口传导骚扰(使用 AAN 测量)	150 kHz～30 MHz	5.0 dB	表 B.4
电信端口传导骚扰(使用 CVP 测量)	150 kHz～30 MHz	3.9 dB	表 B.5
电信端口传导骚扰(使用 CP 测量)	150 kHz～30 MHz	2.9 dB	表 B.6
电源端口传导骚扰(使用 CDNE 测量)	30 MHz～300 MHz	3.8 dB	表 B.7
骚扰功率	30 MHz～300 MHz	4.5 dB	表 C.1
辐射骚扰(在 OATS 或 SAC 测量的电场强度)	30 MHz～1 000 MHz	6.3 dB	表 D.1～表 D.4
辐射骚扰(在 FAR 中测量的电场强度)	30 MHz～1 000 MHz	5.3 dB	表 D.5～表 D.6
辐射骚扰(在 FAR 中测量的电场强度)	1 GHz～6 GHz	5.2 dB	表 E.1
辐射骚扰(在 FAR 中测量的电场强度)	6 GHz～18 GHz	5.5 dB	表 E.2

注 1：本表中的U_{CISPR}值来源于附录 B～附录 E，该值是在分别考虑了第 5 章～第 8 章中各不确定度分量后得出的扩展不确定度。若附录中给出的扩展不确定度具有多个值，则U_{CISPR}选取其中的最大值(例如：取表 D.1～表 D.4 中的最大值)。

注 2：当频率小于 1 GHz 时，U_{CISPR}值由使用准峰值检波器进行的辐射发射测量模型计算得到，同时假设使用平均值检波器和均方根值—平均值检波器进行测量时不会大于这些U_{CISPR}值。当频率大于 1 GHz 时，U_{CISPR}值由使用峰值检波器进行的辐射发射测量模型计算得到。

本条内容并不对 CISPR 16-1-1、CISPR 16-1-2、CISPR 16-1-3 和 CISPR 16-1-4 测量设备和设施的符合性要求作任何改变，也没有代替 CISPR 16-4-3 中规定的任何要求。

4.2 符合性评估

针对骚扰限值的符合性判定，应按下述方式进行：

若U_{lab}小于或等于表 1 中的U_{CISPR}，则：

——如果测得的骚扰电平不超过所规定的骚扰限值，则判定为符合；

——如果测得的骚扰电平超过所规定的骚扰限值，则判定为不符合。

若U_{lab}大于表 1 中的U_{CISPR}，则：

——如果测得的骚扰电平加上($U_{lab}-U_{CISPR}$)后不超过骚扰限值，则判定为符合；

——如果测得的骚扰电平加上($U_{lab}-U_{CISPR}$)后超过骚扰限值，则判定为不符合。

注：对于本条款规定的符合性评估程序，测得的骚扰电平和骚扰限值都用对数单位表示，例如 dB(μV/m)。

5 传导骚扰测量

5.1 使用 AMN 进行电源端口传导骚扰测量(参见附录 B 中的 B.1)

5.1.1 使用 AMN 进行电源端口传导骚扰测量的被测量

V：相对于参考接地平面在 AMN 的 EUT 端口测量的非对称电压，dB(μV)。

5.1.2 使用 AMN 进行电源端口传导骚扰测量的输入量符号

F_{AMN}：AMN 的电压分压系数，dB；

δF_{AMNf}:对 AMN 的电压分压系数(VDF)频率内插误差的修正,dB;
δD_{mains}:对电源骚扰造成的误差的修正,dB;
δV_{env}:对环境的影响的修正,dB;
δZ_{AMN}:对 AMN 阻抗不理想的修正,dB。

5.1.3 使用 AMN 进行电源端口传导骚扰测量需考虑的输入量

——接收机的读数;
——AMN 与接收机之间连接所引入的衰减;
——AMN 的 VDF;
——AMN 的 VDF 的频率内插;
——与接收机相关的输入量:
- 接收机正弦波电压的准确度;
- 接收机的脉冲幅度响应;
- 接收机脉冲响应随重复频率的变化;
- 接收机的本底噪声。

——AMN 的接收机端口与接收机之间失配的影响;
——AMN 的阻抗;
——电源骚扰的影响;
——环境的影响。

5.2 使用 VP 进行电源端口传导骚扰测量(参见附录 B 中的 B.2)

5.2.1 使用 VP 进行电源端口传导骚扰测量的被测量

V:相对于参考地在 EUT 电源端口加载 1 500 Ω 时测量的非对称电压,dB(μV)。

5.2.2 使用 VP 进行电源端口传导骚扰测量的输入量符号

F_{VP}:电压探头的 VDF,dB;
δF_{VPf}:对电压探头的 VDF 频率内插误差的修正,dB;
δD_{mains}:对电源骚扰造成的误差的修正,dB;
δV_{env}:对环境的影响的修正,dB;
δZ_{VP}:对电压探头阻抗不理想的修正,dB;
δZ_{mains}:当与 AMN 相比较时对电源阻抗造成的误差的修正,dB。

5.2.3 使用 VP 进行电源端口传导骚扰测量需考虑的输入量

——接收机的读数;
——VP 与接收机之间连接所引入的衰减;
——VP 的 VDF;
——VP 的 VDF 的频率内插;
——与接收机相关的输入量:
- 接收机正弦波电压的准确度;
- 接收机的脉冲幅度响应;
- 接收机脉冲响应随重复频率的变化;
- 接收机的本底噪声。

——VP 的接收机端口与接收机之间失配的影响；
——VP 的阻抗；
——电源骚扰的影响；
——当与 AMN 相比较时电源阻抗的影响；
——环境的影响。

5.3 使用 AAN(Y 型网络)进行电信端口传导骚扰测量(参见附录 B 中的 B.3)

注：术语“不对称人工网络”的定义见 CISPR 16-1-2。在 CISPR 22 中也称为阻抗稳定网络(ISN)。使用术语 Y 型网络是为了区别于 V 型网络和 Δ 型网络。

5.3.1 使用 AAN 进行电信端口传导骚扰测量的被测量

V：相对于参考接地平面在 AAN 的 EUT 端口测量的不对称(共模)电压，dB(μV)。

5.3.2 使用 AAN 进行电信端口传导骚扰测量的输入量符号

F_{AAN}：AAN 的 VDF，dB；
$\delta F_{\mathrm{AAN}f}$：对 AAN 的 VDF 频率内插误差的修正，dB；
δD_{AE}：对来自 AE 的骚扰造成的误差的修正，dB；
δV_{env}：对环境的影响的修正，dB；
δa_{LCL}：对 AAN 纵向转换损耗不理想的修正，dB；
δZ_{AAN}：对 AAN 不对称(共模)阻抗不理想的修正，dB。

5.3.3 使用 AAN 进行电信端口传导骚扰测量需考虑的输入量

——接收机的读数；
——AAN 与接收机之间连接所引入的衰减；
——AAN 的 VDF；
——AAN 的 VDF 的频率内插；
——与接收机相关的输入量：
- 接收机正弦波电压的准确度；
- 接收机的脉冲幅度响应；
- 接收机脉冲响应随重复频率的变化；
- 接收机的本底噪声。

——AAN 的接收机端口与接收机之间失配的影响；
——AAN 的不对称阻抗；
——AAN 的纵向转换损耗；
——来自 AE 的骚扰的影响；
——环境的影响。

5.4 使用 CVP 进行电信端口传导骚扰测量(参见附录 B 中的 B.4)

5.4.1 使用 CVP 进行电信端口传导骚扰测量的被测量

V：相对于参考地在电信端口测量的不对称(共模)电压，dB(μV)。

5.4.2 使用 CVP 进行电信端口传导骚扰测量的输入量符号

F_{CVP}：CVP 的 VDF，dB；

$\delta F_{\mathrm{CVP}f}$:对 CVP 的 VDF 频率内插误差的修正,dB;
δD_{AE}:对来自 AE 的骚扰造成的误差的修正,dB;
δV_{env}:对环境的影响的修正,dB;
$\delta F_{\mathrm{c\ pos}}$:对 CVP 孔径内电缆位置对 VDF 影响的修正,dB;
$\delta F_{\mathrm{c\ rad}}$:对电缆半径对 VDF 影响的修正,dB;
δZ_{AE}:对 AE 产生的电信端口终端(阻抗)不理想的修正,dB;
δZ_{CVP}:对 CVP 负载阻抗影响的修正,dB。

5.4.3 使用 CVP 进行电信端口传导骚扰测量需考虑的输入量

——接收机的读数;
——CVP 与接收机之间连接所引入的衰减;
——CVP 的 VDF;
——CVP 的 VDF 的频率内插;
——与接收机相关的输入量:
- 接收机正弦波电压的准确度;
- 接收机的脉冲幅度响应;
- 接收机脉冲响应随重复频率的变化;
- 接收机的本底噪声。

——CVP 孔径内电缆位置对 VDF 的影响;
——电缆半径对 VDF 的影响;
——来自 AE 的骚扰的影响;
——当与 AAN 相比较时 AE 阻抗的影响;
——CVP 的接收机端口与接收机之间失配的影响;
——CVP 的负载阻抗;
——环境的影响。

5.5 使用 CP 进行电信端口传导骚扰测量(参见附录 B 中的 B.5)

5.5.1 使用 CP 进行电信端口传导骚扰测量的被测量

I:在 EUT 电信端口连接电缆上测量的不对称(共模)电流,dB(μA)。

5.5.2 使用 CP 进行电信端口传导骚扰测量的输入量符号

Y_{T}:CP 的转移导纳,dB(S);
$\delta Y_{\mathrm{T}f}$:对 CP 传输导纳频率内插误差的修正,dB;
δD_{AE}:对来自 AE 的骚扰造成的误差的修正,dB;
δI_{env}:对环境的影响的修正,dB;
δZ_{CP}:对 CP 插入阻抗造成的误差的修正,dB;
δZ_{AE}:对 AE 产生的电信端口终端不理想的修正,dB。

5.5.3 使用 CP 进行电信端口传导骚扰测量需考虑的输入量

——接收机的读数;
——CP 与接收机之间连接所引入的衰减;
——CP 的转移导纳;

——CP 的转移导纳的频率内插；
——与接收机相关的输入量：
- 接收机正弦波电压的准确度；
- 接收机的脉冲幅度响应；
- 接收机脉冲响应随重复频率的变化；
- 接收机的本底噪声。

——CP 与接收机之间失配的影响；
——CP 插入阻抗的影响；
——来自 AE 的骚扰的影响；
——AE 对电信电缆终端阻抗的影响；
——环境的影响。

5.6 使用 CDNE 进行电源端口传导骚扰测量(参见附录 B 中的 B.7)

5.6.1 使用 CDNE 进行电源端口传导骚扰测量的被测量

V:相对于参考地通过 CDNE 在 EUT 的连接线上测量的不对称(共模)骚扰电压,dB(μV)。

5.6.2 使用 CDNE 进行电源端口传导骚扰测量的输入量符号

F_{CDNE}:CDNE 的 VDF,dB;
δF_{CDNE}:对 CDNE 的 VDF 频率内插误差的修正,dB;
δZ_{CDNE}:对 CDNE 共模阻抗不理想的修正,dB;
δD_{amb}:对环境骚扰影响的修正,dB;
$\delta V_{\mathrm{grounding}}$:对接地不理想的修正,dB;
δV_{env}:对环境的影响的修正,dB。

5.6.3 使用 CDNE 进行电源端口传导骚扰测量需考虑的输入量

——接收机的读数；
——CDNE 与接收机之间的连接引入的衰减；
——CDNE 的 VDF；
——CDNE 的 VDF 的频率内插；
——CDNE 的阻抗；
——与接收机相关的输入量：
- 接收机正弦波电压的准确度；
- 接收机的脉冲幅度响应；
- 接收机脉冲响应随重复频率的变化；
- 接收机的本底噪声。

——CDNE 的接收机端口与接收机之间失配的影响；
——背景环境骚扰的影响；
——接地的影响；
——环境的影响。

6 骚扰功率测量(参见附录 C 中的 C.1)

6.1 骚扰功率测量的被测量

P:吸收钳在电源线上最大发射位置上测得的骚扰功率,dB(pW)。

6.2 骚扰功率测量的输入量符号

F_{AC}:吸收钳因子(原始校准法),dB(pW/μV);

注:吸收钳因子(原始校准法)的定义见 CISPR 16-1-3。

δF_{ACf}:对吸收钳因子频率内插误差的修正,dB;

δD_{mains}:对电源骚扰造成的误差的修正,dB;

δP_{env}:对环境的影响的修正,dB。

6.3 骚扰功率测量需考虑的输入量

——接收机的读数;

——吸收钳与接收机之间的连接所引入的衰减;

——吸收钳因子(原始校准法,见 CISPR 16-1-3 的定义);

——吸收钳因子频率内插;

——与接收机相关的输入量:

- 接收机正弦波电压的准确度;
- 接收机的脉冲幅度响应;
- 接收机脉冲响应随重复频率的变化;
- 接收机的本底噪声。

——吸收钳的接收机端口与接收机之间失配的影响;

——电源骚扰的影响;

——环境的影响。

7 30 MHz～1 000 MHz 的辐射骚扰测量

7.1 OATS 上或 SAC 中进行的辐射骚扰测量(参见附录 D 中的 D.1)

7.1.1 OATS 上或 SAC 中进行的辐射骚扰测量的被测量

E:EUT 放置在距测量天线规定的距离上、EUT 在水平面内 0°～360°旋转、天线在参考平面上 1 m～4 m 的高度范围内扫描、在天线处于水平极化和垂直极化时测得的最大电场强度,dB(μV/m)。

7.1.2 OATS 上或 SAC 中进行的辐射骚扰测量的输入量符号

F_a:天线系数,dB(1/m);

δF_{af}:对天线系数频率内插误差的修正,dB;

δF_{ah}:对天线系数随高度变化的修正,dB;

δF_{adir}:对天线方向性的修正,dB;

δF_{aph}:对天线相位中心位置的修正,dB;

δF_{acp}:对天线交叉极化响应的修正,dB;

δF_{abal}:对天线不平衡的修正,dB;

δA_N:对不理想的归一化场地衰减的修正,dB;

δA_{NT}:对试验桌材料对测量结果影响的修正,dB;

δd:对天线与 EUT 之间的测量距离不准确的修正,dB;

δh:对试验桌离地面高度不准确的修正,dB;

δE_{amb}:对 OATS 所处环境噪声影响的修正,dB。

7.1.3 OATS 上或 SAC 中进行辐射骚扰测量需考虑的输入量

——接收机的读数；
——天线与接收机之间的连接所引入的衰减；
——天线系数；
——与接收机相关的输入量：
- 接收机正弦波电压的准确度；
- 接收机的脉冲幅度响应；
- 接收机脉冲响应随重复频率的变化；
- 接收机的本底噪声。

——天线端口与接收机之间失配的影响；
——天线系数的频率内插；
——天线系数随高度的变化；
——天线的方向性；
——天线的相位中心；
——天线的交叉极化响应；
——天线的平衡；
——试验场地的场地衰减；
——EUT 与测量天线之间的距离；
——放置 EUT 的试验桌的高度；
——放置 EUT 的试验桌材料的影响；
——OATS 所处环境噪声的影响。

7.2 FAR 中进行辐射骚扰测量(参见附录 D 中的 D.2)

7.2.1 FAR 中进行辐射骚扰测量的被测量

E:EUT 放置在距测量天线规定的距离上、EUT 在水平面内进行 0°～360°旋转、在天线水平极化和垂直极化时测量得到的最大电场强度,dB(μV/m)。

7.2.2 FAR 中进行辐射骚扰测量的输入量的符号

F_a:天线系数,dB(1/m)；
δF_{af}:对天线系数频率内插误差的修正,dB；
δF_{ah}:对 FAR 影响天线系数变化的修正,dB；
δF_{adir}:对天线方向性的修正,dB；
δF_{aph}:对天线相位中心位置的修正,dB；
δF_{acp}:对天线交叉极化响应的修正,dB；
δF_{abal}:对天线不平衡的修正,dB；
δA_N:对不理想的归一化场地衰减的修正,dB；
δA_{NT}:对试验桌材料对测量结果影响的修正,dB；
δd:对天线与 EUT 之间的距离不准确的修正,dB；
δh:对试验桌离地面的高度不准确的修正,dB。

7.2.3 FAR 中进行的辐射骚扰测量需考虑的输入量

——接收机的读数；

——天线与接收机之间的连接所引入的衰减；
——天线系数；
——与接收机相关的输入量：
- 接收机正弦波电压的准确度；
- 接收机的脉冲幅度响应；
- 接收机脉冲响应随重复频率的变化；
- 接收机的本底噪声。

——天线端口与接收机之间失配的影响；
——天线系数的频率内插；
——FAR 引起的天线系数的变化；
——天线的方向性；
——天线的相位中心；
——天线的交叉极化响应；
——天线的平衡；
——试验场地(FAR)的场地衰减；
——EUT 与测量天线之间的距离；
——放置 EUT 的试验桌材料的影响；
——放置 EUT 的试验桌高度的影响。

8 1 GHz～18 GHz 的辐射骚扰测量(参见附录 E 中的 E.1)

8.1 FAR(FSOATS)中进行辐射骚扰测量的被测量

注 1：在实际当中，FAR 为 FSOATS 的近似(参见 CISPR 16-1-4)。

E：EUT 放置在距测量天线规定的距离处、在 0°～360°水平面内旋转，天线架设在适当高度、在天线水平极化和垂直极化时测得的最大电场强度，dB(μV/m)。

注 2：当天线垂直平面内的波瓣宽度不能包含 EUT 的高度时，则需扩展天线扫描高度的范围。

8.2 辐射骚扰测量的输入量符号

G_p：预放大器的增益；

δG_p：对预放大器增益不稳定的修正，dB；

F_a：天线系数，dB(1/m)；

δF_{af}：对天线系数频率内插误差的修正，dB；

δF_{adir}：对天线方向性的修正，dB；

δF_{aph}：对天线相位中心位置的修正，dB；

δF_{acp}：对天线交叉极化响应的修正，dB；

δS_{VSWR}：对不理想的场地电压驻波比的修正，dB；

δA_{NT}：对试验桌材料对测量结果影响的修正，dB；

δd：对天线与 EUT 之间的距离不准确的修正，dB；

δh：对试验桌距离地面的高度不准确的修正，dB。

8.3 FAR 中进行辐射骚扰测量需考虑的输入量

——接收机的读数；
——天线端口与外置预放大器输入之间的连接所引入的衰减；

——预放大器的增益；
——预放大器增益不稳定的影响；
——外置预放大器输出与接收机之间连接的衰减；
——天线系数；
——接收机正弦波电压的准确度；
——接收机的本底噪声；
——天线端口和外置预放大器输入之间失配的影响；
——外置预放大器输出和接收机之间失配的影响；
——天线系数的频率内插；
——天线的方向性；
——天线的相位中心；
——天线的交叉极化响应；
——试验场地(FAR)的场地电压驻波比；
——EUT 与测量天线之间的距离；
——放置 EUT 的试验桌材料的影响；
——放置 EUT 的试验桌高度的影响。

附 录 A
（资料性附录）
U_{CISPR}值的评估基础
（所有测量方法共有输入量的通用信息和原理）

A.1 概述

针对 CISPR 16-2-1、CISPR 16-2-2 和 GB/T 6113.203—2016 规定的每一种测量方法，附录 A～附录 E 分别给出了确定 U_{CISPR}的方法。

附录 B～附录 E 都首先给出了被测量的模型方程，即汇总了测量设备和设施链引入的 MIU 的主要来源（即输入量）的基本方程。这些模型方程源自于测量模型，并从数学层面上给出了被测量的定义。

后续附录中给出了一个或多个表格，罗列了计算第 4 章表 1 中 U_{CISPR}时需要考虑的每一个输入量的估计值。需指出，附录 B～附录 E 的表中的数值均来源于 CISPR 16-1-1、CISPR 16-1-2、CISPR 16-1-3 和 CISPR 16-1-4 中的技术要求，在此仅仅作为示例，不可视为硬性要求。

确定估计值时所做的假设均给出了解释和说明。这些假设对应的编号见输入量的上角标。上角标 A 表示多种测量方法共有的 MIU 来源，其来源的假设见 A.2 中的描述。上角标 B～E 分别表示每一种测量方法特有的 MIU 来源，估值时所作的假设在相应附录表格后面的章条做了描述。各项说明中的注释旨在为那些与文中假定的数据或情形不同的检测实验室提供一些指导性的意见。

附录 B～附录 E 的表中所列的与输入量的估计值 x_i 相关的不确定度是表中所注明的其覆盖频率范围内最大的不确定度，前提是该不确定度与 CISPR 16-1-1、CISPR 16-1-2、CISPR 16-1-3 和 CISPR 16-1-4 中给出的测量设备规范的允差要求相一致。

有关测量不确定度术语的定义以及有关测量不确定度的评定和表示方面的信息见参考文献[2]～[5]和 ISO/IEC 导则 98-3。

标准不确定度 $u(x_i)$可通过将 x_i的不确定度的值除以包含因子 k 来计算，k 依赖于 x_i的概率分布及其相应的置信概率。对于 U 形分布、矩形分布或三角分布，x_i以 100%的置信概率位于(x_i-a^-)和(x_i+a^+)之间，k 分别为$\sqrt{2}$、$\sqrt{3}$和$\sqrt{6}$，由此得到 $u(x_i)$分别为 $a/\sqrt{2}$，$a/\sqrt{3}$和 $a/\sqrt{6}$，这里 $a=(a^+ + a^-)/2$，为概率分布的半宽度。对于正态分布，如果 x_i的不确定度的值有 95%的置信概率（这个值是实验标准差的 2 倍），则 k 为 2；如果 x_i的不确定度的值有 68%的置信概率（这个值是实验标准差），则 k 为 1。当概率分布为非对称分布时，若此修正值对测量结果的影响显著，则考虑用 $\delta x_i=c_i(a^+ - a^-)/2$ 来修正测量结果。若此修正值对测量结果的影响不显著，也可以用上限和下限的平均值来修正测量结果。

修正是对系统误差的补偿。修正值可以从校准报告或从检测实验室内部记录的评估中得到。若无从得到修正值，如认为取正值和负值的可能性均等，则修正值取零。假定根据数学模型，所有的已知修正值已经被修正。这些修正项见附录 B～附录 E 中的模型方程。每项修正值作为具有相应不确定度分量的输入量。

附录 B～附录 E 的表中的估计值的某些假设对某一个特定的检测实验室可能是不适用的。当检测实验室评定其测量设备和设施的扩展不确定度 U_{lab}时，需要考虑其特定的测量系统所提供的信息，包括设备的特性、试验场地的实际确认数据、校准数据的质量（在规定的校准周期内）、已知的或可能的概率分布以及内部测量程序。检测实验室在整个频率范围内分段评定其不确定度是有利的，尤其是当一个占主导地位的不确定度分量在整个频率范围内变化显著时更是如此。

测量接收机的频率步长不看作是不确定度的来源，因为这种不确定度可通过减小步长而减小以及调整最终测试时的测量频率得以避免。如何正确的选择步长参见 CISPR 16-2-1、CISPR 16-2-2 和 GB/T 6113.203—2016。最终测量频率的调整通常是在相对于骚扰限值最为接近的幅值所对应的那些频率点上进行的。若不使用减小的步长或调整后的最终测量频率,则频率步长可能要作为一个附加的输入量。这种情形类似于辐射发射测量中天线扫描时的高度步进和 EUT 旋转时的角度步进,同样建议使用经过调整后的最终测试的高度和角度。有关这方面的讨论可参见 CISPR 16-4-1。

灵敏系数是模型方程中的被测量(即模型方程的左端)对输入变量的偏导数。由于所有模型方程均为以对数单位表示的线性关系,所以灵敏系数 c_i 均为 1(即 $c_i=1$),在随后的表中不再列出。

与其他不确定度源相比,电缆连接的重复性所引入的不确定度小到可以忽略。因此,在不确定度的计算中不将其作为相关的输入量。

在计算附录 B～附录 E 的表中的不确定度时,除非另有说明,否则均使用正态分布。

A.2 所有骚扰测量共有输入量的估值原理(对上角标为"A"的输入量所做的说明)

下面给出多种测量方法共有的输入量的估值原理,这些输入量用上角标"A"标注(例如[A1]):

A1) 接收机读数变化的原因包括测量系统的不稳定和表的刻度内插误差。

V_r 的估计值是稳定信号多次(测量次数在 10 次以上)读数的平均值,其标准不确定度($k=1$)为平均值的实验标准差。

A2) 由接收机与 AMN、AAN、CDNE、CP、CVP、VP、吸收钳或天线之间连接而引入的衰减 a_c 的估计值、及其扩展不确定度和包含因子均可从校准报告中得到。

注 1:对于电缆或衰减器,如果衰减量的估计值来源于制造商所提供的数据,其标准不确定度可认为服从矩形分布,且半宽度等于制造商所规定的衰减量的最大允差;如果上述连接是靠前后相连的电缆和衰减器,且两者均有制造商提供的数据,则衰减量 a_c 有两个分量,每一分量均服从矩形分布。

注 2:如果吸收钳和电缆一起进行校准,则此不确定度分量可以不予考虑。

注 3:表 B.1～表 B.6 中,扩展不确定度的估计值为 0.1 dB;表 C.1 和表 D.1～表 D.6 中扩展不确定度的估计值为 0.2 dB,表 E.1 中扩展不确定度的估计值为 0.3 dB,表 E.2 中扩展不确定度的估计值为 0.6 dB。上述扩展不确定度的包含因子均为 2。当使用矢量网络分析仪校准电缆时,此不确定度分量具有较小的估计值。

A3) 对接收机正弦波电压准确度的修正量 δV_{sw} 的估计值、及其扩展不确定度和包含因子均可从校准报告得到。

注 4:如果校准报告仅表明接收机的正弦波电压准确度在 CISPR 16-1-1 所规定的允差要求(±2 dB)的范围内,则 δV_{sw} 的估计值被认为是 0,并服从半宽度为 2 dB 的矩形分布。如果校准报告表明接收机的正弦波电压准确度优于 CISPR 16-1-1 所规定的允差,例如为±1 dB,则将该值用于测量接收机的不确定度计算(即:此时估计值为 0,服从半宽度为 1 dB 的矩形分布),而不是使用校准实验室在校准过程中产生的测量不确定度。如果校准报告给出了与参考值的偏差,则该偏差和校准实验室的测量不确定度分别用于测量结果的修正和测量接收机的不确定度分量的计算[12]。

A4) 一般来说,要想对不理想的接收机的脉冲频率响应特性进行修正是不切实际的。

对于峰值、准峰值、平均值或有效值-平均值检波方式的接收机来说,假定检验报告表明其脉冲幅度响应符合 CISPR 16-1-1 所规定的±1.5 dB 允差要求,则 δV_{pa} 的估计值为 0,且服从半宽度为 1.5 dB 的矩形分布。

CISPR 16-1-1 规定的接收机对脉冲重复频率响应的允差随重复频率和检波类型而变化。假定检验报告表明接收机脉冲重复频率响应符合 CISPR 16-1-1 规定的允差要求,那么 δV_{pr} 的估计值为 0,且服从半宽度为 1.5 dB(该值被认为是 CISPR 16-1-1 允差的典型值)的矩形分布。

注 5:如果脉冲幅度响应或脉冲重复频率响应在 CISPR 16-1-1 规定的±α dB($\alpha \leqslant 1.5$)内得到验证,那么这两种响应修正的估计值为 0,且服从半宽度为 α dB 的矩形分布。

注 6：如果骚扰在检波器上产生连续波信号，那么对脉冲响应的修正不予考虑。

A5) 通常，CISPR 接收机的本底噪声远低于骚扰电压限值或骚扰功率限值，此时本底噪声对那些接近限值的测量结果的影响可忽略不计。然而，对于辐射骚扰来说，接收机的本底噪声与限值的接近程度会影响那些接近辐射骚扰限值的测量结果。

对于 1 GHz 以下的辐射骚扰测量，偏差 δV_{nf} 的估计值在 0 dB～+1.1 dB 之间。当此偏差相对于测量值为对称分布时，则 δV_{nf} 的估计值为 0，且服从半宽度为 1.1 dB 的矩形分布。对本底噪声的影响的修正取决于信号类型（例如：脉冲信号或未调制信号）和信噪比，其会改变噪声电平的指示值。图 A.1 表明信噪比（S/N）为 14 dB 时，修正值为 1.1 dB。使用式（A.1）可得到噪声系数为 6 dB 时的 S/N：

$$E_{NQP} = V_{NQP} + F_a + a_c$$

$$E_{NQP} = -67 + 10\lg F_N + 10\lg B_N + w_{NQP} + F_a + a_c \qquad \cdots\cdots\cdots\cdots (A.1)$$

式中：

E_{NQP} ——准峰值检波器接收机本底噪声的等效场强，单位为分贝微伏每米[dB(μV/m)]；

V_{NQP} ——准峰值检波器接收机的本底噪声，单位为分贝微伏[dB(μV)]；

F_a ——接收频率对应的天线系数，单位为分贝每米[dB(1/m)]；

a_c ——天线连接电缆的衰减，单位为分贝（dB）；

F_N ——测量接收机的噪声因子，即一个数值；

$10\lg F_N$ ——测量接收机的噪声系数，单位为分贝（dB）；

B_N ——测量接收机的噪声带宽，单位为赫兹（Hz）；

w_{NQP} ——噪声的准峰值加权因子，单位为分贝（dB）；

−67 ——按 $10\lg(kT_0 \times 1\ \text{Hz}/P_{1\mu V})$ 计算出的 1 Hz 带宽时的绝对噪声电平[dB(μV)]，其中 k 为玻耳兹曼常数，T_0 为 293.15 K，$P_{1\mu V}$ 为 1 μV 的电压在 50 Ω 上产生的功率。

S/N 最差的情况出现在 1 000 MHz 附近：当噪声系数为 6 dB、噪声带宽为 50.8 dB（即噪声带宽为 120 kHz 时）、噪声的准峰值加权因子 w_{NQP} 为 7 dB、LPDA 天线的天线系数 F_a 为 24 dB(m^{-1})和电缆衰减 a_c 为 2 dB 时，则准峰值检波器指示的噪声场强为 23 dB(μV/m)。将该值与测量距离为 10 m 时的辐射发射限值 37 dB(μV/m)相比较，可以得到 14 dB 的 S/N。当频率范围在 30 MHz～200 MHz 时，S/N 会更大些，可以假设 S/N 大于 20 dB。当测量距离为 3 m 时，转换后的发射限值变大，则 S/N 也随之变大。当测量距离为 30 m 时，假设发射限值为 A 级，则 S/N 与测量距离为 10 m、限值为 B 级时的情况相同。

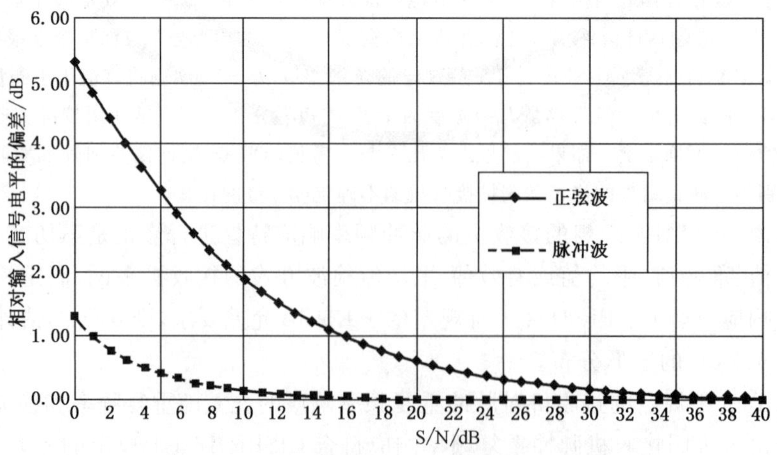

图 A.1 两种情况下准峰值检波器的指示电平相对接收机输入端信号电平的偏差：正弦信号和脉冲信号（脉冲重复频率为 100 Hz）

对于 FAR 中的辐射骚扰测量,假设发射限值为 42 dB(μV/m),则 1 000 MHz 时的 S/N 为 19 dB。偏差 δV_{nf}的估计值在 0 和 +0.7 dB 之间。

对于 1 GHz～18 GHz 的辐射骚扰测量,频率范围分为两段论述:

——在 1 GHz～6 GHz 频率范围,依据 CISPR 22 中的发射限值,1 GHz～3 GHz 时,平均值限值为 50 dB(μV/m),峰值限值为 70 dB(μV/m);在 3 GHz～6 GHz 时,平均值限值为 54 dB(μV/m),峰值限值为 74 dB(μV/m);

——在 6 GHz～18 GHz 频率范围,假设平均值限值为 54 dB(μV/m),峰值限值为 74 dB (μV/m)。

假设系统噪声系数在 6 GHz 以下为 6 dB,6 GHz 以上为 4 dB,也就是天线端口连接外置预放大器的情况。6 GHz 以下 S/N 的最小值为 22 dB,6 GHz 以上 S/N 的最小值为 19 dB 时,使用图 A.2 可得到偏差 δV_{nf}在 6 GHz 以下不大于 0.5 dB,6 GHz 以上不大于 0.8 dB。

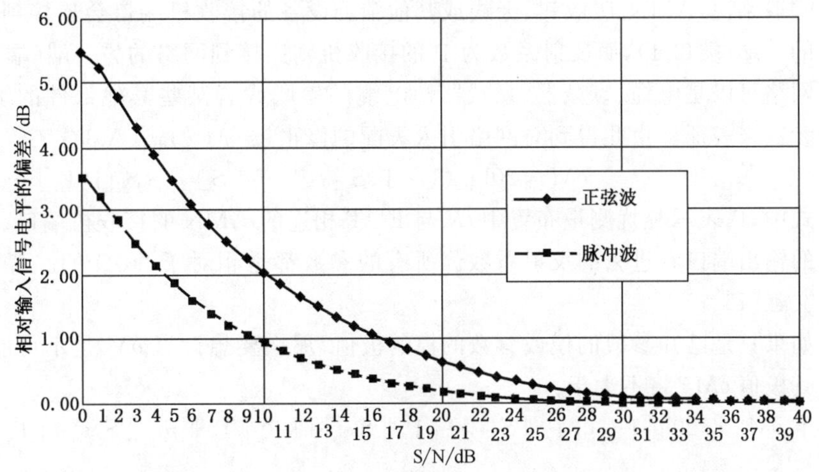

图 A.2　输入信号为正弦信号和脉冲信号(脉冲重复频率为 100 Hz)两种情况下峰值检波器的指示电平相对接收机输入端信号电平的偏差

注 7:系统噪声系数 N_{fsyst} 为从天线端口看过去的由测量接收机、外置预放大器和连接电缆组成的系统的噪声系数。其确定了本底噪声以及信号大小与限值相等时的 S/N。F_1 和 F_2 分别为外置预放大器和测量接收机的噪声因子,a_{c1} 和 a_{c2} 分别为两根连接电缆的衰减(dB)。$G_1 = 10\lg g_1$ 为预放大器的增益(dB)减去衰减 a_{c2},即 $G_1 = G_p - a_{c2}$。噪声系数 N_{ftot}(dB)为从预放大器的输入端看进去的噪声因子 F_{tot}。为了保持较小的系统噪声系数,天线端口和预放大器之间连接电缆的衰减 a_{c1} 需尽可能的小。式(A.2)给出了系统噪声系数的计算公式,图 A.3 给出了示意图。

$$F_{tot} = F_1 + \frac{F_2 - 1}{g_1}, N_{ftot} = 10\lg F_{tot}, N_{fsyst} = a_{c1} + N_{ftot} \qquad \cdots\cdots\cdots\cdots\cdots (A.2)$$

预放大器　　　　接收机

F_1　　　　F_2

a_{c1}　　　　a_{c2}

说明:

a_{c1}、a_{c2}——连接电缆的衰减;

F_1、F_2——分别表示预放大器和测量接收机的噪声因子。

图 A.3　系统噪声系数的示意图

A6） 如果转换系数（AMN、AAN、VP 和 CVP 的 VDF、CP 的转移导纳、吸收钳因子和 AF）是通过校准频率点的数据之间的内插计算得到的，那么该转换系数的不确定度依赖于校准点之间的频率间隔和转换系数随频率的变化。画出被校准的转换系数随频率变化的曲线有助于直观了解这种情形。

VDF 和转移导纳内插误差的修正量 $\delta F_{\mathrm{AMN}f}$、$\delta F_{\mathrm{VP}f}$、$\delta F_{\mathrm{AAN}f}$、$\delta F_{\mathrm{CVP}f}$、$\delta Y_{\mathrm{T}f}$ 的估计值为 0，且服从半宽度为 0.1 dB 的矩形分布。

吸收钳因子内插误差的修正量 $\delta F_{\mathrm{AC}f}$ 的估计值为 0，且服从半宽度为 0.2 dB 的矩形分布。

AF 内插误差的修正量 $\delta F_{\mathrm{a}f}$ 的估计值为 0，且服从半宽度为 0.3 dB 的矩形分布。

注 8：如果在任一频率点上均可得到校准的转换系数，那么则不必考虑修正量 δF_{xf}。

A7） 失配

a） 概述

一般来说，AMN、吸收钳、天线或其他辅助设备的接收机端口会连接到一个两端口网络的一端（端口 1），而反射系数为 Γ_{r} 的接收机则连接到网络的另一端（端口 2）。该两端口网络可以是电缆、衰减器、衰减器和电缆的串联或者某些其他部件的组合；它可以用 S 参数来表征。由此得到对网络引入失配的修正量 δM 如式（A.3）：

$$\delta M = 20\lg[(1-\Gamma_{\mathrm{e}}S_{11})(1-\Gamma_{\mathrm{r}}S_{22})-S_{21}^{2}\Gamma_{\mathrm{e}}\Gamma_{\mathrm{r}}] \quad \cdots\cdots\cdots\cdots\cdots (\text{A.3})$$

式中，Γ_{e} 表示骚扰测量布置中，从与 EUT 相连的 AMN 的接收机端口、吸收钳或天线上的输出端口看进去的反射系数。所有的参数都是相对于 50 Ω 的。背景信息参见参考文献[13]。

如果只是已知参数的模或参数的模的极值，那么要想计算 δM 是不可能的，但可以确认其极值 $\delta M^{\pm}$ 将不大于：

$$\delta M^{\pm} = 20\lg[1\pm(|\Gamma_{\mathrm{e}}||S_{11}|+|\Gamma_{\mathrm{r}}||S_{22}|+|\Gamma_{\mathrm{e}}||\Gamma_{\mathrm{r}}||S_{11}||S_{22}|+|\Gamma_{\mathrm{e}}||\Gamma_{\mathrm{r}}||S_{21}|^{2})] \quad \cdots\cdots\cdots\cdots\cdots (\text{A.4})$$

δM 的概率分布近似为 U 形分布，其宽度不大于（$\delta M^{+}-\delta M^{-}$）、标准差（标准不确定度）不大于半宽度除以 $\sqrt{2}$。

b） 传导骚扰和骚扰功率

对于骚扰电压和骚扰功率测量，Γ_{e} 分别由 CISPR 16-1-2 和 CISPR 16-1-3 中规定的 10 dB 和 6 dB 衰减器所限定。

因此，假设最坏情况下的反射系数 Γ_{e} 的模：骚扰电压测量 $|\Gamma_{\mathrm{e}}|=0.1$，骚扰功率测量 $|\Gamma_{\mathrm{e}}|=0.25$。同时假设接收机的连接电缆匹配良好（$|S_{11}|\ll 1$，$|S_{22}|\ll 1$），其衰减可以忽略不计（$|S_{21}|\approx 1$），且接收机设定到 10 dB 或更大的射频衰减。这一假设是建立在 CISPR 16-1-1 规定的基础上，即电压驻波比 S_{VSWR} 不大于 1.2，进而得到（接收机端的）反射系数 $|\Gamma_{\mathrm{r}}|$ 不大于 0.09。

对于使用电压探头的骚扰电压测量，假设电压探头自身的反射系数 $|\Gamma_{\mathrm{e}}|=1$（由于大的源阻抗）。此外，接收机的最小射频衰减为 10 dB，这相当于（接收机端的）反射系数 $|\Gamma_{\mathrm{r}}|$ 不大于 0.09。

对于使用 CP 的骚扰电流测量，假设 CP 自身的反射系数 $|\Gamma_{\mathrm{e}}|=1$（由于小的源阻抗）。此外，接收机的最小射频衰减为 10 dB，这相当于（接收机端的）反射系数 $|\Gamma_{\mathrm{r}}|$ 不大于 0.09。

c） 辐射骚扰

对于 1 GHz 以下的辐射骚扰测量，假设天线的技术指标 S_{VSWR} 不大于 2.0，进而得出（天线端的）$|\Gamma_{\mathrm{e}}|\leqslant 0.33$。同时假设接收机的连接电缆匹配良好（$|S_{11}|\ll 1$，$|S_{22}|\ll 1$），其衰减可以忽略不计（$|S_{21}|\approx 1$），且接收机的射频衰减为 0 dB。这一假设是建立在满足

CISPR 16-1-1 的基础上，即 S_{VSWR} 不大于 2.0，进而得到（接收机端的）反射系数 $|\Gamma_r| \leqslant 0.33$。

对于 1 GHz 以上的辐射骚扰测量，假设天线的技术指标 S_{VSWR} 不大于 2.0，进而得出（天线端的）$|\Gamma_e| \leqslant 0.33$。同时假设接收机的连接电缆匹配良好（$|S_{11}| \ll 1$，$|S_{22}| \ll 1$），其在 1 GHz 时的最小衰减为 1 dB（$|S_{21}| \approx 0.9$），且接收机的射频衰减为 0 dB。这一假设是建立在满足 CISPR 16-1-1 的基础上，即 S_{VSWR} 不大于 3.0，进而得到（接收机端的）反射系数 $|\Gamma_r| \leqslant 0.50$。

如果接收机使用外置预放大器，则必须考虑两项失配的不确定度，即天线端口和预放大器输入端口之间以及预放大器输出端口和接收机输入端口之间的失配的不确定度。假设预放大器输入端口和输出端口的 S_{VSWR} 都不大于 2.0。对于 1 GHz 以上的频率范围，附录 E 考虑了外置预放大器的使用。对于 1 GHz 以下的频率范围通常不使用外置预放大器，如果要使用，则不确定度计算时使用附录 E 给出的模型。

修正量 δM 的估计值为 0，服从宽度等于 $(\delta M^+ - \delta M^-)$ 的 U 形分布。背景信息参见参考文献[10]和[11]。

注 9：δM 和 $\delta M^\pm$ 的表达式表明：减小失配误差可以通过在接收机前增加匹配良好的两端口网络的衰减来实现，其代价是降低了测量的灵敏度。

注 10：某些天线在某些频率上的 S_{VSWR} 可能远远大于 2.0，例如双锥天线在 30 MHz 时为 20。在这种情况下，推荐使用 6 dB 衰减器以减小失配引入的不确定度，同时还需考虑由此带来较小的 S/N 的影响[见 A5)]。

注 11：当使用复杂天线时，需要确保从接收机向天线端口看过去的阻抗符合 CISPR 16-1-4 中 $S_{VSWR} \leqslant 2.0$ 的要求。

注 12：如果 AMN 或吸收钳的校准是在与其固定连接的衰减器的输出端口上进行的，那么 EUT 阻抗对失配误差的影响随衰减量的增加而减小，即 $|\Gamma_e| \leqslant |\Gamma_a| + 0.5 \times 10^{a/20}$，其中 $|\Gamma_a|$ 和 a 分别为衰减器的反射系数和衰减，dB。

注 13：对式(A.3)的补充说明：a) 若加数（被加数或求和中的各项）之间不相关或者弱相关，则线性相加可被方和根规则所代替。b) 通常当加数的值较小时，可对式(A.3)做进一步的近似（其中 $\delta M^\pm$ 为 U 形分布的半宽度）（同时参见参考文献[5]和[8]），最终简化为：

$$\delta M^\pm \approx 8.7\sqrt{(|\Gamma_e||S_{11}|)^2 + (|\Gamma_r||S_{22}|)^2 + (|\Gamma_e||\Gamma_r||S_{21}|^2)^2}\text{，dB}$$

附 录 B
(资料性附录)
传导骚扰测量 U_{CISPR} 值的评估基础

B.1 使用 AMN 进行电源端口传导骚扰测量的不确定度评估

被测量 V 按式(B.1)计算:

$$V = V_r + a_c + F_{AMN} + \delta F_{AMNf} + \delta V_{sw} + \delta V_{pa} + \delta V_{pr} + \delta V_{nf} + \delta M + \delta Z_{AMN} + \delta D_{mains} + \delta V_{env} \quad \text{(B.1)}$$

表 B.1 频率范围 9 kHz~150 kHz、AMN 为 50 Ω/50 μH+5 Ω 时的传导骚扰测量

输入量[a]	X_i	x_i 的不确定度		$c_i u(x_i)$[b]
		dB	概率分布函数	dB
接收机的读数[A1)]	V_r	±0.1	$k=1$	0.10
AMN 与接收机之间的衰减[A2)]	a_c	±0.1	$k=2$	0.05
AMN 的电压分压系数[B1)]	F_{AMN}	±0.2	$k=2$	0.10
接收机的修正:				
正弦波电压[A3)]	δV_{sw}	±1.0	$k=2$	0.50
脉冲幅度响应[A4)]	δV_{pa}	±1.5	矩形分布	0.87
脉冲重复频率响应[A4)]	δV_{pr}	±1.5	矩形分布	0.87
本底噪声[A5)]	δV_{nf}	±0.0	—	0.00
AMN 电压分压系数的频率内插[A6)]	δF_{AMNf}	±0.1	矩形分布	0.06
AMN 与接收机之间的失配[A7)]	δM	±0.07	U 形分布	0.05
AMN 的阻抗[B2)]	δZ_{AMN}	+3.1/−3.6	三角分布	1.37
电源骚扰的影响[B5)]	δD_{mains}	±0.0	—	0.00
环境的影响[B19)]	δV_{env}	—	—	—

[a] 上角标(例如[A1)])对应于附录 A 或附录 B 中对不确定度输入量的所做说明(见 A.2 和 B.6)的编号。

[b] 所有 $c_i=1$,$u(x_i)$为标准不确定度(见 A.1)。

因此得到扩展不确定度:

$$U(V) = 2u_c(V) = 3.83 \text{ dB}$$

表 B.2 频率范围 150 kHz~30 MHz、AMN 为 50 Ω/50 μH 时的传导骚扰测量

输入量[a]	X_i	x_i 的不确定度		$c_i u(x_i)$[b]
		dB	概率分布函数	dB
接收机的读数[A1)]	V_r	±0.1	$k=1$	0.10
AMN 与接收机之间的衰减[A2)]	a_c	±0.1	$k=2$	0.05

表 B.2（续）

输入量[a]	X_i	x_i 的不确定度		$c_i u(x_i)$[b]
		dB	概率分布函数	dB
AMN 的电压分压系数[B1)]	F_{AMN}	±0.2	$k=2$	0.10
接收机的修正：				
正弦波电压[A3)]	δV_{sw}	±1.0	$k=2$	0.50
脉冲幅度响应[A4)]	δV_{pa}	±1.5	矩形分布	0.87
脉冲重复频率响应[A4)]	δV_{pr}	±1.5	矩形分布	0.87
本底噪声[A5)]	δV_{nf}	±0.0	—	0.00
AMN 电压分压系数的频率内插[A6)]	δF_{AMNf}	±0.1	矩形分布	0.06
AMN 与接收机之间的失配[A7)]	δM	±0.07	U 形分布	0.05
AMN 的阻抗[B2)]	δZ_{AMN}	+2.6/−2.7	三角分布	1.08
电源骚扰的影响[B5)]	δD_{mains}	±0.0	—	0.00
环境的影响[B19)]	δV_{env}	—	—	—

[a] 上角标(例如[A1)])对应于附录 A 或附录 B 中对不确定度输入量的所做说明(见 A.2 和 B.6)的编号。
[b] 所有 $c_i=1$，$u(x_i)$为标准不确定度(见 A.1)。

因此得到扩展不确定度：

$$U(V)=2u_c(V)=3.44\ \text{dB}$$

B.2 使用 VP 进行电源端口传导骚扰测量的不确定度评估

被测量 V 按式(B.2)计算：

$$V=V_r+a_c+F_{VP}+\delta F_{VPf}+\delta V_{sw}+\delta V_{pa}+\delta V_{pr}+\delta V_{nf}+\delta M+\delta Z_{vp}+\delta D_{mains}+\delta Z_{mains}+\delta V_{env} \quad \cdots\cdots(B.2)$$

表 B.3 使用 VP 进行的 9 kHz～30 MHz 频率范围的传导骚扰测量

输入量[a]	X_i	x_i 的不确定度		$c_i u(x_i)$[b]
		dB	概率分布函数	dB
接收机的读数[A1)]	V_r	±0.1	$k=1$	0.10
VP 与接收机之间的衰减[A2)]	a_c	±0.1	$k=2$	0.05
VP 的电压分压系数[B3)]	F_{VP}	±0.2	$k=2$	0.10
接收机的修正：				
正弦波电压[A3)]	δV_{sw}	±1.0	$k=2$	0.50
脉冲幅度响应[A4)]	δV_{pa}	±1.5	矩形分布	0.87
脉冲重复频率响应[A4)]	δV_{pr}	±1.5	矩形分布	0.87
本底噪声[A5)]	δV_{nf}	±0.0	—	0.00
VP 电压分压系数的频率内插[A6)]	δF_{VPf}	±0.1	矩形分布	0.06

表 B.3（续）

输入量[a]	X_i	x_i 的不确定度		$c_i u(x_i)$[b]
		dB	概率分布函数	dB
VP 与接收机之间的失配[A7)]	δM	+0.7/−0.8	U 形分布	0.53
VP 的阻抗[B4)]	δZ_{VP}	±0.5	三角分布	0.20
电源骚扰的影响[B5)]	δD_{mains}	—	—	—
与使用 AMN 相比电源阻抗的影响[B5)]	δZ_{mains}	±30.0	三角分布	12.24
环境的影响[B19)]	δV_{env}	—	—	—

[a] 上角标(例如[A1)])对应于附录 A 或附录 B 中对不确定度输入量的所做说明(见 A.2 和 B.6)的编号。

[b] 所有 $c_i=1$，$u(x_i)$为标准不确定度(见 A.1)。

因此得到扩展不确定度：

$$U(V)=2u_c(V)=\begin{cases}2.91\ \text{dB}\\24.65\ \text{dB，当与使用 AMN 相比较时考虑电源阻抗的影响}\end{cases}$$

注：考虑到传导骚扰发射限值是基于使用 AMN 的试验方法来制定的，因此与使用 AMN 相比，推荐使用考虑了电源阻抗影响的扩展不确定度(即 24.65 dB)。对于现场测量的情况，与使用 AMN 的比较不适用，则只能使用电压探头测量的不确定度(即 2.9 dB)。现场试验可能还需要考虑引入其他的不确定度输入量(例如：δD_{mains}，δV_{env})。

B.3 使用 AAN 进行电信端口传导骚扰测量的不确定度评估

被测量 V 按式(B.3)计算：

$$V=V_r+a_c+F_{\text{AAN}}+\delta F_{\text{AAN}f}+\delta V_{\text{sw}}+\delta V_{\text{pa}}+\delta V_{\text{pr}}+\delta V_{\text{nf}}+\delta M+\delta Z_{\text{AAN}}+\delta a_{\text{lcl}}+\delta D_{\text{AE}}+\delta V_{\text{env}} \quad \text{(B.3)}$$

表 B.4 使用 AAN 进行的 150 kHz～30 MHz 频率范围的传导骚扰测量

输入量[a]	X_i	x_i 的不确定度		$c_i u(x_i)$[b]
		dB	概率分布函数	dB
接收机的读数[A1)]	V_r	±0.1	$k=1$	0.10
AAN 与接收机之间的衰减[A2)]	a_c	±0.1	$k=2$	0.05
AAN 的电压分压系数[B6)]	F_{AAN}	±0.2	$k=2$	0.10
接收机的修正：				
正弦波电压[A3)]	δV_{sw}	±1.0	$k=2$	0.50
脉冲幅度响应[A4)]	δV_{pa}	±1.5	矩形分布	0.87
脉冲重复频率响应[A4)]	δV_{pr}	±1.5	矩形分布	0.87
本底噪声[A5)]	δV_{nf}	±0.0	—	0.00
AAN 电压分压系数的频率内插[A6)]	$\delta F_{\text{AAN}f}$	±0.1	矩形分布	0.06
AAN 与接收机之间的失配[A7)]	δM	+0.7/−0.8	U 形分布	0.53

表 B.4（续）

输入量[a]	X_i	x_i 的不确定度		$c_i u(x_i)$[b] dB
		dB	概率分布函数	
AAN 的不对称阻抗[B7)]	δZ_{AAN}	+2.5/−2.0	三角分布	0.92
AAN 的纵向转换损耗[B8)]				
a_{LCL}=55…40 dB 的 AAN[c]	δa_{LCL}	+3.0/−3.0	三角分布	1.22
a_{LCL}=65…50 dB 的 AAN[c]	δa_{LCL}	+3.0/−4.5	三角分布	1.53
a_{LCL}=75…60 dB 的 AAN[c]	δa_{LCL}	+3.0/−6.0	三角分布	1.84
AE 骚扰的影响[B9)]	δD_{AE}	±0.2	矩形分布	0.12
环境的影响[B19)]	δV_{env}	—	—	—

[a] 上角标(例如[A1)])对应于附录中 A 或附录 B 中对不确定度输入量的所做说明(见 A.2 和 B.6)的编号。

[b] 所有 $c_i=1$，$u(x_i)$为标准不确定度(见 A.1)。

[c] a_{LCL}从 150 kHz 时的 55 dB(65 dB 或 75 dB)随着频率减小到 30 MHz 时的 40 dB(50 dB 或 60 dB)。

因此得到扩展不确定度：

$$U(V)=2u_c(V)=\begin{cases}4.20\ \text{dB，对于}\ a_{LCL}=55\cdots40\ \text{dB 的 AAN}\\4.59\ \text{dB，对于}\ a_{LCL}=65\cdots50\ \text{dB 的 AAN}\\5.03\ \text{dB，对于}\ a_{LCL}=75\cdots60\ \text{dB 的 AAN}\end{cases}$$

B.4 使用 CVP 进行电信端口传导骚扰测量的不确定度评估

被测量 V 按式(B.4)计算：

$$V=V_r+a_c+F_{CVP}+\delta F_{CVPf}+\delta V_{sw}+\delta V_{pa}+\delta V_{pr}+\delta V_{nf}+\delta M+\delta Z_{CVP}+\delta F_{cpos}+\delta F_{crad}+\delta D_{AE}+\delta Z_{AE}+\delta V_{env} \quad \cdots\cdots(B.4)$$

表 B.5 使用 CVP 进行的 150 kHz～30 MHz 频率范围的传导骚扰测量

输入量[a]	X_i	x_i 的不确定度		$c_i u(x_i)$[b] dB
		dB	概率分布函数	
接收机的读数[A1)]	V_r	±0.1	k=1	0.10
CVP 与接收机之间的衰减[A2)]	a_c	±0.1	k=2	0.05
CVP 的电压分压系数[B10)]	F_{CVP}	±0.5	k=2	0.25
接收机的修正：				
正弦波电压[A3)]	δV_{sw}	±1.0	k=2	0.50
脉冲幅度响应[A4)]	δV_{pa}	±1.5	矩形分布	0.87
脉冲重复频率响应[A4)]	δV_{pr}	±1.5	矩形分布	0.87
本底噪声[A5)]	δV_{nf}	±0.0	—	0.00
CVP 电压分压系数的频率内插[A6)]	δF_{CVPf}	±0.1	矩形分布	0.06
CVP 与接收机之间的失配[A7)]	δM	+0.7/−0.8	U 形分布	0.53

表 B.5（续）

输入量[a]	X_i	x_i 的不确定度		$c_i u(x_i)$[b]
		dB	概率分布函数	dB
CVP 的阻抗[B11)]	δZ_{CVP}	+1/−2	矩形分布	0.87
电缆位置对 F_{CVP} 的影响[B12)]	δF_{cpos}	0.5	$k=1$	0.5
电缆半径对 F_{CVP} 的影响[B13)]	δF_{crad}	0.76	$k=1$	0.76
AE 骚扰的影响[B14)]	δD_{AE}	—	—	—
AE 阻抗的影响[B14)]	δZ_{AE}	±30	三角分布	12.24
环境的影响[B19)]	δV_{env}	—	—	—

[a] 上角标(例如[A1)])对应于附录 A 或附录 B 中对不确定度输入量所做说明(见 A.2 和 B.6)的编号。

[b] 所有 $c_i=1$，$u(x_i)$为标准不确定度(见 A.1)。

因此得到扩展不确定度：

$$U(V)=2u_c(V)=\begin{cases}3.85\ \text{dB}\\ 24.78\ \text{dB,考虑了相对于使用 AAN 时 AE 阻抗的影响}\end{cases}$$

注 1：可能需要考虑使用电流探头的测量结果调整容性电压探头的测量结果[见 B18)]。

注 2：考虑到发射限值是基于 AAN 试验方法而设定的，因此与使用 AAN 相比，推荐使用考虑了 AE 阻抗影响的扩展不确定度(即 24.78 dB)。

B.5 使用 CP 进行电信端口传导骚扰测量的不确定度评估

被测量 I 按式(B.5)计算：

$$I=V_r+a_c+Y_T+\delta Y_{Tf}+\delta V_{sw}+\delta V_{pa}+\delta V_{pr}+\delta V_{nf}+\delta M+\delta Z_{CP}+\delta D_{AE}+\delta Z_{AE}+\delta I_{env} \quad\cdots\cdots(B.5)$$

表 B.6 使用 CP 进行的 9 kHz～30 MHz 频率范围的传导骚扰测量

输入量[a]	X_i	x_i 的不确定度		$c_i u(x_i)$[b]
		dB	概率分布函数	dB
接收机的读数[A1)]	V_r	±0.1	$k=1$	0.10
CP 与接收机之间的衰减[A2)]	a_c	±0.1	$k=2$	0.05
CP 的转移导纳[B15)]	Y_T	±0.3	$k=2$	0.15
接收机的修正：				
正弦波电压[A3)]	δV_{sw}	±1.0	$k=2$	0.50
脉冲幅度响应[A4)]	δV_{pa}	±1.5	矩形分布	0.87
脉冲重复频率响应[A4)]	δV_{pr}	±1.5	矩形分布	0.87
本底噪声[A5)]	δV_{nf}	±0.0	—	0.00
转移导纳的频率内插[A6)]	δY_{Tf}	±0.1	矩形分布	0.06
CP 与接收机之间的失配[A7)]	δM	+0.7/−0.8	U 形分布	0.53

表 B.6（续）

输入量[a]	X_i	x_i 的不确定度		$c_i u(x_i)$[b] dB
		dB	概率分布函数	
CP 的插入阻抗[B16)]	δZ_{CP}	±0.1	矩形分布	0.06
AE 骚扰的影响[B17)]	δD_{AE}	—	—	—
AE 阻抗的影响[B17)]	δZ_{AE}	±30	三角分布	12.24
环境的影响[B19)]	δI_{env}	—	—	—

[a] 上角标（例如[A1)]）对应于附录 A 或附录 B 中对不确定度输入量所做说明（见 A.2 和 B.6）的编号。

[b] 所有 $c_i=1$，$u(x_i)$ 为标准不确定度（见 A.1）。

因此得到扩展不确定度：

$$U(V)=2u_c(I)=\begin{cases}2.89\ \text{dB}\\24.65\ \text{dB，考虑了相对于使用 AAN 时 AE 阻抗的影响}\end{cases}$$

注：考虑到发射限值是基于 AAN 试验方法而制定的，因此与使用 AAN 相比，推荐使用考虑了 AE 阻抗影响的扩展不确定度（即 24.65 dB）。

B.6 传导骚扰测量方法特有输入量估计值的评估方法和原理

B1) AMN 的电压分压系数 F_{AMN} 的估计值及其扩展不确定度和包含因子均可从校准报告得到。

B2) 对于 50 Ω/50 μH+5 Ω 的 AMN 或 50 Ω/50 μH 的 AMN，当其接收机端口端接 50 Ω 时，CISPR 16-1-2 中规定该网络阻抗的允差应在标称阻抗模的 20% 以内，相角的允差应在 ±11.5° 以内。

假设当接收机端口端接 50 Ω 时，AMN 的 EUT 端口呈现的阻抗落在复阻抗平面上以标称阻抗为中心、以标称阻抗模的 20% 为半径的圆内。这就要求阻抗相位的允差与阻抗模的允差相当。δZ_{AMN} 的估计值为 0，其分布由有规范要求的 AMN 阻抗和无规范要求的 EUT 阻抗在规定的频段内的所有组合而形成的极值来界定（背景信息参见参考文献[9]）。频率、AMN 阻抗和 EUT 阻抗产生这些极值的特定组合的几率很小，因此，可以设定 δZ_{AMN} 服从三角分布。

注：如果 AMN 的 EUT 端口使用适配器与实际 EUT 的电源插头相匹配，则在 EUT 连接点（即适配器）需要满足 CISPR 16-1-2 规定的阻抗要求。

B3) 假设电压探头的电压分压系数 F_{vp} 的估计值及其扩展不确定度和包含因子可从校准报告得到。

B4) CISPR 16-1-2 规定电压探头的阻抗为 1 500 Ω 且未规定允差。电阻的最大允差为 5%。此外，还需考虑 10 nF 的耦合电容会产生随频率变化的电压分压系数。再者，典型的电压探头具有不大于 10 pF 的输入电容，该值将作为并联电容。

B5) 使用 AMN 进行测量时，假设其电源骚扰（本底噪声）可通过 AMN 自身得到抑制；必要时，也可使用附加的滤波器。

使用电压探头进行测量时，EUT 和电源网络之间没有去耦措施，因此引入了大的不确定度来源（例如现场试验）。由于电源侧的阻抗以及电源产生的骚扰都是未知的，所以要想给出电源侧的影响引入的不确定度的估计值是不现实的。在实际测量中，需要靠用户的经验和判断来估值。因此，表中未提供该输入量的估计值。

如果将使用电压探头进行的测量与使用 AMN 进行的测量相比较，可以看出，相对于电压探头阻抗 Z_{vp}和 AMN 阻抗 Z_{AMN}，电源阻抗 Z_{mains}在很大程度上决定着测量结果。假设 EUT 具有高阻抗，若 $Z_{mains} \gg Z_{vp}$，则电压探头的测量结果可能是 AMN 的测量结果的 30 倍之多（近似为 30 dB)。若 $Z_{mains} \ll Z_{AMN}$，则测得的骚扰电压与因子 Z_{mains}/Z_{AMN}成比例。该因子可能会小到 1/30（近似为－30 dB)，因此，电源阻抗 Z_{mains}作为测量设备的一部分，测量设备的不确定度将会增大到±30 dB。表 1 中针对电压探头测量时给出的较小的 U_{CISPR}值并不表明测量时可以用电压探头代替 AMN。

B6) 假设 AAN 的电压分压系数 F_{AAN}的估计值及其扩展不确定度和包含因子可从校准报告得到。

B7) CISPR 16-1-2 中规定 AAN 的阻抗为 150 Ω，幅值允差为±20 Ω，相角允差为±20°。

B8) CISPR 16-1-2 给出了 LCL 要求的示例，CISPR 22 为以下类别的电缆规定了转折频率为 5 MHz 的 LCL 随频率的变化及其允差：

3 类：从 150 kHz 的 55 dB 减小到 30 MHz 时的 40 dB，允差为±3 dB；

5 类：从 150 kHz 的 65 dB 减小到 30 MHz 时的 50 dB，频率不大于 2 MHz 时允差为±3 dB，频率大于 2 MHz 时允差为－3 dB/＋4.5 dB；

6 类：从 150 kHz 的 75 dB 减小到 30 MHz 时的 60 dB，频率不大于 2 MHz 时允差为±3 dB，频率大于 2 MHz 时允差为－3 dB/＋6 dB。

LCL 为 65 dB 的 AAN 最重要，因此将该允差值用于对 U_{CISPR}的确定。如果校准证书给出的与标称 LCL 的偏差较小且校准实验室具有足够小的校准不确定度，那么就能够减小 LCL 引入的不确定度。

B9) AE 骚扰的影响：假设最小的去耦衰减为 35 dB、AE 骚扰电平与 EUT 骚扰电平相同。

B10) 假设 CVP 的电压分压系数 F_{CVP}的估计值及其扩展不确定度和包含因子可从校准报告得到。该不确定度包括由校准布置引入的不确定度。

B11) CVP 的阻抗包括 CISPR 16-1-2 规定的小于 10 pF 的并联电容。当 EUT 的源阻抗和负载阻抗均为 50 Ω 时，电压分压系数包括了并联电容的影响。当 EUT 源阻抗和负载阻抗均为 150 Ω 时，30 MHz 时 CVP 加载的效应近似为－2 dB。

B12) 电缆位置对电压分压系数的影响：参见 CISPR 16-1-2。

B13) 电缆半径对电压分压系数的影响：参见 CISPR 16-1-2。为了减小不确定度，电压分压系数可作为电缆半径的函数进行校准或者以表格的形式提供 δF_{crad}的修正值。

B14) 在使用容性电压探头测量时，EUT 与 AE 之间没有去耦措施，因此引入了大的不确定度源。由于 AE 侧的阻抗以及 AE 产生的骚扰都是未知的，因此要想给出 AE 侧的影响引入的不确定度的估计值则是不现实的。在实际的测量中，需要靠用户的经验和判断来估值。因此，表中未提供该输入量的估计值。

如果把使用 CVP 的测量和使用 AAN 的测量相比较，可以看出，相对于 CVP 阻抗 Z_{CVP}和 AAN 阻抗 Z_{AAN}，AE 阻抗 Z_{AE}在很大程度上决定着测量结果。假设 EUT 具有大的阻抗，若 $Z_{AE} \gg Z_{CVP}$，则测量结果可能是使用 AAN 的测量结果（近似为 30 dB)的 30 倍之多。若 $Z_{AE} \ll Z_{AAN}$，则测量的骚扰电压与因子 Z_{AE}/Z_{AAN}成比例。该因子小到 1/30（近似为－30 dB)是可能的，因此，当阻抗 Z_{AE}作为测量设备的一部分，测量设备的不确定度将增大到±30 dB。需要指出，表 1 中针对容性电压探头测量时给出的较小的 U_{CISPR}值并不表明可以用容性电压探头代替 AAN。

B15) 电流探头的修正系数为转移导纳的对数 $20\ \lg(Y_T)=20\ \lg(1/Z_T)$，该系数与骚扰电压[dB(μV)]之和为骚扰电流 I[dB(μA)]。假设电流探头修正系数 Y_T的估计值及其扩展不确定度和包含因子可从校准报告得到。

B16） CISPR 16-1-2 要求电流探头的插入阻抗小于 1 Ω。

B17） AE 阻抗的影响：在使用电流探头时 EUT 与 AE 之间没有去耦措施，由此引入了大的不确定度源。由于 AE 侧的阻抗以及 AE 产生的骚扰都是未知的，因此要求给出 AE 侧的影响引入的不确定度的估计值则是不现实的。在实际的测量中，需要靠用户的经验和判断给出估值。因此，表中未提供该输入量的估计值。

如果把使用电流探头的测量和使用 AMN 的测量相比较，则与 AMN 阻抗 Z_{AMN} 相比，电源阻抗 Z_{mains} 在很大程度上决定着骚扰的测量结果。假设 EUT 具有大的阻抗，若 $Z_{\mathrm{mains}} \ll Z_{\mathrm{AMN}}$，则使用电流探头的测量结果可能是使用 AMN 的测量结果(近似为 30 dB)的 30 倍之多。若 $Z_{\mathrm{mains}} \gg Z_{\mathrm{AMN}}$，则测量的骚扰电流与因子 $Z_{\mathrm{mains}}/Z_{\mathrm{AMN}}$ 成反比。该因子小到 1/30(近似为－30 dB)是可能的，因此，电源阻抗 Z_{mains} 作为测量设备的一部分，AE 阻抗引入的最大允差将会增加到±30 dB。表 1 中针对电流探头测量时给出的较小的 U_{CISPR} 值并不表明可以用电流探头代替 AMN。

相同的考虑也适用于使用电流探头的测量与使用 AAN 的测量的比较。此时只需要用 Z_{tn}(电信网络的阻抗)代替 Z_{mains}，用 Z_{AAN} 代替 Z_{AMN}。

B18） 当通过测得的电流裕量(CISPR 22:2008 中 C.1.3 所要求的骚扰电流的测量结果)来调整容性电压探头测量的骚扰电压时，则调整电压的不确定度会稍有增加，原因是受到了骚扰电流不确定度输入量(这些输入量和容性电压探头测量不确定度的输入量不同)的影响。此时，可能需要考虑附加的输入量：电流探头转移导纳 Y_{T} 的不确定度以及电流探头与接收机之间失配 δM 的不确定度。假设同一台测量接收机既用于骚扰电流测量也用于骚扰电压测量，根据表 B.6，Y_{T} 和 δM 的取值分别为 0.15 dB 和 0.53 dB，则 U_{CISPR} 为 4.0 dB(代替使用容性电压探头测量时的 3.85 dB)。

B19） (试验场地、地环路、磁场的影响、辅助设备不理想的接地等)环境的影响某种程度上已包含在 CISPR 16-2-1 和 CISPR 16-4-1 当中。该影响量通常不能给出定量估值。对于单个 EUT，可以使用参考源来确定此输入量的幅值，但这不适用于由多个单元组成的 EUT 系统。

B.7 使用 CDNE 进行电源端口传导骚扰测量的不确定度评估

被测量 V 按式(B.6)计算：

$$V = V_{\mathrm{r}} + a_{\mathrm{c}} + F_{\mathrm{CDNE}} + \delta Z_{\mathrm{CDNE}} + \delta V_{\mathrm{sw}} + \delta V_{\mathrm{pa}} + \delta V_{\mathrm{pr}} + \delta V_{\mathrm{nf}} + \delta F_{\mathrm{CDNE}} + \delta M + \delta D_{\mathrm{amb}} + \delta V_{\mathrm{grounding}} + \delta V_{\mathrm{env}} \qquad \text{(B.6)}$$

表 B.7 使用 CDNE 进行的 30 MHz～300 MHz 频率范围的传导骚扰测量

输入量[a]	X_i	x_i 的不确定度 dB	x_i 的不确定度 概率分布函数	$c_i u(x_i)$[b] dB
接收机的读数[A1)]	V_{r}	±0.1	$k=1$	0.10
CDNE 与接收机之间的衰减[A2)]	a_{c}	±0.1	$k=2$	0.05
CDNE 的电压分压系数[B20)]	F_{CDNE}	±0.4	$k=2$	0.20
CDNE 的阻抗允差[B21)]	δZ_{CDNE}	+2.69/−2.25	三角分布	1.01
接收机的修正：				
正弦波电压[A3)]	δV_{sw}	±1.0	$k=2$	0.50

表 B.7(续)

输入量[a]	X_i	x_i 的不确定度		$c_i u(x_i)$[b]
		dB	概率分布函数	dB
脉冲幅度响应[A4)]	δV_{pa}	±1.5	矩形分布	0.87
脉冲重复频率响应[A4)]	δV_{pr}	±1.5	矩形分布	0.87
本底噪声[A5)]	δV_{nf}	±0.0	—	0.00
CDNE 电压分压系数的频率内插[A6)]	δF_{CDNE}	±0.1	矩形分布	0.06
CDNE 与接收机之间的失配[A7)]	δM	+0.19/−0.20	U 形分布	0.14
环境骚扰的影响[B22)]	δD_{amb}	±0.0	—	0.00
与接地有关的因素[B23)]	$\delta V_{grounding}$	±1.5	三角分布	0.61
环境的影响[B24)]	δV_{env}	±1.5	三角分布	0.61

[a] 上角标(例如[A1)])对应于附录 A 或附录 B 中对不确定度输入量所做说明(见 A.2 和 B.8)的编号。

[b] 所有 $c_i=1$,$u(x_i)$为标准不确定度(见 A.1)。

注:在满足 CISPR 16-1-2 和/或 CISPR 16-2-1 规定的条件下,EUT 产生的差模发射的影响可忽略。

因此得到扩展不确定度:$U(V)=2u_c(V)=3.79$ dB

B.8 CDNE 测量方法特有输入量估计值的评估方法和原理

B20) CDNE 的 VDF 的校准引入的不确定度包括 CDNE 内部衰减器的不确定度。

B21) CISPR 16-1-2 规定 CDNE 的共模阻抗为 150 Ω,其幅值允差为+10 Ω/−20 Ω,相角允差为 0°±25°。取有规范要求的 CDNE 的共模阻抗和无规范要求的 EUT 阻抗的所有组合的极值,则修正量 δZ_{CDNE}的估计值为 0,偏差为+2.69 dB/−2.25 dB。CDNE 的阻抗和 EUT 阻抗产生这些极值的特定组合的几率很小,因此,可以假设 δZ_{CDNE}服从三角分布。

CDNE 的阻抗允差的不确定度估计值是由共模阻抗的允差引入的,其中并未考虑 CDNE-M2 和 CDNE-M3 的差模阻抗及其相角的允差。

B22) 环境骚扰的影响包括来自环境的所有辐射骚扰和传导骚扰所引入的不确定度,此输入量的不确定度可忽略的前提是该测量在屏蔽室内进行。因此,修正量 δD_{amb}的估计值为 0,不确定度为 0。当传导骚扰不可忽略,采取了恰当的抑制措施仍不能足够地减小传导骚扰对接收机读数的影响时,宜重新考虑修正量 δD_{amb}的估计值及其不确定度。

B23) 与不理想接地相关的因素所引入的不确定度全部用 $\delta V_{grounding}$表示。这种影响主要来自于 EUT 与参考地之间容性耦合的变化。修正量 $\delta V_{grounding}$的估计值为 0,偏差为 1.5 dB。由于 $\delta V_{grounding}$只有很小的几率达到最大偏差,因此假设其为三角分布。

注 1:屏蔽室的导电地面用作参考接地平面是一种很好的方式。

注 2:与接地相关的因素包括 EUT、CDNE 和电缆位置变化的影响:

- 非导电支撑物的电性能;
- 参考接地平面尺寸的变化;
- 参考接地平面的不同接地方式;
- CDNE 和参考接地平面之间的电搭接;
- 参考接地平面上 EUT 高度的允差。

B24） 如果 EUT 与任何导电物体之间的距离大于 0.8 m，则可使用表 B.7 中给出的不确定度。如果此距离减小到 0.4 m，根据 CISPR 16-2-1 的解释，则在表 B.7 中给出的不确定度的基础上再增加 0.2 dB（即为 0.81 dB）。这种影响主要是 EUT 和其所处环境中导电物体或墙壁之间的容性耦合产生的。

注 3：对于单端口 EUT 通常可使用参考源来确定此输入量的幅值。

附 录 C
（资料性附录）
骚扰功率测量 U_{CISPR} 值的评估基础

C.1 骚扰功率测量的不确定度评估

被测量 P 按式(C.1)计算：

$$P = V_r + a_c + F_{AC} + \delta F_{ACf} + \delta V_{sw} + \delta V_{pa} + \delta V_{pr} + \delta V_{nf} + \delta M + \delta D_{mains} + \delta P_{env} \quad \cdots\cdots(C.1)$$

表 C.1 频率范围为 30 MHz～300 MHz 的骚扰功率测量

输入量[a]	X_i	x_i 的不确定度		$c_i u(x_i)$[b]
		dB	概率分布函数	dB
接收机的读数[A1)]	V_r	±0.1	$k=1$	0.10
吸收钳与接收机之间的衰减[A2)]	a_c	±0.2	$k=2$	0.10
吸收钳的钳因子[C1)]	F_{AC}	±3.0	$k=2$	1.50
接收机的修正：				
正弦波电压[A3)]	δV_{sw}	±1.0	$k=2$	0.50
脉冲幅度响应[A4)]	δV_{pa}	±1.5	矩形分布	0.87
脉冲重复频率响应[A4)]	δV_{pr}	±1.5	矩形分布	0.87
本底噪声[A5)]	δV_{nf}	±0.0	—	0.00
钳因子的频率内插[A6)]	δF_{ACf}	±0.2	矩形分布	0.12
吸收钳与接收机之间的失配[A7)]	δM	+0.19/−0.20	U 形分布	0.14
电源骚扰的影响[C2)]	δD_{mains}	±0.0	—	0.00
环境的影响[C3)]	δP_{env}	±2.5	三角分布	1.02

[a] 上角标(例如[A1)])对应于附录 A 或附录 C 中对不确定度输入量所做说明(见 A.2 和 C.2)的编号。

[b] 所有 $c_i=1$，$u(x_i)$ 为标准不确定度(见 A.1)。

因此得到扩展不确定度：$U(P)=2u_c(P)=4.52$ dB

C.2 骚扰功率测量方法特有输入量估计值的评估方法和原理

C1） 假设吸收钳的钳因子 F_{AC}(原始校准法得到的，参见 CISPR 16-1-3)的估计值及其扩展不确定度和包含因子可从校准报告得到。

C2） 因隔离不充分，从吸收钳电流变换器耦合过来的电源骚扰可能会影响接收机的读数。为了减小电源骚扰的影响可能有必要采取以下措施：在靠近电源处沿着电源线放置铁氧体吸收器或通过使用 AMN 来实现电源滤波。

假定电源骚扰可忽略不计或通过施加恰当的抑制措施已将电源骚扰的影响减小到一个可忽略的程度，那么修正量 δD_{mains} 的估计值为 0，且不确定度也为 0。

注：如果施加了恰当的抑制措施电源骚扰仍不能忽略，且对接收机读数的影响也没有减小到足够的程度，那么修正量 δD_{mains} 的估计值不再为 0，且宜考虑其不确定度。

C3） 使用吸收钳所进行的骚扰功率测量对其所处的周围环境是十分敏感的，这包括自然条件和其与房间壁面的接近程度。CISPR 16-1-3 规定的确认方法中允许试验场地与参考试验场地有±2.5 dB 的偏差。

修正量 δP_{env} 的估计值为 0，偏差为 2.5 dB。由于 δP_{env} 仅有很小的概率能达到最大偏差，因此假设其为三角分布。

附 录 D
（资料性附录）
30 MHz～1 000 MHz 辐射骚扰测量 U_{CISPR} 值的评估基础

D.1 OATS 或 SAC 中进行的辐射骚扰的电场强度测量不确定度评估

被测量 E 按式(D.1)计算：

$$E = V_r + a_c + F_a + \delta V_{sw} + \delta V_{pa} + \delta V_{pr} + \delta V_{nf} + \delta M + \delta F_{af} + \delta F_{ah} + \delta F_{adir} + \delta F_{aph} + \delta F_{acp} + \delta F_{abal} + \delta A_N + \delta A_{NT} + \delta d + \delta h + \delta E_{amb} \quad \text{(D.1)}$$

表 D.1 30 MHz～200 MHz 频率范围的水平极化辐射骚扰
（测量距离为 3 m、10 m 或 30 m，天线为双锥天线）

输入量[a]		X_i	x_i 的不确定度		$c_i u(x_i)$[b]
			dB	概率分布函数	dB
接收机的读数[A1)]		V_r	±0.1	$k=1$	0.10
天线与接收机之间的衰减[A2)]		a_c	±0.2	$k=2$	0.10
双锥天线系数[D1)]		F_a	±2.0	$k=2$	1.00
接收机的修正：					
正弦波电压[A3)]		δV_{sw}	±1.0	$k=2$	0.50
脉冲幅度响应[A4)]		δV_{pa}	±1.5	矩形分布	0.87
脉冲重复频率响应[A4)]		δV_{pr}	±1.5	矩形分布	0.87
本底噪声[A5)]		δV_{nf}	±0.5	矩形分布	0.29
天线与接收机之间的失配[A7)]		δM	+0.9/−1.0	U 形分布	0.67
双锥天线的修正：					
天线系数的频率内插[A6)]		δF_{af}	±0.3	矩形分布	0.17
天线系数的高度偏差[D2)]		δF_{ah}	±1.0	矩形分布	0.58
方向性的差异[D3)]	3 m	δF_{adir}	±0.0	—	0.00
	10 m	δF_{adir}	±0.0	—	0.00
	30 m	δF_{adir}	±0.0	—	0.00
相位中心的位置[D4)]	3 m	δF_{aph}	±0.0	—	0.00
	10 m	δF_{aph}	±0.0	—	0.00
	30 m	δF_{aph}	±0.0	—	0.00
交叉极化[D5)]		δF_{acp}	±0.0	—	0.00
平衡[D6)]		δF_{abal}	±0.3	矩形分布	0.17

表 D.1(续)

输入量[a]		X_i	x_i 的不确定度		$c_i u(x_i)$[b]
			dB	概率分布函数	dB
场地修正:					
场地的不理想[D7)]		δA_N	±4.0	三角分布	1.63
测量距离[D8)]	3 m	δd	±0.3	矩形分布	0.17
	10 m	δd	±0.1	矩形分布	0.06
	30 m	δd	±0.0	—	0.00
试验桌的材料[D10)]		δA_{NT}	±0.0	—	0.00
试验桌的高度[D9)]	3 m	δh	±0.1	$k=2$	0.05
	10 m	δh	±0.1	$k=2$	0.05
	30 m	δh	±0.1	$k=2$	0.05
OATS 的环境噪声[D13]		δE_{amb}	±0.0	—	0.00

[a] 上角标(例如[A1)])对应于附录 A 或附录 D 中对不确定度输入量所做说明(见 A.2 和 D.3)的编号。

[b] 所有 $c_i=1$,$u(x_i)$为标准不确定度(见 A.1)。

因此得到扩展不确定度:

$U(E)=2u_c(E)=5.06$ dB,测量距离 3 m;

$U(E)=2u_c(E)=5.05$ dB,测量距离 10 m;

$U(E)=2u_c(E)=5.05$ dB,测量距离 30 m。

表 D.2 30 MHz～200 MHz 频率范围内的垂直极化辐射骚扰
(测量距离为 3 m、10 m 或 30 m,天线为双锥天线)

输入量[a]	X_i	x_i 的不确定度		$c_i u(x_i)$[b]
		dB	概率分布函数	dB
接收机的读数[A1)]	V_r	±0.1	$k=1$	0.10
天线与接收机之间的衰减[A2)]	a_c	±0.2	$k=2$	0.10
双锥天线系数[D1)]	F_a	±2.0	$k=2$	1.00
接收机的修正:				
正弦波电压[A3)]	δV_{sw}	±1.0	$k=2$	0.50
脉冲幅度响应[A4)]	δV_{pa}	±1.5	矩形分布	0.87
脉冲重复频率响应[A4)]	δV_{pr}	±1.5	矩形分布	0.87
本底噪声[A5)]	δV_{nf}	±0.5	矩形分布	0.29
天线与接收机之间的失配[A7)]	δM	+0.9/−1.0	U 形分布	0.67
双锥天线的修正:				
天线系数的频率内插[A6)]	δF_{af}	±0.3	矩形分布	0.17
天线系数的高度偏差[D2)]	δF_{ah}	±0.3	矩形分布	0.17

表 D.2（续）

输入量[a]		X_i	x_i 的不确定度 dB	x_i 的不确定度 概率分布函数	$c_i u(x_i)$[b] dB
方向性的差异[D3)]	3 m(频率小于 130 MHz)	δF_{adir}	±0.5	矩形分布	0.29
	3 m(频率大于 130 MHz)	δF_{adir}	±1.0	矩形分布	0.58
	3 m(天线倾斜)	δF_{adir}	±0.5	矩形分布	0.29
	10 m	δF_{adir}	±0.25	矩形分布	0.14
	30 m	δF_{adir}	±0.1	矩形分布	0.06
相位中心的位置[D4)]	3 m	δF_{aph}	±0.0	—	0.00
	10 m	δF_{aph}	±0.0	—	0.00
	30 m	δF_{aph}	±0.0	—	0.00
交叉极化[D5)]		δF_{acp}	±0.0	—	0.00
平衡[D6)]		δF_{abal}	±0.9	矩形分布	0.52
场地修正：					
场地的不理想[D7)]		δA_N	±4.0	三角分布	1.63
测量距离[D8)]	3 m	δd	±0.3	矩形分布	0.17
	10 m	δd	±0.1	矩形分布	0.06
	30 m	δd	±0.0	—	0.00
试验桌的材料[D10)]		δA_{NT}	±0.0	—	0.00
试验桌的高度[D9)]	3 m	δh	±0.1	$k=2$	0.05
	10 m	δh	±0.1	$k=2$	0.05
	30 m	δh	±0.1	$k=2$	0.05
OATS 的环境噪声[D13)]		δE_{amb}	±0.0	—	0.00

[a] 上角标(例如[A1)])对应于附录 A 或附录 D 中对不确定度输入量所做说明(见 A.2 和 D.3)的编号。

[b] 所有 $c_i=1$，$u(x_i)$为标准不确定度(见 A.1)。

因此得到扩展不确定度：

$U(E)=2u_c(E)=5.07$ dB，测量距离 3 m(天线倾斜)；

$U(E)=2u_c(E)=5.17$ dB，测量距离 3 m(天线不倾斜)；

$U(E)=2u_c(E)=5.03$ dB，测量距离 10 m；

$U(E)=2u_c(E)=5.02$ dB，测量距离 30 m。

表 D.3　200 MHz～1 GHz 频率范围的水平极化辐射骚扰
（测量距离为 3 m、10 m 或 30 m，天线为对数周期天线）

输入量[a]		X_i	x_i 的不确定度 dB	概率分布函数	$c_iu(x_i)$[b] dB
接收机的读数[A1)]		V_r	±0.1	$k=1$	0.10
天线与接收机之间的衰减[A2)]		a_c	±0.2	$k=2$	0.10
对数周期天线系数[D1)]		F_a	±2.0	$k=2$	1.00
接收机的修正：					
正弦波电压[A3)]		δV_{sw}	±1.0	$k=2$	0.50
脉冲幅度响应[A4)]		δV_{pa}	±1.5	矩形分布	0.87
脉冲重复频率响应[A4)]		δV_{pr}	±1.5	矩形分布	0.87
本底噪声[A5)]		δV_{nf}	±1.1	矩形分布	0.63[c]
天线与接收机之间的失配[A7)]		δM	+0.9/−1.0	U 形分布	0.67
对数周期天线的修正：					
天线系数的频率内插[A6)]		δF_{af}	±0.3	矩形分布	0.17
天线系数的高度偏差[D2)]		δF_{ah}	±0.3	矩形分布	0.17
方向性的差异[D3)]	3 m	δF_{adir}	±1.0	矩形分布	0.58
	3 m（天线倾斜）	δF_{adir}	±0.5	矩形分布	0.29
	10 m	δF_{adir}	±0.2	矩形分布	0.12
	30 m	δF_{adir}	±0.1	矩形分布	0.06
相位中心的位置[D4)]	3 m	δF_{aph}	±1.0	矩形分布	0.58
	10 m	δF_{aph}	±0.3	矩形分布	0.17
	30 m	δF_{aph}	±0.1	矩形分布	0.06
交叉极化[D5)]		δF_{acp}	±0.9	矩形分布	0.52
平衡[D6)]		δF_{abal}	±0.0	—	0.00
场地修正：					
场地的不理想[D7)]		δA_N	±4.0	三角分布	1.63
测量距离[D8)]	3 m	δd	±0.3	矩形分布	0.17
	10 m	δd	±0.1	矩形分布	0.06
	30 m	δd	±0.0	—	0.00
试验桌的材料[D10)]		δA_{NT}	±0.5	矩形分布	0.29
试验桌的高度[D9)]	3 m	δh	±0.1	$k=2$	0.05
	10 m	δh	±0.1	$k=2$	0.05
	30 m	δh	±0.1	$k=2$	0.05
近场效应[D11)]	3 m	δA_{NNF}	±0.0	三角分布	0.00
OATS 的环境噪声[D13)]		δE_{amb}	±0.0	—	0.00

[a] 上角标（例如[A1)]）对应于附录 A 或附录 D 中对不确定度输入量的所做说明（见 A.2 和 D.3）的编号。

[b] 所有 $c_i=1$，$u(x_i)$为标准不确定度（见 A.1）。

[c] 对于测量距离 3 m，$c_iu(x_i)=0.29$ dB［见 A.2 的 A5)］。

因此得到扩展不确定度：

$U(E)=2u_c(E)=5.24$ dB,测量距离 3 m(天线倾斜)；

$U(E)=2u_c(E)=5.34$ dB,测量距离 3 m(天线不倾斜)；

$U(E)=2u_c(E)=5.21$ dB,测量距离 10 m；

$U(E)=2u_c(E)=5.19$ dB,测量距离 30 m。

表 D.4 200 MHz～1 GHz 频率范围内的垂直极化辐射骚扰
(测量距离为 3 m、10 m 或 30 m,天线为对数周期天线)

输入量[a]		X_i	x_i 的不确定度		$c_i u(x_i)$[b]
			dB	概率分布函数	dB
接收机的读数[A1)]		V_r	±0.1	$k=1$	0.10
天线与接收机之间的衰减[A2)]		a_c	±0.2	$k=2$	0.10
对数周期天线系数[D1)]		F_a	±2.0	$k=2$	1.00
接收机的修正：					
正弦波电压[A3)]		δV_{sw}	±1.0	$k=2$	0.50
脉冲幅度响应[A4)]		δV_{pa}	±1.5	矩形分布	0.87
脉冲重复频率响应[A4)]		δV_{pr}	±1.5	矩形分布	0.87
本底噪声[A5)]		δV_{nf}	±1.1	矩形分布	0.63c
天线与接收机之间的失配[A7)]		δM	+0.9/−1.0	U 形分布	0.67
对数周期天线的修正：					
天线系数的频率内插[A6)]		δF_{af}	±0.3	矩形分布	0.17
天线系数的高度偏差[D2)]		δF_{ah}	±0.1	矩形分布	0.06
方向性的差异[D3)]	3 m	δF_{adir}	±3.2	矩形分布	1.80
	3 m(天线倾斜)	δF_{adir}	±0.75	矩形分布	0.43
	10 m	δF_{adir}	±0.5	矩形分布	0.29
	30 m	δF_{adir}	±0.15	矩形分布	0.09
相位中心的位置[D4)]	3 m	δF_{aph}	±1.0	矩形分布	0.58
	10 m	δF_{aph}	±0.3	矩形分布	0.17
	30 m	δF_{aph}	±0.1	矩形分布	0.06
交叉极化[D5)]		δF_{acp}	±0.9	矩形分布	0.52
平衡[D6)]		δF_{abal}	±0.0	矩形分布	0.00
场地修正：					
场地的不理想[D7)]		δA_N	±4.0	三角分布	1.63
测量距离[D8)]	3 m	δd	±0.3	矩形分布	0.17
	10 m	δd	±0.1	矩形分布	0.06
	30 m	δd	±0.0	—	0.00
试验桌的材料[D10)]		δA_{NT}	±0.5	矩形分布	0.29
试验桌的高度[D9)]	3 m	δh	±0.1	$k=2$	0.05

表 D.4(续)

输入量[a]	X_i	x_i 的不确定度		$c_i u(x_i)$[b]
		dB	概率分布函数	dB
10 m	δh	±0.1	$k=2$	0.05
30 m	δh	±0.1	$k=2$	0.05
近场效应[D11)] 3 m	δA_{NNF}	±0.0	三角分布	0.00
OATS 的环境噪声[D13)]	δE_{amb}	±0.0	—	0.00

[a] 上角标(例如[A1)])对应于附录 A 或附录 D 中对不确定度输入量的所做说明(见 A.2 和 D.3)的编号。
[b] 所有 $c_i=1$,$u(x_i)$为标准不确定度(见 A.1)。
[c] 对于测量距离 3 m,$c_i u(x_i)=0.29$ dB[见 A.2 的 A5)]。

因此得到扩展不确定度:

$U(E)=2u_c(E)=5.26$ dB,测量距离 3 m(天线倾斜);

$U(E)=2u_c(E)=6.32$ dB,测量距离 3 m(天线不倾斜);

$U(E)=2u_c(E)=5.22$ dB,测量距离 10 m;

$U(E)=2u_c(E)=5.18$ dB,测量距离 30 m。

D.2 FAR 中辐射骚扰电场强度测量的不确定度评估

被测量 E 按式(D.2)计算:

$$E=V_r+a_c+F_a+\delta V_{sw}+\delta V_{pa}+\delta V_{pr}+\delta V_{nf}+\delta M+\delta F_{af}+\delta F_{ah}+\delta F_{adir}+\delta F_{aph}+\delta F_{acp}+\delta F_{abal}+\delta A_N+\delta A_{NT}+\delta d+\delta h \quad \text{(D.2)}$$

表 D.5 全电波暗室中 30 MHz~200 MHz 频率范围的辐射骚扰测量
(测量距离为 3 m,天线为双锥天线)

输入量[a]	X_i	x_i 的不确定度		$c_i u(x_i)$[b]
		dB	概率分布函数	dB
接收机的读数[A1)]	V_r	±0.1	$k=1$	0.10
天线与接收机之间的衰减[A2)]	a_c	±0.2	$k=2$	0.10
双锥天线系数[D1)]	F_a	±2.0	$k=2$	1.00
接收机的修正:				
正弦波电压[A3)]	δV_{sw}	±1.0	$k=2$	0.50
脉冲幅度响应[A4)]	δV_{pa}	±1.5	矩形分布	0.87
脉冲重复频率响应[A4)]	δV_{pr}	±1.5	矩形分布	0.87
本底噪声[A5)]	δV_{nf}	±0.5	矩形分布	0.29
天线与接收机之间的失配[A7)]	δM	+0.9/−1.0	U 形分布	0.67

表 D.5（续）

输入量[a]	X_i	x_i 的不确定度		$c_i u(x_i)$[b]
		dB	概率分布函数	dB
双锥天线的修正：				
天线系数的频率内插[A6)]	δF_{af}	±0.3	矩形分布	0.17
天线系数的变化(FAR 的影响)[D2)]	δF_{ah}	±0.5	矩形分布	0.29
方向性的差异[D3)]	δF_{adir}	±0.5	矩形分布	0.29
相位中心的位置[D4)]	δF_{aph}	±0.0	—	0.00
交叉极化[D5)]	δF_{acp}	±0.0	—	0.00
平衡[D6)]	δF_{abal}	±0.5	矩形分布	0.29
场地修正：				
场地的不理想[D7)]	δA_N	±4.0	三角分布	1.63
试验桌的材料[D10)]	δA_{NT}	±0.0	矩形分布	0.00
测量距离[D8)]	δd	±0.3	矩形分布	0.17
试验桌的高度[D9)]	δh	±0.1	$k=2$	0.05

[a] 上角标(例如[A1)])对应于附录 A 或附录 D 中对不确定度输入量的所做说明(见 A.2 和 D.3)的编号。

[b] 所有 $c_i=1$，$u(x_i)$为标准不确定度(见 A.1)。

因此得到扩展不确定度：$U(E)=2u_c(E)=5.01$ dB。

表 D.6　全电波暗室中 200 MHz～1 000 MHz 频率范围的辐射骚扰测量（测量距离为 3 m，天线为对数周期天线）

输入量[a]	X_i	x_i 的不确定度		$c_i u(x_i)$[b]
		dB	概率分布函数	dB
接收机的读数[A1)]	V_r	±0.1	$k=1$	0.10
天线与接收机之间的衰减[A2)]	a_c	±0.2	$k=2$	0.10
对数周期天线系数[D1)]	F_a	±2.0	$k=2$	1.00
接收机的修正：				
正弦波电压[A3)]	δV_{sw}	±1.0	$k=2$	0.50
脉冲幅度响应[A4)]	δV_{pa}	±1.5	矩形分布	0.87
脉冲重复频率响应[A4)]	δV_{pr}	±1.5	矩形分布	0.87
本底噪声[A5)]	δV_{nf}	±0.7	矩形分布	0.40
天线与接收机之间的失配[A7)]	δM	+0.9/−1.0	U 形分布	0.67
对数周期天线的修正：				
天线系数的频率内插[A6)]	δF_{af}	±0.3	矩形分布	0.17
天线系数的变化(FAR 的影响)[D2)]	δF_{ah}	±0.0	矩形分布	0.00
方向性的差异[D3)]	δF_{adir}	±1.0	矩形分布	0.58
相位中心的位置[D4)]	δF_{aph}	±1.0	矩形分布	0.58

表 D.6（续）

输入量[a]	X_i	x_i 的不确定度		$c_i u(x_i)$[b]
		dB	概率分布函数	dB
交叉极化[D5)]	δF_{acp}	±0.9	矩形分布	0.52
平衡[D6)]	δF_{abal}	±0.0	矩形分布	0.00
场地修正：				
场地的不理想[D7)]	δA_N	±4.0	三角分布	1.63
试验桌的材料[D10)]	δA_{NT}	±0.5	矩形分布	0.29
测量距离[D8)]	δd	±0.3	矩形分布	0.17
试验桌的高度[D9)]	δh	±0.1	正态分布，$k=2$	0.05

[a] 上角标（例如[A1)]）对应于附录 A 或附录 D 中对不确定度输入量的所做说明（见 A.2 和 D.3）的编号。

[b] 所有 $c_i=1$，$u(x_i)$为标准不确定度（见 A.1）。

因此得到扩展不确定度：$U(E)=2u_c(E)=5.34$ dB。

D.3 30 MHz～1 000 MHz 辐射骚扰测量输入量估计值的评估方法和原理

D1） 假设：自由空间天线系数 F_a 的估计值及其扩展不确定度和包含因子均可从校准报告中得到。表 D.1～表 D.6 中假设的扩展不确定度为 2 dB，包含因子为 2。

D2） 天线与其在接地平面内的镜像之间的互耦会导致天线系数发生变化。在良好的导电接地平面上当天线做高度扫描时，平均天线系数在幅值上与自由空间天线系数 F_a 相近。扫描高度至少为波长的一半，以波长的 1/8 或更小的间隔采集读数，并且最低高度要大于波长的 1/3。互阻抗对调谐偶极子的影响极其的显著。假设最长的偶极子被调谐在 80 MHz，要求扫描高度不大于 4 m。修正量 δF_{ah} 是与自由空间天线系数 F_a 的偏差。如果 δF_{ah} 在整个频率范围内随频率显著的变化，则进行分段修正，或者将修正量 δF_{ah} 作为不确定度来源在每个频段内进行评估。通常，修正量 δF_{ah} 随频率的增加而减小，300 MHz 以上则可将其忽略。同理，也考虑了 FAR 对天线系数的某些影响（见表 D.5 和表 D.6）。

修正量 δF_{ah} 的估计值为零，服从矩形分布，由于 FAR 墙壁的影响，其半宽度可以由双锥天线系数和 LPDA 天线系数随高度的变化分别进行评估。

FAR 墙壁对双锥天线系数的影响的评估方法是用一对小尺寸的宽带双锥天线替换一对标准双锥天线，然后把小尺寸的双锥天线和标准的双锥天线分别在 FAR 中测得的场地插入损耗与其在开阔场上测得的场地插入损耗进行比较。另一种方法可以用建模来进行评估。

注 1：如果测量天线为偶极子，或测量频率高于 300 MHz 时，则不需要考虑修正量 δF_{ah}。

D3） CISPR 16-1-4 对复杂天线在直射路径方向上的响应，以及要考虑的地面反射路径方向上的响应提出了要求；而且提出当该系统误差超过 1 dB 时，要将复杂天线向下倾斜使得直射路径和反射路径全部包含在天线的 3 dB 波束宽度之内。如果此时没有将天线向下倾斜，则可能需要对减小的接收信号电平进行修正，尤其是对测量距离小于 10 m 的情况。对于在垂直面内具有非均匀的辐射方向图的天线，假设方向性的影响为 $-x_i$ dB，那么可以用 x_i 来计算修正因子和不确定度；对于在垂直面内具有均匀的辐射方向图的天线，修正量 δF_{adir} 为 0 dB；对于在垂直面内具有非均匀的辐射方向图的天线，修正量 δF_{adir} 在 0 dB 和 $+x_i$ dB 之间。

CISPR 16-1-4 给出了双锥天线、LPDA 天线和复合天线[见注释 D12)]最大允许增益的指南，这些天线都用 x_i 的值进行评估。

假定水平极化时的双锥天线在垂直面具有均匀辐射方向图。假定垂直极化时的双锥天线和水平极化或垂直极化的 LDPA 天线在 3 m 和 10 m 距离的修正量 δF_{adir} 可达 $+x_i/2$ dB，而在 30 m 的距离则不大于 +0.15 dB。对于水平对齐的天线和倾斜的天线，修正值 x_i 的不确定度由表 D.2、表 D.3 和表 D.4 给出。

由于水平对齐无倾斜角度的 LDPA 天线在 3 m 距离时呈现非均匀的辐射方向图，因此建议在实际测量时最大发射所对应的天线高度上评估 δF_{adir}，且要包含因 EUT 高度引起的来自角度的不确定度。同时建议建立一个所用天线随高度变化的天线修正因子列表。

例如，就图 D.1 来说，典型的 LDPA 天线在 1 m 高度、3 m 测量距离、垂直极化条件下，基于天线辐射方向图的修正因子 δF_{adir} 可能是 +1.5 dB，其不确定度范围是 +1.5 dB～−3.0 dB。修正因子在 +1.5 dB～0 dB 范围内有较高的概率密度，近似于 ±2.5 dB 的矩形分布，在 2.5 m的天线高度处的 δF_{adir} 是 4.5 dB。2.5 m 被假定为频率高于 200 MHz、3 m 测量距离处实际达到的最大天线高度，不确定度范围是 +3.0 dB～−3.5 dB，服从近似矩形分布，近似于 ±3.2 dB 的矩形分布。总的来说，由方向性产生的不确定度 $u(x_i)=1.8$ dB 远大于由天线倾斜测量时引入的不确定度。

具有最佳倾斜的非均匀辐射方向图的垂直极化天线，假设它在 3 m 距离处有高达 $+x_i/2$ dB 的修正 δF_{adir}。因此，修正量 δF_{adir} 的估算是 $+x_i/2$ dB，不确定度服从矩形分布，半宽度为 $+x_i/2$ dB。例如，对于图 D.2 示出的最佳倾斜的垂直极化的 LPDA 天线，x_i 约等于1.5 dB。因此，不确定度 $u(x_i)=0.43$ dB。

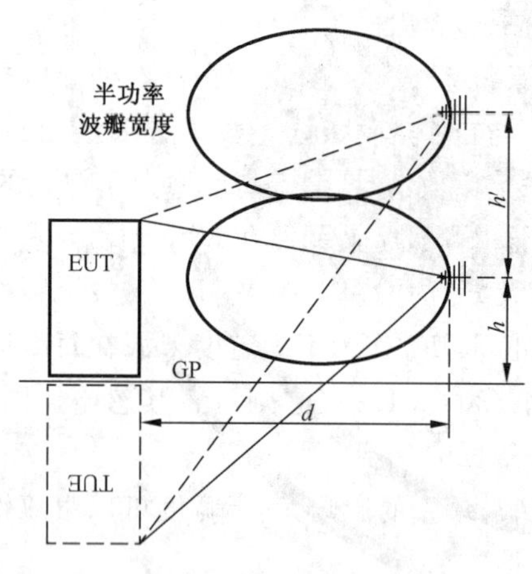

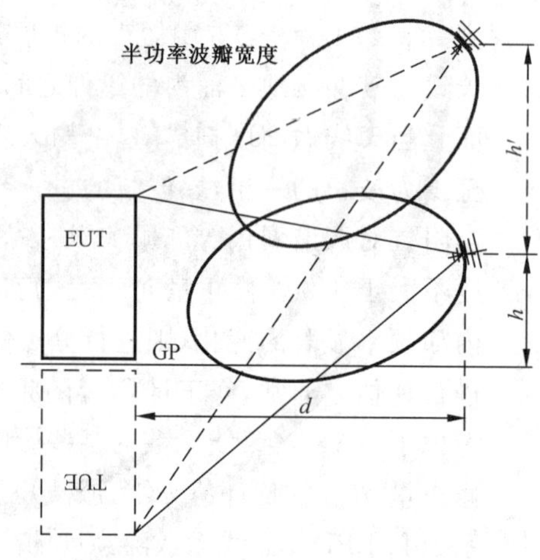

说明：

GP——接地平面。

$d=3$ m，$h=1$ m，$h'=2.5$ m，EUT 高度 = 1.5 m。

图 D.1　没有倾斜的天线方向性的影响　　**图 D.2　最佳倾斜的天线方向性的影响**

如果 EUT 类型和天线方向性与参考文献[7]中的假设具有可比性，那么上述方法中的值可以用该文献中得到的值代替。

对于 FAR 中的测量，由于不会出现反射，因此不需要将天线倾斜。然而对于 3 m 测量距离，根据 EUT 的尺寸，需要考虑天线方向性的影响和修正因子，并使用其所对应的不确定度。例如对于垂直极化的 LPDA 天线，修正因子为 +0.5 dB，其最大允差为 ±0.5 dB。

注 2：表 D.5 和表 D.6 中对于高度为 1.5 m 的 EUT，当天线垂直极化时，δF_{adir} 的修正值为 $+x_i/2$ dB。因为其只表示信号的损耗，所以该值为正。

注 3：当具有反射接地平面时，对于 3 m 测量距离不需要使用方向性强的天线。研发这些天线是为了在 200 MHz～1 000 MHz 频率获得更高的信噪比 S/N。如果使用宽带偶极子，方向性影响将被减小到最小。

D4） 对于双锥天线，相位中心位置的修正量 δF_{aph} 可忽略不计；但对于 LPDA 天线则不行，因为随着频率的变化，相位中心的位置也发生变化，进而导致与所要求的距离的偏差。

对于 LPDA 天线，修正量 δF_{aph} 的估计值为 0，且服从矩形分布，其半宽度是在考虑了实际相位中心与标识的相位中心的差异所引起的误差 ±0.35 m 的影响、并假设场强与距离呈反比的情况下作出评估的。

注 4：如果测量天线是偶极子天线，则修正量 δF_{aph} 可忽略不计。

注 5：对于复合天线，如果对影响系统效应的未 δF_{aph} 进行修正，则误差将会增大[见 D12)]。

D5） 对于双锥天线，交叉极化响应认为是可忽略的；对于 LPDA 天线，交叉极化响应的修正量 δF_{acp} 的估计值为 0，且服从矩形分布，其半宽度为 0.9 dB，对应于 CISPR 16-1-4 中 −20 dB 的交叉极化响应允差。得到 0.9 dB 的假设为：水平电场矢量和垂直电场矢量可能相等，20 dB 的交叉极化矢量抑制得到的则是要测量的交叉极化场分量。

注 6：如果测量天线是偶极子天线，则修正量 δF_{acp} 可忽略不计。

D6） 当输入同轴电缆和天线振子平行时，天线不平衡造成的影响是最大的。天线不平衡的修正量 δF_{abal} 的估计值为 0，且服从矩形分布，其半宽度是基于商用天线的性能评估的。CISPR 16-1-4 中规定的巴仑 DM/CM（差模/共模）转换核查方法可用于评估在 OATS/SAC 中的不确定度分量。在 FAR 中，DM/CM 转换核查方法会产生较小的不平衡效应，因此，天线不平衡引入的不确定度将会更小。

D7） 场地衰减的理论值与因场地衰减测量不确定度而增大的场地衰减的测量值之差 D_{max} 表明场地不理想对骚扰测量的影响。CISPR 16-1-4 所规定的两者之间的允差为 ±4 dB。然而，同 CISPR 16-1-4 场地衰减测量方法有关的测量不确定度通常较大，并且发射和接收天线系数的不确定度占主导地位。因此，满足 4 dB 允差要求的场地，即使场地不理想，在辐射骚扰测量中也不太会出现因此导致的 4 dB 误差。认识到这一点，修正量 δA_N 的估计值为 0，且假定服从三角分布，半宽度为 4 dB。

未来对 CISPR 16-1-4 中场地确认方法的改进将会减小该允差。

如果 D_{max} 小于 4 dB，那么修正量 δA_N 的估计值为 0，服从三角分布，当计算 U_{lab} 时，其半宽度为 D_{max}。

D8） 测试距离的误差来自于对 EUT 边界的确定、测量距离和天线塔的倾斜程度。距离误差的修正量 δd 的估计值为 0，且服从矩形分布，该半宽度值是在最大距离误差为 ±0.1 m、在所界定的距离范围内场强与距离成反比的假设的基础上评估出来的。

D9） 受试设备未放置在标准规定的 0.8 m 高的试验桌上所引起的误差。修正量 δh 的估计值为 0，服从正态分布，置信概率为 95% 的扩展不确定度为 0.1 dB。该估计值适用于偏离标准试验桌高度 ±0.01 m 时的最大测量场强。对于落地式设备，由于支撑物高度的影响可以忽略，此不确定度分量不适用；因此，在计算 U_{CISPR} 时不需要单独考虑此分量的值。

D10） CISPR 16-1-4 规定了频率低于 1 GHz 时试验桌材料影响的评估方法。对于这种影响没有给出允差。低于 200 MHz 时，修正量 δF_{NT} 的估计值为零，服从矩形分布，半宽度为 0 dB；200 MHz 以上时，修正量 δF_{NT} 的估计值为零，服从矩形分布，半宽度为 ±0.5 dB。对于落地式设备，仅当试验桌材料的影响能够进行评估（即对于高度大于 0.15 m 的试验桌）时，此不确定度分量适用。由于试验桌材料的影响相对较小，因此在计算 U_{CISPR} 时不需要单独考虑此分量的值。

D11） 近场效应：CISPR 11、CISPR 12 和 CISPR 22 中的辐射发射限值是针对 10 m 的测量距离而设定的，而 3 m 测量距离的限值为导出限值。只有 CISPR 13 规定了 3 m 测量距离的限值。对于参考距离为 10 m 的规定限值适用的产品标准来说，当选择 3 m 测量距离进行测量时，则近场效应是一个不确定度源。

GB/T 6113.203—2016 中 7.3.4 给出了如何选择测量距离 d 的指南，对于一个给定的最大尺寸为 D 的 EUT，假如 $D \gg \lambda$，则下面的关系式成立：$d \geqslant 2D^2/\lambda$，式中 D 为 EUT 的最大尺寸。此关系式的严格应用表明当距离 $d=3$ m、最高频率为 1 GHz 时，需要将 D 限制在 67 cm 以下。此关系式既适用于 EUT 的直径(宽度)，也适用于 EUT 的高度，并且意味着将反射接地平面上包括电缆在内的 EUT 常规布置排除在外。当上述条件不满足时，则唯一的方法是评估由于近场效应导致的不确定度。一个假设三条传播路径(来自 EUT 的顶部、中部和底部)的模型可用于计算。天线指向 EUT 的中心。该模型可被扩展以包含接地平面。假设从 EUT 发出的这三条路径上的电磁波的幅度和相位相等，对于 1.5 m 高度的 EUT，当无接地平面、测量距离为 3 m 和 1 GHz 频率时产生的误差或场强损耗为 4.25 dB。对于较大的 EUT 来说，其测量结果的误差也较大。由于并不是每个 EUT 都从顶部、中部和底部辐射，所以假设近场效应服从三角分布。包括天线高度变化的模型的进一步建立是必要的。

近场效应也会发生在 200 MHz 以下的频率范围，特别是在 30 MHz 附近，此时 EUT 与天线之间的距离小于半波长。

上述考虑的结果并没有包含在合成标准不确定度和扩展不确定度的计算当中。

D12) 表 D.1～表 D.6 的计算中没有考虑复合天线。30 MHz～1 000 MHz 频率范围内用于发射测量的复合天线具有如下特性：

——对于大约 100 MHz 以下的频率范围，复合天线的作用类似于双锥天线(见表 D.1、表 D.2 和表 D.5)；

——对于 100 MHz～200 MHz 的过渡频率范围，天线作用见下述内容；

——对于大约 200 MHz 以上的频率范围，复合天线作用类似于 LPDA 天线(见表 D.3、表 D.4 和表 D.6)。对于修正量 δF_{adir} 来说，一般认为复合天线的 LPDA 部分通常比对数周期天线[见 D4)]更接近 EUT，这意味着修正因子更大，不确定度更大。

在过渡频率范围内，以下的假设用于不确定度考虑：

——天线增益(用 dB 表示)和方向性随频率线性增加(可从制造商详细的天线辐射方向性图得到修正量 δF_{adir})；

——当频率增加时，与其对应的相位中心从双锥振子向 LPDA 部分的 200 MHz 振子处线性移动。公式(D.3)给出了 AF 修正量 δF_{adir} 的计算方法；

——天线系数对高度的依赖随频率增加而线性减小；

——交叉极化抑制将超过 20 dB，并且；

——巴仑的不平衡性通常会和双锥振子的不平衡性一样低。

假设随天线一起提供的是自由空间天线系数。自由空间天线系数适用于相位中心的位置。因为天线上的相位中心位置随着频率的变化而变化，所以天线到一个固定 EUT 的距离也是随着频率而变化的。为了对偏离参考距离(比如：10 m 或 3 m)进行修正，可能需要修正天线系数。假设在天线中心点处给出一个标记，用于定义 EUT 与天线之间的距离。式(D.3)可用于计算实际的天线系数 F_{aact}：

$$F_{\text{aact}} = F_{\text{a}} + \delta F_{\text{aph}} \qquad \text{(D.3)}$$

式中：$\delta F_{\text{aph}} = 20\lg\left(\dfrac{d_0 - \Delta d}{d_0}\right)$

F_{aact} ——实际的(经过修正的)天线系数，单位为分贝每米[dB(1/m)]；

F_a ——自由空间天线系数,单位为分贝每米[dB(1/m)];

δF_{aph} ——相位中心变化的修正,单位为分贝(dB);

d_0 ——EUT 到天线中心点的距离,单位为米(m);

Δd ——相位中心和天线中心点之间的距离(如果相位中心比天线中心点更靠近 EUT,Δd 为正值),单位为米(m);

对于频率范围 30 MHz～100 MHz,$\Delta d = c_0$,即一个固定(负的)常量(双锥振子距天线中心点的距离)。

对于频率范围 100 MHz～200 MHz,$\Delta d = c_1 + (c_2 f)$,式中:$c_0 = c_1 + (100c_2)$,目的使 100 MHz 时的 Δd 等于 30 MHz～100 MHz 范围内的值,f 用 MHz 表示。200 MHz 时的 Δd(由 LPDA 在 200 MHz 处谐振振子定义该位置)需要与 200 MHz～1 000 MHz 频率范围内的 Δd 值一致。

对于频率范围 200 MHz～1 000 MHz,$\Delta d = c_3 + (c_4/f)$,式中,需要选择常数 c_3 和 c_4 使得 Δd 满足 200 MHz 和 1 000 MHz 时的相位中心位置。

注 7:c_0、c_1、c_2、c_3 和 c_4 为计算 Δd 的常数,其由天线制造商提供。

示例:若 $c_0 = -0.47$ m,$c_1 = -0.61$ m,$c_2 = 0.0014$ m/MHz,$c_3 = 0.58$ m 和 $c_4 = -182.5$ mMHz:

当低于 100 MHz 时,相位中心距天线中心点的距离 $\Delta d = -0.47$ m,对于 3 m 的测量距离($d_0 = 3$ m),天线系数的修正值为:$\delta F_{aph} = 20\lg \dfrac{3\text{m} + 0.47\text{m}}{3\text{m}} = +1.26$ dB。

当频率范围为 100 MHz～200 MHz 时,相位中心位置 Δd 在 -0.47 m～-0.33 m 之间变化。200 MHz 时,$\delta F_{aph} = +0.91$ dB($d_0 = 3$ m)。

当频率范围为 200 MHz～1 000 MHz 时,相位中心位置相对于天线中心点的变化为 -0.33 m～$+0.40$ m。1 000 MHz 时($d_0 = 3$ m),天线系数修正值为 -1.24 dB。314.6 MHz 时的相位中心就是天线中心点。

对于 δF_{aph} 的不确定度评估,此模型认为是一种近似模型。

注 8:表 D.1～表 D.6 中所有值的计算没有考虑复合天线的情况。

D13) 当使用 OATS 时,无线电发射机辐射发射的环境电平可能在一些特定的频率对辐射骚扰测量产生不良影响,甚至无法进行测量。通常情况下,环境信号的频点和实测的骚扰频点不相同,因此可认为其为噪声信号。与其相关的不确定度取决于骚扰信号与环境信号之比。不能给出 δE_{amb} 的具体数值。GB/T 6113.203—2016 中附录 A 给出了存在环境信号情况下的有关 EUT 骚扰测量的更多信息。对于在 SAC 或 FAR 中的测量,可以将来自天线塔和转台电机和/或控制器的发射看作是环境信号。

附 录 E
（资料性附录）
1 GHz～18 GHz 辐射骚扰测量 U_{CISPR} 值的评估基础

E.1 1 GHz～18 GHz 频率范围的辐射骚扰测量的不确定度评估

被测量 E 按式(E.1)计算：

$$E = V_r + a_c + G_p + F_a + \delta V_{sw} + \delta V_{nf} + \delta G_p + \delta M + \delta F_{af} + \delta F_{adir} + \delta F_{aph} + \delta F_{acp} + \delta S_{VSWR} + \delta A_{NT} + \delta d + \delta h \quad \cdots\cdots(E.1)$$

表 E.1 FAR(FSOATS)进行的 1 GHz～6 GHz 频率范围的辐射骚扰测量（测量距离为 3 m）

输入量[a]	X_i	x_i 的不确定度		$c_i u(x_i)$[b]
		dB	概率分布函数	dB
接收机的读数[A1)]	V_r	±0.1	$k=1$	0.10
天线与接收机之间的衰减[A2)]	a_c	±0.3	$k=2$	0.15
预放大器的增益[E5)]	G_p	±0.2	$k=2$	0.10
天线系数[E1)]	F_a	±1.0	$k=2$	0.50
接收机的修正：				
正弦波电压[A3)]	δV_{sw}	±1.5	正态分布	0.75
预放增益的不稳定[E5)]	δG_p	±1.2	矩形分布	0.70
本底噪声[A5)]	δV_{nf}	±0.7	矩形分布	0.40
天线与预放大器之间的失配[A7)]	δM	+1.3/−1.5	U 形分布	1.00
预放大器与接收机之间的失配[A7)]	δM	+1.2/−1.4	U 形分布	0.92
天线的修正：				
天线系数的频率内插[A6)]	δF_{af}	±0.3	矩形分布	0.17
方向性的差异[E2)]	δF_{adir}	+3.0/−0.0	矩形分布	0.87
相位中心的位置[E3)]	δF_{aph}	±0.3	矩形分布	0.17
交叉极化[E4)]	δF_{acp}	±0.9	矩形分布	0.52
场地修正：				
场地的不理想[E6)]	δS_{VSWR}	±3.0	三角分布	1.22
试验桌的材料[E7)]	δA_{NT}	±1.5	矩形分布	0.87
测量距离[E8)]	δd	±0.3	矩形分布	0.17
试验桌的高度[E9)]	δh	0.0	$k=2$	0.00

[a] 上角标(例如[A1)])对应于附录 A 或附录 E 中对不确定度输入量的所做说明(见 A.2 和 E.2)的编号。

[b] 所有 $c_i=1$，$u(x_i)$为标准不确定度(见 A.1)。

因此得到扩展不确定度:$U(E)=2u_c(E)=5.18$ dB。

表 E.2 FAR(FSOATS)进行的 6 GHz～18 GHz 频率范围的辐射骚扰测量（测量距离为 3 m）

输入量[a]	X_i	x_i 的不确定度		$c_i u(x_i)$[b]
		dB	概率分布函数	dB
接收机的读数[A1)]	V_r	±0.1	$k=1$	0.10
天线与接收机之间的衰减[A2)]	a_c	±0.6	$k=2$	0.30
预放大器的增益[E5)]	G_p	±0.2	$k=2$	0.10
天线系数[E1)]	F_a	±1.0	$k=2$	0.50
接收机的修正：				
正弦波电压[A3)]	δV_{sw}	±1.5	$k=2$	0.75
预放增益的不稳定[E5)]	δG_p	±1.2	矩形分布	0.70
本底噪声[A5)]	δV_{nf}	±1.0	矩形分布	0.58
天线与预放大器之间的失配[A7)]	δM	+1.3/−1.5	U 形分布	1.00
预放大器与接收机之间的失配[A7)]	δM	+1.2/−1.4	U 形分布	0.92
天线的修正：				
天线系数的频率内插[A6)]	δF_{af}	±0.3	矩形分布	0.17
方向性的差异[E2)]	δF_{adir}	+3.0/−0.0	矩形分布	0.87
相位中心的位置[E3)]	δF_{aph}	±0.3	矩形分布	0.17
交叉极化[E4)]	δF_{acp}	±0.9	矩形分布	0.52
场地修正：				
场地的不理想[E6)]	δS_{VSWR}	±3.0	三角分布	1.22
试验桌的材料[E7)]	δA_{NT}	±2.0	矩形分布	1.15
测量距离[E8)]	δd	±0.3	矩形分布	0.17
试验桌的高度[E9)]	δh	0.0	$k=2$	0.00

[a] 上角标(例如[A1)])对应于附录 A 或附录 E 中对不确定度输入量的所做说明(见 A.2 和 E.2)的编号。

[b] 所有 $c_i=1$,$u(x_i)$为标准不确定度(见 A.1)。

因此得到扩展不确定度:$U(E)=2u_c(E)=5.48$ dB。

E.2 1 GHz～18 GHz 频率范围的辐射骚扰测量输入量估计值的评估方法和原理

E1） 假设自由空间天线系数 F_a的估计值及其扩展不确定度和包含因子均可从校准报告得到。

E2） 接收天线的方向性确定了半功率波束宽度 w[见 GB/T 6113.203—2016 中式(12)]的大小，而 w 决定了测量天线是否要进行高度扫描。假设 w 是在满足远场判定准则的情况下计算得到的。在较近测量距离的情况下，测量处在菲涅尔区，而不是远场区。作为接收天线覆盖区度量的实际尺寸 w 与 GB/T 6113.203—2016 中式(12)计算得到的值将不同。

接收天线对不确定度的影响与测量频率、EUT 尺寸和测量距离密切相关。不确定度评定的结果并没有直接反映出这种关系。

在较高的频率范围,有些接收天线有多个波瓣,而非仅有一个主波瓣。这会引入额外的测量设备不确定度,但在评估天线方向性时并没有考虑这个影响量。

假设 EUT 的尺寸大于由天线辐射方向图计算得到的 w,则修正量 δF_{adir} 的估计值为 +1 dB,服从矩形分布,半宽度为 1.5 dB。

注 1:对于 1 GHz 以上基于 FAR 进行的辐射发射测量,标准规定的标称测量距离为 3m(见 GB/T 6113.203—2016)。假如选择 3 m 以外的测量距离,例如 1 m,那么需要将 1 m 测量距离测得的测量结果转换为 3 m 标称测量距离上的测量结果。在实际中经常需要进行这种转换,其假设是应用自由空间条件下的转换规则(20 dB/十倍程或 $1/r$ 特性)可以将某个测量距离处 EUT 的发射测量值转换为另一测量距离处的发射测量值。然而,精确的转换很大程度上取决于 EUT 类型、测量距离和测量频率。如果 1 GHz 以上的测量是在非涅尔区进行的,自由空间条件下的 20 dB/十倍程的简单转换规则(关系)将不再适用。尽管如此,GB/T 6113.203—2016 还是推荐应用这种转换规则,由此可能会引入显著(较大的)的不确定度,因此,不确定度评估时需要仔细地加以考虑。

E3) LPDA 或双脊波导喇叭天线相位中心位置随频率变化所产生的与规定测量距离的偏差。假设:天线与 EUT 之间的距离是从天线几何中点处测量得到的,由此产生的修正值为零。

对于 LPDA 或双脊波导喇叭天线,修正量 δF_{aph} 的估计值为零,服从矩形分布,其半宽度是在考虑±0.1 m 的测量距离误差的影响、并假设场强值与测量距离成反比的基础上评估得到的。

E4) 通常认为双脊波导喇叭天线的交叉极化响应是可忽略的。LPDA 天线的交叉极化响应修正量 δF_{acp} 的估计值为零,服从矩形分布,半宽度为 0.9 dB,其对应于 CISPR 16-1-4 的 −20 dB 交叉极化响应允差。

E5) 校准后的前置放大器要么连接于测量接收机的输入端,要么置于测量接收机内。测量接收机的校准程序没有考虑与其外部连接的前置放大器的增益偏差。假设:前置放大器增益 G_p 的估计值、及其扩展不确定度和包含因子都可由校准报告得到。校准所得到的频率响应的任何增益偏差(由温度变化和设备老化引起的不稳定性)必须作为附加的不确定度给予考虑,尤其是对那些外部连接的前置放大器。增益修正量 δG_p 的估计值为零,服从矩形分布,半宽度为 1.2 dB。

E6) 实际测得的试验场地的电压驻波比 S_{VSWR} 表示场地不理想对骚扰测量的可能影响。CISPR 16-1-4 中规定场地判定准则为 S_{VSWR} 最大允差 6 dB。

通过 CISPR 16-1-4 规定的场地确认方法测得的 S_{VSWR} 表明 FAR 符合场地要求时,可用以下两种方法评估与 FAR 相关的、S_{VSWR} 测量所引入的 MIU。

方法 1:符合 6 dB 允差要求的 FAR 在骚扰测量时不会产生 6 dB 的误差。参考文献[6]对一个 3 m 的 FAR 的 S_{VSWR} 和参考传输损耗偏差做了有益的比较。该参考文献表明:6 dB 的最大 S_{VSWR} 值与 4 dB 的理想传输损耗的最大偏差大致相当。假设:传输损耗具有正态分布,且因为在整个频率范围最大偏差没有超过 4 dB 的值,因此最大偏差 4 dB 被看做是相应的扩展不确定度,包含因子 $k=3$(相当于非常高的置信水平),即标准不确定度是 1.33 dB。

修正量 δS_{VSWR} 的估计值为零,服从正态分布,半宽度为 4 dB,包含因子 $k=3$。

方法 2:S_{VSWR} 的实测值除以 2 可以得到由场地不理想所导致的偏差 δS_{VSWR}。考虑到 S_{VSWR} 是 15 个(或 20 个)测量结果中的最大值,可以假设其服从三角分布。对于 6 dB 的 S_{VSWR} 来说,服从三角分布时的标准不确定度为 1.22;同样,此修正量的估计值为零。

注 2:如果方法 1 测得的 S_{VSWR} 小于 6 dB,那么可以认为修正量 δS_{VSWR} 的估计值为零,服从正态分布,半宽度为 $4\times(S_{VSWR}/6)$ dB,包含因子 $k=3$。如果按方法 2 测得的 S_{VSWR} 小于 6 dB,可以认为修正量 δS_{VSWR} 的估计值为零,实测的 S_{VSWR} 除以 2 得到 δS_{VSWR}。应用三角分布,得到不确定度 $c_i \times u(x_i) = S_{VSWR}/2\sqrt{6}$。

E7） CISPR 16-1-4 给出了 1 GHz 以上试验桌材料影响的评估方法，但并未给出该影响的允差。1 GHz～6 GHz 的修正量 δA_{NT} 的估计值为零，服从矩形分布，半宽度为 1.5 dB。6 GHz 以上的修正量 δA_{NT} 的估计值为零，服从矩形分布，半宽度为 2.0 dB。对于落地式设备来说，由于试验桌的高度低于测量天线和 EUT 之间的吸波材料，所以该影响量的不确定度未考虑。

E8） 测量距离误差缘于 EUT 边界的确定和距离测量的误差。测量距离误差修正量 δd 的估计值为零，服从矩形分布，其半宽度是在±0.1 m 的最大测量距离误差以及在所界定的距离范围内场强与测量距离成反比的假设的基础上评估得到的。

E9） 在准自由空间环境进行 1 GHz 以上场强测量时，没有规定试验桌的标称高度，因此，不能给出试验桌高度变化引入的不确定度。

参 考 文 献

[1] CISPR/TR 16-4-4, Specification for radio disturbance and immunity measuring apparatus and methods—Part 4-4: Uncertainties, statistics and limit modelling—Statistics of complaints and a model for the calculation of limits for the protection of radio services.

[2] TAYLOR, B.N., and KUYATT, C.E., NIST Technical Note 1297, Guidelines for Evaluating and Expressing the Uncertainty of NIST Measurement Results, United States Department of Commerce Technology Administration, National Institute of Standards and Technology, September 1994.

[3] Expression of the Uncertainty of Measurement in Calibration, EA-4/02, European Cooperation for Accreditation of Laboratories, December 1999(http://www.europeanaccreditation.org).

[4] LAB34, The Expression Of Uncertainty In EMC Testing, Edition 1, United Kingdom Accreditation Service, August 2002 (http://www.ukas.com).

[5] M3003, The Expression of Uncertainty and Confidence in Measurement, Edition 2, United Kingdom Accreditation Service, January 2007 (http://www.ukas.com).

[6] CISPR/A/838/INF, January 2009, containing CISPR/A/WG1(Dunker-Riedelsheimer-Trautnitz) 06-01, Measurement of FAR similar to CISPR 16-1-4 and site VSWR in the Kolberg FAR of the Federal Network Agency for Electricity, Gas, Telecommunications, Post and Railway, September 2006 (background material on an estimation of the uncertainty due to results of SVSWR measurements, to be published before the FDIS).

[7] KRIZ, A., Calculation of Antenna Pattern Influence on Radiated Emission Measurement Uncertainty, Proceedings of the IEEE International Symposium on Electromagnetic Compatibility, Detroit, 2008.

[8] ETSI TR 100 028, Electromagnetic compatibility and Radio spectrum Matters (ERM); Uncertainties in the measurement of mobile radio equipment characteristics (www.etsi.org).

[9] STECHER, M., Uncertainty in RF Disturbance Measurements: Revision of CISPR 16-4-2, Proceedings of the IEEE International Symposium on Electromagnetic Compatibility, Kyoto, 2009.

[10] CARPENTER, D., A Demystification of the U-Shaped Probability Distribution, Proceedings of the IEEE International Symposium on Electromagnetic Compatibility, Boston, 2003.

[11] CARPENTER, D., A Further Demystification of the U-Shaped Probability Distribution, Proceedings of the IEEE International Symposium on Electromagnetic Compatibility, Chicago, 2005.

[12] STECHER, M., A Detailed Analysis of EMI Test Receiver Measurement Uncertainty, Proceedings of the IEEE International Symposium on Electromagnetic Compatibility, Montreal, 2001.

[13] WARNER, F. L., New expression for mismatch uncertainty where measuring microwave attenuation, IEEE Proceedings, Part H-Microwaves, Optics and Antennas, Vol. 127, Part H, No. 2, April 1980.